THE
ASTRONOMICAL
ALMANAC

FOR THE YEAR

2002

Data for Astronomy, Space Sciences, Geodesy,
Surveying, Navigation and other applications

WASHINGTON

Issued by the
Nautical Almanac Office
United States
Naval Observatory
by direction of the
Secretary of the Navy
and under the
authority of Congress

LONDON

Issued by
Her Majesty's
Nautical Almanac Office
Rutherford Appleton Laboratory
on behalf of the
Council for the
Central Laboratory
of the Research Councils

WASHINGTON: U.S. GOVERNMENT PRINTING OFFICE
LONDON: THE STATIONERY OFFICE

ISBN 0 11 887315 6

ISSN 0737-6421

UNITED STATES

For sale by the
U.S. Government Printing Office
Superintendent of Documents
Mail Stop: SSOP
Washington, DC 20402-9328

UNITED KINGDOM

Published by The Stationery Office and available from:

The Stationery Office
(Mail, telephone and fax orders only)
PO Box 29, Norwich, NR3 1GN
Telephone Orders/General enquiries 0870 600 5522
Fax orders 0870 600 5533

www.thestationeryoffice.com

The Stationery Office Bookshops
123 Kingsway, London WC2B 6PQ
0207 242 6393   Fax 0207 242 6412
68-69 Bull Street, Birmingham B4 6AD
0121 236 9696   Fax 0121 236 9699
33 Wine Street, Bristol BS1 2BQ
0117 926 4306   Fax 0117 929 4515
9-21 Princess Street, Manchester M60 8AS
0161 834 7201   Fax 0161 833 0634
16 Arthur Street, Belfast BT1 4GD
028 9023 8451   Fax 028 9023 5401
The Stationery Office Oriel Bookshop
18-19 High Street, Cardiff CF1 2BZ
029 2039 5548   Fax 029 2038 4347
71 Lothian Road, Edinburgh EH3 9AZ
0870 606 5566   Fax 0870 606 5588

The Stationery Office's Accredited Agents
(see Yellow Pages)

and through good booksellers

NOTE

Every care is taken to prevent errors in the production of
this publication. As a final precaution it is recommended
that the sequence of pages in this copy be examined on
receipt. If faulty it should be returned for replacement.

Printed in the United States of America
by the U.S. Government Printing Office

Beginning with the edition for 1981, the title *The Astronomical Almanac* replaced both the title *The American Ephemeris and Nautical Almanac* and the title *The Astronomical Ephemeris*. The changes in title symbolise the unification of the two series, which until 1980 were published separately in the United States of America since 1855 and in the United Kingdom since 1767. *The Astronomical Almanac* is prepared jointly by the Nautical Almanac Office, United States Naval Observatory, and H.M. Nautical Almanac Office, Rutherford Appleton Laboratory, and is published jointly by the United States Government Printing Office and The Stationery Office; it is printed only in the United States of America but some of the reproducible material that is used is prepared in the United Kingdom.

The principal ephemerides in this Almanac have been computed from fundamental ephemerides of the planets and the Moon prepared at the Jet Propulsion Laboratory. They are in general accord with the recommendations of the International Astronomical Union and are consistent with the IAU (1976) system of astronomical constants apart from minor modifications introduced to permit a better fit to observations; in particular, dynamical time-scales and the standard reference system of J2000·0 are used where appropriate. A brief description of the use of each ephemeris is given with it, and the bases and additional notes are given in the Explanation at the end of the volume. Additional information about the IAU recommendations and the ephemerides is given in the *Supplement to the Astronomical Almanac for 1984*. More detailed information is available in the *Explanatory Supplement to The Astronomical Almanac* edited by P. Kenneth Seidelmann, U.S. Naval Observatory, published in 1992.

By international agreement the tasks of computation and publication of astronomical ephemerides are shared among the ephemeris offices of a number of countries. The sources of the basic data for this Almanac are indicated in the list of contributors on page vii. This volume was designed in consultation with other astronomers of many countries, and is intended to provide current, accurate astronomical data for use in the making and reduction of observations and for general purposes. (The other publications listed on pages viii–ix give astronomical data for particular applications, such as navigation and surveying.) After recent consultations with the astronomical community, the edition for 2001 introduced changes in presentation of the data. Subsequent editions will incorporate further changes to reflect the adoption of a new ephemeris and the International Celestial Reference System. Details will be given on page iv of each edition.

Suggestions for further improvement of this Almanac would be welcomed; they should be sent to the Chief, Nautical Almanac Office, United States Naval Observatory or to the Head, H.M. Nautical Almanac Office, Rutherford Appleton Laboratory.

BEN J. JARAMILLO
Captain, U.S. Navy,
Superintendent, U.S. Naval Observatory,
3450 Massachusetts Avenue NW,
Washington, D.C. 20392–5420
U.S.A.

RICHARD HOLDAWAY,
Director,
Space Science and Technology Department,
Rutherford Appleton Laboratory,
Chilton, Didcot, OX11 0QX,
United Kingdom

September 2000

Astronomical Almanac 1981-2001

Pages B18, B20-B23, C24 and K6, the symbol used to define the obliquity of the ecliptic:

for ε *read* ϵ

Astronomical Almanac 1999, 2000, 2001

Page K8, the expression at the bottom of the page for ΔT using a different value of the tidal term $\dot{n}$ should read:

$$-0{\cdot}000\ 091\ (\dot{n}' + 26)\ (\text{year} - 1955)^2 \text{ seconds}$$

Astronomical Almanac 2001

Page B6, the expression for the equation of the equinoxes and the paragraph following it should read:

$$\text{equation of equinoxes} = \tfrac{1}{15}(\Delta\psi \cos\epsilon + 0{.}''002\ 64 \sin\Omega + 0{.}''000\ 063 \sin 2\Omega)$$

and $\Delta\psi$ is the total nutation in longitude, ϵ is the mean obliquity of the ecliptic and Ω is the mean longitude of the ascending node of the Moon. The equation of the equinoxes is tabulated on pages B8–B15 at 0^h UT for each day and should be interpolated to the required time if full precision is required.

Page E88, Heading for the last column under Coefficient of the Potential:

for $10^8 J_4$ *read* $10^6 J_4$

Page F2, the entry in the last column of the table for Neptune VIII Proteus:

for 0.5232 *read* 28.25

Page H61, the entry in the last column of the table for 1228 + 126 (3C 274)

for 17.90 *read* 71.90

Changes of edition from 2002

The Moon polynomial coefficients and the Notes and Formulae for these data have been removed from Section D. They can be found on the HMNAO web site at http://www.nao.rl.ac.uk/asa_pages/.

The basis and some of the values for the masses and densities of the outer planets in the table on page E88 have been revised in this edition.

PRELIMINARIES

Section A PHENOMENA

Seasons: Moon's phases; principal occultations; planetary phenomena; elongations and magnitudes of planets; visibility of planets; diary of phenomena; times of sunrise, sunset, twilight, moonrise and moonset; eclipses, use of Besselian elements.

Section B TIME-SCALES AND COORDINATE SYSTEMS

Calendar; chronological cycles and eras; religious calendars; relationships between time scales; universal and sidereal times; reduction of celestial coordinates; proper motion, annual parallax, aberration, light-deflection, precession and nutation; Besselian day numbers; second-order day numbers; rigorous formulae for apparent place reduction; position and velocity of the Earth; mean place conversion from B1950·0 to J2000·0 and from J2000·0 to B1950·0; matrix elements for precession and nutation; polar motion; diurnal parallax and aberration; altitude, azimuth; refraction; pole star formulae and table.

Section C SUN

Mean orbital elements, elements of rotation; ecliptic and equatorial coordinates; heliographic coordinates, horizontal parallax, semi-diameter and time of transit; geocentric rectangular coordinates; low-precision formulae for coordinates of the Sun and the equation of time.

Section D MOON

Phases; perigee and apogee; mean elements of orbit and rotation; lengths of mean months; geocentric, topocentric and selenographic coordinates; formulae for libration; ecliptic and equatorial coordinates, distance, horizontal parallax, semi-diameter and time of transit; physical ephemeris; low-precision formulae for geocentric and topocentric coordinates.

Section E MAJOR PLANETS

Osculating orbital elements for Mercury, Venus, Earth, Mars, Jupiter, Saturn, Uranus, Neptune and Pluto; heliocentric ecliptic coordinates; geocentric equatorial coordinates; times of transit; rotation elements; physical ephemerides.

Section F SATELLITES OF THE PLANETS

Ephemerides and phenomena of the satellites of Mars, Jupiter, Saturn (including the rings), Uranus, Neptune and Pluto.

Section G MINOR PLANETS AND COMETS

Osculating elements for periodic comets; geocentric equatorial coordinates and time of transit for Ceres, Pallas, Juno and Vesta; orbital elements, magnitudes and dates of opposition of the larger minor planets.

Section H STARS AND STELLAR SYSTEMS

Lists of bright stars, *UBVRI* standard stars, *uvby* and Hβ standard stars, radial velocity standard stars, bright galaxies, open clusters, globular clusters, astrometric radio source positions, radio telescope flux calibrators, X-ray sources, quasars, pulsars and variable stars.

Section J OBSERVATORIES

Index of observatory name and place; lists of optical and radio observatories.

Section K TABLES AND DATA

Julian dates of Gregorian calendar dates; IAU system of astronomical constants; reduction of time scales; reduction of terrestrial coordinates; interpolation methods.

Section L NOTES AND REFERENCES Section M GLOSSARY Section N INDEX

The pagination within each section is given in full on the first page of each section.

STAFF LISTS, 2002

U.S. NAVAL OBSERVATORY

Captain Ben J. Jaramillo, *U.S.N., Superintendent*
Kenneth J. Johnston, *Scientific Director*
P. Kenneth Seidelmann, *Director of Astrometry*

ASTRONOMICAL APPLICATIONS DEPARTMENT

John A. Bangert, *Head*
George H. Kaplan, *Chief, Dynamical Astronomy Division*
George H. Kaplan, *Acting Chief, Nautical Almanac Office*
Nancy A. Oliversen, *Chief, Product Development Division*

Marie R. Lukac
Robert J. Miller
James L. Hilton
William J. Tangren
Marc A. Murison
Mark T. Stollberg

Susan G. Stewart
William T. Harris
Wendy K. Hultquist
Yvette Holley
QMC (SW) Patrick McCarthy, U.S.N.
QMC (SS) Barry Wass, U.S.N.

RUTHERFORD APPLETON LABORATORY

SPACE SCIENCE AND TECHNOLOGY DEPARTMENT

Richard Holdaway, *Director, Space Science and Technology Department*
Peter Allan, *Head, Space Data Division*

HER MAJESTY'S NAUTICAL ALMANAC OFFICE

Patrick T. Wallace, *Head*

Catherine Y. Hohenkerk
Steven A. Bell

Donald B. Taylor

The data in this volume have been prepared as follows:-

By H.M. Nautical Almanac Office, Rutherford Appleton Laboratory:

Section A—phenomena, rising and setting of Sun and Moon; B—ephemerides and tables relating to time-scales and coordinate reference frames; D—physical ephemerides and geocentric coordinates of the Moon; G—geocentric positions of minor planets; K—tables and data.

By the Nautical Almanac Office, United States Naval Observatory:

Section A—eclipses of Sun and Moon; C—physical ephemerides, geocentric and rectangular coordinates of the Sun; E—physical ephemerides, geocentric coordinates and transit times of the major planets; F—ephemerides of satellites, except Jupiter I–IV; H—data for lists of bright stars, lists of photometric standard stars, radial velocity standard stars, bright galaxies, open clusters, globular clusters, radio source positions, radio flux calibrators, X-ray sources, quasars, pulsars and variable stars; J—information on observatories; L—notes and references; M—glossary; N—index.

By the Service des Calculs, Bureau des Longitudes, Paris:

Section F—ephemerides of satellites I–IV of Jupiter.

By the Institute of Applied Astronomy of the Russian Academy of Sciences, St. Petersburg:

Section G—orbital elements of minor planets.

In general the Office responsible for the preparation of the data has drafted the related explanatory notes and auxiliary material, but both have contributed to the final form of the material. The preliminaries, part of Section A and Sections B, D, G and K have been composed in the United Kingdom, while the rest of the material has been composed in the United States. The work of proofreading has been shared, but no attempt has been made to eliminate the differences in spelling and style between the contributions of the two Offices.

Joint publications of the Rutherford Appleton Laboratory and the United States Naval Observatory

These publications are published by and available from, The Stationery Office (UK), and the Superintendent of Documents, U.S. Government Printing Office except where noted. Their addresses are listed on the reverse of the title page of this volume.

The Nautical Almanac contains ephemerides at an interval of one hour and auxiliary astronomical data for marine navigation.

The Air Almanac contains ephemerides at an interval of ten minutes and auxiliary astronomical data for air navigation. It is not published by The Stationery Office.

Astronomical Phenomena contains extracts from the *The Astronomical Almanac* and is published annually in advance of the main volume. Included are dates and times of planetary and lunar phenomena and other astronomical data of general interest. This volume is available in the UK from Earth and Sky, see below.

Explanatory Supplement to The Astronomical Ephemeris and The American Ephemeris and Nautical Almanac is out of print. The new *Explanatory Supplement to The Astronomical Almanac* is available, see below.

Other publications of Rutherford Appleton Laboratory

These publications are available from The Stationery Office.

The Star Almanac for Land Surveyors contains the Greenwich hour angle of Aries and the position of the Sun, tabulated for every six hours, and represented by monthly polynomial coefficients. Positions of all stars brighter than magnitude 4·0 are tabulated monthly to a precision of $0\overset{s}{.}1$ in right ascension and $1''$ in declination. Coefficients representing the data are also available, to those who have purchased the book, in ASCII files from our web page www.nao.rl.ac.uk/online.

NavPac and Compact Data for 2001–2005 contains software, algorithms and data, which are mainly in the form of polynomial coefficients, for calculating the positions of the Sun, Moon, navigational planets and bright stars. It enables navigators to compute their position at sea from sextant observations using an IBM PC or compatible for the period 1986–2005. The tabular data are also supplied as ASCII files on the CD-ROM. It is published in the United States by Willmann-Bell Inc., PO Box 35025, Richmond VA 23235, where it is entitled *AstroNavPC and Compact Data 2001-2005*.

Planetary and Lunar Coordinates, 2001–2020 provides low-precision astronomical data and phenomena for use well in advance of the annual ephemerides. It contains heliocentric, geocentric, spherical and rectangular coordinates of the Sun, Moon and planets, eclipse maps and auxiliary data. All the tabular ephemerides are supplied solely on CD-ROM as ASCII and Adobe's portable document format files.

Sight Reduction Tables for Air Navigation (AP3270 (NP 303)), 3 volumes. Volume 1, selected stars for epoch 2000·0, containing the altitude to $1'$ and true azimuth to $1°$ for the seven stars most suitable for navigation, for all latitudes and hour angles of Aries. Volumes 2 and 3 contain altitudes to $1'$ and azimuths to $1°$ for integral degrees of declination from N 29° to S 29°, for relevant latitudes and all hour angles at which the zenith distance is less than 95° providing for sights of the Sun, Moon and planets.

Sight Reduction Tables for Marine Navigation (NP 401), 6 volumes. This series is designed to effect all solutions of the navigational triangle and is intended for use with *The Nautical Almanac*.

The UK Air Almanac contains data useful in the planning of activities where the level of illumination is important, particularly aircraft movements, and is produced to the general requirements of the Royal Air Force.

The Astronomer's Diary, the provisional title of a new publication, giving comprehensive astronomical data of interest to a wide range of users.

Other publications of the United States Naval Observatory

Astronomical Papers of the American Ephemeris[†] are issued irregularly and contain reports of research in celestial mechanics with particular relevance to ephemerides.

U.S. Naval Observatory Circulars[†] are issued irregularly to disseminate astronomical data concerning ephemerides or astronomical phenomena.

Explanatory Supplement to The Astronomical Almanac edited by P. Kenneth Seidelmann of the U.S. Naval Observatory. This book is an authoritative source on the basis and derivation of information contained in *The Astronomical Almanac*, and it contains material that is relevant to positional and dynamical astronomy and to chronology. It includes details of the FK5 J2000·0 reference system and transformations. The publication is a collaborative work with authors from the U.S. Naval Observatory, H.M. Nautical Almanac Office, the Jet Propulsion Laboratory and the Bureau des Longitudes. It is published by, and available from, University Science Books, 55D Gate Five Road, Sausalito, CA 94965. The UK distributor is W.H. Freeman, 20 Beaumont Street, Oxford, OX1 2NQ.

MICA 1990-2005 is an interactive astronomical almanac for professional applications. Software for both PC systems with Intel processors and Apple Macintosh computers is provided on a single CD-ROM. *MICA* allows a user to compute, to full precision, much of the tabular data contained in *The Astronomical Almanac*, as well as data for specific times. All calculations are made in real time and data are not interpolated from tables. It replaces *The Floppy Almanac*. MICA is published by, and available from, Willman-Bell Inc., PO Box 35025, Richmond, VA 23235.

† These publications are available from the Nautical Almanac Office, U.S. Naval Observatory, Washington, DC 20392-5420.

Publications of other countries

Apparent Places of Fundamental Stars is prepared annually by the Astronomisches Rechen-Institut in Heidelberg and contains mean and apparent coordinates of 1535 stars of the *Fifth Fundamental Catalogue* (FK5). This volume is available from Verlag G. Braun, Karl-Friedrich-Strasse, 14–18, Karlsruhe, Germany.

Ephemerides of Minor Planets is prepared annually by the Institute of Theoretical Astronomy, and published by the Russian Academy of Sciences. Included in this volume are elements, opposition dates and opposition ephemerides of all numbered minor planets. This volume is available from the Institute of Theoretical Astronomy, Naberezhnaya Kutuzova 10, 191187 St. Petersburg, Russia.

Useful information and World Wide Web addresses on the Internet

Please refer to the relevant World Wide Web address for further details about the publications and services provided by the following organisations.

- H.M. Nautical Almanac Office at http://www.nao.rl.ac.uk/
- U.S. Naval Observatory at http://aa.usno.navy.mil/AA/
- The Stationery Office (UK) at http://www.thestationeryoffice.com/
- U.S. Government Printing Office at http://www.access.gpo.gov/
- University Science Books at http://www.uscibooks.com/
- Willmann-Bell at http://www.willbell.com/
- Earth and Sky at http://www.earthandsky.co.uk/
- Bernan Associates (TSO's agents in the U.S.) at http://www.bernan.com/

CONTENTS OF SECTION A

NOTE: All the times in this section are expressed in universal time (UT).

THE SUN

		d h			d h m			d h m
Perigee	... Jan.	2 14	Equinoxes	... Mar.	20 19 16 ...	... Sept.	23 04 55
Apogee	... July	6 04	Solstices	... June	21 13 24 ...	... Dec.	22 01 14

PHASES OF THE MOON

Lunation	New Moon			First Quarter			Full Moon			Last Quarter		
	d	h	m	d	h	m	d	h	m	d	h	m
977										Jan. 6	03	55
978	Jan. 13	13	29	Jan. 21	17	46	Jan. 28	22	50	Feb. 4	13	33
979	Feb. 12	07	41	Feb. 20	12	02	Feb. 27	09	17	Mar. 6	01	24
980	Mar. 14	02	02	Mar. 22	02	28	Mar. 28	18	25	Apr. 4	15	29
981	Apr. 12	19	21	Apr. 20	12	48	Apr. 27	03	00	May 4	07	16
982	May 12	10	45	May 19	19	42	May 26	11	51	June 3	00	05
983	June 10	23	46	June 18	00	29	June 24	21	42	July 2	17	19
984	July 10	10	26	July 17	04	47	July 24	09	07	Aug. 1	10	22
985	Aug. 8	19	15	Aug. 15	10	12	Aug. 22	22	29	Aug. 31	02	31
986	Sept. 7	03	10	Sept. 13	18	08	Sept. 21	13	59	Sept. 29	17	03
987	Oct. 6	11	18	Oct. 13	05	33	Oct. 21	07	20	Oct. 29	05	28
988	Nov. 4	20	34	Nov. 11	20	52	Nov. 20	01	34	Nov. 27	15	46
989	Dec. 4	07	34	Dec. 11	15	49	Dec. 19	19	10	Dec. 27	00	31

ECLIPSES

Penumbral eclipse of the Moon	May 26	
Annular eclipse of the Sun	June 10-11	Eastern Asia, Japan, Indonesia, northern Australia, Pacific Ocean, northern Mexico, U.S.A., Canada except the extreme north-east
Penumbral eclipse of the Moon	June 24	
Penumbral eclipse of the Moon	Nov. 19-20	
Total eclipse of the Sun	Dec. 4	Africa except the north, S.E.Atlantic Ocean, central Indian Ocean, part of Antarctica, Indonesia, Australia, South Island of New Zealand

MOON AT PERIGEE

	d h		d h		d h
Jan.	2 07	May	23 16	Oct.	6 13
Jan.	30 09	June	19 07	Nov.	4 01
Feb.	27 20	July	14 13	Dec.	2 09
Mar.	28 08	Aug.	10 23	Dec.	30 01
Apr.	25 16	Sept.	8 03		

MOON AT APOGEE

	d h		d h		d h
Jan.	18 09	June	4 13	Oct.	20 05
Feb.	14 22	July	2 08	Nov.	16 11
Mar.	14 01	July	30 02	Dec.	14 04
Apr.	10 05	Aug.	26 18		
May	7 19	Sept.	23 03		

OCCULTATIONS OF PLANETS AND BRIGHT STARS BY THE MOON

Date		Body	Areas of Visibility
	d h		
Jan.	24 16	Saturn	Central Africa, Saudi Arabia, southern Asia except southern tip of India, Philippines, southern Japan
Jan.	26 19	Jupiter	North Atlantic Ocean, British Isles, Scandinavia, Greenland, Arctic Ocean, N. Alaska, N. Canada, N.E. Asia
Feb.	20 13	Vesta	North Africa, Europe, including the British Isles, N. Saudi Arabia, N. Asia, Arctic Ocean, N. Japan, N. Alaska
Feb.	21 00	Saturn	Central Pacific Ocean, United States, Mexico, N. Caribbean, S.E. Canada, Central Atlantic Ocean, extreme N.W. part of Africa
Feb.	23 02	Jupiter	Alaska, northern Canada, northern Russia, Arctic Ocean, Greenland, western Europe, including the British Isles
Mar.	20 10	Saturn	N.E. Africa, Saudi Arabia, N.W. India, Central Asia, Japan except southern part, Siberia, western Alaska
Mar.	20 10	Vesta	N.E. Africa, Saudi Arabia, N.W. India, Central Asia, Japan except southern part, N.E. Russia, western Alaska
Mar.	22 12	Jupiter	Greenland except southern part, Arctic Ocean, N.W. Canada
Apr.	16 20	Saturn	North western part of North America, Arctic Ocean, Greenland, northern Russia, northern Europe, including the British Isles
Apr.	17 10	Vesta	North Africa, Europe, including the British Isles, Russia, Arctic Ocean, Greenland, Alaska, N.W. Canada, northern Japan
May	14 08	Saturn	British Isles, western Scandinavia, Greenland, Arctic Ocean, northern Canada, N.E. Alaska
May	14 19	Mars	S.E. Pacific Ocean, South America except extreme northern and southern parts, S.W. Atlantic Ocean
May	14 23	Venus	South Pacific Ocean
May	15 12	Vesta	Northern Canada, Arctic Ocean, northern Alaska, N.E. Siberia
June	12 12	Mars	N.E. Canada, Greenland, Arctic Ocean, N.E. Asia
Nov.	1 00	Vesta	Eastern part of Siberia, Alaska, Arctic Ocean
Nov.	3 12	Juno	South America except southern part, South Atlantic Ocean, eastern Antarctica
Nov.	29 03	Vesta	N. Africa except western part, Saudi Arabia, southern tip of India, Indian Ocean, western Australia
Dec.	30 01	Mars	N.E. Asia except N.E. Siberia, Japan except southern tip

No bright Stars are occulted in 2002

GEOCENTRIC PHENOMENA

MERCURY

	d h	d h	d h	d h
Greatest elongation East	Jan. 11 23 (19°)	May 4 04 (21°)	Sept. 1 10 (27°)	Dec. 26 05 (20°)
Stationary	Jan. 18 09	May 16 05	Sept. 14 14	—
Inferior conjunction ...	Jan. 27 19	May 27 07	Sept. 27 19	—
Stationary	Feb. 8 10	June 8 11	Oct. 6 02	—
Greatest elongation West	Feb. 21 16 (27°)	June 21 15 (23°)	Oct. 13 08 (18°)	—
Superior conjunction ...	Apr. 7 09	July 21 02	Nov. 14 05	—

VENUS

	d h			d h
Superior conjunction ...	Jan. 14 12	Inferior conjunction ...	Oct.	31 12
Greatest elongation East	Aug. 22 13 (46°)	Stationary	Nov.	19 04
Greatest brilliancy ...	Sept. 26 11	Greatest brilliancy ...	Dec.	7 01
Stationary	Oct. 10 09			

SUPERIOR PLANETS

	Conjunction	Stationary	Opposition	Stationary
	d h	d h	d h	d h
Mars	Aug. 10 22	—	—	—
Jupiter	July 20 01	Dec. 4 21 | Jan. 1 06	Mar. 1 15
Saturn	June 9 11	Oct. 11 13	Dec. 17 17 | Feb. 8 10
Uranus	Feb. 13 17	June 3 07	Aug. 20 01	Nov. 4 12
Neptune	Jan. 28 14	May 13 14	Aug. 2 01	Oct. 20 11
Pluto	Dec. 9 17 | Mar. 21 06	June 7 05	Aug. 27 20

OCCULTATIONS BY PLANETS AND SATELLITES

Details of predictions of occultations of stars by planets, minor planets and satellites are given in *The Handbook of the British Astronomical Association*.

HELIOCENTRIC PHENOMENA

	Perihelion	Aphelion	Ascending Node	Greatest Lat. North	Descending Node	Greatest Lat. South
Mercury	Jan. 19	Mar. 4	Jan. 14	Jan. 29	Feb. 22	Mar. 24
	Apr. 17	May 31	Apr. 12	Apr. 27	May 21	June 20
	July 14	Aug. 27	July 9	July 24	Aug. 17	Sept. 16
	Oct. 10	Nov. 23	Oct. 5	Oct. 20	Nov. 13	Dec. 13
Venus	—	Jan. 25	Apr. 13	June 8	Aug. 3 | Feb. 16
	May 17	Sept. 7	Nov. 24	—	— | Sept. 29
Mars	—	Sept. 21	Feb. 10	Aug. 14	—	—

Jupiter, Saturn, Uranus, Neptune, Pluto: None in 2002

PHENOMENA, 2002

ELONGATIONS AND MAGNITUDES OF PLANETS AT 0^h UT

Date	Mercury Elong.	Mag.	Venus Elong.	Mag.	Date	Mercury Elong.	Mag.	Venus Elong.	Mag.
Jan. −4	E. 13	−0·8	W. 4	−3·9	June 30	W. 21	−0·3	E. 40	−4·0
1	E. 15	−0·8	W. 3	−3·9	July 5	W. 17	−0·7	E. 41	−4·1
6	E. 18	−0·8	W. 2	−3·9	10	W. 13	−1·2	E. 41	−4·1
11	E. 19	−0·6	W. 1	−3·9	15	W. 7	−1·6	E. 42	−4·1
16	E. 18	−0·1	E. 1	−3·9	20	W. 2	−2·1	E. 43	−4·1
21	E. 13	+1·3	E. 2	−3·9	25	E. 5	−1·6	E. 44	−4·1
26	E. 5	+4·0	E. 3	−3·9	30	E. 10	−1·1	E. 44	−4·2
31	W. 8	+3·3	E. 4	−3·9	Aug. 4	E. 14	−0·7	E. 45	−4·2
Feb. 5	W. 17	+1·4	E. 5	−3·9	9	E. 18	−0·4	E. 45	−4·2
10	W. 22	+0·6	E. 7	−3·9	14	E. 21	−0·2	E. 46	−4·3
15	W. 25	+0·2	E. 8	−3·9	19	E. 24	0·0	E. 46	−4·3
20	W. 27	+0·1	E. 9	−3·9	24	E. 26	+0·1	E. 46	−4·3
25	W. 26	0·0	E. 10	−3·9	29	E. 27	+0·2	E. 46	−4·4
Mar. 2	W. 25	0·0	E. 11	−3·9	Sept. 3	E. 27	+0·3	E. 45	−4·4
7	W. 24	−0·1	E. 13	−3·9	8	E. 26	+0·5	E. 45	−4·5
12	W. 21	−0·2	E. 14	−3·9	13	E. 23	+0·8	E. 44	−4·5
17	W. 18	−0·3	E. 15	−3·9	18	E. 18	+1·5	E. 43	−4·5
22	W. 15	−0·6	E. 16	−3·9	23	E. 10	+3·0	E. 41	−4·6
27	W. 11	−0·9	E. 17	−3·9	28	W. 3	+5·1	E. 38	−4·6
Apr. 1	W. 7	−1·3	E. 19	−3·9	Oct. 3	W. 10	+2·5	E. 35	−4·6
6	W. 2	−1·9	E. 20	−3·9	8	W. 16	+0·5	E. 32	−4·5
11	E. 4	−1·9	E. 21	−3·9	13	W. 18	−0·5	E. 27	−4·5
16	E. 10	−1·5	E. 22	−3·9	18	W. 17	−0·8	E. 21	−4·4
21	E. 15	−1·1	E. 23	−3·9	23	W. 14	−0·9	E. 15	−4·3
26	E. 18	−0·6	E. 25	−3·9	28	W. 11	−1·0	E. 8	−4·1
May 1	E. 21	0·0	E. 26	−3·9	Nov. 2	W. 8	−1·1	W. 6	−4·0
6	E. 21	+0·6	E. 27	−3·9	7	W. 4	−1·1	W. 11	−4·2
11	E. 19	+1·4	E. 28	−3·9	12	W. 1	−1·3	W. 18	−4·4
16	E. 15	+2·4	E. 30	−3·9	17	E. 2	−1·2	W. 24	−4·5
21	E. 9	+3·8	E. 31	−4·0	22	E. 5	−0·9	W. 29	−4·6
26	E. 2	+5·6	E. 32	−4·0	27	E. 7	−0·8	W. 34	−4·6
31	W. 6	+4·6	E. 33	−4·0	Dec. 2	E. 10	−0·7	W. 37	−4·7
June 5	W. 13	+3·1	E. 34	−4·0	7	E. 13	−0·6	W. 40	−4·7
10	W. 18	+2·1	E. 35	−4·0	12	E. 15	−0·6	W. 42	−4·6
15	W. 21	+1·3	E. 36	−4·0	17	E. 17	−0·6	W. 44	−4·6
20	W. 23	+0·7	E. 38	−4·0	22	E. 19	−0·6	W. 45	−4·6
25	W. 22	+0·2	E. 39	−4·0	27	E. 20	−0·5	W. 46	−4·6
30	W. 21	−0·3	E. 40	−4·0	32	E. 18	+0·1	W. 47	−4·5

MINOR PLANETS

	Conjunction	Stationary	Opposition	Stationary
Ceres	Feb. 16	Aug. 17	Oct. 4	Nov. 29
Pallas	Jan. 8	June 8	Aug. 12	Sept. 30
Juno	Oct. 3	—	Feb. 11	Mar. 23
Vesta	July 23	—	—	Jan. 16

ELONGATIONS AND MAGNITUDES OF PLANETS AT 0^h UT

Date	Mars Elong.	Mars Mag.	Jupiter Elong.	Jupiter Mag.	Saturn Elong.	Saturn Mag.	Uranus Elong.	Neptune Elong.	Pluto Elong.
	°		°		°		°	°	°
Jan. −4	E. 68	+0·7	W. 174	−2·7	E. 154	−0·3	E. 47	E. 32	W. 22
6	E. 65	+0·8	E. 175	−2·7	E. 144	−0·2	E. 37	E. 22	W. 31
16	E. 62	+0·9	E. 163	−2·7	E. 133	−0·2	E. 28	E. 12	W. 40
26	E. 59	+1·0	E. 152	−2·6	E. 122	−0·1	E. 18	E. 3	W. 50
Feb. 5	E. 56	+1·1	E. 141	−2·6	E. 112	−0·1	E. 8	W. 7	W. 59
15	E. 53	+1·2	E. 130	−2·5	E. 102	0·0	W. 1	W. 17	W. 69
25	E. 51	+1·2	E. 119	−2·4	E. 92	0·0	W. 11	W. 27	W. 79
Mar. 7	E. 48	+1·3	E. 109	−2·4	E. 82	+0·1	W. 20	W. 36	W. 89
17	E. 45	+1·4	E. 100	−2·3	E. 73	+0·1	W. 30	W. 46	W. 98
27	E. 42	+1·4	E. 91	−2·2	E. 64	+0·1	W. 39	W. 56	W. 108
Apr. 6	E. 39	+1·5	E. 82	−2·2	E. 55	+0·1	W. 48	W. 65	W. 118
16	E. 36	+1·6	E. 73	−2·1	E. 46	+0·1	W. 58	W. 75	W. 128
26	E. 33	+1·6	E. 65	−2·0	E. 37	+0·1	W. 67	W. 85	W. 137
May 6	E. 30	+1·6	E. 56	−2·0	E. 29	+0·1	W. 77	W. 94	W. 147
16	E. 27	+1·7	E. 49	−1·9	E. 20	+0·1	W. 86	W. 104	W. 156
26	E. 24	+1·7	E. 41	−1·9	E. 12	+0·1	W. 96	W. 114	W. 164
June 5	E. 21	+1·7	E. 33	−1·9	E. 4	0·0	W. 105	W. 123	W. 170
15	E. 18	+1·7	E. 26	−1·8	W. 5	0·0	W. 115	W. 133	E. 167
25	E. 15	+1·8	E. 18	−1·8	W. 13	+0·1	W. 125	W. 143	E. 160
July 5	E. 12	+1·8	E. 11	−1·8	W. 21	+0·1	W. 134	W. 153	E. 151
15	E. 9	+1·8	E. 4	−1·8	W. 29	+0·1	W. 144	W. 162	E. 142
25	E. 6	+1·7	W. 4	−1·8	W. 38	+0·1	W. 154	W. 172	E. 132
Aug. 4	E. 2	+1·7	W. 11	−1·8	W. 46	+0·1	W. 164	E. 178	E. 123
14	W. 2	+1·7	W. 18	−1·8	W. 55	+0·1	W. 174	E. 168	E. 114
24	W. 4	+1·8	W. 26	−1·8	W. 64	+0·1	E. 176	E. 158	E. 104
Sept. 3	W. 8	+1·8	W. 33	−1·8	W. 73	+0·1	E. 166	E. 148	E. 95
13	W. 11	+1·8	W. 41	−1·9	W. 82	+0·1	E. 156	E. 139	E. 85
23	W. 14	+1·8	W. 49	−1·9	W. 91	0·0	E. 146	E. 129	E. 76
Oct. 3	W. 18	+1·8	W. 57	−1·9	W. 101	0·0	E. 136	E. 119	E. 66
13	W. 21	+1·8	W. 65	−2·0	W. 110	−0·1	E. 126	E. 109	E. 57
23	W. 25	+1·8	W. 74	−2·0	W. 120	−0·1	E. 116	E. 99	E. 47
Nov. 2	W. 28	+1·8	W. 83	−2·1	W. 131	−0·2	E. 106	E. 89	E. 38
12	W. 32	+1·8	W. 92	−2·2	W. 141	−0·3	E. 96	E. 79	E. 28
22	W. 36	+1·7	W. 102	−2·2	W. 152	−0·3	E. 86	E. 69	E. 20
Dec. 2	W. 39	+1·7	W. 112	−2·3	W. 163	−0·4	E. 76	E. 59	E. 12
12	W. 43	+1·7	W. 122	−2·4	W. 174	−0·5	E. 66	E. 49	W. 9
22	W. 47	+1·6	W. 132	−2·4	E. 175	−0·5	E. 56	E. 39	W. 15
32	W. 51	+1·5	W. 143	−2·5	E. 164	−0·4	E. 46	E. 29	W. 24

Magnitudes at opposition: Uranus 5·7   Neptune 7·8   Pluto 13·8

VISUAL MAGNITUDES OF MINOR PLANETS

	Jan. 6	Feb. 15	Mar. 27	May 6	June 15	July 25	Sept. 3	Oct. 13	Nov. 22	Dec. 32
Ceres	9·2	9·0	9·2	9·3	9·2	8·7	8·1	7·6	8·3	8·9
Pallas	10·4	10·5	10·6	10·4	10·0	9·5	9·5	10·0	10·3	10·4
Juno	8·8	8·4	9·4	10·2	10·7	11·0	11·0	11·0	11·3	11·3
Vesta	7·2	7·9	8·3	8·4	8·3	8·0	8·3	8·3	8·0	7·6

VISIBILITY OF PLANETS

The planet diagram on page A7 shows, in graphical form for any date during the year, the local mean times of meridian passage of the Sun, of the five planets, Mercury, Venus, Mars, Jupiter and Saturn, and of every 2^h of right ascension. Intermediate lines, corresponding to particular stars, may be drawn in by the user if desired. The diagram is intended to provide a general picture of the availability of planets and stars for observation during the year.

On each side of the line marking the time of meridian passage of the Sun, a band 45^m wide is shaded to indicate that planets and most stars crossing the meridian within 45^m of the Sun are generally too close to the Sun for observation.

For any date the diagram provides immediately the local mean time of meridian passage of the Sun, planets and stars, and thus the following information:

a) whether a planet or star is too close to the Sun for observation;
b) visibility of a planet or star in the morning or evening;
c) location of a planet or star during twilight;
d) proximity of planets to stars or other planets.

When the meridian passage of a body occurs at midnight, it is close to opposition to the Sun and is visible all night, and may be observed in both morning and evening twilights. As the time of meridian passage decreases, the body ceases to be observable in the morning, but its altitude above the eastern horizon during evening twilight gradually increases until it is on the meridian at evening twilight. From then onwards the body is observable above the western horizon, its altitude at evening twilight gradually decreasing, until it becomes too close to the Sun for observation. When it again becomes visible, it is seen in the morning twilight, low in the east. Its altitude at morning twilight gradually increases until meridian passage occurs at the time of morning twilight, then as the time of meridian passage decreases to 0^h, the body is observable in the west in the morning twilight with a gradually decreasing altitude, until it once again reaches opposition.

Notes on the visibility of the principal planets, except Pluto, are given on page A8. Further information on the visibility of planets may be obtained from the diagram below which shows, in graphical form for any date during the year, the declinations of the bodies plotted on the planet diagram on page A7.

DECLINATION OF SUN AND PLANETS, 2002

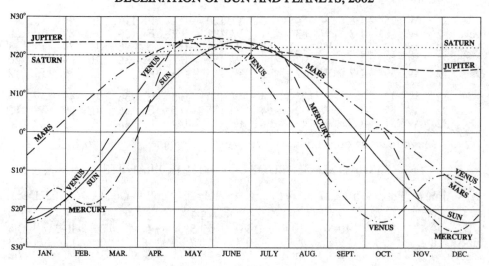

LOCAL MEAN TIME OF MERIDIAN PASSAGE

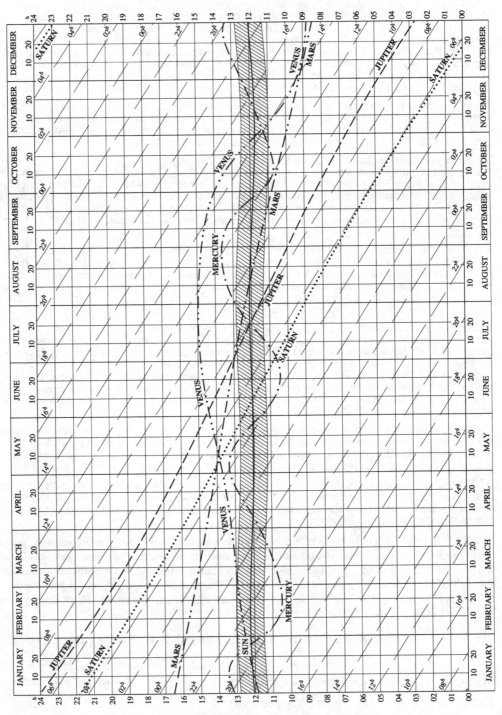

LOCAL MEAN TIME OF MERIDIAN PASSAGE

PHENOMENA, 2002

VISIBILITY OF PLANETS

MERCURY can only be seen low in the east before sunrise, or low in the west after sunset (about the time of beginning or end of civil twilight). It is visible in the mornings between the following approximate dates: February 3 to March 29, June 6 to July 13, and October 5 to October 31. The planet is brighter at the end of each period, (the best conditions in northern latitudes occur in mid-October and in southern latitudes from mid-February to mid-March). It is visible in the evenings between the following approximate dates: January 1 to January 22, April 16 to May 17, July 29 to September 21 and December 1 to December 31. The planet is brighter at the beginning of each period, (the best conditions in northern latitudes occur from late April to early May and in southern latitudes from mid-August to mid-September).

VENUS is too close to the Sun for observation until late February when it appears as a brilliant object in the evening sky. During the last week of October it again becomes too close to the Sun for observation until the end of the first week of November when it reappears in the morning sky. Venus is in conjunction with Saturn on May 7 with Mars on May 10 and with Jupiter on June 3.

MARS can be seen in the evening sky in Aquarius at the beginning of the year. It moves into Pisces during the second week of January, into Aries in late February, Taurus in early April (passing 6° N of *Aldebaran* on April 29) and into Gemini from late May. It becomes too close to the Sun for observation during the second half of June, reappearing in the morning sky from late September in Leo. It then continues into Virgo in the first week of October (passing 3° N of *Spica* on November 20) and into Libra from mid-December. Mars is in conjunction with Saturn on May 4, Venus on May 10 and Jupiter on July 3.

JUPITER is at opposition on January 1 when it can be seen throughout the night in Gemini. Its eastward elongation then gradually decreases and from late March it can be seen only in the evening sky. In early July it becomes too close to the Sun for observation until early August when it reappears in the morning sky in Cancer. Its westward elongation gradually increases until by mid-November it can be seen for more than half the night passing into Leo in the second half of November and into Cancer from mid-December. Jupiter is in conjunction with Venus on June 3 and with Mars on July 3.

SATURN is in Taurus at the beginning of the year. It can be seen for more than half the night until late February after which it can be seen only in the evening sky. Its eastward elongation gradually decreases (passing 4° N of *Aldebaran* on March 31) and in the second half of May it becomes too close to the Sun for observation. It reappears in the morning sky in late June and passes into Orion at the beginning of September and Taurus in the second half of November. It is at opposition on December 17, when it can be seen throughout the night. For the remainder of the year its eastward elongation gradually decreases and is visible for the greater part of the night. Saturn is in conjunction with Mars on May 4, Venus on May 7 and Mercury on July 2.

URANUS is visible in the evening sky in Capricornus for the first three weeks of January. It then becomes too close to the Sun for observation until the beginning of the second week of March, when it reappears in the morning sky. It moves into Aquarius at the end of March and into Capricornus from mid-August. It is at opposition on August 20 and from mid-November it can be seen only in the evening sky.

NEPTUNE is visible for the first week of January in Capricornus and remains in this constellation throughout the year. It then becomes too close to the Sun for observation until a few days after mid-February when it reappears in the morning sky. It is at opposition on August 2 and from early November can be seen only in the evening sky.

DO NOT CONFUSE (1) Mars with Saturn from late April to mid-May when Saturn is the brighter object, and with Jupiter in the second half of June when Jupiter is the brighter object. (2) Venus with Mars in the first half of May and again from late November to the end of December, with Saturn in the first half of May and with Jupiter in the first week of June; on all occasions Venus is the brighter object. (3) Mercury with Saturn in late June to early July and with Mars in the first half of October; on both occasions Mercury is the brighter object.

VISIBILITY OF PLANETS IN MORNING AND EVENING TWILIGHT

	Morning		Evening	
Venus	November 7	– December 31	February 25	– October 26
Mars	September 25	– December 31	January 1	– June 24
Jupiter	January 1		January 1	– July 6
	August 3	– December 31		
Saturn	June 28	– December 17	January 1	– May 22
			December 17	– December 31

CONFIGURATIONS OF SUN, MOON AND PLANETS

d	h	
Jan. 1	06	Jupiter at opposition
2	07	Moon at perigee
2	14	Earth at perihelion
6	04	LAST QUARTER
8	22	Pallas in conjunction with Sun
9	05	Mercury $1°3$ S. of Neptune
11	23	Mercury greatest elong. E. (19°)
13	13	NEW MOON
14	12	Venus in superior conjunction
15	02	Mercury 4° N. of Moon
15	22	Uranus 4° N. of Moon
16	17	Vesta stationary
18	09	Mercury stationary
18	09	Moon at apogee
18	22	Mars 5° N. of Moon
21	18	FIRST QUARTER
24	16	Saturn $0°08$ S. of Moon Occn.
26	19	Jupiter $0°9$ S. of Moon Occn.
27	19	Mercury in inferior conjunction
28	14	Neptune in conjunction with Sun
28	23	FULL MOON
30	09	Moon at perigee
Feb. 4	14	LAST QUARTER
8	10	Mercury stationary
8	10	Saturn stationary
10	05	Mercury 5° N. of Moon
11	01	Juno at opposition
12	08	NEW MOON
13	17	Uranus in conjunction with Sun
14	22	Moon at apogee
16	13	Ceres in conjunction with Sun
17	00	Mars 5° N. of Moon
20	12	FIRST QUARTER
20	13	Vesta $0°6$ S. of Moon Occn.
21	00	Saturn $0°2$ S. of Moon Occn.
21	16	Mercury greatest elong. W. (27°)
23	02	Jupiter $0°9$ S. of Moon Occn.
24	13	Mercury $0°5$ S. of Neptune
27	09	FULL MOON
27	20	Moon at perigee
Mar. 1	15	Jupiter stationary
6	01	LAST QUARTER
9	03	Mercury $1°2$ S. of Uranus
10	09	Neptune 4° N. of Moon
11	17	Uranus 4° N. of Moon
12	01	Mercury 3° N. of Moon
14	01	Moon at apogee
14	02	NEW MOON

d	h	
Mar. 18	01	Mars 4° N. of Moon
20	10	Saturn $0°5$ S. of Moon Occn.
20	10	Vesta $0°5$ S. of Moon Occn.
20	19	Equinox
21	06	Pluto stationary
22	02	FIRST QUARTER
22	12	Jupiter $1°1$ S. of Moon Occn.
23	12	Juno stationary
28	08	Moon at perigee
28	18	FULL MOON
31	16	Saturn 4° N. of Aldebaran
Apr. 4	15	LAST QUARTER
6	16	Neptune 4° N. of Moon
7	09	Mercury in superior conjunction
8	01	Uranus 4° N. of Moon
10	05	Moon at apogee
12	19	NEW MOON
14	17	Venus 3° N. of Moon
15	23	Mars 2° N. of Moon
16	20	Saturn $0°8$ S. of Moon Occn.
17	10	Vesta $0°7$ S. of Moon Occn.
18	23	Jupiter $1°6$ S. of Moon
20	13	FIRST QUARTER
25	16	Moon at perigee
27	03	FULL MOON
29	13	Mars 6° N. of Aldebaran
May 4	00	Neptune 4° N. of Moon
4	04	Mercury greatest elong. E. (21°)
4	07	LAST QUARTER
4	14	Venus 6° N. of Aldebaran
4	17	Mars 2° N. of Saturn
5	10	Uranus 4° N. of Moon
7	18	Venus 2° N. of Saturn
7	19	Moon at apogee
10	21	Venus $0°3$ N. of Mars
12	11	NEW MOON
13	14	Neptune stationary
13	21	Mercury 3° N. of Moon
14	08	Saturn $1°1$ S. of Moon Occn.
14	19	Mars $0°6$ N. of Moon Occn.
14	23	Venus $0°8$ N. of Moon Occn.
15	12	Vesta $1°1$ S. of Moon Occn.
16	05	Mercury stationary
16	12	Jupiter 2° S. of Moon
19	20	FIRST QUARTER
23	16	Moon at perigee
26	12	FULL MOON Penumbral Eclipse
27	07	Mercury in inferior conjunction

CONFIGURATIONS OF SUN, MOON AND PLANETS

	d h	
May 31	08	Neptune 4° N. of Moon
June 1	18	Uranus 4° N. of Moon
	3 00	LAST QUARTER
	3 07	Uranus stationary
	3 18	Venus 1°.6 N. of Jupiter
	4 13	Moon at apogee
	7 05	Pluto at opposition
	8 11	Mercury stationary
	8 23	Pallas stationary
	9 11	Saturn in conjunction with Sun
	9 14	Mercury 3° S. of Moon
	9 20	Venus 5° S. of Pollux
	11 00	NEW MOON Eclipse
	12 12	Mars 0°.9 S. of Moon Occn.
	13 04	Jupiter 2° S. of Moon
	13 21	Venus 1°.5 S. of Moon
	18 00	FIRST QUARTER
	19 07	Moon at perigee
	21 13	Solstice
	21 15	Mercury greatest elong. W. (23°)
	24 04	Mercury 2° N. of Aldebaran
	24 22	FULL MOON Penumbral Eclipse
	27 16	Neptune 4° N. of Moon
	29 02	Uranus 4° N. of Moon
July 2	08	Moon at apogee
	2 11	Mercury 0°.2 S. of Saturn
	2 17	LAST QUARTER
	3 06	Mars 0°.8 N. of Jupiter
	4 17	Mars 6° S. of Pollux
	6 04	Earth at aphelion
	8 13	Saturn 1°.7 S. of Moon
	10 10	NEW MOON
	10 10	Venus 1°.1 N. of Regulus
	13 12	Venus 4° S. of Moon
	14 13	Moon at perigee
	17 05	FIRST QUARTER
	20 01	Jupiter in conjunction with Sun
	21 02	Mercury in superior conjunction
	23 08	Vesta in conjunction with Sun
	24 09	FULL MOON
	24 23	Neptune 4° N. of Moon
	26 09	Uranus 4° N. of Moon
	30 02	Moon at apogee
Aug. 1	10	LAST QUARTER
	2 01	Neptune at opposition
	5 04	Saturn 2° S. of Moon
	6 04	Mercury 0°.9 N. of Regulus
	8 19	NEW MOON

	d h	
Aug. 10	01	Mercury 4° S. of Moon
	10 22	Mars in conjunction with Sun
	10 23	Moon at perigee
	11 22	Venus 6° S. of Moon
	12 12	Pallas at opposition
	15 10	FIRST QUARTER
	17 15	Ceres stationary
	20 01	Uranus at opposition
	21 04	Neptune 4° N. of Moon
	22 13	Venus greatest elong. E. (46°)
	22 14	Uranus 4° N. of Moon
	22 22	FULL MOON
	26 18	Moon at apogee
	27 20	Pluto stationary
	31 03	LAST QUARTER
Sept. 1	06	Venus 0°.9 S. of Spica
	1 10	Mercury greatest elong. E. (27°)
	1 17	Saturn 2° S. of Moon
	4 13	Jupiter 4° S. of Moon
	7 03	NEW MOON
	8 03	Moon at perigee
	8 17	Mercury 9° S. of Moon
	10 02	Venus 8° S. of Moon
	13 18	FIRST QUARTER
	14 14	Mercury stationary
	17 09	Neptune 4° N. of Moon
	18 18	Uranus 4° N. of Moon
	21 14	FULL MOON
	23 03	Moon at apogee
	23 05	Equinox
	26 11	Venus greatest brilliancy
	27 19	Mercury in inferior conjunction
	29 03	Saturn 3° S. of Moon
	29 17	LAST QUARTER
	30 00	Pallas stationary
Oct. 2	07	Jupiter 4° S. of Moon
	3 22	Juno in conjunction with Sun
	4 08	Ceres at opposition
	5 01	Mars 4° S. of Moon
	6 02	Mercury stationary
	6 11	NEW MOON
	6 13	Moon at perigee
	8 10	Venus 10° S. of Moon
	10 09	Venus stationary
	11 13	Saturn stationary
	13 06	FIRST QUARTER
	13 08	Mercury greatest elong. W. (18°)
	14 14	Neptune 5° N. of Moon
	15 22	Uranus 4° N. of Moon
	20 05	Moon at apogee

CONFIGURATIONS OF SUN, MOON AND PLANETS

d h		
Oct. 20 11	Neptune stationary	
21 07	FULL MOON	
26 09	Saturn 3° S. of Moon	
27 09	Mercury 4° N. of Spica	
29 05	LAST QUARTER	
29 22	Jupiter 4° S. of Moon	
31 12	Venus in inferior conjunction	
Nov. 1 00	Vesta 1°3 S. of Moon	Occn.
2 18	Mars 4° S. of Moon	
3 12	Juno 0°6 N. of Moon	Occn.
4 01	Moon at perigee	
4 12	Uranus stationary	
4 21	NEW MOON	
10 22	Neptune 5° N. of Moon	
11 21	FIRST QUARTER	
12 05	Uranus 5° N. of Moon	
14 05	Mercury in superior conjunction	
16 11	Moon at apogee	
19 04	Venus stationary	
20 02	FULL MOON Penumbral Eclipse	
20 05	Mars 3° N. of Spica	
22 12	Saturn 3° S. of Moon	
26 07	Jupiter 4° S. of Moon	

d h		
Nov. 27 16	LAST QUARTER	
29 03	Vesta 0°04 N. of Moon	Occn.
29 18	Ceres stationary	
Dec. 1 10	Mars 3° S. of Moon	
1 13	Venus 2° S. of Moon	
2 09	Moon at perigee	
4 08	NEW MOON	Eclipse
4 21	Jupiter stationary	
7 01	Venus greatest brilliancy	
8 08	Neptune 5° N. of Moon	
9 14	Uranus 5° N. of Moon	
9 17	Pluto in conjunction with Sun	
11 16	FIRST QUARTER	
14 04	Moon at apogee	
17 17	Saturn at opposition	
19 15	Saturn 3° S. of Moon	
19 19	FULL MOON	
22 01	Solstice	
23 12	Jupiter 4° S. of Moon	
26 05	Mercury greatest elong. E. (20°)	
27 01	LAST QUARTER	
30 01	Mars 1°2 S. of Moon	Occn.
30 01	Moon at perigee	
30 09	Venus 2° N. of Moon	

OCCULTATIONS OF X-RAY SOURCES BY THE MOON

Occultations occur at intervals of a lunar month between the dates given below:

Source	Dates	Source	Dates
3U1226 + 02	Jan. 5–Dec. 27	4U1853 − 23	Jan. 12–July 22
4U1253 − 00	Jan. 5–Dec. 27	3U0012 − 05	Jan. 19–July 29
2A1306 − 012	Jan. 6–Dec. 27	3U0255 + 13	Jan. 22–Aug. 29
3U1709 − 23	Jan. 10–Dec. 4	3U0531 + 21	Jan. 25
4U1730 − 22	Jan. 11–Feb. 7	3U1758 − 25	Mar. 7–Dec. 05
MX1803 − 24	Jan. 11–Dec. 5	3U1728 − 24	Apr. 3–Dec. 05
3U1832 − 23	Jan. 12–Feb. 8		

AVAILABILITY OF PREDICTIONS OF LUNAR OCCULTATIONS

The International Lunar Occultation Centre, Astronomical Division, Hydrographic Department, Tsukiji-5, Chuo-ku, Tokyo, 104 JAPAN is responsible for the predictions and for the reductions of timings of occultations of stars by the Moon.

Arrangement and basis of the tabulations

The tabulations of risings, settings and twilights on pages A14–A77 refer to the instants when the true geocentric zenith distance of the central point of the disk of the Sun or Moon takes the value indicated in the following table. The tabular times are in universal time (UT) for selected latitudes on the meridian of Greenwich; the times for other latitudes and longitudes may be obtained by interpolation as described below and as exemplified on page A13.

	Phenomena	*Zenith distance*	*Pages*
SUN (interval 4 days):	sunrise and sunset	90° 50′	A14–A21
	civil twilight	96°	A22–A29
	nautical twilight	102°	A30–A37
	astronomical twilight	108°	A38–A45
MOON (interval 1 day):	moonrise and moonset	90° 34′ + $s - \pi$	A46–A77

(s = semidiameter, π =horizontal parallax)

The zenith distance at the times for rising and setting is such that under normal conditions the upper limb of the Sun and Moon appears to be on the horizon of an observer at sea-level. The parallax of the Sun is ignored. The observed time may differ from the tabular time because of a variation of the atmospheric refraction from the adopted value (34′) and because of a difference in height of the observer and the actual horizon.

Use of tabulations

The following procedure may be used to obtain times of the phenomena for a non-tabular place and date.

Step 1:   Interpolate linearly for latitude. The differences between adjacent values are usually small and so the required interpolates can often be obtained by inspection.

Step 2:   Interpolate linearly for date and longitude in order to obtain the local mean times of the phenomena at the longitude concerned. For the Sun the variations with longitude of the local mean times of the phenomena are small, but to obtain better precision the interpolation factor for date should be increased by

$$\text{west longitude in degrees} / 1440$$

since the interval of tabulation is 4 days. For the Moon, the interpolating factor to be used is simply

$$\text{west longitude in degrees} / 360$$

since the interval of tabulation is 1 day; backward interpolation should be carried out for east longitudes.

Step 3:   Convert the times so obtained (which are on the scale of local mean time for the local meridian) to universal time (UT) or to the appropriate clock time, which may differ from the time of the nearest standard meridian according to the customs of the country concerned. The UT of the phenomenon is obtained from the local mean time by applying the longitude expressed in time measure (1 hour for each 15° of longitude), adding for west longitudes and subtracting for east longitudes. The times so obtained may require adjustment by 24^{h}; if so, the corresponding date must be changed accordingly.

Approximate formulae for direct calculation

The approximate UT of rising or setting of a body with right ascension α and declination δ at latitude ϕ and *east* longitude λ may be calculated from

$$UT = 0.997\,27\,\{\alpha - \lambda \pm \cos^{-1}(-\tan\phi\tan\delta) - (\text{GMST at } 0^{\text{h}}\text{ UT})\}$$

where each term is expressed in time measure and the GMST at 0^{h} UT is given in the tabulations on pages B8–B15. The negative sign corresponds to rising and the positive sign to setting. The formula ignores refraction, semi-diameter and any changes in α and δ during the day. If $\tan\phi\tan\delta$ is numerically greater than 1, there is no phenomenon.

Examples

The following examples of the calculations of the times of rising and setting phenomena use the procedure described on page A12.

1. To find the times of sunrise and sunset for Paris on 2002 July 20. Paris is at latitude N 48° 52′ (= +48°87), longitude E 2° 20′ (= E 2°33 = E 0^h 09^m), and in the summer the clocks are kept two hours in advance of UT. The relevant portions of the tabulation on page A19 and the results of the interpolation for latitude are as follows, where the interpolation factor is (48·87 − 48)/2 = 0·44:

	Sunrise			Sunset		
	+48°	+50°	+48°87	+48°	+50°	+48°87
	h m	h m	h m	h m	h m	h m
July 17	04 18	04 09	04 14	19 54	20 02	19 57
July 21	04 22	04 14	04 19	19 50	19 58	19 53

The interpolation factor for date and longitude is (20 − 17)/4 − 2·33/1440 = 0·75

	Sunrise	Sunset
	d h m	d h m
Interpolate to obtain local mean time:	20 04 18	20 19 54
Subtract 0^h 09^m to obtain universal time:	20 04 09	20 19 45
Add 2^h to obtain clock time:	20 06 09	20 21 45

2. To find the times of beginning and end of astronomical twilight for Canberra, Australia on 2002 November 15. Canberra is at latitude S 35° 18′ (= −35°30), longitude E 149° 08′(= E 149°13 = E 9^h 57^m), and in the summer the clocks are kept eleven hours in advance of UT. The relevant portions of the tabulation on page A44 and the results of the interpolation for latitude are as follows, where the interpolation factor is (−35·30 − (−40))/5 = 0·94:

	Astronomical Twilight					
	beginning			end		
	−40°	−35°	−35°30	−40°	−35°	−35°30
	h m	h m	h m	h m	h m	h m
Nov. 14	02 47	03 09	03 08	20 43	20 21	20 22
Nov. 18	02 41	03 05	03 04	20 50	20 26	20 27

The interpolation factor for date and longitude is (15 − 14)/4 − 149·13/1440 = 0·15

	Astronomical Twilight	
	beginning	end
	d h m	d h m
Interpolation to obtain local mean time:	15 03 07	15 20 23
Subtract 9^h 57^m to obtain universal time:	14 17 10	15 10 26
Add 11^h to obtain clock time:	15 04 10	15 21 26

3. To find the times of moonrise and moonset for Washington, D.C. on 2002 February 16. Washington is at latitude N 38° 55′ (= +38°92), longitude W 77° 00′ (= W 77°00 = W 5^h 08^m), and in the winter the clocks are kept five hours behind UT. The relevant portions of the tabulation on page A50 and the results of the interpolation for latitude are as follows, where the interpolation factor is (38·92 − 35)/5 = 0·78:

	Moonrise			Moonset		
	+35°	+40°	+38°92	+35°	+40°	+38°92
	h m	h m	h m	h m	h m	h m
Feb. 16	09 06	09 06	09 06	21 33	21 35	21 35
Feb. 17	09 32	09 29	09 30	22 29	22 33	22 32

The interpolation factor for longitude is 77·0/360 = 0·21

	Moonrise	Moonset
	d h m	d h m
Interpolate to obtain local mean time:	16 09 11	16 21 47
Add 5^h 08^m to obtain universal time:	16 14 19	17 02 55
Subtract 5^h to obtain clock time:	16 09 19	16 21 55

SUNRISE AND SUNSET, 2002

UNIVERSAL TIME FOR MERIDIAN OF GREENWICH

SUNRISE

Lat.	−55°	−50°	−45°	−40°	−35°	−30°	−20°	−10°	0°	+10°	+20°	+30°	+35°	+40°
	h m	h m	h m	h m	h m	h m	h m	h m	h m	h m	h m	h m	h m	h m
Jan. −2	3 23	3 52	4 15	4 32	4 47	5 00	5 22	5 41	5 58	6 16	6 34	6 55	7 07	7 21
2	3 27	3 56	4 18	4 36	4 50	5 03	5 25	5 43	6 00	6 17	6 35	6 56	7 08	7 22
6	3 32	4 01	4 22	4 39	4 54	5 06	5 27	5 45	6 02	6 19	6 37	6 57	7 09	7 22
10	3 39	4 06	4 27	4 43	4 57	5 09	5 30	5 47	6 04	6 20	6 37	6 57	7 08	7 22
14	3 46	4 12	4 31	4 47	5 01	5 13	5 32	5 50	6 05	6 21	6 38	6 57	7 08	7 20
18	3 53	4 18	4 37	4 52	5 05	5 16	5 35	5 52	6 07	6 22	6 38	6 56	7 07	7 19
22	4 01	4 24	4 42	4 57	5 09	5 20	5 38	5 53	6 08	6 22	6 38	6 55	7 05	7 17
26	4 09	4 31	4 48	5 01	5 13	5 23	5 40	5 55	6 09	6 23	6 37	6 54	7 03	7 14
30	4 18	4 38	4 53	5 06	5 17	5 27	5 43	5 57	6 10	6 23	6 36	6 52	7 00	7 11
Feb. 3	4 26	4 45	4 59	5 11	5 21	5 30	5 45	5 58	6 10	6 22	6 35	6 49	6 57	7 07
7	4 35	4 52	5 05	5 16	5 25	5 34	5 47	5 59	6 11	6 22	6 33	6 47	6 54	7 03
11	4 44	4 59	5 11	5 21	5 30	5 37	5 50	6 01	6 11	6 21	6 31	6 43	6 50	6 58
15	4 52	5 06	5 17	5 26	5 34	5 40	5 52	6 02	6 11	6 20	6 29	6 40	6 46	6 53
19	5 01	5 13	5 23	5 31	5 37	5 43	5 54	6 02	6 10	6 19	6 27	6 36	6 42	6 48
23	5 10	5 20	5 28	5 35	5 41	5 46	5 55	6 03	6 10	6 17	6 24	6 33	6 37	6 43
27	5 18	5 27	5 34	5 40	5 45	5 49	5 57	6 03	6 09	6 15	6 21	6 28	6 32	6 37
Mar. 3	5 26	5 34	5 39	5 44	5 48	5 52	5 58	6 04	6 09	6 13	6 18	6 24	6 27	6 31
7	5 35	5 40	5 45	5 49	5 52	5 55	6 00	6 04	6 08	6 11	6 15	6 20	6 22	6 25
11	5 43	5 47	5 50	5 53	5 55	5 58	6 01	6 04	6 07	6 09	6 12	6 15	6 17	6 18
15	5 51	5 53	5 56	5 57	5 59	6 00	6 02	6 04	6 06	6 07	6 09	6 10	6 11	6 12
19	5 59	6 00	6 01	6 01	6 02	6 03	6 03	6 04	6 05	6 05	6 05	6 05	6 06	6 06
23	6 06	6 06	6 06	6 06	6 05	6 05	6 05	6 04	6 03	6 03	6 02	6 01	6 00	5 59
27	6 14	6 12	6 11	6 10	6 09	6 07	6 06	6 04	6 02	6 00	5 58	5 56	5 54	5 53
31	6 22	6 19	6 16	6 14	6 12	6 10	6 07	6 04	6 01	5 58	5 55	5 51	5 49	5 46
Apr. 4	6 30	6 25	6 21	6 18	6 15	6 12	6 08	6 04	6 00	5 56	5 51	5 46	5 43	5 40

SUNSET

Lat.	−55°	−50°	−45°	−40°	−35°	−30°	−20°	−10°	0°	+10°	+20°	+30°	+35°	+40°
	h m	h m	h m	h m	h m	h m	h m	h m	h m	h m	h m	h m	h m	h m
Jan. −2	20 41	20 12	19 49	19 32	19 17	19 04	18 42	18 23	18 06	17 49	17 30	17 09	16 57	16 43
2	20 40	20 11	19 50	19 32	19 18	19 05	18 43	18 25	18 08	17 51	17 33	17 12	17 00	16 46
6	20 38	20 10	19 49	19 32	19 18	19 05	18 44	18 26	18 10	17 53	17 35	17 15	17 03	16 50
10	20 35	20 08	19 48	19 31	19 18	19 06	18 45	18 28	18 11	17 55	17 38	17 18	17 07	16 54
14	20 31	20 06	19 46	19 30	19 17	19 05	18 46	18 28	18 13	17 57	17 40	17 21	17 10	16 58
18	20 27	20 02	19 44	19 28	19 16	19 04	18 46	18 29	18 14	17 59	17 43	17 25	17 14	17 02
22	20 21	19 58	19 40	19 26	19 14	19 03	18 45	18 30	18 15	18 01	17 46	17 28	17 18	17 07
26	20 15	19 53	19 37	19 23	19 12	19 02	18 45	18 30	18 16	18 03	17 48	17 32	17 22	17 12
30	20 08	19 48	19 32	19 20	19 09	19 00	18 44	18 30	18 17	18 04	17 51	17 35	17 26	17 16
Feb. 3	20 00	19 42	19 27	19 16	19 06	18 57	18 42	18 29	18 17	18 05	17 53	17 39	17 31	17 21
7	19 52	19 35	19 22	19 11	19 02	18 54	18 41	18 29	18 18	18 07	17 55	17 42	17 35	17 26
11	19 43	19 28	19 17	19 07	18 58	18 51	18 39	18 28	18 18	18 08	17 57	17 45	17 39	17 31
15	19 34	19 21	19 10	19 02	18 54	18 48	18 36	18 27	18 18	18 09	17 59	17 49	17 42	17 36
19	19 25	19 14	19 04	18 56	18 50	18 44	18 34	18 25	18 17	18 09	18 01	17 52	17 46	17 40
23	19 16	19 06	18 57	18 51	18 45	18 40	18 31	18 24	18 17	18 10	18 03	17 55	17 50	17 45
27	19 06	18 58	18 51	18 45	18 40	18 36	18 28	18 22	18 16	18 10	18 04	17 57	17 54	17 49
Mar. 3	18 56	18 49	18 44	18 39	18 35	18 31	18 25	18 20	18 15	18 11	18 06	18 00	17 57	17 54
7	18 46	18 41	18 36	18 33	18 30	18 27	18 22	18 18	18 14	18 11	18 07	18 03	18 01	17 58
11	18 36	18 32	18 29	18 26	18 24	18 22	18 19	18 16	18 13	18 11	18 08	18 06	18 04	18 02
15	18 26	18 24	18 22	18 20	18 19	18 17	18 15	18 14	18 12	18 11	18 10	18 08	18 07	18 07
19	18 16	18 15	18 14	18 13	18 13	18 13	18 12	18 11	18 11	18 11	18 11	18 11	18 11	18 11
23	18 06	18 06	18 07	18 07	18 07	18 08	18 08	18 09	18 10	18 11	18 12	18 13	18 14	18 15
27	17 56	17 57	17 59	18 01	18 02	18 03	18 05	18 07	18 09	18 11	18 13	18 16	18 17	18 19
31	17 45	17 49	17 52	17 54	17 56	17 58	18 01	18 04	18 07	18 11	18 14	18 18	18 20	18 23
Apr. 4	17 35	17 40	17 44	17 48	17 51	17 53	17 58	18 02	18 06	18 10	18 15	18 20	18 23	18 27

UNIVERSAL TIME FOR MERIDIAN OF GREENWICH

SUNRISE

Lat.	+40°	+42°	+44°	+46°	+48°	+50°	+52°	+54°	+56°	+58°	+60°	+62°	+64°	+66°
	h m	h m	h m	h m	h m	h m	h m	h m	h m	h m	h m	h m	h m	h m
Jan. −2	7 21	7 28	7 34	7 42	7 50	7 58	8 08	8 19	8 32	8 46	9 03	9 25	9 52	10 32
2	7 22	7 28	7 35	7 42	7 50	7 58	8 08	8 19	8 31	8 45	9 02	9 22	9 49	10 26
6	7 22	7 28	7 35	7 42	7 49	7 58	8 07	8 17	8 29	8 43	8 59	9 18	9 43	10 18
10	7 22	7 27	7 34	7 41	7 48	7 56	8 05	8 15	8 26	8 39	8 55	9 13	9 36	10 08
14	7 20	7 26	7 32	7 39	7 46	7 54	8 02	8 12	8 23	8 35	8 49	9 07	9 28	9 56
18	7 19	7 24	7 30	7 36	7 43	7 50	7 59	8 08	8 18	8 30	8 43	8 59	9 19	9 44
22	7 17	7 22	7 27	7 33	7 39	7 46	7 54	8 03	8 12	8 23	8 36	8 51	9 09	9 31
26	7 14	7 19	7 24	7 29	7 35	7 42	7 49	7 57	8 06	8 16	8 28	8 41	8 58	9 18
30	7 11	7 15	7 20	7 25	7 31	7 37	7 43	7 51	7 59	8 08	8 19	8 31	8 46	9 04
Feb. 3	7 07	7 11	7 15	7 20	7 25	7 31	7 37	7 44	7 51	8 00	8 10	8 21	8 34	8 50
7	7 03	7 07	7 11	7 15	7 20	7 25	7 30	7 36	7 43	7 51	8 00	8 10	8 21	8 35
11	6 58	7 02	7 05	7 09	7 13	7 18	7 23	7 29	7 35	7 42	7 49	7 58	8 09	8 21
15	6 53	6 56	7 00	7 03	7 07	7 11	7 15	7 20	7 26	7 32	7 39	7 46	7 55	8 06
19	6 48	6 51	6 54	6 57	7 00	7 04	7 08	7 12	7 17	7 22	7 28	7 34	7 42	7 51
23	6 43	6 45	6 47	6 50	6 53	6 56	6 59	7 03	7 07	7 11	7 16	7 22	7 29	7 36
27	6 37	6 39	6 41	6 43	6 45	6 48	6 51	6 54	6 57	7 01	7 05	7 10	7 15	7 21
Mar. 3	6 31	6 32	6 34	6 36	6 38	6 40	6 42	6 44	6 47	6 50	6 53	6 57	7 01	7 06
7	6 25	6 26	6 27	6 28	6 30	6 31	6 33	6 35	6 37	6 39	6 41	6 44	6 47	6 51
11	6 18	6 19	6 20	6 21	6 22	6 23	6 24	6 25	6 26	6 28	6 30	6 31	6 33	6 36
15	6 12	6 12	6 13	6 13	6 14	6 14	6 15	6 15	6 16	6 17	6 18	6 18	6 19	6 21
19	6 06	6 06	6 06	6 06	6 06	6 06	6 06	6 06	6 06	6 06	6 05	6 05	6 05	6 05
23	5 59	5 59	5 58	5 58	5 57	5 57	5 56	5 56	5 55	5 54	5 53	5 52	5 51	5 50
27	5 53	5 52	5 51	5 50	5 49	5 48	5 47	5 46	5 44	5 43	5 41	5 39	5 37	5 34
31	5 46	5 45	5 44	5 42	5 41	5 39	5 38	5 36	5 34	5 32	5 29	5 26	5 23	5 19
Apr. 4	5 40	5 38	5 37	5 35	5 33	5 31	5 29	5 26	5 23	5 20	5 17	5 13	5 09	5 04

SUNSET

Lat.	+40°	+42°	+44°	+46°	+48°	+50°	+52°	+54°	+56°	+58°	+60°	+62°	+64°	+66°
	h m	h m	h m	h m	h m	h m	h m	h m	h m	h m	h m	h m	h m	h m
Jan. −2	16 43	16 37	16 30	16 23	16 15	16 06	15 56	15 45	15 33	15 18	15 01	14 40	14 12	13 32
2	16 46	16 40	16 33	16 26	16 18	16 10	16 00	15 49	15 37	15 23	15 06	14 46	14 20	13 42
6	16 50	16 44	16 37	16 30	16 23	16 14	16 05	15 55	15 43	15 29	15 13	14 53	14 29	13 54
10	16 54	16 48	16 42	16 35	16 27	16 19	16 10	16 00	15 49	15 36	15 21	15 02	14 39	14 08
14	16 58	16 52	16 46	16 40	16 33	16 25	16 16	16 07	15 56	15 44	15 29	15 12	14 50	14 22
18	17 02	16 57	16 51	16 45	16 38	16 31	16 23	16 14	16 03	15 52	15 38	15 22	15 03	14 37
22	17 07	17 02	16 56	16 51	16 44	16 37	16 30	16 21	16 11	16 01	15 48	15 33	15 15	14 53
26	17 12	17 07	17 02	16 56	16 50	16 44	16 37	16 29	16 20	16 10	15 58	15 45	15 28	15 08
30	17 16	17 12	17 07	17 02	16 56	16 50	16 44	16 36	16 28	16 19	16 08	15 56	15 41	15 24
Feb. 3	17 21	17 17	17 13	17 08	17 03	16 57	16 51	16 44	16 37	16 29	16 19	16 08	15 55	15 39
7	17 26	17 22	17 18	17 14	17 09	17 04	16 59	16 53	16 46	16 38	16 29	16 20	16 08	15 54
11	17 31	17 27	17 24	17 20	17 16	17 11	17 06	17 01	16 55	16 48	16 40	16 31	16 21	16 09
15	17 36	17 33	17 29	17 26	17 22	17 18	17 14	17 09	17 03	16 57	16 51	16 43	16 34	16 23
19	17 40	17 38	17 35	17 32	17 28	17 25	17 21	17 17	17 12	17 07	17 01	16 54	16 47	16 38
23	17 45	17 43	17 40	17 37	17 35	17 32	17 28	17 25	17 21	17 16	17 11	17 06	16 59	16 52
27	17 49	17 47	17 45	17 43	17 41	17 38	17 36	17 33	17 29	17 26	17 22	17 17	17 12	17 06
Mar. 3	17 54	17 52	17 51	17 49	17 47	17 45	17 43	17 40	17 38	17 35	17 32	17 28	17 24	17 19
7	17 58	17 57	17 56	17 54	17 53	17 52	17 50	17 48	17 46	17 44	17 42	17 39	17 36	17 33
11	18 02	18 02	18 01	18 00	17 59	17 58	17 57	17 56	17 55	17 53	17 52	17 50	17 48	17 46
15	18 07	18 06	18 06	18 05	18 05	18 05	18 04	18 04	18 03	18 02	18 02	18 01	18 00	17 59
19	18 11	18 11	18 11	18 11	18 11	18 11	18 11	18 11	18 11	18 11	18 12	18 12	18 12	18 12
23	18 15	18 15	18 16	18 16	18 17	18 17	18 18	18 19	18 19	18 20	18 21	18 22	18 24	18 25
27	18 19	18 20	18 21	18 21	18 23	18 24	18 25	18 26	18 28	18 29	18 31	18 33	18 36	18 38
31	18 23	18 24	18 25	18 27	18 28	18 30	18 32	18 34	18 36	18 38	18 41	18 44	18 47	18 51
Apr. 4	18 27	18 29	18 30	18 32	18 34	18 36	18 38	18 41	18 44	18 47	18 51	18 55	18 59	19 05

SUNRISE AND SUNSET, 2002

UNIVERSAL TIME FOR MERIDIAN OF GREENWICH

SUNRISE

Lat.	−55°	−50°	−45°	−40°	−35°	−30°	−20°	−10°	0°	+10°	+20°	+30°	+35°	+40°
	h m	h m	h m	h m	h m	h m	h m	h m	h m	h m	h m	h m	h m	h m
Mar. 31	6 22	6 19	6 16	6 14	6 12	6 10	6 07	6 04	6 01	5 58	5 55	5 51	5 49	5 46
Apr. 4	6 30	6 25	6 21	6 18	6 15	6 12	6 08	6 04	6 00	5 56	5 51	5 46	5 43	5 40
8	6 37	6 31	6 26	6 22	6 18	6 15	6 09	6 04	5 59	5 53	5 48	5 41	5 38	5 33
12	6 45	6 37	6 31	6 26	6 21	6 17	6 10	6 04	5 57	5 51	5 45	5 37	5 32	5 27
16	6 53	6 43	6 36	6 30	6 24	6 19	6 11	6 04	5 56	5 49	5 41	5 32	5 27	5 21
20	7 00	6 50	6 41	6 34	6 27	6 22	6 12	6 04	5 56	5 47	5 38	5 28	5 22	5 15
24	7 08	6 56	6 46	6 38	6 31	6 24	6 14	6 04	5 55	5 46	5 36	5 24	5 17	5 10
28	7 15	7 02	6 51	6 42	6 34	6 27	6 15	6 04	5 54	5 44	5 33	5 20	5 13	5 04
May 2	7 23	7 08	6 56	6 46	6 37	6 29	6 16	6 05	5 54	5 42	5 30	5 17	5 08	4 59
6	7 30	7 14	7 00	6 50	6 40	6 32	6 18	6 05	5 53	5 41	5 28	5 13	5 04	4 54
10	7 37	7 19	7 05	6 53	6 43	6 34	6 19	6 06	5 53	5 40	5 26	5 10	5 01	4 50
14	7 44	7 25	7 10	6 57	6 46	6 37	6 21	6 06	5 53	5 39	5 24	5 07	4 57	4 46
18	7 51	7 30	7 14	7 01	6 49	6 39	6 22	6 07	5 53	5 38	5 23	5 05	4 54	4 42
22	7 57	7 36	7 18	7 04	6 52	6 42	6 24	6 08	5 53	5 38	5 22	5 03	4 52	4 39
26	8 03	7 40	7 22	7 08	6 55	6 44	6 25	6 09	5 53	5 38	5 21	5 01	4 50	4 36
30	8 09	7 45	7 26	7 11	6 58	6 46	6 27	6 10	5 54	5 38	5 20	5 00	4 48	4 34
June 3	8 14	7 49	7 29	7 14	7 00	6 49	6 28	6 11	5 54	5 38	5 20	4 59	4 47	4 33
7	8 18	7 52	7 32	7 16	7 02	6 50	6 30	6 12	5 55	5 38	5 20	4 58	4 46	4 31
11	8 22	7 55	7 35	7 18	7 04	6 52	6 31	6 13	5 56	5 39	5 20	4 58	4 45	4 31
15	8 24	7 57	7 37	7 20	7 06	6 54	6 33	6 14	5 57	5 39	5 20	4 58	4 45	4 31
19	8 26	7 59	7 38	7 21	7 07	6 55	6 34	6 15	5 58	5 40	5 21	4 59	4 46	4 31
23	8 27	8 00	7 39	7 22	7 08	6 56	6 34	6 16	5 58	5 41	5 22	5 00	4 47	4 32
27	8 27	8 00	7 39	7 23	7 09	6 56	6 35	6 17	5 59	5 42	5 23	5 01	4 48	4 33
July 1	8 26	8 00	7 39	7 23	7 09	6 57	6 36	6 17	6 00	5 43	5 24	5 02	4 50	4 35
5	8 24	7 58	7 38	7 22	7 08	6 56	6 36	6 18	6 01	5 44	5 25	5 04	4 51	4 37

SUNSET

Lat.	−55°	−50°	−45°	−40°	−35°	−30°	−20°	−10°	0°	+10°	+20°	+30°	+35°	+40°
	h m	h m	h m	h m	h m	h m	h m	h m	h m	h m	h m	h m	h m	h m
Mar. 31	17 45	17 49	17 52	17 54	17 56	17 58	18 01	18 04	18 07	18 11	18 14	18 18	18 20	18 23
Apr. 4	17 35	17 40	17 44	17 48	17 51	17 53	17 58	18 02	18 06	18 10	18 15	18 20	18 23	18 27
8	17 25	17 32	17 37	17 41	17 45	17 49	17 55	18 00	18 05	18 10	18 16	18 23	18 27	18 31
12	17 16	17 24	17 30	17 35	17 40	17 44	17 51	17 58	18 04	18 10	18 17	18 25	18 30	18 35
16	17 06	17 15	17 23	17 29	17 35	17 40	17 48	17 56	18 03	18 11	18 18	18 28	18 33	18 39
20	16 57	17 08	17 16	17 24	17 30	17 36	17 45	17 54	18 02	18 11	18 20	18 30	18 36	18 43
24	16 48	17 00	17 10	17 18	17 25	17 32	17 43	17 52	18 02	18 11	18 21	18 33	18 40	18 47
28	16 39	16 53	17 04	17 13	17 21	17 28	17 40	17 51	18 01	18 11	18 22	18 35	18 43	18 51
May 2	16 30	16 46	16 58	17 08	17 17	17 24	17 37	17 49	18 00	18 12	18 24	18 38	18 46	18 55
6	16 22	16 39	16 52	17 03	17 13	17 21	17 35	17 48	18 00	18 12	18 25	18 40	18 49	18 59
10	16 15	16 33	16 47	16 59	17 09	17 18	17 33	17 47	18 00	18 13	18 27	18 43	18 52	19 03
14	16 08	16 27	16 42	16 55	17 06	17 15	17 32	17 46	18 00	18 14	18 28	18 46	18 56	19 07
18	16 01	16 22	16 38	16 52	17 03	17 13	17 30	17 46	18 00	18 14	18 30	18 48	18 59	19 11
22	15 55	16 17	16 34	16 49	17 01	17 11	17 29	17 45	18 00	18 15	18 32	18 51	19 02	19 15
26	15 50	16 13	16 31	16 46	16 59	17 10	17 28	17 45	18 01	18 16	18 33	18 53	19 05	19 18
30	15 46	16 10	16 29	16 44	16 57	17 08	17 28	17 45	18 01	18 17	18 35	18 55	19 07	19 21
June 3	15 42	16 07	16 27	16 42	16 56	17 07	17 28	17 45	18 02	18 18	18 36	18 57	19 10	19 24
7	15 39	16 05	16 25	16 41	16 55	17 07	17 28	17 46	18 02	18 20	18 38	18 59	19 12	19 26
11	15 37	16 04	16 24	16 41	16 55	17 07	17 28	17 46	18 03	18 21	18 39	19 01	19 14	19 29
15	15 36	16 03	16 24	16 41	16 55	17 07	17 28	17 47	18 04	18 22	18 41	19 02	19 15	19 30
19	15 36	16 03	16 24	16 41	16 55	17 08	17 29	17 48	18 05	18 23	18 42	19 04	19 17	19 32
23	15 37	16 04	16 25	16 42	16 56	17 09	17 30	17 48	18 06	18 23	18 42	19 04	19 18	19 33
27	15 39	16 06	16 27	16 43	16 57	17 10	17 31	17 49	18 07	18 24	18 43	19 05	19 18	19 33
July 1	15 42	16 08	16 29	16 45	16 59	17 11	17 32	17 50	18 07	18 25	18 43	19 05	19 18	19 33
5	15 45	16 11	16 31	16 47	17 01	17 13	17 33	17 51	18 08	18 25	18 44	19 05	19 17	19 32

UNIVERSAL TIME FOR MERIDIAN OF GREENWICH
SUNRISE

Lat.	+40°	+42°	+44°	+46°	+48°	+50°	+52°	+54°	+56°	+58°	+60°	+62°	+64°	+66°
	h m	h m	h m	h m	h m	h m	h m	h m	h m	h m	h m	h m	h m	h m
Mar. 31	5 46	5 45	5 44	5 42	5 41	5 39	5 38	5 36	5 34	5 32	5 29	5 26	5 23	5 19
Apr. 4	5 40	5 38	5 37	5 35	5 33	5 31	5 29	5 26	5 23	5 20	5 17	5 13	5 09	5 04
8	5 33	5 31	5 29	5 27	5 25	5 22	5 20	5 16	5 13	5 09	5 05	5 00	4 55	4 48
12	5 27	5 25	5 22	5 20	5 17	5 14	5 11	5 07	5 03	4 58	4 53	4 47	4 40	4 33
16	5 21	5 18	5 16	5 13	5 09	5 06	5 02	4 57	4 53	4 47	4 41	4 34	4 26	4 17
20	5 15	5 12	5 09	5 06	5 02	4 58	4 53	4 48	4 43	4 37	4 30	4 22	4 12	4 01
24	5 10	5 06	5 03	4 59	4 54	4 50	4 45	4 39	4 33	4 26	4 18	4 09	3 58	3 46
28	5 04	5 01	4 56	4 52	4 47	4 42	4 37	4 30	4 24	4 16	4 07	3 57	3 45	3 30
May 2	4 59	4 55	4 51	4 46	4 41	4 35	4 29	4 22	4 14	4 06	3 56	3 44	3 31	3 14
6	4 54	4 50	4 45	4 40	4 34	4 28	4 22	4 14	4 06	3 56	3 45	3 33	3 17	2 59
10	4 50	4 45	4 40	4 34	4 28	4 22	4 15	4 06	3 57	3 47	3 35	3 21	3 04	2 43
14	4 46	4 41	4 35	4 29	4 23	4 16	4 08	3 59	3 49	3 38	3 25	3 10	2 51	2 27
18	4 42	4 37	4 31	4 25	4 18	4 10	4 02	3 53	3 42	3 30	3 16	2 59	2 38	2 11
22	4 39	4 33	4 27	4 21	4 13	4 06	3 57	3 47	3 36	3 23	3 07	2 49	2 26	1 55
26	4 36	4 31	4 24	4 17	4 10	4 01	3 52	3 42	3 30	3 16	3 00	2 40	2 14	1 38
30	4 34	4 28	4 21	4 14	4 06	3 58	3 48	3 37	3 24	3 10	2 53	2 31	2 03	1 22
June 3	4 33	4 26	4 19	4 12	4 04	3 55	3 45	3 33	3 20	3 05	2 47	2 24	1 54	1 04
7	4 31	4 25	4 18	4 10	4 02	3 52	3 42	3 30	3 17	3 01	2 42	2 18	1 45	0 46
11	4 31	4 24	4 17	4 09	4 00	3 51	3 40	3 28	3 14	2 58	2 38	2 13	1 38	0 23
15	4 31	4 24	4 16	4 09	4 00	3 50	3 39	3 27	3 13	2 56	2 36	2 10	1 33	▭
19	4 31	4 24	4 17	4 09	4 00	3 50	3 39	3 27	3 13	2 56	2 35	2 09	1 31	▭
23	4 32	4 25	4 18	4 10	4 01	3 51	3 40	3 28	3 14	2 57	2 36	2 10	1 32	▭
27	4 33	4 26	4 19	4 11	4 02	3 53	3 42	3 29	3 15	2 59	2 38	2 12	1 35	▭
July 1	4 35	4 28	4 21	4 13	4 04	3 55	3 44	3 32	3 18	3 02	2 42	2 16	1 41	0 17
5	4 37	4 30	4 23	4 15	4 07	3 58	3 47	3 35	3 22	3 06	2 47	2 22	1 49	0 46

SUNSET

Lat.	+40°	+42°	+44°	+46°	+48°	+50°	+52°	+54°	+56°	+58°	+60°	+62°	+64°	+66°
	h m	h m	h m	h m	h m	h m	h m	h m	h m	h m	h m	h m	h m	h m
Mar. 31	18 23	18 24	18 25	18 27	18 28	18 30	18 32	18 34	18 36	18 38	18 41	18 44	18 47	18 51
Apr. 4	18 27	18 29	18 30	18 32	18 34	18 36	18 38	18 41	18 44	18 47	18 51	18 55	18 59	19 05
8	18 31	18 33	18 35	18 37	18 40	18 42	18 45	18 49	18 52	18 56	19 00	19 05	19 11	19 18
12	18 35	18 37	18 40	18 43	18 46	18 49	18 52	18 56	19 00	19 05	19 10	19 16	19 23	19 31
16	18 39	18 42	18 45	18 48	18 51	18 55	18 59	19 03	19 08	19 14	19 20	19 27	19 35	19 45
20	18 43	18 46	18 50	18 53	18 57	19 01	19 06	19 11	19 17	19 23	19 30	19 38	19 48	19 59
24	18 47	18 51	18 54	18 58	19 03	19 07	19 13	19 18	19 25	19 32	19 40	19 49	20 00	20 13
28	18 51	18 55	18 59	19 04	19 08	19 14	19 19	19 26	19 33	19 41	19 50	20 00	20 13	20 28
May 2	18 55	19 00	19 04	19 09	19 14	19 20	19 26	19 33	19 41	19 50	20 00	20 11	20 25	20 42
6	18 59	19 04	19 09	19 14	19 20	19 26	19 33	19 40	19 49	19 59	20 10	20 23	20 38	20 57
10	19 03	19 08	19 13	19 19	19 25	19 32	19 39	19 47	19 57	20 07	20 19	20 34	20 51	21 13
14	19 07	19 12	19 18	19 24	19 30	19 38	19 46	19 54	20 04	20 16	20 29	20 45	21 04	21 29
18	19 11	19 16	19 22	19 29	19 36	19 43	19 52	20 01	20 12	20 24	20 38	20 56	21 17	21 45
22	19 15	19 20	19 26	19 33	19 40	19 49	19 57	20 07	20 19	20 32	20 47	21 06	21 30	22 02
26	19 18	19 24	19 30	19 37	19 45	19 53	20 03	20 13	20 25	20 39	20 56	21 16	21 42	22 19
30	19 21	19 27	19 34	19 41	19 49	19 58	20 08	20 19	20 31	20 46	21 04	21 25	21 54	22 37
June 3	19 24	19 30	19 37	19 45	19 53	20 02	20 12	20 24	20 37	20 52	21 11	21 34	22 05	22 56
7	19 26	19 33	19 40	19 48	19 56	20 06	20 16	20 28	20 41	20 57	21 17	21 41	22 14	23 17
11	19 29	19 35	19 43	19 50	19 59	20 09	20 19	20 31	20 45	21 02	21 21	21 47	22 23	23 45
15	19 30	19 37	19 44	19 52	20 01	20 11	20 22	20 34	20 48	21 05	21 25	21 51	22 28	▭
19	19 32	19 39	19 46	19 54	20 03	20 12	20 23	20 36	20 50	21 07	21 27	21 54	22 32	▭
23	19 33	19 39	19 47	19 55	20 03	20 13	20 24	20 36	20 51	21 07	21 28	21 54	22 32	▭
27	19 33	19 40	19 47	19 55	20 04	20 13	20 24	20 36	20 50	21 07	21 27	21 53	22 30	▭
July 1	19 33	19 39	19 47	19 54	20 03	20 13	20 23	20 35	20 49	21 05	21 25	21 50	22 26	23 42
5	19 32	19 39	19 46	19 53	20 02	20 11	20 21	20 33	20 47	21 02	21 22	21 46	22 19	23 18

▭ indicates Sun continuously above horizon.

SUNRISE AND SUNSET, 2002

UNIVERSAL TIME FOR MERIDIAN OF GREENWICH

SUNRISE

Lat.	−55°	−50°	−45°	−40°	−35°	−30°	−20°	−10°	0°	+10°	+20°	+30°	+35°	+40°
	h m	h m	h m	h m	h m	h m	h m	h m	h m	h m	h m	h m	h m	h m
July 1	8 26	8 00	7 39	7 23	7 09	6 57	6 36	6 17	6 00	5 43	5 24	5 02	4 50	4 35
5	8 24	7 58	7 38	7 22	7 08	6 56	6 36	6 18	6 01	5 44	5 25	5 04	4 51	4 37
9	8 21	7 56	7 37	7 21	7 08	6 56	6 36	6 18	6 02	5 45	5 27	5 06	4 53	4 39
13	8 18	7 53	7 35	7 19	7 06	6 55	6 35	6 18	6 02	5 46	5 28	5 08	4 56	4 42
17	8 13	7 50	7 32	7 17	7 05	6 54	6 35	6 18	6 03	5 47	5 30	5 10	4 58	4 45
21	8 08	7 46	7 29	7 15	7 03	6 52	6 34	6 18	6 03	5 48	5 31	5 12	5 01	4 48
25	8 02	7 41	7 25	7 11	7 00	6 50	6 33	6 17	6 03	5 48	5 33	5 15	5 04	4 52
29	7 56	7 36	7 21	7 08	6 57	6 48	6 31	6 17	6 03	5 49	5 34	5 17	5 07	4 55
Aug. 2	7 48	7 30	7 16	7 04	6 54	6 45	6 29	6 16	6 03	5 50	5 36	5 19	5 10	4 59
6	7 41	7 24	7 11	7 00	6 50	6 42	6 27	6 15	6 02	5 50	5 37	5 22	5 13	5 03
10	7 33	7 17	7 05	6 55	6 46	6 38	6 25	6 13	6 02	5 51	5 38	5 24	5 16	5 06
14	7 24	7 10	6 59	6 50	6 42	6 35	6 23	6 12	6 01	5 51	5 40	5 27	5 19	5 10
18	7 15	7 03	6 53	6 45	6 37	6 31	6 20	6 10	6 01	5 51	5 41	5 29	5 22	5 14
22	7 06	6 55	6 46	6 39	6 32	6 27	6 17	6 08	6 00	5 51	5 42	5 31	5 25	5 18
26	6 57	6 47	6 40	6 33	6 27	6 22	6 14	6 06	5 59	5 51	5 43	5 33	5 28	5 22
30	6 47	6 39	6 33	6 27	6 22	6 18	6 10	6 04	5 57	5 51	5 44	5 36	5 31	5 26
Sept. 3	6 37	6 31	6 25	6 21	6 17	6 13	6 07	6 01	5 56	5 51	5 45	5 38	5 34	5 29
7	6 27	6 22	6 18	6 14	6 11	6 08	6 04	5 59	5 55	5 50	5 46	5 40	5 37	5 33
11	6 17	6 14	6 11	6 08	6 06	6 04	6 00	5 57	5 53	5 50	5 46	5 42	5 40	5 37
15	6 07	6 05	6 03	6 01	6 00	5 59	5 56	5 54	5 52	5 50	5 47	5 44	5 43	5 41
19	5 57	5 56	5 55	5 55	5 54	5 54	5 53	5 52	5 51	5 49	5 48	5 47	5 46	5 44
23	5 47	5 47	5 48	5 48	5 48	5 49	5 49	5 49	5 49	5 49	5 49	5 49	5 48	5 48
27	5 36	5 38	5 40	5 41	5 43	5 44	5 45	5 47	5 48	5 49	5 50	5 51	5 51	5 52
Oct. 1	5 26	5 30	5 33	5 35	5 37	5 39	5 42	5 44	5 46	5 49	5 51	5 53	5 54	5 56
5	5 16	5 21	5 25	5 28	5 31	5 34	5 38	5 42	5 45	5 48	5 52	5 55	5 58	6 00

SUNSET

Lat.	−55°	−50°	−45°	−40°	−35°	−30°	−20°	−10°	0°	+10°	+20°	+30°	+35°	+40°
	h m	h m	h m	h m	h m	h m	h m	h m	h m	h m	h m	h m	h m	h m
July 1	15 42	16 08	16 29	16 45	16 59	17 11	17 32	17 50	18 07	18 25	18 43	19 05	19 18	19 33
5	15 45	16 11	16 31	16 47	17 01	17 13	17 33	17 51	18 08	18 25	18 44	19 05	19 17	19 32
9	15 49	16 14	16 34	16 50	17 03	17 15	17 35	17 52	18 09	18 25	18 43	19 04	19 17	19 31
13	15 54	16 18	16 37	16 52	17 05	17 17	17 36	17 53	18 09	18 26	18 43	19 03	19 15	19 29
17	15 59	16 23	16 41	16 55	17 08	17 19	17 38	17 54	18 10	18 25	18 42	19 02	19 13	19 27
21	16 05	16 27	16 44	16 59	17 10	17 21	17 39	17 55	18 10	18 25	18 41	19 00	19 11	19 24
25	16 11	16 32	16 48	17 02	17 13	17 23	17 41	17 56	18 10	18 24	18 40	18 58	19 09	19 21
29	16 18	16 37	16 53	17 05	17 16	17 26	17 42	17 56	18 10	18 24	18 38	18 56	19 06	19 17
Aug. 2	16 25	16 43	16 57	17 09	17 19	17 28	17 43	17 57	18 10	18 23	18 37	18 53	19 02	19 13
6	16 32	16 48	17 02	17 13	17 22	17 30	17 45	17 57	18 09	18 21	18 34	18 50	18 58	19 08
10	16 39	16 54	17 06	17 16	17 25	17 33	17 46	17 58	18 09	18 20	18 32	18 46	18 54	19 04
14	16 46	17 00	17 11	17 20	17 28	17 35	17 47	17 58	18 08	18 18	18 30	18 42	18 50	18 58
18	16 53	17 05	17 15	17 24	17 31	17 37	17 48	17 58	18 07	18 17	18 27	18 38	18 45	18 53
22	17 00	17 11	17 20	17 27	17 34	17 39	17 49	17 58	18 06	18 15	18 24	18 34	18 40	18 47
26	17 08	17 17	17 25	17 31	17 37	17 42	17 50	17 58	18 05	18 13	18 21	18 30	18 35	18 41
30	17 15	17 23	17 29	17 35	17 40	17 44	17 51	17 58	18 04	18 10	18 17	18 25	18 30	18 35
Sept. 3	17 22	17 29	17 34	17 39	17 42	17 46	17 52	17 57	18 03	18 08	18 14	18 20	18 24	18 29
7	17 30	17 35	17 39	17 42	17 45	17 48	17 53	17 57	18 01	18 06	18 10	18 16	18 19	18 22
11	17 37	17 41	17 44	17 46	17 48	17 50	17 54	17 57	18 00	18 03	18 07	18 11	18 13	18 16
15	17 44	17 47	17 48	17 50	17 51	17 52	17 55	17 57	17 59	18 01	18 03	18 06	18 07	18 09
19	17 52	17 53	17 53	17 54	17 54	17 54	17 55	17 56	17 57	17 58	17 59	18 01	18 02	18 03
23	17 59	17 59	17 58	17 57	17 57	17 57	17 57	17 56	17 56	17 56	17 56	17 56	17 56	17 56
27	18 07	18 05	18 03	18 01	18 00	17 59	17 57	17 56	17 54	17 53	17 52	17 51	17 50	17 49
Oct. 1	18 15	18 11	18 08	18 05	18 03	18 01	17 58	17 55	17 53	17 51	17 48	17 46	17 44	17 43
5	18 22	18 17	18 13	18 09	18 06	18 04	17 59	17 55	17 52	17 48	17 45	17 41	17 39	17 36

UNIVERSAL TIME FOR MERIDIAN OF GREENWICH

SUNRISE

Lat.	+40°	+42°	+44°	+46°	+48°	+50°	+52°	+54°	+56°	+58°	+60°	+62°	+64°	+66°
	h m	h m	h m	h m	h m	h m	h m	h m	h m	h m	h m	h m	h m	h m
July 1	4 35	4 28	4 21	4 13	4 04	3 55	3 44	3 32	3 18	3 02	2 42	2 16	1 41	0 17
5	4 37	4 30	4 23	4 15	4 07	3 58	3 47	3 35	3 22	3 06	2 47	2 22	1 49	0 46
9	4 39	4 33	4 26	4 18	4 10	4 01	3 51	3 39	3 26	3 11	2 52	2 29	1 58	1 06
13	4 42	4 36	4 29	4 22	4 14	4 05	3 55	3 44	3 32	3 17	2 59	2 38	2 09	1 25
17	4 45	4 39	4 33	4 26	4 18	4 09	4 00	3 49	3 37	3 24	3 07	2 47	2 21	1 43
21	4 48	4 43	4 36	4 30	4 22	4 14	4 05	3 55	3 44	3 31	3 15	2 56	2 33	2 00
25	4 52	4 46	4 40	4 34	4 27	4 19	4 11	4 01	3 51	3 38	3 24	3 07	2 45	2 17
29	4 55	4 50	4 45	4 38	4 32	4 25	4 17	4 08	3 58	3 46	3 33	3 17	2 58	2 33
Aug. 2	4 59	4 54	4 49	4 43	4 37	4 30	4 23	4 15	4 05	3 55	3 42	3 28	3 10	2 48
6	5 03	4 58	4 53	4 48	4 42	4 36	4 29	4 21	4 13	4 03	3 52	3 39	3 23	3 04
10	5 06	5 02	4 58	4 53	4 48	4 42	4 35	4 28	4 21	4 12	4 02	3 50	3 36	3 18
14	5 10	5 06	5 02	4 58	4 53	4 48	4 42	4 36	4 28	4 20	4 11	4 01	3 48	3 33
18	5 14	5 11	5 07	5 03	4 58	4 54	4 48	4 43	4 36	4 29	4 21	4 11	4 00	3 47
22	5 18	5 15	5 11	5 08	5 04	5 00	4 55	4 50	4 44	4 38	4 30	4 22	4 12	4 01
26	5 22	5 19	5 16	5 13	5 09	5 06	5 01	4 57	4 52	4 46	4 40	4 33	4 24	4 14
30	5 26	5 23	5 21	5 18	5 15	5 12	5 08	5 04	5 00	4 55	4 49	4 43	4 36	4 28
Sept. 3	5 29	5 27	5 25	5 23	5 20	5 18	5 15	5 11	5 08	5 04	4 59	4 54	4 48	4 41
7	5 33	5 31	5 30	5 28	5 26	5 23	5 21	5 18	5 15	5 12	5 08	5 04	4 59	4 54
11	5 37	5 36	5 34	5 33	5 31	5 29	5 28	5 25	5 23	5 21	5 18	5 15	5 11	5 07
15	5 41	5 40	5 39	5 38	5 37	5 35	5 34	5 33	5 31	5 29	5 27	5 25	5 22	5 19
19	5 44	5 44	5 43	5 43	5 42	5 41	5 41	5 40	5 39	5 38	5 37	5 35	5 34	5 32
23	5 48	5 48	5 48	5 48	5 48	5 47	5 47	5 47	5 47	5 46	5 46	5 46	5 45	5 44
27	5 52	5 52	5 53	5 53	5 53	5 53	5 54	5 54	5 54	5 55	5 55	5 56	5 56	5 57
Oct. 1	5 56	5 57	5 57	5 58	5 59	6 00	6 00	6 01	6 02	6 04	6 05	6 06	6 08	6 10
5	6 00	6 01	6 02	6 03	6 04	6 06	6 07	6 09	6 10	6 12	6 14	6 17	6 19	6 23

SUNSET

	+40°	+42°	+44°	+46°	+48°	+50°	+52°	+54°	+56°	+58°	+60°	+62°	+64°	+66°
	h m	h m	h m	h m	h m	h m	h m	h m	h m	h m	h m	h m	h m	h m
July 1	19 33	19 39	19 47	19 54	20 03	20 13	20 23	20 35	20 49	21 05	21 25	21 50	22 26	23 42
5	19 32	19 39	19 46	19 53	20 02	20 11	20 21	20 33	20 47	21 02	21 22	21 46	22 19	23 18
9	19 31	19 37	19 44	19 52	20 00	20 09	20 19	20 30	20 43	20 58	21 17	21 40	22 10	23 00
13	19 29	19 35	19 42	19 49	19 57	20 06	20 16	20 26	20 39	20 53	21 11	21 32	22 00	22 42
17	19 27	19 33	19 39	19 46	19 54	20 02	20 11	20 22	20 34	20 48	21 04	21 24	21 49	22 26
21	19 24	19 30	19 36	19 43	19 50	19 58	20 07	20 17	20 28	20 41	20 56	21 14	21 38	22 09
25	19 21	19 26	19 32	19 38	19 45	19 53	20 01	20 11	20 21	20 33	20 47	21 04	21 25	21 53
29	19 17	19 22	19 28	19 34	19 40	19 47	19 55	20 04	20 14	20 25	20 38	20 54	21 13	21 37
Aug. 2	19 13	19 18	19 23	19 29	19 35	19 41	19 49	19 57	20 06	20 16	20 28	20 43	21 00	21 21
6	19 08	19 13	19 18	19 23	19 29	19 35	19 42	19 49	19 58	20 07	20 18	20 31	20 46	21 05
10	19 04	19 08	19 12	19 17	19 22	19 28	19 34	19 41	19 49	19 58	20 08	20 19	20 33	20 50
14	18 58	19 02	19 06	19 11	19 15	19 21	19 26	19 33	19 40	19 48	19 57	20 07	20 19	20 34
18	18 53	18 56	19 00	19 04	19 08	19 13	19 18	19 24	19 30	19 37	19 45	19 54	20 05	20 18
22	18 47	18 50	18 54	18 57	19 01	19 05	19 10	19 15	19 20	19 27	19 34	19 42	19 51	20 03
26	18 41	18 44	18 47	18 50	18 53	18 57	19 01	19 05	19 10	19 16	19 22	19 29	19 37	19 47
30	18 35	18 37	18 40	18 43	18 46	18 49	18 52	18 56	19 00	19 05	19 10	19 16	19 23	19 31
Sept. 3	18 29	18 31	18 33	18 35	18 38	18 40	18 43	18 46	18 50	18 54	18 58	19 03	19 09	19 16
7	18 22	18 24	18 26	18 28	18 29	18 32	18 34	18 37	18 39	18 43	18 46	18 50	18 55	19 00
11	18 16	18 17	18 18	18 20	18 21	18 23	18 25	18 27	18 29	18 31	18 34	18 37	18 41	18 45
15	18 09	18 10	18 11	18 12	18 13	18 14	18 15	18 17	18 18	18 20	18 22	18 24	18 27	18 29
19	18 03	18 03	18 04	18 04	18 05	18 05	18 06	18 07	18 08	18 09	18 10	18 11	18 12	18 14
23	17 56	17 56	17 56	17 56	17 56	17 57	17 57	17 57	17 57	17 57	17 58	17 58	17 58	17 59
27	17 49	17 49	17 49	17 48	17 48	17 48	17 47	17 47	17 46	17 46	17 45	17 45	17 44	17 43
Oct. 1	17 43	17 42	17 41	17 41	17 40	17 39	17 38	17 37	17 36	17 35	17 33	17 32	17 30	17 28
5	17 36	17 35	17 34	17 33	17 32	17 30	17 29	17 27	17 25	17 23	17 21	17 19	17 16	17 13

SUNRISE AND SUNSET, 2002

UNIVERSAL TIME FOR MERIDIAN OF GREENWICH

SUNRISE

Lat.	−55°	−50°	−45°	−40°	−35°	−30°	−20°	−10°	0°	+10°	+20°	+30°	+35°	+40°
	h m	h m	h m	h m	h m	h m	h m	h m	h m	h m	h m	h m	h m	h m
Oct. 1	5 26	5 30	5 33	5 35	5 37	5 39	5 42	5 44	5 46	5 49	5 51	5 53	5 54	5 56
5	5 16	5 21	5 25	5 28	5 31	5 34	5 38	5 42	5 45	5 48	5 52	5 55	5 58	6 00
9	5 06	5 12	5 18	5 22	5 26	5 29	5 35	5 40	5 44	5 48	5 53	5 58	6 01	6 04
13	4 56	5 04	5 10	5 16	5 20	5 25	5 31	5 37	5 43	5 48	5 54	6 00	6 04	6 08
17	4 46	4 56	5 03	5 10	5 15	5 20	5 28	5 35	5 42	5 49	5 55	6 03	6 07	6 12
21	4 36	4 48	4 57	5 04	5 10	5 16	5 25	5 34	5 41	5 49	5 57	6 06	6 11	6 17
25	4 27	4 40	4 50	4 58	5 06	5 12	5 23	5 32	5 41	5 49	5 58	6 08	6 14	6 21
29	4 18	4 32	4 44	4 53	5 01	5 08	5 20	5 31	5 40	5 50	6 00	6 11	6 18	6 25
Nov. 2	4 09	4 25	4 38	4 48	4 57	5 05	5 18	5 29	5 40	5 51	6 02	6 14	6 22	6 30
6	4 01	4 18	4 32	4 44	4 53	5 02	5 16	5 29	5 40	5 52	6 04	6 18	6 25	6 34
10	3 53	4 12	4 27	4 39	4 50	4 59	5 14	5 28	5 40	5 53	6 06	6 21	6 29	6 39
14	3 46	4 06	4 22	4 36	4 47	4 57	5 13	5 28	5 41	5 54	6 08	6 24	6 33	6 44
18	3 39	4 01	4 18	4 32	4 44	4 55	5 12	5 27	5 42	5 56	6 10	6 27	6 37	6 48
22	3 33	3 57	4 15	4 30	4 42	4 53	5 12	5 28	5 42	5 57	6 13	6 31	6 41	6 53
26	3 28	3 53	4 12	4 27	4 41	4 52	5 11	5 28	5 44	5 59	6 15	6 34	6 45	6 57
30	3 23	3 49	4 10	4 26	4 40	4 51	5 11	5 29	5 45	6 01	6 18	6 37	6 48	7 01
Dec. 4	3 20	3 47	4 08	4 25	4 39	4 51	5 12	5 30	5 46	6 03	6 20	6 40	6 52	7 05
8	3 17	3 46	4 07	4 24	4 39	4 52	5 13	5 31	5 48	6 05	6 23	6 43	6 55	7 09
12	3 16	3 45	4 07	4 25	4 39	4 52	5 14	5 33	5 50	6 07	6 25	6 46	6 58	7 12
16	3 15	3 45	4 08	4 26	4 41	4 53	5 15	5 34	5 52	6 09	6 28	6 49	7 01	7 15
20	3 16	3 46	4 09	4 27	4 42	4 55	5 17	5 36	5 54	6 11	6 30	6 51	7 03	7 18
24	3 18	3 48	4 11	4 29	4 44	4 57	5 19	5 38	5 56	6 13	6 32	6 53	7 05	7 20
28	3 21	3 51	4 14	4 32	4 46	4 59	5 21	5 40	5 58	6 15	6 34	6 55	7 07	7 21
32	3 26	3 55	4 17	4 35	4 49	5 02	5 24	5 42	6 00	6 17	6 35	6 56	7 08	7 22
36	3 31	3 59	4 21	4 38	4 53	5 05	5 26	5 45	6 02	6 18	6 36	6 57	7 09	7 22

SUNSET

Lat.	−55°	−50°	−45°	−40°	−35°	−30°	−20°	−10°	0°	+10°	+20°	+30°	+35°	+40°
	h m	h m	h m	h m	h m	h m	h m	h m	h m	h m	h m	h m	h m	h m
Oct. 1	18 15	18 11	18 08	18 05	18 03	18 01	17 58	17 55	17 53	17 51	17 48	17 46	17 44	17 43
5	18 22	18 17	18 13	18 09	18 06	18 04	17 59	17 55	17 52	17 48	17 45	17 41	17 39	17 36
9	18 30	18 23	18 18	18 13	18 09	18 06	18 00	17 55	17 51	17 46	17 41	17 36	17 33	17 30
13	18 38	18 30	18 23	18 17	18 13	18 09	18 01	17 55	17 50	17 44	17 38	17 32	17 28	17 24
17	18 46	18 36	18 28	18 22	18 16	18 11	18 03	17 55	17 49	17 42	17 35	17 27	17 23	17 18
21	18 54	18 43	18 34	18 26	18 20	18 14	18 04	17 56	17 48	17 40	17 32	17 23	17 18	17 12
25	19 03	18 49	18 39	18 31	18 23	18 17	18 06	17 56	17 47	17 39	17 30	17 19	17 13	17 07
29	19 11	18 56	18 45	18 35	18 27	18 20	18 08	17 57	17 47	17 37	17 27	17 16	17 09	17 02
Nov. 2	19 19	19 03	18 50	18 40	18 31	18 23	18 09	17 58	17 47	17 36	17 25	17 12	17 05	16 57
6	19 28	19 10	18 56	18 44	18 35	18 26	18 11	17 59	17 47	17 36	17 23	17 09	17 01	16 52
10	19 36	19 17	19 02	18 49	18 39	18 29	18 14	18 00	17 47	17 35	17 22	17 07	16 58	16 48
14	19 44	19 23	19 07	18 54	18 43	18 33	18 16	18 01	17 48	17 35	17 21	17 05	16 55	16 45
18	19 53	19 30	19 13	18 58	18 46	18 36	18 18	18 03	17 49	17 35	17 20	17 03	16 53	16 42
22	20 01	19 37	19 18	19 03	18 50	18 39	18 21	18 05	17 50	17 35	17 19	17 01	16 51	16 39
26	20 08	19 43	19 23	19 07	18 54	18 43	18 23	18 06	17 51	17 35	17 19	17 00	16 49	16 37
30	20 15	19 48	19 28	19 12	18 58	18 46	18 26	18 08	17 52	17 36	17 19	17 00	16 49	16 36
Dec. 4	20 22	19 54	19 33	19 16	19 02	18 49	18 28	18 10	17 54	17 37	17 20	17 00	16 48	16 35
8	20 27	19 59	19 37	19 19	19 05	18 52	18 31	18 13	17 56	17 39	17 21	17 00	16 48	16 35
12	20 32	20 03	19 41	19 23	19 08	18 55	18 33	18 15	17 57	17 40	17 22	17 01	16 49	16 35
16	20 36	20 06	19 44	19 26	19 11	18 58	18 36	18 17	17 59	17 42	17 23	17 02	16 50	16 36
20	20 39	20 09	19 46	19 28	19 13	19 00	18 38	18 19	18 01	17 44	17 25	17 04	16 52	16 37
24	20 41	20 11	19 48	19 30	19 15	19 02	18 40	18 21	18 03	17 46	17 27	17 06	16 54	16 39
28	20 41	20 12	19 49	19 31	19 16	19 03	18 42	18 23	18 05	17 48	17 29	17 08	16 56	16 42
32	20 41	20 12	19 50	19 32	19 17	19 05	18 43	18 24	18 07	17 50	17 32	17 11	16 59	16 45
36	20 39	20 11	19 49	19 32	19 18	19 05	18 44	18 26	18 09	17 52	17 34	17 14	17 02	16 49

SUNRISE AND SUNSET, 2002

UNIVERSAL TIME FOR MERIDIAN OF GREENWICH

SUNRISE

Lat.	+40°	+42°	+44°	+46°	+48°	+50°	+52°	+54°	+56°	+58°	+60°	+62°	+64°	+66°
	h m	h m	h m	h m	h m	h m	h m	h m	h m	h m	h m	h m	h m	h m
Oct. 1	5 56	5 57	5 57	5 58	5 59	6 00	6 00	6 01	6 02	6 04	6 05	6 06	6 08	6 10
5	6 00	6 01	6 02	6 03	6 04	6 06	6 07	6 09	6 10	6 12	6 14	6 17	6 19	6 23
9	6 04	6 05	6 07	6 08	6 10	6 12	6 14	6 16	6 18	6 21	6 24	6 27	6 31	6 36
13	6 08	6 10	6 12	6 14	6 16	6 18	6 21	6 24	6 27	6 30	6 34	6 38	6 43	6 49
17	6 12	6 14	6 17	6 19	6 22	6 25	6 28	6 31	6 35	6 39	6 44	6 49	6 55	7 02
21	6 17	6 19	6 22	6 25	6 28	6 31	6 35	6 39	6 43	6 48	6 54	7 00	7 07	7 16
25	6 21	6 24	6 27	6 30	6 34	6 38	6 42	6 46	6 52	6 57	7 04	7 11	7 20	7 29
29	6 25	6 29	6 32	6 36	6 40	6 44	6 49	6 54	7 00	7 07	7 14	7 22	7 32	7 44
Nov. 2	6 30	6 34	6 37	6 42	6 46	6 51	6 56	7 02	7 09	7 16	7 24	7 34	7 45	7 58
6	6 34	6 38	6 43	6 47	6 52	6 58	7 03	7 10	7 17	7 25	7 34	7 45	7 58	8 13
10	6 39	6 43	6 48	6 53	6 58	7 04	7 11	7 18	7 26	7 35	7 45	7·57	8 11	8 28
14	6 44	6 48	6 53	6 59	7 04	7 11	7 18	7 25	7 34	7 44	7 55	8 08	8 23	8 43
18	6 48	6 53	6 59	7 04	7 10	7 17	7 25	7 33	7 42	7 53	8 05	8 19	8 36	8 58
22	6 53	6 58	7 04	7 10	7 16	7 23	7 31	7 40	7 50	8 01	8 15	8 30	8 49	9 13
26	6 57	7 03	7 09	7 15	7 22	7 29	7 38	7 47	7 58	8 10	8 24	8 41	9 01	9 28
30	7 01	7 07	7 13	7 20	7 27	7 35	7 44	7 54	8 05	8 18	8 32	8 50	9 13	9 43
Dec. 4	7 05	7 11	7 18	7 25	7 32	7 40	7 49	8 00	8 11	8 25	8 40	8 59	9 24	9 57
8	7 09	7 15	7 22	7 29	7 36	7 45	7 54	8 05	8 17	8 31	8 47	9 07	9 33	10 09
12	7 12	7 19	7 25	7 32	7 40	7 49	7 59	8 10	8 22	8 36	8 53	9 14	9 41	10 20
16	7 15	7 22	7 28	7 36	7 44	7 53	8 02	8 13	8 26	8 41	8 58	9 19	9 47	10 29
20	7 18	7 24	7 31	7 38	7 46	7 55	8 05	8 16	8 29	8 44	9 01	9 23	9 51	10 34
24	7 20	7 26	7 33	7 40	7 48	7 57	8 07	8 18	8 31	8 46	9 03	9 25	9 53	10 36
28	7 21	7 27	7 34	7 41	7 49	7 58	8 08	8 19	8 32	8 46	9 04	9 25	9 53	10 34
32	7 22	7 28	7 35	7 42	7 50	7 59	8 08	8 19	8 31	8 46	9 02	9 23	9 50	10 28
36	7 22	7 28	7 35	7 42	7 50	7 58	8 07	8 18	8 30	8 44	9 00	9 20	9 45	10 21

SUNSET

Lat.	+40°	+42°	+44°	+46°	+48°	+50°	+52°	+54°	+56°	+58°	+60°	+62°	+64°	+66°
	h m	h m	h m	h m	h m	h m	h m	h m	h m	h m	h m	h m	h m	h m
Oct. 1	17 43	17 42	17 41	17 41	17 40	17 39	17 38	17 37	17 36	17 35	17 33	17 32	17 30	17 28
5	17 36	17 35	17 34	17 33	17 32	17 30	17 29	17 27	17 25	17 23	17 21	17 19	17 16	17 13
9	17 30	17 29	17 27	17 25	17 24	17 22	17 20	17 18	17 15	17 12	17 09	17 06	17 02	16 58
13	17 24	17 22	17 20	17 18	17 16	17 13	17 11	17 08	17 05	17 01	16 58	16 53	16 48	16 42
17	17 18	17 16	17 13	17 11	17 08	17 05	17 02	16 59	16 55	16 51	16 46	16 41	16 34	16 27
21	17 12	17 10	17 07	17 04	17 01	16 57	16 54	16 50	16 45	16 40	16 35	16 28	16 21	16 12
25	17 07	17 04	17 01	16 57	16 54	16 50	16 46	16 41	16 36	16 30	16 23	16 16	16 07	15 57
29	17 02	16 58	16 55	16 51	16 47	16 43	16 38	16 32	16 27	16 20	16 13	16 04	15 54	15 43
Nov. 2	16 57	16 53	16 49	16 45	16 40	16 36	16 30	16 24	16 18	16 10	16 02	15 52	15 41	15 28
6	16 52	16 48	16 44	16 39	16 34	16 29	16 23	16 17	16 09	16 01	15 52	15 41	15 29	15 14
10	16 48	16 44	16 39	16 34	16 29	16 23	16 17	16 09	16 02	15 53	15 42	15 30	15 16	14 59
14	16 45	16 40	16 35	16 30	16 24	16 18	16 11	16 03	15 54	15 44	15 33	15 20	15 05	14 45
18	16 42	16 37	16 31	16 26	16 19	16 13	16 05	15 57	15 48	15 37	15 25	15 10	14 53	14 32
22	16 39	16 34	16 28	16 22	16 16	16 08	16 00	15 51	15 42	15 30	15 17	15 01	14 43	14 18
26	16 37	16 32	16 26	16 19	16 12	16 05	15 56	15 47	15 36	15 24	15 10	14 53	14 33	14 06
30	16 36	16 30	16 24	16 17	16 10	16 02	15 53	15 43	15 32	15 19	15 04	14 46	14 24	13 54
Dec. 4	16 35	16 29	16 22	16 16	16 08	16 00	15 51	15 40	15 29	15 15	15 00	14 40	14 16	13 43
8	16 35	16 28	16 22	16 15	16 07	15 58	15 49	15 38	15 26	15 12	14 56	14 36	14 10	13 34
12	16 35	16 29	16 22	16 15	16 07	15 58	15 48	15 37	15 25	15 11	14 54	14 33	14 06	13 27
16	16 36	16 30	16 23	16 15	16 07	15 58	15 49	15 38	15 25	15 10	14 53	14 32	14 04	13 22
20	16 37	16 31	16 24	16 17	16 09	16 00	15 50	15 39	15 26	15 11	14 54	14 32	14 04	13 21
24	16 39	16 33	16 26	16 19	16 11	16 02	15 52	15 41	15 28	15 13	14 56	14 34	14 06	13 23
28	16 42	16 36	16 29	16 22	16 14	16 05	15 55	15 44	15 31	15 17	15 00	14 38	14 11	13 30
32	16 45	16 39	16 32	16 25	16 17	16 08	15 59	15 48	15 36	15 21	15 05	14 44	14 17	13 39
36	16 49	16 43	16 36	16 29	16 21	16 13	16 03	15 53	15 41	15 27	15 11	14 51	14 26	13 50

CIVIL TWILIGHT, 2002

UNIVERSAL TIME FOR MERIDIAN OF GREENWICH
BEGINNING OF MORNING CIVIL TWILIGHT

Lat.	−55°	−50°	−45°	−40°	−35°	−30°	−20°	−10°	0°	+10°	+20°	+30°	+35°	+40°
	h m	h m	h m	h m	h m	h m	h m	h m	h m	h m	h m	h m	h m	h m
Jan. −2	2 25	3 08	3 37	4 00	4 18	4 33	4 58	5 18	5 36	5 53	6 10	6 29	6 39	6 51
2	2 30	3 12	3 41	4 03	4 21	4 36	5 00	5 20	5 38	5 55	6 11	6 30	6 40	6 52
6	2 37	3 17	3 45	4 07	4 24	4 39	5 03	5 22	5 40	5 56	6 13	6 31	6 41	6 52
10	2 45	3 23	3 50	4 11	4 28	4 42	5 05	5 25	5 41	5 57	6 14	6 31	6 41	6 52
14	2 53	3 30	3 56	4 16	4 32	4 46	5 08	5 27	5 43	5 59	6 14	6 31	6 40	6 51
18	3 02	3 37	4 01	4 21	4 36	4 49	5 11	5 29	5 45	5 59	6 14	6 30	6 39	6 49
22	3 12	3 44	4 07	4 26	4 41	4 53	5 14	5 31	5 46	6 00	6 14	6 30	6 38	6 47
26	3 22	3 52	4 14	4 31	4 45	4 57	5 17	5 33	5 47	6 00	6 14	6 28	6 36	6 45
30	3 32	3 59	4 20	4 36	4 49	5 01	5 19	5 35	5 48	6 01	6 13	6 26	6 34	6 42
Feb. 3	3 42	4 07	4 26	4 41	4 54	5 04	5 22	5 36	5 49	6 00	6 12	6 24	6 31	6 38
7	3 52	4 15	4 33	4 47	4 58	5 08	5 24	5 38	5 49	6 00	6 11	6 22	6 28	6 34
11	4 02	4 23	4 39	4 52	5 03	5 12	5 27	5 39	5 49	5 59	6 09	6 19	6 24	6 30
15	4 11	4 31	4 45	4 57	5 07	5 15	5 29	5 40	5 50	5 58	6 07	6 16	6 20	6 25
19	4 21	4 38	4 52	5 02	5 11	5 19	5 31	5 41	5 49	5 57	6 05	6 12	6 16	6 20
23	4 30	4 46	4 58	5 07	5 15	5 22	5 33	5 42	5 49	5 56	6 02	6 08	6 12	6 15
27	4 40	4 53	5 04	5 12	5 19	5 25	5 35	5 42	5 49	5 54	5 59	6 04	6 07	6 10
Mar. 3	4 49	5 00	5 09	5 17	5 23	5 28	5 36	5 43	5 48	5 52	5 56	6 00	6 02	6 04
7	4 57	5 07	5 15	5 21	5 26	5 31	5 38	5 43	5 47	5 50	5 53	5 56	5 57	5 58
11	5 06	5 14	5 21	5 26	5 30	5 33	5 39	5 43	5 46	5 48	5 50	5 51	5 51	5 51
15	5 14	5 21	5 26	5 30	5 33	5 36	5 40	5 43	5 45	5 46	5 47	5 46	5 46	5 45
19	5 22	5 27	5 31	5 34	5 37	5 39	5 41	5 43	5 44	5 44	5 43	5 42	5 40	5 39
23	5 30	5 34	5 37	5 39	5 40	5 41	5 43	5 43	5 43	5 42	5 40	5 37	5 35	5 32
27	5 38	5 40	5 42	5 43	5 43	5 44	5 44	5 43	5 41	5 39	5 36	5 32	5 29	5 25
31	5 46	5 46	5 47	5 47	5 46	5 46	5 45	5 43	5 40	5 37	5 33	5 27	5 23	5 19
Apr. 4	5 53	5 53	5 52	5 51	5 50	5 48	5 46	5 43	5 39	5 35	5 29	5 22	5 18	5 12

END OF EVENING CIVIL TWILIGHT

Lat.	−55°	−50°	−45°	−40°	−35°	−30°	−20°	−10°	0°	+10°	+20°	+30°	+35°	+40°
	h m	h m	h m	h m	h m	h m	h m	h m	h m	h m	h m	h m	h m	h m
Jan. −2	21 39	20 56	20 27	20 04	19 46	19 31	19 07	18 46	18 28	18 11	17 54	17 36	17 25	17 13
2	21 37	20 55	20 27	20 05	19 47	19 32	19 08	18 48	18 30	18 13	17 57	17 38	17 28	17 17
6	21 34	20 54	20 26	20 04	19 47	19 33	19 09	18 49	18 32	18 16	17 59	17 41	17 31	17 20
10	21 29	20 51	20 24	20 03	19 47	19 33	19 09	18 50	18 33	18 18	18 02	17 44	17 34	17 24
14	21 23	20 47	20 22	20 02	19 46	19 32	19 10	18 51	18 35	18 20	18 04	17 47	17 38	17 28
18	21 17	20 43	20 19	20 00	19 44	19 31	19 09	18 52	18 36	18 21	18 07	17 51	17 42	17 32
22	21 10	20 38	20 15	19 57	19 42	19 30	19 09	18 52	18 37	18 23	18 09	17 54	17 45	17 36
26	21 02	20 32	20 11	19 54	19 40	19 28	19 08	18 52	18 38	18 25	18 11	17 57	17 49	17 41
30	20 53	20 26	20 06	19 50	19 37	19 25	19 07	18 52	18 38	18 26	18 14	18 00	17 53	17 45
Feb. 3	20 44	20 19	20 00	19 45	19 33	19 23	19 05	18 51	18 39	18 27	18 16	18 04	17 57	17 50
7	20 35	20 12	19 55	19 41	19 29	19 20	19 04	18 50	18 39	18 28	18 18	18 07	18 01	17 54
11	20 25	20 04	19 48	19 36	19 25	19 16	19 01	18 49	18 39	18 29	18 20	18 10	18 05	17 59
15	20 15	19 56	19 42	19 30	19 21	19 13	18 59	18 48	18 39	18 30	18 22	18 13	18 08	18 03
19	20 05	19 48	19 35	19 25	19 16	19 09	18 56	18 47	18 38	18 31	18 23	18 16	18 12	18 08
23	19 55	19 40	19 28	19 19	19 11	19 04	18 54	18 45	18 38	18 31	18 25	18 19	18 16	18 12
27	19 44	19 31	19 21	19 13	19 06	19 00	18 51	18 43	18 37	18 31	18 26	18 22	18 19	18 17
Mar. 3	19 34	19 22	19 14	19 06	19 00	18 55	18 47	18 41	18 36	18 32	18 28	18 24	18 23	18 21
7	19 23	19 14	19 06	19 00	18 55	18 51	18 44	18 39	18 35	18 32	18 29	18 27	18 26	18 25
11	19 13	19 05	18 59	18 54	18 49	18 46	18 41	18 37	18 34	18 32	18 30	18 29	18 29	18 29
15	19 02	18 56	18 51	18 47	18 44	18 41	18 37	18 35	18 33	18 32	18 32	18 32	18 33	18 34
19	18 52	18 47	18 43	18 40	18 38	18 36	18 34	18 32	18 32	18 32	18 33	18 35	18 36	18 38
23	18 42	18 38	18 36	18 34	18 33	18 32	18 30	18 30	18 31	18 32	18 34	18 37	18 39	18 42
27	18 32	18 30	18 28	18 27	18 27	18 27	18 27	18 28	18 29	18 32	18 35	18 39	18 42	18 46
31	18 21	18 21	18 21	18 21	18 21	18 22	18 23	18 26	18 28	18 32	18 36	18 42	18 46	18 50
Apr. 4	18 12	18 13	18 14	18 15	18 16	18 17	18 20	18 23	18 27	18 32	18 37	18 44	18 49	18 54

UNIVERSAL TIME FOR MERIDIAN OF GREENWICH
BEGINNING OF MORNING CIVIL TWILIGHT

Lat.	+40°	+42°	+44°	+46°	+48°	+50°	+52°	+54°	+56°	+58°	+60°	+62°	+64°	+66°
	h m	h m	h m	h m	h m	h m	h m	h m	h m	h m	h m	h m	h m	h m
Jan. −2	6 51	6 56	7 01	7 07	7 13	7 20	7 27	7 36	7 45	7 55	8 06	8 19	8 35	8 55
2	6 52	6 57	7 02	7 08	7 14	7 20	7 28	7 35	7 44	7 54	8 05	8 18	8 34	8 52
6	6 52	6 57	7 02	7 07	7 13	7 20	7 27	7 34	7 43	7 53	8 03	8 16	8 31	8 49
10	6 52	6 56	7 01	7 07	7 12	7 19	7 25	7 33	7 41	7 50	8 00	8 12	8 26	8 43
14	6 51	6 55	7 00	7 05	7 11	7 17	7 23	7 30	7 38	7 46	7 56	8 08	8 21	8 37
18	6 49	6 54	6 58	7 03	7 08	7 14	7 20	7 27	7 34	7 42	7 51	8 02	8 14	8 29
22	6 47	6 51	6 56	7 00	7 05	7 10	7 16	7 22	7 29	7 37	7 45	7 55	8 06	8 20
26	6 45	6 49	6 53	6 57	7 01	7 06	7 12	7 17	7 24	7 31	7 38	7 47	7 58	8 10
30	6 42	6 45	6 49	6 53	6 57	7 02	7 06	7 12	7 17	7 24	7 31	7 39	7 48	7 59
Feb. 3	6 38	6 42	6 45	6 48	6 52	6 56	7 01	7 05	7 11	7 16	7 23	7 30	7 38	7 48
7	6 34	6 37	6 40	6 44	6 47	6 51	6 54	6 59	7 03	7 08	7 14	7 20	7 28	7 36
11	6 30	6 33	6 35	6 38	6 41	6 44	6 48	6 51	6 55	7 00	7 05	7 10	7 16	7 23
15	6 25	6 28	6 30	6 32	6 35	6 38	6 41	6 44	6 47	6 51	6 55	6 59	7 05	7 10
19	6 20	6 22	6 24	6 26	6 28	6 31	6 33	6 35	6 38	6 41	6 45	6 48	6 52	6 57
23	6 15	6 17	6 18	6 20	6 21	6 23	6 25	6 27	6 29	6 31	6 34	6 37	6 40	6 43
27	6 10	6 11	6 12	6 13	6 14	6 15	6 17	6 18	6 20	6 21	6 23	6 25	6 27	6 29
Mar. 3	6 04	6 04	6 05	6 06	6 07	6 07	6 08	6 09	6 10	6 11	6 12	6 13	6 14	6 15
7	5 58	5 58	5 58	5 59	5 59	5 59	5 59	6 00	6 00	6 00	6 00	6 00	6 00	6 00
11	5 51	5 51	5 51	5 51	5 51	5 51	5 50	5 50	5 50	5 49	5 48	5 47	5 46	5 45
15	5 45	5 45	5 44	5 44	5 43	5 42	5 41	5 40	5 39	5 38	5 36	5 34	5 32	5 30
19	5 39	5 38	5 37	5 36	5 35	5 33	5 32	5 30	5 29	5 26	5 24	5 21	5 18	5 14
23	5 32	5 31	5 30	5 28	5 26	5 25	5 23	5 20	5 18	5 15	5 12	5 08	5 03	4 58
27	5 25	5 24	5 22	5 20	5 18	5 16	5 13	5 10	5 07	5 03	4 59	4 54	4 49	4 42
31	5 19	5 17	5 15	5 12	5 10	5 07	5 04	5 00	4 56	4 52	4 46	4 41	4 34	4 26
Apr. 4	5 12	5 10	5 07	5 04	5 01	4 58	4 54	4 50	4 45	4 40	4 34	4 27	4 18	4 09

END OF EVENING CIVIL TWILIGHT

Lat.	+40°	+42°	+44°	+46°	+48°	+50°	+52°	+54°	+56°	+58°	+60°	+62°	+64°	+66°
	h m	h m	h m	h m	h m	h m	h m	h m	h m	h m	h m	h m	h m	h m
Jan. −2	17 13	17 08	17 03	16 57	16 51	16 44	16 37	16 29	16 20	16 10	15 58	15 45	15 29	15 10
2	17 17	17 12	17 06	17 01	16 54	16 48	16 41	16 33	16 24	16 14	16 03	15 50	15 35	15 16
6	17 20	17 15	17 10	17 04	16 58	16 52	16 45	16 37	16 29	16 19	16 09	15 56	15 41	15 24
10	17 24	17 19	17 14	17 09	17 03	16 57	16 50	16 43	16 35	16 25	16 15	16 03	15 49	15 32
14	17 28	17 23	17 18	17 13	17 08	17 02	16 56	16 49	16 41	16 32	16 22	16 11	15 58	15 42
18	17 32	17 28	17 23	17 18	17 13	17 07	17 01	16 55	16 48	16 39	16 30	16 20	16 07	15 53
22	17 36	17 32	17 28	17 23	17 19	17 13	17 08	17 01	16 55	16 47	16 39	16 29	16 18	16 04
26	17 41	17 37	17 33	17 29	17 24	17 19	17 14	17 08	17 02	16 55	16 47	16 38	16 28	16 16
30	17 45	17 42	17 38	17 34	17 30	17 26	17 21	17 16	17 10	17 04	16 56	16 48	16 39	16 28
Feb. 3	17 50	17 47	17 43	17 40	17 36	17 32	17 28	17 23	17 18	17 12	17 06	16 59	16 50	16 41
7	17 54	17 51	17 48	17 45	17 42	17 38	17 35	17 30	17 26	17 21	17 15	17 09	17 02	16 54
11	17 59	17 56	17 54	17 51	17 48	17 45	17 42	17 38	17 34	17 30	17 25	17 19	17 13	17 06
15	18 03	18 01	17 59	17 57	17 54	17 51	17 49	17 46	17 42	17 39	17 35	17 30	17 25	17 19
19	18 08	18 06	18 04	18 02	18 00	17 58	17 56	17 53	17 50	17 48	17 44	17 41	17 37	17 32
23	18 12	18 11	18 09	18 08	18 06	18 04	18 03	18 01	17 59	17 56	17 54	17 51	17 48	17 45
27	18 17	18 16	18 14	18 13	18 12	18 11	18 10	18 08	18 07	18 05	18 04	18 02	18 00	17 58
Mar. 3	18 21	18 20	18 19	18 19	18 18	18 17	18 17	18 16	18 15	18 14	18 14	18 13	18 12	18 11
7	18 25	18 25	18 25	18 24	18 24	18 24	18 24	18 24	18 23	18 23	18 23	18 23	18 24	18 24
11	18 29	18 29	18 30	18 30	18 30	18 30	18 31	18 31	18 32	18 32	18 33	18 34	18 36	18 37
15	18 34	18 34	18 35	18 35	18 36	18 37	18 38	18 39	18 40	18 42	18 43	18 45	18 47	18 50
19	18 38	18 39	18 40	18 41	18 42	18 43	18 45	18 46	18 48	18 51	18 53	18 56	19 00	19 04
23	18 42	18 43	18 45	18 46	18 48	18 50	18 52	18 54	18 57	19 00	19 03	19 07	19 12	19 17
27	18 46	18 48	18 50	18 52	18 54	18 56	18 59	19 02	19 05	19 09	19 13	19 18	19 24	19 31
31	18 50	18 52	18 55	18 57	19 00	19 03	19 06	19 10	19 14	19 18	19 24	19 30	19 37	19 45
Apr. 4	18 54	18 57	19 00	19 03	19 06	19 09	19 13	19 17	19 22	19 28	19 34	19 41	19 50	20 00

CIVIL TWILIGHT, 2002

UNIVERSAL TIME FOR MERIDIAN OF GREENWICH
BEGINNING OF MORNING CIVIL TWILIGHT

Lat.	−55°	−50°	−45°	−40°	−35°	−30°	−20°	−10°	0°	+10°	+20°	+30°	+35°	+40°
	h m	h m	h m	h m	h m	h m	h m	h m	h m	h m	h m	h m	h m	h m
Mar. 31	5 46	5 46	5 47	5 47	5 46	5 46	5 45	5 43	5 40	5 37	5 33	5 27	5 23	5 19
Apr. 4	5 53	5 53	5 52	5 51	5 50	5 48	5 46	5 43	5 39	5 35	5 29	5 22	5 18	5 12
8	6 01	5 59	5 57	5 55	5 53	5 51	5 47	5 42	5 38	5 32	5 26	5 17	5 12	5 06
12	6 08	6 05	6 01	5 58	5 56	5 53	5 48	5 42	5 37	5 30	5 22	5 12	5 06	4 59
16	6 16	6 11	6 06	6 02	5 59	5 55	5 49	5 42	5 36	5 28	5 19	5 08	5 01	4 53
20	6 23	6 16	6 11	6 06	6 02	5 58	5 50	5 42	5 34	5 26	5 16	5 03	4 56	4 47
24	6 30	6 22	6 16	6 10	6 05	6 00	5 51	5 42	5 34	5 24	5 13	4 59	4 51	4 41
28	6 37	6 28	6 20	6 14	6 08	6 02	5 52	5 43	5 33	5 22	5 10	4 55	4 46	4 35
May 2	6 44	6 33	6 25	6 17	6 11	6 05	5 53	5 43	5 32	5 21	5 07	4 51	4 41	4 30
6	6 51	6 39	6 29	6 21	6 14	6 07	5 55	5 43	5 32	5 19	5 05	4 48	4 37	4 25
10	6 57	6 44	6 34	6 25	6 17	6 09	5 56	5 44	5 31	5 18	5 03	4 44	4 33	4 20
14	7 03	6 49	6 38	6 28	6 19	6 12	5 57	5 44	5 31	5 17	5 01	4 41	4 29	4 15
18	7 09	6 54	6 42	6 32	6 22	6 14	5 59	5 45	5 31	5 16	4 59	4 39	4 26	4 11
22	7 15	6 59	6 46	6 35	6 25	6 16	6 00	5 46	5 31	5 15	4 58	4 36	4 23	4 08
26	7 20	7 03	6 50	6 38	6 28	6 18	6 02	5 46	5 31	5 15	4 57	4 34	4 21	4 05
30	7 25	7 07	6 53	6 41	6 30	6 20	6 03	5 47	5 32	5 15	4 56	4 33	4 19	4 02
June 3	7 30	7 11	6 56	6 43	6 32	6 22	6 05	5 48	5 32	5 15	4 56	4 32	4 17	4 00
7	7 33	7 14	6 59	6 46	6 34	6 24	6 06	5 49	5 33	5 15	4 55	4 31	4 16	3 59
11	7 36	7 17	7 01	6 48	6 36	6 26	6 07	5 50	5 33	5 16	4 55	4 31	4 16	3 58
15	7 39	7 19	7 03	6 50	6 38	6 27	6 09	5 51	5 34	5 16	4 56	4 31	4 16	3 58
19	7 41	7 21	7 04	6 51	6 39	6 28	6 10	5 52	5 35	5 17	4 56	4 31	4 16	3 58
23	7 42	7 21	7 05	6 52	6 40	6 29	6 10	5 53	5 36	5 18	4 57	4 32	4 17	3 59
27	7 42	7 22	7 06	6 52	6 40	6 30	6 11	5 54	5 37	5 19	4 58	4 33	4 18	4 00
July 1	7 41	7 21	7 05	6 52	6 41	6 30	6 12	5 55	5 38	5 20	5 00	4 35	4 20	4 02
5	7 39	7 20	7 05	6 52	6 40	6 30	6 12	5 55	5 38	5 21	5 01	4 37	4 22	4 04

END OF EVENING CIVIL TWILIGHT

Lat.	−55°	−50°	−45°	−40°	−35°	−30°	−20°	−10°	0°	+10°	+20°	+30°	+35°	+40°
	h m	h m	h m	h m	h m	h m	h m	h m	h m	h m	h m	h m	h m	h m
Mar. 31	18 21	18 21	18 21	18 21	18 21	18 22	18 23	18 26	18 28	18 32	18 36	18 42	18 46	18 50
Apr. 4	18 12	18 13	18 14	18 15	18 16	18 17	18 20	18 23	18 27	18 32	18 37	18 44	18 49	18 54
8	18 02	18 04	18 06	18 09	18 11	18 13	18 17	18 21	18 26	18 32	18 38	18 47	18 52	18 59
12	17 52	17 56	18 00	18 03	18 05	18 08	18 14	18 19	18 25	18 32	18 40	18 50	18 56	19 03
16	17 43	17 48	17 53	17 57	18 00	18 04	18 11	18 17	18 24	18 32	18 41	18 52	18 59	19 07
20	17 34	17 41	17 46	17 51	17 56	18 00	18 08	18 15	18 23	18 32	18 42	18 55	19 03	19 12
24	17 25	17 33	17 40	17 46	17 51	17 56	18 05	18 14	18 23	18 33	18 44	18 58	19 06	19 16
28	17 17	17 26	17 34	17 41	17 47	17 52	18 03	18 12	18 22	18 33	18 45	19 00	19 10	19 20
May 2	17 09	17 20	17 29	17 36	17 43	17 49	18 00	18 11	18 22	18 34	18 47	19 03	19 13	19 25
6	17 02	17 14	17 23	17 32	17 39	17 46	17 58	18 10	18 22	18 34	18 49	19 06	19 17	19 29
10	16 55	17 08	17 19	17 28	17 36	17 43	17 56	18 09	18 22	18 35	18 50	19 09	19 20	19 34
14	16 49	17 03	17 14	17 24	17 33	17 41	17 55	18 08	18 22	18 36	18 52	19 12	19 24	19 38
18	16 43	16 58	17 10	17 21	17 30	17 39	17 54	18 08	18 22	18 37	18 54	19 14	19 27	19 42
22	16 38	16 54	17 07	17 18	17 28	17 37	17 53	18 08	18 22	18 38	18 56	19 17	19 30	19 46
26	16 33	16 50	17 04	17 16	17 26	17 35	17 52	18 07	18 23	18 39	18 57	19 20	19 33	19 50
30	16 29	16 47	17 02	17 14	17 25	17 34	17 52	18 08	18 23	18 40	18 59	19 22	19 36	19 53
June 3	16 26	16 45	17 00	17 13	17 24	17 34	17 51	18 08	18 24	18 41	19 01	19 25	19 39	19 56
7	16 24	16 43	16 59	17 12	17 23	17 33	17 51	18 08	18 25	18 42	19 02	19 27	19 41	19 59
11	16 23	16 42	16 58	17 11	17 23	17 33	17 52	18 09	18 26	18 44	19 04	19 28	19 43	20 01
15	16 22	16 42	16 58	17 11	17 23	17 33	17 52	18 10	18 27	18 45	19 05	19 30	19 45	20 03
19	16 22	16 42	16 58	17 12	17 23	17 34	17 53	18 10	18 28	18 46	19 06	19 31	19 46	20 05
23	16 23	16 43	16 59	17 13	17 24	17 35	17 54	18 11	18 28	18 46	19 07	19 32	19 47	20 05
27	16 24	16 44	17 00	17 14	17 26	17 36	17 55	18 12	18 29	18 47	19 08	19 32	19 48	20 06
July 1	16 27	16 46	17 02	17 16	17 27	17 37	17 56	18 13	18 30	18 48	19 08	19 32	19 48	20 05
5	16 30	16 49	17 04	17 17	17 29	17 39	17 57	18 14	18 31	18 48	19 08	19 32	19 47	20 05

UNIVERSAL TIME FOR MERIDIAN OF GREENWICH
BEGINNING OF MORNING CIVIL TWILIGHT

Lat.	+40°	+42°	+44°	+46°	+48°	+50°	+52°	+54°	+56°	+58°	+60°	+62°	+64°	+66°
	h m	h m	h m	h m	h m	h m	h m	h m	h m	h m	h m	h m	h m	h m
Mar. 31	5 19	5 17	5 15	5 12	5 10	5 07	5 04	5 00	4 56	4 52	4 46	4 41	4 34	4 26
Apr. 4	5 12	5 10	5 07	5 04	5 01	4 58	4 54	4 50	4 45	4 40	4 34	4 27	4 18	4 09
8	5 06	5 03	5 00	4 57	4 53	4 49	4 45	4 40	4 34	4 28	4 21	4 13	4 03	3 51
12	4 59	4 56	4 53	4 49	4 45	4 40	4 35	4 30	4 23	4 16	4 08	3 58	3 47	3 34
16	4 53	4 49	4 46	4 41	4 37	4 31	4 26	4 19	4 12	4 04	3 55	3 44	3 31	3 15
20	4 47	4 43	4 39	4 34	4 29	4 23	4 17	4 09	4 01	3 52	3 42	3 29	3 14	2 56
24	4 41	4 37	4 32	4 27	4 21	4 14	4 07	4 00	3 51	3 41	3 29	3 15	2 58	2 36
28	4 35	4 30	4 25	4 19	4 13	4 06	3 59	3 50	3 40	3 29	3 15	3 00	2 40	2 14
May 2	4 30	4 25	4 19	4 13	4 06	3 58	3 50	3 40	3 30	3 17	3 02	2 44	2 22	1 50
6	4 25	4 19	4 13	4 06	3 59	3 51	3 42	3 31	3 20	3 06	2 49	2 29	2 02	1 22
10	4 20	4 14	4 07	4 00	3 52	3 44	3 34	3 23	3 10	2 54	2 36	2 13	1 41	0 44
14	4 15	4 09	4 02	3 55	3 46	3 37	3 26	3 14	3 00	2 44	2 23	1 56	1 17	// //
18	4 11	4 05	3 57	3 49	3 40	3 30	3 19	3 06	2 51	2 33	2 10	1 39	0 45	// //
22	4 08	4 01	3 53	3 45	3 35	3 25	3 13	2 59	2 43	2 23	1 57	1 20	// //	// //
26	4 05	3 57	3 49	3 41	3 31	3 20	3 07	2 52	2 35	2 13	1 45	1 00	// //	// //
30	4 02	3 55	3 46	3 37	3 27	3 15	3 02	2 47	2 28	2 05	1 33	0 32	// //	// //
June 3	4 00	3 52	3 44	3 34	3 24	3 12	2 58	2 42	2 22	1 57	1 21	// //	// //	// //
7	3 59	3 51	3 42	3 32	3 21	3 09	2 54	2 38	2 17	1 50	1 10	// //	// //	// //
11	3 58	3 50	3 41	3 31	3 20	3 07	2 52	2 35	2 13	1 45	1 01	// //	// //	// //
15	3 58	3 49	3 40	3 30	3 19	3 06	2 51	2 33	2 11	1 42	0 53	// //	// //	□
19	3 58	3 50	3 40	3 30	3 19	3 06	2 50	2 32	2 10	1 40	0 49	// //	// //	□
23	3 59	3 50	3 41	3 31	3 19	3 06	2 51	2 33	2 11	1 41	0 50	// //	// //	□
27	4 00	3 52	3 43	3 32	3 21	3 08	2 53	2 35	2 13	1 44	0 54	// //	// //	□
July 1	4 02	3 54	3 45	3 35	3 23	3 11	2 56	2 38	2 17	1 48	1 03	// //	// //	// //
5	4 04	3 56	3 47	3 37	3 26	3 14	2 59	2 42	2 22	1 54	1 13	// //	// //	// //

END OF EVENING CIVIL TWILIGHT

Lat.	+40°	+42°	+44°	+46°	+48°	+50°	+52°	+54°	+56°	+58°	+60°	+62°	+64°	+66°
	h m	h m	h m	h m	h m	h m	h m	h m	h m	h m	h m	h m	h m	h m
Mar. 31	18 50	18 52	18 55	18 57	19 00	19 03	19 06	19 10	19 14	19 18	19 24	19 30	19 37	19 45
Apr. 4	18 54	18 57	19 00	19 03	19 06	19 09	19 13	19 17	19 22	19 28	19 34	19 41	19 50	20 00
8	18 59	19 02	19 05	19 08	19 12	19 16	19 20	19 25	19 31	19 37	19 45	19 53	20 03	20 15
12	19 03	19 06	19 10	19 14	19 18	19 23	19 28	19 34	19 40	19 47	19 56	20 05	20 17	20 31
16	19 07	19 11	19 15	19 19	19 24	19 29	19 35	19 42	19 49	19 57	20 07	20 18	20 31	20 48
20	19 12	19 16	19 20	19 25	19 30	19 36	19 43	19 50	19 58	20 07	20 18	20 31	20 46	21 05
24	19 16	19 21	19 25	19 31	19 37	19 43	19 50	19 58	20 07	20 18	20 30	20 44	21 02	21 24
28	19 20	19 25	19 31	19 36	19 43	19 50	19 58	20 07	20 17	20 28	20 42	20 58	21 18	21 45
May 2	19 25	19 30	19 36	19 42	19 49	19 57	20 05	20 15	20 26	20 39	20 54	21 12	21 36	22 09
6	19 29	19 35	19 41	19 48	19 55	20 04	20 13	20 23	20 35	20 50	21 06	21 27	21 55	22 38
10	19 34	19 40	19 46	19 53	20 01	20 10	20 20	20 32	20 45	21 00	21 19	21 43	22 17	23 23
14	19 38	19 44	19 51	19 59	20 07	20 17	20 28	20 40	20 54	21 11	21 32	22 00	22 42	// //
18	19 42	19 49	19 56	20 04	20 13	20 23	20 35	20 48	21 03	21 22	21 45	22 18	23 19	// //
22	19 46	19 53	20 01	20 09	20 19	20 29	20 42	20 56	21 12	21 32	21 59	22 37	// //	// //
26	19 50	19 57	20 05	20 14	20 24	20 35	20 48	21 03	21 21	21 43	22 12	23 00	// //	// //
30	19 53	20 01	20 09	20 18	20 29	20 41	20 54	21 10	21 28	21 52	22 25	23 33	// //	// //
June 3	19 56	20 04	20 13	20 22	20 33	20 45	20 59	21 16	21 35	22 01	22 38	// //	// //	// //
7	19 59	20 07	20 16	20 26	20 37	20 49	21 04	21 21	21 42	22 09	22 50	// //	// //	// //
11	20 01	20 10	20 19	20 29	20 40	20 53	21 08	21 25	21 47	22 15	23 01	// //	// //	// //
15	20 03	20 12	20 21	20 31	20 42	20 55	21 10	21 28	21 50	22 20	23 09	// //	// //	□
19	20 05	20 13	20 22	20 33	20 44	20 57	21 12	21 30	21 53	22 23	23 14	// //	// //	□
23	20 05	20 14	20 23	20 33	20 45	20 58	21 13	21 31	21 53	22 23	23 14	// //	// //	□
27	20 06	20 14	20 23	20 33	20 45	20 58	21 13	21 30	21 52	22 22	23 10	// //	// //	□
July 1	20 05	20 14	20 23	20 33	20 44	20 57	21 11	21 29	21 50	22 18	23 03	// //	// //	// //
5	20 05	20 13	20 21	20 31	20 42	20 55	21 09	21 26	21 47	22 13	22 54	// //	// //	// //

□ indicates Sun continuously above horizon.
// // indicates continuous twilight.

CIVIL TWILIGHT, 2002

UNIVERSAL TIME FOR MERIDIAN OF GREENWICH
BEGINNING OF MORNING CIVIL TWILIGHT

Lat.	−55°	−50°	−45°	−40°	−35°	−30°	−20°	−10°	0°	+10°	+20°	+30°	+35°	+40°
	h m	h m	h m	h m	h m	h m	h m	h m	h m	h m	h m	h m	h m	h m
July 1	7 41	7 21	7 05	6 52	6 41	6 30	6 12	5 55	5 38	5 20	5 00	4 35	4 20	4 02
5	7 39	7 20	7 05	6 52	6 40	6 30	6 12	5 55	5 38	5 21	5 01	4 37	4 22	4 04
9	7 37	7 18	7 03	6 51	6 40	6 30	6 12	5 55	5 39	5 22	5 02	4 39	4 24	4 07
13	7 34	7 16	7 02	6 49	6 39	6 29	6 12	5 56	5 40	5 23	5 04	4 41	4 27	4 10
17	7 30	7 13	6 59	6 47	6 37	6 28	6 11	5 56	5 40	5 24	5 06	4 43	4 30	4 13
21	7 26	7 09	6 56	6 45	6 35	6 26	6 10	5 56	5 41	5 25	5 07	4 46	4 33	4 17
25	7 20	7 05	6 53	6 42	6 33	6 24	6 09	5 55	5 41	5 26	5 09	4 48	4 36	4 21
29	7 15	7 00	6 49	6 39	6 30	6 22	6 08	5 55	5 41	5 27	5 11	4 51	4 39	4 25
Aug. 2	7 08	6 55	6 44	6 35	6 27	6 20	6 06	5 54	5 41	5 28	5 12	4 53	4 42	4 29
6	7 01	6 49	6 40	6 31	6 24	6 17	6 04	5 53	5 41	5 28	5 14	4 56	4 45	4 33
10	6 54	6 43	6 34	6 27	6 20	6 14	6 02	5 51	5 40	5 29	5 15	4 59	4 49	4 37
14	6 46	6 36	6 29	6 22	6 16	6 10	6 00	5 50	5 40	5 29	5 17	5 01	4 52	4 41
18	6 38	6 29	6 23	6 17	6 11	6 06	5 57	5 48	5 39	5 29	5 18	5 04	4 55	4 45
22	6 29	6 22	6 16	6 11	6 07	6 02	5 54	5 47	5 38	5 30	5 19	5 06	4 59	4 49
26	6 20	6 14	6 10	6 06	6 02	5 58	5 51	5 45	5 38	5 30	5 20	5 09	5 02	4 54
30	6 11	6 06	6 03	6 00	5 57	5 54	5 48	5 43	5 36	5 30	5 21	5 11	5 05	4 58
Sept. 3	6 01	5 58	5 56	5 54	5 51	5 49	5 45	5 40	5 35	5 29	5 22	5 14	5 08	5 02
7	5 51	5 50	5 49	5 47	5 46	5 45	5 41	5 38	5 34	5 29	5 23	5 16	5 11	5 06
11	5 41	5 41	5 41	5 41	5 40	5 40	5 38	5 36	5 33	5 29	5 24	5 18	5 14	5 10
15	5 31	5 33	5 34	5 34	5 35	5 35	5 34	5 33	5 31	5 29	5 25	5 20	5 17	5 13
19	5 21	5 24	5 26	5 28	5 29	5 30	5 31	5 31	5 30	5 28	5 26	5 23	5 20	5 17
23	5 10	5 15	5 18	5 21	5 23	5 25	5 27	5 28	5 29	5 28	5 27	5 25	5 23	5 21
27	5 00	5 06	5 11	5 14	5 17	5 20	5 23	5 26	5 27	5 28	5 28	5 27	5 26	5 25
Oct. 1	4 49	4 57	5 03	5 08	5 12	5 15	5 20	5 23	5 26	5 28	5 29	5 29	5 29	5 29
5	4 39	4 48	4 55	5 01	5 06	5 10	5 16	5 21	5 24	5 27	5 30	5 32	5 32	5 33

END OF EVENING CIVIL TWILIGHT

	−55°	−50°	−45°	−40°	−35°	−30°	−20°	−10°	0°	+10°	+20°	+30°	+35°	+40°
	h m	h m	h m	h m	h m	h m	h m	h m	h m	h m	h m	h m	h m	h m
July 1	16 27	16 46	17 02	17 16	17 27	17 37	17 56	18 13	18 30	18 48	19 08	19 32	19 48	20 05
5	16 30	16 49	17 04	17 17	17 29	17 39	17 57	18 14	18 31	18 48	19 08	19 32	19 47	20 05
9	16 34	16 52	17 07	17 20	17 31	17 41	17 59	18 15	18 31	18 48	19 08	19 31	19 46	20 03
13	16 38	16 56	17 10	17 22	17 33	17 43	18 00	18 16	18 32	18 48	19 07	19 30	19 44	20 01
17	16 42	17 00	17 13	17 25	17 35	17 45	18 01	18 17	18 32	18 48	19 06	19 29	19 42	19 58
21	16 48	17 04	17 17	17 28	17 38	17 47	18 03	18 17	18 32	18 48	19 05	19 27	19 40	19 55
25	16 53	17 08	17 21	17 31	17 40	17 49	18 04	18 18	18 32	18 47	19 04	19 24	19 37	19 52
29	16 59	17 13	17 25	17 34	17 43	17 51	18 05	18 18	18 32	18 46	19 02	19 22	19 34	19 48
Aug. 2	17 05	17 18	17 29	17 38	17 46	17 53	18 06	18 19	18 31	18 45	19 00	19 19	19 30	19 43
6	17 11	17 23	17 33	17 41	17 49	17 55	18 08	18 19	18 31	18 43	18 58	19 15	19 26	19 38
10	17 18	17 28	17 37	17 45	17 51	17 57	18 09	18 19	18 30	18 42	18 55	19 11	19 21	19 33
14	17 24	17 34	17 41	17 48	17 54	18 00	18 10	18 19	18 29	18 40	18 52	19 08	19 17	19 27
18	17 31	17 39	17 46	17 52	17 57	18 02	18 11	18 19	18 28	18 38	18 49	19 03	19 12	19 22
22	17 38	17 45	17 50	17 55	18 00	18 04	18 12	18 19	18 27	18 36	18 46	18 59	19 07	19 16
26	17 45	17 50	17 55	17 59	18 02	18 06	18 13	18 19	18 26	18 34	18 43	18 54	19 01	19 09
30	17 52	17 56	17 59	18 02	18 05	18 08	18 13	18 19	18 25	18 32	18 40	18 50	18 56	19 03
Sept. 3	17 59	18 01	18 04	18 06	18 08	18 10	18 14	18 19	18 24	18 29	18 36	18 45	18 50	18 56
7	18 06	18 07	18 08	18 09	18 11	18 12	18 15	18 18	18 22	18 27	18 32	18 40	18 44	18 50
11	18 13	18 13	18 13	18 13	18 14	18 14	18 16	18 18	18 21	18 24	18 29	18 35	18 39	18 43
15	18 21	18 19	18 18	18 17	18 16	18 16	18 17	18 18	18 19	18 22	18 25	18 30	18 33	18 36
19	18 28	18 25	18 22	18 21	18 19	18 18	18 17	18 17	18 18	18 19	18 21	18 25	18 27	18 30
23	18 36	18 31	18 27	18 24	18 22	18 21	18 18	18 17	18 16	18 17	18 18	18 20	18 21	18 23
27	18 43	18 37	18 32	18 28	18 25	18 23	18 19	18 17	18 15	18 14	18 14	18 15	18 15	18 16
Oct. 1	18 51	18 43	18 37	18 32	18 28	18 25	18 20	18 16	18 14	18 12	18 10	18 10	18 10	18 10
5	18 59	18 50	18 42	18 37	18 32	18 28	18 21	18 16	18 12	18 09	18 07	18 05	18 04	18 03

UNIVERSAL TIME FOR MERIDIAN OF GREENWICH
BEGINNING OF MORNING CIVIL TWILIGHT

Lat.	+40°	+42°	+44°	+46°	+48°	+50°	+52°	+54°	+56°	+58°	+60°	+62°	+64°	+66°
	h m	h m	h m	h m	h m	h m	h m	h m	h m	h m	h m	h m	h m	h m
July 1	4 02	3 54	3 45	3 35	3 23	3 11	2 56	2 38	2 17	1 48	1 03	// //	// //	// //
5	4 04	3 56	3 47	3 37	3 26	3 14	2 59	2 42	2 22	1 54	1 13	// //	// //	// //
9	4 07	3 59	3 50	3 41	3 30	3 18	3 04	2 47	2 28	2 02	1 25	// //	// //	// //
13	4 10	4 02	3 54	3 45	3 34	3 22	3 09	2 53	2 35	2 11	1 38	0 28	// //	// //
17	4 13	4 06	3 58	3 49	3 39	3 28	3 15	3 00	2 42	2 20	1 51	1 02	// //	// //
21	4 17	4 10	4 02	3 53	3 44	3 33	3 21	3 07	2 50	2 30	2 04	1 25	// //	// //
25	4 21	4 14	4 06	3 58	3 49	3 39	3 28	3 15	2 59	2 40	2 17	1 44	0 41	// //
29	4 25	4 18	4 11	4 03	3 55	3 45	3 35	3 22	3 08	2 51	2 30	2 02	1 18	// //
Aug. 2	4 29	4 23	4 16	4 09	4 01	3 52	3 42	3 30	3 17	3 01	2 42	2 18	1 44	0 32
6	4 33	4 27	4 21	4 14	4 07	3 58	3 49	3 38	3 26	3 12	2 55	2 34	2 05	1 21
10	4 37	4 32	4 26	4 20	4 13	4 05	3 56	3 46	3 35	3 22	3 07	2 48	2 24	1 51
14	4 41	4 36	4 31	4 25	4 19	4 11	4 04	3 55	3 44	3 33	3 19	3 02	2 42	2 14
18	4 45	4 41	4 36	4 30	4 25	4 18	4 11	4 03	3 54	3 43	3 31	3 16	2 58	2 35
22	4 49	4 45	4 41	4 36	4 31	4 25	4 18	4 11	4 02	3 53	3 42	3 29	3 13	2 54
26	4 54	4 50	4 46	4 41	4 36	4 31	4 25	4 19	4 11	4 03	3 53	3 42	3 28	3 11
30	4 58	4 54	4 51	4 47	4 42	4 38	4 32	4 26	4 20	4 12	4 04	3 54	3 42	3 28
Sept. 3	5 02	4 59	4 55	4 52	4 48	4 44	4 39	4 34	4 28	4 22	4 14	4 06	3 55	3 43
7	5 06	5 03	5 00	4 57	4 54	4 50	4 46	4 42	4 37	4 31	4 25	4 17	4 08	3 58
11	5 10	5 07	5 05	5 02	5 00	4 57	4 53	4 49	4 45	4 40	4 35	4 28	4 21	4 12
15	5 13	5 12	5 10	5 08	5 05	5 03	5 00	4 57	4 53	4 49	4 45	4 40	4 33	4 26
19	5 17	5 16	5 14	5 13	5 11	5 09	5 07	5 04	5 01	4 58	4 55	4 50	4 45	4 40
23	5 21	5 20	5 19	5 18	5 17	5 15	5 13	5 12	5 09	5 07	5 04	5 01	4 57	4 53
27	5 25	5 24	5 24	5 23	5 22	5 21	5 20	5 19	5 17	5 16	5 14	5 12	5 09	5 06
Oct. 1	5 29	5 29	5 28	5 28	5 28	5 27	5 27	5 26	5 25	5 24	5 23	5 22	5 21	5 19
5	5 33	5 33	5 33	5 33	5 33	5 33	5 33	5 33	5 33	5 33	5 33	5 33	5 32	5 31

END OF EVENING CIVIL TWILIGHT

Lat.	+40°	+42°	+44°	+46°	+48°	+50°	+52°	+54°	+56°	+58°	+60°	+62°	+64°	+66°
	h m	h m	h m	h m	h m	h m	h m	h m	h m	h m	h m	h m	h m	h m
July 1	20 05	20 14	20 23	20 33	20 44	20 57	21 11	21 29	21 50	22 18	23 03	// //	// //	// //
5	20 05	20 13	20 21	20 31	20 42	20 55	21 09	21 26	21 47	22 13	22 54	// //	// //	// //
9	20 03	20 11	20 20	20 29	20 40	20 52	21 06	21 22	21 42	22 07	22 43	// //	// //	// //
13	20 01	20 09	20 17	20 26	20 37	20 48	21 01	21 17	21 36	21 59	22 31	23 33	// //	// //
17	19 58	20 06	20 14	20 23	20 33	20 44	20 56	21 11	21 29	21 50	22 19	23 05	// //	// //
21	19 55	20 02	20 10	20 19	20 28	20 39	20 51	21 04	21 21	21 41	22 06	22 44	// //	// //
25	19 52	19 58	20 06	20 14	20 23	20 33	20 44	20 57	21 12	21 31	21 54	22 25	23 21	// //
29	19 48	19 54	20 01	20 09	20 17	20 26	20 37	20 49	21 03	21 20	21 41	22 08	22 48	// //
Aug. 2	19 43	19 49	19 56	20 03	20 11	20 20	20 30	20 41	20 54	21 09	21 28	21 51	22 24	23 23
6	19 38	19 44	19 50	19 57	20 04	20 12	20 22	20 32	20 44	20 58	21 14	21 35	22 02	22 43
10	19 33	19 38	19 44	19 50	19 57	20 05	20 13	20 23	20 34	20 46	21 01	21 20	21 43	22 15
14	19 27	19 32	19 38	19 43	19 50	19 57	20 05	20 13	20 23	20 35	20 48	21 04	21 24	21 50
18	19 22	19 26	19 31	19 36	19 42	19 48	19 56	20 04	20 13	20 23	20 35	20 49	21 07	21 29
22	19 16	19 20	19 24	19 29	19 34	19 40	19 46	19 54	20 02	20 11	20 22	20 34	20 50	21 08
26	19 09	19 13	19 17	19 21	19 26	19 31	19 37	19 44	19 51	19 59	20 09	20 20	20 33	20 49
30	19 03	19 06	19 10	19 14	19 18	19 23	19 28	19 33	19 40	19 47	19 56	20 05	20 17	20 31
Sept. 3	18 56	18 59	19 02	19 06	19 10	19 14	19 18	19 23	19 29	19 35	19 43	19 51	20 01	20 13
7	18 50	18 52	18 55	18 58	19 01	19 05	19 09	19 13	19 18	19 23	19 30	19 37	19 45	19 55
11	18 43	18 45	18 47	18 50	18 53	18 56	18 59	19 03	19 07	19 11	19 17	19 23	19 30	19 39
15	18 36	18 38	18 40	18 42	18 44	18 47	18 49	18 52	18 56	19 00	19 04	19 09	19 15	19 22
19	18 30	18 31	18 32	18 34	18 36	18 38	18 40	18 42	18 45	18 48	18 51	18 56	19 00	19 06
23	18 23	18 24	18 25	18 26	18 27	18 29	18 30	18 32	18 34	18 36	18 39	18 42	18 46	18 50
27	18 16	18 17	18 17	18 18	18 19	18 20	18 21	18 22	18 23	18 25	18 27	18 29	18 31	18 34
Oct. 1	18 10	18 10	18 10	18 10	18 11	18 11	18 12	18 12	18 13	18 14	18 15	18 16	18 17	18 19
5	18 03	18 03	18 03	18 03	18 03	18 03	18 02	18 02	18 02	18 03	18 03	18 03	18 03	18 04

// // indicates continuous twilight.

CIVIL TWILIGHT, 2002
UNIVERSAL TIME FOR MERIDIAN OF GREENWICH
BEGINNING OF MORNING CIVIL TWILIGHT

Lat.	−55°	−50°	−45°	−40°	−35°	−30°	−20°	−10°	0°	+10°	+20°	+30°	+35°	+40°
	h m	h m	h m	h m	h m	h m	h m	h m	h m	h m	h m	h m	h m	h m
Oct. 1	4 49	4 57	5 03	5 08	5 12	5 15	5 20	5 23	5 26	5 28	5 29	5 29	5 29	5 29
5	4 39	4 48	4 55	5 01	5 06	5 10	5 16	5 21	5 24	5 27	5 30	5 32	5 32	5 33
9	4 28	4 39	4 48	4 55	5 00	5 05	5 13	5 18	5 23	5 27	5 31	5 34	5 35	5 37
13	4 18	4 30	4 40	4 48	4 55	5 00	5 09	5 16	5 22	5 27	5 32	5 36	5 39	5 41
17	4 07	4 22	4 33	4 42	4 49	4 56	5 06	5 14	5 21	5 27	5 33	5 39	5 42	5 45
21	3 57	4 13	4 26	4 36	4 44	4 51	5 03	5 12	5 20	5 28	5 34	5 41	5 45	5 49
25	3 47	4 05	4 19	4 30	4 39	4 47	5 00	5 11	5 20	5 28	5 36	5 44	5 48	5 53
29	3 37	3 57	4 12	4 24	4 34	4 43	4 57	5 09	5 19	5 28	5 37	5 47	5 52	5 57
Nov. 2	3 27	3 49	4 06	4 19	4 30	4 39	4 55	5 08	5 19	5 29	5 39	5 50	5 55	6 02
6	3 17	3 41	4 00	4 14	4 26	4 36	4 53	5 07	5 19	5 30	5 41	5 53	5 59	6 06
10	3 08	3 34	3 54	4 09	4 22	4 33	4 51	5 06	5 19	5 31	5 43	5 56	6 03	6 10
14	2 59	3 28	3 49	4 05	4 19	4 31	4 50	5 05	5 19	5 32	5 45	5 59	6 06	6 15
18	2 51	3 22	3 44	4 02	4 16	4 28	4 49	5 05	5 20	5 33	5 47	6 02	6 10	6 19
22	2 43	3 16	3 40	3 59	4 14	4 27	4 48	5 05	5 20	5 35	5 49	6 05	6 14	6 23
26	2 36	3 11	3 36	3 56	4 12	4 25	4 47	5 05	5 21	5 37	5 52	6 08	6 17	6 27
30	2 30	3 07	3 34	3 54	4 11	4 24	4 47	5 06	5 23	5 38	5 54	6 11	6 21	6 31
Dec. 4	2 25	3 04	3 32	3 53	4 10	4 24	4 48	5 07	5 24	5 40	5 57	6 14	6 24	6 35
8	2 21	3 02	3 30	3 52	4 10	4 24	4 48	5 08	5 26	5 42	5 59	6 17	6 27	6 39
12	2 19	3 01	3 30	3 52	4 10	4 25	4 49	5 10	5 27	5 44	6 01	6 20	6 30	6 42
16	2 18	3 01	3 30	3 53	4 11	4 26	4 51	5 11	5 29	5 46	6 04	6 22	6 33	6 45
20	2 18	3 02	3 31	3 54	4 12	4 28	4 53	5 13	5 31	5 48	6 06	6 25	6 35	6 47
24	2 20	3 04	3 33	3 56	4 14	4 30	4 55	5 15	5 33	5 50	6 08	6 27	6 37	6 49
28	2 24	3 07	3 36	3 59	4 17	4 32	4 57	5 17	5 35	5 52	6 10	6 28	6 39	6 50
32	2 29	3 11	3 40	4 02	4 20	4 35	4 59	5 19	5 37	5 54	6 11	6 30	6 40	6 51
36	2 35	3 16	3 44	4 06	4 23	4 38	5 02	5 22	5 39	5 56	6 12	6 30	6 41	6 52

END OF EVENING CIVIL TWILIGHT

Lat.	−55°	−50°	−45°	−40°	−35°	−30°	−20°	−10°	0°	+10°	+20°	+30°	+35°	+40°
	h m	h m	h m	h m	h m	h m	h m	h m	h m	h m	h m	h m	h m	h m
Oct. 1	18 51	18 43	18 37	18 32	18 28	18 25	18 20	18 16	18 14	18 12	18 10	18 10	18 10	18 10
5	18 59	18 50	18 42	18 37	18 32	18 28	18 21	18 16	18 12	18 09	18 07	18 05	18 04	18 03
9	19 08	18 56	18 48	18 41	18 35	18 30	18 22	18 16	18 11	18 07	18 04	18 00	17 59	17 57
13	19 16	19 03	18 53	18 45	18 39	18 33	18 24	18 16	18 10	18 05	18 00	17 56	17 53	17 51
17	19 25	19 10	18 59	18 50	18 42	18 36	18 25	18 17	18 10	18 03	17 57	17 52	17 48	17 45
21	19 34	19 17	19 05	18 54	18 46	18 39	18 27	18 17	18 09	18 02	17 55	17 47	17 44	17 40
25	19 43	19 25	19 10	18 59	18 50	18 42	18 29	18 18	18 09	18 00	17 52	17 44	17 39	17 34
29	19 52	19 32	19 16	19 04	18 54	18 45	18 30	18 19	18 08	17 59	17 50	17 40	17 35	17 29
Nov. 2	20 02	19 40	19 23	19 09	18 58	18 48	18 32	18 20	18 08	17 58	17 48	17 37	17 31	17 25
6	20 12	19 47	19 29	19 14	19 02	18 52	18 35	18 21	18 09	17 57	17 46	17 34	17 28	17 21
10	20 22	19 55	19 35	19 19	19 06	18 55	18 37	18 22	18 09	17 57	17 45	17 32	17 25	17 17
14	20 31	20 02	19 41	19 24	19 10	18 59	18 39	18 24	18 10	17 57	17 44	17 30	17 22	17 14
18	20 41	20 10	19 47	19 29	19 15	19 02	18 42	18 25	18 11	17 57	17 43	17 28	17 20	17 11
22	20 51	20 17	19 53	19 34	19 19	19 06	18 45	18 27	18 12	17 57	17 43	17 27	17 18	17 09
26	21 00	20 24	19 59	19 39	19 23	19 10	18 47	18 29	18 13	17 58	17 43	17 26	17 17	17 07
30	21 08	20 31	20 04	19 44	19 27	19 13	18 50	18 31	18 15	17 59	17 43	17 26	17 16	17 06
Dec. 4	21 16	20 37	20 09	19 48	19 31	19 16	18 53	18 33	18 16	18 00	17 44	17 26	17 16	17 05
8	21 23	20 42	20 14	19 52	19 34	19 20	18 55	18 36	18 18	18 01	17 45	17 26	17 16	17 05
12	21 29	20 47	20 18	19 56	19 38	19 23	18 58	18 38	18 20	18 03	17 46	17 27	17 17	17 05
16	21 34	20 51	20 21	19 59	19 40	19 25	19 00	18 40	18 22	18 05	17 47	17 29	17 18	17 06
20	21 37	20 53	20 24	20 01	19 43	19 27	19 02	18 42	18 24	18 07	17 49	17 30	17 20	17 08
24	21 39	20 55	20 25	20 03	19 45	19 29	19 04	18 44	18 26	18 09	17 51	17 32	17 22	17 10
28	21 39	20 56	20 26	20 04	19 46	19 31	19 06	18 46	18 28	18 11	17 53	17 35	17 24	17 13
32	21 37	20 56	20 27	20 05	19 47	19 32	19 07	18 47	18 30	18 13	17 56	17 37	17 27	17 16
36	21 35	20 54	20 26	20 05	19 47	19 33	19 09	18 49	18 31	18 15	17 58	17 40	17 30	17 19

UNIVERSAL TIME FOR MERIDIAN OF GREENWICH
BEGINNING OF MORNING CIVIL TWILIGHT

Lat.	+40°	+42°	+44°	+46°	+48°	+50°	+52°	+54°	+56°	+58°	+60°	+62°	+64°	+66°
	h m	h m	h m	h m	h m	h m	h m	h m	h m	h m	h m	h m	h m	h m
Oct. 1	5 29	5 29	5 28	5 28	5 28	5 27	5 27	5 26	5 25	5 24	5 23	5 22	5 21	5 19
5	5 33	5 33	5 33	5 33	5 33	5 33	5 33	5 33	5 33	5 33	5 33	5 33	5 32	5 31
9	5 37	5 37	5 38	5 38	5 39	5 40	5 40	5 41	5 41	5 42	5 42	5 43	5 43	5 44
13	5 41	5 42	5 43	5 44	5 45	5 46	5 47	5 48	5 49	5 50	5 52	5 53	5 55	5 57
17	5 45	5 46	5 48	5 49	5 50	5 52	5 54	5 55	5 57	5 59	6 01	6 04	6 06	6 09
21	5 49	5 51	5 52	5 54	5 56	5 58	6 00	6 03	6 05	6 08	6 11	6 14	6 18	6 22
25	5 53	5 55	5 57	6 00	6 02	6 04	6 07	6 10	6 13	6 16	6 20	6 24	6 29	6 34
29	5 57	6 00	6 02	6 05	6 08	6 11	6 14	6 17	6 21	6 25	6 29	6 34	6 40	6 47
Nov. 2	6 02	6 04	6 07	6 10	6 13	6 17	6 20	6 24	6 29	6 34	6 39	6 45	6 51	6 59
6	6 06	6 09	6 12	6 16	6 19	6 23	6 27	6 32	6 37	6 42	6 48	6 55	7 03	7 12
10	6 10	6 14	6 17	6 21	6 25	6 29	6 34	6 39	6 44	6 50	6 57	7 05	7 14	7 24
14	6 15	6 18	6 22	6 26	6 31	6 35	6 40	6 46	6 52	6 59	7 06	7 15	7 25	7 36
18	6 19	6 23	6 27	6 32	6 36	6 41	6 47	6 53	6 59	7 07	7 15	7 24	7 35	7 48
22	6 23	6 27	6 32	6 37	6 42	6 47	6 53	6 59	7 06	7 14	7 23	7 33	7 45	7 59
26	6 27	6 32	6 36	6 41	6 47	6 53	6 59	7 06	7 13	7 22	7 31	7 42	7 55	8 10
30	6 31	6 36	6 41	6 46	6 52	6 58	7 04	7 12	7 20	7 28	7 39	7 50	8 04	8 20
Dec. 4	6 35	6 40	6 45	6 50	6 56	7 03	7 09	7 17	7 25	7 35	7 45	7 58	8 12	8 29
8	6 39	6 44	6 49	6 54	7 00	7 07	7 14	7 22	7 31	7 40	7 51	8 04	8 19	8 37
12	6 42	6 47	6 52	6 58	7 04	7 11	7 18	7 26	7 35	7 45	7 56	8 10	8 25	8 44
16	6 45	6 50	6 55	7 01	7 07	7 14	7 22	7 30	7 39	7 49	8 00	8 14	8 30	8 49
20	6 47	6 52	6 58	7 04	7 10	7 17	7 24	7 32	7 42	7 52	8 03	8 17	8 33	8 53
24	6 49	6 54	7 00	7 06	7 12	7 19	7 26	7 34	7 43	7 54	8 05	8 19	8 35	8 55
28	6 50	6 56	7 01	7 07	7 13	7 20	7 27	7 35	7 44	7 55	8 06	8 20	8 35	8 55
32	6 51	6 56	7 02	7 08	7 14	7 20	7 28	7 36	7 44	7 54	8 06	8 19	8 34	8 53
36	6 52	6 57	7 02	7 08	7 14	7 20	7 27	7 35	7 44	7 53	8 04	8 17	8 32	8 50

END OF EVENING CIVIL TWILIGHT

Lat.	+40°	+42°	+44°	+46°	+48°	+50°	+52°	+54°	+56°	+58°	+60°	+62°	+64°	+66°
	h m	h m	h m	h m	h m	h m	h m	h m	h m	h m	h m	h m	h m	h m
Oct. 1	18 10	18 10	18 10	18 10	18 11	18 11	18 12	18 12	18 13	18 14	18 15	18 16	18 17	18 19
5	18 03	18 03	18 03	18 03	18 03	18 03	18 02	18 02	18 02	18 03	18 03	18 03	18 03	18 04
9	17 57	17 57	17 56	17 55	17 55	17 54	17 54	17 53	17 52	17 52	17 51	17 50	17 50	17 49
13	17 51	17 50	17 49	17 48	17 47	17 46	17 45	17 44	17 42	17 41	17 40	17 38	17 36	17 34
17	17 45	17 44	17 43	17 41	17 40	17 38	17 36	17 35	17 33	17 31	17 28	17 26	17 23	17 20
21	17 40	17 38	17 36	17 34	17 32	17 30	17 28	17 26	17 23	17 21	17 18	17 14	17 10	17 06
25	17 34	17 32	17 30	17 28	17 26	17 23	17 20	17 17	17 14	17 11	17 07	17 03	16 58	16 53
29	17 29	17 27	17 25	17 22	17 19	17 16	17 13	17 09	17 06	17 02	16 57	16 52	16 46	16 39
Nov. 2	17 25	17 22	17 19	17 16	17 13	17 10	17 06	17 02	16 58	16 53	16 47	16 41	16 35	16 27
6	17 21	17 18	17 14	17 11	17 07	17 04	16 59	16 55	16 50	16 44	16 38	16 31	16 24	16 14
10	17 17	17 14	17 10	17 06	17 02	16 58	16 53	16 48	16 43	16 37	16 30	16 22	16 13	16 03
14	17 14	17 10	17 06	17 02	16 58	16 53	16 48	16 42	16 36	16 29	16 22	16 13	16 03	15 52
18	17 11	17 07	17 03	16 58	16 54	16 48	16 43	16 37	16 30	16 23	16 15	16 05	15 54	15 42
22	17 09	17 04	17 00	16 55	16 50	16 45	16 39	16 32	16 25	16 17	16 08	15 58	15 46	15 32
26	17 07	17 02	16 58	16 53	16 47	16 42	16 35	16 28	16 21	16 12	16 03	15 52	15 39	15 24
30	17 06	17 01	16 56	16 51	16 45	16 39	16 32	16 25	16 17	16 08	15 58	15 46	15 33	15 16
Dec. 4	17 05	17 00	16 55	16 50	16 44	16 37	16 31	16 23	16 15	16 05	15 55	15 42	15 28	15 10
8	17 05	17 00	16 55	16 49	16 43	16 36	16 29	16 22	16 13	16 03	15 52	15 39	15 24	15 06
12	17 05	17 00	16 55	16 49	16 43	16 36	16 29	16 21	16 12	16 02	15 51	15 38	15 22	15 03
16	17 06	17 01	16 56	16 50	16 44	16 37	16 30	16 21	16 12	16 02	15 51	15 37	15 21	15 02
20	17 08	17 03	16 57	16 51	16 45	16 38	16 31	16 23	16 13	16 03	15 52	15 38	15 22	15 02
24	17 10	17 05	16 59	16 54	16 47	16 40	16 33	16 25	16 16	16 05	15 54	15 40	15 24	15 04
28	17 13	17 07	17 02	16 56	16 50	16 43	16 36	16 28	16 19	16 09	15 57	15 44	15 28	15 08
32	17 16	17 10	17 05	16 59	16 53	16 47	16 39	16 31	16 23	16 13	16 01	15 48	15 33	15 14
36	17 19	17 14	17 09	17 03	16 57	16 51	16 44	16 36	16 27	16 18	16 07	15 54	15 39	15 21

NAUTICAL TWILIGHT, 2002

UNIVERSAL TIME FOR MERIDIAN OF GREENWICH
BEGINNING OF MORNING NAUTICAL TWILIGHT

Lat.	−55°	−50°	−45°	−40°	−35°	−30°	−20°	−10°	0°	+10°	+20°	+30°	+35°	+40°
	h m	h m	h m	h m	h m	h m	h m	h m	h m	h m	h m	h m	h m	h m
Jan. −2	// //	2 03	2 48	3 18	3 41	4 00	4 28	4 51	5 10	5 27	5 43	5 59	6 08	6 17
2	0 17	2 08	2 52	3 22	3 44	4 03	4 31	4 53	5 12	5 28	5 44	6 00	6 09	6 18
6	0 45	2 15	2 57	3 26	3 48	4 06	4 34	4 55	5 14	5 30	5 45	6 01	6 09	6 18
10	1 05	2 23	3 03	3 31	3 52	4 09	4 37	4 58	5 16	5 31	5 46	6 01	6 09	6 18
14	1 23	2 31	3 09	3 36	3 57	4 13	4 40	5 00	5 17	5 33	5 47	6 02	6 09	6 17
18	1 40	2 40	3 16	3 41	4 01	4 17	4 43	5 02	5 19	5 34	5 47	6 01	6 08	6 16
22	1 56	2 50	3 23	3 47	4 06	4 21	4 46	5 05	5 20	5 34	5 47	6 00	6 07	6 14
26	2 11	2 59	3 30	3 53	4 11	4 26	4 49	5 07	5 22	5 35	5 47	5 59	6 06	6 12
30	2 26	3 09	3 38	3 59	4 16	4 30	4 52	5 09	5 23	5 35	5 47	5 58	6 03	6 09
Feb. 3	2 40	3 18	3 45	4 05	4 21	4 34	4 54	5 10	5 24	5 35	5 46	5 56	6 01	6 06
7	2 53	3 28	3 52	4 11	4 26	4 38	4 57	5 12	5 24	5 35	5 44	5 53	5 58	6 02
11	3 06	3 37	4 00	4 17	4 30	4 42	5 00	5 13	5 25	5 34	5 43	5 51	5 54	5 58
15	3 18	3 46	4 07	4 22	4 35	4 46	5 02	5 15	5 25	5 33	5 41	5 48	5 51	5 54
19	3 30	3 55	4 14	4 28	4 40	4 49	5 04	5 16	5 25	5 32	5 39	5 44	5 47	5 49
23	3 41	4 04	4 20	4 34	4 44	4 53	5 06	5 17	5 25	5 31	5 36	5 41	5 42	5 44
27	3 52	4 12	4 27	4 39	4 48	4 56	5 08	5 17	5 24	5 30	5 34	5 37	5 38	5 38
Mar. 3	4 02	4 20	4 33	4 44	4 52	4 59	5 10	5 18	5 24	5 28	5 31	5 32	5 33	5 32
7	4 12	4 28	4 40	4 49	4 56	5 02	5 12	5 18	5 23	5 26	5 28	5 28	5 27	5 26
11	4 21	4 35	4 45	4 54	5 00	5 05	5 13	5 19	5 22	5 24	5 25	5 23	5 22	5 20
15	4 30	4 42	4 51	4 58	5 04	5 08	5 15	5 19	5 21	5 22	5 21	5 19	5 17	5 14
19	4 39	4 49	4 57	5 03	5 07	5 11	5 16	5 19	5 20	5 20	5 18	5 14	5 11	5 07
23	4 47	4 56	5 02	5 07	5 11	5 13	5 17	5 19	5 19	5 17	5 14	5 09	5 05	5 00
27	4 56	5 03	5 08	5 11	5 14	5 16	5 18	5 19	5 17	5 15	5 11	5 04	4 59	4 54
31	5 04	5 09	5 13	5 15	5 17	5 18	5 19	5 18	5 16	5 12	5 07	4 59	4 53	4 47
Apr. 4	5 11	5 15	5 18	5 19	5 20	5 21	5 20	5 18	5 15	5 10	5 03	4 54	4 48	4 40

END OF EVENING NAUTICAL TWILIGHT

Lat.	−55°	−50°	−45°	−40°	−35°	−30°	−20°	−10°	0°	+10°	+20°	+30°	+35°	+40°
	h m	h m	h m	h m	h m	h m	h m	h m	h m	h m	h m	h m	h m	h m
Jan. −2	// //	22 01	21 16	20 46	20 23	20 05	19 36	19 13	18 55	18 38	18 22	18 05	17 57	17 47
2	23 42	21 59	21 15	20 46	20 23	20 05	19 37	19 15	18 56	18 40	18 24	18 08	18 00	17 50
6	23 22	21 55	21 14	20 45	20 23	20 05	19 38	19 16	18 58	18 42	18 26	18 11	18 03	17 54
10	23 06	21 51	21 11	20 44	20 22	20 05	19 38	19 17	18 59	18 44	18 29	18 14	18 06	17 57
14	22 51	21 45	21 08	20 42	20 21	20 04	19 38	19 18	19 01	18 45	18 31	18 17	18 09	18 01
18	22 37	21 39	21 04	20 39	20 19	20 03	19 38	19 18	19 02	18 47	18 34	18 20	18 13	18 05
22	22 24	21 32	20 59	20 35	20 17	20 01	19 37	19 18	19 03	18 49	18 36	18 23	18 16	18 09
26	22 11	21 24	20 54	20 31	20 14	19 59	19 36	19 18	19 03	18 50	18 38	18 26	18 20	18 13
30	21 58	21 16	20 48	20 27	20 10	19 56	19 35	19 18	19 04	18 51	18 40	18 29	18 24	18 18
Feb. 3	21 45	21 08	20 41	20 22	20 06	19 53	19 33	19 17	19 04	18 53	18 42	18 32	18 27	18 22
7	21 33	20 59	20 35	20 16	20 02	19 50	19 31	19 16	19 04	18 53	18 44	18 35	18 31	18 26
11	21 20	20 50	20 28	20 11	19 57	19 46	19 28	19 15	19 04	18 54	18 46	18 38	18 34	18 31
15	21 08	20 40	20 20	20 05	19 52	19 42	19 26	19 13	19 03	18 55	18 48	18 41	18 38	18 35
19	20 56	20 31	20 13	19 59	19 47	19 38	19 23	19 12	19 03	18 55	18 49	18 44	18 42	18 39
23	20 44	20 22	20 05	19 52	19 42	19 33	19 20	19 10	19 02	18 56	18 51	18 47	18 45	18 44
27	20 32	20 12	19 57	19 46	19 36	19 29	19 17	19 08	19 01	18 56	18 52	18 49	18 48	18 48
Mar. 3	20 20	20 03	19 49	19 39	19 31	19 24	19 13	19 06	19 00	18 56	18 53	18 52	18 52	18 52
7	20 09	19 53	19 41	19 32	19 25	19 19	19 10	19 04	18 59	18 56	18 55	18 55	18 55	18 56
11	19 57	19 44	19 34	19 26	19 19	19 14	19 07	19 01	18 58	18 56	18 56	18 57	18 59	19 01
15	19 46	19 34	19 26	19 19	19 13	19 09	19 03	18 59	18 57	18 56	18 57	19 00	19 02	19 05
19	19 35	19 25	19 18	19 12	19 08	19 04	18 59	18 57	18 56	18 56	18 58	19 02	19 05	19 09
23	19 24	19 16	19 10	19 05	19 02	18 59	18 56	18 54	18 55	18 56	18 59	19 05	19 09	19 14
27	19 14	19 07	19 02	18 59	18 56	18 54	18 52	18 52	18 53	18 56	19 01	19 08	19 12	19 18
31	19 03	18 58	18 55	18 52	18 51	18 50	18 49	18 50	18 52	18 56	19 02	19 10	19 16	19 22
Apr. 4	18 53	18 50	18 48	18 46	18 45	18 45	18 46	18 48	18 51	18 56	19 03	19 13	19 19	19 27

// // indicates continuous twilight.

UNIVERSAL TIME FOR MERIDIAN OF GREENWICH
BEGINNING OF MORNING NAUTICAL TWILIGHT

Lat.	+40°	+42°	+44°	+46°	+48°	+50°	+52°	+54°	+56°	+58°	+60°	+62°	+64°	+66°
	h m	h m	h m	h m	h m	h m	h m	h m	h m	h m	h m	h m	h m	h m
Jan. −2	6 17	6 21	6 25	6 29	6 34	6 39	6 44	6 49	6 56	7 02	7 10	7 18	7 27	7 38
2	6 18	6 22	6 26	6 30	6 34	6 39	6 44	6 50	6 56	7 02	7 09	7 17	7 26	7 37
6	6 18	6 22	6 26	6 30	6 34	6 39	6 44	6 49	6 55	7 01	7 08	7 16	7 24	7 34
10	6 18	6 22	6 25	6 29	6 33	6 38	6 42	6 47	6 53	6 59	7 05	7 13	7 21	7 31
14	6 17	6 21	6 24	6 28	6 32	6 36	6 40	6 45	6 50	6 56	7 02	7 09	7 17	7 25
18	6 16	6 19	6 23	6 26	6 30	6 34	6 38	6 42	6 47	6 52	6 58	7 04	7 11	7 19
22	6 14	6 17	6 20	6 24	6 27	6 31	6 34	6 38	6 43	6 47	6 53	6 58	7 05	7 12
26	6 12	6 15	6 18	6 21	6 24	6 27	6 30	6 34	6 38	6 42	6 47	6 52	6 57	7 04
30	6 09	6 12	6 14	6 17	6 20	6 23	6 26	6 29	6 32	6 36	6 40	6 44	6 49	6 55
Feb. 3	6 06	6 08	6 10	6 13	6 15	6 18	6 20	6 23	6 26	6 29	6 32	6 36	6 40	6 45
7	6 02	6 04	6 06	6 08	6 10	6 12	6 14	6 17	6 19	6 22	6 24	6 27	6 30	6 34
11	5 58	6 00	6 01	6 03	6 05	6 06	6 08	6 10	6 12	6 13	6 15	6 18	6 20	6 22
15	5 54	5 55	5 56	5 57	5 59	6 00	6 01	6 02	6 04	6 05	6 06	6 07	6 09	6 10
19	5 49	5 50	5 51	5 51	5 52	5 53	5 54	5 54	5 55	5 56	5 56	5 57	5 57	5 57
23	5 44	5 44	5 45	5 45	5 45	5 46	5 46	5 46	5 46	5 46	5 46	5 45	5 45	5 44
27	5 38	5 38	5 38	5 38	5 38	5 38	5 38	5 38	5 37	5 37	5 36	5 35	5 34	5 32	5 30
Mar. 3	5 32	5 32	5 32	5 31	5 31	5 30	5 29	5 28	5 27	5 25	5 24	5 21	5 19	5 16
7	5 26	5 26	5 25	5 24	5 23	5 22	5 20	5 19	5 17	5 15	5 12	5 09	5 05	5 01
11	5 20	5 19	5 18	5 17	5 15	5 13	5 11	5 09	5 06	5 03	5 00	4 56	4 51	4 45
15	5 14	5 12	5 11	5 09	5 07	5 05	5 02	4 59	4 56	4 52	4 47	4 42	4 36	4 29
19	5 07	5 05	5 03	5 01	4 58	4 56	4 52	4 49	4 45	4 40	4 34	4 28	4 21	4 12
23	5 00	4 58	4 56	4 53	4 50	4 46	4 43	4 38	4 33	4 28	4 21	4 14	4 05	3 54
27	4 54	4 51	4 48	4 45	4 41	4 37	4 33	4 28	4 22	4 15	4 08	3 59	3 48	3 35
31	4 47	4 44	4 40	4 36	4 32	4 28	4 23	4 17	4 10	4 02	3 54	3 43	3 31	3 16
Apr. 4	4 40	4 36	4 32	4 28	4 23	4 18	4 12	4 06	3 58	3 49	3 39	3 27	3 13	2 54

END OF EVENING NAUTICAL TWILIGHT

Lat.	+40°	+42°	+44°	+46°	+48°	+50°	+52°	+54°	+56°	+58°	+60°	+62°	+64°	+66°
	h m	h m	h m	h m	h m	h m	h m	h m	h m	h m	h m	h m	h m	h m
Jan. −2	17 47	17 44	17 39	17 35	17 31	17 26	17 20	17 15	17 09	17 02	16 55	16 47	16 37	16 26
2	17 50	17 47	17 43	17 38	17 34	17 29	17 24	17 19	17 13	17 06	16 59	16 51	16 42	16 31
6	17 54	17 50	17 46	17 42	17 38	17 33	17 28	17 23	17 17	17 11	17 04	16 57	16 48	16 38
10	17 57	17 54	17 50	17 46	17 42	17 38	17 33	17 28	17 23	17 17	17 10	17 03	16 55	16 45
14	18 01	17 58	17 54	17 50	17 47	17 42	17 38	17 33	17 28	17 23	17 17	17 10	17 02	16 53
18	18 05	18 02	17 59	17 55	17 51	17 48	17 44	17 39	17 34	17 29	17 24	17 17	17 10	17 02
22	18 09	18 06	18 03	18 00	17 57	17 53	17 49	17 45	17 41	17 36	17 31	17 26	17 19	17 12
26	18 13	18 11	18 08	18 05	18 02	17 59	17 55	17 52	17 48	17 44	17 39	17 34	17 29	17 22
30	18 18	18 15	18 13	18 10	18 07	18 05	18 02	17 59	17 55	17 52	17 48	17 43	17 38	17 33
Feb. 3	18 22	18 20	18 18	18 15	18 13	18 11	18 08	18 05	18 03	18 00	17 56	17 53	17 49	17 44
7	18 26	18 25	18 23	18 21	18 19	18 17	18 15	18 12	18 10	18 08	18 05	18 02	17 59	17 56
11	18 31	18 29	18 28	18 26	18 25	18 23	18 21	18 20	18 18	18 16	18 14	18 12	18 10	18 07
15	18 35	18 34	18 33	18 32	18 30	18 29	18 28	18 27	18 26	18 25	18 23	18 22	18 21	18 20
19	18 39	18 39	18 38	18 37	18 36	18 36	18 35	18 34	18 34	18 33	18 33	18 32	18 32	18 32
23	18 44	18 43	18 43	18 42	18 42	18 42	18 42	18 42	18 42	18 42	18 42	18 42	18 43	18 44
27	18 48	18 48	18 48	18 48	18 48	18 48	18 49	18 49	18 50	18 51	18 52	18 53	18 55	18 57
Mar. 3	18 52	18 53	18 53	18 53	18 54	18 55	18 56	18 57	18 58	19 00	19 02	19 04	19 07	19 10
7	18 56	18 57	18 58	18 59	19 00	19 01	19 03	19 05	19 07	19 09	19 12	19 15	19 19	19 24
11	19 01	19 02	19 03	19 04	19 06	19 08	19 10	19 12	19 15	19 18	19 22	19 26	19 31	19 38
15	19 05	19 07	19 08	19 10	19 12	19 15	19 17	19 20	19 24	19 28	19 32	19 38	19 44	19 52
19	19 09	19 11	19 13	19 16	19 18	19 21	19 25	19 28	19 33	19 37	19 43	19 50	19 57	20 07
23	19 14	19 16	19 19	19 21	19 25	19 28	19 32	19 36	19 42	19 47	19 54	20 02	20 11	20 22
27	19 18	19 21	19 24	19 27	19 31	19 35	19 40	19 45	19 51	19 57	20 05	20 15	20 25	20 39
31	19 22	19 26	19 29	19 33	19 37	19 42	19 47	19 53	20 00	20 08	20 17	20 28	20 41	20 56
Apr. 4	19 27	19 31	19 35	19 39	19 44	19 49	19 55	20 02	20 10	20 19	20 29	20 42	20 57	21 16

NAUTICAL TWILIGHT, 2002

UNIVERSAL TIME FOR MERIDIAN OF GREENWICH
BEGINNING OF MORNING NAUTICAL TWILIGHT

Lat.	−55°	−50°	−45°	−40°	−35°	−30°	−20°	−10°	0°	+10°	+20°	+30°	+35°	+40°
	h m	h m	h m	h m	h m	h m	h m	h m	h m	h m	h m	h m	h m	h m
Mar. 31	5 04	5 09	5 13	5 15	5 17	5 18	5 19	5 18	5 16	5 12	5 07	4 59	4 53	4 47
Apr. 4	5 11	5 15	5 18	5 19	5 20	5 21	5 20	5 18	5 15	5 10	5 03	4 54	4 48	4 40
8	5 19	5 21	5 23	5 23	5 23	5 23	5 21	5 18	5 14	5 08	5 00	4 49	4 42	4 33
12	5 26	5 27	5 27	5 27	5 26	5 25	5 22	5 18	5 12	5 05	4 56	4 44	4 36	4 26
16	5 34	5 33	5 32	5 31	5 29	5 27	5 23	5 18	5 11	5 03	4 53	4 39	4 30	4 19
20	5 41	5 39	5 37	5 34	5 32	5 30	5 24	5 18	5 10	5 01	4 49	4 34	4 24	4 13
24	5 47	5 44	5 41	5 38	5 35	5 32	5 25	5 18	5 09	4 59	4 46	4 30	4 19	4 06
28	5 54	5 50	5 46	5 42	5 38	5 34	5 26	5 18	5 08	4 57	4 43	4 25	4 14	4 00
May 2	6 01	5 55	5 50	5 45	5 41	5 36	5 27	5 18	5 07	4 55	4 40	4 21	4 09	3 54
6	6 07	6 00	5 54	5 49	5 43	5 38	5 28	5 18	5 07	4 53	4 37	4 17	4 04	3 48
10	6 13	6 05	5 58	5 52	5 46	5 41	5 30	5 18	5 06	4 52	4 35	4 13	4 00	3 43
14	6 19	6 10	6 02	5 55	5 49	5 43	5 31	5 19	5 06	4 51	4 33	4 10	3 56	3 38
18	6 24	6 15	6 06	5 59	5 52	5 45	5 32	5 19	5 05	4 50	4 31	4 07	3 52	3 33
22	6 30	6 19	6 10	6 02	5 54	5 47	5 33	5 20	5 05	4 49	4 29	4 04	3 49	3 29
26	6 34	6 23	6 13	6 04	5 57	5 49	5 35	5 21	5 05	4 48	4 28	4 02	3 46	3 25
30	6 39	6 27	6 16	6 07	5 59	5 51	5 36	5 21	5 06	4 48	4 27	4 00	3 43	3 22
June 3	6 43	6 30	6 19	6 10	6 01	5 53	5 37	5 22	5 06	4 48	4 27	3 59	3 41	3 20
7	6 46	6 33	6 22	6 12	6 03	5 55	5 39	5 23	5 07	4 48	4 26	3 58	3 40	3 18
11	6 49	6 35	6 24	6 14	6 05	5 56	5 40	5 24	5 07	4 49	4 26	3 58	3 39	3 17
15	6 51	6 37	6 26	6 15	6 06	5 57	5 41	5 25	5 08	4 49	4 27	3 58	3 39	3 16
19	6 53	6 39	6 27	6 17	6 07	5 59	5 42	5 26	5 09	4 50	4 27	3 58	3 39	3 16
23	6 54	6 40	6 28	6 18	6 08	5 59	5 43	5 27	5 10	4 51	4 28	3 59	3 40	3 17
27	6 54	6 40	6 28	6 18	6 09	6 00	5 44	5 28	5 11	4 52	4 29	4 00	3 42	3 18
July 1	6 54	6 40	6 28	6 18	6 09	6 00	5 44	5 28	5 11	4 53	4 30	4 02	3 43	3 21
5	6 52	6 39	6 28	6 18	6 09	6 00	5 45	5 29	5 12	4 54	4 32	4 04	3 46	3 23

END OF EVENING NAUTICAL TWILIGHT

Lat.	−55°	−50°	−45°	−40°	−35°	−30°	−20°	−10°	0°	+10°	+20°	+30°	+35°	+40°
	h m	h m	h m	h m	h m	h m	h m	h m	h m	h m	h m	h m	h m	h m
Mar. 31	19 03	18 58	18 55	18 52	18 51	18 50	18 49	18 50	18 52	18 56	19 02	19 10	19 16	19 22
Apr. 4	18 53	18 50	18 48	18 46	18 45	18 45	18 46	18 48	18 51	18 56	19 03	19 13	19 19	19 27
8	18 44	18 42	18 40	18 40	18 40	18 40	18 42	18 46	18 50	18 56	19 04	19 16	19 23	19 32
12	18 34	18 33	18 33	18 34	18 35	18 36	18 39	18 44	18 49	18 57	19 06	19 18	19 27	19 36
16	18 25	18 26	18 27	18 28	18 30	18 32	18 36	18 42	18 49	18 57	19 07	19 21	19 30	19 41
20	18 16	18 18	18 20	18 23	18 25	18 28	18 34	18 40	18 48	18 57	19 09	19 24	19 34	19 46
24	18 08	18 11	18 14	18 18	18 21	18 24	18 31	18 39	18 47	18 58	19 11	19 27	19 38	19 51
28	18 00	18 05	18 09	18 13	18 17	18 21	18 29	18 37	18 47	18 58	19 12	19 30	19 42	19 56
May 2	17 52	17 58	18 03	18 08	18 13	18 17	18 27	18 36	18 47	18 59	19 14	19 34	19 46	20 01
6	17 45	17 52	17 58	18 04	18 09	18 14	18 25	18 35	18 47	19 00	19 16	19 37	19 50	20 06
10	17 39	17 47	17 54	18 00	18 06	18 12	18 23	18 34	18 47	19 01	19 18	19 40	19 54	20 11
14	17 33	17 42	17 50	17 57	18 03	18 10	18 22	18 34	18 47	19 02	19 20	19 43	19 58	20 16
18	17 28	17 38	17 46	17 54	18 01	18 08	18 21	18 34	18 47	19 03	19 22	19 46	20 02	20 20
22	17 23	17 34	17 43	17 51	17 59	18 06	18 20	18 33	18 48	19 04	19 24	19 49	20 05	20 25
26	17 19	17 31	17 40	17 49	17 57	18 05	18 19	18 33	18 49	19 06	19 26	19 52	20 09	20 29
30	17 16	17 28	17 38	17 48	17 56	18 04	18 19	18 34	18 49	19 07	19 28	19 55	20 12	20 33
June 3	17 13	17 26	17 37	17 46	17 55	18 03	18 19	18 34	18 50	19 08	19 30	19 57	20 15	20 37
7	17 11	17 24	17 36	17 46	17 55	18 03	18 19	18 34	18 51	19 09	19 31	20 00	20 18	20 40
11	17 10	17 24	17 35	17 45	17 54	18 03	18 19	18 35	18 52	19 11	19 33	20 02	20 20	20 43
15	17 09	17 23	17 35	17 45	17 55	18 03	18 20	18 36	18 53	19 12	19 34	20 03	20 22	20 45
19	17 10	17 24	17 35	17 46	17 55	18 04	18 20	18 37	18 54	19 13	19 35	20 05	20 23	20 46
23	17 10	17 24	17 36	17 47	17 56	18 05	18 21	18 38	18 55	19 14	19 36	20 05	20 24	20 47
27	17 12	17 26	17 38	17 48	17 57	18 06	18 22	18 38	18 55	19 14	19 37	20 06	20 24	20 47
July 1	17 14	17 28	17 39	17 49	17 59	18 07	18 23	18 39	18 56	19 15	19 37	20 06	20 24	20 47
5	17 17	17 30	17 41	17 51	18 00	18 09	18 25	18 40	18 57	19 15	19 37	20 05	20 23	20 46

UNIVERSAL TIME FOR MERIDIAN OF GREENWICH
BEGINNING OF MORNING NAUTICAL TWILIGHT

Lat.	+40°	+42°	+44°	+46°	+48°	+50°	+52°	+54°	+56°	+58°	+60°	+62°	+64°	+66°
	h m	h m	h m	h m	h m	h m	h m	h m	h m	h m	h m	h m	h m	h m
Mar. 31	4 47	4 44	4 40	4 36	4 32	4 28	4 23	4 17	4 10	4 02	3 54	3 43	3 31	3 16
Apr. 4	4 40	4 36	4 32	4 28	4 23	4 18	4 12	4 06	3 58	3 49	3 39	3 27	3 13	2 54
8	4 33	4 29	4 25	4 20	4 15	4 09	4 02	3 54	3 46	3 36	3 24	3 10	2 53	2 32
12	4 26	4 22	4 17	4 12	4 06	3 59	3 52	3 43	3 33	3 22	3 09	2 53	2 33	2 06
16	4 19	4 15	4 09	4 03	3 57	3 49	3 41	3 32	3 21	3 08	2 53	2 34	2 10	1 35
20	4 13	4 07	4 02	3 55	3 48	3 40	3 31	3 20	3 08	2 54	2 36	2 14	1 44	0 51
24	4 06	4 01	3 54	3 47	3 39	3 30	3 20	3 08	2 55	2 39	2 18	1 52	1 11	// //
28	4 00	3 54	3 47	3 39	3 30	3 21	3 10	2 57	2 42	2 23	1 59	1 26	// //	// //
May 2	3 54	3 47	3 40	3 31	3 22	3 11	2 59	2 45	2 28	2 07	1 38	0 51	// //	// //
6	3 48	3 41	3 33	3 24	3 14	3 02	2 49	2 33	2 14	1 49	1 13	// //	// //	// //
10	3 43	3 35	3 26	3 17	3 06	2 53	2 39	2 22	2 00	1 30	0 39	// //	// //	// //
14	3 38	3 30	3 20	3 10	2 58	2 45	2 29	2 10	1 45	1 09	// //	// //	// //	// //
18	3 33	3 24	3 15	3 04	2 51	2 37	2 20	1 58	1 29	0 40	// //	// //	// //	// //
22	3 29	3 20	3 10	2 58	2 45	2 29	2 10	1 47	1 13	// //	// //	// //	// //	// //
26	3 25	3 16	3 05	2 53	2 39	2 22	2 02	1 35	0 54	// //	// //	// //	// //	// //
30	3 22	3 12	3 01	2 48	2 33	2 16	1 54	1 24	0 29	// //	// //	// //	// //	// //
June 3	3 20	3 09	2 58	2 44	2 29	2 10	1 47	1 14	// //	// //	// //	// //	// //	// //
7	3 18	3 07	2 55	2 42	2 25	2 06	1 41	1 04	// //	// //	// //	// //	// //	// //
11	3 17	3 06	2 54	2 39	2 23	2 03	1 36	0 55	// //	// //	// //	// //	// //	// //
15	3 16	3 05	2 53	2 38	2 21	2 01	1 33	0 49	// //	// //	// //	// //	// //	□
19	3 16	3 05	2 53	2 38	2 21	2 00	1 32	0 45	// //	// //	// //	// //	// //	□
23	3 17	3 06	2 53	2 39	2 22	2 01	1 33	0 46	// //	// //	// //	// //	// //	□
27	3 18	3 07	2 55	2 41	2 24	2 03	1 35	0 50	// //	// //	// //	// //	// //	□
July 1	3 21	3 10	2 57	2 43	2 26	2 06	1 39	0 57	// //	// //	// //	// //	// //	// //
5	3 23	3 12	3 00	2 47	2 30	2 11	1 45	1 07	// //	// //	// //	// //	// //	// //

END OF EVENING NAUTICAL TWILIGHT

Lat.	+40°	+42°	+44°	+46°	+48°	+50°	+52°	+54°	+56°	+58°	+60°	+62°	+64°	+66°
	h m	h m	h m	h m	h m	h m	h m	h m	h m	h m	h m	h m	h m	h m
Mar. 31	19 22	19 26	19 29	19 33	19 37	19 42	19 47	19 53	20 00	20 08	20 17	20 28	20 41	20 56
Apr. 4	19 27	19 31	19 35	19 39	19 44	19 49	19 55	20 02	20 10	20 19	20 29	20 42	20 57	21 16
8	19 32	19 36	19 40	19 45	19 51	19 57	20 03	20 11	20 20	20 30	20 42	20 56	21 14	21 37
12	19 36	19 41	19 46	19 51	19 57	20 04	20 12	20 20	20 30	20 42	20 55	21 12	21 33	22 02
16	19 41	19 46	19 52	19 58	20 04	20 12	20 20	20 30	20 41	20 54	21 10	21 29	21 55	22 32
20	19 46	19 51	19 57	20 04	20 11	20 20	20 29	20 40	20 52	21 07	21 25	21 48	22 20	23 23
24	19 51	19 57	20 03	20 11	20 19	20 28	20 38	20 50	21 04	21 21	21 41	22 10	22 55	// //
28	19 56	20 02	20 09	20 17	20 26	20 36	20 47	21 00	21 16	21 35	22 00	22 36	// //	// //
May 2	20 01	20 08	20 15	20 24	20 33	20 44	20 57	21 11	21 29	21 51	22 21	23 14	// //	// //
6	20 06	20 13	20 21	20 31	20 41	20 52	21 06	21 22	21 42	22 08	22 46	// //	// //	// //
10	20 11	20 19	20 27	20 37	20 48	21 01	21 16	21 34	21 56	22 27	23 27	// //	// //	// //
14	20 16	20 24	20 33	20 44	20 56	21 09	21 25	21 45	22 11	22 50	// //	// //	// //	// //
18	20 20	20 29	20 39	20 50	21 03	21 18	21 35	21 57	22 27	23 22	// //	// //	// //	// //
22	20 25	20 34	20 45	20 56	21 10	21 26	21 45	22 09	22 45	// //	// //	// //	// //	// //
26	20 29	20 39	20 50	21 02	21 16	21 33	21 54	22 21	23 05	// //	// //	// //	// //	// //
30	20 33	20 43	20 55	21 08	21 23	21 40	22 03	22 33	23 35	// //	// //	// //	// //	// //
June 3	20 37	20 47	20 59	21 12	21 28	21 47	22 11	22 45	// //	// //	// //	// //	// //	// //
7	20 40	20 51	21 03	21 17	21 33	21 53	22 18	22 56	// //	// //	// //	// //	// //	// //
11	20 43	20 54	21 06	21 20	21 37	21 57	22 24	23 06	// //	// //	// //	// //	// //	□
15	20 45	20 56	21 08	21 23	21 40	22 01	22 28	23 13	// //	// //	// //	// //	// //	□
19	20 46	20 58	21 10	21 25	21 42	22 03	22 31	23 18	// //	// //	// //	// //	// //	□
23	20 47	20 58	21 11	21 25	21 42	22 03	22 31	23 18	// //	// //	// //	// //	// //	□
27	20 47	20 58	21 11	21 25	21 42	22 03	22 30	23 15	// //	// //	// //	// //	// //	□
July 1	20 47	20 58	21 10	21 24	21 41	22 01	22 27	23 08	// //	// //	// //	// //	// //	// //
5	20 46	20 56	21 08	21 22	21 38	21 57	22 23	23 00	// //	// //	// //	// //	// //	// //

□ indicates Sun continuously above horizon.
// // indicates continuous twilight.

NAUTICAL TWILIGHT, 2002

UNIVERSAL TIME FOR MERIDIAN OF GREENWICH
BEGINNING OF MORNING NAUTICAL TWILIGHT

Lat.	−55°	−50°	−45°	−40°	−35°	−30°	−20°	−10°	0°	+10°	+20°	+30°	+35°	+40°
	h m	h m	h m	h m	h m	h m	h m	h m	h m	h m	h m	h m	h m	h m
July 1	6 54	6 40	6 28	6 18	6 09	6 00	5 44	5 28	5 11	4 53	4 30	4 02	3 43	3 21
5	6 52	6 39	6 28	6 18	6 09	6 00	5 45	5 29	5 12	4 54	4 32	4 04	3 46	3 23
9	6 50	6 38	6 27	6 17	6 08	6 00	5 45	5 29	5 13	4 55	4 34	4 06	3 48	3 26
13	6 48	6 35	6 25	6 16	6 07	5 59	5 44	5 30	5 14	4 56	4 35	4 08	3 51	3 30
17	6 44	6 33	6 23	6 14	6 06	5 58	5 44	5 30	5 15	4 57	4 37	4 11	3 54	3 34
21	6 40	6 29	6 20	6 12	6 04	5 57	5 43	5 30	5 15	4 59	4 39	4 14	3 58	3 38
25	6 35	6 25	6 17	6 09	6 02	5 55	5 42	5 29	5 15	5 00	4 41	4 17	4 01	3 42
29	6 30	6 21	6 13	6 06	6 00	5 53	5 41	5 29	5 16	5 01	4 43	4 19	4 05	3 47
Aug. 2	6 24	6 16	6 09	6 03	5 57	5 51	5 40	5 28	5 16	5 02	4 44	4 22	4 08	3 51
6	6 18	6 11	6 04	5 59	5 53	5 48	5 38	5 27	5 16	5 02	4 46	4 25	4 12	3 56
10	6 11	6 05	5 59	5 55	5 50	5 45	5 36	5 26	5 16	5 03	4 48	4 28	4 16	4 01
14	6 03	5 58	5 54	5 50	5 46	5 42	5 34	5 25	5 15	5 04	4 50	4 31	4 20	4 06
18	5 55	5 52	5 48	5 45	5 42	5 38	5 31	5 23	5 15	5 04	4 51	4 34	4 23	4 10
22	5 47	5 44	5 42	5 40	5 37	5 34	5 29	5 22	5 14	5 04	4 53	4 37	4 27	4 15
26	5 38	5 37	5 36	5 34	5 32	5 30	5 26	5 20	5 13	5 05	4 54	4 40	4 31	4 20
30	5 29	5 29	5 29	5 28	5 27	5 26	5 23	5 18	5 12	5 05	4 55	4 42	4 34	4 24
Sept. 3	5 19	5 21	5 22	5 22	5 22	5 21	5 19	5 16	5 11	5 05	4 56	4 45	4 38	4 29
7	5 09	5 13	5 15	5 16	5 17	5 17	5 16	5 14	5 10	5 05	4 57	4 47	4 41	4 33
11	4 59	5 04	5 07	5 10	5 11	5 12	5 12	5 11	5 09	5 05	4 59	4 50	4 44	4 37
15	4 49	4 55	5 00	5 03	5 05	5 07	5 09	5 09	5 07	5 04	5 00	4 52	4 47	4 41
19	4 38	4 46	4 52	4 56	5 00	5 02	5 05	5 06	5 06	5 04	5 00	4 55	4 51	4 45
23	4 28	4 37	4 44	4 50	4 54	4 57	5 01	5 04	5 05	5 04	5 01	4 57	4 54	4 50
27	4 17	4 28	4 36	4 43	4 48	4 52	4 58	5 01	5 03	5 03	5 02	4 59	4 57	4 54
Oct. 1	4 05	4 18	4 28	4 36	4 42	4 47	4 54	4 59	5 02	5 03	5 03	5 02	5 00	4 58
5	3 54	4 09	4 20	4 29	4 36	4 42	4 50	4 56	5 00	5 03	5 04	5 04	5 03	5 01

END OF EVENING NAUTICAL TWILIGHT

Lat.	−55°	−50°	−45°	−40°	−35°	−30°	−20°	−10°	0°	+10°	+20°	+30°	+35°	+40°
	h m	h m	h m	h m	h m	h m	h m	h m	h m	h m	h m	h m	h m	h m
July 1	17 14	17 28	17 39	17 49	17 59	18 07	18 23	18 39	18 56	19 15	19 37	20 06	20 24	20 47
5	17 17	17 30	17 41	17 51	18 00	18 09	18 25	18 40	18 57	19 15	19 37	20 05	20 23	20 46
9	17 20	17 33	17 44	17 54	18 02	18 10	18 26	18 41	18 57	19 15	19 37	20 04	20 22	20 44
13	17 24	17 36	17 47	17 56	18 04	18 12	18 27	18 42	18 57	19 15	19 36	20 03	20 20	20 41
17	17 28	17 40	17 50	17 58	18 06	18 14	18 28	18 43	18 58	19 15	19 35	20 01	20 18	20 38
21	17 33	17 44	17 53	18 01	18 09	18 16	18 30	18 43	18 58	19 14	19 34	19 59	20 15	20 34
25	17 38	17 48	17 57	18 04	18 11	18 18	18 31	18 44	18 57	19 13	19 32	19 56	20 11	20 30
29	17 44	17 52	18 00	18 07	18 14	18 20	18 32	18 44	18 57	19 12	19 30	19 53	20 08	20 25
Aug. 2	17 49	17 57	18 04	18 10	18 16	18 22	18 33	18 44	18 57	19 11	19 28	19 50	20 03	20 20
6	17 55	18 02	18 08	18 13	18 19	18 24	18 34	18 44	18 56	19 09	19 25	19 46	19 59	20 15
10	18 01	18 07	18 12	18 17	18 21	18 26	18 35	18 45	18 55	19 07	19 22	19 42	19 54	20 09
14	18 07	18 12	18 16	18 20	18 24	18 28	18 36	18 45	18 54	19 06	19 19	19 37	19 49	20 03
18	18 14	18 17	18 20	18 23	18 27	18 30	18 37	18 44	18 53	19 03	19 16	19 33	19 44	19 56
22	18 20	18 22	18 24	18 27	18 29	18 32	18 38	18 44	18 52	19 01	19 13	19 28	19 38	19 50
26	18 27	18 28	18 29	18 30	18 32	18 34	18 38	18 44	18 51	18 59	19 09	19 23	19 32	19 43
30	18 34	18 33	18 33	18 34	18 35	18 36	18 39	18 43	18 49	18 56	19 06	19 18	19 26	19 36
Sept. 3	18 41	18 39	18 38	18 37	18 37	18 38	18 40	18 43	18 48	18 54	19 02	19 13	19 20	19 29
7	18 48	18 44	18 42	18 41	18 40	18 40	18 41	18 43	18 46	18 51	18 58	19 08	19 14	19 22
11	18 55	18 50	18 47	18 44	18 43	18 42	18 41	18 42	18 45	18 49	18 54	19 03	19 08	19 15
15	19 03	18 56	18 52	18 48	18 46	18 44	18 42	18 42	18 43	18 46	18 51	18 58	19 02	19 08
19	19 11	19 03	18 57	18 52	18 49	18 46	18 43	18 42	18 42	18 43	18 47	18 52	18 56	19 01
23	19 19	19 09	19 02	18 56	18 52	18 48	18 44	18 41	18 40	18 41	18 43	18 47	18 50	18 55
27	19 27	19 16	19 07	19 00	18 55	18 51	18 45	18 41	18 39	18 38	18 39	18 42	18 45	18 48
Oct. 1	19 36	19 22	19 12	19 04	18 58	18 53	18 46	18 41	18 38	18 36	18 36	18 37	18 39	18 41
5	19 45	19 29	19 18	19 09	19 02	18 56	18 47	18 41	18 37	18 34	18 32	18 33	18 33	18 35

UNIVERSAL TIME FOR MERIDIAN OF GREENWICH
BEGINNING OF MORNING NAUTICAL TWILIGHT

Lat.	+40°	+42°	+44°	+46°	+48°	+50°	+52°	+54°	+56°	+58°	+60°	+62°	+64°	+66°
	h m	h m	h m	h m	h m	h m	h m	h m	h m	h m	h m	h m	h m	h m
July 1	3 21	3 10	2 57	2 43	2 26	2 06	1 39	0 57	// //	// //	// //	// //	// //	// //
5	3 23	3 12	3 00	2 47	2 30	2 11	1 45	1 07	// //	// //	// //	// //	// //	// //
9	3 26	3 16	3 04	2 51	2 35	2 16	1 52	1 18	// //	// //	// //	// //	// //	// //
13	3 30	3 20	3 08	2 55	2 40	2 23	2 00	1 30	0 26	// //	// //	// //	// //	// //
17	3 34	3 24	3 13	3 01	2 46	2 30	2 09	1 41	0 57	// //	// //	// //	// //	// //
21	3 38	3 28	3 18	3 06	2 53	2 37	2 18	1 53	1 17	// //	// //	// //	// //	// //
25	3 42	3 33	3 23	3 12	3 00	2 45	2 27	2 05	1 35	0 38	// //	// //	// //	// //
29	3 47	3 38	3 29	3 19	3 07	2 53	2 37	2 17	1 51	1 11	// //	// //	// //	// //
Aug. 2	3 51	3 44	3 35	3 25	3 14	3 01	2 46	2 28	2 05	1 34	0 29	// //	// //	// //
6	3 56	3 49	3 41	3 31	3 21	3 09	2 56	2 39	2 19	1 53	1 13	// //	// //	// //
10	4 01	3 54	3 46	3 38	3 28	3 17	3 05	2 50	2 32	2 10	1 39	0 42	// //	// //
14	4 06	3 59	3 52	3 44	3 35	3 25	3 14	3 01	2 45	2 25	2 00	1 23	// //	// //
18	4 10	4 04	3 58	3 51	3 42	3 33	3 23	3 11	2 57	2 40	2 18	1 49	1 02	// //
22	4 15	4 10	4 04	3 57	3 49	3 41	3 32	3 21	3 08	2 53	2 35	2 11	1 37	0 24
26	4 20	4 15	4 09	4 03	3 56	3 49	3 40	3 30	3 19	3 06	2 50	2 30	2 03	1 24
30	4 24	4 20	4 15	4 09	4 03	3 56	3 48	3 39	3 29	3 18	3 04	2 47	2 25	1 55
Sept. 3	4 29	4 24	4 20	4 15	4 09	4 03	3 56	3 48	3 39	3 29	3 17	3 02	2 44	2 20
7	4 33	4 29	4 25	4 21	4 16	4 10	4 04	3 57	3 49	3 40	3 29	3 16	3 01	2 41
11	4 37	4 34	4 30	4 26	4 22	4 17	4 12	4 06	3 59	3 50	3 41	3 30	3 17	3 00
15	4 41	4 39	4 35	4 32	4 28	4 24	4 19	4 14	4 08	4 01	3 53	3 43	3 32	3 18
19	4 45	4 43	4 40	4 37	4 34	4 31	4 26	4 22	4 17	4 10	4 04	3 55	3 46	3 34
23	4 50	4 48	4 45	4 43	4 40	4 37	4 34	4 30	4 25	4 20	4 14	4 07	3 59	3 49
27	4 54	4 52	4 50	4 48	4 46	4 43	4 41	4 37	4 34	4 29	4 24	4 19	4 12	4 04
Oct. 1	4 58	4 56	4 55	4 53	4 52	4 50	4 47	4 45	4 42	4 39	4 35	4 30	4 24	4 18
5	5 01	5 01	5 00	4 59	4 57	4 56	4 54	4 52	4 50	4 47	4 44	4 41	4 37	4 31

END OF EVENING NAUTICAL TWILIGHT

Lat.	+40°	+42°	+44°	+46°	+48°	+50°	+52°	+54°	+56°	+58°	+60°	+62°	+64°	+66°
	h m	h m	h m	h m	h m	h m	h m	h m	h m	h m	h m	h m	h m	h m
July 1	20 47	20 58	21 10	21 24	21 41	22 01	22 27	23 08	// //	// //	// //	// //	// //	// //
5	20 46	20 56	21 08	21 22	21 38	21 57	22 23	23 00	// //	// //	// //	// //	// //	// //
9	20 44	20 54	21 06	21 19	21 34	21 53	22 17	22 50	// //	// //	// //	// //	// //	// //
13	20 41	20 51	21 02	21 15	21 30	21 48	22 10	22 39	23 36	// //	// //	// //	// //	// //
17	20 38	20 48	20 58	21 11	21 25	21 41	22 02	22 28	23 10	// //	// //	// //	// //	// //
21	20 34	20 43	20 54	21 05	21 19	21 34	21 53	22 17	22 51	// //	// //	// //	// //	// //
25	20 30	20 39	20 49	21 00	21 12	21 27	21 44	22 05	22 35	23 25	// //	// //	// //	// //
29	20 25	20 34	20 43	20 53	21 05	21 18	21 34	21 54	22 19	22 56	// //	// //	// //	// //
Aug. 2	20 20	20 28	20 37	20 46	20 57	21 10	21 24	21 42	22 04	22 34	23 28	// //	// //	// //
6	20 15	20 22	20 30	20 39	20 49	21 01	21 14	21 30	21 50	22 15	22 52	// //	// //	// //
10	20 09	20 16	20 23	20 32	20 41	20 52	21 04	21 18	21 36	21 57	22 26	23 16	// //	// //
14	20 03	20 09	20 16	20 24	20 33	20 42	20 54	21 07	21 22	21 41	22 05	22 40	// //	// //
18	19 56	20 02	20 09	20 16	20 24	20 33	20 43	20 55	21 09	21 25	21 46	22 13	22 56	// //
22	19 50	19 55	20 01	20 08	20 15	20 23	20 33	20 43	20 56	21 10	21 28	21 51	22 22	23 19
26	19 43	19 48	19 53	20 00	20 06	20 14	20 22	20 32	20 43	20 56	21 11	21 30	21 55	22 32
30	19 36	19 41	19 46	19 51	19 57	20 04	20 12	20 20	20 30	20 41	20 55	21 12	21 32	22 00
Sept. 3	19 29	19 33	19 38	19 43	19 48	19 54	20 01	20 09	20 17	20 28	20 40	20 54	21 11	21 34
7	19 22	19 26	19 30	19 34	19 39	19 45	19 51	19 57	20 05	20 14	20 25	20 37	20 52	21 11
11	19 15	19 18	19 22	19 26	19 30	19 35	19 40	19 46	19 53	20 01	20 10	20 21	20 34	20 49
15	19 08	19 11	19 14	19 17	19 21	19 25	19 30	19 35	19 41	19 48	19 56	20 05	20 16	20 29
19	19 01	19 04	19 06	19 09	19 12	19 16	19 20	19 24	19 30	19 35	19 42	19 50	19 59	20 11
23	18 55	18 56	18 59	19 01	19 04	19 07	19 10	19 14	19 18	19 23	19 29	19 35	19 43	19 53
27	18 48	18 49	18 51	18 53	18 55	18 58	19 00	19 03	19 07	19 11	19 16	19 21	19 28	19 36
Oct. 1	18 41	18 42	18 44	18 45	18 47	18 49	18 51	18 53	18 56	18 59	19 03	19 08	19 13	19 19
5	18 35	18 35	18 36	18 37	18 39	18 40	18 41	18 43	18 45	18 48	18 51	18 54	18 58	19 03

// // indicates continuous twilight.

NAUTICAL TWILIGHT, 2002

UNIVERSAL TIME FOR MERIDIAN OF GREENWICH
BEGINNING OF MORNING NAUTICAL TWILIGHT

Lat.	−55°	−50°	−45°	−40°	−35°	−30°	−20°	−10°	0°	+10°	+20°	+30°	+35°	+40°
	h m	h m	h m	h m	h m	h m	h m	h m	h m	h m	h m	h m	h m	h m
Oct. 1	4 05	4 18	4 28	4 36	4 42	4 47	4 54	4 59	5 02	5 03	5 03	5 02	5 00	4 58
5	3 54	4 09	4 20	4 29	4 36	4 42	4 50	4 56	5 00	5 03	5 04	5 04	5 03	5 01
9	3 42	3 59	4 12	4 22	4 30	4 37	4 47	4 54	4 59	5 03	5 05	5 06	5 06	5 05
13	3 31	3 50	4 04	4 15	4 24	4 32	4 43	4 52	4 58	5 03	5 06	5 09	5 09	5 09
17	3 19	3 40	3 56	4 09	4 19	4 27	4 40	4 49	4 57	5 03	5 07	5 11	5 12	5 13
21	3 07	3 31	3 48	4 02	4 13	4 22	4 36	4 47	4 56	5 03	5 09	5 13	5 16	5 17
25	2 55	3 21	3 41	3 56	4 08	4 18	4 33	4 45	4 55	5 03	5 10	5 16	5 19	5 22
29	2 42	3 12	3 33	3 49	4 03	4 13	4 31	4 44	4 54	5 03	5 11	5 19	5 22	5 26
Nov. 2	2 30	3 03	3 26	3 44	3 58	4 09	4 28	4 42	4 54	5 04	5 13	5 21	5 26	5 30
6	2 17	2 54	3 19	3 38	3 53	4 06	4 26	4 41	4 54	5 05	5 15	5 24	5 29	5 34
10	2 05	2 45	3 12	3 33	3 49	4 02	4 24	4 40	4 54	5 06	5 16	5 27	5 32	5 38
14	1 52	2 36	3 06	3 28	3 45	3 59	4 22	4 39	4 54	5 07	5 18	5 30	5 36	5 42
18	1 39	2 29	3 00	3 24	3 42	3 57	4 20	4 39	4 54	5 08	5 20	5 33	5 39	5 46
22	1 25	2 21	2 55	3 20	3 39	3 55	4 19	4 39	4 55	5 09	5 22	5 36	5 43	5 50
26	1 12	2 14	2 51	3 17	3 37	3 53	4 19	4 39	4 56	5 11	5 25	5 39	5 46	5 54
30	0 58	2 08	2 47	3 14	3 35	3 52	4 19	4 39	4 57	5 12	5 27	5 42	5 50	5 58
Dec. 4	0 42	2 03	2 44	3 12	3 34	3 51	4 19	4 40	4 58	5 14	5 29	5 45	5 53	6 01
8	0 25	1 59	2 42	3 11	3 33	3 51	4 19	4 41	5 00	5 16	5 32	5 47	5 56	6 05
12	// //	1 57	2 41	3 11	3 33	3 52	4 20	4 43	5 01	5 18	5 34	5 50	5 59	6 08
16	// //	1 56	2 41	3 11	3 34	3 53	4 22	4 44	5 03	5 20	5 36	5 53	6 01	6 11
20	// //	1 56	2 42	3 12	3 36	3 54	4 23	4 46	5 05	5 22	5 38	5 55	6 04	6 13
24	// //	1 58	2 44	3 14	3 38	3 56	4 25	4 48	5 07	5 24	5 40	5 57	6 06	6 15
28	// //	2 02	2 47	3 17	3 40	3 59	4 28	4 50	5 09	5 26	5 42	5 58	6 07	6 16
32	// //	2 07	2 51	3 21	3 43	4 02	4 30	4 52	5 11	5 28	5 44	6 00	6 08	6 17
36	0 38	2 13	2 55	3 25	3 47	4 05	4 33	4 55	5 13	5 29	5 45	6 01	6 09	6 18

END OF EVENING NAUTICAL TWILIGHT

Lat.	−55°	−50°	−45°	−40°	−35°	−30°	−20°	−10°	0°	+10°	+20°	+30°	+35°	+40°
	h m	h m	h m	h m	h m	h m	h m	h m	h m	h m	h m	h m	h m	h m
Oct. 1	19 36	19 22	19 12	19 04	18 58	18 53	18 46	18 41	18 38	18 36	18 36	18 37	18 39	18 41
5	19 45	19 29	19 18	19 09	19 02	18 56	18 47	18 41	18 37	18 34	18 32	18 33	18 33	18 35
9	19 54	19 37	19 24	19 13	19 05	18 59	18 48	18 41	18 36	18 32	18 29	18 28	18 28	18 28
13	20 04	19 44	19 30	19 18	19 09	19 02	18 50	18 41	18 35	18 30	18 26	18 24	18 23	18 22
17	20 14	19 52	19 36	19 23	19 13	19 05	18 51	18 42	18 34	18 28	18 23	18 19	18 18	18 17
21	20 25	20 00	19 42	19 28	19 17	19 08	18 53	18 42	18 33	18 26	18 20	18 15	18 13	18 11
25	20 36	20 09	19 49	19 34	19 21	19 11	18 55	18 43	18 33	18 25	18 18	18 12	18 09	18 06
29	20 47	20 17	19 56	19 39	19 26	19 15	18 57	18 44	18 33	18 24	18 16	18 08	18 05	18 01
Nov. 2	21 00	20 26	20 03	19 45	19 30	19 18	19 00	18 45	18 33	18 23	18 14	18 05	18 01	17 57
6	21 12	20 35	20 10	19 50	19 35	19 22	19 02	18 46	18 34	18 23	18 12	18 03	17 58	17 53
10	21 26	20 45	20 17	19 56	19 40	19 26	19 05	18 48	18 34	18 22	18 11	18 01	17 55	17 49
14	21 40	20 54	20 24	20 02	19 44	19 30	19 07	18 50	18 35	18 22	18 10	17 59	17 53	17 46
18	21 55	21 03	20 31	20 08	19 49	19 34	19 10	18 52	18 36	18 22	18 10	17 57	17 51	17 44
22	22 10	21 13	20 38	20 13	19 54	19 38	19 13	18 54	18 37	18 23	18 10	17 56	17 49	17 42
26	22 26	21 22	20 45	20 19	19 58	19 42	19 16	18 56	18 39	18 24	18 10	17 55	17 48	17 40
30	22 43	21 30	20 51	20 24	20 03	19 46	19 19	18 58	18 40	18 25	18 10	17 55	17 47	17 39
Dec. 4	23 02	21 38	20 57	20 29	20 07	19 49	19 22	19 00	18 42	18 26	18 11	17 55	17 47	17 39
8	23 24	21 45	21 02	20 33	20 11	19 53	19 24	19 03	18 44	18 28	18 12	17 56	17 48	17 39
12	// //	21 51	21 07	20 37	20 14	19 56	19 27	19 05	18 46	18 29	18 13	17 57	17 49	17 39
16	// //	21 56	21 11	20 40	20 17	19 59	19 30	19 07	18 48	18 31	18 15	17 59	17 50	17 40
20	// //	21 59	21 13	20 43	20 20	20 01	19 32	19 09	18 50	18 33	18 17	18 00	17 51	17 42
24	// //	22 01	21 15	20 45	20 21	20 03	19 34	19 11	18 52	18 35	18 19	18 02	17 54	17 44
28	// //	22 01	21 16	20 46	20 23	20 04	19 35	19 13	18 54	18 37	18 21	18 05	17 56	17 47
32	23 54	21 59	21 16	20 46	20 23	20 05	19 37	19 14	18 56	18 39	18 23	18 07	17 59	17 49
36	23 27	21 57	21 14	20 45	20 23	20 05	19 37	19 16	18 57	18 41	18 26	18 10	18 02	17 53

// // indicates continuous twilight.

UNIVERSAL TIME FOR MERIDIAN OF GREENWICH
BEGINNING OF MORNING NAUTICAL TWILIGHT

Lat.	+40°	+42°	+44°	+46°	+48°	+50°	+52°	+54°	+56°	+58°	+60°	+62°	+64°	+66°
	h m	h m	h m	h m	h m	h m	h m	h m	h m	h m	h m	h m	h m	h m
Oct. 1	4 58	4 56	4 55	4 53	4 52	4 50	4 47	4 45	4 42	4 39	4 35	4 30	4 24	4 18
5	5 01	5 01	5 00	4 59	4 57	4 56	4 54	4 52	4 50	4 47	4 44	4 41	4 37	4 31
9	5 05	5 05	5 05	5 04	5 03	5 02	5 01	5 00	4 58	4 56	4 54	4 52	4 48	4 45
13	5 09	5 09	5 09	5 09	5 09	5 08	5 08	5 07	5 06	5 05	5 04	5 02	5 00	4 57
17	5 13	5 14	5 14	5 14	5 14	5 14	5 14	5 14	5 14	5 14	5 13	5 12	5 11	5 10
21	5 17	5 18	5 19	5 19	5 20	5 21	5 21	5 21	5 22	5 22	5 22	5 22	5 22	5 22
25	5 22	5 23	5 24	5 25	5 26	5 27	5 28	5 29	5 29	5 30	5 31	5 32	5 33	5 34
29	5 26	5 27	5 28	5 30	5 31	5 33	5 34	5 36	5 37	5 39	5 40	5 42	5 44	5 46
Nov. 2	5 30	5 31	5 33	5 35	5 37	5 39	5 41	5 43	5 45	5 47	5 49	5 52	5 54	5 58
6	5 34	5 36	5 38	5 40	5 42	5 45	5 47	5 49	5 52	5 55	5 58	6 01	6 05	6 09
10	5 38	5 40	5 43	5 45	5 48	5 50	5 53	5 56	5 59	6 03	6 06	6 10	6 15	6 20
14	5 42	5 45	5 47	5 50	5 53	5 56	5 59	6 03	6 06	6 10	6 15	6 19	6 25	6 31
18	5 46	5 49	5 52	5 55	5 58	6 02	6 05	6 09	6 13	6 18	6 23	6 28	6 34	6 41
22	5 50	5 53	5 56	6 00	6 03	6 07	6 11	6 15	6 20	6 25	6 30	6 36	6 43	6 51
26	5 54	5 57	6 01	6 04	6 08	6 12	6 16	6 21	6 26	6 31	6 37	6 44	6 51	7 00
30	5 58	6 01	6 05	6 09	6 13	6 17	6 22	6 27	6 32	6 38	6 44	6 51	6 59	7 08
Dec. 4	6 01	6 05	6 09	6 13	6 17	6 22	6 26	6 32	6 37	6 43	6 50	6 57	7 06	7 16
8	6 05	6 09	6 13	6 17	6 21	6 26	6 31	6 36	6 42	6 48	6 55	7 03	7 12	7 23
12	6 08	6 12	6 16	6 20	6 25	6 29	6 35	6 40	6 46	6 53	7 00	7 08	7 17	7 28
16	6 11	6 15	6 19	6 23	6 28	6 33	6 38	6 43	6 50	6 56	7 04	7 12	7 22	7 33
20	6 13	6 17	6 21	6 26	6 30	6 35	6 40	6 46	6 52	6 59	7 07	7 15	7 25	7 36
24	6 15	6 19	6 23	6 28	6 32	6 37	6 42	6 48	6 54	7 01	7 09	7 17	7 27	7 38
28	6 16	6 20	6 25	6 29	6 34	6 38	6 44	6 49	6 55	7 02	7 09	7 18	7 27	7 38
32	6 17	6 21	6 25	6 30	6 34	6 39	6 44	6 50	6 56	7 02	7 09	7 18	7 27	7 37
36	6 18	6 22	6 26	6 30	6 34	6 39	6 44	6 49	6 55	7 01	7 08	7 16	7 25	7 35

END OF EVENING NAUTICAL TWILIGHT

Lat.	+40°	+42°	+44°	+46°	+48°	+50°	+52°	+54°	+56°	+58°	+60°	+62°	+64°	+66°
	h m	h m	h m	h m	h m	h m	h m	h m	h m	h m	h m	h m	h m	h m
Oct. 1	18 41	18 42	18 44	18 45	18 47	18 49	18 51	18 53	18 56	18 59	19 03	19 08	19 13	19 19
5	18 35	18 35	18 36	18 37	18 39	18 40	18 41	18 43	18 45	18 48	18 51	18 54	18 58	19 03
9	18 28	18 29	18 29	18 30	18 31	18 31	18 32	18 34	18 35	18 37	18 39	18 41	18 44	18 48
13	18 22	18 22	18 23	18 23	18 23	18 23	18 24	18 24	18 25	18 26	18 27	18 29	18 31	18 33
17	18 17	18 16	18 16	18 16	18 16	18 15	18 15	18 15	18 16	18 16	18 16	18 17	18 18	18 19
21	18 11	18 10	18 10	18 09	18 08	18 08	18 07	18 07	18 06	18 06	18 06	18 06	18 05	18 06
25	18 06	18 05	18 04	18 03	18 02	18 01	18 00	17 59	17 58	17 57	17 56	17 55	17 54	17 52
29	18 01	18 00	17 58	17 57	17 56	17 54	17 53	17 51	17 49	17 48	17 46	17 44	17 42	17 40
Nov. 2	17 57	17 55	17 53	17 52	17 50	17 48	17 46	17 44	17 42	17 39	17 37	17 34	17 31	17 28
6	17 53	17 51	17 49	17 47	17 44	17 42	17 40	17 37	17 34	17 32	17 28	17 25	17 21	17 17
10	17 49	17 47	17 45	17 42	17 40	17 37	17 34	17 31	17 28	17 24	17 21	17 16	17 12	17 07
14	17 46	17 44	17 41	17 38	17 35	17 32	17 29	17 25	17 22	17 18	17 13	17 09	17 03	16 57
18	17 44	17 41	17 38	17 35	17 31	17 28	17 24	17 21	17 16	17 12	17 07	17 02	16 55	16 49
22	17 42	17 39	17 35	17 32	17 28	17 25	17 21	17 16	17 12	17 07	17 01	16 55	16 49	16 41
26	17 40	17 37	17 33	17 30	17 26	17 22	17 18	17 13	17 08	17 03	16 57	16 50	16 43	16 34
30	17 39	17 36	17 32	17 28	17 24	17 20	17 15	17 10	17 05	16 59	16 53	16 46	16 38	16 28
Dec. 4	17 39	17 35	17 31	17 27	17 23	17 18	17 14	17 08	17 03	16 57	16 50	16 42	16 34	16 24
8	17 39	17 35	17 31	17 27	17 22	17 18	17 13	17 07	17 01	16 55	16 48	16 40	16 31	16 21
12	17 39	17 35	17 31	17 27	17 23	17 18	17 13	17 07	17 01	16 54	16 47	16 39	16 30	16 19
16	17 40	17 36	17 32	17 28	17 23	17 18	17 13	17 08	17 01	16 55	16 47	16 39	16 29	16 18
20	17 42	17 38	17 34	17 29	17 25	17 20	17 15	17 09	17 03	16 56	16 48	16 40	16 30	16 19
24	17 44	17 40	17 36	17 32	17 27	17 22	17 17	17 11	17 05	16 58	16 51	16 42	16 33	16 21
28	17 47	17 43	17 39	17 34	17 30	17 25	17 19	17 14	17 08	17 01	16 54	16 45	16 36	16 25
32	17 49	17 46	17 42	17 37	17 33	17 28	17 23	17 17	17 11	17 05	16 58	16 50	16 40	16 30
36	17 53	17 49	17 45	17 41	17 36	17 32	17 27	17 22	17 16	17 10	17 03	16 55	16 46	16 36

ASTRONOMICAL TWILIGHT, 2002

UNIVERSAL TIME FOR MERIDIAN OF GREENWICH
BEGINNING OF MORNING ASTRONOMICAL TWILIGHT

Lat.	−55°	−50°	−45°	−40°	−35°	−30°	−20°	−10°	0°	+10°	+20°	+30°	+35°	+40°
	h m	h m	h m	h m	h m	h m	h m	h m	h m	h m	h m	h m	h m	h m
Jan. −2	// //	// //	1 43	2 30	3 01	3 24	3 58	4 23	4 43	5 00	5 15	5 30	5 37	5 44
2	// //	// //	1 48	2 34	3 04	3 27	4 01	4 26	4 45	5 02	5 17	5 31	5 38	5 45
6	// //	// //	1 55	2 39	3 08	3 31	4 04	4 28	4 47	5 04	5 18	5 32	5 39	5 45
10	// //	// //	2 03	2 44	3 13	3 35	4 07	4 31	4 50	5 05	5 19	5 32	5 39	5 45
14	// //	0 52	2 12	2 51	3 18	3 39	4 10	4 33	4 51	5 07	5 20	5 33	5 39	5 45
18	// //	1 14	2 21	2 57	3 23	3 43	4 13	4 36	4 53	5 08	5 21	5 32	5 38	5 44
22	// //	1 32	2 30	3 04	3 29	3 48	4 17	4 38	4 55	5 09	5 21	5 32	5 37	5 42
26	// //	1 49	2 39	3 11	3 34	3 53	4 20	4 40	4 56	5 09	5 21	5 31	5 35	5 40
30	// //	2 04	2 49	3 18	3 40	3 57	4 23	4 42	4 58	5 10	5 20	5 29	5 33	5 37
Feb. 3	0 48	2 18	2 58	3 25	3 46	4 02	4 26	4 44	4 59	5 10	5 19	5 28	5 31	5 34
7	1 25	2 31	3 07	3 32	3 51	4 06	4 29	4 46	4 59	5 10	5 18	5 25	5 28	5 31
11	1 49	2 43	3 16	3 39	3 57	4 11	4 32	4 48	5 00	5 09	5 17	5 23	5 25	5 27
15	2 09	2 55	3 24	3 46	4 02	4 15	4 35	4 49	5 00	5 09	5 15	5 20	5 21	5 22
19	2 27	3 06	3 33	3 52	4 07	4 19	4 37	4 51	5 00	5 08	5 13	5 16	5 17	5 18
23	2 42	3 17	3 41	3 58	4 12	4 23	4 40	4 52	5 00	5 07	5 11	5 13	5 13	5 12
27	2 56	3 27	3 48	4 04	4 17	4 27	4 42	4 52	5 00	5 05	5 08	5 09	5 08	5 07
Mar. 3	3 09	3 36	3 55	4 10	4 21	4 30	4 44	4 53	4 59	5 03	5 05	5 05	5 03	5 01
7	3 21	3 45	4 02	4 15	4 26	4 34	4 46	4 54	4 59	5 02	5 02	5 00	4 58	4 55
11	3 32	3 54	4 09	4 21	4 30	4 37	4 47	4 54	4 58	5 00	4 59	4 56	4 53	4 48
15	3 43	4 02	4 15	4 26	4 34	4 40	4 49	4 54	4 57	4 57	4 56	4 51	4 47	4 42
19	3 53	4 09	4 21	4 30	4 37	4 43	4 50	4 54	4 56	4 55	4 52	4 46	4 41	4 35
23	4 03	4 17	4 27	4 35	4 41	4 45	4 51	4 54	4 55	4 53	4 48	4 41	4 35	4 28
27	4 12	4 24	4 33	4 39	4 44	4 48	4 52	4 54	4 53	4 50	4 45	4 36	4 29	4 21
31	4 20	4 31	4 38	4 44	4 48	4 50	4 54	4 54	4 52	4 48	4 41	4 30	4 23	4 14
Apr. 4	4 29	4 37	4 43	4 48	4 51	4 53	4 55	4 54	4 51	4 45	4 37	4 25	4 17	4 06

END OF EVENING ASTRONOMICAL TWILIGHT

	−55°	−50°	−45°	−40°	−35°	−30°	−20°	−10°	0°	+10°	+20°	+30°	+35°	+40°
	h m	h m	h m	h m	h m	h m	h m	h m	h m	h m	h m	h m	h m	h m
Jan. −2	// //	// //	22 21	21 34	21 03	20 40	20 06	19 41	19 21	19 04	18 49	18 35	18 28	18 20
2	// //	// //	22 19	21 34	21 03	20 41	20 07	19 42	19 23	19 06	18 51	18 37	18 30	18 23
6	// //	// //	22 15	21 32	21 03	20 41	20 08	19 43	19 24	19 08	18 53	18 40	18 33	18 27
10	// //	23 48	22 11	21 30	21 01	20 40	20 08	19 44	19 25	19 10	18 56	18 43	18 36	18 30
14	// //	23 21	22 05	21 26	20 59	20 39	20 08	19 45	19 27	19 11	18 58	18 46	18 40	18 34
18	// //	23 03	21 59	21 23	20 57	20 37	20 07	19 45	19 28	19 13	19 00	18 49	18 43	18 37
22	// //	22 47	21 52	21 18	20 54	20 35	20 06	19 45	19 28	19 14	19 02	18 52	18 46	18 41
26	// //	22 33	21 44	21 13	20 50	20 32	20 05	19 45	19 29	19 16	19 04	18 55	18 50	18 45
30	// //	22 20	21 36	21 07	20 46	20 29	20 03	19 44	19 29	19 17	19 06	18 58	18 53	18 50
Feb. 3	23 28	22 07	21 28	21 01	20 41	20 25	20 01	19 43	19 29	19 18	19 08	19 00	18 57	18 54
7	22 57	21 55	21 20	20 55	20 36	20 21	19 58	19 42	19 29	19 19	19 10	19 03	19 00	18 58
11	22 34	21 43	21 11	20 48	20 31	20 17	19 56	19 40	19 28	19 19	19 12	19 06	19 04	19 02
15	22 15	21 31	21 02	20 41	20 25	20 12	19 53	19 39	19 28	19 20	19 13	19 09	19 07	19 07
19	21 58	21 19	20 53	20 34	20 20	20 08	19 50	19 37	19 27	19 20	19 15	19 12	19 11	19 11
23	21 42	21 08	20 45	20 27	20 14	20 03	19 47	19 35	19 26	19 20	19 16	19 14	19 14	19 15
27	21 27	20 57	20 36	20 20	20 08	19 58	19 43	19 33	19 25	19 21	19 18	19 17	19 18	19 19
Mar. 3	21 12	20 46	20 27	20 13	20 02	19 53	19 40	19 31	19 24	19 21	19 19	19 20	19 21	19 24
7	20 59	20 35	20 18	20 06	19 56	19 48	19 36	19 28	19 23	19 21	19 20	19 22	19 25	19 28
11	20 46	20 25	20 10	19 59	19 50	19 43	19 32	19 26	19 22	19 21	19 21	19 25	19 28	19 32
15	20 33	20 15	20 01	19 51	19 44	19 37	19 29	19 24	19 21	19 21	19 23	19 28	19 32	19 37
19	20 21	20 05	19 53	19 44	19 38	19 32	19 25	19 21	19 20	19 21	19 24	19 30	19 35	19 41
23	20 09	19 55	19 45	19 37	19 32	19 27	19 22	19 19	19 19	19 21	19 25	19 33	19 39	19 46
27	19 58	19 46	19 37	19 31	19 26	19 22	19 18	19 17	19 17	19 21	19 26	19 36	19 42	19 51
31	19 47	19 36	19 29	19 24	19 20	19 17	19 14	19 14	19 16	19 21	19 28	19 39	19 46	19 56
Apr. 4	19 36	19 28	19 22	19 17	19 15	19 13	19 11	19 12	19 15	19 21	19 29	19 42	19 50	20 01

// // indicates continuous twilight.

UNIVERSAL TIME FOR MERIDIAN OF GREENWICH
BEGINNING OF MORNING ASTRONOMICAL TWILIGHT

Lat.	+40°	+42°	+44°	+46°	+48°	+50°	+52°	+54°	+56°	+58°	+60°	+62°	+64°	+66°
	h m	h m	h m	h m	h m	h m	h m	h m	h m	h m	h m	h m	h m	h m
Jan. −2	5 44	5 47	5 50	5 53	5 56	5 59	6 03	6 06	6 10	6 14	6 18	6 23	6 28	6 33
2	5 45	5 48	5 51	5 54	5 57	6 00	6 03	6 06	6 10	6 14	6 18	6 22	6 27	6 33
6	5 45	5 48	5 51	5 54	5 57	6 00	6 03	6 06	6 09	6 13	6 17	6 21	6 26	6 31
10	5 45	5 48	5 51	5 53	5 56	5 59	6 02	6 05	6 08	6 11	6 15	6 19	6 23	6 27
14	5 45	5 47	5 50	5 52	5 55	5 57	6 00	6 03	6 06	6 09	6 12	6 15	6 19	6 23
18	5 44	5 46	5 48	5 50	5 53	5 55	5 58	6 00	6 03	6 05	6 08	6 11	6 14	6 17
22	5 42	5 44	5 46	5 48	5 50	5 52	5 54	5 56	5 59	6 01	6 03	6 06	6 08	6 11
26	5 40	5 42	5 44	5 45	5 47	5 49	5 51	5 52	5 54	5 56	5 58	5 59	6 01	6 03
30	5 37	5 39	5 40	5 42	5 43	5 45	5 46	5 47	5 49	5 50	5 51	5 52	5 54	5 55
Feb. 3	5 34	5 36	5 37	5 38	5 39	5 40	5 41	5 42	5 43	5 43	5 44	5 45	5 45	5 45
7	5 31	5 32	5 33	5 33	5 34	5 35	5 35	5 36	5 36	5 36	5 36	5 36	5 35	5 35
11	5 27	5 27	5 28	5 28	5 29	5 29	5 29	5 29	5 29	5 28	5 27	5 26	5 25	5 23
15	5 22	5 23	5 23	5 23	5 23	5 22	5 22	5 21	5 21	5 20	5 18	5 16	5 14	5 11
19	5 18	5 17	5 17	5 17	5 16	5 16	5 15	5 14	5 12	5 10	5 08	5 05	5 02	4 58
23	5 12	5 12	5 11	5 11	5 10	5 08	5 07	5 05	5 03	5 01	4 58	4 54	4 50	4 44
27	5 07	5 06	5 05	5 04	5 02	5 01	4 59	4 56	4 53	4 50	4 46	4 42	4 36	4 30
Mar. 3	5 01	5 00	4 58	4 57	4 55	4 52	4 50	4 47	4 43	4 39	4 34	4 29	4 22	4 14
7	4 55	4 53	4 51	4 49	4 47	4 44	4 41	4 37	4 33	4 28	4 22	4 15	4 07	3 57
11	4 48	4 46	4 44	4 41	4 39	4 35	4 31	4 27	4 22	4 16	4 09	4 01	3 51	3 39
15	4 42	4 39	4 37	4 33	4 30	4 26	4 21	4 16	4 10	4 03	3 55	3 46	3 34	3 20
19	4 35	4 32	4 29	4 25	4 21	4 16	4 11	4 05	3 58	3 50	3 41	3 30	3 16	2 59
23	4 28	4 25	4 21	4 17	4 12	4 07	4 01	3 54	3 46	3 37	3 26	3 13	2 57	2 36
27	4 21	4 17	4 13	4 08	4 03	3 57	3 50	3 42	3 33	3 22	3 10	2 54	2 35	2 09
31	4 14	4 09	4 04	3 59	3 53	3 46	3 39	3 30	3 19	3 07	2 53	2 35	2 11	1 37
Apr. 4	4 06	4 01	3 56	3 50	3 43	3 36	3 27	3 17	3 05	2 51	2 34	2 12	1 42	0 47

END OF EVENING ASTRONOMICAL TWILIGHT

Lat.	+40°	+42°	+44°	+46°	+48°	+50°	+52°	+54°	+56°	+58°	+60°	+62°	+64°	+66°
	h m	h m	h m	h m	h m	h m	h m	h m	h m	h m	h m	h m	h m	h m
Jan. −2	18 20	18 18	18 15	18 11	18 08	18 05	18 02	17 58	17 54	17 50	17 46	17 42	17 37	17 31
2	18 23	18 20	18 18	18 15	18 12	18 08	18 05	18 02	17 58	17 54	17 50	17 46	17 41	17 36
6	18 27	18 24	18 21	18 18	18 15	18 12	18 09	18 06	18 03	17 59	17 55	17 51	17 47	17 42
10	18 30	18 27	18 25	18 22	18 19	18 17	18 14	18 11	18 07	18 04	18 01	17 57	17 53	17 48
14	18 34	18 31	18 29	18 26	18 24	18 21	18 19	18 16	18 13	18 10	18 07	18 03	18 00	17 56
18	18 37	18 35	18 33	18 31	18 28	18 26	18 24	18 21	18 19	18 16	18 14	18 11	18 08	18 04
22	18 41	18 39	18 37	18 35	18 33	18 31	18 29	18 27	18 25	18 23	18 21	18 18	18 16	18 13
26	18 45	18 44	18 42	18 40	18 39	18 37	18 35	18 34	18 32	18 30	18 28	18 27	18 25	18 23
30	18 50	18 48	18 47	18 45	18 44	18 43	18 41	18 40	18 39	18 38	18 36	18 35	18 34	18 33
Feb. 3	18 54	18 53	18 51	18 50	18 49	18 48	18 48	18 47	18 46	18 45	18 45	18 44	18 44	18 44
7	18 58	18 57	18 56	18 56	18 55	18 54	18 54	18 54	18 53	18 53	18 53	18 54	18 54	18 55
11	19 02	19 02	19 01	19 01	19 01	19 00	19 00	19 01	19 01	19 02	19 02	19 03	19 05	19 07
15	19 07	19 06	19 06	19 06	19 06	19 07	19 07	19 08	19 09	19 10	19 12	19 13	19 16	19 19
19	19 11	19 11	19 11	19 12	19 12	19 13	19 14	19 15	19 17	19 19	19 21	19 24	19 27	19 32
23	19 15	19 16	19 16	19 17	19 18	19 19	19 21	19 23	19 25	19 28	19 31	19 35	19 39	19 45
27	19 19	19 20	19 21	19 23	19 24	19 26	19 28	19 31	19 33	19 37	19 41	19 46	19 51	19 58
Mar. 3	19 24	19 25	19 26	19 28	19 30	19 33	19 35	19 38	19 42	19 46	19 51	19 57	20 04	20 13
7	19 28	19 30	19 32	19 34	19 36	19 39	19 43	19 46	19 51	19 56	20 02	20 09	20 18	20 28
11	19 32	19 35	19 37	19 40	19 43	19 46	19 50	19 55	20 00	20 06	20 13	20 22	20 32	20 44
15	19 37	19 39	19 42	19 46	19 49	19 53	19 58	20 03	20 09	20 17	20 25	20 35	20 47	21 01
19	19 41	19 44	19 48	19 52	19 56	20 01	20 06	20 12	20 19	20 27	20 37	20 49	21 03	21 21
23	19 46	19 50	19 53	19 58	20 03	20 08	20 14	20 21	20 29	20 39	20 50	21 04	21 20	21 42
27	19 51	19 55	19 59	20 04	20 10	20 16	20 23	20 31	20 40	20 51	21 04	21 20	21 40	22 07
31	19 56	20 00	20 05	20 11	20 17	20 24	20 32	20 41	20 51	21 04	21 19	21 38	22 03	22 40
Apr. 4	20 01	20 06	20 11	20 17	20 24	20 32	20 41	20 51	21 03	21 18	21 35	21 58	22 31	23 44

ASTRONOMICAL TWILIGHT, 2002

UNIVERSAL TIME FOR MERIDIAN OF GREENWICH
BEGINNING OF MORNING ASTRONOMICAL TWILIGHT

Lat.	−55°	−50°	−45°	−40°	−35°	−30°	−20°	−10°	0°	+10°	+20°	+30°	+35°	+40°
	h m	h m	h m	h m	h m	h m	h m	h m	h m	h m	h m	h m	h m	h m
Mar. 31	4 20	4 31	4 38	4 44	4 48	4 50	4 54	4 54	4 52	4 48	4 41	4 30	4 23	4 14
Apr. 4	4 29	4 37	4 43	4 48	4 51	4 53	4 55	4 54	4 51	4 45	4 37	4 25	4 17	4 06
8	4 36	4 44	4 48	4 52	4 54	4 55	4 56	4 54	4 49	4 43	4 33	4 20	4 10	3 59
12	4 44	4 50	4 53	4 56	4 57	4 57	4 56	4 53	4 48	4 40	4 30	4 14	4 04	3 52
16	4 52	4 56	4 58	4 59	5 00	5 00	4 57	4 53	4 47	4 38	4 26	4 09	3 58	3 44
20	4 59	5 01	5 03	5 03	5 03	5 02	4 58	4 53	4 45	4 36	4 22	4 04	3 52	3 37
24	5 05	5 07	5 07	5 07	5 06	5 04	4 59	4 53	4 44	4 33	4 19	3 59	3 46	3 30
28	5 12	5 12	5 11	5 10	5 08	5 06	5 00	4 53	4 43	4 31	4 16	3 54	3 40	3 22
May 2	5 18	5 17	5 16	5 14	5 11	5 08	5 01	4 53	4 42	4 29	4 12	3 50	3 34	3 16
6	5 25	5 22	5 20	5 17	5 14	5 10	5 02	4 53	4 41	4 27	4 09	3 45	3 29	3 09
10	5 30	5 27	5 24	5 20	5 16	5 12	5 03	4 53	4 41	4 26	4 07	3 41	3 24	3 02
14	5 36	5 32	5 28	5 23	5 19	5 14	5 04	4 53	4 40	4 24	4 04	3 37	3 19	2 56
18	5 41	5 36	5 31	5 26	5 21	5 16	5 06	4 54	4 40	4 23	4 02	3 34	3 15	2 51
22	5 46	5 40	5 35	5 29	5 24	5 18	5 07	4 54	4 40	4 22	4 00	3 31	3 11	2 45
26	5 51	5 44	5 38	5 32	5 26	5 20	5 08	4 55	4 40	4 22	3 59	3 28	3 07	2 41
30	5 55	5 48	5 41	5 35	5 28	5 22	5 09	4 55	4 40	4 21	3 58	3 26	3 04	2 37
June 3	5 59	5 51	5 44	5 37	5 30	5 24	5 10	4 56	4 40	4 21	3 57	3 24	3 02	2 33
7	6 02	5 54	5 46	5 39	5 32	5 25	5 12	4 57	4 40	4 21	3 56	3 23	3 00	2 30
11	6 05	5 56	5 48	5 41	5 34	5 27	5 13	4 58	4 41	4 21	3 56	3 22	2 59	2 29
15	6 07	5 58	5 50	5 43	5 35	5 28	5 14	4 59	4 42	4 22	3 56	3 22	2 59	2 28
19	6 08	5 59	5 51	5 44	5 36	5 29	5 15	5 00	4 42	4 22	3 57	3 22	2 59	2 28
23	6 09	6 00	5 52	5 45	5 37	5 30	5 16	5 00	4 43	4 23	3 58	3 23	3 00	2 28
27	6 10	6 01	5 53	5 45	5 38	5 31	5 17	5 01	4 44	4 24	3 59	3 24	3 01	2 30
July 1	6 09	6 01	5 53	5 45	5 38	5 31	5 17	5 02	4 45	4 25	4 00	3 26	3 03	2 32
5	6 08	6 00	5 52	5 45	5 38	5 31	5 17	5 03	4 46	4 27	4 02	3 28	3 06	2 36

END OF EVENING ASTRONOMICAL TWILIGHT

Lat.	−55°	−50°	−45°	−40°	−35°	−30°	−20°	−10°	0°	+10°	+20°	+30°	+35°	+40°
	h m	h m	h m	h m	h m	h m	h m	h m	h m	h m	h m	h m	h m	h m
Mar. 31	19 47	19 36	19 29	19 24	19 20	19 17	19 14	19 14	19 16	19 21	19 28	19 39	19 46	19 56
Apr. 4	19 36	19 28	19 22	19 17	19 15	19 13	19 11	19 12	19 15	19 21	19 29	19 42	19 50	20 01
8	19 26	19 19	19 14	19 11	19 09	19 08	19 08	19 10	19 14	19 21	19 31	19 45	19 54	20 06
12	19 16	19 11	19 07	19 05	19 04	19 04	19 05	19 08	19 14	19 21	19 32	19 48	19 58	20 11
16	19 07	19 03	19 01	19 00	18 59	19 00	19 02	19 06	19 13	19 22	19 34	19 51	20 02	20 17
20	18 58	18 56	18 54	18 54	18 55	18 56	18 59	19 05	19 12	19 22	19 36	19 55	20 07	20 22
24	18 50	18 49	18 48	18 49	18 50	18 52	18 57	19 03	19 12	19 23	19 38	19 58	20 11	20 28
28	18 42	18 42	18 43	18 44	18 46	18 49	18 55	19 02	19 12	19 24	19 40	20 01	20 16	20 34
May 2	18 35	18 36	18 38	18 40	18 42	18 45	18 53	19 01	19 12	19 25	19 42	20 05	20 20	20 40
6	18 28	18 30	18 33	18 36	18 39	18 43	18 51	19 00	19 12	19 26	19 44	20 09	20 25	20 46
10	18 21	18 25	18 28	18 32	18 36	18 40	18 49	19 00	19 12	19 27	19 46	20 12	20 30	20 52
14	18 16	18 20	18 24	18 29	18 33	18 38	18 48	18 59	19 12	19 28	19 49	20 16	20 34	20 57
18	18 11	18 16	18 21	18 26	18 31	18 36	18 47	18 59	19 13	19 30	19 51	20 20	20 39	21 03
22	18 06	18 12	18 18	18 24	18 29	18 35	18 46	18 59	19 14	19 31	19 53	20 23	20 43	21 09
26	18 03	18 09	18 16	18 22	18 28	18 34	18 46	18 59	19 14	19 33	19 55	20 26	20 47	21 14
30	17 59	18 07	18 14	18 20	18 26	18 33	18 46	19 00	19 15	19 34	19 58	20 30	20 51	21 19
June 3	17 57	18 05	18 12	18 19	18 26	18 32	18 46	19 00	19 16	19 35	20 00	20 32	20 55	21 24
7	17 55	18 04	18 11	18 18	18 25	18 32	18 46	19 01	19 17	19 37	20 01	20 35	20 58	21 28
11	17 54	18 03	18 11	18 18	18 25	18 32	18 46	19 01	19 18	19 38	20 03	20 37	21 00	21 31
15	17 54	18 03	18 11	18 18	18 25	18 33	18 47	19 02	19 19	19 39	20 04	20 39	21 02	21 33
19	17 54	18 03	18 11	18 19	18 26	18 33	18 48	19 03	19 20	19 40	20 06	20 40	21 04	21 35
23	17 55	18 04	18 12	18 20	18 27	18 34	18 49	19 04	19 21	19 41	20 06	20 41	21 05	21 36
27	17 56	18 05	18 13	18 21	18 28	18 35	18 49	19 05	19 22	19 42	20 07	20 41	21 05	21 36
July 1	17 59	18 07	18 15	18 22	18 29	18 36	18 51	19 06	19 22	19 42	20 07	20 41	21 04	21 35
5	18 01	18 10	18 17	18 24	18 31	18 38	18 52	19 06	19 23	19 42	20 07	20 40	21 03	21 33

UNIVERSAL TIME FOR MERIDIAN OF GREENWICH
BEGINNING OF MORNING ASTRONOMICAL TWILIGHT

Lat.	+40°	+42°	+44°	+46°	+48°	+50°	+52°	+54°	+56°	+58°	+60°	+62°	+64°	+66°
	h m	h m	h m	h m	h m	h m	h m	h m	h m	h m	h m	h m	h m	h m
Mar. 31	4 14	4 09	4 04	3 59	3 53	3 46	3 39	3 30	3 19	3 07	2 53	2 35	2 11	1 37
Apr. 4	4 06	4 01	3 56	3 50	3 43	3 36	3 27	3 17	3 05	2 51	2 34	2 12	1 42	0 47
8	3 59	3 54	3 48	3 41	3 33	3 25	3 15	3 04	2 51	2 34	2 14	1 47	1 03	// //
12	3 52	3 46	3 39	3 32	3 23	3 14	3 03	2 50	2 35	2 16	1 51	1 15	// //	// //
16	3 44	3 38	3 30	3 22	3 13	3 03	2 50	2 36	2 18	1 56	1 24	0 08	// //	// //
20	3 37	3 30	3 22	3 13	3 03	2 51	2 37	2 21	2 00	1 33	0 46	// //	// //	// //
24	3 30	3 22	3 13	3 03	2 52	2 39	2 24	2 05	1 40	1 03	// //	// //	// //	// //
28	3 22	3 14	3 05	2 54	2 42	2 27	2 10	1 48	1 17	// //	// //	// //	// //	// //
May 2	3 16	3 06	2 56	2 45	2 31	2 15	1 55	1 29	0 46	// //	// //	// //	// //	// //
6	3 09	2 59	2 48	2 35	2 20	2 02	1 39	1 06	// //	// //	// //	// //	// //	// //
10	3 02	2 52	2 40	2 26	2 10	1 49	1 22	0 35	// //	// //	// //	// //	// //	// //
14	2 56	2 45	2 32	2 17	1 59	1 36	1 02	// //	// //	// //	// //	// //	// //	// //
18	2 51	2 39	2 25	2 09	1 48	1 22	0 36	// //	// //	// //	// //	// //	// //	// //
22	2 45	2 33	2 18	2 00	1 38	1 06	// //	// //	// //	// //	// //	// //	// //	// //
26	2 41	2 27	2 12	1 52	1 28	0 49	// //	// //	// //	// //	// //	// //	// //	// //
30	2 37	2 22	2 06	1 45	1 18	0 26	// //	// //	// //	// //	// //	// //	// //	// //
June 3	2 33	2 18	2 01	1 39	1 08	// //	// //	// //	// //	// //	// //	// //	// //	// //
7	2 30	2 15	1 57	1 33	0 59	// //	// //	// //	// //	// //	// //	// //	// //	// //
11	2 29	2 13	1 54	1 29	0 51	// //	// //	// //	// //	// //	// //	// //	// //	// //
15	2 28	2 12	1 52	1 26	0 45	// //	// //	// //	// //	// //	// //	// //	// //	□
19	2 28	2 11	1 51	1 25	0 42	// //	// //	// //	// //	// //	// //	// //	// //	□
23	2 28	2 12	1 52	1 26	0 42	// //	// //	// //	// //	// //	// //	// //	// //	□
27	2 30	2 14	1 54	1 28	0 46	// //	// //	// //	// //	// //	// //	// //	// //	□
July 1	2 32	2 17	1 57	1 32	0 53	// //	// //	// //	// //	// //	// //	// //	// //	// //
5	2 36	2 20	2 02	1 38	1 02	// //	// //	// //	// //	// //	// //	// //	// //	// //

END OF EVENING ASTRONOMICAL TWILIGHT

Lat.	+40°	+42°	+44°	+46°	+48°	+50°	+52°	+54°	+56°	+58°	+60°	+62°	+64°	+66°
	h m	h m	h m	h m	h m	h m	h m	h m	h m	h m	h m	h m	h m	h m
Mar. 31	19 56	20 00	20 05	20 11	20 17	20 24	20 32	20 41	20 51	21 04	21 19	21 38	22 03	22 40
Apr. 4	20 01	20 06	20 11	20 17	20 24	20 32	20 41	20 51	21 03	21 18	21 35	21 58	22 31	23 44
8	20 06	20 11	20 17	20 24	20 32	20 41	20 51	21 02	21 16	21 33	21 54	22 23	23 13	// //
12	20 11	20 17	20 24	20 31	20 40	20 50	21 01	21 14	21 30	21 49	22 15	22 56	// //	// //
16	20 17	20 23	20 31	20 39	20 48	20 59	21 12	21 26	21 45	22 08	22 42	// //	// //	// //
20	20 22	20 29	20 37	20 47	20 57	21 09	21 23	21 40	22 01	22 31	23 27	// //	// //	// //
24	20 28	20 36	20 45	20 55	21 06	21 19	21 35	21 55	22 20	23 01	// //	// //	// //	// //
28	20 34	20 42	20 52	21 03	21 15	21 30	21 48	22 11	22 44	// //	// //	// //	// //	// //
May 2	20 40	20 49	20 59	21 11	21 25	21 41	22 02	22 30	23 19	// //	// //	// //	// //	// //
6	20 46	20 55	21 07	21 20	21 35	21 53	22 17	22 53	// //	// //	// //	// //	// //	// //
10	20 52	21 02	21 14	21 28	21 45	22 06	22 35	23 30	// //	// //	// //	// //	// //	// //
14	20 57	21 09	21 22	21 37	21 56	22 20	22 55	// //	// //	// //	// //	// //	// //	// //
18	21 03	21 15	21 29	21 46	22 07	22 34	23 25	// //	// //	// //	// //	// //	// //	// //
22	21 09	21 22	21 37	21 55	22 18	22 51	// //	// //	// //	// //	// //	// //	// //	// //
26	21 14	21 28	21 44	22 03	22 29	23 09	// //	// //	// //	// //	// //	// //	// //	// //
30	21 19	21 33	21 50	22 11	22 40	23 37	// //	// //	// //	// //	// //	// //	// //	// //
June 3	21 24	21 39	21 56	22 19	22 50	// //	// //	// //	// //	// //	// //	// //	// //	// //
7	21 28	21 43	22 02	22 25	23 01	// //	// //	// //	// //	// //	// //	// //	// //	// //
11	21 31	21 47	22 06	22 31	23 10	// //	// //	// //	// //	// //	// //	// //	// //	// //
15	21 33	21 50	22 09	22 35	23 17	// //	// //	// //	// //	// //	// //	// //	// //	□
19	21 35	21 51	22 11	22 37	23 21	// //	// //	// //	// //	// //	// //	// //	// //	□
23	21 36	21 52	22 12	22 38	23 22	// //	// //	// //	// //	// //	// //	// //	// //	□
27	21 36	21 52	22 11	22 37	23 18	// //	// //	// //	// //	// //	// //	// //	// //	□
July 1	21 35	21 51	22 10	22 34	23 12	// //	// //	// //	// //	// //	// //	// //	// //	// //
5	21 33	21 48	22 07	22 30	23 05	// //	// //	// //	// //	// //	// //	// //	// //	// //

□ indicates Sun continuously above horizon.
// // indicates continuous twilight.

ASTRONOMICAL TWILIGHT, 2002

UNIVERSAL TIME FOR MERIDIAN OF GREENWICH
BEGINNING OF MORNING ASTRONOMICAL TWILIGHT

Lat.	−55°	−50°	−45°	−40°	−35°	−30°	−20°	−10°	0°	+10°	+20°	+30°	+35°	+40°
	h m	h m	h m	h m	h m	h m	h m	h m	h m	h m	h m	h m	h m	h m
July 1	6 09	6 01	5 53	5 45	5 38	5 31	5 17	5 02	4 45	4 25	4 00	3 26	3 03	2 32
5	6 08	6 00	5 52	5 45	5 38	5 31	5 17	5 03	4 46	4 27	4 02	3 28	3 06	2 36
9	6 06	5 58	5 51	5 44	5 38	5 31	5 18	5 03	4 47	4 28	4 04	3 31	3 09	2 39
13	6 04	5 56	5 50	5 43	5 37	5 30	5 18	5 04	4 48	4 29	4 06	3 34	3 12	2 44
17	6 01	5 54	5 48	5 42	5 36	5 30	5 17	5 04	4 49	4 31	4 08	3 37	3 16	2 49
21	5 57	5 51	5 45	5 40	5 34	5 28	5 17	5 04	4 49	4 32	4 10	3 40	3 20	2 54
25	5 52	5 47	5 42	5 37	5 32	5 27	5 16	5 04	4 50	4 33	4 12	3 43	3 24	2 59
29	5 47	5 43	5 39	5 34	5 30	5 25	5 15	5 03	4 50	4 34	4 14	3 46	3 28	3 05
Aug. 2	5 42	5 38	5 35	5 31	5 27	5 23	5 13	5 03	4 51	4 35	4 16	3 50	3 33	3 11
6	5 35	5 33	5 30	5 27	5 24	5 20	5 12	5 02	4 51	4 36	4 18	3 53	3 37	3 16
10	5 28	5 27	5 25	5 23	5 20	5 17	5 10	5 01	4 51	4 37	4 20	3 57	3 41	3 22
14	5 21	5 21	5 20	5 18	5 16	5 14	5 08	5 00	4 50	4 38	4 22	4 00	3 46	3 28
18	5 13	5 14	5 14	5 14	5 12	5 10	5 05	4 59	4 50	4 39	4 24	4 04	3 50	3 33
22	5 05	5 07	5 08	5 08	5 08	5 07	5 03	4 57	4 49	4 39	4 26	4 07	3 54	3 39
26	4 56	5 00	5 02	5 03	5 03	5 03	5 00	4 55	4 49	4 40	4 27	4 10	3 58	3 44
30	4 47	4 52	4 55	4 57	4 58	4 58	4 57	4 53	4 48	4 40	4 29	4 13	4 02	3 49
Sept. 3	4 37	4 43	4 48	4 51	4 53	4 54	4 54	4 51	4 47	4 40	4 30	4 16	4 06	3 54
7	4 27	4 35	4 41	4 45	4 47	4 49	4 50	4 49	4 46	4 40	4 31	4 19	4 10	3 59
11	4 16	4 26	4 33	4 38	4 42	4 44	4 47	4 47	4 45	4 40	4 33	4 21	4 14	4 04
15	4 05	4 17	4 25	4 31	4 36	4 39	4 43	4 44	4 43	4 40	4 34	4 24	4 17	4 09
19	3 54	4 07	4 17	4 24	4 30	4 34	4 40	4 42	4 42	4 40	4 35	4 26	4 21	4 13
23	3 42	3 58	4 09	4 17	4 24	4 29	4 36	4 39	4 41	4 39	4 36	4 29	4 24	4 17
27	3 30	3 48	4 01	4 10	4 18	4 24	4 32	4 37	4 39	4 39	4 37	4 31	4 27	4 22
Oct. 1	3 18	3 37	3 52	4 03	4 12	4 18	4 28	4 34	4 38	4 39	4 38	4 34	4 30	4 26
5	3 05	3 27	3 43	3 56	4 05	4 13	4 24	4 32	4 36	4 39	4 39	4 36	4 34	4 30

END OF EVENING ASTRONOMICAL TWILIGHT

Lat.	−55°	−50°	−45°	−40°	−35°	−30°	−20°	−10°	0°	+10°	+20°	+30°	+35°	+40°
	h m	h m	h m	h m	h m	h m	h m	h m	h m	h m	h m	h m	h m	h m
July 1	17 59	18 07	18 15	18 22	18 29	18 36	18 51	19 06	19 22	19 42	20 07	20 41	21 04	21 35
5	18 01	18 10	18 17	18 24	18 31	18 38	18 52	19 06	19 23	19 42	20 07	20 40	21 03	21 33
9	18 04	18 12	18 19	18 26	18 33	18 39	18 53	19 07	19 23	19 42	20 06	20 39	21 01	21 30
13	18 08	18 15	18 22	18 29	18 35	18 41	18 54	19 08	19 23	19 42	20 06	20 37	20 59	21 27
17	18 12	18 19	18 25	18 31	18 37	18 43	18 55	19 08	19 24	19 42	20 04	20 35	20 56	21 23
21	18 16	18 22	18 28	18 34	18 39	18 45	18 56	19 09	19 23	19 41	20 03	20 32	20 52	21 18
25	18 21	18 26	18 31	18 36	18 41	18 46	18 57	19 09	19 23	19 40	20 01	20 29	20 48	21 13
29	18 26	18 31	18 35	18 39	18 44	18 48	18 58	19 09	19 23	19 38	19 59	20 26	20 44	21 07
Aug. 2	18 32	18 35	18 38	18 42	18 46	18 50	18 59	19 10	19 22	19 37	19 56	20 22	20 39	21 01
6	18 37	18 40	18 42	18 45	18 49	18 52	19 00	19 10	19 21	19 35	19 53	20 18	20 34	20 54
10	18 43	18 44	18 46	18 48	18 51	18 54	19 01	19 10	19 20	19 33	19 50	20 13	20 28	20 47
14	18 49	18 49	18 50	18 52	18 53	18 56	19 02	19 09	19 19	19 31	19 47	20 08	20 23	20 40
18	18 56	18 54	18 54	18 55	18 56	18 58	19 03	19 09	19 18	19 29	19 43	20 04	20 17	20 33
22	19 02	19 00	18 58	18 58	18 59	19 00	19 03	19 09	19 16	19 26	19 40	19 58	20 11	20 26
26	19 09	19 05	19 03	19 02	19 01	19 02	19 04	19 08	19 15	19 24	19 36	19 53	20 04	20 18
30	19 16	19 11	19 07	19 05	19 04	19 03	19 05	19 08	19 13	19 21	19 32	19 48	19 58	20 11
Sept. 3	19 23	19 16	19 12	19 09	19 07	19 05	19 05	19 08	19 12	19 19	19 28	19 42	19 52	20 03
7	19 31	19 22	19 16	19 12	19 09	19 08	19 06	19 07	19 10	19 16	19 24	19 37	19 45	19 56
11	19 39	19 29	19 21	19 16	19 12	19 10	19 07	19 07	19 09	19 13	19 20	19 31	19 39	19 48
15	19 47	19 35	19 26	19 20	19 15	19 12	19 08	19 06	19 07	19 11	19 16	19 26	19 33	19 41
19	19 55	19 42	19 32	19 24	19 18	19 14	19 09	19 06	19 06	19 08	19 13	19 21	19 26	19 34
23	20 04	19 49	19 37	19 28	19 22	19 17	19 09	19 06	19 04	19 05	19 09	19 15	19 20	19 27
27	20 14	19 56	19 43	19 33	19 25	19 19	19 11	19 05	19 03	19 03	19 05	19 10	19 14	19 20
Oct. 1	20 24	20 03	19 49	19 37	19 29	19 22	19 12	19 05	19 02	19 00	19 01	19 05	19 08	19 13
5	20 35	20 12	19 55	19 42	19 32	19 25	19 13	19 05	19 01	18 58	18 58	19 00	19 03	19 06

UNIVERSAL TIME FOR MERIDIAN OF GREENWICH
BEGINNING OF MORNING ASTRONOMICAL TWILIGHT

Lat.	+40°	+42°	+44°	+46°	+48°	+50°	+52°	+54°	+56°	+58°	+60°	+62°	+64°	+66°
	h m	h m	h m	h m	h m	h m	h m	h m	h m	h m	h m	h m	h m	h m
July 1	2 32	2 17	1 57	1 32	0 53	// //	// //	// //	// //	// //	// //	// //	// //	// //
5	2 36	2 20	2 02	1 38	1 02	// //	// //	// //	// //	// //	// //	// //	// //	// //
9	2 39	2 24	2 07	1 44	1 12	// //	// //	// //	// //	// //	// //	// //	// //	// //
13	2 44	2 30	2 13	1 52	1 23	0 24	// //	// //	// //	// //	// //	// //	// //	// //
17	2 49	2 35	2 19	2 00	1 34	0 53	// //	// //	// //	// //	// //	// //	// //	// //
21	2 54	2 41	2 26	2 08	1 45	1 12	// //	// //	// //	// //	// //	// //	// //	// //
25	2 59	2 47	2 33	2 16	1 56	1 28	0 35	// //	// //	// //	// //	// //	// //	// //
29	3 05	2 53	2 40	2 25	2 06	1 42	1 06	// //	// //	// //	// //	// //	// //	// //
Aug. 2	3 11	3 00	2 48	2 34	2 17	1 55	1 26	0 27	// //	// //	// //	// //	// //	// //
6	3 16	3 06	2 55	2 42	2 27	2 08	1 44	1 07	// //	// //	// //	// //	// //	// //
10	3 22	3 13	3 02	2 50	2 36	2 20	1 59	1 31	0 38	// //	// //	// //	// //	// //
14	3 28	3 19	3 10	2 59	2 46	2 31	2 13	1 49	1 15	// //	// //	// //	// //	// //
18	3 33	3 25	3 17	3 06	2 55	2 41	2 25	2 05	1 39	0 56	// //	// //	// //	// //
22	3 39	3 31	3 23	3 14	3 04	2 51	2 37	2 20	1 58	1 27	0 21	// //	// //	// //
26	3 44	3 37	3 30	3 21	3 12	3 01	2 48	2 33	2 15	1 50	1 14	// //	// //	// //
30	3 49	3 43	3 36	3 29	3 20	3 10	2 59	2 45	2 29	2 09	1 42	0 58	// //	// //
Sept. 3	3 54	3 49	3 42	3 36	3 28	3 19	3 09	2 57	2 43	2 26	2 04	1 33	0 35	// //
7	3 59	3 54	3 48	3 42	3 35	3 27	3 18	3 08	2 55	2 40	2 22	1 58	1 24	// //
11	4 04	3 59	3 54	3 49	3 42	3 35	3 27	3 18	3 07	2 54	2 38	2 19	1 53	1 12
15	4 09	4 04	4 00	3 55	3 49	3 43	3 36	3 27	3 18	3 07	2 53	2 37	2 16	1 47
19	4 13	4 09	4 05	4 01	3 56	3 50	3 44	3 37	3 28	3 19	3 07	2 53	2 35	2 13
23	4 17	4 14	4 11	4 07	4 02	3 58	3 52	3 46	3 38	3 30	3 20	3 08	2 53	2 34
27	4 22	4 19	4 16	4 13	4 09	4 04	4 00	3 54	3 48	3 40	3 32	3 21	3 09	2 53
Oct. 1	4 26	4 24	4 21	4 18	4 15	4 11	4 07	4 02	3 57	3 50	3 43	3 34	3 24	3 11
5	4 30	4 28	4.26	4 24	4 21	4 18	4 14	4 10	4 06	4 00	3 54	3 47	3 38	3 27

END OF EVENING ASTRONOMICAL TWILIGHT

Lat.	+40°	+42°	+44°	+46°	+48°	+50°	+52°	+54°	+56°	+58°	+60°	+62°	+64°	+66°
	h m	h m	h m	h m	h m	h m	h m	h m	h m	h m	h m	h m	h m	h m
July 1	21 35	21 51	22 10	22 34	23 12	// //	// //	// //	// //	// //	// //	// //	// //	// //
5	21 33	21 48	22 07	22 30	23 05	// //	// //	// //	// //	// //	// //	// //	// //	// //
9	21 30	21 45	22 03	22 25	22 56	// //	// //	// //	// //	// //	// //	// //	// //	// //
13	21 27	21 41	21 58	22 18	22 46	23 38	// //	// //	// //	// //	// //	// //	// //	// //
17	21 23	21 36	21 52	22 11	22 36	23 15	// //	// //	// //	// //	// //	// //	// //	// //
21	21 18	21 31	21 45	22 03	22 26	22 57	// //	// //	// //	// //	// //	// //	// //	// //
25	21 13	21 25	21 38	21 55	22 15	22 42	23 29	// //	// //	// //	// //	// //	// //	// //
29	21 07	21 18	21 31	21 46	22 04	22 28	23 02	// //	// //	// //	// //	// //	// //	// //
Aug. 2	21 01	21 11	21 23	21 37	21 54	22 14	22 42	23 31	// //	// //	// //	// //	// //	// //
6	20 54	21 04	21 15	21 28	21 43	22 01	22 25	22 59	// //	// //	// //	// //	// //	// //
10	20 47	20 57	21 07	21 19	21 32	21 49	22 09	22 36	23 21	// //	// //	// //	// //	// //
14	20 40	20 49	20 58	21 09	21 22	21 36	21 54	22 16	22 48	// //	// //	// //	// //	// //
18	20 33	20 41	20 50	21 00	21 11	21 24	21 40	21 59	22 24	23 03	// //	// //	// //	// //
22	20 26	20 33	20 41	20 50	21 00	21 12	21 26	21 43	22 04	22 33	23 24	// //	// //	// //
26	20 18	20 25	20 32	20 41	20 50	21 01	21 13	21 28	21 46	22 09	22 42	// //	// //	// //
30	20 11	20 17	20 24	20 31	20 40	20 49	21 00	21 13	21 29	21 48	22 14	22 53	// //	// //
Sept. 3	20 03	20 09	20 15	20 22	20 30	20 38	20 48	21 00	21 13	21 30	21 51	22 19	23 08	// //
7	19 56	20 01	20 06	20 13	20 19	20 27	20 36	20 46	20 58	21 13	21 30	21 53	22 25	23 32
11	19 48	19 53	19 58	20 03	20 10	20 17	20 24	20 34	20 44	20 57	21 12	21 30	21 55	22 32
15	19 41	19 45	19 49	19 54	20 00	20 06	20 13	20 21	20 30	20 41	20 54	21 10	21 30	21 58
19	19 34	19 37	19 41	19 46	19 50	19 56	20 02	20 09	20 17	20 27	20 38	20 52	21 09	21 30
23	19 27	19 30	19 33	19 37	19 41	19 46	19 51	19 58	20 05	20 13	20 23	20 34	20 49	21 06
27	19 20	19 22	19 25	19 28	19 32	19 36	19 41	19 46	19 53	20 00	20 08	20 18	20 30	20 45
Oct. 1	19 13	19 15	19 17	19 20	19 23	19 27	19 31	19 36	19 41	19 47	19 54	20 03	20 13	20 26
5	19 06	19 08	19 10	19 12	19 15	19 18	19 21	19 25	19 30	19 35	19 41	19 48	19 57	20 07

// // indicates continuous twilight.

ASTRONOMICAL TWILIGHT, 2002

UNIVERSAL TIME FOR MERIDIAN OF GREENWICH
BEGINNING OF MORNING ASTRONOMICAL TWILIGHT

Lat.	−55°	−50°	−45°	−40°	−35°	−30°	−20°	−10°	0°	+10°	+20°	+30°	+35°	+40°
	h m	h m	h m	h m	h m	h m	h m	h m	h m	h m	h m	h m	h m	h m
Oct. 1	3 18	3 37	3 52	4 03	4 12	4 18	4 28	4 34	4 38	4 39	4 38	4 34	4 30	4 26
5	3 05	3 27	3 43	3 56	4 05	4 13	4 24	4 32	4 36	4 39	4 39	4 36	4 34	4 30
9	2 51	3 16	3 35	3 48	3 59	4 08	4 20	4 29	4 35	4 38	4 40	4 38	4 37	4 34
13	2 37	3 06	3 26	3 41	3 53	4 02	4 17	4 27	4 34	4 38	4 41	4 41	4 40	4 38
17	2 22	2 54	3 17	3 34	3 47	3 57	4 13	4 24	4 32	4 38	4 42	4 43	4 43	4 42
21	2 06	2 43	3 08	3 26	3 41	3 52	4 10	4 22	4 31	4 38	4 43	4 46	4 46	4 46
25	1 50	2 32	2 59	3 19	3 35	3 47	4 06	4 20	4 30	4 38	4 44	4 48	4 49	4 50
29	1 31	2 20	2 50	3 12	3 29	3 43	4 03	4 18	4 30	4 39	4 46	4 51	4 53	4 54
Nov. 2	1 10	2 08	2 42	3 05	3 24	3 38	4 00	4 17	4 29	4 39	4 47	4 53	4 56	4 58
6	0 43	1 56	2 33	2 59	3 19	3 34	3 58	4 15	4 29	4 40	4 49	4 56	4 59	5 02
10	// //	1 43	2 25	2 53	3 14	3 30	3 55	4 14	4 28	4 40	4 50	4 59	5 03	5 06
14	// //	1 30	2 17	2 47	3 09	3 27	3 53	4 13	4 28	4 41	4 52	5 02	5 06	5 10
18	// //	1 16	2 09	2 41	3 05	3 24	3 52	4 12	4 29	4 42	4 54	5 04	5 09	5 14
22	// //	1 01	2 01	2 36	3 02	3 21	3 50	4 12	4 29	4 43	4 56	5 07	5 13	5 18
26	// //	0 44	1 55	2 32	2 59	3 19	3 50	4 12	4 30	4 45	4 58	5 10	5 16	5 22
30	// //	0 23	1 49	2 28	2 56	3 17	3 49	4 12	4 31	4 46	5 00	5 13	5 19	5 25
Dec. 4	// //	// //	1 43	2 26	2 54	3 16	3 49	4 13	4 32	4 48	5 02	5 16	5 22	5 29
8	// //	// //	1 39	2 24	2 53	3 16	3 49	4 14	4 33	4 50	5 05	5 18	5 25	5 32
12	// //	// //	1 37	2 23	2 53	3 16	3 50	4 15	4 35	4 52	5 07	5 21	5 28	5 35
16	// //	// //	1 35	2 23	2 54	3 17	3 51	4 17	4 37	4 54	5 09	5 23	5 30	5 38
20	// //	// //	1 36	2 24	2 55	3 18	3 53	4 18	4 39	4 56	5 11	5 25	5 33	5 40
24	// //	// //	1 38	2 26	2 57	3 20	3 55	4 20	4 41	4 58	5 13	5 27	5 35	5 42
28	// //	// //	1 41	2 29	3 00	3 23	3 57	4 23	4 43	5 00	5 15	5 29	5 36	5 43
32	// //	// //	1 46	2 32	3 03	3 26	4 00	4 25	4 45	5 02	5 17	5 31	5 38	5 45
36	// //	// //	1 53	2 37	3 07	3 30	4 03	4 27	4 47	5 03	5 18	5 32	5 38	5 45

END OF EVENING ASTRONOMICAL TWILIGHT

Lat.	−55°	−50°	−45°	−40°	−35°	−30°	−20°	−10°	0°	+10°	+20°	+30°	+35°	+40°
	h m	h m	h m	h m	h m	h m	h m	h m	h m	h m	h m	h m	h m	h m
Oct. 1	20 24	20 03	19 49	19 37	19 29	19 22	19 12	19 05	19 02	19 00	19 01	19 05	19 08	19 13
5	20 35	20 12	19 55	19 42	19 32	19 25	19 13	19 05	19 01	18 58	18 58	19 00	19 03	19 06
9	20 46	20 20	20 01	19 47	19 36	19 28	19 15	19 06	19 00	18 56	18 55	18 56	18 57	19 00
13	20 58	20 29	20 08	19 53	19 41	19 31	19 16	19 06	18 59	18 54	18 52	18 51	18 52	18 54
17	21 12	20 38	20 15	19 58	19 45	19 34	19 18	19 07	18 58	18 53	18 49	18 47	18 47	18 48
21	21 26	20 48	20 23	20 04	19 49	19 38	19 20	19 07	18 58	18 51	18 46	18 43	18 43	18 43
25	21 42	20 59	20 31	20 10	19 54	19 42	19 22	19 08	18 58	18 50	18 44	18 40	18 38	18 37
29	22 01	21 10	20 39	20 16	19 59	19 45	19 25	19 09	18 58	18 49	18 42	18 36	18 34	18 33
Nov. 2	22 22	21 22	20 47	20 23	20 04	19 50	19 27	19 11	18 58	18 48	18 40	18 33	18 31	18 28
6	22 52	21 34	20 56	20 30	20 10	19 54	19 30	19 12	18 59	18 48	18 39	18 31	18 28	18 25
10	// //	21 48	21 05	20 36	20 15	19 58	19 33	19 14	18 59	18 48	18 37	18 29	18 25	18 21
14	// //	22 02	21 14	20 43	20 21	20 03	19 36	19 16	19 00	18 48	18 37	18 27	18 23	18 18
18	// //	22 18	21 23	20 50	20 26	20 07	19 39	19 18	19 02	18 48	18 36	18 26	18 21	18 16
22	// //	22 35	21 32	20 57	20 31	20 12	19 42	19 20	19 03	18 49	18 36	18 25	18 19	18 14
26	// //	22 55	21 41	21 03	20 37	20 16	19 45	19 23	19 05	18 50	18 36	18 24	18 18	18 13
30	// //	23 21	21 50	21 10	20 42	20 20	19 48	19 25	19 06	18 51	18 37	18 24	18 18	18 12
Dec. 4	// //	// //	21 58	21 15	20 46	20 24	19 52	19 27	19 08	18 52	18 38	18 25	18 18	18 11
8	// //	// //	22 05	21 21	20 51	20 28	19 54	19 30	19 10	18 54	18 39	18 25	18 18	18 12
12	// //	// //	22 12	21 25	20 54	20 31	19 57	19 32	19 12	18 55	18 40	18 26	18 19	18 12
16	// //	// //	22 16	21 29	20 58	20 34	20 00	19 34	19 14	18 57	18 42	18 28	18 21	18 13
20	// //	// //	22 20	21 32	21 00	20 37	20 02	19 37	19 16	18 59	18 44	18 30	18 22	18 15
24	// //	// //	22 21	21 33	21 02	20 38	20 04	19 39	19 18	19 01	18 46	18 32	18 24	18 17
28	// //	// //	22 21	21 34	21 03	20 40	20 05	19 40	19 20	19 03	18 48	18 34	18 27	18 20
32	// //	// //	22 20	21 34	21 03	20 41	20 07	19 42	19 22	19 05	18 50	18 36	18 29	18 22
36	// //	// //	22 16	21 33	21 03	20 41	20 07	19 43	19 24	19 07	18 53	18 39	18 32	18 26

// // indicates continuous twilight.

ASTRONOMICAL TWILIGHT, 2002

UNIVERSAL TIME FOR MERIDIAN OF GREENWICH
BEGINNING OF MORNING ASTRONOMICAL TWILIGHT

Lat.	+40°	+42°	+44°	+46°	+48°	+50°	+52°	+54°	+56°	+58°	+60°	+62°	+64°	+66°
	h m	h m	h m	h m	h m	h m	h m	h m	h m	h m	h m	h m	h m	h m
Oct. 1	4 26	4 24	4 21	4 18	4 15	4 11	4 07	4 02	3 57	3 50	3 43	3 34	3 24	3 11
5	4 30	4 28	4 26	4 24	4 21	4 18	4 14	4 10	4 06	4 00	3 54	3 47	3 38	3 27
9	4 34	4 33	4 31	4 29	4 27	4 24	4 21	4 18	4 14	4 10	4 04	3 58	3 51	3 42
13	4 38	4 37	4 36	4 34	4 33	4 31	4 28	4 26	4 23	4 19	4 15	4 09	4 03	3 56
17	4 42	4 41	4 41	4 40	4 38	4 37	4 35	4 33	4 31	4 28	4 24	4 20	4 15	4 09
21	4 46	4 46	4 45	4 45	4 44	4 43	4 42	4 40	4 39	4 37	4 34	4 31	4 27	4 22
25	4 50	4 50	4 50	4 50	4 50	4 49	4 48	4 48	4 46	4 45	4 43	4 41	4 38	4 35
29	4 54	4 55	4 55	4 55	4 55	4 55	4 55	4 55	4 54	4 53	4 52	4 51	4 49	4 47
Nov. 2	4 58	4 59	5 00	5 00	5 01	5 01	5 01	5 01	5 01	5 01	5 01	5 00	4 59	4 58
6	5 02	5 03	5 04	5 05	5 06	5 07	5 08	5 08	5 09	5 09	5 09	5 10	5 10	5 09
10	5 06	5 07	5 09	5 10	5 11	5 13	5 14	5 15	5 16	5 17	5 18	5 19	5 19	5 20
14	5 10	5 12	5 13	5 15	5 16	5 18	5 20	5 21	5 23	5 24	5 26	5 27	5 29	5 30
18	5 14	5 16	5 18	5 20	5 22	5 23	5 25	5 27	5 29	5 31	5 33	5 35	5 38	5 40
22	5 18	5 20	5 22	5 24	5 26	5 29	5 31	5 33	5 35	5 38	5 40	5 43	5 46	5 49
26	5 22	5 24	5 26	5 29	5 31	5 34	5 36	5 39	5 41	5 44	5 47	5 50	5 54	5 57
30	5 25	5 28	5 30	5 33	5 36	5 38	5 41	5 44	5 47	5 50	5 53	5 57	6 01	6 05
Dec. 4	5 29	5 31	5 34	5 37	5 40	5 43	5 46	5 49	5 52	5 55	5 59	6 03	6 07	6 12
8	5 32	5 35	5 38	5 40	5 43	5 47	5 50	5 53	5 57	6 00	6 04	6 09	6 13	6 18
12	5 35	5 38	5 41	5 44	5 47	5 50	5 53	5 57	6 01	6 04	6 09	6 13	6 18	6 24
16	5 38	5 41	5 44	5 47	5 50	5 53	5 57	6 00	6 04	6 08	6 12	6 17	6 22	6 28
20	5 40	5 43	5 46	5 49	5 52	5 56	5 59	6 03	6 07	6 11	6 15	6 20	6 25	6 31
24	5 42	5 45	5 48	5 51	5 54	5 58	6 01	6 05	6 09	6 13	6 17	6 22	6 27	6 33
28	5 43	5 46	5 49	5 53	5 56	5 59	6 02	6 06	6 10	6 14	6 18	6 23	6 28	6 33
32	5 45	5 47	5 50	5 53	5 56	6 00	6 03	6 06	6 10	6 14	6 18	6 23	6 28	6 33
36	5 45	5 48	5 51	5 54	5 57	6 00	6 03	6 06	6 10	6 13	6 17	6 22	6 26	6 31

END OF EVENING ASTRONOMICAL TWILIGHT

Lat.	+40°	+42°	+44°	+46°	+48°	+50°	+52°	+54°	+56°	+58°	+60°	+62°	+64°	+66°
	h m	h m	h m	h m	h m	h m	h m	h m	h m	h m	h m	h m	h m	h m
Oct. 1	19 13	19 15	19 17	19 20	19 23	19 27	19 31	19 36	19 41	19 47	19 54	20 03	20 13	20 26
5	19 06	19 08	19 10	19 12	19 15	19 18	19 21	19 25	19 30	19 35	19 41	19 48	19 57	20 07
9	19 00	19 01	19 03	19 05	19 07	19 09	19 12	19 15	19 19	19 23	19 28	19 34	19 42	19 50
13	18 54	18 55	18 56	18 57	18 59	19 01	19 03	19 06	19 09	19 12	19 16	19 21	19 27	19 34
17	18 48	18 49	18 49	18 50	18 51	18 53	18 54	18 56	18 59	19 01	19 05	19 09	19 13	19 19
21	18 43	18 43	18 43	18 44	18 44	18 45	18 46	18 48	18 49	18 51	18 54	18 57	19 01	19 05
25	18 37	18 37	18 37	18 37	18 38	18 38	18 39	18 40	18 41	18 42	18 44	18 46	18 48	18 52
29	18 33	18 32	18 32	18 32	18 31	18 31	18 32	18 32	18 32	18 33	18 34	18 35	18 37	18 39
Nov. 2	18 28	18 28	18 27	18 26	18 26	18 25	18 25	18 25	18 25	18 25	18 25	18 25	18 26	18 27
6	18 25	18 24	18 22	18 21	18 21	18 20	18 19	18 18	18 18	18 17	18 17	18 16	18 16	18 17
10	18 21	18 20	18 18	18 17	18 16	18 15	18 13	18 12	18 11	18 10	18 09	18 08	18 07	18 07
14	18 18	18 17	18 15	18 13	18 12	18 10	18 09	18 07	18 05	18 04	18 02	18 01	17 59	17 57
18	18 16	18 14	18 12	18 10	18 08	18 06	18 04	18 02	18 00	17 58	17 56	17 54	17 52	17 49
22	18 14	18 12	18 10	18 07	18 05	18 03	18 01	17 58	17 56	17 54	17 51	17 48	17 45	17 42
26	18 13	18 10	18 08	18 05	18 03	18 00	17 58	17 55	17 53	17 50	17 47	17 43	17 40	17 36
30	18 12	18 09	18 07	18 04	18 01	17 59	17 56	17 53	17 50	17 47	17 43	17 40	17 36	17 31
Dec. 4	18 11	18 09	18 06	18 03	18 00	17 57	17 54	17 51	17 48	17 44	17 41	17 37	17 32	17 27
8	18 12	18 09	18 06	18 03	18 00	17 57	17 54	17 50	17 47	17 43	17 39	17 35	17 30	17 25
12	18 12	18 09	18 06	18 03	18 00	17 57	17 54	17 50	17 47	17 43	17 38	17 34	17 29	17 23
16	18 13	18 10	18 07	18 04	18 01	17 58	17 54	17 51	17 47	17 43	17 39	17 34	17 29	17 23
20	18 15	18 12	18 09	18 06	18 03	17 59	17 56	17 52	17 48	17 44	17 40	17 35	17 30	17 24
24	18 17	18 14	18 11	18 08	18 05	18 01	17 58	17 54	17 51	17 46	17 42	17 37	17 32	17 26
28	18 20	18 17	18 14	18 11	18 07	18 04	18 01	17 57	17 53	17 49	17 45	17 40	17 35	17 30
32	18 22	18 20	18 17	18 14	18 11	18 07	18 04	18 01	17 57	17 53	17 49	17 44	17 40	17 34
36	18 26	18 23	18 20	18 17	18 14	18 11	18 08	18 05	18 01	17 57	17 54	17 49	17 45	17 40

MOONRISE AND MOONSET, 2002

UNIVERSAL TIME FOR MERIDIAN OF GREENWICH

MOONRISE

Lat.	−55°	−50°	−45°	−40°	−35°	−30°	−20°	−10°	0°	+10°	+20°	+30°	+35°	+40°
	h m	h m	h m	h m	h m	h m	h m	h m	h m	h m	h m	h m	h m	h m
Jan. 0	22 00	21 31	21 09	20 51	20 36	20 23	20 01	19 42	19 24	19 06	18 46	18 24	18 11	17 56
1	22 36	22 12	21 54	21 39	21 27	21 15	20 56	20 40	20 24	20 08	19 51	19 32	19 21	19 08
2	23 02	22 45	22 31	22 20	22 10	22 01	21 46	21 33	21 21	21 09	20 56	20 41	20 32	20 22
3	23 22	23 11	23 02	22 54	22 48	22 42	22 32	22 24	22 15	22 07	21 58	21 48	21 42	21 36
4	23 38	23 33	23 29	23 25	23 22	23 19	23 15	23 10	23 07	23 03	22 58	22 54	22 51	22 48
5	23 53	23 53	23 54	23 54	23 54	23 55	23 55	23 55	23 56	23 56	23 57	23 57	23 58	23 58
6	.. ..	.. ..	.. ..	.. ..	.. ..	.. ..	.. ..	.. ..	.. ..	.. ..	.. ..	.. ..	.. ..	.. ..
7	0 07	0 13	0 18	0 22	0 26	0 29	0 35	0 40	0 44	0 49	0 54	1 00	1 04	1 07
8	0 23	0 35	0 44	0 52	0 59	1 05	1 15	1 25	1 33	1 42	1 52	2 02	2 09	2 16
9	0 42	0 59	1 13	1 24	1 34	1 43	1 58	2 11	2 23	2 36	2 49	3 05	3 14	3 24
10	1 06	1 28	1 46	2 01	2 13	2 24	2 43	2 59	3 15	3 30	3 47	4 06	4 18	4 31
11	1 37	2 04	2 25	2 43	2 57	3 10	3 31	3 50	4 08	4 26	4 45	5 07	5 20	5 35
12	2 18	2 49	3 12	3 30	3 46	4 00	4 23	4 43	5 02	5 20	5 41	6 04	6 18	6 34
13	3 11	3 42	4 05	4 24	4 40	4 53	5 16	5 36	5 55	6 14	6 34	6 57	7 10	7 26
14	4 14	4 43	5 04	5 22	5 36	5 49	6 10	6 29	6 47	7 04	7 23	7 44	7 57	8 11
15	5 24	5 48	6 06	6 21	6 34	6 45	7 04	7 20	7 36	7 51	8 07	8 26	8 37	8 49
16	6 36	6 55	7 09	7 21	7 32	7 41	7 56	8 09	8 22	8 34	8 48	9 03	9 12	9 22
17	7 48	8 01	8 12	8 21	8 28	8 35	8 47	8 56	9 06	9 15	9 25	9 36	9 43	9 50
18	8 59	9 07	9 14	9 19	9 24	9 28	9 35	9 42	9 48	9 53	10 00	10 07	10 11	10 15
19	10 09	10 13	10 15	10 17	10 19	10 21	10 24	10 26	10 28	10 31	10 33	10 36	10 37	10 39
20	11 20	11 18	11 16	11 15	11 14	11 13	11 12	11 10	11 09	11 07	11 06	11 05	11 04	11 03
21	12 32	12 25	12 19	12 14	12 10	12 06	12 00	11 55	11 50	11 45	11 40	11 34	11 31	11 27
22	13 45	13 33	13 23	13 15	13 08	13 02	12 51	12 42	12 33	12 25	12 16	12 05	11 59	11 53
23	15 02	14 44	14 30	14 18	14 08	13 59	13 44	13 31	13 19	13 07	12 55	12 40	12 32	12 22
24	16 21	15 57	15 38	15 23	15 11	15 00	14 41	14 25	14 09	13 54	13 38	13 20	13 09	12 57

MOONSET

Lat.	−55°	−50°	−45°	−40°	−35°	−30°	−20°	−10°	0°	+10°	+20°	+30°	+35°	+40°
	h m	h m	h m	h m	h m	h m	h m	h m	h m	h m	h m	h m	h m	h m
Jan. 0	4 06	4 37	5 01	5 20	5 36	5 50	6 13	6 33	6 52	7 10	7 30	7 53	8 07	8 22
1	5 23	5 51	6 12	6 29	6 44	6 56	7 17	7 36	7 53	8 10	8 28	8 48	9 00	9 14
2	6 50	7 12	7 29	7 43	7 54	8 05	8 22	8 37	8 52	9 06	9 20	9 37	9 47	9 58
3	8 19	8 35	8 47	8 57	9 06	9 13	9 26	9 37	9 47	9 58	10 08	10 21	10 28	10 36
4	9 48	9 57	10 04	10 10	10 15	10 20	10 27	10 34	10 40	10 46	10 52	11 00	11 04	11 08
5	11 15	11 18	11 20	11 21	11 23	11 24	11 26	11 28	11 30	11 32	11 34	11 36	11 37	11 38
6	12 40	12 36	12 34	12 31	12 29	12 27	12 24	12 22	12 19	12 16	12 14	12 10	12 09	12 07
7	14 04	13 54	13 47	13 40	13 35	13 30	13 22	13 14	13 08	13 01	12 54	12 46	12 41	12 36
8	15 27	15 11	14 59	14 49	14 40	14 32	14 19	14 08	13 57	13 46	13 35	13 22	13 15	13 06
9	16 48	16 27	16 10	15 56	15 44	15 34	15 17	15 02	14 48	14 34	14 19	14 02	13 52	13 41
10	18 06	17 39	17 18	17 02	16 48	16 36	16 15	15 57	15 40	15 24	15 06	14 45	14 33	14 20
11	19 15	18 45	18 22	18 03	17 48	17 35	17 12	16 52	16 34	16 15	15 56	15 33	15 20	15 04
12	20 13	19 41	19 18	18 59	18 43	18 30	18 07	17 46	17 27	17 09	16 48	16 25	16 11	15 55
13	20 57	20 28	20 06	19 48	19 33	19 20	18 58	18 38	18 20	18 02	17 42	17 20	17 06	16 51
14	21 30	21 05	20 45	20 30	20 16	20 05	19 45	19 27	19 11	18 54	18 36	18 16	18 04	17 50
15	21 54	21 34	21 18	21 05	20 54	20 44	20 27	20 12	19 58	19 44	19 29	19 12	19 02	18 50
16	22 12	21 57	21 45	21 35	21 27	21 19	21 06	20 54	20 43	20 32	20 21	20 07	19 59	19 50
17	22 27	22 17	22 09	22 02	21 56	21 51	21 42	21 34	21 26	21 19	21 10	21 01	20 55	20 49
18	22 40	22 34	22 30	22 27	22 23	22 21	22 16	22 11	22 07	22 03	21 59	21 54	21 51	21 47
19	22 51	22 51	22 50	22 50	22 50	22 49	22 49	22 48	22 48	22 47	22 47	22 46	22 46	22 45
20	23 03	23 07	23 11	23 13	23 16	23 18	23 22	23 25	23 28	23 32	23 35	23 39	23 41	23 43
21	23 16	23 25	23 32	23 38	23 44	23 48	23 56	.. ..	.. ..	.. ..	.. ..	.. ..	.. ..	.. ..
22	23 31	23 45	23 56	.. ..	.. ..	.. ..	.. ..	0 04	0 10	0 17	0 24	0 33	0 38	0 43
23	23 49	.. ..	.. ..	0 06	0 14	0 21	0 34	0 45	0 55	1 05	1 16	1 29	1 36	1 45
24	.. ..	0 09	0 25	0 37	0 48	0 58	1 15	1 29	1 43	1 56	2 11	2 28	2 38	2 49

.. .. indicates phenomenon will occur the next day.

MOONRISE AND MOONSET, 2002

UNIVERSAL TIME FOR MERIDIAN OF GREENWICH

MOONRISE

Lat.	+40°	+42°	+44°	+46°	+48°	+50°	+52°	+54°	+56°	+58°	+60°	+62°	+64°	+66°
	h m	h m	h m	h m	h m	h m	h m	h m	h m	h m	h m	h m	h m	h m
Jan. 0	17 56	17 49	17 42	17 34	17 25	17 15	17 05	16 52	16 39	16 22	16 03	15 38	15 04	14 05
1	19 08	19 02	18 55	18 49	18 41	18 33	18 24	18 14	18 02	17 49	17 34	17 15	16 51	16 19
2	20 22	20 17	20 12	20 07	20 02	19 56	19 49	19 41	19 33	19 23	19 12	18 59	18 44	18 25
3	21 36	21 33	21 29	21 26	21 22	21 18	21 14	21 09	21 04	20 58	20 51	20 43	20 34	20 23
4	22 48	22 46	22 45	22 43	22 42	22 40	22 38	22 36	22 33	22 30	22 27	22 24	22 20	22 15
5	23 58	23 58	23 59	23 59	23 59	23 59	23 59	.. ..	.. ..	.. ..	.. ..	.. ..	.. ..	.. ..
6	.. ..	.. ..	.. ..	.. ..	.. ..	.. ..	.. ..	0 00	0 00	0 00	0 01	0 01	0 02	0 03
7	1 07	1 09	1 11	1 13	1 15	1 17	1 20	1 23	1 26	1 29	1 33	1 37	1 43	1 48
8	2 16	2 19	2 23	2 26	2 30	2 35	2 39	2 45	2 51	2 57	3 05	3 13	3 23	3 35
9	3 24	3 29	3 34	3 39	3 45	3 51	3 58	4 06	4 15	4 24	4 36	4 49	5 05	5 25
10	4 31	4 37	4 43	4 50	4 57	5 05	5 14	5 24	5 36	5 49	6 05	6 24	6 48	7 20
11	5 35	5 41	5 49	5 57	6 05	6 15	6 25	6 37	6 51	7 07	7 27	7 51	8 25	9 23
12	6 34	6 41	6 48	6 57	7 06	7 16	7 28	7 41	7 56	8 13	8 35	9 02	9 43	■
13	7 26	7 33	7 41	7 49	7 58	8 08	8 19	8 31	8 46	9 03	9 24	9 50	10 27	11 44
14	8 11	8 17	8 24	8 32	8 40	8 49	8 59	9 10	9 23	9 38	9 55	10 17	10 45	11 25
15	8 49	8 55	9 01	9 07	9 14	9 21	9 30	9 39	9 50	10 02	10 15	10 32	10 52	11 17
16	9 22	9 26	9 31	9 36	9 41	9 47	9 54	10 01	10 09	10 18	10 29	10 41	10 55	11 12
17	9 50	9 53	9 57	10 00	10 04	10 09	10 13	10 19	10 24	10 31	10 38	10 46	10 56	11 07
18	10 15	10 17	10 20	10 22	10 24	10 27	10 30	10 33	10 37	10 41	10 45	10 50	10 55	11 02
19	10 39	10 40	10 41	10 41	10 43	10 44	10 45	10 46	10 48	10 49	10 51	10 53	10 55	10 57
20	11 03	11 02	11 02	11 01	11 01	11 00	11 00	10 59	10 58	10 57	10 56	10 55	10 54	10 53
21	11 27	11 25	11 23	11 21	11 19	11 17	11 15	11 12	11 09	11 06	11 02	10 58	10 54	10 49
22	11 53	11 50	11 47	11 43	11 40	11 36	11 32	11 27	11 22	11 16	11 10	11 02	10 54	10 44
23	12 22	12 18	12 14	12 09	12 04	11 58	11 52	11 45	11 37	11 29	11 19	11 08	10 55	10 40
24	12 57	12 52	12 46	12 40	12 33	12 25	12 17	12 08	11 58	11 47	11 33	11 18	10 59	10 35

MOONSET

	+40°	+42°	+44°	+46°	+48°	+50°	+52°	+54°	+56°	+58°	+60°	+62°	+64°	+66°
	h m	h m	h m	h m	h m	h m	h m	h m	h m	h m	h m	h m	h m	h m
Jan. 0	8 22	8 29	8 37	8 45	8 54	9 03	9 14	9 27	9 41	9 57	10 17	10 42	11 16	12 16
1	9 14	9 20	9 27	9 34	9 42	9 51	10 00	10 11	10 23	10 36	10 52	11 12	11 36	12 09
2	9 58	10 03	10 09	10 14	10 21	10 27	10 35	10 43	10 52	11 02	11 14	11 28	11 44	12 04
3	10 36	10 39	10 43	10 47	10 51	10 56	11 01	11 07	11 13	11 20	11 28	11 37	11 47	12 00
4	11 08	11 10	11 13	11 15	11 17	11 20	11 23	11 26	11 30	11 34	11 38	11 43	11 49	11 55
5	11 38	11 39	11 39	11 40	11 41	11 41	11 42	11 43	11 44	11 45	11 46	11 47	11 49	11 51
6	12 07	12 06	12 05	12 04	12 03	12 01	12 00	11 59	11 57	11 55	11 54	11 51	11 49	11 46
7	12 36	12 33	12 31	12 28	12 25	12 22	12 19	12 15	12 11	12 06	12 01	11 56	11 49	11 42
8	13 06	13 03	12 59	12 54	12 50	12 45	12 39	12 33	12 27	12 19	12 11	12 01	11 50	11 37
9	13 41	13 36	13 30	13 24	13 18	13 11	13 04	12 55	12 46	12 35	12 23	12 09	11 52	11 31
10	14 20	14 13	14 07	14 00	13 52	13 43	13 34	13 24	13 12	12 58	12 42	12 22	11 58	11 25
11	15 04	14 57	14 50	14 42	14 33	14 23	14 13	14 00	13 46	13 30	13 10	12 45	12 12	11 13
12	15 55	15 48	15 40	15 32	15 23	15 12	15 01	14 48	14 33	14 15	13 54	13 26	12 46	■
13	16 51	16 44	16 37	16 28	16 20	16 10	15 59	15 46	15 32	15 15	14 55	14 29	13 52	12 35
14	17 50	17 44	17 37	17 30	17 22	17 13	17 03	16 53	16 40	16 26	16 08	15 47	15 20	14 41
15	18 50	18 45	18 39	18 33	18 27	18 20	18 12	18 03	17 53	17 41	17 28	17 12	16 53	16 28
16	19 50	19 46	19 42	19 37	19 32	19 27	19 21	19 14	19 07	18 58	18 49	18 37	18 24	18 08
17	20 49	20 47	20 44	20 40	20 37	20 33	20 29	20 25	20 20	20 14	20 08	20 01	19 52	19 42
18	21 47	21 46	21 44	21 43	21 41	21 39	21 37	21 34	21 32	21 29	21 25	21 22	21 17	21 12
19	22 45	22 45	22 45	22 45	22 44	22 44	22 44	22 43	22 43	22 43	22 42	22 42	22 41	22 41
20	23 43	23 45	23 46	23 47	23 48	23 50	23 51	23 53	23 55	23 57	.. ..	.. ..	.. ..	.. ..
21	.. ..	.. ..	.. ..	.. ..	.. ..	.. ..	.. ..	.. ..	.. ..	.. ..	0 00	0 03	0 06	0 09
22	0 43	0 45	0 48	0 51	0 54	0 57	1 01	1 05	1 09	1 14	1 19	1 25	1 33	1 41
23	1 45	1 49	1 53	1 57	2 02	2 07	2 12	2 18	2 25	2 33	2 42	2 52	3 04	3 19
24	2 49	2 54	2 59	3 05	3 12	3 18	3 26	3 35	3 44	3 55	4 08	4 23	4 41	5 04

■ indicates Moon continuously below horizon.
.. .. indicates phenomenon will occur the next day.

MOONRISE AND MOONSET, 2002
UNIVERSAL TIME FOR MERIDIAN OF GREENWICH
MOONRISE

Lat.	−55°	−50°	−45°	−40°	−35°	−30°	−20°	−10°	0°	+10°	+20°	+30°	+35°	+40°
	h m	h m	h m	h m	h m	h m	h m	h m	h m	h m	h m	h m	h m	h m
Jan. 23	15 02	14 44	14 30	14 18	14 08	13 59	13 44	13 31	13 19	13 07	12 55	12 40	12 32	12 22
24	16 21	15 57	15 38	15 23	15 11	15 00	14 41	14 25	14 09	13 54	13 38	13 20	13 09	12 57
25	17 39	17 10	16 48	16 30	16 15	16 02	15 40	15 21	15 04	14 46	14 28	14 06	13 54	13 39
26	18 50	18 18	17 54	17 35	17 19	17 05	16 42	16 21	16 02	15 44	15 23	15 00	14 47	14 31
27	19 48	19 17	18 54	18 35	18 20	18 06	17 43	17 23	17 04	16 45	16 25	16 02	15 48	15 33
28	20 31	20 05	19 45	19 28	19 14	19 02	18 41	18 23	18 06	17 49	17 31	17 10	16 57	16 43
29	21 02	20 42	20 26	20 13	20 02	19 52	19 35	19 20	19 06	18 53	18 38	18 20	18 10	17 59
30	21 25	21 12	21 01	20 52	20 44	20 37	20 25	20 14	20 04	19 54	19 43	19 31	19 24	19 16
31	21 43	21 36	21 30	21 25	21 21	21 17	21 10	21 04	20 59	20 53	20 47	20 40	20 36	20 32
Feb. 1	21 59	21 58	21 56	21 55	21 55	21 54	21 53	21 51	21 50	21 49	21 48	21 47	21 46	21 46
2	22 14	22 18	22 22	22 25	22 27	22 30	22 34	22 37	22 41	22 44	22 48	22 52	22 55	22 57
3	22 30	22 40	22 48	22 55	23 00	23 06	23 15	23 23	23 30	23 38	23 46	23 56	.. ..	.. ..
4	22 47	23 03	23 16	23 26	23 35	23 43	23 57	.. ..	.. ..	.. ..	.. ..	.. ..	0 01	0 08
5	23 09	23 31	23 48	.. ..	.. ..	.. ..	.. ..	0 09	0 21	0 32	0 45	0 59	1 07	1 17
6	23 38	.. ..	.. ..	0 01	0 13	0 24	0 41	0 57	1 12	1 27	1 43	2 01	2 12	2 24
7	.. ..	0 04	0 25	0 41	0 55	1 08	1 29	1 47	2 04	2 21	2 40	3 01	3 14	3 28
8	0 15	0 45	1 08	1 27	1 42	1 56	2 19	2 38	2 57	3 16	3 36	3 59	4 13	4 28
9	1 04	1 35	1 59	2 18	2 34	2 47	3 11	3 31	3 50	4 09	4 29	4 52	5 06	5 22
10	2 04	2 33	2 56	3 14	3 29	3 42	4 04	4 23	4 41	4 59	5 19	5 41	5 54	6 09
11	3 11	3 37	3 56	4 12	4 26	4 38	4 58	5 15	5 31	5 47	6 04	6 24	6 35	6 49
12	4 23	4 43	4 59	5 12	5 24	5 33	5 50	6 04	6 18	6 31	6 46	7 02	7 12	7 23
13	5 35	5 50	6 02	6 12	6 21	6 28	6 41	6 52	7 03	7 13	7 24	7 37	7 44	7 52
14	6 46	6 56	7 04	7 11	7 17	7 22	7 30	7 38	7 45	7 52	7 59	8 08	8 13	8 18
15	7 57	8 02	8 06	8 09	8 12	8 14	8 19	8 22	8 26	8 29	8 33	8 37	8 40	8 42
16	9 07	9 07	9 07	9 07	9 07	9 07	9 06	9 06	9 06	9 06	9 06	9 06	9 06	9 06

MOONSET

Lat.	−55°	−50°	−45°	−40°	−35°	−30°	−20°	−10°	0°	+10°	+20°	+30°	+35°	+40°
	h m	h m	h m	h m	h m	h m	h m	h m	h m	h m	h m	h m	h m	h m
Jan. 23	23 49	.. ..	.. ..	0 06	0 14	0 21	0 34	0 45	0 55	1 05	1 16	1 29	1 36	1 45
24	.. ..	0 09	0 25	0 37	0 48	0 58	1 15	1 29	1 43	1 56	2 11	2 28	2 38	2 49
25	0 15	0 40	1 00	1 16	1 29	1 41	2 01	2 18	2 35	2 51	3 09	3 29	3 41	3 55
26	0 52	1 21	1 44	2 02	2 17	2 31	2 53	3 13	3 31	3 50	4 09	4 32	4 46	5 01
27	1 44	2 15	2 39	2 59	3 15	3 29	3 52	4 13	4 32	4 51	5 11	5 34	5 48	6 04
28	2 54	3 24	3 47	4 05	4 20	4 34	4 56	5 15	5 34	5 52	6 11	6 33	6 46	7 01
29	4 18	4 44	5 03	5 18	5 32	5 43	6 03	6 19	6 35	6 51	7 07	7 26	7 37	7 50
30	5 51	6 09	6 23	6 35	6 45	6 54	7 09	7 22	7 34	7 46	7 59	8 13	8 22	8 31
31	7 24	7 35	7 44	7 52	7 59	8 04	8 14	8 22	8 30	8 38	8 46	8 56	9 01	9 07
Feb. 1	8 55	9 00	9 04	9 07	9 10	9 12	9 16	9 20	9 23	9 27	9 30	9 34	9 36	9 39
2	10 24	10 22	10 21	10 20	10 19	10 18	10 17	10 16	10 14	10 13	10 12	10 10	10 09	10 08
3	11 50	11 43	11 36	11 31	11 27	11 23	11 16	11 10	11 04	10 59	10 53	10 46	10 42	10 38
4	13 15	13 01	12 50	12 41	12 33	12 26	12 14	12 04	11 54	11 45	11 34	11 23	11 16	11 09
5	14 38	14 18	14 02	13 49	13 38	13 29	13 12	12 58	12 45	12 32	12 18	12 02	11 52	11 42
6	15 56	15 31	15 11	14 55	14 42	14 30	14 10	13 53	13 37	13 21	13 03	12 44	12 32	12 19
7	17 08	16 38	16 16	15 58	15 42	15 29	15 07	14 48	14 29	14 11	13 52	13 30	13 17	13 02
8	18 08	17 37	17 14	16 55	16 39	16 25	16 02	15 41	15 23	15 04	14 43	14 20	14 06	13 50
9	18 56	18 26	18 03	17 45	17 30	17 16	16 53	16 33	16 15	15 56	15 36	15 13	15 00	14 44
10	19 32	19 05	18 45	18 28	18 14	18 02	17 41	17 23	17 06	16 48	16 30	16 09	15 56	15 42
11	19 58	19 36	19 19	19 05	18 53	18 43	18 25	18 09	17 54	17 39	17 23	17 04	16 54	16 41
12	20 18	20 01	19 48	19 37	19 27	19 19	19 04	18 52	18 40	18 28	18 15	18 00	17 51	17 41
13	20 34	20 22	20 12	20 05	19 58	19 52	19 41	19 32	19 23	19 14	19 05	18 54	18 48	18 41
14	20 47	20 40	20 34	20 30	20 26	20 22	20 16	20 10	20 05	20 00	19 54	19 47	19 44	19 39
15	20 59	20 56	20 55	20 53	20 52	20 51	20 49	20 47	20 45	20 44	20 42	20 40	20 38	20 37
16	21 10	21 12	21 15	21 16	21 18	21 19	21 22	21 24	21 26	21 28	21 30	21 32	21 33	21 35

.. .. indicates phenomenon will occur the next day.

UNIVERSAL TIME FOR MERIDIAN OF GREENWICH

MOONRISE

Lat.	+40°	+42°	+44°	+46°	+48°	+50°	+52°	+54°	+56°	+58°	+60°	+62°	+64°	+66°
	h m	h m	h m	h m	h m	h m	h m	h m	h m	h m	h m	h m	h m	h m
Jan. 23	12 22	12 18	12 14	12 09	12 04	11 58	11 52	11 45	11 37	11 29	11 19	11 08	10 55	10 40
24	12 57	12 52	12 46	12 40	12 33	12 25	12 17	12 08	11 58	11 47	11 33	11 18	10 59	10 35
25	13 39	13 33	13 26	13 19	13 10	13 01	12 52	12 40	12 28	12 13	11 56	11 35	11 08	10 30
26	14 31	14 24	14 16	14 08	13 59	13 49	13 38	13 25	13 11	12 54	12 33	12 07	11 31	10 20
27	15 33	15 26	15 18	15 10	15 01	14 51	14 39	14 27	14 12	13 55	13 34	13 07	12 30	10 52
28	16 43	16 37	16 30	16 22	16 14	16 05	15 55	15 44	15 31	15 16	14 58	14 37	14 08	13 25
29	17 59	17 54	17 48	17 42	17 36	17 28	17 21	17 12	17 02	16 51	16 38	16 22	16 03	15 39
30	19 16	19 12	19 08	19 04	19 00	18 55	18 49	18 43	18 37	18 29	18 21	18 11	17 59	17 45
31	20 32	20 30	20 28	20 25	20 23	20 20	20 17	20 14	20 11	20 07	20 02	19 57	19 51	19 44
Feb. 1	21 46	21 45	21 45	21 44	21 44	21 44	21 43	21 42	21 42	21 41	21 40	21 40	21 39	21 38
2	22 57	22 59	23 00	23 01	23 03	23 05	23 07	23 09	23 11	23 13	23 16	23 19	23 23	23 27
3	.. ..	.. ..	.. ..	.. ..	.. ..	.. ..	.. ..	.. ..	.. ..	.. ..	.. ..	.. ..	.. ..	.. ..
4	0 08	0 11	0 14	0 17	0 20	0 24	0 28	0 33	0 38	0 43	0 50	0 57	1 06	1 16
5	1 17	1 21	1 26	1 30	1 36	1 42	1 48	1 55	2 03	2 12	2 22	2 34	2 49	3 06
6	2 24	2 30	2 36	2 42	2 49	2 57	3 05	3 15	3 26	3 38	3 53	4 10	4 32	5 00
7	3 28	3 35	3 42	3 50	3 58	4 07	4 18	4 29	4 42	4 58	5 17	5 40	6 11	7 00
8	4 28	4 35	4 43	4 51	5 01	5 11	5 22	5 35	5 50	6 07	6 29	6 56	7 36	■
9	5 22	5 29	5 37	5 45	5 54	6 05	6 16	6 29	6 44	7 01	7 23	7 50	8 29	■
10	6 09	6 15	6 23	6 30	6 39	6 48	6 59	7 11	7 24	7 40	7 59	8 22	8 53	9 41
11	6 49	6 54	7 01	7 08	7 15	7 23	7 32	7 42	7 53	8 06	8 22	8 40	9 02	9 32
12	7 23	7 27	7 33	7 38	7 44	7 51	7 58	8 06	8 15	8 25	8 36	8 50	9 06	9 25
13	7 52	7 56	8 00	8 04	8 08	8 13	8 19	8 24	8 31	8 38	8 46	8 56	9 07	9 20
14	8 18	8 21	8 23	8 26	8 29	8 32	8 36	8 40	8 44	8 49	8 54	9 00	9 07	9 15
15	8 42	8 44	8 45	8 46	8 48	8 49	8 51	8 53	8 55	8 57	9 00	9 03	9 06	9 10
16	9 06	9 06	9 06	9 06	9 06	9 06	9 06	9 05	9 05	9 05	9 05	9 05	9 05	9 05

MOONSET

Lat.	+40°	+42°	+44°	+46°	+48°	+50°	+52°	+54°	+56°	+58°	+60°	+62°	+64°	+66°
	h m	h m	h m	h m	h m	h m	h m	h m	h m	h m	h m	h m	h m	h m
Jan. 23	1 45	1 49	1 53	1 57	2 02	2 07	2 12	2 18	2 25	2 33	2 42	2 52	3 04	3 19
24	2 49	2 54	2 59	3 05	3 12	3 18	3 26	3 35	3 44	3 55	4 08	4 23	4 41	5 04
25	3 55	4 01	4 08	4 15	4 23	4 31	4 41	4 52	5 04	5 18	5 35	5 56	6 22	7 00
26	5 01	5 08	5 15	5 24	5 32	5 42	5 53	6 06	6 20	6 37	6 57	7 23	7 59	9 09
27	6 04	6 11	6 19	6 27	6 36	6 46	6 58	7 10	7 25	7 42	8 03	8 30	9 08	10 46
28	7 01	7 07	7 14	7 22	7 31	7 40	7 50	8 02	8 15	8 30	8 48	9 11	9 40	10 23
29	7 50	7 55	8 01	8 08	8 14	8 22	8 31	8 40	8 50	9 02	9 16	9 32	9 52	10 17
30	8 31	8 35	8 40	8 45	8 50	8 55	9 01	9 08	9 16	9 24	9 34	9 44	9 57	10 12
31	9 07	9 09	9 12	9 15	9 19	9 22	9 26	9 30	9 35	9 40	9 45	9 52	9 59	10 08
Feb. 1	9 39	9 40	9 41	9 42	9 44	9 45	9 47	9 48	9 50	9 52	9 54	9 57	10 00	10 03
2	10 08	10 08	10 08	10 07	10 07	10 06	10 05	10 05	10 04	10 03	10 02	10 01	10 00	9 59
3	10 38	10 36	10 34	10 32	10 29	10 27	10 24	10 21	10 18	10 14	10 10	10 05	10 00	9 54
4	11 09	11 05	11 02	10 58	10 54	10 49	10 44	10 39	10 33	10 26	10 19	10 10	10 01	9 49
5	11 42	11 37	11 32	11 27	11 21	11 14	11 07	11 00	10 51	10 41	10 30	10 17	10 02	9 44
6	12 19	12 13	12 07	12 00	11 53	11 45	11 36	11 26	11 15	11 02	10 47	10 29	10 06	9 37
7	13 02	12 55	12 48	12 40	12 31	12 22	12 11	11 59	11 46	11 30	11 11	10 48	10 16	9 27
8	13 50	13 43	13 35	13 27	13 18	13 08	12 56	12 43	12 28	12 11	11 49	11 22	10 42	■
9	14 44	14 37	14 29	14 21	14 12	14 02	13 50	13 38	13 23	13 05	12 44	12 17	11 38	■
10	15 42	15 35	15 28	15 20	15 12	15 03	14 53	14 41	14 28	14 13	13 54	13 31	13 01	12 13
11	16 41	16 36	16 30	16 23	16 16	16 08	16 00	15 50	15 39	15 27	15 12	14 55	14 33	14 04
12	17 41	17 37	17 32	17 27	17 21	17 15	17 09	17 01	16 53	16 43	16 33	16 20	16 05	15 46
13	18 41	18 37	18 34	18 30	18 26	18 22	18 17	18 12	18 06	18 00	17 52	17 44	17 34	17 22
14	19 39	19 37	19 35	19 33	19 31	19 28	19 25	19 22	19 19	19 15	19 11	19 06	19 00	18 54
15	20 37	20 36	20 36	20 35	20 34	20 33	20 33	20 32	20 30	20 29	20 28	20 26	20 25	20 22
16	21 35	21 36	21 36	21 37	21 38	21 39	21 40	21 41	21 42	21 43	21 45	21 46	21 48	21 51

■ indicates Moon continuously below horizon.
.. .. indicates phenomenon will occur the next day.

MOONRISE AND MOONSET, 2002

UNIVERSAL TIME FOR MERIDIAN OF GREENWICH

MOONRISE

Lat.	−55°	−50°	−45°	−40°	−35°	−30°	−20°	−10°	0°	+10°	+20°	+30°	+35°	+40°
	h m	h m	h m	h m	h m	h m	h m	h m	h m	h m	h m	h m	h m	h m
Feb. 15	7 57	8 02	8 06	8 09	8 12	8 14	8 19	8 22	8 26	8 29	8 33	8 37	8 40	8 42
16	9 07	9 07	9 07	9 07	9 07	9 07	9 06	9 06	9 06	9 06	9 06	9 06	9 06	9 06
17	10 18	10 13	10 09	10 05	10 02	9 59	9 55	9 50	9 47	9 43	9 39	9 35	9 32	9 29
18	11 30	11 20	11 11	11 04	10 58	10 53	10 44	10 36	10 28	10 21	10 13	10 05	9 59	9 54
19	12 44	12 28	12 16	12 05	11 56	11 48	11 35	11 23	11 12	11 02	10 50	10 37	10 30	10 21
20	14 01	13 39	13 22	13 08	12 56	12 46	12 29	12 13	11 59	11 45	11 30	11 14	11 04	10 53
21	15 17	14 50	14 29	14 12	13 58	13 46	13 25	13 07	12 50	12 34	12 16	11 55	11 44	11 30
22	16 30	15 58	15 35	15 16	15 00	14 47	14 24	14 04	13 45	13 27	13 07	12 44	12 31	12 16
23	17 33	17 01	16 37	16 17	16 01	15 47	15 24	15 03	14 44	14 25	14 04	13 41	13 27	13 11
24	18 22	17 53	17 31	17 13	16 58	16 45	16 22	16 03	15 45	15 26	15 07	14 44	14 31	14 16
25	18 59	18 35	18 17	18 02	17 49	17 37	17 18	17 01	16 46	16 30	16 13	15 53	15 42	15 29
26	19 25	19 08	18 55	18 43	18 34	18 25	18 10	17 57	17 45	17 33	17 20	17 05	16 56	16 46
27	19 46	19 35	19 27	19 19	19 13	19 08	18 58	18 50	18 42	18 34	18 26	18 16	18 11	18 04
28	20 03	19 58	19 55	19 52	19 50	19 47	19 43	19 40	19 37	19 34	19 30	19 26	19 24	19 22
Mar. 1	20 18	20 20	20 21	20 23	20 24	20 25	20 27	20 28	20 30	20 31	20 33	20 35	20 36	20 37
2	20 34	20 42	20 48	20 53	20 58	21 02	21 09	21 16	21 22	21 28	21 34	21 42	21 46	21 51
3	20 51	21 05	21 16	21 25	21 33	21 40	21 53	22 03	22 14	22 24	22 35	22 48	22 55	23 04
4	21 12	21 31	21 47	22 00	22 11	22 21	22 38	22 52	23 06	23 20	23 35	23 53	.. ..	.. ..
5	21 38	22 03	22 23	22 39	22 53	23 05	23 25	23 43	.. ..	.. ..	.. ..	.. ..	0 03	0 14
6	22 13	22 43	23 05	23 24	23 39	23 52	.. ..	.. ..	0 00	0 16	0 34	0 55	1 07	1 22
7	22 59	23 30	23 54	.. ..	.. ..	.. ..	0 15	0 35	0 53	1 12	1 32	1 55	2 08	2 24
8	23 55	.. ..	.. ..	0 13	0 29	0 43	1 07	1 27	1 46	2 06	2 26	2 50	3 04	3 20
9	.. ..	0 26	0 49	1 08	1 24	1 37	2 00	2 20	2 38	2 57	3 17	3 40	3 53	4 08
10	1 01	1 28	1 49	2 06	2 20	2 32	2 53	3 11	3 28	3 45	4 03	4 24	4 36	4 50
11	2 11	2 34	2 51	3 05	3 17	3 28	3 46	4 01	4 16	4 30	4 46	5 03	5 14	5 25

MOONSET

Lat.	−55°	−50°	−45°	−40°	−35°	−30°	−20°	−10°	0°	+10°	+20°	+30°	+35°	+40°
	h m	h m	h m	h m	h m	h m	h m	h m	h m	h m	h m	h m	h m	h m
Feb. 15	20 59	20 56	20 55	20 53	20 52	20 51	20 49	20 47	20 45	20 44	20 42	20 40	20 38	20 37
16	21 10	21 12	21 15	21 16	21 18	21 19	21 22	21 24	21 26	21 28	21 30	21 32	21 33	21 35
17	21 22	21 29	21 35	21 40	21 45	21 48	21 55	22 01	22 07	22 12	22 18	22 25	22 29	22 33
18	21 35	21 48	21 58	22 06	22 13	22 19	22 30	22 40	22 49	22 58	23 08	23 19	23 26	23 33
19	21 52	22 09	22 23	22 35	22 45	22 54	23 09	23 22	23 34	23 47	.. ..	.. ..	.. ..	.. ..
20	22 13	22 36	22 54	23 09	23 22	23 32	23 51	.. ..	.. ..	.. ..	0 00	0 16	0 25	0 35
21	22 43	23 11	23 33	23 50	.. ..	.. ..	.. ..	0 08	0 23	0 39	0 55	1 14	1 26	1 38
22	23 26	23 57	.. ..	.. ..	0 05	0 18	0 39	0 58	1 16	1 34	1 53	2 15	2 28	2 43
23	.. ..	.. ..	0 21	0 40	0 56	1 10	1 34	1 54	2 13	2 32	2 52	3 16	3 30	3 45
24	0 25	0 57	1 21	1 40	1 56	2 10	2 34	2 54	3 13	3 32	3 52	4 15	4 28	4 44
25	1 42	2 11	2 32	2 50	3 04	3 17	3 38	3 57	4 14	4 31	4 49	5 10	5 22	5 36
26	3 12	3 34	3 51	4 05	4 17	4 27	4 45	5 00	5 14	5 28	5 43	6 00	6 10	6 21
27	4 46	5 01	5 13	5 23	5 31	5 39	5 51	6 02	6 12	6 22	6 33	6 45	6 52	7 00
28	6 21	6 29	6 36	6 41	6 46	6 50	6 57	7 03	7 08	7 14	7 20	7 26	7 30	7 34
Mar. 1	7 55	7 56	7 57	7 58	7 59	7 59	8 00	8 01	8 02	8 03	8 04	8 05	8 05	8 06
2	9 26	9 21	9 16	9 13	9 10	9 07	9 02	8 58	8 54	8 51	8 46	8 42	8 39	8 36
3	10 55	10 43	10 34	10 26	10 19	10 14	10 03	9 55	9 46	9 38	9 29	9 19	9 14	9 07
4	12 22	12 04	11 50	11 38	11 28	11 19	11 04	10 51	10 39	10 26	10 14	9 59	9 50	9 40
5	13 45	13 21	13 02	12 47	12 34	12 23	12 04	11 47	11 32	11 16	11 00	10 41	10 30	10 17
6	15 01	14 32	14 10	13 52	13 37	13 24	13 02	12 43	12 25	12 07	11 48	11 27	11 14	10 59
7	16 06	15 34	15 10	14 51	14 35	14 22	13 58	13 38	13 19	13 00	12 40	12 16	12 02	11 46
8	16 57	16 26	16 03	15 44	15 28	15 14	14 51	14 31	14 12	13 53	13 32	13 09	12 55	12 39
9	17 36	17 08	16 46	16 29	16 14	16 01	15 40	15 21	15 03	14 45	14 26	14 04	13 50	13 35
10	18 04	17 40	17 22	17 07	16 54	16 43	16 24	16 07	15 52	15 36	15 19	14 59	14 48	14 34
11	18 25	18 07	17 52	17 40	17 30	17 20	17 05	16 51	16 38	16 25	16 11	15 55	15 45	15 34

.. .. indicates phenomenon will occur the next day.

UNIVERSAL TIME FOR MERIDIAN OF GREENWICH
MOONRISE

Lat.	+40°	+42°	+44°	+46°	+48°	+50°	+52°	+54°	+56°	+58°	+60°	+62°	+64°	+66°
	h m	h m	h m	h m	h m	h m	h m	h m	h m	h m	h m	h m	h m	h m
Feb. 15	8 42	8 44	8 45	8 46	8 48	8 49	8 51	8 53	8 55	8 57	9 00	9 03	9 06	9 10
16	9 06	9 06	9 06	9 06	9 06	9 06	9 06	9 05	9 05	9 05	9 05	9 05	9 05	9 05
17	9 29	9 28	9 26	9 25	9 23	9 22	9 20	9 18	9 16	9 13	9 11	9 08	9 04	9 00
18	9 54	9 51	9 49	9 46	9 43	9 39	9 36	9 32	9 27	9 23	9 17	9 11	9 04	8 56
19	10 21	10 17	10 13	10 09	10 04	9 59	9 54	9 48	9 41	9 34	9 25	9 15	9 04	8 51
20	10 53	10 48	10 42	10 36	10 30	10 24	10 16	10 08	9 59	9 48	9 36	9 23	9 06	8 46
21	11 30	11 24	11 17	11 10	11 03	10 54	10 45	10 35	10 23	10 10	9 54	9 35	9 11	8 40
22	12 16	12 09	12 01	11 53	11 45	11 35	11 24	11 12	10 58	10 42	10 22	9 58	9 25	8 30
23	13 11	13 04	12 56	12 47	12 38	12 28	12 17	12 04	11 49	11 31	11 09	10 42	10 02	☐
24	14 16	14 09	14 02	13 54	13 45	13 35	13 24	13 12	12 58	12 41	12 21	11 56	11 21	10 17
25	15 29	15 23	15 17	15 10	15 02	14 54	14 45	14 35	14 23	14 10	13 54	13 35	13 11	12 38
26	16 46	16 42	16 37	16 32	16 26	16 20	16 13	16 06	15 57	15 48	15 37	15 24	15 09	14 50
27	18 04	18 01	17 58	17 55	17 52	17 48	17 44	17 39	17 34	17 28	17 22	17 14	17 06	16 55
28	19 22	19 20	19 19	19 18	19 17	19 15	19 14	19 12	19 10	19 08	19 05	19 02	18 59	18 55
Mar. 1	20 37	20 38	20 39	20 39	20 40	20 41	20 42	20 42	20 44	20 45	20 46	20 47	20 49	20 51
2	21 51	21 54	21 56	21 59	22 01	22 04	22 08	22 11	22 15	22 20	22 25	22 31	22 37	22 45
3	23 04	23 08	23 12	23 16	23 21	23 26	23 32	23 38	23 45	23 53	.. ..	.. ..	.. ..	.. ..
4	.. ..	.. ..	.. ..	.. ..	.. ..	.. ..	.. ..	.. ..	.. ..	.. ..	0 02	0 13	0 25	0 40
5	0 14	0 20	0 25	0 31	0 38	0 45	0 53	1 02	1 12	1 23	1 37	1 53	2 12	2 37
6	1 22	1 28	1 35	1 42	1 50	1 59	2 09	2 20	2 33	2 48	3 06	3 28	3 57	4 40
7	2 24	2 31	2 39	2 47	2 56	3 06	3 17	3 30	3 45	4 02	4 24	4 51	5 30	■
8	3 20	3 27	3 35	3 44	3 53	4 03	4 15	4 28	4 43	5 01	5 24	5 52	6 35	■
9	4 08	4 15	4 23	4 31	4 40	4 50	5 01	5 13	5 27	5 44	6 04	6 29	7 04	8 08
10	4 50	4 56	5 03	5 10	5 18	5 27	5 36	5 47	5 59	6 13	6 29	6 49	7 15	7 49
11	5 25	5 30	5 36	5 42	5 48	5 56	6 03	6 12	6 22	6 33	6 46	7 00	7 18	7 41

MOONSET

Lat.	+40°	+42°	+44°	+46°	+48°	+50°	+52°	+54°	+56°	+58°	+60°	+62°	+64°	+66°
	h m	h m	h m	h m	h m	h m	h m	h m	h m	h m	h m	h m	h m	h m
Feb. 15	20 37	20 36	20 36	20 35	20 34	20 33	20 33	20 32	20 30	20 29	20 28	20 26	20 25	20 22
16	21 35	21 36	21 36	21 37	21 38	21 39	21 40	21 41	21 42	21 43	21 45	21 46	21 48	21 51
17	22 33	22 35	22 37	22 40	22 42	22 45	22 48	22 51	22 54	22 58	23 03	23 08	23 14	23 20
18	23 33	23 36	23 40	23 44	23 48	23 52	23 57	.. ..	.. ..	.. ..	.. ..	.. ..	.. ..	.. ..
19	.. ..	.. ..	.. ..	.. ..	.. ..	.. ..	.. ..	0 03	0 09	0 15	0 23	0 32	0 42	0 54
20	0 35	0 39	0 44	0 50	0 55	1 02	1 09	1 16	1 25	1 35	1 46	1 59	2 15	2 34
21	1 38	1 44	1 50	1 57	2 04	2 12	2 21	2 31	2 43	2 56	3 11	3 29	3 52	4 23
22	2 43	2 49	2 57	3 04	3 13	3 22	3 33	3 45	3 59	4 15	4 34	4 58	5 31	6 25
23	3 45	3 53	4 00	4 09	4 18	4 28	4 40	4 53	5 08	5 25	5 47	6 14	6 54	☐
24	4 44	4 51	4 59	5 07	5 16	5 26	5 37	5 49	6 04	6 20	6 41	7 06	7 41	8 46
25	5 36	5 42	5 49	5 56	6 04	6 13	6 22	6 33	6 45	6 59	7 15	7 35	8 00	8 33
26	6 21	6 26	6 31	6 37	6 43	6 50	6 57	7 06	7 15	7 25	7 37	7 50	8 07	8 27
27	7 00	7 03	7 07	7 11	7 15	7 20	7 25	7 30	7 36	7 43	7 51	7 59	8 10	8 21
28	7 34	7 36	7 38	7 40	7 42	7 45	7 47	7 50	7 53	7 57	8 01	8 05	8 10	8 16
Mar. 1	8 06	8 06	8 06	8 06	8 07	8 07	8 07	8 08	8 08	8 09	8 09	8 10	8 10	8 11
2	8 36	8 35	8 33	8 32	8 30	8 28	8 27	8 25	8 22	8 20	8 17	8 14	8 10	8 06
3	9 07	9 04	9 01	8 58	8 55	8 51	8 47	8 42	8 37	8 32	8 25	8 18	8 10	8 01
4	9 40	9 36	9 32	9 27	9 21	9 16	9 09	9 02	8 54	8 46	8 36	8 24	8 11	7 55
5	10 17	10 12	10 06	9 59	9 52	9 45	9 36	9 27	9 16	9 04	8 50	8 33	8 13	7 47
6	10 59	10 53	10 45	10 38	10 29	10 20	10 10	9 58	9 45	9 30	9 12	8 49	8 20	7 36
7	11 46	11 39	11 31	11 23	11 14	11 04	10 52	10 39	10 24	10 07	9 45	9 18	8 38	■
8	12 39	12 32	12 24	12 15	12 06	11 56	11 44	11 31	11 16	10 58	10 36	10 07	9 24	■
9	13 35	13 29	13 21	13 13	13 05	12 55	12 44	12 32	12 18	12 02	11 42	11 17	10 42	9 39
10	14 34	14 28	14 22	14 15	14 08	13 59	13 50	13 40	13 28	13 14	12 58	12 39	12 14	11 40
11	15 34	15 29	15 24	15 19	15 13	15 06	14 59	14 50	14 41	14 31	14 19	14 04	13 47	13 26

☐ indicates Moon continuously above horizon.
■ indicates Moon continuously below horizon.
.. .. indicates phenomenon will occur the next day.

MOONRISE AND MOONSET, 2002

UNIVERSAL TIME FOR MERIDIAN OF GREENWICH

MOONRISE

Lat.	−55°	−50°	−45°	−40°	−35°	−30°	−20°	−10°	0°	+10°	+20°	+30°	+35°	+40°
	h m	h m	h m	h m	h m	h m	h m	h m	h m	h m	h m	h m	h m	h m
Mar. 9	.. ..	0 26	0 49	1 08	1 24	1 37	2 00	2 20	2 38	2 57	3 17	3 40	3 53	4 08
10	1 01	1 28	1 49	2 06	2 20	2 32	2 53	3 11	3 28	3 45	4 03	4 24	4 36	4 50
11	2 11	2 34	2 51	3 05	3 17	3 28	3 46	4 01	4 16	4 30	4 46	5 03	5 14	5 25
12	3 24	3 41	3 54	4 05	4 15	4 23	4 37	4 49	5 01	5 12	5 24	5 38	5 46	5 56
13	4 35	4 47	4 56	5 04	5 11	5 17	5 27	5 35	5 44	5 52	6 00	6 10	6 16	6 22
14	5 47	5 53	5 58	6 03	6 06	6 10	6 15	6 20	6 25	6 29	6 34	6 40	6 43	6 47
15	6 57	6 59	7 00	7 01	7 01	7 02	7 03	7 04	7 05	7 06	7 07	7 09	7 09	7 10
16	8 08	8 04	8 01	7 59	7 57	7 55	7 51	7 48	7 46	7 43	7 40	7 37	7 35	7 33
17	9 20	9 11	9 04	8 58	8 52	8 48	8 40	8 33	8 27	8 21	8 14	8 06	8 02	7 57
18	10 33	10 19	10 07	9 58	9 50	9 42	9 30	9 20	9 10	9 00	8 49	8 38	8 31	8 23
19	11 48	11 28	11 12	10 59	10 48	10 39	10 22	10 08	9 55	9 42	9 28	9 12	9 03	8 52
20	13 04	12 38	12 18	12 02	11 49	11 37	11 17	11 00	10 44	10 28	10 11	9 51	9 40	9 27
21	14 17	13 46	13 23	13 05	12 50	12 36	12 14	11 54	11 36	11 18	10 58	10 36	10 23	10 08
22	15 22	14 50	14 25	14 06	13 49	13 35	13 11	12 51	12 31	12 12	11 51	11 28	11 14	10 58
23	16 16	15 44	15 21	15 02	14 46	14 32	14 08	13 48	13 29	13 10	12 50	12 26	12 13	11 57
24	16 56	16 29	16 08	15 52	15 37	15 25	15 04	14 45	14 28	14 11	13 52	13 31	13 18	13 04
25	17 25	17 05	16 48	16 35	16 23	16 13	15 56	15 41	15 27	15 12	14 57	14 39	14 29	14 17
26	17 47	17 33	17 22	17 13	17 04	16 57	16 45	16 34	16 24	16 13	16 02	15 50	15 42	15 34
27	18 05	17 58	17 52	17 46	17 42	17 38	17 31	17 25	17 19	17 13	17 07	17 00	16 56	16 51
28	18 21	18 20	18 19	18 18	18 17	18 16	18 15	18 14	18 13	18 12	18 11	18 10	18 09	18 08
29	18 36	18 41	18 45	18 48	18 51	18 54	18 58	19 02	19 06	19 10	19 14	19 19	19 22	19 25
30	18 53	19 04	19 13	19 20	19 27	19 32	19 42	19 51	20 00	20 08	20 17	20 28	20 34	20 41
31	19 12	19 29	19 43	19 55	20 04	20 13	20 28	20 41	20 54	21 06	21 20	21 36	21 45	21 55
Apr. 1	19 36	20 00	20 18	20 33	20 46	20 57	21 16	21 33	21 49	22 05	22 22	22 42	22 54	23 07
2	20 08	20 37	20 59	21 17	21 32	21 45	22 07	22 26	22 45	23 03	23 22	23 45	23 59	.. ..

MOONSET

	−55°	−50°	−45°	−40°	−35°	−30°	−20°	−10°	0°	+10°	+20°	+30°	+35°	+40°
	h m	h m	h m	h m	h m	h m	h m	h m	h m	h m	h m	h m	h m	h m
Mar. 9	17 36	17 08	16 46	16 29	16 14	16 01	15 40	15 21	15 03	14 45	14 26	14 04	13 50	13 35
10	18 04	17 40	17 22	17 07	16 54	16 43	16 24	16 07	15 52	15 36	15 19	14 59	14 48	14 34
11	18 25	18 07	17 52	17 40	17 30	17 20	17 05	16 51	16 38	16 25	16 11	15 55	15 45	15 34
12	18 41	18 28	18 17	18 08	18 01	17 54	17 42	17 32	17 22	17 12	17 01	16 49	16 42	16 34
13	18 55	18 46	18 40	18 34	18 29	18 25	18 17	18 10	18 04	17 57	17 50	17 42	17 38	17 33
14	19 07	19 03	19 00	18 58	18 55	18 54	18 50	18 47	18 44	18 42	18 39	18 35	18 33	18 31
15	19 18	19 19	19 20	19 21	19 21	19 22	19 23	19 24	19 25	19 26	19 26	19 27	19 28	19 29
16	19 29	19 35	19 40	19 44	19 47	19 51	19 56	20 01	20 05	20 10	20 15	20 20	20 23	20 27
17	19 42	19 52	20 01	20 09	20 15	20 21	20 30	20 39	20 47	20 55	21 04	21 14	21 20	21 26
18	19 56	20 12	20 25	20 36	20 45	20 53	21 07	21 20	21 31	21 43	21 55	22 09	22 18	22 27
19	20 15	20 37	20 54	21 08	21 19	21 30	21 48	22 03	22 18	22 33	22 48	23 07	23 17	23 29
20	20 41	21 08	21 28	21 45	21 59	22 12	22 33	22 51	23 08	23 25	23 44	.. ..	.. ..	.. ..
21	21 17	21 48	22 11	22 30	22 46	23 00	23 23	23 43	.. ..	.. ..	.. ..	0 05	0 18	0 32
22	22 07	22 40	23 05	23 24	23 41	23 55	.. ..	.. ..	0 02	0 21	0 41	1 04	1 18	1 34
23	23 15	23 46	.. ..	.. ..	.. ..	.. ..	0 19	0 39	0 59	1 18	1 39	2 02	2 16	2 33
24	.. ..	.. ..	0 09	0 27	0 43	0 56	1 19	1 39	1 57	2 16	2 35	2 57	3 11	3 26
25	0 37	1 02	1 22	1 38	1 51	2 03	2 23	2 40	2 56	3 12	3 29	3 48	3 59	4 12
26	2 07	2 26	2 41	2 53	3 04	3 13	3 28	3 41	3 54	4 06	4 19	4 34	4 43	4 52
27	3 41	3 53	4 03	4 10	4 17	4 23	4 33	4 42	4 50	4 58	5 07	5 16	5 22	5 28
28	5 16	5 21	5 25	5 28	5 31	5 33	5 37	5 41	5 45	5 48	5 51	5 55	5 58	6 00
29	6 50	6 48	6 46	6 45	6 44	6 43	6 41	6 40	6 38	6 37	6 35	6 33	6 32	6 31
30	8 22	8 14	8 07	8 01	7 56	7 52	7 44	7 38	7 31	7 25	7 19	7 11	7 07	7 02
31	9 54	9 39	9 26	9 16	9 08	9 00	8 47	8 36	8 25	8 15	8 04	7 51	7 43	7 35
Apr. 1	11 23	11 01	10 44	10 30	10 18	10 07	9 50	9 34	9 20	9 06	8 50	8 33	8 23	8 11
2	12 46	12 18	11 57	11 39	11 25	11 13	10 51	10 33	10 16	9 58	9 40	9 19	9 07	8 52

.. .. indicates phenomenon will occur the next day.

UNIVERSAL TIME FOR MERIDIAN OF GREENWICH
MOONRISE

Lat.	+40°	+42°	+44°	+46°	+48°	+50°	+52°	+54°	+56°	+58°	+60°	+62°	+64°	+66°
	h m	h m	h m	h m	h m	h m	h m	h m	h m	h m	h m	h m	h m	h m
Mar. 9	4 08	4 15	4 23	4 31	4 40	4 50	5 01	5 13	5 27	5 44	6 04	6 29	7 04	8 08
10	4 50	4 56	5 03	5 10	5 18	5 27	5 36	5 47	5 59	6 13	6 29	6 49	7 15	7 49
11	5 25	5 30	5 36	5 42	5 48	5 56	6 03	6 12	6 22	6 33	6 46	7 00	7 18	7 41
12	5 56	6 00	6 04	6 09	6 14	6 19	6 25	6 32	6 39	6 47	6 56	7 07	7 19	7 34
13	6 22	6 25	6 28	6 31	6 35	6 39	6 43	6 47	6 52	6 58	7 04	7 11	7 19	7 29
14	6 47	6 48	6 50	6 52	6 54	6 56	6 58	7 01	7 03	7 07	7 10	7 14	7 18	7 23
15	7 10	7 10	7 11	7 11	7 12	7 12	7 13	7 13	7 14	7 14	7 15	7 16	7 17	7 18
16	7 33	7 32	7 31	7 30	7 29	7 28	7 27	7 25	7 24	7 22	7 20	7 18	7 16	7 13
17	7 57	7 55	7 53	7 50	7 48	7 45	7 42	7 38	7 35	7 30	7 26	7 21	7 15	7 08
18	8 23	8 20	8 16	8 12	8 08	8 03	7 58	7 53	7 47	7 40	7 33	7 24	7 14	7 02
19	8 52	8 48	8 43	8 37	8 32	8 25	8 19	8 11	8 02	7 53	7 42	7 29	7 14	6 56
20	9 27	9 21	9 15	9 08	9 01	8 53	8 44	8 34	8 23	8 11	7 56	7 38	7 17	6 49
21	10 08	10 01	9 54	9 46	9 38	9 28	9 18	9 06	8 53	8 37	8 18	7 55	7 25	6 38
22	10 58	10 50	10 43	10 34	10 25	10 15	10 03	9 50	9 35	9 17	8 56	8 28	7 47	□
23	11 57	11 49	11 42	11 33	11 24	11 14	11 02	10 49	10 34	10 16	9 55	9 27	8 46	□
24	13 04	12 57	12 50	12 43	12 34	12 25	12 15	12 04	11 50	11 35	11 17	10 54	10 24	9 37
25	14 17	14 12	14 06	14 00	13 53	13 46	13 38	13 29	13 19	13 07	12 54	12 37	12 18	11 52
26	15 34	15 30	15 26	15 22	15 17	15 12	15 06	15 00	14 53	14 45	14 37	14 26	14 14	14 00
27	16 51	16 49	16 47	16 45	16 42	16 39	16 36	16 33	16 29	16 25	16 21	16 15	16 09	16 02
28	18 08	18 08	18 08	18 07	18 07	18 07	18 06	18 06	18 05	18 04	18 04	18 03	18 02	18 01
29	19 25	19 26	19 28	19 29	19 31	19 33	19 35	19 37	19 40	19 43	19 46	19 50	19 54	19 59
30	20 41	20 44	20 47	20 51	20 55	20 59	21 03	21 08	21 14	21 20	21 28	21 36	21 46	21 57
31	21 55	22 00	22 05	22 10	22 16	22 23	22 30	22 38	22 46	22 56	23 08	23 22	23 38	23 59
Apr. 1	23 07	23 13	23 19	23 26	23 34	23 43	23 52	.. ..	.. ..	.. ..	.. ..	.. ..	.. ..	.. ..
2	.. ..	.. ..	.. ..	.. ..	.. ..	.. ..	.. ..	0 02	0 14	0 28	0 45	1 05	1 30	2 06

MOONSET

Lat.	+40°	+42°	+44°	+46°	+48°	+50°	+52°	+54°	+56°	+58°	+60°	+62°	+64°	+66°
	h m	h m	h m	h m	h m	h m	h m	h m	h m	h m	h m	h m	h m	h m
Mar. 9	13 35	13 29	13 21	13 13	13 05	12 55	12 44	12 32	12 18	12 02	11 42	11 17	10 42	9 39
10	14 34	14 28	14 22	14 15	14 08	13 59	13 50	13 40	13 28	13 14	12 58	12 39	12 14	11 40
11	15 34	15 29	15 24	15 19	15 13	15 06	14 59	14 50	14 41	14 31	14 19	14 04	13 47	13 26
12	16 34	16 30	16 26	16 22	16 18	16 13	16 07	16 01	15 55	15 47	15 39	15 29	15 17	15 04
13	17 33	17 30	17 28	17 25	17 22	17 19	17 16	17 12	17 08	17 03	16 58	16 52	16 45	16 37
14	18 31	18 30	18 29	18 27	18 26	18 25	18 23	18 22	18 20	18 18	18 16	18 13	18 10	18 07
15	19 29	19 29	19 29	19 30	19 30	19 30	19 31	19 31	19 32	19 32	19 33	19 34	19 34	19 35
16	20 27	20 29	20 30	20 32	20 34	20 36	20 39	20 41	20 44	20 47	20 51	20 55	20 59	21 05
17	21 26	21 29	21 32	21 36	21 39	21 43	21 48	21 52	21 58	22 04	22 10	22 18	22 27	22 37
18	22 27	22 31	22 36	22 41	22 46	22 52	22 58	23 05	23 13	23 22	23 32	23 44	23 58	.. ..
19	23 29	23 35	23 41	23 47	23 54	.. ..	.. ..	.. ..	.. ..	.. ..	.. ..	.. ..	.. ..	0 15
20	.. ..	.. ..	.. ..	.. ..	.. ..	0 01	0 10	0 19	0 30	0 42	0 56	1 13	1 34	2 01
21	0 32	0 39	0 46	0 53	1 02	1 11	1 21	1 32	1 45	2 01	2 19	2 42	3 12	3 58
22	1 34	1 41	1 49	1 57	2 06	2 17	2 28	2 41	2 56	3 14	3 35	4 03	4 43	□
23	2 33	2 40	2 48	2 56	3 05	3 16	3 27	3 40	3 56	4 13	4 35	5 03	5 44	□
24	3 26	3 32	3 40	3 47	3 56	4 05	4 16	4 28	4 41	4 57	5 16	5 39	6 10	6 57
25	4 12	4 18	4 24	4 30	4 38	4 45	4 54	5 04	5 14	5 27	5 41	5 58	6 18	6 45
26	4 52	4 57	5 01	5 06	5 12	5 17	5 24	5 31	5 38	5 47	5 57	6 08	6 21	6 37
27	5 28	5 31	5 34	5 37	5 40	5 44	5 48	5 52	5 57	6 02	6 08	6 14	6 22	6 31
28	6 00	6 01	6 03	6 04	6 05	6 07	6 08	6 10	6 12	6 14	6 16	6 19	6 22	6 25
29	6 31	6 31	6 30	6 29	6 29	6 28	6 27	6 27	6 26	6 25	6 24	6 22	6 21	6 19
30	7 02	7 00	6 58	6 55	6 53	6 50	6 47	6 44	6 40	6 36	6 31	6 26	6 20	6 13
31	7 35	7 31	7 27	7 23	7 19	7 14	7 08	7 02	6 56	6 49	6 40	6 31	6 20	6 07
Apr. 1	8 11	8 06	8 01	7 55	7 48	7 41	7 34	7 25	7 16	7 05	6 52	6 38	6 21	5 59
2	8 52	8 46	8 39	8 32	8 24	8 15	8 05	7 54	7 42	7 28	7 11	6 50	6 24	5 48

□ indicates Moon continuously above horizon.
.. .. indicates phenomenon will occur the next day.

MOONRISE AND MOONSET, 2002

UNIVERSAL TIME FOR MERIDIAN OF GREENWICH

MOONRISE

Lat.	−55°	−50°	−45°	−40°	−35°	−30°	−20°	−10°	0°	+10°	+20°	+30°	+35°	+40°
	h m	h m	h m	h m	h m	h m	h m	h m	h m	h m	h m	h m	h m	h m
Apr. 1	19 36	20 00	20 18	20 33	20 46	20 57	21 16	21 33	21 49	22 05	22 22	22 42	22 54	23 07
2	20 08	20 37	20 59	21 17	21 32	21 45	22 07	22 26	22 45	23 03	23 22	23 45	23 59	.. ..
3	20 51	21 23	21 47	22 06	22 22	22 36	23 00	23 20	23 40	23 59	.. ..	.. ..	.. ..	0 14
4	21 45	22 17	22 41	23 00	23 16	23 30	23 54	.. ..	.. ..	.. ..	0 20	0 44	0 58	1 14
5	22 49	23 19	23 41	23 58	.. ..	.. ..	.. ..	0 14	0 34	0 53	1 13	1 37	1 51	2 07
6	23 59	.. ..	.. ..	.. ..	0 13	0 26	0 48	1 07	1 25	1 43	2 02	2 23	2 36	2 51
7	.. ..	0 24	0 43	0 58	1 11	1 22	1 41	1 58	2 13	2 29	2 45	3 04	3 15	3 28
8	1 12	1 31	1 46	1 58	2 08	2 17	2 33	2 47	2 59	3 12	3 25	3 41	3 49	4 00
9	2 24	2 38	2 48	2 57	3 05	3 12	3 23	3 33	3 43	3 52	4 02	4 13	4 20	4 27
10	3 36	3 44	3 50	3 56	4 01	4 05	4 12	4 18	4 24	4 30	4 36	4 43	4 47	4 52
11	4 47	4 50	4 52	4 54	4 56	4 57	5 00	5 02	5 05	5 07	5 09	5 12	5 13	5 15
12	5 58	5 56	5 54	5 52	5 51	5 50	5 48	5 46	5 45	5 43	5 42	5 40	5 39	5 38
13	7 10	7 02	6 56	6 51	6 47	6 43	6 37	6 31	6 26	6 21	6 15	6 09	6 05	6 01
14	8 23	8 10	8 00	7 51	7 44	7 38	7 27	7 17	7 08	7 00	6 50	6 40	6 33	6 27
15	9 39	9 20	9 05	8 53	8 43	8 34	8 19	8 05	7 53	7 41	7 28	7 13	7 04	6 55
16	10 55	10 30	10 11	9 56	9 43	9 32	9 13	8 56	8 41	8 25	8 09	7 50	7 40	7 27
17	12 09	11 39	11 17	10 59	10 44	10 31	10 09	9 49	9 32	9 14	8 55	8 33	8 20	8 06
18	13 17	12 44	12 19	12 00	11 44	11 29	11 05	10 45	10 26	10 06	9 46	9 22	9 08	8 52
19	14 13	13 41	13 16	12 57	12 40	12 26	12 02	11 41	11 22	11 02	10 41	10 17	10 03	9 47
20	14 57	14 27	14 05	13 47	13 32	13 19	12 56	12 37	12 19	12 00	11 41	11 18	11 05	10 50
21	15 28	15 05	14 46	14 31	14 18	14 07	13 48	13 31	13 15	13 00	12 43	12 23	12 12	11 59
22	15 52	15 35	15 21	15 09	15 00	14 51	14 36	14 23	14 11	13 59	13 46	13 30	13 22	13 12
23	16 10	15 59	15 51	15 43	15 37	15 31	15 22	15 13	15 05	14 57	14 48	14 38	14 33	14 26
24	16 26	16 21	16 17	16 14	16 12	16 09	16 05	16 01	15 58	15 54	15 51	15 46	15 44	15 41
25	16 40	16 42	16 43	16 44	16 45	16 46	16 48	16 49	16 50	16 51	16 53	16 55	16 56	16 57

MOONSET

Lat.	−55°	−50°	−45°	−40°	−35°	−30°	−20°	−10°	0°	+10°	+20°	+30°	+35°	+40°
	h m	h m	h m	h m	h m	h m	h m	h m	h m	h m	h m	h m	h m	h m
Apr. 1	11 23	11 01	10 44	10 30	10 18	10 07	9 50	9 34	9 20	9 06	8 50	8 33	8 23	8 11
2	12 46	12 18	11 57	11 39	11 25	11 13	10 51	10 33	10 16	9 58	9 40	9 19	9 07	8 52
3	13 58	13 26	13 03	12 44	12 28	12 14	11 50	11 30	11 11	10 52	10 32	10 09	9 55	9 39
4	14 56	14 24	13 59	13 40	13 24	13 10	12 46	12 25	12 06	11 46	11 26	11 02	10 47	10 31
5	15 39	15 09	14 47	14 28	14 13	14 00	13 37	13 17	12 59	12 40	12 20	11 57	11 43	11 28
6	16 10	15 45	15 25	15 09	14 55	14 44	14 23	14 05	13 49	13 32	13 14	12 53	12 41	12 27
7	16 33	16 13	15 56	15 43	15 32	15 22	15 05	14 50	14 36	14 22	14 06	13 49	13 39	13 27
8	16 50	16 35	16 23	16 13	16 04	15 56	15 43	15 31	15 20	15 09	14 57	14 44	14 36	14 27
9	17 04	16 54	16 46	16 39	16 33	16 28	16 18	16 10	16 03	15 55	15 47	15 37	15 32	15 26
10	17 16	17 11	17 06	17 03	17 00	16 57	16 52	16 48	16 44	16 40	16 35	16 30	16 27	16 24
11	17 27	17 26	17 26	17 26	17 25	17 25	17 25	17 24	17 24	17 24	17 23	17 23	17 23	17 22
12	17 38	17 42	17 46	17 49	17 51	17 54	17 58	18 01	18 05	18 08	18 12	18 16	18 18	18 21
13	17 49	17 59	18 06	18 13	18 18	18 23	18 32	18 39	18 46	18 53	19 01	19 09	19 14	19 20
14	18 03	18 18	18 29	18 39	18 47	18 55	19 08	19 19	19 30	19 40	19 52	20 05	20 12	20 21
15	18 20	18 40	18 56	19 09	19 20	19 30	19 47	20 02	20 16	20 30	20 45	21 02	21 12	21 23
16	18 43	19 08	19 28	19 44	19 58	20 10	20 30	20 48	21 05	21 22	21 39	22 00	22 12	22 26
17	19 15	19 45	20 08	20 27	20 42	20 56	21 19	21 39	21 57	22 16	22 36	22 59	23 13	23 28
18	19 59	20 32	20 57	21 17	21 33	21 48	22 12	22 33	22 52	23 12	23 33	23 57	.. ..	.. ..
19	21 00	21 32	21 56	22 16	22 32	22 46	23 09	23 30	23 49	.. ..	.. ..	.. ..	0 11	0 27
20	22 15	22 43	23 04	23 22	23 36	23 49	.. ..	.. ..	.. ..	0 08	0 28	0 52	1 05	1 21
21	23 39	.. ..	.. ..	.. ..	.. ..	.. ..	0 10	0 29	0 46	1 03	1 21	1 42	1 54	2 08
22	.. ..	0 02	0 19	0 33	0 45	0 55	1 13	1 28	1 42	1 56	2 11	2 28	2 38	2 49
23	1 09	1 25	1 37	1 47	1 55	2 03	2 15	2 27	2 37	2 47	2 58	3 10	3 17	3 25
24	2 41	2 49	2 56	3 02	3 07	3 11	3 18	3 24	3 30	3 36	3 42	3 49	3 53	3 57
25	4 13	4 15	4 16	4 17	4 18	4 19	4 20	4 21	4 23	4 24	4 25	4 26	4 27	4 27

.. .. indicates phenomenon will occur the next day.

UNIVERSAL TIME FOR MERIDIAN OF GREENWICH
MOONRISE

Lat.	+40°	+42°	+44°	+46°	+48°	+50°	+52°	+54°	+56°	+58°	+60°	+62°	+64°	+66°
	h m	h m	h m	h m	h m	h m	h m	h m	h m	h m	h m	h m	h m	h m
Apr. 1	23 07	23 13	23 19	23 26	23 34	23 43	23 52	.. ..	.. ..	.. ..	.. ..	.. ..	.. ..	.. ..
2	.. ..	.. ..	.. ..	.. ..	.. ..	.. ..	.. ..	0 02	0 14	0 28	0 45	1 05	1 30	2 06
3	0 14	0 21	0 28	0 37	0 46	0 56	1 07	1 19	1 34	1 51	2 12	2 38	3 16	■
4	1 14	1 22	1 30	1 38	1 48	1 58	2 10	2 24	2 39	2 58	3 21	3 51	4 38	■
5	2 07	2 14	2 22	2 30	2 39	2 50	3 01	3 14	3 29	3 47	4 08	4 36	5 17	■
6	2 51	2 57	3 04	3 12	3 20	3 30	3 40	3 51	4 05	4 20	4 38	5 00	5 29	6 12
7	3 28	3 34	3 40	3 46	3 53	4 01	4 09	4 19	4 29	4 42	4 56	5 13	5 33	5 59
8	4 00	4 04	4 09	4 14	4 19	4 26	4 32	4 39	4 48	4 57	5 07	5 19	5 34	5 51
9	4 27	4 30	4 34	4 37	4 42	4 46	4 51	4 56	5 02	5 08	5 15	5 24	5 33	5 44
10	4 52	4 54	4 56	4 58	5 01	5 03	5 06	5 10	5 13	5 17	5 21	5 26	5 32	5 38
11	5 15	5 16	5 17	5 18	5 19	5 20	5 21	5 22	5 23	5 25	5 26	5 28	5 30	5 32
12	5 38	5 37	5 37	5 36	5 36	5 35	5 34	5 34	5 33	5 32	5 31	5 30	5 28	5 27
13	6 01	6 00	5 58	5 56	5 54	5 51	5 49	5 46	5 43	5 40	5 36	5 32	5 27	5 21
14	6 27	6 24	6 20	6 17	6 13	6 09	6 05	6 00	5 54	5 49	5 42	5 34	5 25	5 15
15	6 55	6 50	6 46	6 41	6 36	6 30	6 23	6 16	6 09	6 00	5 50	5 38	5 25	5 09
16	7 27	7 22	7 16	7 09	7 03	6 55	6 47	6 37	6 27	6 15	6 02	5 45	5 26	5 01
17	8 06	7 59	7 52	7 45	7 36	7 27	7 17	7 06	6 53	6 38	6 20	5 58	5 30	4 49
18	8 52	8 45	8 37	8 29	8 19	8 09	7 58	7 45	7 30	7 12	6 51	6 23	5 44	⬚
19	9 47	9 40	9 32	9 23	9 13	9 03	8 51	8 38	8 22	8 04	7 41	7 11	6 26	⬚
20	10 50	10 43	10 35	10 27	10 18	10 09	9 58	9 45	9 31	9 14	8 54	8 28	7 52	6 40
21	11 59	11 53	11 46	11 40	11 32	11 24	11 15	11 05	10 53	10 39	10 24	10 05	9 40	9 07
22	13 12	13 07	13 02	12 57	12 51	12 45	12 38	12 31	12 22	12 13	12 02	11 49	11 33	11 14
23	14 26	14 23	14 20	14 17	14 13	14 09	14 05	14 00	13 55	13 49	13 42	13 35	13 26	13 15
24	15 41	15 40	15 39	15 37	15 36	15 34	15 32	15 31	15 28	15 26	15 23	15 20	15 17	15 13
25	16 57	16 57	16 58	16 58	16 59	17 00	17 00	17 01	17 02	17 03	17 04	17 06	17 07	17 09

MOONSET

Lat.	+40°	+42°	+44°	+46°	+48°	+50°	+52°	+54°	+56°	+58°	+60°	+62°	+64°	+66°
	h m	h m	h m	h m	h m	h m	h m	h m	h m	h m	h m	h m	h m	h m
Apr. 1	8 11	8 06	8 01	7 55	7 48	7 41	7 34	7 25	7 16	7 05	6 52	6 38	6 21	5 59
2	8 52	8 46	8 39	8 32	8 24	8 15	8 05	7 54	7 42	7 28	7 11	6 50	6 24	5 48
3	9 39	9 32	9 24	9 16	9 07	8 57	8 45	8 32	8 18	8 00	7 39	7 13	6 35	■
4	10 31	10 24	10 16	10 07	9 58	9 47	9 35	9 22	9 06	8 47	8 24	7 54	7 07	■
5	11 28	11 21	11 13	11 05	10 55	10 45	10 34	10 21	10 06	9 49	9 27	9 00	8 20	■
6	12 27	12 21	12 14	12 06	11 58	11 49	11 39	11 28	11 15	11 01	10 43	10 21	9 52	9 10
7	13 27	13 22	13 16	13 10	13 03	12 56	12 48	12 39	12 29	12 17	12 03	11 47	11 28	11 02
8	14 27	14 23	14 18	14 14	14 09	14 03	13 57	13 50	13 43	13 34	13 24	13 13	13 00	12 43
9	15 26	15 23	15 20	15 17	15 13	15 10	15 06	15 01	14 56	14 50	14 44	14 37	14 28	14 18
10	16 24	16 23	16 21	16 19	16 18	16 16	16 13	16 11	16 09	16 06	16 02	15 59	15 54	15 49
11	17 22	17 22	17 22	17 22	17 22	17 21	17 21	17 21	17 21	17 20	17 20	17 20	17 19	17 19
12	18 21	18 22	18 23	18 24	18 26	18 28	18 29	18 31	18 33	18 36	18 38	18 41	18 45	18 49
13	19 20	19 23	19 25	19 28	19 31	19 35	19 38	19 43	19 47	19 52	19 58	20 04	20 12	20 21
14	20 21	20 25	20 29	20 33	20 38	20 43	20 49	20 56	21 03	21 11	21 20	21 31	21 43	21 58
15	21 23	21 28	21 34	21 40	21 46	21 53	22 01	22 10	22 20	22 31	22 44	23 00	23 19	23 43
16	22 26	22 32	22 39	22 47	22 55	23 03	23 13	23 24	23 37	23 51	.. ..	.. ..	.. ..	.. ..
17	23 28	23 35	23 43	23 51	.. ..	.. ..	.. ..	.. ..	.. ..	.. ..	0 09	0 30	0 58	1 38
18	.. ..	.. ..	.. ..	.. ..	0 00	0 11	0 22	0 35	0 49	1 07	1 28	1 55	2 35	⬚
19	0 27	0 35	0 43	0 51	1 01	1 11	1 23	1 37	1 52	2 11	2 33	3 03	3 49	⬚
20	1 21	1 28	1 36	1 44	1 53	2 03	2 14	2 27	2 41	2 58	3 19	3 45	4 22	5 34
21	2 08	2 14	2 21	2 28	2 36	2 45	2 54	3 05	3 17	3 31	3 47	4 07	4 32	5 06
22	2 49	2 54	2 59	3 05	3 11	3 18	3 26	3 34	3 43	3 53	4 05	4 19	4 35	4 55
23	3 25	3 28	3 32	3 36	3 40	3 45	3 50	3 56	4 02	4 09	4 17	4 26	4 36	4 48
24	3 57	3 59	4 01	4 03	4 06	4 08	4 11	4 14	4 17	4 21	4 25	4 30	4 35	4 41
25	4 27	4 28	4 28	4 28	4 29	4 29	4 30	4 30	4 31	4 31	4 32	4 33	4 34	4 35

⬚ indicates Moon continuously above horizon.
■ indicates Moon continuously below horizon.
.. .. indicates phenomenon will occur the next day.

MOONRISE AND MOONSET, 2002
UNIVERSAL TIME FOR MERIDIAN OF GREENWICH
MOONRISE

Lat.	−55°	−50°	−45°	−40°	−35°	−30°	−20°	−10°	0°	+10°	+20°	+30°	+35°	+40°
	h m	h m	h m	h m	h m	h m	h m	h m	h m	h m	h m	h m	h m	h m
Apr. 24	16 26	16 21	16 17	16 14	16 12	16 09	16 05	16 01	15 58	15 54	15 51	15 46	15 44	15 41
25	16 40	16 42	16 43	16 44	16 45	16 46	16 48	16 49	16 50	16 51	16 53	16 55	16 56	16 57
26	16 55	17 03	17 09	17 15	17 19	17 23	17 31	17 37	17 43	17 49	17 56	18 03	18 08	18 13
27	17 13	17 27	17 38	17 47	17 56	18 03	18 15	18 27	18 37	18 48	18 59	19 12	19 20	19 28
28	17 34	17 54	18 11	18 24	18 36	18 46	19 03	19 18	19 33	19 47	20 03	20 21	20 31	20 43
29	18 02	18 29	18 49	19 06	19 20	19 33	19 54	20 12	20 30	20 47	21 06	21 28	21 40	21 55
30	18 40	19 11	19 35	19 54	20 10	20 24	20 47	21 08	21 27	21 46	22 07	22 31	22 45	23 01
May 1	19 31	20 04	20 28	20 48	21 05	21 19	21 43	22 04	22 23	22 43	23 04	23 28	23 42	23 59
2	20 33	21 04	21 28	21 46	22 02	22 16	22 39	22 59	23 17	23 36	23 56	.. ..	.. ..	.. ..
3	21 44	22 10	22 31	22 47	23 01	23 13	23 34	23 52	.. ..	.. ..	.. ..	0 19	0 32	0 48
4	22 57	23 18	23 35	23 48	.. ..	.. ..	.. ..	.. ..	0 08	0 25	0 42	1 03	1 15	1 28
5	.. ..	.. ..	.. ..	.. ..	0 00	0 10	0 27	0 42	0 56	1 09	1 24	1 41	1 51	2 02
6	0 10	0 26	0 38	0 48	0 57	1 05	1 18	1 29	1 40	1 51	2 02	2 15	2 22	2 31
7	1 22	1 33	1 41	1 47	1 53	1 58	2 07	2 15	2 22	2 29	2 37	2 46	2 51	2 56
8	2 34	2 39	2 42	2 46	2 49	2 51	2 56	2 59	3 03	3 07	3 10	3 15	3 17	3 20
9	3 45	3 44	3 44	3 44	3 44	3 44	3 44	3 43	3 43	3 43	3 43	3 43	3 43	3 43
10	4 56	4 51	4 46	4 43	4 40	4 37	4 32	4 28	4 24	4 20	4 16	4 11	4 09	4 06
11	6 10	5 59	5 50	5 43	5 37	5 31	5 22	5 14	5 06	4 58	4 50	4 41	4 36	4 30
12	7 26	7 09	6 56	6 45	6 35	6 27	6 13	6 01	5 50	5 39	5 27	5 14	5 06	4 57
13	8 43	8 20	8 02	7 48	7 36	7 25	7 07	6 52	6 37	6 23	6 07	5 50	5 40	5 28
14	9 59	9 31	9 09	8 52	8 38	8 25	8 04	7 45	7 28	7 11	6 52	6 31	6 19	6 05
15	11 11	10 38	10 14	9 55	9 39	9 25	9 01	8 40	8 21	8 02	7 42	7 19	7 05	6 49
16	12 12	11 38	11 13	10 53	10 37	10 22	9 58	9 37	9 17	8 58	8 37	8 12	7 58	7 42
17	12 59	12 28	12 05	11 46	11 30	11 17	10 53	10 33	10 14	9 55	9 35	9 12	8 58	8 42
18	13 33	13 08	12 48	12 31	12 18	12 06	11 45	11 27	11 11	10 54	10 36	10 15	10 03	9 49

MOONSET

Lat.	−55°	−50°	−45°	−40°	−35°	−30°	−20°	−10°	0°	+10°	+20°	+30°	+35°	+40°
	h m	h m	h m	h m	h m	h m	h m	h m	h m	h m	h m	h m	h m	h m
Apr. 24	2 41	2 49	2 56	3 02	3 07	3 11	3 18	3 24	3 30	3 36	3 42	3 49	3 53	3 57
25	4 13	4 15	4 16	4 17	4 18	4 19	4 20	4 21	4 23	4 24	4 25	4 26	4 27	4 27
26	5 45	5 40	5 36	5 33	5 30	5 27	5 23	5 19	5 15	5 11	5 07	5 03	5 00	4 57
27	7 18	7 06	6 57	6 49	6 42	6 36	6 26	6 17	6 08	6 00	5 51	5 41	5 35	5 29
28	8 50	8 31	8 16	8 04	7 54	7 45	7 29	7 16	7 03	6 51	6 37	6 22	6 13	6 03
29	10 19	9 54	9 34	9 18	9 05	8 53	8 33	8 16	8 00	7 44	7 27	7 07	6 56	6 42
30	11 40	11 09	10 46	10 27	10 12	9 58	9 35	9 16	8 57	8 39	8 19	7 56	7 43	7 27
May 1	12 47	12 14	11 49	11 29	11 13	10 59	10 35	10 14	9 54	9 35	9 14	8 50	8 35	8 19
2	13 37	13 06	12 42	12 23	12 07	11 53	11 29	11 09	10 50	10 30	10 10	9 46	9 32	9 15
3	14 14	13 46	13 25	13 08	12 53	12 40	12 19	12 00	11 42	11 24	11 05	10 43	10 30	10 15
4	14 39	14 17	13 59	13 45	13 32	13 22	13 03	12 47	12 31	12 16	12 00	11 41	11 29	11 17
5	14 58	14 41	14 27	14 16	14 06	13 58	13 43	13 30	13 17	13 05	12 52	12 36	12 28	12 17
6	15 13	15 01	14 51	14 43	14 36	14 30	14 19	14 10	14 01	13 52	13 42	13 31	13 24	13 17
7	15 25	15 18	15 12	15 07	15 03	15 00	14 53	14 47	14 42	14 37	14 31	14 24	14 20	14 16
8	15 36	15 34	15 32	15 30	15 29	15 28	15 26	15 24	15 22	15 21	15 19	15 17	15 15	15 14
9	15 46	15 49	15 51	15 53	15 55	15 56	15 59	16 01	16 03	16 05	16 07	16 09	16 11	16 12
10	15 58	16 05	16 11	16 17	16 21	16 25	16 32	16 38	16 44	16 50	16 56	17 03	17 07	17 12
11	16 10	16 23	16 33	16 42	16 50	16 56	17 07	17 17	17 27	17 36	17 46	17 58	18 05	18 12
12	16 26	16 44	16 59	17 11	17 21	17 30	17 46	18 00	18 12	18 25	18 39	18 55	19 04	19 15
13	16 47	17 11	17 29	17 45	17 57	18 09	18 28	18 45	19 01	19 17	19 34	19 54	20 05	20 19
14	17 15	17 44	18 07	18 25	18 40	18 53	19 15	19 35	19 53	20 11	20 31	20 54	21 07	21 22
15	17 56	18 29	18 53	19 13	19 29	19 43	20 08	20 28	20 48	21 07	21 28	21 53	22 07	22 23
16	18 51	19 25	19 49	20 09	20 26	20 40	21 04	21 25	21 45	22 04	22 25	22 49	23 03	23 19
17	20 02	20 32	20 55	21 13	21 28	21 41	22 04	22 23	22 41	22 59	23 18	23 40	23 53	.. ..
18	21 23	21 48	22 07	22 22	22 35	22 46	23 05	23 22	23 37	23 52	.. ..	.. ..	.. ..	0 08

.. .. indicates phenomenon will occur the next day.

MOONRISE AND MOONSET, 2002

UNIVERSAL TIME FOR MERIDIAN OF GREENWICH

MOONRISE

Lat.	+40°	+42°	+44°	+46°	+48°	+50°	+52°	+54°	+56°	+58°	+60°	+62°	+64°	+66°
	h m	h m	h m	h m	h m	h m	h m	h m	h m	h m	h m	h m	h m	h m
Apr. 24	15 41	15 40	15 39	15 37	15 36	15 34	15 32	15 31	15 28	15 26	15 23	15 20	15 17	15 13
25	16 57	16 57	16 58	16 58	16 59	17 00	17 00	17 01	17 02	17 03	17 04	17 06	17 07	17 09
26	18 13	18 15	18 17	18 20	18 22	18 25	18 29	18 32	18 36	18 41	18 46	18 52	18 58	19 06
27	19 28	19 32	19 37	19 41	19 46	19 51	19 57	20 04	20 11	20 19	20 28	20 39	20 52	21 07
28	20 43	20 49	20 55	21 01	21 08	21 15	21 24	21 33	21 44	21 56	22 10	22 27	22 48	23 15
29	21 55	22 02	22 09	22 17	22 25	22 35	22 45	22 57	23 11	23 27	23 46	.. ..	.. ..	.. ..
30	23 01	23 08	23 16	23 25	23 35	23 45	23 57	.. ..	.. ..	.. ..	.. ..	0 10	0 43	1 37
May 1	23 59	.. ..	.. ..	.. ..	.. ..	.. ..	.. ..	0 10	0 26	0 45	1 08	1 38	2 25	■
2	.. ..	0 06	0 14	0 23	0 33	0 43	0 55	1 09	1 25	1 43	2 07	2 37	3 25	■
3	0 48	0 55	1 02	1 10	1 19	1 29	1 40	1 52	2 07	2 23	2 43	3 08	3 43	4 46
4	1 28	1 34	1 41	1 48	1 55	2 04	2 13	2 24	2 35	2 49	3 05	3 24	3 48	4 20
5	2 02	2 07	2 12	2 18	2 24	2 31	2 38	2 47	2 56	3 06	3 18	3 32	3 49	4 09
6	2 31	2 35	2 39	2 43	2 48	2 53	2 58	3 04	3 11	3 18	3 27	3 36	3 48	4 01
7	2 56	2 59	3 02	3 04	3 08	3 11	3 14	3 18	3 23	3 28	3 33	3 39	3 46	3 54
8	3 20	3 21	3 23	3 24	3 25	3 27	3 29	3 31	3 33	3 35	3 38	3 41	3 44	3 48
9	3 43	3 43	3 43	3 43	3 43	3 43	3 43	3 42	3 42	3 42	3 42	3 42	3 42	3 42
10	4 06	4 04	4 03	4 02	4 00	3 58	3 56	3 54	3 52	3 50	3 47	3 44	3 40	3 36
11	4 30	4 28	4 25	4 22	4 19	4 15	4 11	4 07	4 03	3 58	3 52	3 46	3 38	3 30
12	4 57	4 53	4 49	4 45	4 40	4 35	4 29	4 23	4 16	4 08	3 59	3 49	3 37	3 23
13	5 28	5 23	5 18	5 12	5 05	4 58	4 51	4 42	4 32	4 22	4 09	3 55	3 37	3 15
14	6 05	5 59	5 52	5 45	5 37	5 28	5 19	5 08	4 56	4 41	4 25	4 05	3 39	3 04
15	6 49	6 42	6 34	6 26	6 17	6 07	5 56	5 43	5 29	5 11	4 51	4 24	3 48	2 31
16	7 42	7 34	7 26	7 17	7 08	6 57	6 45	6 32	6 16	5 57	5 34	5 04	4 17	□
17	8 42	8 35	8 27	8 19	8 10	7 59	7 48	7 35	7 20	7 02	6 40	6 12	5 31	□
18	9 49	9 42	9 36	9 28	9 20	9 11	9 02	8 50	8 38	8 23	8 05	7 44	7 16	6 34

MOONSET

Lat.	+40°	+42°	+44°	+46°	+48°	+50°	+52°	+54°	+56°	+58°	+60°	+62°	+64°	+66°
	h m	h m	h m	h m	h m	h m	h m	h m	h m	h m	h m	h m	h m	h m
Apr. 24	3 57	3 59	4 01	4 03	4 06	4 08	4 11	4 14	4 17	4 21	4 25	4 30	4 35	4 41
25	4 27	4 28	4 28	4 28	4 29	4 29	4 30	4 30	4 31	4 31	4 32	4 33	4 34	4 35
26	4 57	4 56	4 55	4 53	4 52	4 50	4 48	4 46	4 44	4 42	4 39	4 36	4 32	4 28
27	5 29	5 26	5 23	5 20	5 16	5 12	5 08	5 03	4 58	4 53	4 47	4 39	4 31	4 22
28	6 03	5 59	5 54	5 49	5 44	5 38	5 31	5 24	5 16	5 07	4 56	4 44	4 31	4 14
29	6 42	6 37	6 30	6 24	6 16	6 08	5 59	5 50	5 38	5 26	5 11	4 53	4 31	4 03
30	7 27	7 21	7 13	7 05	6 56	6 47	6 36	6 24	6 10	5 53	5 34	5 09	4 36	3 41
May 1	8 19	8 11	8 03	7 55	7 45	7 34	7 22	7 09	6 53	6 34	6 11	5 41	4 54	■
2	9 15	9 08	9 00	8 51	8 42	8 31	8 19	8 06	7 50	7 32	7 09	6 38	5 51	■
3	10 15	10 09	10 01	9 53	9 45	9 35	9 24	9 12	8 58	8 42	8 22	7 58	7 23	6 21
4	11 17	11 11	11 05	10 58	10 51	10 43	10 34	10 24	10 12	9 59	9 44	9 25	9 02	8 31
5	12 17	12 13	12 08	12 03	11 57	11 51	11 44	11 36	11 27	11 18	11 06	10 53	10 38	10 18
6	13 17	13 14	13 10	13 06	13 02	12 58	12 53	12 48	12 42	12 35	12 27	12 19	12 08	11 56
7	14 16	14 14	14 12	14 09	14 07	14 04	14 02	13 58	13 55	13 51	13 47	13 42	13 36	13 29
8	15 14	15 13	15 13	15 12	15 11	15 10	15 09	15 08	15 07	15 06	15 04	15 03	15 01	14 59
9	16 12	16 13	16 14	16 15	16 15	16 16	16 17	16 18	16 20	16 21	16 23	16 24	16 26	16 29
10	17 12	17 14	17 16	17 18	17 21	17 23	17 26	17 30	17 33	17 37	17 42	17 47	17 53	18 00
11	18 12	18 16	18 19	18 23	18 28	18 32	18 37	18 43	18 49	18 56	19 04	19 13	19 24	19 37
12	19 15	19 20	19 25	19 30	19 36	19 43	19 50	19 58	20 07	20 17	20 29	20 43	20 59	21 20
13	20 19	20 25	20 31	20 38	20 46	20 54	21 03	21 14	21 25	21 39	21 55	22 15	22 40	23 14
14	21 22	21 29	21 37	21 45	21 54	22 03	22 14	22 27	22 41	22 58	23 18	23 44	.. ..	.. ..
15	22 23	22 31	22 39	22 47	22 57	23 07	23 19	23 33	23 48	.. ..	.. ..	.. ..	0 21	1 37
16	23 19	23 26	23 34	23 43	23 52	.. ..	.. ..	.. ..	.. ..	0 07	0 30	1 00	1 47	□
17	.. ..	.. ..	.. ..	.. ..	.. ..	0 02	0 14	0 27	0 42	1 00	1 22	1 50	2 32	□
18	0 08	0 14	0 22	0 29	0 38	0 47	0 57	1 08	1 22	1 37	1 55	2 17	2 45	3 27

□ indicates Moon continuously above horizon.
■ indicates Moon continuously below horizon.
.. .. indicates phenomenon will occur the next day.

MOONRISE AND MOONSET, 2002

UNIVERSAL TIME FOR MERIDIAN OF GREENWICH

MOONRISE

Lat.	−55°	−50°	−45°	−40°	−35°	−30°	−20°	−10°	0°	+10°	+20°	+30°	+35°	+40°
	h m	h m	h m	h m	h m	h m	h m	h m	h m	h m	h m	h m	h m	h m
May 17	12 59	12 28	12 05	11 46	11 30	11 17	10 53	10 33	10 14	9 55	9 35	9 12	8 58	8 42
18	13 33	13 08	12 48	12 31	12 18	12 06	11 45	11 27	11 11	10 54	10 36	10 15	10 03	9 49
19	13 58	13 39	13 23	13 10	13 00	12 50	12 33	12 19	12 05	11 52	11 37	11 20	11 11	10 59
20	14 17	14 04	13 53	13 44	13 37	13 30	13 18	13 08	12 58	12 49	12 38	12 26	12 19	12 11
21	14 33	14 26	14 20	14 15	14 11	14 07	14 01	13 55	13 50	13 44	13 39	13 32	13 28	13 24
22	14 47	14 46	14 45	14 44	14 43	14 43	14 42	14 41	14 40	14 39	14 39	14 38	14 37	14 37
23	15 01	15 06	15 10	15 13	15 16	15 18	15 23	15 27	15 31	15 35	15 39	15 44	15 47	15 50
24	15 16	15 27	15 36	15 43	15 50	15 56	16 06	16 15	16 23	16 31	16 40	16 51	16 57	17 04
25	15 35	15 52	16 06	16 17	16 27	16 36	16 51	17 04	17 17	17 30	17 43	17 59	18 08	18 18
26	15 59	16 22	16 41	16 56	17 09	17 20	17 40	17 57	18 13	18 29	18 47	19 07	19 18	19 32
27	16 31	17 01	17 23	17 41	17 57	18 10	18 32	18 52	19 11	19 29	19 49	20 12	20 26	20 42
28	17 16	17 49	18 14	18 33	18 50	19 04	19 28	19 49	20 09	20 28	20 49	21 14	21 28	21 45
29	18 15	18 47	19 12	19 31	19 47	20 01	20 25	20 46	21 05	21 24	21 45	22 09	22 23	22 39
30	19 24	19 53	20 15	20 32	20 47	21 00	21 22	21 41	21 59	22 16	22 35	22 57	23 10	23 24
31	20 38	21 01	21 20	21 35	21 47	21 58	22 17	22 33	22 49	23 04	23 20	23 38	23 49	.. ..
June 1	21 52	22 10	22 25	22 36	22 46	22 55	23 10	23 23	23 35	23 47	.. ..	.. ..	.. ..	0 01
2	23 06	23 18	23 28	23 37	23 44	23 50	.. ..	.. ..	.. ..	.. ..	0 00	0 14	0 23	0 33
3	.. ..	.. ..	.. ..	.. ..	.. ..	.. ..	0 00	0 10	0 18	0 27	0 36	0 47	0 53	1 00
4	0 18	0 25	0 31	0 35	0 40	0 43	0 49	0 55	1 00	1 05	1 10	1 16	1 20	1 24
5	1 29	1 31	1 32	1 34	1 35	1 36	1 37	1 39	1 40	1 41	1 43	1 45	1 46	1 47
6	2 40	2 37	2 34	2 32	2 30	2 28	2 25	2 23	2 20	2 18	2 15	2 13	2 11	2 09
7	3 53	3 44	3 37	3 31	3 26	3 22	3 14	3 08	3 02	2 56	2 49	2 42	2 38	2 33
8	5 08	4 54	4 42	4 33	4 25	4 17	4 05	3 55	3 45	3 35	3 25	3 13	3 06	2 59
9	6 25	6 05	5 49	5 36	5 25	5 15	4 59	4 44	4 31	4 18	4 04	3 48	3 39	3 28
10	7 43	7 17	6 57	6 41	6 27	6 15	5 55	5 37	5 21	5 05	4 47	4 27	4 16	4 03

MOONSET

	−55°	−50°	−45°	−40°	−35°	−30°	−20°	−10°	0°	+10°	+20°	+30°	+35°	+40°
	h m	h m	h m	h m	h m	h m	h m	h m	h m	h m	h m	h m	h m	h m
May 17	20 02	20 32	20 55	21 13	21 28	21 41	22 04	22 23	22 41	22 59	23 18	23 40	23 53	.. ..
18	21 23	21 48	22 07	22 22	22 35	22 46	23 05	23 22	23 37	23 52	.. ..	.. ..	.. ..	0 08
19	22 50	23 08	23 22	23 33	23 43	23 52	.. ..	.. ..	.. ..	.. ..	0 08	0 27	0 38	0 50
20	.. ..	.. ..	.. ..	.. ..	.. ..	.. ..	0 06	0 19	0 31	0 42	0 55	1 09	1 17	1 26
21	0 19	0 30	0 39	0 46	0 52	0 58	1 07	1 15	1 23	1 30	1 38	1 47	1 53	1 58
22	1 47	1 52	1 55	1 58	2 01	2 03	2 07	2 10	2 14	2 17	2 20	2 24	2 26	2 28
23	3 16	3 14	3 13	3 11	3 10	3 09	3 07	3 06	3 04	3 03	3 01	2 59	2 58	2 57
24	4 46	4 38	4 31	4 25	4 20	4 16	4 08	4 02	3 55	3 49	3 43	3 35	3 31	3 26
25	6 17	6 02	5 50	5 39	5 31	5 23	5 10	4 59	4 48	4 38	4 27	4 14	4 06	3 58
26	7 48	7 25	7 08	6 54	6 42	6 31	6 13	5 58	5 43	5 29	5 14	4 56	4 46	4 34
27	9 14	8 45	8 23	8 06	7 51	7 38	7 17	6 58	6 40	6 23	6 04	5 43	5 30	5 16
28	10 29	9 56	9 32	9 13	8 56	8 42	8 18	7 58	7 39	7 19	6 59	6 35	6 21	6 05
29	11 28	10 56	10 31	10 11	9 55	9 41	9 17	8 56	8 36	8 16	7 55	7 31	7 17	7 00
30	12 12	11 42	11 19	11 01	10 46	10 32	10 10	9 50	9 31	9 13	8 53	8 29	8 16	8 00
31	12 42	12 17	11 58	11 42	11 29	11 17	10 57	10 40	10 23	10 07	9 49	9 28	9 16	9 02
June 1	13 04	12 45	12 29	12 16	12 06	11 56	11 39	11 25	11 11	10 58	10 43	10 26	10 16	10 04
2	13 20	13 06	12 55	12 45	12 37	12 30	12 18	12 07	11 56	11 46	11 35	11 22	11 14	11 06
3	13 33	13 24	13 17	13 11	13 06	13 01	12 53	12 45	12 39	12 32	12 24	12 16	12 11	12 05
4	13 45	13 40	13 37	13 34	13 32	13 30	13 26	13 22	13 19	13 16	13 13	13 09	13 06	13 04
5	13 55	13 56	13 56	13 57	13 57	13 58	13 58	13 59	13 59	14 00	14 00	14 01	14 01	14 02
6	14 06	14 11	14 16	14 20	14 23	14 26	14 31	14 36	14 40	14 44	14 49	14 54	14 57	15 01
7	14 18	14 28	14 37	14 44	14 51	14 56	15 06	15 14	15 22	15 30	15 39	15 49	15 54	16 01
8	14 32	14 48	15 01	15 12	15 21	15 29	15 43	15 55	16 07	16 18	16 31	16 45	16 53	17 03
9	14 50	15 12	15 29	15 43	15 55	16 06	16 24	16 40	16 54	17 09	17 25	17 44	17 54	18 07
10	15 16	15 43	16 04	16 21	16 36	16 48	17 10	17 28	17 46	18 03	18 22	18 44	18 57	19 11

.. .. indicates phenomenon will occur the next day.

UNIVERSAL TIME FOR MERIDIAN OF GREENWICH
MOONRISE

Lat.	+40°	+42°	+44°	+46°	+48°	+50°	+52°	+54°	+56°	+58°	+60°	+62°	+64°	+66°
	h m	h m	h m	h m	h m	h m	h m	h m	h m	h m	h m	h m	h m	h m
May 17	8 42	8 35	8 27	8 19	8 10	7 59	7 48	7 35	7 20	7 02	6 40	6 12	5 31	□
18	9 49	9 42	9 36	9 28	9 20	9 11	9 02	8 50	8 38	8 23	8 05	7 44	7 16	6 34
19	10 59	10 54	10 49	10 43	10 37	10 30	10 22	10 14	10 04	9 53	9 40	9 25	9 07	8 44
20	12 11	12 08	12 04	12 00	11 56	11 51	11 46	11 40	11 33	11 26	11 18	11 08	10 57	10 44
21	13 24	13 22	13 20	13 18	13 15	13 13	13 10	13 07	13 04	13 00	12 56	12 51	12 45	12 38
22	14 37	14 36	14 36	14 36	14 35	14 35	14 35	14 34	14 34	14 33	14 33	14 32	14 32	14 31
23	15 50	15 51	15 53	15 54	15 56	15 58	16 00	16 02	16 05	16 08	16 11	16 15	16 19	16 24
24	17 04	17 07	17 10	17 14	17 18	17 22	17 27	17 32	17 37	17 44	17 51	17 59	18 09	18 20
25	18 18	18 23	18 28	18 34	18 40	18 46	18 53	19 01	19 10	19 20	19 32	19 46	20 02	20 23
26	19 32	19 38	19 45	19 52	20 00	20 08	20 18	20 28	20 41	20 55	21 12	21 32	21 59	22 36
27	20 42	20 49	20 57	21 05	21 14	21 24	21 36	21 49	22 04	22 21	22 43	23 11	23 51	■
28	21 45	21 52	22 00	22 09	22 19	22 30	22 42	22 56	23 12	23 31	23 55	.. ..	.. ..	■
29	22 39	22 46	22 54	23 03	23 12	23 22	23 34	23 47	.. ..	.. ..	.. ..	0 27	1 18	■
30	23 24	23 31	23 38	23 45	23 54	.. ..	.. ..	.. ..	0 02	0 20	0 42	1 11	1 52	■
31	.. ..	.. ..	.. ..	.. ..	.. ..	0 03	0 13	0 24	0 37	0 52	1 10	1 32	2 01	2 42
June 1	0 01	0 07	0 13	0 19	0 26	0 33	0 42	0 51	1 01	1 13	1 27	1 43	2 02	2 27
2	0 33	0 37	0 41	0 46	0 52	0 57	1 04	1 11	1 18	1 27	1 37	1 48	2 02	2 18
3	1 00	1 03	1 06	1 09	1 13	1 17	1 21	1 26	1 31	1 37	1 44	1 51	2 00	2 10
4	1 24	1 25	1 27	1 29	1 31	1 34	1 36	1 39	1 42	1 45	1 49	1 53	1 58	2 04
5	1 47	1 47	1 48	1 48	1 49	1 49	1 50	1 51	1 52	1 52	1 53	1 55	1 56	1 57
6	2 09	2 08	2 08	2 07	2 06	2 05	2 04	2 02	2 01	1 59	1 58	1 56	1 54	1 51
7	2 33	2 31	2 29	2 26	2 24	2 21	2 18	2 15	2 11	2 07	2 03	1 58	1 52	1 45
8	2 59	2 55	2 52	2 48	2 44	2 39	2 34	2 29	2 23	2 16	2 09	2 00	1 50	1 39
9	3 28	3 23	3 18	3 13	3 07	3 01	2 54	2 46	2 38	2 28	2 17	2 05	1 50	1 31
10	4 03	3 57	3 51	3 44	3 37	3 28	3 19	3 10	2 58	2 45	2 30	2 13	1 51	1 22

MOONSET

Lat.	+40°	+42°	+44°	+46°	+48°	+50°	+52°	+54°	+56°	+58°	+60°	+62°	+64°	+66°
	h m	h m	h m	h m	h m	h m	h m	h m	h m	h m	h m	h m	h m	h m
May 17	.. ..	.. ..	.. ..	.. ..	.. ..	0 02	0 14	0 27	0 42	1 00	1 22	1 50	2 32	□
18	0 08	0 14	0 22	0 29	0 38	0 47	0 57	1 08	1 22	1 37	1 55	2 17	2 45	3 27
19	0 50	0 55	1 01	1 08	1 14	1 22	1 30	1 39	1 49	2 01	2 14	2 30	2 49	3 13
20	1 26	1 30	1 35	1 39	1 44	1 50	1 56	2 02	2 10	2 18	2 27	2 38	2 50	3 05
21	1 58	2 01	2 04	2 07	2 10	2 13	2 17	2 21	2 25	2 30	2 36	2 42	2 49	2 57
22	2 28	2 29	2 30	2 31	2 32	2 34	2 35	2 37	2 38	2 40	2 43	2 45	2 48	2 51
23	2 57	2 56	2 56	2 55	2 54	2 53	2 53	2 52	2 51	2 50	2 49	2 47	2 46	2 44
24	3 26	3 24	3 22	3 19	3 17	3 14	3 11	3 08	3 04	3 00	2 55	2 50	2 44	2 37
25	3 58	3 54	3 50	3 46	3 42	3 37	3 31	3 25	3 19	3 12	3 03	2 54	2 43	2 30
26	4 34	4 29	4 23	4 18	4 11	4 04	3 56	3 48	3 38	3 27	3 15	3 00	2 42	2 21
27	5 16	5 10	5 03	4 55	4 47	4 38	4 28	4 17	4 04	3 50	3 32	3 11	2 44	2 06
28	6 05	5 57	5 50	5 41	5 32	5 21	5 10	4 57	4 41	4 24	4 02	3 33	2 52	■
29	7 00	6 52	6 44	6 35	6 26	6 15	6 03	5 49	5 33	5 14	4 50	4 18	3 26	■
30	8 00	7 53	7 45	7 37	7 27	7 17	7 06	6 53	6 38	6 20	5 59	5 30	4 49	■
31	9 02	8 56	8 49	8 42	8 34	8 25	8 15	8 04	7 52	7 37	7 20	6 58	6 30	5 49
June 1	10 04	9 59	9 54	9 48	9 42	9 34	9 27	9 18	9 08	8 57	8 44	8 29	8 10	7 46
2	11 06	11 02	10 58	10 53	10 48	10 43	10 38	10 31	10 24	10 16	10 07	9 57	9 44	9 29
3	12 05	12 03	12 00	11 57	11 54	11 51	11 47	11 43	11 38	11 33	11 28	11 21	11 14	11 05
4	13 04	13 02	13 01	13 00	12 58	12 57	12 55	12 53	12 51	12 49	12 46	12 43	12 40	12 36
5	14 02	14 02	14 02	14 02	14 03	14 03	14 03	14 03	14 04	14 04	14 04	14 05	14 05	14 06
6	15 01	15 02	15 04	15 05	15 07	15 09	15 11	15 14	15 17	15 20	15 23	15 27	15 31	15 36
7	16 01	16 04	16 07	16 10	16 13	16 17	16 22	16 26	16 31	16 37	16 44	16 51	17 00	17 10
8	17 03	17 07	17 11	17 16	17 22	17 27	17 34	17 41	17 49	17 58	18 08	18 20	18 34	18 51
9	18 07	18 12	18 18	18 25	18 32	18 39	18 48	18 57	19 08	19 20	19 35	19 52	20 13	20 41
10	19 11	19 18	19 25	19 33	19 41	19 51	20 01	20 13	20 26	20 42	21 01	21 25	21 56	22 48

□ indicates Moon continuously above horizon.
■ indicates Moon continuously below horizon.
.. .. indicates phenomenon will occur the next day.

MOONRISE AND MOONSET, 2002

UNIVERSAL TIME FOR MERIDIAN OF GREENWICH

MOONRISE

Lat.	−55°	−50°	−45°	−40°	−35°	−30°	−20°	−10°	0°	+10°	+20°	+30°	+35°	+40°
	h m	h m	h m	h m	h m	h m	h m	h m	h m	h m	h m	h m	h m	h m
June 8	5 08	4 54	4 42	4 33	4 25	4 17	4 05	3 55	3 45	3 35	3 25	3 13	3 06	2 59
9	6 25	6 05	5 49	5 36	5 25	5 15	4 59	4 44	4 31	4 18	4 04	3 48	3 39	3 28
10	7 43	7 17	6 57	6 41	6 27	6 15	5 55	5 37	5 21	5 05	4 47	4 27	4 16	4 03
11	8 59	8 27	8 04	7 45	7 29	7 16	6 53	6 33	6 14	5 56	5 36	5 13	5 00	4 45
12	10 05	9 32	9 06	8 47	8 30	8 15	7 51	7 30	7 10	6 51	6 30	6 06	5 51	5 35
13	10 58	10 26	10 02	9 42	9 26	9 12	8 48	8 28	8 08	7 49	7 28	7 04	6 50	6 34
14	11 37	11 09	10 48	10 31	10 16	10 04	9 42	9 23	9 06	8 48	8 29	8 08	7 55	7 40
15	12 04	11 43	11 26	11 12	11 00	10 50	10 32	10 16	10 02	9 47	9 31	9 13	9 03	8 50
16	12 25	12 10	11 58	11 47	11 39	11 31	11 18	11 06	10 55	10 44	10 33	10 19	10 11	10 02
17	12 41	12 32	12 25	12 19	12 13	12 09	12 01	11 53	11 47	11 40	11 33	11 24	11 20	11 14
18	12 55	12 52	12 49	12 47	12 45	12 44	12 41	12 39	12 36	12 34	12 32	12 29	12 27	12 25
19	13 08	13 11	13 13	13 15	13 17	13 18	13 21	13 23	13 26	13 28	13 30	13 33	13 35	13 37
20	13 22	13 31	13 38	13 44	13 49	13 54	14 02	14 09	14 16	14 22	14 30	14 38	14 43	14 48
21	13 39	13 54	14 06	14 15	14 24	14 32	14 45	14 56	15 07	15 18	15 30	15 44	15 51	16 01
22	14 00	14 21	14 37	14 51	15 03	15 13	15 31	15 46	16 01	16 16	16 31	16 50	17 01	17 13
23	14 28	14 55	15 15	15 32	15 47	15 59	16 21	16 39	16 57	17 15	17 34	17 56	18 08	18 23
24	15 06	15 38	16 02	16 21	16 37	16 51	17 15	17 35	17 54	18 14	18 34	18 59	19 13	19 29
25	15 59	16 32	16 56	17 16	17 33	17 47	18 11	18 32	18 52	19 11	19 32	19 57	20 11	20 27
26	17 04	17 35	17 58	18 16	18 32	18 46	19 09	19 28	19 47	20 05	20 25	20 48	21 01	21 17
27	18 17	18 43	19 03	19 19	19 33	19 45	20 05	20 23	20 39	20 55	21 13	21 33	21 44	21 58
28	19 33	19 53	20 09	20 22	20 33	20 43	21 00	21 14	21 28	21 41	21 55	22 12	22 21	22 32
29	20 48	21 02	21 14	21 24	21 32	21 39	21 52	22 03	22 13	22 23	22 34	22 46	22 53	23 01
30	22 01	22 10	22 18	22 24	22 29	22 34	22 42	22 49	22 55	23 02	23 09	23 16	23 21	23 26
July 1	23 13	23 17	23 20	23 22	23 25	23 27	23 30	23 33	23 36	23 39	23 42	23 45	23 47	23 49
2	.. ..	.. ..	.. ..	.. ..	.. ..	.. ..	.. ..	.. ..	.. ..	.. ..	.. ..	.. ..	.. ..	.. ..

MOONSET

Lat.	−55°	−50°	−45°	−40°	−35°	−30°	−20°	−10°	0°	+10°	+20°	+30°	+35°	+40°
	h m	h m	h m	h m	h m	h m	h m	h m	h m	h m	h m	h m	h m	h m
June 8	14 32	14 48	15 01	15 12	15 21	15 29	15 43	15 55	16 07	16 18	16 31	16 45	16 53	17 03
9	14 50	15 12	15 29	15 43	15 55	16 06	16 24	16 40	16 54	17 09	17 25	17 44	17 54	18 07
10	15 16	15 43	16 04	16 21	16 36	16 48	17 10	17 28	17 46	18 03	18 22	18 44	18 57	19 11
11	15 52	16 24	16 48	17 07	17 23	17 37	18 01	18 22	18 41	19 00	19 21	19 44	19 58	20 15
12	16 43	17 17	17 42	18 02	18 18	18 33	18 57	19 18	19 38	19 58	20 19	20 43	20 57	21 14
13	17 50	18 22	18 46	19 04	19 20	19 34	19 57	20 17	20 36	20 54	21 14	21 37	21 50	22 06
14	19 10	19 36	19 57	20 13	20 27	20 39	20 59	21 17	21 33	21 49	22 06	22 26	22 37	22 51
15	20 36	20 56	21 12	21 25	21 35	21 45	22 01	22 15	22 28	22 40	22 54	23 10	23 19	23 29
16	22 04	22 18	22 28	22 37	22 44	22 50	23 01	23 11	23 20	23 29	23 38	23 49	23 55	.. ..
17	23 32	23 39	23 44	23 48	23 52	23 55	.. ..	.. ..	.. ..	.. ..	.. ..	.. ..	.. ..	0 02
18	.. ..	.. ..	.. ..	.. ..	.. ..	.. ..	0 01	0 06	0 10	0 15	0 20	0 25	0 28	0 32
19	0 59	0 59	0 59	0 59	0 59	1 00	1 00	1 00	1 00	1 00	1 00	1 00	1 00	1 00
20	2 26	2 20	2 15	2 11	2 07	2 04	1 58	1 54	1 49	1 45	1 40	1 34	1 31	1 28
21	3 54	3 41	3 31	3 23	3 15	3 09	2 58	2 49	2 40	2 31	2 21	2 11	2 05	1 58
22	5 22	5 03	4 48	4 35	4 24	4 15	3 59	3 45	3 32	3 20	3 06	2 50	2 41	2 31
23	6 49	6 23	6 03	5 47	5 33	5 21	5 01	4 44	4 27	4 11	3 54	3 34	3 22	3 09
24	8 08	7 37	7 14	6 55	6 40	6 26	6 03	5 43	5 24	5 06	4 46	4 23	4 09	3 54
25	9 15	8 42	8 17	7 58	7 41	7 27	7 03	6 42	6 22	6 02	5 41	5 17	5 03	4 46
26	10 06	9 34	9 11	8 52	8 36	8 22	7 58	7 38	7 19	6 59	6 39	6 15	6 01	5 44
27	10 42	10 15	9 54	9 37	9 23	9 10	8 49	8 30	8 12	7 55	7 36	7 14	7 01	6 46
28	11 07	10 46	10 28	10 14	10 02	9 52	9 34	9 18	9 03	8 48	8 32	8 13	8 02	7 50
29	11 26	11 10	10 57	10 46	10 36	10 28	10 14	10 01	9 50	9 38	9 25	9 10	9 02	8 52
30	11 40	11 29	11 20	11 13	11 06	11 01	10 51	10 42	10 33	10 25	10 16	10 06	10 00	9 53
July 1	11 52	11 46	11 41	11 37	11 33	11 30	11 25	11 20	11 15	11 10	11 05	10 59	10 56	10 52
2	12 03	12 02	12 01	12 00	11 59	11 58	11 57	11 56	11 55	11 54	11 53	11 52	11 51	11 50

.. .. indicates phenomenon will occur the next day.

UNIVERSAL TIME FOR MERIDIAN OF GREENWICH

MOONRISE

Lat.	+40°	+42°	+44°	+46°	+48°	+50°	+52°	+54°	+56°	+58°	+60°	+62°	+64°	+66°
	h m	h m	h m	h m	h m	h m	h m	h m	h m	h m	h m	h m	h m	h m
June 8	2 59	2 55	2 52	2 48	2 44	2 39	2 34	2 29	2 23	2 16	2 09	2 00	1 50	1 39
9	3 28	3 23	3 18	3 13	3 07	3 01	2 54	2 46	2 38	2 28	2 17	2 05	1 50	1 31
10	4 03	3 57	3 51	3 44	3 37	3 28	3 19	3 10	2 58	2 45	2 30	2 13	1 51	1 22
11	4 45	4 38	4 30	4 23	4 14	4 04	3 53	3 41	3 28	3 11	2 52	2 28	1 56	1 04
12	5 35	5 28	5 20	5 11	5 01	4 51	4 39	4 26	4 10	3 52	3 29	3 00	2 15	▭
13	6 34	6 27	6 19	6 10	6 01	5 50	5 38	5 25	5 10	4 51	4 29	3 59	3 14	▭
14	7 40	7 33	7 26	7 18	7 10	7 01	6 50	6 38	6 25	6 09	5 50	5 26	4 54	4 01
15	8 50	8 45	8 39	8 33	8 26	8 18	8 10	8 01	7 50	7 38	7 24	7 07	6 46	6 18
16	10 02	9 58	9 54	9 49	9 44	9 39	9 33	9 26	9 19	9 11	9 01	8 50	8 37	8 21
17	11 14	11 12	11 09	11 06	11 03	11 00	10 57	10 53	10 48	10 44	10 38	10 32	10 25	10 16
18	12 25	12 25	12 24	12 23	12 22	12 21	12 20	12 18	12 17	12 16	12 14	12 12	12 10	12 07
19	13 37	13 37	13 38	13 39	13 40	13 41	13 43	13 44	13 46	13 47	13 49	13 51	13 54	13 56
20	14 48	14 51	14 53	14 56	14 59	15 03	15 06	15 10	15 15	15 20	15 25	15 32	15 39	15 48
21	16 01	16 05	16 09	16 14	16 19	16 24	16 30	16 37	16 45	16 53	17 03	17 14	17 28	17 44
22	17 13	17 18	17 24	17 31	17 38	17 45	17 54	18 04	18 14	18 27	18 41	18 59	19 20	19 49
23	18 23	18 30	18 37	18 45	18 54	19 03	19 14	19 26	19 40	19 56	20 16	20 40	21 14	22 13
24	19 29	19 37	19 45	19 53	20 03	20 13	20 25	20 39	20 55	21 14	21 37	22 08	22 56	▬
25	20 27	20 35	20 43	20 52	21 01	21 12	21 24	21 38	21 53	22 12	22 35	23 06	23 54	▬
26	21 17	21 24	21 31	21 39	21 48	21 58	22 09	22 21	22 35	22 52	23 11	23 36	.. ..	▬
27	21 58	22 04	22 10	22 17	22 25	22 33	22 42	22 52	23 04	23 17	23 32	23 51	0 10	1 08
28	22 32	22 37	22 42	22 47	22 53	23 00	23 07	23 15	23 24	23 33	23 45	23 58	0 14	0 44
29	23 01	23 04	23 08	23 12	23 16	23 21	23 26	23 32	23 38	23 45	23 53	.. ..	0 14	0 33
30	23 26	23 28	23 31	23 33	23 36	23 39	23 42	23 46	23 50	23 54	23 59	0 02	0 13	0 25
July 1	23 49	23 50	23 51	23 53	23 54	23 55	23 56	23 58	.. ..	.. ..	.. ..	0 04	0 11	0 18
2	.. ..	.. ..	.. ..	.. ..	.. ..	.. ..	.. ..	.. ..	0 00	0 02	0 04	0 06	0 09	0 12

MOONSET

Lat.	+40°	+42°	+44°	+46°	+48°	+50°	+52°	+54°	+56°	+58°	+60°	+62°	+64°	+66°
	h m	h m	h m	h m	h m	h m	h m	h m	h m	h m	h m	h m	h m	h m
June 8	17 03	17 07	17 11	17 16	17 22	17 27	17 34	17 41	17 49	17 58	18 08	18 20	18 34	18 51
9	18 07	18 12	18 18	18 25	18 32	18 39	18 48	18 57	19 08	19 20	19 35	19 52	20 13	20 41
10	19 11	19 18	19 25	19 33	19 41	19 51	20 01	20 13	20 26	20 42	21 01	21 25	21 56	22 48
11	20 15	20 22	20 30	20 38	20 48	20 58	21 10	21 23	21 39	21 57	22 19	22 49	23 33	▭
12	21 14	21 21	21 29	21 38	21 47	21 58	22 10	22 23	22 39	22 57	23 20	23 50	.. ..	▭
13	22 06	22 13	22 20	22 28	22 37	22 47	22 57	23 09	23 23	23 40	23 59	.. ..	0 35	▭
14	22 51	22 56	23 03	23 09	23 17	23 25	23 34	23 44	23 55	.. ..	.. ..	0 23	0 56	1 49
15	23 29	23 33	23 38	23 43	23 49	23 55	.. ..	.. ..	.. ..	0 08	0 22	0 40	1 02	1 30
16	.. ..	.. ..	.. ..	.. ..	.. ..	.. ..	0 02	0 09	0 17	0 26	0 37	0 49	1 03	1 20
17	0 02	0 05	0 08	0 11	0 15	0 19	0 24	0 28	0 34	0 40	0 46	0 54	1 02	1 12
18	0 32	0 33	0 35	0 36	0 38	0 40	0 42	0 45	0 47	0 50	0 53	0 57	1 01	1 06
19	1 00	1 00	1 00	1 00	1 00	1 00	1 00	1 00	0 59	0 59	0 59	0 59	0 59	0 59
20	1 28	1 26	1 25	1 23	1 21	1 19	1 17	1 14	1 12	1 09	1 05	1 02	0 57	0 53
21	1 58	1 55	1 51	1 48	1 44	1 40	1 35	1 31	1 25	1 19	1 12	1 05	0 56	0 45
22	2 31	2 26	2 21	2 16	2 10	2 04	1 58	1 50	1 42	1 32	1 22	1 09	0 55	0 37
23	3 09	3 03	2 57	2 50	2 43	2 34	2 25	2 15	2 04	1 51	1 36	1 18	0 55	0 26
24	3 54	3 47	3 40	3 31	3 23	3 13	3 02	2 49	2 35	2 19	1 59	1 34	1 00	▬
25	4 46	4 39	4 30	4 22	4 12	4 01	3 49	3 36	3 20	3 01	2 37	2 06	1 18	▬
26	5 44	5 37	5 29	5 20	5 11	5 00	4 48	4 35	4 19	4 00	3 37	3 07	2 19	▬
27	6 46	6 40	6 32	6 25	6 16	6 06	5 56	5 44	5 30	5 14	4 55	4 30	3 57	2 59
28	7 50	7 44	7 38	7 31	7 24	7 16	7 08	6 58	6 47	6 34	6 19	6 02	5 39	5 10
29	8 52	8 48	8 43	8 38	8 33	8 27	8 20	8 13	8 04	7 55	7 45	7 32	7 17	6 59
30	9 53	9 50	9 47	9 43	9 39	9 35	9 31	9 26	9 20	9 14	9 07	8 59	8 50	8 39
July 1	10 52	10 50	10 49	10 47	10 45	10 42	10 40	10 37	10 34	10 31	10 27	10 23	10 18	10 12
2	11 50	11 50	11 50	11 49	11 49	11 48	11 48	11 47	11 47	11 46	11 45	11 44	11 43	11 42

▭ indicates Moon continuously above horizon.
▬ indicates Moon continuously below horizon.
.. .. indicates phenomenon will occur the next day.

MOONRISE AND MOONSET, 2002

UNIVERSAL TIME FOR MERIDIAN OF GREENWICH

MOONRISE

Lat.	−55°	−50°	−45°	−40°	−35°	−30°	−20°	−10°	0°	+10°	+20°	+30°	+35°	+40°
	h m	h m	h m	h m	h m	h m	h m	h m	h m	h m	h m	h m	h m	h m
July 1	23 13	23 17	23 20	23 22	23 25	23 27	23 30	23 33	23 36	23 39	23 42	23 45	23 47	23 49
2	.. ..	.. ..	.. ..	.. ..	.. ..	.. ..	.. ..	.. ..	.. ..	.. ..	.. ..	.. ..	.. ..	.. ..
3	0 24	0 22	0 21	0 20	0 20	0 19	0 18	0 17	0 16	0 15	0 14	0 13	0 13	0 12
4	1 35	1 29	1 23	1 19	1 15	1 12	1 06	1 01	0 57	0 52	0 47	0 42	0 38	0 35
5	2 49	2 37	2 27	2 19	2 12	2 06	1 56	1 47	1 39	1 30	1 22	1 12	1 06	0 59
6	4 04	3 46	3 32	3 21	3 11	3 02	2 48	2 35	2 23	2 11	1 59	1 45	1 36	1 27
7	5 22	4 58	4 40	4 25	4 12	4 01	3 42	3 26	3 11	2 56	2 40	2 22	2 11	1 59
8	6 39	6 10	5 48	5 30	5 15	5 02	4 40	4 21	4 03	3 45	3 26	3 05	2 52	2 38
9	7 51	7 18	6 53	6 33	6 17	6 03	5 39	5 18	4 59	4 39	4 19	3 55	3 41	3 25
10	8 51	8 17	7 53	7 33	7 16	7 02	6 38	6 16	5 57	5 37	5 16	4 52	4 38	4 21
11	9 35	9 06	8 43	8 25	8 10	7 57	7 34	7 14	6 56	6 38	6 18	5 55	5 42	5 26
12	10 07	9 44	9 25	9 10	8 57	8 46	8 27	8 10	7 54	7 38	7 21	7 02	6 50	6 37
13	10 30	10 13	10 00	9 48	9 39	9 30	9 15	9 02	8 50	8 38	8 25	8 10	8 01	7 51
14	10 48	10 37	10 29	10 21	10 15	10 09	10 00	9 51	9 43	9 35	9 26	9 16	9 11	9 04
15	11 03	10 58	10 54	10 51	10 48	10 46	10 41	10 37	10 34	10 30	10 26	10 22	10 20	10 17
16	11 16	11 17	11 18	11 19	11 20	11 20	11 21	11 22	11 23	11 24	11 25	11 27	11 27	11 28
17	11 30	11 37	11 43	11 47	11 51	11 55	12 02	12 07	12 13	12 18	12 24	12 31	12 35	12 39
18	11 45	11 58	12 09	12 17	12 25	12 31	12 43	12 53	13 03	13 13	13 23	13 35	13 42	13 50
19	12 04	12 23	12 38	12 51	13 01	13 11	13 27	13 41	13 55	14 09	14 23	14 40	14 50	15 01
20	12 28	12 54	13 13	13 29	13 43	13 54	14 15	14 32	14 49	15 06	15 24	15 45	15 57	16 11
21	13 02	13 32	13 55	14 14	14 29	14 43	15 06	15 26	15 45	16 04	16 24	16 48	17 01	17 17
22	13 48	14 21	14 46	15 06	15 22	15 37	16 01	16 22	16 41	17 01	17 22	17 47	18 01	18 18
23	14 48	15 20	15 44	16 04	16 20	16 34	16 57	17 18	17 37	17 56	18 16	18 40	18 54	19 10
24	15 58	16 27	16 48	17 06	17 20	17 33	17 54	18 13	18 30	18 47	19 06	19 27	19 40	19 54
25	17 14	17 37	17 54	18 09	18 21	18 31	18 50	19 05	19 20	19 35	19 50	20 08	20 19	20 30

MOONSET

	−55°	−50°	−45°	−40°	−35°	−30°	−20°	−10°	0°	+10°	+20°	+30°	+35°	+40°
	h m	h m	h m	h m	h m	h m	h m	h m	h m	h m	h m	h m	h m	h m
July 1	11 52	11 46	11 41	11 37	11 33	11 30	11 25	11 20	11 15	11 10	11 05	10 59	10 56	10 52
2	12 03	12 02	12 01	12 00	11 59	11 58	11 57	11 56	11 55	11 54	11 53	11 52	11 51	11 50
3	12 13	12 17	12 20	12 22	12 25	12 26	12 30	12 33	12 35	12 38	12 41	12 44	12 46	12 49
4	12 24	12 33	12 40	12 46	12 51	12 55	13 03	13 10	13 17	13 23	13 30	13 38	13 42	13 48
5	12 37	12 51	13 02	13 12	13 20	13 27	13 39	13 50	14 00	14 10	14 21	14 33	14 40	14 48
6	12 54	13 13	13 28	13 41	13 52	14 01	14 18	14 32	14 46	14 59	15 14	15 30	15 40	15 51
7	13 16	13 41	14 00	14 16	14 30	14 41	15 01	15 19	15 35	15 52	16 10	16 30	16 42	16 56
8	13 47	14 17	14 40	14 59	15 14	15 28	15 51	16 10	16 29	16 48	17 08	17 31	17 44	18 00
9	14 32	15 05	15 30	15 50	16 07	16 21	16 45	17 07	17 26	17 46	18 07	18 31	18 45	19 02
10	15 34	16 07	16 31	16 51	17 07	17 21	17 45	18 06	18 25	18 44	19 05	19 28	19 42	19 58
11	16 51	17 20	17 42	17 59	18 14	18 27	18 48	19 07	19 24	19 41	20 00	20 21	20 33	20 47
12	18 18	18 41	18 58	19 12	19 24	19 34	19 52	20 07	20 21	20 35	20 50	21 07	21 17	21 28
13	19 48	20 04	20 16	20 26	20 34	20 42	20 54	21 05	21 16	21 26	21 36	21 49	21 56	22 04
14	21 18	21 26	21 33	21 39	21 44	21 48	21 55	22 02	22 07	22 13	22 19	22 26	22 30	22 35
15	22 46	22 48	22 50	22 51	22 52	22 53	22 55	22 56	22 57	22 59	23 00	23 02	23 03	23 03
16	.. ..	.. ..	.. ..	.. ..	.. ..	23 57	23 53	23 50	23 47	23 44	23 40	23 36	23 34	23 31
17	0 13	0 09	0 05	0 02	0 00	.. ..	.. ..	.. ..	.. ..	.. ..	.. ..	.. ..	.. ..	.. ..
18	1 40	1 29	1 20	1 13	1 07	1 02	0 52	0 44	0 36	0 29	0 21	0 12	0 06	0 00
19	3 07	2 49	2 36	2 24	2 15	2 06	1 52	1 39	1 28	1 16	1 03	0 49	0 41	0 32
20	4 32	4 08	3 50	3 35	3 22	3 11	2 52	2 36	2 21	2 05	1 49	1 31	1 20	1 07
21	5 53	5 24	5 01	4 43	4 28	4 15	3 53	3 34	3 16	2 58	2 39	2 17	2 04	1 49
22	7 04	6 31	6 06	5 47	5 30	5 16	4 52	4 31	4 12	3 53	3 32	3 08	2 54	2 37
23	8 00	7 27	7 03	6 43	6 27	6 13	5 49	5 28	5 08	4 49	4 28	4 03	3 49	3 33
24	8 41	8 11	7 49	7 31	7 16	7 03	6 41	6 21	6 03	5 45	5 25	5 02	4 48	4 33
25	9 10	8 46	8 27	8 12	7 59	7 47	7 28	7 11	6 55	6 38	6 21	6 01	5 49	5 36

.. .. indicates phenomenon will occur the next day.

UNIVERSAL TIME FOR MERIDIAN OF GREENWICH
MOONRISE

Lat.	+40°	+42°	+44°	+46°	+48°	+50°	+52°	+54°	+56°	+58°	+60°	+62°	+64°	+66°
	h m	h m	h m	h m	h m	h m	h m	h m	h m	h m	h m	h m	h m	h m
July 1	23 49	23 50	23 51	23 53	23 54	23 55	23 56	23 58	.. ..	.. ..	.. ..	0 04	0 11	0 18
2	.. ..	.. ..	.. ..	.. ..	.. ..	.. ..	.. ..	.. ..	0 00	0 02	0 04	0 06	0 09	0 12
3	0 12	0 12	0 11	0 11	0 11	0 10	0 10	0 10	0 09	0 09	0 08	0 07	0 07	0 06
4	0 35	0 33	0 32	0 30	0 28	0 26	0 24	0 21	0 19	0 16	0 12	0 09	0 04	0 00
5	0 59	0 57	0 54	0 50	0 47	0 43	0 39	0 34	0 30	0 24	0 18	0 11	0 03	23 46
6	1 27	1 23	1 18	1 14	1 09	1 03	0 57	0 50	0 43	0 35	0 25	0 14	0 02	23 38
7	1 59	1 54	1 48	1 42	1 35	1 28	1 20	1 11	1 01	0 49	0 36	0 20	0 02	23 25
8	2 38	2 31	2 24	2 17	2 09	2 00	1 50	1 38	1 26	1 11	0 53	0 32	0 05	□
9	3 25	3 18	3 10	3 01	2 52	2 42	2 30	2 17	2 02	1 45	1 23	0 56	0 16	□
10	4 21	4 14	4 06	3 57	3 47	3 37	3 25	3 11	2 56	2 37	2 14	1 43	0 56	□
11	5 26	5 19	5 12	5 04	4 55	4 45	4 34	4 21	4 07	3 50	3 29	3 03	2 25	1 01
12	6 37	6 31	6 25	6 18	6 10	6 02	5 53	5 43	5 31	5 18	5 02	4 42	4 18	3 45
13	7 51	7 46	7 41	7 36	7 31	7 24	7 18	7 10	7 02	6 52	6 41	6 28	6 13	5 54
14	9 04	9 01	8 58	8 55	8 51	8 47	8 43	8 38	8 33	8 27	8 21	8 13	8 04	7 54
15	10 17	10 15	10 14	10 13	10 11	10 09	10 08	10 06	10 03	10 01	9 58	9 55	9 51	9 47
16	11 28	11 29	11 29	11 29	11 30	11 30	11 31	11 32	11 32	11 33	11 34	11 35	11 36	11 37
17	12 39	12 41	12 43	12 46	12 48	12 51	12 54	12 57	13 01	13 05	13 09	13 14	13 20	13 27
18	13 50	13 54	13 58	14 02	14 06	14 11	14 17	14 22	14 29	14 36	14 45	14 55	15 06	15 20
19	15 01	15 06	15 12	15 18	15 24	15 31	15 39	15 48	15 57	16 08	16 21	16 37	16 55	17 19
20	16 11	16 17	16 24	16 32	16 40	16 49	16 59	17 10	17 23	17 38	17 56	18 18	18 47	19 30
21	17 17	17 25	17 32	17 41	17 50	18 01	18 12	18 25	18 41	18 59	19 21	19 50	20 33	■
22	18 18	18 25	18 33	18 42	18 52	19 03	19 15	19 29	19 45	20 04	20 27	20 59	21 50	■
23	19 10	19 17	19 25	19 33	19 42	19 53	20 04	20 17	20 32	20 50	21 11	21 38	22 18	■
24	19 54	20 00	20 07	20 14	20 23	20 31	20 41	20 52	21 05	21 19	21 37	21 57	22 24	23 02
25	20 30	20 36	20 41	20 47	20 54	21 01	21 09	21 18	21 28	21 39	21 52	22 07	22 25	22 48

MOONSET

Lat.	+40°	+42°	+44°	+46°	+48°	+50°	+52°	+54°	+56°	+58°	+60°	+62°	+64°	+66°
	h m	h m	h m	h m	h m	h m	h m	h m	h m	h m	h m	h m	h m	h m
July 1	10 52	10 50	10 49	10 47	10 45	10 42	10 40	10 37	10 34	10 31	10 27	10 23	10 18	10 12
2	11 50	11 50	11 50	11 49	11 49	11 48	11 48	11 47	11 47	11 46	11 45	11 44	11 43	11 42
3	12 49	12 50	12 51	12 52	12 53	12 54	12 56	12 57	12 59	13 01	13 03	13 05	13 08	13 11
4	13 48	13 50	13 52	13 55	13 58	14 01	14 04	14 08	14 12	14 17	14 22	14 28	14 35	14 43
5	14 48	14 52	14 56	15 00	15 05	15 10	15 15	15 21	15 28	15 36	15 44	15 54	16 06	16 20
6	15 51	15 56	16 02	16 07	16 14	16 21	16 28	16 37	16 46	16 57	17 09	17 24	17 42	18 05
7	16 56	17 02	17 09	17 16	17 24	17 32	17 42	17 53	18 05	18 19	18 36	18 57	19 24	20 03
8	18 00	18 07	18 15	18 23	18 32	18 42	18 54	19 06	19 21	19 39	20 00	20 27	21 06	□
9	19 02	19 09	19 17	19 26	19 36	19 46	19 58	20 12	20 28	20 46	21 10	21 40	22 27	□
10	19 58	20 05	20 13	20 21	20 30	20 41	20 52	21 05	21 19	21 37	21 58	22 24	23 02	□
11	20 47	20 53	21 00	21 07	21 15	21 24	21 33	21 44	21 56	22 10	22 27	22 47	23 12	0 27
12	21 28	21 33	21 38	21 44	21 50	21 57	22 05	22 13	22 22	22 32	22 44	22 58	23 14	23 34
13	22 04	22 07	22 11	22 15	22 19	22 24	22 29	22 34	22 41	22 47	22 55	23 04	23 14	23 26
14	22 35	22 37	22 39	22 41	22 43	22 46	22 49	22 52	22 55	22 59	23 03	23 08	23 13	23 19
15	23 03	23 04	23 04	23 05	23 05	23 06	23 06	23 07	23 08	23 09	23 09	23 10	23 12	23 13
16	23 31	23 30	23 29	23 28	23 27	23 25	23 24	23 22	23 20	23 18	23 15	23 13	23 10	23 06
17	.. ..	23 58	23 55	23 52	23 49	23 45	23 41	23 37	23 33	23 28	23 22	23 15	23 08	22 59
18	0 00	.. ..	.. ..	.. ..	.. ..	.. ..	.. ..	23 55	23 48	23 40	23 30	23 19	23 07	22 52
19	0 32	0 28	0 23	0 19	0 13	0 08	0 02	.. ..	.. ..	23 56	23 42	23 26	23 06	22 42
20	1 07	1 02	0 56	0 50	0 43	0 35	0 27	0 18	0 07	.. ..	.. ..	23 38	23 09	22 25
21	1 49	1 42	1 35	1 27	1 19	1 10	0 59	0 48	0 34	0 19	0 01	.. ..	23 19	■
22	2 37	2 30	2 22	2 13	2 04	1 53	1 42	1 28	1 13	0 55	0 32	0 03	.. ..	■
23	3 33	3 25	3 17	3 08	2 58	2 48	2 36	2 22	2 06	1 47	1 23	0 52	0 00	■
24	4 33	4 26	4 18	4 10	4 01	3 51	3 40	3 27	3 12	2 55	2 34	2 07	1 28	■
25	5 36	5 30	5 23	5 16	5 08	5 00	4 50	4 40	4 28	4 13	3 57	3 36	3 10	2 33

□ indicates Moon continuously above horizon.
■ indicates Moon continuously below horizon.
.. .. indicates phenomenon will occur the next day.

MOONRISE AND MOONSET, 2002

UNIVERSAL TIME FOR MERIDIAN OF GREENWICH

MOONRISE

Lat.	−55°	−50°	−45°	−40°	−35°	−30°	−20°	−10°	0°	+10°	+20°	+30°	+35°	+40°
	h m	h m	h m	h m	h m	h m	h m	h m	h m	h m	h m	h m	h m	h m
July 24	15 58	16 27	16 48	17 06	17 20	17 33	17 54	18 13	18 30	18 47	19 06	19 27	19 40	19 54
25	17 14	17 37	17 54	18 09	18 21	18 31	18 50	19 05	19 20	19 35	19 50	20 08	20 19	20 30
26	18 30	18 47	19 00	19 11	19 21	19 29	19 43	19 55	20 07	20 18	20 30	20 44	20 52	21 01
27	19 44	19 56	20 05	20 12	20 19	20 24	20 34	20 42	20 50	20 58	21 07	21 16	21 22	21 28
28	20 57	21 03	21 07	21 11	21 15	21 18	21 23	21 28	21 32	21 36	21 41	21 46	21 49	21 52
29	22 08	22 09	22 09	22 10	22 10	22 10	22 11	22 12	22 12	22 13	22 13	22 14	22 14	22 15
30	23 19	23 15	23 11	23 08	23 05	23 03	22 59	22 55	22 52	22 49	22 46	22 42	22 40	22 37
31	.. ..	.. ..	.. ..	.. ..	.. ..	23 56	23 47	23 40	23 33	23 26	23 19	23 11	23 06	23 01
Aug. 1	0 31	0 21	0 13	0 07	0 01	.. ..	.. ..	.. ..	.. ..	.. ..	23 54	23 42	23 34	23 26
2	1 45	1 29	1 17	1 07	0 58	0 51	0 38	0 26	0 16	0 05	.. ..	.. ..	.. ..	23 56
3	3 01	2 39	2 23	2 09	1 57	1 47	1 30	1 15	1 02	0 48	0 33	0 16	0 07	.. ..
4	4 18	3 50	3 30	3 13	2 59	2 46	2 26	2 08	1 51	1 34	1 16	0 56	0 44	0 31
5	5 32	5 00	4 36	4 17	4 01	3 47	3 23	3 03	2 44	2 25	2 05	1 42	1 29	1 13
6	6 37	6 03	5 38	5 18	5 01	4 47	4 22	4 01	3 41	3 22	3 00	2 36	2 22	2 05
7	7 28	6 57	6 33	6 14	5 58	5 44	5 20	5 00	4 40	4 21	4 01	3 37	3 23	3 07
8	8 06	7 40	7 19	7 03	6 49	6 36	6 15	5 57	5 40	5 23	5 04	4 43	4 31	4 16
9	8 33	8 13	7 57	7 44	7 33	7 23	7 07	6 52	6 38	6 24	6 09	5 52	5 42	5 31
10	8 53	8 40	8 29	8 20	8 12	8 06	7 54	7 44	7 34	7 24	7 14	7 02	6 55	6 47
11	9 09	9 02	8 56	8 52	8 48	8 44	8 38	8 32	8 27	8 22	8 16	8 10	8 06	8 02
12	9 23	9 22	9 22	9 21	9 21	9 20	9 20	9 19	9 18	9 18	9 17	9 17	9 17	9 16
13	9 37	9 42	9 46	9 50	9 53	9 56	10 01	10 05	10 09	10 13	10 18	10 23	10 26	10 29
14	9 51	10 03	10 12	10 20	10 26	10 32	10 42	10 51	11 00	11 08	11 18	11 28	11 35	11 42
15	10 09	10 26	10 40	10 52	11 02	11 11	11 26	11 39	11 52	12 04	12 18	12 34	12 43	12 53
16	10 31	10 55	11 14	11 29	11 42	11 53	12 12	12 29	12 45	13 01	13 18	13 38	13 50	14 04
17	11 02	11 31	11 53	12 11	12 26	12 40	13 02	13 22	13 40	13 59	14 18	14 41	14 55	15 11

MOONSET

Lat.	−55°	−50°	−45°	−40°	−35°	−30°	−20°	−10°	0°	+10°	+20°	+30°	+35°	+40°
	h m	h m	h m	h m	h m	h m	h m	h m	h m	h m	h m	h m	h m	h m
July 24	8 41	8 11	7 49	7 31	7 16	7 03	6 41	6 21	6 03	5 45	5 25	5 02	4 48	4 33
25	9 10	8 46	8 27	8 12	7 59	7 47	7 28	7 11	6 55	6 38	6 21	6 01	5 49	5 36
26	9 30	9 12	8 57	8 45	8 35	8 26	8 10	7 56	7 43	7 30	7 16	6 59	6 50	6 39
27	9 46	9 33	9 23	9 14	9 06	9 00	8 48	8 38	8 28	8 18	8 08	7 56	7 49	7 41
28	9 59	9 51	9 44	9 39	9 34	9 30	9 23	9 17	9 10	9 04	8 58	8 50	8 46	8 41
29	10 10	10 07	10 04	10 02	10 01	9 59	9 56	9 54	9 51	9 49	9 46	9 43	9 42	9 40
30	10 22	10 22	10 24	10 25	10 26	10 27	10 28	10 30	10 31	10 33	10 34	10 36	10 37	10 38
31	10 31	10 38	10 43	10 48	10 52	10 55	11 01	11 07	11 12	11 17	11 22	11 28	11 32	11 36
Aug. 1	10 43	10 55	11 04	11 12	11 19	11 25	11 35	11 45	11 53	12 02	12 11	12 22	12 28	12 35
2	10 57	11 14	11 28	11 39	11 49	11 58	12 12	12 25	12 37	12 50	13 03	13 18	13 26	13 36
3	11 16	11 39	11 57	12 11	12 24	12 34	12 53	13 09	13 25	13 40	13 57	14 16	14 27	14 39
4	11 42	12 10	12 32	12 50	13 04	13 17	13 39	13 58	14 16	14 34	14 53	15 15	15 28	15 43
5	12 20	12 53	13 17	13 36	13 53	14 07	14 31	14 52	15 11	15 31	15 51	16 15	16 30	16 46
6	13 14	13 48	14 13	14 33	14 50	15 04	15 29	15 50	16 09	16 29	16 50	17 14	17 28	17 45
7	14 26	14 57	15 20	15 39	15 54	16 08	16 31	16 51	17 09	17 27	17 47	18 09	18 22	18 37
8	15 51	16 16	16 36	16 51	17 04	17 16	17 35	17 52	18 08	18 23	18 40	18 59	19 10	19 22
9	17 23	17 41	17 55	18 07	18 17	18 25	18 40	18 53	19 05	19 17	19 29	19 43	19 52	20 01
10	18 56	19 07	19 15	19 23	19 29	19 34	19 44	19 52	19 59	20 07	20 15	20 24	20 29	20 35
11	20 27	20 31	20 35	20 37	20 40	20 42	20 46	20 49	20 52	20 54	20 57	21 01	21 03	21 05
12	21 57	21 55	21 53	21 51	21 50	21 48	21 46	21 44	21 42	21 41	21 39	21 36	21 35	21 34
13	23 26	23 17	23 10	23 04	22 59	22 54	22 46	22 39	22 33	22 27	22 20	22 12	22 08	22 03
14	.. ..	.. ..	.. ..	.. ..	.. ..	.. ..	23 46	23 35	23 24	23 14	23 02	22 49	22 42	22 34
15	0 54	0 39	0 26	0 16	0 07	0 00	.. ..	.. ..	.. ..	.. ..	23 47	23 30	23 20	23 08
16	2 21	1 59	1 41	1 27	1 15	1 05	0 47	0 31	0 17	0 03	.. ..	.. ..	.. ..	23 47
17	3 43	3 15	2 53	2 36	2 21	2 09	1 47	1 29	1 11	0 54	0 35	0 14	0 02	.. ..

.. .. indicates phenomenon will occur the next day.

UNIVERSAL TIME FOR MERIDIAN OF GREENWICH
MOONRISE

Lat.	+40°	+42°	+44°	+46°	+48°	+50°	+52°	+54°	+56°	+58°	+60°	+62°	+64°	+66°
	h m	h m	h m	h m	h m	h m	h m	h m	h m	h m	h m	h m	h m	h m
July 24	19 54	20 00	20 07	20 14	20 23	20 31	20 41	20 52	21 05	21 19	21 37	21 57	22 24	23 02
25	20 30	20 36	20 41	20 47	20 54	21 01	21 09	21 18	21 28	21 39	21 52	22 07	22 25	22 48
26	21 01	21 05	21 09	21 14	21 19	21 24	21 30	21 37	21 44	21 52	22 01	22 12	22 24	22 39
27	21 28	21 31	21 33	21 37	21 40	21 44	21 48	21 52	21 57	22 02	22 08	22 15	22 23	22 32
28	21 52	21 53	21 55	21 57	21 58	22 00	22 02	22 05	22 07	22 10	22 13	22 17	22 20	22 25
29	22 15	22 15	22 15	22 15	22 15	22 16	22 16	22 16	22 17	22 17	22 17	22 18	22 18	22 19
30	22 37	22 36	22 35	22 34	22 32	22 31	22 29	22 28	22 26	22 24	22 21	22 19	22 16	22 13
31	23 01	22 58	22 56	22 53	22 50	22 47	22 44	22 40	22 36	22 31	22 26	22 21	22 14	22 06
Aug. 1	23 26	23 23	23 19	23 15	23 10	23 05	23 00	22 54	22 48	22 41	22 32	22 23	22 12	22 00
2	23 56	23 51	23 46	23 40	23 34	23 27	23 20	23 12	23 03	22 53	22 41	22 28	22 12	21 52
3	.. ..	.. ..	.. ..	.. ..	.. ..	23 55	23 46	23 36	23 24	23 11	22 55	22 36	22 13	21 41
4	0 31	0 25	0 18	0 11	0 04	.. ..	.. ..	.. ..	23 55	23 38	23 18	22 53	22 19	21 18
5	1 13	1 06	0 59	0 51	0 42	0 32	0 21	0 09	.. ..	.. ..	23 58	23 28	22 41	□
6	2 05	1 58	1 50	1 41	1 31	1 21	1 09	0 55	0 40	0 21	.. ..	.. ..	23 50	□
7	3 07	3 00	2 52	2 43	2 34	2 23	2 12	1 58	1 43	1 25	1 02	0 33	.. ..	□
8	4 16	4 10	4 03	3 55	3 47	3 38	3 28	3 16	3 03	2 48	2 30	2 07	1 38	0 52
9	5 31	5 26	5 20	5 14	5 08	5 01	4 53	4 44	4 34	4 23	4 10	3 54	3 36	3 12
10	6 47	6 43	6 39	6 35	6 31	6 26	6 21	6 15	6 09	6 01	5 53	5 43	5 32	5 19
11	8 02	8 00	7 58	7 56	7 54	7 51	7 49	7 46	7 42	7 39	7 35	7 30	7 24	7 18
12	9 16	9 16	9 16	9 16	9 16	9 15	9 15	9 15	9 15	9 14	9 14	9 14	9 13	9 13
13	10 29	10 31	10 32	10 34	10 36	10 38	10 40	10 43	10 45	10 48	10 52	10 56	11 00	11 06
14	11 42	11 45	11 48	11 52	11 56	12 00	12 05	12 10	12 16	12 22	12 29	12 38	12 48	13 00
15	12 53	12 58	13 03	13 09	13 14	13 21	13 28	13 36	13 45	13 55	14 07	14 21	14 37	14 58
16	14 04	14 10	14 16	14 23	14 31	14 40	14 49	15 00	15 12	15 26	15 42	16 03	16 29	17 05
17	15 11	15 18	15 25	15 34	15 43	15 53	16 04	16 17	16 32	16 49	17 11	17 38	18 18	■

MOONSET

Lat.	+40°	+42°	+44°	+46°	+48°	+50°	+52°	+54°	+56°	+58°	+60°	+62°	+64°	+66°
	h m	h m	h m	h m	h m	h m	h m	h m	h m	h m	h m	h m	h m	h m
July 24	4 33	4 26	4 18	4 10	4 01	3 51	3 40	3 27	3 12	2 55	2 34	2 07	1 28	■
25	5 36	5 30	5 23	5 16	5 08	5 00	4 50	4 40	4 28	4 13	3 57	3 36	3 10	2 33
26	6 39	6 34	6 29	6 23	6 17	6 10	6 03	5 55	5 45	5 35	5 23	5 08	4 51	4 29
27	7 41	7 37	7 33	7 29	7 25	7 20	7 15	7 09	7 02	6 55	6 47	6 37	6 26	6 12
28	8 41	8 39	8 36	8 34	8 31	8 28	8 25	8 21	8 17	8 13	8 08	8 02	7 56	7 48
29	9 40	9 39	9 38	9 37	9 36	9 35	9 33	9 32	9 30	9 29	9 27	9 25	9 22	9 19
30	10 38	10 38	10 39	10 39	10 40	10 40	10 41	10 42	10 43	10 44	10 45	10 46	10 47	10 49
31	11 36	11 38	11 40	11 42	11 44	11 46	11 49	11 52	11 55	11 59	12 03	12 07	12 13	12 19
Aug. 1	12 35	12 39	12 42	12 45	12 49	12 54	12 58	13 03	13 09	13 15	13 23	13 31	13 41	13 52
2	13 36	13 41	13 46	13 51	13 56	14 03	14 09	14 17	14 25	14 35	14 46	14 58	15 14	15 32
3	14 39	14 45	14 51	14 58	15 05	15 13	15 22	15 32	15 43	15 56	16 11	16 29	16 52	17 23
4	15 43	15 50	15 57	16 05	16 14	16 23	16 34	16 46	17 00	17 16	17 36	18 01	18 34	19 34
5	16 46	16 53	17 01	17 10	17 19	17 30	17 42	17 55	18 11	18 30	18 52	19 22	20 09	□
6	17 45	17 52	18 00	18 09	18 18	18 29	18 41	18 54	19 10	19 28	19 50	20 20	21 04	□
7	18 37	18 44	18 51	18 59	19 08	19 17	19 28	19 39	19 53	20 08	20 27	20 50	21 21	22 07
8	19 22	19 28	19 34	19 40	19 47	19 55	20 03	20 13	20 23	20 35	20 49	21 05	21 25	21 50
9	20 01	20 05	20 09	20 14	20 19	20 25	20 31	20 37	20 45	20 53	21 02	21 13	21 26	21 40
10	20 35	20 37	20 40	20 43	20 46	20 49	20 53	20 57	21 01	21 06	21 11	21 18	21 25	21 33
11	21 05	21 06	21 07	21 08	21 09	21 10	21 12	21 13	21 15	21 16	21 18	21 21	21 23	21 26
12	21 34	21 33	21 32	21 32	21 31	21 30	21 29	21 28	21 27	21 26	21 24	21 23	21 21	21 19
13	22 03	22 01	21 58	21 56	21 53	21 50	21 47	21 43	21 40	21 35	21 31	21 25	21 19	21 12
14	22 34	22 30	22 26	22 22	22 17	22 12	22 07	22 01	21 54	21 47	21 38	21 29	21 17	21 04
15	23 08	23 03	22 57	22 51	22 45	22 38	22 30	22 22	22 12	22 01	21 49	21 34	21 16	20 55
16	23 47	23 41	23 34	23 27	23 19	23 10	23 00	22 49	22 36	22 22	22 05	21 44	21 17	20 40
17	.. ..	.. ..	.. ..	.. ..	.. ..	23 50	23 39	23 26	23 11	22 53	22 31	22 03	21 23	■

□ indicates Moon continuously above horizon.
■ indicates Moon continuously below horizon.
.. .. indicates phenomenon will occur the next day.

UNIVERSAL TIME FOR MERIDIAN OF GREENWICH

MOONRISE

Lat.	−55°	−50°	−45°	−40°	−35°	−30°	−20°	−10°	0°	+10°	+20°	+30°	+35°	+40°
	h m	h m	h m	h m	h m	h m	h m	h m	h m	h m	h m	h m	h m	h m
Aug. 16	10 31	10 55	11 14	11 29	11 42	11 53	12 12	12 29	12 45	13 01	13 18	13 38	13 50	14 04
17	11 02	11 31	11 53	12 11	12 26	12 40	13 02	13 22	13 40	13 59	14 18	14 41	14 55	15 11
18	11 43	12 16	12 41	13 00	13 17	13 31	13 55	14 16	14 36	14 55	15 17	15 41	15 55	16 12
19	12 38	13 11	13 36	13 56	14 12	14 26	14 51	15 11	15 31	15 50	16 11	16 35	16 50	17 06
20	13 45	14 15	14 38	14 56	15 11	15 24	15 47	16 06	16 24	16 42	17 02	17 24	17 37	17 52
21	14 59	15 24	15 43	15 58	16 11	16 23	16 42	16 59	17 15	17 30	17 47	18 06	18 17	18 30
22	16 14	16 34	16 48	17 01	17 11	17 20	17 36	17 49	18 02	18 15	18 28	18 43	18 52	19 02
23	17 30	17 43	17 53	18 02	18 10	18 16	18 27	18 37	18 47	18 56	19 05	19 17	19 23	19 30
24	18 43	18 51	18 57	19 02	19 06	19 10	19 17	19 23	19 29	19 34	19 40	19 47	19 51	19 55
25	19 55	19 57	19 59	20 01	20 02	20 03	20 06	20 07	20 09	20 11	20 13	20 15	20 16	20 18
26	21 06	21 03	21 01	20 59	20 57	20 56	20 53	20 51	20 49	20 47	20 45	20 43	20 42	20 40
27	22 17	22 09	22 02	21 57	21 52	21 48	21 41	21 35	21 30	21 24	21 18	21 11	21 07	21 03
28	23 30	23 16	23 05	22 56	22 49	22 42	22 30	22 20	22 11	22 02	21 52	21 41	21 34	21 27
29	.. ..	.. ..	.. ..	23 57	23 46	23 37	23 21	23 08	22 55	22 42	22 29	22 13	22 05	21 55
30	0 44	0 25	0 09	.. ..	.. ..	.. ..	.. ..	23 58	23 42	23 26	23 09	22 50	22 39	22 26
31	1 59	1 34	1 15	0 59	0 46	0 34	0 15	.. ..	.. ..	.. ..	23 55	23 33	23 20	23 05
Sept. 1	3 14	2 43	2 20	2 02	1 46	1 33	1 10	0 51	0 32	0 14	.. ..	.. ..	.. ..	23 51
2	4 22	3 48	3 23	3 03	2 46	2 32	2 07	1 46	1 26	1 07	0 46	0 22	0 08	.. ..
3	5 19	4 45	4 20	4 00	3 44	3 29	3 05	2 43	2 24	2 04	1 43	1 18	1 04	0 47
4	6 02	5 32	5 10	4 52	4 36	4 23	4 00	3 41	3 22	3 04	2 44	2 21	2 08	1 52
5	6 33	6 09	5 51	5 36	5 24	5 12	4 53	4 37	4 21	4 05	3 48	3 29	3 18	3 04
6	6 55	6 39	6 26	6 15	6 05	5 57	5 43	5 30	5 18	5 06	4 53	4 39	4 30	4 21
7	7 13	7 03	6 55	6 48	6 43	6 38	6 29	6 21	6 13	6 06	5 58	5 49	5 44	5 38
8	7 28	7 24	7 22	7 19	7 17	7 15	7 12	7 09	7 07	7 04	7 02	6 58	6 57	6 55
9	7 42	7 45	7 47	7 49	7 51	7 52	7 55	7 57	7 59	8 02	8 04	8 07	8 09	8 11

MOONSET

Lat.	−55°	−50°	−45°	−40°	−35°	−30°	−20°	−10°	0°	+10°	+20°	+30°	+35°	+40°
	h m	h m	h m	h m	h m	h m	h m	h m	h m	h m	h m	h m	h m	h m
Aug. 16	2 21	1 59	1 41	1 27	1 15	1 05	0 47	0 31	0 17	0 03	.. ..	.. ..	.. ..	23 47
17	3 43	3 15	2 53	2 36	2 21	2 09	1 47	1 29	1 11	0 54	0 35	0 14	0 02	.. ..
18	4 57	4 24	4 00	3 41	3 24	3 10	2 47	2 26	2 07	1 48	1 27	1 03	0 49	0 33
19	5 56	5 23	4 58	4 39	4 22	4 08	3 43	3 22	3 02	2 43	2 22	1 57	1 43	1 26
20	6 41	6 10	5 47	5 29	5 13	4 59	4 36	4 16	3 57	3 38	3 18	2 54	2 40	2 24
21	7 13	6 47	6 27	6 11	5 57	5 45	5 24	5 06	4 49	4 32	4 14	3 52	3 40	3 26
22	7 36	7 15	6 59	6 46	6 34	6 24	6 07	5 52	5 38	5 24	5 08	4 51	4 40	4 28
23	7 53	7 38	7 26	7 16	7 07	6 59	6 46	6 35	6 24	6 13	6 01	5 47	5 40	5 30
24	8 06	7 56	7 48	7 42	7 36	7 31	7 22	7 14	7 07	7 00	6 52	6 43	6 37	6 31
25	8 17	8 13	8 09	8 05	8 03	8 00	7 56	7 52	7 48	7 45	7 41	7 36	7 33	7 31
26	8 28	8 28	8 28	8 28	8 28	8 28	8 28	8 28	8 28	8 29	8 29	8 29	8 29	8 29
27	8 38	8 43	8 47	8 50	8 53	8 56	9 01	9 05	9 09	9 12	9 16	9 21	9 24	9 27
28	8 49	8 59	9 07	9 14	9 20	9 25	9 34	9 42	9 49	9 57	10 05	10 14	10 19	10 25
29	9 02	9 17	9 29	9 39	9 48	9 56	10 09	10 21	10 32	10 43	10 55	11 08	11 16	11 25
30	9 18	9 39	9 55	10 09	10 20	10 30	10 48	11 03	11 17	11 31	11 47	12 04	12 15	12 27
31	9 40	10 06	10 27	10 43	10 57	11 09	11 30	11 49	12 06	12 23	12 41	13 02	13 15	13 29
Sept. 1	10 11	10 43	11 06	11 25	11 41	11 55	12 18	12 39	12 58	13 17	13 37	14 01	14 15	14 31
2	10 57	11 31	11 56	12 16	12 33	12 48	13 12	13 34	13 54	14 13	14 35	14 59	15 14	15 30
3	11 59	12 32	12 57	13 17	13 33	13 47	14 12	14 32	14 52	15 11	15 31	15 55	16 09	16 25
4	13 18	13 47	14 08	14 26	14 40	14 53	15 15	15 33	15 50	16 08	16 26	16 47	16 59	17 13
5	14 48	15 09	15 26	15 40	15 52	16 02	16 19	16 34	16 48	17 02	17 17	17 34	17 43	17 54
6	16 22	16 36	16 48	16 57	17 05	17 12	17 24	17 35	17 45	17 54	18 04	18 16	18 23	18 30
7	17 56	18 04	18 09	18 14	18 18	18 22	18 28	18 34	18 39	18 44	18 49	18 55	18 58	19 02
8	19 30	19 30	19 31	19 31	19 31	19 31	19 31	19 32	19 32	19 32	19 32	19 32	19 32	19 32
9	21 03	20 56	20 51	20 47	20 43	20 40	20 34	20 29	20 24	20 19	20 14	20 09	20 06	20 02

.. .. indicates phenomenon will occur the next day.

UNIVERSAL TIME FOR MERIDIAN OF GREENWICH
MOONRISE

Lat.	+40°	+42°	+44°	+46°	+48°	+50°	+52°	+54°	+56°	+58°	+60°	+62°	+64°	+66°
	h m	h m	h m	h m	h m	h m	h m	h m	h m	h m	h m	h m	h m	h m
Aug. 16	14 04	14 10	14 16	14 23	14 31	14 40	14 49	15 00	15 12	15 26	15 42	16 03	16 29	17 05
17	15 11	15 18	15 25	15 34	15 43	15 53	16 04	16 17	16 32	16 49	17 11	17 38	18 18	■
18	16 12	16 20	16 28	16 37	16 46	16 57	17 09	17 23	17 39	17 59	18 23	18 55	19 48	■
19	17 06	17 13	17 21	17 30	17 40	17 50	18 02	18 15	18 31	18 49	19 12	19 42	20 27	■
20	17 52	17 59	18 06	18 14	18 22	18 32	18 42	18 54	19 07	19 23	19 42	20 05	20 36	21 24
21	18 30	18 36	18 42	18 49	18 56	19 04	19 12	19 22	19 33	19 45	19 59	20 16	20 37	21 04
22	19 02	19 07	19 12	19 17	19 22	19 28	19 35	19 42	19 51	20 00	20 10	20 22	20 36	20 54
23	19 30	19 33	19 37	19 40	19 44	19 49	19 53	19 58	20 04	20 10	20 17	20 25	20 35	20 46
24	19 55	19 57	19 59	20 01	20 03	20 06	20 09	20 12	20 15	20 18	20 23	20 27	20 32	20 38
25	20 18	20 18	20 19	20 20	20 21	20 21	20 22	20 23	20 24	20 25	20 27	20 28	20 30	20 32
26	20 40	20 39	20 39	20 38	20 37	20 36	20 35	20 34	20 33	20 32	20 31	20 29	20 27	20 25
27	21 03	21 01	20 59	20 57	20 54	20 52	20 49	20 46	20 43	20 39	20 35	20 30	20 25	20 19
28	21 27	21 24	21 21	21 17	21 13	21 09	21 04	20 59	20 53	20 47	20 40	20 32	20 23	20 12
29	21 55	21 50	21 45	21 40	21 35	21 29	21 22	21 15	21 07	20 58	20 47	20 35	20 21	20 04
30	22 26	22 21	22 15	22 08	22 01	21 53	21 45	21 35	21 24	21 12	20 58	20 41	20 21	19 54
31	23 05	22 58	22 51	22 43	22 35	22 25	22 15	22 03	21 50	21 34	21 16	20 53	20 23	19 37
Sept. 1	23 51	23 44	23 36	23 27	23 18	23 07	22 55	22 42	22 27	22 08	21 46	21 17	20 33	□
2	.. ..	.. ..	.. ..	.. ..	.. ..	.. ..	23 50	23 36	23 20	23 01	22 38	22 06	21 15	□
3	0 47	0 40	0 32	0 23	0 13	0 02	.. ..	.. ..	.. ..	.. ..	23 54	23 28	22 50	□
4	1 52	1 45	1 38	1 30	1 21	1 11	1 00	0 47	0 32	0 15	.. ..	.. ..	.. ..	□
5	3 04	2 59	2 52	2 45	2 38	2 30	2 21	2 11	1 59	1 46	1 30	1 11	0 47	0 14
6	4 21	4 16	4 11	4 06	4 01	3 55	3 48	3 41	3 33	3 24	3 13	3 01	2 46	2 28
7	5 38	5 35	5 32	5 29	5 26	5 22	5 18	5 14	5 09	5 04	4 58	4 51	4 43	4 33
8	6 55	6 54	6 53	6 52	6 51	6 49	6 48	6 47	6 45	6 43	6 41	6 39	6 36	6 33
9	8 11	8 12	8 12	8 13	8 14	8 16	8 17	8 18	8 20	8 22	8 23	8 26	8 28	8 31

MOONSET

Lat.	+40°	+42°	+44°	+46°	+48°	+50°	+52°	+54°	+56°	+58°	+60°	+62°	+64°	+66°
	h m	h m	h m	h m	h m	h m	h m	h m	h m	h m	h m	h m	h m	h m
Aug. 16	23 47	23 41	23 34	23 27	23 19	23 10	23 00	22 49	22 36	22 22	22 05	21 44	21 17	20 40
17	.. ..	.. ..	.. ..	.. ..	.. ..	23 50	23 39	23 26	23 11	22 53	22 31	22 03	21 23	■
18	0 33	0 26	0 18	0 10	0 00	.. ..	.. ..	.. ..	23 58	23 39	23 15	22 43	21 50	■
19	1 26	1 18	1 10	1 01	0 51	0 41	0 28	0 14	.. ..	.. ..	.. ..	23 50	23 05	■
20	2 24	2 17	2 09	2 00	1 51	1 41	1 29	1 16	1 00	0 42	0 19	.. ..	.. ..	23 59
21	3 26	3 19	3 12	3 05	2 56	2 47	2 37	2 26	2 12	1 57	1 39	1 16	0 46	.. ..
22	4 28	4 23	4 17	4 11	4 04	3 57	3 49	3 40	3 29	3 18	3 04	2 47	2 27	2 01
23	5 30	5 26	5 22	5 17	5 12	5 07	5 01	4 54	4 47	4 38	4 29	4 17	4 04	3 48
24	6 31	6 29	6 26	6 23	6 19	6 16	6 12	6 07	6 03	5 57	5 51	5 44	5 36	5 26
25	7 31	7 29	7 28	7 26	7 25	7 23	7 21	7 19	7 16	7 14	7 11	7 07	7 04	6 59
26	8 29	8 29	8 29	8 29	8 29	8 29	8 29	8 29	8 29	8 29	8 29	8 29	8 29	8 29
27	9 27	9 28	9 30	9 31	9 33	9 35	9 37	9 39	9 41	9 44	9 47	9 50	9 54	9 59
28	10 25	10 28	10 31	10 34	10 37	10 41	10 45	10 49	10 54	11 00	11 06	11 13	11 21	11 31
29	11 25	11 29	11 34	11 38	11 43	11 49	11 55	12 01	12 09	12 17	12 27	12 38	12 51	13 07
30	12 27	12 32	12 38	12 44	12 50	12 58	13 06	13 15	13 25	13 37	13 50	14 07	14 26	14 52
31	13 29	13 35	13 42	13 50	13 58	14 07	14 17	14 28	14 41	14 57	15 15	15 37	16 07	16 52
Sept. 1	14 31	14 38	14 46	14 54	15 04	15 14	15 26	15 39	15 54	16 12	16 35	17 03	17 47	□
2	15 30	15 38	15 46	15 55	16 05	16 15	16 28	16 41	16 57	17 17	17 40	18 12	19 03	□
3	16 25	16 32	16 40	16 48	16 57	17 08	17 19	17 32	17 47	18 04	18 25	18 52	19 30	□
4	17 13	17 19	17 26	17 33	17 41	17 50	17 59	18 10	18 22	18 36	18 52	19 12	19 37	20 10
5	17 54	17 59	18 04	18 10	18 16	18 23	18 30	18 38	18 47	18 57	19 08	19 22	19 38	19 57
6	18 30	18 34	18 37	18 41	18 45	18 49	18 54	18 59	19 05	19 12	19 19	19 27	19 37	19 48
7	19 02	19 04	19 06	19 08	19 10	19 12	19 14	19 17	19 20	19 23	19 26	19 30	19 35	19 40
8	19 32	19 32	19 32	19 32	19 32	19 32	19 32	19 32	19 32	19 33	19 33	19 33	19 33	19 33
9	20 02	20 00	19 59	19 57	19 55	19 53	19 50	19 48	19 45	19 42	19 39	19 35	19 30	19 25

□ indicates Moon continuously above horizon.
■ indicates Moon continuously below horizon.
.. .. indicates phenomenon will occur the next day.

MOONRISE AND MOONSET, 2002

UNIVERSAL TIME FOR MERIDIAN OF GREENWICH

MOONRISE

Lat.	−55°	−50°	−45°	−40°	−35°	−30°	−20°	−10°	0°	+10°	+20°	+30°	+35°	+40°
	h m	h m	h m	h m	h m	h m	h m	h m	h m	h m	h m	h m	h m	h m
Sept. 8	7 28	7 24	7 22	7 19	7 17	7 15	7 12	7 09	7 07	7 04	7 02	6 58	6 57	6 55
9	7 42	7 45	7 47	7 49	7 51	7 52	7 55	7 57	7 59	8 02	8 04	8 07	8 09	8 11
10	7 56	8 05	8 13	8 19	8 24	8 29	8 37	8 45	8 52	8 59	9 06	9 15	9 20	9 26
11	8 13	8 28	8 41	8 51	9 00	9 08	9 22	9 34	9 45	9 56	10 09	10 23	10 31	10 41
12	8 34	8 56	9 13	9 27	9 39	9 50	10 08	10 24	10 40	10 55	11 11	11 30	11 41	11 54
13	9 01	9 30	9 51	10 09	10 23	10 36	10 58	11 17	11 35	11 53	12 13	12 35	12 48	13 04
14	9 40	10 12	10 37	10 56	11 13	11 27	11 51	12 12	12 32	12 51	13 12	13 37	13 51	14 08
15	10 31	11 05	11 30	11 50	12 07	12 21	12 46	13 07	13 27	13 47	14 08	14 33	14 47	15 04
16	11 35	12 06	12 30	12 49	13 05	13 19	13 42	14 02	14 21	14 40	15 00	15 23	15 36	15 52
17	12 47	13 14	13 34	13 51	14 05	14 17	14 37	14 55	15 12	15 28	15 46	16 07	16 18	16 32
18	14 02	14 23	14 39	14 53	15 04	15 14	15 31	15 46	16 00	16 13	16 28	16 45	16 54	17 05
19	15 17	15 32	15 44	15 54	16 03	16 10	16 23	16 34	16 45	16 55	17 06	17 19	17 26	17 34
20	16 31	16 40	16 48	16 54	17 00	17 05	17 13	17 20	17 27	17 34	17 41	17 49	17 54	17 59
21	17 43	17 47	17 51	17 53	17 56	17 58	18 02	18 05	18 08	18 11	18 14	18 18	18 20	18 22
22	18 54	18 53	18 52	18 52	18 51	18 50	18 50	18 49	18 48	18 47	18 46	18 45	18 45	18 44
23	20 06	19 59	19 54	19 50	19 46	19 43	19 37	19 33	19 28	19 23	19 19	19 13	19 10	19 07
24	21 18	21 06	20 57	20 49	20 42	20 36	20 26	20 17	20 09	20 01	19 52	19 42	19 37	19 30
25	22 32	22 14	22 00	21 49	21 39	21 31	21 16	21 03	20 52	20 40	20 28	20 13	20 05	19 56
26	23 47	23 23	23 05	22 50	22 37	22 27	22 08	21 52	21 37	21 22	21 06	20 48	20 38	20 26
27	.. ..	.. ..	.. ..	23 52	23 37	23 24	23 02	22 43	22 25	22 08	21 49	21 28	21 15	21 01
28	1 01	0 32	0 09	.. ..	.. ..	.. ..	23 57	23 36	23 17	22 58	22 37	22 13	21 59	21 43
29	2 11	1 37	1 12	0 52	0 36	0 22	.. ..	.. ..	.. ..	23 51	23 30	23 05	22 51	22 34
30	3 11	2 36	2 10	1 50	1 33	1 18	0 53	0 32	0 12	.. ..	.. ..	.. ..	23 50	23 33
Oct. 1	3 58	3 26	3 02	2 42	2 26	2 12	1 48	1 27	1 08	0 49	0 28	0 04	.. ..	.. ..
2	4 33	4 06	3 45	3 28	3 14	3 02	2 41	2 22	2 05	1 48	1 29	1 08	0 55	0 40

MOONSET

Lat.	−55°	−50°	−45°	−40°	−35°	−30°	−20°	−10°	0°	+10°	+20°	+30°	+35°	+40°
	h m	h m	h m	h m	h m	h m	h m	h m	h m	h m	h m	h m	h m	h m
Sept. 8	19 30	19 30	19 31	19 31	19 31	19 31	19 31	19 32	19 32	19 32	19 32	19 32	19 32	19 32
9	21 03	20 56	20 51	20 47	20 43	20 40	20 34	20 29	20 24	20 19	20 14	20 09	20 06	20 02
10	22 35	22 21	22 11	22 02	21 54	21 48	21 36	21 26	21 17	21 08	20 58	20 47	20 40	20 33
11	.. ..	23 45	23 29	23 16	23 05	22 55	22 39	22 24	22 11	21 57	21 43	21 27	21 18	21 07
12	0 05	.. ..	.. ..	.. ..	.. ..	.. ..	23 41	23 23	23 06	22 49	22 31	22 11	21 59	21 45
13	1 32	1 05	0 44	0 28	0 14	0 01	.. ..	.. ..	.. ..	23 43	23 23	22 59	22 46	22 30
14	2 50	2 18	1 54	1 35	1 19	1 05	0 42	0 21	0 02	.. ..	.. ..	23 52	23 38	23 21
15	3 55	3 21	2 56	2 36	2 19	2 04	1 40	1 18	0 58	0 38	0 17	.. ..	.. ..	.. ..
16	4 43	4 11	3 47	3 28	3 12	2 57	2 34	2 13	1 53	1 34	1 13	0 49	0 34	0 18
17	5 18	4 50	4 29	4 12	3 57	3 44	3 23	3 04	2 46	2 28	2 09	1 46	1 33	1 18
18	5 43	5 20	5 03	4 48	4 36	4 25	4 07	3 51	3 35	3 20	3 04	2 44	2 33	2 21
19	6 00	5 44	5 30	5 19	5 10	5 01	4 47	4 34	4 22	4 09	3 56	3 41	3 33	3 23
20	6 14	6 03	5 54	5 46	5 39	5 33	5 23	5 14	5 05	4 57	4 47	4 37	4 31	4 24
21	6 26	6 19	6 14	6 10	6 06	6 03	5 57	5 52	5 47	5 42	5 37	5 31	5 27	5 23
22	6 36	6 35	6 33	6 32	6 32	6 31	6 30	6 28	6 27	6 26	6 25	6 23	6 23	6 22
23	6 46	6 49	6 52	6 55	6 57	6 58	7 02	7 04	7 07	7 10	7 13	7 16	7 18	7 20
24	6 56	7 05	7 11	7 17	7 22	7 27	7 34	7 41	7 48	7 54	8 01	8 09	8 13	8 18
25	7 08	7 22	7 33	7 42	7 50	7 57	8 09	8 19	8 29	8 39	8 50	9 02	9 09	9 18
26	7 22	7 42	7 57	8 09	8 20	8 29	8 46	9 00	9 13	9 27	9 41	9 57	10 07	10 18
27	7 42	8 06	8 26	8 41	8 55	9 06	9 26	9 44	10 00	10 16	10 34	10 54	11 06	11 20
28	8 08	8 38	9 01	9 20	9 35	9 48	10 11	10 31	10 50	11 08	11 28	11 52	12 05	12 21
29	8 46	9 20	9 46	10 06	10 22	10 37	11 02	11 23	11 43	12 03	12 24	12 49	13 03	13 20
30	9 40	10 15	10 40	11 01	11 18	11 32	11 57	12 18	12 38	12 58	13 20	13 44	13 59	14 15
Oct. 1	10 50	11 22	11 45	12 04	12 20	12 34	12 57	13 17	13 35	13 54	14 13	14 36	14 49	15 04
2	12 13	12 39	12 59	13 14	13 28	13 39	13 59	14 16	14 32	14 48	15 04	15 24	15 35	15 47

.. .. indicates phenomenon will occur the next day.

UNIVERSAL TIME FOR MERIDIAN OF GREENWICH
MOONRISE

Lat.	+40°	+42°	+44°	+46°	+48°	+50°	+52°	+54°	+56°	+58°	+60°	+62°	+64°	+66°
	h m	h m	h m	h m	h m	h m	h m	h m	h m	h m	h m	h m	h m	h m
Sept. 8	6 55	6 54	6 53	6 52	6 51	6 49	6 48	6 47	6 45	6 43	6 41	6 39	6 36	6 33
9	8 11	8 12	8 12	8 13	8 14	8 16	8 17	8 18	8 20	8 22	8 23	8 26	8 28	8 31
10	9 26	9 29	9 31	9 34	9 38	9 41	9 45	9 49	9 54	9 59	10 05	10 12	10 20	10 29
11	10 41	10 45	10 50	10 55	11 00	11 06	11 12	11 19	11 27	11 36	11 46	11 59	12 13	12 30
12	11 54	12 00	12 06	12 13	12 20	12 28	12 37	12 47	12 58	13 11	13 26	13 45	14 08	14 39
13	13 04	13 11	13 18	13 26	13 35	13 45	13 56	14 08	14 23	14 40	15 00	15 26	16 03	17 27
14	14 08	14 15	14 24	14 33	14 42	14 53	15 05	15 19	15 36	15 55	16 19	16 52	17 47	■
15	15 04	15 12	15 20	15 29	15 39	15 50	16 02	16 16	16 32	16 51	17 15	17 48	18 41	■
16	15 52	15 59	16 07	16 15	16 24	16 34	16 45	16 58	17 12	17 29	17 49	18 15	18 51	20 00
17	16 32	16 38	16 45	16 52	16 59	17 08	17 17	17 28	17 39	17 53	18 09	18 28	18 52	19 24
18	17 05	17 10	17 16	17 21	17 27	17 34	17 41	17 49	17 58	18 09	18 20	18 34	18 50	19 10
19	17 34	17 38	17 41	17 46	17 50	17 55	18 00	18 06	18 13	18 20	18 28	18 37	18 48	19 01
20	17 59	18 01	18 04	18 07	18 09	18 13	18 16	18 20	18 24	18 28	18 33	18 39	18 45	18 53
21	18 22	18 23	18 24	18 26	18 27	18 28	18 30	18 31	18 33	18 35	18 37	18 40	18 43	18 46
22	18 44	18 44	18 44	18 44	18 43	18 43	18 43	18 42	18 42	18 41	18 41	18 40	18 40	18 39
23	19 07	19 05	19 04	19 02	19 00	18 58	18 56	18 53	18 51	18 48	18 45	18 41	18 37	18 32
24	19 30	19 27	19 24	19 21	19 18	19 14	19 10	19 06	19 01	18 55	18 49	18 42	18 34	18 25
25	19 56	19 52	19 48	19 43	19 38	19 32	19 26	19 20	19 12	19 04	18 55	18 44	18 32	18 17
26	20 26	20 20	20 15	20 09	20 02	19 55	19 47	19 38	19 28	19 17	19 03	18 48	18 30	18 06
27	21 01	20 54	20 47	20 40	20 32	20 23	20 13	20 02	19 49	19 35	19 17	18 56	18 29	17 51
28	21 43	21 36	21 28	21 19	21 10	21 00	20 48	20 35	20 20	20 02	19 41	19 13	18 32	□
29	22 34	22 26	22 18	22 09	21 59	21 48	21 36	21 22	21 05	20 46	20 21	19 48	18 53	□
30	23 33	23 26	23 18	23 09	23 00	22 49	22 37	22 23	22 08	21 49	21 26	20 55	20 08	□
Oct. 1	.. ..	.. ..	.. ..	.. ..	.. ..	.. ..	23 51	23 40	23 26	23 11	22 52	22 29	21 58	21 09
2	0 40	0 34	0 27	0 19	0 11	0 02	.. ..	.. ..	.. ..	.. ..	.. ..	.. ..	23 56	23 31

MOONSET

Lat.	+40°	+42°	+44°	+46°	+48°	+50°	+52°	+54°	+56°	+58°	+60°	+62°	+64°	+66°
	h m	h m	h m	h m	h m	h m	h m	h m	h m	h m	h m	h m	h m	h m
Sept. 8	19 32	19 32	19 32	19 32	19 32	19 32	19 32	19 32	19 32	19 33	19 33	19 33	19 33	19 33
9	20 02	20 00	19 59	19 57	19 55	19 53	19 50	19 48	19 45	19 42	19 39	19 35	19 30	19 25
10	20 33	20 30	20 26	20 23	20 19	20 14	20 10	20 04	19 59	19 52	19 45	19 37	19 28	19 17
11	21 07	21 02	20 57	20 51	20 46	20 39	20 32	20 24	20 16	20 06	19 54	19 41	19 26	19 07
12	21 45	21 39	21 33	21 26	21 18	21 09	21 00	20 50	20 38	20 24	20 08	19 49	19 25	18 53
13	22 30	22 23	22 15	22 07	21 58	21 47	21 36	21 23	21 09	20 52	20 31	20 04	19 27	18 03
14	23 21	23 13	23 05	22 56	22 46	22 35	22 23	22 09	21 53	21 33	21 09	20 36	19 40	■
15	.. ..	.. ..	23 53	23 44	23 33	23 21	23 07	22 51	22 32	22 08	21 36	20 43	■	■
16	0 18	0 10	0 02	.. ..	.. ..	.. ..	.. ..	.. ..	.. ..	23 44	23 24	22 58	22 23	21 14
17	1 18	1 11	1 04	0 56	0 47	0 38	0 27	0 15	0 01	.. ..	.. ..	.. ..	.. ..	23 35
18	2 21	2 15	2 09	2 02	1 55	1 47	1 38	1 28	1 16	1 03	0 48	0 30	0 06	.. ..
19	3 23	3 18	3 13	3 08	3 03	2 56	2 50	2 42	2 34	2 24	2 13	2 00	1 45	1 26
20	4 24	4 20	4 17	4 13	4 09	4 05	4 01	3 55	3 50	3 43	3 36	3 28	3 18	3 06
21	5 23	5 21	5 19	5 17	5 15	5 13	5 10	5 07	5 04	5 01	4 57	4 52	4 47	4 41
22	6 22	6 21	6 21	6 20	6 20	6 19	6 19	6 18	6 17	6 16	6 15	6 14	6 13	6 12
23	7 20	7 21	7 22	7 23	7 24	7 25	7 27	7 28	7 30	7 32	7 34	7 36	7 39	7 42
24	8 18	8 21	8 23	8 26	8 28	8 32	8 35	8 39	8 43	8 47	8 52	8 58	9 05	9 13
25	9 18	9 21	9 25	9 29	9 34	9 39	9 44	9 50	9 57	10 04	10 13	10 23	10 34	10 48
26	10 18	10 23	10 28	10 34	10 40	10 47	10 55	11 03	11 12	11 23	11 35	11 50	12 08	12 30
27	11 20	11 26	11 32	11 39	11 47	11 56	12 05	12 16	12 28	12 43	12 59	13 20	13 46	14 24
28	12 21	12 28	12 36	12 44	12 53	13 03	13 14	13 27	13 42	14 00	14 21	14 48	15 28	□
29	13 20	13 28	13 36	13 45	13 55	14 06	14 18	14 32	14 48	15 08	15 32	16 05	17 00	□
30	14 15	14 23	14 31	14 40	14 49	15 00	15 12	15 26	15 42	16 01	16 24	16 55	17 43	□
Oct. 1	15 04	15 11	15 19	15 27	15 35	15 45	15 55	16 07	16 21	16 37	16 56	17 20	17 51	18 41
2	15 47	15 53	15 59	16 06	16 13	16 20	16 29	16 38	16 49	17 01	17 15	17 32	17 52	18 18

□ indicates Moon continuously above horizon.
■ indicates Moon continuously below horizon.
.. .. indicates phenomenon will occur the next day.

MOONRISE AND MOONSET, 2002

UNIVERSAL TIME FOR MERIDIAN OF GREENWICH
MOONRISE

Lat.	−55°	−50°	−45°	−40°	−35°	−30°	−20°	−10°	0°	+10°	+20°	+30°	+35°	+40°
	h m	h m	h m	h m	h m	h m	h m	h m	h m	h m	h m	h m	h m	h m
Oct. 1	3 58	3 26	3 02	2 42	2 26	2 12	1 48	1 27	1 08	0 49	0 28	0 04	.. ..	.. ..
2	4 33	4 06	3 45	3 28	3 14	3 02	2 41	2 22	2 05	1 48	1 29	1 08	0 55	0 40
3	4 58	4 38	4 22	4 08	3 57	3 47	3 30	3 15	3 01	2 47	2 32	2 15	2 05	1 53
4	5 17	5 03	4 52	4 43	4 36	4 29	4 17	4 06	3 57	3 47	3 36	3 24	3 17	3 09
5	5 32	5 25	5 20	5 15	5 11	5 07	5 01	4 56	4 50	4 45	4 40	4 33	4 30	4 26
6	5 46	5 46	5 45	5 45	5 45	5 45	5 44	5 44	5 44	5 43	5 43	5 43	5 43	5 43
7	6 00	6 06	6 11	6 15	6 19	6 22	6 27	6 32	6 37	6 42	6 47	6 53	6 56	7 00
8	6 15	6 28	6 38	6 47	6 54	7 00	7 12	7 22	7 31	7 41	7 51	8 03	8 10	8 18
9	6 34	6 54	7 09	7 22	7 33	7 42	7 59	8 13	8 27	8 41	8 56	9 13	9 23	9 35
10	6 59	7 25	7 46	8 02	8 16	8 28	8 49	9 07	9 25	9 42	10 01	10 22	10 35	10 49
11	7 34	8 06	8 30	8 49	9 05	9 19	9 43	10 04	10 23	10 42	11 03	11 28	11 42	11 58
12	8 22	8 56	9 22	9 42	9 59	10 14	10 39	11 00	11 21	11 41	12 02	12 28	12 42	13 00
13	9 23	9 56	10 21	10 41	10 57	11 12	11 36	11 57	12 16	12 36	12 57	13 21	13 35	13 51
14	10 34	11 03	11 25	11 43	11 58	12 10	12 32	12 51	13 09	13 26	13 45	14 07	14 19	14 34
15	11 50	12 13	12 31	12 45	12 58	13 09	13 27	13 43	13 58	14 13	14 28	14 47	14 57	15 09
16	13 05	13 22	13 36	13 47	13 57	14 05	14 19	14 32	14 43	14 55	15 07	15 21	15 29	15 39
17	14 19	14 31	14 40	14 48	14 54	15 00	15 10	15 18	15 26	15 34	15 43	15 53	15 58	16 04
18	15 32	15 38	15 43	15 47	15 50	15 53	15 59	16 03	16 07	16 12	16 16	16 21	16 24	16 28
19	16 44	16 44	16 45	16 45	16 46	16 46	16 46	16 47	16 47	16 48	16 48	16 49	16 49	16 50
20	17 55	17 50	17 47	17 43	17 41	17 38	17 34	17 31	17 27	17 24	17 20	17 17	17 14	17 12
21	19 07	18 57	18 49	18 42	18 36	18 31	18 23	18 15	18 08	18 01	17 53	17 45	17 40	17 35
22	20 21	20 05	19 53	19 42	19 33	19 26	19 12	19 01	18 50	18 39	18 28	18 15	18 08	18 00
23	21 36	21 14	20 57	20 43	20 32	20 21	20 04	19 49	19 35	19 21	19 06	18 49	18 39	18 28
24	22 51	22 23	22 02	21 45	21 31	21 18	20 57	20 39	20 22	20 05	19 47	19 27	19 14	19 01
25	.. ..	23 30	23 06	22 46	22 30	22 16	21 52	21 32	21 12	20 53	20 33	20 10	19 56	19 40

MOONSET

Lat.	−55°	−50°	−45°	−40°	−35°	−30°	−20°	−10°	0°	+10°	+20°	+30°	+35°	+40°
	h m	h m	h m	h m	h m	h m	h m	h m	h m	h m	h m	h m	h m	h m
Oct. 1	10 50	11 22	11 45	12 04	12 20	12 34	12 57	13 17	13 35	13 54	14 13	14 36	14 49	15 04
2	12 13	12 39	12 59	13 14	13 28	13 39	13 59	14 16	14 32	14 48	15 04	15 24	15 35	15 47
3	13 44	14 03	14 17	14 29	14 39	14 48	15 03	15 16	15 28	15 40	15 52	16 07	16 15	16 25
4	15 18	15 29	15 38	15 45	15 51	15 57	16 06	16 15	16 22	16 30	16 38	16 47	16 52	16 58
5	16 52	16 56	16 59	17 02	17 04	17 06	17 10	17 13	17 16	17 18	17 21	17 24	17 26	17 28
6	18 27	18 24	18 22	18 19	18 18	18 16	18 13	18 11	18 09	18 07	18 04	18 01	18 00	17 58
7	20 02	19 52	19 44	19 37	19 31	19 26	19 17	19 10	19 03	18 55	18 48	18 39	18 34	18 29
8	21 37	21 20	21 06	20 55	20 45	20 36	20 22	20 09	19 58	19 46	19 33	19 19	19 11	19 02
9	23 10	22 45	22 26	22 11	21 58	21 46	21 27	21 10	20 54	20 39	20 22	20 03	19 52	19 39
10	.. ..	.. ..	23 42	23 23	23 07	22 54	22 31	22 11	21 52	21 34	21 14	20 51	20 38	20 23
11	0 36	0 05	.. ..	.. ..	.. ..	23 57	23 32	23 11	22 51	22 31	22 09	21 44	21 30	21 13
12	1 48	1 14	0 49	0 28	0 11	.. ..	.. ..	.. ..	23 48	23 28	23 06	22 41	22 26	22 09
13	2 44	2 10	1 45	1 25	1 08	0 54	0 29	0 08	.. ..	.. ..	.. ..	23 40	23 26	23 10
14	3 23	2 53	2 30	2 12	1 57	1 43	1 20	1 01	0 42	0 23	0 03	.. ..	.. ..	.. ..
15	3 50	3 26	3 07	2 51	2 38	2 26	2 06	1 49	1 33	1 16	0 59	0 39	0 27	0 13
16	4 09	3 51	3 36	3 23	3 13	3 04	2 47	2 33	2 20	2 07	1 53	1 36	1 26	1 15
17	4 24	4 10	4 00	3 51	3 43	3 36	3 25	3 14	3 04	2 55	2 44	2 32	2 25	2 17
18	4 35	4 27	4 21	4 15	4 11	4 06	3 59	3 52	3 46	3 40	3 33	3 26	3 21	3 16
19	4 46	4 42	4 40	4 38	4 36	4 34	4 32	4 29	4 27	4 24	4 22	4 19	4 17	4 15
20	4 55	4 57	4 59	5 00	5 01	5 02	5 04	5 05	5 07	5 08	5 09	5 11	5 12	5 13
21	5 05	5 12	5 17	5 22	5 26	5 30	5 36	5 42	5 47	5 52	5 58	6 04	6 08	6 12
22	5 16	5 28	5 38	5 46	5 53	5 59	6 10	6 19	6 28	6 37	6 47	6 57	7 04	7 11
23	5 29	5 47	6 00	6 12	6 22	6 31	6 46	6 59	7 11	7 24	7 37	7 52	8 01	8 12
24	5 46	6 09	6 28	6 42	6 55	7 06	7 25	7 42	7 57	8 13	8 29	8 49	9 00	9 13
25	6 10	6 38	7 00	7 18	7 33	7 46	8 09	8 28	8 46	9 04	9 24	9 46	9 59	10 15

.. .. indicates phenomenon will occur the next day.

UNIVERSAL TIME FOR MERIDIAN OF GREENWICH

MOONRISE

Lat.	+40°	+42°	+44°	+46°	+48°	+50°	+52°	+54°	+56°	+58°	+60°	+62°	+64°	+66°
	h m	h m	h m	h m	h m	h m	h m	h m	h m	h m	h m	h m	h m	h m
Oct. 1	.. ..	.. ..	.. ..	.. ..	.. ..	.. ..	23 51	23 40	23 26	23 11	22 52	22 29	21 58	21 09
2	0 40	0 34	0 27	0 19	0 11	0 02	.. ..	.. ..	.. ..	.. ..	.. ..	.. ..	23 56	23 31
3	1 53	1 48	1 42	1 36	1 30	1 23	1 15	1 06	0 56	0 44	0 31	0 15	.. ..	.. ..
4	3 09	3 05	3 01	2 57	2 53	2 48	2 43	2 37	2 30	2 23	2 14	2 04	1 53	1 39
5	4 26	4 24	4 22	4 20	4 17	4 15	4 12	4 09	4 06	4 02	3 58	3 53	3 48	3 42
6	5 43	5 43	5 43	5 43	5 43	5 42	5 42	5 42	5 42	5 42	5 42	5 42	5 42	5 42
7	7 00	7 02	7 04	7 06	7 08	7 10	7 13	7 16	7 19	7 22	7 26	7 31	7 36	7 42
8	8 18	8 21	8 25	8 29	8 34	8 38	8 44	8 49	8 56	9 03	9 12	9 21	9 33	9 46
9	9 35	9 40	9 46	9 52	9 58	10 05	10 13	10 22	10 32	10 44	10 57	11 13	11 32	11 57
10	10 49	10 56	11 03	11 11	11 19	11 29	11 39	11 51	12 04	12 20	12 39	13 03	13 35	14 27
11	11 58	12 06	12 14	12 23	12 33	12 43	12 56	13 09	13 25	13 45	14 09	14 41	15 34	■
12	13 00	13 07	13 16	13 25	13 35	13 46	13 59	14 13	14 30	14 50	15 15	15 50	16 57	■
13	13 51	13 59	14 06	14 15	14 25	14 35	14 47	15 00	15 16	15 34	15 56	16 25	17 09	■
14	14 34	14 40	14 47	14 55	15 03	15 12	15 22	15 34	15 46	16 01	16 19	16 41	17 08	17 49
15	15 09	15 14	15 20	15 26	15 33	15 40	15 48	15 57	16 07	16 19	16 32	16 47	17 06	17 30
16	15 39	15 43	15 47	15 52	15 57	16 02	16 08	16 15	16 22	16 31	16 40	16 51	17 03	17 18
17	16 04	16 07	16 10	16 13	16 17	16 20	16 24	16 29	16 34	16 39	16 45	16 52	17 00	17 09
18	16 28	16 29	16 31	16 32	16 34	16 36	16 38	16 41	16 43	16 46	16 49	16 53	16 57	17 01
19	16 50	16 50	16 50	16 50	16 51	16 51	16 51	16 51	16 52	16 52	16 52	16 53	16 53	16 54
20	17 12	17 11	17 09	17 08	17 07	17 05	17 04	17 02	17 00	16 58	16 56	16 53	16 50	16 47
21	17 35	17 32	17 30	17 27	17 24	17 21	17 17	17 14	17 09	17 05	16 59	16 54	16 47	16 39
22	18 00	17 56	17 52	17 48	17 43	17 38	17 33	17 27	17 20	17 13	17 04	16 55	16 44	16 31
23	18 28	18 23	18 17	18 12	18 05	17 59	17 51	17 43	17 34	17 23	17 12	16 58	16 41	16 21
24	19 01	18 55	18 48	18 41	18 33	18 25	18 15	18 05	17 53	17 39	17 23	17 03	16 39	16 06
25	19 40	19 33	19 25	19 17	19 08	18 58	18 47	18 34	18 19	18 02	17 42	17 15	16 39	15 21

MOONSET

Lat.	+40°	+42°	+44°	+46°	+48°	+50°	+52°	+54°	+56°	+58°	+60°	+62°	+64°	+66°
	h m	h m	h m	h m	h m	h m	h m	h m	h m	h m	h m	h m	h m	h m
Oct. 1	15 04	15 11	15 19	15 27	15 35	15 45	15 55	16 07	16 21	16 37	16 56	17 20	17 51	18 41
2	15 47	15 53	15 59	16 06	16 13	16 20	16 29	16 38	16 49	17 01	17 15	17 32	17 52	18 18
3	16 25	16 29	16 33	16 38	16 43	16 49	16 55	17 02	17 09	17 17	17 27	17 38	17 51	18 06
4	16 58	17 00	17 03	17 06	17 09	17 12	17 16	17 20	17 24	17 29	17 35	17 41	17 48	17 56
5	17 28	17 29	17 30	17 31	17 32	17 33	17 35	17 36	17 38	17 39	17 41	17 43	17 45	17 48
6	17 58	17 57	17 56	17 55	17 55	17 53	17 52	17 51	17 50	17 48	17 47	17 45	17 43	17 40
7	18 29	18 26	18 23	18 21	18 18	18 14	18 11	18 07	18 03	17 58	17 53	17 47	17 40	17 32
8	19 02	18 58	18 53	18 49	18 43	18 38	18 32	18 25	18 18	18 10	18 00	17 49	17 37	17 22
9	19 39	19 34	19 28	19 21	19 14	19 06	18 58	18 48	18 38	18 25	18 11	17 55	17 34	17 08
10	20 23	20 16	20 08	20 00	19 52	19 42	19 31	19 19	19 05	18 49	18 29	18 05	17 33	16 39
11	21 13	21 05	20 57	20 48	20 38	20 27	20 15	20 01	19 45	19 25	19 01	18 29	17 35	■
12	22 09	22 02	21 53	21 44	21 34	21 23	21 11	20 56	20 39	20 19	19 54	19 19	18 13	■
13	23 10	23 03	22 55	22 47	22 38	22 27	22 16	22 03	21 47	21 30	21 07	20 39	19 56	■
14	.. ..	.. ..	.. ..	23 53	23 45	23 36	23 26	23 16	23 03	22 49	22 32	22 11	21 43	21 04
15	0 13	0 07	0 00	.. ..	.. ..	.. ..	.. ..	.. ..	.. ..	.. ..	23 58	23 43	23 25	23 02
16	1 15	1 10	1 05	0 59	0 53	0 46	0 39	0 30	0 21	0 10	.. ..	.. ..	.. ..	.. ..
17	2 17	2 13	2 09	2 05	2 00	1 56	1 50	1 44	1 38	1 30	1 22	1 12	1 00	0 46
18	3 16	3 14	3 12	3 09	3 06	3 03	3 00	2 56	2 52	2 48	2 43	2 37	2 30	2 23
19	4 15	4 14	4 13	4 12	4 11	4 10	4 09	4 07	4 06	4 04	4 02	4 00	3 57	3 54
20	5 13	5 14	5 14	5 15	5 15	5 16	5 17	5 18	5 18	5 19	5 20	5 22	5 23	5 25
21	6 12	6 14	6 16	6 18	6 20	6 22	6 25	6 28	6 31	6 35	6 39	6 44	6 49	6 56
22	7 11	7 14	7 18	7 21	7 25	7 30	7 35	7 40	7 46	7 52	8 00	8 08	8 18	8 30
23	8 12	8 16	8 21	8 26	8 32	8 38	8 45	8 53	9 01	9 11	9 22	9 36	9 51	10 11
24	9 13	9 19	9 25	9 32	9 39	9 47	9 57	10 07	10 18	10 31	10 47	11 06	11 30	12 02
25	10 15	10 21	10 29	10 37	10 46	10 56	11 07	11 19	11 33	11 50	12 10	12 36	13 13	14 29

■ indicates Moon continuously below horizon.
.. .. indicates phenomenon will occur the next day.

MOONRISE AND MOONSET, 2002
UNIVERSAL TIME FOR MERIDIAN OF GREENWICH
MOONRISE

Lat.	−55°	−50°	−45°	−40°	−35°	−30°	−20°	−10°	0°	+10°	+20°	+30°	+35°	+40°
	h m	h m	h m	h m	h m	h m	h m	h m	h m	h m	h m	h m	h m	h m
Oct. 24	22 51	22 23	22 02	21 45	21 31	21 18	20 57	20 39	20 22	20 05	19 47	19 27	19 14	19 01
25	.. ..	23 30	23 06	22 46	22 30	22 16	21 52	21 32	21 12	20 53	20 33	20 10	19 56	19 40
26	0 03	.. ..	.. ..	23 44	23 27	23 12	22 47	22 26	22 05	21 45	21 24	20 59	20 44	20 27
27	1 06	0 31	0 05	.. ..	.. ..	.. ..	23 41	23 20	23 00	22 40	22 19	21 54	21 39	21 22
28	1 57	1 23	0 58	0 38	0 21	0 06	.. ..	.. ..	23 55	23 37	23 17	22 54	22 41	22 25
29	2 35	2 05	1 43	1 25	1 09	0 56	0 33	0 14	.. ..	.. ..	.. ..	23 58	23 47	23 34
30	3 02	2 38	2 20	2 05	1 53	1 42	1 22	1 06	0 50	0 34	0 18	.. ..	.. ..	.. ..
31	3 22	3 05	2 52	2 41	2 31	2 23	2 08	1 56	1 44	1 32	1 19	1 04	0 56	0 46
Nov. 1	3 38	3 27	3 19	3 12	3 06	3 01	2 52	2 44	2 36	2 29	2 20	2 11	2 06	1 59
2	3 51	3 47	3 44	3 42	3 39	3 37	3 34	3 31	3 28	3 25	3 22	3 19	3 17	3 14
3	4 04	4 07	4 09	4 11	4 12	4 13	4 16	4 18	4 20	4 22	4 24	4 27	4 28	4 30
4	4 18	4 27	4 35	4 41	4 46	4 51	4 59	5 06	5 13	5 20	5 28	5 37	5 42	5 47
5	4 35	4 51	5 03	5 14	5 23	5 31	5 45	5 57	6 09	6 21	6 33	6 48	6 56	7 06
6	4 57	5 19	5 37	5 52	6 05	6 16	6 34	6 51	7 07	7 22	7 39	7 59	8 11	8 24
7	5 27	5 56	6 18	6 37	6 52	7 05	7 28	7 48	8 07	8 25	8 45	9 09	9 23	9 39
8	6 09	6 43	7 08	7 29	7 46	8 00	8 25	8 47	9 07	9 27	9 49	10 14	10 29	10 46
9	7 07	7 41	8 07	8 27	8 44	8 59	9 24	9 46	10 06	10 26	10 47	11 12	11 27	11 44
10	8 17	8 48	9 11	9 30	9 46	10 00	10 23	10 43	11 01	11 20	11 40	12 03	12 16	12 32
11	9 33	9 59	10 19	10 34	10 48	11 00	11 20	11 37	11 53	12 09	12 26	12 46	12 57	13 10
12	10 50	11 10	11 25	11 38	11 48	11 58	12 14	12 28	12 40	12 53	13 07	13 23	13 32	13 42
13	12 06	12 20	12 30	12 39	12 47	12 54	13 05	13 15	13 25	13 34	13 44	13 55	14 02	14 09
14	13 19	13 27	13 34	13 39	13 44	13 48	13 55	14 01	14 06	14 12	14 18	14 25	14 29	14 33
15	14 31	14 34	14 36	14 38	14 39	14 40	14 43	14 45	14 46	14 48	14 50	14 53	14 54	14 55
16	15 43	15 40	15 38	15 36	15 34	15 33	15 30	15 28	15 26	15 24	15 22	15 20	15 18	15 17
17	16 55	16 46	16 40	16 34	16 30	16 26	16 18	16 12	16 06	16 01	15 55	15 48	15 44	15 39

MOONSET

Lat.	−55°	−50°	−45°	−40°	−35°	−30°	−20°	−10°	0°	+10°	+20°	+30°	+35°	+40°
	h m	h m	h m	h m	h m	h m	h m	h m	h m	h m	h m	h m	h m	h m
Oct. 24	5 46	6 09	6 28	6 42	6 55	7 06	7 25	7 42	7 57	8 13	8 29	8 49	9 00	9 13
25	6 10	6 38	7 00	7 18	7 33	7 46	8 09	8 28	8 46	9 04	9 24	9 46	9 59	10 15
26	6 43	7 16	7 41	8 01	8 18	8 32	8 57	9 18	9 38	9 57	10 19	10 43	10 58	11 14
27	7 30	8 06	8 32	8 52	9 10	9 24	9 50	10 11	10 32	10 52	11 13	11 38	11 53	12 10
28	8 33	9 07	9 32	9 51	10 08	10 22	10 46	11 07	11 27	11 46	12 07	12 30	12 44	13 00
29	9 50	10 18	10 40	10 57	11 12	11 24	11 46	12 04	12 22	12 39	12 57	13 18	13 30	13 44
30	11 15	11 37	11 54	12 08	12 19	12 30	12 47	13 02	13 16	13 30	13 44	14 01	14 11	14 22
31	12 45	12 59	13 11	13 21	13 29	13 36	13 48	13 59	14 09	14 19	14 29	14 41	14 47	14 55
Nov. 1	14 16	14 24	14 30	14 35	14 39	14 43	14 50	14 55	15 01	15 06	15 12	15 18	15 21	15 25
2	15 48	15 49	15 50	15 50	15 51	15 51	15 52	15 52	15 52	15 53	15 53	15 54	15 54	15 54
3	17 22	17 16	17 11	17 07	17 03	17 00	16 54	16 50	16 45	16 41	16 36	16 30	16 27	16 24
4	18 58	18 44	18 33	18 25	18 17	18 10	17 59	17 49	17 39	17 30	17 20	17 09	17 02	16 55
5	20 34	20 13	19 56	19 43	19 32	19 22	19 05	18 50	18 36	18 22	18 08	17 51	17 41	17 30
6	22 07	21 39	21 17	21 00	20 45	20 33	20 11	19 52	19 35	19 18	18 59	18 38	18 26	18 11
7	23 30	22 56	22 31	22 11	21 55	21 40	21 16	20 55	20 35	20 16	19 55	19 30	19 16	19 00
8	.. ..	.. ..	23 35	23 15	22 57	22 43	22 17	21 56	21 35	21 15	20 53	20 28	20 13	19 55
9	0 36	0 01	.. ..	.. ..	23 51	23 37	23 13	22 52	22 33	22 13	21 52	21 28	21 13	20 57
10	1 23	0 51	0 27	0 07	.. ..	.. ..	.. ..	23 44	23 27	23 09	22 50	22 29	22 16	22 01
11	1 55	1 28	1 07	0 50	0 36	0 24	0 03	.. ..	.. ..	.. ..	23 46	23 28	23 17	23 05
12	2 17	1 56	1 39	1 26	1 14	1 04	0 46	0 31	0 16	0 02	.. ..	.. ..	.. ..	.. ..
13	2 33	2 17	2 05	1 55	1 46	1 38	1 25	1 13	1 02	0 51	0 39	0 25	0 17	0 08
14	2 45	2 35	2 27	2 20	2 14	2 09	2 00	1 52	1 45	1 37	1 29	1 20	1 15	1 08
15	2 55	2 51	2 47	2 43	2 40	2 38	2 33	2 29	2 26	2 22	2 18	2 13	2 11	2 07
16	3 05	3 05	3 05	3 05	3 05	3 05	3 05	3 05	3 06	3 06	3 06	3 06	3 06	3 06
17	3 14	3 19	3 24	3 27	3 30	3 33	3 37	3 42	3 45	3 49	3 53	3 58	4 01	4 04

.. .. indicates phenomenon will occur the next day.

UNIVERSAL TIME FOR MERIDIAN OF GREENWICH
MOONRISE

Lat.	+40°	+42°	+44°	+46°	+48°	+50°	+52°	+54°	+56°	+58°	+60°	+62°	+64°	+66°
	h m	h m	h m	h m	h m	h m	h m	h m	h m	h m	h m	h m	h m	h m
Oct. 24	19 01	18 55	18 48	18 41	18 33	18 25	18 15	18 05	17 53	17 39	17 23	17 03	16 39	16 06
25	19 40	19 33	19 25	19 17	19 08	18 58	18 47	18 34	18 19	18 02	17 42	17 15	16 39	15 21
26	20 27	20 20	20 11	20 02	19 52	19 41	19 29	19 15	18 59	18 39	18 15	17 42	16 46	□
27	21 22	21 15	21 07	20 58	20 48	20 37	20 24	20 10	19 54	19 34	19 09	18 36	17 37	□
28	22 25	22 18	22 11	22 03	21 54	21 44	21 32	21 20	21 05	20 48	20 27	20 00	19 22	□
29	23 34	23 28	23 22	23 15	23 07	22 59	22 50	22 40	22 28	22 15	21 59	21 40	21 16	20 43
30	.. ..	.. ..	.. ..	.. ..	.. ..	.. ..	.. ..	.. ..	23 58	23 49	23 38	23 25	23 10	22 52
31	0 46	0 41	0 37	0 32	0 26	0 20	0 13	0 06	.. ..	.. ..	.. ..	.. ..	.. ..	.. ..
Nov. 1	1 59	1 57	1 54	1 51	1 47	1 44	1 40	1 35	1 30	1 25	1 18	1 11	1 03	0 53
2	3 14	3 13	3 12	3 11	3 10	3 08	3 07	3 05	3 04	3 02	2 59	2 57	2 54	2 51
3	4 30	4 31	4 32	4 33	4 34	4 35	4 36	4 37	4 38	4 40	4 42	4 44	4 46	4 49
4	5 47	5 50	5 53	5 56	5 59	6 02	6 06	6 10	6 15	6 20	6 26	6 33	6 41	6 50
5	7 06	7 10	7 15	7 20	7 25	7 31	7 38	7 45	7 53	8 03	8 13	8 26	8 41	8 59
6	8 24	8 30	8 36	8 43	8 51	8 59	9 08	9 19	9 31	9 45	10 01	10 21	10 46	11 21
7	9 39	9 46	9 53	10 02	10 11	10 22	10 33	10 46	11 02	11 20	11 42	12 11	12 54	■
8	10 46	10 54	11 02	11 12	11 22	11 33	11 46	12 00	12 17	12 38	13 04	13 40	14 56	■
9	11 44	11 52	12 00	12 09	12 19	12 30	12 42	12 56	13 13	13 33	13 57	14 30	15 27	■
10	12 32	12 39	12 46	12 54	13 03	13 13	13 24	13 36	13 50	14 07	14 26	14 51	15 25	16 23
11	13 10	13 16	13 22	13 29	13 36	13 45	13 53	14 03	14 15	14 27	14 42	15 00	15 22	15 51
12	13 42	13 47	13 52	13 57	14 02	14 09	14 15	14 23	14 31	14 41	14 51	15 04	15 19	15 36
13	14 09	14 12	14 16	14 20	14 24	14 28	14 33	14 38	14 44	14 50	14 57	15 05	15 15	15 26
14	14 33	14 35	14 37	14 39	14 42	14 44	14 47	14 50	14 53	14 57	15 01	15 06	15 11	15 18
15	14 55	14 56	14 57	14 57	14 58	14 59	15 00	15 01	15 02	15 03	15 05	15 06	15 08	15 10
16	15 17	15 16	15 16	15 15	15 14	15 13	15 12	15 11	15 10	15 09	15 08	15 06	15 04	15 02
17	15 39	15 37	15 35	15 33	15 31	15 28	15 25	15 22	15 19	15 15	15 11	15 06	15 01	14 55

MOONSET

Lat.	+40°	+42°	+44°	+46°	+48°	+50°	+52°	+54°	+56°	+58°	+60°	+62°	+64°	+66°
	h m	h m	h m	h m	h m	h m	h m	h m	h m	h m	h m	h m	h m	h m
Oct. 24	9 13	9 19	9 25	9 32	9 39	9 47	9 57	10 07	10 18	10 31	10 47	11 06	11 30	12 02
25	10 15	10 21	10 29	10 37	10 46	10 56	11 07	11 19	11 33	11 50	12 10	12 36	13 13	14 29
26	11 14	11 22	11 30	11 39	11 49	12 00	12 12	12 26	12 42	13 02	13 26	13 58	14 54	□
27	12 10	12 18	12 26	12 35	12 45	12 56	13 09	13 23	13 39	13 59	14 24	14 58	15 56	□
28	13 00	13 07	13 15	13 24	13 33	13 43	13 55	14 08	14 22	14 40	15 01	15 29	16 07	□
29	13 44	13 50	13 57	14 04	14 12	14 21	14 30	14 41	14 53	15 07	15 23	15 43	16 08	16 41
30	14 22	14 27	14 32	14 38	14 44	14 50	14 58	15 06	15 15	15 25	15 36	15 50	16 06	16 25
31	14 55	14 58	15 02	15 06	15 10	15 15	15 19	15 25	15 31	15 37	15 45	15 53	16 03	16 14
Nov. 1	15 25	15 27	15 29	15 31	15 33	15 35	15 38	15 41	15 44	15 47	15 51	15 55	16 00	16 05
2	15 54	15 54	15 55	15 55	15 55	15 55	15 55	15 55	15 55	15 56	15 56	15 56	15 56	15 57
3	16 24	16 22	16 20	16 19	16 17	16 15	16 12	16 10	16 07	16 04	16 01	15 57	15 53	15 48
4	16 55	16 52	16 48	16 45	16 41	16 36	16 32	16 26	16 21	16 14	16 07	15 59	15 50	15 39
5	17 30	17 25	17 20	17 15	17 08	17 02	16 55	16 46	16 37	16 27	16 16	16 02	15 46	15 27
6	18 11	18 05	17 58	17 51	17 43	17 34	17 24	17 13	17 01	16 46	16 29	16 09	15 43	15 07
7	19 00	18 52	18 44	18 36	18 26	18 16	18 04	17 50	17 35	17 16	16 54	16 24	15 40	■
8	19 55	19 48	19 39	19 30	19 20	19 08	18 56	18 41	18 24	18 03	17 37	17 01	15 45	■
9	20 57	20 49	20 41	20 32	20 22	20 12	20 12	19 59	19 45	19 29	19 10	18 45	18 12	17 16	■
10	22 01	21 54	21 47	21 39	21 31	21 21	21 11	20 59	20 45	20 29	20 10	19 45	19 12	18 14
11	23 05	23 00	22 54	22 47	22 40	22 33	22 24	22 15	22 04	21 52	21 38	21 21	21 00	20 32
12	.. ..	.. ..	23 59	23 54	23 49	23 44	23 37	23 31	23 23	23 14	23 04	22 53	22 39	22 22
13	0 08	0 04	.. ..	.. ..	.. ..	.. ..	.. ..	.. ..	.. ..	.. ..	.. ..	.. ..	.. ..	.. ..
14	1 08	1 06	1 03	1 00	0 56	0 52	0 48	0 44	0 39	0 33	0 27	0 20	0 12	0 02
15	2 07	2 06	2 05	2 03	2 01	2 00	1 58	1 55	1 53	1 50	1 47	1 44	1 40	1 35
16	3 06	3 06	3 06	3 06	3 06	3 06	3 06	3 06	3 06	3 06	3 06	3 06	3 06	3 06
17	4 04	4 05	4 07	4 08	4 10	4 12	4 14	4 16	4 19	4 21	4 24	4 28	4 32	4 36

□ indicates Moon continuously above horizon.
■ indicates Moon continuously below horizon.
.. .. indicates phenomenon will occur the next day.

MOONRISE AND MOONSET, 2002

UNIVERSAL TIME FOR MERIDIAN OF GREENWICH

MOONRISE

Lat.	−55°	−50°	−45°	−40°	−35°	−30°	−20°	−10°	0°	+10°	+20°	+30°	+35°	+40°
	h m	h m	h m	h m	h m	h m	h m	h m	h m	h m	h m	h m	h m	h m
Nov. 16	15 43	15 40	15 38	15 36	15 34	15 33	15 30	15 28	15 26	15 24	15 22	15 20	15 18	15 17
17	16 55	16 46	16 40	16 34	16 30	16 26	16 18	16 12	16 06	16 01	15 55	15 48	15 44	15 39
18	18 08	17 54	17 43	17 34	17 26	17 20	17 08	16 58	16 48	16 39	16 29	16 17	16 11	16 03
19	19 24	19 04	18 48	18 35	18 25	18 15	17 59	17 45	17 32	17 19	17 05	16 50	16 41	16 30
20	20 40	20 14	19 54	19 38	19 24	19 12	18 52	18 35	18 19	18 03	17 46	17 26	17 15	17 02
21	21 54	21 23	20 59	20 40	20 24	20 11	19 47	19 27	19 09	18 50	18 30	18 08	17 54	17 39
22	23 01	22 26	22 00	21 40	21 23	21 08	20 43	20 21	20 01	19 41	19 20	18 55	18 41	18 24
23	23 57	23 22	22 56	22 35	22 18	22 03	21 38	21 16	20 56	20 36	20 14	19 49	19 34	19 17
24	.. ..	.. ..	23 43	23 24	23 08	22 54	22 30	22 10	21 51	21 32	21 11	20 48	20 34	20 17
25	0 38	0 06	.. ..	.. ..	23 52	23 40	23 20	23 02	22 45	22 28	22 10	21 50	21 38	21 24
26	1 07	0 42	0 22	0 06	.. ..	.. ..	.. ..	23 51	23 38	23 25	23 10	22 54	22 44	22 33
27	1 28	1 09	0 54	0 42	0 31	0 22	0 05	.. ..	.. ..	.. ..	.. ..	23 58	23 51	23 44
28	1 45	1 32	1 22	1 13	1 06	0 59	0 48	0 38	0 29	0 20	0 10	.. ..	.. ..	.. ..
29	1 58	1 52	1 47	1 42	1 38	1 35	1 29	1 24	1 19	1 14	1 09	1 03	0 59	0 55
30	2 11	2 10	2 10	2 10	2 10	2 09	2 09	2 09	2 09	2 08	2 08	2 08	2 08	2 08
Dec. 1	2 23	2 29	2 34	2 38	2 41	2 44	2 50	2 55	2 59	3 04	3 09	3 14	3 18	3 22
2	2 38	2 50	3 00	3 08	3 16	3 22	3 33	3 43	3 52	4 01	4 11	4 23	4 30	4 37
3	2 56	3 15	3 30	3 43	3 54	4 03	4 20	4 34	4 48	5 01	5 16	5 33	5 43	5 54
4	3 21	3 47	4 07	4 24	4 38	4 50	5 11	5 29	5 46	6 04	6 22	6 44	6 57	7 11
5	3 57	4 29	4 53	5 12	5 28	5 43	6 07	6 28	6 47	7 07	7 28	7 52	8 07	8 24
6	4 47	5 22	5 48	6 09	6 26	6 41	7 06	7 28	7 48	8 09	8 31	8 56	9 11	9 28
7	5 53	6 27	6 52	7 12	7 28	7 42	8 07	8 28	8 47	9 07	9 28	9 52	10 06	10 22
8	7 10	7 38	8 00	8 17	8 32	8 45	9 06	9 25	9 42	10 00	10 18	10 39	10 52	11 06
9	8 30	8 52	9 09	9 23	9 35	9 45	10 03	10 19	10 33	10 47	11 03	11 20	11 30	11 42
10	9 48	10 04	10 17	10 27	10 36	10 44	10 57	11 09	11 19	11 30	11 42	11 55	12 02	12 11

MOONSET

Lat.	−55°	−50°	−45°	−40°	−35°	−30°	−20°	−10°	0°	+10°	+20°	+30°	+35°	+40°
	h m	h m	h m	h m	h m	h m	h m	h m	h m	h m	h m	h m	h m	h m
Nov. 16	3 05	3 05	3 05	3 05	3 05	3 05	3 05	3 05	3 06	3 06	3 06	3 06	3 06	3 06
17	3 14	3 19	3 24	3 27	3 30	3 33	3 37	3 42	3 45	3 49	3 53	3 58	4 01	4 04
18	3 25	3 35	3 43	3 50	3 56	4 01	4 10	4 19	4 26	4 34	4 42	4 51	4 57	5 03
19	3 37	3 52	4 05	4 15	4 24	4 32	4 46	4 58	5 09	5 20	5 32	5 46	5 54	6 04
20	3 52	4 14	4 30	4 44	4 56	5 06	5 24	5 40	5 54	6 09	6 25	6 43	6 53	7 05
21	4 13	4 41	5 01	5 18	5 33	5 45	6 07	6 25	6 43	7 00	7 19	7 40	7 53	8 08
22	4 43	5 16	5 40	5 59	6 16	6 30	6 54	7 14	7 34	7 53	8 14	8 38	8 53	9 09
23	5 26	6 01	6 27	6 48	7 05	7 20	7 45	8 07	8 28	8 48	9 10	9 35	9 50	10 07
24	6 24	6 59	7 25	7 45	8 02	8 16	8 41	9 03	9 22	9 42	10 03	10 28	10 42	10 59
25	7 37	8 07	8 30	8 48	9 04	9 17	9 40	9 59	10 17	10 35	10 54	11 16	11 29	11 44
26	8 58	9 23	9 41	9 56	10 09	10 20	10 39	10 55	11 11	11 26	11 42	12 00	12 11	12 23
27	10 24	10 42	10 55	11 07	11 16	11 24	11 39	11 51	12 02	12 14	12 26	12 40	12 47	12 56
28	11 52	12 02	12 11	12 18	12 24	12 29	12 38	12 46	12 53	13 00	13 07	13 16	13 21	13 26
29	13 20	13 24	13 27	13 30	13 32	13 34	13 37	13 40	13 42	13 45	13 48	13 51	13 52	13 54
30	14 50	14 47	14 45	14 43	14 41	14 39	14 37	14 35	14 32	14 30	14 28	14 25	14 24	14 22
Dec. 1	16 22	16 12	16 04	15 57	15 52	15 47	15 38	15 31	15 24	15 17	15 10	15 01	14 56	14 51
2	17 56	17 38	17 25	17 14	17 04	16 56	16 42	16 29	16 18	16 06	15 54	15 40	15 32	15 23
3	19 30	19 05	18 46	18 31	18 18	18 07	17 47	17 31	17 15	17 00	16 43	16 24	16 13	16 00
4	21 00	20 29	20 05	19 46	19 30	19 17	18 54	18 34	18 15	17 56	17 37	17 14	17 00	16 45
5	22 16	21 42	21 16	20 55	20 38	20 23	19 58	19 37	19 16	18 56	18 34	18 09	17 55	17 37
6	23 14	22 40	22 15	21 55	21 38	21 23	20 58	20 37	20 17	19 57	19 35	19 10	18 55	18 38
7	23 54	23 24	23 02	22 44	22 28	22 15	21 52	21 33	21 14	20 55	20 35	20 12	19 59	19 43
8	.. ..	23 57	23 38	23 23	23 11	22 59	22 40	22 23	22 07	21 51	21 34	21 14	21 02	20 49
9	0 20	.. ..	.. ..	23 56	23 46	23 37	23 22	23 08	22 56	22 43	22 29	22 14	22 05	21 54
10	0 39	0 21	0 07	.. ..	.. ..	.. ..	23 59	23 50	23 41	23 32	23 22	23 11	23 04	22 57

.. .. indicates phenomenon will occur the next day.

UNIVERSAL TIME FOR MERIDIAN OF GREENWICH

MOONRISE

Lat.	+40°	+42°	+44°	+46°	+48°	+50°	+52°	+54°	+56°	+58°	+60°	+62°	+64°	+66°
	h m	h m	h m	h m	h m	h m	h m	h m	h m	h m	h m	h m	h m	h m
Nov. 16	15 17	15 16	15 16	15 15	15 14	15 13	15 12	15 11	15 10	15 09	15 08	15 06	15 04	15 02
17	15 39	15 37	15 35	15 33	15 31	15 28	15 25	15 22	15 19	15 15	15 11	15 06	15 01	14 55
18	16 03	16 00	15 57	15 53	15 49	15 44	15 40	15 35	15 29	15 22	15 15	15 07	14 57	14 46
19	16 30	16 26	16 21	16 16	16 10	16 04	15 57	15 50	15 41	15 32	15 21	15 09	14 54	14 37
20	17 02	16 56	16 50	16 43	16 36	16 28	16 19	16 09	15 58	15 45	15 31	15 13	14 52	14 24
21	17 39	17 32	17 25	17 17	17 08	16 59	16 48	16 36	16 22	16 06	15 46	15 22	14 50	13 57
22	18 24	18 17	18 08	17 59	17 50	17 39	17 27	17 13	16 57	16 38	16 14	15 43	14 52	▢
23	19 17	19 09	19 01	18 52	18 42	18 31	18 18	18 04	17 47	17 27	17 02	16 27	15 21	▢
24	20 17	20 10	20 02	19 54	19 44	19 34	19 22	19 09	18 53	18 35	18 12	17 43	16 57	▢
25	21 24	21 17	21 10	21 03	20 55	20 46	20 36	20 25	20 13	19 58	19 40	19 19	18 50	18 09
26	22 33	22 28	22 23	22 17	22 11	22 04	21 56	21 48	21 39	21 28	21 15	21 01	20 43	20 20
27	23 44	23 40	23 37	23 33	23 29	23 24	23 19	23 13	23 07	23 00	22 52	22 43	22 33	22 20
28	.. ..	.. ..	.. ..	.. ..	.. ..	.. ..	.. ..	.. ..	.. ..	.. ..	.. ..	.. ..	.. ..	.. ..
29	0 55	0 54	0 52	0 50	0 48	0 45	0 43	0 40	0 37	0 33	0 29	0 25	0 20	0 14
30	2 08	2 08	2 08	2 08	2 08	2 07	2 07	2 07	2 07	2 07	2 07	2 07	2 07	2 07
Dec. 1	3 22	3 23	3 25	3 27	3 29	3 31	3 34	3 37	3 40	3 43	3 47	3 51	3 56	4 02
2	4 37	4 41	4 44	4 48	4 53	4 57	5 02	5 08	5 14	5 22	5 30	5 39	5 50	6 03
3	5 54	6 00	6 05	6 11	6 18	6 25	6 33	6 41	6 51	7 03	7 16	7 31	7 51	8 15
4	7 11	7 18	7 25	7 33	7 41	7 51	8 01	8 13	8 26	8 42	9 01	9 25	9 58	10 52
5	8 24	8 31	8 40	8 49	8 58	9 09	9 22	9 36	9 52	10 12	10 37	11 10	12 09	▬
6	9 28	9 36	9 45	9 54	10 04	10 15	10 28	10 43	11 00	11 21	11 47	12 23	13 39	▬
7	10 22	10 30	10 38	10 46	10 56	11 06	11 18	11 31	11 47	12 05	12 27	12 56	13 39	▬
8	11 06	11 13	11 19	11 27	11 35	11 44	11 54	12 05	12 17	12 32	12 49	13 10	13 36	14 13
9	11 42	11 47	11 52	11 58	12 05	12 12	12 19	12 28	12 37	12 48	13 01	13 15	13 33	13 54
10	12 11	12 15	12 19	12 23	12 28	12 33	12 39	12 45	12 52	12 59	13 08	13 18	13 29	13 43

MOONSET

Lat.	+40°	+42°	+44°	+46°	+48°	+50°	+52°	+54°	+56°	+58°	+60°	+62°	+64°	+66°
	h m	h m	h m	h m	h m	h m	h m	h m	h m	h m	h m	h m	h m	h m
Nov. 16	3 06	3 06	3 06	3 06	3 06	3 06	3 06	3 06	3 06	3 06	3 06	3 06	3 06	3 06
17	4 04	4 05	4 07	4 08	4 10	4 12	4 14	4 16	4 19	4 21	4 24	4 28	4 32	4 36
18	5 03	5 06	5 09	5 12	5 15	5 19	5 23	5 28	5 32	5 38	5 44	5 51	6 00	6 10
19	6 04	6 08	6 12	6 17	6 22	6 28	6 34	6 41	6 48	6 57	7 07	7 18	7 32	7 48
20	7 05	7 11	7 17	7 23	7 30	7 37	7 46	7 55	8 06	8 18	8 32	8 49	9 09	9 37
21	8 08	8 14	8 21	8 29	8 38	8 47	8 57	9 09	9 23	9 38	9 57	10 21	10 53	11 45
22	9 09	9 16	9 24	9 33	9 43	9 53	10 05	10 19	10 35	10 54	11 17	11 49	12 39	▢
23	10 07	10 14	10 23	10 32	10 42	10 53	11 06	11 20	11 37	11 57	12 22	12 57	14 02	▢
24	10 59	11 06	11 14	11 23	11 33	11 43	11 55	12 09	12 24	12 43	13 06	13 36	14 21	▢
25	11 44	11 51	11 58	12 05	12 14	12 23	12 33	12 45	12 58	13 13	13 31	13 53	14 22	15 05
26	12 23	12 28	12 34	12 40	12 47	12 54	13 02	13 11	13 21	13 33	13 46	14 02	14 20	14 44
27	12 56	13 00	13 05	13 09	13 14	13 19	13 25	13 31	13 38	13 46	13 55	14 05	14 17	14 32
28	13 26	13 29	13 31	13 34	13 37	13 40	13 44	13 48	13 52	13 56	14 02	14 07	14 14	14 22
29	13 54	13 55	13 56	13 57	13 58	13 59	14 00	14 02	14 03	14 05	14 06	14 08	14 11	14 13
30	14 22	14 21	14 20	14 20	14 19	14 18	14 17	14 15	14 14	14 13	14 11	14 09	14 07	14 05
Dec. 1	14 51	14 49	14 46	14 43	14 40	14 37	14 34	14 30	14 26	14 21	14 16	14 10	14 04	13 56
2	15 23	15 19	15 15	15 10	15 05	15 00	14 54	14 47	14 40	14 32	14 23	14 12	14 00	13 45
3	16 00	15 55	15 49	15 42	15 35	15 28	15 19	15 10	14 59	14 47	14 33	14 16	13 56	13 31
4	16 45	16 38	16 30	16 22	16 14	16 04	15 53	15 41	15 27	15 10	14 51	14 26	13 53	12 58
5	17 37	17 30	17 21	17 12	17 02	16 51	16 39	16 24	16 08	15 48	15 23	14 49	13 51	▬
6	18 38	18 30	18 21	18 12	18 02	17 51	17 38	17 24	17 07	16 46	16 20	15 44	14 28	▬
7	19 43	19 36	19 28	19 19	19 10	19 00	18 48	18 35	18 20	18 02	17 40	17 12	16 29	▬
8	20 49	20 43	20 36	20 29	20 22	20 13	20 04	19 53	19 41	19 27	19 11	18 50	18 25	17 48
9	21 54	21 49	21 44	21 39	21 33	21 27	21 19	21 11	21 03	20 52	20 41	20 27	20 10	19 50
10	22 57	22 53	22 50	22 46	22 42	22 38	22 33	22 27	22 21	22 15	22 07	21 58	21 48	21 35

▢ indicates Moon continuously above horizon.
▬ indicates Moon continuously below horizon.
.. .. indicates phenomenon will occur the next day.

MOONRISE AND MOONSET, 2002

UNIVERSAL TIME FOR MERIDIAN OF GREENWICH

MOONRISE

Lat.	−55°	−50°	−45°	−40°	−35°	−30°	−20°	−10°	0°	+10°	+20°	+30°	+35°	+40°
	h m	h m	h m	h m	h m	h m	h m	h m	h m	h m	h m	h m	h m	h m
Dec. 9	8 30	8 52	9 09	9 23	9 35	9 45	10 03	10 19	10 33	10 47	11 03	11 20	11 30	11 42
10	9 48	10 04	10 17	10 27	10 36	10 44	10 57	11 09	11 19	11 30	11 42	11 55	12 02	12 11
11	11 03	11 13	11 22	11 28	11 34	11 39	11 48	11 56	12 03	12 10	12 17	12 26	12 31	12 36
12	12 16	12 21	12 25	12 28	12 30	12 33	12 37	12 40	12 44	12 47	12 50	12 54	12 57	12 59
13	13 28	13 27	13 27	13 26	13 26	13 25	13 25	13 24	13 23	13 23	13 22	13 22	13 22	13 21
14	14 40	14 33	14 29	14 24	14 21	14 18	14 12	14 08	14 03	13 59	13 54	13 49	13 46	13 43
15	15 52	15 41	15 31	15 24	15 17	15 11	15 01	14 52	14 44	14 36	14 28	14 18	14 13	14 06
16	17 07	16 49	16 36	16 24	16 15	16 06	15 52	15 39	15 27	15 16	15 03	14 49	14 41	14 32
17	18 24	18 00	17 41	17 26	17 14	17 03	16 44	16 28	16 13	15 58	15 42	15 24	15 14	15 02
18	19 40	19 10	18 47	18 29	18 14	18 01	17 39	17 20	17 02	16 45	16 26	16 04	15 51	15 37
19	20 51	20 17	19 51	19 31	19 15	19 00	18 36	18 14	17 55	17 35	17 14	16 50	16 36	16 20
20	21 52	21 16	20 50	20 29	20 12	19 57	19 32	19 10	18 50	18 29	18 08	17 43	17 28	17 11
21	22 38	22 05	21 41	21 21	21 05	20 51	20 26	20 05	19 46	19 26	19 05	18 41	18 26	18 10
22	23 11	22 44	22 23	22 06	21 51	21 39	21 17	20 59	20 41	20 24	20 05	19 43	19 30	19 15
23	23 35	23 14	22 57	22 44	22 32	22 22	22 05	21 49	21 35	21 20	21 05	20 47	20 37	20 25
24	23 52	23 38	23 26	23 17	23 08	23 01	22 48	22 37	22 26	22 16	22 04	21 51	21 44	21 35
25	.. ..	23 58	23 51	23 46	23 41	23 36	23 29	23 22	23 16	23 10	23 03	22 55	22 51	22 46
26	0 06	.. ..	.. ..	.. ..	.. ..	.. ..	.. ..	.. ..	.. ..	.. ..	.. ..	23 59	23 58	23 56
27	0 19	0 16	0 14	0 13	0 11	0 10	0 08	0 06	0 04	0 03	0 01	.. ..	.. ..	.. ..
28	0 31	0 34	0 37	0 40	0 42	0 44	0 47	0 50	0 53	0 56	0 59	1 03	1 05	1 07
29	0 44	0 53	1 01	1 08	1 14	1 19	1 28	1 36	1 43	1 51	1 59	2 08	2 13	2 19
30	0 59	1 16	1 29	1 39	1 49	1 57	2 11	2 24	2 35	2 47	3 00	3 15	3 23	3 33
31	1 20	1 43	2 01	2 16	2 29	2 40	2 59	3 15	3 31	3 47	4 04	4 23	4 35	4 48
32	1 50	2 19	2 41	3 00	3 15	3 28	3 51	4 11	4 29	4 48	5 08	5 32	5 45	6 01
33	2 32	3 06	3 31	3 52	4 09	4 23	4 48	5 10	5 30	5 50	6 12	6 37	6 52	7 09

MOONSET

Lat.	−55°	−50°	−45°	−40°	−35°	−30°	−20°	−10°	0°	+10°	+20°	+30°	+35°	+40°
	h m	h m	h m	h m	h m	h m	h m	h m	h m	h m	h m	h m	h m	h m
Dec. 9	0 20	.. ..	.. ..	23 56	23 46	23 37	23 22	23 08	22 56	22 43	22 29	22 14	22 05	21 54
10	0 39	0 21	0 07	.. ..	.. ..	.. ..	23 59	23 50	23 41	23 32	23 22	23 11	23 04	22 57
11	0 53	0 41	0 31	0 23	0 16	0 10	.. ..	.. ..	.. ..	.. ..	.. ..	.. ..	.. ..	23 57
12	1 04	0 57	0 52	0 47	0 43	0 39	0 33	0 28	0 23	0 17	0 12	0 05	0 01	.. ..
13	1 14	1 12	1 11	1 09	1 08	1 07	1 06	1 04	1 03	1 01	1 00	0 58	0 57	0 56
14	1 23	1 26	1 29	1 31	1 33	1 35	1 38	1 40	1 43	1 45	1 48	1 51	1 52	1 54
15	1 33	1 41	1 48	1 53	1 58	2 03	2 10	2 17	2 23	2 29	2 36	2 43	2 48	2 53
16	1 44	1 58	2 09	2 18	2 25	2 32	2 44	2 55	3 05	3 15	3 25	3 37	3 45	3 53
17	1 58	2 17	2 33	2 45	2 56	3 05	3 21	3 36	3 49	4 02	4 17	4 33	4 43	4 54
18	2 17	2 42	3 01	3 17	3 31	3 42	4 02	4 20	4 36	4 53	5 11	5 31	5 43	5 57
19	2 44	3 14	3 37	3 56	4 12	4 25	4 48	5 08	5 27	5 46	6 06	6 30	6 43	6 59
20	3 22	3 56	4 22	4 43	5 00	5 14	5 39	6 01	6 21	6 41	7 03	7 28	7 42	7 59
21	4 16	4 51	5 17	5 38	5 55	6 10	6 35	6 56	7 17	7 37	7 58	8 23	8 38	8 55
22	5 25	5 57	6 21	6 40	6 56	7 10	7 34	7 54	8 12	8 31	8 51	9 14	9 27	9 43
23	6 46	7 12	7 32	7 48	8 02	8 13	8 34	8 51	9 07	9 23	9 40	10 00	10 11	10 24
24	8 11	8 31	8 46	8 58	9 09	9 18	9 33	9 47	10 00	10 12	10 25	10 41	10 49	10 59
25	9 38	9 51	10 01	10 09	10 16	10 22	10 32	10 42	10 50	10 59	11 07	11 18	11 23	11 30
26	11 05	11 11	11 15	11 19	11 23	11 26	11 31	11 35	11 39	11 43	11 47	11 52	11 55	11 58
27	12 32	12 31	12 30	12 30	12 30	12 29	12 29	12 28	12 27	12 27	12 26	12 26	12 25	12 25
28	13 59	13 52	13 46	13 41	13 37	13 34	13 27	13 22	13 17	13 11	13 06	13 00	12 56	12 52
29	15 29	15 15	15 04	14 54	14 47	14 40	14 28	14 17	14 07	13 58	13 48	13 36	13 29	13 21
30	17 01	16 39	16 22	16 09	15 57	15 47	15 30	15 15	15 01	14 48	14 33	14 16	14 06	13 55
31	18 31	18 02	17 41	17 23	17 09	16 56	16 34	16 16	15 58	15 41	15 23	15 01	14 49	14 35
32	19 53	19 19	18 54	18 34	18 18	18 03	17 39	17 18	16 58	16 39	16 18	15 53	15 39	15 23
33	20 59	20 25	19 59	19 38	19 21	19 06	18 41	18 19	17 59	17 38	17 17	16 51	16 36	16 19

.. .. indicates phenomenon will occur the next day.

UNIVERSAL TIME FOR MERIDIAN OF GREENWICH
MOONRISE

Lat.	+40°	+42°	+44°	+46°	+48°	+50°	+52°	+54°	+56°	+58°	+60°	+62°	+64°	+66°
	h m	h m	h m	h m	h m	h m	h m	h m	h m	h m	h m	h m	h m	h m
Dec. 9	11 42	11 47	11 52	11 58	12 05	12 12	12 19	12 28	12 37	12 48	13 01	13 15	13 33	13 54
10	12 11	12 15	12 19	12 23	12 28	12 33	12 39	12 45	12 52	12 59	13 08	13 18	13 29	13 43
11	12 36	12 39	12 42	12 44	12 47	12 51	12 54	12 58	13 02	13 07	13 12	13 18	13 25	13 33
12	12 59	13 00	13 02	13 03	13 04	13 06	13 08	13 09	13 11	13 13	13 16	13 19	13 22	13 25
13	13 21	13 21	13 21	13 21	13 20	13 20	13 20	13 20	13 20	13 19	13 19	13 19	13 18	13 18
14	13 43	13 42	13 40	13 38	13 37	13 35	13 33	13 30	13 28	13 25	13 22	13 19	13 15	13 10
15	14 06	14 03	14 01	13 57	13 54	13 50	13 46	13 42	13 37	13 32	13 26	13 19	13 11	13 02
16	14 32	14 28	14 24	14 19	14 14	14 08	14 02	13 56	13 48	13 40	13 31	13 20	13 08	12 53
17	15 02	14 56	14 51	14 44	14 38	14 30	14 22	14 13	14 03	13 52	13 39	13 24	13 05	12 42
18	15 37	15 30	15 23	15 16	15 08	14 59	14 49	14 37	14 24	14 10	13 52	13 31	13 03	12 23
19	16 20	16 12	16 04	15 56	15 46	15 36	15 24	15 11	14 55	14 37	14 15	13 46	13 03	▢
20	17 11	17 03	16 55	16 45	16 35	16 24	16 12	15 57	15 41	15 21	14 55	14 21	13 18	▢
21	18 10	18 02	17 54	17 45	17 36	17 25	17 13	16 59	16 43	16 24	16 00	15 28	14 36	▢
22	19 15	19 09	19 02	18 54	18 45	18 36	18 25	18 14	18 00	17 44	17 25	17 01	16 28	15 34
23	20 25	20 19	20 13	20 07	20 00	19 53	19 45	19 36	19 25	19 13	18 59	18 43	18 23	17 56
24	21 35	21 31	21 27	21 23	21 18	21 13	21 07	21 01	20 53	20 45	20 36	20 26	20 13	19 58
25	22 46	22 43	22 41	22 38	22 36	22 33	22 29	22 26	22 22	22 17	22 12	22 06	22 00	21 52
26	23 56	23 56	23 55	23 54	23 54	23 53	23 52	23 51	23 50	23 49	23 47	23 46	23 44	23 42
27	.. ..	.. ..	.. ..	.. ..	.. ..	.. ..	.. ..	.. ..	.. ..	.. ..	.. ..	.. ..	.. ..	.. ..
28	1 07	1 08	1 09	1 11	1 12	1 13	1 15	1 17	1 19	1 21	1 23	1 26	1 29	1 32
29	2 19	2 22	2 25	2 28	2 32	2 35	2 39	2 44	2 49	2 55	3 01	3 08	3 17	3 27
30	3 33	3 38	3 43	3 48	3 53	3 59	4 06	4 13	4 22	4 31	4 42	4 55	5 10	5 29
31	4 48	4 54	5 01	5 08	5 15	5 23	5 33	5 43	5 55	6 09	6 25	6 45	7 10	7 46
32	6 01	6 09	6 16	6 25	6 34	6 44	6 56	7 09	7 24	7 42	8 04	8 33	9 17	■
33	7 09	7 17	7 25	7 35	7 45	7 56	8 09	8 23	8 41	9 01	9 27	10 03	11 20	■

MOONSET

Lat.	+40°	+42°	+44°	+46°	+48°	+50°	+52°	+54°	+56°	+58°	+60°	+62°	+64°	+66°
	h m	h m	h m	h m	h m	h m	h m	h m	h m	h m	h m	h m	h m	h m
Dec. 9	21 54	21 49	21 44	21 39	21 33	21 27	21 19	21 11	21 03	20 52	20 41	20 27	20 10	19 50
10	22 57	22 53	22 50	22 46	22 42	22 38	22 33	22 27	22 21	22 15	22 07	21 58	21 48	21 35
11	23 57	23 55	23 53	23 51	23 49	23 46	23 43	23 40	23 37	23 33	23 29	23 24	23 18	23 12
12	.. ..	.. ..	.. ..	.. ..	.. ..	.. ..	.. ..	.. ..	.. ..	.. ..	.. ..	.. ..	.. ..	.. ..
13	0 56	0 55	0 55	0 54	0 54	0 53	0 52	0 51	0 51	0 49	0 48	0 47	0 46	0 44
14	1 54	1 55	1 56	1 57	1 58	1 59	2 00	2 02	2 03	2 05	2 07	2 09	2 11	2 14
15	2 53	2 55	2 57	3 00	3 03	3 06	3 09	3 12	3 16	3 21	3 26	3 32	3 38	3 46
16	3 53	3 56	4 00	4 04	4 09	4 14	4 19	4 25	4 31	4 39	4 47	4 57	5 08	5 22
17	4 54	4 59	5 04	5 10	5 16	5 23	5 31	5 39	5 48	5 59	6 12	6 26	6 44	7 06
18	5 57	6 03	6 10	6 17	6 25	6 33	6 43	6 54	7 06	7 21	7 38	7 59	8 26	9 05
19	6 59	7 06	7 14	7 23	7 32	7 42	7 54	8 07	8 22	8 40	9 02	9 30	10 13	▢
20	7 59	8 07	8 16	8 25	8 35	8 46	8 58	9 12	9 29	9 49	10 14	10 49	11 52	▢
21	8 55	9 02	9 10	9 19	9 29	9 40	9 52	10 06	10 23	10 42	11 06	11 38	12 30	▢
22	9 43	9 50	9 57	10 05	10 14	10 24	10 35	10 47	11 01	11 17	11 37	12 01	12 34	13 29
23	10 24	10 30	10 36	10 43	10 50	10 58	11 07	11 16	11 27	11 40	11 54	12 12	12 33	13 00
24	10 59	11 04	11 08	11 13	11 19	11 25	11 31	11 38	11 46	11 55	12 05	12 17	12 30	12 47
25	11 30	11 33	11 36	11 39	11 43	11 46	11 51	11 55	12 00	12 06	12 12	12 19	12 27	12 37
26	11 58	11 59	12 01	12 02	12 04	12 05	12 07	12 09	12 12	12 14	12 17	12 20	12 24	12 28
27	12 25	12 24	12 24	12 24	12 24	12 23	12 23	12 23	12 22	12 22	12 21	12 21	12 20	12 20
28	12 52	12 50	12 48	12 46	12 44	12 42	12 39	12 36	12 33	12 30	12 26	12 22	12 17	12 11
29	13 21	13 18	13 14	13 11	13 06	13 02	12 57	12 52	12 46	12 39	12 32	12 23	12 13	12 02
30	13 55	13 50	13 45	13 39	13 33	13 26	13 19	13 11	13 02	12 51	12 40	12 26	12 10	11 50
31	14 35	14 29	14 22	14 14	14 06	13 57	13 48	13 37	13 24	13 10	12 53	12 32	12 06	11 30
32	15 23	15 15	15 07	14 59	14 49	14 38	14 27	14 13	13 58	13 39	13 17	12 47	12 04	■
33	16 19	16 11	16 03	15 53	15 43	15 32	15 19	15 04	14 47	14 27	14 01	13 24	12 08	■

▢ indicates Moon continuously above horizon.
■ indicates Moon continuously below horizon.
.. .. indicates phenomenon will occur the next day.

Information on the constants, ephemerides, and calculations is given in the Notes and References section, page L4.

Solar Eclipses

The solar eclipse maps show the path of the eclipse, beginning and ending times of the eclipse, and the region of visibility, including restrictions due to rising and setting of the Sun. The short-dash and long-dash lines show, respectively, the progress of the leading and trailing edge of the penumbra; thus, at a given location, times of first and last contact may be interpolated.

Besselian elements characterize the geometric position of the shadow of the Moon relative to the Earth. The exterior tangents to the surfaces of the Sun and Moon form the umbral cone; the interior tangents form the penumbral cone. The common axis of these two cones is the axis of the shadow. To form a system of geocentric rectangular coordinates, the geocentric plane perpendicular to the axis of the shadow is taken as the xy-plane. This is called the fundamental plane. The x-axis is the intersection of the fundamental plane with the plane of the equator; it is positive toward the east. The y-axis is positive toward the north. The z-axis is parallel to the axis of the shadow and is positive toward the Moon. The tabular values of x and y are the coordinates, in units of the Earth's equatorial radius, of the intersection of the axis of the shadow with the fundamental plane. The direction of the axis of the shadow is specified by the declination d and hour angle μ of the point on the celestial sphere toward which the axis is directed.

The radius of the umbral cone is regarded as positive for an annular eclipse and negative for a total eclipse. The angles f_1 and f_2 are the angles at which the tangents that form the penumbral and umbral cones, respectively, intersect the axis of the shadow.

To predict accurate local circumstances, calculate the geocentric coordinates $\rho \sin \phi'$ and $\rho \cos \phi'$ from the geodetic latitude ϕ and longitude λ, using the relationships given on pages K11–K12. Inclusion of the height h in this calculation is all that is necessary to obtain the local circumstances at high altitudes.

Obtain approximate times for the beginning, middle and end of the eclipse from the eclipse map. For each of these three times, take from the table of Besselian elements, or compute from the Besselian element polynomials, the values of x, y, $\sin d$, $\cos d$, μ and l_1 (the radius of the penumbra on the fundamental plane), except that at the approximate time of the middle of the eclipse l_2 (the radius of the umbra on the fundamental plane) is required instead of l_1 if the eclipse is central (i.e., total, annular or annular-total). The hourly variations x', y' of x and y are needed, and may be obtained with sufficient accuracy by multiplying the first differences of the tabular values by 6. Alternatively, these hourly variations may be obtained by evaluating the derivative of the polynomial expressions for x and y. Values of μ', d', $\tan f_1$ and $\tan f_2$ are nearly constant throughout the eclipse and are given at the bottom of the Besselian elements table.

For each of the three approximate times, calculate the coordinates ξ, η, ζ for the observer and the hourly variations ξ' and η' from

$$\xi = \rho \cos \phi' \sin \theta,$$
$$\eta = \rho \sin \phi' \cos d - \rho \cos \phi' \sin d \cos \theta,$$
$$\zeta = \rho \sin \phi' \sin d + \rho \cos \phi' \cos d \cos \theta,$$
$$\xi' = \mu' \rho \cos \phi' \cos \theta,$$
$$\eta' = \mu' \xi \sin d - \zeta d',$$

where

$$\theta = \mu + \lambda$$

for longitudes measured positive towards the east.

Next, calculate

$$u = x - \xi \qquad\qquad u' = x' - \xi'$$
$$v = y - \eta \qquad\qquad v' = y' - \eta'$$
$$m^2 = u^2 + v^2 \qquad\qquad n^2 = u'^2 + v'^2 \qquad\qquad (m, n > 0)$$
$$L_i = l_i - \zeta \tan f_i$$
$$D = uu' + vv'$$
$$\Delta = \tfrac{1}{n}(uv' - u'v)$$
$$\sin \psi = \tfrac{\Delta}{L_i}$$

where $i = 1, 2$.

At the approximate times of the beginning and end of the eclipse, L_1 is required. At the approximate time of the middle of the eclipse, L_2 is required if the eclipse is central; L_1 is required if the eclipse is partial.

Neglecting the variation of L, the correction τ to be applied to the approximate time of the middle of the eclipse to obtain the *Universal Time of greatest phase* is

$$\tau = -\frac{D}{n^2},$$

which may be expressed in minutes by multiplying by 60.

The correction τ to be applied to the approximate times of the beginning and end of the eclipse to obtain the *Universal Times of the penumbral contacts* is

$$\tau = \frac{L_1}{n} \cos \psi - \frac{D}{n^2},$$

which may be expressed in minutes by multiplying by 60.

If the eclipse is central, use the approximate time for the middle of the eclipse as a first approximation to the times of umbral contact. The correction τ to be applied to obtain the *Universal Times of the umbral contacts* is

$$\tau = \frac{L_2}{n} \cos \psi - \frac{D}{n^2},$$

which may be expressed in minutes by multiplying by 60.

In the last two equations, the ambiguity in the quadrant of ψ is removed by noting that $\cos \psi$ must be *negative* for the beginning of the eclipse, for the beginning of the annular phase, or for the end of the total phase; $\cos \psi$ must be *positive* for the end of the eclipse, the end of the annular phase, or the beginning of the total phase.

For greater accuracy, the times resulting from the calculation outlined above should be used in place of the original approximate times, and the entire procedure repeated at least once. The calculations for each of the contact times and the time of greatest phase should be performed separately.

The *magnitude of greatest partial eclipse*, in units of the solar diameter is

$$M_1 = \frac{L_1 - m}{(2L_1 - 0.5459)},$$

where the value of m at the time of greatest phase is used. If the magnitude is negative at the time of greatest phase, no eclipse is visible from the location.

The *magnitude of the central phase*, in the same units is

$$M_2 = \frac{L_1 - L_2}{(L_1 + L_2)}.$$

The *position angle of a point of contact* measured eastward (counterclockwise) from the north point of the solar limb is given by

$$\tan P = \frac{u}{v},$$

where u and v are evaluated at the times of contacts computed in the final approximation. The quadrant of P is determined by noting that $\sin P$ has the algebraic sign of u, except for the contacts of the total phase, for which $\sin P$ has the opposite sign to u.

The position angle of the point of contact measured eastward from the vertex of the solar limb is given by

$$V = P - C,$$

where C, the parallactic angle, is obtained with sufficient accuracy from

$$\tan C = \frac{\xi}{\eta},$$

with $\sin C$ having the same algebraic sign as ξ, and the results of the final approximation again being used. The vertex point of the solar limb lies on a great circle arc drawn from the zenith to the center of the solar disk.

Lunar Eclipses

A calculator to produce local circumstances of recent and upcoming lunar eclipses is provided at http://aa.usno.navy.mil/AA/data/docs/LunarEclipse.html.

There are five eclipses, two of the Sun and three of the Moon.

I	May 26	Penumbral eclipse of the Moon
II	June 10–11	Annular eclipse of the Sun
III	June 24	Penumbral eclipse of the Moon
IV	November 19–20	Penumbral eclipse of the Moon
V	December 4	Total eclipse of the Sun

Standard corrections of $+0\overset{''}{.}5$ and $-0\overset{''}{.}25$ have been applied to the longitude and latitude of the Moon, respectively, to help correct for the difference between the center of figure and the center of mass.

All time arguments are given provisionally in Universal Time, using $\Delta T(A) = +67^s$. Once an updated value of ΔT is known, the data on these pages may be expressed in Universal Time as follows:

• Define $\delta T = \Delta T - \Delta T(A)$, in units of seconds of time.

• Change the times of circumstances given in preliminary Universal Time by subtracting δT.

• Correct the tabulated longitudes, $\lambda(A)$, according to the formula
$\lambda = \lambda(A) + 0.00417807\ \delta T$, where the longitudes have units of degrees.

• Leave all other quantities unchanged.

• The correction for δT is included in the Besselian elements.

Longitude is positive to the east, and negative to the west.

I.—*Penumbral Eclipse of the Moon*, May 26; the beginning of the penumbral phase visible in most of North America except the northeast, Central America, western South America, extreme northeast Russia, eastern Asia, Australia, most of Antarctica, the Pacific Ocean, and the southeast Indian Ocean; the end visible in southwestern Alaska, Asia except the extreme north, Australia, the eastern Indian Ocean, and most of the Pacific Ocean except the extreme eastern part.

CIRCUMSTANCES OF THE ECLIPSE

UT of geocentric opposition in right ascension, May $26^d\ 11^h\ 27^m\ 33^s.251$

Julian Date = 2452420.9774681800

		d	h	m	
Moon enters penumbra	May	26	10	12.7	
Middle of eclipse		26	12	03.3	UT
Moon leaves penumbra		26	13	53.8	

Contacts of Penumbra with Limb of Moon	Position Angles from the North Point	The Moon being in the Zenith in Longitude	Latitude
First	154.5 to East	$-154\ 38.1$	$-19\ 44.0$
Last	122.9 to West	$+152\ 10.7$	$-20\ 18.8$

Penumbral magnitude of the eclipse: 0.715

II.—*Annular Eclipse of the Sun*, June 10–11

CIRCUMSTANCES OF THE ECLIPSE

UT of geocentric conjunction in right ascension, June 10^d 23^h 48^m $10^s.931$
Julian Date = 2452436.4917931762

		UT	Longitude	Latitude
	d	h m	o '	o '
Eclipse begins	June 10	20 51.8	+137 59.2	− 2 30.0
Beginning of southern limit of umbra	10	21 54.2	+120 52.5	+ 1 02.0
Beginning of center line; central eclipse begins	10	21 54.4	+120 41.5	+ 1 19.5
Beginning of northern limit of umbra	10	21 54.7	+120 30.6	+ 1 37.0
Central eclipse at local apparent noon	10	23 48.2	−177 10.7	+34 55.3
End of northern limit of umbra	11	1 33.8	−104 37.5	+20 04.1
End of center line; central eclipse ends	11	1 34.0	−104 48.5	+19 48.1
End of southern limit of umbra	11	1 34.2	−104 59.5	+19 32.2
Eclipse ends	11	2 36.6	−122 15.1	+16 01.0

BESSELIAN ELEMENTS

Let $t = (UT - 21^h) + \delta T / 3600$ in units of hours.

These equations are valid over the range $-0^h.208 \le t \le 5^h.783$. Do not use t outside the given range, and do not omit any terms in the series. If μ is greater than 360°, then subtract 360° from its computed value.

Intersection of axis of shadow with fundamental plane:

$$x = -1.47793292 + 0.52702885\,t + 0.00010248\,t^2 - 0.00000695\,t^3$$
$$y = -0.06026304 + 0.09410510\,t - 0.00014724\,t^2 - 0.00000136\,t^3$$

Direction of axis of shadow:

$$\sin d = 0.39148748 + 0.00004542\,t - 0.00000010\,t^2$$
$$\cos d = 0.92018342 - 0.00001928\,t + 0.00000002\,t^2$$
$$\mu = 135°.13486000 + 14.99926531\,t - 0.00000043\,t^2 - 0.00000003\,t^3 - 0.00417807\,\delta T$$

Radius of shadow on fundamental plane:

$$\text{penumbra} = 0.55195069 - 0.00005892\,t - 0.00001074\,t^2 - 0.00000001\,t^3$$
$$\text{umbra} = 0.00553739 - 0.00005842\,t - 0.00001076\,t^2$$

$$\tan f_1 = 0.004605$$
$$\tan f_2 = 0.004582$$
$$\mu' = 0.261787 \text{ radians per hour}$$
$$d' = +0.000049 \text{ radians per hour}$$

III.——*Penumbral Eclipse of the Moon*, June 24; the beginning of the penumbral phase visible in Australia, Indonesia, southern and western Asia, Europe except the extreme north, Africa, extreme eastern South America, Antarctica, the Indian Ocean, the eastern North Atlantic Ocean, the South Atlantic Ocean, and the southwestern Pacific Ocean; the end visible in Africa, Europe except the extreme north, most of South America except the northwest, Antarctica, western Australia, southwest Asia, the Indian Ocean, the eastern North Atlantic Ocean, the South Atlantic Ocean, and the southeastern South Pacific Ocean.

CIRCUMSTANCES OF THE ECLIPSE

UT of geocentric opposition in right ascension, June 24^d 21^h 38^m $25\overset{s}{.}510$

Julian Date = 2452450.4016841375

		d	h	m	
Moon enters penumbra	June	24	20	18.4	
Middle of eclipse		24	21	27.1	UT
Moon leaves penumbra		24	22	35.4	

Contacts of Penumbra with Limb of Moon	Position Angles from the North Point	The Moon being in the Zenith in Longitude	Latitude
First	27.4 to East	+55 14.1	−24 44.5
Last	19.2 to West	+22 17.9	−24 49.5

Penumbral magnitude of the eclipse: 0.235

IV.——*Penumbral Eclipse of the Moon*, November 19–20; the beginning of the penumbral phase visible in Africa, Europe, Greenland, North America except the western part, the Arctic region, Central America, South America except the southern tip, extreme western Asia, the Atlantic Ocean, and the western Indian Ocean; the end visible in North America, the Arctic region, Central America, South America, Greenland, Europe, northern and western Russia, the western Middle East, western Africa, the Antarctic Peninsula, the Atlantic Ocean, and the eastern Pacific Ocean.

CIRCUMSTANCES OF THE ECLIPSE

UT of geocentric opposition in right ascension, November 20^{d} 1^{h} 02^{m} $06^{s}.104$
Julian Date = 2452598.5431261989

		d	h	m	
Moon enters penumbra	November	19	23	32.0	
Middle of eclipse		20	1	46.5	UT
Moon leaves penumbra		20	4	01.1	

Contacts of Penumbra with Limb of Moon	Position Angles from the North Point	The Moon being in the Zenith in	
		Longitude	Latitude
	°	° ′	° ′
First	27.0 to East	+ 2 39.9	+18 17.8
Last	64.5 to West	−62 30.7	+19 00.3

Penumbral magnitude of the eclipse: 0.886

V.—*Total Eclipse of the Sun*, December 4

CIRCUMSTANCES OF THE ECLIPSE

UT of geocentric conjunction in right ascension, December $4^d\ 7^h\ 38^m\ 40^s.890$
Julian Date = 2452612.8185288184

			UT	Longitude	Latitude
		d	h　m	° ′	° ′
Eclipse begins	December	4	4 51.3	+ 15 28.6	+ 1 56.9
Beginning of northern limit of umbra		4	5 50.4	− 1 38.3	− 3 47.9
Beginning of center line; central eclipse begins		4	5 50.5	− 1 43.3	− 3 55.9
Beginning of southern limit of umbra		4	5 50.6	− 1 48.4	− 4 04.0
Central eclipse at local apparent noon		4	7 38.7	+ 62 50.9	−40 31.7
End of southern limit of umbra		4	9 11.6	+142 31.3	−28 37.4
End of center line; central eclipse ends		4	9 11.7	+142 26.1	−28 30.6
End of northern limit of umbra		4	9 11.8	+142 20.8	−28 23.9
Eclipse ends		4	10 11.0	+124 39.4	−22 44.8

BESSELIAN ELEMENTS

Let $t = (UT-5^h) + \delta T/3600$ in units of hours.

These equations are valid over the range $-0^h.208 \le t \le 5^h.350$. Do not use t outside the given range, and do not omit any terms in the series.

Intersection of axis of shadow with fundamental plane:
$$x = -1.46281091 + 0.55292625\,t + 0.00009327\,t^2 - 0.00000870\,t^3$$
$$y = +0.03729996 - 0.13193164\,t + 0.00016091\,t^2 + 0.00000221\,t^3$$

Direction of axis of shadow:
$$\sin d = -0.37801298 - 0.00008614\,t + 0.00000009\,t^2$$
$$\cos d = 0.92580030 - 0.00003518\,t + 0.00000004\,t^2$$
$$\mu = 257°.48810107 + 14.99728461\,t - 0.00000176\,t^2 - 0.00000002\,t^3 - 0.00417807\,\delta T$$

Radius of shadow on fundamental plane:
$$\text{penumbra} = 0.54382912 + 0.00015788\,t - 0.00001252\,t^2 + 0.00000001\,t^3$$
$$\text{umbra} = -0.00254395 + 0.00015709\,t - 0.00001246\,t^2 + 0.00000001\,t^3$$

$$\tan f_1 = 0.004744$$
$$\tan f_2 = 0.004720$$
$$\mu' = 0.261752 \text{ radians per hour}$$
$$d' = -0.000093 \text{ radians per hour}$$

ANNULAR SOLAR ECLIPSE OF 2002 JUNE 10 - 11

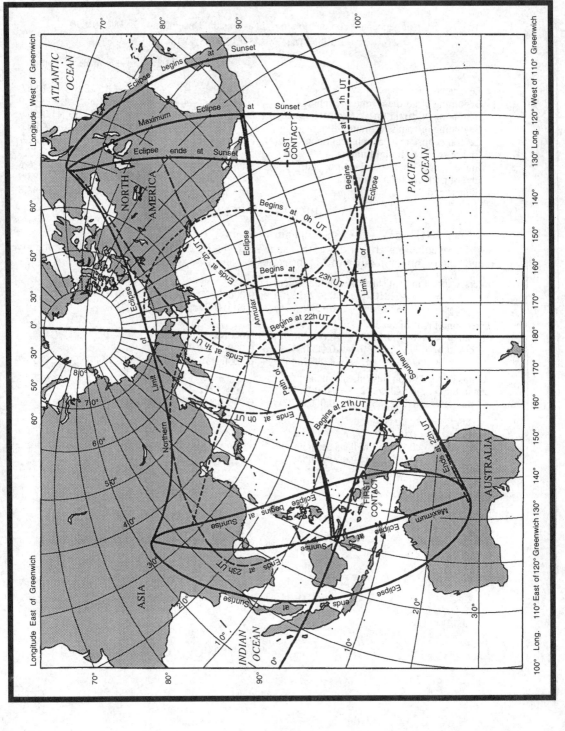

PATH OF CENTRAL PHASE: ANNULAR SOLAR ECLIPSE OF JUNE 10–11

For limits, see Circumstances of the Eclipse

Longitude	Latitude of: Northern Limit	Central Line	Southern Limit	Universal Time at: Northern Limit	Central Line	Southern Limit	On Central Line Maximum Duration	Sun's Alt.	Az.
° ′	° ′	° ′	° ′	h m s	h m s	h m s	m s	°	°
+125 00	+ 3 36.3	+ 3 15.6	+ 2 54.2	21 55 07.1	21 54 53.2	21 54 36.4	1 07.1	5	67
+126 00	+ 4 04.2	+ 3 43.2	+ 3 22.8	21 55 20.6	21 55 03.1	21 54 49.5	1 06.5	6	67
+127 00	+ 4 32.4	+ 4 11.9	+ 3 51.5	21 55 35.1	21 55 18.6	21 55 03.2	1 05.8	7	67
+128 00	+ 5 01.4	+ 4 41.3	+ 4 21.1	21 55 54.4	21 55 38.2	21 55 21.8	1 05.1	8	67
+129 00	+ 5 31.0	+ 5 11.2	+ 4 51.3	21 56 16.9	21 56 00.4	21 55 43.8	1 04.4	10	67
+130 00	+ 6 01.1	+ 5 41.6	+ 5 22.1	21 56 42.7	21 56 25.8	21 56 09.0	1 03.6	11	68
+131 00	+ 6 31.8	+ 6 12.6	+ 5 53.3	21 57 11.8	21 56 54.7	21 56 37.6	1 02.9	12	68
+132 00	+ 7 03.0	+ 6 44.1	+ 6 25.2	21 57 44.4	21 57 27.1	21 57 09.7	1 02.1	13	68
+133 00	+ 7 34.8	+ 7 16.2	+ 6 57.7	21 58 20.7	21 58 03.1	21 57 45.4	1 01.3	14	68
+134 00	+ 8 07.1	+ 7 48.9	+ 7 30.7	21 59 00.7	21 58 42.8	21 58 24.9	1 00.5	16	68
+135 00	+ 8 40.0	+ 8 22.1	+ 8 04.2	21 59 44.5	21 59 26.4	21 59 08.3	0 59.6	17	68
+136 00	+ 9 13.4	+ 8 55.9	+ 8 38.4	22 00 32.4	22 00 14.1	21 59 55.7	0 58.8	18	69
+137 00	+ 9 47.4	+ 9 30.3	+ 9 13.1	22 01 24.3	22 01 05.8	22 00 47.3	0 57.9	20	69
+138 00	+10 21.9	+10 05.2	+ 9 48.4	22 02 20.4	22 02 01.8	22 01 43.1	0 57.0	21	69
+139 00	+10 57.0	+10 40.6	+10 24.2	22 03 20.8	22 03 02.1	22 02 43.2	0 56.0	22	69
+140 00	+11 32.6	+11 16.6	+11 00.6	22 04 25.7	22 04 06.8	22 03 47.9	0 55.1	24	70
+141 00	+12 08.7	+11 53.1	+11 37.4	22 05 35.1	22 05 16.1	22 04 57.1	0 54.1	25	70
+142 00	+12 45.3	+12 30.1	+12 14.8	22 06 49.1	22 06 30.1	22 06 11.1	0 53.1	27	70
+143 00	+13 22.4	+13 07.6	+12 52.7	22 08 07.9	22 07 48.9	22 07 29.8	0 52.1	28	71
+144 00	+13 59.9	+13 45.5	+13 31.1	22 09 31.5	22 09 12.5	22 08 53.5	0 51.0	29	71
+145 00	+14 37.9	+14 23.9	+14 09.9	22 10 59.9	22 10 41.1	22 10 22.1	0 50.0	31	71
+146 00	+15 16.2	+15 02.7	+14 49.1	22 12 33.4	22 12 14.6	22 11 55.7	0 48.9	32	72
+147 00	+15 55.0	+15 41.8	+15 28.7	22 14 11.8	22 13 53.2	22 13 34.4	0 47.8	34	72
+148 00	+16 34.0	+16 21.3	+16 08.6	22 15 55.3	22 15 36.8	22 15 18.3	0 46.6	35	73
+149 00	+17 13.3	+17 01.1	+16 48.8	22 17 43.8	22 17 25.6	22 17 07.2	0 45.5	37	74
+150 00	+17 52.9	+17 41.0	+17 29.2	22 19 37.3	22 19 19.4	22 19 01.3	0 44.3	38	74
+151 00	+18 32.6	+18 21.2	+18 09.8	22 21 35.8	22 21 18.2	22 21 00.5	0 43.2	40	75
+152 00	+19 12.4	+19 01.5	+18 50.5	22 23 39.3	22 23 22.0	22 23 04.6	0 42.0	42	76
+153 00	+19 52.3	+19 41.8	+19 31.3	22 25 47.7	22 25 30.8	22 25 13.8	0 40.8	43	76
+154 00	+20 32.2	+20 22.2	+20 12.1	22 28 00.8	22 27 44.3	22 27 27.7	0 39.6	45	77
+155 00	+21 12.1	+21 02.5	+20 52.8	22 30 18.5	22 30 02.5	22 29 46.4	0 38.4	46	78
+156 00	+21 51.7	+21 42.6	+21 33.3	22 32 40.6	22 32 25.1	22 32 09.6	0 37.2	48	79
+157 00	+22 31.2	+22 22.4	+22 13.7	22 35 07.0	22 34 52.1	22 34 37.1	0 36.0	49	80
+158 00	+23 10.4	+23 02.0	+22 53.7	22 37 37.5	22 37 23.1	22 37 08.7	0 34.8	51	81
+159 00	+23 49.2	+23 41.2	+23 33.3	22 40 11.8	22 39 58.0	22 39 44.1	0 33.7	53	83
+160 00	+24 27.5	+24 20.0	+24 12.4	22 42 49.6	22 42 36.5	22 42 23.2	0 32.5	54	84
+161 00	+25 05.3	+24 58.2	+24 51.0	22 45 30.8	22 45 18.2	22 45 05.5	0 31.4	56	85
+162 00	+25 42.6	+25 35.8	+25 29.0	22 48 14.8	22 48 02.9	22 47 50.8	0 30.3	57	87
+163 00	+26 19.1	+26 12.7	+26 06.2	22 51 01.6	22 50 50.3	22 50 38.8	0 29.2	59	88
+164 00	+26 54.9	+26 48.8	+26 42.7	22 53 50.7	22 53 40.0	22 53 29.2	0 28.1	60	90
+165 00	+27 30.0	+27 24.2	+27 18.4	22 56 41.9	22 56 31.8	22 56 21.6	0 27.1	62	92
+166 00	+28 04.1	+27 58.6	+27 53.2	22 59 34.7	22 59 25.2	22 59 15.7	0 26.2	63	94
+167 00	+28 37.4	+28 32.2	+28 27.0	23 02 29.0	23 02 20.1	23 02 11.1	0 25.2	65	96
+168 00	+29 09.6	+29 04.7	+28 59.8	23 05 24.4	23 05 16.0	23 05 07.6	0 24.4	66	99
+169 00	+29 40.9	+29 36.2	+29 31.5	23 08 20.6	23 08 12.8	23 08 04.9	0 23.5	68	101
+170 00	+30 11.1	+30 06.7	+30 02.2	23 11 17.3	23 11 10.0	23 11 02.7	0 22.8	69	104
+171 00	+30 40.3	+30 36.0	+30 31.8	23 14 14.2	23 14 07.5	23 14 00.6	0 22.0	70	108
+172 00	+31 08.3	+31 04.3	+31 00.2	23 17 11.2	23 17 04.9	23 16 58.5	0 21.4	72	111
+173 00	+31 35.2	+31 31.4	+31 27.5	23 20 07.9	23 20 02.0	23 19 56.1	0 20.8	73	115
+174 00	+32 01.0	+31 57.3	+31 53.6	23 23 04.2	23 22 58.7	23 22 53.3	0 20.2	74	120

ECLIPSES, 2002

PATH OF CENTRAL PHASE: ANNULAR SOLAR ECLIPSE OF JUNE 10–11

| Longitude | Latitude of: | | | Universal Time at: | | | On Central Line | | |
	Northern Limit	Central Line	Southern Limit	Northern Limit	Central Line	Southern Limit	Maximum Duration	Sun's Alt.	Az.
° ′	° ′	° ′	° ′	h m s	h m s	h m s	m s	°	°
+175 00	+32 25.6	+32 22.1	+32 18.5	23 25 59.8	23 25 54.7	23 25 49.7	0 19.7	75	125
+176 00	+32 49.1	+32 45.7	+32 42.2	23 28 54.5	23 28 49.9	23 28 45.2	0 19.3	76	130
+177 00	+33 11.4	+33 08.1	+33 04.7	23 31 48.3	23 31 44.0	23 31 39.6	0 18.9	77	137
+178 00	+33 32.5	+33 29.3	+33 26.1	23 34 40.9	23 34 36.9	23 34 32.9	0 18.6	77	143
+179 00	+33 52.5	+33 49.3	+33 46.2	23 37 32.3	23 37 28.6	23 37 24.9	0 18.3	78	150
180 00	+34 11.3	+34 08.2	+34 05.1	23 40 22.3	23 40 18.9	23 40 15.5	0 18.1	78	158
−179 00	+34 29.0	+34 26.0	+34 22.9	23 43 10.8	23 43 07.7	23 43 04.5	0 17.9	78	166
−178 00	+34 45.5	+34 42.5	+34 39.5	23 45 57.7	23 45 54.9	23 45 52.0	0 17.8	78	174
−177 00	+35 00.9	+34 58.0	+34 55.0	23 48 43.0	23 48 40.4	23 48 37.8	0 17.8	78	181
−176 00	+35 15.2	+35 12.3	+35 09.3	23 51 26.6	23 51 24.3	23 51 21.9	0 17.8	78	189
−175 00	+35 28.4	+35 25.5	+35 22.5	23 54 08.5	23 54 06.3	23 54 04.2	0 17.9	77	195
−174 00	+35 40.5	+35 37.6	+35 34.6	23 56 48.5	23 56 46.6	23 56 44.7	0 18.0	77	202
−173 00	+35 51.6	+35 48.6	+35 45.7	23 59 26.8	23 59 25.1	23 59 23.4	0 18.1	76	207
−172 00	+36 01.6	+35 58.6	+35 55.6	0 02 03.1	0 02 01.7	0 02 00.2	0 18.3	75	212
−171 00	+36 10.5	+36 07.5	+36 04.5	0 04 37.6	0 04 36.4	0 04 35.1	0 18.6	74	217
−170 00	+36 18.4	+36 15.4	+36 12.3	0 07 10.2	0 07 09.2	0 07 08.1	0 18.9	73	221
−169 00	+36 25.4	+36 22.2	+36 19.1	0 09 40.8	0 09 40.0	0 09 39.3	0 19.2	72	225
−168 00	+36 31.3	+36 28.1	+36 24.9	0 12 09.6	0 12 09.0	0 12 08.4	0 19.6	71	229
−167 00	+36 36.2	+36 33.0	+36 29.7	0 14 36.3	0 14 36.0	0 14 35.7	0 20.0	70	232
−166 00	+36 40.2	+36 36.9	+36 33.5	0 17 01.2	0 17 01.1	0 17 01.0	0 20.4	69	235
−165 00	+36 43.3	+36 39.8	+36 36.4	0 19 24.1	0 19 24.2	0 19 24.4	0 20.9	68	237
−164 00	+36 45.4	+36 41.9	+36 38.3	0 21 45.0	0 21 45.4	0 21 45.8	0 21.4	67	240
−163 00	+36 46.6	+36 43.0	+36 39.3	0 24 03.9	0 24 04.6	0 24 05.3	0 21.9	66	242
−162 00	+36 46.9	+36 43.1	+36 39.4	0 26 20.9	0 26 21.8	0 26 22.8	0 22.5	65	244
−161 00	+36 46.3	+36 42.4	+36 38.5	0 28 35.9	0 28 37.1	0 28 38.4	0 23.1	64	246
−160 00	+36 44.9	+36 40.8	+36 36.8	0 30 48.9	0 30 50.4	0 30 52.0	0 23.7	62	248
−159 00	+36 42.5	+36 38.4	+36 34.2	0 32 59.9	0 33 01.7	0 33 03.6	0 24.4	61	250
−158 00	+36 39.4	+36 35.1	+36 30.7	0 35 08.9	0 35 11.1	0 35 13.2	0 25.0	60	252
−157 00	+36 35.4	+36 30.9	+36 26.4	0 37 15.9	0 37 18.4	0 37 20.9	0 25.7	59	253
−156 00	+36 30.6	+36 25.9	+36 21.3	0 39 20.9	0 39 23.7	0 39 26.5	0 26.4	58	255
−155 00	+36 24.9	+36 20.1	+36 15.3	0 41 23.9	0 41 27.0	0 41 30.2	0 27.1	57	256
−154 00	+36 18.5	+36 13.5	+36 08.5	0 43 24.8	0 43 28.3	0 43 31.8	0 27.8	56	258
−153 00	+36 11.3	+36 06.1	+36 00.9	0 45 23.7	0 45 27.5	0 45 31.4	0 28.6	54	259
−152 00	+36 03.4	+35 58.0	+35 52.6	0 47 20.4	0 47 24.7	0 47 28.9	0 29.3	53	261
−151 00	+35 54.6	+35 49.0	+35 43.4	0 49 15.1	0 49 19.7	0 49 24.3	0 30.1	52	262
−150 00	+35 45.2	+35 39.4	+35 33.5	0 51 07.7	0 51 12.7	0 51 17.7	0 30.9	51	263
−149 00	+35 35.0	+35 28.9	+35 22.9	0 52 58.2	0 53 03.5	0 53 08.9	0 31.7	50	264
−148 00	+35 24.1	+35 17.8	+35 11.5	0 54 46.5	0 54 52.2	0 54 58.0	0 32.5	49	266
−147 00	+35 12.5	+35 06.0	+34 59.4	0 56 32.6	0 56 38.7	0 56 44.9	0 33.3	47	267
−146 00	+35 00.2	+34 53.4	+34 46.7	0 58 16.5	0 58 23.1	0 58 29.6	0 34.1	46	268
−145 00	+34 47.2	+34 40.2	+34 33.2	0 59 58.2	1 00 05.2	1 00 12.1	0 34.9	45	269
−144 00	+34 33.6	+34 26.3	+34 19.0	1 01 37.7	1 01 45.0	1 01 52.4	0 35.7	44	270
−143 00	+34 19.4	+34 11.8	+34 04.2	1 03 14.8	1 03 22.6	1 03 30.4	0 36.5	43	271
−142 00	+34 04.5	+33 56.6	+33 48.8	1 04 49.7	1 04 57.8	1 05 06.0	0 37.4	42	272
−141 00	+33 49.0	+33 40.9	+33 32.7	1 06 22.2	1 06 30.8	1 06 39.4	0 38.2	40	273
−140 00	+33 32.9	+33 24.5	+33 16.0	1 07 52.4	1 08 01.3	1 08 10.3	0 39.0	39	274
−139 00	+33 16.2	+33 07.5	+32 58.8	1 09 20.2	1 09 29.5	1 09 38.9	0 39.8	38	275
−138 00	+32 59.0	+32 49.9	+32 40.9	1 10 45.6	1 10 55.3	1 11 05.0	0 40.7	37	276
−137 00	+32 41.2	+32 31.9	+32 22.5	1 12 08.6	1 12 18.6	1 12 28.7	0 41.5	36	277
−136 00	+32 22.9	+32 13.2	+32 03.5	1 13 29.0	1 13 39.5	1 13 49.9	0 42.3	35	277

PATH OF CENTRAL PHASE: ANNULAR SOLAR ECLIPSE OF JUNE 10–11

Longitude	Latitude of:			Universal Time at:			On Central Line		
	Northern Limit	Central Line	Southern Limit	Northern Limit	Central Line	Southern Limit	Maximum Duration	Sun's Alt.	Sun's Az.
° ′	° ′	° ′	° ′	h m s	h m s	h m s	m s	°	°
−135 00	+32 04.1	+31 54.1	+31 44.1	1 14 47.0	1 14 57.8	1 15 08.6	0 43.1	33	278
−134 00	+31 44.8	+31 34.4	+31 24.1	1 16 02.5	1 16 13.6	1 16 24.8	0 43.9	32	279
−133 00	+31 25.0	+31 14.3	+31 03.6	1 17 15.5	1 17 26.9	1 17 38.4	0 44.7	31	280
−132 00	+31 04.7	+30 53.7	+30 42.7	1 18 25.9	1 18 37.6	1 18 49.4	0 45.6	30	280
−131 00	+30 44.0	+30 32.7	+30 21.3	1 19 33.7	1 19 45.7	1 19 57.8	0 46.4	29	281
−130 00	+30 22.9	+30 11.2	+29 59.5	1 20 38.9	1 20 51.2	1 21 03.6	0 47.1	28	282
−129 00	+30 01.4	+29 49.4	+29 37.3	1 21 41.6	1 21 54.1	1 22 06.7	0 47.9	27	283
−128 00	+29 39.6	+29 27.1	+29 14.7	1 22 41.6	1 22 54.4	1 23 07.2	0 48.7	25	283
−127 00	+29 17.3	+29 04.5	+28 51.7	1 23 38.9	1 23 52.0	1 24 05.1	0 49.5	24	284
−126 00	+28 54.7	+28 41.6	+28 28.4	1 24 33.7	1 24 46.9	1 25 00.2	0 50.3	23	285
−125 00	+28 31.8	+28 18.3	+28 04.8	1 25 25.8	1 25 39.2	1 25 52.7	0 51.0	22	285
−124 00	+28 08.6	+27 54.7	+27 40.8	1 26 15.2	1 26 28.8	1 26 42.5	0 51.8	21	286
−123 00	+27 45.1	+27 30.9	+27 16.6	1 27 02.1	1 27 15.8	1 27 29.6	0 52.5	20	286
−122 00	+27 21.3	+27 06.8	+26 52.1	1 27 46.2	1 28 00.1	1 28 14.0	0 53.2	19	287
−121 00	+26 57.3	+26 42.4	+26 27.4	1 28 27.7	1 28 41.7	1 28 55.7	0 54.0	17	288
−120 00	+26 33.1	+26 17.8	+26 02.4	1 29 06.6	1 29 20.7	1 29 34.7	0 54.7	16	288
−119 00	+26 08.7	+25 53.0	+25 37.2	1 29 42.9	1 29 57.0	1 30 11.1	0 55.4	15	289
−118 00	+25 44.0	+25 28.0	+25 11.9	1 30 16.5	1 30 30.7	1 30 44.9	0 56.1	14	289
−117 00	+25 19.2	+25 02.8	+24 46.3	1 30 47.6	1 31 01.8	1 31 16.0	0 56.8	13	290
−116 00	+24 54.2	+24 37.5	+24 20.6	1 31 16.1	1 31 30.2	1 31 44.4	0 57.4	12	290
−115 00	+24 29.1	+24 12.0	+23 54.8	1 31 42.0	1 31 56.1	1 32 10.3	0 58.1	11	291
−114 00	+24 03.9	+23 46.4	+23 28.8	1 32 05.4	1 32 19.5	1 32 33.6	0 58.8	10	291
−113 00	+23 38.5	+23 20.7	+23 02.8	1 32 26.2	1 32 40.3	1 32 54.3	0 59.4	9	291
−112 00	+23 13.1	+22 54.9	+22 36.6	1 32 44.8	1 32 58.5	1 33 12.8	1 00.0	8	292
−111 00	+22 47.6	+22 29.0	+22 10.4	1 33 00.4	1 33 13.0	1 33 28.3	1 00.7	7	292
−110 00	+22 22.0	+22 03.1	+21 44.1	1 33 12.0	1 33 27.2	1 33 39.4	1 01.3	5	293

For limits, see Circumstances of the Eclipse

TOTAL SOLAR ECLIPSE OF 2002 DECEMBER 4

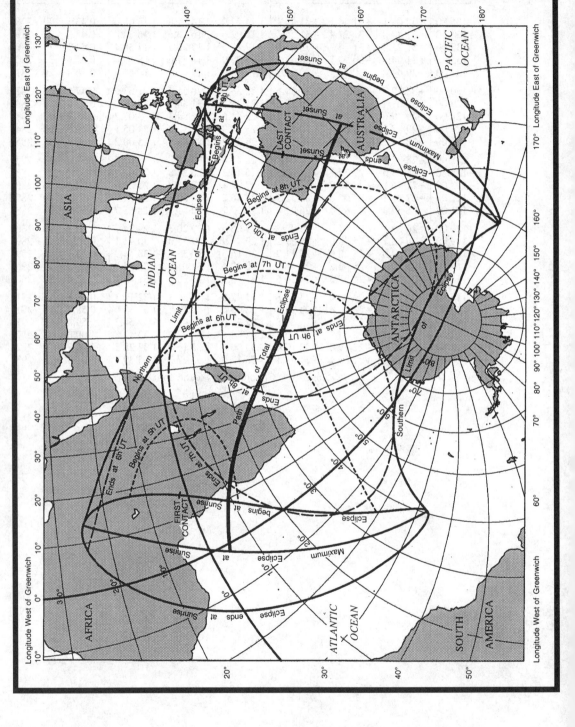

PATH OF CENTRAL PHASE: TOTAL SOLAR ECLIPSE OF DECEMBER 4

For limits, see Circumstances of the Eclipse

| Longitude | Latitude of: | | | Universal Time at: | | | On Central Line | | |
	Northern Limit	Central Line	Southern Limit	Northern Limit	Central Line	Southern Limit	Maximum Duration	Sun's Alt.	Az.
° ′	° ′	° ′	° ′	h m s	h m s	h m s	m s	°	°
+ 4 00	− 6 14.1	− 6 27.0	− 6 39.7	5 51 01.3	5 51 13.3	5 51 23.8	0 36.5	6	112
+ 5 00	− 6 41.9	− 6 55.2	− 7 08.3	5 51 16.5	5 51 28.5	5 51 39.5	0 37.9	8	112
+ 6 00	− 7 10.5	− 7 24.1	− 7 37.8	5 51 35.5	5 51 47.4	5 51 59.7	0 39.4	9	111
+ 7 00	− 7 39.7	− 7 53.7	− 8 07.9	5 51 57.0	5 52 09.8	5 52 22.8	0 41.0	10	111
+ 8 00	− 8 09.5	− 8 24.0	− 8 38.7	5 52 21.7	5 52 35.3	5 52 49.2	0 42.5	11	111
+ 9 00	− 8 39.9	− 8 55.0	− 9 10.2	5 52 49.6	5 53 04.0	5 53 18.8	0 44.1	12	111
+10 00	− 9 10.9	− 9 26.5	− 9 42.3	5 53 20.8	5 53 36.1	5 53 51.8	0 45.8	14	111
+11 00	− 9 42.7	− 9 58.8	−10 15.1	5 53 55.4	5 54 11.7	5 54 28.4	0 47.5	15	111
+12 00	−10 15.0	−10 31.7	−10 48.5	5 54 33.5	5 54 50.9	5 55 08.6	0 49.2	16	110
+13 00	−10 48.0	−11 05.2	−11 22.6	5 55 15.3	5 55 33.7	5 55 52.5	0 51.0	17	110
+14 00	−11 21.7	−11 39.5	−11 57.4	5 56 00.8	5 56 20.3	5 56 40.3	0 52.8	19	110
+15 00	−11 56.0	−12 14.4	−12 32.9	5 56 50.2	5 57 10.9	5 57 32.0	0 54.6	20	109
+16 00	−12 31.0	−12 49.9	−13 09.0	5 57 43.5	5 58 05.4	5 58 27.8	0 56.5	21	109
+17 00	−13 06.7	−13 26.1	−13 45.8	5 58 40.9	5 59 04.1	5 59 27.7	0 58.4	23	109
+18 00	−13 42.9	−14 03.0	−14 23.2	5 59 42.5	6 00 06.9	6 00 31.9	1 00.4	24	108
+19 00	−14 19.9	−14 40.5	−15 01.3	6 00 48.3	6 01 14.1	6 01 40.4	1 02.4	25	108
+20 00	−14 57.4	−15 18.6	−15 40.0	6 01 58.5	6 02 25.6	6 02 53.3	1 04.5	27	108
+21 00	−15 35.5	−15 57.3	−16 19.3	6 03 13.0	6 03 41.6	6 04 10.8	1 06.6	28	107
+22 00	−16 14.2	−16 36.6	−16 59.1	6 04 32.1	6 05 02.1	6 05 32.8	1 08.7	30	107
+23 00	−16 53.5	−17 16.4	−17 39.6	6 05 55.7	6 06 27.2	6 06 59.3	1 10.8	31	106
+24 00	−17 33.3	−17 56.8	−18 20.5	6 07 23.9	6 07 56.9	6 08 30.5	1 13.0	32	105
+25 00	−18 13.6	−18 37.6	−19 01.9	6 08 56.7	6 09 31.2	6 10 06.4	1 15.2	34	105
+26 00	−18 54.4	−19 19.0	−19 43.8	6 10 34.1	6 11 10.1	6 11 46.9	1 17.4	35	104
+27 00	−19 35.6	−20 00.7	−20 26.0	6 12 16.2	6 12 53.7	6 13 32.0	1 19.7	37	103
+28 00	−20 17.1	−20 42.7	−21 08.6	6 14 02.8	6 14 41.8	6 15 21.6	1 22.0	38	103
+29 00	−20 59.0	−21 25.1	−21 51.5	6 15 54.0	6 16 34.5	6 17 15.7	1 24.2	40	102
+30 00	−21 41.1	−22 07.7	−22 34.5	6 17 49.6	6 18 31.6	6 19 14.2	1 26.5	41	101
+31 00	−22 23.4	−22 50.5	−23 17.8	6 19 49.6	6 20 32.9	6 21 17.0	1 28.8	43	100
+32 00	−23 05.9	−23 33.4	−24 01.0	6 21 53.8	6 22 38.4	6 23 23.8	1 31.1	44	99
+33 00	−23 48.4	−24 16.3	−24 44.3	6 24 02.0	6 24 47.9	6 25 34.5	1 33.3	46	98
+34 00	−24 30.9	−24 59.1	−25 27.5	6 26 14.2	6 27 01.2	6 27 48.9	1 35.6	47	96
+35 00	−25 13.3	−25 41.8	−26 10.6	6 28 30.0	6 29 18.1	6 30 06.7	1 37.8	49	95
+36 00	−25 55.5	−26 24.3	−26 53.3	6 30 49.3	6 31 38.2	6 32 27.8	1 40.0	50	94
+37 00	−26 37.5	−27 06.5	−27 35.8	6 33 11.7	6 34 01.4	6 34 51.7	1 42.1	52	92
+38 00	−27 19.1	−27 48.4	−28 17.8	6 35 37.0	6 36 27.4	6 37 18.2	1 44.2	53	91
+39 00	−28 00.3	−28 29.8	−28 59.3	6 38 05.0	6 38 55.8	6 39 47.1	1 46.3	55	89
+40 00	−28 41.0	−29 10.6	−29 40.3	6 40 35.2	6 41 26.4	6 42 17.9	1 48.2	56	87
+41 00	−29 21.2	−29 50.8	−30 20.6	6 43 07.5	6 43 58.8	6 44 50.4	1 50.1	57	85
+42 00	−30 00.6	−30 30.3	−31 00.1	6 45 41.4	6 46 32.7	6 47 24.2	1 52.0	59	83
+43 00	−30 39.4	−31 09.1	−31 38.9	6 48 16.7	6 49 07.9	6 49 59.1	1 53.7	60	81
+44 00	−31 17.4	−31 47.1	−32 16.8	6 50 53.1	6 51 43.9	6 52 34.7	1 55.4	61	78
+45 00	−31 54.6	−32 24.2	−32 53.9	6 53 30.2	6 54 20.5	6 55 10.7	1 56.9	62	76
+46 00	−32 30.8	−33 00.4	−33 29.9	6 56 07.8	6 56 57.4	6 57 46.9	1 58.4	64	73
+47 00	−33 06.2	−33 35.6	−34 05.0	6 58 45.6	6 59 34.3	7 00 22.9	1 59.8	65	70
+48 00	−33 40.5	−34 09.8	−34 39.1	7 01 23.2	7 02 11.0	7 02 58.6	2 01.0	66	67
+49 00	−34 13.9	−34 43.0	−35 12.1	7 04 00.6	7 04 47.3	7 05 33.7	2 02.2	67	63
+50 00	−34 46.2	−35 15.1	−35 44.1	7 06 37.4	7 07 22.9	7 08 08.1	2 03.2	68	60
+51 00	−35 17.4	−35 46.2	−36 14.9	7 09 13.4	7 09 57.6	7 10 41.4	2 04.2	69	56
+52 00	−35 47.6	−36 16.2	−36 44.7	7 11 48.5	7 12 31.3	7 13 13.7	2 05.0	69	52
+53 00	−36 16.7	−36 45.1	−37 13.3	7 14 22.5	7 15 03.8	7 15 44.6	2 05.8	70	48

ECLIPSES, 2002

PATH OF CENTRAL PHASE: TOTAL SOLAR ECLIPSE OF DECEMBER 4

Longitude	Latitude of:			Universal Time at:			On Central Line		
	Northern Limit	Central Line	Southern Limit	Northern Limit	Central Line	Southern Limit	Maximum Duration	Sun's Alt.	Sun's Az.
° ′	° ′	° ′	° ′	h m s	h m s	h m s	m s	°	°
+ 54 00	−36 44.7	−37 12.8	−37 40.9	7 16 55.3	7 17 34.9	7 18 14.2	2 06.4	71	43
+ 55 00	−37 11.7	−37 39.5	−38 07.3	7 19 26.6	7 20 04.6	7 20 42.2	2 06.9	71	38
+ 56 00	−37 37.5	−38 05.1	−38 32.7	7 21 56.5	7 22 32.8	7 23 08.6	2 07.4	72	34
+ 57 00	−38 02.2	−38 29.6	−38 56.9	7 24 24.8	7 24 59.3	7 25 33.4	2 07.7	72	29
+ 58 00	−38 25.9	−38 53.0	−39 20.1	7 26 51.4	7 27 24.2	7 27 56.5	2 07.9	72	24
+ 59 00	−38 48.5	−39 15.4	−39 42.2	7 29 16.3	7 29 47.3	7 30 17.7	2 08.0	72	19
+ 60 00	−39 10.0	−39 36.7	−40 03.2	7 31 39.4	7 32 08.6	7 32 37.2	2 08.1	72	14
+ 61 00	−39 30.5	−39 56.9	−40 23.2	7 34 00.7	7 34 28.0	7 34 54.8	2 08.0	72	9
+ 62 00	−39 50.0	−40 16.1	−40 42.2	7 36 20.2	7 36 45.6	7 37 10.6	2 07.9	72	4
+ 63 00	−40 08.4	−40 34.3	−41 00.2	7 38 37.8	7 39 01.4	7 39 24.5	2 07.7	72	359
+ 64 00	−40 25.9	−40 51.6	−41 17.2	7 40 53.5	7 41 15.3	7 41 36.6	2 07.4	71	355
+ 65 00	−40 42.4	−41 07.8	−41 33.2	7 43 07.3	7 43 27.3	7 43 46.8	2 07.0	71	351
+ 66 00	−40 57.9	−41 23.1	−41 48.3	7 45 19.3	7 45 37.4	7 45 55.2	2 06.5	70	346
+ 67 00	−41 12.4	−41 37.4	−42 02.4	7 47 29.3	7 47 45.7	7 48 01.7	2 06.0	70	342
+ 68 00	−41 26.0	−41 50.8	−42 15.6	7 49 37.6	7 49 52.2	7 50 06.4	2 05.4	69	339
+ 69 00	−41 38.8	−42 03.3	−42 27.9	7 51 43.9	7 51 56.8	7 52 09.3	2 04.8	69	335
+ 70 00	−41 50.6	−42 15.0	−42 39.3	7 53 48.4	7 53 59.7	7 54 10.5	2 04.1	68	332
+ 71 00	−42 01.5	−42 25.7	−42 49.8	7 55 51.1	7 56 00.7	7 56 09.9	2 03.3	67	329
+ 72 00	−42 11.6	−42 35.6	−42 59.5	7 57 52.0	7 58 00.0	7 58 07.6	2 02.4	67	326
+ 73 00	−42 20.8	−42 44.6	−43 08.4	7 59 51.2	7 59 57.6	8 00 03.6	2 01.6	66	323
+ 74 00	−42 29.2	−42 52.8	−43 16.4	8 01 48.6	8 01 53.4	8 01 57.9	2 00.6	65	320
+ 75 00	−42 36.8	−43 00.2	−43 23.6	8 03 44.2	8 03 47.6	8 03 50.6	1 59.7	64	318
+ 76 00	−42 43.6	−43 06.8	−43 30.1	8 05 38.1	8 05 40.1	8 05 41.7	1 58.6	63	315
+ 77 00	−42 49.6	−43 12.6	−43 35.7	8 07 30.4	8 07 30.9	8 07 31.1	1 57.6	63	313
+ 78 00	−42 54.8	−43 17.7	−43 40.6	8 09 21.0	8 09 20.2	8 09 19.0	1 56.4	62	311
+ 79 00	−42 59.2	−43 22.0	−43 44.7	8 11 10.0	8 11 07.8	8 11 05.4	1 55.3	61	309
+ 80 00	−43 02.9	−43 25.5	−43 48.1	8 12 57.3	8 12 53.9	8 12 50.2	1 54.1	60	307
+ 81 00	−43 05.8	−43 28.3	−43 50.8	8 14 43.1	8 14 38.5	8 14 33.6	1 52.9	59	305
+ 82 00	−43 08.1	−43 30.4	−43 52.7	8 16 27.3	8 16 21.5	8 16 15.4	1 51.7	58	303
+ 83 00	−43 09.6	−43 31.7	−43 53.9	8 18 09.9	8 18 03.0	8 17 55.8	1 50.4	57	301
+ 84 00	−43 10.3	−43 32.4	−43 54.4	8 19 51.0	8 19 43.0	8 19 34.8	1 49.1	56	299
+ 85 00	−43 10.4	−43 32.3	−43 54.2	8 21 30.5	8 21 21.5	8 21 12.3	1 47.7	56	298
+ 86 00	−43 09.8	−43 31.6	−43 53.3	8 23 08.6	8 22 58.6	8 22 48.4	1 46.4	55	296
+ 87 00	−43 08.6	−43 30.2	−43 51.8	8 24 45.1	8 24 34.3	8 24 23.1	1 45.0	54	294
+ 88 00	−43 06.6	−43 28.1	−43 49.6	8 26 20.2	8 26 08.5	8 25 56.5	1 43.6	53	293
+ 89 00	−43 04.0	−43 25.3	−43 46.7	8 27 53.8	8 27 41.2	8 27 28.4	1 42.2	52	291
+ 90 00	−43 00.7	−43 21.9	−43 43.2	8 29 25.9	8 29 12.6	8 28 59.0	1 40.7	51	290
+ 91 00	−42 56.8	−43 17.9	−43 39.0	8 30 56.6	8 30 42.5	8 30 28.2	1 39.3	50	288
+ 92 00	−42 52.3	−43 13.2	−43 34.2	8 32 25.8	8 32 11.0	8 31 56.0	1 37.8	49	287
+ 93 00	−42 47.1	−43 07.9	−43 28.7	8 33 53.5	8 33 38.1	8 33 22.5	1 36.3	48	286
+ 94 00	−42 41.2	−43 01.9	−43 22.6	8 35 19.8	8 35 03.8	8 34 47.7	1 34.8	47	284
+ 95 00	−42 34.8	−42 55.3	−43 15.9	8 36 44.6	8 36 28.1	8 36 11.4	1 33.3	46	283
+ 96 00	−42 27.8	−42 48.2	−43 08.6	8 38 08.0	8 37 51.0	8 37 33.9	1 31.7	45	282
+ 97 00	−42 20.1	−42 40.4	−43 00.7	8 39 29.9	8 39 12.5	8 38 54.9	1 30.2	44	281
+ 98 00	−42 11.9	−42 32.0	−42 52.1	8 40 50.3	8 40 32.6	8 40 14.6	1 28.7	44	279
+ 99 00	−42 03.0	−42 23.0	−42 43.0	8 42 09.3	8 41 51.2	8 41 32.8	1 27.1	43	278
+100 00	−41 53.6	−42 13.4	−42 33.3	8 43 26.8	8 43 08.4	8 42 49.7	1 25.6	42	277
+101 00	−41 43.6	−42 03.3	−42 23.0	8 44 42.7	8 44 24.1	8 44 05.2	1 24.0	41	276
+102 00	−41 33.0	−41 52.5	−42 12.1	8 45 57.2	8 45 38.4	8 45 19.3	1 22.4	40	275
+103 00	−41 21.9	−41 41.2	−42 00.6	8 47 10.2	8 46 51.2	8 46 31.9	1 20.8	39	274

PATH OF CENTRAL PHASE: TOTAL SOLAR ECLIPSE OF DECEMBER 4

Longitude	Latitude of:			Universal Time at:			On Central Line		
	Northern Limit	Central Line	Southern Limit	Northern Limit	Central Line	Southern Limit	Maximum Duration	Sun's Alt.	Az.
° ′	° ′	° ′	° ′	h m s	h m s	h m s	m s	°	°
+104 00	−41 10.2	−41 29.4	−41 48.6	8 48 21.6	8 48 02.5	8 47 43.1	1 19.3	38	273
+105 00	−40 57.9	−41 17.0	−41 36.1	8 49 31.5	8 49 12.3	8 48 52.8	1 17.7	37	272
+106 00	−40 45.1	−41 04.0	−41 22.9	8 50 39.8	8 50 20.6	8 50 01.1	1 16.1	36	271
+107 00	−40 31.8	−40 50.5	−41 09.3	8 51 46.6	8 51 27.3	8 51 07.8	1 14.5	35	270
+108 00	−40 18.0	−40 36.5	−40 55.1	8 52 51.7	8 52 32.5	8 52 13.0	1 13.0	34	269
+109 00	−40 03.6	−40 21.9	−40 40.3	8 53 55.2	8 53 36.1	8 53 16.7	1 11.4	33	268
+110 00	−39 48.7	−40 06.9	−40 25.1	8 54 57.1	8 54 38.1	8 54 18.8	1 09.8	32	267
+111 00	−39 33.4	−39 51.3	−40 09.3	8 55 57.4	8 55 38.5	8 55 19.3	1 08.3	31	266
+112 00	−39 17.5	−39 35.3	−39 53.1	8 56 55.9	8 56 37.2	8 56 18.2	1 06.7	30	265
+113 00	−39 01.2	−39 18.7	−39 36.3	8 57 52.8	8 57 34.3	8 57 15.5	1 05.2	29	264
+114 00	−38 44.4	−39 01.7	−39 19.1	8 58 47.9	8 58 29.7	8 58 11.1	1 03.6	28	263
+115 00	−38 27.1	−38 44.2	−39 01.4	8 59 41.3	8 59 23.3	8 59 05.0	1 02.1	27	262
+116 00	−38 09.4	−38 26.3	−38 43.2	9 00 32.9	9 00 15.2	8 59 57.2	1 00.5	26	261
+117 00	−37 51.2	−38 07.9	−38 24.6	9 01 22.8	9 01 05.4	9 00 47.7	0 59.0	25	261
+118 00	−37 32.7	−37 49.1	−38 05.6	9 02 10.8	9 01 53.8	9 01 36.4	0 57.5	24	260
+119 00	−37 13.7	−37 29.8	−37 46.1	9 02 57.0	9 02 40.4	9 02 23.4	0 56.0	23	259
+120 00	−36 54.3	−37 10.2	−37 26.2	9 03 41.4	9 03 25.1	9 03 08.5	0 54.5	22	258
+121 00	−36 34.5	−36 50.1	−37 05.9	9 04 23.9	9 04 08.0	9 03 51.8	0 53.0	21	257
+122 00	−36 14.3	−36 29.7	−36 45.2	9 05 04.6	9 04 49.1	9 04 33.3	0 51.6	20	257
+123 00	−35 53.8	−36 08.9	−36 24.1	9 05 43.3	9 05 28.2	9 05 12.9	0 50.1	19	256
+124 00	−35 32.9	−35 47.7	−36 02.7	9 06 20.1	9 06 05.5	9 05 50.6	0 48.7	18	255
+125 00	−35 11.7	−35 26.2	−35 40.9	9 06 55.0	9 06 40.8	9 06 26.4	0 47.2	17	255
+126 00	−34 50.1	−35 04.4	−35 18.8	9 07 28.0	9 07 14.2	9 07 00.3	0 45.8	16	254
+127 00	−34 28.3	−34 42.2	−34 56.3	9 07 59.0	9 07 45.7	9 07 32.2	0 44.4	15	253
+128 00	−34 06.1	−34 19.8	−34 33.6	9 08 28.0	9 08 15.2	9 08 02.2	0 43.0	14	253
+129 00	−33 43.7	−33 57.0	−34 10.5	9 08 55.1	9 08 42.8	9 08 30.2	0 41.7	13	252
+130 00	−33 21.0	−33 34.0	−33 47.2	9 09 20.2	9 09 08.3	9 08 56.3	0 40.3	12	251
+131 00	−32 58.0	−33 10.7	−33 23.6	9 09 43.3	9 09 31.9	9 09 20.4	0 39.0	11	251
+132 00	−32 34.8	−32 47.2	−32 59.7	9 10 04.4	9 09 53.5	9 09 42.5	0 37.6	10	250
+133 00	−32 11.4	−32 23.5	−32 35.7	9 10 23.5	9 10 13.2	9 10 02.5	0 36.3	9	249
+134 00	−31 47.7	−31 59.5	−32 11.4	9 10 40.9	9 10 30.7	9 10 20.7	0 35.1	8	249
+135 00	−31 23.9	−31 35.3	−31 46.9	9 10 55.9	9 10 46.7	9 10 37.2	0 33.8	7	248
+136 00	−30 59.7	−31 11.0	−31 22.2	9 11 07.5	9 10 60.0	9 10 51.4	0 32.5	6	248
+137 00	−30 35.5	−30 46.3	−30 57.2	9 11 18.3	9 11 09.4	9 11 02.0	0 31.3	5	247
+138 00	−30 11.3	−30 21.5	−30 32.0	9 11 29.1	9 11 18.9	9 11 09.7	0 30.1	4	247

For limits, see Circumstances of the Eclipse

CONTENTS OF SECTION B

NOTE

The tables and formulae in this section were revised in 1984 to bring them into accordance with the recommendations of the International Astronomical Union at its General Assemblies in 1976, 1979 and 1982. They are intended for use with the new dynamical time-scales, the new FK5 celestial reference system and the new standard epoch of J2000·0, and formulae are given for the computation of relativistic effects in the reduction from mean to apparent place. Except when the highest precision is required it is possible, however, to continue to use the classical methods (e.g. to use day numbers), but the catalogue position should be reduced to the FK5 system and to the standard equinox of J2000·0 as explained in the Supplement to the Almanac for 1984, and precession should be applied to give the mean place for the *middle* of the year as the starting point for the reduction from mean to apparent place when day numbers are to be used.

Background information about the new time and coordinate reference systems recommended by the IAU and adopted in this almanac, and about the changes in the procedures, are given in the *Explanatory Supplement to the Astronomical Almanac* (1992).

	JANUARY		FEBRUARY		MARCH		APRIL		MAY		JUNE	
Day of Month	Day of Week	Day of Year	Day of Week	Day of Year	Day of Week	Day of Year	Day of Week	Day of Year	Day of Week	Day of Year	Day of Week	Day of Year
1	Tue.	1	Fri.	32	Fri.	60	Mon.	91	Wed.	121	Sat.	152
2	Wed.	2	Sat.	33	Sat.	61	Tue.	92	Thu.	122	Sun.	153
3	Thu.	3	Sun.	34	Sun.	62	Wed.	93	Fri.	123	Mon.	154
4	Fri.	4	Mon.	35	Mon.	63	Thu.	94	Sat.	124	Tue.	155
5	Sat.	5	Tue.	36	Tue.	64	Fri.	95	Sun.	125	Wed.	156
6	Sun.	6	Wed.	37	Wed.	65	Sat.	96	Mon.	126	Thu.	157
7	Mon.	7	Thu.	38	Thu.	66	Sun.	97	Tue.	127	Fri.	158
8	Tue.	8	Fri.	39	Fri.	67	Mon.	98	Wed.	128	Sat.	159
9	Wed.	9	Sat.	40	Sat.	68	Tue.	99	Thu.	129	Sun.	160
10	Thu.	10	Sun.	41	Sun.	69	Wed.	100	Fri.	130	Mon.	161
11	Fri.	11	Mon.	42	Mon.	70	Thu.	101	Sat.	131	Tue.	162
12	Sat.	12	Tue.	43	Tue.	71	Fri.	102	Sun.	132	Wed.	163
13	Sun.	13	Wed.	44	Wed.	72	Sat.	103	Mon.	133	Thu.	164
14	Mon.	14	Thu.	45	Thu.	73	Sun.	104	Tue.	134	Fri.	165
15	Tue.	15	Fri.	46	Fri.	74	Mon.	105	Wed.	135	Sat.	166
16	Wed.	16	Sat.	47	Sat.	75	Tue.	106	Thu.	136	Sun.	167
17	Thu.	17	Sun.	48	Sun.	76	Wed.	107	Fri.	137	Mon.	168
18	Fri.	18	Mon.	49	Mon.	77	Thu.	108	Sat.	138	Tue.	169
19	Sat.	19	Tue.	50	Tue.	78	Fri.	109	Sun.	139	Wed.	170
20	Sun.	20	Wed.	51	Wed.	79	Sat.	110	Mon.	140	Thu.	171
21	Mon.	21	Thu.	52	Thu.	80	Sun.	111	Tue.	141	Fri.	172
22	Tue.	22	Fri.	53	Fri.	81	Mon.	112	Wed.	142	Sat.	173
23	Wed.	23	Sat.	54	Sat.	82	Tue.	113	Thu.	143	Sun.	174
24	Thu.	24	Sun.	55	Sun.	83	Wed.	114	Fri.	144	Mon.	175
25	Fri.	25	Mon.	56	Mon.	84	Thu.	115	Sat.	145	Tue.	176
26	Sat.	26	Tue.	57	Tue.	85	Fri.	116	Sun.	146	Wed.	177
27	Sun.	27	Wed.	58	Wed.	86	Sat.	117	Mon.	147	Thu.	178
28	Mon.	28	Thu.	59	Thu.	87	Sun.	118	Tue.	148	Fri.	179
29	Tue.	29			Fri.	88	Mon.	119	Wed.	149	Sat.	180
30	Wed.	30			Sat.	89	Tue.	120	Thu.	150	Sun.	181
31	Thu.	31			Sun.	90			Fri.	151		

CHRONOLOGICAL CYCLES AND ERAS

Dominical Letter	F	Julian Period (year of)	6715
Epact	16	Roman Indiction	10
Golden Number (Lunar Cycle) ...	VIII	Solar Cycle	23

All dates are given in terms of the Gregorian calendar in which
2002 January 14 corresponds to 2002 January 1 of the Julian calendar.

ERA	YEAR	BEGINS	ERA	YEAR	BEGINS
Byzantine	7511	Sept. 14	Japanese	2662	Jan. 1
Jewish (A.M.)*	5763	Sept. 6	Grecian (Seleucidæ) ...	2314	Sept. 14
Chinese (Ren-wu)	(4639)	Feb. 12			(or Oct. 14)
Roman (A.U.C.)	2755	Jan. 14	Indian (Saka)	1924	Mar. 22
Nabonassar	2751	Apr. 23	Diocletian	1719	Sept. 11
			Islamic (Hegira)*	1423	Mar. 14

* Year begins at sunset

	JULY		AUGUST		SEPTEMBER		OCTOBER		NOVEMBER		DECEMBER	
Day of Month	Day of Week	Day of Year	Day of Week	Day of Year	Day of Week	Day of Year	Day of Week	Day of Year	Day of Week	Day of Year	Day of Week	Day of Year
1	Mon.	182	Thu.	213	Sun.	244	Tue.	274	Fri.	305	Sun.	335
2	Tue.	183	Fri.	214	Mon.	245	Wed.	275	Sat.	306	Mon.	336
3	Wed.	184	Sat.	215	Tue.	246	Thu.	276	Sun.	307	Tue.	337
4	Thu.	185	Sun.	216	Wed.	247	Fri.	277	Mon.	308	Wed.	338
5	Fri.	186	Mon.	217	Thu.	248	Sat.	278	Tue.	309	Thu.	339
6	Sat.	187	Tue.	218	Fri.	249	Sun.	279	Wed.	310	Fri.	340
7	Sun.	188	Wed.	219	Sat.	250	Mon.	280	Thu.	311	Sat.	341
8	Mon.	189	Thu.	220	Sun.	251	Tue.	281	Fri.	312	Sun.	342
9	Tue.	190	Fri.	221	Mon.	252	Wed.	282	Sat.	313	Mon.	343
10	Wed.	191	Sat.	222	Tue.	253	Thu.	283	Sun.	314	Tue.	344
11	Thu.	192	Sun.	223	Wed.	254	Fri.	284	Mon.	315	Wed.	345
12	Fri.	193	Mon.	224	Thu.	255	Sat.	285	Tue.	316	Thu.	346
13	Sat.	194	Tue.	225	Fri.	256	Sun.	286	Wed.	317	Fri.	347
14	Sun.	195	Wed.	226	Sat.	257	Mon.	287	Thu.	318	Sat.	348
15	Mon.	196	Thu.	227	Sun.	258	Tue.	288	Fri.	319	Sun.	349
16	Tue.	197	Fri.	228	Mon.	259	Wed.	289	Sat.	320	Mon.	350
17	Wed.	198	Sat.	229	Tue.	260	Thu.	290	Sun.	321	Tue.	351
18	Thu.	199	Sun.	230	Wed.	261	Fri.	291	Mon.	322	Wed.	352
19	Fri.	200	Mon.	231	Thu.	262	Sat.	292	Tue.	323	Thu.	353
20	Sat.	201	Tue.	232	Fri.	263	Sun.	293	Wed.	324	Fri.	354
21	Sun.	202	Wed.	233	Sat.	264	Mon.	294	Thu.	325	Sat.	355
22	Mon.	203	Thu.	234	Sun.	265	Tue.	295	Fri.	326	Sun.	356
23	Tue.	204	Fri.	235	Mon.	266	Wed.	296	Sat.	327	Mon.	357
24	Wed.	205	Sat.	236	Tue.	267	Thu.	297	Sun.	328	Tue.	358
25	Thu.	206	Sun.	237	Wed.	268	Fri.	298	Mon.	329	Wed.	359
26	Fri.	207	Mon.	238	Thu.	269	Sat.	299	Tue.	330	Thu.	360
27	Sat.	208	Tue.	239	Fri.	270	Sun.	300	Wed.	331	Fri.	361
28	Sun.	209	Wed.	240	Sat.	271	Mon.	301	Thu.	332	Sat.	362
29	Mon.	210	Thu.	241	Sun.	272	Tue.	302	Fri.	333	Sun.	363
30	Tue.	211	Fri.	242	Mon.	273	Wed.	303	Sat.	334	Mon.	364
31	Wed.	212	Sat.	243			Thu.	304			Tue.	365

RELIGIOUS CALENDARS

Epiphany	Jan.	6	Ascension Day	May	9
Ash Wednesday	Feb.	13	Whit Sunday—Pentecost ...	May	19
Palm Sunday	Mar.	24	Trinity Sunday	May	26
Good Friday	Mar.	29	First Sunday in Advent	Dec.	1
Easter Day	Mar.	31	Christmas Day (Wednesday) ...	Dec.	25
First Day of Passover (Pesach)	Mar.	28			
Feast of Weeks (Shavuot) ...	May	17	Day of Atonement		
Jewish New Year (tabular)			(Yom Kippur)	Sept.	16
(Rosh Hashanah)	Sept.	7	First day of Tabernacles		
			(Succoth)	Sept.	21
Islamic New Year	Mar.	15	First day of Ramadân	Nov.	6
(tabular)			(tabular)		

The Jewish and Islamic dates above are tabular dates, which begin at sunset on the previous evening and end at sunset on the date tabulated. In practice, the dates of Islamic fasts and festivals are determined by an actual sighting of the appropriate new moon.

Julian date

A tabulation of Julian date (JD) at 0^h UT against calendar date is given with the ephemeris of universal and sidereal times on pages B8–B15. The following relationship holds during 2002:

$$\text{Julian date} = 245\ 2274{\cdot}5 + \text{day of year} + \text{fraction of day from } 0^h \text{ UT}$$

where the day of the year for the current year of the Gregorian calendar is given on pages B2–B3. The following table gives the Julian dates at day 0 of each month of 2002:

0^h UT	JD	0^h UT	JD	0^h UT	JD
Jan. 0	245 2274·5	May 0	245 2394·5	Sept. 0	245 2517·5
Feb. 0	245 2305·5	June 0	245 2425·5	Oct. 0	245 2547·5
Mar. 0	245 2333·5	July 0	245 2455·5	Nov. 0	245 2578·5
Apr. 0	245 2364·5	Aug. 0	245 2486·5	Dec. 0	245 2608·5

Tabulations of Julian date against calendar date for other years are given on pages K2–K4. Other relevant dates are:

$$\text{400-day date, JD } 245\ 2400{\cdot}5 = 2002 \text{ May } 6{\cdot}0$$

Standard epoch,   1900 January 0, 12^h UT = JD241 5020·0
Standard epoch, B1950·0 = 1950 Jan. 0·923 = JD243 3282·423
B2002·0 = 2002 Jan. 0·518 = JD245 2275·018
J2002·5 = 2002 July 2·625 = JD245 2458·125
Standard epoch, J2000·0 = 2000 Jan. 1·5   = JD245 1545·0

The fraction of the year from 2002·5 is tabulated with the Besselian day numbers on pages B24–B31.

The "*modified Julian date*" (MJD) is the Julian date minus 240 0000·5 and in 2002 is given by: MJD = 52274·0 + day of year + fraction of day from 0^h UT.

A date may also be expressed in years as a Julian epoch, or for some purposes as a Besselian epoch, using:

$$\text{Julian epoch} = J[2000{\cdot}0 + (JD - 245\ 1545{\cdot}0)/365{\cdot}25]$$
$$\text{Besselian epoch} = B[1900{\cdot}0 + (JD - 241\ 5020{\cdot}313\ 52)/365{\cdot}242\ 198\ 781]$$

where JD is the Julian date; the prefixes J and B may be omitted only where the context, or precision, make them superfluous.

Notation for time-scales

A summary of the notation for time-scales and related quantities used in this Almanac is given below. Additional information is given in the Glossary, in the Explanation and in the Supplement to the Almanac for 1984.

UT	= UT1; universal time; counted from 0^h at midnight; unit is mean solar day
UT0	local approximation to universal time; not corrected for polar motion
GMST	Greenwich mean sidereal time; GHA of mean equinox of date
GAST	Greenwich apparent sidereal time; GHA of true equinox of date
TAI	international atomic time; unit is the SI second
UTC	coordinated universal time; differs from TAI by an integral number of seconds, and is the basis of most radio time signals and legal time systems

Notation for time-scales (continued)

$\varDelta$UT   = UT−UTC; increment to be applied to UTC to give UT

DUT   = predicted value of $\varDelta$UT, rounded to $0^s\!1$, given in some radio time signals

ET   ephemeris time; was used in dynamical theories and in the Almanac from 1960–1983. ET was replaced by TDT and TDB

TDT   terrestrial dynamical time; TDT = TAI + $32^s\!184$. It was used in the Almanac from 1984–2000. TDT was replaced by TT.

TDB   barycentric dynamical time; used as time-scale of ephemerides referred to the barycentre of the solar system

TT   terrestrial time; used as time-scale of ephemerides for observations from the Earth's surface. TT = TAI + $32^s\!184$

$\varDelta T$ = ET − UT (prior to 1984); increment to be applied to UT to give ET

$\varDelta T$ = TT − UT (2001 onwards); increment to be applied to UT to give TT. For 1984–2000, $\varDelta T$ = TDT − UT

$\varDelta T$ = TAI + $32^s\!184$ − UT

$\varDelta$AT   = TAI − UTC; increment to be applied to UTC to give TAI

$\varDelta$ET   = ET − UTC; increment to be applied to UTC to give ET

$\varDelta$TT   = TT − UTC; increment to be applied to UTC to give TT. For 1984–2000, $\varDelta$TT = TDT − UTC

For most purposes, ET up to 1983 December 31 and TT from 1984 January 1 can be regarded as a continuous time-scale. TDT was renamed TT following an IAU resolution. Values of $\varDelta T$ for the years 1620 onwards are given on pages K8–K9.

The name Greenwich mean time (GMT) is not used in this Almanac since it is ambiguous and is now used, although not in astronomy, in the sense of UTC in addition to the earlier sense of UT; prior to 1925 it was reckoned for astronomical purposes from Greenwich mean noon (12^h UT).

Relationships between time-scales

The relationships between universal and sidereal times are described on page B6 and a daily ephemeris is given on pages B8–B15; examples of the use of the ephemeris are given on page B7.

The scale of coordinated universal time (UTC) contains step adjustments of exactly one second (leap seconds) so that universal time (UT) may be obtained directly from it with an accuracy of 1 second or better and so that international atomic time (TAI) may be obtained by the addition of an integral number of seconds. The step adjustments are usually inserted after the 60th second of the last minute of December 31 or June 30. Values of the differences $\varDelta$AT for 1972 onwards are given on page K9. Accurate values of the increment $\varDelta$UT to be applied to UTC to give UT are derived from observations, but predicted values are transmitted in code in some time signals.

The differences between the terrestrial and barycentric dynamical time-scales (due to the variations in gravitational potential around the Earth's orbit) are given by:

$$TDB = TT + 0^s\!001\ 658 \sin g + 0^s\!000\ 014 \sin 2g$$
$$g = 357°\!53 + 0°\!985\ 600\ 28(JD - 245\ 1545·0)$$

where higher-order terms are neglected and g is the mean anomaly of the Earth in its orbit around the Sun. For the current year

$$g = 356°\!52 + 0°\!985\ 600\ 28\ d$$

where d is the day of the year tabulated on pages B2–B3.

Relationships between universal and sidereal time

The ephemeris of universal and sidereal times on pages B8–B15 is primarily intended to facilitate the conversion of universal time to local apparent sidereal time, and vice versa, for use in the computation and reduction of quantities dependent on local hour angle. Numerical examples of such conversions using the ephemeris and other tables are given opposite on page B7. Alternatively, such conversions may be carried out using the basic formulae and numerical coefficients given below.

Universal time is defined in terms of Greenwich mean sidereal time, (i.e. the Greenwich hour angle (GHA) of the mean equinox of date), by:

$$\text{GMST at } 0^h \text{ UT} = 24\ 110\overset{s}{\cdot}548\ 41 + 8640\ 184\overset{s}{\cdot}812\ 866\ T_U$$
$$+ 0\overset{s}{\cdot}093\ 104\ T_U^2 - 6\overset{s}{\cdot}2 \times 10^{-6}\ T_U^3$$

where
$$T_U = (\text{JD} - 245\ 1545\cdot0)/36\ 525$$

T_U is the interval of time, measured in Julian centuries of 36 525 days of universal time (mean solar days), elapsed since the epoch 2000 January $1^d\ 12^h$ UT.

The following relationship holds during 2002:

on day of year d at t^h UT, GMST $= 6^h632\ 6915 + 0^h065\ 709\ 8244\ d + 1^h002\ 737\ 91\ t$

where the day of year d is tabulated on pages B2–B3. Add or subtract multiples of 24^h as necessary.

In 2002:   1 mean solar day $=$ 1·002 737 909 35   mean sidereal days
$= 24^h\ 03^m\ 56\overset{s}{\cdot}555\ 37$ of mean sidereal time
1 mean sidereal day $=$ 0·997 269 566 33   mean solar days
$= 23^h\ 56^m\ 04\overset{s}{\cdot}090\ 53$ of mean solar time

Greenwich apparent sidereal time (i.e. the Greenwich hour angle of the true equinox of date) is given by:

$$\text{GAST} = \text{GMST} + \text{equation of equinoxes}$$

where equation of equinoxes $= \frac{1}{15}(\varDelta\psi\cos\epsilon + 0\overset{''}{\cdot}002\ 64\sin\Omega + 0\overset{''}{\cdot}000\ 063\sin 2\Omega)$

and $\varDelta\psi$ is the total nutation in longitude, ϵ is the mean obliquity of the ecliptic and Ω is the mean longitude of the ascending node of the Moon. The equation of the equinoxes is tabulated on pages B8–B15 at 0^h UT for each day and should be interpolated to the required time if full precision is required.

Relationships with local time and hour angle

The following general relationships are used:

local mean solar time $=$ universal time $+$ east longitude
local mean sidereal time $=$ Greenwich mean sidereal time $+$ east longitude
local apparent sidereal time $=$ local mean sidereal time $+$ equation of equinoxes
$=$ Greenwich apparent sidereal time $+$ east longitude
local hour angle $=$ local apparent sidereal time $-$ apparent right ascension
$=$ local mean sidereal time
$-$ (apparent right ascension $-$ equation of equinoxes)

A further small correction for the effect of polar motion is required in the reduction of very precise observations; for details see page B60.

Examples of the use of the ephemeris of universal and sidereal times

1. *Conversion of universal time to local sidereal time*

To find the local apparent sidereal time at $09^h 44^m 30^s$ UT on 2002 July 8 in longitude $80° 22' 55\rlap{.}''79$ west.

	h	m	s
Greenwich mean sidereal time on July 8 at 0^h UT is (page B12)	19	03	06·6539
Add the equivalent mean sidereal time interval from 0^h to $09^h 44^m 30^s$ UT (multiply UT interval by 1·002 737 9094)	9	46	06·0185
Greenwich mean sidereal time at required UT:	4	49	12·6724
Add equation of equinoxes, interpolated using second-order differences to approximate UT $= 0^d41$			−0·9849
Greenwich apparent sidereal time:	4	49	11·6875
Subtract west longitude (add east longitude)	5	21	31·7193
Local apparent sidereal time:	23	27	39·9682

The calculation for local mean sidereal time is similar, but omit the step which allows for the equation of the equinoxes.

2. *Conversion of local sidereal time to universal time*

To find the universal time at $23^h 27^m 39\rlap{.}^s9682$ local apparent sidereal time on 2002 July 8 in longitude $80° 22' 55\rlap{.}''79$ west.

	h	m	s
Local apparent sidereal time:	23	27	39·9682
Add west longitude (subtract east longitude)	5	21	31·7193
Greenwich apparent sidereal time:	4	49	11·6875
Subtract equation of equinoxes, interpolated using second-order differences to approximate UT $= 0^d41$			−0·9849
Greenwich mean sidereal time:	4	49	12·6724
Subtract Greenwich mean sidereal time at 0^h UT	19	03	06·6539
Mean sidereal time interval from 0^h UT:	9	46	06·0185
Equivalent UT interval (multiply mean sidereal time interval by 0·997 269 5663)	9	44	30·0000

The conversion of mean sidereal time to universal time is carried out by a similar procedure; omit the step which allows for the equation of the equinoxes.

UNIVERSAL AND SIDEREAL TIMES, 2002

Date 0ʰ UT		Julian Date	G. SIDEREAL TIME (GHA of the Equinox)		Equation of Equinoxes at 0ʰ UT	GSD at 0ʰ GMST	UT at 0ʰ GMST (Greenwich Transit of the Mean Equinox)			
			Apparent	Mean						
		245	h m s	s	s	245			h m s	
Jan.	0	2274·5	6 37 56·6711	57·6893	−1·0183	8990·0	Jan.	0	17 19 11·5976	
	1	2275·5	6 41 53·2362	54·2447	−1·0085	8991·0		1	17 15 15·6882	
	2	2276·5	6 45 49·7984	50·8001	−1·0016	8992·0		2	17 11 19·7787	
	3	2277·5	6 49 46·3568	47·3554	−0·9987	8993·0		3	17 07 23·8692	
	4	2278·5	6 53 42·9114	43·9108	−0·9994	8994·0		4	17 03 27·9598	
	5	2279·5	6 57 39·4636	40·4662	−1·0026	8995·0		5	16 59 32·0503	
	6	2280·5	7 01 36·0150	37·0215	−1·0065	8996·0		6	16 55 36·1408	
	7	2281·5	7 05 32·5674	33·5769	−1·0095	8997·0		7	16 51 40·2314	
	8	2282·5	7 09 29·1221	30·1323	−1·0102	8998·0		8	16 47 44·3219	
	9	2283·5	7 13 25·6798	26·6876	−1·0079	8999·0		9	16 43 48·4124	
	10	2284·5	7 17 22·2403	23·2430	−1·0027	9000·0		10	16 39 52·5029	
	11	2285·5	7 21 18·8029	19·7984	−0·9955	9001·0		11	16 35 56·5935	
	12	2286·5	7 25 15·3665	16·3538	−0·9873	9002·0		12	16 32 00·6840	
	13	2287·5	7 29 11·9298	12·9091	−0·9793	9003·0		13	16 28 04·7745	
	14	2288·5	7 33 08·4918	09·4645	−0·9727	9004·0		14	16 24 08·8651	
	15	2289·5	7 37 05·0516	06·0199	−0·9683	9005·0		15	16 20 12·9556	
	16	2290·5	7 41 01·6088	02·5752	−0·9664	9006·0		16	16 16 17·0461	
	17	2291·5	7 44 58·1635	59·1306	−0·9671	9007·0		17	16 12 21·1367	
	18	2292·5	7 48 54·7161	55·6860	−0·9699	9008·0		18	16 08 25·2272	
	19	2293·5	7 52 51·2672	52·2413	−0·9741	9009·0		19	16 04 29·3177	
	20	2294·5	7 56 47·8177	48·7967	−0·9790	9010·0		20	16 00 33·4083	
	21	2295·5	8 00 44·3687	45·3521	−0·9834	9011·0		21	15 56 37·4988	
	22	2296·5	8 04 40·9209	41·9074	−0·9865	9012·0		22	15 52 41·5893	
	23	2297·5	8 08 37·4754	38·4628	−0·9874	9013·0		23	15 48 45·6798	
	24	2298·5	8 12 34·0326	35·0182	−0·9856	9014·0		24	15 44 49·7704	
	25	2299·5	8 16 30·5928	31·5735	−0·9807	9015·0		25	15 40 53·8609	
	26	2300·5	8 20 27·1556	28·1289	−0·9733	9016·0		26	15 36 57·9514	
	27	2301·5	8 24 23·7200	24·6843	−0·9642	9017·0		27	15 33 02·0420	
	28	2302·5	8 28 20·2842	21·2396	−0·9555	9018·0		28	15 29 06·1325	
	29	2303·5	8 32 16·8461	17·7950	−0·9489	9019·0		29	15 25 10·2230	
	30	2304·5	8 36 13·4042	14·3504	−0·9462	9020·0		30	15 21 14·3136	
	31	2305·5	8 40 09·9581	10·9057	−0·9477	9021·0		31	15 17 18·4041	
Feb.	1	2306·5	8 44 06·5086	07·4611	−0·9525	9022·0	Feb.	1	15 13 22·4946	
	2	2307·5	8 48 03·0577	04·0165	−0·9587	9023·0		2	15 09 26·5852	
	3	2308·5	8 51 59·6074	60·5718	−0·9645	9024·0		3	15 05 30·6757	
	4	2309·5	8 55 56·1591	57·1272	−0·9681	9025·0		4	15 01 34·7662	
	5	2310·5	8 59 52·7138	53·6826	−0·9688	9026·0		5	14 57 38·8567	
	6	2311·5	9 03 49·2714	50·2380	−0·9666	9027·0		6	14 53 42·9473	
	7	2312·5	9 07 45·8311	46·7933	−0·9622	9028·0		7	14 49 47·0378	
	8	2313·5	9 11 42·3920	43·3487	−0·9567	9029·0		8	14 45 51·1283	
	9	2314·5	9 15 38·9528	39·9041	−0·9513	9030·0		9	14 41 55·2189	
	10	2315·5	9 19 35·5124	36·4594	−0·9470	9031·0		10	14 37 59·3094	
	11	2316·5	9 23 32·0701	33·0148	−0·9447	9032·0		11	14 34 03·3999	
	12	2317·5	9 27 28·6253	29·5702	−0·9449	9033·0		12	14 30 07·4905	
	13	2318·5	9 31 25·1779	26·1255	−0·9476	9034·0		13	14 26 11·5810	
	14	2319·5	9 35 21·7283	22·6809	−0·9526	9035·0		14	14 22 15·6715	
	15	2320·5	9 39 18·2770	19·2363	−0·9592	9036·0		15	14 18 19·7621	

Date 0ʰ UT	Julian Date	G. SIDEREAL TIME (GHA of the Equinox)		Equation of Equinoxes at 0ʰ UT	GSD at 0ʰ GMST	UT at 0ʰ GMST (Greenwich Transit of the Mean Equinox)
		Apparent	Mean			
	245	h m s	s	s	**245**	h m s
Feb. 15	**2320·5**	9 39 18·2770	19·2363	−0·9592	**9036·0**	Feb. 15 14 18 19·7621
16	**2321·5**	9 43 14·8250	15·7916	−0·9667	**9037·0**	16 14 14 23·8526
17	**2322·5**	9 47 11·3730	12·3470	−0·9740	**9038·0**	17 14 10 27·9431
18	**2323·5**	9 51 07·9220	08·9024	−0·9803	**9039·0**	18 14 06 32·0336
19	**2324·5**	9 55 04·4730	05·4577	−0·9848	**9040·0**	19 14 02 36·1242
20	**2325·5**	9 59 01·0264	02·0131	−0·9867	**9041·0**	20 13 58 40·2147
21	**2326·5**	10 02 57·5826	58·5685	−0·9859	**9042·0**	21 13 54 44·3052
22	**2327·5**	10 06 54·1414	55·1238	−0·9824	**9043·0**	22 13 50 48·3958
23	**2328·5**	10 10 50·7023	51·6792	−0·9769	**9044·0**	23 13 46 52·4863
24	**2329·5**	10 14 47·2637	48·2346	−0·9708	**9045·0**	24 13 42 56·5768
25	**2330·5**	10 18 43·8241	44·7899	−0·9659	**9046·0**	25 13 39 00·6674
26	**2331·5**	10 22 40·3815	41·3453	−0·9639	**9047·0**	26 13 35 04·7579
27	**2332·5**	10 26 36·9348	37·9007	−0·9659	**9048·0**	27 13 31 08·8484
28	**2333·5**	10 30 33·4841	34·4560	−0·9719	**9049·0**	28 13 27 12·9390
Mar. 1	**2334·5**	10 34 30·0311	31·0114	−0·9804	**9050·0**	Mar. 1 13 23 17·0295
2	**2335·5**	10 38 26·5778	27·5668	−0·9890	**9051·0**	2 13 19 21·1200
3	**2336·5**	10 42 23·1263	24·1222	−0·9958	**9052·0**	3 13 15 25·2105
4	**2337·5**	10 46 19·6780	20·6775	−0·9996	**9053·0**	4 13 11 29·3011
5	**2338·5**	10 50 16·2328	17·2329	−1·0001	**9054·0**	5 13 07 33·3916
6	**2339·5**	10 54 12·7903	13·7883	−0·9980	**9055·0**	6 13 03 37·4821
7	**2340·5**	10 58 09·3492	10·3436	−0·9945	**9056·0**	7 12 59 41·5727
8	**2341·5**	11 02 05·9082	06·8990	−0·9908	**9057·0**	8 12 55 45·6632
9	**2342·5**	11 06 02·4662	03·4544	−0·9882	**9058·0**	9 12 51 49·7537
10	**2343·5**	11 09 59·0224	60·0097	−0·9874	**9059·0**	10 12 47 53·8443
11	**2344·5**	11 13 55·5762	56·5651	−0·9889	**9060·0**	11 12 43 57·9348
12	**2345·5**	11 17 52·1275	53·1205	−0·9930	**9061·0**	12 12 40 02·0253
13	**2346·5**	11 21 48·6766	49·6758	−0·9993	**9062·0**	13 12 36 06·1159
14	**2347·5**	11 25 45·2239	46·2312	−1·0073	**9063·0**	14 12 32 10·2064
15	**2348·5**	11 29 41·7702	42·7866	−1·0163	**9064·0**	15 12 28 14·2969
16	**2349·5**	11 33 38·3165	39·3419	−1·0254	**9065·0**	16 12 24 18·3874
17	**2350·5**	11 37 34·8637	35·8973	−1·0336	**9066·0**	17 12 20 22·4780
18	**2351·5**	11 41 31·4126	32·4527	−1·0400	**9067·0**	18 12 16 26·5685
19	**2352·5**	11 45 27·9640	29·0080	−1·0441	**9068·0**	19 12 12 30·6590
20	**2353·5**	11 49 24·5180	25·5634	−1·0454	**9069·0**	20 12 08 34·7496
21	**2354·5**	11 53 21·0746	22·1188	−1·0441	**9070·0**	21 12 04 38·8401
22	**2355·5**	11 57 17·6334	18·6741	−1·0408	**9071·0**	22 12 00 42·9306
23	**2356·5**	12 01 14·1932	15·2295	−1·0364	**9072·0**	23 11 56 47·0212
24	**2357·5**	12 05 10·7526	11·7849	−1·0323	**9073·0**	24 11 52 51·1117
25	**2358·5**	12 09 07·3101	08·3402	−1·0302	**9074·0**	25 11 48 55·2022
26	**2359·5**	12 13 03·8642	04·8956	−1·0314	**9075·0**	26 11 44 59·2928
27	**2360·5**	12 17 00·4145	01·4510	−1·0365	**9076·0**	27 11 41 03·3833
28	**2361·5**	12 20 56·9617	58·0064	−1·0447	**9077·0**	28 11 37 07·4738
29	**2362·5**	12 24 53·5076	54·5617	−1·0541	**9078·0**	29 11 33 11·5643
30	**2363·5**	12 28 50·0547	51·1171	−1·0624	**9079·0**	30 11 29 15·6549
31	**2364·5**	12 32 46·6047	47·6725	−1·0677	**9080·0**	31 11 25 19·7454
Apr. 1	**2365·5**	12 36 43·1585	44·2278	−1·0694	**9081·0**	Apr. 1 11 21 23·8359
2	**2366·5**	12 40 39·7155	40·7832	−1·0677	**9082·0**	2 11 17 27·9265

Date 0ʰ UT	Julian Date	G. SIDEREAL TIME (GHA of the Equinox)		Equation of Equinoxes at 0ʰ UT	GSD at 0ʰ GMST	UT at 0ʰ GMST (Greenwich Transit of the Mean Equinox)	
		Apparent	Mean				
	245	h m s	s	s	245		h m s
Apr. 1	2365·5	12 36 43·1585	44·2278	−1·0694	9081·0	Apr. 1	11 21 23·8359
2	2366·5	12 40 39·7155	40·7832	−1·0677	9082·0	2	11 17 27·9265
3	2367·5	12 44 36·2746	37·3386	−1·0640	9083·0	3	11 13 32·0170
4	2368·5	12 48 32·8343	33·8939	−1·0597	9084·0	4	11 09 36·1075
5	2369·5	12 52 29·3932	30·4493	−1·0561	9085·0	5	11 05 40·1981
6	2370·5	12 56 25·9504	27·0047	−1·0543	9086·0	6	11 01 44·2886
7	2371·5	13 00 22·5053	23·5600	−1·0548	9087·0	7	10 57 48·3791
8	2372·5	13 04 19·0576	20·1154	−1·0578	9088·0	8	10 53 52·4697
9	2373·5	13 08 15·6076	16·6708	−1·0631	9089·0	9	10 49 56·5602
10	2374·5	13 12 12·1558	13·2261	−1·0703	9090·0	10	10 46 00·6507
11	2375·5	13 16 08·7030	09·7815	−1·0785	9091·0	11	10 42 04·7412
12	2376·5	13 20 05·2499	06·3369	−1·0870	9092·0	12	10 38 08·8318
13	2377·5	13 24 01·7975	02·8922	−1·0947	9093·0	13	10 34 12·9223
14	2378·5	13 27 58·3468	59·4476	−1·1008	9094·0	14	10 30 17·0128
15	2379·5	13 31 54·8985	56·0030	−1·1045	9095·0	15	10 26 21·1034
16	2380·5	13 35 51·4529	52·5583	−1·1055	9096·0	16	10 22 25·1939
17	2381·5	13 39 48·0100	49·1137	−1·1037	9097·0	17	10 18 29·2844
18	2382·5	13 43 44·5694	45·6691	−1·0997	9098·0	18	10 14 33·3750
19	2383·5	13 47 41·1299	42·2245	−1·0945	9099·0	19	10 10 37·4655
20	2384·5	13 51 37·6905	38·7798	−1·0893	9100·0	20	10 06 41·5560
21	2385·5	13 55 34·2496	35·3352	−1·0856	9101·0	21	10 02 45·6466
22	2386·5	13 59 30·8060	31·8906	−1·0845	9102·0	22	9 58 49·7371
23	2387·5	14 03 27·3590	28·4459	−1·0869	9103·0	23	9 54 53·8276
24	2388·5	14 07 23·9088	25·0013	−1·0925	9104·0	24	9 50 57·9181
25	2389·5	14 11 20·4566	21·5567	−1·1000	9105·0	25	9 47 02·0087
26	2390·5	14 15 17·0046	18·1120	−1·1074	9106·0	26	9 43 06·0992
27	2391·5	14 19 13·5548	14·6674	−1·1126	9107·0	27	9 39 10·1897
28	2392·5	14 23 10·1087	11·2228	−1·1140	9108·0	28	9 35 14·2803
29	2393·5	14 27 06·6665	07·7781	−1·1116	9109·0	29	9 31 18·3708
30	2394·5	14 31 03·2273	04·3335	−1·1062	9110·0	30	9 27 22·4613
May 1	2395·5	14 34 59·7894	60·8889	−1·0995	9111·0	May 1	9 23 26·5519
2	2396·5	14 38 56·3513	57·4442	−1·0929	9112·0	2	9 19 30·6424
3	2397·5	14 42 52·9116	53·9996	−1·0880	9113·0	3	9 15 34·7329
4	2398·5	14 46 49·4697	50·5550	−1·0853	9114·0	4	9 11 38·8235
5	2399·5	14 50 46·0250	47·1103	−1·0853	9115·0	5	9 07 42·9140
6	2400·5	14 54 42·5779	43·6657	−1·0878	9116·0	6	9 03 47·0045
7	2401·5	14 58 39·1287	40·2211	−1·0923	9117·0	7	8 59 51·0950
8	2402·5	15 02 35·6783	36·7764	−1·0982	9118·0	8	8 55 55·1856
9	2403·5	15 06 32·2274	33·3318	−1·1045	9119·0	9	8 51 59·2761
10	2404·5	15 10 28·7770	29·8872	−1·1102	9120·0	10	8 48 03·3666
11	2405·5	15 14 25·3280	26·4425	−1·1145	9121·0	11	8 44 07·4572
12	2406·5	15 18 21·8813	22·9979	−1·1166	9122·0	12	8 40 11·5477
13	2407·5	15 22 18·4374	19·5533	−1·1159	9123·0	13	8 36 15·6382
14	2408·5	15 26 14·9963	16·1087	−1·1124	9124·0	14	8 32 19·7288
15	2409·5	15 30 11·5576	12·6640	−1·1064	9125·0	15	8 28 23·8193
16	2410·5	15 34 08·1205	09·2194	−1·0989	9126·0	16	8 24 27·9098
17	2411·5	15 38 04·6835	05·7748	−1·0912	9127·0	17	8 20 32·0004

Date 0^h UT	Julian Date	G. SIDEREAL TIME (GHA of the Equinox) Apparent	Mean	Equation of Equinoxes at 0^h UT	GSD at 0^h GMST	UT at 0^h GMST (Greenwich Transit of the Mean Equinox)		
	245	h m s	s	s	**245**		h m s
May 17	**2411·5**	15 38 04·6835	05·7748	−1·0912	**9127·0**	May 17	8 20 32·0004
18	**2412·5**	15 42 01·2453	02·3301	−1·0848	**9128·0**	18	8 16 36·0909
19	**2413·5**	15 45 57·8046	58·8855	−1·0809	**9129·0**	19	8 12 40·1814
20	**2414·5**	15 49 54·3606	55·4409	−1·0802	**9130·0**	20	8 08 44·2719
21	**2415·5**	15 53 50·9135	51·9962	−1·0828	**9131·0**	21	8 04 48·3625
22	**2416·5**	15 57 47·4641	48·5516	−1·0875	**9132·0**	22	8 00 52·4530
23	**2417·5**	16 01 44·0141	45·1070	−1·0928	**9133·0**	23	7 56 56·5435
24	**2418·5**	16 05 40·5656	41·6623	−1·0968	**9134·0**	24	7 53 00·6341
25	**2419·5**	16 09 37·1201	38·2177	−1·0976	**9135·0**	25	7 49 04·7246
26	**2420·5**	16 13 33·6785	34·7731	−1·0946	**9136·0**	26	7 45 08·8151
27	**2421·5**	16 17 30·2403	31·3284	−1·0881	**9137·0**	27	7 41 12·9057
28	**2422·5**	16 21 26·8044	27·8838	−1·0794	**9138·0**	28	7 37 16·9962
29	**2423·5**	16 25 23·3691	24·4392	−1·0701	**9139·0**	29	7 33 21·0867
30	**2424·5**	16 29 19·9326	20·9945	−1·0619	**9140·0**	30	7 29 25·1772
31	**2425·5**	16 33 16·4940	17·5499	−1·0559	**9141·0**	31	7 25 29·2678
June 1	**2426·5**	16 37 13·0526	14·1053	−1·0527	**9142·0**	June 1	7 21 33·3583
2	**2427·5**	16 41 09·6085	10·6606	−1·0521	**9143·0**	2	7 17 37·4488
3	**2428·5**	16 45 06·1620	07·2160	−1·0540	**9144·0**	3	7 13 41·5394
4	**2429·5**	16 49 02·7139	03·7714	−1·0575	**9145·0**	4	7 09 45·6299
5	**2430·5**	16 52 59·2649	60·3267	−1·0618	**9146·0**	5	7 05 49·7204
6	**2431·5**	16 56 55·8162	56·8821	−1·0660	**9147·0**	6	7 01 53·8110
7	**2432·5**	17 00 52·3685	53·4375	−1·0690	**9148·0**	7	6 57 57·9015
8	**2433·5**	17 04 48·9229	49·9929	−1·0700	**9149·0**	8	6 54 01·9920
9	**2434·5**	17 08 45·4799	46·5482	−1·0683	**9150·0**	9	6 50 06·0826
10	**2435·5**	17 12 42·0398	43·1036	−1·0638	**9151·0**	10	6 46 10·1731
11	**2436·5**	17 16 38·6023	39·6590	−1·0566	**9152·0**	11	6 42 14·2636
12	**2437·5**	17 20 35·1667	36·2143	−1·0476	**9153·0**	12	6 38 18·3541
13	**2438·5**	17 24 31·7317	32·7697	−1·0380	**9154·0**	13	6 34 22·4447
14	**2439·5**	17 28 28·2957	29·3251	−1·0294	**9155·0**	14	6 30 26·5352
15	**2440·5**	17 32 24·8572	25·8804	−1·0232	**9156·0**	15	6 26 30·6257
16	**2441·5**	17 36 21·4154	22·4358	−1·0204	**9157·0**	16	6 22 34·7163
17	**2442·5**	17 40 17·9702	18·9912	−1·0210	**9158·0**	17	6 18 38·8068
18	**2443·5**	17 44 14·5224	15·5465	−1·0241	**9159·0**	18	6 14 42·8973
19	**2444·5**	17 48 11·0736	12·1019	−1·0283	**9160·0**	19	6 10 46·9879
20	**2445·5**	17 52 07·6256	08·6573	−1·0317	**9161·0**	20	6 06 51·0784
21	**2446·5**	17 56 04·1800	05·2126	−1·0326	**9162·0**	21	6 02 55·1689
22	**2447·5**	18 00 00·7379	01·7680	−1·0301	**9163·0**	22	5 58 59·2595
23	**2448·5**	18 03 57·2992	58·3234	−1·0241	**9164·0**	23	5 55 03·3500
24	**2449·5**	18 07 53·8633	54·8787	−1·0155	**9165·0**	24	5 51 07·4405
25	**2450·5**	18 11 50·4285	51·4341	−1·0057	**9166·0**	25	5 47 11·5310
26	**2451·5**	18 15 46·9932	47·9895	−0·9963	**9167·0**	26	5 43 15·6216
27	**2452·5**	18 19 43·5562	44·5448	−0·9887	**9168·0**	27	5 39 19·7121
28	**2453·5**	18 23 40·1165	41·1002	−0·9837	**9169·0**	28	5 35 23·8026
29	**2454·5**	18 27 36·6739	37·6556	−0·9817	**9170·0**	29	5 31 27·8932
30	**2455·5**	18 31 33·2286	34·2109	−0·9824	**9171·0**	30	5 27 31·9837
July 1	**2456·5**	18 35 29·7812	30·7663	−0·9851	**9172·0**	July 1	5 23 36·0742
2	**2457·5**	18 39 26·3327	27·3217	−0·9890	**9173·0**	2	5 19 40·1648

Date 0h UT	Julian Date	G. SIDEREAL TIME (GHA of the Equinox) Apparent	Mean	Equation of Equinoxes at 0h UT	GSD at 0h GMST	UT at 0h GMST (Greenwich Transit of the Mean Equinox)		
	245	h m s	s	s	**245**		h m s	
July 2	**2457·5**	18 39 26·3327	27·3217	−0·9890	**9173·0**	July	2	5 19 40·1648
3	**2458·5**	18 43 22·8839	23·8771	−0·9931	**9174·0**		3	5 15 44·2553
4	**2459·5**	18 47 19·4359	20·4324	−0·9965	**9175·0**		4	5 11 48·3458
5	**2460·5**	18 51 15·9895	16·9878	−0·9982	**9176·0**		5	5 07 52·4364
6	**2461·5**	18 55 12·5455	13·5432	−0·9976	**9177·0**		6	5 03 56·5269
7	**2462·5**	18 59 09·1043	10·0985	−0·9942	**9178·0**		7	5 00 00·6174
8	**2463·5**	19 03 05·6658	06·6539	−0·9881	**9179·0**		8	4 56 04·7079
9	**2464·5**	19 07 02·2296	03·2093	−0·9797	**9180·0**		9	4 52 08·7985
10	**2465·5**	19 10 58·7945	59·7646	−0·9702	**9181·0**		10	4 48 12·8890
11	**2466·5**	19 14 55·3588	56·3200	−0·9612	**9182·0**		11	4 44 16·9795
12	**2467·5**	19 18 51·9210	52·8754	−0·9543	**9183·0**		12	4 40 21·0701
13	**2468·5**	19 22 48·4799	49·4307	−0·9509	**9184·0**		13	4 36 25·1606
14	**2469·5**	19 26 45·0350	45·9861	−0·9511	**9185·0**		14	4 32 29·2511
15	**2470·5**	19 30 41·5870	42·5415	−0·9545	**9186·0**		15	4 28 33·3417
16	**2471·5**	19 34 38·1375	39·0968	−0·9594	**9187·0**		16	4 24 37·4322
17	**2472·5**	19 38 34·6882	35·6522	−0·9640	**9188·0**		17	4 20 41·5227
18	**2473·5**	19 42 31·2411	32·2076	−0·9665	**9189·0**		18	4 16 45·6133
19	**2474·5**	19 46 27·7970	28·7629	−0·9660	**9190·0**		19	4 12 49·7038
20	**2475·5**	19 50 24·3563	25·3183	−0·9620	**9191·0**		20	4 08 53·7943
21	**2476·5**	19 54 20·9183	21·8737	−0·9554	**9192·0**		21	4 04 57·8848
22	**2477·5**	19 58 17·4818	18·4290	−0·9473	**9193·0**		22	4 01 01·9754
23	**2478·5**	20 02 14·0453	14·9844	−0·9391	**9194·0**		23	3 57 06·0659
24	**2479·5**	20 06 10·6074	11·5398	−0·9323	**9195·0**		24	3 53 10·1564
25	**2480·5**	20 10 07·1672	08·0951	−0·9280	**9196·0**		25	3 49 14·2470
26	**2481·5**	20 14 03·7241	04·6505	−0·9264	**9197·0**		26	3 45 18·3375
27	**2482·5**	20 18 00·2781	01·2059	−0·9278	**9198·0**		27	3 41 22·4280
28	**2483·5**	20 21 56·8298	57·7613	−0·9315	**9199·0**		28	3 37 26·5186
29	**2484·5**	20 25 53·3800	54·3166	−0·9367	**9200·0**		29	3 33 30·6091
30	**2485·5**	20 29 49·9295	50·8720	−0·9425	**9201·0**		30	3 29 34·6996
31	**2486·5**	20 33 46·4794	47·4274	−0·9479	**9202·0**		31	3 25 38·7902
Aug. 1	**2487·5**	20 37 43·0307	43·9827	−0·9521	**9203·0**	Aug.	1	3 21 42·8807
2	**2488·5**	20 41 39·5839	40·5381	−0·9542	**9204·0**		2	3 17 46·9712
3	**2489·5**	20 45 36·1398	37·0935	−0·9537	**9205·0**		3	3 13 51·0617
4	**2490·5**	20 49 32·6984	33·6488	−0·9505	**9206·0**		4	3 09 55·1523
5	**2491·5**	20 53 29·2594	30·2042	−0·9448	**9207·0**		5	3 05 59·2428
6	**2492·5**	20 57 25·8219	26·7596	−0·9376	**9208·0**		6	3 02 03·3333
7	**2493·5**	21 01 22·3848	23·3149	−0·9302	**9209·0**		7	2 58 07·4239
8	**2494·5**	21 05 18·9461	19·8703	−0·9242	**9210·0**		8	2 54 11·5144
9	**2495·5**	21 09 15·5045	16·4257	−0·9212	**9211·0**		9	2 50 15·6049
10	**2496·5**	21 13 12·0589	12·9810	−0·9221	**9212·0**		10	2 46 19·6955
11	**2497·5**	21 17 08·6097	09·5364	−0·9267	**9213·0**		11	2 42 23·7860
12	**2498·5**	21 21 05·1583	06·0918	−0·9335	**9214·0**		12	2 38 27·8765
13	**2499·5**	21 25 01·7066	02·6471	−0·9405	**9215·0**		13	2 34 31·9671
14	**2500·5**	21 28 58·2567	59·2025	−0·9458	**9216·0**		14	2 30 36·0576
15	**2501·5**	21 32 54·8097	55·7579	−0·9482	**9217·0**		15	2 26 40·1481
16	**2502·5**	21 36 51·3661	52·3132	−0·9471	**9218·0**		16	2 22 44·2386
17	**2503·5**	21 40 47·9254	48·8686	−0·9432	**9219·0**		17	2 18 48·3292

Date 0ʰ UT	Julian Date	G. SIDEREAL TIME (GHA of the Equinox)		Equation of Equinoxes at 0ʰ UT	GSD at 0ʰ GMST	UT at 0ʰ GMST (Greenwich Transit of the Mean Equinox)		
		Apparent	Mean					
	245	h m s	s	s	**245**		h m s	
Aug. 17	**2503·5**	21 40 47·9254	48·8686	−0·9432	**9219·0**	Aug. 17	2 18	48·3292
18	**2504·5**	21 44 44·4863	45·4240	−0·9376	**9220·0**	18	2 14	52·4197
19	**2505·5**	21 48 41·0476	41·9794	−0·9318	**9221·0**	19	2 10	56·5102
20	**2506·5**	21 52 37·6077	38·5347	−0·9270	**9222·0**	20	2 07	00·6008
21	**2507·5**	21 56 34·1657	35·0901	−0·9244	**9223·0**	21	2 03	04·6913
22	**2508·5**	22 00 30·7210	31·6455	−0·9244	**9224·0**	22	1 59	08·7818
23	**2509·5**	22 04 27·2735	28·2008	−0·9274	**9225·0**	23	1 55	12·8724
24	**2510·5**	22 08 23·8235	24·7562	−0·9327	**9226·0**	24	1 51	16·9629
25	**2511·5**	22 12 20·3717	21·3116	−0·9399	**9227·0**	25	1 47	21·0534
26	**2512·5**	22 16 16·9190	17·8669	−0·9479	**9228·0**	26	1 43	25·1440
27	**2513·5**	22 20 13·4664	14·4223	−0·9559	**9229·0**	27	1 39	29·2345
28	**2514·5**	22 24 10·0149	10·9777	−0·9627	**9230·0**	28	1 35	33·3250
29	**2515·5**	22 28 06·5652	07·5330	−0·9678	**9231·0**	29	1 31	37·4155
30	**2516·5**	22 32 03·1180	04·0884	−0·9704	**9232·0**	30	1 27	41·5061
31	**2517·5**	22 35 59·6733	60·6438	−0·9705	**9233·0**	31	1 23	45·5966
Sept. 1	**2518·5**	22 39 56·2311	57·1991	−0·9680	**9234·0**	Sept. 1	1 19	49·6871
2	**2519·5**	22 43 52·7908	53·7545	−0·9637	**9235·0**	2	1 15	53·7777
3	**2520·5**	22 47 49·3512	50·3099	−0·9586	**9236·0**	3	1 11	57·8682
4	**2521·5**	22 51 45·9111	46·8652	−0·9541	**9237·0**	4	1 08	01·9587
5	**2522·5**	22 55 42·4688	43·4206	−0·9518	**9238·0**	5	1 04	06·0493
6	**2523·5**	22 59 39·0230	39·9760	−0·9530	**9239·0**	6	1 00	10·1398
7	**2524·5**	23 03 35·5732	36·5313	−0·9581	**9240·0**	7	0 56	14·2303
8	**2525·5**	23 07 32·1205	33·0867	−0·9662	**9241·0**	8	0 52	18·3209
9	**2526·5**	23 11 28·6667	29·6421	−0·9754	**9242·0**	9	0 48	22·4114
10	**2527·5**	23 15 25·2141	26·1974	−0·9833	**9243·0**	10	0 44	26·5019
11	**2528·5**	23 19 21·7646	22·7528	−0·9883	**9244·0**	11	0 40	30·5924
12	**2529·5**	23 23 18·3186	19·3082	−0·9895	**9245·0**	12	0 36	34·6830
13	**2530·5**	23 27 14·8760	15·8636	−0·9876	**9246·0**	13	0 32	38·7735
14	**2531·5**	23 31 11·4354	12·4189	−0·9835	**9247·0**	14	0 28	42·8640
15	**2532·5**	23 35 07·9953	08·9743	−0·9790	**9248·0**	15	0 24	46·9546
16	**2533·5**	23 39 04·5544	05·5297	−0·9753	**9249·0**	16	0 20	51·0451
17	**2534·5**	23 43 01·1115	02·0850	−0·9735	**9250·0**	17	0 16	55·1356
18	**2535·5**	23 46 57·6660	58·6404	−0·9744	**9251·0**	18	0 12	59·2262
19	**2536·5**	23 50 54·2177	55·1958	−0·9780	**9252·0**	19	0 09	03·3167
20	**2537·5**	23 54 50·7669	51·7511	−0·9842	**9253·0**	20	0 05	07·4072
21	**2538·5**	23 58 47·3142	48·3065	−0·9922	**9254·0**	21	0 01	11·4977
					9255·0	21	23 57	15·5883
22	**2539·5**	0 02 43·8605	44·8619	−1·0013	**9256·0**	22	23 53	19·6788
23	**2540·5**	0 06 40·4067	41·4172	−1·0105	**9257·0**	23	23 49	23·7693
24	**2541·5**	0 10 36·9539	37·9726	−1·0187	**9258·0**	24	23 45	27·8599
25	**2542·5**	0 14 33·5027	34·5280	−1·0253	**9259·0**	25	23 41	31·9504
26	**2543·5**	0 18 30·0538	31·0833	−1·0295	**9260·0**	26	23 37	36·0409
27	**2544·5**	0 22 26·6075	27·6387	−1·0312	**9261·0**	27	23 33	40·1315
28	**2545·5**	0 26 23·1637	24·1941	−1·0304	**9262·0**	28	23 29	44·2220
29	**2546·5**	0 30 19·7219	20·7494	−1·0275	**9263·0**	29	23 25	48·3125
30	**2547·5**	0 34 16·2813	17·3048	−1·0235	**9264·0**	30	23 21	52·4031
Oct. 1	**2548·5**	0 38 12·8406	13·8602	−1·0196	**9265·0**	Oct. 1	23 17	56·4936

UNIVERSAL AND SIDEREAL TIMES, 2002

Date 0ʰ UT		Julian Date	G. SIDEREAL TIME (GHA of the Equinox)		Equation of Equinoxes at 0ʰ UT	GSD at 0ʰ GMST	UT at 0ʰ GMST (Greenwich Transit of the Mean Equinox)		
			Apparent	Mean					
		245	h m s	s	s	245		h m s	
Oct.	1	2548·5	0 38 12·8406	13·8602	−1·0196	9265·0	Oct.	1	23 17 56·4936
	2	2549·5	0 42 09·3985	10·4155	−1·0171	9266·0		2	23 14 00·5841
	3	2550·5	0 46 05·9536	06·9709	−1·0173	9267·0		3	23 10 04·6746
	4	2551·5	0 50 02·5052	03·5263	−1·0210	9268·0		4	23 06 08·7652
	5	2552·5	0 53 59·0535	60·0816	−1·0281	9269·0		5	23 02 12·8557
	6	2553·5	0 57 55·5998	56·6370	−1·0372	9270·0		6	22 58 16·9462
	7	2554·5	1 01 52·1464	53·1924	−1·0460	9271·0		7	22 54 21·0368
	8	2555·5	1 05 48·6955	49·7478	−1·0522	9272·0		8	22 50 25·1273
	9	2556·5	1 09 45·2486	46·3031	−1·0545	9273·0		9	22 46 29·2178
	10	2557·5	1 13 41·8057	42·8585	−1·0528	9274·0		10	22 42 33·3084
	11	2558·5	1 17 38·3656	39·4139	−1·0483	9275·0		11	22 38 37·3989
	12	2559·5	1 21 34·9266	35·9692	−1·0426	9276·0		12	22 34 41·4894
	13	2560·5	1 25 31·4870	32·5246	−1·0375	9277·0		13	22 30 45·5800
	14	2561·5	1 29 28·0457	29·0800	−1·0343	9278·0		14	22 26 49·6705
	15	2562·5	1 33 24·6017	25·6353	−1·0336	9279·0		15	22 22 53·7610
	16	2563·5	1 37 21·1549	22·1907	−1·0358	9280·0		16	22 18 57·8515
	17	2564·5	1 41 17·7055	18·7461	−1·0405	9281·0		17	22 15 01·9421
	18	2565·5	1 45 14·2542	15·3014	−1·0473	9282·0		18	22 11 06·0326
	19	2566·5	1 49 10·8016	11·8568	−1·0552	9283·0		19	22 07 10·1231
	20	2567·5	1 53 07·3488	08·4122	−1·0633	9284·0		20	22 03 14·2137
	21	2568·5	1 57 03·8968	04·9675	−1·0707	9285·0		21	21 59 18·3042
	22	2569·5	2 01 00·4464	01·5229	−1·0765	9286·0		22	21 55 22·3947
	23	2570·5	2 04 56·9982	58·0783	−1·0801	9287·0		23	21 51 26·4853
	24	2571·5	2 08 53·5527	54·6336	−1·0810	9288·0		24	21 47 30·5758
	25	2572·5	2 12 50·1097	51·1890	−1·0793	9289·0		25	21 43 34·6663
	26	2573·5	2 16 46·6689	47·7444	−1·0754	9290·0		26	21 39 38·7569
	27	2574·5	2 20 43·2295	44·2997	−1·0703	9291·0		27	21 35 42·8474
	28	2575·5	2 24 39·7903	40·8551	−1·0648	9292·0		28	21 31 46·9379
	29	2576·5	2 28 36·3500	37·4105	−1·0604	9293·0		29	21 27 51·0284
	30	2577·5	2 32 32·9076	33·9659	−1·0582	9294·0		30	21 23 55·1190
	31	2578·5	2 36 29·4622	30·5212	−1·0590	9295·0		31	21 19 59·2095
Nov.	1	2579·5	2 40 26·0135	27·0766	−1·0631	9296·0	Nov.	1	21 16 03·3000
	2	2580·5	2 44 22·5624	23·6320	−1·0695	9297·0		2	21 12 07·3906
	3	2581·5	2 48 19·1107	20·1873	−1·0766	9298·0		3	21 08 11·4811
	4	2582·5	2 52 15·6605	16·7427	−1·0822	9299·0		4	21 04 15·5716
	5	2583·5	2 56 12·2139	13·2981	−1·0842	9300·0		5	21 00 19·6622
	6	2584·5	3 00 08·7716	09·8534	−1·0818	9301·0		6	20 56 23·7527
	7	2585·5	3 04 05·3332	06·4088	−1·0756	9302·0		7	20 52 27·8432
	8	2586·5	3 08 01·8970	02·9642	−1·0672	9303·0		8	20 48 31·9338
	9	2587·5	3 11 58·4609	59·5195	−1·0586	9304·0		9	20 44 36·0243
	10	2588·5	3 15 55·0232	56·0749	−1·0517	9305·0		10	20 40 40·1148
	11	2589·5	3 19 51·5830	52·6303	−1·0473	9306·0		11	20 36 44·2053
	12	2590·5	3 23 48·1398	49·1856	−1·0459	9307·0		12	20 32 48·2959
	13	2591·5	3 27 44·6937	45·7410	−1·0473	9308·0		13	20 28 52·3864
	14	2592·5	3 31 41·2454	42·2964	−1·0510	9309·0		14	20 24 56·4769
	15	2593·5	3 35 37·7956	38·8517	−1·0561	9310·0		15	20 21 00·5675
	16	2594·5	3 39 34·3454	35·4071	−1·0617	9311·0		16	20 17 04·6580

Date 0ʰ UT	Julian Date	G. SIDEREAL TIME (GHA of the Equinox) Apparent	Mean	Equation of Equinoxes at 0ʰ UT	GSD at 0ʰ GMST	UT at 0ʰ GMST (Greenwich Transit of the Mean Equinox)
	245	h m s	s	s	245	h m s
Nov. 16	2594·5	3 39 34·3454	35·4071	−1·0617	9311·0	Nov. 16 20 17 04·6580
17	2595·5	3 43 30·8957	31·9625	−1·0668	9312·0	17 20 13 08·7485
18	2596·5	3 47 27·4474	28·5178	−1·0704	9313·0	18 20 09 12·8391
19	2597·5	3 51 24·0013	25·0732	−1·0719	9314·0	19 20 05 16·9296
20	2598·5	3 55 20·5578	21·6286	−1·0708	9315·0	20 20 01 21·0201
21	2599·5	3 59 17·1169	18·1839	−1·0670	9316·0	21 19 57 25·1107
22	2600·5	4 03 13·6784	14·7393	−1·0609	9317·0	22 19 53 29·2012
23	2601·5	4 07 10·2415	11·2947	−1·0532	9318·0	23 19 49 33·2917
24	2602·5	4 11 06·8050	07·8501	−1·0451	9319·0	24 19 45 37·3822
25	2603·5	4 15 03·3676	04·4054	−1·0378	9320·0	25 19 41 41·4728
26	2604·5	4 18 59·9283	60·9608	−1·0325	9321·0	26 19 37 45·5633
27	2605·5	4 22 56·4861	57·5162	−1·0301	9322·0	27 19 33 49·6538
28	2606·5	4 26 53·0408	54·0715	−1·0307	9323·0	28 19 29 53·7444
29	2607·5	4 30 49·5929	50·6269	−1·0340	9324·0	29 19 25 57·8349
30	2608·5	4 34 46·1438	47·1823	−1·0385	9325·0	30 19 22 01·9254
Dec. 1	2609·5	4 38 42·6953	43·7376	−1·0423	9326·0	Dec. 1 19 18 06·0160
2	2610·5	4 42 39·2495	40·2930	−1·0435	9327·0	2 19 14 10·1065
3	2611·5	4 46 35·8077	36·8484	−1·0407	9328·0	3 19 10 14·1970
4	2612·5	4 50 32·3700	33·4037	−1·0337	9329·0	4 19 06 18·2876
5	2613·5	4 54 28·9356	29·9591	−1·0235	9330·0	5 19 02 22·3781
6	2614·5	4 58 25·5023	26·5145	−1·0122	9331·0	6 18 58 26·4686
7	2615·5	5 02 22·0683	23·0698	−1·0016	9332·0	7 18 54 30·5591
8	2616·5	5 06 18·6318	19·6252	−0·9934	9333·0	8 18 50 34·6497
9	2617·5	5 10 15·1923	16·1806	−0·9883	9334·0	9 18 46 38·7402
10	2618·5	5 14 11·7495	12·7359	−0·9864	9335·0	10 18 42 42·8307
11	2619·5	5 18 08·3041	09·2913	−0·9872	9336·0	11 18 38 46·9213
12	2620·5	5 22 04·8568	05·8467	−0·9899	9337·0	12 18 34 51·0118
13	2621·5	5 26 01·4086	02·4020	−0·9934	9338·0	13 18 30 55·1023
14	2622·5	5 29 57·9606	58·9574	−0·9968	9339·0	14 18 26 59·1929
15	2623·5	5 33 54·5137	55·5128	−0·9991	9340·0	15 18 23 03·2834
16	2624·5	5 37 51·0687	52·0681	−0·9994	9341·0	16 18 19 07·3739
17	2625·5	5 41 47·6261	48·6235	−0·9974	9342·0	17 18 15 11·4645
18	2626·5	5 45 44·1863	45·1789	−0·9926	9343·0	18 18 11 15·5550
19	2627·5	5 49 40·7489	41·7343	−0·9854	9344·0	19 18 07 19·6455
20	2628·5	5 53 37·3133	38·2896	−0·9763	9345·0	20 18 03 23·7360
21	2629·5	5 57 33·8785	34·8450	−0·9665	9346·0	21 17 59 27·8266
22	2630·5	6 01 30·4430	31·4004	−0·9573	9347·0	22 17 55 31·9171
23	2631·5	6 05 27·0056	27·9557	−0·9501	9348·0	23 17 51 36·0076
24	2632·5	6 09 23·5653	24·5111	−0·9458	9349·0	24 17 47 40·0982
25	2633·5	6 13 20·1218	21·0665	−0·9447	9350·0	25 17 43 44·1887
26	2634·5	6 17 16·6754	17·6218	−0·9465	9351·0	26 17 39 48·2792
27	2635·5	6 21 13·2273	14·1772	−0·9499	9352·0	27 17 35 52·3698
28	2636·5	6 25 09·7793	10·7326	−0·9533	9353·0	28 17 31 56·4603
29	2637·5	6 29 06·3332	07·2879	−0·9547	9354·0	29 17 28 00·5508
30	2638·5	6 33 02·8904	03·8433	−0·9529	9355·0	30 17 24 04·6413
31	2639·5	6 36 59·4514	60·3987	−0·9472	9356·0	31 17 20 08·7319
32	2640·5	6 40 56·0159	56·9540	−0·9381	9357·0	32 17 16 12·8224

Purpose and arrangement

The formulae, tables and ephemerides in the remainder of this section are mainly intended to provide for the reduction of celestial coordinates (especially of right ascension and declination) from one reference system to another (especially for stars from catalogue (barycentric) place to apparent (geocentric) place) but some of the data may be used for other purposes. Formulae and numerical values are given on pages B16–B21 for the separate steps in such reductions (i.e. for proper motion, aberration, light-deflection, parallax, precession and nutation). Formulae, examples and ephemerides are given for approximate reductions using the day-number technique on pages B22–B35 and for full-precision reductions using vectors and the rotation-matrix technique on pages B36–B59. Finally, formulae and numerical values are given for the reduction from geocentric to topocentric place on pages B60 and B61. Background information is given in the Glossary and the Explanation.

Notation and units

t an epoch expressed in terms of the Julian year (see page B4); the difference between two epochs represents a time-interval expressed in Julian years; subscripts zero and one are used to indicate the epoch of a catalogue place, usually the standard epoch of J2000·0, and the epoch of the middle of a Julian year (here shortened to "epoch of year"), respectively.

τ fraction of year measured from the epoch of year; $\tau = t - t_1$.

T an interval of time expressed in Julian centuries of 36 525 days; usually measured from J2000·0, i.e. from JD 245 1545·0.

α, δ, π right ascension, declination and annual parallax; in the formulae for computation, right ascension and related quantities are expressed in time-measure ($1^{\mathrm{h}} = 15°$, etc.), while declination and related quantities, including annual parallax, are expressed in sexagesimal angular measure, unless the contrary is indicated.

μ_α, μ_δ components of *centennial* proper motion in right ascension and declination.

λ, β ecliptic longitude and latitude.

Ω, i, ω orbital elements referred to the ecliptic; longitude of ascending node, inclination, argument of perihelion.

X, Y, Z rectangular coordinates of the Earth with respect to the barycentre of the solar system, referred to the mean equinox and equator of J2000·0, and expressed in astronomical units (au).

$\dot{X}, \dot{Y}, \dot{Z}$ first derivatives of X, Y, Z with respect to time expressed in days.

Approximate reduction for proper motion

In its simplest form the reduction for the proper motion is given by:

$$\alpha = \alpha_0 + (t - t_0)\mu_\alpha/100 \qquad \delta = \delta_0 + (t - t_0)\mu_\delta/100$$

In some cases it is necessary to allow also for second-order terms, radial velocity and orbital motion, but appropriate formulae are usually given in the catalogue.

Approximate reduction for annual parallax

The reduction for annual parallax from the catalogue place (α_0, δ_0) to the geocentric place (α, δ) is given by:

$$\alpha = \alpha_0 + (\pi/15 \cos \delta_0)(X \sin \alpha_0 - Y \cos \alpha_0)$$
$$\delta = \delta_0 + \pi(X \cos \alpha_0 \sin \delta_0 + Y \sin \alpha_0 \sin \delta_0 - Z \cos \delta_0)$$

where X, Y, Z are the coordinates of the Earth tabulated on pages B44 onwards. Expressions for X, Y, Z may be obtained from page C24, since $X = -x$, $Y = -y$, $Z = -z$. The correction may be applied with the correction for annual aberration using the C and D day numbers, (see page B22).

The times of reception of periodic phenomena, such as pulsar signals, may be reduced to a common origin at the barycentre by adding the light-time corresponding to the component of the Earth's position vector along the direction to the object; that is by adding to the observed times $(X \cos \alpha \cos \delta + Y \sin \alpha \cos \delta + Z \sin \delta)/c$, where the velocity of light, $c = 173·14$ au/d, and the light time for 1 au, $1/c = 0^{\mathrm{d}}005\ 7755$.

Approximate reduction for annual aberration

The reduction for annual aberration from a geometric geocentric place (α_0, δ_0) to an apparent geocentric place (α, δ) is given by:

$$\alpha = \alpha_0 + (-\dot{X} \sin \alpha_0 + \dot{Y} \cos \alpha_0)/(c \cos \delta_0)$$

$$\delta = \delta_0 + (-\dot{X} \cos \alpha_0 \sin \delta_0 - \dot{Y} \sin \alpha_0 \sin \delta_0 + \dot{Z} \cos \delta_0)/c$$

where $c = 173 \cdot 14$ au/d, and $\dot{X}, \dot{Y}, \dot{Z}$ are the velocity components of the Earth given on pages B44 onwards. Alternatively, but to lower precision, it is possible to use the expressions

$$\dot{X} = +0 \cdot 0172 \sin \lambda \qquad \dot{Y} = -0 \cdot 0158 \cos \lambda \qquad \dot{Z} = -0 \cdot 0068 \cos \lambda$$

where the apparent longitude of the Sun λ is given by the expression on page C24. The reduction may also be carried out by using the day-number technique (see page B22) or the rotation-matrix technique (see page B39) when full precision is required.

Measurements of radial velocity may be reduced to a common origin at the barycentre by adding the component of the Earth's velocity in the direction of the object; that is by adding

$$\dot{X} \cos \alpha_0 \cos \delta_0 + \dot{Y} \sin \alpha_0 \cos \delta_0 + \dot{Z} \sin \delta_0$$

Classical reduction for planetary aberration

In the case of a body in the solar system the apparent direction at the instant of observation (t) differs from the geometric direction at that instant because of (a) the motion of the body during the light-time and (b) the relative motion of the Earth and the light. The reduction may be carried out in two stages: (i) by combining the barycentric position of the body at time $t - \Delta t$, where Δt is the light-time, with the barycentric position of the Earth at time t, and then (ii) by applying the correction for annual aberration as described above. Alternatively it is possible to interpolate the geometric (geocentric) ephemeris of the body to the time $t - \Delta t$; it is usually sufficient to subtract the product of the light-time and the first derivative of the coordinate. The light-time Δt in days is given by the distance in au between the body and the Earth, multiplied by $0 \cdot 005\ 7755$; strictly, the light-time corresponds to the distance from the position of the Earth at time t to the position of the body at time $t - \Delta t$, but it is usually sufficient to use the geocentric distance at time t.

Approximate reduction for light-deflection

The apparent direction of a star or of a body in the solar system may be significantly affected by the deflection of light in the gravitational field of the Sun. The elongation (E) from the centre of the Sun is increased by an amount (ΔE) that, for a star, depends on the elongation in the following manner:

$$\Delta E = 0''004\ 07/\tan(E/2)$$

E	$0°25$	$0°5$	$1°$	$2°$	$5°$	$10°$	$20°$	$50°$	$90°$
ΔE	$1''866$	$0''933$	$0''466$	$0''233$	$0''093$	$0''047$	$0''023$	$0''009$	$0''004$

The body disappears behind the Sun when E is less than the limiting grazing value of about $0°25$. The effects in right ascension and declination may be calculated approximately from:

$$\cos E = \sin \delta \sin \delta_0 + \cos \delta \cos \delta_0 \cos(\alpha - \alpha_0)$$

$$\Delta \alpha = 0^s000\ 271 \cos \delta_0 \sin(\alpha - \alpha_0)/(1 - \cos E) \cos \delta$$

$$\Delta \delta = 0''004\ 07[\sin \delta \cos \delta_0 \cos(\alpha - \alpha_0) - \cos \delta \sin \delta_0]/(1 - \cos E)$$

where α, δ refer to the star, and α_0, δ_0 to the Sun. See also page B39.

Reduction for precession—rigorous formulae

Rigorous formulae for the reduction of mean equatorial positions from an initial epoch t_0 to epoch of date t, and vice versa, are as follows:

For right ascension and declination:

$$\sin(\alpha - z_A)\cos\delta = \sin(\alpha_0 + \zeta_A)\cos\delta_0$$
$$\cos(\alpha - z_A)\cos\delta = \cos(\alpha_0 + \zeta_A)\cos\theta_A\cos\delta_0 - \sin\theta_A\sin\delta_0$$
$$\sin\delta = \cos(\alpha_0 + \zeta_A)\sin\theta_A\cos\delta_0 + \cos\theta_A\sin\delta_0$$

$$\sin(\alpha_0 + \zeta_A)\cos\delta_0 = \sin(\alpha - z_A)\cos\delta$$
$$\cos(\alpha_0 + \zeta_A)\cos\delta_0 = \cos(\alpha - z_A)\cos\theta_A\cos\delta + \sin\theta_A\sin\delta$$
$$\sin\delta_0 = -\cos(\alpha - z_A)\sin\theta_A\cos\delta + \cos\theta_A\sin\delta$$

where ζ_A, z_A, θ_A are angles that serve to specify the position of the mean equinox and equator of date with respect to the mean equinox and equator of the initial epoch.

For reduction with respect to the standard epoch $t_0 = \text{J}2000\cdot0$

$$\zeta_A = 0\overset{\circ}{.}640\ 6161\ T + 0\overset{\circ}{.}000\ 0839\ T^2 + 0\overset{\circ}{.}000\ 0050\ T^3$$
$$z_A = 0\overset{\circ}{.}640\ 6161\ T + 0\overset{\circ}{.}000\ 3041\ T^2 + 0\overset{\circ}{.}000\ 0051\ T^3$$
$$\theta_A = 0\overset{\circ}{.}556\ 7530\ T - 0\overset{\circ}{.}000\ 1185\ T^2 - 0\overset{\circ}{.}000\ 0116\ T^3$$

where $T = (t - 2000\cdot0)/100 = (\text{JD} - 245\ 1545\cdot0)/36\ 525$

For equatorial rectangular coordinates (or direction cosines):

$$\mathbf{r} = \mathbf{P}\,\mathbf{r}_0 \qquad \mathbf{r}_0 = \mathbf{P}^{-1}\mathbf{r} = \mathbf{P}'\mathbf{r} \qquad \text{where } \mathbf{r} \text{ is the position vector } (x, y, z).$$

The inverse of the rotation matrix $\mathbf{P}$ is equal to its transpose, i.e. $\mathbf{P}^{-1} = \mathbf{P}'$. The elements of $\mathbf{P}$ may be expressed in terms of ζ_A, z_A, θ_A as follows:

$$
\begin{array}{lll}
\cos\zeta_A\cos\theta_A\cos z_A - \sin\zeta_A\sin z_A & -\sin\zeta_A\cos\theta_A\cos z_A - \cos\zeta_A\sin z_A & -\sin\theta_A\cos z_A \\
\cos\zeta_A\cos\theta_A\sin z_A + \sin\zeta_A\cos z_A & -\sin\zeta_A\cos\theta_A\sin z_A + \cos\zeta_A\cos z_A & -\sin\theta_A\sin z_A \\
\cos\zeta_A\sin\theta_A & -\sin\zeta_A\sin\theta_A & \cos\theta_A
\end{array}
$$

Values of the angles ζ_A, z_A, θ_A and of the elements of $\mathbf{P}$ for reduction from the standard epoch J2000·0 to epoch of year are as follows:

Epoch J2002·5		Rotation matrix $\mathbf{P}$ for reduction to epoch J2002·5	
$\zeta_A = +57\overset{\prime\prime}{.}66 = +0\overset{\circ}{.}016\ 015$		$+0\cdot999\ 999\ 81 \quad -0\cdot000\ 559\ 05 \quad -0\cdot000\ 242\ 93$	
$z_A = +57\overset{\prime\prime}{.}66 = +0\overset{\circ}{.}016\ 016$		$+0\cdot000\ 559\ 05 \quad +0\cdot999\ 999\ 84 \quad -0\cdot000\ 000\ 07$	
$\theta_A = +50\overset{\prime\prime}{.}11 = +0\overset{\circ}{.}013\ 919$		$+0\cdot000\ 242\ 93 \quad -0\cdot000\ 000\ 07 \quad +0\cdot999\ 999\ 97$	

The obliquity of the ecliptic of date (with respect to the mean equator of date) is given by:

$$\epsilon = 23° 26' 21\overset{\prime\prime}{.}45 - 46\overset{\prime\prime}{.}815\ T - 0\overset{\prime\prime}{.}0006\ T^2 + 0\overset{\prime\prime}{.}001\ 81\ T^3$$
$$\epsilon = 23\overset{\circ}{.}439\ 291 - 0\overset{\circ}{.}013\ 0042\ T - 0\overset{\circ}{.}000\ 000\ 16\ T^2 + 0\overset{\circ}{.}000\ 000\ 504\ T^3$$

The precessional motion of the ecliptic is specified by the inclination (π_A) and longitude of the node (Π_A) of the ecliptic of date with respect to the ecliptic and equinox of J2000·0; they are given by:

$$\pi_A \sin\Pi_A = +\ 4\overset{\prime\prime}{.}198\ T + 0\overset{\prime\prime}{.}1945\ T^2 - 0\overset{\prime\prime}{.}000\ 18\ T^3$$
$$\pi_A \cos\Pi_A = -46\overset{\prime\prime}{.}815\ T + 0\overset{\prime\prime}{.}0506\ T^2 + 0\overset{\prime\prime}{.}000\ 34\ T^3$$

For epoch J2002·5
$$\epsilon = 23° 26' 20\overset{\prime\prime}{.}28 = 23\overset{\circ}{.}438\ 966$$
$$\pi_A = +1\overset{\prime\prime}{.}175 = 0\overset{\circ}{.}000\ 3264$$
$$\Pi_A = 174° 52\overset{\prime}{.}2 = 174\overset{\circ}{.}870$$

Reduction for precession—approximate formulae

Approximate formulae for the reduction of coordinates and orbital elements referred to the mean equinox and equator or ecliptic of date (t) are as follows:

For reduction to J2000·0

$$\alpha_0 = \alpha - M - N \sin \alpha_m \tan \delta_m$$
$$\delta_0 = \delta - N \cos \alpha_m$$
$$\lambda_0 = \lambda - a + b \cos(\lambda + c') \tan \beta_0$$
$$\beta_0 = \beta - b \sin(\lambda + c')$$
$$\Omega_0 = \Omega - a + b \sin(\Omega + c') \cot i_0$$
$$i_0 = i - b \cos(\Omega + c')$$
$$\omega_0 = \omega - b \sin(\Omega + c') \operatorname{cosec} i_0$$

For reduction from J2000·0

$$\alpha = \alpha_0 + M + N \sin \alpha_m \tan \delta_m$$
$$\delta = \delta_0 + N \cos \alpha_m$$
$$\lambda = \lambda_0 + a - b \cos(\lambda_0 + c) \tan \beta$$
$$\beta = \beta_0 + b \sin(\lambda_0 + c)$$
$$\Omega = \Omega_0 + a - b \sin(\Omega_0 + c) \cot i$$
$$i = i_0 + b \cos(\Omega_0 + c)$$
$$\omega = \omega_0 + b \sin(\Omega_0 + c) \operatorname{cosec} i$$

where the subscript zero refers to epoch J2000·0 and α_m, δ_m refer to the mean epoch; with sufficient accuracy:

$$\alpha_m = \alpha - \tfrac{1}{2}(M + N \sin \alpha \tan \delta)$$
$$\delta_m = \delta - \tfrac{1}{2}N \cos \alpha_m$$

or

$$\alpha_m = \alpha_0 + \tfrac{1}{2}(M + N \sin \alpha_0 \tan \delta_0)$$
$$\delta_m = \delta_0 + \tfrac{1}{2}N \cos \alpha_m$$

The precessional constants M, N, etc., are given by:

$$M = 1°281\ 2323\ T + 0°000\ 3879\ T^2 + 0°000\ 0101\ T^3$$
$$N = 0°556\ 7530\ T - 0°000\ 1185\ T^2 - 0°000\ 0116\ T^3$$
$$a = 1°396\ 971\ T + 0°000\ 3086\ T^2$$
$$b = 0°013\ 056\ T - 0°000\ 0092\ T^2$$
$$c = 5°123\ 62 + 0°241\ 614\ T + 0°000\ 1122\ T^2$$
$$c' = 5°123\ 62 - 1°155\ 358\ T - 0°000\ 1964\ T^2$$

where $T = (t - 2000·0)/100 = (JD - 245\ 1545·0)/36\ 525$

Formulae for the reduction from the mean equinox and equator or ecliptic of the middle of year (t_1) to date (t) are as follows:

$$\alpha = \alpha_1 + \tau(m + n \sin \alpha_1 \tan \delta_1)$$
$$\lambda = \lambda_1 + \tau(p - \pi \cos(\lambda_1 + 6°) \tan \beta)$$
$$\Omega = \Omega_1 + \tau(p - \pi \sin(\Omega_1 + 6°) \cot i)$$
$$\omega = \omega_1 + \tau\pi \sin(\Omega_1 + 6°) \operatorname{cosec} i$$

$$\delta = \delta_1 + \tau n \cos \alpha_1$$
$$\beta = \beta_1 + \tau\pi \sin(\lambda_1 + 6°)$$
$$i = i_1 + \tau\pi \cos(\Omega_1 + 6°)$$

where $\tau = t - t_1$ and π is the annual rate of rotation of the ecliptic. The precessional constants p, m, etc. are as follows:

Epoch J2002·5

Annual general precession	$p = +0°013\ 9699$
Annual precession in R.A.	$m = +0°012\ 8125$
Annual precession in Dec.	$n = +0°005\ 5675$
Annual rate of rotation	$\pi = +0°000\ 1306$
Longitude of axis	$\Pi = +174°8992$
	$\gamma = 180° - \Pi = +5°1008$

where Π is the longitude of the instantaneous rotation axis of the ecliptic, measured from the mean equinox of date.

Approximate reduction for nutation

To first order, the contributions of the nutations in longitude $(\Delta\psi)$ and in obliquity $(\Delta\epsilon)$ to the reduction from mean place to true place are given by:

$$\Delta\alpha = (\cos\epsilon + \sin\epsilon \sin\alpha \tan\delta)\,\Delta\psi - \cos\alpha \tan\delta\,\Delta\epsilon \qquad \Delta\lambda = \Delta\psi$$
$$\Delta\delta = \sin\epsilon \cos\alpha\,\Delta\psi + \sin\alpha\,\Delta\epsilon \qquad\qquad\qquad \Delta\beta = 0$$

Daily values of $\Delta\psi$ and $\Delta\epsilon$ during 2002 are tabulated on pages B24–B31. The following formulae may be used to compute $\Delta\psi$ and $\Delta\epsilon$ to a precision of about $0°0002$ $(1'')$ during 2002.

$$\Delta\psi = -0°0048\,\sin(86°4 - 0·053\,d) \qquad \Delta\epsilon = +0°0026\,\cos(86°4 - 0·053\,d)$$
$$\qquad\quad - 0°0004\,\sin(199°0 + 1·971\,d) \qquad\qquad + 0°0002\,\cos(199°0 + 1·971\,d)$$

where $d = \text{JD} - 245\ 2274·5$; for this precision

$$\epsilon = 23°44 \qquad \cos\epsilon = 0·917 \qquad \sin\epsilon = 0·398$$

The corrections to be added to the mean rectangular coordinates (x, y, z) to produce the true rectangular coordinates are given by:

$$\Delta x = -(y\cos\epsilon + z\sin\epsilon)\,\Delta\psi \qquad \Delta y = +x\cos\epsilon\,\Delta\psi - z\,\Delta\epsilon \qquad \Delta z = +x\sin\epsilon\,\Delta\psi + y\,\Delta\epsilon$$

where $\Delta\psi$ and $\Delta\epsilon$ are expressed in radians.

The elements of the corresponding rotation matrix are:

$$\begin{array}{ccc} 1 & -\Delta\psi\cos\epsilon & -\Delta\psi\sin\epsilon \\ +\Delta\psi\cos\epsilon & 1 & -\Delta\epsilon \\ +\Delta\psi\sin\epsilon & +\Delta\epsilon & 1 \end{array}$$

The full series for nutation in $\Delta\psi$ and $\Delta\epsilon$ are given in *The Astronomical Almanac 1984* on pages S23–S26.

Approximate reduction for precession and nutation

The following formulae and table may be used for the approximate reduction from the standard equinox and equator of J2000·0 to the true equinox and equator of date during 2002:

$$\alpha = \alpha_0 + f + g\,\sin(G + \alpha_0)\tan\delta_0$$
$$\delta = \delta_0 + g\,\cos(G + \alpha_0)$$

where the units of the correction to α_0 and δ_0 are seconds of time and minutes of arc, respectively.

Date 2002	f (s)	g (s)	g (')	G (h m)	Date 2002	f (s)	g (s)	g (')	G (h m)
Jan. -4	+5·1	2·2	0·55	00 00	July 5	+6·7	2·9	0·73	23 51
6*	+5·2	2·3	0·56	23 58	15	+6·8	3·0	0·74	23 50
16	+5·3	2·3	0·58	23 57	25*	+6·9	3·0	0·76	23 49
26	+5·4	2·3	0·59	23 56	Aug. 4	+7·0	3·1	0·76	23 48
Feb. 5	+5·5	2·4	0·60	23 54	14	+7·1	3·1	0·77	23 47
15*	+5·6	2·4	0·61	23 51	24	+7·2	3·1	0·78	23 45
25	+5·6	2·5	0·61	23 51	Sept. 3*	+7·3	3·2	0·79	23 45
Mar. 7	+5·7	2·5	0·62	23 50	13	+7·3	3·2	0·80	23 44
17	+5·7	2·5	0·63	23 48	23	+7·4	3·2	0·80	23 43
27*	+5·8	2·5	0·63	23 48	Oct. 3	+7·4	3·2	0·81	23 44
Apr. 6	+5·9	2·6	0·64	23 49	13*	+7·5	3·3	0·82	23 44
16	+5·9	2·6	0·65	23 49	23	+7·6	3·3	0·82	23 44
26	+6·0	2·6	0·65	23 49	Nov. 2	+7·6	3·3	0·83	23 44
May 6*†	+6·1	2·7	0·67	23 50	12	+7·8	3·4	0·84	23 46
16	+6·2	2·7	0·67	23 52	22*	+7·8	3·4	0·85	23 47
26	+6·3	2·7	0·68	23 52	Dec. 2	+7·9	3·5	0·86	23 47
June 5	+6·4	2·8	0·70	23 51	12	+8·1	3·5	0·88	23 47
15*	+6·5	2·8	0·71	23 52	22	+8·2	3·6	0·89	23 48
25	+6·6	2·9	0·72	23 52	32*	+8·3	3·6	0·90	23 47
July 5	+6·7	2·9	0·73	23 51					

* 40-day date   † 400-day date for osculation epoch

Differential precession and nutation

The corrections for differential precession and nutation are given below. These are to be added to the observed differences of the right ascension and declination, $\Delta\alpha$ and $\Delta\delta$, of an object relative to a comparison star to obtain the differences in the mean place for a standard epoch (e.g. J2000·0 or the beginning of the year). The differences $\Delta\alpha$ and $\Delta\delta$ are measured in the sense "object – comparison star", and the corrections are in the same units as $\Delta\alpha$ and $\Delta\delta$. In the correction to right ascension the same units must be used for $\Delta\alpha$ and $\Delta\delta$.

$$\text{correction to right ascension} \quad e\tan\delta\,\Delta\alpha - f\sec^2\delta\,\Delta\delta$$
$$\text{correction to declination} \quad f\,\Delta\alpha$$

where
$$e = -\cos\alpha\,(nt + \sin\epsilon\,\Delta\psi) - \sin\alpha\,\Delta\epsilon$$
$$f = +\sin\alpha\,(nt + \sin\epsilon\,\Delta\psi) - \cos\alpha\,\Delta\epsilon$$
and
$$\epsilon = 23°44, \qquad \sin\epsilon = 0·3978$$
$$n = 0·000\,0972 \text{ radians for epoch J2002·5}$$

t is the time in years *from* the standard epoch *to* the time of observation.

$\Delta\psi$, $\Delta\epsilon$ are nutations in longitude and obliquity at the time of observation, *expressed in radians*. ($1'' = 0·000\,004\,8481$ rad).

The errors in arc units caused by using these formulae are of order $10^{-8}\,t^2\sec^2\delta$ multiplied by the displacement in arc from the comparison star.

Differential aberration

The corrections for differential annual aberration to be added to the observed differences (in the sense moving object minus star) of right ascension and declination to give the true differences are:

$$\text{in right ascension} \quad a\,\Delta\alpha + b\,\Delta\delta \quad \text{in units of } 0^s001$$
$$\text{in declination} \quad c\,\Delta\alpha + d\,\Delta\delta \quad \text{in units of } 0''01$$

where $\Delta\alpha$, $\Delta\delta$ are the observed differences in units of 1^m and $1'$ respectively, and where a, b, c, d are coefficients defined by:

$$a = -5·701\cos(H + \alpha)\sec\delta \qquad b = -0·380\sin(H + \alpha)\sec\delta\tan\delta$$
$$c = +8·552\sin(H + \alpha)\sin\delta \qquad d = -0·570\cos(H + \alpha)\cos\delta$$
$$H^h = 23·4 - (\text{day of year}/15·2)$$

The day of year is tabulated on pages B2–B3.

Astrometric positions

An astrometric position of a body in the solar system is formed by applying the correction for the barycentric motion of the body during the light-time to the geometric geocentric position referred to the equator and equinox of the standard epoch of J2000·0. Such a position is then directly comparable with the astrometric positions of stars formed by applying the corrections for proper motion and annual parallax to the catalogue positions for the standard epoch of J2000·0. The deflection of light has been ignored.

Formulae using day numbers

For stars and other objects outside the solar system the usual procedure for the computation of apparent positions from catalogue data is as follows, but the techniques described on pages B39–B41 should be used if full precision is required.

From	To	Step	Correction
catalogue epoch	current epoch	*i*	proper motion
catalogue equinox	mean equinox of year	*ii*	precession
mean equinox of year	mean equinox of date	*iii*	precession
mean equinox of date	true equinox of date	*iv*	nutation
true (heliocentric) position	apparent (geocentric) position $\begin{cases} v \\ vi \end{cases}$		aberration (annual) parallax (annual)

Star catalogues usually provide coefficients for steps *i* and *ii* for the reduction from catalogue position (α_0, δ_0) to the position for the mean equinox of another epoch. Besselian day numbers (A to E), which provide for steps *iii* to *v* for the reductions from the position (α_1, δ_1) for the mean equinox of the middle of the year to the apparent geocentric position (α, δ), are given on pages B24–B31; for high declinations, the second-order day numbers (J, J') given on pages B32–B35 may be required. The formulae to be used are:

$$\alpha = \alpha_1 + Aa + Bb + Cc + Dd + E + J \tan^2 \delta_1$$
$$\delta = \delta_1 + Aa' + Bb' + Cc' + Dd' + J' \tan \delta_1$$

where the Besselian star constants are given by:

$$
\begin{aligned}
a &= (m/n) + \sin \alpha_1 \tan \delta_1 & a' &= \cos \alpha_1 \\
b &= \cos \alpha_1 \tan \delta_1 & b' &= -\sin \alpha_1 \\
c &= \cos \alpha_1 \sec \delta_1 & c' &= \tan \epsilon \cos \delta_1 - \sin \alpha_1 \sin \delta_1 \\
d &= \sin \alpha_1 \sec \delta_1 & d' &= \cos \alpha_1 \sin \delta_1
\end{aligned}
$$

where α and δ are in arc units. For 2002·5, $m/n = 2 \cdot 301\ 32$ and $\tan \epsilon = 0 \cdot 433\ 55$.

The additional corrections for the proper motion (centennial components μ_α, μ_δ) during the fraction of year (τ) and for annual parallax (π) are given by:

$$\Delta\alpha = \tau\mu_\alpha/100 + \pi\,(dX - cY) \qquad \Delta\delta = \tau\mu_\delta/100 + \pi\,(d'X - c'Y)$$

where X, Y are the coordinates of the Earth with respect to the solar-system barycentre given on pages B44–B59. Strictly, this parallax correction should be computed using the coordinates of the Earth referred to the mean equinox of the middle of the year, or using star constants computed for the standard epoch of J2000·0.

The corrections for annual parallax may be included with the corrections for annual aberration by substituting $C - \pi Y$ for C and $D + \pi X$ for D in the formulae given above. Alternatively if the annual parallax is small enough it is possible to make the substitutions

$$
\begin{aligned}
c + 0 \cdot 0532\, d\pi \ \text{for}\ c & \qquad d - 0 \cdot 0448\, c\pi \ \text{for}\ d \\
c' + 0 \cdot 0532\, d'\pi \ \text{for}\ c' & \qquad d' - 0 \cdot 0448\, c'\pi \ \text{for}\ d'
\end{aligned}
$$

The error in this approximate method is negligible if the parallax of the star is less than about $0''\!\cdot2$.

A further correction to allow for the deflection of the light in the gravitational field of the Sun may also be required—appropriate formulae are given on page B17.

The day-number technique may also be used for objects within the solar system but steps *i* and *vi* are omitted and step *v* is replaced by forming the geocentric position by combining the barycentric position of the body at time $t - \Delta t$, where Δt is the light-time, with the barycentric position of the Earth at time t.

Example of day-number technique

To calculate the apparent place of a star at 0^h TT at Greenwich on 2002 January 1 from the mean place for J2002·5 using day numbers.

Step 1. From a fundamental star catalogue, such as the FK5, calculate for epoch and equinox J2002·5 the mean right ascension and declination (α_1, δ_1), the centennial proper motion (μ_α, μ_δ) and the parallax (π).

Assume the following fictitious values for the calculation:

$$\alpha_1 = 14^h\ 39^m\ 46\!\cdot\!^s379 \qquad \delta_1 = -60°\ 50'\ 43\rlap{.}''83 \qquad \pi = 0\rlap{.}''752$$
$$\mu_\alpha = -49\!\cdot\!^s508 \text{ per century} \quad \mu_\delta = +69\rlap{.}''52 \text{ per century}$$

Step 2. Form the star constants as follows:

$$a = \tfrac{1}{15}((m/n) + \sin\alpha_1 \tan\delta_1) \qquad a' = \cos\alpha_1 = -0\!\cdot\!766\ 68$$
$$= +0\!\cdot\!230\ 15$$
$$b = \tfrac{1}{15}\cos\alpha_1 \tan\delta_1 = +0\!\cdot\!091\ 63 \qquad b' = -\sin\alpha_1 = +0\!\cdot\!642\ 03$$
$$c = \tfrac{1}{15}\cos\alpha_1 \sec\delta_1 = -0\!\cdot\!104\ 92 \qquad c' = \tan\epsilon\cos\delta_1 - \sin\alpha_1 \sin\delta_1$$
$$= -0\!\cdot\!349\ 48$$
$$d = \tfrac{1}{15}\sin\alpha_1 \sec\delta_1 = -0\!\cdot\!087\ 86 \qquad d' = \cos\alpha_1 \sin\delta_1 = +0\!\cdot\!669\ 55$$

Step 3. Extract the day numbers from pages B24, B34 and B35. In general, linear interpolation is required and second differences may be significant for A and B. The values for 2002 January 1 at 0^h TT are:

$$A = -16\rlap{.}''581 \qquad C = -3\rlap{.}''460 \qquad E = -0\!\cdot\!^s0023 \qquad J = +0\!\cdot\!^s000\ 21$$
$$B = -0\rlap{.}''062 \qquad D = +20\rlap{.}''474 \qquad \tau = -0\!\cdot\!5000 \qquad J' = -0\rlap{.}''0011$$

Step 4. Extract the values of the Earth's rectangular coordinates from page B44 (the values for J2000·0 are of sufficient accuracy for computing the parallax correction). The values are:

$$X = -0\!\cdot\!178 \qquad Y = +0\!\cdot\!882$$

Step 5. Calculate the corrections for light-deflection, $\Delta\alpha$ and $\Delta\delta$.

For the Sun for 2002 January 1 at 0^h TT, $\alpha_0 = 18^h\ 45\!\cdot\!^m2$, $\delta_0 = -23°\ 02'$. Using the formulae on page B17, $\cos(\text{elongation}) = +0\!\cdot\!5566$ and the corrections for light-deflection are $\Delta\alpha = -0\!\cdot\!^s001$ and $\Delta\delta = 0\rlap{.}''00$.

Step 6. Compute the apparent position as follows:

Mean position 2002·5, $\alpha_1 = 14^h\ 39^m\ 46\!\cdot\!^s379$		$\delta_1 = -60°\ 50'\ 43\rlap{.}''83$	
$Aa + Bb + Cc + Dd + E$	$= -5\!\cdot\!^s260$	$Aa' + Bb' + Cc' + Dd'$	$= +27\rlap{.}''59$
$J\tan^2\delta_1$	$= +0\!\cdot\!^s001$	$J'\tan\delta_1$	$= 0\rlap{.}''00$
$\tau\mu_\alpha/100$	$= +0\!\cdot\!^s248$	$\tau\mu_\delta/100$	$= -0\rlap{.}''35$
$\pi(dX - cY)$	$= +0\!\cdot\!^s081$	$\pi(d'X - c'Y)$	$= +0\rlap{.}''14$
$\Delta\alpha$	$= -0\!\cdot\!^s001$	$\Delta\delta$	$= 0\rlap{.}''00$

Apparent position	$\alpha = 14^h\ 39^m\ 41\!\cdot\!^s448$	$\delta = -60°\ 50'\ 16\rlap{.}''44$	

FOR 0^h TERRESTRIAL TIME

Date 0^h TT	Nutation in Long.	Nutation in Obl.	Obl. of Ecliptic 23° 26′	A	B	C	D	E (0^{s}0001)	Fraction of Year τ
	″	″	″	″	″	″	″		
Jan. 0	−16·651	+0·013	20·526	−16·700	−0·013	− 3·132	+20·536	−23	−0·5027
1	−16·491	+0·062	20·573	−16·581	−0·062	− 3·460	+20·474	−23	−0·5000
2	−16·379	+0·128	20·639	−16·482	−0·128	− 3·787	+20·407	−23	−0·4973
3	−16·330	+0·201	20·710	−16·407	−0·201	− 4·113	+20·333	−23	−0·4945
4	−16·342	+0·265	20·773	−16·357	−0·265	− 4·439	+20·253	−23	−0·4918
5	−16·394	+0·309	20·816	−16·323	−0·309	− 4·763	+20·168	−23	−0·4890
6	−16·459	+0·329	20·834	−16·294	−0·329	− 5·086	+20·075	−23	−0·4863
7	−16·508	+0·325	20·829	−16·259	−0·325	− 5·409	+19·977	−23	−0·4836
8	−16·518	+0·304	20·807	−16·208	−0·304	− 5·729	+19·872	−23	−0·4808
9	−16·481	+0·278	20·779	−16·138	−0·278	− 6·049	+19·760	−23	−0·4781
10	−16·397	+0·255	20·755	−16·050	−0·255	− 6·367	+19·642	−23	−0·4754
11	−16·278	+0·246	20·745	−15·948	−0·246	− 6·682	+19·518	−23	−0·4726
12	−16·144	+0·255	20·752	−15·839	−0·255	− 6·996	+19·386	−22	−0·4699
13	−16·013	+0·284	20·780	−15·733	−0·284	− 7·307	+19·249	−22	−0·4671
14	−15·905	+0·330	20·825	−15·635	−0·330	− 7·616	+19·105	−22	−0·4644
15	−15·833	+0·388	20·882	−15·551	−0·388	− 7·923	+18·955	−22	−0·4617
16	−15·803	+0·452	20·944	−15·484	−0·452	− 8·226	+18·799	−22	−0·4589
17	−15·814	+0·514	21·005	−15·434	−0·514	− 8·527	+18·636	−22	−0·4562
18	−15·860	+0·568	21·058	−15·397	−0·568	− 8·824	+18·468	−22	−0·4535
19	−15·929	+0·610	21·099	−15·370	−0·610	− 9·119	+18·294	−22	−0·4507
20	−16·008	+0·636	21·124	−15·346	−0·636	− 9·410	+18·114	−22	−0·4480
21	−16·080	+0·647	21·133	−15·320	−0·647	− 9·698	+17·929	−22	−0·4452
22	−16·131	+0·643	21·128	−15·286	−0·643	− 9·983	+17·739	−22	−0·4425
23	−16·147	+0·630	21·113	−15·237	−0·630	−10·264	+17·543	−22	−0·4398
24	−16·117	+0·612	21·094	−15·170	−0·612	−10·541	+17·342	−22	−0·4370
25	−16·037	+0·599	21·080	−15·084	−0·599	−10·815	+17·136	−22	−0·4343
26	−15·915	+0·601	21·081	−14·980	−0·601	−11·085	+16·925	−22	−0·4316
27	−15·767	+0·626	21·104	−14·867	−0·626	−11·352	+16·709	−22	−0·4288
28	−15·624	+0·677	21·154	−14·755	−0·677	−11·615	+16·489	−22	−0·4261
29	−15·517	+0·751	21·227	−14·657	−0·751	−11·875	+16·265	−22	−0·4233
30	−15·473	+0·838	21·312	−14·585	−0·838	−12·131	+16·036	−22	−0·4206
31	−15·497	+0·921	21·394	−14·539	−0·921	−12·384	+15·802	−22	−0·4179
Feb. 1	−15·575	+0·985	21·457	−14·516	−0·985	−12·633	+15·564	−22	−0·4151
2	−15·677	+1·023	21·494	−14·501	−1·023	−12·879	+15·321	−22	−0·4124
3	−15·771	+1·034	21·503	−14·484	−1·034	−13·121	+15·073	−22	−0·4097
4	−15·830	+1·024	21·492	−14·453	−1·024	−13·360	+14·821	−22	−0·4069
5	−15·841	+1·005	21·472	−14·402	−1·005	−13·594	+14·564	−22	−0·4042
6	−15·806	+0·988	21·454	−14·333	−0·988	−13·825	+14·301	−22	−0·4014
7	−15·734	+0·982	21·447	−14·250	−0·982	−14·051	+14·035	−22	−0·3987
8	−15·645	+0·993	21·456	−14·159	−0·993	−14·273	+13·763	−22	−0·3960
9	−15·556	+1·023	21·485	−14·069	−1·023	−14·490	+13·487	−22	−0·3932
10	−15·486	+1·070	21·531	−13·986	−1·070	−14·702	+13·207	−22	−0·3905
11	−15·448	+1·130	21·589	−13·917	−1·130	−14·910	+12·923	−21	−0·3877
12	−15·451	+1·196	21·654	−13·863	−1·196	−15·113	+12·634	−21	−0·3850
13	−15·496	+1·262	21·719	−13·826	−1·262	−15·311	+12·341	−22	−0·3823
14	−15·577	+1·321	21·776	−13·803	−1·321	−15·503	+12·045	−22	−0·3795
15	−15·685	+1·368	21·822	−13·791	−1·368	−15·691	+11·745	−22	−0·3768

FOR 0ʰ TERRESTRIAL TIME

Date 0ʰ TT	Nutation in Long.	Nutation in Obl.	Obl. of Ecliptic 23° 26′	A	B	C	D	E	Fraction of Year τ
	″	″	″	″	″	″	″	(0ˢ0001)	
Feb. 15	−15·685	+1·368	21·822	−13·791	−1·368	−15·691	+11·745	−22	−0·3768
16	−15·807	+1·400	21·852	−13·785	−1·400	−15·873	+11·442	−22	−0·3741
17	−15·927	+1·415	21·866	−13·778	−1·415	−16·050	+11·135	−22	−0·3713
18	−16·030	+1·415	21·865	−13·764	−1·415	−16·221	+10·825	−22	−0·3686
19	−16·103	+1·403	21·852	−13·738	−1·403	−16·387	+10·512	−22	−0·3658
20	−16·135	+1·385	21·833	−13·696	−1·385	−16·548	+10·196	−22	−0·3631
21	−16·121	+1·369	21·815	−13·635	−1·369	−16·703	+ 9·878	−22	−0·3604
22	−16·064	+1·362	21·807	−13·558	−1·362	−16·853	+ 9·557	−22	−0·3576
23	−15·975	+1·373	21·817	−13·468	−1·373	−16·998	+ 9·234	−22	−0·3549
24	−15·875	+1·408	21·850	−13·373	−1·408	−17·137	+ 8·909	−22	−0·3522
25	−15·794	+1·467	21·908	−13·286	−1·467	−17·271	+ 8·582	−22	−0·3494
26	−15·761	+1·544	21·984	−13·218	−1·544	−17·400	+ 8·253	−22	−0·3467
27	−15·795	+1·625	22·064	−13·176	−1·625	−17·524	+ 7·922	−22	−0·3439
28	−15·893	+1·694	22·131	−13·160	−1·694	−17·643	+ 7·589	−22	−0·3412
Mar. 1	−16·031	+1·737	22·173	−13·160	−1·737	−17·757	+ 7·255	−22	−0·3385
2	−16·172	+1·749	22·184	−13·162	−1·749	−17·866	+ 6·918	−22	−0·3357
3	−16·284	+1·735	22·168	−13·151	−1·735	−17·970	+ 6·579	−23	−0·3330
4	−16·345	+1·706	22·138	−13·121	−1·706	−18·069	+ 6·238	−23	−0·3303
5	−16·353	+1·675	22·106	−13·069	−1·675	−18·163	+ 5·895	−23	−0·3275
6	−16·319	+1·654	22·084	−13·001	−1·654	−18·251	+ 5·551	−23	−0·3248
7	−16·262	+1·650	22·078	−12·923	−1·650	−18·334	+ 5·204	−23	−0·3220
8	−16·202	+1·664	22·091	−12·844	−1·664	−18·411	+ 4·855	−23	−0·3193
9	−16·158	+1·696	22·122	−12·772	−1·696	−18·482	+ 4·505	−22	−0·3166
10	−16·145	+1·741	22·166	−12·712	−1·741	−18·547	+ 4·154	−22	−0·3138
11	−16·171	+1·793	22·217	−12·667	−1·793	−18·607	+ 3·801	−22	−0·3111
12	−16·237	+1·846	22·268	−12·639	−1·846	−18·661	+ 3·447	−23	−0·3084
13	−16·340	+1·894	22·314	−12·625	−1·894	−18·708	+ 3·092	−23	−0·3056
14	−16·471	+1·930	22·349	−12·622	−1·930	−18·750	+ 2·736	−23	−0·3029
15	−16·619	+1·950	22·369	−12·626	−1·950	−18·785	+ 2·380	−23	−0·3001
16	−16·767	+1·954	22·371	−12·630	−1·954	−18·815	+ 2·024	−23	−0·2974
17	−16·901	+1·942	22·358	−12·629	−1·942	−18·839	+ 1·667	−23	−0·2947
18	−17·006	+1·918	22·332	−12·616	−1·918	−18·856	+ 1·310	−24	−0·2919
19	−17·073	+1·885	22·298	−12·587	−1·885	−18·868	+ 0·953	−24	−0·2892
20	−17·094	+1·852	22·263	−12·541	−1·852	−18·874	+ 0·597	−24	−0·2864
21	−17·073	+1·826	22·236	−12·478	−1·826	−18·874	+ 0·241	−24	−0·2837
22	−17·019	+1·814	22·223	−12·401	−1·814	−18·868	− 0·115	−24	−0·2810
23	−16·946	+1·822	22·230	−12·317	−1·822	−18·857	− 0·469	−24	−0·2782
24	−16·880	+1·854	22·260	−12·236	−1·854	−18·840	− 0·823	−23	−0·2755
25	−16·845	+1·905	22·310	−12·168	−1·905	−18·817	− 1·176	−23	−0·2728
26	−16·865	+1·967	22·371	−12·121	−1·967	−18·789	− 1·527	−23	−0·2700
27	−16·948	+2·025	22·427	−12·099	−2·025	−18·756	− 1·878	−24	−0·2673
28	−17·082	+2·063	22·464	−12·097	−2·063	−18·718	− 2·227	−24	−0·2645
29	−17·236	+2·071	22·471	−12·103	−2·071	−18·675	− 2·576	−24	−0·2618
30	−17·372	+2·049	22·447	−12·103	−2·049	−18·628	− 2·923	−24	−0·2591
31	−17·459	+2·004	22·401	−12·083	−2·004	−18·575	− 3·270	−24	−0·2563
Apr. 1	−17·486	+1·951	22·348	−12·038	−1·951	−18·516	− 3·616	−24	−0·2536
2	−17·459	+1·905	22·300	−11·973	−1·905	−18·453	− 3·960	−24	−0·2509

FOR 0ʰ TERRESTRIAL TIME

Date 0ʰ TT	Nutation in Long.	in Obl.	Obl. of Ecliptic 23° 26′	Besselian Day Numbers for Mean Equinox J2002·5 A	B	C	D	E (0ˢ0001)	Fraction of Year τ
	″	″	″	″	″	″	″		
Apr. 1	−17·486	+1·951	22·348	−12·038	−1·951	−18·516	− 3·616	−24	−0·2536
2	−17·459	+1·905	22·300	−11·973	−1·905	−18·453	− 3·960	−24	−0·2509
3	−17·398	+1·876	22·270	−11·894	−1·876	−18·384	− 4·304	−24	−0·2481
4	−17·328	+1·867	22·259	−11·811	−1·867	−18·310	− 4·647	−24	−0·2454
5	−17·269	+1·877	22·268	−11·732	−1·877	−18·231	− 4·988	−24	−0·2426
6	−17·239	+1·902	22·292	−11·666	−1·902	−18·146	− 5·329	−24	−0·2399
7	−17·247	+1·936	22·325	−11·614	−1·936	−18·055	− 5·667	−24	−0·2372
8	−17·297	+1·972	22·360	−11·579	−1·972	−17·959	− 6·004	−24	−0·2344
9	−17·384	+2·005	22·391	−11·559	−2·005	−17·858	− 6·339	−24	−0·2317
10	−17·501	+2·027	22·411	−11·550	−2·027	−17·750	− 6·672	−24	−0·2290
11	−17·636	+2·034	22·418	−11·549	−2·034	−17·638	− 7·003	−24	−0·2262
12	−17·774	+2·025	22·408	−11·549	−2·025	−17·520	− 7·331	−25	−0·2235
13	−17·901	+2·000	22·381	−11·545	−2·000	−17·397	− 7·657	−25	−0·2207
14	−18·000	+1·961	22·341	−11·529	−1·961	−17·268	− 7·980	−25	−0·2180
15	−18·060	+1·913	22·291	−11·498	−1·913	−17·134	− 8·301	−25	−0·2153
16	−18·076	+1·863	22·240	−11·450	−1·863	−16·995	− 8·618	−25	−0·2125
17	−18·047	+1·818	22·194	−11·383	−1·818	−16·851	− 8·933	−25	−0·2098
18	−17·982	+1·787	22·162	−11·303	−1·787	−16·702	− 9·244	−25	−0·2070
19	−17·897	+1·775	22·148	−11·214	−1·775	−16·548	− 9·551	−25	−0·2043
20	−17·812	+1·785	22·157	−11·125	−1·785	−16·390	− 9·856	−25	−0·2016
21	−17·751	+1·814	22·185	−11·046	−1·814	−16·227	−10·156	−25	−0·1988
22	−17·734	+1·857	22·227	−10·985	−1·857	−16·060	−10·453	−25	−0·1961
23	−17·773	+1·902	22·270	−10·945	−1·902	−15·888	−10·747	−25	−0·1934
24	−17·865	+1·934	22·301	−10·927	−1·934	−15·713	−11·037	−25	−0·1906
25	−17·987	+1·942	22·308	−10·921	−1·942	−15·533	−11·323	−25	−0·1879
26	−18·108	+1·921	22·285	−10·914	−1·921	−15·350	−11·605	−25	−0·1851
27	−18·192	+1·872	22·235	−10·892	−1·872	−15·163	−11·885	−25	−0·1824
28	−18·216	+1·809	22·171	−10·847	−1·809	−14·972	−12·161	−25	−0·1797
29	−18·177	+1·746	22·107	−10·776	−1·746	−14·777	−12·434	−25	−0·1769
30	−18·089	+1·697	22·056	−10·687	−1·697	−14·578	−12·703	−25	−0·1742
May 1	−17·978	+1·669	22·027	−10·588	−1·669	−14·375	−12·969	−25	−0·1715
2	−17·872	+1·663	22·020	−10·490	−1·663	−14·168	−13·232	−25	−0·1687
3	−17·790	+1·677	22·032	−10·403	−1·677	−13·957	−13·490	−25	−0·1660
4	−17·747	+1·702	22·056	−10·331	−1·702	−13·742	−13·746	−25	−0·1632
5	−17·746	+1·732	22·085	−10·276	−1·732	−13·522	−13·997	−25	−0·1605
6	−17·787	+1·760	22·111	−10·237	−1·760	−13·299	−14·244	−25	−0·1578
7	−17·861	+1·779	22·129	−10·212	−1·779	−13·072	−14·487	−25	−0·1550
8	−17·957	+1·785	22·134	−10·195	−1·785	−12·840	−14·726	−25	−0·1523
9	−18·060	+1·775	22·123	−10·181	−1·775	−12·605	−14·961	−25	−0·1496
10	−18·154	+1·749	22·096	−10·164	−1·749	−12·366	−15·191	−25	−0·1468
11	−18·225	+1·709	22·054	−10·137	−1·709	−12·124	−15·416	−25	−0·1441
12	−18·258	+1·658	22·002	−10·096	−1·658	−11·878	−15·637	−25	−0·1413
13	−18·247	+1·603	21·946	−10·036	−1·603	−11·628	−15·852	−25	−0·1386
14	−18·189	+1·553	21·895	− 9·958	−1·553	−11·375	−16·063	−25	−0·1359
15	−18·091	+1·516	21·856	− 9·864	−1·516	−11·119	−16·268	−25	−0·1331
16	−17·969	+1·497	21·836	− 9·761	−1·497	−10·859	−16·469	−25	−0·1304
17	−17·844	+1·501	21·838	− 9·656	−1·501	−10·597	−16·664	−25	−0·1277

FOR 0ʰ TERRESTRIAL TIME

Date 0ʰ TT	Nutation in Long.	Nutation in Obl.	Obl. of Ecliptic 23° 26′	A	B	C	D	E (0ˢ0001)	Fraction of Year τ
	″	*″*	*″*	*″*	*″*	*″*	*″*		
May 17	−17·844	+1·501	21·838	− 9·656	−1·501	−10·597	−16·664	−25	−0·1277
18	−17·738	+1·525	21·861	− 9·560	−1·525	−10·332	−16·854	−25	−0·1249
19	−17·675	+1·565	21·899	− 9·479	−1·565	−10·064	−17·038	−25	−0·1222
20	−17·664	+1·609	21·942	− 9·420	−1·609	− 9·794	−17·217	−25	−0·1194
21	−17·705	+1·645	21·977	− 9·382	−1·645	− 9·522	−17·391	−25	−0·1167
22	−17·783	+1·662	21·993	− 9·358	−1·662	− 9·247	−17·559	−25	−0·1140
23	−17·870	+1·653	21·983	− 9·337	−1·653	− 8·971	−17·723	−25	−0·1112
24	−17·934	+1·617	21·946	− 9·308	−1·617	− 8·693	−17·881	−25	−0·1085
25	−17·948	+1·563	21·890	− 9·259	−1·563	− 8·413	−18·034	−25	−0·1057
26	−17·899	+1·503	21·829	− 9·184	−1·503	− 8·131	−18·183	−25	−0·1030
27	−17·792	+1·451	21·775	− 9·087	−1·451	− 7·847	−18·327	−25	−0·1003
28	−17·650	+1·418	21·741	− 8·975	−1·418	− 7·561	−18·466	−25	−0·0975
29	−17·498	+1·409	21·731	− 8·860	−1·409	− 7·272	−18·600	−24	−0·0948
30	−17·364	+1·422	21·743	− 8·752	−1·422	− 6·982	−18·730	−24	−0·0921
31	−17·266	+1·452	21·771	− 8·658	−1·452	− 6·690	−18·854	−24	−0·0893
June 1	−17·213	+1·489	21·808	− 8·582	−1·489	− 6·396	−18·973	−24	−0·0866
2	−17·204	+1·528	21·844	− 8·524	−1·528	− 6·100	−19·087	−24	−0·0838
3	−17·235	+1·559	21·875	− 8·481	−1·559	− 5·802	−19·196	−24	−0·0811
4	−17·292	+1·579	21·894	− 8·449	−1·579	− 5·502	−19·299	−24	−0·0784
5	−17·363	+1·584	21·897	− 8·422	−1·584	− 5·200	−19·397	−24	−0·0756
6	−17·430	+1·572	21·884	− 8·394	−1·572	− 4·897	−19·490	−24	−0·0729
7	−17·479	+1·546	21·856	− 8·359	−1·546	− 4·592	−19·576	−24	−0·0702
8	−17·496	+1·507	21·817	− 8·311	−1·507	− 4·285	−19·657	−24	−0·0674
9	−17·469	+1·464	21·772	− 8·245	−1·464	− 3·977	−19·732	−24	−0·0647
10	−17·395	+1·422	21·729	− 8·161	−1·422	− 3·668	−19·801	−24	−0·0619
11	−17·278	+1·391	21·697	− 8·059	−1·391	− 3·358	−19·865	−24	−0·0592
12	−17·130	+1·378	21·683	− 7·946	−1·378	− 3·047	−19·922	−24	−0·0565
13	−16·973	+1·389	21·691	− 7·828	−1·389	− 2·735	−19·973	−24	−0·0537
14	−16·832	+1·422	21·723	− 7·718	−1·422	− 2·423	−20·018	−23	−0·0510
15	−16·732	+1·472	21·772	− 7·623	−1·472	− 2·110	−20·056	−23	−0·0483
16	−16·685	+1·530	21·829	− 7·549	−1·530	− 1·797	−20·089	−23	−0·0455
17	−16·695	+1·583	21·881	− 7·498	−1·583	− 1·484	−20·116	−23	−0·0428
18	−16·746	+1·619	21·915	− 7·464	−1·619	− 1·171	−20·137	−23	−0·0400
19	−16·815	+1·630	21·925	− 7·436	−1·630	− 0·858	−20·152	−23	−0·0373
20	−16·870	+1·616	21·910	− 7·403	−1·616	− 0·546	−20·162	−23	−0·0346
21	−16·885	+1·582	21·875	− 7·354	−1·582	− 0·234	−20·166	−23	−0·0318
22	−16·845	+1·539	21·830	− 7·283	−1·539	+ 0·078	−20·165	−23	−0·0291
23	−16·747	+1·499	21·789	− 7·189	−1·499	+ 0·390	−20·158	−23	−0·0264
24	−16·605	+1·475	21·763	− 7·078	−1·475	+ 0·701	−20·147	−23	−0·0236
25	−16·444	+1·472	21·759	− 6·960	−1·472	+ 1·012	−20·130	−23	−0·0209
26	−16·291	+1·493	21·779	− 6·844	−1·493	+ 1·322	−20·108	−23	−0·0181
27	−16·167	+1·533	21·818	− 6·739	−1·533	+ 1·633	−20·080	−22	−0·0154
28	−16·086	+1·585	21·869	− 6·652	−1·585	+ 1·943	−20·048	−22	−0·0127
29	−16·053	+1·641	21·923	− 6·584	−1·641	+ 2·253	−20·010	−22	−0·0099
30	−16·064	+1·693	21·974	− 6·534	−1·693	+ 2·562	−19·966	−22	−0·0072
July 1	−16·108	+1·734	22·013	− 6·496	−1·734	+ 2·871	−19·917	−22	−0·0044
2	−16·172	+1·760	22·039	− 6·467	−1·760	+ 3·180	−19·863	−22	−0·0017

FOR 0^h TERRESTRIAL TIME

Date 0^h TT	Nutation in Long.	Nutation in Obl.	Obl. of Ecliptic 23° 26'	A	B	C	D	E (0^{s}0001)	Fraction of Year τ
	"	"	"	"	"	"	"		
July 1	−16·108	+1·734	22·013	− 6·496	−1·734	+ 2·871	−19·917	−22	−0·0044
2	−16·172	+1·760	22·039	− 6·467	−1·760	+ 3·180	−19·863	−22	−0·0017
3	−16·239	+1·771	22·048	− 6·439	−1·771	+ 3·488	−19·803	−23	+0·0010
4	−16·295	+1·765	22·041	− 6·406	−1·765	+ 3·795	−19·737	−23	+0·0038
5	−16·323	+1·747	22·021	− 6·363	−1·747	+ 4·102	−19·666	−23	+0·0065
6	−16·313	+1·721	21·994	− 6·304	−1·721	+ 4·408	−19·589	−23	+0·0092
7	−16·258	+1·694	21·966	− 6·227	−1·694	+ 4·712	−19·506	−23	+0·0120
8	−16·157	+1·674	21·945	− 6·132	−1·674	+ 5·016	−19·417	−22	+0·0147
9	−16·019	+1·671	21·940	− 6·022	−1·671	+ 5·318	−19·322	−22	+0·0175
10	−15·864	+1·690	21·958	− 5·906	−1·690	+ 5·619	−19·222	−22	+0·0202
11	−15·717	+1·733	22·000	− 5·792	−1·733	+ 5·918	−19·115	−22	+0·0229
12	−15·605	+1·796	22·062	− 5·693	−1·796	+ 6·216	−19·003	−22	+0·0257
13	−15·548	+1·871	22·135	− 5·615	−1·871	+ 6·511	−18·885	−22	+0·0284
14	−15·553	+1·944	22·207	− 5·562	−1·944	+ 6·804	−18·761	−22	+0·0311
15	−15·608	+2·001	22·263	− 5·529	−2·001	+ 7·095	−18·632	−22	+0·0339
16	−15·688	+2·034	22·295	− 5·506	−2·034	+ 7·384	−18·497	−22	+0·0366
17	−15·763	+2·041	22·300	− 5·481	−2·041	+ 7·670	−18·357	−22	+0·0394
18	−15·804	+2·026	22·283	− 5·443	−2·026	+ 7·953	−18·213	−22	+0·0421
19	−15·795	+1·999	22·255	− 5·384	−1·999	+ 8·234	−18·063	−22	+0·0448
20	−15·731	+1·972	22·228	− 5·304	−1·972	+ 8·512	−17·909	−22	+0·0476
21	−15·623	+1·958	22·212	− 5·206	−1·958	+ 8·788	−17·750	−22	+0·0503
22	−15·490	+1·963	22·215	− 5·098	−1·963	+ 9·061	−17·586	−22	+0·0530
23	−15·357	+1·990	22·241	− 4·990	−1·990	+ 9·332	−17·418	−21	+0·0558
24	−15·246	+2·037	22·288	− 4·891	−2·037	+ 9·601	−17·246	−21	+0·0585
25	−15·174	+2·099	22·348	− 4·808	−2·099	+ 9·867	−17·068	−21	+0·0613
26	−15·149	+2·167	22·415	− 4·743	−2·167	+10·130	−16·887	−21	+0·0640
27	−15·171	+2·233	22·480	− 4·697	−2·233	+10·392	−16·700	−21	+0·0667
28	−15·231	+2·290	22·535	− 4·666	−2·290	+10·650	−16·509	−21	+0·0695
29	−15·316	+2·333	22·577	− 4·645	−2·333	+10·906	−16·314	−21	+0·0722
30	−15·412	+2·360	22·603	− 4·628	−2·360	+11·160	−16·114	−21	+0·0749
31	−15·501	+2·370	22·612	− 4·609	−2·370	+11·410	−15·909	−22	+0·0777
Aug. 1	−15·568	+2·366	22·606	− 4·581	−2·366	+11·658	−15·699	−22	+0·0804
2	−15·602	+2·353	22·591	− 4·539	−2·353	+11·903	−15·485	−22	+0·0832
3	−15·594	+2·335	22·573	− 4·481	−2·335	+12·145	−15·266	−22	+0·0859
4	−15·542	+2·322	22·558	− 4·406	−2·322	+12·383	−15·042	−22	+0·0886
5	−15·450	+2·320	22·555	− 4·314	−2·320	+12·619	−14·813	−21	+0·0914
6	−15·332	+2·338	22·572	− 4·212	−2·338	+12·851	−14·580	−21	+0·0941
7	−15·210	+2·380	22·612	− 4·109	−2·380	+13·079	−14·342	−21	+0·0969
8	−15·112	+2·445	22·676	− 4·015	−2·445	+13·304	−14·100	−21	+0·0996
9	−15·063	+2·525	22·755	− 3·941	−2·525	+13·525	−13·852	−21	+0·1023
10	−15·078	+2·609	22·837	− 3·892	−2·609	+13·742	−13·601	−21	+0·1051
11	−15·153	+2·680	22·907	− 3·867	−2·680	+13·954	−13·345	−21	+0·1078
12	−15·264	+2·727	22·953	− 3·856	−2·727	+14·162	−13·085	−21	+0·1105
13	−15·379	+2·745	22·970	− 3·847	−2·745	+14·366	−12·822	−21	+0·1133
14	−15·467	+2·738	22·961	− 3·827	−2·738	+14·565	−12·554	−21	+0·1160
15	−15·504	+2·715	22·937	− 3·787	−2·715	+14·760	−12·284	−22	+0·1188
16	−15·487	+2·690	22·911	− 3·725	−2·690	+14·950	−12·010	−21	+0·1215

FOR 0ʰ TERRESTRIAL TIME

Date 0ʰ TT	Nutation in Long.	in Obl.	Obl. of Ecliptic 23° 26′	A	Besselian Day Numbers for Mean Equinox J2002·5 B	C	D	E	Fraction of Year τ
	″	″	″	″	″	″	″	(0ˢ0001)	
Aug. 16	− 15·487	+ 2·690	22·911	− 3·725	− 2·690	+ 14·950	− 12·010	− 21	+ 0·1215
17	− 15·424	+ 2·675	22·894	− 3·645	− 2·675	+ 15·136	− 11·733	− 21	+ 0·1242
18	− 15·333	+ 2·677	22·895	− 3·554	− 2·677	+ 15·318	− 11·453	− 21	+ 0·1270
19	− 15·237	+ 2·700	22·917	− 3·461	− 2·700	+ 15·496	− 11·169	− 21	+ 0·1297
20	− 15·159	+ 2·744	22·960	− 3·375	− 2·744	+ 15·669	− 10·883	− 21	+ 0·1324
21	− 15·115	+ 2·803	23·017	− 3·303	− 2·803	+ 15·838	− 10·595	− 21	+ 0·1352
22	− 15·117	+ 2·869	23·082	− 3·249	− 2·869	+ 16·003	− 10·303	− 21	+ 0·1379
23	− 15·164	+ 2·935	23·147	− 3·213	− 2·935	+ 16·164	− 10·008	− 21	+ 0·1407
24	− 15·252	+ 2·994	23·204	− 3·193	− 2·994	+ 16·321	− 9·711	− 21	+ 0·1434
25	− 15·369	+ 3·039	23·249	− 3·185	− 3·039	+ 16·473	− 9·410	− 21	+ 0·1461
26	− 15·501	+ 3·068	23·276	− 3·182	− 3·068	+ 16·621	− 9·107	− 22	+ 0·1489
27	− 15·630	+ 3·080	23·287	− 3·179	− 3·080	+ 16·765	− 8·801	− 22	+ 0·1516
28	− 15·743	+ 3·077	23·282	− 3·168	− 3·077	+ 16·904	− 8·492	− 22	+ 0·1543
29	− 15·825	+ 3·062	23·266	− 3·146	− 3·062	+ 17·039	− 8·180	− 22	+ 0·1571
30	− 15·869	+ 3·041	23·244	− 3·109	− 3·041	+ 17·170	− 7·866	− 22	+ 0·1598
31	− 15·869	+ 3·021	23·223	− 3·054	− 3·021	+ 17·295	− 7·548	− 22	+ 0·1626
Sept. 1	− 15·829	+ 3·010	23·210	− 2·983	− 3·010	+ 17·416	− 7·228	− 22	+ 0·1653
2	− 15·759	+ 3·014	23·213	− 2·901	− 3·014	+ 17·532	− 6·905	− 22	+ 0·1680
3	− 15·675	+ 3·039	23·237	− 2·812	− 3·039	+ 17·644	− 6·580	− 22	+ 0·1708
4	− 15·602	+ 3·087	23·284	− 2·728	− 3·087	+ 17·750	− 6·252	− 22	+ 0·1735
5	− 15·564	+ 3·155	23·350	− 2·658	− 3·155	+ 17·851	− 5·922	− 22	+ 0·1762
6	− 15·584	+ 3·231	23·425	− 2·611	− 3·231	+ 17·946	− 5·589	− 22	+ 0·1790
7	− 15·667	+ 3·302	23·494	− 2·590	− 3·302	+ 18·036	− 5·254	− 22	+ 0·1817
8	− 15·799	+ 3·351	23·543	− 2·587	− 3·351	+ 18·120	− 4·916	− 22	+ 0·1845
9	− 15·949	+ 3·371	23·561	− 2·592	− 3·371	+ 18·199	− 4·578	− 22	+ 0·1872
10	− 16·079	+ 3·360	23·549	− 2·589	− 3·360	+ 18·272	− 4·238	− 22	+ 0·1899
11	− 16·160	+ 3·328	23·516	− 2·566	− 3·328	+ 18·339	− 3·896	− 22	+ 0·1927
12	− 16·181	+ 3·289	23·475	− 2·520	− 3·289	+ 18·401	− 3·554	− 22	+ 0·1954
13	− 16·149	+ 3·258	23·442	− 2·452	− 3·258	+ 18·457	− 3·211	− 22	+ 0·1982
14	− 16·083	+ 3·243	23·426	− 2·371	− 3·243	+ 18·508	− 2·867	− 22	+ 0·2009
15	− 16·008	+ 3·249	23·432	− 2·286	− 3·249	+ 18·553	− 2·522	− 22	+ 0·2036
16	− 15·948	+ 3·276	23·457	− 2·207	− 3·276	+ 18·593	− 2·177	− 22	+ 0·2064
17	− 15·919	+ 3·319	23·499	− 2·141	− 3·319	+ 18·628	− 1·831	− 22	+ 0·2091
18	− 15·933	+ 3·371	23·549	− 2·092	− 3·371	+ 18·658	− 1·485	− 22	+ 0·2118
19	− 15·993	+ 3·424	23·601	− 2·061	− 3·424	+ 18·683	− 1·138	− 22	+ 0·2146
20	− 16·093	+ 3·471	23·647	− 2·046	− 3·471	+ 18·702	− 0·791	− 22	+ 0·2173
21	− 16·225	+ 3·506	23·680	− 2·043	− 3·506	+ 18·717	− 0·444	− 23	+ 0·2201
22	− 16·374	+ 3·524	23·697	− 2·048	− 3·524	+ 18·726	− 0·096	− 23	+ 0·2228
23	− 16·523	+ 3·525	23·697	− 2·052	− 3·525	+ 18·730	+ 0·252	− 23	+ 0·2255
24	− 16·658	+ 3·510	23·681	− 2·051	− 3·510	+ 18·729	+ 0·601	− 23	+ 0·2283
25	− 16·765	+ 3·482	23·651	− 2·039	− 3·482	+ 18·723	+ 0·950	− 23	+ 0·2310
26	− 16·835	+ 3·446	23·614	− 2·012	− 3·446	+ 18·711	+ 1·299	− 23	+ 0·2337
27	− 16·862	+ 3·409	23·576	− 1·967	− 3·409	+ 18·695	+ 1·648	− 23	+ 0·2365
28	− 16·848	+ 3·379	23·545	− 1·907	− 3·379	+ 18·672	+ 1·997	− 23	+ 0·2392
29	− 16·802	+ 3·362	23·526	− 1·834	− 3·362	+ 18·645	+ 2·347	− 23	+ 0·2420
30	− 16·736	+ 3·362	23·526	− 1·753	− 3·362	+ 18·612	+ 2·696	− 23	+ 0·2447
Oct. 1	− 16·672	+ 3·384	23·546	− 1·672	− 3·384	+ 18·574	+ 3·045	− 23	+ 0·2474

FOR 0ʰ TERRESTRIAL TIME

Date 0ʰ TT	Nutation in Long.	Nutation in Obl.	Obl. of Ecliptic 23° 26′	A	B	C	D	E (0ˢ0001)	Fraction of Year τ
	″	″	″	″	″	″	″		
Oct. 1	−16·672	+3·384	23·546	− 1·672	−3·384	+18·574	+ 3·045	−23	+0·2474
2	−16·631	+3·426	23·587	− 1·601	−3·426	+18·529	+ 3·394	−23	+0·2502
3	−16·634	+3·481	23·641	− 1·548	−3·481	+18·480	+ 3·743	−23	+0·2529
4	−16·696	+3·538	23·696	− 1·517	−3·538	+18·424	+ 4·092	−23	+0·2556
5	−16·812	+3·581	23·738	− 1·508	−3·581	+18·362	+ 4·440	−23	+0·2584
6	−16·960	+3·597	23·753	− 1·513	−3·597	+18·294	+ 4·787	−24	+0·2611
7	−17·104	+3·582	23·736	− 1·515	−3·582	+18·221	+ 5·132	−24	+0·2639
8	−17·206	+3·538	23·691	− 1·501	−3·538	+18·141	+ 5·477	−24	+0·2666
9	−17·243	+3·480	23·631	− 1·461	−3·480	+18·056	+ 5·819	−24	+0·2693
10	−17·215	+3·424	23·574	− 1·395	−3·424	+17·964	+ 6·160	−24	+0·2721
11	−17·141	+3·383	23·532	− 1·310	−3·383	+17·868	+ 6·499	−24	+0·2748
12	−17·049	+3·366	23·514	− 1·219	−3·366	+17·765	+ 6·835	−24	+0·2775
13	−16·966	+3·371	23·518	− 1·131	−3·371	+17·658	+ 7·170	−24	+0·2803
14	−16·913	+3·395	23·540	− 1·055	−3·395	+17·545	+ 7·502	−23	+0·2830
15	−16·902	+3·429	23·573	− 0·995	−3·429	+17·428	+ 7·832	−23	+0·2858
16	−16·937	+3·466	23·609	− 0·955	−3·466	+17·305	+ 8·159	−23	+0·2885
17	−17·014	+3·499	23·640	− 0·930	−3·499	+17·177	+ 8·484	−24	+0·2912
18	−17·124	+3·521	23·661	− 0·919	−3·521	+17·044	+ 8·807	−24	+0·2940
19	−17·254	+3·527	23·666	− 0·916	−3·527	+16·907	+ 9·127	−24	+0·2967
20	−17·387	+3·516	23·654	− 0·914	−3·516	+16·765	+ 9·445	−24	+0·2995
21	−17·508	+3·489	23·625	− 0·908	−3·489	+16·617	+ 9·760	−24	+0·3022
22	−17·603	+3·447	23·582	− 0·890	−3·447	+16·465	+10·073	−24	+0·3049
23	−17·661	+3·397	23·531	− 0·858	−3·397	+16·309	+10·383	−25	+0·3077
24	−17·675	+3·345	23·477	− 0·809	−3·345	+16·147	+10·691	−25	+0·3104
25	−17·648	+3·297	23·428	− 0·744	−3·297	+15·981	+10·996	−24	+0·3131
26	−17·585	+3·261	23·391	− 0·664	−3·261	+15·809	+11·298	−24	+0·3159
27	−17·501	+3·243	23·372	− 0·575	−3·243	+15·633	+11·598	−24	+0·3186
28	−17·412	+3·245	23·372	− 0·485	−3·245	+15·452	+11·895	−24	+0·3214
29	−17·340	+3·266	23·392	− 0·402	−3·266	+15·267	+12·189	−24	+0·3241
30	−17·304	+3·303	23·427	− 0·332	−3·303	+15·076	+12·479	−24	+0·3268
31	−17·317	+3·345	23·468	− 0·283	−3·345	+14·880	+12·767	−24	+0·3296
Nov. 1	−17·383	+3·381	23·503	− 0·254	−3·381	+14·679	+13·051	−24	+0·3323
2	−17·488	+3·397	23·518	− 0·241	−3·397	+14·473	+13·332	−24	+0·3350
3	−17·605	+3·384	23·503	− 0·233	−3·384	+14·262	+13·609	−24	+0·3378
4	−17·695	+3·341	23·459	− 0·214	−3·341	+14·046	+13·882	−25	+0·3405
5	−17·728	+3·277	23·394	− 0·172	−3·277	+13·825	+14·150	−25	+0·3433
6	−17·689	+3·207	23·322	− 0·101	−3·207	+13·600	+14·414	−25	+0·3460
7	−17·587	+3·147	23·262	− 0·006	−3·147	+13·370	+14·674	−24	+0·3487
8	−17·450	+3·110	23·224	+ 0·103	−3·110	+13·135	+14·928	−24	+0·3515
9	−17·311	+3·100	23·212	+ 0·214	−3·100	+12·897	+15·178	−24	+0·3542
10	−17·196	+3·112	23·222	+ 0·314	−3·112	+12·654	+15·423	−24	+0·3569
11	−17·125	+3·139	23·248	+ 0·397	−3·139	+12·408	+15·663	−24	+0·3597
12	−17·102	+3·171	23·279	+ 0·461	−3·171	+12·158	+15·898	−24	+0·3624
13	−17·125	+3·201	23·308	+ 0·507	−3·201	+11·905	+16·128	−24	+0·3652
14	−17·185	+3·222	23·328	+ 0·538	−3·222	+11·648	+16·353	−24	+0·3679
15	−17·269	+3·229	23·333	+ 0·559	−3·229	+11·387	+16·573	−24	+0·3706
16	−17·360	+3·219	23·322	+ 0·578	−3·219	+11·124	+16·789	−24	+0·3734

FOR 0^h TERRESTRIAL TIME

Date 0^h TT	Nutation in Long.	Nutation in Obl.	Obl. of Ecliptic 23° 26′	A	B	C	D	E (0^{s}0001)	Fraction of Year τ
	″	″	″	″	″	″	″		
Nov. 16	− 17·360	+ 3·219	23·322	+ 0·578	− 3·219	+ 11·124	+ 16·789	− 24	+ 0·3734
17	− 17·444	+ 3·193	23·294	+ 0·600	− 3·193	+ 10·857	+ 16·999	− 24	+ 0·3761
18	− 17·503	+ 3·152	23·252	+ 0·631	− 3·152	+ 10·587	+ 17·204	− 24	+ 0·3789
19	− 17·528	+ 3·101	23·200	+ 0·676	− 3·101	+ 10·313	+ 17·405	− 24	+ 0·3816
20	− 17·510	+ 3·046	23·144	+ 0·738	− 3·046	+ 10·037	+ 17·601	− 24	+ 0·3843
21	− 17·447	+ 2·996	23·092	+ 0·818	− 2·996	+ 9·757	+ 17·791	− 24	+ 0·3871
22	− 17·347	+ 2·956	23·052	+ 0·913	− 2·956	+ 9·475	+ 17·977	− 24	+ 0·3898
23	− 17·222	+ 2·934	23·028	+ 1·017	− 2·934	+ 9·190	+ 18·157	− 24	+ 0·3925
24	− 17·089	+ 2·932	23·025	+ 1·125	− 2·932	+ 8·901	+ 18·333	− 24	+ 0·3953
25	− 16·970	+ 2·951	23·042	+ 1·227	− 2·951	+ 8·610	+ 18·503	− 24	+ 0·3980
26	− 16·884	+ 2·986	23·076	+ 1·316	− 2·986	+ 8·315	+ 18·668	− 23	+ 0·4008
27	− 16·844	+ 3·029	23·118	+ 1·387	− 3·029	+ 8·018	+ 18·828	− 23	+ 0·4035
28	− 16·854	+ 3·070	23·157	+ 1·438	− 3·070	+ 7·717	+ 18·983	− 23	+ 0·4062
29	− 16·907	+ 3·096	23·182	+ 1·472	− 3·096	+ 7·414	+ 19·132	− 23	+ 0·4090
30	− 16·981	+ 3·098	23·183	+ 1·497	− 3·098	+ 7·108	+ 19·275	− 24	+ 0·4117
Dec. 1	− 17·043	+ 3·073	23·156	+ 1·527	− 3·073	+ 6·798	+ 19·412	− 24	+ 0·4144
2	− 17·063	+ 3·024	23·106	+ 1·574	− 3·024	+ 6·487	+ 19·543	− 24	+ 0·4172
3	− 17·017	+ 2·962	23·043	+ 1·647	− 2·962	+ 6·172	+ 19·668	− 24	+ 0·4199
4	− 16·903	+ 2·904	22·984	+ 1·748	− 2·904	+ 5·856	+ 19·787	− 23	+ 0·4227
5	− 16·737	+ 2·864	22·943	+ 1·869	− 2·864	+ 5·537	+ 19·898	− 23	+ 0·4254
6	− 16·551	+ 2·850	22·928	+ 1·998	− 2·850	+ 5·216	+ 20·004	− 23	+ 0·4281
7	− 16·378	+ 2·863	22·939	+ 2·121	− 2·863	+ 4·894	+ 20·102	− 23	+ 0·4309
8	− 16·243	+ 2·897	22·972	+ 2·230	− 2·897	+ 4·570	+ 20·194	− 23	+ 0·4336
9	− 16·161	+ 2·941	23·015	+ 2·317	− 2·941	+ 4·245	+ 20·279	− 22	+ 0·4363
10	− 16·130	+ 2·986	23·058	+ 2·384	− 2·986	+ 3·919	+ 20·358	− 22	+ 0·4391
11	− 16·143	+ 3·024	23·094	+ 2·434	− 3·024	+ 3·592	+ 20·430	− 22	+ 0·4418
12	− 16·186	+ 3·048	23·118	+ 2·472	− 3·048	+ 3·264	+ 20·496	− 22	+ 0·4446
13	− 16·244	+ 3·057	23·125	+ 2·504	− 3·057	+ 2·935	+ 20·556	− 23	+ 0·4473
14	− 16·299	+ 3·048	23·115	+ 2·537	− 3·048	+ 2·605	+ 20·609	− 23	+ 0·4500
15	− 16·336	+ 3·025	23·091	+ 2·577	− 3·025	+ 2·275	+ 20·656	− 23	+ 0·4528
16	− 16·343	+ 2·990	23·055	+ 2·629	− 2·990	+ 1·945	+ 20·697	− 23	+ 0·4555
17	− 16·309	+ 2·951	23·014	+ 2·697	− 2·951	+ 1·613	+ 20·731	− 23	+ 0·4582
18	− 16·231	+ 2·913	22·975	+ 2·783	− 2·913	+ 1·282	+ 20·760	− 23	+ 0·4610
19	− 16·112	+ 2·885	22·945	+ 2·885	− 2·885	+ 0·950	+ 20·782	− 22	+ 0·4637
20	− 15·964	+ 2·873	22·932	+ 2·999	− 2·873	+ 0·618	+ 20·799	− 22	+ 0·4665
21	− 15·804	+ 2·882	22·940	+ 3·118	− 2·882	+ 0·286	+ 20·809	− 22	+ 0·4692
22	− 15·654	+ 2·913	22·969	+ 3·232	− 2·913	− 0·047	+ 20·813	− 22	+ 0·4719
23	− 15·536	+ 2·962	23·017	+ 3·334	− 2·962	− 0·380	+ 20·811	− 22	+ 0·4747
24	− 15·465	+ 3·022	23·076	+ 3·417	− 3·022	− 0·712	+ 20·803	− 21	+ 0·4774
25	− 15·447	+ 3·081	23·134	+ 3·479	− 3·081	− 1·046	+ 20·789	− 21	+ 0·4802
26	− 15·476	+ 3·129	23·180	+ 3·522	− 3·129	− 1·379	+ 20·769	− 21	+ 0·4829
27	− 15·532	+ 3·155	23·205	+ 3·555	− 3·155	− 1·712	+ 20·742	− 22	+ 0·4856
28	− 15·587	+ 3·155	23·204	+ 3·588	− 3·155	− 2·046	+ 20·709	− 22	+ 0·4884
29	− 15·612	+ 3·131	23·179	+ 3·633	− 3·131	− 2·379	+ 20·669	− 22	+ 0·4911
30	− 15·582	+ 3·093	23·139	+ 3·700	− 3·093	− 2·711	+ 20·623	− 22	+ 0·4938
31	− 15·489	+ 3·053	23·098	+ 3·792	− 3·053	− 3·044	+ 20·569	− 21	+ 0·4966
32	− 15·340	+ 3·024	23·068	+ 3·906	− 3·024	− 3·375	+ 20·509	− 21	+ 0·4993

SECOND-ORDER DAY NUMBERS, 2002

J for NORTHERN DECLINATIONS
FOR 0ʰ TT AND EQUINOX J2002·5

Right Ascension

Date	0ʰ / 12ʰ	1ʰ / 13ʰ	2ʰ / 14ʰ	3ʰ / 15ʰ	4ʰ / 16ʰ	5ʰ / 17ʰ	6ʰ / 18ʰ	7ʰ / 19ʰ	8ʰ / 20ʰ	9ʰ / 21ʰ	10ʰ / 22ʰ	11ʰ / 23ʰ	12ʰ / 24ʰ
Jan. −4	0	0	0	0	0	0	0	0	0	0	0	0	0
6	− 1	− 1	− 1	0	0	0	+ 1	+ 1	+ 1	0	0	0	− 1
16	− 1	− 1	− 1	− 1	0	0	+ 1	+ 1	+ 1	+ 1	0	0	− 1
26	− 1	− 2	− 2	− 2	− 1	0	+ 1	+ 2	+ 2	+ 2	+ 1	0	− 1
Feb. 5	0	− 2	− 3	− 3	− 3	− 2	0	+ 2	+ 3	+ 3	+ 3	+ 2	0
15	+ 1	− 1	− 3	− 5	− 5	− 3	− 1	+ 1	+ 3	+ 5	+ 5	+ 3	+ 1
25	+ 3	0	− 3	− 5	− 6	− 5	− 3	0	+ 3	+ 5	+ 6	+ 5	+ 3
Mar. 7	+ 5	+ 2	− 2	− 5	− 7	− 7	− 5	− 2	+ 2	+ 5	+ 7	+ 7	+ 5
17	+ 7	+ 4	− 1	− 5	− 8	− 9	− 7	− 4	+ 1	+ 5	+ 8	+ 9	+ 7
27	+ 9	+ 6	+ 1	− 4	− 8	−10	− 9	− 6	− 1	+ 4	+ 8	+10	+ 9
Apr. 6	+11	+ 9	+ 4	− 2	− 7	−10	−11	− 9	− 4	+ 2	+ 7	+10	+11
16	+12	+11	+ 7	+ 1	− 5	−10	−12	−11	− 7	− 1	+ 5	+10	+12
26	+13	+13	+ 9	+ 3	− 3	− 9	−13	−13	− 9	− 3	+ 3	+ 9	+13
May 6	+12	+13	+11	+ 6	− 1	− 7	−12	−13	−11	− 6	+ 1	+ 7	+12
16	+10	+13	+13	+ 9	+ 2	− 5	−10	−13	−13	− 9	− 2	+ 5	+10
26	+ 9	+13	+13	+11	+ 5	− 2	− 9	−13	−13	−11	− 5	+ 2	+ 9
June 5	+ 6	+11	+13	+12	+ 7	+ 1	− 6	−11	−13	−12	− 7	− 1	+ 6
15	+ 3	+ 9	+12	+12	+ 9	+ 3	− 3	− 9	−12	−12	− 9	− 3	+ 3
25	0	+ 6	+10	+12	+10	+ 6	0	− 6	−10	−12	−10	− 6	0
July 5	− 2	+ 4	+ 8	+11	+10	+ 7	+ 2	− 4	− 8	−11	−10	− 7	− 2
15	− 4	+ 1	+ 6	+ 9	+10	+ 8	+ 4	− 1	− 6	− 9	−10	− 8	− 4
25	− 5	− 1	+ 3	+ 7	+ 9	+ 8	+ 5	+ 1	− 3	− 7	− 9	− 8	− 5
Aug. 4	− 6	− 3	+ 1	+ 4	+ 7	+ 8	+ 6	+ 3	− 1	− 4	− 7	− 8	− 6
14	− 6	− 4	− 1	+ 2	+ 5	+ 6	+ 6	+ 4	+ 1	− 2	− 5	− 6	− 6
24	− 6	− 5	− 3	0	+ 3	+ 5	+ 6	+ 5	+ 3	0	− 3	− 5	− 6
Sept. 3	− 4	− 5	− 4	− 2	0	+ 3	+ 4	+ 5	+ 4	+ 2	0	− 3	− 4
13	− 3	− 4	− 4	− 3	− 1	+ 1	+ 3	+ 4	+ 4	+ 3	+ 1	− 1	− 3
23	− 1	− 3	− 4	− 4	− 3	− 1	+ 1	+ 3	+ 4	+ 4	+ 3	+ 1	− 1
Oct. 3	+ 1	− 1	− 3	− 4	− 4	− 3	− 1	+ 1	+ 3	+ 4	+ 4	+ 3	+ 1
13	+ 3	+ 1	− 1	− 3	− 4	− 4	− 3	− 1	+ 1	+ 3	+ 4	+ 4	+ 3
23	+ 4	+ 3	+ 1	− 1	− 3	− 4	− 4	− 3	− 1	+ 1	+ 3	+ 4	+ 4
Nov. 2	+ 5	+ 4	+ 3	+ 1	− 2	− 4	− 5	− 4	− 3	− 1	+ 2	+ 4	+ 5
12	+ 5	+ 6	+ 5	+ 3	0	− 3	− 5	− 6	− 5	− 3	0	+ 3	+ 5
22	+ 4	+ 6	+ 6	+ 5	+ 2	− 1	− 4	− 6	− 6	− 5	− 2	+ 1	+ 4
Dec. 2	+ 2	+ 6	+ 7	+ 7	+ 5	+ 1	− 2	− 6	− 7	− 7	− 5	− 1	+ 2
12	0	+ 4	+ 7	+ 9	+ 7	+ 4	0	− 4	− 7	− 9	− 7	− 4	0
22	− 2	+ 3	+ 7	+ 9	+ 9	+ 7	+ 2	− 3	− 7	− 9	− 9	− 7	− 2
32	− 5	0	+ 5	+ 9	+10	+ 9	+ 5	0	− 5	− 9	−10	− 9	− 5

The second-order day number J is given in this table in units of $0^s000\,01$. The apparent right ascension of a star is given by:

$$\alpha = \alpha_1 + \tau\mu_\alpha/100 + Aa + Bb + Cc + Dd + E + J\tan^2\delta_1$$

where the position (α_1, δ_1) and centennial proper motion in right ascension (μ_α) are referred to the mean equator and equinox of J2002·5

J' for NORTHERN DECLINATIONS
FOR 0^h TT AND EQUINOX J2002·5

Right Ascension

Date		0^h 12^h	1^h 13^h	2^h 14^h	3^h 15^h	4^h 16^h	5^h 17^h	6^h 18^h	7^h 19^h	8^h 20^h	9^h 21^h	10^h 22^h	11^h 23^h	12^h 24^h
Jan.	−4	0	0	0	0	0	0	0	0	0	0	0	0	0
	6	− 1	0	0	0	0	0	0	− 1	− 1	− 1	− 1	− 1	− 1
	16	− 2	− 1	− 1	0	0	0	0	− 1	− 1	− 2	− 2	− 2	− 2
	26	− 3	− 3	− 2	− 1	0	0	0	− 1	− 1	− 2	− 3	− 3	− 3
Feb.	5	− 5	− 5	− 4	− 3	− 1	0	0	0	− 1	− 3	− 4	− 5	− 5
	15	− 7	− 7	− 6	− 4	− 3	− 1	0	0	− 1	− 3	− 5	− 6	− 7
	25	− 9	− 9	− 8	− 7	− 4	− 2	− 1	0	− 1	− 2	− 5	− 7	− 9
Mar.	7	−10	−11	−11	− 9	− 7	− 4	− 1	0	0	− 2	− 4	− 7	−10
	17	−10	−13	−13	−12	−10	− 6	− 3	− 1	0	− 1	− 4	− 7	−10
	27	−10	−14	−15	−15	−12	− 9	− 5	− 2	0	− 1	− 3	− 7	−10
Apr.	6	−10	−14	−16	−17	−15	−11	− 7	− 3	− 1	0	− 2	− 5	−10
	16	− 9	−13	−17	−18	−17	−14	−10	− 5	− 2	0	− 1	− 4	− 9
	26	− 7	−12	−17	−19	−19	−17	−12	− 7	− 3	0	0	− 3	− 7
May	6	− 5	−11	−15	−19	−20	−18	−15	− 9	− 5	− 1	0	− 2	− 5
	16	− 4	− 8	−14	−18	−20	−20	−17	−12	− 7	− 2	0	− 1	− 4
	26	− 2	− 7	−12	−17	−20	−20	−18	−14	− 9	− 4	− 1	0	− 2
June	5	− 1	− 5	− 9	−15	−18	−20	−19	−15	−10	− 5	− 2	0	− 1
	15	0	− 3	− 7	−12	−16	−19	−19	−16	−12	− 7	− 3	0	0
	25	0	− 1	− 5	− 9	−14	−17	−18	−16	−13	− 9	− 4	− 1	0
July	5	0	0	− 3	− 7	−11	−15	−16	−16	−14	−10	− 5	− 2	0
	15	− 1	0	− 1	− 4	− 8	−12	−14	−15	−13	−10	− 7	− 3	− 1
	25	− 1	0	0	− 2	− 5	− 9	−12	−13	−13	−11	− 8	− 4	− 1
Aug.	4	− 2	− 1	0	− 1	− 3	− 6	− 9	−11	−12	−11	− 8	− 5	− 2
	14	− 3	− 1	0	0	− 2	− 4	− 7	− 9	−10	−10	− 8	− 6	− 3
	24	− 4	− 2	− 1	0	0	− 2	− 4	− 6	− 8	− 8	− 8	− 6	− 4
Sept.	3	− 5	− 3	− 2	0	0	− 1	− 2	− 4	− 6	− 7	− 7	− 7	− 5
	13	− 6	− 4	− 3	− 1	0	0	− 1	− 2	− 4	− 5	− 6	− 6	− 6
	23	− 6	− 5	− 4	− 2	− 1	0	0	− 1	− 2	− 4	− 5	− 6	− 6
Oct.	3	− 5	− 5	− 5	− 4	− 2	− 1	0	0	− 1	− 2	− 3	− 5	− 5
	13	− 5	− 6	− 6	− 5	− 4	− 2	− 1	0	0	− 1	− 2	− 4	− 5
	23	− 4	− 5	− 6	− 6	− 5	− 4	− 2	− 1	0	0	− 1	− 2	− 4
Nov.	2	− 3	− 5	− 6	− 7	− 7	− 6	− 4	− 2	− 1	0	0	− 1	− 3
	12	− 2	− 4	− 6	− 8	− 8	− 8	− 6	− 4	− 2	− 1	0	0	− 2
	22	− 1	− 3	− 6	− 8	− 9	−10	− 9	− 7	− 4	− 2	0	0	− 1
Dec.	2	0	− 2	− 4	− 7	−10	−11	−11	− 9	− 7	− 4	− 1	0	0
	12	0	− 1	− 3	− 7	−10	−12	−13	−12	− 9	− 6	− 3	− 1	0
	22	0	0	− 2	− 5	− 9	−12	−14	−14	−12	− 9	− 5	− 2	0
	32	− 1	0	− 1	− 4	− 8	−12	−14	−15	−14	−12	− 8	− 4	− 1

The second-order day number J' is given in this table in units of $0''\!.0001$.
The apparent declination of a star is given by:

$$\delta = \delta_1 + \tau\mu_\delta/100 + Aa' + Bb' + Cc' + J'\tan\delta_1$$

where the declination (δ_1) and centennial proper motion in declination
(μ_δ) are referred to the mean equator and equinox of J2002·5

SECOND-ORDER DAY NUMBERS, 2002

J for SOUTHERN DECLINATIONS
FOR 0ʰ TT AND EQUINOX J2002·5

Right Ascension

Date		0^h 12^h	1^h 13^h	2^h 14^h	3^h 15^h	4^h 16^h	5^h 17^h	6^h 18^h	7^h 19^h	8^h 20^h	9^h 21^h	10^h 22^h	11^h 23^h	12^h 24^h
Jan.	−4	− 2	+10	+19	+23	+21	+13	+ 2	−10	−19	−23	−21	−13	− 2
	6	− 6	+ 6	+15	+21	+21	+15	+ 6	− 6	−15	−21	−21	−15	− 6
	16	− 9	+ 2	+11	+18	+20	+16	+ 9	− 2	−11	−18	−20	−16	− 9
	26	−11	− 2	+ 7	+15	+18	+17	+11	+ 2	− 7	−15	−18	−17	−11
Feb.	5	−12	− 5	+ 4	+11	+15	+16	+12	+ 5	− 4	−11	−15	−16	−12
	15	−12	− 7	0	+ 7	+12	+14	+12	+ 7	0	− 7	−12	−14	−12
	25	−11	− 8	− 2	+ 4	+ 9	+12	+11	+ 8	+ 2	− 4	− 9	−12	−11
Mar.	7	−10	− 8	− 4	+ 1	+ 6	+ 9	+10	+ 8	+ 4	− 1	− 6	− 9	−10
	17	− 8	− 7	− 5	− 1	+ 3	+ 6	+ 8	+ 7	+ 5	+ 1	− 3	− 6	− 8
	27	− 6	− 6	− 5	− 3	0	+ 3	+ 6	+ 6	+ 5	+ 3	0	− 3	− 6
Apr.	6	− 3	− 5	− 5	− 4	− 1	+ 1	+ 3	+ 5	+ 5	+ 4	+ 1	− 1	− 3
	16	− 1	− 3	− 4	− 4	− 2	− 1	+ 1	+ 3	+ 4	+ 4	+ 2	+ 1	− 1
	26	0	− 1	− 2	− 3	− 3	− 2	0	+ 1	+ 2	+ 3	+ 3	+ 2	0
May	6	+ 1	0	− 1	− 2	− 2	− 2	− 1	0	+ 1	+ 2	+ 2	+ 2	+ 1
	16	+ 2	+ 1	0	− 1	− 2	− 2	− 2	− 1	0	+ 1	+ 2	+ 2	+ 2
	26	+ 2	+ 2	+ 1	+ 1	0	− 1	− 2	− 2	− 1	− 1	0	+ 1	+ 2
June	5	+ 1	+ 2	+ 2	+ 2	+ 1	0	− 1	− 2	− 2	− 2	− 1	0	+ 1
	15	0	+ 1	+ 2	+ 2	+ 2	+ 1	0	− 1	− 2	− 2	− 2	− 1	0
	25	− 1	0	+ 2	+ 3	+ 3	+ 2	+ 1	0	− 2	− 3	− 3	− 2	− 1
July	5	− 3	− 1	+ 1	+ 2	+ 3	+ 3	+ 3	+ 1	− 1	− 2	− 3	− 3	− 3
	15	− 4	− 3	− 1	+ 1	+ 3	+ 4	+ 4	+ 3	+ 1	− 1	− 3	− 4	− 4
	25	− 5	− 4	− 2	0	+ 2	+ 4	+ 5	+ 4	+ 2	0	− 2	− 4	− 5
Aug.	4	− 5	− 5	− 4	− 2	+ 1	+ 4	+ 5	+ 5	+ 4	+ 2	− 1	− 4	− 5
	14	− 5	− 6	− 6	− 4	− 1	+ 2	+ 5	+ 6	+ 6	+ 4	+ 1	− 2	− 5
	24	− 4	− 6	− 7	− 5	− 3	+ 1	+ 4	+ 6	+ 7	+ 5	+ 3	− 1	− 4
Sept.	3	− 3	− 6	− 7	− 7	− 5	− 1	+ 3	+ 6	+ 7	+ 7	+ 5	+ 1	− 3
	13	− 1	− 4	− 7	− 8	− 6	− 3	+ 1	+ 4	+ 7	+ 8	+ 6	+ 3	− 1
	23	+ 2	− 3	− 6	− 8	− 8	− 5	− 2	+ 3	+ 6	+ 8	+ 8	+ 5	+ 2
Oct.	3	+ 4	0	− 4	− 7	− 8	− 7	− 4	0	+ 4	+ 7	+ 8	+ 7	+ 4
	13	+ 6	+ 2	− 2	− 6	− 8	− 8	− 6	− 2	+ 2	+ 6	+ 8	+ 8	+ 6
	23	+ 7	+ 4	0	− 4	− 7	− 8	− 7	− 4	0	+ 4	+ 7	+ 8	+ 7
Nov.	2	+ 8	+ 6	+ 2	− 2	− 6	− 8	− 8	− 6	− 2	+ 2	+ 6	+ 8	+ 8
	12	+ 8	+ 7	+ 4	0	− 4	− 7	− 8	− 7	− 4	0	+ 4	+ 7	+ 8
	22	+ 7	+ 7	+ 5	+ 2	− 2	− 5	− 7	− 7	− 5	− 2	+ 2	+ 5	+ 7
Dec.	2	+ 6	+ 7	+ 6	+ 4	0	− 3	− 6	− 7	− 6	− 4	0	+ 3	+ 6
	12	+ 4	+ 5	+ 6	+ 5	+ 2	− 1	− 4	− 5	− 6	− 5	− 2	+ 1	+ 4
	22	+ 2	+ 4	+ 5	+ 5	+ 3	+ 1	− 2	− 4	− 5	− 5	− 3	− 1	+ 2
	32	0	+ 2	+ 4	+ 4	+ 4	+ 2	0	− 2	− 4	− 4	− 4	− 2	0

The second-order day number *J* is given in this table in units of 0^s00001. The apparent right ascension of a star is given by:

$$\alpha = \alpha_1 + \tau\mu_\alpha/100 + Aa + Bb + Cc + Dd + E + J\tan^2\delta_1$$

where the position (α_1, δ_1) and centennial proper motion in right ascension (μ_α) are referred to the mean equator and equinox of J2002·5

J' for SOUTHERN DECLINATIONS
FOR 0^h TT AND EQUINOX J2002·5

Right Ascension

Date	0^h 12^h	1^h 13^h	2^h 14^h	3^h 15^h	4^h 16^h	5^h 17^h	6^h 18^h	7^h 19^h	8^h 20^h	9^h 21^h	10^h 22^h	11^h 23^h	12^h 24^h
Jan. −4	0	− 2	− 7	−16	−25	−32	−35	−33	−27	−19	−10	− 3	0
6	− 1	− 1	− 5	−12	−21	−28	−32	−32	−28	−21	−12	− 5	− 1
16	− 1	0	− 3	− 9	−16	−23	−28	−30	−27	−21	−14	− 7	− 1
26	− 3	0	− 1	− 6	−12	−19	−25	−27	−26	−22	−15	− 8	− 3
Feb. 5	− 4	− 1	0	− 3	− 9	−15	−20	−24	−24	−21	−16	− 9	− 4
15	− 5	− 1	0	− 2	− 5	−11	−16	−20	−21	−19	−15	−10	− 5
25	− 6	− 2	0	0	− 3	− 7	−12	−15	−17	−17	−15	−11	− 6
Mar. 7	− 7	− 3	− 1	0	− 1	− 4	− 8	−12	−14	−15	−13	−10	− 7
17	− 7	− 4	− 1	0	0	− 2	− 5	− 8	−11	−12	−11	−10	− 7
27	− 7	− 4	− 2	− 1	0	− 1	− 3	− 5	− 7	− 9	− 9	− 9	− 7
Apr. 6	− 6	− 5	− 3	− 1	0	0	− 1	− 3	− 4	− 6	− 7	− 7	− 6
16	− 6	− 5	− 3	− 2	− 1	0	0	− 1	− 2	− 4	− 5	− 6	− 6
26	− 4	− 4	− 3	− 2	− 1	0	0	0	− 1	− 2	− 3	− 4	− 4
May 6	− 3	− 4	− 3	− 3	− 2	− 1	0	0	0	− 1	− 2	− 2	− 3
16	− 2	− 3	− 3	− 3	− 3	− 2	− 1	0	0	0	− 1	− 1	− 2
26	− 1	− 2	− 3	− 3	− 3	− 3	− 2	− 1	0	0	0	0	− 1
June 5	0	− 1	− 2	− 3	− 3	− 3	− 3	− 2	− 1	− 1	0	0	0
15	0	0	− 1	− 2	− 3	− 4	− 4	− 3	− 3	− 2	− 1	0	0
25	0	0	0	− 1	− 3	− 4	− 4	− 4	− 4	− 3	− 2	− 1	0
July 5	− 1	0	0	− 1	− 2	− 3	− 4	− 5	− 5	− 4	− 3	− 2	− 1
15	− 2	− 1	0	0	− 1	− 3	− 4	− 5	− 6	− 6	− 5	− 4	− 2
25	− 3	− 2	0	0	− 1	− 2	− 4	− 5	− 7	− 7	− 7	− 5	− 3
Aug. 4	− 5	− 3	− 1	0	0	− 1	− 3	− 5	− 7	− 8	− 8	− 7	− 5
14	− 7	− 5	− 3	− 1	0	0	− 2	− 4	− 6	− 8	− 9	− 9	− 7
24	− 9	− 7	− 4	− 2	0	0	− 1	− 3	− 6	− 8	−10	−10	− 9
Sept. 3	−10	− 9	− 6	− 3	− 1	0	0	− 2	− 4	− 7	− 9	−11	−10
13	−11	−10	− 8	− 5	− 3	− 1	0	− 1	− 3	− 6	− 9	−11	−11
23	−12	−12	−10	− 7	− 4	− 2	0	0	− 2	− 5	− 8	−11	−12
Oct. 3	−12	−12	−11	− 9	− 6	− 3	− 1	0	− 1	− 3	− 6	−10	−12
13	−11	−12	−12	−10	− 8	− 4	− 2	0	0	− 2	− 5	− 8	−11
23	− 9	−12	−12	−12	− 9	− 6	− 3	− 1	0	− 1	− 3	− 6	− 9
Nov. 2	− 8	−10	−12	−12	−10	− 8	− 4	− 2	0	0	− 2	− 5	− 8
12	− 6	− 9	−11	−11	−11	− 9	− 6	− 3	− 1	0	− 1	− 3	− 6
22	− 4	− 7	− 9	−11	−11	− 9	− 7	− 4	− 2	0	0	− 1	− 4
Dec. 2	− 2	− 5	− 7	− 9	−10	−10	− 8	− 5	− 3	− 1	0	0	− 2
12	− 1	− 3	− 5	− 7	− 9	− 9	− 8	− 6	− 4	− 2	0	0	− 1
22	0	− 1	− 3	− 5	− 7	− 8	− 7	− 6	− 5	− 3	− 1	0	0
32	0	0	− 2	− 3	− 5	− 6	− 7	− 6	− 5	− 3	− 2	− 1	0

The second-order day number J' is given in this table in units of $0\rlap{.}''0001$.
The apparent declination of a star is given by:

$$\delta = \delta_1 + \tau\mu_\delta/100 + Aa' + Bb' + Cc' + J'\tan\delta_1$$

where the declination (δ_1) and centennial proper motion in declination (μ_δ) are referred to the mean equator and equinox of J2002·5

Planetary reduction

Data and formulae are provided for the precise computation for an object within the solar system of apparent geocentric right ascension and declination at an epoch in terrestrial time, from a barycentric ephemeris in rectangular coordinates and barycentric dynamical time referred to the standard equator and equinox of J2000·0. The stages in the reduction may be summarised as follows:

1. Convert from terrestrial time TT (proper time) to barycentric dynamical time TDB (coordinate time).

2. Calculate the geocentric rectangular coordinates of the planet from barycentric ephemerides of the planet and the Earth for the standard equator and equinox of J2000·0 and coordinate time argument TDB, allowing for light time calculated from heliocentric coordinates.

3. Calculate the direction of the planet relative to the natural frame (i.e. the geocentric inertial frame that is instantaneously stationary in the space time reference frame of the solar system), allowing for light deflection due to solar gravitation.

4. Calculate the direction of the planet relative to the geocentric proper frame by applying the correction for the Earth's orbital velocity about the barycentre (i.e. annual aberration). The resulting direction is for the standard equator and equinox of J2000·0.

5. Apply precession and nutation to convert to the true equator and equinox of date.

6. Convert to spherical coordinates.

Formulae and method for planetary reduction

Step 1.   The apparent place is required for a time in TT whilst the barycentric ephemeris is referred to TDB. For calculating an apparent place the following approximate formulae are sufficient for converting from TT to TDB:

$$\text{TDB} = \text{TT} + 0^{\text{s}}001\,658 \sin g + 0^{\text{s}}000\,014 \sin 2g$$

where $g = 357°53 + 0°985\,6003\,(\text{JD} - 245\,1545\cdot0)$
and JD = Julian date to two decimals of a day.

Step 2.   Obtain the Earth's barycentric position $\mathbf{E}_\text{B}(t)$ in au and velocity $\dot{\mathbf{E}}_\text{B}(t)$ in au/d, at coordinate time $t = \text{TDB}$ referred to the equator and equinox of J2000·0.

Using an ephemeris, obtain the barycentric position of the planet $\mathbf{Q}_\text{B}$ in au at time $(t - \tau)$ for the equator and equinox of J2000·0 where τ is the light time, so that light emitted by the planet at the event $\mathbf{Q}_\text{B}(t - \tau)$ arrives at the Earth at the event $\mathbf{E}_\text{B}(t)$.

The light time equation is solved iteratively using the heliocentric position of the Earth (**E**) and the planet (**Q**), starting with the approximation $\tau = 0$, as follows:

Form **P**, the vector from the Earth to the planet from the equation:
$$\mathbf{P} = \mathbf{Q}_\text{B}(t - \tau) - \mathbf{E}_\text{B}(t)$$
Form **E** and **Q** from the equations: $\mathbf{E} = \mathbf{E}_\text{B}(t) - \mathbf{S}_\text{B}(t)$
$$\mathbf{Q} = \mathbf{Q}_\text{B}(t - \tau) - \mathbf{S}_\text{B}(t - \tau)$$
where $\mathbf{S}_\text{B}$ is the barycentric position of the Sun.

Calculate τ from: $c\tau = P + (2\mu/c^2)\ln[(E + P + Q)/(E - P + Q)]$

where the light time (τ) includes the effect of gravitational retardation due to the Sun, and

$\mu = GM_0$ $c = $ velocity of light $= 173\cdot1446$ au/d
$G = $ the gravitational constant $\mu/c^2 = 9\cdot87 \times 10^{-9}$ au
$M_0 = $ mass of Sun $P = |\mathbf{P}|, \; Q = |\mathbf{Q}|, \; E = |\mathbf{E}|$

where | | means calculate the square root of the sum of the squares of the components.

Formulae and method for planetary reduction (continued)

After convergence, form unit vectors **p**, **q**, **e** by dividing **P**, **Q**, **E** by P, Q, E respectively.

Step 3. Calculate the geocentric direction ($\mathbf{p}_1$) of the planet, corrected for light deflection in the natural frame, from:

$$\mathbf{p}_1 = \mathbf{p} + (2\mu/c^2 E)((\mathbf{p} \cdot \mathbf{q})\,\mathbf{e} - (\mathbf{e} \cdot \mathbf{p})\,\mathbf{q})/(1 + \mathbf{q} \cdot \mathbf{e})$$

where the dot indicates a scalar product. (The scalar product of two vectors is the sum of the products of their corresponding components in the same reference frame.)

The vector $\mathbf{p}_1$ is a unit vector to order μ/c^2.

Step 4. Calculate the proper direction of the planet ($\mathbf{p}_2$) in the geocentric inertial frame that is moving with the instantaneous velocity (**V**) of the Earth relative to the natural frame from:

$$\mathbf{p}_2 = (\beta^{-1}\mathbf{p}_1 + (1 + (\mathbf{p}_1 \cdot \mathbf{V})/(1 + \beta^{-1}))\,\mathbf{V})/(1 + \mathbf{p}_1 \cdot \mathbf{V})$$

where $\mathbf{V} = \dot{\mathbf{E}}_B/c = 0.005\,7755\,\dot{\mathbf{E}}_B$ and $\beta = (1 - V^2)^{-1/2}$; the velocity (**V**) is expressed in units of the velocity of light and is equal to the Earth's velocity in the barycentric frame to order V^2.

Step 5. Apply precession and nutation to the proper direction ($\mathbf{p}_2$) by multiplying by the rotation matrix **R** given on the odd pages B45 to B59 to obtain the apparent direction $\mathbf{p}_3$ from:

$$\mathbf{p}_3 = \mathbf{R}\,\mathbf{p}_2$$

using row by column multiplication.

Step 6. Convert to spherical coordinates α, δ using: $\alpha = \tan^{-1}(\eta/\xi), \delta = \sin^{-1}\zeta$ where $\mathbf{p}_3 = (\xi, \eta, \zeta)$ and the quadrant of α is determined by the signs of ξ and η.

Example of planetary reduction

Calculate the apparent place of Venus on 2002 January 13 at 0^h TT:

Step 1. From page B8, JD = 245 2287·5,
hence $g = 369°.34$ and TDB − TT = $3·2 \times 10^{-9}$ days.
The difference between TDB and TT may be neglected in this example.

Step 2. Tabular values, taken from the JPL DE200/LE200 barycentric ephemeris, referred to J2000·0, which are required for the calculation, are as follows:

Vector	Julian date (TDB)	x	y	z
			Rectangular components	
$\mathbf{E}_B$	245 2287·5	−0·379 338 309	+0·827 993 463	+0·359 060 713
$\dot{\mathbf{E}}_B$	245 2287·5	−0·016 162 126	−0·006 125 022	−0·002 655 051
$\mathbf{Q}_B$	245 2285·5	+0·230 782 961	−0·628 617 515	−0·297 336 477
	245 2286·5	+0·249 731 094	−0·622 115 834	−0·295 610 275
	245 2287·5	+0·268 486 524	−0·615 140 817	−0·293 658 928
	245 2288·5	+0·287 034 910	−0·607 697 910	−0·291 483 979
	245 2289·5	+0·305 362 073	−0·599 792 905	−0·289 087 135
$\mathbf{S}_B$	245 2286·5	−0·001 447 549	−0·005 153 184	−0·002 147 592
	245 2287·5	−0·001 439 007	−0·005 152 733	−0·002 147 628
	245 2288·5	−0·001 430 467	−0·005 152 270	−0·002 147 661

Example of planetary reduction (continued)

Hence on JD 245 2287·5

$E = (-0.377\ 899\ 302, \quad +0.833\ 146\ 196, \quad +0.361\ 208\ 341) \qquad E = 0.983\ 571\ 010$

The first iteration, with $\tau = 0$, gives:

$P = (+0.647\ 824\ 833, \quad -1.443\ 134\ 280, \quad -0.652\ 719\ 641) \qquad P = 1.711\ 244\ 136$
$Q = (+0.269\ 925\ 531, \quad -0.609\ 988\ 084, \quad -0.291\ 511\ 300) \qquad Q = 0.727\ 958\ 854$
$\tau = 0\overset{d}{.}009\ 883\ 32$

The second iteration, with $\tau = 0\overset{d}{.}009\ 883\ 32$ using Stirling's central-difference formula up to δ^4 to interpolate $\mathbf{Q_B}$, and up to δ^2 to interpolate $\mathbf{S_B}$, gives:

$P = (+0.647\ 640\ 457, \quad -1.443\ 205\ 515, \quad -0.652\ 740\ 023) \qquad P = 1.711\ 242\ 197$
$Q = (+0.269\ 741\ 239, \quad -0.610\ 059\ 314, \quad -0.291\ 531\ 683) \qquad Q = 0.727\ 958\ 395$
$\tau = 0\overset{d}{.}009\ 883\ 31$

Iterate until P changes by less than 10^{-9}.

Hence the unit vectors are:

$$\mathbf{p} = (+0.378\ 462\ 183, \quad -0.843\ 367\ 185, \quad -0.381\ 442\ 220)$$
$$\mathbf{q} = (+0.370\ 544\ 857, \quad -0.838\ 041\ 457, \quad -0.400\ 478\ 495)$$
$$\mathbf{e} = (-0.384\ 211\ 509, \quad +0.847\ 062\ 579, \quad +0.367\ 241\ 752)$$

Step 3. Calculate the scalar products:

$\mathbf{p} \cdot \mathbf{q} = +0.999\ 773\ 286 \quad \mathbf{e} \cdot \mathbf{p} = -0.999\ 875\ 818 \quad \mathbf{q} \cdot \mathbf{e} = -0.999\ 313\ 580 \qquad$ then

$(2\mu/c^2 E)((\mathbf{p} \cdot \mathbf{q})\mathbf{e} - (\mathbf{e} \cdot \mathbf{p})\mathbf{q})/(1 + \mathbf{q} \cdot \mathbf{e}) = (-0.000\ 000\ 398, +0.000\ 000\ 261, -0.000\ 000\ 973)$

and $\quad \mathbf{p}_1 = (+0.378\ 461\ 784, -0.843\ 366\ 924, -0.381\ 443\ 193)$

Step 4. Take $\dot{\mathbf{E}}_B$ from the table in *Step* 2 and calculate:

$\mathbf{V} = 0.005\ 7755\ \dot{\mathbf{E}}_B = (-0.000\ 093\ 345, \quad -0.000\ 035\ 375, \quad -0.000\ 015\ 334)$

Then $V = 0.000\ 100\ 994$, $\beta = 1.000\ 000\ 005$ and $\beta^{-1} = 0.999\ 999\ 995$

Calculate the scalar product $\mathbf{p}_1 \cdot \mathbf{V} = +0.000\ 000\ 356$

Then $1 + (\mathbf{p}_1 \cdot \mathbf{V})/(1 + \beta^{-1}) = 1.000\ 000\ 178$

Hence $\mathbf{p}_2 = (+0.378\ 368\ 303, \quad -0.843\ 401\ 994, \quad -0.381\ 458\ 390)$

Step 5. From page B45, the precession and nutation matrix $\mathbf{R}$ is given by:

$$\mathbf{R} = \begin{bmatrix} +0.999\ 999\ 91 & -0.000\ 383\ 36 & -0.000\ 166\ 65 \\ +0.000\ 383\ 36 & +0.999\ 999\ 93 & -0.000\ 001\ 41 \\ +0.000\ 166\ 65 & +0.000\ 001\ 34 & +0.999\ 999\ 99 \end{bmatrix}$$

Hence $\qquad \mathbf{p}_3 = \mathbf{R}\,\mathbf{p}_2 = (+0.378\ 755\ 16, \ -0.843\ 256\ 35, \ -0.381\ 396\ 46)$

Step 6. Converting to spherical coordinates

$$\alpha = 19^h\ 36^m\ 45\overset{s}{.}02 \qquad \delta = -22°\ 25'\ 12\overset{''}{.}8$$

The geometric distance between the Earth and Venus at time $t = $ JD 245 2287·5 is the value of $P = 1.711\ 244\ 136$ au in the first iteration in *Step* 2, where $\tau = 0$. The light path distance between the Earth at time t and Venus at time $(t - \tau)$ is the value of $P = 1.711\ 242\ 197$ au in the final iteration in *Step* 2, where $\tau = 0\overset{d}{.}009\ 883\ 31$.

Solar reduction

The method for solar reduction is identical to the method for planetary reduction, except for the following differences:

In *Step* 2 set $\mathbf{Q}_B = \mathbf{S}_B$ and hence $\mathbf{P} = \mathbf{S}_B(t - \tau) - \mathbf{E}_B(t)$. Calculate the light time (τ) by iteration from $\tau = P/c$ and form the unit vector $\mathbf{p}$ only.

In *Step* 3 set $\mathbf{p}_1 = \mathbf{p}$ since there is no light deflection from the centre of the Sun's disk.

Stellar reduction

The method for planetary reduction may be applied with some modification to the calculation of the apparent places of stars.

The barycentric direction of a star at epoch TDB is calculated from its right ascension, declination and space motion for the standard equator and equinox of J2000·0 on the FK5 system. A concise method of conversion from B1950·0 on the FK4 system to J2000·0 on the FK5 system is given on page B42.

The main modifications to the planetary reduction in the stellar case are: in *Step* 1, the distinction between TDB and TT is not significant; in *Step* 2, the space motion of the star is included but light time is ignored; in *Step* 3, the relativity term for light deflection is modified to the asymptotic case where the star is assumed to be at infinity.

Formulae and method for stellar reduction

The steps in the stellar reduction are as follows:

Step 1. Set TDB = TT

Step 2. Obtain the Earth's barycentric position $\mathbf{E}_B$ in au and velocity $\dot{\mathbf{E}}_B$ in au/d, at coordinate time $t = $ TDB referred to the equator and equinox of J2000·0.

The barycentric direction ($\mathbf{q}$) of a star at epoch J2000·0, referred to the standard equator and equinox of J2000·0, is given by:

$$\mathbf{q} = (\cos \alpha_0 \cos \delta_0, \ \sin \alpha_0 \cos \delta_0, \ \sin \delta_0)$$

where α_0 and δ_0 are the right ascension and declination for the equator, equinox and epoch of J2000·0.

The space motion vector $\mathbf{m} = (m_x, m_y, m_z)$ of the star expressed in radians per century, is given by:

$$
\begin{aligned}
m_x &= -\mu_\alpha \cos \delta_0 \sin \alpha_0 \ - \mu_\delta \sin \delta_0 \cos \alpha_0 \ + v\,\pi \cos \delta_0 \cos \alpha_0 \\
m_y &= \ \ \mu_\alpha \cos \delta_0 \cos \alpha_0 \ - \mu_\delta \sin \delta_0 \sin \alpha_0 \ + v\,\pi \cos \delta_0 \sin \alpha_0 \\
m_z &= \qquad\qquad\qquad\qquad \mu_\delta \cos \delta_0 \qquad + v\,\pi \sin \delta_0
\end{aligned}
$$

where these expressions take into account radial velocity (v) in au/century (1 km/s = 21·095 au/century), measured positively away from the Earth, as well as proper motion (μ_α, μ_δ) in right ascension and declination in radians/century, and π is the parallax in radians.

Calculate $\mathbf{P}$, the geocentric vector of the star at the required epoch, from:

$$\mathbf{P} = \mathbf{q} + T\,\mathbf{m} - \pi\,\mathbf{E}_B$$

where $T = (\text{JD} - 245\,1545\cdot0)/36\,525$, which is the interval in Julian centuries from J2000·0, and JD is the Julian date to one decimal of a day.

Formulae and method for stellar reduction (continued)

Form the heliocentric position of the Earth (**E**) from:

$$\mathbf{E} = \mathbf{E_B} - \mathbf{S_B}$$

where $\mathbf{S_B}$ is the barycentric position of the Sun at time t.

Form the geocentric direction (**p**) of the star and the unit vector (**e**) from $\mathbf{p} = \mathbf{P}/|\mathbf{P}|$ and $\mathbf{e} = \mathbf{E}/|\mathbf{E}|$.

Step 3.   Calculate the geocentric direction ($\mathbf{p_1}$) of the star, corrected for light deflection in the natural frame, from:

$$\mathbf{p_1} = \mathbf{p} + (2\mu/c^2 E)(\mathbf{e} - (\mathbf{p} \cdot \mathbf{e})\mathbf{p})/(1 + \mathbf{p} \cdot \mathbf{e})$$

where the dot indicates a scalar product, $\mu/c^2 = 9.87 \times 10^{-9}$ au and $E = |\mathbf{E}|$. Note that the expression is derived from the planetary case by substituting $\mathbf{q} = \mathbf{p}$ in the small term which allows for light deflection.

The vector $\mathbf{p_1}$ is a unit vector to order μ/c^2.

Step 4.   Calculate the proper direction ($\mathbf{p_2}$) in the geocentric inertial frame, that is moving with the instantaneous velocity (**V**) of the Earth relative to the natural frame, from:

$$\mathbf{p_2} = (\beta^{-1}\mathbf{p_1} + (1 + (\mathbf{p_1} \cdot \mathbf{V})/(1 + \beta^{-1}))\mathbf{V})/(1 + \mathbf{p_1} \cdot \mathbf{V})$$

where $\mathbf{V} = \dot{\mathbf{E}}_B/c = 0.005\,7755\,\dot{\mathbf{E}}_B$ and $\beta = (1 - V^2)^{-1/2}$; the velocity (**V**) is expressed in units of velocity of light and is equal to the Earth's velocity in the barycentric frame to order V^2.

Step 5.   Apply precession and nutation to the proper direction ($\mathbf{p_2}$) by multiplying by the rotation matrix (**R**), given on the odd pages B45 to B59, to obtain the apparent direction ($\mathbf{p_3}$) from:

$$\mathbf{p_3} = \mathbf{R}\,\mathbf{p_2}$$

using row by column multiplication.

Step 6.   Convert to spherical coordinates (α, δ) using: $\alpha = \tan^{-1}(\eta/\xi)$, $\delta = \sin^{-1}\zeta$ where $\mathbf{p_3} = (\xi, \eta, \zeta)$ and the quadrant of α is determined by the signs of ξ and η.

Example of stellar reduction

Calculate the apparent position of a fictitious star on 2002 January 1 at 0^h TT. The mean right ascension (α_0), declination (δ_0), centennial proper motions (μ_α, μ_δ), parallax (π) and radial velocity (v) of the star at the standard equator and equinox of J2000·0 are given by:

$\alpha_0 = 14^h\,39^m\,36\overset{s}{.}087$ $\delta_0 = -60°\,50'\,07''\!.14$ $\pi = 0''\!.752 = 3.6458 \times 10^{-6}$ rad

$\mu_\alpha = -49.486$ s/cy $\mu_\delta = +69.60''$/cy $v = -22.2$ km/s

$\quad = -0.003\,598\,723$ rad/cy, $\quad = +0.000\,337\,430$ rad/cy, $v\pi = -0.001\,707\,357$ rad/cy

Step 1.   TDB = TT = JD 245 2275·5

Step 2.   Tabular values of $\mathbf{E_B}$, $\dot{\mathbf{E}}_B$ and $\mathbf{S_B}$, taken from the JPL DE200/LE200 barycentric ephemeris referred to J2000·0, are:

Vector	Julian date (TDB)	Rectangular components		
		x	y	z
$\mathbf{E_B}$	245 2275·5	−0·178 461 510	+0·882 280 547	+0·382 596 830
$\dot{\mathbf{E}}_B$	245 2275·5	−0·017 188 695	−0·002 894 962	−0·001 255 956
$\mathbf{S_B}$	245 2275·5	−0·001 541 587	−0·005 157 481	−0·002 146 907

Example of stellar reduction (continued)

From the positional data, calculate:

$$\mathbf{q} = (-0.373\ 854\ 098,\ -0.312\ 594\ 565,\ -0.873\ 222\ 624)$$
$$\mathbf{m} = (-0.000\ 712\ 685,\ +0.001\ 690\ 102,\ +0.001\ 655\ 339)$$

Form $\quad \mathbf{P} = \mathbf{q} + T\,\mathbf{m} - \pi\,\mathbf{E_B} = (-0.373\ 867\ 701,\ -0.312\ 563\ 979,\ -0.873\ 190\ 912)$

where $\quad T = (245\ 2275{\cdot}5 - 245\ 1545{\cdot}0)/36\ 525 = +0.020\ 000\ 000,$

and form $\quad \mathbf{E} = \mathbf{E_B} - \mathbf{S_B} = (-0.176\ 919\ 923,\ +0.887\ 438\ 028,\ +0.384\ 743\ 737),$
$$E = 0.983\ 297\ 847$$

Hence the unit vectors are:

$$\mathbf{p} = (-0.373\ 879\ 727,\ -0.312\ 574\ 034,\ -0.873\ 219\ 001)$$
$$\mathbf{e} = (-0.179\ 925\ 059,\ +0.902\ 511\ 920,\ +0.391\ 278\ 938)$$

Step 3. Calculate the scalar product $\mathbf{p} \cdot \mathbf{e} = -0.556\ 503\ 662$, then

$$(2\mu/c^2 E)(\mathbf{e} - (\mathbf{p} \cdot \mathbf{e})\mathbf{p})/(1 + \mathbf{p} \cdot \mathbf{e}) = (-0.000\ 000\ 018,\ +0.000\ 000\ 033,\ -0.000\ 000\ 004)$$
$$\text{and} \quad \mathbf{p_1} = (-0.373\ 879\ 745,\ -0.312\ 574\ 001,\ -0.873\ 219\ 005)$$

Step 4.

Calculate $\mathbf{V} = 0.005\ 7755\,\dot{\mathbf{E}}_B = (-0.000\ 099\ 274,\ -0.000\ 016\ 720,\ -0.000\ 007\ 254)$
where $\dot{\mathbf{E}}_B$ is taken from the table in *Step* 2.

Then $V = 0.000\ 100\ 933$, $\beta = 1.000\ 000\ 005$ and $\beta^{-1} = 0.999\ 999\ 995$

Calculate the scalar product $\mathbf{p_1} \cdot \mathbf{V} = +0.000\ 048\ 677$

Then $1 + (\mathbf{p_1} \cdot \mathbf{V})/(1 + \beta^{-1}) = 1.000\ 024\ 338$

Hence $\mathbf{p_2} = (-0.373\ 960\ 816,\ -0.312\ 575\ 504,\ -0.873\ 183\ 751)$

Step 5. From page B45, the precession and nutation matrix $\mathbf{R}$ is given by:

$$\mathbf{R} = \begin{bmatrix} +0.999\ 999\ 92 & -0.000\ 373\ 88 & -0.000\ 162\ 54 \\ +0.000\ 373\ 88 & +0.999\ 999\ 93 & -0.000\ 000\ 33 \\ +0.000\ 162\ 54 & +0.000\ 000\ 27 & +0.999\ 999\ 99 \end{bmatrix}$$

Hence $\quad \mathbf{p_3} = \mathbf{R}\,\mathbf{p_2} = (-0.373\ 701\ 99,\ -0.312\ 715\ 01,\ -0.873\ 244\ 61)$

Step 6. Converting to spherical coordinates:

$$\alpha = 14^\text{h}\ 39^\text{m}\ 41\overset{s}{\cdot}448 \qquad \delta = -60°\ 50'\ 16''\!\cdot\!44$$

Conversion of stellar positions and proper motions from the standard epoch B1950·0 to the standard epoch J2000·0

A matrix method for calculating the mean place of a star at J2000·0 on the FK5 system from the mean place at B1950·0 on the FK4 system, ignoring the systematic corrections FK5–FK4 and individual star corrections to the FK5, is as follows:

1. From a star catalogue obtain the FK4 position (α_0, δ_0), in degrees, proper motion $(\mu_{\alpha 0}, \mu_{\delta 0})$ in seconds of arc per tropical century, parallax (π_0) in seconds of arc and radial velocity (v_0) in km/s for B1950·0. If π_0 or v_0 are unspecified, set them both equal to zero.

2. Calculate the rectangular components of the position vector $\mathbf{r}_0$ and velocity vector $\dot{\mathbf{r}}_0$ from:

$$\mathbf{r}_0 = \begin{bmatrix} \cos\alpha_0\cos\delta_0 \\ \sin\alpha_0\cos\delta_0 \\ \sin\delta_0 \end{bmatrix} \quad \dot{\mathbf{r}}_0 = \begin{bmatrix} -\mu_{\alpha 0}\sin\alpha_0\cos\delta_0 - \mu_{\delta 0}\cos\alpha_0\sin\delta_0 \\ \mu_{\alpha 0}\cos\alpha_0\cos\delta_0 - \mu_{\delta 0}\sin\alpha_0\sin\delta_0 \\ \mu_{\delta 0}\cos\delta_0 \end{bmatrix} + 21\!\cdot\!095\, v_0\, \pi_0\, \mathbf{r}_0$$

3. Remove the effects of the E-terms of aberration to form $\mathbf{r}_1$ and $\dot{\mathbf{r}}_1$ from:

$$\mathbf{r}_1 = \mathbf{r}_0 - \mathbf{A} + (\mathbf{r}_0 \cdot \mathbf{A})\mathbf{r}_0$$
$$\dot{\mathbf{r}}_1 = \dot{\mathbf{r}}_0 - \dot{\mathbf{A}} + (\mathbf{r}_0 \cdot \dot{\mathbf{A}})\mathbf{r}_0$$

where $\mathbf{A} = \begin{bmatrix} -1\!\cdot\!625\,57 \\ -0\!\cdot\!319\,19 \\ -0\!\cdot\!138\,43 \end{bmatrix} \times 10^{-6}$ radians, $\quad \dot{\mathbf{A}} = \begin{bmatrix} +1\!.\!''245 \\ -1\!.\!''580 \\ -0\!.\!''659 \end{bmatrix} \times 10^{-3}$ per tropical cy.

The terms $(\mathbf{r}_0 \cdot \mathbf{A})$ and $(\mathbf{r}_0 \cdot \dot{\mathbf{A}})$ are scalar products.

4. Form the vector $\mathbf{R}_1 = \begin{bmatrix} \mathbf{r}_1 \\ \dot{\mathbf{r}}_1 \end{bmatrix}$ and calculate the vector $\mathbf{R} = \begin{bmatrix} \mathbf{r} \\ \dot{\mathbf{r}} \end{bmatrix}$ from:

$$\mathbf{R} = \mathbf{M}\,\mathbf{R}_1$$

where $\mathbf{M}$ is a constant 6×6 matrix given by:

$$\begin{bmatrix}
+0\!\cdot\!999\,925\,6782 & -0\!\cdot\!011\,182\,0611 & -0\!\cdot\!004\,857\,9477 & +0\!\cdot\!000\,002\,423\,950\,18 & -0\!\cdot\!000\,000\,027\,106\,63 & -0\!\cdot\!000\,000\,011\,776\,56 \\
+0\!\cdot\!011\,182\,0610 & +0\!\cdot\!999\,937\,4784 & -0\!\cdot\!000\,027\,1765 & +0\!\cdot\!000\,000\,027\,106\,63 & +0\!\cdot\!000\,002\,423\,978\,78 & -0\!\cdot\!000\,000\,000\,065\,87 \\
+0\!\cdot\!004\,857\,9479 & -0\!\cdot\!000\,027\,1474 & +0\!\cdot\!999\,988\,1997 & +0\!\cdot\!000\,000\,011\,776\,56 & -0\!\cdot\!000\,000\,000\,065\,82 & +0\!\cdot\!000\,002\,424\,101\,73 \\
-0\!\cdot\!000\,551 & -0\!\cdot\!238\,565 & +0\!\cdot\!435\,739 & +0\!\cdot\!999\,947\,04 & -0\!\cdot\!011\,182\,51 & -0\!\cdot\!004\,857\,67 \\
+0\!\cdot\!238\,514 & -0\!\cdot\!002\,667 & -0\!\cdot\!008\,541 & +0\!\cdot\!011\,182\,51 & +0\!\cdot\!999\,958\,83 & -0\!\cdot\!000\,027\,18 \\
-0\!\cdot\!435\,623 & +0\!\cdot\!012\,254 & +0\!\cdot\!002\,117 & +0\!\cdot\!004\,857\,67 & -0\!\cdot\!000\,027\,14 & +1\!\cdot\!000\,009\,56
\end{bmatrix}$$

and set $(x, y, z, \dot{x}, \dot{y}, \dot{z}) = \mathbf{R}'$.

5. Calculate the FK5 mean position (α_1, δ_1), proper motion $(\mu_{\alpha 1}, \mu_{\delta 1})$ in seconds of arc per Julian century, parallax (π_1) in seconds of arc and radial velocity (v_1) in km/s for J2000·0 from:

$$\cos\alpha_1\cos\delta_1 = x/r \qquad \sin\alpha_1\cos\delta_1 = y/r \qquad \sin\delta_1 = z/r$$

$$\mu_{\alpha 1} = (x\dot{y} - y\dot{x})/(x^2 + y^2) \qquad \mu_{\delta 1} = [\dot{z}(x^2 + y^2) - z(x\dot{x} + y\dot{y})]/[r^2(x^2 + y^2)^{1/2}]$$

$$v_1 = (x\dot{x} + y\dot{y} + z\dot{z})/(21\!\cdot\!095\pi_0 r) \qquad \pi_1 = \pi_0/r$$

where $r = (x^2 + y^2 + z^2)^{1/2}$.

If π_0 is zero set $v_1 = v_0$.

References

Standish, E.M., (1982) *Astron. Astrophys.*, **115**, 20–22.
Aoki, S., Sôma, M., Kinoshita, H., Inoue, K., (1983) *Astron. Astrophys.*, **128**, 263–267.

Conversion of stellar positions and proper motions from the standard epoch J2000·0 to the standard epoch B1950·0

A matrix method for calculating the mean place of a star at B1950·0 on the FK4 system from the mean place at J2000·0 on the FK5 system, ignoring the systematic corrections FK4–FK5 and individual star corrections to the FK4, is as follows:

1. From a star catalogue obtain the FK5 position (α_0, δ_0), in degrees, proper motion $(\mu_{\alpha 0}, \mu_{\delta 0})$ in seconds of arc per Julian century, parallax (π_0) in seconds of arc and radial velocity (v_0) in km/s for J2000·0. If π_0 or v_0 are unspecified, set them both equal to zero.

2. Calculate the rectangular components of the position vector $\mathbf{r}_0$ and velocity vector $\dot{\mathbf{r}}_0$ from:

$$\mathbf{r}_0 = \begin{bmatrix} \cos\alpha_0\cos\delta_0 \\ \sin\alpha_0\cos\delta_0 \\ \sin\delta_0 \end{bmatrix} \quad \dot{\mathbf{r}}_0 = \begin{bmatrix} -\mu_{\alpha 0}\sin\alpha_0\cos\delta_0 - \mu_{\delta 0}\cos\alpha_0\sin\delta_0 \\ \mu_{\alpha 0}\cos\alpha_0\cos\delta_0 - \mu_{\delta 0}\sin\alpha_0\sin\delta_0 \\ \mu_{\delta 0}\cos\delta_0 \end{bmatrix} + 21\cdot095\, v_0\,\pi_0\,\mathbf{r}_0$$

3. Form the vector $\mathbf{R}_0 = \begin{bmatrix} \mathbf{r}_0 \\ \dot{\mathbf{r}}_0 \end{bmatrix}$ and calculate the vector $\mathbf{R}_1 = \begin{bmatrix} \mathbf{r}_1 \\ \dot{\mathbf{r}}_1 \end{bmatrix}$ from:

$$\mathbf{R}_1 = \mathbf{M}^{-1}\,\mathbf{R}_0$$

where $\mathbf{M}^{-1}$ is a constant 6×6 matrix given by:

$$\begin{bmatrix}
+0\cdot999\,925\,6795 & +0\cdot011\,181\,4828 & +0\cdot004\,859\,0039 & -0\cdot000\,002\,423\,898\,40 & -0\cdot000\,000\,027\,105\,44 & -0\cdot000\,000\,011\,777\,42 \\
-0\cdot011\,181\,4828 & +0\cdot999\,937\,4849 & -0\cdot000\,027\,1771 & +0\cdot000\,000\,027\,105\,44 & -0\cdot000\,002\,423\,927\,02 & +0\cdot000\,000\,000\,065\,85 \\
-0\cdot004\,859\,0040 & -0\cdot000\,027\,1557 & +0\cdot999\,988\,1946 & +0\cdot000\,000\,011\,777\,42 & +0\cdot000\,000\,000\,065\,85 & -0\cdot000\,002\,424\,049\,95 \\
-0\cdot000\,551 & +0\cdot238\,509 & -0\cdot435\,614 & +0\cdot999\,904\,32 & +0\cdot011\,181\,45 & +0\cdot004\,858\,52 \\
-0\cdot238\,560 & -0\cdot002\,667 & +0\cdot012\,254 & -0\cdot011\,181\,45 & +0\cdot999\,916\,13 & -0\cdot000\,027\,17 \\
+0\cdot435\,730 & -0\cdot008\,541 & +0\cdot002\,117 & -0\cdot004\,858\,52 & -0\cdot000\,027\,16 & +0\cdot999\,966\,84
\end{bmatrix}$$

4. Include the effects of the E-terms of aberration as follows: Form $\mathbf{s}_1 = \mathbf{r}_1/r_1$ and $\dot{\mathbf{s}}_1 = \dot{\mathbf{r}}_1/r_1$ where $r_1 = (x_1^2 + y_1^2 + z_1^2)^{1/2}$.

Set $\mathbf{s} = \mathbf{s}_1$ and calculate $\mathbf{r}$ from $\mathbf{r} = \mathbf{s}_1 + \mathbf{A} - (\mathbf{s}\cdot\mathbf{A})\,\mathbf{s}$, where

$$\mathbf{A} = \begin{bmatrix} -1\cdot625\,57 \\ -0\cdot319\,19 \\ -0\cdot138\,43 \end{bmatrix} \times 10^{-6} \text{ radians,}$$

and $(\mathbf{s}\cdot\mathbf{A})$ is a scalar product.

Set $\mathbf{s} = \mathbf{r}/r$ and iterate the expression for $\mathbf{r}$ once or twice until a consistent value for $\mathbf{r}$ is obtained, then calculate:

$$\dot{\mathbf{r}} = \dot{\mathbf{s}}_1 + \dot{\mathbf{A}} - (\mathbf{s}\cdot\dot{\mathbf{A}})\,\mathbf{s} \qquad \text{where} \qquad \dot{\mathbf{A}} = \begin{bmatrix} +1''245 \\ -1''580 \\ -0''659 \end{bmatrix} \times 10^{-3} \text{ per tropical cy}$$

5. Calculate the FK4 mean position (α_1, δ_1), proper motion $(\mu_{\alpha 1}, \mu_{\delta 1})$ in seconds of arc per tropical century, parallax (π_1) in seconds of arc and radial velocity (v_1) in km/s for B1950·0, as follows:

Set $\quad (x, y, z) = \mathbf{r}' \quad (\dot{x}, \dot{y}, \dot{z}) = \dot{\mathbf{r}}' \quad$ and $\quad r = (x^2 + y^2 + z^2)^{1/2}$

Then $\quad \cos\alpha_1\cos\delta_1 = x/r \qquad \sin\alpha_1\cos\delta_1 = y/r \qquad \sin\delta_1 = z/r$

$$\mu_{\alpha 1} = (x\dot{y} - y\dot{x})/(x^2 + y^2) \qquad \mu_{\delta 1} = [\dot{z}(x^2 + y^2) - z(x\dot{x} + y\dot{y})]/[r^2(x^2 + y^2)^{1/2}]$$

In step 4 set

$$(x_1, y_1, z_1) = \mathbf{r}'_1 \quad (\dot{x}_1, \dot{y}_1, \dot{z}_1) = \dot{\mathbf{r}}'_1 \quad \text{and} \quad r_1 = (x_1^2 + y_1^2 + z_1^2)^{1/2}$$

then $\quad v_1 = (x_1\dot{x}_1 + y_1\dot{y}_1 + z_1\dot{z}_1)/(21\cdot095\pi_0 r_1) \qquad \pi_1 = \pi_0/r_1$

If π_0 is zero set $v_1 = v_0$.

ORIGIN AT SOLAR SYSTEM BARYCENTRE

MEAN EQUATOR AND EQUINOX J2000·0

Date 0^h TDB		X	Y	Z	$\dot{X}$	$\dot{Y}$	$\dot{Z}$
Jan.	0	−0·161 246 578	+0·885 037 993	+0·383 793 212	−1724 0348	− 261 9817	− 113 6750
	1	−0·178 461 510	+0·882 280 547	+0·382 596 830	−1718 8695	− 289 4962	− 125 5956
	2	−0·195 622 315	+0·879 248 293	+0·381 281 409	−1713 2086	− 316 9434	− 137 4832
	3	−0·212 724 012	+0·875 941 902	+0·379 847 274	−1707 0466	− 344 3236	− 149 3385
	4	−0·229 761 548	+0·872 362 053	+0·378 294 745	−1700 3751	− 371 6341	− 161 1617
	5	−0·246 729 783	+0·868 509 470	+0·376 624 151	−1693 1846	− 398 8692	− 172 9514
	6	−0·263 623 478	+0·864 384 951	+0·374 835 839	−1685 4656	− 426 0195	− 184 7046
	7	−0·280 437 306	+0·859 989 402	+0·372 930 193	−1677 2100	− 453 0730	− 196 4174
	8	−0·297 165 867	+0·855 323 860	+0·370 907 643	−1668 4113	− 480 0156	− 208 0844
	9	−0·313 803 708	+0·850 389 512	+0·368 768 677	−1659 0655	− 506 8316	− 219 6996
	10	−0·330 345 348	+0·845 187 704	+0·366 513 846	−1649 1709	− 533 5048	− 231 2563
	11	−0·346 785 300	+0·839 719 948	+0·364 143 770	−1638 7283	− 560 0184	− 242 7475
	12	−0·363 118 096	+0·833 987 921	+0·361 659 138	−1627 7405	− 586 3562	− 254 1661
	13	−0·379 338 309	+0·827 993 463	+0·359 060 713	−1616 2126	− 612 5022	− 265 5051
	14	−0·395 440 571	+0·821 738 566	+0·356 349 323	−1604 1514	− 638 4417	− 276 7578
	15	−0·411 419 588	+0·815 225 364	+0·353 525 866	−1591 5652	− 664 1609	− 287 9176
	16	−0·427 270 154	+0·808 456 123	+0·350 591 299	−1578 4630	− 689 6477	− 298 9789
	17	−0·442 987 160	+0·801 433 222	+0·347 546 635	−1564 8547	− 714 8908	− 309 9361
	18	−0·458 565 595	+0·794 159 151	+0·344 392 940	−1550 7504	− 739 8803	− 320 7845
	19	−0·474 000 548	+0·786 636 491	+0·341 131 324	−1536 1602	− 764 6071	− 331 5194
	20	−0·489 287 215	+0·778 867 912	+0·337 762 943	−1521 0947	− 789 0629	− 342 1368
	21	−0·504 420 892	+0·770 856 163	+0·334 288 993	−1505 5643	− 813 2399	− 352 6327
	22	−0·519 396 987	+0·762 604 067	+0·330 710 706	−1489 5799	− 837 1310	− 363 0035
	23	−0·534 211 016	+0·754 114 516	+0·327 029 350	−1473 1531	− 860 7301	− 373 2459
	24	−0·548 858 613	+0·745 390 457	+0·323 246 225	−1456 2957	− 884 0318	− 383 3571
	25	−0·563 335 537	+0·736 434 883	+0·319 362 654	−1439 0205	− 907 0327	− 393 3347
	26	−0·577 637 671	+0·727 250 812	+0·315 379 980	−1421 3397	− 929 7311	− 403 1776
	27	−0·591 761 018	+0·717 841 266	+0·311 299 552	−1403 2650	− 952 1280	− 412 8857
	28	−0·605 701 689	+0·708 209 246	+0·307 122 713	−1384 8057	− 974 2267	− 422 4600
	29	−0·619 455 871	+0·698 357 712	+0·302 850 790	−1365 9678	− 996 0317	− 431 9029
	30	−0·633 019 786	+0·688 289 575	+0·298 485 085	−1346 7523	−1017 5478	− 441 2168
	31	−0·646 389 649	+0·678 007 710	+0·294 026 875	−1327 1564	−1038 7775	− 450 4041
Feb.	1	−0·659 561 626	+0·667 514 984	+0·289 477 423	−1307 1739	−1059 7196	− 459 4653
	2	−0·672 531 814	+0·656 814 294	+0·284 837 991	−1286 7977	−1080 3687	− 468 3997
	3	−0·685 296 248	+0·645 908 617	+0·280 109 862	−1266 0220	−1100 7153	− 477 2042
	4	−0·697 850 911	+0·634 801 038	+0·275 294 353	−1244 8433	−1120 7470	− 485 8747
	5	−0·710 191 769	+0·623 494 773	+0·270 392 834	−1223 2612	−1140 4499	− 494 4056
	6	−0·722 314 799	+0·611 993 183	+0·265 406 726	−1201 2784	−1159 8097	− 502 7912
	7	−0·734 216 019	+0·600 299 769	+0·260 337 514	−1178 9001	−1178 8124	− 511 0256
	8	−0·745 891 506	+0·588 418 171	+0·255 186 738	−1156 1334	−1197 4444	− 519 1029
	9	−0·757 337 421	+0·576 352 158	+0·249 955 997	−1132 9873	−1215 6934	− 527 0176
	10	−0·768 550 021	+0·564 105 619	+0·244 646 946	−1109 4720	−1233 5477	− 534 7642
	11	−0·779 525 670	+0·551 682 555	+0·239 261 290	−1085 5992	−1250 9968	− 542 3378
	12	−0·790 260 852	+0·539 087 066	+0·233 800 782	−1061 3809	−1268 0312	− 549 7339
	13	−0·800 752 181	+0·526 323 340	+0·228 267 218	−1036 8304	−1284 6428	− 556 9483
	14	−0·810 996 399	+0·513 395 644	+0·222 662 434	−1011 9612	−1300 8242	− 563 9773
	15	−0·820 990 388	+0·500 308 311	+0·216 988 300	− 986 7869	−1316 5694	− 570 8179

$\dot{X}, \dot{Y}, \dot{Z}$ are in units of 10^{-9} au / d.

MATRIX ELEMENTS FOR CONVERSION FROM
MEAN EQUINOX OF J2000·0 TO TRUE EQUINOX OF DATE

Julian Date	$R_{11}-1$	R_{12}	R_{13}	R_{21}	$R_{22}-1$	R_{23}	R_{31}	R_{32}	$R_{33}-1$
245									
2274·5	− 8	− 37 256	− 16 197	+ 37 256	− 7	− 9	+ 16 197	+ 3	− 1
2275·5	− 8	− 37 388	− 16 254	+ 37 388	− 7	− 33	+ 16 254	+ 27	− 1
2276·5	− 8	− 37 499	− 16 302	+ 37 499	− 7	− 65	+ 16 302	+ 59	− 1
2277·5	− 8	− 37 582	− 16 338	+ 37 582	− 7	−100	+ 16 338	+ 94	− 1
2278·5	− 8	− 37 638	− 16 363	+ 37 638	− 7	−131	+ 16 363	+125	− 1
2279·5	− 8	− 37 676	− 16 379	+ 37 676	− 7	−153	+ 16 379	+147	− 1
2280·5	− 8	− 37 709	− 16 393	+ 37 709	− 7	−162	+ 16 393	+156	− 1
2281·5	− 8	− 37 748	− 16 410	+ 37 748	− 7	−161	+ 16 411	+154	− 1
2282·5	− 9	− 37 805	− 16 435	+ 37 805	− 7	−151	+ 16 435	+144	− 1
2283·5	− 9	− 37 883	− 16 469	+ 37 883	− 7	−138	+ 16 469	+131	− 1
2284·5	− 9	− 37 981	− 16 512	+ 37 981	− 7	−127	+ 16 512	+121	− 1
2285·5	− 9	− 38 095	− 16 561	+ 38 095	− 7	−122	+ 16 561	+116	− 1
2286·5	− 9	− 38 216	− 16 614	+ 38 216	− 7	−127	+ 16 614	+120	− 1
2287·5	− 9	− 38 336	− 16 665	+ 38 336	− 7	−141	+ 16 665	+134	− 1
2288·5	− 9	− 38 445	− 16 713	+ 38 445	− 7	−163	+ 16 713	+157	− 1
2289·5	− 9	− 38 538	− 16 753	+ 38 538	− 7	−191	+ 16 753	+185	− 1
2290·5	− 9	− 38 613	− 16 786	+ 38 613	− 7	−222	+ 16 786	+216	− 1
2291·5	− 9	− 38 669	− 16 810	+ 38 669	− 7	−252	+ 16 810	+246	− 1
2292·5	− 9	− 38 710	− 16 828	+ 38 710	− 7	−279	+ 16 828	+272	− 1
2293·5	− 9	− 38 740	− 16 841	+ 38 740	− 8	−299	+ 16 841	+292	− 1
2294·5	− 9	− 38 767	− 16 853	+ 38 767	− 8	−312	+ 16 853	+305	− 1
2295·5	− 9	− 38 795	− 16 865	+ 38 795	− 8	−317	+ 16 865	+310	− 1
2296·5	− 9	− 38 834	− 16 882	+ 38 834	− 8	−315	+ 16 882	+309	− 1
2297·5	− 9	− 38 888	− 16 906	+ 38 888	− 8	−309	+ 16 906	+302	− 1
2298·5	− 9	− 38 963	− 16 938	+ 38 963	− 8	−300	+ 16 938	+293	− 1
2299·5	− 9	− 39 060	− 16 980	+ 39 060	− 8	−294	+ 16 980	+287	− 1
2300·5	− 9	− 39 175	− 17 030	+ 39 175	− 8	−295	+ 17 030	+288	− 1
2301·5	− 9	− 39 302	− 17 085	+ 39 302	− 8	−307	+ 17 085	+300	− 1
2302·5	− 9	− 39 427	− 17 140	+ 39 427	− 8	−332	+ 17 140	+325	− 1
2303·5	− 9	− 39 536	− 17 187	+ 39 536	− 8	−368	+ 17 187	+361	− 1
2304·5	− 9	− 39 617	− 17 222	+ 39 617	− 8	−410	+ 17 222	+403	− 1
2305·5	− 9	− 39 667	− 17 244	+ 39 667	− 8	−450	+ 17 244	+443	− 1
2306·5	− 9	− 39 694	− 17 255	+ 39 694	− 8	−481	+ 17 256	+474	− 1
2307·5	− 9	− 39 709	− 17 262	+ 39 709	− 8	−499	+ 17 262	+492	− 1
2308·5	− 9	− 39 729	− 17 271	+ 39 729	− 8	−504	+ 17 271	+498	− 1
2309·5	− 9	− 39 764	− 17 286	+ 39 764	− 8	−500	+ 17 286	+493	− 2
2310·5	− 9	− 39 820	− 17 310	+ 39 820	− 8	−491	+ 17 311	+484	− 2
2311·5	− 9	− 39 897	− 17 344	+ 39 897	− 8	−483	+ 17 344	+476	− 2
2312·5	− 10	− 39 990	− 17 384	+ 39 990	− 8	−480	+ 17 384	+473	− 2
2313·5	− 10	− 40 091	− 17 428	+ 40 091	− 8	−485	+ 17 428	+478	− 2
2314·5	− 10	− 40 192	− 17 472	+ 40 192	− 8	−500	+ 17 472	+493	− 2
2315·5	− 10	− 40 284	− 17 512	+ 40 284	− 8	−522	+ 17 512	+515	− 2
2316·5	− 10	− 40 362	− 17 546	+ 40 362	− 8	−551	+ 17 546	+544	− 2
2317·5	− 10	− 40 422	− 17 572	+ 40 422	− 8	−584	+ 17 572	+576	− 2
2318·5	− 10	− 40 464	− 17 590	+ 40 464	− 8	−615	+ 17 590	+608	− 2
2319·5	− 10	− 40 489	− 17 601	+ 40 489	− 8	−644	+ 17 601	+637	− 2
2320·5	− 10	− 40 502	− 17 607	+ 40 502	− 8	−667	+ 17 607	+660	− 2

Values are in units of 10^{-8}.

POSITION AND VELOCITY OF THE EARTH, 2002

ORIGIN AT SOLAR SYSTEM BARYCENTRE
MEAN EQUATOR AND EQUINOX J2000·0

Date 0^h TDB	X	Y	Z	$\dot{X}$	$\dot{Y}$	$\dot{Z}$
Feb. 15	−0·820 990 388	+0·500 308 311	+0·216 988 300	− 986 7869	−1316 5694	− 570 8179
16	−0·830 731 168	+0·487 065 727	+0·211 246 715	− 961 3217	−1331 8734	− 577 4670
17	−0·840 215 898	+0·473 672 328	+0·205 439 605	− 935 5794	−1346 7319	− 583 9225
18	−0·849 441 880	+0·460 132 585	+0·199 568 917	− 909 5742	−1361 1416	− 590 1824
19	−0·858 406 553	+0·446 450 999	+0·193 636 615	− 883 3201	−1375 1001	− 596 2449
20	−0·867 107 500	+0·432 632 093	+0·187 644 681	− 856 8314	−1388 6056	− 602 1088
21	−0·875 542 448	+0·418 680 399	+0·181 595 103	− 830 1227	−1401 6577	− 607 7735
22	−0·883 709 268	+0·404 600 448	+0·175 489 875	− 803 2084	−1414 2573	− 613 2388
23	−0·891 605 979	+0·390 396 752	+0·169 330 988	− 776 1030	−1426 4073	− 618 5055
24	−0·899 230 734	+0·376 073 784	+0·163 120 421	− 748 8195	−1438 1127	− 623 5754
25	−0·906 581 812	+0·361 635 957	+0·156 860 126	− 721 3689	−1449 3805	− 628 4515
26	−0·913 657 581	+0·347 087 605	+0·150 552 024	− 693 7588	−1460 2192	− 633 1378
27	−0·920 456 465	+0·332 432 975	+0·144 197 989	− 665 9918	−1470 6373	− 637 6386
28	−0·926 976 888	+0·317 676 239	+0·137 799 857	− 638 0661	−1480 6411	− 641 9579
Mar. 1	−0·933 217 240	+0·302 821 527	+0·131 359 428	− 609 9765	−1490 2326	− 646 0980
2	−0·939 175 852	+0·287 872 969	+0·124 878 493	− 581 7170	−1499 4091	− 650 0592
3	−0·944 851 000	+0·272 834 752	+0·118 358 848	− 553 2832	−1508 1632	− 653 8395
4	−0·950 240 930	+0·257 711 148	+0·111 802 319	− 524 6738	−1516 4844	− 657 4352
5	−0·955 343 901	+0·242 506 546	+0·105 210 773	− 495 8920	−1524 3610	− 660 8419
6	−0·960 158 217	+0·227 225 448	+0·098 586 126	− 466 9442	−1531 7818	− 664 0548
7	−0·964 682 263	+0·211 872 464	+0·091 930 338	− 437 8396	−1538 7365	− 667 0693
8	−0·968 914 523	+0·196 452 301	+0·085 245 414	− 408 5892	−1545 2163	− 669 8814
9	−0·972 853 600	+0·180 969 746	+0·078 533 397	− 379 2051	−1551 2136	− 672 4874
10	−0·976 498 224	+0·165 429 656	+0·071 796 364	− 349 7005	−1556 7224	− 674 8842
11	−0·979 847 253	+0·149 836 943	+0·065 036 420	− 320 0887	−1561 7376	− 677 0691
12	−0·982 899 688	+0·134 196 564	+0·058 255 696	− 290 3838	−1566 2550	− 679 0399
13	−0·985 654 666	+0·118 513 513	+0·051 456 342	− 260 5999	−1570 2715	− 680 7947
14	−0·988 111 471	+0·102 792 812	+0·044 640 527	− 230 7517	−1573 7848	− 682 3319
15	−0·990 269 533	+0·087 039 498	+0·037 810 433	− 200 8539	−1576 7939	− 683 6505
16	−0·992 128 432	+0·071 258 615	+0·030 968 249	− 170 9214	−1579 2985	− 684 7497
17	−0·993 687 895	+0·055 455 206	+0·024 116 170	− 140 9692	−1581 2994	− 685 6295
18	−0·994 947 799	+0·039 634 299	+0·017 256 389	− 111 0120	−1582 7984	− 686 2901
19	−0·995 908 167	+0·023 800 902	+0·010 391 097	− 81 0644	−1583 7982	− 686 7321
20	−0·996 569 168	+0·007 959 987	+0·003 522 473	− 51 1409	−1584 3026	− 686 9567
21	−0·996 931 113	−0·007 883 516	−0·003 347 317	− 21 2557	−1584 3166	− 686 9656
22	−0·996 994 454	−0·023 724 732	−0·010 216 127	+ 8 5777	−1583 8464	− 686 7611
23	−0·996 759 774	−0·039 558 856	−0·017 081 839	+ 38 3465	−1582 8998	− 686 3465
24	−0·996 227 779	−0·055 381 170	−0·023 942 369	+ 68 0390	−1581 4860	− 685 7255
25	−0·995 399 279	−0·071 187 055	−0·030 795 677	+ 97 6463	−1579 6160	− 684 9031
26	−0·994 275 158	−0·086 972 009	−0·037 639 777	+ 127 1624	−1577 3016	− 683 8848
27	−0·992 856 340	−0·102 731 643	−0·044 472 740	+ 156 5858	−1574 5540	− 682 6764
28	−0·991 143 743	−0·118 461 677	−0·051 292 690	+ 185 9191	−1571 3826	− 681 2832
29	−0·989 138 241	−0·134 157 899	−0·058 097 801	+ 215 1679	−1567 7924	− 679 7088
30	−0·986 840 644	−0·149 816 129	−0·064 886 269	+ 244 3389	−1563 7836	− 677 9548
31	−0·984 251 705	−0·165 432 162	−0·071 656 296	+ 273 4369	−1559 3519	− 676 0204
Apr. 1	−0·981 372 144	−0·181 001 732	−0·078 406 068	+ 302 4630	−1554 4895	− 673 9031
2	−0·978 202 695	−0·196 520 487	−0·085 133 738	+ 331 4138	−1549 1877	− 671 5995

$\dot{X}, \dot{Y}, \dot{Z}$ are in units of 10^{-9} au / d.

MATRIX ELEMENTS FOR CONVERSION FROM
MEAN EQUINOX OF J2000·0 TO TRUE EQUINOX OF DATE

Julian Date	$R_{11}-1$	R_{12}	R_{13}	R_{21}	$R_{22}-1$	R_{23}	R_{31}	R_{32}	$R_{33}-1$
245									
2320·5	− 10	− 40 502	− 17 607	+ 40 502	− 8	− 667	+ 17 607	+ 660	− 2
2321·5	− 10	− 40 509	− 17 610	+ 40 509	− 8	− 682	+ 17 610	+ 675	− 2
2322·5	− 10	− 40 517	− 17 613	+ 40 517	− 8	− 689	+ 17 613	+ 682	− 2
2323·5	− 10	− 40 532	− 17 620	+ 40 532	− 8	− 689	+ 17 620	+ 682	− 2
2324·5	− 10	− 40 561	− 17 632	+ 40 561	− 8	− 684	+ 17 633	+ 677	− 2
2325·5	− 10	− 40 608	− 17 653	+ 40 608	− 8	− 675	+ 17 653	+ 668	− 2
2326·5	− 10	− 40 675	− 17 682	+ 40 675	− 8	− 667	+ 17 682	+ 660	− 2
2327·5	− 10	− 40 762	− 17 720	+ 40 762	− 8	− 664	+ 17 720	+ 657	− 2
2328·5	− 10	− 40 863	− 17 764	+ 40 863	− 8	− 669	+ 17 764	+ 662	− 2
2329·5	− 10	− 40 968	− 17 809	+ 40 968	− 8	− 686	+ 17 810	+ 679	− 2
2330·5	− 10	− 41 066	− 17 852	+ 41 066	− 8	− 715	+ 17 852	+ 707	− 2
2331·5	− 10	− 41 142	− 17 885	+ 41 141	− 8	− 752	+ 17 885	+ 745	− 2
2332·5	− 10	− 41 188	− 17 905	+ 41 188	− 8	− 792	+ 17 905	+ 784	− 2
2333·5	− 10	− 41 205	− 17 912	+ 41 205	− 8	− 825	+ 17 913	+ 818	− 2
2334·5	− 10	− 41 205	− 17 912	+ 41 205	− 8	− 846	+ 17 913	+ 838	− 2
2335·5	− 10	− 41 204	− 17 912	+ 41 203	− 8	− 852	+ 17 912	+ 844	− 2
2336·5	− 10	− 41 215	− 17 917	+ 41 215	− 9	− 845	+ 17 917	+ 837	− 2
2337·5	− 10	− 41 249	− 17 932	+ 41 249	− 9	− 831	+ 17 932	+ 823	− 2
2338·5	− 10	− 41 307	− 17 957	+ 41 307	− 9	− 816	+ 17 957	+ 808	− 2
2339·5	− 10	− 41 383	− 17 990	+ 41 383	− 9	− 806	+ 17 990	+ 798	− 2
2340·5	− 10	− 41 470	− 18 028	+ 41 470	− 9	− 804	+ 18 028	+ 796	− 2
2341·5	− 10	− 41 558	− 18 066	+ 41 558	− 9	− 811	+ 18 066	+ 803	− 2
2342·5	− 10	− 41 638	− 18 101	+ 41 638	− 9	− 826	+ 18 101	+ 818	− 2
2343·5	− 10	− 41 705	− 18 130	+ 41 705	− 9	− 848	+ 18 130	+ 840	− 2
2344·5	− 10	− 41 755	− 18 151	+ 41 755	− 9	− 873	+ 18 152	+ 866	− 2
2345·5	− 10	− 41 787	− 18 165	+ 41 787	− 9	− 899	+ 18 166	+ 891	− 2
2346·5	− 10	− 41 803	− 18 172	+ 41 802	− 9	− 922	+ 18 172	+ 914	− 2
2347·5	− 10	− 41 805	− 18 173	+ 41 805	− 9	− 939	+ 18 174	+ 932	− 2
2348·5	− 10	− 41 801	− 18 171	+ 41 801	− 9	− 949	+ 18 172	+ 942	− 2
2349·5	− 10	− 41 796	− 18 169	+ 41 796	− 9	− 951	+ 18 170	+ 944	− 2
2350·5	− 10	− 41 798	− 18 170	+ 41 798	− 9	− 946	+ 18 171	+ 938	− 2
2351·5	− 10	− 41 812	− 18 177	+ 41 812	− 9	− 933	+ 18 177	+ 926	− 2
2352·5	− 10	− 41 844	− 18 190	+ 41 844	− 9	− 918	+ 18 191	+ 910	− 2
2353·5	− 10	− 41 895	− 18 213	+ 41 895	− 9	− 902	+ 18 213	+ 894	− 2
2354·5	− 10	− 41 966	− 18 243	+ 41 966	− 9	− 889	+ 18 244	+ 881	− 2
2355·5	− 11	− 42 052	− 18 281	+ 42 051	− 9	− 883	+ 18 281	+ 875	− 2
2356·5	− 11	− 42 145	− 18 321	+ 42 145	− 9	− 887	+ 18 322	+ 880	− 2
2357·5	− 11	− 42 236	− 18 361	+ 42 236	− 9	− 903	+ 18 361	+ 895	− 2
2358·5	− 11	− 42 312	− 18 394	+ 42 312	− 9	− 927	+ 18 394	+ 920	− 2
2359·5	− 11	− 42 365	− 18 417	+ 42 364	− 9	− 958	+ 18 417	+ 950	− 2
2360·5	− 11	− 42 389	− 18 427	+ 42 389	− 9	− 986	+ 18 428	+ 978	− 2
2361·5	− 11	− 42 391	− 18 428	+ 42 390	− 9	−1004	+ 18 428	+ 996	− 2
2362·5	− 11	− 42 383	− 18 425	+ 42 383	− 9	−1008	+ 18 425	+1000	− 2
2363·5	− 11	− 42 384	− 18 425	+ 42 384	− 9	− 997	+ 18 426	+ 989	− 2
2364·5	− 11	− 42 407	− 18 435	+ 42 406	− 9	− 975	+ 18 435	+ 968	− 2
2365·5	− 11	− 42 456	− 18 457	+ 42 456	− 9	− 950	+ 18 457	+ 942	− 2
2366·5	− 11	− 42 529	− 18 488	+ 42 529	− 9	− 928	+ 18 489	+ 920	− 2

Values are in units of 10^{-8}.

ORIGIN AT SOLAR SYSTEM BARYCENTRE

MEAN EQUATOR AND EQUINOX J2000·0

Date 0ʰ TDB	X	Y	Z	$\dot{X}$	$\dot{Y}$	$\dot{Z}$
Apr. 1	−0·981 372 144	−0·181 001 732	−0·078 406 068	+ 302 4630	−1554 4895	− 673 9031
2	−0·978 202 695	−0·196 520 487	−0·085 133 738	+ 331 4138	−1549 1877	− 671 5995
3	−0·974 744 143	−0·211 983 994	−0·091 837 425	+ 360 2820	−1543 4385	− 669 1059
4	−0·970 997 363	−0·227 387 744	−0·098 515 212	+ 389 0576	−1537 2354	− 666 4192
5	−0·966 963 340	−0·242 727 174	−0·105 165 158	+ 417 7286	−1530 5739	− 663 5371
6	−0·962 643 182	−0·257 997 684	−0·111 785 297	+ 446 2824	−1523 4511	− 660 4577
7	−0·958 038 126	−0·273 194 655	−0·118 373 651	+ 474 7060	−1515 8658	− 657 1800
8	−0·953 149 539	−0·288 313 458	−0·124 928 235	+ 502 9864	−1507 8178	− 653 7034
9	−0·947 978 919	−0·303 349 471	−0·131 447 055	+ 531 1104	−1499 3078	− 650 0276
10	−0·942 527 895	−0·318 298 079	−0·137 928 122	+ 559 0650	−1490 3373	− 646 1526
11	−0·936 798 228	−0·333 154 689	−0·144 369 446	+ 586 8370	−1480 9086	− 642 0791
12	−0·930 791 809	−0·347 914 733	−0·150 769 044	+ 614 4129	−1471 0248	− 637 8077
13	−0·924 510 668	−0·362 573 681	−0·157 124 944	+ 641 7793	−1460 6899	− 633 3396
14	−0·917 956 967	−0·377 127 045	−0·163 435 186	+ 668 9227	−1449 9091	− 628 6765
15	−0·911 133 002	−0·391 570 396	−0·169 697 832	+ 695 8299	−1438 6884	− 623 8206
16	−0·904 041 200	−0·405 899 371	−0·175 910 964	+ 722 4879	−1427 0352	− 618 7744
17	−0·896 684 115	−0·420 109 687	−0·182 072 697	+ 748 8845	−1414 9581	− 613 5414
18	−0·889 064 421	−0·434 197 151	−0·188 181 181	+ 775 0081	−1402 4665	− 608 1253
19	−0·881 184 899	−0·448 157 672	−0·194 234 608	+ 800 8483	−1389 5714	− 602 5307
20	−0·873 048 431	−0·461 987 273	−0·200 231 216	+ 826 3960	−1376 2845	− 596 7626
21	−0·864 657 977	−0·475 682 098	−0·206 169 300	+ 851 6443	−1362 6186	− 590 8267
22	−0·856 016 559	−0·489 238 427	−0·212 047 212	+ 876 5883	−1348 5872	− 584 7293
23	−0·847 127 231	−0·502 652 670	−0·217 863 369	+ 901 2264	−1334 2038	− 578 4769
24	−0·837 993 046	−0·515 921 371	−0·223 616 254	+ 925 5603	−1319 4807	− 572 0758
25	−0·828 617 024	−0·529 041 186	−0·229 304 408	+ 949 5950	−1304 4282	− 565 5317
26	−0·819 002 120	−0·542 008 858	−0·234 926 425	+ 973 3378	−1289 0526	− 558 8487
27	−0·809 151 216	−0·554 821 168	−0·240 480 928	+ 996 7964	−1273 3559	− 552 0291
28	−0·799 067 120	−0·567 474 898	−0·245 966 552	+1019 9767	−1257 3359	− 545 0729
29	−0·788 752 602	−0·579 966 792	−0·251 381 926	+1042 8810	−1240 9877	− 537 9786
30	−0·778 210 426	−0·592 293 538	−0·256 725 656	+1065 5074	−1224 3052	− 530 7438
May 1	−0·767 443 399	−0·604 451 764	−0·261 996 324	+1087 8500	−1207 2830	− 523 3658
2	−0·756 454 401	−0·616 438 054	−0·267 192 488	+1109 9000	−1189 9177	− 515 8427
3	−0·745 246 410	−0·628 248 968	−0·272 312 690	+1131 6468	−1172 2076	− 508 1732
4	−0·733 822 513	−0·639 881 060	−0·277 355 463	+1153 0793	−1154 1534	− 500 3570
5	−0·722 185 908	−0·651 330 897	−0·282 319 341	+1174 1864	−1135 7572	− 492 3943
6	−0·710 339 906	−0·662 595 075	−0·287 202 863	+1194 9570	−1117 0223	− 484 2859
7	−0·698 287 926	−0·673 670 228	−0·292 004 577	+1215 3804	−1097 9528	− 476 0330
8	−0·686 033 491	−0·684 553 033	−0·296 723 047	+1235 4461	−1078 5535	− 467 6372
9	−0·673 580 231	−0·695 240 218	−0·301 356 851	+1255 1436	−1058 8299	− 459 1004
10	−0·660 931 882	−0·705 728 569	−0·305 904 590	+1274 4622	−1038 7879	− 450 4244
11	−0·648 092 285	−0·716 014 938	−0·310 364 885	+1293 3914	−1018 4346	− 441 6119
12	−0·635 065 388	−0·726 096 250	−0·314 736 383	+1311 9204	− 997 7779	− 432 6657
13	−0·621 855 246	−0·735 969 516	−0·319 017 765	+1330 0387	− 976 8270	− 423 5892
14	−0·608 466 016	−0·745 631 844	−0·323 207 747	+1347 7364	− 955 5922	− 414 3866
15	−0·594 901 951	−0·755 080 454	−0·327 305 092	+1365 0043	− 934 0855	− 405 0626
16	−0·581 167 389	−0·764 312 691	−0·331 308 613	+1381 8348	− 912 3199	− 395 6227
17	−0·567 266 734	−0·773 326 034	−0·335 217 179	+1398 2218	− 890 3092	− 386 0728

$\dot{X}, \dot{Y}, \dot{Z}$ are in units of 10^{-9} au / d.

MATRIX ELEMENTS FOR CONVERSION FROM
MEAN EQUINOX OF J2000·0 TO TRUE EQUINOX OF DATE

Julian Date	$R_{11}-1$	R_{12}	R_{13}	R_{21}	$R_{22}-1$	R_{23}	R_{31}	R_{32}	$R_{33}-1$
245									
2365·5	− 11	− 42 456	− 18 457	+ 42 456	− 9	−950	+ 18 457	+942	− 2
2366·5	− 11	− 42 529	− 18 488	+ 42 529	− 9	−928	+ 18 489	+920	− 2
2367·5	− 11	− 42 617	− 18 527	+ 42 617	− 9	−913	+ 18 527	+905	− 2
2368·5	− 11	− 42 710	− 18 567	+ 42 710	− 9	−909	+ 18 567	+901	− 2
2369·5	− 11	− 42 797	− 18 605	+ 42 797	− 9	−914	+ 18 605	+906	− 2
2370·5	− 11	− 42 872	− 18 637	+ 42 872	− 9	−926	+ 18 638	+918	− 2
2371·5	− 11	− 42 930	− 18 662	+ 42 929	− 9	−943	+ 18 663	+935	− 2
2372·5	− 11	− 42 969	− 18 679	+ 42 969	− 9	−960	+ 18 680	+952	− 2
2373·5	− 11	− 42 991	− 18 689	+ 42 991	− 9	−976	+ 18 689	+968	− 2
2374·5	− 11	− 43 000	− 18 693	+ 43 000	− 9	−987	+ 18 693	+979	− 2
2375·5	− 11	− 43 001	− 18 694	+ 43 001	− 9	−990	+ 18 694	+982	− 2
2376·5	− 11	− 43 001	− 18 694	+ 43 001	− 9	−986	+ 18 694	+978	− 2
2377·5	− 11	− 43 006	− 18 696	+ 43 006	− 9	−974	+ 18 696	+966	− 2
2378·5	− 11	− 43 023	− 18 703	+ 43 023	− 9	−955	+ 18 704	+947	− 2
2379·5	− 11	− 43 058	− 18 718	+ 43 057	− 9	−931	+ 18 719	+923	− 2
2380·5	− 11	− 43 112	− 18 742	+ 43 112	− 9	−907	+ 18 742	+899	− 2
2381·5	− 11	− 43 186	− 18 774	+ 43 186	− 9	−886	+ 18 774	+878	− 2
2382·5	− 11	− 43 276	− 18 813	+ 43 276	− 9	−871	+ 18 813	+862	− 2
2383·5	− 11	− 43 375	− 18 856	+ 43 375	− 9	−865	+ 18 857	+857	− 2
2384·5	− 11	− 43 474	− 18 899	+ 43 474	− 9	−869	+ 18 899	+861	− 2
2385·5	− 11	− 43 563	− 18 937	+ 43 562	− 9	−884	+ 18 938	+876	− 2
2386·5	− 11	− 43 631	− 18 967	+ 43 631	− 10	−905	+ 18 968	+896	− 2
2387·5	− 11	− 43 675	− 18 986	+ 43 675	− 10	−926	+ 18 987	+918	− 2
2388·5	− 11	− 43 696	− 18 995	+ 43 696	− 10	−942	+ 18 996	+934	− 2
2389·5	− 11	− 43 702	− 18 998	+ 43 702	− 10	−946	+ 18 999	+938	− 2
2390·5	− 11	− 43 710	− 19 002	+ 43 710	− 10	−935	+ 19 002	+927	− 2
2391·5	− 11	− 43 734	− 19 012	+ 43 733	− 10	−912	+ 19 012	+904	− 2
2392·5	− 11	− 43 784	− 19 034	+ 43 784	− 10	−881	+ 19 034	+873	− 2
2393·5	− 11	− 43 863	− 19 068	+ 43 863	− 10	−851	+ 19 069	+842	− 2
2394·5	− 11	− 43 963	− 19 112	+ 43 963	− 10	−827	+ 19 112	+818	− 2
2395·5	− 12	− 44 074	− 19 160	+ 44 074	− 10	−813	+ 19 160	+805	− 2
2396·5	− 12	− 44 182	− 19 207	+ 44 182	− 10	−811	+ 19 207	+802	− 2
2397·5	− 12	− 44 280	− 19 249	+ 44 280	− 10	−817	+ 19 250	+809	− 2
2398·5	− 12	− 44 360	− 19 284	+ 44 360	− 10	−829	+ 19 285	+821	− 2
2399·5	− 12	− 44 422	− 19 311	+ 44 422	− 10	−844	+ 19 311	+835	− 2
2400·5	− 12	− 44 465	− 19 330	+ 44 465	− 10	−857	+ 19 330	+849	− 2
2401·5	− 12	− 44 493	− 19 342	+ 44 493	− 10	−867	+ 19 342	+858	− 2
2402·5	− 12	− 44 512	− 19 350	+ 44 512	− 10	−870	+ 19 350	+861	− 2
2403·5	− 12	− 44 527	− 19 357	+ 44 527	− 10	−865	+ 19 357	+856	− 2
2404·5	− 12	− 44 547	− 19 365	+ 44 546	− 10	−852	+ 19 366	+844	− 2
2405·5	− 12	− 44 576	− 19 378	+ 44 576	− 10	−833	+ 19 379	+824	− 2
2406·5	− 12	− 44 623	− 19 398	+ 44 622	− 10	−808	+ 19 399	+799	− 2
2407·5	− 12	− 44 689	− 19 427	+ 44 689	− 10	−782	+ 19 427	+773	− 2
2408·5	− 12	− 44 776	− 19 465	+ 44 776	− 10	−757	+ 19 465	+749	− 2
2409·5	− 12	− 44 881	− 19 510	+ 44 880	− 10	−739	+ 19 511	+730	− 2
2410·5	− 12	− 44 996	− 19 561	+ 44 996	− 10	−730	+ 19 561	+721	− 2
2411·5	− 12	− 45 113	− 19 611	+ 45 113	− 10	−732	+ 19 612	+723	− 2

Values are in units of 10^{-8}.

POSITION AND VELOCITY OF THE EARTH, 2002

ORIGIN AT SOLAR SYSTEM BARYCENTRE

MEAN EQUATOR AND EQUINOX J2000·0

Date 0ʰ TDB	X	Y	Z	$\dot{X}$	$\dot{Y}$	$\dot{Z}$
May 17	−0·567 266 734	−0·773 326 034	−0·335 217 179	+1398 2218	− 890 3092	− 386 0728
18	−0·553 204 444	−0·782 118 106	−0·339 029 724	+1414 1616	− 868 0680	− 376 4196
19	−0·538 984 999	−0·790 686 675	−0·342 745 249	+1429 6524	− 845 6111	− 366 6697
20	−0·524 612 888	−0·799 029 657	−0·346 362 820	+1444 6955	− 822 9528	− 356 8302
21	−0·510 092 570	−0·807 145 105	−0·349 881 576	+1459 2944	− 800 1066	− 346 9077
22	−0·495 428 460	−0·815 031 200	−0·353 300 718	+1473 4552	− 777 0839	− 336 9082
23	−0·480 624 899	−0·822 686 225	−0·356 619 501	+1487 1862	− 753 8938	− 326 8369
24	−0·465 686 139	−0·830 108 537	−0·359 837 230	+1500 4965	− 730 5419	− 316 6976
25	−0·450 616 342	−0·837 296 532	−0·362 953 232	+1513 3949	− 707 0305	− 306 4921
26	−0·435 419 591	−0·844 248 611	−0·365 966 852	+1525 8882	− 683 3582	− 296 2208
27	−0·420 099 916	−0·850 963 151	−0·368 877 425	+1537 9802	− 659 5220	− 285 8827
28	−0·404 661 326	−0·857 438 491	−0·371 684 277	+1549 6706	− 635 5178	− 275 4762
29	−0·389 107 853	−0·863 672 935	−0·374 386 714	+1560 9559	− 611 3422	− 264 9994
30	−0·373 443 579	−0·869 664 759	−0·376 984 027	+1571 8297	− 586 9938	− 254 4511
31	−0·357 672 658	−0·875 412 235	−0·379 475 496	+1582 2840	− 562 4727	− 243 8308
June 1	−0·341 799 325	−0·880 913 647	−0·381 860 404	+1592 3104	− 537 7816	− 233 1389
2	−0·325 827 905	−0·886 167 313	−0·384 138 038	+1601 9003	− 512 9243	− 222 3763
3	−0·309 762 802	−0·891 171 597	−0·386 307 700	+1611 0454	− 487 9061	− 211 5447
4	−0·293 608 504	−0·895 924 919	−0·388 368 709	+1619 7382	− 462 7331	− 200 6461
5	−0·277 369 572	−0·900 425 765	−0·390 320 407	+1627 9710	− 437 4119	− 189 6829
6	−0·261 050 641	−0·904 672 686	−0·392 162 160	+1635 7368	− 411 9495	− 178 6576
7	−0·244 656 418	−0·908 664 311	−0·393 893 362	+1643 0281	− 386 3538	− 167 5730
8	−0·228 191 685	−0·912 399 346	−0·395 513 434	+1649 8376	− 360 6332	− 156 4323
9	−0·211 661 297	−0·915 876 589	−0·397 021 831	+1656 1579	− 334 7970	− 145 2388
10	−0·195 070 183	−0·919 094 937	−0·398 418 049	+1661 9816	− 308 8561	− 133 9970
11	−0·178 423 343	−0·922 053 403	−0·399 701 625	+1667 3021	− 282 8226	− 122 7115
12	−0·161 725 837	−0·924 751 127	−0·400 872 152	+1672 1139	− 256 7103	− 111 3880
13	−0·144 982 773	−0·927 187 396	−0·401 929 281	+1676 4134	− 230 5342	− 100 0331
14	−0·128 199 282	−0·929 361 651	−0·402 872 732	+1680 1993	− 204 3100	− 88 6537
15	−0·111 380 493	−0·931 273 489	−0·403 702 297	+1683 4733	− 178 0537	− 77 2571
16	−0·094 531 507	−0·932 922 668	−0·404 417 842	+1686 2398	− 151 7804	− 65 8507
17	−0·077 657 365	−0·934 309 087	−0·405 019 301	+1688 5059	− 125 5039	− 54 4412
18	−0·060 763 027	−0·935 432 775	−0·405 506 677	+1690 2807	− 99 2360	− 43 0350
19	−0·043 853 353	−0·936 293 866	−0·405 880 028	+1691 5749	− 72 9858	− 31 6370
20	−0·026 933 094	−0·936 892 572	−0·406 139 457	+1692 3996	− 46 7596	− 20 2511
21	−0·010 006 889	−0·937 229 151	−0·406 285 098	+1692 7658	− 20 5610	− 8 8798
22	+0·006 920 726	−0·937 303 886	−0·406 317 106	+1692 6830	+ 5 6094	+ 2 4757
23	+0·023 845 300	−0·937 117 054	−0·406 235 638	+1692 1588	+ 31 7526	+ 13 8153
24	+0·040 762 445	−0·936 668 916	−0·406 040 849	+1691 1975	+ 57 8712	+ 25 1401
25	+0·057 667 799	−0·935 959 704	−0·405 732 881	+1689 8008	+ 83 9679	+ 36 4513
26	+0·074 557 004	−0·934 989 626	−0·405 311 863	+1687 9671	+ 110 0446	+ 47 7502
27	+0·091 425 674	−0·933 758 877	−0·404 777 916	+1685 6931	+ 136 1018	+ 59 0375
28	+0·108 269 382	−0·932 267 659	−0·404 131 152	+1682 9737	+ 162 1382	+ 70 3133
29	+0·125 083 645	−0·930 516 193	−0·403 371 689	+1679 8034	+ 188 1507	+ 81 5771
30	+0·141 863 929	−0·928 504 741	−0·402 499 654	+1676 1768	+ 214 1344	+ 92 8275
July 1	+0·158 605 642	−0·926 233 619	−0·401 515 189	+1672 0886	+ 240 0837	+ 104 0627
2	+0·175 304 148	−0·923 703 203	−0·400 418 459	+1667 5344	+ 265 9919	+ 115 2802

$\dot{X}, \dot{Y}, \dot{Z}$ are in units of 10^{-9} au / d.

MATRIX ELEMENTS FOR CONVERSION FROM
MEAN EQUINOX OF J2000·0 TO TRUE EQUINOX OF DATE

Julian Date	$R_{11}-1$	R_{12}	R_{13}	R_{21}	$R_{22}-1$	R_{23}	R_{31}	R_{32}	$R_{33}-1$
245									
2411·5	− 12	− 45 113	− 19 611	+ 45 113	− 10	−732	+ 19 612	+723	− 2
2412·5	− 12	− 45 221	− 19 658	+ 45 221	− 10	−744	+ 19 659	+735	− 2
2413·5	− 12	− 45 311	− 19 697	+ 45 311	− 10	−763	+ 19 698	+754	− 2
2414·5	− 12	− 45 377	− 19 726	+ 45 377	− 10	−784	+ 19 726	+775	− 2
2415·5	− 12	− 45 420	− 19 745	+ 45 420	− 10	−802	+ 19 745	+793	− 2
2416·5	− 12	− 45 446	− 19 756	+ 45 446	− 10	−810	+ 19 756	+801	− 2
2417·5	− 12	− 45 469	− 19 766	+ 45 469	− 10	−806	+ 19 766	+797	− 2
2418·5	− 12	− 45 502	− 19 780	+ 45 501	− 10	−789	+ 19 781	+780	− 2
2419·5	− 12	− 45 557	− 19 804	+ 45 557	− 10	−762	+ 19 804	+753	− 2
2420·5	− 12	− 45 640	− 19 840	+ 45 640	− 10	−733	+ 19 841	+724	− 2
2421·5	− 12	− 45 748	− 19 887	+ 45 748	− 10	−708	+ 19 888	+699	− 2
2422·5	− 13	− 45 873	− 19 941	+ 45 873	− 11	−692	+ 19 942	+683	− 2
2423·5	− 13	− 46 001	− 19 997	+ 46 001	− 11	−688	+ 19 998	+678	− 2
2424·5	− 13	− 46 122	− 20 050	+ 46 122	− 11	−694	+ 20 050	+685	− 2
2425·5	− 13	− 46 227	− 20 095	+ 46 227	− 11	−708	+ 20 095	+699	− 2
2426·5	− 13	− 46 312	− 20 132	+ 46 312	− 11	−727	+ 20 132	+717	− 2
2427·5	− 13	− 46 377	− 20 160	+ 46 377	− 11	−745	+ 20 161	+736	− 2
2428·5	− 13	− 46 425	− 20 181	+ 46 425	− 11	−761	+ 20 181	+751	− 2
2429·5	− 13	− 46 460	− 20 197	+ 46 460	− 11	−770	+ 20 197	+761	− 2
2430·5	− 13	− 46 490	− 20 210	+ 46 490	− 11	−773	+ 20 210	+763	− 2
2431·5	− 13	− 46 522	− 20 223	+ 46 521	− 11	−767	+ 20 224	+758	− 2
2432·5	− 13	− 46 561	− 20 240	+ 46 561	− 11	−754	+ 20 241	+745	− 2
2433·5	− 13	− 46 615	− 20 264	+ 46 615	− 11	−736	+ 20 264	+726	− 2
2434·5	− 13	− 46 688	− 20 295	+ 46 688	− 11	−714	+ 20 296	+705	− 2
2435·5	− 13	− 46 782	− 20 336	+ 46 782	− 11	−694	+ 20 337	+685	− 2
2436·5	− 13	− 46 895	− 20 386	+ 46 895	− 11	−679	+ 20 386	+670	− 2
2437·5	− 13	− 47 022	− 20 441	+ 47 022	− 11	−673	+ 20 441	+664	− 2
2438·5	− 13	− 47 153	− 20 498	+ 47 153	− 11	−678	+ 20 498	+668	− 2
2439·5	− 13	− 47 277	− 20 551	+ 47 277	− 11	−694	+ 20 552	+684	− 2
2440·5	− 13	− 47 383	− 20 597	+ 47 383	− 11	−719	+ 20 598	+709	− 2
2441·5	− 13	− 47 465	− 20 633	+ 47 465	− 11	−747	+ 20 633	+737	− 2
2442·5	− 13	− 47 522	− 20 658	+ 47 522	− 11	−772	+ 20 658	+762	− 2
2443·5	− 13	− 47 560	− 20 674	+ 47 560	− 11	−790	+ 20 675	+780	− 2
2444·5	− 13	− 47 591	− 20 688	+ 47 591	− 11	−795	+ 20 688	+785	− 2
2445·5	− 13	− 47 628	− 20 704	+ 47 628	− 11	−789	+ 20 704	+779	− 2
2446·5	− 14	− 47 682	− 20 727	+ 47 682	− 11	−772	+ 20 728	+762	− 2
2447·5	− 14	− 47 762	− 20 762	+ 47 761	− 11	−751	+ 20 762	+741	− 2
2448·5	− 14	− 47 866	− 20 807	+ 47 866	− 11	−732	+ 20 808	+722	− 2
2449·5	− 14	− 47 991	− 20 861	+ 47 990	− 12	−720	+ 20 861	+710	− 2
2450·5	− 14	− 48 123	− 20 919	+ 48 123	− 12	−719	+ 20 919	+709	− 2
2451·5	− 14	− 48 253	− 20 975	+ 48 253	− 12	−729	+ 20 975	+719	− 2
2452·5	− 14	− 48 369	− 21 026	+ 48 369	− 12	−748	+ 21 026	+738	− 2
2453·5	− 14	− 48 466	− 21 068	+ 48 466	− 12	−774	+ 21 068	+764	− 2
2454·5	− 14	− 48 542	− 21 101	+ 48 542	− 12	−801	+ 21 101	+791	− 2
2455·5	− 14	− 48 599	− 21 125	+ 48 598	− 12	−826	+ 21 126	+816	− 2
2456·5	− 14	− 48 640	− 21 143	+ 48 640	− 12	−846	+ 21 144	+835	− 2
2457·5	− 14	− 48 673	− 21 158	+ 48 673	− 12	−859	+ 21 158	+848	− 2

Values are in units of 10^{-8}.

POSITION AND VELOCITY OF THE EARTH, 2002

ORIGIN AT SOLAR SYSTEM BARYCENTRE
MEAN EQUATOR AND EQUINOX J2000·0

Date 0^h TDB		X	Y	Z	$\dot{X}$	$\dot{Y}$	$\dot{Z}$
July	1	+0·158 605 642	−0·926 233 619	−0·401 515 189	+1672 0886	+ 240 0837	+ 104 0627
	2	+0·175 304 148	−0·923 703 203	−0·400 418 459	+1667 5344	+ 265 9919	+ 115 2802
	3	+0·191 954 762	−0·920 913 943	−0·399 209 652	+1662 5097	+ 291 8516	+ 126 4775
	4	+0·208 552 761	−0·917 866 359	−0·397 888 985	+1657 0107	+ 317 6552	+ 137 6518
	5	+0·225 093 381	−0·914 561 053	−0·396 456 702	+1651 0333	+ 343 3945	+ 148 8001
	6	+0·241 571 818	−0·910 998 713	−0·394 913 081	+1644 5735	+ 369 0606	+ 159 9190
	7	+0·257 983 229	−0·907 180 117	−0·393 258 433	+1637 6272	+ 394 6438	+ 171 0047
	8	+0·274 322 729	−0·903 106 150	−0·391 493 111	+1630 1906	+ 420 1330	+ 182 0530
	9	+0·290 585 396	−0·898 777 814	−0·389 617 514	+1622 2603	+ 445 5154	+ 193 0587
	10	+0·306 766 282	−0·894 196 246	−0·387 632 099	+1613 8344	+ 470 7767	+ 204 0158
	11	+0·322 860 431	−0·889 362 735	−0·385 537 384	+1604 9131	+ 495 9013	+ 214 9174
	12	+0·338 862 904	−0·884 278 732	−0·383 333 962	+1595 5000	+ 520 8726	+ 225 7560
	13	+0·354 768 814	−0·878 945 848	−0·381 022 499	+1585 6018	+ 545 6746	+ 236 5241
	14	+0·370 573 359	−0·873 365 852	−0·378 603 739	+1575 2290	+ 570 2929	+ 247 2143
	15	+0·386 271 854	−0·867 540 644	−0·376 078 493	+1564 3943	+ 594 7154	+ 257 8205
	16	+0·401 859 752	−0·861 472 227	−0·373 447 627	+1553 1120	+ 618 9334	+ 268 3375
	17	+0·417 332 652	−0·855 162 676	−0·370 712 053	+1541 3970	+ 642 9413	+ 278 7618
	18	+0·432 686 295	−0·848 614 109	−0·367 872 708	+1529 2628	+ 666 7366	+ 289 0913
	19	+0·447 916 553	−0·841 828 655	−0·364 930 545	+1516 7218	+ 690 3187	+ 299 3252
	20	+0·463 019 409	−0·834 808 440	−0·361 886 523	+1503 7840	+ 713 6892	+ 309 4634
	21	+0·477 990 935	−0·827 555 570	−0·358 741 593	+1490 4568	+ 736 8502	+ 319 5069
	22	+0·492 827 265	−0·820 072 125	−0·355 496 696	+1476 7456	+ 759 8044	+ 329 4568
	23	+0·507 524 575	−0·812 360 163	−0·352 152 764	+1462 6529	+ 782 5541	+ 339 3144
	24	+0·522 079 054	−0·804 421 720	−0·348 710 713	+1448 1795	+ 805 1005	+ 349 0807
	25	+0·536 486 892	−0·796 258 830	−0·345 171 452	+1433 3244	+ 827 4437	+ 358 7563
	26	+0·550 744 263	−0·787 873 528	−0·341 535 889	+1418 0856	+ 849 5823	+ 368 3413
	27	+0·564 847 318	−0·779 267 876	−0·337 804 930	+1402 4608	+ 871 5132	+ 377 8351
	28	+0·578 792 185	−0·770 443 971	−0·333 979 494	+1386 4477	+ 893 2321	+ 387 2366
	29	+0·592 574 969	−0·761 403 959	−0·330 060 513	+1370 0439	+ 914 7336	+ 396 5439
	30	+0·606 191 756	−0·752 150 044	−0·326 048 938	+1353 2481	+ 936 0115	+ 405 7549
	31	+0·619 638 619	−0·742 684 496	−0·321 945 744	+1336 0588	+ 957 0590	+ 414 8672
Aug.	1	+0·632 911 618	−0·733 009 656	−0·317 751 931	+1318 4753	+ 977 8688	+ 423 8782
	2	+0·646 006 808	−0·723 127 938	−0·313 468 527	+1300 4967	+ 998 4332	+ 432 7849
	3	+0·658 920 233	−0·713 041 838	−0·309 096 590	+1282 1224	+1018 7438	+ 441 5842
	4	+0·671 647 934	−0·702 753 938	−0·304 637 212	+1263 3516	+1038 7915	+ 450 2726
	5	+0·684 185 941	−0·692 266 918	−0·300 091 522	+1244 1837	+1058 5660	+ 458 8459
	6	+0·696 530 285	−0·681 583 570	−0·295 460 694	+1224 6190	+1078 0551	+ 467 2992
	7	+0·708 677 003	−0·670 706 811	−0·290 745 957	+1204 6589	+1097 2455	+ 475 6267
	8	+0·720 622 159	−0·659 639 707	−0·285 948 601	+1184 3075	+1116 1218	+ 483 8218
	9	+0·732 361 874	−0·648 385 474	−0·281 069 987	+1163 5724	+1134 6685	+ 491 8771
	10	+0·743 892 366	−0·636 947 487	−0·276 111 551	+1142 4651	+1152 8705	+ 499 7852
	11	+0·755 209 987	−0·625 329 257	−0·271 074 797	+1121 0011	+1170 7150	+ 507 5394
	12	+0·766 311 259	−0·613 534 408	−0·265 961 293	+1099 1985	+1188 1931	+ 515 1345
	13	+0·777 192 892	−0·601 566 632	−0·260 772 648	+1077 0763	+1205 2998	+ 522 5672
	14	+0·787 851 780	−0·589 429 653	−0·255 510 497	+1054 6524	+1222 0341	+ 529 8357
	15	+0·798 284 988	−0·577 127 187	−0·250 176 480	+1031 9426	+1238 3976	+ 536 9403
	16	+0·808 489 723	−0·564 662 925	−0·244 772 234	+1008 9599	+1254 3940	+ 543 8818

$\dot{X}, \dot{Y}, \dot{Z}$ are in units of 10^{-9} au / d.

MATRIX ELEMENTS FOR CONVERSION FROM
MEAN EQUINOX OF J2000·0 TO TRUE EQUINOX OF DATE

Julian Date	$R_{11}-1$	R_{12}	R_{13}	R_{21}	$R_{22}-1$	R_{23}	R_{31}	R_{32}	$R_{33}-1$
245									
2456·5	− 14	− 48 640	− 21 143	+ 48 640	− 12	− 846	+ 21 144	+ 835	− 2
2457·5	− 14	− 48 673	− 21 158	+ 48 673	− 12	− 859	+ 21 158	+ 848	− 2
2458·5	− 14	− 48 704	− 21 171	+ 48 704	− 12	− 864	+ 21 172	+ 853	− 2
2459·5	− 14	− 48 741	− 21 187	+ 48 741	− 12	− 861	+ 21 187	+ 851	− 2
2460·5	− 14	− 48 789	− 21 208	+ 48 789	− 12	− 852	+ 21 209	+ 842	− 2
2461·5	− 14	− 48 855	− 21 237	+ 48 855	− 12	− 839	+ 21 237	+ 829	− 2
2462·5	− 14	− 48 941	− 21 274	+ 48 941	− 12	− 826	+ 21 274	+ 816	− 2
2463·5	− 14	− 49 047	− 21 320	+ 49 047	− 12	− 817	+ 21 320	+ 807	− 2
2464·5	− 14	− 49 169	− 21 373	+ 49 169	− 12	− 815	+ 21 374	+ 805	− 2
2465·5	− 14	− 49 300	− 21 430	+ 49 299	− 12	− 824	+ 21 430	+ 814	− 2
2466·5	− 15	− 49 426	− 21 485	+ 49 426	− 12	− 845	+ 21 485	+ 835	− 2
2467·5	− 15	− 49 537	− 21 533	+ 49 537	− 12	− 876	+ 21 533	+ 866	− 2
2468·5	− 15	− 49 624	− 21 570	+ 49 624	− 12	− 912	+ 21 571	+ 902	− 2
2469·5	− 15	− 49 683	− 21 596	+ 49 683	− 12	− 948	+ 21 597	+ 937	− 2
2470·5	− 15	− 49 720	− 21 612	+ 49 720	− 12	− 975	+ 21 613	+ 965	− 2
2471·5	− 15	− 49 746	− 21 623	+ 49 745	− 12	− 992	+ 21 624	+ 981	− 2
2472·5	− 15	− 49 773	− 21 635	+ 49 773	− 12	− 995	+ 21 636	+ 984	− 2
2473·5	− 15	− 49 816	− 21 654	+ 49 816	− 12	− 987	+ 21 655	+ 977	− 2
2474·5	− 15	− 49 881	− 21 682	+ 49 881	− 12	− 974	+ 21 683	+ 964	− 2
2475·5	− 15	− 49 971	− 21 721	+ 49 971	− 12	− 962	+ 21 722	+ 951	− 2
2476·5	− 15	− 50 080	− 21 769	+ 50 080	− 13	− 955	+ 21 769	+ 944	− 2
2477·5	− 15	− 50 201	− 21 821	+ 50 201	− 13	− 957	+ 21 822	+ 946	− 2
2478·5	− 15	− 50 321	− 21 873	+ 50 321	− 13	− 970	+ 21 874	+ 959	− 2
2479·5	− 15	− 50 432	− 21 921	+ 50 432	− 13	− 993	+ 21 922	+ 982	− 2
2480·5	− 15	− 50 525	− 21 962	+ 50 525	− 13	−1023	+ 21 962	+1012	− 2
2481·5	− 15	− 50 597	− 21 993	+ 50 597	− 13	−1056	+ 21 994	+1045	− 2
2482·5	− 15	− 50 649	− 22 016	+ 50 649	− 13	−1088	+ 22 016	+1077	− 2
2483·5	− 15	− 50 683	− 22 031	+ 50 683	− 13	−1116	+ 22 031	+1105	− 2
2484·5	− 15	− 50 707	− 22 041	+ 50 706	− 13	−1137	+ 22 041	+1126	− 2
2485·5	− 15	− 50 726	− 22 049	+ 50 725	− 13	−1150	+ 22 050	+1139	− 2
2486·5	− 15	− 50 747	− 22 058	+ 50 747	− 13	−1155	+ 22 059	+1144	− 2
2487·5	− 15	− 50 778	− 22 072	+ 50 778	− 13	−1153	+ 22 073	+1142	− 2
2488·5	− 15	− 50 824	− 22 092	+ 50 824	− 13	−1146	+ 22 093	+1135	− 2
2489·5	− 15	− 50 889	− 22 120	+ 50 889	− 13	−1138	+ 22 121	+1126	− 2
2490·5	− 15	− 50 974	− 22 157	+ 50 973	− 13	−1131	+ 22 157	+1120	− 2
2491·5	− 16	− 51 076	− 22 201	+ 51 075	− 13	−1131	+ 22 202	+1119	− 2
2492·5	− 16	− 51 189	− 22 251	+ 51 189	− 13	−1139	+ 22 251	+1128	− 2
2493·5	− 16	− 51 305	− 22 301	+ 51 305	− 13	−1160	+ 22 301	+1148	− 2
2494·5	− 16	− 51 410	− 22 346	+ 51 409	− 13	−1191	+ 22 347	+1179	− 3
2495·5	− 16	− 51 493	− 22 382	+ 51 492	− 13	−1230	+ 22 383	+1219	− 3
2496·5	− 16	− 51 547	− 22 406	+ 51 547	− 13	−1270	+ 22 407	+1259	− 3
2497·5	− 16	− 51 575	− 22 418	+ 51 575	− 13	−1305	+ 22 419	+1293	− 3
2498·5	− 16	− 51 587	− 22 423	+ 51 587	− 13	−1328	+ 22 424	+1316	− 3
2499·5	− 16	− 51 597	− 22 428	+ 51 597	− 13	−1337	+ 22 428	+1325	− 3
2500·5	− 16	− 51 619	− 22 438	+ 51 619	− 13	−1333	+ 22 438	+1321	− 3
2501·5	− 16	− 51 664	− 22 457	+ 51 664	− 13	−1322	+ 22 457	+1311	− 3
2502·5	− 16	− 51 733	− 22 487	+ 51 732	− 13	−1310	+ 22 487	+1298	− 3

Values are in units of 10^{-8}.

ORIGIN AT SOLAR SYSTEM BARYCENTRE

MEAN EQUATOR AND EQUINOX J2000·0

Date 0ʰ TDB	X	Y	Z	$\dot{X}$	$\dot{Y}$	$\dot{Z}$
Aug. 16	+0·808 489 723	−0·564 662 925	−0·244 772 234	+1008 9599	+1254 3940	+ 543 8818
17	+0·818 463 310	−0·552 040 516	−0·239 299 381	+ 985 7143	+1270 0275	+ 550 6621
18	+0·828 203 158	−0·539 263 570	−0·233 759 524	+ 962 2133	+1285 3023	+ 557 2830
19	+0·837 706 743	−0·526 335 653	−0·228 154 246	+ 938 4623	+1300 2220	+ 563 7464
20	+0·846 971 584	−0·513 260 304	−0·222 485 115	+ 914 4650	+1314 7893	+ 570 0539
21	+0·855 995 231	−0·500 041 037	−0·216 753 682	+ 890 2237	+1329 0058	+ 576 2069
22	+0·864 775 249	−0·486 681 355	−0·210 961 490	+ 865 7396	+1342 8722	+ 582 2061
23	+0·873 309 216	−0·473 184 763	−0·205 110 072	+ 841 0135	+1356 3876	+ 588 0519
24	+0·881 594 714	−0·459 554 779	−0·199 200 964	+ 816 0459	+1369 5503	+ 593 7442
25	+0·889 629 330	−0·445 794 944	−0·193 235 703	+ 790 8371	+1382 3571	+ 599 2822
26	+0·897 410 654	−0·431 908 835	−0·187 215 837	+ 765 3877	+1394 8042	+ 604 6649
27	+0·904 936 286	−0·417 900 074	−0·181 142 928	+ 739 6989	+1406 8869	+ 609 8907
28	+0·912 203 839	−0·403 772 330	−0·175 018 551	+ 713 7721	+1418 5998	+ 614 9579
29	+0·919 210 941	−0·389 529 330	−0·168 844 305	+ 687 6090	+1429 9371	+ 619 8643
30	+0·925 955 239	−0·375 174 861	−0·162 621 808	+ 661 2118	+1440 8925	+ 624 6077
31	+0·932 434 404	−0·360 712 775	−0·156 352 704	+ 634 5826	+1451 4593	+ 629 1853
Sept. 1	+0·938 646 127	−0·346 146 996	−0·150 038 664	+ 607 7240	+1461 6298	+ 633 5943
2	+0·944 588 127	−0·331 481 528	−0·143 681 392	+ 580 6385	+1471 3955	+ 637 8312
3	+0·950 258 153	−0·316 720 469	−0·137 282 627	+ 553 3298	+1480 7463	+ 641 8919
4	+0·955 653 994	−0·301 868 024	−0·130 844 158	+ 525 8026	+1489 6707	+ 645 7712
5	+0·960 773 501	−0·286 928 518	−0·124 367 826	+ 498 0643	+1498 1561	+ 649 4635
6	+0·965 614 614	−0·271 906 410	−0·117 855 534	+ 470 1261	+1506 1890	+ 652 9622
7	+0·970 175 406	−0·256 806 288	−0·111 309 250	+ 442 0030	+1513 7570	+ 656 2609
8	+0·974 454 122	−0·241 632 852	−0·104 731 001	+ 413 7146	+1520 8506	+ 659 3542
9	+0·978 449 219	−0·226 390 877	−0·098 122 863	+ 385 2827	+1527 4643	+ 662 2383
10	+0·982 159 373	−0·211 085 167	−0·091 486 937	+ 356 7298	+1533 5978	+ 664 9118
11	+0·985 583 479	−0·195 720 507	−0·084 825 327	+ 328 0763	+1539 2553	+ 667 3754
12	+0·988 720 620	−0·180 301 626	−0·078 140 121	+ 299 3391	+1544 4435	+ 669 6315
13	+0·991 570 026	−0·164 833 175	−0·071 433 377	+ 270 5313	+1549 1705	+ 671 6836
14	+0·994 131 044	−0·149 319 726	−0·064 707 118	+ 241 6626	+1553 4444	+ 673 5351
15	+0·996 403 098	−0·133 765 774	−0·057 963 331	+ 212 7398	+1557 2720	+ 675 1896
16	+0·998 385 676	−0·118 175 755	−0·051 203 973	+ 183 7680	+1560 6589	+ 676 6499
17	+1·000 078 308	−0·102 554 051	−0·044 430 973	+ 154 7512	+1563 6095	+ 677 9185
18	+1·001 480 560	−0·086 905 009	−0·037 646 236	+ 125 6925	+1566 1269	+ 678 9974
19	+1·002 592 029	−0·071 232 949	−0·030 851 651	+ 96 5949	+1568 2133	+ 679 8883
20	+1·003 412 337	−0·055 542 177	−0·024 049 094	+ 67 4609	+1569 8697	+ 680 5920
21	+1·003 941 133	−0·039 836 988	−0·017 240 431	+ 38 2928	+1571 0964	+ 681 1096
22	+1·004 178 087	−0·024 121 684	−0·010 427 523	+ 9 0930	+1571 8927	+ 681 4411
23	+1·004 122 896	−0·008 400 572	−0·003 612 229	− 20 1358	+1572 2574	+ 681 5866
24	+1·003 775 283	+0·007 322 019	+0·003 203 588	− 49 3908	+1572 1883	+ 681 5457
25	+1·003 135 002	+0·023 041 739	+0·010 018 061	− 78 6689	+1571 6827	+ 681 3176
26	+1·002 201 840	+0·038 754 207	+0·016 829 312	− 107 9665	+1570 7372	+ 680 9012
27	+1·000 975 620	+0·054 455 005	+0·023 635 454	− 137 2796	+1569 3481	+ 680 2954
28	+0·999 456 210	+0·070 139 676	+0·030 434 582	− 166 6039	+1567 5110	+ 679 4983
29	+0·997 643 520	+0·085 803 716	+0·037 224 777	− 195 9347	+1565 2210	+ 678 5082
30	+0·995 537 511	+0·101 442 567	+0·044 004 094	− 225 2668	+1562 4722	+ 677 3225
Oct. 1	+0·993 138 201	+0·117 051 607	+0·050 770 565	− 254 5938	+1559 2577	+ 675 9383

$\dot{X}, \dot{Y}, \dot{Z}$ are in units of 10^{-9} au / d.

MATRIX ELEMENTS FOR CONVERSION FROM
MEAN EQUINOX OF J2000·0 TO TRUE EQUINOX OF DATE

Julian Date	$R_{11}-1$	R_{12}	R_{13}	R_{21}	$R_{22}-1$	R_{23}	R_{31}	R_{32}	$R_{33}-1$
245									
2502·5	− 16	− 51 733	− 22 487	+ 51 732	− 13	−1310	+ 22 487	+1298	− 3
2503·5	− 16	− 51 822	− 22 526	+ 51 822	− 13	−1303	+ 22 526	+1291	− 3
2504·5	− 16	− 51 924	− 22 570	+ 51 924	− 13	−1304	+ 22 570	+1292	− 3
2505·5	− 16	− 52 028	− 22 615	+ 52 027	− 14	−1315	+ 22 616	+1303	− 3
2506·5	− 16	− 52 124	− 22 656	+ 52 123	− 14	−1336	+ 22 657	+1324	− 3
2507·5	− 16	− 52 204	− 22 691	+ 52 204	− 14	−1365	+ 22 692	+1353	− 3
2508·5	− 16	− 52 265	− 22 718	+ 52 265	− 14	−1397	+ 22 719	+1385	− 3
2509·5	− 16	− 52 305	− 22 735	+ 52 305	− 14	−1429	+ 22 736	+1417	− 3
2510·5	− 16	− 52 327	− 22 745	+ 52 327	− 14	−1457	+ 22 746	+1446	− 3
2511·5	− 16	− 52 336	− 22 749	+ 52 336	− 14	−1479	+ 22 750	+1468	− 3
2512·5	− 16	− 52 339	− 22 750	+ 52 339	− 14	−1494	+ 22 751	+1482	− 3
2513·5	− 16	− 52 343	− 22 752	+ 52 342	− 14	−1499	+ 22 753	+1487	− 3
2514·5	− 16	− 52 354	− 22 757	+ 52 353	− 14	−1498	+ 22 757	+1486	− 3
2515·5	− 16	− 52 378	− 22 767	+ 52 378	− 14	−1490	+ 22 768	+1478	− 3
2516·5	− 16	− 52 420	− 22 786	+ 52 420	− 14	−1480	+ 22 786	+1468	− 3
2517·5	− 16	− 52 481	− 22 812	+ 52 481	− 14	−1471	+ 22 813	+1459	− 3
2518·5	− 16	− 52 560	− 22 846	+ 52 560	− 14	−1465	+ 22 847	+1453	− 3
2519·5	− 16	− 52 653	− 22 887	+ 52 652	− 14	−1467	+ 22 887	+1455	− 3
2520·5	− 17	− 52 751	− 22 929	+ 52 751	− 14	−1479	+ 22 930	+1467	− 3
2521·5	− 17	− 52 845	− 22 970	+ 52 845	− 14	−1503	+ 22 971	+1491	− 3
2522·5	− 17	− 52 923	− 23 004	+ 52 923	− 14	−1535	+ 23 005	+1523	− 3
2523·5	− 17	− 52 975	− 23 027	+ 52 975	− 14	−1573	+ 23 028	+1560	− 3
2524·5	− 17	− 53 000	− 23 037	+ 52 999	− 14	−1607	+ 23 038	+1595	− 3
2525·5	− 17	− 53 002	− 23 038	+ 53 002	− 14	−1631	+ 23 039	+1619	− 3
2526·5	− 17	− 52 997	− 23 036	+ 52 996	− 14	−1640	+ 23 037	+1628	− 3
2527·5	− 17	− 53 000	− 23 038	+ 53 000	− 14	−1635	+ 23 039	+1623	− 3
2528·5	− 17	− 53 025	− 23 049	+ 53 025	− 14	−1620	+ 23 050	+1607	− 3
2529·5	− 17	− 53 077	− 23 071	+ 53 077	− 14	−1601	+ 23 072	+1589	− 3
2530·5	− 17	− 53 153	− 23 104	+ 53 152	− 14	−1585	+ 23 105	+1573	− 3
2531·5	− 17	− 53 243	− 23 143	+ 53 243	− 14	−1578	+ 23 144	+1566	− 3
2532·5	− 17	− 53 338	− 23 184	+ 53 337	− 14	−1581	+ 23 185	+1569	− 3
2533·5	− 17	− 53 426	− 23 223	+ 53 425	− 14	−1595	+ 23 223	+1582	− 3
2534·5	− 17	− 53 500	− 23 255	+ 53 499	− 14	−1615	+ 23 256	+1603	− 3
2535·5	− 17	− 53 555	− 23 279	+ 53 554	− 14	−1641	+ 23 279	+1628	− 3
2536·5	− 17	− 53 589	− 23 294	+ 53 589	− 14	−1666	+ 23 295	+1654	− 3
2537·5	− 17	− 53 606	− 23 301	+ 53 605	− 14	−1689	+ 23 302	+1677	− 3
2538·5	− 17	− 53 609	− 23 302	+ 53 608	− 14	−1706	+ 23 303	+1693	− 3
2539·5	− 17	− 53 604	− 23 300	+ 53 603	− 14	−1715	+ 23 301	+1702	− 3
2540·5	− 17	− 53 598	− 23 298	+ 53 598	− 14	−1715	+ 23 299	+1703	− 3
2541·5	− 17	− 53 600	− 23 298	+ 53 599	− 14	−1708	+ 23 299	+1695	− 3
2542·5	− 17	− 53 613	− 23 304	+ 53 613	− 14	−1694	+ 23 305	+1682	− 3
2543·5	− 17	− 53 643	− 23 318	+ 53 643	− 14	−1677	+ 23 318	+1664	− 3
2544·5	− 17	− 53 693	− 23 339	+ 53 692	− 14	−1659	+ 23 340	+1647	− 3
2545·5	− 17	− 53 760	− 23 368	+ 53 760	− 14	−1644	+ 23 369	+1632	− 3
2546·5	− 17	− 53 842	− 23 404	+ 53 842	− 15	−1636	+ 23 405	+1623	− 3
2547·5	− 17	− 53 932	− 23 443	+ 53 932	− 15	−1636	+ 23 444	+1624	− 3
2548·5	− 17	− 54 022	− 23 482	+ 54 022	− 15	−1647	+ 23 483	+1634	− 3

Values are in units of 10^{-8}.

POSITION AND VELOCITY OF THE EARTH, 2002

ORIGIN AT SOLAR SYSTEM BARYCENTRE

MEAN EQUATOR AND EQUINOX J2000·0

Date 0ʰ TDB		X	Y	Z	$\dot{X}$	$\dot{Y}$	$\dot{Z}$
Oct.	1	+0·993 138 201	+0·117 051 607	+0·050 770 565	− 254 5938	+1559 2577	+ 675 9383
	2	+0·990 445 676	+0·132 626 142	+0·057 522 186	− 283 9083	+1555 5696	+ 674 3519
	3	+0·987 460 110	+0·148 161 392	+0·064 256 915	− 313 2002	+1551 3991	+ 672 5591
	4	+0·984 181 792	+0·163 652 486	+0·070 972 664	− 342 4561	+1546 7371	+ 670 5551
	5	+0·980 611 164	+0·179 094 469	+0·077 667 298	− 371 6589	+1541 5757	+ 668 3355
	6	+0·976 748 862	+0·194 482 317	+0·084 338 642	− 400 7873	+1535 9096	+ 665 8965
	7	+0·972 595 744	+0·209 810 977	+0·090 984 491	− 429 8179	+1529 7384	+ 663 2364
	8	+0·968 152 908	+0·225 075 416	+0·097 602 636	− 458 7270	+1523 0667	+ 660 3562
	9	+0·963 421 680	+0·240 270 673	+0·104 190 890	− 487 4933	+1515 9038	+ 657 2588
	10	+0·958 403 575	+0·255 391 896	+0·110 747 105	− 516 1000	+1508 2621	+ 653 9493
	11	+0·953 100 253	+0·270 434 362	+0·117 269 187	− 544 5350	+1500 1546	+ 650 4334
	12	+0·947 513 475	+0·285 393 477	+0·123 755 104	− 572 7901	+1491 5937	+ 646 7169
	13	+0·941 645 068	+0·300 264 759	+0·130 202 873	− 600 8601	+1482 5897	+ 642 8049
	14	+0·935 496 903	+0·315 043 824	+0·136 610 566	− 628 7412	+1473 1515	+ 638 7021
	15	+0·929 070 884	+0·329 726 364	+0·142 976 291	− 656 4304	+1463 2859	+ 634 4120
	16	+0·922 368 943	+0·344 308 135	+0·149 298 192	− 683 9251	+1452 9986	+ 629 9378
	17	+0·915 393 039	+0·358 784 945	+0·155 574 442	− 711 2225	+1442 2943	+ 625 2822
	18	+0·908 145 160	+0·373 152 644	+0·161 803 239	− 738 3198	+1431 1769	+ 620 4475
	19	+0·900 627 319	+0·387 407 117	+0·167 982 802	− 765 2143	+1419 6496	+ 615 4357
	20	+0·892 841 558	+0·401 544 278	+0·174 111 368	− 791 9032	+1407 7150	+ 610 2485
	21	+0·884 789 949	+0·415 560 067	+0·180 187 191	− 818 3837	+1395 3753	+ 604 8872
	22	+0·876 474 589	+0·429 450 437	+0·186 208 535	− 844 6528	+1382 6316	+ 599 3528
	23	+0·867 897 609	+0·443 211 354	+0·192 173 673	− 870 7072	+1369 4846	+ 593 6462
	24	+0·859 061 172	+0·456 838 785	+0·198 080 885	− 896 5436	+1355 9344	+ 587 7675
	25	+0·849 967 478	+0·470 328 695	+0·203 928 450	− 922 1578	+1341 9803	+ 581 7168
	26	+0·840 618 772	+0·483 677 040	+0·209 714 646	− 947 5452	+1327 6211	+ 575 4937
	27	+0·831 017 346	+0·496 879 760	+0·215 437 747	− 972 7006	+1312 8549	+ 569 0976
	28	+0·821 165 553	+0·509 932 774	+0·221 096 017	− 997 6177	+1297 6793	+ 562 5272
	29	+0·811 065 811	+0·522 831 972	+0·226 687 705	−1022 2891	+1282 0913	+ 555 7810
	30	+0·800 720 620	+0·535 573 214	+0·232 211 045	−1046 7059	+1266 0874	+ 548 8572
	31	+0·790 132 579	+0·548 152 320	+0·237 664 248	−1070 8569	+1249 6636	+ 541 7533
Nov.	1	+0·779 304 412	+0·560 565 074	+0·243 045 503	−1094 7284	+1232 8164	+ 534 4671
	2	+0·768 239 000	+0·572 807 230	+0·248 352 976	−1118 3031	+1215 5438	+ 526 9965
	3	+0·756 939 405	+0·584 874 533	+0·253 584 815	−1141 5612	+1197 8464	+ 519 3404
	4	+0·745 408 905	+0·596 762 757	+0·258 739 167	−1164 4806	+1179 7290	+ 511 4995
	5	+0·733 650 995	+0·608 467 745	+0·263 814 199	−1187 0396	+1161 2014	+ 503 4770
	6	+0·721 669 378	+0·619 985 465	+0·268 808 119	−1209 2193	+1142 2778	+ 495 2782
	7	+0·709 467 924	+0·631 312 038	+0·273 719 198	−1231 0050	+1122 9751	+ 486 9102
	8	+0·697 050 623	+0·642 443 763	+0·278 545 785	−1252 3873	+1103 3110	+ 478 3810
	9	+0·684 421 540	+0·653 377 109	+0·283 286 307	−1273 3610	+1083 3020	+ 469 6984
	10	+0·671 584 773	+0·664 108 702	+0·287 939 265	−1293 9240	+1062 9624	+ 460 8693
	11	+0·658 544 431	+0·674 635 296	+0·292 503 226	−1314 0758	+1042 3043	+ 451 9000
	12	+0·645 304 628	+0·684 953 759	+0·296 976 813	−1333 8164	+1021 3375	+ 442 7954
	13	+0·631 869 475	+0·695 061 047	+0·301 358 697	−1353 1456	+1000 0707	+ 433 5600
	14	+0·618 243 088	+0·704 954 198	+0·305 647 590	−1372 0631	+ 978 5112	+ 424 1977
	15	+0·604 429 586	+0·714 630 319	+0·309 842 240	−1390 5684	+ 956 6659	+ 414 7120
	16	+0·590 433 097	+0·724 086 583	+0·313 941 430	−1408 6605	+ 934 5409	+ 405 1062

$\dot{X}, \dot{Y}, \dot{Z}$ are in units of 10^{-9} au / d.

MATRIX ELEMENTS FOR CONVERSION FROM
MEAN EQUINOX OF J2000·0 TO TRUE EQUINOX OF DATE

Julian Date	$R_{11}-1$	R_{12}	R_{13}	R_{21}	$R_{22}-1$	R_{23}	R_{31}	R_{32}	$R_{33}-1$
245									
2548·5	− 17	− 54 022	− 23 482	+ 54 022	− 15	−1647	+ 23 483	+1634	− 3
2549·5	− 17	− 54 102	− 23 517	+ 54 101	− 15	−1667	+ 23 517	+1655	− 3
2550·5	− 17	− 54 161	− 23 542	+ 54 161	− 15	−1694	+ 23 543	+1681	− 3
2551·5	− 17	− 54 195	− 23 557	+ 54 195	− 15	−1722	+ 23 558	+1709	− 3
2552·5	− 17	− 54 205	− 23 561	+ 54 204	− 15	−1743	+ 23 562	+1730	− 3
2553·5	− 17	− 54 200	− 23 559	+ 54 200	− 15	−1750	+ 23 560	+1738	− 3
2554·5	− 17	− 54 197	− 23 558	+ 54 197	− 15	−1743	+ 23 559	+1730	− 3
2555·5	− 17	− 54 213	− 23 565	+ 54 213	− 15	−1722	+ 23 566	+1709	− 3
2556·5	− 18	− 54 258	− 23 585	+ 54 257	− 15	−1693	+ 23 586	+1681	− 3
2557·5	− 18	− 54 331	− 23 617	+ 54 331	− 15	−1666	+ 23 618	+1653	− 3
2558·5	− 18	− 54 425	− 23 658	+ 54 425	− 15	−1647	+ 23 658	+1634	− 3
2559·5	− 18	− 54 528	− 23 702	+ 54 527	− 15	−1638	+ 23 703	+1625	− 3
2560·5	− 18	− 54 626	− 23 745	+ 54 626	− 15	−1641	+ 23 746	+1628	− 3
2561·5	− 18	− 54 711	− 23 781	+ 54 711	− 15	−1652	+ 23 782	+1639	− 3
2562·5	− 18	− 54 777	− 23 810	+ 54 777	− 15	−1669	+ 23 811	+1656	− 3
2563·5	− 18	− 54 823	− 23 830	+ 54 822	− 15	−1687	+ 23 831	+1674	− 3
2564·5	− 18	− 54 849	− 23 842	+ 54 849	− 15	−1703	+ 23 843	+1690	− 3
2565·5	− 18	− 54 862	− 23 847	+ 54 861	− 15	−1713	+ 23 848	+1700	− 3
2566·5	− 18	− 54 865	− 23 849	+ 54 865	− 15	−1717	+ 23 850	+1703	− 3
2567·5	− 18	− 54 867	− 23 850	+ 54 867	− 15	−1711	+ 23 851	+1698	− 3
2568·5	− 18	− 54 874	− 23 853	+ 54 874	− 15	−1698	+ 23 854	+1685	− 3
2569·5	− 18	− 54 894	− 23 861	+ 54 893	− 15	−1678	+ 23 862	+1665	− 3
2570·5	− 18	− 54 929	− 23 877	+ 54 929	− 15	−1654	+ 23 878	+1640	− 3
2571·5	− 18	− 54 984	− 23 900	+ 54 983	− 15	−1628	+ 23 901	+1615	− 3
2572·5	− 18	− 55 057	− 23 932	+ 55 057	− 15	−1605	+ 23 933	+1592	− 3
2573·5	− 18	− 55 146	− 23 971	+ 55 146	− 15	−1588	+ 23 972	+1575	− 3
2574·5	− 18	− 55 245	− 24 014	+ 55 245	− 15	−1579	+ 24 015	+1566	− 3
2575·5	− 18	− 55 346	− 24 058	+ 55 345	− 15	−1580	+ 24 058	+1567	− 3
2576·5	− 18	− 55 439	− 24 098	+ 55 439	− 15	−1590	+ 24 099	+1577	− 3
2577·5	− 18	− 55 516	− 24 132	+ 55 516	− 15	−1608	+ 24 133	+1595	− 3
2578·5	− 18	− 55 572	− 24 156	+ 55 571	− 15	−1628	+ 24 157	+1615	− 3
2579·5	− 18	− 55 604	− 24 170	+ 55 603	− 15	−1646	+ 24 171	+1632	− 3
2580·5	− 18	− 55 618	− 24 176	+ 55 618	− 15	−1654	+ 24 177	+1640	− 3
2581·5	− 18	− 55 628	− 24 180	+ 55 627	− 15	−1647	+ 24 181	+1634	− 3
2582·5	− 18	− 55 648	− 24 189	+ 55 648	− 16	−1627	+ 24 190	+1613	− 3
2583·5	− 18	− 55 695	− 24 210	+ 55 695	− 16	−1595	+ 24 210	+1582	− 3
2584·5	− 18	− 55 774	− 24 244	+ 55 773	− 16	−1561	+ 24 245	+1548	− 3
2585·5	− 19	− 55 880	− 24 290	+ 55 880	− 16	−1533	+ 24 291	+1519	− 3
2586·5	− 19	− 56 002	− 24 343	+ 56 002	− 16	−1515	+ 24 344	+1501	− 3
2587·5	− 19	− 56 126	− 24 396	+ 56 125	− 16	−1510	+ 24 397	+1496	− 3
2588·5	− 19	− 56 238	− 24 445	+ 56 237	− 16	−1515	+ 24 446	+1502	− 3
2589·5	− 19	− 56 331	− 24 485	+ 56 330	− 16	−1529	+ 24 486	+1515	− 3
2590·5	− 19	− 56 402	− 24 516	+ 56 402	− 16	−1544	+ 24 517	+1531	− 3
2591·5	− 19	− 56 453	− 24 539	+ 56 453	− 16	−1559	+ 24 539	+1545	− 3
2592·5	− 19	− 56 487	− 24 554	+ 56 487	− 16	−1569	+ 24 554	+1555	− 3
2593·5	− 19	− 56 512	− 24 564	+ 56 511	− 16	−1573	+ 24 565	+1559	− 3
2594·5	− 19	− 56 532	− 24 573	+ 56 532	− 16	−1568	+ 24 574	+1554	− 3

Values are in units of 10^{-8}.

ORIGIN AT SOLAR SYSTEM BARYCENTRE
MEAN EQUATOR AND EQUINOX J2000·0

Date 0ʰ TDB	X	Y	Z	$\dot{X}$	$\dot{Y}$	$\dot{Z}$
Nov. 16	+0·590 433 097	+0·724 086 583	+0·313 941 430	−1408 6605	+ 934 5409	+ 405 1062
17	+0·576 257 756	+0·733 320 225	+0·317 943 974	−1426 3387	+ 912 1423	+ 395 3833
18	+0·561 907 706	+0·742 328 534	+0·321 848 716	−1443 6022	+ 889 4751	+ 385 5461
19	+0·547 387 096	+0·751 108 848	+0·325 654 523	−1460 4504	+ 866 5442	+ 375 5970
20	+0·532 700 085	+0·759 658 551	+0·329 360 289	−1476 8824	+ 843 3533	+ 365 5380
21	+0·517 850 839	+0·767 975 059	+0·332 964 923	−1492 8972	+ 819 9057	+ 355 3709
22	+0·502 843 538	+0·776 055 817	+0·336 467 349	−1508 4931	+ 796 2036	+ 345 0967
23	+0·487 682 382	+0·783 898 287	+0·339 866 502	−1523 6676	+ 772 2484	+ 334 7162
24	+0·472 371 601	+0·791 499 944	+0·343 161 320	−1538 4174	+ 748 0410	+ 324 2297
25	+0·456 915 466	+0·798 858 268	+0·346 350 743	−1552 7375	+ 723 5820	+ 313 6372
26	+0·441 318 305	+0·805 970 745	+0·349 433 709	−1566 6215	+ 698 8715	+ 302 9383
27	+0·425 584 517	+0·812 834 862	+0·352 409 153	−1580 0612	+ 673 9100	+ 292 1326
28	+0·409 718 595	+0·819 448 112	+0·355 276 003	−1593 0467	+ 648 6984	+ 281 2197
29	+0·393 725 139	+0·825 808 002	+0·358 033 188	−1605 5654	+ 623 2385	+ 270 1994
30	+0·377 608 889	+0·831 912 068	+0·360 679 636	−1617 6032	+ 597 5342	+ 259 0723
Dec. 1	+0·361 374 733	+0·837 757 893	+0·363 214 284	−1629 1438	+ 571 5919	+ 247 8400
2	+0·345 027 727	+0·843 343 146	+0·365 636 096	−1640 1702	+ 545 4217	+ 236 5057
3	+0·328 573 095	+0·848 665 613	+0·367 944 076	−1650 6665	+ 519 0374	+ 225 0745
4	+0·312 016 209	+0·853 723 239	+0·370 137 287	−1660 6192	+ 492 4566	+ 213 5534
5	+0·295 362 556	+0·858 514 155	+0·372 214 872	−1670 0188	+ 465 6989	+ 201 9509
6	+0·278 617 692	+0·863 036 696	+0·374 176 064	−1678 8609	+ 438 7847	+ 190 2762
7	+0·261 787 198	+0·867 289 392	+0·376 020 185	−1687 1450	+ 411 7330	+ 178 5382
8	+0·244 876 642	+0·871 270 955	+0·377 746 645	−1694 8740	+ 384 5607	+ 166 7452
9	+0·227 891 555	+0·874 980 251	+0·379 354 929	−1702 0521	+ 357 2819	+ 154 9041
10	+0·210 837 420	+0·878 416 279	+0·380 844 588	−1708 6843	+ 329 9088	+ 143 0212
11	+0·193 719 674	+0·881 578 146	+0·382 215 232	−1714 7752	+ 302 4515	+ 131 1017
12	+0·176 543 706	+0·884 465 059	+0·383 466 516	−1720 3291	+ 274 9192	+ 119 1501
13	+0·159 314 869	+0·887 076 309	+0·384 598 141	−1725 3498	+ 247 3204	+ 107 1706
14	+0·142 038 476	+0·889 411 271	+0·385 609 848	−1729 8408	+ 219 6629	+ 95 1672
15	+0·124 719 807	+0·891 469 397	+0·386 501 418	−1733 8056	+ 191 9543	+ 83 1436
16	+0·107 364 107	+0·893 250 210	+0·387 272 665	−1737 2476	+ 164 2015	+ 71 1032
17	+0·089 976 585	+0·894 753 302	+0·387 923 437	−1740 1705	+ 136 4111	+ 59 0493
18	+0·072 562 414	+0·895 978 325	+0·388 453 614	−1742 5780	+ 108 5886	+ 46 9844
19	+0·055 126 731	+0·896 924 982	+0·388 863 097	−1744 4737	+ 80 7386	+ 34 9110
20	+0·037 674 637	+0·897 593 016	+0·389 151 811	−1745 8604	+ 52 8645	+ 22 8306
21	+0·020 211 212	+0·897 982 200	+0·389 319 690	−1746 7401	+ 24 9688	+ 10 7443
22	+0·002 741 524	+0·898 092 326	+0·389 366 678	−1747 1131	− 2 9468	− 1 3475
23	−0·014 729 356	+0·897 923 201	+0·389 292 722	−1746 9779	− 30 8810	− 13 4446
24	−0·032 196 330	+0·897 474 649	+0·389 097 768	−1746 3311	− 58 8322	− 25 5469
25	−0·049 654 253	+0·896 746 509	+0·388 781 766	−1745 1668	− 86 7980	− 37 6543
26	−0·067 097 917	+0·895 738 653	+0·388 344 668	−1743 4777	− 114 7746	− 49 7660
27	−0·084 522 028	+0·894 450 999	+0·387 786 436	−1741 2547	− 142 7566	− 61 8808
28	−0·101 921 199	+0·892 883 530	+0·387 107 050	−1738 4879	− 170 7360	− 73 9961
29	−0·119 289 939	+0·891 036 323	+0·386 306 522	−1735 1669	− 198 7022	− 86 1086
30	−0·136 622 657	+0·888 909 573	+0·385 384 905	−1731 2819	− 226 6420	− 98 2132
31	−0·153 913 670	+0·886 503 624	+0·384 342 307	−1726 8248	− 254 5392	− 110 3034
32	−0·171 157 228	+0·883 818 991	+0·383 178 909	−1721 7902	− 282 3756	− 122 3718

$\dot{X}, \dot{Y}, \dot{Z}$ are in units of 10^{-9} au / d.

MATRIX ELEMENTS FOR CONVERSION FROM
MEAN EQUINOX OF J2000·0 TO TRUE EQUINOX OF DATE

Julian Date	$R_{11}-1$	R_{12}	R_{13}	R_{21}	$R_{22}-1$	R_{23}	R_{31}	R_{32}	$R_{33}-1$
245									
2594·5	− 19	− 56 532	− 24 573	+ 56 532	− 16	−1568	+ 24 574	+1554	− 3
2595·5	− 19	− 56 556	− 24 584	+ 56 556	− 16	−1555	+ 24 584	+1541	− 3
2596·5	− 19	− 56 591	− 24 599	+ 56 591	− 16	−1535	+ 24 600	+1521	− 3
2597·5	− 19	− 56 641	− 24 621	+ 56 641	− 16	−1510	+ 24 621	+1496	− 3
2598·5	− 19	− 56 711	− 24 651	+ 56 710	− 16	−1484	+ 24 652	+1470	− 3
2599·5	− 19	− 56 800	− 24 689	+ 56 799	− 16	−1459	+ 24 690	+1445	− 3
2600·5	− 19	− 56 905	− 24 735	+ 56 905	− 16	−1440	+ 24 736	+1426	− 3
2601·5	− 19	− 57 022	− 24 786	+ 57 022	− 16	−1430	+ 24 787	+1415	− 3
2602·5	− 19	− 57 143	− 24 838	+ 57 142	− 16	−1429	+ 24 839	+1415	− 3
2603·5	− 19	− 57 257	− 24 888	+ 57 256	− 16	−1438	+ 24 889	+1424	− 3
2604·5	− 20	− 57 356	− 24 931	+ 57 356	− 16	−1455	+ 24 932	+1441	− 3
2605·5	− 20	− 57 435	− 24 965	+ 57 435	− 17	−1476	+ 24 966	+1462	− 3
2606·5	− 20	− 57 492	− 24 990	+ 57 492	− 17	−1496	+ 24 991	+1481	− 3
2607·5	− 20	− 57 530	− 25 006	+ 57 529	− 17	−1508	+ 25 007	+1494	− 3
2608·5	− 20	− 57 558	− 25 019	+ 57 558	− 17	−1509	+ 25 020	+1495	− 3
2609·5	− 20	− 57 592	− 25 033	+ 57 591	− 17	−1497	+ 25 034	+1483	− 3
2610·5	− 20	− 57 644	− 25 056	+ 57 644	− 17	−1473	+ 25 057	+1459	− 3
2611·5	− 20	− 57 726	− 25 092	+ 57 725	− 17	−1443	+ 25 092	+1429	− 3
2612·5	− 20	− 57 838	− 25 140	+ 57 837	− 17	−1415	+ 25 141	+1401	− 3
2613·5	− 20	− 57 973	− 25 199	+ 57 972	− 17	−1396	+ 25 200	+1381	− 3
2614·5	− 20	− 58 117	− 25 261	+ 58 116	− 17	−1389	+ 25 262	+1375	− 3
2615·5	− 20	− 58 255	− 25 321	+ 58 255	− 17	−1396	+ 25 322	+1381	− 3
2616·5	− 20	− 58 376	− 25 374	+ 58 376	− 17	−1412	+ 25 375	+1397	− 3
2617·5	− 20	− 58 474	− 25 416	+ 58 474	− 17	−1433	+ 25 417	+1418	− 3
2618·5	− 20	− 58 549	− 25 449	+ 58 548	− 17	−1455	+ 25 450	+1440	− 3
2619·5	− 20	− 58 604	− 25 473	+ 58 604	− 17	−1473	+ 25 474	+1458	− 3
2620·5	− 20	− 58 646	− 25 491	+ 58 646	− 17	−1485	+ 25 492	+1470	− 3
2621·5	− 20	− 58 682	− 25 507	+ 58 681	− 17	−1489	+ 25 508	+1474	− 3
2622·5	− 21	− 58 718	− 25 523	+ 58 718	− 17	−1485	+ 25 523	+1470	− 3
2623·5	− 21	− 58 763	− 25 542	+ 58 763	− 17	−1474	+ 25 543	+1459	− 3
2624·5	− 21	− 58 821	− 25 567	+ 58 821	− 17	−1457	+ 25 568	+1442	− 3
2625·5	− 21	− 58 898	− 25 601	+ 58 897	− 17	−1438	+ 25 601	+1423	− 3
2626·5	− 21	− 58 994	− 25 642	+ 58 993	− 17	−1420	+ 25 643	+1405	− 3
2627·5	− 21	− 59 108	− 25 692	+ 59 107	− 17	−1406	+ 25 692	+1391	− 3
2628·5	− 21	− 59 235	− 25 747	+ 59 234	− 18	−1400	+ 25 748	+1385	− 3
2629·5	− 21	− 59 367	− 25 804	+ 59 367	− 18	−1405	+ 25 805	+1389	− 3
2630·5	− 21	− 59 495	− 25 860	+ 59 495	− 18	−1420	+ 25 861	+1404	− 3
2631·5	− 21	− 59 609	− 25 909	+ 59 609	− 18	−1444	+ 25 910	+1428	− 3
2632·5	− 21	− 59 702	− 25 950	+ 59 701	− 18	−1473	+ 25 950	+1457	− 3
2633·5	− 21	− 59 771	− 25 979	+ 59 770	− 18	−1502	+ 25 980	+1486	− 3
2634·5	− 21	− 59 819	− 26 001	+ 59 819	− 18	−1525	+ 26 001	+1509	− 3
2635·5	− 21	− 59 855	− 26 016	+ 59 855	− 18	−1537	+ 26 017	+1522	− 3
2636·5	− 21	− 59 892	− 26 032	+ 59 892	− 18	−1537	+ 26 033	+1522	− 3
2637·5	− 21	− 59 943	− 26 054	+ 59 942	− 18	−1526	+ 26 055	+1510	− 3
2638·5	− 21	− 60 017	− 26 087	+ 60 016	− 18	−1507	+ 26 087	+1492	− 3
2639·5	− 21	− 60 120	− 26 131	+ 60 119	− 18	−1488	+ 26 132	+1472	− 3
2640·5	− 22	− 60 247	− 26 186	+ 60 247	− 18	−1474	+ 26 187	+1458	− 3

Values are in units of 10^{-8}.

Reduction for polar motion

The rotation of the Earth is represented by a diurnal rotation around a reference axis whose motion with respect to the inertial reference frame is represented by the theories of precession and nutation. This reference axis does not coincide with the axis of figure (maximum moment of inertia) of the Earth, but moves slowly (in a terrestrial reference frame) in a quasi-circular path around it. The reference axis is the celestial ephemeris pole (normal to the true equator) and its motion with respect to the terrestrial reference frame is known as polar motion. The maximum amplitude of the polar motion is typically about $0\rlap{.}''3$ (corresponding to a displacement of about 9 m on the surface of the Earth) and the principal periods are about 365 and 428 days. The motion is affected by unpredictable geophysical forces and is determined from observations of stars, of radio sources and of appropriate satellites of the Earth.

The pole and zero (Greenwich) meridian of the terrestrial reference frame are defined implicitly by the adoption of a set of coordinates for the instruments that are used to determine UT and polar motion from astronomical and satellite observations. (This frame is known as the IERS Terrestrial Reference Frame (ITRF), and is a continuation of the BIH Terrestrial System (BTS), and before that the Conventional International Origin (CIO)). The position of the terrestrial reference frame with respect to the true equator and equinox of date is defined by successive rotations through two small angles x, y and the Greenwich apparent sidereal time θ. The angles x, y correspond to the coordinates of the celestial ephemeris pole with respect to the terrestrial pole measured along the meridians at longitudes $0°$ and $270°$ ($90°$ west). Current values of the coordinates of the pole for use in the reduction of observations are published by the Central Bureau of IERS. Previous values from 1970 January 1 onwards are given on page K10 at 3-monthly intervals. For precise work the values at 5-day intervals from the BIH tables should be used. Values before 1988 were published by the International Polar Motion Service. The coordinates x and y are usually measured in seconds of arc.

Polar motion causes variations in the zenith distance and azimuth of the celestial ephemeris pole and hence in the values of terrestrial latitude (ϕ) and longitude (λ) that are determined from direct astronomical observations of latitude and time. To first order, the departures from the mean values ϕ_m, λ_m are given by:

$$\Delta\phi = x\cos\lambda_m - y\sin\lambda_m \quad \text{and} \quad \Delta\lambda = (x\sin\lambda_m + y\cos\lambda_m)\tan\phi_m$$

The variation in longitude must be taken into account in the determination of GMST, and hence of UT, from observations.

The rigorous transformation of a vector $\mathbf{p}_3$ with respect to the celestial frame of the true equator and equinox of date to the corresponding vector $\mathbf{p}_4$ with respect to the terrestrial frame is given by the formula:

$$\mathbf{p}_4 = \mathbf{R}_2(-x)\,\mathbf{R}_1(-y)\,\mathbf{R}_3(\theta)\,\mathbf{p}_3$$

and conversely,

$$\mathbf{p}_3 = \mathbf{R}_3(-\theta)\,\mathbf{R}_1(y)\,\mathbf{R}_2(x)\,\mathbf{p}_4$$

where $\mathbf{R}_1(\alpha)$, $\mathbf{R}_2(\alpha)$, $\mathbf{R}_3(\alpha)$ are, respectively, the matrices:

$$\begin{bmatrix} 1 & 0 & 0 \\ 0 & \cos\alpha & \sin\alpha \\ 0 & -\sin\alpha & \cos\alpha \end{bmatrix} \qquad \begin{bmatrix} \cos\alpha & 0 & -\sin\alpha \\ 0 & 1 & 0 \\ \sin\alpha & 0 & \cos\alpha \end{bmatrix} \qquad \begin{bmatrix} \cos\alpha & \sin\alpha & 0 \\ -\sin\alpha & \cos\alpha & 0 \\ 0 & 0 & 1 \end{bmatrix}$$

corresponding to rotations α about the x, y and z axes. The vector $\mathbf{p}$ could represent, for example, the coordinates of a point on the Earth's surface or of a satellite in orbit around the Earth.

Reduction for diurnal parallax and diurnal aberration

The computation of diurnal parallax and aberration due to the displacement of the observer from the centre of the Earth requires a knowledge of the geocentric coordinates (ρ, geocentric distance in units of the Earth's equatorial radius, and ϕ', geocentric latitude, see page K5) of the place of observation and the local sidereal time (θ_0) of the observation (see page B6).

For bodies whose equatorial horizontal parallax (π) normally amounts to only a few seconds of arc the corrections for diurnal parallax in right ascension and declination (in the sense geocentric place *minus* topocentric place) are given by:

$$\Delta\alpha = \pi(\rho\cos\phi'\sin h\sec\delta)$$
$$\Delta\delta = \pi(\rho\sin\phi'\cos\delta - \rho\cos\phi'\cos h\sin\delta)$$

where h is the local hour angle ($\theta_0 - \alpha$) and π may be calculated from $8''794$ divided by the geocentric distance of the body (in au). For the Moon (and other very close bodies) more precise formulae are required (see page D3).

The corrections for diurnal aberration in right ascension and declination (in the sense apparent place *minus* mean place) are given by:

$$\Delta\alpha = 0^{s}0213\,\rho\cos\phi'\cos h\sec\delta \quad \Delta\delta = 0''319\,\rho\cos\phi'\sin h\sin\delta$$

For a body at transit the local hour angle (h) is zero and so $\Delta\delta$ is zero, but

$$\Delta\alpha = \pm0^{s}0213\,\rho\cos\phi'\sec\delta$$

where the plus and minus signs are used for the upper and lower transits, respectively; this may be regarded as a correction to the time of transit.

Alternatively, the effects may be computed in rectangular coordinates using the following expressions for the geocentric coordinates and velocity components of the observer with respect to the celestial equatorial reference frame:

$$\text{position:} \quad (a\rho\cos\phi'\cos\theta_0,\ a\rho\cos\phi'\sin\theta_0,\ a\rho\sin\phi')$$
$$\text{velocity:} \quad (-a\omega\rho\cos\phi'\sin\theta_0,\ a\omega\rho\cos\phi'\cos\theta_0,\ 0)$$

where θ_0 is the local sidereal time (mean or apparent as appropriate), a is the equatorial radius of the Earth and ω the angular velocity of the Earth.

$$\theta_0 = \text{Greenwich sidereal time} + \text{east longitude}$$
$$a\omega = 0.464\,\text{km/s} = 0.268 \times 10^{-3}\,\text{au/d} \quad c = 2.998 \times 10^5\,\text{km/s} = 173.14\,\text{au/d}$$
$$a\omega/c = 1.55 \times 10^{-6}\,\text{rad} = 0''319 = 0^{s}0213$$

These geocentric position and velocity vectors of the observer are added to the barycentric position and velocity of the Earth's centre, respectively, to obtain the corresponding barycentric vectors of the observer.

Conversion to altitude and azimuth

It is convenient to use the local hour angle (h) as an intermediary in the conversion from the apparent right ascension (α) and declination (δ) to the azimuth (A) and altitude (a). The local apparent sidereal time (θ_0) corresponding to the UT of the observation must be determined first (see page B6). The formulae are:

$$\theta_0 = \text{GMST} + \lambda + \text{equation of equinoxes}$$
$$h = \theta_0 - \alpha$$
$$\cos a\sin A = -\cos\delta\sin h$$
$$\cos a\cos A = \ \ \sin\delta\cos\phi - \cos\delta\cos h\sin\phi$$
$$\sin a = \ \ \sin\delta\sin\phi + \cos\delta\cos h\cos\phi$$

where azimuth (A) is measured from the north through east in the plane of the horizon, altitude (a) is measured perpendicular to the horizon, and λ, ϕ are the astronomical values of the east longitude and latitude of the place of observation. The plane of the

Conversion to altitude and azimuth (continued)

horizon is defined to be perpendicular to the apparent direction of gravity. Zenith distance is given by $z = 90° - a$.

For most purposes the values of the geodetic longitude and latitude may be used but in some cases the effects of local gravity anomalies and polar motion must be included. For full precision, the values of α, δ must be corrected for diurnal parallax and diurnal aberration. The inverse formulae are:

$$\cos\delta \sin h = -\cos a \sin A$$
$$\cos\delta \cos h = \quad \sin a \cos\phi - \cos a \cos A \sin\phi$$
$$\sin\delta = \quad \sin a \sin\phi + \cos a \cos A \cos\phi$$

Correction for refraction

For most astronomical purposes the effect of refraction in the Earth's atmosphere is to decrease the zenith distance (computed by the formulae of the previous section) by an amount R that depends on the zenith distance and on the meteorological conditions at the site. A simple expression for R for zenith distances less than $75°$ (altitudes greater than $15°$) is:

$$R = 0°004\ 52\ P \tan z/(273 + T)$$
$$= 0°004\ 52\ P/((273 + T)\tan a)$$

where T is the temperature (°C) and P is the barometric pressure (millibars). This formula is usually accurate to about 0.1 for altitudes above $15°$, but the error increases rapidly at lower altitudes, especially in abnormal meteorological conditions. For observed apparent altitudes below $15°$ use the approximate formula:

$$R = P(0.1594 + 0.0196a + 0.000\ 02a^2)/[(273 + T)(1 + 0.505a + 0.0845a^2)]$$

where the altitude a is in degrees.

DETERMINATION OF LATITUDE AND AZIMUTH

Use of the Polaris Table

The table on pages B64–B67 gives data for obtaining latitude from an observed altitude of Polaris (suitably corrected for instrumental errors and refraction) and the azimuth of this star (measured from north, positive to the east and negative to the west), for all hour angles and northern latitudes. The six tabulated quantities, each given to a precision of 0.1, are a_0, a_1, a_2, referring to the correction to altitude, and b_0, b_1, b_2, to the azimuth.

$$\text{latitude} = \text{corrected observed altitude} + a_0 + a_1 + a_2$$
$$\text{azimuth} = (b_0 + b_1 + b_2)/\cos(\text{latitude})$$

The table is to be entered with the local sidereal time of observation (LST), and gives the values of a_0, b_0 directly; interpolation, with maximum differences of 0.7, can be done mentally. In the same vertical column, the values of a_1, b_1 are found with the latitude, and those of a_2, b_2 with the date, as argument. Thus all six quantities can, if desired, be extracted together. The errors due to the adoption of a mean value of the local sidereal time for each of the subsidiary tables have been reduced to a minimum, and the total error is not likely to exceed 0.2. Interpolation between columns should not be attempted.

The observed altitude must be corrected for refraction before being used to determine the astronomical latitude of the place of observation. Both the latitude and the azimuth so obtained are affected by local gravity anomalies.

Pole Star formulae

The formulae below provide a method for obtaining latitude from the observed altitude of one of the pole stars, *Polaris* or σ Octantis, and an assumed *east* longitude of the observer λ. In addition, the azimuth of a pole star may be calculated from an assumed *east* longitude λ and the observed altitude a, or from λ and an assumed latitude ϕ. An error of $0°\!.002$ in a or $0°\!.1$ in λ will produce an error of about $0°\!.002$ in the calculated latitude. Likewise an error of $0°\!.03$ in λ, a or ϕ will produce an error of about $0°\!.002$ in the calculated azimuth for latitudes below $70°$.

Step 1. Calculate the Greenwich hour angle GHA and polar distance p, in degrees, from expressions of the form:

$$GHA = a_0 + a_1 L + a_2 \sin L + a_3 \cos L + 15\,t$$
$$p = a_0 + a_1 L + a_2 \sin L + a_3 \cos L$$

where
$$L = 0°\!.985\,65\,d$$
$$d = \text{day of year (from pages B2–B3)} + t/24$$

and where the coefficients a_0, a_1, a_2, a_3 are given in the table below, t is the universal time in hours, d is the interval in days from 2002 January 0 at 0^h UT to the time of observation, and the quantity L is in degrees. In the above formulae d is required to two decimals of a day, L to two decimals of a degree and t to three decimals of an hour.

Step 2. Calculate the local hour angle LHA from:

$$LHA = GHA + \lambda \quad \text{(add or subtract multiples of } 360°\text{)}$$

where λ is the assumed longitude measured east from the Greenwich meridian.

Form the quantities: $S = p \sin(LHA)$ $C = p \cos(LHA)$

Step 3. The latitude of the place of observation, in degrees, is given by:

$$\text{latitude} = a - C + 0·0087\,S^2 \tan a$$

where a is the observed altitude of the pole star after correction for instrument error and atmospheric refraction.

Step 4. The azimuth of the pole star, in degrees, is given by:

$$\text{azimuth of } Polaris = -S/\cos a$$
$$\text{azimuth of } \sigma \text{ Octantis} = 180° + S/\cos a$$

where azimuth is measured eastwards around the horizon from north.

In step 4, if a has not been observed, use the quantity:

$$a = \phi + C - 0·0087\,S^2 \tan \phi$$

where ϕ is an assumed latitude, taken to be positive in either hemisphere.

POLE STAR COEFFICIENTS FOR 2002

	Polaris		σ Octantis	
	GHA	*p*	*GHA*	*p*
	$°$	$°$	$°$	$°$
a_0	61·08	0·7283	141·92	1·0503
a_1	0·999 29	$-0·0000\,125$	0·999 31	0·0000 092
a_2	0·36	$-0·0023$	0·18	0·0040
a_3	$-0·22$	$-0·0049$	0·24	$-0·0036$

POLARIS TABLE, 2002

LST	0^h a_0	b_0	1^h a_0	b_0	2^h a_0	b_0	3^h a_0	b_0	4^h a_0	b_0	5^h a_0	b_0
m	′	′	′	′	′	′	′	′	′	′	′	′
0	−33·9	+27·4	−39·8	+17·6	−43·0	+ 6·6	−43·2	− 5·0	−40·4	−16·1	−34·9	−26·2
3	34·2	27·0	40·1	17·1	43·1	6·0	43·2	5·5	40·2	16·7	34·5	26·6
6	34·6	26·5	40·3	16·6	43·2	5·4	43·1	6·1	40·0	17·2	34·2	27·1
9	34·9	26·1	40·5	16·0	43·2	4·8	43·0	6·7	39·8	17·7	33·8	27·5
12	35·3	25·6	40·7	15·5	43·3	4·3	42·9	7·2	39·5	18·3	33·5	28·0
15	−35·6	+25·1	−40·9	+14·9	−43·3	+ 3·7	−42·8	− 7·8	−39·3	−18·8	−33·1	−28·4
18	35·9	24·7	41·1	14·4	43·4	3·1	42·7	8·4	39·1	19·3	32·7	28·8
21	36·3	24·2	41·3	13·9	43·4	2·5	42·6	9·0	38·8	19·8	32·3	29·3
24	36·6	23·7	41·4	13·3	43·5	2·0	42·5	9·5	38·5	20·3	31·9	29·7
27	36·9	23·2	41·6	12·8	43·5	1·4	42·3	10·1	38·3	20·8	31·6	30·1
30	−37·2	+22·7	−41·8	+12·2	−43·5	+ 0·8	−42·2	−10·6	−38·0	−21·3	−31·2	−30·5
33	37·5	22·2	41·9	11·6	43·5	+ 0·2	42·1	11·2	37·7	21·8	30·8	30·9
36	37·8	21·7	42·1	11·1	43·5	− 0·3	41·9	11·8	37·4	22·3	30·3	31·3
39	38·0	21·2	42·2	10·5	43·5	0·9	41·7	12·3	37·1	22·8	29·9	31·7
42	38·3	20·7	42·4	10·0	43·5	1·5	41·6	12·9	36·8	23·3	29·5	32·1
45	−38·6	+20·2	−42·5	+ 9·4	−43·5	− 2·1	−41·4	−13·4	−36·5	−23·8	−29·1	−32·5
48	38·8	19·7	42·6	8·8	43·4	2·7	41·2	14·0	36·2	24·3	28·7	32·9
51	39·1	19·2	42·7	8·3	43·4	3·2	41·0	14·5	35·9	24·8	28·2	33·3
54	39·3	18·7	42·8	7·7	43·3	3·8	40·9	15·1	35·5	25·2	27·8	33·6
57	39·6	18·1	42·9	7·1	43·3	4·4	40·7	15·6	35·2	25·7	27·4	34·0
60	−39·8	+17·6	−43·0	+ 6·6	−43·2	− 5·0	−40·4	−16·1	−34·9	−26·2	−26·9	−34·3

Lat.	a_1	b_1	a_1	b_1	a_1	b_1	a_1	b_1	a_1	b_1	a_1	b_1
°												
0	−1	−3	·0	−2	·0	·0	·0	+2	−1	+3	−2	+3
10	−1	−2	·0	−1	·0	·0	·0	+1	−1	+2	−1	+3
20	−1	−2	·0	−1	·0	·0	·0	+1	−1	+2	−1	+2
30	·0	−1	·0	−1	·0	·0	·0	+1	·0	+1	−1	+2
40	·0	−1	·0	−1	·0	·0	·0	·0	·0	+1	·0	+1
45	·0	·0	·0	·0	·0	·0	·0	·0	·0	·0	·0	+1
50	·0	·0	·0	·0	·0	·0	·0	·0	·0	·0	·0	·0
55	·0	+1	·0	·0	·0	·0	·0	·0	·0	−1	·0	−1
60	·0	+1	·0	+1	·0	·0	·0	−1	·0	−1	+1	−1
62	+1	+2	·0	+1	·0	·0	·0	−1	·0	−2	+1	−2
64	+1	+2	·0	+1	·0	·0	·0	−1	+1	−2	+1	−2
66	+1	+3	·0	+2	·0	·0	·0	−1	+1	−2	+1	−3

Month	a_2	b_2	a_2	b_2	a_2	b_2	a_2	b_2	a_2	b_2	a_2	b_2
Jan.	+1	−1	+1	·0	+1	·0	+1	·0	+1	+1	+1	+1
Feb.	·0	−2	+1	−2	+1	−2	+2	−1	+2	−1	+2	·0
Mar.	−1	−3	·0	−3	+1	−3	+1	−3	+2	−2	+2	−2
Apr.	−2	−3	−2	−3	−1	−4	·0	−4	+1	−3	+2	−3
May	−4	−2	−3	−3	−2	−3	−1	−4	·0	−4	+1	−4
June	−4	·0	−4	−1	−3	−2	−3	−3	−2	−4	−1	−4
July	−4	+1	−4	·0	−4	−1	−3	−2	−3	−3	−2	−3
Aug.	−2	+2	−3	+2	−3	+1	−3	·0	−3	−1	−3	−2
Sept.	−1	+3	−1	+3	−2	+2	−3	+2	−3	+1	−3	·0
Oct.	+1	+3	·0	+3	·0	+3	−1	+3	−2	+3	−3	+2
Nov.	+3	+2	+2	+3	+1	+4	·0	+4	−1	+4	−1	+4
Dec.	+4	+1	+4	+2	+3	+3	+2	+4	+1	+4	·0	+4

Latitude = Corrected observed altitude of *Polaris* + a_0 + a_1 + a_2

Azimuth of *Polaris* = (b_0 + b_1 + b_2) / cos (latitude)

LST	6^h		7^h		8^h		9^h		10^h		11^h	
	a_0	b_0	a_0	b_0	a_0	b_0	a_0	b_0	a_0	b_0	a_0	b_0
m	′	′	′	′	′	′	′	′	′	′	′	′
0	−26·9	−34·3	−17·1	−40·1	− 6·1	−43·1	+ 5·2	−43·2	+16·2	−40·3	+26·1	−34·7
3	26·5	34·7	16·6	40·3	5·6	43·2	5·8	43·1	16·7	40·0	26·5	34·3
6	26·0	35·0	16·0	40·5	5·0	43·3	6·3	43·0	17·2	39·8	27·0	34·0
9	25·5	35·4	15·5	40·8	4·4	43·3	6·9	42·9	17·8	39·6	27·4	33·6
12	25·1	35·7	15·0	40·9	3·9	43·4	7·5	42·8	18·3	39·4	27·8	33·3
15	−24·6	−36·0	−14·4	−41·1	− 3·3	−43·4	+ 8·0	−42·7	+18·8	−39·1	+28·3	−32·9
18	24·1	36·3	13·9	41·3	2·7	43·4	8·6	42·6	19·3	38·9	28·7	32·5
21	23·7	36·7	13·4	41·5	2·2	43·5	9·1	42·5	19·8	38·6	29·1	32·2
24	23·2	37·0	12·8	41·7	1·6	43·5	9·7	42·3	20·3	38·3	29·5	31·8
27	22·7	37·3	12·3	41·8	1·0	43·5	10·2	42·2	20·8	38·1	30·0	31·4
30	−22·2	−37·6	−11·7	−42·0	− 0·5	−43·5	+10·8	−42·1	+21·3	−37·8	+30·4	−31·0
33	21·7	37·8	11·2	42·1	+ 0·1	43·5	11·3	41·9	21·8	37·5	30·8	30·6
36	21·2	38·1	10·6	42·3	0·7	43·5	11·9	41·8	22·3	37·2	31·2	30·2
39	20·7	38·4	10·1	42·4	1·2	43·5	12·4	41·6	22·8	36·9	31·6	29·8
42	20·2	38·7	9·5	42·5	1·8	43·5	13·0	41·4	23·3	36·6	31·9	29·4
45	−19·7	−38·9	− 9·0	−42·6	+ 2·4	−43·4	+13·5	−41·3	+23·7	−36·3	+32·3	−28·9
48	19·2	39·2	8·4	42·7	2·9	43·4	14·1	41·1	24·2	36·0	32·7	28·5
51	18·7	39·4	7·8	42·9	3·5	43·3	14·6	40·9	24·7	35·7	33·1	28·1
54	18·1	39·7	7·3	42·9	4·1	43·3	15·1	40·7	25·1	35·3	33·4	27·7
57	17·6	39·9	6·7	43·0	4·6	43·2	15·7	40·5	25·6	35·0	33·8	27·2
60	−17·1	−40·1	− 6·1	−43·1	+ 5·2	−43·2	+16·2	−40·3	+26·1	−34·7	+34·1	−26·8

Lat.	a_1	b_1	a_1	b_1	a_1	b_1	a_1	b_1	a_1	b_1	a_1	b_1
°												
0	−·2	+·3	−·3	+·2	−·3	·0	−·3	−·2	−·3	−·3	−·2	−·3
10	−·2	+·2	−·3	+·1	−·3	·0	−·3	−·1	−·2	−·2	−·1	−·3
20	−·2	+·2	−·2	+·1	−·2	·0	−·2	−·1	−·2	−·2	−·1	−·2
30	−·1	+·1	−·2	+·1	−·2	·0	−·2	−·1	−·1	−·1	−·1	−·2
40	−·1	+·1	−·1	+·1	−·1	·0	−·1	·0	−·1	−·1	−·1	−·1
45	·0	·0	·0	·0	−·1	·0	·0	·0	·0	·0	·0	−·1
50	·0	·0	·0	·0	·0	·0	·0	·0	·0	·0	·0	·0
55	·0	−·1	+·1	·0	+·1	·0	+·1	·0	·0	+·1	·0	+·1
60	+·1	−·1	+·1	−·1	+·1	·0	+·1	+·1	+·1	+·1	+·1	+·1
62	+·1	−·2	+·2	−·1	+·2	·0	+·2	+·1	+·1	+·2	+·1	+·2
64	+·2	−·2	+·2	−·1	+·2	·0	+·2	+·1	+·2	+·2	+·1	+·2
66	+·2	−·3	+·3	−·2	+·3	·0	+·3	+·1	+·2	+·2	+·2	+·3

Month	a_2	b_2	a_2	b_2	a_2	b_2	a_2	b_2	a_2	b_2	a_2	b_2
Jan.	+·1	+·1	·0	+·1	·0	+·1	·0	+·1	−·1	+·1	−·1	+·1
Feb.	+·2	·0	+·2	+·1	+·2	+·1	+·1	+·2	+·1	+·2	·0	+·2
Mar.	+·3	−·1	+·3	·0	+·3	+·1	+·3	+·1	+·2	+·2	+·2	+·2
Apr.	+·3	−·2	+·3	−·2	+·4	−·1	+·4	·0	+·3	+·1	+·3	+·2
May	+·2	−·4	+·3	−·3	+·3	−·2	+·4	−·1	+·4	·0	+·4	+·1
June	·0	−·4	+·1	−·4	+·2	−·3	+·3	−·3	+·4	−·2	+·4	−·1
July	−·1	−·4	·0	−·4	+·1	−·4	+·2	−·3	+·3	−·3	+·3	−·2
Aug.	−·2	−·2	−·2	−·3	−·1	−·3	·0	−·3	+·1	−·3	+·2	−·3
Sept.	−·3	−·1	−·3	−·1	−·2	−·2	−·2	−·3	−·1	−·3	·0	−·3
Oct.	−·3	+·1	−·3	·0	−·3	·0	−·3	−·1	−·3	−·2	−·2	−·3
Nov.	−·2	+·3	−·3	+·2	−·4	+·1	−·4	·0	−·4	−·1	−·4	−·1
Dec.	−·1	+·4	−·2	+·4	−·3	+·3	−·4	+·2	−·4	+·1	−·4	·0

Latitude = Corrected observed altitude of *Polaris* + $a_0 + a_1 + a_2$

Azimuth of *Polaris* = $(b_0 + b_1 + b_2) / \cos(\text{latitude})$

POLARIS TABLE, 2002

LST	12^h a_0	b_0	13^h a_0	b_0	14^h a_0	b_0	15^h a_0	b_0	16^h a_0	b_0	17^h a_0	b_0
m												
0	+34.1	−26.8	+39.9	−17.1	+43.0	−6.4	+43.2	+4.8	+40.5	+15.7	+35.1	+25.5
3	34.5	26.3	40.2	16.6	43.1	5.8	43.2	5.4	40.3	16.2	34.8	26.0
6	34.8	25.9	40.4	16.1	43.2	5.3	43.1	5.9	40.1	16.7	34.4	26.4
9	35.2	25.4	40.6	15.6	43.2	4.7	43.0	6.5	39.9	17.2	34.1	26.9
12	35.5	25.0	40.8	15.1	43.3	4.1	42.9	7.0	39.7	17.8	33.7	27.3
15	+35.8	−24.5	+41.0	−14.5	+43.3	−3.6	+42.8	+7.6	+39.4	+18.3	+33.4	+27.8
18	36.1	24.1	41.2	14.0	43.4	3.0	42.7	8.1	39.2	18.8	33.0	28.2
21	36.5	23.6	41.3	13.5	43.4	2.5	42.6	8.7	38.9	19.3	32.6	28.6
24	36.8	23.1	41.5	12.9	43.5	1.9	42.5	9.2	38.7	19.8	32.2	29.0
27	37.1	22.6	41.7	12.4	43.5	1.3	42.4	9.8	38.4	20.3	31.9	29.5
30	+37.4	−22.1	+41.8	−11.9	+43.5	−0.8	+42.2	+10.3	+38.1	+20.8	+31.5	+29.9
33	37.6	21.7	42.0	11.3	43.5	−0.2	42.1	10.9	37.9	21.3	31.1	30.3
36	37.9	21.2	42.1	10.8	43.5	+0.3	42.0	11.4	37.6	21.8	30.7	30.7
39	38.2	20.7	42.3	10.2	43.5	0.9	41.8	12.0	37.3	22.2	30.3	31.1
42	38.5	20.2	42.4	9.7	43.5	1.5	41.6	12.5	37.0	22.7	29.9	31.5
45	+38.7	−19.7	+42.5	−9.1	+43.5	+2.0	+41.5	+13.0	+36.7	+23.2	+29.5	+31.8
48	39.0	19.2	42.6	8.6	43.4	2.6	41.3	13.6	36.4	23.7	29.0	32.2
51	39.2	18.7	42.7	8.0	43.4	3.1	41.1	14.1	36.1	24.1	28.6	32.6
54	39.5	18.2	42.8	7.5	43.3	3.7	40.9	14.6	35.8	24.6	28.2	33.0
57	39.7	17.7	42.9	6.9	43.3	4.3	40.7	15.2	35.4	25.1	27.7	33.3
60	+39.9	−17.1	+43.0	−6.4	+43.2	+4.8	+40.5	+15.7	+35.1	+25.5	+27.3	+33.7

Lat.	a_1	b_1	a_1	b_1	a_1	b_1	a_1	b_1	a_1	b_1	a_1	b_1
°												
0	−1	−3	.0	−2	.0	.0	.0	+2	−1	+3	−2	+3
10	−1	−2	.0	−1	.0	.0	.0	+1	−1	+2	−1	+3
20	−1	−2	.0	−1	.0	.0	.0	+1	−1	+2	−1	+2
30	.0	−1	.0	−1	.0	.0	.0	+1	.0	+1	−1	+2
40	.0	−1	.0	−1	.0	.0	.0	.0	.0	+1	.0	+1
45	.0	.0	.0	.0	.0	.0	.0	.0	.0	.0	.0	+1
50	.0	.0	.0	.0	.0	.0	.0	.0	.0	.0	.0	.0
55	.0	+1	.0	.0	.0	.0	.0	.0	.0	−1	.0	−1
60	.0	+1	.0	+1	.0	.0	.0	−1	.0	−1	+1	−1
62	+1	+2	.0	+1	.0	.0	.0	−1	.0	−2	+1	−2
64	+1	+2	.0	+1	.0	.0	.0	−1	+1	−2	+1	−2
66	+1	+3	.0	+2	.0	.0	.0	−1	+1	−2	+1	−3

Month	a_2	b_2	a_2	b_2	a_2	b_2	a_2	b_2	a_2	b_2	a_2	b_2
Jan.	−1	+1	−1	.0	−1	.0	−1	.0	−1	−1	−1	−1
Feb.	.0	+2	−1	+2	−1	+2	−2	+1	−2	+1	−2	.0
Mar.	+1	+3	.0	+3	−1	+3	−1	+3	−2	+2	−2	+2
Apr.	+2	+3	+2	+3	+1	+4	.0	+4	−1	+3	−2	+3
May	+4	+2	+3	+3	+2	+3	+1	+4	.0	+4	−1	+4
June	+4	.0	+4	+1	+3	+2	+3	+3	+2	+4	+1	+4
July	+4	−1	+4	.0	+4	+1	+3	+2	+3	+3	+2	+3
Aug.	+2	−2	+3	−2	+3	−1	+3	.0	+3	+1	+3	+2
Sept.	+1	−3	+1	−3	+2	−2	+3	−2	+3	−1	+3	.0
Oct.	−1	−3	.0	−3	.0	−3	+1	−3	+2	−3	+3	−2
Nov.	−3	−2	−2	−3	−1	−4	.0	−4	+1	−4	+1	−4
Dec.	−4	−1	−4	−2	−3	−3	−2	−4	−1	−4	.0	−4

Latitude = Corrected observed altitude of *Polaris* + a_0 + a_1 + a_2

Azimuth of *Polaris* = (b_0 + b_1 + b_2) / cos (latitude)

LST	18^h		19^h		20^h		21^h		22^h		23^h	
	a_0	b_0	a_0	b_0	a_0	b_0	a_0	b_0	a_0	b_0	a_0	b_0
m	′	′	′	′	′	′	′	′	′	′	′	′
0	+27·3	+33·7	+17·7	+39·6	+ 6·8	+42·9	− 4·6	+43·3	−15·6	+40·7	−25·6	+35·3
3	26·9	34·1	17·1	39·9	6·2	43·0	5·1	43·2	16·2	40·5	26·1	35·0
6	26·4	34·4	16·6	40·1	5·7	43·1	5·7	43·2	16·7	40·3	26·5	34·6
9	26·0	34·7	16·1	40·3	5·1	43·2	6·3	43·1	17·2	40·1	27·0	34·3
12	25·5	35·1	15·6	40·5	4·5	43·2	6·8	43·0	17·7	39·8	27·4	33·9
15	+25·0	+35·4	+15·0	+40·7	+ 4·0	+43·3	− 7·4	+42·9	−18·3	+39·6	−27·9	+33·5
18	24·6	35·7	14·5	40·9	3·4	43·3	7·9	42·8	18·8	39·4	28·3	33·2
21	24·1	36·1	14·0	41·1	2·8	43·4	8·5	42·7	19·3	39·1	28·8	32·8
24	23·6	36·4	13·4	41·3	2·3	43·4	9·1	42·6	19·8	38·9	29·2	32·4
27	23·2	36·7	12·9	41·5	1·7	43·5	9·6	42·5	20·3	38·6	29·6	32·0
30	+22·7	+37·0	+12·3	+41·6	+ 1·1	+43·5	−10·2	+42·4	−20·8	+38·3	−30·0	+31·6
33	22·2	37·3	11·8	41·8	+ 0·6	43·5	10·7	42·2	21·3	38·1	30·4	31·2
36	21·7	37·6	11·2	41·9	0·0	43·5	11·3	42·1	21·8	37·8	30·8	30·8
39	21·2	37·8	10·7	42·1	− 0·6	43·5	11·8	41·9	22·3	37·5	31·2	30·4
42	20·7	38·1	10·1	42·2	1·2	43·5	12·4	41·8	22·8	37·2	31·6	30·0
45	+20·2	+38·4	+ 9·6	+42·4	− 1·7	+43·5	−12·9	+41·6	−23·3	+36·9	−32·0	+29·6
48	19·7	38·7	9·0	42·5	2·3	43·5	13·5	41·5	23·7	36·6	32·4	29·2
51	19·2	38·9	8·5	42·6	2·9	43·4	14·0	41·3	24·2	36·3	32·8	28·7
54	18·7	39·2	7·9	42·7	3·4	43·4	14·6	41·1	24·7	36·0	33·2	28·3
57	18·2	39·4	7·3	42·8	4·0	43·3	15·1	40·9	25·2	35·6	33·5	27·9
60	+17·7	+39·6	+ 6·8	+42·9	− 4·6	+43·3	−15·6	+40·7	−25·6	+35·3	−33·9	+27·4

Lat.	a_1	b_1	a_1	b_1	a_1	b_1	a_1	b_1	a_1	b_1	a_1	b_1
°												
0	−·2	+·3	−·3	+·2	−·3	·0	−·3	−·2	−·3	−·3	−·2	−·3
10	−·2	+·2	−·3	+·1	−·3	·0	−·3	−·1	−·2	−·2	−·1	−·3
20	−·2	+·2	−·2	+·1	−·2	·0	−·2	−·1	−·2	−·2	−·1	−·2
30	−·1	+·1	−·2	+·1	−·2	·0	−·2	−·1	−·1	−·1	−·1	−·2
40	−·1	+·1	−·1	+·1	−·1	·0	−·1	·0	−·1	−·1	−·1	−·1
45	·0	·0	·0	·0	−·1	·0	·0	·0	·0	·0	·0	−·1
50	·0	·0	·0	·0	·0	·0	·0	·0	·0	·0	·0	·0
55	·0	−·1	+·1	·0	+·1	·0	+·1	·0	·0	+·1	·0	+·1
60	+·1	−·1	+·1	−·1	+·1	·0	+·1	+·1	+·1	+·1	+·1	+·1
62	+·1	−·2	+·2	−·1	+·2	·0	+·2	+·1	+·1	+·2	+·1	+·2
64	+·2	−·2	+·2	−·1	+·2	·0	+·2	+·1	+·2	+·2	+·1	+·2
66	+·2	−·3	+·3	−·2	+·3	·0	+·3	+·1	+·2	+·2	+·2	+·3

Month	a_2	b_2	a_2	b_2	a_2	b_2	a_2	b_2	a_2	b_2	a_2	b_2
Jan.	−·1	−·1	·0	−·1	·0	−·1	·0	−·1	+·1	−·1	+·1	−·1
Feb.	−·2	·0	−·2	−·1	−·2	−·1	−·1	−·2	−·1	−·2	·0	−·2
Mar.	−·3	+·1	−·3	·0	−·3	−·1	−·3	−·1	−·2	−·2	−·2	−·2
Apr.	−·3	+·2	−·3	+·2	−·4	+·1	−·4	·0	−·3	−·1	−·3	−·2
May	−·2	+·4	−·3	+·3	−·3	+·2	−·4	+·1	−·4	·0	−·4	−·1
June	·0	+·4	−·1	+·4	−·2	+·3	−·3	+·3	−·4	+·2	−·4	+·1
July	+·1	+·4	·0	+·4	−·1	+·4	−·2	+·3	−·3	+·3	−·3	+·2
Aug.	+·2	+·2	+·2	+·3	+·1	+·3	·0	+·3	−·1	+·3	−·2	+·3
Sept.	+·3	+·1	+·3	+·1	+·2	+·2	+·2	+·3	+·1	+·3	·0	+·3
Oct.	+·3	−·1	+·3	·0	+·3	·0	+·3	+·1	+·3	+·2	+·2	+·3
Nov.	+·2	−·3	+·3	−·2	+·4	−·1	+·4	·0	+·4	+·1	+·4	+·1
Dec.	+·1	−·4	+·2	−·4	+·3	−·3	+·4	−·2	+·4	−·1	+·4	·0

Latitude = Corrected observed altitude of *Polaris* + $a_0 + a_1 + a_2$

Azimuth of *Polaris* = $(b_0 + b_1 + b_2) / \cos(\text{latitude})$

CONTENTS OF SECTION C

NOTES AND FORMULAS

Mean orbital elements of the Sun

Mean elements of the orbit of the Sun, referred to the mean equinox and ecliptic of date, are given by the following expressions. The time argument d is the interval in days from 2002 January 0, 0^h TT. These expressions are intended for use only during the year of this volume.

$d = $ JD $- 245\,2274.5 = $ day of year (from B2–B3) + fraction of day from 0^h TT.

Geometric mean longitude: $279°\!.495\,818 + 0.985\,647\,36\,d$

Mean longitude of perigee: $282°\!.972\,688 + 0.000\,047\,08\,d$

Mean anomaly: $356°\!.523\,130 + 0.985\,600\,28\,d$

Eccentricity: $0.016\,707\,48 - 0.000\,000\,0012\,d$

Mean obliquity of the ecliptic with respect to the mean equator of date:

$$23°\!.439\,031 - 0.000\,000\,36\,d$$

The position of the ecliptic of date with respect to the ecliptic of the standard epoch is given by formulas on page B18.

Accurate osculating elements of the Earth/Moon barycenter are given on pages E3–E4.

Lengths of principal years

The lengths of the principal years at 2002.0 as derived from the Sun's mean motion are:

		d	d h m s
tropical year	(equinox to equinox)	365.242 190	365 05 48 45.2
sidereal year	(fixed star to fixed star)	365.256 363	365 06 09 09.8
anomalistic year	(perigee to perigee)	365.259 635	365 06 13 52.5
eclipse year	(node to node)	346.620 076	346 14 52 54.6

NOTES AND FORMULAS

Apparent ecliptic coordinates of the Sun

The apparent longitude may be computed from the geometric longitude tabulated on pages C4–C18 using:

apparent longitude = tabulated longitude + nutation in longitude $(\Delta\psi)$ – $20\rlap{.}''496/R$

where $\Delta\psi$ is tabulated on pages B24–B31 and R is the true distance; the tabulated longitude is the geometric longitude with respect to the mean equinox of date. The apparent latitude is equal to the geometric latitude to the precision of tabulation.

Time of transit of the Sun

The quantity tabulated as "Ephemeris Transit" on pages C5–C19 is the TT of transit of the Sun over the ephemeris meridian, which is at the longitude $1.002\,738\,\Delta T$ east of the prime (Greenwich) meridian; in this expression ΔT is the difference TT – UT. The TT of transit of the Sun over a local meridian is obtained by interpolation where the first differences are about 24 hours. The interpolation factor p is given by:

$$p = -\lambda + 1.002\,738\,\Delta T$$

where λ is the east longitude and the right-hand side is expressed in days. (Divide longitude in degrees by 360 and ΔT in seconds by 86 400). During 2002 it is expected that ΔT will be about 67 seconds, so that the second term is about $+0.000\,78$ days.

The UT of transit is obtained by subtracting ΔT from the TT of transit obtained by interpolation.

Equation of time

The equation of time is defined so that:

local mean solar time = local apparent solar – equation of time.

To obtain the equation of time to a precision of about 1 second it is sufficient to use:

equation of time at 12^h UT = 12^h – tabulated value of TT of ephemeris transit.

Alternatively, it may be calculated for any instant during 2002 in seconds of time to a precision of about 3 seconds directly from the expression:

$$\text{equation of time} = -107.6\sin L + 596.1\sin 2L + 4.4\sin 3L - 12.7\sin 4L$$
$$-428.5\cos L - 2.1\cos 2L + 19.3\cos 3L$$

where L is the mean longitude of the Sun, given by:

$$L = 279\rlap{.}°490 + 0.985\,647d$$

and where d is the interval in days from 2002 January 0 at 0^h UT, given by:

$$d = \text{day of year (from B2–B3)} + \text{fraction of day from } 0^h \text{ UT}.$$

Geocentric rectangular coordinates of the Sun

The geocentric equatorial rectangular coordinates of the Sun are given, in au, on pages C20–C23 and are referred to the mean equator and equinox of J2000.0. The x-axis is directed towards the equinox, the y-axis towards the point on the equator at right ascension 6^h, and the z-axis towards the north pole of the equator.

These geocentric rectangular coordinates (x, y, z) may be used to convert an object's heliocentric rectangular coordinates (x_0, y_0, z_0) to the corresponding geometric geocentric rectangular coordinates (ξ_0, η_0, ζ_0) by means of the formulas:

$$\xi_0 = x_0 + x \qquad \eta_0 = y_0 + y \qquad \zeta_0 = z_0 + z$$

See pages B36–B39 for a rigorous method of forming an apparent place of an object in the solar system.

NOTES AND FORMULAS

Elements of the rotation of the Sun

The mean elements of the rotation of the Sun during 2002 are given by:

Longitude of the ascending node of the solar equator:

        on the ecliptic of date, $75°79$ on the mean equator of date, $16°13$

Inclination of the solar equator:

        on the ecliptic of date, $7°25$ on the mean equator of date, $26°13$

The mean position of the pole of the solar equator is at:

        right ascension, $286°13$ declination, $63°87$

Sidereal period of rotation of the prime meridian is 25.38 days.

Mean synodic period of rotation of the prime meridian is 27.2753 days.

These data are derived from elements given by R. C. Carrington (*Observations of the Spots on the Sun*, p. 244, 1863).

Heliographic coordinates

The values of P (position angle of the northern extremity of the axis of rotation, measured eastwards from the north point of the disk), B_0 and L_0 (the heliographic latitude and longitude of the central point of the disk) are for 0^h UT; they may be interpolated linearly. The horizontal parallax and semidiameter are given for 0^h TT, but may be regarded as being for 0^h UT.

If ρ_1, θ are the observed angular distance and position angle of a sunspot from the center of the disk of the Sun as seen from the Earth, and ρ is the heliocentric angular distance of the spot on the solar surface from the center of the Sun's disk, then

$$\sin(\rho + \rho_1) = \rho_1/S$$

where S is the semidiameter of the Sun. The position angle is measured from the north point of the disk towards the east.

The formulas for the computation of the heliographic coordinates (L, B) of a sunspot (or other feature on the surface of the Sun) from (ρ, θ) are as follows:

$$\sin B = \sin B_0 \cos \rho + \cos B_0 \sin \rho \cos(P - \theta)$$

$$\cos B \sin(L - L_0) = \sin \rho \sin(P - \theta)$$

$$\cos B \cos(L - L_0) = \cos \rho \cos B_0 - \sin B_0 \sin \rho \cos(P - \theta)$$

where B is measured positive to the north of the solar equator and L is measured from $0°$ to $360°$ in the direction of rotation of the Sun, i.e., westwards on the apparent disk as seen from the Earth.

SYNODIC ROTATION NUMBERS, 2002

Number	Date of Commencement			Number	Date of Commencement			Number	Date of Commencement		
1984	2001	Dec.	10.73	1989	2002	Apr.	26.31	1994	2002	Sept.	9.41
1985	2002	Jan.	7.06	1990		May	23.54	1995		Oct.	6.68
1986		Feb.	3.40	1991		June	19.74	1996		Nov.	2.98
1987		Mar.	2.73	1992		July	16.94	1997		Nov.	30.29
1988		Mar.	30.04	1993		Aug.	13.16	1998	2002	Dec.	27.61

At the date of commencement of each synodic rotation period the value of L_0 is zero; that is, the prime meridian passes through the central point of the disk.

SUN, 2002

FOR 0ʰ TERRESTRIAL TIME

Date		Julian Date	Ecliptic Long.	Ecliptic Lat.	Apparent Right Ascension	Apparent Declination	True Geocentric Distance
			for Mean Equinox of Date				
		245	° ′ ″	″	h m s	° ′ ″	
Jan.	0	2274.5	279 22 28.28	+0.45	18 40 45.44	−23 06 29.9	0.983 3114
	1	2275.5	280 23 36.00	+0.58	18 45 10.49	−23 01 57.9	0.983 2978
	2	2276.5	281 24 43.93	+0.69	18 49 35.24	−22 56 58.3	0.983 2909
	3	2277.5	282 25 52.11	+0.77	18 53 59.67	−22 51 31.4	0.983 2903
	4	2278.5	283 27 00.54	+0.82	18 58 23.74	−22 45 37.2	0.983 2959
	5	2279.5	284 28 09.24	+0.84	19 02 47.43	−22 39 15.9	0.983 3073
	6	2280.5	285 29 18.20	+0.82	19 07 10.72	−22 32 27.6	0.983 3242
	7	2281.5	286 30 27.38	+0.77	19 11 33.58	−22 25 12.6	0.983 3463
	8	2282.5	287 31 36.73	+0.69	19 15 55.98	−22 17 31.1	0.983 3732
	9	2283.5	288 32 46.20	+0.59	19 20 17.90	−22 09 23.3	0.983 4046
	10	2284.5	289 33 55.69	+0.47	19 24 39.31	−22 00 49.3	0.983 4403
	11	2285.5	290 35 05.14	+0.33	19 29 00.18	−21 51 49.6	0.983 4800
	12	2286.5	291 36 14.44	+0.20	19 33 20.48	−21 42 24.3	0.983 5236
	13	2287.5	292 37 23.51	+0.07	19 37 40.18	−21 32 33.7	0.983 5710
	14	2288.5	293 38 32.25	−0.06	19 41 59.26	−21 22 18.1	0.983 6221
	15	2289.5	294 39 40.56	−0.16	19 46 17.69	−21 11 37.8	0.983 6770
	16	2290.5	295 40 48.36	−0.25	19 50 35.45	−21 00 33.0	0.983 7357
	17	2291.5	296 41 55.57	−0.31	19 54 52.51	−20 49 04.2	0.983 7982
	18	2292.5	297 43 02.10	−0.35	19 59 08.86	−20 37 11.6	0.983 8647
	19	2293.5	298 44 07.88	−0.36	20 03 24.48	−20 24 55.6	0.983 9354
	20	2294.5	299 45 12.86	−0.34	20 07 39.36	−20 12 16.4	0.984 0104
	21	2295.5	300 46 16.96	−0.29	20 11 53.47	−19 59 14.5	0.984 0898
	22	2296.5	301 47 20.14	−0.22	20 16 06.81	−19 45 50.2	0.984 1739
	23	2297.5	302 48 22.35	−0.12	20 20 19.37	−19 32 03.8	0.984 2629
	24	2298.5	303 49 23.57	−0.01	20 24 31.13	−19 17 55.8	0.984 3571
	25	2299.5	304 50 23.75	+0.12	20 28 42.10	−19 03 26.5	0.984 4565
	26	2300.5	305 51 22.90	+0.26	20 32 52.26	−18 48 36.4	0.984 5616
	27	2301.5	306 52 21.01	+0.40	20 37 01.60	−18 33 25.7	0.984 6725
	28	2302.5	307 53 18.12	+0.52	20 41 10.14	−18 17 54.9	0.984 7893
	29	2303.5	308 54 14.24	+0.64	20 45 17.85	−18 02 04.4	0.984 9124
	30	2304.5	309 55 09.43	+0.72	20 49 24.75	−17 45 54.5	0.985 0415
	31	2305.5	310 56 03.74	+0.78	20 53 30.84	−17 29 25.7	0.985 1768
Feb.	1	2306.5	311 56 57.22	+0.81	20 57 36.12	−17 12 38.2	0.985 3179
	2	2307.5	312 57 49.88	+0.79	21 01 40.59	−16 55 32.5	0.985 4646
	3	2308.5	313 58 41.75	+0.75	21 05 44.27	−16 38 09.0	0.985 6166
	4	2309.5	314 59 32.83	+0.68	21 09 47.15	−16 20 27.9	0.985 7735
	5	2310.5	316 00 23.09	+0.58	21 13 49.25	−16 02 29.8	0.985 9348
	6	2311.5	317 01 12.49	+0.46	21 17 50.56	−15 44 15.0	0.986 1003
	7	2312.5	318 02 00.98	+0.33	21 21 51.09	−15 25 44.0	0.986 2695
	8	2313.5	319 02 48.51	+0.20	21 25 50.84	−15 06 57.2	0.986 4422
	9	2314.5	320 03 34.99	+0.07	21 29 49.80	−14 47 54.9	0.986 6181
	10	2315.5	321 04 20.35	−0.05	21 33 47.99	−14 28 37.7	0.986 7970
	11	2316.5	322 05 04.52	−0.16	21 37 45.41	−14 09 05.9	0.986 9788
	12	2317.5	323 05 47.42	−0.25	21 41 42.06	−13 49 20.1	0.987 1632
	13	2318.5	324 06 28.97	−0.32	21 45 37.95	−13 29 20.5	0.987 3503
	14	2319.5	325 07 09.09	−0.36	21 49 33.07	−13 09 07.6	0.987 5400
	15	2320.5	326 07 47.70	−0.37	21 53 27.46	−12 48 41.9	0.987 7322

FOR 0ʰ TERRESTRIAL TIME

Date		Position Angle of Axis P	Heliographic Latitude B_0	Heliographic Longitude L_0	H. P.	Semi-Diameter	Ephemeris Transit
		°	° ′	°	″	′ ″	h m s
Jan.	0	+ 2.61	− 2.89	92.89	8.94	16 15.93	12 03 03.11
	1	+ 2.13	− 3.01	79.72	8.94	16 15.95	12 03 31.46
	2	+ 1.64	− 3.13	66.55	8.94	16 15.95	12 03 59.50
	3	+ 1.16	− 3.24	53.38	8.94	16 15.95	12 04 27.20
	4	+ 0.67	− 3.36	40.21	8.94	16 15.95	12 04 54.54
	5	+ 0.19	− 3.47	27.04	8.94	16 15.94	12 05 21.49
	6	− 0.29	− 3.59	13.87	8.94	16 15.92	12 05 48.02
	7	− 0.78	− 3.70	0.70	8.94	16 15.90	12 06 14.10
	8	− 1.26	− 3.81	347.53	8.94	16 15.87	12 06 39.72
	9	− 1.74	− 3.92	334.36	8.94	16 15.84	12 07 04.83
	10	− 2.22	− 4.02	321.20	8.94	16 15.80	12 07 29.42
	11	− 2.70	− 4.13	308.03	8.94	16 15.76	12 07 53.45
	12	− 3.18	− 4.24	294.86	8.94	16 15.72	12 08 16.89
	13	− 3.65	− 4.34	281.69	8.94	16 15.67	12 08 39.72
	14	− 4.12	− 4.44	268.52	8.94	16 15.62	12 09 01.92
	15	− 4.59	− 4.54	255.36	8.94	16 15.57	12 09 23.46
	16	− 5.06	− 4.64	242.19	8.94	16 15.51	12 09 44.32
	17	− 5.53	− 4.74	229.02	8.94	16 15.45	12 10 04.48
	18	− 5.99	− 4.84	215.86	8.94	16 15.38	12 10 23.91
	19	− 6.45	− 4.93	202.69	8.94	16 15.31	12 10 42.61
	20	− 6.91	− 5.03	189.52	8.94	16 15.24	12 11 00.55
	21	− 7.36	− 5.12	176.36	8.94	16 15.16	12 11 17.72
	22	− 7.81	− 5.21	163.19	8.94	16 15.08	12 11 34.12
	23	− 8.26	− 5.30	150.02	8.93	16 14.99	12 11 49.72
	24	− 8.70	− 5.39	136.85	8.93	16 14.90	12 12 04.52
	25	− 9.14	− 5.47	123.69	8.93	16 14.80	12 12 18.52
	26	− 9.58	− 5.55	110.52	8.93	16 14.69	12 12 31.71
	27	− 10.01	− 5.64	97.35	8.93	16 14.58	12 12 44.08
	28	− 10.44	− 5.72	84.19	8.93	16 14.47	12 12 55.63
	29	− 10.86	− 5.79	71.02	8.93	16 14.35	12 13 06.37
	30	− 11.28	− 5.87	57.85	8.93	16 14.22	12 13 16.30
	31	− 11.70	− 5.95	44.69	8.93	16 14.08	12 13 25.43
Feb.	1	− 12.11	− 6.02	31.52	8.93	16 13.94	12 13 33.75
	2	− 12.51	− 6.09	18.35	8.92	16 13.80	12 13 41.26
	3	− 12.92	− 6.16	5.19	8.92	16 13.65	12 13 47.99
	4	− 13.31	− 6.22	352.02	8.92	16 13.49	12 13 53.92
	5	− 13.70	− 6.29	338.85	8.92	16 13.34	12 13 59.06
	6	− 14.09	− 6.35	325.69	8.92	16 13.17	12 14 03.41
	7	− 14.47	− 6.41	312.52	8.92	16 13.00	12 14 06.98
	8	− 14.85	− 6.47	299.36	8.92	16 12.83	12 14 09.77
	9	− 15.22	− 6.53	286.19	8.91	16 12.66	12 14 11.78
	10	− 15.59	− 6.58	273.02	8.91	16 12.48	12 14 13.02
	11	− 15.95	− 6.64	259.86	8.91	16 12.31	12 14 13.48
	12	− 16.31	− 6.69	246.69	8.91	16 12.12	12 14 13.19
	13	− 16.66	− 6.74	233.52	8.91	16 11.94	12 14 12.14
	14	− 17.01	− 6.78	220.35	8.91	16 11.75	12 14 10.33
	15	− 17.35	− 6.83	207.19	8.90	16 11.56	12 14 07.79

SUN, 2002

FOR 0ʰ TERRESTRIAL TIME

Date	Julian Date	Ecliptic Long.	Ecliptic Lat.	Apparent Right Ascension	Apparent Declination	True Geocentric Distance
		for Mean Equinox of Date				
	245	° ′ ″	″	h m s	° ′ ″	
Feb. 15	2320.5	326 07 47.70	−0.37	21 53 27.46	− 12 48 41.9	0.987 7322
16	2321.5	327 08 24.74	−0.36	21 57 21.10	− 12 28 03.8	0.987 9271
17	2322.5	328 09 00.13	−0.32	22 01 14.01	− 12 07 13.8	0.988 1247
18	2323.5	329 09 33.82	−0.26	22 05 06.21	− 11 46 12.1	0.988 3250
19	2324.5	330 10 05.74	−0.17	22 08 57.70	− 11 24 59.3	0.988 5283
20	2325.5	331 10 35.86	−0.06	22 12 48.50	− 11 03 35.9	0.988 7346
21	2326.5	332 11 04.12	+0.05	22 16 38.62	− 10 42 02.1	0.988 9441
22	2327.5	333 11 30.50	+0.18	22 20 28.08	− 10 20 18.5	0.989 1570
23	2328.5	334 11 54.97	+0.31	22 24 16.89	− 9 58 25.5	0.989 3736
24	2329.5	335 12 17.53	+0.44	22 28 05.07	− 9 36 23.4	0.989 5940
25	2330.5	336 12 38.19	+0.55	22 31 52.63	− 9 14 12.8	0.989 8186
26	2331.5	337 12 56.98	+0.64	22 35 39.60	− 8 51 53.9	0.990 0474
27	2332.5	338 13 13.95	+0.70	22 39 25.98	− 8 29 27.3	0.990 2807
28	2333.5	339 13 29.17	+0.73	22 43 11.81	− 8 06 53.2	0.990 5184
Mar. 1	2334.5	340 13 42.69	+0.72	22 46 57.11	− 7 44 12.0	0.990 7606
2	2335.5	341 13 54.58	+0.69	22 50 41.91	− 7 21 24.1	0.991 0069
3	2336.5	342 14 04.90	+0.62	22 54 26.22	− 6 58 29.8	0.991 2571
4	2337.5	343 14 13.68	+0.52	22 58 10.07	− 6 35 29.5	0.991 5109
5	2338.5	344 14 20.92	+0.40	23 01 53.49	− 6 12 23.6	0.991 7678
6	2339.5	345 14 26.63	+0.28	23 05 36.49	− 5 49 12.4	0.992 0274
7	2340.5	346 14 30.79	+0.15	23 09 19.09	− 5 25 56.4	0.992 2893
8	2341.5	347 14 33.38	+0.02	23 13 01.30	− 5 02 35.8	0.992 5532
9	2342.5	348 14 34.34	−0.11	23 16 43.15	− 4 39 11.2	0.992 8188
10	2343.5	349 14 33.63	−0.21	23 20 24.64	− 4 15 43.0	0.993 0857
11	2344.5	350 14 31.21	−0.30	23 24 05.80	− 3 52 11.4	0.993 3537
12	2345.5	351 14 27.02	−0.37	23 27 46.65	− 3 28 36.9	0.993 6225
13	2346.5	352 14 20.99	−0.41	23 31 27.19	− 3 05 00.0	0.993 8921
14	2347.5	353 14 13.08	−0.43	23 35 07.46	− 2 41 20.9	0.994 1623
15	2348.5	354 14 03.22	−0.42	23 38 47.46	− 2 17 40.1	0.994 4329
16	2349.5	355 13 51.35	−0.38	23 42 27.21	− 1 53 57.9	0.994 7039
17	2350.5	356 13 37.41	−0.32	23 46 06.74	− 1 30 14.8	0.994 9752
18	2351.5	357 13 21.36	−0.24	23 49 46.06	− 1 06 31.1	0.995 2470
19	2352.5	358 13 03.13	−0.14	23 53 25.19	− 0 42 47.3	0.995 5191
20	2353.5	359 12 42.69	−0.02	23 57 04.15	− 0 19 03.6	0.995 7917
21	2354.5	0 12 19.99	+0.10	0 00 42.96	+ 0 04 39.5	0.996 0649
22	2355.5	1 11 55.00	+0.23	0 04 21.63	+ 0 28 21.6	0.996 3389
23	2356.5	2 11 27.70	+0.35	0 08 00.19	+ 0 52 02.3	0.996 6139
24	2357.5	3 10 58.08	+0.46	0 11 38.65	+ 1 15 41.4	0.996 8901
25	2358.5	4 10 26.14	+0.55	0 15 17.03	+ 1 39 18.3	0.997 1676
26	2359.5	5 09 51.92	+0.61	0 18 55.36	+ 2 02 52.8	0.997 4469
27	2360.5	6 09 15.45	+0.65	0 22 33.66	+ 2 26 24.5	0.997 7280
28	2361.5	7 08 36.80	+0.65	0 26 11.94	+ 2 49 53.1	0.998 0111
29	2362.5	8 07 56.04	+0.61	0 29 50.25	+ 3 13 18.2	0.998 2964
30	2363.5	9 07 13.27	+0.55	0 33 28.59	+ 3 36 39.6	0.998 5836
31	2364.5	10 06 28.57	+0.45	0 37 07.02	+ 3 59 57.0	0.998 8728
Apr. 1	2365.5	11 05 41.99	+0.34	0 40 45.53	+ 4 23 10.0	0.999 1634
2	2366.5	12 04 53.61	+0.21	0 44 24.17	+ 4 46 18.3	0.999 4554

FOR 0ʰ TERRESTRIAL TIME

Date	Position Angle of Axis P	Heliographic Latitude B_0	Heliographic Longitude L_0	H. P.	Semi-Diameter	Ephemeris Transit
	°	°	°	″	′ ″	h m s
Feb. 15	− 17.35	− 6.83	207.19	8.90	16 11.56	12 14 07.79
16	− 17.68	− 6.87	194.02	8.90	16 11.37	12 14 04.51
17	− 18.01	− 6.91	180.85	8.90	16 11.18	12 14 00.51
18	− 18.33	− 6.95	167.68	8.90	16 10.98	12 13 55.80
19	− 18.65	− 6.98	154.51	8.90	16 10.78	12 13 50.38
20	− 18.96	− 7.02	141.34	8.89	16 10.58	12 13 44.28
21	− 19.26	− 7.05	128.18	8.89	16 10.37	12 13 37.51
22	− 19.56	− 7.08	115.01	8.89	16 10.16	12 13 30.07
23	− 19.86	− 7.10	101.84	8.89	16 09.95	12 13 22.00
24	− 20.14	− 7.13	88.66	8.89	16 09.74	12 13 13.30
25	− 20.42	− 7.15	75.49	8.88	16 09.52	12 13 04.00
26	− 20.70	− 7.17	62.32	8.88	16 09.29	12 12 54.11
27	− 20.97	− 7.19	49.15	8.88	16 09.06	12 12 43.66
28	− 21.23	− 7.20	35.98	8.88	16 08.83	12 12 32.67
Mar. 1	− 21.49	− 7.22	22.80	8.88	16 08.59	12 12 21.17
2	− 21.74	− 7.23	9.63	8.87	16 08.35	12 12 09.17
3	− 21.98	− 7.24	356.46	8.87	16 08.11	12 11 56.70
4	− 22.22	− 7.24	343.28	8.87	16 07.86	12 11 43.78
5	− 22.45	− 7.25	330.11	8.87	16 07.61	12 11 30.42
6	− 22.68	− 7.25	316.93	8.86	16 07.36	12 11 16.66
7	− 22.89	− 7.25	303.76	8.86	16 07.10	12 11 02.50
8	− 23.11	− 7.25	290.58	8.86	16 06.84	12 10 47.97
9	− 23.31	− 7.25	277.41	8.86	16 06.59	12 10 33.08
10	− 23.51	− 7.24	264.23	8.86	16 06.33	12 10 17.85
11	− 23.70	− 7.23	251.05	8.85	16 06.07	12 10 02.30
12	− 23.89	− 7.22	237.88	8.85	16 05.80	12 09 46.45
13	− 24.07	− 7.21	224.70	8.85	16 05.54	12 09 30.30
14	− 24.24	− 7.19	211.52	8.85	16 05.28	12 09 13.89
15	− 24.40	− 7.17	198.34	8.84	16 05.02	12 08 57.22
16	− 24.56	− 7.15	185.16	8.84	16 04.75	12 08 40.31
17	− 24.71	− 7.13	171.98	8.84	16 04.49	12 08 23.19
18	− 24.86	− 7.11	158.80	8.84	16 04.23	12 08 05.86
19	− 25.00	− 7.08	145.62	8.83	16 03.96	12 07 48.35
20	− 25.13	− 7.05	132.43	8.83	16 03.70	12 07 30.68
21	− 25.25	− 7.02	119.25	8.83	16 03.44	12 07 12.87
22	− 25.37	− 6.99	106.06	8.83	16 03.17	12 06 54.92
23	− 25.48	− 6.96	92.88	8.82	16 02.91	12 06 36.87
24	− 25.59	− 6.92	79.69	8.82	16 02.64	12 06 18.74
25	− 25.68	− 6.88	66.51	8.82	16 02.37	12 06 00.54
26	− 25.77	− 6.84	53.32	8.82	16 02.10	12 05 42.30
27	− 25.85	− 6.80	40.13	8.81	16 01.83	12 05 24.04
28	− 25.93	− 6.75	26.94	8.81	16 01.56	12 05 05.79
29	− 26.00	− 6.71	13.75	8.81	16 01.28	12 04 47.57
30	− 26.06	− 6.66	0.56	8.81	16 01.01	12 04 29.41
31	− 26.11	− 6.61	347.37	8.80	16 00.73	12 04 11.33
Apr. 1	− 26.16	− 6.55	334.18	8.80	16 00.45	12 03 53.35
2	− 26.20	− 6.50	320.98	8.80	16 00.17	12 03 35.50

SUN, 2002

FOR 0ʰ TERRESTRIAL TIME

Date		Julian Date	Ecliptic Long.	Ecliptic Lat.	Apparent Right Ascension	Apparent Declination	True Geocentric Distance
			for Mean Equinox of Date				
		245	° ′ ″	″	h m s	° ′ ″	
Apr.	1	2365.5	11 05 41.99	+0.34	0 40 45.53	+ 4 23 10.0	0.999 1634
	2	2366.5	12 04 53.61	+0.21	0 44 24.17	+ 4 46 18.3	0.999 4554
	3	2367.5	13 04 03.45	+0.08	0 48 02.94	+ 5 09 21.6	0.999 7481
	4	2368.5	14 03 11.53	−0.06	0 51 41.87	+ 5 32 19.6	1.000 0413
	5	2369.5	15 02 17.87	−0.18	0 55 20.98	+ 5 55 11.8	1.000 3346
	6	2370.5	16 01 22.45	−0.29	0 59 00.27	+ 6 17 58.0	1.000 6275
	7	2371.5	17 00 25.27	−0.38	1 02 39.78	+ 6 40 37.9	1.000 9199
	8	2372.5	17 59 26.30	−0.45	1 06 19.50	+ 7 03 10.9	1.001 2113
	9	2373.5	18 58 25.51	−0.50	1 09 59.47	+ 7 25 36.9	1.001 5015
	10	2374.5	19 57 22.89	−0.51	1 13 39.70	+ 7 47 55.4	1.001 7902
	11	2375.5	20 56 18.38	−0.50	1 17 20.19	+ 8 10 06.1	1.002 0773
	12	2376.5	21 55 11.96	−0.47	1 21 00.97	+ 8 32 08.6	1.002 3626
	13	2377.5	22 54 03.58	−0.41	1 24 42.06	+ 8 54 02.6	1.002 6458
	14	2378.5	23 52 53.21	−0.33	1 28 23.46	+ 9 15 47.7	1.002 9270
	15	2379.5	24 51 40.79	−0.23	1 32 05.19	+ 9 37 23.5	1.003 2060
	16	2380.5	25 50 26.29	−0.11	1 35 47.26	+ 9 58 49.8	1.003 4828
	17	2381.5	26 49 09.67	+0.01	1 39 29.69	+10 20 06.2	1.003 7574
	18	2382.5	27 47 50.89	+0.14	1 43 12.48	+10 41 12.2	1.004 0299
	19	2383.5	28 46 29.92	+0.26	1 46 55.66	+11 02 07.6	1.004 3005
	20	2384.5	29 45 06.74	+0.37	1 50 39.21	+11 22 52.0	1.004 5692
	21	2385.5	30 43 41.34	+0.47	1 54 23.17	+11 43 25.0	1.004 8363
	22	2386.5	31 42 13.72	+0.54	1 58 07.54	+12 03 46.3	1.005 1021
	23	2387.5	32 40 43.91	+0.58	2 01 52.32	+12 23 55.6	1.005 3668
	24	2388.5	33 39 11.93	+0.58	2 05 37.55	+12 43 52.5	1.005 6307
	25	2389.5	34 37 37.86	+0.56	2 09 23.22	+13 03 36.7	1.005 8939
	26	2390.5	35 36 01.77	+0.50	2 13 09.37	+13 23 07.9	1.006 1568
	27	2391.5	36 34 23.74	+0.41	2 16 56.00	+13 42 25.8	1.006 4193
	28	2392.5	37 32 43.88	+0.30	2 20 43.14	+14 01 30.2	1.006 6814
	29	2393.5	38 31 02.28	+0.17	2 24 30.79	+14 20 20.8	1.006 9431
	30	2394.5	39 29 19.01	+0.03	2 28 18.97	+14 38 57.3	1.007 2040
May	1	2395.5	40 27 34.17	−0.11	2 32 07.70	+14 57 19.4	1.007 4639
	2	2396.5	41 25 47.79	−0.24	2 35 56.97	+15 15 26.7	1.007 7224
	3	2397.5	42 23 59.92	−0.35	2 39 46.80	+15 33 19.0	1.007 9792
	4	2398.5	43 22 10.60	−0.45	2 43 37.19	+15 50 55.9	1.008 2339
	5	2399.5	44 20 19.84	−0.52	2 47 28.14	+16 08 17.2	1.008 4863
	6	2400.5	45 18 27.65	−0.57	2 51 19.67	+16 25 22.5	1.008 7359
	7	2401.5	46 16 34.03	−0.60	2 55 11.78	+16 42 11.5	1.008 9826
	8	2402.5	47 14 38.98	−0.59	2 59 04.46	+16 58 43.9	1.009 2259
	9	2403.5	48 12 42.50	−0.56	3 02 57.73	+17 14 59.3	1.009 4657
	10	2404.5	49 10 44.56	−0.50	3 06 51.58	+17 30 57.5	1.009 7018
	11	2405.5	50 08 45.15	−0.42	3 10 46.01	+17 46 38.2	1.009 9338
	12	2406.5	51 06 44.25	−0.32	3 14 41.02	+18 02 01.0	1.010 1618
	13	2407.5	52 04 41.81	−0.20	3 18 36.61	+18 17 05.6	1.010 3854
	14	2408.5	53 02 37.82	−0.07	3 22 32.78	+18 31 51.8	1.010 6047
	15	2409.5	54 00 32.24	+0.06	3 26 29.51	+18 46 19.2	1.010 8196
	16	2410.5	54 58 25.03	+0.18	3 30 26.81	+19 00 27.6	1.011 0301
	17	2411.5	55 56 16.17	+0.30	3 34 24.65	+19 14 16.7	1.011 2363

FOR 0ʰ TERRESTRIAL TIME

Date		Position Angle of Axis P	Heliographic		H. P.	Semi-Diameter	Ephemeris Transit
			Latitude B_0	Longitude L_0			
		°	°	°	″	′ ″	h m s
Apr.	1	− 26.16	− 6.55	334.18	8.80	16 00.45	12 03 53.35
	2	− 26.20	− 6.50	320.98	8.80	16 00.17	12 03 35.50
	3	− 26.23	− 6.44	307.79	8.80	15 59.89	12 03 17.79
	4	− 26.26	− 6.38	294.60	8.79	15 59.61	12 03 00.25
	5	− 26.28	− 6.32	281.40	8.79	15 59.32	12 02 42.90
	6	− 26.29	− 6.26	268.20	8.79	15 59.04	12 02 25.74
	7	− 26.29	− 6.20	255.01	8.79	15 58.76	12 02 08.80
	8	− 26.29	− 6.13	241.81	8.78	15 58.48	12 01 52.10
	9	− 26.28	− 6.06	228.61	8.78	15 58.21	12 01 35.65
	10	− 26.26	− 6.00	215.41	8.78	15 57.93	12 01 19.46
	11	− 26.23	− 5.92	202.21	8.78	15 57.66	12 01 03.56
	12	− 26.20	− 5.85	189.01	8.77	15 57.38	12 00 47.95
	13	− 26.16	− 5.78	175.81	8.77	15 57.11	12 00 32.64
	14	− 26.11	− 5.70	162.61	8.77	15 56.84	12 00 17.66
	15	− 26.06	− 5.62	149.41	8.77	15 56.58	12 00 03.01
	16	− 26.00	− 5.55	136.20	8.76	15 56.31	11 59 48.70
	17	− 25.93	− 5.46	123.00	8.76	15 56.05	11 59 34.76
	18	− 25.85	− 5.38	109.79	8.76	15 55.79	11 59 21.18
	19	− 25.77	− 5.30	96.59	8.76	15 55.54	11 59 07.98
	20	− 25.68	− 5.21	83.38	8.75	15 55.28	11 58 55.18
	21	− 25.58	− 5.13	70.17	8.75	15 55.03	11 58 42.78
	22	− 25.47	− 5.04	56.96	8.75	15 54.77	11 58 30.81
	23	− 25.36	− 4.95	43.75	8.75	15 54.52	11 58 19.26
	24	− 25.24	− 4.86	30.54	8.74	15 54.27	11 58 08.16
	25	− 25.11	− 4.77	17.33	8.74	15 54.02	11 57 57.52
	26	− 24.97	− 4.67	4.12	8.74	15 53.77	11 57 47.36
	27	− 24.83	− 4.58	350.91	8.74	15 53.52	11 57 37.69
	28	− 24.68	− 4.48	337.69	8.74	15 53.28	11 57 28.53
	29	− 24.52	− 4.38	324.48	8.73	15 53.03	11 57 19.89
	30	− 24.36	− 4.29	311.26	8.73	15 52.78	11 57 11.78
May	1	− 24.18	− 4.19	298.05	8.73	15 52.54	11 57 04.21
	2	− 24.00	− 4.09	284.83	8.73	15 52.29	11 56 57.20
	3	− 23.82	− 3.98	271.61	8.72	15 52.05	11 56 50.74
	4	− 23.63	− 3.88	258.39	8.72	15 51.81	11 56 44.86
	5	− 23.42	− 3.78	245.18	8.72	15 51.57	11 56 39.54
	6	− 23.22	− 3.67	231.96	8.72	15 51.33	11 56 34.81
	7	− 23.00	− 3.57	218.74	8.72	15 51.10	11 56 30.65
	8	− 22.78	− 3.46	205.52	8.71	15 50.87	11 56 27.08
	9	− 22.55	− 3.35	192.29	8.71	15 50.65	11 56 24.08
	10	− 22.32	− 3.24	179.07	8.71	15 50.42	11 56 21.67
	11	− 22.07	− 3.13	165.85	8.71	15 50.21	11 56 19.84
	12	− 21.82	− 3.02	152.63	8.71	15 49.99	11 56 18.59
	13	− 21.57	− 2.91	139.40	8.70	15 49.78	11 56 17.91
	14	− 21.30	− 2.80	126.18	8.70	15 49.57	11 56 17.80
	15	− 21.03	− 2.69	112.95	8.70	15 49.37	11 56 18.25
	16	− 20.76	− 2.57	99.73	8.70	15 49.18	11 56 19.26
	17	− 20.48	− 2.46	86.50	8.70	15 48.98	11 56 20.81

SUN, 2002

FOR 0ʰ TERRESTRIAL TIME

Date		Julian Date	Ecliptic Long. for Mean Equinox of Date	Ecliptic Lat.	Apparent Right Ascension	Apparent Declination	True Geocentric Distance
		245	° ′ ″	″	h m s	° ′ ″	
May	17	2411.5	55 56 16.17	+0.30	3 34 24.65	+19 14 16.7	1.011 2363
	18	2412.5	56 54 05.62	+0.40	3 38 23.04	+19 27 46.0	1.011 4384
	19	2413.5	57 51 53.39	+0.48	3 42 21.97	+19 40 55.5	1.011 6366
	20	2414.5	58 49 39.47	+0.53	3 46 21.42	+19 53 44.8	1.011 8310
	21	2415.5	59 47 23.87	+0.54	3 50 21.39	+20 06 13.5	1.012 0221
	22	2416.5	60 45 06.62	+0.53	3 54 21.87	+20 18 21.6	1.012 2101
	23	2417.5	61 42 47.78	+0.48	3 58 22.87	+20 30 08.7	1.012 3952
	24	2418.5	62 40 27.41	+0.40	4 02 24.36	+20 41 34.6	1.012 5778
	25	2419.5	63 38 05.59	+0.29	4 06 26.36	+20 52 39.1	1.012 7580
	26	2420.5	64 35 42.43	+0.17	4 10 28.86	+21 03 22.1	1.012 9360
	27	2421.5	65 33 18.01	+0.03	4 14 31.84	+21 13 43.2	1.013 1117
	28	2422.5	66 30 52.45	−0.11	4 18 35.31	+21 23 42.4	1.013 2851
	29	2423.5	67 28 25.83	−0.24	4 22 39.24	+21 33 19.5	1.013 4560
	30	2424.5	68 25 58.24	−0.37	4 26 43.63	+21 42 34.2	1.013 6241
	31	2425.5	69 23 29.75	−0.47	4 30 48.47	+21 51 26.3	1.013 7893
June	1	2426.5	70 21 00.40	−0.55	4 34 53.75	+21 59 55.7	1.013 9513
	2	2427.5	71 18 30.26	−0.61	4 38 59.44	+22 08 02.2	1.014 1097
	3	2428.5	72 15 59.36	−0.64	4 43 05.53	+22 15 45.6	1.014 2642
	4	2429.5	73 13 27.72	−0.65	4 47 12.01	+22 23 05.7	1.014 4147
	5	2430.5	74 10 55.38	−0.62	4 51 18.86	+22 30 02.3	1.014 5607
	6	2431.5	75 08 22.34	−0.57	4 55 26.07	+22 36 35.4	1.014 7021
	7	2432.5	76 05 48.61	−0.49	4 59 33.60	+22 42 44.6	1.014 8385
	8	2433.5	77 03 14.20	−0.39	5 03 41.45	+22 48 30.0	1.014 9698
	9	2434.5	78 00 39.09	−0.28	5 07 49.59	+22 53 51.4	1.015 0957
	10	2435.5	78 58 03.27	−0.15	5 11 57.99	+22 58 48.6	1.015 2161
	11	2436.5	79 55 26.72	−0.02	5 16 06.64	+23 03 21.6	1.015 3308
	12	2437.5	80 52 49.41	+0.11	5 20 15.50	+23 07 30.2	1.015 4397
	13	2438.5	81 50 11.32	+0.23	5 24 24.55	+23 11 14.3	1.015 5428
	14	2439.5	82 47 32.40	+0.34	5 28 33.76	+23 14 33.9	1.015 6401
	15	2440.5	83 44 52.63	+0.43	5 32 43.09	+23 17 28.9	1.015 7318
	16	2441.5	84 42 11.99	+0.49	5 36 52.53	+23 19 59.1	1.015 8180
	17	2442.5	85 39 30.46	+0.51	5 41 02.05	+23 22 04.6	1.015 8990
	18	2443.5	86 36 48.05	+0.51	5 45 11.61	+23 23 45.3	1.015 9751
	19	2444.5	87 34 04.79	+0.47	5 49 21.21	+23 25 01.2	1.016 0466
	20	2445.5	88 31 20.71	+0.40	5 53 30.81	+23 25 52.2	1.016 1138
	21	2446.5	89 28 35.86	+0.30	5 57 40.40	+23 26 18.3	1.016 1771
	22	2447.5	90 25 50.32	+0.19	6 01 49.96	+23 26 19.6	1.016 2367
	23	2448.5	91 23 04.17	+0.05	6 05 59.47	+23 25 56.1	1.016 2929
	24	2449.5	92 20 17.51	−0.08	6 10 08.91	+23 25 07.9	1.016 3457
	25	2450.5	93 17 30.44	−0.22	6 14 18.25	+23 23 54.9	1.016 3953
	26	2451.5	94 14 43.04	−0.34	6 18 27.48	+23 22 17.3	1.016 4416
	27	2452.5	95 11 55.43	−0.45	6 22 36.58	+23 20 15.1	1.016 4845
	28	2453.5	96 09 07.67	−0.54	6 26 45.52	+23 17 48.3	1.016 5240
	29	2454.5	97 06 19.86	−0.61	6 30 54.29	+23 14 56.9	1.016 5598
	30	2455.5	98 03 32.05	−0.65	6 35 02.87	+23 11 41.2	1.016 5916
July	1	2456.5	99 00 44.31	−0.66	6 39 11.24	+23 08 01.1	1.016 6194
	2	2457.5	99 57 56.68	−0.65	6 43 19.37	+23 03 56.7	1.016 6428

FOR 0ʰ TERRESTRIAL TIME

Date	Position Angle of Axis P	Heliographic		H. P.	Semi-Diameter	Ephemeris Transit
		Latitude B_0	Longitude L_0			
	°	°	°	″	′ ″	h m s
May 17	− 20.48	− 2.46	86.50	8.70	15 48.98	11 56 20.81
18	− 20.19	− 2.34	73.28	8.69	15 48.79	11 56 22.91
19	− 19.89	− 2.23	60.05	8.69	15 48.61	11 56 25.54
20	− 19.59	− 2.11	46.82	8.69	15 48.42	11 56 28.69
21	− 19.28	− 1.99	33.59	8.69	15 48.24	11 56 32.37
22	− 18.97	− 1.88	20.36	8.69	15 48.07	11 56 36.56
23	− 18.65	− 1.76	7.13	8.69	15 47.90	11 56 41.25
24	− 18.32	− 1.64	353.90	8.68	15 47.72	11 56 46.45
25	− 17.99	− 1.52	340.67	8.68	15 47.56	11 56 52.14
26	− 17.65	− 1.41	327.44	8.68	15 47.39	11 56 58.32
27	− 17.31	− 1.29	314.21	8.68	15 47.23	11 57 04.98
28	− 16.96	− 1.17	300.98	8.68	15 47.06	11 57 12.11
29	− 16.61	− 1.05	287.75	8.68	15 46.90	11 57 19.72
30	− 16.25	− 0.93	274.51	8.68	15 46.75	11 57 27.77
31	− 15.89	− 0.81	261.28	8.67	15 46.59	11 57 36.27
June 1	− 15.52	− 0.69	248.05	8.67	15 46.44	11 57 45.19
2	− 15.14	− 0.57	234.81	8.67	15 46.29	11 57 54.53
3	− 14.76	− 0.45	221.58	8.67	15 46.15	11 58 04.27
4	− 14.38	− 0.32	208.34	8.67	15 46.01	11 58 14.39
5	− 13.99	− 0.20	195.11	8.67	15 45.87	11 58 24.87
6	− 13.60	− 0.08	181.88	8.67	15 45.74	11 58 35.69
7	− 13.20	+ 0.04	168.64	8.67	15 45.61	11 58 46.83
8	− 12.80	+ 0.16	155.41	8.66	15 45.49	11 58 58.27
9	− 12.39	+ 0.28	142.17	8.66	15 45.37	11 59 09.99
10	− 11.99	+ 0.40	128.93	8.66	15 45.26	11 59 21.96
11	− 11.57	+ 0.52	115.70	8.66	15 45.15	11 59 34.16
12	− 11.16	+ 0.64	102.46	8.66	15 45.05	11 59 46.55
13	− 10.74	+ 0.76	89.23	8.66	15 44.96	11 59 59.12
14	− 10.31	+ 0.88	75.99	8.66	15 44.87	12 00 11.83
15	− 9.89	+ 1.00	62.76	8.66	15 44.78	12 00 24.67
16	− 9.46	+ 1.12	49.52	8.66	15 44.70	12 00 37.59
17	− 9.03	+ 1.24	36.28	8.66	15 44.63	12 00 50.59
18	− 8.59	+ 1.36	23.05	8.66	15 44.56	12 01 03.62
19	− 8.16	+ 1.48	9.81	8.66	15 44.49	12 01 16.67
20	− 7.72	+ 1.59	356.57	8.65	15 44.43	12 01 29.72
21	− 7.28	+ 1.71	343.33	8.65	15 44.37	12 01 42.74
22	− 6.83	+ 1.83	330.10	8.65	15 44.31	12 01 55.72
23	− 6.39	+ 1.94	316.86	8.65	15 44.26	12 02 08.64
24	− 5.94	+ 2.06	303.62	8.65	15 44.21	12 02 21.46
25	− 5.50	+ 2.17	290.39	8.65	15 44.16	12 02 34.19
26	− 5.05	+ 2.29	277.15	8.65	15 44.12	12 02 46.80
27	− 4.60	+ 2.40	263.91	8.65	15 44.08	12 02 59.26
28	− 4.15	+ 2.52	250.68	8.65	15 44.05	12 03 11.56
29	− 3.69	+ 2.63	237.44	8.65	15 44.01	12 03 23.69
30	− 3.24	+ 2.74	224.20	8.65	15 43.98	12 03 35.61
July 1	− 2.79	+ 2.85	210.97	8.65	15 43.96	12 03 47.31
2	− 2.33	+ 2.96	197.73	8.65	15 43.93	12 03 58.77

SUN, 2002

FOR 0ʰ TERRESTRIAL TIME

Date		Julian Date	Ecliptic Long.	Ecliptic Lat.	Apparent Right Ascension	Apparent Declination	True Geocentric Distance
			for Mean Equinox of Date				
		245	° ′ ″	″	h m s	° ′ ″	
July	1	2456.5	99 00 44.31	−0.66	6 39 11.24	+23 08 01.1	1.016 6194
	2	2457.5	99 57 56.68	−0.65	6 43 19.37	+23 03 56.7	1.016 6428
	3	2458.5	100 55 09.20	−0.60	6 47 27.26	+22 59 28.1	1.016 6616
	4	2459.5	101 52 21.92	−0.53	6 51 34.87	+22 54 35.4	1.016 6756
	5	2460.5	102 49 34.86	−0.44	6 55 42.19	+22 49 18.8	1.016 6845
	6	2461.5	103 46 48.04	−0.33	6 59 49.20	+22 43 38.3	1.016 6881
	7	2462.5	104 44 01.46	−0.21	7 03 55.88	+22 37 34.1	1.016 6862
	8	2463.5	105 41 15.13	−0.08	7 08 02.20	+22 31 06.4	1.016 6785
	9	2464.5	106 38 29.04	+0.05	7 12 08.15	+22 24 15.3	1.016 6649
	10	2465.5	107 35 43.17	+0.17	7 16 13.70	+22 17 00.9	1.016 6451
	11	2466.5	108 32 57.48	+0.29	7 20 18.83	+22 09 23.5	1.016 6192
	12	2467.5	109 30 11.95	+0.38	7 24 23.51	+22 01 23.3	1.016 5871
	13	2468.5	110 27 26.53	+0.44	7 28 27.73	+21 53 00.3	1.016 5487
	14	2469.5	111 24 41.19	+0.48	7 32 31.46	+21 44 14.9	1.016 5044
	15	2470.5	112 21 55.90	+0.48	7 36 34.68	+21 35 07.1	1.016 4544
	16	2471.5	113 19 10.65	+0.45	7 40 37.38	+21 25 37.3	1.016 3988
	17	2472.5	114 16 25.45	+0.39	7 44 39.55	+21 15 45.6	1.016 3382
	18	2473.5	115 13 40.31	+0.31	7 48 41.18	+21 05 32.3	1.016 2728
	19	2474.5	116 10 55.28	+0.20	7 52 42.25	+20 54 57.6	1.016 2031
	20	2475.5	117 08 10.41	+0.07	7 56 42.77	+20 44 01.7	1.016 1293
	21	2476.5	118 05 25.77	−0.06	8 00 42.71	+20 32 44.9	1.016 0517
	22	2477.5	119 02 41.44	−0.19	8 04 42.08	+20 21 07.5	1.015 9707
	23	2478.5	119 59 57.51	−0.32	8 08 40.87	+20 09 09.7	1.015 8862
	24	2479.5	120 57 14.07	−0.43	8 12 39.07	+19 56 51.8	1.015 7986
	25	2480.5	121 54 31.20	−0.52	8 16 36.69	+19 44 14.0	1.015 7078
	26	2481.5	122 51 49.00	−0.59	8 20 33.72	+19 31 16.6	1.015 6137
	27	2482.5	123 49 07.55	−0.64	8 24 30.15	+19 17 59.7	1.015 5165
	28	2483.5	124 46 26.92	−0.66	8 28 25.99	+19 04 23.7	1.015 4158
	29	2484.5	125 43 47.19	−0.65	8 32 21.24	+18 50 28.9	1.015 3117
	30	2485.5	126 41 08.42	−0.61	8 36 15.90	+18 36 15.4	1.015 2039
	31	2486.5	127 38 30.66	−0.55	8 40 09.97	+18 21 43.5	1.015 0923
Aug.	1	2487.5	128 35 53.96	−0.47	8 44 03.45	+18 06 53.6	1.014 9767
	2	2488.5	129 33 18.37	−0.37	8 47 56.34	+17 51 45.8	1.014 8569
	3	2489.5	130 30 43.91	−0.25	8 51 48.64	+17 36 20.5	1.014 7326
	4	2490.5	131 28 10.61	−0.13	8 55 40.36	+17 20 38.0	1.014 6038
	5	2491.5	132 25 38.49	+0.00	8 59 31.50	+17 04 38.5	1.014 4701
	6	2492.5	133 23 07.55	+0.13	9 03 22.05	+16 48 22.4	1.014 3313
	7	2493.5	134 20 37.77	+0.24	9 07 12.01	+16 31 49.9	1.014 1872
	8	2494.5	135 18 09.14	+0.34	9 11 01.39	+16 15 01.4	1.014 0377
	9	2495.5	136 15 41.61	+0.41	9 14 50.18	+15 57 57.2	1.013 8827
	10	2496.5	137 13 15.13	+0.45	9 18 38.38	+15 40 37.6	1.013 7221
	11	2497.5	138 10 49.67	+0.46	9 22 25.99	+15 23 03.0	1.013 5560
	12	2498.5	139 08 25.16	+0.44	9 26 13.02	+15 05 13.6	1.013 3846
	13	2499.5	140 06 01.58	+0.38	9 29 59.47	+14 47 09.8	1.013 2083
	14	2500.5	141 03 38.91	+0.30	9 33 45.35	+14 28 51.9	1.013 0273
	15	2501.5	142 01 17.14	+0.19	9 37 30.67	+14 10 20.2	1.012 8420
	16	2502.5	142 58 56.30	+0.07	9 41 15.43	+13 51 35.0	1.012 6529

FOR 0ʰ TERRESTRIAL TIME

Date	Position Angle of Axis P	Heliographic Latitude B_0	Heliographic Longitude L_0	H. P.	Semi-Diameter	Ephemeris Transit
	°	°	°	″	′ ″	h m s
July 1	− 2.79	+ 2.85	210.97	8.65	15 43.96	12 03 47.31
2	− 2.33	+ 2.96	197.73	8.65	15 43.93	12 03 58.77
3	− 1.88	+ 3.07	184.49	8.65	15 43.92	12 04 09.97
4	− 1.43	+ 3.18	171.26	8.65	15 43.90	12 04 20.89
5	− 0.97	+ 3.29	158.02	8.65	15 43.90	12 04 31.50
6	− 0.52	+ 3.40	144.79	8.65	15 43.89	12 04 41.79
7	− 0.06	+ 3.50	131.55	8.65	15 43.89	12 04 51.73
8	+ 0.39	+ 3.61	118.32	8.65	15 43.90	12 05 01.31
9	+ 0.84	+ 3.71	105.08	8.65	15 43.91	12 05 10.50
10	+ 1.29	+ 3.81	91.85	8.65	15 43.93	12 05 19.27
11	+ 1.74	+ 3.92	78.62	8.65	15 43.96	12 05 27.62
12	+ 2.19	+ 4.02	65.38	8.65	15 43.99	12 05 35.51
13	+ 2.64	+ 4.12	52.15	8.65	15 44.02	12 05 42.92
14	+ 3.09	+ 4.22	38.92	8.65	15 44.06	12 05 49.85
15	+ 3.53	+ 4.31	25.68	8.65	15 44.11	12 05 56.26
16	+ 3.97	+ 4.41	12.45	8.65	15 44.16	12 06 02.15
17	+ 4.42	+ 4.50	359.22	8.65	15 44.22	12 06 07.49
18	+ 4.85	+ 4.60	345.99	8.65	15 44.28	12 06 12.29
19	+ 5.29	+ 4.69	332.75	8.65	15 44.34	12 06 16.52
20	+ 5.73	+ 4.78	319.52	8.65	15 44.41	12 06 20.19
21	+ 6.16	+ 4.87	306.29	8.66	15 44.48	12 06 23.28
22	+ 6.59	+ 4.96	293.06	8.66	15 44.56	12 06 25.79
23	+ 7.02	+ 5.05	279.83	8.66	15 44.64	12 06 27.73
24	+ 7.44	+ 5.13	266.60	8.66	15 44.72	12 06 29.07
25	+ 7.86	+ 5.22	253.37	8.66	15 44.80	12 06 29.83
26	+ 8.28	+ 5.30	240.14	8.66	15 44.89	12 06 30.01
27	+ 8.70	+ 5.38	226.91	8.66	15 44.98	12 06 29.59
28	+ 9.11	+ 5.46	213.69	8.66	15 45.08	12 06 28.58
29	+ 9.52	+ 5.54	200.46	8.66	15 45.17	12 06 26.98
30	+ 9.93	+ 5.62	187.23	8.66	15 45.27	12 06 24.79
31	+ 10.33	+ 5.70	174.00	8.66	15 45.38	12 06 22.01
Aug. 1	+ 10.73	+ 5.77	160.78	8.66	15 45.48	12 06 18.64
2	+ 11.13	+ 5.84	147.55	8.67	15 45.60	12 06 14.68
3	+ 11.52	+ 5.91	134.33	8.67	15 45.71	12 06 10.14
4	+ 11.91	+ 5.98	121.10	8.67	15 45.83	12 06 05.00
5	+ 12.30	+ 6.05	107.88	8.67	15 45.96	12 05 59.28
6	+ 12.68	+ 6.12	94.66	8.67	15 46.09	12 05 52.97
7	+ 13.06	+ 6.18	81.43	8.67	15 46.22	12 05 46.08
8	+ 13.43	+ 6.24	68.21	8.67	15 46.36	12 05 38.60
9	+ 13.80	+ 6.31	54.99	8.67	15 46.50	12 05 30.54
10	+ 14.17	+ 6.36	41.77	8.68	15 46.65	12 05 21.89
11	+ 14.53	+ 6.42	28.55	8.68	15 46.81	12 05 12.66
12	+ 14.89	+ 6.48	15.33	8.68	15 46.97	12 05 02.85
13	+ 15.24	+ 6.53	2.11	8.68	15 47.13	12 04 52.47
14	+ 15.59	+ 6.58	348.89	8.68	15 47.30	12 04 41.51
15	+ 15.93	+ 6.63	335.67	8.68	15 47.48	12 04 29.99
16	+ 16.27	+ 6.68	322.45	8.68	15 47.65	12 04 17.93

SUN, 2002

FOR 0ʰ TERRESTRIAL TIME

Date		Julian Date	Ecliptic Long. for Mean Equinox of Date	Ecliptic Lat.	Apparent Right Ascension	Apparent Declination	True Geocentric Distance
		245	° ′ ″	″	h m s	° ′ ″	
Aug.	16	2502.5	142 58 56.30	+0.07	9 41 15.43	+13 51 35.0	1.012 6529
	17	2503.5	143 56 36.41	−0.05	9 44 59.65	+13 32 36.7	1.012 4602
	18	2504.5	144 54 17.52	−0.18	9 48 43.34	+13 13 25.7	1.012 2645
	19	2505.5	145 51 59.70	−0.31	9 52 26.51	+12 54 02.2	1.012 0659
	20	2506.5	146 49 43.01	−0.42	9 56 09.17	+12 34 26.5	1.011 8648
	21	2507.5	147 47 27.52	−0.51	9 59 51.34	+12 14 39.0	1.011 6613
	22	2508.5	148 45 13.31	−0.59	10 03 33.03	+11 54 39.9	1.011 4556
	23	2509.5	149 43 00.46	−0.63	10 07 14.26	+11 34 29.7	1.011 2479
	24	2510.5	150 40 49.04	−0.65	10 10 55.05	+11 14 08.4	1.011 0381
	25	2511.5	151 38 39.13	−0.65	10 14 35.41	+10 53 36.6	1.010 8263
	26	2512.5	152 36 30.81	−0.62	10 18 15.36	+10 32 54.3	1.010 6124
	27	2513.5	153 34 24.12	−0.56	10 21 54.92	+10 12 02.0	1.010 3965
	28	2514.5	154 32 19.15	−0.48	10 25 34.11	+ 9 51 00.0	1.010 1784
	29	2515.5	155 30 15.93	−0.38	10 29 12.95	+ 9 29 48.5	1.009 9579
	30	2516.5	156 28 14.51	−0.27	10 32 51.44	+ 9 08 27.8	1.009 7351
	31	2517.5	157 26 14.95	−0.15	10 36 29.62	+ 8 46 58.3	1.009 5096
Sept.	1	2518.5	158 24 17.27	−0.03	10 40 07.50	+ 8 25 20.3	1.009 2814
	2	2519.5	159 22 21.49	+0.09	10 43 45.09	+ 8 03 34.0	1.009 0502
	3	2520.5	160 20 27.64	+0.21	10 47 22.41	+ 7 41 39.9	1.008 8158
	4	2521.5	161 18 35.70	+0.31	10 50 59.48	+ 7 19 38.2	1.008 5780
	5	2522.5	162 16 45.66	+0.38	10 54 36.30	+ 6 57 29.3	1.008 3365
	6	2523.5	163 14 57.48	+0.43	10 58 12.89	+ 6 35 13.5	1.008 0913
	7	2524.5	164 13 11.12	+0.44	11 01 49.27	+ 6 12 51.2	1.007 8421
	8	2525.5	165 11 26.52	+0.42	11 05 25.44	+ 5 50 22.7	1.007 5890
	9	2526.5	166 09 43.60	+0.37	11 09 01.42	+ 5 27 48.4	1.007 3320
	10	2527.5	167 08 02.30	+0.29	11 12 37.24	+ 5 05 08.5	1.007 0714
	11	2528.5	168 06 22.58	+0.19	11 16 12.89	+ 4 42 23.6	1.006 8075
	12	2529.5	169 04 44.41	+0.07	11 19 48.42	+ 4 19 33.8	1.006 5406
	13	2530.5	170 03 07.76	−0.06	11 23 23.82	+ 3 56 39.6	1.006 2712
	14	2531.5	171 01 32.65	−0.19	11 26 59.12	+ 3 33 41.3	1.005 9996
	15	2532.5	171 59 59.09	−0.32	11 30 34.34	+ 3 10 39.3	1.005 7263
	16	2533.5	172 58 27.12	−0.43	11 34 09.49	+ 2 47 33.9	1.005 4516
	17	2534.5	173 56 56.77	−0.53	11 37 44.60	+ 2 24 25.4	1.005 1759
	18	2535.5	174 55 28.10	−0.60	11 41 19.69	+ 2 01 14.2	1.004 8994
	19	2536.5	175 54 01.17	−0.65	11 44 54.79	+ 1 38 00.5	1.004 6224
	20	2537.5	176 52 36.02	−0.67	11 48 29.90	+ 1 14 44.7	1.004 3450
	21	2538.5	177 51 12.72	−0.67	11 52 05.07	+ 0 51 27.2	1.004 0675
	22	2539.5	178 49 51.33	−0.64	11 55 40.30	+ 0 28 08.1	1.003 7900
	23	2540.5	179 48 31.92	−0.58	11 59 15.64	+ 0 04 47.9	1.003 5125
	24	2541.5	180 47 14.52	−0.50	12 02 51.09	− 0 18 33.2	1.003 2350
	25	2542.5	181 45 59.21	−0.40	12 06 26.70	− 0 41 54.9	1.002 9576
	26	2543.5	182 44 46.04	−0.29	12 10 02.47	− 1 05 16.7	1.002 6802
	27	2544.5	183 43 35.04	−0.17	12 13 38.43	− 1 28 38.5	1.002 4028
	28	2545.5	184 42 26.27	−0.05	12 17 14.61	− 1 51 59.9	1.002 1253
	29	2546.5	185 41 19.76	+0.08	12 20 51.02	− 2 15 20.5	1.001 8475
	30	2547.5	186 40 15.53	+0.19	12 24 27.69	− 2 38 40.0	1.001 5693
Oct.	1	2548.5	187 39 13.60	+0.29	12 28 04.63	− 3 01 58.1	1.001 2904

FOR 0ʰ TERRESTRIAL TIME

Date		Position Angle of Axis P	Heliographic		H. P.	Semi-Diameter	Ephemeris Transit
			Latitude B_0	Longitude L_0			
		°	°	°	ʺ	′ ʺ	h m s
Aug.	16	+ 16.27	+ 6.68	322.45	8.68	15 47.65	12 04 17.93
	17	+ 16.60	+ 6.73	309.23	8.69	15 47.83	12 04 05.32
	18	+ 16.93	+ 6.77	296.02	8.69	15 48.02	12 03 52.19
	19	+ 17.26	+ 6.82	282.80	8.69	15 48.20	12 03 38.54
	20	+ 17.58	+ 6.86	269.58	8.69	15 48.39	12 03 24.40
	21	+ 17.89	+ 6.89	256.37	8.69	15 48.58	12 03 09.77
	22	+ 18.20	+ 6.93	243.15	8.69	15 48.78	12 02 54.68
	23	+ 18.51	+ 6.97	229.94	8.70	15 48.97	12 02 39.13
	24	+ 18.81	+ 7.00	216.72	8.70	15 49.17	12 02 23.16
	25	+ 19.10	+ 7.03	203.51	8.70	15 49.37	12 02 06.77
	26	+ 19.39	+ 7.06	190.30	8.70	15 49.57	12 01 49.97
	27	+ 19.67	+ 7.09	177.08	8.70	15 49.77	12 01 32.80
	28	+ 19.95	+ 7.11	163.87	8.71	15 49.98	12 01 15.27
	29	+ 20.23	+ 7.13	150.66	8.71	15 50.18	12 00 57.38
	30	+ 20.50	+ 7.16	137.45	8.71	15 50.39	12 00 39.17
	31	+ 20.76	+ 7.17	124.24	8.71	15 50.60	12 00 20.64
Sept.	1	+ 21.02	+ 7.19	111.03	8.71	15 50.82	12 00 01.82
	2	+ 21.27	+ 7.21	97.82	8.72	15 51.04	11 59 42.72
	3	+ 21.52	+ 7.22	84.61	8.72	15 51.26	11 59 23.35
	4	+ 21.76	+ 7.23	71.40	8.72	15 51.48	11 59 03.74
	5	+ 21.99	+ 7.24	58.20	8.72	15 51.71	11 58 43.89
	6	+ 22.22	+ 7.24	44.99	8.72	15 51.94	11 58 23.83
	7	+ 22.45	+ 7.25	31.78	8.73	15 52.18	11 58 03.56
	8	+ 22.66	+ 7.25	18.58	8.73	15 52.42	11 57 43.09
	9	+ 22.88	+ 7.25	5.37	8.73	15 52.66	11 57 22.45
	10	+ 23.08	+ 7.25	352.17	8.73	15 52.91	11 57 01.64
	11	+ 23.28	+ 7.25	338.96	8.73	15 53.16	11 56 40.68
	12	+ 23.48	+ 7.24	325.76	8.74	15 53.41	11 56 19.59
	13	+ 23.66	+ 7.23	312.56	8.74	15 53.66	11 55 58.39
	14	+ 23.85	+ 7.22	299.35	8.74	15 53.92	11 55 37.09
	15	+ 24.02	+ 7.21	286.15	8.74	15 54.18	11 55 15.72
	16	+ 24.19	+ 7.19	272.95	8.75	15 54.44	11 54 54.29
	17	+ 24.36	+ 7.18	259.75	8.75	15 54.70	11 54 32.84
	18	+ 24.51	+ 7.16	246.55	8.75	15 54.97	11 54 11.38
	19	+ 24.66	+ 7.14	233.34	8.75	15 55.23	11 53 49.94
	20	+ 24.81	+ 7.12	220.14	8.76	15 55.49	11 53 28.53
	21	+ 24.95	+ 7.09	206.94	8.76	15 55.76	11 53 07.19
	22	+ 25.08	+ 7.06	193.74	8.76	15 56.02	11 52 45.93
	23	+ 25.20	+ 7.04	180.54	8.76	15 56.29	11 52 24.78
	24	+ 25.32	+ 7.00	167.34	8.77	15 56.55	11 52 03.76
	25	+ 25.43	+ 6.97	154.15	8.77	15 56.81	11 51 42.90
	26	+ 25.54	+ 6.94	140.95	8.77	15 57.08	11 51 22.22
	27	+ 25.64	+ 6.90	127.75	8.77	15 57.34	11 51 01.73
	28	+ 25.73	+ 6.86	114.55	8.78	15 57.61	11 50 41.47
	29	+ 25.82	+ 6.82	101.36	8.78	15 57.88	11 50 21.45
	30	+ 25.89	+ 6.77	88.16	8.78	15 58.14	11 50 01.70
Oct.	1	+ 25.97	+ 6.73	74.96	8.78	15 58.41	11 49 42.24

SUN, 2002

FOR 0ʰ TERRESTRIAL TIME

Date		Julian Date	Ecliptic Long. for Mean Equinox of Date	Ecliptic Lat.	Apparent Right Ascension	Apparent Declination	True Geocentric Distance
		245	° ′ ″	″	h m s	° ′ ″	
Oct.	1	2548.5	187 39 13.60	+0.29	12 28 04.63	− 3 01 58.1	1.001 2904
	2	2549.5	188 38 13.97	+0.37	12 31 41.88	− 3 25 14.4	1.001 0107
	3	2550.5	189 37 16.65	+0.43	12 35 19.43	− 3 48 28.5	1.000 7300
	4	2551.5	190 36 21.59	+0.45	12 38 57.31	− 4 11 40.1	1.000 4479
	5	2552.5	191 35 28.75	+0.44	12 42 35.55	− 4 34 48.8	1.000 1644
	6	2553.5	192 34 38.07	+0.39	12 46 14.15	− 4 57 54.2	0.999 8792
	7	2554.5	193 33 49.47	+0.32	12 49 53.13	− 5 20 55.9	0.999 5924
	8	2555.5	194 33 02.85	+0.21	12 53 32.51	− 5 43 53.6	0.999 3040
	9	2556.5	195 32 18.15	+0.09	12 57 12.30	− 6 06 46.9	0.999 0142
	10	2557.5	196 31 35.29	−0.04	13 00 52.53	− 6 29 35.3	0.998 7233
	11	2558.5	197 30 54.23	−0.18	13 04 33.20	− 6 52 18.4	0.998 4318
	12	2559.5	198 30 14.92	−0.31	13 08 14.34	− 7 14 55.9	0.998 1399
	13	2560.5	199 29 37.36	−0.42	13 11 55.95	− 7 37 27.4	0.997 8481
	14	2561.5	200 29 01.53	−0.52	13 15 38.06	− 7 59 52.4	0.997 5569
	15	2562.5	201 28 27.47	−0.60	13 19 20.68	− 8 22 10.7	0.997 2665
	16	2563.5	202 27 55.17	−0.65	13 23 03.83	− 8 44 21.7	0.996 9772
	17	2564.5	203 27 24.67	−0.67	13 26 47.54	− 9 06 25.2	0.996 6895
	18	2565.5	204 26 56.00	−0.67	13 30 31.82	− 9 28 20.8	0.996 4035
	19	2566.5	205 26 29.19	−0.64	13 34 16.69	− 9 50 08.1	0.996 1195
	20	2567.5	206 26 04.28	−0.58	13 38 02.18	−10 11 46.8	0.995 8376
	21	2568.5	207 25 41.31	−0.50	13 41 48.30	−10 33 16.4	0.995 5581
	22	2569.5	208 25 20.32	−0.39	13 45 35.07	−10 54 36.7	0.995 2810
	23	2570.5	209 25 01.35	−0.28	13 49 22.51	−11 15 47.2	0.995 0065
	24	2571.5	210 24 44.46	−0.15	13 53 10.65	−11 36 47.6	0.994 7345
	25	2572.5	211 24 29.66	−0.02	13 56 59.49	−11 57 37.6	0.994 4652
	26	2573.5	212 24 17.00	+0.12	14 00 49.06	−12 18 16.7	0.994 1983
	27	2574.5	213 24 06.52	+0.24	14 04 39.37	−12 38 44.5	0.993 9339
	28	2575.5	214 23 58.23	+0.35	14 08 30.44	−12 59 00.7	0.993 6719
	29	2576.5	215 23 52.16	+0.44	14 12 22.27	−13 19 04.9	0.993 4120
	30	2577.5	216 23 48.30	+0.51	14 16 14.88	−13 38 56.6	0.993 1541
	31	2578.5	217 23 46.66	+0.54	14 20 08.28	−13 58 35.6	0.992 8979
Nov.	1	2579.5	218 23 47.20	+0.54	14 24 02.47	−14 18 01.2	0.992 6432
	2	2580.5	219 23 49.90	+0.51	14 27 57.48	−14 37 13.2	0.992 3898
	3	2581.5	220 23 54.68	+0.45	14 31 53.31	−14 56 11.2	0.992 1373
	4	2582.5	221 24 01.46	+0.35	14 35 49.95	−15 14 54.5	0.991 8857
	5	2583.5	222 24 10.16	+0.24	14 39 47.43	−15 33 23.0	0.991 6349
	6	2584.5	223 24 20.66	+0.11	14 43 45.74	−15 51 36.1	0.991 3849
	7	2585.5	224 24 32.88	−0.03	14 47 44.87	−16 09 33.4	0.991 1360
	8	2586.5	225 24 46.72	−0.17	14 51 44.84	−16 27 14.4	0.990 8883
	9	2587.5	226 25 02.11	−0.29	14 55 45.64	−16 44 38.8	0.990 6422
	10	2588.5	227 25 19.01	−0.39	14 59 47.26	−17 01 46.2	0.990 3980
	11	2589.5	228 25 37.36	−0.48	15 03 49.71	−17 18 36.0	0.990 1561
	12	2590.5	229 25 57.14	−0.53	15 07 52.99	−17 35 07.8	0.989 9170
	13	2591.5	230 26 18.33	−0.56	15 11 57.09	−17 51 21.4	0.989 6808
	14	2592.5	231 26 40.94	−0.56	15 16 02.03	−18 07 16.3	0.989 4480
	15	2593.5	232 27 04.95	−0.53	15 20 07.79	−18 22 52.1	0.989 2188
	16	2594.5	233 27 30.37	−0.47	15 24 14.39	−18 38 08.4	0.988 9935

FOR 0^h TERRESTRIAL TIME

Date	Position Angle of Axis P	Heliographic		H. P.	Semi-Diameter	Ephemeris Transit
		Latitude B_0	Longitude L_0			
	°	°	°	″	′ ″	h m s
Oct. 1	+ 25.97	+ 6.73	74.96	8.78	15 58.41	11 49 42.24
2	+ 26.03	+ 6.68	61.77	8.79	15 58.68	11 49 23.08
3	+ 26.09	+ 6.63	48.57	8.79	15 58.94	11 49 04.24
4	+ 26.14	+ 6.58	35.38	8.79	15 59.22	11 48 45.75
5	+ 26.18	+ 6.53	22.19	8.79	15 59.49	11 48 27.62
6	+ 26.22	+ 6.47	8.99	8.80	15 59.76	11 48 09.86
7	+ 26.25	+ 6.41	355.80	8.80	16 00.04	11 47 52.49
8	+ 26.27	+ 6.35	342.61	8.80	16 00.31	11 47 35.52
9	+ 26.28	+ 6.29	329.41	8.80	16 00.59	11 47 18.98
10	+ 26.29	+ 6.23	316.22	8.81	16 00.87	11 47 02.87
11	+ 26.29	+ 6.16	303.03	8.81	16 01.15	11 46 47.21
12	+ 26.28	+ 6.10	289.84	8.81	16 01.43	11 46 32.02
13	+ 26.27	+ 6.03	276.64	8.81	16 01.71	11 46 17.31
14	+ 26.25	+ 5.96	263.45	8.82	16 02.00	11 46 03.11
15	+ 26.22	+ 5.89	250.26	8.82	16 02.28	11 45 49.44
16	+ 26.18	+ 5.81	237.07	8.82	16 02.55	11 45 36.31
17	+ 26.14	+ 5.74	223.88	8.82	16 02.83	11 45 23.75
18	+ 26.08	+ 5.66	210.69	8.83	16 03.11	11 45 11.77
19	+ 26.02	+ 5.58	197.50	8.83	16 03.38	11 45 00.40
20	+ 25.96	+ 5.50	184.31	8.83	16 03.66	11 44 49.64
21	+ 25.88	+ 5.41	171.12	8.83	16 03.93	11 44 39.53
22	+ 25.80	+ 5.33	157.93	8.84	16 04.19	11 44 30.08
23	+ 25.71	+ 5.24	144.74	8.84	16 04.46	11 44 21.31
24	+ 25.61	+ 5.16	131.55	8.84	16 04.72	11 44 13.24
25	+ 25.50	+ 5.07	118.36	8.84	16 04.99	11 44 05.88
26	+ 25.39	+ 4.98	105.17	8.85	16 05.24	11 43 59.25
27	+ 25.27	+ 4.88	91.99	8.85	16 05.50	11 43 53.36
28	+ 25.14	+ 4.79	78.80	8.85	16 05.76	11 43 48.24
29	+ 25.00	+ 4.69	65.61	8.85	16 06.01	11 43 43.89
30	+ 24.85	+ 4.60	52.42	8.85	16 06.26	11 43 40.33
31	+ 24.70	+ 4.50	39.24	8.86	16 06.51	11 43 37.56
Nov. 1	+ 24.54	+ 4.40	26.05	8.86	16 06.76	11 43 35.61
2	+ 24.37	+ 4.30	12.87	8.86	16 07.00	11 43 34.46
3	+ 24.20	+ 4.19	359.68	8.86	16 07.25	11 43 34.14
4	+ 24.01	+ 4.09	346.49	8.87	16 07.50	11 43 34.64
5	+ 23.82	+ 3.98	333.31	8.87	16 07.74	11 43 35.97
6	+ 23.62	+ 3.88	320.12	8.87	16 07.98	11 43 38.12
7	+ 23.41	+ 3.77	306.94	8.87	16 08.23	11 43 41.10
8	+ 23.19	+ 3.66	293.76	8.88	16 08.47	11 43 44.91
9	+ 22.97	+ 3.55	280.57	8.88	16 08.71	11 43 49.55
10	+ 22.74	+ 3.44	267.39	8.88	16 08.95	11 43 55.01
11	+ 22.50	+ 3.33	254.20	8.88	16 09.19	11 44 01.31
12	+ 22.25	+ 3.21	241.02	8.88	16 09.42	11 44 08.43
13	+ 22.00	+ 3.10	227.84	8.89	16 09.65	11 44 16.39
14	+ 21.74	+ 2.98	214.65	8.89	16 09.88	11 44 25.19
15	+ 21.47	+ 2.87	201.47	8.89	16 10.10	11 44 34.81
16	+ 21.19	+ 2.75	188.29	8.89	16 10.32	11 44 45.26

SUN, 2002

FOR 0ʰ TERRESTRIAL TIME

Date	Julian Date	Ecliptic Long. for Mean Equinox of Date	Ecliptic Lat.	Apparent Right Ascension	Apparent Declination	True Geocentric Distance
	245	° ′ ″	″	h m s	° ′ ″	
Nov. 16	2594.5	233 27 30.37	−0.47	15 24 14.39	−18 38 08.4	0.988 9935
17	2595.5	234 27 57.21	−0.38	15 28 21.81	−18 53 04.9	0.988 7724
18	2596.5	235 28 25.50	−0.28	15 32 30.07	−19 07 41.2	0.988 5556
19	2597.5	236 28 55.23	−0.16	15 36 39.15	−19 21 56.9	0.988 3433
20	2598.5	237 29 26.45	−0.03	15 40 49.06	−19 35 51.8	0.988 1358
21	2599.5	238 29 59.17	+0.11	15 44 59.78	−19 49 25.3	0.987 9330
22	2600.5	239 30 33.43	+0.25	15 49 11.32	−20 02 37.3	0.987 7351
23	2601.5	240 31 09.24	+0.38	15 53 23.66	−20 15 27.4	0.987 5421
24	2602.5	241 31 46.65	+0.50	15 57 36.80	−20 27 55.2	0.987 3539
25	2603.5	242 32 25.66	+0.60	16 01 50.73	−20 40 00.4	0.987 1704
26	2604.5	243 33 06.29	+0.68	16 06 05.43	−20 51 42.6	0.986 9916
27	2605.5	244 33 48.55	+0.73	16 10 20.89	−21 03 01.6	0.986 8171
28	2606.5	245 34 32.44	+0.74	16 14 37.10	−21 13 56.9	0.986 6469
29	2607.5	246 35 17.94	+0.72	16 18 54.04	−21 24 28.3	0.986 4806
30	2608.5	247 36 05.01	+0.66	16 23 11.70	−21 34 35.4	0.986 3179
Dec. 1	2609.5	248 36 53.59	+0.58	16 27 30.05	−21 44 18.0	0.986 1585
2	2610.5	249 37 43.62	+0.47	16 31 49.08	−21 53 35.7	0.986 0022
3	2611.5	250 38 35.00	+0.34	16 36 08.76	−22 02 28.2	0.985 8489
4	2612.5	251 39 27.63	+0.20	16 40 29.06	−22 10 55.2	0.985 6983
5	2613.5	252 40 21.39	+0.06	16 44 49.96	−22 18 56.6	0.985 5505
6	2614.5	253 41 16.18	−0.07	16 49 11.42	−22 26 31.9	0.985 4056
7	2615.5	254 42 11.89	−0.19	16 53 33.41	−22 33 41.0	0.985 2637
8	2616.5	255 43 08.44	−0.28	16 57 55.89	−22 40 23.7	0.985 1252
9	2617.5	256 44 05.75	−0.35	17 02 18.84	−22 46 39.6	0.984 9902
10	2618.5	257 45 03.76	−0.39	17 06 42.22	−22 52 28.5	0.984 8592
11	2619.5	258 46 02.42	−0.40	17 11 06.01	−22 57 50.4	0.984 7323
12	2620.5	259 47 01.69	−0.38	17 15 30.18	−23 02 44.9	0.984 6100
13	2621.5	260 48 01.54	−0.33	17 19 54.69	−23 07 12.0	0.984 4924
14	2622.5	261 49 01.94	−0.26	17 24 19.52	−23 11 11.5	0.984 3798
15	2623.5	262 50 02.88	−0.16	17 28 44.64	−23 14 43.2	0.984 2725
16	2624.5	263 51 04.35	−0.05	17 33 10.02	−23 17 47.2	0.984 1708
17	2625.5	264 52 06.34	+0.08	17 37 35.63	−23 20 23.2	0.984 0747
18	2626.5	265 53 08.86	+0.22	17 42 01.44	−23 22 31.2	0.983 9846
19	2627.5	266 54 11.91	+0.36	17 46 27.41	−23 24 11.2	0.983 9006
20	2628.5	267 55 15.52	+0.49	17 50 53.53	−23 25 23.0	0.983 8228
21	2629.5	268 56 19.69	+0.61	17 55 19.75	−23 26 06.7	0.983 7512
22	2630.5	269 57 24.46	+0.71	17 59 46.05	−23 26 22.2	0.983 6859
23	2631.5	270 58 29.85	+0.79	18 04 12.39	−23 26 09.5	0.983 6268
24	2632.5	271 59 35.88	+0.84	18 08 38.74	−23 25 28.7	0.983 5739
25	2633.5	273 00 42.55	+0.86	18 13 05.08	−23 24 19.6	0.983 5268
26	2634.5	274 01 49.88	+0.85	18 17 31.37	−23 22 42.3	0.983 4855
27	2635.5	275 02 57.86	+0.80	18 21 57.57	−23 20 36.9	0.983 4495
28	2636.5	276 04 06.45	+0.73	18 26 23.67	−23 18 03.3	0.983 4186
29	2637.5	277 05 15.62	+0.62	18 30 49.63	−23 15 01.6	0.983 3924
30	2638.5	278 06 25.31	+0.50	18 35 15.41	−23 11 32.0	0.983 3707
31	2639.5	279 07 35.44	+0.36	18 39 40.98	−23 07 34.4	0.983 3531
32	2640.5	280 08 45.91	+0.22	18 44 06.30	−23 03 09.1	0.983 3394

FOR 0ʰ TERRESTRIAL TIME

Date	Position Angle of Axis P	Heliographic Latitude B_0	Heliographic Longitude L_0	H. P.	Semi-Diameter	Ephemeris Transit
	°	°	°	"	′ "	h m s
Nov. 16	+ 21.19	+ 2.75	188.29	8.89	16 10.32	11 44 45.26
17	+ 20.90	+ 2.63	175.10	8.89	16 10.54	11 44 56.55
18	+ 20.61	+ 2.51	161.92	8.90	16 10.75	11 45 08.65
19	+ 20.31	+ 2.39	148.74	8.90	16 10.96	11 45 21.59
20	+ 20.01	+ 2.27	135.56	8.90	16 11.17	11 45 35.34
21	+ 19.69	+ 2.15	122.37	8.90	16 11.37	11 45 49.91
22	+ 19.37	+ 2.03	109.19	8.90	16 11.56	11 46 05.28
23	+ 19.04	+ 1.91	96.01	8.91	16 11.75	11 46 21.45
24	+ 18.71	+ 1.78	82.83	8.91	16 11.94	11 46 38.42
25	+ 18.37	+ 1.66	69.65	8.91	16 12.12	11 46 56.17
26	+ 18.02	+ 1.53	56.47	8.91	16 12.29	11 47 14.69
27	+ 17.66	+ 1.41	43.29	8.91	16 12.46	11 47 33.97
28	+ 17.30	+ 1.28	30.11	8.91	16 12.63	11 47 53.99
29	+ 16.94	+ 1.16	16.93	8.91	16 12.80	11 48 14.74
30	+ 16.56	+ 1.03	3.75	8.92	16 12.96	11 48 36.20
Dec. 1	+ 16.18	+ 0.90	350.57	8.92	16 13.11	11 48 58.34
2	+ 15.79	+ 0.78	337.39	8.92	16 13.27	11 49 21.14
3	+ 15.40	+ 0.65	324.22	8.92	16 13.42	11 49 44.58
4	+ 15.00	+ 0.52	311.04	8.92	16 13.57	11 50 08.62
5	+ 14.60	+ 0.40	297.86	8.92	16 13.71	11 50 33.24
6	+ 14.19	+ 0.27	284.68	8.92	16 13.86	11 50 58.40
7	+ 13.78	+ 0.14	271.51	8.93	16 14.00	11 51 24.08
8	+ 13.36	+ 0.01	258.33	8.93	16 14.14	11 51 50.25
9	+ 12.93	− 0.12	245.15	8.93	16 14.27	11 52 16.86
10	+ 12.51	− 0.25	231.98	8.93	16 14.40	11 52 43.90
11	+ 12.07	− 0.37	218.80	8.93	16 14.52	11 53 11.34
12	+ 11.63	− 0.50	205.62	8.93	16 14.64	11 53 39.14
13	+ 11.19	− 0.63	192.45	8.93	16 14.76	11 54 07.27
14	+ 10.75	− 0.76	179.27	8.93	16 14.87	11 54 35.70
15	+ 10.30	− 0.89	166.10	8.93	16 14.98	11 55 04.41
16	+ 9.84	− 1.01	152.92	8.94	16 15.08	11 55 33.36
17	+ 9.38	− 1.14	139.75	8.94	16 15.17	11 56 02.53
18	+ 8.92	− 1.27	126.57	8.94	16 15.26	11 56 31.87
19	+ 8.46	− 1.39	113.40	8.94	16 15.35	11 57 01.36
20	+ 7.99	− 1.52	100.22	8.94	16 15.42	11 57 30.98
21	+ 7.53	− 1.64	87.05	8.94	16 15.50	11 58 00.69
22	+ 7.05	− 1.77	73.88	8.94	16 15.56	11 58 30.46
23	+ 6.58	− 1.89	60.70	8.94	16 15.62	11 59 00.26
24	+ 6.11	− 2.02	47.53	8.94	16 15.67	11 59 30.06
25	+ 5.63	− 2.14	34.36	8.94	16 15.72	11 59 59.83
26	+ 5.15	− 2.26	21.18	8.94	16 15.76	12 00 29.54
27	+ 4.67	− 2.38	8.01	8.94	16 15.79	12 00 59.16
28	+ 4.18	− 2.51	354.84	8.94	16 15.83	12 01 28.64
29	+ 3.70	− 2.63	341.67	8.94	16 15.85	12 01 57.97
30	+ 3.22	− 2.75	328.50	8.94	16 15.87	12 02 27.10
31	+ 2.73	− 2.86	315.33	8.94	16 15.89	12 02 56.00
32	+ 2.25	− 2.98	302.16	8.94	16 15.90	12 03 24.62

SUN, 2002

GEOCENTRIC RECTANGULAR COORDINATES
MEAN EQUATOR AND EQUINOX OF J2000.0

Date 0ʰ TT		x	y	z	Date 0ʰ TT		x	y	z
Jan.	0	+0.159 6964	−0.890 1958	−0.385 9400	Feb.	15	+0.819 8324	−0.505 4403	−0.219 1346
	1	+0.176 9199	−0.887 4380	−0.384 7437		16	+0.829 5816	−0.492 1969	−0.213 3929
	2	+0.194 0893	−0.884 4054	−0.383 4284		17	+0.839 0748	−0.478 8027	−0.207 5857
	3	+0.211 1995	−0.881 0987	−0.381 9943		18	+0.848 3093	−0.465 2621	−0.201 7149
	4	+0.228 2456	−0.877 5185	−0.380 4419		19	+0.857 2824	−0.451 5797	−0.195 7825
	5	+0.245 2224	−0.873 6655	−0.378 7714		20	+0.865 9919	−0.437 7599	−0.189 7904
	6	+0.262 1247	−0.869 5406	−0.376 9831		21	+0.874 4353	−0.423 8074	−0.183 7407
	7	+0.278 9470	−0.865 1447	−0.375 0775		22	+0.882 6106	−0.409 7266	−0.177 6353
	8	+0.295 6841	−0.860 4787	−0.373 0550		23	+0.890 5157	−0.395 5220	−0.171 4763
	9	+0.312 3305	−0.855 5440	−0.370 9161		24	+0.898 1490	−0.381 1982	−0.165 2656
	10	+0.328 8807	−0.850 3418	−0.368 6614		25	+0.905 5085	−0.366 7594	−0.159 0051
	11	+0.345 3292	−0.844 8736	−0.366 2913		26	+0.912 5927	−0.352 2102	−0.152 6969
	12	+0.361 6705	−0.839 1411	−0.363 8067		27	+0.919 4001	−0.337 5546	−0.146 3427
	13	+0.377 8993	−0.833 1462	−0.361 2083		28	+0.925 9290	−0.322 7970	−0.139 9444
	14	+0.394 0101	−0.826 8908	−0.358 4970	Mar.	1	+0.932 1778	−0.307 9413	−0.133 5038
	15	+0.409 9977	−0.820 3772	−0.355 6736		2	+0.938 1448	−0.292 9918	−0.127 0226
	16	+0.425 8568	−0.813 6074	−0.352 7390		3	+0.943 8284	−0.277 9526	−0.120 5028
	17	+0.441 5823	−0.806 5840	−0.349 6944		4	+0.949 2268	−0.262 8280	−0.113 9461
	18	+0.457 1693	−0.799 3095	−0.346 5407		5	+0.954 3382	−0.247 6225	−0.107 3544
	19	+0.472 6128	−0.791 7863	−0.343 2791		6	+0.959 1610	−0.232 3404	−0.100 7295
	20	+0.487 9080	−0.784 0172	−0.339 9107		7	+0.963 6935	−0.216 9864	−0.094 0735
	21	+0.503 0502	−0.776 0049	−0.336 4368		8	+0.967 9342	−0.201 5652	−0.087 3884
	22	+0.518 0348	−0.767 7523	−0.332 8585		9	+0.971 8817	−0.186 0816	−0.080 6762
	23	+0.532 8574	−0.759 2622	−0.329 1771		10	+0.975 5348	−0.170 5405	−0.073 9389
	24	+0.547 5135	−0.750 5375	−0.325 3940		11	+0.978 8922	−0.154 9467	−0.067 1788
	25	+0.561 9989	−0.741 5814	−0.321 5104		12	+0.981 9531	−0.139 3053	−0.060 3978
	26	+0.576 3096	−0.732 3967	−0.317 5277		13	+0.984 7165	−0.123 6212	−0.053 5983
	27	+0.590 4414	−0.722 9866	−0.313 4472		14	+0.987 1817	−0.107 8994	−0.046 7822
	28	+0.604 3906	−0.713 3540	−0.309 2704		15	+0.989 3482	−0.092 1450	−0.039 9519
	29	+0.618 1533	−0.703 5018	−0.304 9984		16	+0.991 2156	−0.076 3630	−0.033 1095
	30	+0.631 7258	−0.693 4330	−0.300 6327		17	+0.992 7834	−0.060 5585	−0.026 2571
	31	+0.645 1041	−0.683 1505	−0.296 1744		18	+0.994 0518	−0.044 7365	−0.019 3971
Feb.	1	+0.658 2846	−0.672 6572	−0.291 6249		19	+0.995 0205	−0.028 9020	−0.012 5316
	2	+0.671 2633	−0.661 9558	−0.286 9854		20	+0.995 6900	−0.013 0599	−0.005 6627
	3	+0.684 0363	−0.651 0495	−0.282 2572		21	+0.996 0603	+0.002 7847	+0.001 2074
	4	+0.696 5994	−0.639 9412	−0.277 4417		22	+0.996 1321	+0.018 6271	+0.008 0764
	5	+0.708 9488	−0.628 6342	−0.272 5401		23	+0.995 9058	+0.034 4624	+0.014 9424
	6	+0.721 0803	−0.617 1319	−0.267 5539		24	+0.995 3822	+0.050 2859	+0.021 8032
	7	+0.732 9901	−0.605 4378	−0.262 4846		25	+0.994 5621	+0.066 0930	+0.028 6568
	8	+0.744 6740	−0.593 5555	−0.257 3337		26	+0.993 4464	+0.081 8791	+0.035 5012
	9	+0.756 1285	−0.581 4888	−0.252 1029		27	+0.992 0360	+0.097 6400	+0.042 3345
	10	+0.767 3495	−0.569 2415	−0.246 7938		28	+0.990 3318	+0.113 3713	+0.049 1547
	11	+0.778 3337	−0.556 8177	−0.241 4080		29	+0.988 3347	+0.129 0687	+0.055 9601
	12	+0.789 0774	−0.544 2214	−0.235 9474		30	+0.986 0454	+0.144 7282	+0.062 7489
	13	+0.799 5772	−0.531 4569	−0.230 4138		31	+0.983 4649	+0.160 3455	+0.069 5192
	14	+0.809 8299	−0.518 5284	−0.224 8089	Apr.	1	+0.980 5937	+0.175 9163	+0.076 2693
	15	+0.819 8324	−0.505 4403	−0.219 1346		2	+0.977 4326	+0.191 4364	+0.082 9973

GEOCENTRIC RECTANGULAR COORDINATES
MEAN EQUATOR AND EQUINOX OF J2000.0

Date 0ʰ TT	x	y	z	Date 0ʰ TT	x	y	z
Apr. 1	+0.980 5937	+0.175 9163	+0.076 2693	May 17	+0.566 8701	+0.768 3109	+0.333 0999
2	+0.977 4326	+0.191 4364	+0.082 9973	18	+0.552 8160	+0.777 1047	+0.336 9130
3	+0.973 9825	+0.206 9012	+0.089 7013	19	+0.538 6047	+0.785 6751	+0.340 6291
4	+0.970 2441	+0.222 3062	+0.096 3794	20	+0.524 2408	+0.794 0199	+0.344 2472
5	+0.966 2184	+0.237 6469	+0.103 0297	21	+0.509 7286	+0.802 1371	+0.347 7665
6	+0.961 9066	+0.252 9188	+0.109 6502	22	+0.495 0727	+0.810 0250	+0.351 1862
7	+0.957 3099	+0.268 1171	+0.116 2388	23	+0.480 2773	+0.817 6819	+0.354 5055
8	+0.952 4297	+0.283 2372	+0.122 7938	24	+0.465 3467	+0.825 1060	+0.357 7238
9	+0.947 2675	+0.298 2746	+0.129 3129	25	+0.450 2851	+0.832 2959	+0.360 8404
10	+0.941 8248	+0.313 2246	+0.135 7944	26	+0.435 0965	+0.839 2498	+0.363 8546
11	+0.936 1035	+0.328 0826	+0.142 2360	27	+0.419 7849	+0.845 9662	+0.366 7657
12	+0.930 1054	+0.342 8440	+0.148 6360	28	+0.404 3545	+0.852 4434	+0.369 5731
13	+0.923 8326	+0.357 5044	+0.154 9923	29	+0.388 8091	+0.858 6797	+0.372 2762
14	+0.917 2873	+0.372 0591	+0.161 3029	30	+0.373 1530	+0.864 6735	+0.374 8741
15	+0.910 4716	+0.386 5039	+0.167 5659	31	+0.357 3902	+0.870 4228	+0.377 3661
16	+0.903 3882	+0.400 8343	+0.173 7794	June 1	+0.341 5250	+0.875 9262	+0.379 7516
17	+0.896 0394	+0.415 0461	+0.179 9416	2	+0.325 5617	+0.881 1817	+0.382 0298
18	+0.888 4281	+0.429 1350	+0.186 0504	3	+0.309 5047	+0.886 1880	+0.384 2001
19	+0.880 5569	+0.443 0970	+0.192 1043	4	+0.293 3585	+0.890 9432	+0.386 2617
20	+0.872 4287	+0.456 9281	+0.198 1013	5	+0.277 1276	+0.895 4460	+0.388 2140
21	+0.864 0466	+0.470 6244	+0.204 0398	6	+0.260 8168	+0.899 6949	+0.390 0564
22	+0.855 4135	+0.484 1822	+0.209 9181	7	+0.244 4306	+0.903 6885	+0.391 7882
23	+0.846 5325	+0.497 5980	+0.215 7347	8	+0.227 9740	+0.907 4255	+0.393 4089
24	+0.837 4066	+0.510 8682	+0.221 4880	9	+0.211 4517	+0.910 9047	+0.394 9179
25	+0.828 0389	+0.523 9896	+0.227 1765	10	+0.194 8686	+0.914 1250	+0.396 3148
26	+0.818 4323	+0.536 9588	+0.232 7990	11	+0.178 2298	+0.917 0855	+0.397 5990
27	+0.808 5897	+0.549 7726	+0.238 3539	12	+0.161 5404	+0.919 7852	+0.398 7702
28	+0.798 5139	+0.562 4279	+0.243 8400	13	+0.144 8054	+0.922 2235	+0.399 8279
29	+0.788 2076	+0.574 9214	+0.249 2558	14	+0.128 0299	+0.924 3998	+0.400 7720
30	+0.777 6737	+0.587 2498	+0.254 6000	15	+0.111 2192	+0.926 3137	+0.401 6022
May 1	+0.766 9150	+0.599 4096	+0.259 8711	16	+0.094 3782	+0.927 9649	+0.402 3184
2	+0.755 9343	+0.611 3975	+0.265 0678	17	+0.077 5121	+0.929 3534	+0.402 9205
3	+0.744 7345	+0.623 2100	+0.270 1884	18	+0.060 6258	+0.930 4791	+0.403 4086
4	+0.733 3189	+0.634 8437	+0.275 2317	19	+0.043 7242	+0.931 3423	+0.403 7826
5	+0.721 6906	+0.646 2952	+0.280 1960	20	+0.026 8119	+0.931 9431	+0.404 0427
6	+0.709 8528	+0.657 5611	+0.285 0800	21	+0.009 8937	+0.932 2817	+0.404 1890
7	+0.697 8091	+0.668 6379	+0.289 8822	22	−0.007 0259	+0.932 3586	+0.404 2217
8	+0.685 5629	+0.679 5224	+0.294 6012	23	−0.023 9425	+0.932 1738	+0.404 1409
9	+0.673 1179	+0.690 2112	+0.299 2355	24	−0.040 8516	+0.931 7278	+0.403 9468
10	+0.660 4777	+0.700 7013	+0.303 7837	25	−0.057 7490	+0.931 0207	+0.403 6395
11	+0.647 6464	+0.710 9893	+0.308 2445	26	−0.074 6302	+0.930 0528	+0.403 2192
12	+0.634 6277	+0.721 0724	+0.312 6165	27	−0.091 4909	+0.928 8241	+0.402 6859
13	+0.621 4258	+0.730 9474	+0.316 8984	28	−0.108 3266	+0.927 3351	+0.402 0399
14	+0.608 0447	+0.740 6114	+0.321 0889	29	−0.125 1329	+0.925 5858	+0.401 2811
15	+0.594 4889	+0.750 0618	+0.325 1868	30	−0.141 9053	+0.923 5765	+0.400 4098
16	+0.580 7625	+0.759 2958	+0.329 1908	July 1	−0.158 6390	+0.921 3075	+0.399 4260
17	+0.566 8701	+0.768 3109	+0.333 0999	2	−0.175 3296	+0.918 7793	+0.398 3300

SUN, 2002

GEOCENTRIC RECTANGULAR COORDINATES
MEAN EQUATOR AND EQUINOX OF J2000.0

Date 0ʰ TT	x	y	z	Date 0ʰ TT	x	y	z
July 1	−0.158 6390	+0.921 3075	+0.399 4260	Aug. 16	−0.808 1624	+0.559 8451	+0.242 7195
2	−0.175 3296	+0.918 7793	+0.398 3300	17	−0.818 1283	+0.547 2252	+0.237 2475
3	−0.191 9722	+0.915 9922	+0.397 1219	18	−0.827 8604	+0.534 4508	+0.231 7085
4	−0.208 5623	+0.912 9468	+0.395 8020	19	−0.837 3563	+0.521 5255	+0.226 1041
5	−0.225 0950	+0.909 6437	+0.394 3704	20	−0.846 6134	+0.508 4527	+0.220 4359
6	−0.241 5655	+0.906 0836	+0.392 8275	21	−0.855 6293	+0.495 2360	+0.214 7053
7	−0.257 9690	+0.902 2672	+0.391 1736	22	−0.864 4016	+0.481 8788	+0.208 9140
8	−0.274 3006	+0.898 1954	+0.389 4090	23	−0.872 9279	+0.468 3848	+0.203 0635
9	−0.290 5553	+0.893 8693	+0.387 5341	24	−0.881 2057	+0.454 7574	+0.197 1553
10	−0.306 7283	+0.889 2900	+0.385 5495	25	−0.889 2326	+0.441 0002	+0.191 1909
11	−0.322 8145	+0.884 4588	+0.383 4555	26	−0.897 0062	+0.427 1167	+0.185 1719
12	−0.338 8091	+0.879 3770	+0.381 2528	27	−0.904 5242	+0.413 1105	+0.179 0999
13	−0.354 7071	+0.874 0464	+0.378 9421	28	−0.911 7841	+0.398 9854	+0.172 9764
14	−0.370 5038	+0.868 4687	+0.376 5241	29	−0.918 7835	+0.384 7450	+0.166 8031
15	−0.386 1944	+0.862 6457	+0.373 9996	30	−0.925 5201	+0.370 3931	+0.160 5815
16	−0.401 7744	+0.856 5796	+0.371 3695	31	−0.931 9916	+0.355 9337	+0.154 3133
17	−0.417 2394	+0.850 2724	+0.368 6347	Sept. 1	−0.938 1956	+0.341 3706	+0.148 0002
18	−0.432 5852	+0.843 7261	+0.365 7961	2	−0.944 1300	+0.326 7077	+0.141 6439
19	−0.447 8076	+0.836 9430	+0.362 8547	3	−0.949 7923	+0.311 9493	+0.135 2460
20	−0.462 9026	+0.829 9251	+0.359 8115	4	−0.955 1805	+0.297 0995	+0.128 8085
21	−0.477 8662	+0.822 6745	+0.356 6673	5	−0.960 2923	+0.282 1627	+0.122 3331
22	−0.492 6947	+0.815 1934	+0.353 4232	6	−0.965 1258	+0.267 1433	+0.115 8217
23	−0.507 3842	+0.807 4838	+0.350 0801	7	−0.969 6789	+0.252 0458	+0.109 2764
24	−0.521 9308	+0.799 5477	+0.346 6388	8	−0.973 9500	+0.236 8751	+0.102 6991
25	−0.536 3308	+0.791 3872	+0.343 1004	9	−0.977 9375	+0.221 6358	+0.096 0919
26	−0.550 5803	+0.783 0043	+0.339 4656	10	−0.981 6400	+0.206 3328	+0.089 4569
27	−0.564 6756	+0.774 4010	+0.335 7354	11	−0.985 0564	+0.190 9709	+0.082 7962
28	−0.578 6126	+0.765 5795	+0.331 9108	12	−0.988 1859	+0.175 5547	+0.076 1120
29	−0.592 3876	+0.756 5418	+0.327 9926	13	−0.991 0277	+0.160 0890	+0.069 4062
30	−0.605 9966	+0.747 2903	+0.323 9819	14	−0.993 5811	+0.144 5783	+0.062 6809
31	−0.619 4356	+0.737 8272	+0.319 8795	15	−0.995 8455	+0.129 0271	+0.055 9381
Aug. 1	−0.632 7008	+0.728 1548	+0.315 6865	16	−0.997 8205	+0.113 4398	+0.049 1797
2	−0.645 7882	+0.718 2755	+0.311 4039	17	−0.999 5055	+0.097 8209	+0.042 4076
3	−0.658 6938	+0.708 1918	+0.307 0328	18	−1.000 9001	+0.082 1746	+0.035 6239
4	−0.671 4137	+0.697 9063	+0.302 5743	19	−1.002 0040	+0.066 5053	+0.028 8303
5	−0.683 9440	+0.687 4218	+0.298 0294	20	−1.002 8167	+0.050 8173	+0.022 0287
6	−0.696 2805	+0.676 7409	+0.293 3994	21	−1.003 3379	+0.035 1149	+0.015 2210
7	−0.708 4195	+0.665 8666	+0.288 6855	22	−1.003 5672	+0.019 4024	+0.008 4091
8	−0.720 3569	+0.654 8019	+0.283 8890	23	−1.003 5044	+0.003 6841	+0.001 5948
9	−0.732 0888	+0.643 5502	+0.279 0112	24	−1.003 1492	−0.012 0356	−0.005 2200
10	−0.743 6115	+0.632 1146	+0.274 0536	25	−1.002 5013	−0.027 7525	−0.012 0335
11	−0.754 9214	+0.620 4989	+0.269 0177	26	−1.001 5606	−0.043 4622	−0.018 8438
12	−0.766 0149	+0.608 7066	+0.263 9051	27	−1.000 3268	−0.059 1601	−0.025 6489
13	−0.776 8888	+0.596 7413	+0.258 7173	28	−0.998 7998	−0.074 8419	−0.032 4470
14	−0.787 5400	+0.584 6068	+0.253 4560	29	−0.996 9795	−0.090 5031	−0.039 2362
15	−0.797 9654	+0.572 3069	+0.248 1229	30	−0.994 8659	−0.106 1391	−0.046 0145
16	−0.808 1624	+0.559 8451	+0.242 7195	Oct. 1	−0.992 4590	−0.121 7452	−0.052 7800

GEOCENTRIC RECTANGULAR COORDINATES
MEAN EQUATOR AND EQUINOX OF J2000.0

Date 0ʰTT	x	y	z	Date 0ʰTT	x	y	z
Oct. 1	−0.992 4590	−0.121 7452	−0.052 7800	Nov. 16	−0.589 4090	−0.728 6376	−0.315 8995
2	−0.989 7589	−0.137 3169	−0.059 5306	17	−0.575 2262	−0.737 8679	−0.319 9008
3	−0.986 7658	−0.152 8492	−0.066 2643	18	−0.560 8688	−0.746 8729	−0.323 8043
4	−0.983 4799	−0.168 3374	−0.072 9790	19	−0.546 3408	−0.755 6499	−0.327 6089
5	−0.979 9017	−0.183 7765	−0.079 6726	20	−0.531 6464	−0.764 1962	−0.331 3135
6	−0.976 0318	−0.199 1614	−0.086 3429	21	−0.516 7898	−0.772 5093	−0.334 9169
7	−0.971 8711	−0.214 4872	−0.092 9877	22	−0.501 7751	−0.780 5867	−0.338 4180
8	−0.967 4207	−0.229 7487	−0.099 6048	23	−0.486 6066	−0.788 4258	−0.341 8159
9	−0.962 6819	−0.244 9410	−0.106 1920	24	−0.471 2884	−0.796 0241	−0.345 1095
10	−0.957 6563	−0.260 0592	−0.112 7472	25	−0.455 8250	−0.803 3790	−0.348 2977
11	−0.952 3454	−0.275 0987	−0.119 2682	26	−0.440 2204	−0.810 4880	−0.351 3794
12	−0.946 7511	−0.290 0549	−0.125 7530	27	−0.424 4793	−0.817 3487	−0.354 3536
13	−0.940 8751	−0.304 9231	−0.132 1997	28	−0.408 6060	−0.823 9585	−0.357 2192
14	−0.934 7194	−0.319 6992	−0.138 6064	29	−0.392 6052	−0.830 3150	−0.359 9751
15	−0.928 2859	−0.334 3787	−0.144 9710	30	−0.376 4817	−0.836 4156	−0.362 6203
16	−0.921 5764	−0.348 9575	−0.151 2918	Dec. 1	−0.360 2402	−0.842 2579	−0.365 1536
17	−0.914 5930	−0.363 4313	−0.157 5670	2	−0.343 8859	−0.847 8397	−0.367 5742
18	−0.907 3375	−0.377 7959	−0.163 7947	3	−0.327 4239	−0.853 1587	−0.369 8808
19	−0.899 8122	−0.392 0474	−0.169 9732	4	−0.310 8597	−0.858 2128	−0.372 0728
20	−0.892 0189	−0.406 1815	−0.176 1006	5	−0.294 1988	−0.863 0002	−0.374 1491
21	−0.883 9598	−0.420 1942	−0.182 1754	6	−0.277 4466	−0.867 5192	−0.376 1089
22	−0.875 6369	−0.434 0815	−0.188 1956	7	−0.260 6088	−0.871 7684	−0.377 9518
23	−0.867 0524	−0.447 8393	−0.194 1596	8	−0.243 6910	−0.875 7464	−0.379 6769
24	−0.858 2085	−0.461 4637	−0.200 0657	9	−0.226 6986	−0.879 4522	−0.381 2839
25	−0.849 1073	−0.474 9505	−0.205 9122	10	−0.209 6372	−0.882 8846	−0.382 7722
26	−0.839 7511	−0.488 2957	−0.211 6973	11	−0.192 5122	−0.886 0429	−0.384 1415
27	−0.830 1422	−0.501 4953	−0.217 4192	12	−0.175 3290	−0.888 9263	−0.385 3915
28	−0.820 2829	−0.514 5452	−0.223 0764	13	−0.158 0929	−0.891 5339	−0.386 5218
29	−0.810 1757	−0.527 4412	−0.228 6669	14	−0.140 8093	−0.893 8653	−0.387 5322
30	−0.799 8230	−0.540 1793	−0.234 1891	15	−0.123 4833	−0.895 9198	−0.388 4224
31	−0.789 2275	−0.552 7553	−0.239 6412	16	−0.106 1204	−0.897 6970	−0.389 1923
Nov. 1	−0.778 3918	−0.565 1649	−0.245 0213	17	−0.088 7257	−0.899 1965	−0.389 8417
2	−0.767 3190	−0.577 4038	−0.250 3276	18	−0.071 3043	−0.900 4178	−0.390 3705
3	−0.756 0119	−0.589 4679	−0.255 5583	19	−0.053 8614	−0.901 3609	−0.390 7787
4	−0.744 4739	−0.601 3530	−0.260 7115	20	−0.036 4021	−0.902 0252	−0.391 0660
5	−0.732 7086	−0.613 0547	−0.265 7854	21	−0.018 9314	−0.902 4107	−0.391 2325
6	−0.720 7195	−0.624 5692	−0.270 7781	22	−0.001 4546	−0.902 5172	−0.391 2781
7	−0.708 5106	−0.635 8926	−0.275 6880	23	+0.016 0235	−0.902 3444	−0.391 2028
8	−0.696 0859	−0.647 0211	−0.280 5134	24	+0.033 4977	−0.901 8921	−0.391 0065
9	−0.683 4493	−0.657 9512	−0.285 2528	25	+0.050 9628	−0.901 1603	−0.390 6891
10	−0.670 6051	−0.668 6795	−0.289 9045	26	+0.068 4136	−0.900 1487	−0.390 2506
11	−0.657 5574	−0.679 2028	−0.294 4673	27	+0.085 8449	−0.898 8573	−0.389 6910
12	−0.644 3102	−0.689 5180	−0.298 9397	28	+0.103 2512	−0.897 2861	−0.389 0102
13	−0.630 8676	−0.699 6220	−0.303 3204	29	+0.120 6271	−0.895 4352	−0.388 2083
14	−0.617 2338	−0.709 5119	−0.307 6081	30	+0.137 9669	−0.893 3047	−0.387 2852
15	−0.603 4129	−0.719 1847	−0.311 8015	31	+0.155 2651	−0.890 8949	−0.386 2412
16	−0.589 4090	−0.728 6376	−0.315 8995	32	+0.172 5158	−0.888 2065	−0.385 0764

NOTES AND FORMULAS

Low precision formulas for the Sun's coordinates and the equation of time

The following formulas give the apparent coordinates of the Sun to a precision of $0°.01$ and the equation of time to a precision of $0^m.1$ between 1950 and 2050; on this page the time argument n is the number of days from J2000.0.

$n = $ JD $- 2451545.0 = 364.5 + $ day of year (from B2–B3) $ + $ fraction of day from 0^h UT

Mean longitude of Sun, corrected for aberration: $L = 280°.460 + 0°.985\,6474\,n$

Mean anomaly: $g = 357°.528 + 0°.985\,6003\,n$

Put L and g in the range $0°$ to $360°$ by adding multiples of $360°$.

Ecliptic longitude: $\lambda = L + 1°.915 \sin g + 0°.020 \sin 2g$

Ecliptic latitude: $\beta = 0°$

Obliquity of ecliptic: $\epsilon = 23°.439 - 0°.000\,0004\,n$

Right ascension (in same quadrant as λ): $\alpha = \tan^{-1}(\cos \epsilon \tan \lambda)$

Alternatively, α may be calculated directly from

$$\alpha = \lambda - ft \sin 2\lambda + (f/2)t^2 \sin 4\lambda$$
$$\text{where } f = 180/\pi \quad \text{and} \quad t = \tan^2(\epsilon/2)$$

Declination: $\delta = \sin^{-1}(\sin \epsilon \sin \lambda)$

Distance of Sun from Earth, in au: $R = 1.000\,14 - 0.016\,71 \cos g - 0.000\,14 \cos 2g$

Equatorial rectangular coordinates of the Sun, in au:

$$x = R \cos \lambda, \qquad y = R \cos \epsilon \sin \lambda, \qquad z = R \sin \epsilon \sin \lambda$$

Equation of time (apparent time minus mean time):

$$E, \text{ in minutes of time} = (L - \alpha), \text{ in degrees, multiplied by } 4$$

Horizontal parallax: $0°.0024$

Semidiameter: $0°.2666/R$

Light time: $0^d.0058$

CONTENTS OF SECTION D

NOTE: The pages concerning the use of the polynomial coefficients for lunar coordinates and the daily polynomial coefficients for R.A., Dec. and H.P. of the Moon themselves can be found on the HMNAO web site at http://www.nao.rl.ac.uk/asa_pages/.

See also

NOTE: All the times on this page are expressed in universal time (UT).

PHASES OF THE MOON

Lunation	New Moon	First Quarter	Full Moon	Last Quarter
	d h m	d h m	d h m	d h m
977				Jan. 6 03 55
978	Jan. 13 13 29	Jan. 21 17 46	Jan. 28 22 50	Feb. 4 13 33
979	Feb. 12 07 41	Feb. 20 12 02	Feb. 27 09 17	Mar. 6 01 24
980	Mar. 14 02 02	Mar. 22 02 28	Mar. 28 18 25	Apr. 4 15 29
981	Apr. 12 19 21	Apr. 20 12 48	Apr. 27 03 00	May 4 07 16
982	May 12 10 45	May 19 19 42	May 26 11 51	June 3 00 05
983	June 10 23 46	June 18 00 29	June 24 21 42	July 2 17 19
984	July 10 10 26	July 17 04 47	July 24 09 07	Aug. 1 10 22
985	Aug. 8 19 15	Aug. 15 10 12	Aug. 22 22 29	Aug. 31 02 31
986	Sept. 7 03 10	Sept. 13 18 08	Sept. 21 13 59	Sept. 29 17 03
987	Oct. 6 11 18	Oct. 13 05 33	Oct. 21 07 20	Oct. 29 05 28
988	Nov. 4 20 34	Nov. 11 20 52	Nov. 20 01 34	Nov. 27 15 46
989	Dec. 4 07 34	Dec. 11 15 49	Dec. 19 19 10	Dec. 27 00 31

MOON AT PERIGEE

d h	d h	d h
Jan. 2 07	May 23 16	Oct. 6 13
Jan. 30 09	June 19 07	Nov. 4 01
Feb. 27 20	July 14 13	Dec. 2 09
Mar. 28 08	Aug. 10 23	Dec. 30 01
Apr. 25 16	Sept. 8 03	

MOON AT APOGEE

d h	d h	d h
Jan. 18 09	June 4 13	Oct. 20 05
Feb. 14 22	July 2 08	Nov. 16 11
Mar. 14 01	July 30 02	Dec. 14 04
Apr. 10 05	Aug. 26 18	
May 7 19	Sept. 23 03	

NOTES AND FORMULAE

Mean elements of the orbit of the Moon

The following expressions for the mean elements of the Moon are based on the fundamental arguments used in the IAU (1980) Theory of Nutation which are given in *The Astronomical Almanac 1984* on page S26. The angular elements are referred to the mean equinox and ecliptic of date. The time argument (d) is the interval in days from 2002 January 0 at 0^h TT. These expressions are intended for use during 2002 only.

$$d = JD - 245\ 2274 \cdot 5 = \text{day of year (from B2–B3)} + \text{fraction of day from } 0^h \text{ TT}$$

Mean longitude of the Moon, measured in the ecliptic to the mean ascending node and then along the mean orbit:

$$L' = 110°497\ 661 + 13 \cdot 176\ 396\ 47\ d$$

Mean longitude of the lunar perigee, measured as for L':

$$\varGamma' = 164°622\ 321 + 0 \cdot 111\ 403\ 52\ d$$

Mean longitude of the mean ascending node of the lunar orbit on the ecliptic:

$$\varOmega = 86°414\ 752 - 0 \cdot 052\ 953\ 76\ d$$

Mean elongation of the Moon from the Sun:

$$D = L' - L = 191°001\ 843 + 12 \cdot 190\ 749\ 11\ d$$

Mean inclination of the lunar orbit to the ecliptic: $5°145\ 3964$.

Mean elements of the rotation of the Moon

The following expressions give the mean elements of the mean equator of the Moon, referred to the true equator of the Earth, during 2002 to a precision of about $0°001$; the time-argument d is as defined above for the orbital elements.

Inclination of the mean equator of the Moon to the true equator of the Earth:

$$i = 23°3910 - 0 \cdot 001\ 439\ d + 0 \cdot 000\ 000\ 110\ d^2$$

Arc of the mean equator of the Moon from its ascending node on the true equator of the Earth to its ascending node on the ecliptic of date:

$$\varDelta = 269°9710 - 0 \cdot 052\ 935\ d - 0 \cdot 000\ 001\ 547\ d^2$$

Arc of the true equator of the Earth from the true equinox of date to the ascending node of the mean equator of the Moon:

$$\varOmega' = -3°88010 \cdot 000\ 000\ d + 0 \cdot 000\ 001\ 683\ d^2$$

The inclination (I) of the mean lunar equator to the ecliptic: $1°\ 32'\ 32''7$

The ascending node of the mean lunar equator on the ecliptic is at the descending node of the mean lunar orbit on the ecliptic, that is at longitude $\varOmega + 180°$.

Lengths of mean months

The lengths of the mean months at 2002·0, as derived from the mean orbital elements are:

		d	d h m s
synodic month	(new moon to new moon)	29·530 589	29 12 44 02·9
tropical month	(equinox to equinox)	27·321 582	27 07 43 04·7
sidereal month	(fixed star to fixed star)	27·321 662	27 07 43 11·6
anomalistic month	(perigee to perigee)	27·554 550	27 13 18 33·1
draconic month	(node to node)	27·212 221	27 05 05 35·9

NOTES AND FORMULAE

Geocentric coordinates

The apparent longitude (λ) and latitude (β) of the Moon given on pages D6–D20 are referred to the ecliptic of date: the apparent right ascension (α) and declination (δ) are referred to the true equator of date. These coordinates are primarily intended for planning purposes. The true distance (r) is expressed in Earth-radii and is derived, as is the semi-diameter (s), from the horizontal parallax (π).

The maximum errors which may result if Bessel's second-order interpolation formula is used are as follows:

λ	β	α	δ	r	π	s
$\pm0°.02$	$\pm0°.02$	$\pm2^s.4$	$\pm24''$	$\pm0·002$	$\pm0''.07$	$\pm0''.02$

More precise values of right ascension, declination and horizontal parallax may be obtained by using the polynomial coefficients given on the web (see page D1). Precise values of true distance and semi-diameter may be obtained from the parallax using:

$$r = 6\ 378·137/\sin\pi\ \text{km} \qquad \sin s = 0·272\ 493\sin\pi$$

The tabulated values are all referred to the centre of the Earth, and may differ from the topocentric values by up to about 1 degree in angle and 2 per cent in distance.

Time of transit of the Moon

The TT of upper (or lower) transit of the Moon over a local meridian may be obtained by interpolation in the tabulation of the time of upper (or lower) transit over the ephemeris meridian given on pages D6–D20, where the first differences are about 25 hours. The interpolation factor p is given by:

$$p = -\lambda + 1·002\ 738\ \varDelta T$$

where λ is the *east* longitude and the right-hand side is expressed in days. (Divide longitude in degrees by 360 and $\varDelta T$ in seconds by 86 400). During 2002 it is expected that $\varDelta T$ will be about 67 seconds, so that the second term is about +0·000 78 days. In general, second-order differences are sufficient to give times to a few seconds, but higher-order differences must be taken into account if a precision of better than 1 second is required. The UT of transit is obtained by subtracting $\varDelta T$ from the TT of transit, which is obtained by interpolation.

Topocentric coordinates

The topocentric equatorial rectangular coordinates of the Moon (x', y', z'), referred to the true equinox of date, are equal to the geocentric equatorial rectangular coordinates of the Moon *minus* the geocentric equatorial rectangular coordinates of the observer. Hence, the topocentric right ascension (α'), declination (δ') and distance (r') of the Moon may be calculated from the formulae:

$$x' = r'\cos\delta'\cos\alpha' = r\cos\delta\cos\alpha - \rho\cos\phi'\cos\theta_0$$
$$y' = r'\cos\delta'\sin\alpha' = r\cos\delta\sin\alpha - \rho\cos\phi'\sin\theta_0$$
$$z' = r'\sin\delta' \qquad\quad = r\sin\delta \qquad - \rho\sin\phi'$$

where θ_0 is the local apparent sidereal time (see pages B6, B7) and ρ and ϕ' are the geocentric distance and latitude of the observer.

Then $\qquad r'^2 = x'^2 + y'^2 + z'^2, \quad \alpha' = \tan^{-1}(y'/x'), \quad \delta' = \sin^{-1}(z'/r')$

The topocentric hour angle (h') may be calculated from $h' = \theta_0 - \alpha'$.

Physical ephemeris

See page D4 for notes on the physical ephemeris of the Moon on pages D7–D21.

NOTES AND FORMULAE

Appearance of the Moon

The quantities tabulated in the ephemeris for physical observations of the Moon on odd pages D7–D21 represent the geocentric aspect and illumination of the Moon's disk. For most purposes it is sufficient to regard the instant of tabulation as 0^h universal time. The fraction illuminated (or phase) is the ratio of the illuminated area to the total area of the lunar disk; it is also the fraction of the diameter illuminated perpendicular to the line of cusps. This quantity indicates the general aspect of the Moon, while the precise times of the four principal phases are given on pages A1 and D1; they are the times when the apparent longitudes of the Moon and Sun differ by 0°, 90°, 180° and 270°.

The position angle of the bright limb is measured anticlockwise around the disk from the north point (of the hour circle through the centre of the apparent disk) to the midpoint of the bright limb. Before full moon the morning terminator is visible and the position angle of the northern cusp is 90° greater than the position angle of the bright limb; after full moon the evening terminator is visible and the position angle of the northern cusp is 90° less than the position angle of the bright limb.

The brightness of the Moon is determined largely by the fraction illuminated, but it also depends on the distance of the Moon, on the nature of the part of the lunar surface that is illuminated, and on other factors. The integrated visual magnitude of the full Moon at mean distance is about $-12 \cdot 7$. The crescent Moon is not normally visible to the naked eye when the phase is less than $0 \cdot 01$, but much depends on the conditions of observation.

Selenographic coordinates

The positions of points on the Moon's surface are specified by a system of selenographic coordinates, in which latitude is measured positively to the north from the equator of the pole of rotation, and longitude is measured positively to the east on the selenocentric celestial sphere from the lunar meridian through the mean centre of the apparent disk. Selenographic longitudes are measured positive to the west (towards Mare Crisium) on the apparent disk; this sign convention implies that the longitudes of the Sun and of the terminators are decreasing functions of time, and so for some purposes it is convenient to use colongitude which is 90° (or 450°) minus longitude.

The tabulated values of the Earth's selenographic longitude and latitude specify the sub-terrestrial point on the Moon's surface (that is, the centre of the apparent disk). The position angle of the axis of rotation is measured anticlockwise from the north point, and specifies the orientation of the lunar meridian through the sub-terrestrial point, which is the pole of the great circle that corresponds to the limb of the Moon.

The tabulated values of the Sun's selenographic colongitude and latitude specify the sub-solar point of the Moon's surface (that is at the pole of the great circle that bounds the illuminated hemisphere). The following relations hold approximately:

longitude of morning terminator = 360° − colongitude of Sun
longitude of evening terminator = 180° (or 540°) − colongitude of Sun

The altitude (a) of the Sun above the lunar horizon at a point at selenographic longitude and latitude (l, b) may be calculated from:

$$\sin a = \sin b_0 \sin b + \cos b_0 \cos b \sin (c_0 + l)$$

where (c_0, b_0) are the Sun's colongitude and latitude at the time.

NOTES AND FORMULAE

Librations of the Moon

On average the same hemisphere of the Moon is always turned to the Earth but there is a periodic oscillation or libration of the apparent position of the lunar surface that allows about 59 per cent of the surface to be seen from the Earth. The libration is due partly to a physical libration, which is an oscillation of the actual rotational motion about its mean rotation, but mainly to the much larger geocentric optical libration, which results from the non-uniformity of the revolution of the Moon around the centre of the Earth. Both of these effects are taken into account in the computation of the Earth's selenographic longitude (l) and latitude (b) and of the position angle (C) of the axis of rotation. The contributions due to the physical libration are tabulated separately. There is a further contribution to the optical libration due to the difference between the viewpoints of the observer on the surface of the Earth and of the hypothetical observer at the centre of the Earth. These topocentric optical librations may be as much as 1° and have important effects on the apparent contour of the limb.

When the libration in longitude, that is the selenographic longitude of the Earth, is positive the mean centre of the disk is displaced eastwards on the celestial sphere, exposing to view a region on the west limb. When the libration in latitude, or selenographic latitude of the Earth, is positive the mean centre of the disk is displaced towards the south, and a region on the north limb is exposed to view. In a similar way the selenographic coordinates of the Sun show which regions of the lunar surface are illuminated.

Differential corrections to be applied to the tabular geocentric librations to form the topocentric librations may be computed from the following formulae:

$$\Delta l = -\pi' \sin(Q - C) \sec b$$
$$\Delta b = +\pi' \cos(Q - C)$$
$$\Delta C = +\sin(b + \Delta b)\,\Delta l - \pi' \sin Q \tan \delta$$

where Q is the geocentric parallactic angle of the Moon and π' is the topocentric horizontal parallax. The latter is obtained from the geocentric horizontal parallax (π), which is tabulated on even pages D6–D20 by using:

$$\pi' = \pi(\sin z + 0{\cdot}0084 \sin 2z)$$

where z is the geocentric zenith distance of the Moon. The values of z and Q may be calculated from the geocentric right ascension (α) and declination (δ) of the Moon by using:

$$\sin z \sin Q = \cos \phi \sin h$$
$$\sin z \cos Q = \cos \delta \sin \phi - \sin \delta \cos \phi \cos h$$
$$\cos z = \sin \delta \sin \phi + \cos \delta \cos \phi \cos h$$

where ϕ is the geocentric latitude of the observer and h is the local hour angle of the Moon, given by:

$$h = \text{local apparent sidereal time} - \alpha$$

Second differences must be taken into account in the interpolation of the tabular geocentric librations to the time of observation.

MOON, 2002

FOR 0ʰ TERRESTRIAL TIME

Date 0ʰ TT	Apparent Long.	Lat.	Apparent R.A.	Dec.	True Dist.	Horiz. Parallax	Semi-diameter	Ephemeris Transit for date Upper	Lower
	°	°	h m s	° ′ ″		′ ″	′ ″	h	h
Jan. 0	106·69	+1·76	7 13 21·49	+24 08 46·7	57·815	59 27·85	16 12·17	00·6154	13·1277
1	121·11	+2·95	8 16 07·09	+22 47 06·2	57·456	59 50·15	16 18·25	01·6368	14·1385
2	135·66	+3·95	9 17 27·39	+19 54 30·1	57·299	59 59·98	16 20·92	02·6295	15·1076
3	150·25	+4·70	10 16 11·02	+15 46 24·7	57·334	59 57·76	16 20·32	03·5719	16·0225
4	164·78	+5·14	11 11 59·70	+10 43 56·2	57·535	59 45·24	16 16·91	04·4604	16·8872
5	179·16	+5·26	12 05 18·48	+ 5 09 18·4	57·862	59 24·94	16 11·38	05·3051	17·7162
6	193·34	+5·05	12 56 57·27	− 0 36 45·8	58·278	58 59·51	16 04·45	06·1229	18·5277
7	207·30	+4·55	13 47 54·80	− 6 15 48·4	58·748	58 31·19	15 56·73	06·9327	19·3400
8	221·00	+3·79	14 39 07·17	−11 31 16·7	59·247	58 01·60	15 48·67	07·7514	20·1682
9	234·47	+2·84	15 31 18·86	−16 08 00·8	59·760	57 31·69	15 40·52	08·5915	21·0216
10	247·71	+1·75	16 24 54·23	−19 52 08·3	60·280	57 01·93	15 32·41	09·4581	21·9002
11	260·73	+0·59	17 19 49·88	−22 31 48·3	60·803	56 32·51	15 24·40	10·3464	22·7945
12	273·55	−0·59	18 15 31·98	−23 58 40·3	61·325	56 03·63	15 16·53	11·2421	23·6865
13	286·17	−1·71	19 11 03·30	−24 09 31·0	61·839	55 35·68	15 08·91	12·1251	…
14	298·61	−2·74	20 05 20·24	−23 06 59·0	62·330	55 09·39	15 01·75	12·9764	00·5557
15	310·87	−3·62	20 57 32·41	−20 58 50·0	62·777	54 45·80	14 55·32	13·7842	01·3861
16	322·99	−4·32	21 47 15·07	−17 56 02·1	63·153	54 26·22	14 49·99	14·5459	02·1707
17	334·97	−4·83	22 34 30·91	−14 10 35·6	63·427	54 12·14	14 46·15	15·2668	02·9108
18	346·86	−5·12	23 19 44·44	− 9 53 58·8	63·566	54 05·03	14 44·22	15·9577	03·6151
19	358·72	−5·19	0 03 34·69	− 5 16 26·1	63·542	54 06·25	14 44·55	16·6329	04·2963
20	10·59	−5·04	0 46 49·59	− 0 27 01·6	63·335	54 16·87	14 47·44	17·3085	04·9696
21	22·55	−4·68	1 30 22·47	+ 4 25 45·7	62·935	54 37·59	14 53·09	18·0018	05·6518
22	34·67	−4·09	2 15 10·18	+ 9 13 06·5	62·346	55 08·52	15 01·52	18·7310	06·3608
23	47·04	−3·31	3 02 10·78	+13 44 44·9	61·591	55 49·09	15 12·57	19·5140	07·1148
24	59·74	−2·35	3 52 18·82	+17 47 52·5	60·708	56 37·79	15 25·84	20·3652	07·9304
25	72·84	−1·24	4 46 15·24	+21 06 28·8	59·755	57 32·03	15 40·61	21·2908	08·8189
26	86·37	−0·02	5 44 11·20	+23 21 55·8	58·800	58 28·07	15 55·88	22·2820	09·7795
27	100·36	+1·23	6 45 30·57	+24 15 41·9	57·924	59 21·15	16 10·35	23·3119	10·7944
28	114·78	+2·44	7 48 45·59	+23 34 22·9	57·202	60 06·06	16 22·58	…	11·8295
29	129·55	+3·52	8 51 59·47	+21 15 00·0	56·701	60 37·94	16 31·27	00·3425	12·8469
30	144·55	+4·37	9 53 28·72	+17 27 14·8	56·461	60 53·40	16 35·48	01·3399	13·8199
31	159·61	+4·92	10 52 16·60	+12 31 04·4	56·494	60 51·28	16 34·90	02·2865	14·7401
Feb. 1	174·59	+5·13	11 48 18·96	+ 6 51 30·8	56·779	60 32·92	16 29·90	03·1822	15·6145
2	189·33	+5·00	12 42 09·42	+ 0 53 50·2	57·272	60 01·66	16 21·38	04·0391	16·4583
3	203·75	+4·55	13 34 40·03	− 4 59 17·5	57·913	59 21·82	16 10·53	04·8743	17·2893
4	217·79	+3·83	14 26 45·83	−10 28 40·8	58·638	58 37·75	15 58·52	05·7051	18·1234
5	231·44	+2·92	15 19 13·90	−15 18 21·1	59·392	57 53·10	15 46·36	06·5454	18·9720
6	244·74	+1·86	16 12 34·73	−19 15 02·7	60·130	57 10·47	15 34·74	07·4034	19·8393
7	257·72	+0·74	17 06 55·36	−22 08 08·0	60·822	56 31·45	15 24·11	08·2788	20·7205
8	270·44	−0·40	18 01 56·02	−23 50 10·0	61·450	55 56·76	15 14·66	09·1627	21·6030
9	282·95	−1·49	18 56 53·99	−24 17 48·1	62·008	55 26·57	15 06·43	10·0395	22·4698
10	295·28	−2·50	19 50 55·85	−23 32 29·2	62·493	55 00·75	14 59·40	10·8923	23·3054
11	307·47	−3·38	20 43 13·81	−21 40 14·7	62·905	54 39·12	14 53·50	11·7083	…
12	319·56	−4·10	21 33 18·69	−18 50 30·6	63·242	54 21·65	14 48·74	12·4818	00·1004
13	331·55	−4·63	22 21 04·71	−15 14 29·9	63·497	54 08·53	14 45·17	13·2147	00·8529
14	343·47	−4·95	23 06 47·00	−11 03 45·1	63·659	54 00·27	14 42·92	13·9147	01·5682
15	355·34	−5·05	23 50 55·95	− 6 29 12·7	63·712	53 57·61	14 42·19	14·5933	02·2558

EPHEMERIS FOR PHYSICAL OBSERVATIONS
FOR 0ʰ TERRESTRIAL TIME

Date 0ʰ TT	The Earth's Selenographic Long.	Lat.	Physical Libration Lg.	Lt.	P.A.	The Sun's Selenographic Colong.	Lat.	Position Angle Axis	Bright Limb	Fraction Illum.
	°	°	(0°001)			°	°	°	°	
Jan. 0	− 3·852	− 2·247	− 1	+ 51	− 11	101·12	− 0·30	8·630	83·73	0·996
1	− 2·638	− 3·773	− 1	+ 51	− 10	113·24	− 0·34	14·139	95·14	0·967
2	− 1·265	− 5·067	0	+ 50	− 9	125·37	− 0·38	18·612	101·84	0·913
3	+ 0·165	− 6·032	0	+ 51	− 8	137·50	− 0·42	21·703	106·79	0·835
4	+ 1·548	− 6·601	+ 1	+ 51	− 6	149·64	− 0·45	23·296	110·19	0·740
5	+ 2·796	− 6·745	+ 1	+ 52	− 5	161·78	− 0·49	23·451	112·10	0·633
6	+ 3·840	− 6·470	+ 1	+ 53	− 3	173·93	− 0·53	22·308	112·58	0·520
7	+ 4·642	− 5·811	+ 1	+ 54	− 2	186·09	− 0·57	20·025	111·70	0·408
8	+ 5·183	− 4·826	+ 1	+ 55	0	198·26	− 0·60	16·745	109·49	0·302
9	+ 5·465	− 3·587	+ 1	+ 56	+ 1	210·43	− 0·64	12·607	105·98	0·208
10	+ 5·503	− 2·172	0	+ 58	+ 2	222·61	− 0·67	7·767	101·18	0·128
11	+ 5·315	− 0·664	0	+ 59	+ 3	234·79	− 0·70	2·444	95·00	0·067
12	+ 4·919	+ 0·855	− 1	+ 60	+ 3	246·98	− 0·73	356·931	86·66	0·025
13	+ 4·332	+ 2·310	− 2	+ 61	+ 4	259·17	− 0·75	351·584	68·21	0·003
14	+ 3·572	+ 3·635	− 3	+ 61	+ 3	271·36	− 0·78	346·755	286·77	0·002
15	+ 2·652	+ 4·773	− 4	+ 61	+ 3	283·54	− 0·80	342·726	266·04	0·021
16	+ 1·593	+ 5·683	− 5	+ 62	+ 2	295·73	− 0·82	339·665	258·80	0·057
17	+ 0·420	+ 6·333	− 7	+ 61	0	307·92	− 0·83	337·633	254·26	0·109
18	− 0·836	+ 6·707	− 8	+ 61	− 1	320·10	− 0·85	336·612	251·26	0·175
19	− 2·128	+ 6·793	− 10	+ 60	− 3	332·27	− 0·86	336·548	249·45	0·252
20	− 3·404	+ 6·591	− 11	+ 59	− 5	344·45	− 0·87	337·385	248·73	0·338
21	− 4·597	+ 6·105	− 13	+ 58	− 7	356·61	− 0·88	339·082	249·05	0·430
22	− 5·635	+ 5·342	− 14	+ 57	− 8	8·77	− 0·89	341·620	250·44	0·527
23	− 6·440	+ 4·321	− 14	+ 56	− 10	20·93	− 0·91	345·003	252·96	0·624
24	− 6·933	+ 3·067	− 15	+ 55	− 10	33·07	− 0·92	349·233	256·71	0·720
25	− 7·045	+ 1·620	− 15	+ 54	− 11	45·22	− 0·94	354·268	261·80	0·809
26	− 6·723	+ 0·040	− 15	+ 52	− 11	57·35	− 0·96	359·959	268·40	0·886
27	− 5·944	− 1·588	− 14	+ 52	− 11	69·48	− 0·98	5·979	276·97	0·948
28	− 4·729	− 3·159	− 14	+ 51	− 10	81·61	− 1·00	11·812	290·87	0·987
29	− 3·146	− 4·553	− 13	+ 51	− 9	93·74	− 1·03	16·862	26·40	0·999
30	− 1·317	− 5·651	− 12	+ 51	− 7	105·86	− 1·06	20·631	93·60	0·982
31	+ 0·601	− 6·358	− 12	+ 51	− 6	117·99	− 1·08	22·854	103·55	0·937
Feb. 1	+ 2·439	− 6·622	− 11	+ 52	− 4	130·13	− 1·11	23·506	107·96	0·867
2	+ 4·048	− 6·437	− 11	+ 53	− 2	142·26	− 1·14	22·719	109·80	0·777
3	+ 5·318	− 5·841	− 11	+ 54	0	154·41	− 1·17	20·682	109·76	0·673
4	+ 6·193	− 4·901	− 11	+ 55	+ 1	166·56	− 1·19	17·585	108·16	0·564
5	+ 6·666	− 3·701	− 11	+ 57	+ 3	178·72	− 1·22	13·602	105·17	0·454
6	+ 6·764	− 2·326	− 11	+ 58	+ 4	190·89	− 1·25	8·908	100·95	0·349
7	+ 6·538	− 0·860	− 11	+ 59	+ 5	203·06	− 1·27	3·712	95·66	0·253
8	+ 6·045	+ 0·622	− 12	+ 61	+ 5	215·24	− 1·30	358·279	89·46	0·170
9	+ 5·340	+ 2·049	− 13	+ 62	+ 6	227·43	− 1·32	352·932	82·41	0·102
10	+ 4·473	+ 3·360	− 14	+ 62	+ 5	239·62	− 1·34	348·004	74·16	0·050
11	+ 3·480	+ 4·502	− 15	+ 63	+ 5	251·81	− 1·36	343·784	62·14	0·017
12	+ 2·388	+ 5·431	− 16	+ 63	+ 4	264·01	− 1·37	340·470	22·15	0·002
13	+ 1·219	+ 6·113	− 17	+ 63	+ 3	276·20	− 1·39	338·156	280·41	0·006
14	− 0·013	+ 6·525	− 19	+ 63	+ 1	288·40	− 1·40	336·853	261·70	0·027
15	− 1·288	+ 6·654	− 21	+ 62	0	300·59	− 1·40	336·520	255·43	0·066

MOON, 2002

FOR 0ʰ TERRESTRIAL TIME

Date 0ʰ TT	Apparent Long.	Lat.	R.A.	Apparent Dec.	True Dist.	Horiz. Parallax	Semi-diameter	Ephemeris Transit for date Upper	Lower
	°	°	h m s	° ′ ″		′ ″	′ ″	h	h
Feb. 15	355·34	−5·05	23 50 55·95	− 6 29 12·7	63·712	53 57·61	14 42·19	14·5933	02·2558
16	7·19	−4·94	0 34 11·83	− 1 40 55·0	63·635	54 01·49	14 43·25	15·2642	02·9287
17	19·06	−4·61	1 17 21·07	+ 3 11 50·5	63·412	54 12·89	14 46·36	15·9426	03·6015
18	31·01	−4·08	2 01 14·07	+ 7 59 59·2	63·028	54 32·71	14 51·76	16·6449	04·2898
19	43·09	−3·36	2 46 43·42	+12 33 54·6	62·477	55 01·59	14 59·63	17·3874	05·0101
20	55·39	−2·47	3 34 40·96	+16 42 35·0	61·764	55 39·69	15 10·01	18·1855	05·7787
21	67·99	−1·45	4 25 51·67	+20 12 47·5	60·912	56 26·45	15 22·75	19·0501	06·6091
22	80·95	−0·32	5 20 42·72	+22 48 55·6	59·958	57 20·34	15 37·43	19·9826	07·5083
23	94·36	+0·87	6 19 08·77	+24 14 03·7	58·959	58 18·59	15 53·30	20·9704	08·4710
24	108·27	+2·04	7 20 20·75	+24 12 54·6	57·990	59 17·08	16 09·24	21·9866	09·4770
25	122·66	+3·12	8 22 50·78	+22 36 19·8	57·132	60 10·52	16 23·80	22·9984	10·4950
26	137·50	+4·03	9 24 58·91	+19 25 24·5	56·466	60 53·07	16 35·39	23·9801	11·4941
27	152·67	+4·67	10 25 28·16	+14 52 41·7	56·062	61 19·40	16 42·56	...	12·4556
28	168·00	+4·99	11 23 45·37	+ 9 19 53·4	55·961	61 26·04	16 44·37	00·9207	13·3761
Mar. 1	183·31	+4·95	12 19 59·69	+ 3 13 30·5	56·170	61 12·38	16 40·65	01·8233	14·2641
2	198·39	+4·56	13 14 47·47	− 2 59 23·9	56·658	60 40·74	16 32·03	02·7002	15·1337
3	213·11	+3·88	14 08 55·30	− 8 54 14·6	57·367	59 55·72	16 19·76	03·5664	15·9998
4	227·38	+2·97	15 03 06·10	−14 10 23·5	58·222	59 02·87	16 05·37	04·4351	16·8732
5	241·17	+1·91	15 57 48·51	−18 31 36·4	59·147	58 07·52	15 50·28	05·3145	17·7587
6	254·51	+0·78	16 53 09·35	−21 46 04·4	60·069	57 13·96	15 35·69	06·2052	18·6527
7	267·45	−0·36	17 48 50·73	−23 46 29·7	60·934	56 25·21	15 22·41	07·0996	19·5441
8	280·06	−1·45	18 44 14·11	−24 30 16·9	61·703	55 43·03	15 10·92	07·9841	20·4179
9	292·40	−2·45	19 38 31·83	−23 59 31·8	62·353	55 08·18	15 01·42	08·8437	21·2602
10	304·56	−3·32	20 31 01·79	−22 20 24·5	62·875	54 40·68	14 53·93	09·6665	22·0622
11	316·59	−4·03	21 21 18·78	−19 41 58·5	63·271	54 20·16	14 48·34	10·4473	22·8221
12	328·53	−4·55	22 09 18·48	−16 14 48·7	63·546	54 06·04	14 44·49	11·1875	23·5444
13	340·42	−4·87	22 55 15·32	−12 09 54·6	63·709	53 57·74	14 42·23	11·8940	...
14	352·29	−4·98	23 39 37·35	− 7 38 00·0	63·766	53 54·86	14 41·45	12·5771	00·2377
15	4·16	−4·88	0 23 01·41	− 2 49 19·2	63·719	53 57·23	14 42·09	13·2492	00·9137
16	16·05	−4·56	1 06 09·56	+ 2 06 17·7	63·567	54 04·95	14 44·19	13·9239	01·5853
17	27·99	−4·04	1 49 46·90	+ 6 59 06·5	63·305	54 18·40	14 47·86	14·6155	02·2667
18	40·00	−3·33	2 34 39·85	+11 39 02·4	62·925	54 38·11	14 53·23	15·3386	02·9723
19	52·14	−2·47	3 21 33·78	+15 55 08·6	62·419	55 04·65	15 00·46	16·1066	03·7162
20	64·47	−1·47	4 11 08·46	+19 35 09·7	61·787	55 38·45	15 09·67	16·9298	04·5108
21	77·04	−0·39	5 03 50·41	+22 25 22·1	61·036	56 19·52	15 20·86	17·8123	05·3638
22	89·93	+0·75	5 59 42·43	+24 11 11·4	60·187	57 07·23	15 33·86	18·7480	06·2744
23	103·22	+1·88	6 58 14·78	+24 38 56·7	59·274	57 59·99	15 48·23	19·7192	07·2306
24	116·95	+2·93	7 58 25·64	+23 38 43·5	58·352	58 54·99	16 03·22	20·7013	08·2105
25	131·15	+3·85	8 58 56·91	+21 07 30·6	57·488	59 48·13	16 17·70	21·6707	09·1887
26	145·81	+4·54	9 58 39·81	+17 11 06·7	56·759	60 34·25	16 30·26	22·6138	10·1459
27	160·84	+4·94	10 56 55·83	+12 04 04·2	56·239	61 07·84	16 39·41	23·5289	11·0745
28	176·11	+5·00	11 53 42·53	+ 6 07 49·4	55·990	61 24·15	16 43·86	...	11·9782
29	191·44	+4·70	12 49 25·68	− 0 12 01·0	56·046	61 20·49	16 42·86	00·4241	12·8682
30	206·64	+4·07	13 44 45·37	− 6 28 33·3	56·405	60 57·04	16 36·47	01·3122	13·7578
31	221·52	+3·17	14 40 21·61	−12 16 16·1	57·032	60 16·86	16 25·52	02·2061	14·6580
Apr. 1	235·98	+2·09	15 36 41·55	−17 13 09·4	57·861	59 25·00	16 11·39	03·1139	15·5735
2	249·95	+0·91	16 33 49·18	−21 02 20·9	58·814	58 27·23	15 55·65	04·0360	16·4999

EPHEMERIS FOR PHYSICAL OBSERVATIONS
FOR 0^h TERRESTRIAL TIME

Date 0^h TT	The Earth's Selenographic Long.	Lat.	Physical Libration Lg.	Lt.	P.A.	The Sun's Selenographic Colong.	Lat.	Position Angle Axis	Bright Limb	Fraction Illum.
	°	°	(0°001)			°	°	°	°	
Feb. 15	−1·288	+6·654	−21	+62	0	300·59	−1·40	336·520	255·43	0·066
16	−2·583	+6·498	−22	+61	− 2	312·79	−1·41	337·099	252·59	0·119
17	−3·862	+6·064	−24	+61	− 4	324·97	−1·41	338·536	251·61	0·187
18	−5·076	+5·365	−25	+59	− 6	337·16	−1·41	340·793	252·04	0·266
19	−6·165	+4·421	−26	+58	− 7	349·34	−1·41	343·853	253·72	0·355
20	−7·055	+3·260	−27	+57	− 8	1·51	−1·41	347·708	256·61	0·451
21	−7·664	+1·917	−27	+55	− 9	13·68	−1·42	352·334	260·71	0·552
22	−7·907	+0·441	−27	+54	−10	25·84	−1·42	357·640	266·01	0·654
23	−7·708	−1·104	−27	+53	−10	37·99	−1·42	3·408	272·41	0·752
24	−7·014	−2·634	−27	+52	− 9	50·14	−1·43	9·250	279·76	0·842
25	−5·812	−4·047	−26	+51	− 9	62·28	−1·43	14·636	288·15	0·917
26	−4·147	−5·228	−25	+51	− 7	74·42	−1·44	19·019	299·22	0·970
27	−2·131	−6·065	−24	+51	− 6	86·56	−1·45	21·989	331·47	0·996
28	+0·064	−6·473	−24	+51	− 4	98·69	−1·46	23·362	83·87	0·992
Mar. 1	+2·232	−6·413	−23	+52	− 1	110·83	−1·47	23·165	102·00	0·958
2	+4·174	−5·901	−22	+53	+ 1	122·97	−1·48	21·549	106·22	0·898
3	+5·735	−5·002	−22	+54	+ 3	135·12	−1·49	18·718	106·56	0·815
4	+6·826	−3·809	−21	+56	+ 4	147·27	−1·50	14·879	104·69	0·719
5	+7·423	−2·424	−21	+57	+ 6	159·43	−1·51	10·244	101·23	0·614
6	+7·554	−0·945	−21	+59	+ 7	171·60	−1·52	5·050	96·56	0·508
7	+7·280	+0·542	−21	+60	+ 8	183·78	−1·54	359·579	91·04	0·404
8	+6·679	+1·967	−22	+61	+ 8	195·96	−1·55	354·156	85·01	0·307
9	+5·827	+3·272	−22	+62	+ 8	208·15	−1·56	349·112	78·79	0·220
10	+4·798	+4·407	−23	+63	+ 7	220·35	−1·57	344·733	72·53	0·146
11	+3·651	+5·334	−24	+64	+ 7	232·55	−1·58	341·219	66·10	0·085
12	+2·431	+6·021	−26	+64	+ 5	244·75	−1·59	338·677	58·57	0·040
13	+1·172	+6·444	−27	+64	+ 4	256·96	−1·59	337·132	45·34	0·012
14	−0·105	+6·589	−28	+63	+ 2	269·17	−1·59	336·560	347·18	0·002
15	−1·383	+6·450	−30	+63	+ 1	281·38	−1·59	336·911	272·48	0·009
16	−2·646	+6·033	−31	+62	− 1	293·59	−1·59	338·130	259·31	0·034
17	−3·872	+5·352	−33	+61	− 3	305·80	−1·58	340·174	255·76	0·076
18	−5·030	+4·430	−34	+60	− 4	318·00	−1·57	343·013	255·47	0·134
19	−6·075	+3·300	−35	+58	− 5	330·20	−1·56	346·626	257·09	0·207
20	−6·952	+2·001	−36	+57	− 6	342·40	−1·55	350·978	260·19	0·292
21	−7·588	+0·581	−36	+56	− 7	354·59	−1·53	355·991	264·55	0·387
22	−7·906	−0·902	−36	+54	− 8	6·77	−1·52	1·492	269·95	0·490
23	−7·831	−2·378	−36	+53	− 8	18·95	−1·51	7·175	276·11	0·597
24	−7·297	−3·763	−35	+52	− 7	31·13	−1·49	12·609	282·64	0·702
25	−6·273	−4·963	−34	+51	− 6	43·29	−1·48	17·302	289·19	0·801
26	−4·775	−5·874	−34	+51	− 5	55·45	−1·47	20·823	295·66	0·886
27	−2·884	−6·403	−33	+51	− 3	67·61	−1·46	22·890	302·92	0·951
28	−0·746	−6·485	−32	+52	− 1	79·76	−1·45	23·407	317·63	0·989
29	+1·446	−6·099	−31	+52	+ 1	91·91	−1·44	22·425	58·26	0·997
30	+3·487	−5·279	−30	+53	+ 3	104·06	−1·43	20·084	98·30	0·976
31	+5·200	−4·110	−29	+55	+ 5	116·22	−1·42	16·568	102·57	0·926
Apr. 1	+6·466	−2·700	−28	+56	+ 7	128·38	−1·41	12·088	101·38	0·855
2	+7·232	−1·166	−28	+57	+ 9	140·55	−1·41	6·898	97·83	0·767

MOON, 2002

FOR 0ʰ TERRESTRIAL TIME

Date 0ʰ TT	Apparent Long.	Lat.	Apparent R.A.	Dec.	True Dist.	Horiz. Parallax	Semi-diameter	Ephemeris Transit for date Upper	Lower
	°	°	h m s	° ′ ″		′ ″	′ ″	h	h
Apr. 1	235·98	+2·09	15 36 41·55	−17 13 09·4	57·861	59 25·00	16 11·39	03·1139	15·5735
2	249·95	+0·91	16 33 49·18	−21 02 20·9	58·814	58 27·23	15 55·65	04·0360	16·4999
3	263·44	−0·28	17 31 20·74	−23 33 10·1	59·808	57 28·92	15 39·77	04·9634	17·4243
4	276·47	−1·41	18 28 29·19	−24 41 37·0	60·770	56 34·35	15 24·90	05·8801	18·3287
5	289·12	−2·45	19 24 18·38	−24 29 59·2	61·639	55 46·46	15 11·85	06·7682	19·1970
6	301·46	−3·34	20 18 00·78	−23 05 30·8	62·375	55 06·97	15 01·09	07·6141	20·0191
7	313·58	−4·07	21 09 10·12	−20 38 25·2	62·954	54 36·59	14 52·81	08·4120	20·7934
8	325·55	−4·60	21 57 44·56	−17 20 01·8	63·366	54 15·27	14 47·01	09·1640	21·5251
9	337·43	−4·94	22 44 02·54	−13 21 31·4	63·616	54 02·49	14 43·52	09·8779	22·2240
10	349·28	−5·06	23 28 36·12	− 8 53 24·4	63·715	53 57·41	14 42·14	10·5649	22·9024
11	1·14	−4·96	0 12 05·13	− 4 05 33·6	63·682	53 59·11	14 42·60	11·2382	23·5740
12	13·05	−4·64	0 55 13·33	+ 0 52 25·7	63·534	54 06·68	14 44·66	11·9115	…
13	25·02	−4·12	1 38 46·10	+ 5 50 47·3	63·286	54 19·36	14 48·12	12·5991	00·2527
14	37·08	−3·41	2 23 28·76	+10 39 06·3	62·953	54 36·64	14 52·83	13·3149	00·9527
15	49·26	−2·54	3 10 04·11	+15 05 55·6	62·540	54 58·27	14 58·72	14·0713	01·6873
16	61·57	−1·53	3 59 08·25	+18 58 33·9	62·052	55 24·20	15 05·79	14·8779	02·4680
17	74·06	−0·44	4 51 03·52	+22 03 15·7	61·491	55 54·55	15 14·05	15·7381	03·3015
18	86·77	+0·70	5 45 49·80	+24 06 01·1	60·859	56 29·36	15 23·54	16·6463	04·1870
19	99·74	+1·83	6 42 57·78	+24 54 14·2	60·166	57 08·43	15 34·19	17·5870	05·1139
20	113·02	+2·88	7 41 30·91	+24 19 01·1	59·428	57 51·01	15 45·79	18·5384	06·0628
21	126·66	+3·81	8 40 19·78	+22 17 20·2	58·675	58 35·54	15 57·92	19·4797	07·0114
22	140·68	+4·53	9 38 24·22	+18 53 08·4	57·951	59 19·49	16 09·89	20·3982	07·9422
23	155·08	+4·99	10 35 11·26	+14 17 04·4	57·309	59 59·33	16 20·75	21·2919	08·8478
24	169·81	+5·13	11 30 40·70	+ 8 45 19·9	56·812	60 30·83	16 29·33	22·1688	09·7317
25	184·76	+4·94	12 25 19·47	+ 2 38 20·5	56·517	60 49·78	16 34·49	23·0422	10·6050
26	199·82	+4·40	13 19 50·36	− 3 40 29·0	56·469	60 52·87	16 35·33	23·9267	11·4822
27	214·81	+3·56	14 14 59·29	− 9 46 09·0	56·689	60 38·70	16 31·47	…	12·3771
28	229·59	+2·49	15 11 22·09	−15 13 55·2	57·168	60 08·24	16 23·17	00·8341	13·2980
29	244·04	+1·28	16 09 11·32	−19 41 41·4	57·866	59 24·69	16 11·31	01·7683	14·2436
30	258·06	+0·03	17 08 06·23	−22 52 36·9	58·722	58 32·71	15 57·15	02·7220	15·2007
May 1	271·64	−1·19	18 07 12·60	−24 37 22·2	59·662	57 37·38	15 42·07	03·6767	16·1471
2	284·78	−2·31	19 05 17·16	−24 55 06·2	60·608	56 43·40	15 27·37	04·6087	17·0593
3	297·52	−3·28	20 01 11·72	−23 52 23·2	61·492	55 54·51	15 14·04	05·4971	17·9210
4	309·94	−4·07	20 54 13·67	−21 40 34·4	62·256	55 13·33	15 02·82	06·3307	18·7264
5	322·10	−4·66	21 44 12·99	−18 32 46·7	62·861	54 41·44	14 54·13	07·1090	19·4796
6	334·09	−5·03	22 31 27·32	−14 41 42·4	63·284	54 19·50	14 48·16	07·8398	20·1912
7	345·97	−5·19	23 16 32·27	−10 18 41·5	63·518	54 07·48	14 44·88	08·5356	20·8750
8	357·83	−5·12	0 00 12·94	− 5 33 42·4	63·571	54 04·79	14 44·15	09·2112	21·5462
9	9·72	−4·84	0 43 18·55	− 0 35 55·2	63·460	54 10·47	14 45·70	09·8820	22·2205
10	21·68	−4·34	1 26 39·51	+ 4 25 32·0	63·210	54 23·28	14 49·19	10·5637	22·9134
11	33·76	−3·64	2 11 05·63	+ 9 20 46·2	62·853	54 41·87	14 54·25	11·2715	23·6396
12	45·99	−2·77	2 57 23·77	+13 58 30·7	62·415	55 04·87	15 00·52	12·0194	…
13	58·39	−1·75	3 46 13·50	+18 05 43·9	61·925	55 31·04	15 07·65	12·8181	00·4119
14	70·98	−0·63	4 37 59·60	+21 27 50·5	61·402	55 59·38	15 15·37	13·6721	01·2382
15	83·76	+0·54	5 32 42·22	+23 49 43·8	60·863	56 29·14	15 23·48	14·5763	02·1187
16	96·76	+1·70	6 29 49·10	+24 57 49·1	60·317	56 59·83	15 31·84	15·5143	03·0424
17	109·98	+2·79	7 28 17·34	+24 42 45·4	59·770	57 31·12	15 40·37	16·4621	03·9886

EPHEMERIS FOR PHYSICAL OBSERVATIONS
FOR 0ʰ TERRESTRIAL TIME

Date 0ʰ TT	The Earth's Selenographic		Physical Libration			The Sun's Selenographic		Position Angle		Fraction Illum.
	Long.	Lat.	Lg.	Lt.	P.A.	Colong.	Lat.	Axis	Bright Limb	
	°	°		(0°001)		°	°	°	°	
Apr. 1	+6·466	−2·700	−28	+56	+ 7	128·38	−1·41	12·088	101·38	0·855
2	+7·232	−1·166	−28	+57	+ 9	140·55	−1·41	6·898	97·83	0·767
3	+7·503	+0·387	−27	+59	+10	152·72	−1·40	1·311	92·94	0·669
4	+7·326	+1·873	−27	+60	+10	164·90	−1·40	355·692	87·36	0·567
5	+6·775	+3·226	−27	+61	+10	177·09	−1·40	350·411	81·59	0·466
6	+5·930	+4·397	−28	+62	+10	189·29	−1·40	345·783	76·03	0·368
7	+4·873	+5·350	−28	+62	+ 9	201·49	−1·40	342·022	70·93	0·278
8	+3·679	+6·056	−29	+63	+ 8	213·70	−1·39	339·239	66·37	0·197
9	+2·408	+6·497	−30	+63	+ 7	225·91	−1·39	337·457	62·27	0·128
10	+1·112	+6·659	−31	+63	+ 5	238·13	−1·39	336·652	58·24	0·072
11	−0·173	+6·537	−33	+62	+ 3	250·35	−1·38	336·777	53·00	0·031
12	−1·420	+6·132	−34	+62	+ 2	262·58	−1·37	337·781	39·78	0·008
13	−2·608	+5·458	−35	+61	0	274·80	−1·36	339·623	311·42	0·002
14	−3·718	+4·537	−36	+60	− 1	287·03	−1·34	342·276	265·38	0·014
15	−4·729	+3·402	−37	+59	− 3	299·25	−1·33	345·714	259·97	0·045
16	−5·612	+2·096	−38	+58	− 4	311·48	−1·30	349·902	260·57	0·095
17	−6·331	+0·672	−38	+56	− 5	323·70	−1·28	354·759	263·63	0·161
18	−6·836	−0·809	−38	+55	− 5	335·91	−1·26	0·120	268·17	0·243
19	−7·074	−2·277	−38	+54	− 5	348·12	−1·23	5·707	273·62	0·338
20	−6·988	−3·657	−38	+53	− 5	0·33	−1·21	11·128	279·49	0·443
21	−6·529	−4·865	−37	+52	− 5	12·53	−1·18	15·942	285·27	0·553
22	−5·671	−5·815	−36	+51	− 4	24·72	−1·15	19·748	290·54	0·663
23	−4·420	−6·425	−36	+51	− 2	36·90	−1·13	22·264	295·02	0·768
24	−2·831	−6·626	−35	+51	− 1	49·08	−1·10	23·350	298·66	0·860
25	−1·009	−6·379	−34	+52	+ 1	61·25	−1·07	22·994	301·91	0·932
26	+0·899	−5·688	−33	+53	+ 3	73·42	−1·05	21·263	307·22	0·980
27	+2·728	−4·604	−31	+54	+ 5	85·59	−1·02	18·272	353·15	0·999
28	+4·322	−3·220	−30	+55	+ 7	97·76	−0·99	14·177	94·00	0·989
29	+5·562	−1·653	−29	+56	+ 9	109·94	−0·97	9·186	97·98	0·951
30	+6·375	−0·023	−28	+57	+11	122·11	−0·95	3·593	95·09	0·891
May 1	+6·739	+1·562	−28	+58	+12	134·29	−0·93	357·783	90·24	0·814
2	+6·673	+3·018	−27	+59	+12	146·48	−0·91	352·187	84·74	0·725
3	+6·227	+4·283	−27	+60	+12	158·67	−0·90	347·191	79·27	0·629
4	+5·465	+5·314	−27	+60	+12	170·87	−0·89	343·068	74·29	0·531
5	+4·464	+6·086	−27	+61	+11	183·08	−0·88	339·956	70·03	0·434
6	+3·299	+6·581	−28	+61	+ 9	195·30	−0·87	337·882	66·58	0·341
7	+2·040	+6·790	−29	+61	+ 8	207·52	−0·86	336·812	63·95	0·254
8	+0·753	+6·710	−29	+61	+ 6	219·74	−0·84	336·688	62·08	0·177
9	−0·509	+6·344	−30	+60	+ 4	231·97	−0·83	337·454	60·86	0·111
10	−1·702	+5·701	−31	+59	+ 2	244·21	−0·82	339·066	59·97	0·058
11	−2·790	+4·801	−32	+59	+ 1	256·45	−0·80	341·501	58·23	0·021
12	−3·744	+3·672	−33	+58	0	268·69	−0·78	344·744	45·09	0·003
13	−4·544	+2·358	−33	+57	− 2	280·93	−0·76	348·770	272·73	0·003
14	−5·168	+0·910	−34	+55	− 2	293·17	−0·73	353·515	263·94	0·024
15	−5·596	−0·604	−34	+54	− 3	305·41	−0·71	358·826	266·35	0·066
16	−5·808	−2·110	−33	+53	− 3	317·64	−0·68	4·428	271·06	0·128
17	−5·781	−3·529	−33	+52	− 3	329·87	−0·65	9·931	276·58	0·208

MOON, 2002

FOR 0ʰ TERRESTRIAL TIME

Date 0ʰ TT	Apparent Long.	Lat.	Apparent R.A.	Dec.	True Dist.	Horiz. Parallax	Semi-diameter	Ephemeris Transit for date Upper	Lower
	°	°	h m s	° ′ ″		′ ″	′ ″	h	h
May 17	109·98	+2·79	7 28 17·34	+24 42 45·4	59·770	57 31·12	15 40·37	16·4621	03·9886
18	123·45	+3·75	8 26 49·76	+23 01 43·0	59·230	58 02·62	15 48·95	17·3963	04·9321
19	137·18	+4·52	9 24 19·77	+19 59 06·8	58·706	58 33·69	15 57·41	18·3019	05·8531
20	151·16	+5·03	10 20 11·26	+15 45 32·5	58·217	59 03·19	16 05·45	19·1761	06·7426
21	165·38	+5·25	11 14 24·20	+10 35 53·1	57·790	59 29·38	16 12·59	20·0266	07·6035
22	179·80	+5·14	12 07 28·23	+ 4 47 44·3	57·459	59 49·94	16 18·19	20·8679	08·4473
23	194·37	+4·71	13 00 11·27	− 1 19 23·3	57·263	60 02·26	16 21·55	21·7175	09·2906
24	208·99	+3·96	13 53 27·81	− 7 24 21·4	57·236	60 03·94	16 22·00	22·5912	10·1505
25	223·57	+2·97	14 48 07·18	−13 04 48·4	57·404	59 53·39	16 19·13	23·5000	11·0409
26	238·01	+1·79	15 44 40·55	−17 58 17·1	57·774	59 30·38	16 12·86	...	11·9680
27	252·19	+0·52	16 43 07·05	−21 44 28·5	58·331	58 56·30	16 03·58	00·4439	12·9255
28	266·07	−0·76	17 42 45·09	−24 08 17·9	59·038	58 13·93	15 52·03	01·4098	13·8934
29	279·58	−1·96	18 42 18·07	−25 02 49·4	59·843	57 26·94	15 39·23	02·3725	14·8435
30	292·72	−3·02	19 40 17·93	−24 30 20·7	60·682	56 39·28	15 26·24	03·3036	15·7502
31	305·50	−3·90	20 35 34·90	−22 40 43·4	61·490	55 54·60	15 14·07	04·1821	16·5985
June 1	317·97	−4·58	21 27 35·95	−19 47 55·1	62·207	55 15·91	15 03·53	04·9997	17·3865
2	330·18	−5·03	22 16 25·22	−16 06 33·5	62·785	54 45·40	14 55·22	05·7601	18·1222
3	342·21	−5·25	23 02 33·64	−11 49 51·5	63·187	54 24·49	14 49·52	06·4746	18·8194
4	354·12	−5·25	23 46 47·24	− 7 08 59·9	63·394	54 13·81	14 46·61	07·1586	19·4944
5	6·00	−5·02	0 29 58·89	− 2 13 29·3	63·403	54 13·38	14 46·49	07·8288	20·1641
6	17·92	−4·57	1 13 03·92	+ 2 47 57·7	63·223	54 22·62	14 49·01	08·5025	20·8460
7	29·94	−3·92	1 56 57·87	+ 7 46 25·0	62·880	54 40·45	14 53·87	09·1968	21·5569
8	42·12	−3·09	2 42 34·56	+12 31 43·0	62·406	55 05·35	15 00·65	09·9282	22·3124
9	54·50	−2·10	3 30 42·39	+16 51 39·9	61·843	55 35·45	15 08·85	10·7108	23·1244
10	67·13	−0·99	4 21 56·96	+20 31 44·5	61·233	56 08·66	15 17·90	11·5534	23·9975
11	80·02	+0·20	5 16 29·77	+23 15 44·8	60·618	56 42·85	15 27·22	12·4551	...
12	93·16	+1·40	6 13 56·24	+24 47 52·0	60·032	57 16·06	15 36·26	13·4018	00·9243
13	106·56	+2·54	7 13 12·26	+24 55 59·9	59·502	57 46·69	15 44·61	14·3676	01·8842
14	120·19	+3·56	8 12 48·40	+23 35 09·6	59·043	58 13·66	15 51·96	15·3229	02·8482
15	134·01	+4·39	9 11 19·28	+20 49 06·2	58·661	58 36·38	15 58·15	16·2458	03·7893
16	148·00	+4·96	10 07 51·22	+16 49 12·8	58·358	58 54·67	16 03·13	17·1281	04·6920
17	162·12	+5·25	11 02 12·99	+11 51 41·5	58·130	59 08·51	16 06·90	17·9749	05·5552
18	176·32	+5·22	11 54 49·74	+ 6 14 50·3	57·978	59 17·79	16 09·43	18·8001	06·3801
19	190·57	+4·87	12 46 29·84	+ 0 17 30·1	57·907	59 22·19	16 10·63	19·6219	07·2102
20	204·83	+4·22	13 38 11·97	− 5 41 18·4	57·925	59 21·06	16 10·32	20·4590	08·0374
21	219·04	+3·31	14 30 54·02	−11 22 13·2	58·046	59 13·62	16 08·29	21·3271	08·8884
22	233·16	+2·21	15 25 21·98	−16 25 29·7	58·284	58 59·16	16 04·35	22·2342	09·7757
23	247·13	+0·98	16 21 56·94	−20 31 50·1	58·644	58 37·40	15 58·42	23·1765	10·7017
24	260·92	−0·28	17 20 22·59	−23 24 27·9	59·125	58 08·77	15 50·62	...	11·6557
25	274·47	−1·51	18 19 41·00	−24 52 09·1	59·711	57 34·54	15 41·30	00·1359	12·6136
26	287·75	−2·62	19 18 25·87	−24 51 50·1	60·372	56 56·74	15 31·00	01·0848	13·5463
27	300·74	−3·58	20 15 10·99	−23 29 07·9	61·066	56 17·89	15 20·42	01·9954	14·4303
28	313·45	−4·34	21 08 58·06	−20 56 08·9	61·745	55 40·73	15 10·29	02·8500	15·2545
29	325·89	−4·87	21 59 28·33	−17 27 54·3	62·358	55 07·88	15 01·34	03·6442	16·0205
30	338·11	−5·17	22 46 57·61	−13 19 13·6	62·857	54 41·61	14 54·18	04·3847	16·7387
July 1	350·14	−5·24	23 32 04·36	− 8 43 05·5	63·202	54 23·69	14 49·30	05·0845	17·4242
2	2·06	−5·08	0 15 38·90	− 3 50 19·2	63·364	54 15·36	14 47·03	05·7599	18·0939

EPHEMERIS FOR PHYSICAL OBSERVATIONS
FOR 0ʰ TERRESTRIAL TIME

Date 0ʰ TT	The Earth's Selenographic Long.	Lat.	Physical Libration Lg.	Lt.	P.A.	The Sun's Selenographic Colong.	Lat.	Position Angle Axis	Bright Limb	Fraction Illum.
	°	°	(0°001)			°	°	°	°	
May 17	−5·781	−3·529	−33	+52	− 3	329·87	−0·65	9·931	276·58	0·208
18	−5·496	−4·777	−33	+52	− 3	342·10	−0·61	14·889	282·16	0·303
19	−4·939	−5·774	−32	+51	− 2	354·32	−0·58	18·903	287·24	0·409
20	−4·110	−6·447	−31	+51	− 1	6·54	−0·54	21·700	291·43	0·522
21	−3·028	−6·736	−30	+51	0	18·74	−0·51	23·150	294·52	0·635
22	−1·739	−6·605	−29	+51	+ 2	30·94	−0·47	23·235	296·38	0·743
23	−0·315	−6·046	−28	+52	+ 4	43·14	−0·44	22·006	297·00	0·838
24	+1·151	−5·089	−27	+53	+ 6	55·33	−0·40	19·546	296·47	0·915
25	+2·553	−3·801	−26	+54	+ 7	67·51	−0·36	15·953	295·28	0·969
26	+3·786	−2·278	−24	+55	+ 9	79·70	−0·33	11·366	297·95	0·996
27	+4·764	−0·634	−23	+56	+11	91·88	−0·29	6·003	93·09	0·997
28	+5·421	+1·016	−22	+57	+12	104·07	−0·26	0·197	93·85	0·971
29	+5·723	+2·570	−21	+58	+13	116·25	−0·23	354·383	88·93	0·924
30	+5·666	+3·948	−21	+59	+14	128·45	−0·21	349·017	83·37	0·858
31	+5·269	+5·093	−20	+59	+13	140·64	−0·18	344·461	78·12	0·779
June 1	+4·572	+5·968	−20	+59	+13	152·85	−0·16	340·926	73·58	0·691
2	+3·632	+6·555	−20	+60	+12	165·05	−0·15	338·476	69·93	0·597
3	+2·513	+6·846	−21	+59	+10	177·27	−0·13	337·080	67·24	0·502
4	+1·284	+6·840	−21	+59	+ 9	189·49	−0·12	336·666	65·49	0·407
5	+0·016	+6·544	−22	+59	+ 7	201·72	−0·11	337·161	64·67	0·316
6	−1·222	+5·968	−22	+58	+ 5	213·95	−0·09	338·508	64·79	0·231
7	−2·369	+5·128	−23	+57	+ 3	226·19	−0·08	340·678	65·88	0·155
8	−3·369	+4·049	−23	+56	+ 2	238·43	−0·06	343·661	67·99	0·091
9	−4·176	+2·766	−24	+55	0	250·68	−0·04	347·451	71·22	0·042
10	−4·754	+1·327	−24	+54	− 1	262·93	−0·02	352·014	75·80	0·011
11	−5·081	−0·205	−24	+53	− 1	275·18	0·00	357·236	203·25	0·000
12	−5·147	−1·753	−23	+52	− 2	287·43	+0·03	2·872	265·00	0·012
13	−4·953	−3·232	−23	+51	− 1	299·68	+0·06	8·534	271·69	0·047
14	−4·515	−4·550	−22	+51	− 1	311·93	+0·09	13·745	277·96	0·104
15	−3·860	−5·620	−21	+50	0	324·17	+0·12	18·056	283·56	0·182
16	−3·021	−6·367	−20	+50	+ 1	336·41	+0·15	21·156	288·14	0·277
17	−2·043	−6·734	−19	+50	+ 2	348·64	+0·19	22·905	291·50	0·385
18	−0·974	−6·690	−18	+51	+ 3	0·86	+0·23	23·300	293·51	0·499
19	+0·135	−6·232	−17	+51	+ 5	13·08	+0·26	22·413	294·14	0·613
20	+1·234	−5·387	−16	+52	+ 6	25·29	+0·30	20·336	293·35	0·722
21	+2·270	−4·211	−15	+54	+ 8	37·49	+0·34	17·163	291·10	0·819
22	+3·195	−2·782	−14	+55	+ 9	49·69	+0·38	12·998	287·30	0·898
23	+3·963	−1·197	−13	+56	+11	61·89	+0·42	7·993	281·68	0·956
24	+4·534	+0·439	−12	+57	+12	74·08	+0·46	2·397	272·54	0·990
25	+4·871	+2·024	−11	+58	+13	86·27	+0·49	356·584	139·88	1·000
26	+4·951	+3·470	−10	+59	+14	98·46	+0·52	351·006	93·11	0·986
27	+4·760	+4·706	− 9	+59	+14	110·66	+0·55	346·088	84·63	0·950
28	+4·299	+5·681	− 9	+59	+14	122·85	+0·58	342·128	78·64	0·897
29	+3·585	+6·368	− 9	+59	+13	135·05	+0·60	339·259	74·05	0·829
30	+2·651	+6·753	− 9	+59	+12	147·26	+0·62	337·487	70·68	0·750
July 1	+1·543	+6·835	− 9	+59	+11	159·47	+0·63	336·743	68·43	0·662
2	+0·319	+6·623	−10	+58	+ 9	171·69	+0·64	336·940	67·22	0·570

MOON, 2002

FOR 0ʰ TERRESTRIAL TIME

Date 0ʰ TT	Apparent Long.	Lat.	Apparent R.A.	Dec.	True Dist.	Horiz. Parallax	Semi-diameter	Ephemeris Transit for date Upper	Lower
	°	°	h m s	° ′ ″		′ ″	′ ″	h	h
July 1	350·14	−5·24	23 32 04·36	− 8 43 05·5	63·202	54 23·69	14 49·30	05·0845	17·4242
2	2·06	−5·08	0 15 38·90	− 3 50 19·2	63·364	54 15·36	14 47·03	05·7599	18·0939
3	13·94	−4·70	0 58 36·85	+ 1 09 52·8	63·327	54 17·27	14 47·55	06·4284	18·7657
4	25·86	−4·12	1 41 55·78	+ 6 08 57·3	63·091	54 29·47	14 50·88	07·1079	19·4574
5	37·90	−3·36	2 26 33·48	+10 57 53·2	62·670	54 51·42	14 56·86	07·8164	20·1868
6	50·13	−2·43	3 13 25·34	+15 26 05·6	62·095	55 21·91	15 05·16	08·5707	20·9696
7	62·61	−1·37	4 03 18·91	+19 20 35·5	61·408	55 59·09	15 15·29	09·3846	21·8163
8	75·41	−0·21	4 56 43·46	+22 25 49·5	60·660	56 40·47	15 26·57	10·2645	22·7279
9	88·54	+0·98	5 53 35·71	+24 24 50·2	59·910	57 23·07	15 38·17	11·2043	23·6905
10	102·03	+2·15	6 53 08·30	+25 02 15·4	59·212	58 03·66	15 49·23	12·1826	...
11	115·83	+3·22	7 53 53·81	+24 08 32·5	58·615	58 39·16	15 58·90	13·1674	00·6763
12	129·91	+4·12	8 54 10·72	+21 43 30·4	58·153	59 07·09	16 06·51	14·1281	01·6523
13	144·19	+4·77	9 52 39·02	+17 56 53·5	57·846	59 25·94	16 11·65	15·0468	02·5932
14	158·59	+5·12	10 48 42·98	+13 05 47·3	57·694	59 35·31	16 14·20	15·9211	03·4891
15	173·00	+5·16	11 42 31·64	+ 7 30 49·7	57·686	59 35·84	16 14·35	16·7612	04·3445
16	187·37	+4·87	12 34 45·55	+ 1 33 10·2	57·799	59 28·81	16 12·43	17·5840	05·1736
17	201·62	+4·29	13 26 21·23	− 4 26 58·0	58·011	59 15·77	16 08·88	18·4087	05·9950
18	215·72	+3·45	14 18 18·48	−10 10 32·3	58·301	58 58·12	16 04·07	19·2526	06·8273
19	229·65	+2·41	15 11 29·52	−15 19 24·3	58·653	58 36·89	15 58·29	20·1283	07·6860
20	243·39	+1·25	16 06 27·87	−19 36 19·8	59·058	58 12·76	15 51·71	21·0387	08·5794
21	256·94	+0·04	17 03 16·68	−22 45 49·6	59·511	57 46·13	15 44·46	21·9745	09·5045
22	270·31	−1·16	18 01 21·06	−24 36 05·8	60·010	57 17·35	15 36·61	22·9145	10·4456
23	283·47	−2·28	18 59 32·62	−25 01 26·0	60·546	56 46·90	15 28·32	23·8325	11·3779
24	296·43	−3·26	19 56 29·53	−24 03 42·7	61·107	56 15·61	15 19·79	...	12·2760
25	309·18	−4·05	20 51 03·48	−21 51 48·1	61·673	55 44·63	15 11·35	00·7064	13·1228
26	321·71	−4·63	21 42 38·30	−18 39 03·8	62·216	55 15·45	15 03·40	01·5250	13·9133
27	334·04	−4·99	22 31 12·74	−14 40 20·0	62·701	54 49·78	14 56·41	02·2887	14·6525
28	346·19	−5·12	23 17 12·43	−10 09 40·3	63·093	54 29·35	14 50·84	03·0063	15·3521
29	358·18	−5·01	0 01 19·38	− 5 19 19·1	63·355	54 15·81	14 47·15	03·6916	16·0271
30	10·08	−4·69	0 44 24·06	− 0 19 40·0	63·457	54 10·58	14 45·73	04·3606	16·6943
31	21·93	−4·17	1 27 20·85	+ 4 40 09·9	63·376	54 14·74	14 46·86	05·0303	17·3708
Aug. 1	33·82	−3·47	2 11 05·87	+ 9 31 25·8	63·101	54 28·92	14 50·72	05·7181	18·0743
2	45·83	−2·61	2 56 35·10	+14 04 42·1	62·636	54 53·23	14 57·35	06·4414	18·8216
3	58·05	−1·62	3 44 40·96	+18 08 52·5	61·998	55 27·12	15 06·58	07·2163	19·6271
4	70·54	−0·53	4 36 05·00	+21 30 27·4	61·222	56 09·25	15 18·06	08·0546	20·4989
5	83·40	+0·62	5 31 05·67	+23 53 42·4	60·360	56 57·38	15 31·17	08·9593	21·4338
6	96·66	+1·77	6 29 24·00	+25 02 18·3	59·474	57 48·32	15 45·05	09·9196	22·4132
7	110·36	+2·85	7 29 56·63	+24 42 51·0	58·633	58 38·09	15 58·61	10·9103	23·4069
8	124·47	+3·79	8 31 08·27	+22 49 14·6	57·905	59 22·28	16 10·65	11·8990	...
9	138·94	+4·51	9 31 23·52	+19 25 39·3	57·351	59 56·69	16 20·03	12·8587	00·3837
10	153·65	+4·94	10 29 39·37	+14 46 15·1	57·011	60 18·14	16 25·87	13·7767	01·3230
11	168·49	+5·05	11 25 38·97	+ 9 12 04·2	56·902	60 25·11	16 27·77	14·6553	02·2203
12	183·29	+4·82	12 19 45·10	+ 3 07 03·3	57·013	60 18·01	16 25·84	15·5071	03·0835
13	197·95	+4·28	13 12 44·54	− 3 05 00·1	57·316	59 58·92	16 20·64	16·3494	03·9283
14	212·37	+3·47	14 05 32·77	− 9 02 06·2	57·765	59 30·92	16 13·01	17·1994	04·7725
15	226·50	+2·46	14 59 01·43	−14 24 34·6	58·314	58 57·34	16 03·86	18·0706	05·6318
16	240·32	+1·33	15 53 47·09	−18 55 07·9	58·916	58 21·14	15 54·00	18·9690	06·5164

EPHEMERIS FOR PHYSICAL OBSERVATIONS
FOR 0ʰ TERRESTRIAL TIME

Date 0ʰ TT	The Earth's Selenographic Long.	The Earth's Selenographic Lat.	Physical Libration Lg.	Physical Libration Lt.	Physical Libration P.A.	The Sun's Selenographic Colong.	The Sun's Selenographic Lat.	Position Angle Axis	Position Angle Bright Limb	Frac- tion Illum.
	°	°	(0°001)			°	°	°	°	
July 1	+1·543	+6·835	− 9	+59	+11	159·47	+0·63	336·743	68·43	0·662
2	+0·319	+6·623	−10	+58	+ 9	171·69	+0·64	336·940	67·22	0·570
3	−0·951	+6·129	−10	+57	+ 7	183·91	+0·65	338·003	67·04	0·475
4	−2·195	+5·372	−11	+57	+ 5	196·14	+0·66	339·884	67·87	0·381
5	−3·336	+4·374	−11	+56	+ 4	208·37	+0·67	342·565	69·78	0·289
6	−4·299	+3·166	−12	+54	+ 2	220·61	+0·69	346·045	72·87	0·205
7	−5·016	+1·787	−12	+53	+ 1	232·85	+0·70	350·316	77·31	0·130
8	−5·432	+0·290	−11	+52	0	245·10	+0·71	355·317	83·41	0·069
9	−5·508	−1·257	−11	+51	0	257·35	+0·73	0·871	92·37	0·025
10	−5·230	−2·770	−10	+50	0	269·61	+0·75	6·639	116·33	0·003
11	−4·615	−4·153	− 9	+49	0	281·86	+0·77	12·142	257·25	0·005
12	−3·708	−5·309	− 9	+49	+ 1	294·11	+0·79	16·864	275·04	0·033
13	−2·582	−6·149	− 8	+49	+ 2	306·36	+0·81	20·404	282·73	0·086
14	−1·330	−6·605	− 6	+49	+ 3	318·61	+0·84	22·553	287·62	0·162
15	−0·048	−6·642	− 5	+49	+ 4	330·85	+0·87	23·284	290·57	0·257
16	+1·176	−6·258	− 4	+50	+ 6	343·08	+0·90	22·684	291·85	0·364
17	+2·275	−5·487	− 3	+51	+ 7	355·31	+0·93	20·875	291·57	0·478
18	+3·203	−4·387	− 2	+52	+ 9	7·53	+0·97	17·981	289·79	0·592
19	+3·940	−3·037	− 1	+54	+10	19·74	+1·00	14·113	286·54	0·700
20	+4·478	−1·525	0	+55	+12	31·95	+1·04	9·407	281·82	0·796
21	+4·821	+0·054	+ 2	+57	+13	44·15	+1·07	4·063	275·63	0·877
22	+4·972	+1·610	+ 2	+58	+14	56·34	+1·10	358·387	267·75	0·939
23	+4·934	+3·057	+ 3	+59	+15	68·54	+1·14	352·779	256·50	0·979
24	+4·703	+4·323	+ 4	+59	+15	80·73	+1·16	347·665	223·09	0·998
25	+4·276	+5·352	+ 4	+59	+15	92·92	+1·19	343·388	103·23	0·995
26	+3·650	+6·106	+ 4	+60	+15	105·11	+1·21	340·150	84·07	0·972
27	+2·830	+6·563	+ 4	+59	+14	117·31	+1·23	338·011	76·79	0·931
28	+1·831	+6·717	+ 3	+59	+12	129·51	+1·24	336·929	72·67	0·874
29	+0·682	+6·575	+ 3	+59	+11	141·71	+1·25	336·823	70·31	0·804
30	−0·574	+6·151	+ 2	+58	+ 9	153·91	+1·26	337·603	69·29	0·724
31	−1·878	+5·466	+ 1	+57	+ 8	166·12	+1·26	339·205	69·44	0·636
Aug. 1	−3·160	+4·545	+ 1	+56	+ 6	178·34	+1·26	341·591	70·71	0·543
2	−4·337	+3·418	0	+55	+ 4	190·56	+1·26	344·750	73·11	0·447
3	−5·325	+2·121	0	+53	+ 3	202·78	+1·26	348·680	76·69	0·351
4	−6·037	+0·697	0	+52	+ 2	215·02	+1·27	353·352	81·52	0·258
5	−6·395	−0·797	0	+51	+ 1	227·25	+1·27	358·659	87·67	0·173
6	−6·339	−2·291	+ 1	+50	+ 1	239·50	+1·27	4·353	95·29	0·100
7	−5·839	−3·697	+ 2	+49	+ 1	251·74	+1·28	10·021	105·14	0·044
8	−4·905	−4·916	+ 2	+48	+ 2	263·99	+1·29	15·141	123·20	0·010
9	−3·598	−5·850	+ 3	+48	+ 3	276·24	+1·30	19·221	229·37	0·002
10	−2·025	−6·411	+ 5	+48	+ 4	288·48	+1·31	21·933	275·35	0·022
11	−0·328	−6·544	+ 6	+48	+ 6	300·73	+1·32	23·158	284·69	0·070
12	+1·341	−6·235	+ 7	+49	+ 7	312·97	+1·34	22·944	288·49	0·143
13	+2·849	−5·516	+ 8	+49	+ 9	325·21	+1·36	21·425	289·59	0·236
14	+4·098	−4·452	+10	+51	+10	337·44	+1·38	18·751	288·72	0·341
15	+5·039	−3·130	+11	+52	+12	349·66	+1·40	15·070	286·19	0·453
16	+5·659	−1·648	+12	+54	+13	1·87	+1·43	10·534	282·19	0·565

MOON, 2002

FOR 0ʰ TERRESTRIAL TIME

Date 0ʰ TT	Apparent Long.	Lat.	Apparent R.A.	Dec.	True Dist.	Horiz. Parallax	Semi-diameter	Ephemeris Transit for date Upper	Lower
	°	°	h m s	° ′ ″	′ ″	′ ″	′ ″	h	h
Aug. 16	240·32	+1·33	15 53 47·09	−18 55 07·9	58·916	58 21·14	15 54·00	18·9690	06·5164
17	253·85	+0·14	16 50 00·69	−22 19 12·1	59·538	57 44·57	15 44·03	19·8902	07·4275
18	267·12	−1·02	17 47 20·24	−24 25 55·7	60·154	57 09·10	15 34·37	20·8186	08·3548
19	280·15	−2·12	18 44 52·63	−25 09 40·4	60·749	56 35·54	15 25·22	21·7323	09·2788
20	292·98	−3·08	19 41 28·19	−24 31 09·4	61·312	56 04·31	15 16·71	22·6103	10·1768
21	305·62	−3·88	20 36 03·03	−22 37 18·3	61·840	55 35·60	15 08·89	23·4393	11·0313
22	318·09	−4·47	21 27 57·40	−19 39 35·5	62·325	55 09·66	15 01·82	...	11·8341
23	330·41	−4·85	22 17 01·94	−15 51 42·3	62·757	54 46·87	14 55·61	00·2162	12·5866
24	342·58	−5·00	23 03 33·25	−11 27 29·3	63·122	54 27·87	14 50·44	00·9465	13·2975
25	354·62	−4·93	23 48 05·35	− 6 39 43·4	63·399	54 13·55	14 46·54	01·6412	13·9794
26	6·54	−4·64	0 31 22·02	− 1 39 44·2	63·568	54 04·95	14 44·19	02·3140	14·6470
27	18·40	−4·15	1 14 11·94	+ 3 22 25·2	63·602	54 03·20	14 43·72	02·9802	15·3158
28	30·23	−3·48	1 57 26·03	+ 8 17 25·6	63·480	54 09·40	14 45·41	03·6557	16·0019
29	42·09	−2·66	2 41 55·81	+12 55 57·0	63·187	54 24·48	14 49·51	04·3564	16·7211
30	54·06	−1·71	3 28 30·99	+17 07 49·6	62·716	54 49·03	14 56·20	05·0977	17·4879
31	66·23	−0·67	4 17 54·74	+20 41 20·5	62·071	55 23·18	15 05·51	05·8928	18·3132
Sept. 1	78·67	+0·43	5 10 35·10	+23 22 55·8	61·275	56 06·35	15 17·27	06·7493	19·2004
2	91·49	+1·53	6 06 33·38	+24 57 49·1	60·367	56 57·02	15 31·08	07·6652	20·1413
3	104·74	+2·59	7 05 14·34	+25 12 04·7	59·401	57 52·60	15 46·22	08·6257	21·1150
4	118·47	+3·54	8 05 27·91	+23 55 59·9	58·447	58 49·25	16 01·65	09·6056	22·0941
5	132·69	+4·30	9 05 48·41	+21 07 35·5	57·585	59 42·10	16 16·05	10·5777	23·0544
6	147·34	+4·81	10 05 03·73	+16 54 28·7	56·892	60 25·76	16 27·95	11·5229	23·9832
7	162·33	+5·00	11 02 37·20	+11 33 12·1	56·432	60 55·26	16 35·99	12·4356	...
8	177·49	+4·85	11 58 31·62	+ 5 26 37·5	56·249	61 07·19	16 39·24	13·3218	00·8812
9	192·65	+4·35	12 53 19·30	− 0 59 18·6	56·351	61 00·57	16 37·43	14·1952	01·7591
10	207·64	+3·56	13 47 47·22	− 7 18 28·8	56·715	60 37·05	16 31·02	15·0714	02·6320
11	222·32	+2·54	14 42 42·57	−13 06 40·6	57·293	60 00·36	16 21·03	15·9634	03·5148
12	236·63	+1·39	15 38 39·76	−18 02 58·1	58·020	59 15·25	16 08·74	16·8777	04·4178
13	250·53	+0·18	16 35 48·96	−21 50 40·3	58·827	58 26·44	15 55·44	17·8107	05·3425
14	264·04	−1·00	17 33 48·88	−24 18 18·3	59·654	57 37·84	15 42·20	18·7485	06·2802
15	277·19	−2·10	18 31 48·90	−25 20 32·3	60·451	56 52·27	15 29·78	19·6703	07·2127
16	290·04	−3·07	19 28 43·35	−24 58 36·8	61·183	56 11·43	15 18·65	20·5564	08·1189
17	302·65	−3·86	20 23 32·61	−23 19 38·8	61·830	55 36·13	15 09·04	21·3935	08·9815
18	315·06	−4·46	21 15 40·07	−20 34 48·8	62·383	55 06·56	15 00·98	22·1785	09·7924
19	327·30	−4·84	22 04 57·65	−16 57 11·5	62·840	54 42·54	14 54·44	22·9160	10·5527
20	339·43	−5·00	22 51 41·59	−12 40 02·1	63·201	54 23·78	14 49·32	23·6163	11·2701
21	351·44	−4·94	23 36 24·31	− 7 55 48·7	63·468	54 10·04	14 45·58	...	11·9564
22	3·37	−4·66	0 19 47·15	− 2 55 55·5	63·639	54 01·29	14 43·20	00·2922	12·6254
23	15·24	−4·17	1 02 35·62	+ 2 09 08·6	63·709	53 57·74	14 42·23	00·9578	13·2914
24	27·08	−3·51	1 45 36·71	+ 7 09 27·5	63·667	53 59·85	14 42·81	01·6279	13·9691
25	38·91	−2·69	2 29 37·25	+11 55 09·4	63·502	54 08·29	14 45·10	02·3168	14·6728
26	50·79	−1·75	3 15 21·91	+16 15 54·8	63·200	54 23·83	14 49·34	03·0386	15·4156
27	62·78	−0·72	4 03 29·51	+20 00 30·6	62·751	54 47·18	14 55·70	03·8051	16·2079
28	74·94	+0·36	4 54 26·79	+22 56 37·9	62·152	55 18·85	15 04·33	04·6243	17·0543
29	87·35	+1·44	5 48 19·86	+24 51 15·7	61·411	55 58·89	15 15·24	05·4971	17·9512
30	100·10	+2·48	6 44 46·64	+25 31 56·6	60·550	56 46·67	15 28·25	06·4146	18·8847
Oct. 1	113·25	+3·43	7 42 56·43	+24 48 57·7	59·608	57 40·54	15 42·93	07·3587	19·8339

EPHEMERIS FOR PHYSICAL OBSERVATIONS
FOR 0ʰ TERRESTRIAL TIME

Date 0ʰ TT	The Earth's Selenographic Long.	Lat.	Physical Libration Lg.	Lt.	P.A.	The Sun's Selenographic Colong.	Lat.	Position Angle Axis	Bright Limb	Fraction Illum.
	°	°	(0°001)			°	°	°	°	
Aug. 16	+5·659	−1·648	+12	+54	+13	1·87	+1·43	10·534	282·19	0·565
17	+5·980	−0·101	+13	+55	+15	14·08	+1·45	5·341	276·92	0·671
18	+6·036	+1·424	+14	+56	+15	26·28	+1·47	359·770	270·61	0·767
19	+5·864	+2·848	+15	+58	+16	38·48	+1·50	354·186	263·49	0·850
20	+5·499	+4·106	+15	+58	+16	50·67	+1·52	348·986	255·59	0·915
21	+4·965	+5·143	+15	+59	+16	62·86	+1·54	344·518	246·04	0·962
22	+4·277	+5·919	+15	+59	+16	75·05	+1·55	341·015	229·15	0·990
23	+3·442	+6·410	+14	+59	+15	87·23	+1·57	338·576	150·67	0·998
24	+2·466	+6·604	+14	+59	+14	99·41	+1·58	337·194	89·68	0·987
25	+1·358	+6·503	+13	+59	+13	111·60	+1·58	336·804	77·95	0·959
26	+0·136	+6·119	+12	+58	+11	123·79	+1·58	337·322	73·56	0·914
27	−1·170	+5·474	+11	+57	+10	135·97	+1·58	338·674	71·94	0·854
28	−2·515	+4·597	+10	+56	+ 8	148·17	+1·57	340·806	72·05	0·782
29	−3·837	+3·519	+ 9	+55	+ 7	160·37	+1·56	343·693	73·52	0·700
30	−5·061	+2·279	+ 9	+54	+ 5	172·57	+1·55	347·319	76·24	0·609
31	−6·101	+0·918	+ 8	+53	+ 4	184·78	+1·54	351·665	80·14	0·512
Sept. 1	−6·865	−0·514	+ 8	+52	+ 3	196·99	+1·53	356·657	85·20	0·412
2	−7·261	−1·959	+ 8	+50	+ 3	209·21	+1·52	2·122	91·27	0·313
3	−7·212	−3·345	+ 8	+49	+ 3	221·43	+1·51	7·743	98·19	0·219
4	−6·665	−4·585	+ 9	+48	+ 3	233·66	+1·50	13·067	105·78	0·135
5	−5·612	−5·584	+10	+47	+ 4	245·89	+1·49	17·598	114·34	0·067
6	−4·103	−6·247	+10	+47	+ 5	258·13	+1·49	20·919	126·90	0·021
7	−2·253	−6·498	+12	+47	+ 7	270·37	+1·48	22·789	182·13	0·002
8	−0·227	−6·294	+13	+47	+ 8	282·60	+1·48	23·152	272·36	0·013
9	+1·786	−5·645	+14	+48	+10	294·84	+1·48	22·087	284·19	0·054
10	+3·610	−4·608	+15	+49	+12	307·07	+1·49	19·736	286·65	0·121
11	+5·111	−3·280	+17	+50	+14	319·29	+1·49	16·261	285·74	0·209
12	+6·215	−1·771	+18	+51	+15	331·51	+1·50	11·838	282·73	0·310
13	+6·903	−0·194	+19	+53	+17	343·73	+1·51	6·688	278·18	0·419
14	+7·198	+1·355	+20	+54	+18	355·93	+1·51	1·104	272·55	0·528
15	+7·147	+2·793	+21	+55	+18	8·13	+1·53	355·455	266·27	0·632
16	+6·808	+4·058	+21	+56	+19	20·32	+1·54	350·140	259·78	0·728
17	+6·236	+5·101	+21	+57	+19	32·51	+1·54	345·508	253·39	0·813
18	+5·480	+5·886	+21	+58	+18	44·69	+1·55	341·799	247·17	0·883
19	+4·576	+6·391	+21	+58	+17	56·87	+1·56	339·124	240·70	0·938
20	+3·551	+6·602	+20	+58	+16	69·04	+1·56	337·494	232·04	0·975
21	+2·422	+6·520	+19	+58	+15	81·21	+1·56	336·858	209·10	0·995
22	+1·205	+6·154	+17	+57	+14	93·38	+1·55	337·140	112·12	0·997
23	−0·083	+5·524	+16	+57	+12	105·55	+1·54	338·269	82·17	0·981
24	−1·420	+4·658	+15	+56	+10	117·73	+1·53	340·187	76·14	0·948
25	−2·770	+3·591	+13	+55	+ 9	129·90	+1·51	342·859	75·10	0·899
26	−4·086	+2·365	+12	+54	+ 8	142·08	+1·49	346·261	76·39	0·835
27	−5·306	+1·024	+11	+53	+ 6	154·26	+1·47	350·364	79·27	0·758
28	−6·357	−0·383	+10	+52	+ 5	166·44	+1·44	355·102	83·43	0·670
29	−7·153	−1·799	+10	+50	+ 5	178·63	+1·42	0·333	88·63	0·574
30	−7·609	−3·162	+10	+49	+ 5	190·82	+1·39	5·800	94·58	0·471
Oct. 1	−7·641	−4·400	+10	+48	+ 5	203·03	+1·37	11·130	100·92	0·367

MOON, 2002

FOR 0ʰ TERRESTRIAL TIME

Date 0ʰ TT	Apparent Long.	Lat.	Apparent R.A.	Dec.	True Dist.	Horiz. Parallax	Semi-diameter	Ephemeris Transit for date Upper	Lower
	°	°	h m s	° ′ ″		′ ″	′ ″	h	h
Oct. 1	113·25	+3·43	7 42 56·43	+24 48 57·7	59·608	57 40·54	15 42·93	07·3587	19·8339
2	126·88	+4·22	8 41 41·87	+22 37 50·8	58·640	58 37·68	15 58·50	08·3076	20·7777
3	141·00	+4·78	9 40 00·41	+19 01 14·8	57·717	59 33·88	16 13·81	09·2429	21·7024
4	155·59	+5·06	10 37 14·13	+14 09 26·1	56·921	60 23·87	16 27·43	10·1563	22·6053
5	170·58	+5·00	11 33 18·20	+ 8 19 34·8	56·330	61 01·91	16 37·80	11·0504	23·4934
6	185·81	+4·59	12 28 36·77	+ 1 54 16·9	56·008	61 22·99	16 43·54	11·9360	...
7	201·13	+3·85	13 23 51·80	− 4 40 19·0	55·991	61 24·11	16 43·84	12·8277	00·3802
8	216·32	+2·84	14 19 49·34	−10 56 45·2	56·281	61 05·13	16 38·68	13·7392	01·2803
9	231·25	+1·65	15 17 04·95	−16 28 45·0	56·843	60 28·89	16 28·80	14·6779	02·2050
10	245·78	+0·38	16 15 49·20	−20 53 49·2	57·614	59 40·27	16 15·55	15·6409	03·1571
11	259·87	−0·88	17 15 37·17	−23 55 43·9	58·518	58 44·96	16 00·48	16·6127	04·1271
12	273·50	−2·05	18 15 29·23	−25 26 24·7	59·475	57 48·27	15 45·04	17·5690	05·0944
13	286·70	−3·07	19 14 07·76	−25 26 29·8	60·412	56 54·43	15 30·37	18·4859	06·0336
14	299·54	−3·91	20 10 23·12	−24 04 00·5	61·275	56 06·36	15 17·27	19·3478	06·9243
15	312·07	−4·54	21 03 34·19	−21 31 33·4	62·024	55 25·70	15 06·20	20·1505	07·7564
16	324·36	−4·94	21 53 33·80	−18 03 21·6	62·637	54 53·14	14 57·32	20·8995	08·5311
17	336·48	−5·12	22 40 42·16	−13 53 10·4	63·107	54 28·64	14 50·65	21·6060	09·2572
18	348·47	−5·07	23 25 36·32	− 9 13 25·0	63·435	54 11·70	14 46·03	22·2843	09·9478
19	0·38	−4·80	0 09 01·54	− 4 15 09·6	63·632	54 01·64	14 43·29	22·9491	10·6174
20	12·24	−4·32	0 51 45·92	+ 0 51 25·2	63·709	53 57·73	14 42·23	23·6156	11·2812
21	24·09	−3·66	1 34 37·69	+ 5 56 28·8	63·678	53 59·34	14 42·66	...	11·9540
22	35·96	−2·83	2 18 23·55	+10 49 56·8	63·545	54 06·09	14 44·50	00·2981	12·6497
23	47·86	−1·88	3 03 46·72	+15 21 04·8	63·316	54 17·86	14 47·71	01·0103	13·3891
24	59·85	−0·83	3 51 23·44	+19 18 13·5	62·988	54 34·78	14 52·32	01·7635	14·1579
25	71·95	+0·26	4 41 37·20	+22 28 53·9	62·560	54 57·20	14 58·43	02·5649	14·9842
26	84·21	+1·36	5 34 31·27	+24 40 23·9	62·027	55 25·54	15 06·15	03·4152	15·8565
27	96·70	+2·42	6 29 42·83	+25 41 05·9	61·390	56 00·07	15 15·56	04·3063	16·7622
28	109·46	+3·38	7 26 23·84	+25 22 16·6	60·655	56 40·75	15 26·64	05·2218	17·6824
29	122·57	+4·19	8 23 32·67	+23 39 54·8	59·844	57 26·88	15 39·21	06·1418	18·5980
30	136·07	+4·80	9 20 13·26	+20 35 43·8	58·989	58 16·82	15 52·82	07·0497	19·4961
31	150·00	+5·15	10 15 52·55	+16 17 11·5	58·142	59 07·80	16 06·71	07·9373	20·3740
Nov. 1	164·35	+5·19	11 10 28·10	+10 56 50·9	57·365	59 55·85	16 19·80	08·8071	21·2384
2	179·08	+4·90	12 04 25·46	+ 4 51 42·7	56·731	60 36·04	16 30·75	09·6697	22·1031
3	194·09	+4·27	12 58 29·41	− 1 37 08·9	56·309	61 03·30	16 38·18	10·5408	22·9848
4	209·25	+3·34	13 53 32·63	− 8 05 06·4	56·153	61 13·43	16 40·94	11·4371	23·8990
5	224·39	+2·17	14 50 22·23	−14 05 09·9	56·293	61 04·33	16 38·46	12·3713	...
6	239·36	+0·86	15 49 23·29	−19 10 22·1	56·721	60 36·68	16 30·92	13·3461	00·8540
7	254·01	−0·48	16 50 21·88	−22 57 25·7	57·397	59 53·80	16 19·24	14·3486	01·8453
8	268·25	−1·75	17 52 16·81	−25 10 52·2	58·257	59 00·79	16 04·80	15·3516	02·8521
9	282·05	−2·89	18 53 32·25	−25 46 01·3	59·219	58 03·26	15 49·12	16·3220	03·8428
10	295·39	−3·82	19 52 30·57	−24 48 58·9	60·202	57 06·36	15 33·62	17·2342	04·7864
11	308·33	−4·53	20 48 05·63	−22 33 23·4	61·134	56 14·13	15 19·39	18·0776	05·6646
12	320·91	−5·00	21 39 56·48	−19 15 52·7	61·956	55 29·34	15 07·19	18·8555	06·4741
13	333·20	−5·23	22 28 20·54	−15 12 31·3	62·629	54 53·57	14 57·44	19·5797	07·2233
14	345·27	−5·23	23 13 58·76	−10 37 12·0	63·130	54 27·42	14 50·32	20·2664	07·9267
15	357·21	−4·99	23 57 42·85	− 5 41 28·8	63·454	54 10·78	14 45·78	20·9325	08·6009
16	9·06	−4·55	0 40 27·58	− 0 35 17·6	63·606	54 02·98	14 43·66	21·5951	09·2632

EPHEMERIS FOR PHYSICAL OBSERVATIONS
FOR 0ʰ TERRESTRIAL TIME

Date 0ʰ TT	The Earth's Selenographic Long.	Lat.	Physical Libration Lg.	Lt.	P.A.	The Sun's Selenographic Colong.	Lat.	Position Angle Axis	Bright Limb	Fraction Illum.
	°	°	(0°001)			°	°	°	°	
Oct. 1	−7·641	−4·400	+10	+48	+ 5	203·03	+1·37	11·130	100·92	0·367
2	−7·187	−5·433	+10	+47	+ 5	215·23	+1·35	15·883	107·25	0·265
3	−6·221	−6·175	+10	+47	+ 6	227·44	+1·32	19·643	113·29	0·171
4	−4·768	−6·543	+11	+46	+ 7	239·66	+1·30	22·110	119·11	0·092
5	−2·919	−6·475	+12	+46	+ 9	251·88	+1·28	23·135	126·15	0·035
6	−0·823	−5·949	+13	+47	+11	264·10	+1·27	22·701	147·37	0·005
7	+1·332	−4·991	+14	+47	+12	276·32	+1·25	20·884	265·06	0·006
8	+3·352	−3·681	+16	+48	+14	288·55	+1·24	17·804	281·98	0·036
9	+5·077	−2·134	+17	+49	+16	300·76	+1·23	13·618	282·76	0·095
10	+6·400	−0·481	+18	+50	+18	312·98	+1·22	8·542	279·73	0·174
11	+7·271	+1·157	+19	+51	+19	325·18	+1·21	2·884	274·85	0·269
12	+7·694	+2·681	+20	+52	+20	337·38	+1·20	357·051	269·01	0·372
13	+7·705	+4·017	+21	+53	+21	349·58	+1·20	351·487	262·87	0·477
14	+7·362	+5·113	+21	+54	+21	1·76	+1·19	346·588	256·97	0·580
15	+6·728	+5·938	+21	+55	+21	13·94	+1·19	342·617	251·65	0·677
16	+5·868	+6·474	+20	+55	+20	26·12	+1·19	339·694	247·05	0·764
17	+4·836	+6·712	+19	+55	+19	38·29	+1·18	337·827	243·17	0·841
18	+3·681	+6·653	+18	+55	+18	50·45	+1·17	336·962	239·80	0·904
19	+2·441	+6·308	+17	+55	+16	62·61	+1·16	337·024	236·35	0·952
20	+1·148	+5·693	+15	+54	+14	74·77	+1·14	337·941	230·52	0·983
21	−0·171	+4·834	+14	+54	+13	86·92	+1·12	339·659	200·93	0·998
22	−1·490	+3·766	+12	+53	+11	99·08	+1·10	342·142	91·33	0·995
23	−2·778	+2·530	+10	+52	+10	111·23	+1·08	345·366	79·54	0·974
24	−4·000	+1·174	+ 9	+51	+ 9	123·39	+1·05	349·301	79·25	0·936
25	−5·111	−0·247	+ 8	+50	+ 8	135·54	+1·02	353·883	82·03	0·880
26	−6·057	−1·675	+ 7	+49	+ 7	147·71	+0·98	358·976	86·40	0·810
27	−6·776	−3·049	+ 6	+48	+ 6	159·87	+0·95	4·343	91·74	0·725
28	−7·201	−4·302	+ 5	+47	+ 6	172·04	+0·91	9·643	97·53	0·630
29	−7·269	−5·363	+ 5	+46	+ 6	184·22	+0·88	14·478	103·31	0·526
30	−6·927	−6·159	+ 5	+46	+ 7	196·40	+0·85	18·466	108·64	0·417
31	−6·145	−6·620	+ 5	+45	+ 8	208·59	+0·81	21·317	113·17	0·310
Nov. 1	−4·930	−6·685	+ 6	+45	+ 9	220·78	+0·78	22·861	116·72	0·208
2	−3·338	−6·314	+ 6	+45	+10	232·98	+0·75	23·035	119·28	0·121
3	−1·475	−5·503	+ 7	+46	+12	245·18	+0·72	21·851	121·27	0·053
4	+0·514	−4·298	+ 8	+46	+14	257·39	+0·69	19·365	125·66	0·012
5	+2·464	−2·787	+10	+47	+16	269·59	+0·66	15·665	239·77	0·001
6	+4·219	−1·097	+11	+48	+18	281·80	+0·64	10·897	279·39	0·019
7	+5·654	+0·637	+12	+49	+20	294·00	+0·62	5·317	277·68	0·066
8	+6·686	+2·288	+13	+50	+21	306·20	+0·60	359·324	272·66	0·134
9	+7·282	+3·757	+14	+50	+22	318·40	+0·58	353·425	266·68	0·219
10	+7·445	+4·975	+14	+51	+23	330·59	+0·56	348·107	260·71	0·314
11	+7·212	+5·901	+15	+51	+23	342·77	+0·54	343·722	255·31	0·414
12	+6·635	+6·517	+14	+52	+22	354·95	+0·53	340·434	250·78	0·514
13	+5·780	+6·819	+13	+52	+21	7·11	+0·52	338·259	247·23	0·611
14	+4·714	+6·814	+12	+52	+20	19·28	+0·50	337·131	244·65	0·702
15	+3·501	+6·514	+11	+51	+18	31·44	+0·48	336·957	243·01	0·785
16	+2·203	+5·939	+ 9	+51	+17	43·59	+0·47	337·651	242·24	0·857

MOON, 2002

FOR 0ʰ TERRESTRIAL TIME

Date 0ʰ TT	Apparent Long.	Apparent Lat.	Apparent R.A.	Apparent Dec.	True Dist.	Horiz. Parallax	Semi-diameter	Ephemeris Transit Upper	Ephemeris Transit Lower
	°	°	h m s	° ′ ″	′ ″	′ ″	′ ″	h	h
Nov. 16	9·06	−4·55	0 40 27·58	− 0 35 17·6	63·606	54 02·98	14 43·66	21·5951	09·2632
17	20·90	−3·91	1 23 07·22	+ 4 32 07·7	63·604	54 03·09	14 43·69	22·2702	09·9301
18	32·77	−3·10	2 06 33·78	+ 9 31 20·0	63·470	54 09·95	14 45·55	22·9731	10·6173
19	44·71	−2·15	2 51 35·19	+14 11 55·6	63·227	54 22·41	14 48·95	23·7166	11·3391
20	56·75	−1·09	3 38 51·89	+18 22 07·6	62·899	54 39·45	14 53·59	...	12·1065
21	68·92	+0·03	4 28 50·58	+21 48 49·2	62·503	55 00·24	14 59·26	00·5094	12·9252
22	81·26	+1·16	5 21 35·81	+24 18 19·7	62·052	55 24·23	15 05·80	01·3533	13·7923
23	93·77	+2·25	6 16 42·73	+25 38 03·6	61·553	55 51·17	15 13·13	02·2402	14·6945
24	106·49	+3·25	7 13 17·53	+25 38 46·1	61·010	56 20·99	15 21·26	03·1523	15·6108
25	119·45	+4·10	8 10 10·30	+24 16 36·9	60·425	56 53·70	15 30·17	04·0672	16·5193
26	132·67	+4·76	9 06 17·05	+21 34 00·2	59·805	57 29·10	15 39·82	04·9652	17·4042
27	146·17	+5·17	10 00 59·48	+17 38 54·0	59·163	58 06·57	15 50·03	05·8360	18·2612
28	159·98	+5·29	10 54 13·21	+12 43 18·8	58·521	58 44·80	16 00·44	06·6807	19·0962
29	174·08	+5·10	11 46 24·50	+ 7 02 00·1	57·917	59 21·59	16 10·47	07·5097	19·9235
30	188·47	+4·60	12 38 21·29	+ 0 52 00·4	57·396	59 53·89	16 19·27	08·3398	20·7613
Dec. 1	203·08	+3·79	13 31 03·05	− 5 27 07·1	57·013	60 18·05	16 25·85	09·1904	21·6292
2	217·84	+2·72	14 25 29·95	−11 32 57·6	56·818	60 30·47	16 29·23	10·0797	22·5431
3	232·64	+1·47	15 22 29·06	−17 00 39·3	56·850	60 28·42	16 28·67	11·0199	23·5093
4	247·35	+0·12	16 22 15·77	−21 24 52·0	57·126	60 10·87	16 23·89	12·0095	...
5	261·87	−1·21	17 24 15·44	−24 23 46·8	57·637	59 38·89	16 15·18	13·0287	00·5174
6	276·08	−2·44	18 26 59·57	−25 44 08·7	58·344	58 55·52	16 03·36	14·0420	01·5386
7	289·93	−3·49	19 28 30·11	−25 24 47·4	59·187	58 05·12	15 49·63	15·0120	02·5344
8	303·37	−4·32	20 27 03·17	−23 35 59·0	60·096	57 12·41	15 35·27	15·9137	03·4722
9	316·41	−4·89	21 21 42·26	−20 34 56·0	60·996	56 21·78	15 21·47	16·7408	04·3363
10	329·07	−5·21	22 12 23·13	−16 40 26·9	61·818	55 36·77	15 09·21	17·5012	05·1285
11	341·42	−5·28	22 59 38·85	−12 09 23·8	62·509	54 59·91	14 59·17	18·2105	05·8611
12	353·53	−5·11	23 44 21·85	− 7 15 30·6	63·028	54 32·72	14 51·76	18·8871	06·5517
13	5·46	−4·72	0 27 31·59	− 2 09 44·4	63·354	54 15·87	14 47·17	19·5500	07·2191
14	17·31	−4·13	1 10 08·33	+ 2 58 41·8	63·482	54 09·31	14 45·38	20·2173	07·8820
15	29·14	−3·37	1 53 10·62	+ 8 01 06·6	63·422	54 12·41	14 46·23	20·9066	08·5582
16	41·03	−2·46	2 37 33·80	+12 48 12·8	63·196	54 24·05	14 49·40	21·6335	09·2644
17	53·05	−1·43	3 24 07·22	+17 09 14·3	62·835	54 42·79	14 54·50	22·4106	10·0152
18	65·24	−0·32	4 13 28·48	+20 51 29·1	62·376	55 06·92	15 01·08	23·2441	10·8203
19	77·63	+0·82	5 05 54·00	+23 40 40·6	61·857	55 34·67	15 08·64	...	11·6813
20	90·26	+1·94	6 01 08·46	+25 22 28·5	61·313	56 04·30	15 16·71	00·1301	12·5880
21	103·13	+2·97	6 58 19·98	+25 45 09·4	60·770	56 34·35	15 24·90	01·0521	13·5189
22	116·23	+3·88	7 56 09·82	+24 42 39·1	60·249	57 03·69	15 32·89	01·9850	14·4471
23	129·56	+4·58	8 53 16·76	+22 16 23·0	59·761	57 31·64	15 40·51	02·9027	15·3500
24	143·10	+5·05	9 48 43·81	+18 34 53·3	59·311	57 57·86	15 47·65	03·7881	16·2169
25	156·83	+5·23	10 42 12·31	+13 51 40·6	58·899	58 22·20	15 54·29	04·6372	17·0501
26	170·72	+5·12	11 34 00·39	+ 8 22 48·5	58·526	58 44·49	16 00·36	05·4575	17·8615
27	184·75	+4·69	12 24 52·75	+ 2 25 23·2	58·200	59 04·23	16 05·73	06·2646	18·6693
28	198·90	+3·99	13 15 49·28	− 3 42 48·1	57·935	59 20·44	16 10·15	07·0782	19·4939
29	213·15	+3·03	14 07 54·88	− 9 42 51·4	57·753	59 31·66	16 13·21	07·9187	20·3548
30	227·45	+1·88	15 02 08·79	−15 14 13·4	57·682	59 36·08	16 14·41	08·8038	21·2664
31	241·77	+0·61	15 59 10·07	−19 54 55·0	57·749	59 31·94	16 13·28	09·7425	22·2308
32	256·03	−0·69	16 58 59·06	−23 23 20·5	57·975	59 18·03	16 09·49	10·7289	23·2329

EPHEMERIS FOR PHYSICAL OBSERVATIONS
FOR 0ʰ TERRESTRIAL TIME

Date 0ʰ TT	The Earth's Selenographic Long.	Lat.	Physical Libration Lg.	Lt.	P.A.	The Sun's Selenographic Colong.	Lat.	Position Angle Axis	Bright Limb	Fraction Illum.
	°	°	(0°001)			°	°	°	°	
Nov. 16	+2·203	+5·939	+ 9	+51	+17	43·59	+0·47	337·651	242·24	0·857
17	+0·874	+5·112	+ 8	+50	+15	55·74	+0·44	339·154	242·25	0·916
18	−0·440	+4·065	+ 6	+50	+14	67·88	+0·42	341·430	242·81	0·961
19	−1·696	+2·836	+ 4	+49	+12	80·02	+0·39	344·461	242·85	0·989
20	−2·860	+1·473	+ 3	+48	+11	92·16	+0·37	348·231	200·51	1·000
21	−3·897	+0·029	+ 1	+47	+10	104·30	+0·33	352·689	81·00	0·992
22	−4·777	−1·433	0	+46	+ 9	116·44	+0·30	357·713	83·30	0·964
23	−5·469	−2·847	− 1	+46	+ 8	128·58	+0·26	3·074	88·24	0·918
24	−5·942	−4·142	− 2	+45	+ 8	140·72	+0·23	8·431	93·95	0·854
25	−6·164	−5·247	− 3	+44	+ 8	152·87	+0·19	13·382	99·72	0·773
26	−6·106	−6·097	− 3	+44	+ 8	165·03	+0·15	17·546	105·04	0·679
27	−5·749	−6·627	− 3	+43	+ 9	177·18	+0·11	20·640	109·53	0·574
28	−5·081	−6·789	− 3	+43	+10	189·35	+0·08	22·507	112·94	0·463
29	−4·111	−6·547	− 3	+44	+11	201·52	+0·04	23·096	115·10	0·351
30	−2·873	−5·891	− 2	+44	+12	213·70	0·00	22·415	115·92	0·245
Dec. 1	−1·425	−4·843	− 2	+45	+13	225·88	−0·03	20·498	115·28	0·151
2	+0·148	−3·462	− 1	+46	+15	238·07	−0·07	17·389	113·08	0·076
3	+1·740	−1·844	0	+47	+17	250·26	−0·10	13·156	109·13	0·025
4	+3·241	−0·108	+ 1	+48	+19	262·46	−0·13	7·947	101·13	0·001
5	+4·541	+1·614	+ 2	+48	+20	274·65	−0·16	2·063	280·96	0·007
6	+5·550	+3·203	+ 3	+49	+22	286·85	−0·19	355·972	273·21	0·038
7	+6·206	+4·563	+ 4	+49	+23	299·04	−0·21	350·233	266·29	0·093
8	+6·475	+5·631	+ 4	+50	+23	311·22	−0·24	345·323	260·11	0·165
9	+6·356	+6·374	+ 4	+50	+23	323·40	−0·26	341·523	254·93	0·250
10	+5·877	+6·783	+ 4	+49	+23	335·58	−0·28	338·909	250·89	0·342
11	+5·085	+6·867	+ 3	+49	+22	347·75	−0·29	337·423	247·99	0·438
12	+4·044	+6·643	+ 2	+49	+21	359·91	−0·31	336·953	246·18	0·534
13	+2·826	+6·135	0	+48	+19	12·07	−0·33	337·389	245·42	0·627
14	+1·507	+5·370	− 1	+48	+17	24·22	−0·35	338·647	245·68	0·716
15	+0·164	+4·379	− 3	+47	+16	36·37	−0·37	340·681	246·99	0·797
16	−1·134	+3·197	− 5	+46	+14	48·51	−0·39	343·471	249·43	0·867
17	−2·322	+1·865	− 6	+45	+13	60·64	−0·41	347·013	253·21	0·925
18	−3·347	+0·434	− 8	+44	+11	72·78	−0·44	351·281	258·88	0·968
19	−4·164	−1·039	− 9	+43	+11	84·91	−0·47	356·192	269·66	0·993
20	−4·745	−2·484	−10	+43	+10	97·04	−0·50	1·549	50·63	0·999
21	−5·075	−3·828	−11	+42	+10	109·17	−0·53	7·024	84·16	0·984
22	−5·150	−4·993	−12	+41	+ 9	121·30	−0·56	12·191	93·36	0·948
23	−4·983	−5·906	−12	+41	+10	133·43	−0·59	16·626	100·17	0·890
24	−4·594	−6·503	−13	+41	+10	145·57	−0·62	20·004	105·55	0·813
25	−4·008	−6·735	−13	+41	+11	157·71	−0·66	22·153	109·56	0·721
26	−3·257	−6·576	−13	+41	+11	169·85	−0·69	23·031	112·17	0·616
27	−2·370	−6·021	−12	+42	+12	182·01	−0·72	22·674	113·35	0·504
28	−1·377	−5·095	−12	+43	+13	194·17	−0·75	21·140	113·06	0·390
29	−0·310	−3·847	−11	+44	+15	206·34	−0·79	18·482	111·23	0·282
30	+0·795	−2·353	−10	+45	+16	218·51	−0·82	14·750	107·73	0·184
31	+1·896	−0·709	− 9	+46	+18	230·69	−0·85	10·028	102·35	0·103
32	+2·941	+0·974	− 9	+47	+19	242·88	−0·88	4·503	94·47	0·044

NOTES AND FORMULAE

Low-precision formulae for geocentric coordinates of the Moon

The following formulae give approximate geocentric coordinates of the Moon. The errors will rarely exceed $0°3$ in ecliptic longitude (λ), $0°2$ in ecliptic latitude (β), $0°003$ in horizontal parallax (π), $0°001$ in semidiameter (SD), $0·2$ Earth radii in distance (r), $0°3$ in right ascension (α) and $0°2$ in declination (δ).

On this page the time argument T is the number of Julian centuries from J2000·0.

$$T = (\text{JD} - 245\ 1545·0)/36\ 525 = (729·5 + \text{day of year} + \text{UT}/24)/36\ 525$$

where day of year is given on pages B2–B3 and UT is the universal time in hours.

$$\begin{aligned}
\lambda = {}& 218°32 + 481\ 267°883\ T \\
& + 6°29 \sin(134°9 + 477\ 198°85\ T) - 1°27 \sin(259°2 - 413\ 335°38\ T) \\
& + 0°66 \sin(235°7 + 890\ 534°23\ T) + 0°21 \sin(269°9 + 954\ 397°70\ T) \\
& - 0°19 \sin(357°5 + 35\ 999°05\ T) - 0°11 \sin(186°6 + 966\ 404°05\ T) \\
\beta = {}& + 5°13 \sin(93°3 + 483\ 202°03\ T) + 0°28 \sin(228°2 + 960\ 400°87\ T) \\
& - 0°28 \sin(318°3 + 6\ 003°18\ T) - 0°17 \sin(217°6 - 407\ 332°20\ T) \\
\pi = {}& + 0°9508 \\
& + 0°0518 \cos(134°9 + 477\ 198°85\ T) + 0°0095 \cos(259°2 - 413\ 335°38\ T) \\
& + 0°0078 \cos(235°7 + 890\ 534°23\ T) + 0°0028 \cos(269°9 + 954\ 397°70\ T) \\
SD = {}& 0·2725\ \pi \\
r = {}& 1/\sin\pi
\end{aligned}$$

Form the geocentric direction cosines (l, m, n) from:

$$\begin{aligned}
l &= \cos\beta \cos\lambda \\
m &= +0·9175 \cos\beta \sin\lambda - 0·3978 \sin\beta \\
n &= +0·3978 \cos\beta \sin\lambda + 0·9175 \sin\beta
\end{aligned}$$

where $l = \cos\delta \cos\alpha$ $m = \cos\delta \sin\alpha$ $n = \sin\delta$

Then $\alpha = \tan^{-1}(m/l)$ and $\delta = \sin^{-1}(n)$

where the quadrant of α is determined by the signs of l and m, and where α, δ are referred to the mean equator and equinox of date.

Low-precision formulae for topocentric coordinates of the Moon

The following formulae give approximate topocentric values of right ascension (α'), declination (δ'), distance (r'), parallax (π') and semi-diameter (SD').

Form the geocentric rectangular coordinates (x, y, z) from:

$$\begin{aligned}
x &= rl = r \cos\delta \cos\alpha \\
y &= rm = r \cos\delta \sin\alpha \\
z &= rn = r \sin\delta
\end{aligned}$$

Form the topocentric rectangular coordinates (x', y', z') from:

$$\begin{aligned}
x' &= x - \cos\phi' \cos\theta_0 \\
y' &= y - \cos\phi' \sin\theta_0 \\
z' &= z - \sin\phi'
\end{aligned}$$

where ϕ' is the observer's geocentric latitude and θ_0 is the local sidereal time.

$$\theta_0 = 100°46 + 36\ 000°77\ T + \lambda' + 15\ \text{UT}$$

where λ' is the observer's east longitude.

Then $r' = (x'^2 + y'^2 + z'^2)^{1/2}$ $\alpha' = \tan^{-1}(y'/x')$ $\delta' = \sin^{-1}(z'/r')$

             $\pi' = \sin^{-1}(1/r')$ $SD' = 0·2725\pi'$

CONTENTS OF SECTION E

NOTES

1. Other data, explanatory notes and formulas are given on the following pages:

2. Other data on the planets are given on the following pages:

NOTES AND FORMULAS

Orbital elements

The heliocentric osculating orbital elements for the Earth given on pages E3–E4 refer to the Earth/Moon barycenter. In ecliptic rectangular coordinates, the correction from the Earth/Moon barycenter to the Earth's center is given by:

(Earth's center) = (Earth/Moon barycenter) − (0.000 0312 cos L, 0.000 0312 sin L, 0.0)

where $L = 218° + 481\ 268°\ T$, with T in Julian centuries from JD 245 1545.0 to 5 decimal places; the coordinates are in au and are referred to the mean equinox and ecliptic of date.

Linear interpolation of the heliocentric osculating orbital elements usually leads to errors of about $1''$ or $2''$ in the geocentric positions of the Sun and planets: the errors may, however, reach about $7''$ for Venus at inferior conjunction and about $3''$ for Mars at opposition.

Heliocentric coordinates

The heliocentric ecliptic coordinates of the Earth may be obtained from the geocentric ecliptic coordinates of the Sun given on pages C4–C18 by adding ±180° to the longitude, and reversing the sign of the latitude.

Geocentric coordinates

Precise values of apparent semidiameter and horizontal parallax may be computed from the formulas and values given on page E43. Values of apparent diameter are tabulated in the ephemerides for physical observations on pages E52 onwards.

Times of transit, rising and setting

Formulas for obtaining the universal times of transit, rising and setting of the planets are given on page E43.

Ephemerides for physical observations

Full descriptions of the quantities tabulated in the ephemerides for physical observations of the planets are given in the Explanation (Section L).

Invariable plane of the solar system

Approximate coordinates of the north pole of the invariable plane for J2000.0 are:

$$\alpha_0 = 273°.85 \quad \delta_0 = 66°.99$$

HELIOCENTRIC OSCULATING ORBITAL ELEMENTS
REFERRED TO THE MEAN ECLIPTIC AND EQUINOX OF J2000.0

Julian Date 245	Inclination i	Longitude Asc. Node Ω	Longitude Perihelion ϖ	Mean Distance a	Daily Motion n	Eccentricity e	Mean Longitude L
MERCURY	°	°	°		°		°
2280.5	7.004 82	48.3286	77.4627	0.387 0972	4.092 363	0.205 6409	22.162 95
2480.5	7.004 77	48.3280	77.4624	0.387 0976	4.092 356	0.205 6400	120.633 62
VENUS							
2280.5	3.394 63	76.6739	131.537	0.723 3343	1.602 124	0.006 7968	280.346 66
2480.5	3.394 61	76.6734	131.490	0.723 3264	1.602 150	0.006 7924	240.773 86
EARTH*							
2280.5	0.000 33	183.9	102.9230	1.000 0024	0.985 605 6	0.016 6929	105.378 32
2480.5	0.000 34	179.6	102.9377	1.000 0146	0.985 587 6	0.016 6556	302.499 85
MARS							
2280.5	1.849 50	49.5580	335.9814	1.523 6503	0.524 054 2	0.093 3461	20.882 09
2480.5	1.849 32	49.5514	336.0634	1.523 7851	0.523 984 6	0.093 4090	125.675 13
JUPITER							
2280.5	1.303 90	100.5127	15.1000	5.203 242	0.083 080 73	0.048 9043	95.435 01
2480.5	1.303 81	100.5120	14.9540	5.202 592	0.083 096 29	0.048 9157	112.052 02
SATURN							
2280.5	2.485 67	113.6268	92.3452	9.585 696	0.033 214 73	0.057 6329	74.803 85
2480.5	2.485 68	113.6266	92.9410	9.585 004	0.033 218 32	0.057 7197	81.513 37
URANUS							
2280.5	0.771 90	73.8812	168.5975	19.154 83	0.011 756 99	0.048 1597	322.045 35
2480.5	0.771 83	73.8649	168.7381	19.142 41	0.011 768 43	0.048 9664	324.345 97
NEPTUNE							
2280.5	1.770 05	131.7880	61.851	29.967 17	0.006 008 233	0.010 9845	309.465 13
2480.5	1.770 60	131.7871	65.730	29.951 85	0.006 012 843	0.010 5991	310.592 11
PLUTO							
2280.5	17.171 26	110.2315	223.4389	39.278 30	0.004 003 824	0.245 7467	241.739 27
2480.5	17.171 57	110.2307	223.4089	39.330 50	0.003 995 856	0.246 8703	242.479 01

HELIOCENTRIC COORDINATES AND VELOCITY COMPONENTS
REFERRED TO THE MEAN EQUATOR AND EQUINOX OF J2000.0

	x	y	z	$\dot{x}$	$\dot{y}$	$\dot{z}$
MERCURY						
2280.5	+ 0.353 3313	+ 0.014 4213	− 0.028 9399	− 0.005 570 45	+ 0.025 810 79	+ 0.014 364 86
2480.5	− 0.257 7220	+ 0.181 5666	+ 0.123 7136	− 0.023 790 11	− 0.018 937 49	− 0.007 648 53
VENUS						
2280.5	+ 0.135 1625	− 0.648 7047	− 0.300 4010	+ 0.019 737 50	+ 0.003 816 80	+ 0.000 468 03
2480.5	− 0.345 5342	− 0.589 1232	− 0.243 1747	+ 0.017 640 54	− 0.008 471 44	− 0.004 927 63
EARTH*						
2280.5	− 0.262 1539	+ 0.869 5332	+ 0.376 9828	− 0.016 861 75	− 0.004 267 16	− 0.001 850 02
2480.5	+ 0.536 3509	− 0.791 4090	− 0.343 1123	+ 0.014 331 03	+ 0.008 276 12	+ 0.003 588 08
MARS						
2280.5	+ 1.249 7044	+ 0.644 3832	+ 0.261 7748	− 0.006 266 27	+ 0.012 140 77	+ 0.005 737 93
2480.5	− 1.072 5786	+ 1.127 9410	+ 0.546 3356	− 0.010 097 85	− 0.007 291 96	− 0.003 071 67
JUPITER						
2280.5	− 0.987 698	+ 4.658 178	+ 2.020 676	− 0.007 509 225	− 0.001 064 436	− 0.000 273 412
2480.5	− 2.427 228	+ 4.253 070	+ 1.882 084	− 0.006 790 418	− 0.002 945 027	− 0.001 097 001
SATURN						
2280.5	+ 2.694 618	+ 8.037 188	+ 3.203 744	− 0.005 630 037	+ 0.001 433 250	+ 0.000 834 216
2480.5	+ 1.550 070	+ 8.258 766	+ 3.344 508	− 0.005 800 150	+ 0.000 779 074	+ 0.000 571 336
URANUS						
2280.5	+ 16.247 93	− 10.577 94	− 4.862 77	+ 0.002 253 949	+ 0.002 771 777	+ 0.001 182 200
2480.5	+ 16.686 62	− 10.016 09	− 4.622 87	+ 0.002 132 670	+ 0.002 846 089	+ 0.001 216 479
NEPTUNE						
2280.5	+ 18.656 32	− 21.689 09	− 9.341 86	+ 0.002 434 477	+ 0.001 839 742	+ 0.000 692 418
2480.5	+ 19.139 18	− 21.316 66	− 9.201 44	+ 0.002 394 112	+ 0.001 884 524	+ 0.000 711 720
PLUTO						
2280.5	− 7.623 77	− 28.729 71	− 6.667 74	+ 0.003 093 866	− 0.000 913 534	− 0.001 219 650
2480.5	− 7.003 39	− 28.906 60	− 6.910 35	+ 0.003 109 856	− 0.000 855 334	− 0.001 206 333

*Values labelled for the Earth are actually for the Earth/Moon barycenter (see note on page E2).
Distances are in astronomical units. Velocity components are in astronomical units per day.

INNER PLANETS, 2002

HELIOCENTRIC OSCULATING ORBITAL ELEMENTS
REFERRED TO THE MEAN ECLIPTIC AND EQUINOX OF DATE

Date	Julian Date 245	Inclin- ation i	Longitude Asc. Node Ω	Longitude Perihelion ϖ	Mean Distance a	Daily Motion n	Eccen- tricity e	Mean Longitude L
		°	°	°	°			°
MERCURY								
Jan. −34	2240.5	7.0050	48.354	77.488	0.387 100	4.092 32	0.205 635	218.4962
Jan. 6	2280.5	7.0050	48.355	77.491	0.387 097	4.092 36	0.205 641	22.1911
Feb. 15	2320.5	7.0050	48.356	77.492	0.387 097	4.092 36	0.205 643	185.8867
Mar. 27	2360.5	7.0050	48.358	77.494	0.387 097	4.092 36	0.205 643	349.5825
May 6	2400.5	7.0050	48.359	77.494	0.387 097	4.092 37	0.205 643	153.2783
June 15	2440.5	7.0050	48.360	77.497	0.387 098	4.092 35	0.205 640	316.9738
July 25	2480.5	7.0050	48.362	77.498	0.387 098	4.092 36	0.205 640	120.6694
Sept. 3	2520.5	7.0050	48.363	77.499	0.387 099	4.092 34	0.205 635	284.3654
Oct. 13	2560.5	7.0050	48.364	77.501	0.387 098	4.092 34	0.205 627	88.0597
Nov. 22	2600.5	7.0050	48.365	77.503	0.387 099	4.092 33	0.205 628	251.7546
Dec. 32	2640.5	7.0050	48.367	77.505	0.387 098	4.092 35	0.205 626	55.4493
VENUS								
Jan. −34	2240.5	3.3947	76.696	131.50	0.723 330	1.602 14	0.006 796	216.2885
Jan. 6	2280.5	3.3947	76.698	131.56	0.723 334	1.602 12	0.006 797	280.3748
Feb. 15	2320.5	3.3947	76.699	131.61	0.723 330	1.602 14	0.006 803	344.4610
Mar. 27	2360.5	3.3947	76.700	131.61	0.723 329	1.602 14	0.006 806	48.5484
May 6	2400.5	3.3947	76.701	131.55	0.723 333	1.602 13	0.006 806	112.6348
June 15	2440.5	3.3947	76.702	131.50	0.723 325	1.602 15	0.006 796	176.7216
July 25	2480.5	3.3947	76.704	131.53	0.723 326	1.602 15	0.006 792	240.8096
Sept. 3	2520.5	3.3946	76.705	131.59	0.723 333	1.602 13	0.006 787	304.8965
Oct. 13	2560.5	3.3946	76.705	131.59	0.723 339	1.602 11	0.006 777	8.9823
Nov. 22	2600.5	3.3947	76.705	131.61	0.723 338	1.602 11	0.006 759	73.0661
Dec. 32	2640.5	3.3947	76.706	131.59	0.723 331	1.602 13	0.006 748	137.1517
EARTH*								
Jan. −34	2240.5	0.0	—	103.006	0.999 995	0.985 617	0.016 690	65.9821
Jan. 6	2280.5	0.0	—	102.951	1.000 002	0.985 606	0.016 693	105.4064
Feb. 15	2320.5	0.0	—	102.901	0.999 990	0.985 624	0.016 685	144.8313
Mar. 27	2360.5	0.0	—	102.875	0.999 980	0.985 638	0.016 680	184.2582
May 6	2400.5	0.0	—	102.911	0.999 991	0.985 622	0.016 675	223.6853
June 15	2440.5	0.0	—	102.953	1.000 008	0.985 598	0.016 662	263.1110
July 25	2480.5	0.0	—	102.973	1.000 015	0.985 588	0.016 656	302.5356
Sept. 3	2520.5	0.0	—	102.995	1.000 009	0.985 596	0.016 659	341.9606
Oct. 13	2560.5	0.0	—	103.054	0.999 990	0.985 624	0.016 673	21.3877
Nov. 22	2600.5	0.0	—	103.097	0.999 992	0.985 622	0.016 699	60.8174
Dec. 32	2640.5	0.0	—	103.091	1.000 016	0.985 586	0.016 725	100.2440
MARS								
Jan. −34	2240.5	1.8496	49.578	336.002	1.523 643	0.524 058	0.093 348	359.9455
Jan. 6	2280.5	1.8497	49.579	336.010	1.523 650	0.524 054	0.093 346	20.9102
Feb. 15	2320.5	1.8496	49.581	336.025	1.523 683	0.524 037	0.093 349	41.8745
Mar. 27	2360.5	1.8496	49.582	336.049	1.523 739	0.524 009	0.093 353	62.8370
May 6	2400.5	1.8496	49.582	336.072	1.523 790	0.523 982	0.093 356	83.7970
June 15	2440.5	1.8495	49.581	336.088	1.523 809	0.523 972	0.093 373	104.7543
July 25	2480.5	1.8495	49.579	336.099	1.523 785	0.523 985	0.093 409	125.7109
Sept. 3	2520.5	1.8495	49.577	336.109	1.523 727	0.524 014	0.093 458	146.6691
Oct. 13	2560.5	1.8495	49.577	336.119	1.523 673	0.524 043	0.093 497	167.6299
Nov. 22	2600.5	1.8496	49.578	336.126	1.523 639	0.524 060	0.093 519	188.5934
Dec. 32	2640.5	1.8496	49.579	336.126	1.523 631	0.524 064	0.093 529	209.5584

*Values labelled for the Earth are actually for the Earth/Moon barycenter (see note on page E2).

FORMULAS

Mean anomaly, $M = L - \varpi$

Argument of perihelion, measured from node, $\omega = \varpi - \Omega$

True anomaly, $\nu = M + (2e - e^3/4)\sin M + (5e^2/4)\sin 2M + (13e^3/12)\sin 3M + \ldots$ in radians.

True distance, $r = a(1 - e^2)/(1 + e\cos\nu)$

Heliocentric rectangular coordinates, referred to the ecliptic of date, may be computed from these elements by:
$$x = r\{\cos(\nu + \omega)\cos\Omega - \sin(\nu + \omega)\cos i \sin\Omega\}$$
$$y = r\{\cos(\nu + \omega)\sin\Omega + \sin(\nu + \omega)\cos i \cos\Omega\}$$
$$z = r\sin(\nu + \omega)\sin i$$

HELIOCENTRIC OSCULATING ORBITAL ELEMENTS
REFERRED TO THE MEAN ECLIPTIC AND EQUINOX OF DATE

Date	Julian Date 245	Inclin- ation i	Longitude Asc. Node Ω	Longitude Perihelion ϖ	Mean Distance a	Daily Motion n	Eccen- tricity e	Mean Longitude L
JUPITER		°	°	°		°		°
Jan. −34	2240.5	1.3039	100.529	15.159	5.203 38	0.083 077 4	0.048 901	92.1393
Jan. 6	2280.5	1.3038	100.530	15.128	5.203 24	0.083 080 7	0.048 904	95.4631
Feb. 15	2320.5	1.3038	100.531	15.107	5.203 14	0.083 083 1	0.048 907	98.7875
Mar. 27	2360.5	1.3038	100.532	15.089	5.203 06	0.083 085 1	0.048 908	102.1122
May 6	2400.5	1.3038	100.532	15.065	5.202 94	0.083 087 9	0.048 904	105.4378
June 15	2440.5	1.3038	100.533	15.025	5.202 76	0.083 092 3	0.048 906	108.7631
July 25	2480.5	1.3037	100.534	14.990	5.202 59	0.083 096 3	0.048 916	112.0878
Sept. 3	2520.5	1.3037	100.534	14.968	5.202 48	0.083 099 0	0.048 930	115.4121
Oct. 13	2560.5	1.3037	100.535	14.974	5.202 49	0.083 098 7	0.048 937	118.7367
Nov. 22	2600.5	1.3037	100.536	14.980	5.202 52	0.083 098 0	0.048 932	122.0626
Dec. 32	2640.5	1.3037	100.537	14.976	5.202 51	0.083 098 2	0.048 922	125.3893
SATURN								
Jan. −34	2240.5	2.4855	113.649	92.248	9.585 61	0.033 215 1	0.057 584	73.4872
Jan. 6	2280.5	2.4855	113.650	92.373	9.585 70	0.033 214 7	0.057 633	74.8320
Feb. 15	2320.5	2.4855	113.651	92.498	9.585 78	0.033 214 3	0.057 680	76.1767
Mar. 27	2360.5	2.4856	113.652	92.623	9.585 81	0.033 214 1	0.057 717	77.5211
May 6	2400.5	2.4855	113.653	92.753	9.585 63	0.033 215 1	0.057 732	78.8653
June 15	2440.5	2.4855	113.654	92.871	9.585 28	0.033 216 9	0.057 725	80.2078
July 25	2480.5	2.4855	113.656	92.977	9.585 00	0.033 218 3	0.057 720	81.5492
Sept. 3	2520.5	2.4855	113.657	93.072	9.584 87	0.033 219 0	0.057 725	82.8897
Oct. 13	2560.5	2.4855	113.658	93.171	9.584 91	0.033 218 8	0.057 745	84.2311
Nov. 22	2600.5	2.4855	113.660	93.283	9.584 74	0.033 219 7	0.057 744	85.5734
Dec. 32	2640.5	2.4855	113.661	93.397	9.584 31	0.033 222 0	0.057 715	86.9156
URANUS								
Jan. −34	2240.5	0.7720	73.894	168.625	19.157 7	0.011 754 3	0.047 985	321.6105
Jan. 6	2280.5	0.7720	73.890	168.626	19.154 8	0.011 757 0	0.048 160	322.0735
Feb. 15	2320.5	0.7719	73.885	168.626	19.151 8	0.011 759 7	0.048 341	322.5364
Mar. 27	2360.5	0.7719	73.879	168.635	19.148 9	0.011 762 5	0.048 523	322.9988
May 6	2400.5	0.7719	73.876	168.664	19.146 1	0.011 765 1	0.048 704	323.4596
June 15	2440.5	0.7719	73.876	168.719	19.144 1	0.011 766 9	0.048 847	323.9200
July 25	2480.5	0.7719	73.876	168.774	19.142 4	0.011 768 4	0.048 966	324.3818
Sept. 3	2520.5	0.7719	73.875	168.818	19.140 8	0.011 769 9	0.049 076	324.8450
Oct. 13	2560.5	0.7719	73.871	168.843	19.138 7	0.011 771 9	0.049 215	325.3089
Nov. 22	2600.5	0.7719	73.869	168.884	19.136 2	0.011 774 1	0.049 374	325.7705
Dec. 32	2640.5	0.7719	73.869	168.951	19.134 1	0.011 776 1	0.049 525	326.2303
NEPTUNE								
Jan. −34	2240.5	1.7698	131.809	60.98	29.971 3	0.006 006 98	0.011 039	309.2649
Jan. 6	2280.5	1.7699	131.810	61.88	29.967 2	0.006 008 23	0.010 985	309.4933
Feb. 15	2320.5	1.7699	131.811	62.82	29.962 8	0.006 009 54	0.010 931	309.7213
Mar. 27	2360.5	1.7700	131.812	63.76	29.958 7	0.006 010 79	0.010 873	309.9487
May 6	2400.5	1.7701	131.813	64.64	29.955 1	0.006 011 87	0.010 793	310.1743
June 15	2440.5	1.7703	131.814	65.26	29.953 2	0.006 012 43	0.010 692	310.4001
July 25	2480.5	1.7704	131.815	65.77	29.951 9	0.006 012 84	0.010 599	310.6279
Sept. 3	2520.5	1.7704	131.817	66.25	29.950 5	0.006 013 26	0.010 521	310.8575
Oct. 13	2560.5	1.7705	131.818	66.95	29.947 8	0.006 014 07	0.010 463	311.0870
Nov. 22	2600.5	1.7706	131.819	67.73	29.945 0	0.006 014 90	0.010 384	311.3136
Dec. 32	2640.5	1.7707	131.820	68.40	29.943 2	0.006 015 44	0.010 275	311.5382
PLUTO								
Jan. −34	2240.5	17.1708	110.258	223.479	39.270 2	0.004 005 06	0.245 561	241.6187
Jan. 6	2280.5	17.1711	110.259	223.467	39.278 3	0.004 003 82	0.245 747	241.7674
Feb. 15	2320.5	17.1715	110.260	223.455	39.286 6	0.004 002 56	0.245 938	241.9157
Mar. 27	2360.5	17.1717	110.260	223.444	39.295 6	0.004 001 18	0.246 142	242.0638
May 6	2400.5	17.1718	110.262	223.438	39.306 7	0.003 999 48	0.246 385	242.2118
June 15	2440.5	17.1717	110.264	223.440	39.319 2	0.003 997 58	0.246 640	242.3625
July 25	2480.5	17.1714	110.266	223.445	39.330 5	0.003 995 86	0.246 870	242.5148
Sept. 3	2520.5	17.1712	110.267	223.448	39.340 2	0.003 994 37	0.247 069	242.6679
Oct. 13	2560.5	17.1713	110.269	223.444	39.348 9	0.003 993 06	0.247 256	242.8190
Nov. 22	2600.5	17.1712	110.270	223.443	39.360 0	0.003 991 37	0.247 492	242.9684
Dec. 32	2640.5	17.1709	110.273	223.448	39.373 7	0.003 989 29	0.247 770	243.1183

MERCURY, 2002

HELIOCENTRIC POSITIONS FOR 0ʰ TERRESTRIAL TIME
MEAN EQUINOX AND ECLIPTIC OF DATE

Date		Longitude	Latitude	Radius Vector	Date		Longitude	Latitude	Radius Vector
		° ′ ″	° ′ ″				° ′ ″	° ′ ″	
Jan.	0	334 08 37.1	− 6 44 35.4	0.389 3636	Feb.	15	206 17 27.4	+ 2 38 34.2	0.425 3584
	1	338 11 06.9	− 6 35 36.1	0.383 6708		16	209 33 17.4	+ 2 16 04.0	0.429 7891
	2	342 20 47.6	− 6 24 18.1	0.377 9104		17	212 45 07.4	+ 1 53 35.0	0.433 9997
	3	346 38 01.2	− 6 10 33.0	0.372 1108		18	215 53 17.3	+ 1 31 10.5	0.437 9814
	4	351 03 09.1	− 5 54 12.6	0.366 3036		19	218 58 05.8	+ 1 08 53.7	0.441 7262
	5	355 36 31.1	− 5 35 09.2	0.360 5233		20	221 59 51.1	+ 0 46 46.9	0.445 2274
	6	0 18 25.2	− 5 13 16.5	0.354 8077		21	224 58 50.2	+ 0 24 52.4	0.448 4789
	7	5 09 06.7	− 4 48 29.7	0.349 1978		22	227 55 19.7	+ 0 03 12.2	0.451 4753
	8	10 08 47.2	− 4 20 46.1	0.343 7378		23	230 49 35.5	− 0 18 12.2	0.454 2122
	9	15 17 33.9	− 3 50 06.0	0.338 4746		24	233 41 52.6	− 0 39 19.2	0.456 6854
	10	20 35 28.4	− 3 16 33.3	0.333 4577		25	236 32 25.7	− 1 00 07.4	0.458 8917
	11	26 02 25.7	− 2 40 16.1	0.328 7383		26	239 21 29.0	− 1 20 35.6	0.460 8280
	12	31 38 12.8	− 2 01 27.7	0.324 3686		27	242 09 16.0	− 1 40 42.8	0.462 4919
	13	37 22 27.9	− 1 20 26.7	0.320 4008		28	244 56 00.2	− 2 00 27.7	0.463 8814
	14	43 14 39.3	− 0 37 37.7	0.316 8856	Mar.	1	247 41 54.6	− 2 19 49.4	0.464 9947
	15	49 14 05.1	+ 0 06 29.0	0.313 8706		2	250 27 11.7	− 2 38 46.9	0.465 8307
	16	55 19 52.4	+ 0 51 17.9	0.311 3993		3	253 12 04.3	− 2 57 19.1	0.466 3882
	17	61 30 58.2	+ 1 36 09.0	0.309 5087		4	255 56 44.5	− 3 15 24.9	0.466 6668
	18	67 46 09.7	+ 2 20 19.5	0.308 2284		5	258 41 24.7	− 3 33 03.2	0.466 6660
	19	74 04 06.0	+ 3 03 05.5	0.307 5787		6	261 26 17.0	− 3 50 12.9	0.466 3859
	20	80 23 20.3	+ 3 43 44.0	0.307 5704		7	264 11 33.7	− 4 06 52.6	0.465 8268
	21	86 42 22.1	+ 4 21 35.1	0.308 2036		8	266 57 27.0	− 4 23 01.1	0.464 9893
	22	92 59 40.5	+ 4 56 03.8	0.309 4679		9	269 44 09.3	− 4 38 36.8	0.463 8745
	23	99 13 46.9	+ 5 26 41.9	0.311 3431		10	272 31 53.1	− 4 53 38.1	0.462 4835
	24	105 23 17.9	+ 5 53 08.5	0.313 7999		11	275 20 51.0	− 5 08 03.1	0.460 8181
	25	111 26 58.0	+ 6 15 10.9	0.316 8013		12	278 11 16.1	− 5 21 50.0	0.458 8802
	26	117 23 41.3	+ 6 32 44.1	0.320 3043		13	281 03 21.6	− 5 34 56.6	0.456 6725
	27	123 12 33.0	+ 6 45 50.1	0.324 2611		14	283 57 21.1	− 5 47 20.4	0.454 1978
	28	128 52 49.7	+ 6 54 37.2	0.328 6210		15	286 53 28.6	− 5 58 58.8	0.451 4595
	29	134 23 59.7	+ 6 59 18.4	0.333 3321		16	289 51 58.7	− 6 09 48.9	0.448 4616
	30	139 45 42.0	+ 7 00 10.4	0.338 3420		17	292 53 06.2	− 6 19 47.5	0.445 2088
	31	144 57 45.8	+ 6 57 32.1	0.343 5995		18	295 57 06.7	− 6 28 51.1	0.441 7062
Feb.	1	150 00 09.0	+ 6 51 43.7	0.349 0551		19	299 04 16.4	− 6 36 55.6	0.437 9601
	2	154 52 57.1	+ 6 43 05.8	0.354 6618		20	302 14 51.9	− 6 43 56.9	0.433 9771
	3	159 36 21.4	+ 6 31 58.6	0.360 3753		21	305 29 10.6	− 6 49 50.3	0.429 7653
	4	164 10 38.3	+ 6 18 41.5	0.366 1545		22	308 47 30.7	− 6 54 30.7	0.425 3335
	5	168 36 07.7	+ 6 03 32.5	0.371 9615		23	312 10 10.9	− 6 57 52.4	0.420 6918
	6	172 53 12.3	+ 5 46 48.3	0.377 7617		24	315 37 30.7	− 6 59 49.5	0.415 8516
	7	177 02 16.3	+ 5 28 44.2	0.383 5236		25	319 09 50.5	− 7 00 15.4	0.410 8259
	8	181 03 45.2	+ 5 09 33.6	0.389 2185		26	322 47 31.0	− 6 59 03.2	0.405 6292
	9	184 58 04.9	+ 4 49 28.8	0.394 8209		27	326 30 53.8	− 6 56 05.3	0.400 2779
	10	188 45 41.3	+ 4 28 40.4	0.400 3077		28	330 20 20.9	− 6 51 13.8	0.394 7905
	11	192 27 00.0	+ 4 07 17.8	0.405 6581		29	334 16 14.6	− 6 44 20.6	0.389 1876
	12	196 02 26.1	+ 3 45 29.2	0.410 8539		30	338 18 57.4	− 6 35 17.1	0.383 4922
	13	199 32 23.8	+ 3 23 21.8	0.415 8787		31	342 28 51.9	− 6 23 54.7	0.377 7301
	14	202 57 16.7	+ 3 01 01.7	0.420 7178	Apr.	1	346 46 20.0	− 6 10 04.9	0.371 9298
	15	206 17 27.4	+ 2 38 34.2	0.425 3584		2	351 11 43.0	− 5 53 39.4	0.366 1228

MERCURY, 2002

HELIOCENTRIC POSITIONS FOR 0^h TERRESTRIAL TIME
MEAN EQUINOX AND ECLIPTIC OF DATE

Date		Longitude	Latitude	Radius Vector	Date		Longitude	Latitude	Radius Vector
		° ′ ″	° ′ ″				° ′ ″	° ′ ″	
Apr.	1	346 46 20.0	− 6 10 04.9	0.371 9298	May	17	215 59 17.3	+ 1 30 28.6	0.438 1015
	2	351 11 43.0	− 5 53 39.4	0.366 1228		18	219 03 59.8	+ 1 08 12.0	0.441 8388
	3	355 45 20.7	− 5 34 30.9	0.360 3438		19	222 05 39.6	+ 0 46 05.6	0.445 3323
	4	0 27 31.0	− 5 12 32.8	0.354 6308		20	225 04 33.9	+ 0 24 11.6	0.448 5759
	5	5 18 29.1	− 4 47 40.5	0.349 0249		21	228 00 59.0	+ 0 02 31.8	0.451 5643
	6	10 18 26.6	− 4 19 51.4	0.343 5702		22	230 55 10.8	− 0 18 52.1	0.454 2929
	7	15 27 30.4	− 3 49 05.9	0.338 3139		23	233 47 24.5	− 0 39 58.5	0.456 7579
	8	20 45 42.0	− 3 15 27.9	0.333 3054		24	236 37 54.7	− 1 00 46.1	0.458 9558
	9	26 12 56.1	− 2 39 05.8	0.328 5961		25	239 26 55.4	− 1 21 13.7	0.460 8837
	10	31 48 59.5	− 2 00 12.9	0.324 2381		26	242 14 40.3	− 1 41 20.2	0.462 5390
	11	37 33 30.0	− 1 19 08.1	0.320 2836		27	245 01 22.8	− 2 01 04.4	0.463 9199
	12	43 25 55.7	− 0 36 16.2	0.316 7832		28	247 47 15.8	− 2 20 25.4	0.465 0246
	13	49 25 34.3	+ 0 07 52.4	0.313 7845		29	250 32 32.0	− 2 39 22.1	0.465 8519
	14	55 31 32.7	+ 0 52 42.0	0.311 3307		30	253 17 24.0	− 2 57 53.4	0.466 4007
	15	61 42 47.3	+ 1 37 32.5	0.309 4588		31	256 02 04.1	− 3 15 58.4	0.466 6706
	16	67 58 05.3	+ 2 21 41.1	0.308 1978	June	1	258 46 44.5	− 3 33 35.9	0.466 6611
	17	74 16 05.5	+ 3 04 23.7	0.307 5681		2	261 31 37.4	− 3 50 44.6	0.466 3724
	18	80 35 20.9	+ 3 44 57.6	0.307 5799		3	264 16 55.1	− 4 07 23.4	0.465 8046
	19	86 54 20.9	+ 4 22 42.9	0.308 2329		4	267 02 49.8	− 4 23 30.9	0.464 9585
	20	93 11 34.7	+ 4 57 04.8	0.309 5166		5	269 49 33.8	− 4 39 05.5	0.463 8350
	21	99 25 33.8	+ 5 27 35.3	0.311 4105		6	272 37 19.7	− 4 54 05.7	0.462 4355
	22	105 34 55.0	+ 5 53 53.9	0.313 8849		7	275 26 20.2	− 5 08 29.6	0.460 7616
	23	111 38 23.1	+ 6 15 47.9	0.316 9027		8	278 16 48.2	− 5 22 15.2	0.458 8154
	24	117 34 52.5	+ 6 33 12.7	0.320 4206		9	281 08 57.1	− 5 35 20.5	0.456 5993
	25	123 23 28.8	+ 6 46 10.4	0.324 3908		10	284 03 00.3	− 5 47 42.9	0.454 1164
	26	129 03 28.9	+ 6 54 49.6	0.328 7626		11	286 59 12.1	− 5 59 19.9	0.451 3700
	27	134 34 21.5	+ 6 59 23.4	0.333 4838		12	289 57 46.9	− 6 10 08.4	0.448 3642
	28	139 55 45.9	+ 7 00 08.5	0.338 5022		13	292 58 59.6	− 6 20 05.4	0.445 1035
	29	145 07 31.6	+ 6 57 24.0	0.343 7667		14	296 03 05.7	− 6 29 07.1	0.441 5934
	30	150 09 36.7	+ 6 51 30.0	0.349 2278		15	299 10 21.5	− 6 37 09.7	0.437 8398
May	1	155 02 07.0	+ 6 42 47.2	0.354 8384		16	302 21 03.7	− 6 44 09.0	0.433 8496
	2	159 45 14.0	+ 6 31 35.6	0.360 5546		17	305 35 29.7	− 6 50 00.2	0.429 6309
	3	164 19 14.1	+ 6 18 14.7	0.366 3352		18	308 53 57.5	− 6 54 38.2	0.425 1924
	4	168 44 27.4	+ 6 03 02.5	0.372 1426		19	312 16 46.2	− 6 57 57.4	0.420 5444
	5	173 01 16.6	+ 5 46 15.6	0.377 9420		20	315 44 15.1	− 6 59 51.7	0.415 6984
	6	177 10 06.1	+ 5 28 09.2	0.383 7022		21	319 16 44.5	− 7 00 14.7	0.410 6672
	7	181 11 21.2	+ 5 08 56.7	0.389 3947		22	322 54 35.3	− 6 58 59.2	0.405 4655
	8	185 05 28.0	+ 4 48 50.4	0.394 9938		23	326 38 09.1	− 6 55 57.9	0.400 1099
	9	188 52 52.2	+ 4 28 00.8	0.400 4766		24	330 27 47.8	− 6 51 02.8	0.394 6186
	10	192 33 59.5	+ 4 06 37.3	0.405 8225		25	334 23 53.8	− 6 44 05.6	0.389 0125
	11	196 09 15.0	+ 3 44 48.0	0.411 0132		26	338 26 49.7	− 6 34 57.9	0.383 3147
	12	199 39 02.9	+ 3 22 40.1	0.416 0323		27	342 36 57.9	− 6 23 31.0	0.377 5511
	13	203 03 46.6	+ 3 00 19.7	0.420 8654		28	346 54 40.4	− 6 09 36.5	0.371 7502
	14	206 23 48.8	+ 2 37 52.0	0.425 4996		29	351 20 18.4	− 5 53 06.1	0.365 9436
	15	209 39 31.0	+ 2 15 21.8	0.429 9235		30	355 54 11.7	− 5 33 52.3	0.360 1662
	16	212 51 13.9	+ 1 52 52.9	0.434 1271	July	1	0 36 38.1	− 5 11 48.9	0.354 4560
	17	215 59 17.3	+ 1 30 28.6	0.438 1015		2	5 27 52.7	− 4 46 51.1	0.348 8541

MERCURY, 2002

HELIOCENTRIC POSITIONS FOR 0ʰ TERRESTRIAL TIME
MEAN EQUINOX AND ECLIPTIC OF DATE

Date		Longitude	Latitude	Radius Vector	Date		Longitude	Latitude	Radius Vector
		° ′ ″	° ′ ″				° ′ ″	° ′ ″	
July	1	0 36 38.1	− 5 11 48.9	0.354 4560	Aug.	16	225 10 16.2	+ 0 23 30.8	0.448 6711
	2	5 27 52.7	− 4 46 51.1	0.348 8541		17	228 06 37.0	+ 0 01 51.5	0.451 6515
	3	10 28 06.9	− 4 18 56.5	0.343 4050		18	231 00 45.0	− 0 19 31.8	0.454 3720
	4	15 37 27.7	− 3 48 05.5	0.338 1557		19	233 52 55.4	− 0 40 37.7	0.456 8288
	5	20 55 56.1	− 3 14 22.3	0.333 1558		20	236 43 22.6	− 1 01 24.7	0.459 0183
	6	26 23 26.7	− 2 37 55.2	0.328 4567		21	239 32 20.8	− 1 21 51.6	0.460 9377
	7	31 59 46.0	− 1 58 58.0	0.324 1106		22	242 20 03.7	− 1 41 57.4	0.462 5846
	8	37 44 31.6	− 1 17 49.5	0.320 1695		23	245 06 44.5	− 2 01 41.0	0.463 9569
	9	43 37 11.3	− 0 34 54.8	0.316 6840		24	247 52 36.2	− 2 21 01.2	0.465 0530
	10	49 37 02.3	+ 0 09 15.6	0.313 7016		25	250 37 51.6	− 2 39 57.2	0.465 8716
	11	55 43 11.3	+ 0 54 05.8	0.311 2654		26	253 22 43.1	− 2 58 27.7	0.466 4119
	12	61 54 34.5	+ 1 38 55.7	0.309 4120		27	256 07 23.0	− 3 16 31.9	0.466 6730
	13	68 09 58.5	+ 2 23 02.2	0.308 1703		28	258 52 03.7	− 3 34 08.4	0.466 6549
	14	74 28 02.2	+ 3 05 41.5	0.307 5603		29	261 36 57.3	− 3 51 16.3	0.466 3575
	15	80 47 18.2	+ 3 46 10.7	0.307 5920		30	264 22 16.0	− 4 07 54.1	0.465 7810
	16	87 06 16.1	+ 4 23 50.1	0.308 2647		31	267 08 12.1	− 4 24 00.6	0.464 9263
	17	93 23 25.0	+ 4 58 05.2	0.309 5676	Sept.	1	269 54 58.0	− 4 39 34.2	0.463 7943
	18	99 37 16.5	+ 5 28 28.2	0.311 4799		2	272 42 46.1	− 4 54 33.2	0.462 3862
	19	105 46 27.7	+ 5 54 38.6	0.313 9716		3	275 31 49.2	− 5 08 56.0	0.460 7038
	20	111 49 43.7	+ 6 16 24.3	0.317 0055		4	278 22 20.2	− 5 22 40.4	0.458 7492
	21	117 45 59.1	+ 6 33 40.7	0.320 5380		5	281 14 32.5	− 5 35 44.4	0.456 5248
	22	123 34 19.9	+ 6 46 30.3	0.324 5212		6	284 08 39.7	− 5 48 05.4	0.454 0337
	23	129 14 03.4	+ 6 55 01.7	0.328 9045		7	287 04 55.7	− 5 59 40.9	0.451 2792
	24	134 44 38.5	+ 6 59 28.1	0.333 6355		8	290 03 35.3	− 6 10 27.9	0.448 2654
	25	140 05 45.1	+ 7 00 06.5	0.338 6622		9	293 04 53.2	− 6 20 23.2	0.444 9970
	26	145 17 12.8	+ 6 57 15.7	0.343 9333		10	296 09 05.1	− 6 29 23.1	0.441 4793
	27	150 19 00.1	+ 6 51 16.2	0.349 3996		11	299 16 27.2	− 6 37 23.8	0.437 7183
	28	155 11 12.7	+ 6 42 28.4	0.355 0140		12	302 27 16.1	− 6 44 21.0	0.433 7211
	29	159 54 02.5	+ 6 31 12.6	0.360 7327		13	305 41 49.4	− 6 50 10.0	0.429 4955
	30	164 27 46.0	+ 6 17 48.0	0.366 5146		14	309 00 25.2	− 6 54 45.6	0.425 0505
	31	168 52 43.4	+ 6 02 32.6	0.372 3221		15	312 23 22.3	− 6 58 02.2	0.420 3963
Aug.	1	173 09 17.5	+ 5 45 43.0	0.378 1207		16	315 51 00.3	− 6 59 53.8	0.415 5444
	2	177 17 52.5	+ 5 27 34.3	0.383 8791		17	319 23 39.4	− 7 00 13.8	0.410 5079
	3	181 18 54.1	+ 5 08 20.0	0.389 5690		18	323 01 40.7	− 6 58 55.1	0.405 3014
	4	185 12 48.0	+ 4 48 12.2	0.395 1647		19	326 45 25.5	− 6 55 50.3	0.399 9414
	5	189 00 00.2	+ 4 27 21.4	0.400 6435		20	330 35 15.9	− 6 50 51.5	0.394 4465
	6	192 40 56.4	+ 4 05 56.9	0.405 9848		21	334 31 34.4	− 6 43 50.4	0.388 8375
	7	196 16 01.4	+ 3 44 07.0	0.411 1704		22	338 34 43.3	− 6 34 38.5	0.383 1376
	8	199 45 39.6	+ 3 21 58.6	0.416 1839		23	342 45 05.3	− 6 23 07.1	0.377 3726
	9	203 10 14.3	+ 2 59 37.8	0.421 0110		24	347 03 02.2	− 6 09 07.8	0.371 5713
	10	206 30 08.2	+ 2 37 10.1	0.425 6388		25	351 28 55.2	− 5 52 32.4	0.365 7655
	11	209 45 42.8	+ 2 14 39.8	0.430 0560		26	356 03 04.1	− 5 33 13.4	0.359 9899
	12	212 57 18.7	+ 1 52 10.9	0.434 2526		27	0 45 46.5	− 5 11 04.6	0.354 2828
	13	216 05 15.6	+ 1 29 46.9	0.438 2197		28	5 37 17.5	− 4 46 01.3	0.348 6854
	14	219 09 52.3	+ 1 07 30.6	0.441 9496		29	10 37 48.4	− 4 18 01.2	0.343 2421
	15	222 11 26.7	+ 0 45 24.5	0.445 4354		30	15 47 25.8	− 3 47 04.8	0.338 0001
	16	225 10 16.2	+ 0 23 30.8	0.448 6711	Oct.	1	21 06 10.9	− 3 13 16.4	0.333 0092

MERCURY, 2002

HELIOCENTRIC POSITIONS FOR 0ʰ TERRESTRIAL TIME
MEAN EQUINOX AND ECLIPTIC OF DATE

Date		Longitude	Latitude	Radius Vector	Date		Longitude	Latitude	Radius Vector
		° ′ ″	° ′ ″				° ′ ″	° ′ ″	
Oct.	1	21 06 10.9	− 3 13 16.4	0.333 0092	Nov.	16	236 48 44.8	− 1 02 02.7	0.459 0788
	2	26 33 57.7	− 2 36 44.5	0.328 3206		17	239 37 40.7	− 1 22 29.1	0.460 9899
	3	32 10 32.6	− 1 57 42.9	0.323 9865		18	242 25 21.6	− 1 42 34.2	0.462 6284
	4	37 55 33.0	− 1 16 30.8	0.320 0591		19	245 12 00.9	− 2 02 17.1	0.463 9923
	5	43 48 26.1	− 0 33 33.3	0.316 5888		20	247 57 51.4	− 2 21 36.6	0.465 0799
	6	49 48 29.1	+ 0 10 38.9	0.313 6229		21	250 43 06.0	− 2 40 31.8	0.465 8900
	7	55 54 48.2	+ 0 55 29.6	0.311 2044		22	253 27 57.1	− 2 59 01.6	0.466 4218
	8	62 06 19.2	+ 1 40 18.7	0.309 3697		23	256 12 37.1	− 3 17 04.9	0.466 6744
	9	68 21 48.8	+ 2 24 23.1	0.308 1474		24	258 57 18.1	− 3 34 40.6	0.466 6478
	10	74 39 55.3	+ 3 06 58.9	0.307 5572		25	261 42 12.4	− 3 51 47.6	0.466 3419
	11	80 59 11.4	+ 3 47 23.3	0.307 6087		26	264 27 32.2	− 4 08 24.5	0.465 7570
	12	87 18 06.6	+ 4 24 56.8	0.308 3010		27	267 13 29.8	− 4 24 30.0	0.464 8939
	13	93 35 09.9	+ 4 59 05.1	0.309 6230		28	270 00 17.4	− 4 40 02.5	0.463 7535
	14	99 48 53.3	+ 5 29 20.4	0.311 5534		29	272 48 07.7	− 4 55 00.5	0.462 3371
	15	105 57 54.0	+ 5 55 22.9	0.314 0622		30	275 37 13.4	− 5 09 22.1	0.460 6465
	16	112 00 57.3	+ 6 17 00.3	0.317 1118	Dec.	1	278 27 47.5	− 5 23 05.3	0.458 6837
	17	117 56 58.4	+ 6 34 08.3	0.320 6587		2	281 20 03.1	− 5 36 08.0	0.456 4513
	18	123 45 03.3	+ 6 46 49.8	0.324 6547		3	284 14 14.1	− 5 48 27.7	0.453 9521
	19	129 24 29.9	+ 6 55 13.4	0.329 0491		4	287 10 34.4	− 6 00 01.7	0.451 1898
	20	134 54 47.4	+ 6 59 32.6	0.333 7896		5	290 09 18.6	− 6 10 47.1	0.448 1684
	21	140 15 36.0	+ 7 00 04.2	0.338 8242		6	293 10 41.7	− 6 20 40.7	0.444 8924
	22	145 26 45.5	+ 6 57 07.4	0.344 1017		7	296 14 59.3	− 6 29 38.9	0.441 3673
	23	150 28 14.8	+ 6 51 02.4	0.349 5728		8	299 22 27.4	− 6 37 37.8	0.437 5991
	24	155 20 09.8	+ 6 42 09.8	0.355 1907		9	302 33 23.0	− 6 44 32.9	0.433 5949
	25	160 02 42.4	+ 6 30 49.8	0.360 9114		10	305 48 03.5	− 6 50 19.7	0.429 3626
	26	164 36 09.4	+ 6 17 21.5	0.366 6943		11	309 06 47.0	− 6 54 53.0	0.424 9113
	27	169 00 50.9	+ 6 02 03.0	0.372 5017		12	312 29 52.4	− 6 58 07.0	0.420 2510
	28	173 17 09.8	+ 5 45 10.8	0.378 2992		13	315 57 39.2	− 6 59 55.9	0.415 3935
	29	177 25 30.6	+ 5 26 59.9	0.384 0555		14	319 30 27.9	− 7 00 12.9	0.410 3517
	30	181 26 18.7	+ 5 07 43.8	0.389 7425		15	323 08 39.3	− 6 58 51.1	0.405 1404
	31	185 20 00.0	+ 4 47 34.5	0.395 3347		16	326 52 34.9	− 6 55 42.9	0.399 7761
Nov.	1	189 07 00.3	+ 4 26 42.5	0.400 8093		17	330 42 36.8	− 6 50 40.5	0.394 2775
	2	192 47 45.4	+ 4 05 17.2	0.406 1458		18	334 39 07.4	− 6 43 35.5	0.388 6655
	3	196 22 40.1	+ 3 43 26.6	0.411 3261		19	338 42 29.2	− 6 34 19.4	0.382 9633
	4	199 52 08.8	+ 3 21 17.7	0.416 3339		20	342 53 04.6	− 6 22 43.6	0.377 1968
	5	203 16 34.7	+ 2 58 56.7	0.421 1548		21	347 11 15.7	− 6 08 39.6	0.371 3950
	6	206 36 20.5	+ 2 36 28.7	0.425 7761		22	351 37 23.4	− 5 51 59.3	0.365 5896
	7	209 51 47.6	+ 2 13 58.4	0.430 1865		23	356 11 47.6	− 5 32 35.2	0.359 8157
	8	213 03 16.6	+ 1 51 29.7	0.434 3760		24	0 54 45.9	− 5 10 21.1	0.354 1113
	9	216 11 07.2	+ 1 29 05.8	0.438 3358		25	5 46 33.1	− 4 45 12.5	0.348 5179
	10	219 15 38.2	+ 1 06 49.7	0.442 0582		26	10 47 20.4	− 4 17 06.9	0.343 0801
	11	222 17 07.5	+ 0 44 44.0	0.445 5363		27	15 57 14.4	− 3 46 05.2	0.337 8450
	12	225 15 52.3	+ 0 22 50.7	0.448 7641		28	21 16 16.0	− 3 12 11.6	0.332 8625
	13	228 12 09.0	+ 0 01 11.9	0.451 7366		29	26 44 19.0	− 2 35 34.9	0.328 1839
	14	231 06 13.3	− 0 20 11.0	0.454 4490		30	32 21 09.6	− 1 56 29.0	0.323 8615
	15	233 58 20.4	− 0 41 16.3	0.456 8975		31	38 06 24.8	− 1 15 13.3	0.319 9472
	16	236 48 44.8	− 1 02 02.7	0.459 0788		32	43 59 31.7	− 0 32 13.0	0.316 4915

VENUS, 2002

HELIOCENTRIC POSITIONS FOR 0ʰ TERRESTRIAL TIME
MEAN EQUINOX AND ECLIPTIC OF DATE

Date		Longitude	Latitude	Radius Vector	Date		Longitude	Latitude	Radius Vector
		° ′ ″	° ′ ″				° ′ ″	° ′ ″	
Jan.	0	271 14 35.0	− 0 51 12.6	0.727 0700	Apr.	2	57 26 36.3	− 1 07 14.7	0.721 9574
	2	274 24 32.4	− 1 02 01.8	0.727 2419		4	60 39 23.3	− 0 56 21.1	0.721 6947
	4	277 34 25.9	− 1 12 39.4	0.727 4017		6	63 52 17.4	− 0 45 16.5	0.721 4371
	6	280 44 16.0	− 1 23 03.3	0.727 5489		8	67 05 18.7	− 0 34 02.9	0.721 1853
	8	283 54 03.4	− 1 33 11.9	0.727 6831		10	70 18 27.2	− 0 22 42.3	0.720 9402
	10	287 03 48.6	− 1 43 03.2	0.727 8038		12	73 31 43.0	− 0 11 17.0	0.720 7026
	12	290 13 32.2	− 1 52 35.5	0.727 9107		14	76 45 06.0	+ 0 00 10.9	0.720 4731
	14	293 23 14.7	− 2 01 47.2	0.728 0035		16	79 58 36.3	+ 0 11 39.2	0.720 2526
	16	296 32 56.6	− 2 10 36.4	0.728 0818		18	83 12 13.8	+ 0 23 05.7	0.720 0418
	18	299 42 38.4	− 2 19 01.8	0.728 1455		20	86 25 58.5	+ 0 34 28.2	0.719 8413
	20	302 52 20.7	− 2 27 01.6	0.728 1944		22	89 39 50.3	+ 0 45 44.5	0.719 6518
	22	306 02 03.9	− 2 34 34.7	0.728 2283		24	92 53 49.0	+ 0 56 52.4	0.719 4739
	24	309 11 48.5	− 2 41 39.4	0.728 2470		26	96 07 54.5	+ 1 07 49.7	0.719 3081
	26	312 21 34.8	− 2 48 14.7	0.728 2507		28	99 22 06.6	+ 1 18 34.4	0.719 1551
	28	315 31 23.3	− 2 54 19.3	0.728 2392		30	102 36 25.1	+ 1 29 04.3	0.719 0152
	30	318 41 14.3	− 2 59 52.0	0.728 2125	May	2	105 50 49.8	+ 1 39 17.3	0.718 8890
Feb.	1	321 51 08.3	− 3 04 51.9	0.728 1708		4	109 05 20.3	+ 1 49 11.5	0.718 7768
	3	325 01 05.5	− 3 09 18.1	0.728 1142		6	112 19 56.3	+ 1 58 44.9	0.718 6791
	5	328 11 06.1	− 3 13 09.7	0.728 0428		8	115 34 37.4	+ 2 07 55.6	0.718 5961
	7	331 21 10.6	− 3 16 26.1	0.727 9569		10	118 49 23.2	+ 2 16 41.9	0.718 5282
	9	334 31 19.1	− 3 19 06.5	0.727 8567		12	122 04 13.4	+ 2 25 01.9	0.718 4754
	11	337 41 31.9	− 3 21 10.5	0.727 7425		14	125 19 07.3	+ 2 32 54.1	0.718 4381
	13	340 51 49.2	− 3 22 37.6	0.727 6146		16	128 34 04.5	+ 2 40 16.8	0.718 4163
	15	344 02 11.1	− 3 23 27.6	0.727 4735		18	131 49 04.4	+ 2 47 08.7	0.718 4101
	17	347 12 37.9	− 3 23 40.3	0.727 3196		20	135 04 06.4	+ 2 53 28.4	0.718 4195
	19	350 23 09.7	− 3 23 15.6	0.727 1532		22	138 19 10.0	+ 2 59 14.6	0.718 4445
	21	353 33 46.6	− 3 22 13.4	0.726 9750		24	141 34 14.4	+ 3 04 26.3	0.718 4849
	23	356 44 28.7	− 3 20 34.0	0.726 7855		26	144 49 19.0	+ 3 09 02.3	0.718 5407
	25	359 55 16.3	− 3 18 17.6	0.726 5852		28	148 04 23.2	+ 3 13 01.9	0.718 6117
	27	3 06 09.3	− 3 15 24.5	0.726 3748		30	151 19 26.2	+ 3 16 24.2	0.718 6977
Mar.	1	6 17 07.9	− 3 11 55.2	0.726 1548	June	1	154 34 27.4	+ 3 19 08.6	0.718 7983
	3	9 28 12.1	− 3 07 50.3	0.725 9260		3	157 49 26.0	+ 3 21 14.7	0.718 9132
	5	12 39 22.2	− 3 03 10.5	0.725 6891		5	161 04 21.4	+ 3 22 42.0	0.719 0421
	7	15 50 38.0	− 2 57 56.5	0.725 4447		7	164 19 12.8	+ 3 23 30.2	0.719 1845
	9	19 01 59.9	− 2 52 09.4	0.725 1937		9	167 33 59.5	+ 3 23 39.4	0.719 3399
	11	22 13 27.7	− 2 45 50.0	0.724 9368		11	170 48 40.9	+ 3 23 09.4	0.719 5080
	13	25 25 01.6	− 2 38 59.5	0.724 6748		13	174 03 16.3	+ 3 22 00.5	0.719 6880
	15	28 36 41.8	− 2 31 39.1	0.724 4085		15	177 17 45.1	+ 3 20 12.9	0.719 8796
	17	31 48 28.2	− 2 23 50.2	0.724 1387		17	180 32 06.7	+ 3 17 47.1	0.720 0819
	19	35 00 21.0	− 2 15 34.0	0.723 8662		19	183 46 20.5	+ 3 14 43.6	0.720 2944
	21	38 12 20.2	− 2 06 52.1	0.723 5920		21	187 00 26.0	+ 3 11 03.0	0.720 5163
	23	41 24 26.0	− 1 57 46.1	0.723 3169		23	190 14 22.7	+ 3 06 46.1	0.720 7471
	25	44 36 38.4	− 1 48 17.6	0.723 0417		25	193 28 10.0	+ 3 01 53.9	0.720 9858
	27	47 48 57.6	− 1 38 28.4	0.722 7673		27	196 41 47.8	+ 2 56 27.2	0.721 2319
	29	51 01 23.6	− 1 28 20.2	0.722 4945		29	199 55 15.5	+ 2 50 27.4	0.721 4844
	31	54 13 56.5	− 1 17 55.0	0.722 2242	July	1	203 08 32.9	+ 2 43 55.5	0.721 7426
Apr.	2	57 26 36.3	− 1 07 14.7	0.721 9574		3	206 21 39.7	+ 2 36 52.8	0.722 0057

HELIOCENTRIC POSITIONS FOR 0^h TERRESTRIAL TIME
MEAN EQUINOX AND ECLIPTIC OF DATE

Date		Longitude	Latitude	Radius Vector	Date		Longitude	Latitude	Radius Vector
		° ′ ″	° ′ ″				° ′ ″	° ′ ″	
July	1	203 08 32.9	+ 2 43 55.5	0.721 7426	Oct.	1	349 17 03.5	− 3 23 28.3	0.727 2059
	3	206 21 39.7	+ 2 36 52.8	0.722 0057		3	352 27 38.8	− 3 22 39.2	0.727 0323
	5	209 34 35.8	+ 2 29 20.9	0.722 2729		5	355 38 19.4	− 3 21 12.8	0.726 8472
	7	212 47 21.0	+ 2 21 21.2	0.722 5432		7	358 49 05.3	− 3 19 09.2	0.726 6512
	9	215 59 55.3	+ 2 12 55.2	0.722 8158		9	1 59 56.6	− 3 16 28.8	0.726 4449
	11	219 12 18.6	+ 2 04 04.7	0.723 0899		11	5 10 53.5	− 3 13 12.1	0.726 2289
	13	222 24 30.9	+ 1 54 51.3	0.723 3647		13	8 21 55.9	− 3 09 19.6	0.726 0040
	15	225 36 32.3	+ 1 45 16.8	0.723 6392		15	11 33 04.1	− 3 04 51.8	0.725 7706
	17	228 48 23.1	+ 1 35 23.1	0.723 9126		17	14 44 18.1	− 2 59 49.7	0.725 5297
	19	232 00 03.3	+ 1 25 12.1	0.724 1841		19	17 55 37.9	− 2 54 14.0	0.725 2820
	21	235 11 33.3	+ 1 14 45.6	0.724 4528		21	21 07 03.7	− 2 48 05.7	0.725 0281
	23	238 22 53.2	+ 1 04 05.8	0.724 7179		23	24 18 35.6	− 2 41 25.9	0.724 7689
	25	241 34 03.5	+ 0 53 14.5	0.724 9786		25	27 30 13.6	− 2 34 15.8	0.724 5052
	27	244 45 04.5	+ 0 42 13.8	0.725 2340		27	30 41 57.8	− 2 26 36.6	0.724 2379
	29	247 55 56.6	+ 0 31 05.7	0.725 4834		29	33 53 48.2	− 2 18 29.8	0.723 9676
	31	251 06 40.3	+ 0 19 52.4	0.725 7261		31	37 05 45.1	− 2 09 56.7	0.723 6954
Aug.	2	254 17 16.0	+ 0 08 35.8	0.725 9611	Nov.	2	40 17 48.4	− 2 00 58.9	0.723 4220
	4	257 27 44.2	− 0 02 41.9	0.726 1880		4	43 29 58.3	− 1 51 38.1	0.723 1483
	6	260 38 05.6	− 0 13 58.7	0.726 4059		6	46 42 14.9	− 1 41 55.9	0.722 8751
	8	263 48 20.5	− 0 25 12.6	0.726 6142		8	49 54 38.1	− 1 31 54.1	0.722 6033
	10	266 58 29.6	− 0 36 21.4	0.726 8123		10	53 07 08.2	− 1 21 34.6	0.722 3337
	12	270 08 33.4	− 0 47 23.2	0.726 9995		12	56 19 45.2	− 1 10 59.3	0.722 0673
	14	273 18 32.5	− 0 58 16.1	0.727 1753		14	59 32 29.2	− 1 00 10.1	0.721 8048
	16	276 28 27.5	− 1 08 57.9	0.727 3392		16	62 45 20.3	− 0 49 09.2	0.721 5470
	18	279 38 19.0	− 1 19 26.8	0.727 4907		18	65 58 18.4	− 0 37 58.5	0.721 2948
	20	282 48 07.6	− 1 29 41.0	0.727 6293		20	69 11 23.7	− 0 26 40.1	0.721 0490
	22	285 57 53.7	− 1 39 38.6	0.727 7546		22	72 24 36.2	− 0 15 16.2	0.720 8103
	24	289 07 38.0	− 1 49 17.7	0.727 8662		24	75 37 55.9	− 0 03 49.0	0.720 5795
	26	292 17 21.1	− 1 58 36.8	0.727 9638		26	78 51 22.8	+ 0 07 39.4	0.720 3574
	28	295 27 03.4	− 2 07 34.1	0.728 0471		28	82 04 56.9	+ 0 19 06.7	0.720 1446
	30	298 36 45.5	− 2 16 07.9	0.728 1159		30	85 18 38.1	+ 0 30 30.8	0.719 9418
Sept.	1	301 46 27.8	− 2 24 16.9	0.728 1698	Dec.	2	88 32 26.4	+ 0 41 49.5	0.719 7497
	3	304 56 11.0	− 2 31 59.5	0.728 2089		4	91 46 21.6	+ 0 53 00.5	0.719 5689
	5	308 05 55.3	− 2 39 14.3	0.728 2329		6	95 00 23.7	+ 1 04 01.7	0.719 4000
	7	311 15 41.2	− 2 46 00.0	0.728 2418		8	98 14 32.4	+ 1 14 51.0	0.719 2435
	9	314 25 29.2	− 2 52 15.4	0.728 2356		10	101 28 47.5	+ 1 25 26.2	0.719 0999
	11	317 35 19.7	− 2 57 59.4	0.728 2143		12	104 43 08.8	+ 1 35 45.3	0.718 9696
	13	320 45 12.9	− 3 03 10.9	0.728 1779		14	107 57 36.1	+ 1 45 46.3	0.718 8532
	15	323 55 09.2	− 3 07 48.9	0.728 1266		16	111 12 08.9	+ 1 55 27.1	0.718 7510
	17	327 05 08.9	− 3 11 52.7	0.728 0605		18	114 26 47.0	+ 2 04 45.9	0.718 6633
	19	330 15 12.3	− 3 15 21.5	0.727 9798		20	117 41 30.0	+ 2 13 40.9	0.718 5904
	21	333 25 19.7	− 3 18 14.5	0.727 8847		22	120 56 17.4	+ 2 22 10.2	0.718 5325
	23	336 35 31.3	− 3 20 31.2	0.727 7756		24	124 11 08.7	+ 2 30 12.3	0.718 4899
	25	339 45 47.3	− 3 22 11.3	0.727 6528		26	127 26 03.5	+ 2 37 45.5	0.718 4626
	27	342 56 07.8	− 3 23 14.3	0.727 5166		28	130 41 01.2	+ 2 44 48.3	0.718 4507
	29	346 06 33.2	− 3 23 40.0	0.727 3675		30	133 56 01.3	+ 2 51 19.4	0.718 4544
Oct.	1	349 17 03.5	− 3 23 28.3	0.727 2059		32	137 11 03.1	+ 2 57 17.4	0.718 4735

MARS, 2002

HELIOCENTRIC POSITIONS FOR 0ʰ TERRESTRIAL TIME
MEAN EQUINOX AND ECLIPTIC OF DATE

Date		Longitude	Latitude	Radius Vector	Date		Longitude	Latitude	Radius Vector
		° ′ ″	° ′ ″				° ′ ″	° ′ ″	
Jan.	−2	24 21 23.9	− 0 47 18.3	1.422 1266	July	1	119 49 44.2	+ 1 44 26.8	1.633 5299
	2	26 44 42.0	− 0 43 04.8	1.426 1024		5	121 38 32.2	+ 1 45 34.8	1.636 5547
	6	29 07 11.2	− 0 38 48.3	1.430 2157		9	123 26 56.8	+ 1 46 36.3	1.639 4435
	10	31 28 50.4	− 0 34 29.2	1.434 4586		13	125 14 59.1	+ 1 47 31.2	1.642 1939
	14	33 49 38.5	− 0 30 08.3	1.438 8233		17	127 02 40.5	+ 1 48 19.7	1.644 8038
	18	36 09 34.7	− 0 25 45.9	1.443 3016		21	128 50 01.9	+ 1 49 01.6	1.647 2710
	22	38 28 38.2	− 0 21 22.7	1.447 8855		25	130 37 04.8	+ 1 49 37.0	1.649 5934
	26	40 46 48.3	− 0 16 59.0	1.452 5669		29	132 23 50.2	+ 1 50 06.0	1.651 7693
	30	43 04 04.5	− 0 12 35.5	1.457 3375	Aug.	2	134 10 19.4	+ 1 50 28.6	1.653 7970
Feb.	3	45 20 26.5	− 0 08 12.4	1.462 1892		6	135 56 33.5	+ 1 50 44.9	1.655 6748
	7	47 35 53.9	− 0 03 50.4	1.467 1139		10	137 42 33.8	+ 1 50 54.7	1.657 4013
	11	49 50 26.6	+ 0 00 30.2	1.472 1035		14	139 28 21.4	+ 1 50 58.2	1.658 9752
	15	52 04 04.4	+ 0 04 49.1	1.477 1499		18	141 13 57.6	+ 1 50 55.5	1.660 3952
	19	54 16 47.4	+ 0 09 05.7	1.482 2451		22	142 59 23.4	+ 1 50 46.5	1.661 6603
	23	56 28 35.7	+ 0 13 19.7	1.487 3813		26	144 44 40.3	+ 1 50 31.2	1.662 7695
	27	58 39 29.5	+ 0 17 30.9	1.492 5506		30	146 29 49.2	+ 1 50 09.8	1.663 7220
Mar.	3	60 49 29.0	+ 0 21 38.8	1.497 7454	Sept.	3	148 14 51.5	+ 1 49 42.2	1.664 5170
	7	62 58 34.7	+ 0 25 43.1	1.502 9580		7	149 59 48.2	+ 1 49 08.6	1.665 1539
	11	65 06 46.9	+ 0 29 43.6	1.508 1811		11	151 44 40.7	+ 1 48 28.8	1.665 6322
	15	67 14 06.1	+ 0 33 40.0	1.513 4073		15	153 29 30.0	+ 1 47 43.0	1.665 9517
	19	69 20 33.0	+ 0 37 32.0	1.518 6295		19	155 14 17.4	+ 1 46 51.3	1.666 1119
	23	71 26 08.1	+ 0 41 19.4	1.523 8406		23	156 59 04.2	+ 1 45 53.6	1.666 1128
	27	73 30 52.2	+ 0 45 02.0	1.529 0339		27	158 43 51.3	+ 1 44 50.0	1.665 9545
	31	75 34 45.9	+ 0 48 39.5	1.534 2026	Oct.	1	160 28 40.1	+ 1 43 40.5	1.665 6369
Apr.	4	77 37 50.1	+ 0 52 11.9	1.539 3403		5	162 13 31.8	+ 1 42 25.2	1.665 1603
	8	79 40 05.6	+ 0 55 38.9	1.544 4405		9	163 58 27.6	+ 1 41 04.1	1.664 5250
	12	81 41 33.2	+ 0 59 00.3	1.549 4972		13	165 43 28.5	+ 1 39 37.4	1.663 7315
	16	83 42 14.0	+ 1 02 16.1	1.554 5042		17	167 28 35.9	+ 1 38 04.9	1.662 7804
	20	85 42 08.7	+ 1 05 26.0	1.559 4559		21	169 13 51.0	+ 1 36 26.8	1.661 6724
	24	87 41 18.4	+ 1 08 30.1	1.564 3465		25	170 59 14.9	+ 1 34 43.2	1.660 4082
	28	89 39 44.1	+ 1 11 28.1	1.569 1707		29	172 44 48.8	+ 1 32 54.0	1.658 9888
May	2	91 37 26.9	+ 1 14 19.9	1.573 9230	Nov.	2	174 30 34.0	+ 1 30 59.4	1.657 4153
	6	93 34 27.7	+ 1 17 05.6	1.578 5984		6	176 16 31.6	+ 1 28 59.3	1.655 6889
	10	95 30 47.7	+ 1 19 45.0	1.583 1921		10	178 02 42.9	+ 1 26 53.9	1.653 8108
	14	97 26 27.9	+ 1 22 18.0	1.587 6991		14	179 49 09.0	+ 1 24 43.3	1.651 7826
	18	99 21 29.4	+ 1 24 44.7	1.592 1150		18	181 35 51.2	+ 1 22 27.4	1.649 6057
	22	101 15 53.5	+ 1 27 04.9	1.596 4353		22	183 22 50.7	+ 1 20 06.3	1.647 2820
	26	103 09 41.1	+ 1 29 18.6	1.600 6558		26	185 10 08.7	+ 1 17 40.2	1.644 8131
	30	105 02 53.5	+ 1 31 25.8	1.604 7724		30	186 57 46.3	+ 1 15 09.1	1.642 2011
June	3	106 55 31.8	+ 1 33 26.5	1.608 7813	Dec.	4	188 45 44.9	+ 1 12 33.0	1.639 4481
	7	108 47 37.2	+ 1 35 20.5	1.612 6785		8	190 34 05.6	+ 1 09 52.1	1.636 5563
	11	110 39 10.9	+ 1 37 08.1	1.616 4607		12	192 22 49.7	+ 1 07 06.4	1.633 5281
	15	112 30 13.9	+ 1 38 49.0	1.620 1243		16	194 11 58.3	+ 1 04 16.0	1.630 3661
	19	114 20 47.6	+ 1 40 23.3	1.623 6661		20	196 01 32.7	+ 1 01 21.0	1.627 0728
	23	116 10 53.1	+ 1 41 51.1	1.627 0829		24	197 51 34.1	+ 0 58 21.6	1.623 6512
	27	118 00 31.5	+ 1 43 12.2	1.630 3718		28	199 42 03.7	+ 0 55 17.8	1.620 1041
July	1	119 49 44.2	+ 1 44 26.8	1.633 5299		32	201 33 02.7	+ 0 52 09.7	1.616 4348

JUPITER, SATURN, URANUS, NEPTUNE, 2002

HELIOCENTRIC POSITIONS FOR 0^h TERRESTRIAL TIME
MEAN EQUINOX AND ECLIPTIC OF DATE

Date	Longitude	Latitude	Radius Vector	Date	Longitude	Latitude	Radius Vector
JUPITER				**SATURN**			
	° ′ ″	° ′ ″			° ′ ″	° ′ ″	
Jan. −4	100 11 44.0	− 0 00 27.4	5.169 063	Jan. −4	72 21 03.8	− 1 38 27.6	9.063 171
6	101 02 09.4	+ 0 00 41.5	5.172 746	6	72 43 20.5	− 1 37 43.9	9.062 082
16	101 52 30.5	+ 0 01 50.2	5.176 433	16	73 05 37.5	− 1 37 00.0	9.061 011
26	102 42 47.2	+ 0 02 58.8	5.180 122	26	73 27 54.9	− 1 36 15.9	9.059 957
Feb. 5	103 32 59.7	+ 0 04 07.3	5.183 815	Feb. 5	73 50 12.5	− 1 35 31.4	9.058 921
15	104 23 07.9	+ 0 05 15.6	5.187 508	15	74 12 30.4	− 1 34 46.8	9.057 903
25	105 13 11.8	+ 0 06 23.8	5.191 202	25	74 34 48.6	− 1 34 01.9	9.056 903
Mar. 7	106 03 11.5	+ 0 07 31.8	5.194 897	Mar. 7	74 57 07.0	− 1 33 16.7	9.055 921
17	106 53 06.9	+ 0 08 39.5	5.198 590	17	75 19 25.8	− 1 32 31.3	9.054 957
27	107 42 58.0	+ 0 09 47.1	5.202 282	27	75 41 44.8	− 1 31 45.7	9.054 012
Apr. 6	108 32 44.9	+ 0 10 54.5	5.205 971	Apr. 6	76 04 04.0	− 1 30 59.8	9.053 084
16	109 22 27.5	+ 0 12 01.6	5.209 657	16	76 26 23.6	− 1 30 13.6	9.052 174
26	110 12 06.0	+ 0 13 08.5	5.213 339	26	76 48 43.3	− 1 29 27.3	9.051 283
May 6	111 01 40.2	+ 0 14 15.1	5.217 016	May 6	77 11 03.3	− 1 28 40.7	9.050 410
16	111 51 10.3	+ 0 15 21.5	5.220 687	16	77 33 23.6	− 1 27 53.9	9.049 555
26	112 40 36.2	+ 0 16 27.6	5.224 352	26	77 55 44.0	− 1 27 06.8	9.048 719
June 5	113 29 57.9	+ 0 17 33.3	5.228 010	June 5	78 18 04.7	− 1 26 19.5	9.047 902
15	114 19 15.5	+ 0 18 38.8	5.231 660	15	78 40 25.6	− 1 25 32.0	9.047 103
25	115 08 28.9	+ 0 19 43.9	5.235 302	25	79 02 46.7	− 1 24 44.2	9.046 323
July 5	115 57 38.3	+ 0 20 48.7	5.238 934	July 5	79 25 08.1	− 1 23 56.3	9.045 562
15	116 46 43.6	+ 0 21 53.2	5.242 556	15	79 47 29.6	− 1 23 08.1	9.044 819
25	117 35 44.8	+ 0 22 57.3	5.246 168	25	80 09 51.3	− 1 22 19.7	9.044 096
Aug. 4	118 24 42.0	+ 0 24 01.0	5.249 768	Aug. 4	80 32 13.2	− 1 21 31.1	9.043 392
14	119 13 35.2	+ 0 25 04.4	5.253 357	14	80 54 35.4	− 1 20 42.2	9.042 706
24	120 02 24.3	+ 0 26 07.4	5.256 932	24	81 16 57.6	− 1 19 53.2	9.042 040
Sept. 3	120 51 09.6	+ 0 27 09.9	5.260 494	Sept. 3	81 39 20.1	− 1 19 03.9	9.041 393
13	121 39 50.8	+ 0 28 12.1	5.264 042	13	82 01 42.8	− 1 18 14.5	9.040 766
23	122 28 28.2	+ 0 29 13.8	5.267 575	23	82 24 05.6	− 1 17 24.8	9.040 157
Oct. 3	123 17 01.7	+ 0 30 15.1	5.271 093	Oct. 3	82 46 28.5	− 1 16 35.0	9.039 568
13	124 05 31.3	+ 0 31 16.0	5.274 594	13	83 08 51.7	− 1 15 44.9	9.038 997
23	124 53 57.1	+ 0 32 16.4	5.278 079	23	83 31 15.0	− 1 14 54.6	9.038 446
Nov. 2	125 42 19.1	+ 0 33 16.3	5.281 545	Nov. 2	83 53 38.4	− 1 14 04.2	9.037 914
12	126 30 37.3	+ 0 34 15.8	5.284 993	12	84 16 02.0	− 1 13 13.5	9.037 401
22	127 18 51.8	+ 0 35 14.8	5.288 422	22	84 38 25.7	− 1 12 22.6	9.036 907
Dec. 2	128 07 02.5	+ 0 36 13.3	5.291 831	Dec. 2	85 00 49.5	− 1 11 31.6	9.036 432
12	128 55 09.5	+ 0 37 11.3	5.295 220	12	85 23 13.4	− 1 10 40.4	9.035 977
22	129 43 12.9	+ 0 38 08.8	5.298 587	22	85 45 37.5	− 1 09 49.0	9.035 541
32	130 31 12.7	+ 0 39 05.8	5.301 932	32	86 08 01.7	− 1 08 57.4	9.035 124
URANUS				**NEPTUNE**			
	° ′ ″	° ′ ″			° ′ ″	° ′ ″	
Jan. −34	323 58 43.7	− 0 43 32.9	19.985 23	Jan. −34	308 05 51.0	+ 0 06 52.6	30.096 87
Jan. 6	324 24 42.6	− 0 43 40.0	19.988 36	Jan. 6	308 20 13.8	+ 0 06 26.1	30.095 60
Feb. 15	324 50 40.9	− 0 43 46.9	19.991 45	Feb. 15	308 34 36.7	+ 0 05 59.6	30.094 34
Mar. 27	325 16 38.5	− 0 43 53.7	19.994 50	Mar. 27	308 48 59.6	+ 0 05 33.1	30.093 10
May 6	325 42 35.6	− 0 44 00.3	19.997 51	May 6	309 03 22.5	+ 0 05 06.6	30.091 86
June 15	326 08 32.0	− 0 44 06.8	20.000 48	June 15	309 17 45.4	+ 0 04 40.1	30.090 65
July 25	326 34 28.0	− 0 44 13.1	20.003 41	July 25	309 32 08.4	+ 0 04 13.6	30.089 45
Sept. 3	327 00 23.4	− 0 44 19.2	20.006 30	Sept. 3	309 46 31.4	+ 0 03 47.1	30.088 26
Oct. 13	327 26 18.3	− 0 44 25.2	20.009 15	Oct. 13	310 00 54.5	+ 0 03 20.6	30.087 08
Nov. 22	327 52 12.6	− 0 44 31.1	20.011 96	Nov. 22	310 15 17.6	+ 0 02 54.0	30.085 91
Dec. 32	328 18 06.4	− 0 44 36.8	20.014 73	Dec. 32	310 29 40.7	+ 0 02 27.5	30.084 76

MERCURY, 2002

GEOCENTRIC COORDINATES FOR 0ʰ TERRESTRIAL TIME

Date	Apparent Right Ascension	Apparent Declination	True Geocentric Distance	Date	Apparent Right Ascension	Apparent Declination	True Geocentric Distance
	h m s	° ′ ″			h m s	° ′ ″	
Jan. 0	19 45 15.728	−23 22 13.04	1.247 8697	Feb. 15	20 10 32.840	−18 43 03.48	0.859 5906
1	19 51 52.164	−23 02 30.02	1.230 2750	16	20 13 25.579	−18 45 59.12	0.876 2348
2	19 58 22.594	−22 41 22.48	1.211 8062	17	20 16 35.463	−18 47 36.65	0.892 7935
3	20 04 46.015	−22 18 53.67	1.192 4532	18	20 20 01.017	−18 47 55.53	0.909 2279
4	20 11 01.293	−21 55 07.71	1.172 2103	19	20 23 40.883	−18 46 55.38	0.925 5057
5	20 17 07.144	−21 30 09.67	1.151 0781	20	20 27 33.819	−18 44 35.92	0.941 6005
6	20 23 02.117	−21 04 05.79	1.129 0653	21	20 31 38.690	−18 40 56.96	0.957 4906
7	20 28 44.575	−20 37 03.57	1.106 1903	22	20 35 54.464	−18 35 58.40	0.973 1583
8	20 34 12.676	−20 09 12.04	1.082 4839	23	20 40 20.203	−18 29 40.20	0.988 5896
9	20 39 24.358	−19 40 41.83	1.057 9914	24	20 44 55.056	−18 22 02.37	1.003 7732
10	20 44 17.328	−19 11 45.40	1.032 7762	25	20 49 38.252	−18 13 04.99	1.018 7002
11	20 48 49.061	−18 42 37.16	1.006 9214	26	20 54 29.093	−18 02 48.16	1.033 3638
12	20 52 56.801	−18 13 33.51	0.980 5338	27	20 59 26.950	−17 51 12.00	1.047 7585
13	20 56 37.595	−17 44 52.96	0.953 7456	28	21 04 31.256	−17 38 16.66	1.061 8804
14	20 59 48.325	−17 16 55.93	0.926 7166	Mar. 1	21 09 41.503	−17 24 02.34	1.075 7262
15	21 02 25.787	−16 50 04.63	0.899 6357	2	21 14 57.233	−17 08 29.24	1.089 2935
16	21 04 26.789	−16 24 42.63	0.872 7204	3	21 20 18.032	−16 51 37.60	1.102 5806
17	21 05 48.288	−16 01 14.27	0.846 2156	4	21 25 43.533	−16 33 27.71	1.115 5859
18	21 06 27.573	−15 40 03.88	0.820 3902	5	21 31 13.401	−16 13 59.88	1.128 3082
19	21 06 22.472	−15 21 34.74	0.795 5318	6	21 36 47.341	−15 53 14.42	1.140 7466
20	21 05 31.600	−15 06 07.85	0.771 9390	7	21 42 25.088	−15 31 11.69	1.152 9000
21	21 03 54.621	−14 54 00.63	0.749 9123	8	21 48 06.412	−15 07 52.04	1.164 7672
22	21 01 32.483	−14 45 25.53	0.729 7426	9	21 53 51.111	−14 43 15.84	1.176 3469
23	20 58 27.630	−14 40 28.88	0.711 6990	10	21 59 39.011	−14 17 23.48	1.187 6371
24	20 54 44.104	−14 39 09.98	0.696 0165	11	22 05 29.966	−13 50 15.35	1.198 6356
25	20 50 27.539	−14 41 20.81	0.682 8842	12	22 11 23.856	−13 21 51.84	1.209 3394
26	20 45 44.996	−14 46 46.29	0.672 4358	13	22 17 20.582	−12 52 13.36	1.219 7448
27	20 40 44.641	−14 55 05.26	0.664 7433	14	22 23 20.073	−12 21 20.35	1.229 8472
28	20 35 35.297	−15 05 52.03	0.659 8145	15	22 29 22.275	−11 49 13.23	1.239 6410
29	20 30 25.924	−15 18 38.23	0.657 5950	16	22 35 27.157	−11 15 52.46	1.249 1194
30	20 25 25.087	−15 32 54.76	0.657 9746	17	22 41 34.707	−10 41 18.53	1.258 2744
31	20 20 40.501	−15 48 13.51	0.660 7961	18	22 47 44.932	−10 05 31.94	1.267 0964
Feb. 1	20 16 18.688	−16 04 08.64	0.665 8677	19	22 53 57.858	− 9 28 33.23	1.275 5745
2	20 12 24.792	−16 20 17.45	0.672 9739	20	23 00 13.525	− 8 50 22.97	1.283 6956
3	20 09 02.530	−16 36 20.63	0.681 8878	21	23 06 31.990	− 8 11 01.81	1.291 4450
4	20 06 14.265	−16 52 02.30	0.692 3809	22	23 12 53.328	− 7 30 30.43	1.298 8058
5	20 04 01.168	−17 07 09.65	0.704 2306	23	23 19 17.624	− 6 48 49.59	1.305 7586
6	20 02 23.413	−17 21 32.55	0.717 2268	24	23 25 44.978	− 6 06 00.17	1.312 2817
7	20 01 20.397	−17 35 03.04	0.731 1747	25	23 32 15.502	− 5 22 03.12	1.318 3504
8	20 00 50.940	−17 47 34.96	0.745 8979	26	23 38 49.319	− 4 36 59.54	1.323 9372
9	20 00 53.461	−17 59 03.51	0.761 2385	27	23 45 26.562	− 3 50 50.68	1.329 0113
10	20 01 26.135	−18 09 24.96	0.777 0569	28	23 52 07.372	− 3 03 37.96	1.333 5386
11	20 02 26.999	−18 18 36.41	0.793 2313	29	23 58 51.896	− 2 15 23.05	1.337 4810
12	20 03 54.050	−18 26 35.60	0.809 6561	30	0 05 40.280	− 1 26 07.86	1.340 7971
13	20 05 45.305	−18 33 20.72	0.826 2406	31	0 12 32.666	− 0 35 54.66	1.343 4414
14	20 07 58.843	−18 38 50.39	0.842 9073	Apr. 1	0 19 29.188	+ 0 15 13.92	1.345 3645
15	20 10 32.840	−18 43 03.48	0.859 5906	2	0 26 29.961	+ 1 07 14.78	1.346 5136

GEOCENTRIC COORDINATES FOR 0^h TERRESTRIAL TIME

Date	Apparent Right Ascension	Apparent Declination	True Geocentric Distance	Date	Apparent Right Ascension	Apparent Declination	True Geocentric Distance
	h m s	° ′ ″			h m s	° ′ ″	
Apr. 1	0 19 29.188	+ 0 15 13.92	1.345 3645	May 17	4 32 27.170	+22 59 49.33	0.618 0142
2	0 26 29.961	+ 1 07 14.78	1.346 5136	18	4 32 01.964	+22 44 21.61	0.606 2706
3	0 33 35.080	+ 2 00 04.30	1.346 8320	19	4 31 18.491	+22 27 26.29	0.595 5627
4	0 40 44.609	+ 2 53 38.28	1.346 2604	20	4 30 17.972	+22 09 10.53	0.585 9171
5	0 47 58.576	+ 3 47 51.85	1.344 7369	21	4 29 01.851	+21 49 42.62	0.577 3578
6	0 55 16.960	+ 4 42 39.41	1.342 1981	22	4 27 31.784	+21 29 12.08	0.569 9063
7	1 02 39.685	+ 5 37 54.52	1.338 5802	23	4 25 49.632	+21 07 49.67	0.563 5808
8	1 10 06.606	+ 6 33 30.07	1.333 8205	24	4 23 57.429	+20 45 47.38	0.558 3955
9	1 17 37.477	+ 7 29 17.75	1.327 8592	25	4 21 57.358	+20 23 18.30	0.554 3606
10	1 25 11.986	+ 8 25 08.40	1.320 6416	26	4 19 51.707	+20 00 36.43	0.551 4816
11	1 32 49.702	+ 9 20 52.01	1.312 1201	27	4 17 42.829	+19 37 56.49	0.549 7590
12	1 40 30.085	+10 16 17.69	1.302 2573	28	4 15 33.092	+19 15 33.56	0.549 1886
13	1 48 12.473	+11 11 13.75	1.291 0281	29	4 13 24.832	+18 53 42.75	0.549 7608
14	1 55 56.086	+12 05 27.90	1.278 4223	30	4 11 20.310	+18 32 38.86	0.551 4617
15	2 03 40.027	+12 58 47.43	1.264 4469	31	4 09 21.670	+18 12 36.04	0.554 2726
16	2 11 23.290	+13 50 59.47	1.249 1270	June 1	4 07 30.906	+17 53 47.46	0.558 1711
17	2 19 04.774	+14 41 51.27	1.232 5073	2	4 05 49.833	+17 36 25.02	0.563 1310
18	2 26 43.305	+15 31 10.48	1.214 6512	3	4 04 20.074	+17 20 39.16	0.569 1235
19	2 34 17.654	+16 18 45.49	1.195 6401	4	4 03 03.044	+17 06 38.71	0.576 1174
20	2 41 46.561	+17 04 25.62	1.175 5712	5	4 01 59.952	+16 54 30.79	0.584 0799
21	2 49 08.764	+17 48 01.41	1.154 5550	6	4 01 11.804	+16 44 20.82	0.592 9769
22	2 56 23.017	+18 29 24.74	1.132 7118	7	4 00 39.415	+16 36 12.53	0.602 7740
23	3 03 28.111	+19 08 28.92	1.110 1682	8	4 00 23.422	+16 30 08.05	0.613 4367
24	3 10 22.890	+19 45 08.74	1.087 0540	9	4 00 24.301	+16 26 08.04	0.624 9307
25	3 17 06.261	+20 19 20.40	1.063 4987	10	4 00 42.391	+16 24 11.83	0.637 2224
26	3 23 37.200	+20 51 01.44	1.039 6287	11	4 01 17.910	+16 24 17.54	0.650 2792
27	3 29 54.751	+21 20 10.62	1.015 5655	12	4 02 10.976	+16 26 22.28	0.664 0694
28	3 35 58.027	+21 46 47.72	0.991 4236	13	4 03 21.627	+16 30 22.27	0.678 5625
29	3 41 46.203	+22 10 53.44	0.967 3099	14	4 04 49.842	+16 36 12.96	0.693 7292
30	3 47 18.508	+22 32 29.15	0.943 3230	15	4 06 35.553	+16 43 49.22	0.709 5410
May 1	3 52 34.227	+22 51 36.79	0.919 5528	16	4 08 38.666	+16 53 05.38	0.725 9705
2	3 57 32.688	+23 08 18.73	0.896 0812	17	4 10 59.067	+17 03 55.36	0.742 9910
3	4 02 13.266	+23 22 37.60	0.872 9826	18	4 13 36.639	+17 16 12.75	0.760 5760
4	4 06 35.373	+23 34 36.22	0.850 3241	19	4 16 31.268	+17 29 50.82	0.778 6993
5	4 10 38.462	+23 44 17.52	0.828 1666	20	4 19 42.849	+17 44 42.64	0.797 3344
6	4 14 22.024	+23 51 44.45	0.806 5654	21	4 23 11.288	+18 00 41.02	0.816 4540
7	4 17 45.594	+23 56 59.95	0.785 5712	22	4 26 56.512	+18 17 38.59	0.836 0297
8	4 20 48.756	+24 00 06.93	0.765 2305	23	4 30 58.463	+18 35 27.73	0.856 0314
9	4 23 31.146	+24 01 08.25	0.745 5865	24	4 35 17.102	+18 54 00.61	0.876 4271
10	4 25 52.469	+24 00 06.72	0.726 6799	25	4 39 52.407	+19 13 09.15	0.897 1816
11	4 27 52.505	+23 57 05.17	0.708 5489	26	4 44 44.372	+19 32 44.99	0.918 2566
12	4 29 31.128	+23 52 06.45	0.691 2302	27	4 49 53.002	+19 52 39.47	0.939 6100
13	4 30 48.319	+23 45 13.54	0.674 7589	28	4 55 18.307	+20 12 43.61	0.961 1946
14	4 31 44.184	+23 36 29.64	0.659 1691	29	5 01 00.295	+20 32 48.07	0.982 9584
15	4 32 18.974	+23 25 58.24	0.644 4938	30	5 06 58.961	+20 52 43.12	1.004 8430
16	4 32 33.104	+23 13 43.29	0.630 7652	July 1	5 13 14.277	+21 12 18.64	1.026 7836
17	4 32 27.170	+22 59 49.33	0.618 0142	2	5 19 46.175	+21 31 24.09	1.048 7085

MERCURY, 2002

GEOCENTRIC COORDINATES FOR 0ʰ TERRESTRIAL TIME

Date	Apparent Right Ascension	Apparent Declination	True Geocentric Distance	Date	Apparent Right Ascension	Apparent Declination	True Geocentric Distance
	h m s	° ′ ″			h m s	° ′ ″	
July 1	5 13 14.277	+21 12 18.64	1.026 7836	Aug. 16	11 06 41.393	+ 5 52 21.05	1.162 0103
2	5 19 46.175	+21 31 24.09	1.048 7085	17	11 11 55.961	+ 5 10 19.74	1.149 7883
3	5 26 34.532	+21 49 48.51	1.070 5381	18	11 17 03.682	+ 4 28 35.89	1.137 3550
4	5 33 39.152	+22 07 20.59	1.092 1855	19	11 22 04.621	+ 3 47 12.37	1.124 7174
5	5 40 59.746	+22 23 48.68	1.113 5561	20	11 26 58.816	+ 3 06 12.04	1.111 8818
6	5 48 35.908	+22 39 00.89	1.134 5482	21	11 31 46.282	+ 2 25 37.75	1.098 8538
7	5 56 27.102	+22 52 45.24	1.155 0539	22	11 36 27.005	+ 1 45 32.36	1.085 6384
8	6 04 32.637	+23 04 49.80	1.174 9604	23	11 41 00.941	+ 1 05 58.77	1.072 2404
9	6 12 51.658	+23 15 02.91	1.194 1524	24	11 45 28.016	+ 0 26 59.95	1.058 6641
10	6 21 23.133	+23 23 13.41	1.212 5137	25	11 49 48.122	− 0 11 21.04	1.044 9140
11	6 30 05.854	+23 29 10.95	1.229 9311	26	11 54 01.117	− 0 49 01.00	1.030 9947
12	6 38 58.444	+23 32 46.22	1.246 2969	27	11 58 06.819	− 1 25 56.63	1.016 9110
13	6 47 59.376	+23 33 51.26	1.261 5123	28	12 02 05.006	− 2 02 04.40	1.002 6683
14	6 57 07.001	+23 32 19.72	1.275 4910	29	12 05 55.410	− 2 37 20.59	0.988 2727
15	7 06 19.582	+23 28 07.01	1.288 1618	30	12 09 37.718	− 3 11 41.24	0.973 7313
16	7 15 35.337	+23 21 10.49	1.299 4706	31	12 13 11.565	− 3 45 02.09	0.959 0522
17	7 24 52.485	+23 11 29.46	1.309 3817	Sept. 1	12 16 36.533	− 4 17 18.54	0.944 2452
18	7 34 09.288	+22 59 05.19	1.317 8789	2	12 19 52.146	− 4 48 25.64	0.929 3217
19	7 43 24.095	+22 44 00.71	1.324 9639	3	12 22 57.867	− 5 18 17.98	0.914 2951
20	7 52 35.374	+22 26 20.73	1.330 6558	4	12 25 53.093	− 5 46 49.69	0.899 1816
21	8 01 41.744	+22 06 11.28	1.334 9889	5	12 28 37.156	− 6 13 54.36	0.884 0001
22	8 10 41.986	+21 43 39.49	1.338 0099	6	12 31 09.316	− 6 39 24.98	0.868 7730
23	8 19 35.056	+21 18 53.42	1.339 7758	7	12 33 28.764	− 7 03 13.87	0.853 5266
24	8 28 20.091	+20 52 01.70	1.340 3508	8	12 35 34.619	− 7 25 12.68	0.838 2921
25	8 36 56.398	+20 23 13.24	1.339 8038	9	12 37 25.933	− 7 45 12.24	0.823 1057
26	8 45 23.443	+19 52 37.12	1.338 2063	10	12 39 01.697	− 8 03 02.62	0.808 0100
27	8 53 40.838	+19 20 22.35	1.335 6304	11	12 40 20.845	− 8 18 33.02	0.793 0546
28	9 01 48.323	+18 46 37.80	1.332 1473	12	12 41 22.272	− 8 31 31.84	0.778 2967
29	9 09 45.752	+18 11 32.03	1.327 8257	13	12 42 04.853	− 8 41 46.67	0.763 8022
30	9 17 33.071	+17 35 13.27	1.322 7313	14	12 42 27.474	− 8 49 04.41	0.749 6470
31	9 25 10.305	+16 57 49.34	1.316 9262	15	12 42 29.069	− 8 53 11.50	0.735 9170
Aug. 1	9 32 37.542	+16 19 27.63	1.310 4679	16	12 42 08.668	− 8 53 54.14	0.722 7099
2	9 39 54.919	+15 40 15.10	1.303 4099	17	12 41 25.462	− 8 50 58.75	0.710 1352
3	9 47 02.611	+15 00 18.27	1.295 8011	18	12 40 18.875	− 8 44 12.53	0.698 3151
4	9 54 00.822	+14 19 43.25	1.287 6861	19	12 38 48.653	− 8 33 24.25	0.687 3843
5	10 00 49.770	+13 38 35.75	1.279 1052	20	12 36 54.958	− 8 18 25.18	0.677 4894
6	10 07 29.689	+12 57 01.10	1.270 0947	21	12 34 38.476	− 7 59 10.28	0.668 7880
7	10 14 00.815	+12 15 04.29	1.260 6872	22	12 32 00.510	− 7 35 39.45	0.661 4466
8	10 20 23.382	+11 32 49.97	1.250 9117	23	12 29 03.073	− 7 07 58.87	0.655 6371
9	10 26 37.622	+10 50 22.53	1.240 7939	24	12 25 48.948	− 6 36 22.32	0.651 5328
10	10 32 43.757	+10 07 46.07	1.230 3569	25	12 22 21.708	− 6 01 12.12	0.649 3030
11	10 38 42.003	+ 9 25 04.44	1.219 6207	26	12 18 45.687	− 5 22 59.65	0.649 1066
12	10 44 32.560	+ 8 42 21.32	1.208 6034	27	12 15 05.887	− 4 42 25.25	0.651 0849
13	10 50 15.616	+ 7 59 40.17	1.197 3207	28	12 11 27.819	− 4 00 17.21	0.655 3547
14	10 55 51.342	+ 7 17 04.30	1.185 7865	29	12 07 57.290	− 3 17 30.05	0.662 0016
15	11 01 19.890	+ 6 34 36.90	1.174 0128	30	12 04 40.153	− 2 35 02.05	0.671 0738
16	11 06 41.393	+ 5 52 21.05	1.162 0103	Oct. 1	12 01 42.037	− 1 53 52.36	0.682 5780

GEOCENTRIC COORDINATES FOR 0^h TERRESTRIAL TIME

Date	Apparent Right Ascension	Apparent Declination	True Geocentric Distance	Date	Apparent Right Ascension	Apparent Declination	True Geocentric Distance
	h m s	° ′ ″			h m s	° ′ ″	
Oct. 1	12 01 42.037	− 1 53 52.36	0.682 5780	Nov. 16	15 28 13.363	−19 12 48.83	1.447 4842
2	11 59 08.095	− 1 14 58.03	0.696 4775	17	15 34 38.278	−19 42 02.04	1.448 3963
3	11 57 02.777	− 0 39 11.25	0.712 6912	18	15 41 04.461	−20 10 16.88	1.448 7278
4	11 55 29.677	− 0 07 17.19	0.731 0962	19	15 47 31.962	−20 37 31.96	1.448 4847
5	11 54 31.427	+ 0 20 07.52	0.751 5305	20	15 54 00.825	−21 03 45.91	1.447 6724
6	11 54 09.673	+ 0 42 35.54	0.773 7988	21	16 00 31.084	−21 28 57.41	1.446 2946
7	11 54 25.100	+ 0 59 48.84	0.797 6783	22	16 07 02.766	−21 53 05.09	1.444 3542
8	11 55 17.510	+ 1 11 38.28	0.822 9256	23	16 13 35.887	−22 16 07.63	1.441 8526
9	11 56 45.937	+ 1 18 02.72	0.849 2843	24	16 20 10.453	−22 38 03.67	1.438 7903
10	11 58 48.777	+ 1 19 07.93	0.876 4920	25	16 26 46.460	−22 58 51.86	1.435 1667
11	12 01 23.933	+ 1 15 05.41	0.904 2880	26	16 33 23.888	−23 18 30.83	1.430 9800
12	12 04 28.954	+ 1 06 11.16	0.932 4197	27	16 40 02.706	−23 36 59.22	1.426 2273
13	12 08 01.176	+ 0 52 44.50	0.960 6486	28	16 46 42.871	−23 54 15.65	1.420 9047
14	12 11 57.832	+ 0 35 07.05	0.988 7549	29	16 53 24.321	−24 10 18.74	1.415 0073
15	12 16 16.160	+ 0 13 41.74	1.016 5415	30	17 00 06.979	−24 25 07.12	1.408 5290
16	12 20 53.484	− 0 11 07.97	1.043 8360	Dec. 1	17 06 50.750	−24 38 39.41	1.401 4628
17	12 25 47.272	− 0 38 58.77	1.070 4916	2	17 13 35.516	−24 50 54.27	1.393 8009
18	12 30 55.182	− 1 09 28.02	1.096 3873	3	17 20 21.139	−25 01 50.37	1.385 5343
19	12 36 15.086	− 1 42 14.14	1.121 4263	4	17 27 07.452	−25 11 26.39	1.376 6532
20	12 41 45.085	− 2 16 56.89	1.145 5348	5	17 33 54.261	−25 19 41.06	1.367 1471
21	12 47 23.505	− 2 53 17.54	1.168 6591	6	17 40 41.342	−25 26 33.15	1.357 0047
22	12 53 08.895	− 3 30 58.93	1.190 7634	7	17 47 28.440	−25 32 01.48	1.346 2139
23	12 59 00.009	− 4 09 45.49	1.211 8269	8	17 54 15.265	−25 36 04.94	1.334 7618
24	13 04 55.791	− 4 49 23.22	1.231 8415	9	18 01 01.491	−25 38 42.51	1.322 6353
25	13 10 55.356	− 5 29 39.57	1.250 8092	10	18 07 46.750	−25 39 53.26	1.309 8203
26	13 16 57.970	− 6 10 23.38	1.268 7401	11	18 14 30.625	−25 39 36.44	1.296 3027
27	13 23 03.032	− 6 51 24.75	1.285 6506	12	18 21 12.648	−25 37 51.43	1.282 0680
28	13 29 10.057	− 7 32 34.90	1.301 5614	13	18 27 52.291	−25 34 37.83	1.267 1019
29	13 35 18.656	− 8 13 46.10	1.316 4966	14	18 34 28.955	−25 29 55.47	1.251 3902
30	13 41 28.528	− 8 54 51.50	1.330 4823	15	18 41 01.967	−25 23 44.45	1.234 9199
31	13 47 39.439	− 9 35 45.07	1.343 5459	16	18 47 30.564	−25 16 05.23	1.217 6789
Nov. 1	13 53 51.220	−10 16 21.48	1.355 7150	17	18 53 53.883	−25 06 58.65	1.199 6571
2	14 00 03.748	−10 56 36.00	1.367 0175	18	19 00 10.951	−24 56 26.03	1.180 8470
3	14 06 16.946	−11 36 24.44	1.377 4805	19	19 06 20.665	−24 44 29.23	1.161 2446
4	14 12 30.767	−12 15 43.09	1.387 1306	20	19 12 21.777	−24 31 10.75	1.140 8507
5	14 18 45.195	−12 54 28.62	1.395 9933	21	19 18 12.878	−24 16 33.85	1.119 6717
6	14 25 00.231	−13 32 38.04	1.404 0928	22	19 23 52.376	−24 00 42.64	1.097 7220
7	14 31 15.897	−14 10 08.66	1.411 4523	23	19 29 18.477	−23 43 42.20	1.075 0248
8	14 37 32.225	−14 46 58.00	1.418 0934	24	19 34 29.168	−23 25 38.74	1.051 6154
9	14 43 49.260	−15 23 03.83	1.424 0364	25	19 39 22.194	−23 06 39.73	1.027 5427
10	14 50 07.055	−15 58 24.08	1.429 3001	26	19 43 55.050	−22 46 54.00	1.002 8722
11	14 56 25.668	−16 32 56.82	1.433 9018	27	19 48 04.972	−22 26 31.87	0.977 6892
12	15 02 45.165	−17 06 40.27	1.437 8574	28	19 51 48.940	−22 05 45.24	0.952 1013
13	15 09 05.609	−17 39 32.73	1.441 1812	29	19 55 03.703	−21 44 47.58	0.926 2418
14	15 15 27.033	−18 11 33.14	1.443 8861	30	19 57 45.822	−21 23 53.89	0.900 2724
15	15 21 49.664	−18 42 38.70	1.445 9837	31	19 59 51.752	−21 03 20.51	0.874 3845
16	15 28 13.363	−19 12 48.83	1.447 4842	32	20 01 17.963	−20 43 24.78	0.848 8015

VENUS, 2002

GEOCENTRIC COORDINATES FOR 0ʰ TERRESTRIAL TIME

Date	Apparent Right Ascension	Apparent Declination	True Geocentric Distance	Date	Apparent Right Ascension	Apparent Declination	True Geocentric Distance
	h m s	° ′ ″			h m s	° ′ ″	
Jan. 0	18 25 47.111	−23 40 13.17	1.706 1277	Feb. 15	22 24 32.687	−11 30 40.01	1.694 0846
1	18 31 16.908	−23 38 47.75	1.706 7545	16	22 29 18.012	−11 03 20.32	1.692 8713
2	18 36 46.544	−23 36 38.32	1.707 3433	17	22 34 02.344	−10 35 43.06	1.691 6149
3	18 42 15.956	−23 33 44.94	1.707 8939	18	22 38 45.713	−10 07 49.01	1.690 3153
4	18 47 45.086	−23 30 07.71	1.708 4061	19	22 43 28.150	− 9 39 38.95	1.688 9725
5	18 53 13.874	−23 25 46.75	1.708 8797	20	22 48 09.688	− 9 11 13.65	1.687 5865
6	18 58 42.263	−23 20 42.23	1.709 3142	21	22 52 50.360	− 8 42 33.89	1.686 1573
7	19 04 10.195	−23 14 54.36	1.709 7096	22	22 57 30.200	− 8 13 40.46	1.684 6851
8	19 09 37.613	−23 08 23.38	1.710 0654	23	23 02 09.243	− 7 44 34.12	1.683 1698
9	19 15 04.460	−23 01 09.58	1.710 3815	24	23 06 47.524	− 7 15 15.66	1.681 6116
10	19 20 30.680	−22 53 13.25	1.710 6575	25	23 11 25.080	− 6 45 45.83	1.680 0107
11	19 25 56.217	−22 44 34.76	1.710 8934	26	23 16 01.948	− 6 16 05.41	1.678 3671
12	19 31 21.016	−22 35 14.46	1.711 0889	27	23 20 38.168	− 5 46 15.15	1.676 6808
13	19 36 45.025	−22 25 12.75	1.711 2441	28	23 25 13.782	− 5 16 15.77	1.674 9519
14	19 42 08.193	−22 14 30.04	1.711 3589	Mar. 1	23 29 48.834	− 4 46 08.00	1.673 1802
15	19 47 30.471	−22 03 06.75	1.711 4334	2	23 34 23.370	− 4 15 52.57	1.671 3654
16	19 52 51.812	−21 51 03.38	1.711 4674	3	23 38 57.435	− 3 45 30.19	1.669 5073
17	19 58 12.174	−21 38 20.45	1.711 4613	4	23 43 31.073	− 3 15 01.57	1.667 6054
18	20 03 31.519	−21 24 58.48	1.711 4150	5	23 48 04.328	− 2 44 27.46	1.665 6592
19	20 08 49.811	−21 10 58.03	1.711 3287	6	23 52 37.242	− 2 13 48.59	1.663 6681
20	20 14 07.019	−20 56 19.67	1.711 2025	7	23 57 09.855	− 1 43 05.71	1.661 6318
21	20 19 23.113	−20 41 03.97	1.711 0366	8	0 01 42.210	− 1 12 19.55	1.659 5497
22	20 24 38.067	−20 25 11.55	1.710 8312	9	0 06 14.346	− 0 41 30.86	1.657 4214
23	20 29 51.856	−20 08 43.03	1.710 5863	10	0 10 46.304	− 0 10 40.39	1.655 2464
24	20 35 04.460	−19 51 39.07	1.710 3023	11	0 15 18.126	+ 0 20 11.12	1.653 0243
25	20 40 15.862	−19 34 00.33	1.709 9794	12	0 19 49.853	+ 0 51 02.93	1.650 7548
26	20 45 26.044	−19 15 47.49	1.709 6176	13	0 24 21.527	+ 1 21 54.30	1.648 4374
27	20 50 34.994	−18 57 01.24	1.709 2173	14	0 28 53.188	+ 1 52 44.48	1.646 0720
28	20 55 42.701	−18 37 42.28	1.708 7785	15	0 33 24.880	+ 2 23 32.74	1.643 6582
29	21 00 49.157	−18 17 51.33	1.708 3014	16	0 37 56.643	+ 2 54 18.33	1.641 1958
30	21 05 54.357	−17 57 29.10	1.707 7860	17	0 42 28.519	+ 3 25 00.51	1.638 6845
31	21 10 58.301	−17 36 36.28	1.707 2322	18	0 47 00.550	+ 3 55 38.55	1.636 1241
Feb. 1	21 16 00.991	−17 15 13.60	1.706 6397	19	0 51 32.776	+ 4 26 11.69	1.633 5147
2	21 21 02.434	−16 53 21.76	1.706 0083	20	0 56 05.237	+ 4 56 39.21	1.630 8559
3	21 26 02.637	−16 31 01.51	1.705 3376	21	1 00 37.974	+ 5 27 00.34	1.628 1479
4	21 31 01.610	−16 08 13.57	1.704 6272	22	1 05 11.024	+ 5 57 14.35	1.625 3905
5	21 35 59.362	−15 44 58.72	1.703 8767	23	1 09 44.425	+ 6 27 20.48	1.622 5839
6	21 40 55.903	−15 21 17.70	1.703 0855	24	1 14 18.215	+ 6 57 17.97	1.619 7281
7	21 45 51.246	−14 57 11.30	1.702 2534	25	1 18 52.432	+ 7 27 06.09	1.616 8232
8	21 50 45.403	−14 32 40.30	1.701 3800	26	1 23 27.112	+ 7 56 44.07	1.613 8693
9	21 55 38.387	−14 07 45.47	1.700 4649	27	1 28 02.295	+ 8 26 11.18	1.610 8667
10	22 00 30.215	−13 42 27.60	1.699 5078	28	1 32 38.019	+ 8 55 26.67	1.607 8155
11	22 05 20.904	−13 16 47.47	1.698 5085	29	1 37 14.326	+ 9 24 29.83	1.604 7158
12	22 10 10.473	−12 50 45.86	1.697 4667	30	1 41 51.257	+ 9 53 19.96	1.601 5674
13	22 14 58.943	−12 24 23.56	1.696 3822	31	1 46 28.852	+10 21 56.32	1.598 3704
14	22 19 46.340	−11 57 41.35	1.695 2549	Apr. 1	1 51 07.148	+10 50 18.21	1.595 1244
15	22 24 32.687	−11 30 40.01	1.694 0846	2	1 55 46.179	+11 18 24.91	1.591 8291

GEOCENTRIC COORDINATES FOR 0ʰ TERRESTRIAL TIME

Date	Apparent Right Ascension	Apparent Declination	True Geocentric Distance	Date	Apparent Right Ascension	Apparent Declination	True Geocentric Distance
	h m s	° ′ ″			h m s	° ′ ″	
Apr. 1	1 51 07.148	+10 50 18.21	1.595 1244	May 17	5 41 09.703	+24 46 46.33	1.390 1578
2	1 55 46.179	+11 18 24.91	1.591 8291	18	5 46 27.041	+24 50 53.38	1.384 5049
3	2 00 25.979	+11 46 15.68	1.588 4843	19	5 51 44.455	+24 54 17.79	1.378 8028
4	2 05 06.578	+12 13 49.77	1.585 0894	20	5 57 01.879	+24 56 59.44	1.373 0520
5	2 09 48.005	+12 41 06.43	1.581 6442	21	6 02 19.245	+24 58 58.23	1.367 2531
6	2 14 30.288	+13 08 04.92	1.578 1482	22	6 07 36.488	+25 00 14.12	1.361 4066
7	2 19 13.452	+13 34 44.47	1.574 6011	23	6 12 53.545	+25 00 47.08	1.355 5133
8	2 23 57.525	+14 01 04.34	1.571 0026	24	6 18 10.352	+25 00 37.14	1.349 5738
9	2 28 42.528	+14 27 03.77	1.567 3522	25	6 23 26.847	+24 59 44.35	1.343 5888
10	2 33 28.485	+14 52 42.01	1.563 6498	26	6 28 42.969	+24 58 08.82	1.337 5590
11	2 38 15.417	+15 17 58.30	1.559 8950	27	6 33 58.654	+24 55 50.67	1.331 4849
12	2 43 03.343	+15 42 51.89	1.556 0877	28	6 39 13.841	+24 52 50.07	1.325 3672
13	2 47 52.279	+16 07 22.03	1.552 2275	29	6 44 28.469	+24 49 07.20	1.319 2061
14	2 52 42.241	+16 31 27.99	1.548 3144	30	6 49 42.476	+24 44 42.27	1.313 0023
15	2 57 33.241	+16 55 09.00	1.544 3482	31	6 54 55.803	+24 39 35.51	1.306 7559
16	3 02 25.289	+17 18 24.33	1.540 3287	June 1	7 00 08.392	+24 33 47.17	1.300 4673
17	3 07 18.392	+17 41 13.25	1.536 2561	2	7 05 20.187	+24 27 17.54	1.294 1367
18	3 12 12.556	+18 03 35.01	1.532 1303	3	7 10 31.133	+24 20 06.94	1.287 7645
19	3 17 07.782	+18 25 28.89	1.527 9513	4	7 15 41.176	+24 12 15.69	1.281 3508
20	3 22 04.070	+18 46 54.15	1.523 7194	5	7 20 50.265	+24 03 44.17	1.274 8959
21	3 27 01.416	+19 07 50.08	1.519 4347	6	7 25 58.349	+23 54 32.77	1.268 4000
22	3 31 59.816	+19 28 15.95	1.515 0975	7	7 31 05.381	+23 44 41.90	1.261 8635
23	3 36 59.265	+19 48 11.07	1.510 7080	8	7 36 11.314	+23 34 12.01	1.255 2864
24	3 41 59.755	+20 07 34.73	1.506 2668	9	7 41 16.101	+23 23 03.56	1.248 6691
25	3 47 01.279	+20 26 26.27	1.501 7741	10	7 46 19.699	+23 11 17.06	1.242 0118
26	3 52 03.829	+20 44 45.03	1.497 2303	11	7 51 22.064	+22 58 53.01	1.235 3148
27	3 57 07.396	+21 02 30.38	1.492 6358	12	7 56 23.155	+22 45 51.96	1.228 5784
28	4 02 11.966	+21 19 41.73	1.487 9909	13	8 01 22.930	+22 32 14.46	1.221 8028
29	4 07 17.524	+21 36 18.46	1.483 2957	14	8 06 21.349	+22 18 01.09	1.214 9885
30	4 12 24.049	+21 52 20.00	1.478 5502	15	8 11 18.376	+22 03 12.44	1.208 1360
May 1	4 17 31.517	+22 07 45.77	1.473 7546	16	8 16 13.975	+21 47 49.12	1.201 2457
2	4 22 39.903	+22 22 35.19	1.468 9088	17	8 21 08.116	+21 31 51.73	1.194 3183
3	4 27 49.175	+22 36 47.73	1.464 0126	18	8 26 00.770	+21 15 20.92	1.187 3545
4	4 32 59.303	+22 50 22.82	1.459 0661	19	8 30 51.915	+20 58 17.31	1.180 3551
5	4 38 10.252	+23 03 19.96	1.454 0691	20	8 35 41.528	+20 40 41.57	1.173 3209
6	4 43 21.985	+23 15 38.64	1.449 0216	21	8 40 29.594	+20 22 34.37	1.166 2528
7	4 48 34.462	+23 27 18.38	1.443 9235	22	8 45 16.098	+20 03 56.39	1.159 1516
8	4 53 47.643	+23 38 18.72	1.438 7747	23	8 50 01.027	+19 44 48.32	1.152 0182
9	4 59 01.481	+23 48 39.23	1.433 5752	24	8 54 44.371	+19 25 10.87	1.144 8536
10	5 04 15.931	+23 58 19.50	1.428 3250	25	8 59 26.123	+19 05 04.73	1.137 6585
11	5 09 30.942	+24 07 19.15	1.423 0241	26	9 04 06.275	+18 44 30.61	1.130 4336
12	5 14 46.463	+24 15 37.83	1.417 6725	27	9 08 44.826	+18 23 29.21	1.123 1797
13	5 20 02.440	+24 23 15.22	1.412 2703	28	9 13 21.774	+18 02 01.21	1.115 8974
14	5 25 18.813	+24 30 11.01	1.406 8175	29	9 17 57.121	+17 40 07.32	1.108 5874
15	5 30 35.524	+24 36 24.95	1.401 3144	30	9 22 30.872	+17 17 48.23	1.101 2500
16	5 35 52.509	+24 41 56.79	1.395 7610	July 1	9 27 03.031	+16 55 04.63	1.093 8859
17	5 41 09.703	+24 46 46.33	1.390 1578	2	9 31 33.606	+16 31 57.23	1.086 4954

VENUS, 2002

GEOCENTRIC COORDINATES FOR 0^h TERRESTRIAL TIME

Date	Apparent Right Ascension	Apparent Declination	True Geocentric Distance	Date	Apparent Right Ascension	Apparent Declination	True Geocentric Distance
	h m s	o ′ ″			h m s	o ′ ″	
July 1	9 27 03.031	+16 55 04.63	1.093 8859	Aug. 16	12 30 37.289	− 4 32 31.31	0.735 4161
2	9 31 33.606	+16 31 57.23	1.086 4954	17	12 34 08.756	− 5 01 39.48	0.727 4304
3	9 36 02.605	+16 08 26.71	1.079 0792	18	12 37 39.063	− 5 30 40.42	0.719 4473
4	9 40 30.039	+15 44 33.78	1.071 6375	19	12 41 08.188	− 5 59 33.49	0.711 4679
5	9 44 55.919	+15 20 19.13	1.064 1708	20	12 44 36.110	− 6 28 18.05	0.703 4933
6	9 49 20.254	+14 55 43.47	1.056 6795	21	12 48 02.806	− 6 56 53.48	0.695 5245
7	9 53 43.059	+14 30 47.49	1.049 1639	22	12 51 28.252	− 7 25 19.16	0.687 5628
8	9 58 04.344	+14 05 31.91	1.041 6245	23	12 54 52.420	− 7 53 34.49	0.679 6093
9	10 02 24.121	+13 39 57.42	1.034 0614	24	12 58 15.282	− 8 21 38.85	0.671 6650
10	10 06 42.403	+13 14 04.76	1.026 4751	25	13 01 36.808	− 8 49 31.66	0.663 7310
11	10 10 59.198	+12 47 54.62	1.018 8659	26	13 04 56.962	− 9 17 12.31	0.655 8083
12	10 15 14.518	+12 21 27.72	1.011 2341	27	13 08 15.708	− 9 44 40.23	0.647 8982
13	10 19 28.374	+11 54 44.78	1.003 5802	28	13 11 33.005	−10 11 54.80	0.640 0014
14	10 23 40.776	+11 27 46.52	0.995 9046	29	13 14 48.807	−10 38 55.45	0.632 1192
15	10 27 51.737	+11 00 33.63	0.988 2081	30	13 18 03.066	−11 05 41.58	0.624 2526
16	10 32 01.271	+10 33 06.83	0.980 4912	31	13 21 15.727	−11 32 12.59	0.616 4025
17	10 36 09.393	+10 05 26.81	0.972 7547	Sept. 1	13 24 26.731	−11 58 27.88	0.608 5701
18	10 40 16.119	+ 9 37 34.27	0.964 9994	2	13 27 36.014	−12 24 26.85	0.600 7563
19	10 44 21.465	+ 9 09 29.92	0.957 2264	3	13 30 43.504	−12 50 08.86	0.592 9621
20	10 48 25.447	+ 8 41 14.44	0.949 4363	4	13 33 49.126	−13 15 33.30	0.585 1886
21	10 52 28.083	+ 8 12 48.54	0.941 6303	5	13 36 52.796	−13 40 39.51	0.577 4368
22	10 56 29.388	+ 7 44 12.90	0.933 8092	6	13 39 54.422	−14 05 26.84	0.569 7077
23	11 00 29.380	+ 7 15 28.19	0.925 9740	7	13 42 53.906	−14 29 54.59	0.562 0024
24	11 04 28.077	+ 6 46 35.09	0.918 1255	8	13 45 51.144	−14 54 02.07	0.554 3220
25	11 08 25.497	+ 6 17 34.23	0.910 2646	9	13 48 46.020	−15 17 48.53	0.546 6678
26	11 12 21.659	+ 5 48 26.27	0.902 3921	10	13 51 38.413	−15 41 13.23	0.539 0414
27	11 16 16.583	+ 5 19 11.85	0.894 5087	11	13 54 28.193	−16 04 15.40	0.531 4443
28	11 20 10.289	+ 4 49 51.57	0.886 6151	12	13 57 15.219	−16 26 54.22	0.523 8785
29	11 24 02.795	+ 4 20 26.07	0.878 7119	13	13 59 59.344	−16 49 08.88	0.516 3460
30	11 27 54.121	+ 3 50 55.95	0.870 7999	14	14 02 40.413	−17 10 58.52	0.508 8489
31	11 31 44.285	+ 3 21 21.83	0.862 8796	15	14 05 18.265	−17 32 22.28	0.501 3896
Aug. 1	11 35 33.304	+ 2 51 44.31	0.854 9515	16	14 07 52.732	−17 53 19.27	0.493 9705
2	11 39 21.193	+ 2 22 03.99	0.847 0162	17	14 10 23.640	−18 13 48.58	0.486 5943
3	11 43 07.968	+ 1 52 21.48	0.839 0742	18	14 12 50.808	−18 33 49.28	0.479 2635
4	11 46 53.641	+ 1 22 37.39	0.831 1259	19	14 15 14.049	−18 53 20.41	0.471 9812
5	11 50 38.223	+ 0 52 52.31	0.823 1719	20	14 17 33.171	−19 12 21.01	0.464 7500
6	11 54 21.723	+ 0 23 06.85	0.815 2124	21	14 19 47.973	−19 30 50.06	0.457 5732
7	11 58 04.147	− 0 06 38.38	0.807 2480	22	14 21 58.248	−19 48 46.52	0.450 4538
8	12 01 45.497	− 0 36 22.75	0.799 2788	23	14 24 03.783	−20 06 09.30	0.443 3951
9	12 05 25.775	− 1 06 05.65	0.791 3054	24	14 26 04.357	−20 22 57.28	0.436 4006
10	12 09 04.978	− 1 35 46.45	0.783 3281	25	14 27 59.744	−20 39 09.27	0.429 4737
11	12 12 43.102	− 2 05 24.50	0.775 3474	26	14 29 49.709	−20 54 44.04	0.422 6181
12	12 16 20.143	− 2 34 59.17	0.767 3638	27	14 31 34.013	−21 09 40.31	0.415 8377
13	12 19 56.092	− 3 04 29.83	0.759 3781	28	14 33 12.411	−21 23 56.69	0.409 1365
14	12 23 30.941	− 3 33 55.84	0.751 3909	29	14 34 44.654	−21 37 31.77	0.402 5185
15	12 27 04.678	− 4 03 16.55	0.743 4033	30	14 36 10.488	−21 50 24.03	0.395 9880
16	12 30 37.289	− 4 32 31.31	0.735 4161	Oct. 1	14 37 29.657	−22 02 31.87	0.389 5496

GEOCENTRIC COORDINATES FOR 0^h TERRESTRIAL TIME

Date	Apparent Right Ascension	Apparent Declination	True Geocentric Distance	Date	Apparent Right Ascension	Apparent Declination	True Geocentric Distance
	h m s	° ′ ″			h m s	° ′ ″	
Oct. 1	14 37 29.657	−22 02 31.87	0.389 5496	Nov. 16	13 51 14.091	−13 32 10.00	0.300 6992
2	14 38 41.902	−22 13 53.61	0.383 2079	17	13 50 49.716	−13 14 09.87	0.304 6693
3	14 39 46.965	−22 24 27.46	0.376 9677	18	13 50 34.539	−12 57 15.46	0.308 8443
4	14 40 44.589	−22 34 11.54	0.370 8340	19	13 50 28.536	−12 41 28.88	0.313 2156
5	14 41 34.519	−22 43 03.85	0.364 8120	20	13 50 31.642	−12 26 51.68	0.317 7747
6	14 42 16.505	−22 51 02.29	0.358 9073	21	13 50 43.758	−12 13 24.89	0.322 5130
7	14 42 50.305	−22 58 04.65	0.353 1258	22	13 51 04.753	−12 01 09.07	0.327 4223
8	14 43 15.686	−23 04 08.61	0.347 4736	23	13 51 34.473	−11 50 04.32	0.332 4941
9	14 43 32.431	−23 09 11.74	0.341 9574	24	13 52 12.740	−11 40 10.38	0.337 7204
10	14 43 40.342	−23 13 11.56	0.336 5841	25	13 52 59.358	−11 31 26.60	0.343 0934
11	14 43 39.252	−23 16 05.51	0.331 3613	26	13 53 54.118	−11 23 52.05	0.348 6053
12	14 43 29.025	−23 17 51.00	0.326 2967	27	13 54 56.798	−11 17 25.53	0.354 2488
13	14 43 09.569	−23 18 25.48	0.321 3983	28	13 56 07.170	−11 12 05.57	0.360 0166
14	14 42 40.838	−23 17 46.45	0.316 6745	29	13 57 24.999	−11 07 50.55	0.365 9019
15	14 42 02.841	−23 15 51.49	0.312 1337	30	13 58 50.048	−11 04 38.65	0.371 8981
16	14 41 15.643	−23 12 38.37	0.307 7845	Dec. 1	14 00 22.078	−11 02 27.96	0.377 9991
17	14 40 19.377	−23 08 05.05	0.303 6359	2	14 02 00.851	−11 01 16.43	0.384 1991
18	14 39 14.238	−23 02 09.76	0.299 6964	3	14 03 46.133	−11 01 01.97	0.390 4924
19	14 38 00.499	−22 54 51.10	0.295 9750	4	14 05 37.693	−11 01 42.42	0.396 8742
20	14 36 38.503	−22 46 08.03	0.292 4802	5	14 07 35.306	−11 03 15.58	0.403 3395
21	14 35 08.672	−22 36 00.04	0.289 2206	6	14 09 38.755	−11 05 39.29	0.409 8841
22	14 33 31.506	−22 24 27.14	0.286 2044	7	14 11 47.835	−11 08 51.34	0.416 5037
23	14 31 47.578	−22 11 29.98	0.283 4397	8	14 14 02.348	−11 12 49.59	0.423 1945
24	14 29 57.539	−21 57 09.89	0.280 9337	9	14 16 22.110	−11 17 31.91	0.429 9528
25	14 28 02.106	−21 41 28.91	0.278 6936	10	14 18 46.944	−11 22 56.19	0.436 7750
26	14 26 02.057	−21 24 29.88	0.276 7257	11	14 21 16.683	−11 29 00.38	0.443 6577
27	14 23 58.229	−21 06 16.42	0.275 0356	12	14 23 51.170	−11 35 42.43	0.450 5977
28	14 21 51.500	−20 46 52.92	0.273 6283	13	14 26 30.252	−11 43 00.36	0.457 5918
29	14 19 42.782	−20 26 24.56	0.272 5078	14	14 29 13.787	−11 50 52.19	0.464 6370
30	14 17 33.012	−20 04 57.25	0.271 6771	15	14 32 01.637	−11 59 15.98	0.471 7304
31	14 15 23.132	−19 42 37.55	0.271 1386	16	14 34 53.674	−12 08 09.84	0.478 8693
Nov. 1	14 13 14.083	−19 19 32.62	0.270 8934	17	14 37 49.771	−12 17 31.91	0.486 0508
2	14 11 06.787	−18 55 50.07	0.270 9418	18	14 40 49.813	−12 27 20.34	0.493 2725
3	14 09 02.138	−18 31 37.90	0.271 2831	19	14 43 53.685	−12 37 33.32	0.500 5318
4	14 07 00.991	−18 07 04.35	0.271 9158	20	14 47 01.280	−12 48 09.10	0.507 8261
5	14 05 04.153	−17 42 17.76	0.272 8376	21	14 50 12.494	−12 59 05.92	0.515 1531
6	14 03 12.376	−17 17 26.51	0.274 0453	22	14 53 27.228	−13 10 22.04	0.522 5105
7	14 01 26.354	−16 52 38.85	0.275 5352	23	14 56 45.387	−13 21 55.78	0.529 8959
8	13 59 46.720	−16 28 02.85	0.277 3027	24	15 00 06.879	−13 33 45.45	0.537 3071
9	13 58 14.042	−16 03 46.27	0.279 3427	25	15 03 31.615	−13 45 49.40	0.544 7420
10	13 56 48.824	−15 39 56.51	0.281 6494	26	15 06 59.511	−13 58 06.00	0.552 1983
11	13 55 31.505	−15 16 40.49	0.284 2164	27	15 10 30.485	−14 10 33.64	0.559 6741
12	13 54 22.455	−14 54 04.62	0.287 0367	28	15 14 04.458	−14 23 10.75	0.567 1676
13	13 53 21.979	−14 32 14.74	0.290 1031	29	15 17 41.353	−14 35 55.80	0.574 6769
14	13 52 30.317	−14 11 16.06	0.293 4077	30	15 21 21.097	−14 48 47.27	0.582 2004
15	13 51 47.647	−13 51 13.17	0.296 9425	31	15 25 03.614	−15 01 43.69	0.589 7367
16	13 51 14.091	−13 32 10.00	0.300 6992	32	15 28 48.835	−15 14 43.60	0.597 2844

GEOCENTRIC COORDINATES FOR 0^h TERRESTRIAL TIME

Date	Apparent Right Ascension	Apparent Declination	True Geocentric Distance	Date	Apparent Right Ascension	Apparent Declination	True Geocentric Distance
	h m s	° ′ ″			h m s	° ′ ″	
Jan. 0	23 10 08.234	− 6 07 43.56	1.488 1851	Feb. 15	1 12 08.543	+ 7 42 53.51	1.834 2003
1	23 12 49.071	− 5 49 32.88	1.495 6015	16	1 14 48.130	+ 7 59 55.26	1.841 6903
2	23 15 29.733	− 5 31 20.29	1.503 0284	17	1 17 27.830	+ 8 16 52.13	1.849 1711
3	23 18 10.228	− 5 13 05.96	1.510 4659	18	1 20 07.651	+ 8 33 43.96	1.856 6422
4	23 20 50.564	− 4 54 50.02	1.517 9136	19	1 22 47.594	+ 8 50 30.62	1.864 1031
5	23 23 30.750	− 4 36 32.60	1.525 3715	20	1 25 27.666	+ 9 07 11.98	1.871 5534
6	23 26 10.797	− 4 18 13.85	1.532 8392	21	1 28 07.869	+ 9 23 47.89	1.878 9929
7	23 28 50.716	− 3 59 53.90	1.540 3162	22	1 30 48.206	+ 9 40 18.20	1.886 4212
8	23 31 30.515	− 3 41 32.89	1.547 8021	23	1 33 28.680	+ 9 56 42.79	1.893 8380
9	23 34 10.203	− 3 23 10.95	1.555 2961	24	1 36 09.294	+10 13 01.51	1.901 2433
10	23 36 49.786	− 3 04 48.24	1.562 7978	25	1 38 50.048	+10 29 14.21	1.908 6369
11	23 39 29.271	− 2 46 24.93	1.570 3065	26	1 41 30.947	+10 45 20.74	1.916 0187
12	23 42 08.661	− 2 28 01.16	1.577 8215	27	1 44 11.994	+11 01 20.98	1.923 3888
13	23 44 47.961	− 2 09 37.12	1.585 3422	28	1 46 53.194	+11 17 14.79	1.930 7471
14	23 47 27.175	− 1 51 12.96	1.592 8680	Mar. 1	1 49 34.556	+11 33 02.06	1.938 0935
15	23 50 06.307	− 1 32 48.86	1.600 3982	2	1 52 16.090	+11 48 42.69	1.945 4277
16	23 52 45.360	− 1 14 24.97	1.607 9324	3	1 54 57.802	+12 04 16.60	1.952 7496
17	23 55 24.340	− 0 56 01.47	1.615 4700	4	1 57 39.703	+12 19 43.68	1.960 0585
18	23 58 03.250	− 0 37 38.53	1.623 0104	5	2 00 21.797	+12 35 03.84	1.967 3540
19	0 00 42.097	− 0 19 16.29	1.630 5534	6	2 03 04.089	+12 50 16.98	1.974 6355
20	0 03 20.885	− 0 00 54.93	1.638 0984	7	2 05 46.583	+13 05 22.98	1.981 9022
21	0 05 59.619	+ 0 17 25.39	1.645 6452	8	2 08 29.282	+13 20 21.72	1.989 1536
22	0 08 38.305	+ 0 35 44.52	1.653 1934	9	2 11 12.189	+13 35 13.09	1.996 3888
23	0 11 16.948	+ 0 54 02.29	1.660 7426	10	2 13 55.306	+13 49 56.96	2.003 6072
24	0 13 55.554	+ 1 12 18.54	1.668 2928	11	2 16 38.635	+14 04 33.22	2.010 8081
25	0 16 34.128	+ 1 30 33.12	1.675 8436	12	2 19 22.179	+14 19 01.75	2.017 9907
26	0 19 12.674	+ 1 48 45.85	1.683 3950	13	2 22 05.940	+14 33 22.42	2.025 1544
27	0 21 51.198	+ 2 06 56.57	1.690 9468	14	2 24 49.921	+14 47 35.11	2.032 2985
28	0 24 29.702	+ 2 25 05.13	1.698 4991	15	2 27 34.122	+15 01 39.71	2.039 4224
29	0 27 08.193	+ 2 43 11.35	1.706 0519	16	2 30 18.547	+15 15 36.10	2.046 5255
30	0 29 46.675	+ 3 01 15.08	1.713 6050	17	2 33 03.196	+15 29 24.17	2.053 6072
31	0 32 25.158	+ 3 19 16.19	1.721 1586	18	2 35 48.071	+15 43 03.80	2.060 6670
Feb. 1	0 35 03.651	+ 3 37 14.54	1.728 7123	19	2 38 33.172	+15 56 34.88	2.067 7044
2	0 37 42.165	+ 3 55 10.02	1.736 2660	20	2 41 18.500	+16 09 57.30	2.074 7190
3	0 40 20.712	+ 4 13 02.53	1.743 8192	21	2 44 04.053	+16 23 10.94	2.081 7103
4	0 42 59.301	+ 4 30 51.93	1.751 3716	22	2 46 49.830	+16 36 15.69	2.088 6780
5	0 45 37.942	+ 4 48 38.13	1.758 9224	23	2 49 35.829	+16 49 11.44	2.095 6219
6	0 48 16.643	+ 5 06 20.98	1.766 4711	24	2 52 22.048	+17 01 58.06	2.102 5418
7	0 50 55.410	+ 5 24 00.36	1.774 0171	25	2 55 08.485	+17 14 35.45	2.109 4375
8	0 53 34.250	+ 5 41 36.14	1.781 5595	26	2 57 55.137	+17 27 03.47	2.116 3090
9	0 56 13.166	+ 5 59 08.16	1.789 0977	27	3 00 42.005	+17 39 22.03	2.123 1562
10	0 58 52.164	+ 6 16 36.29	1.796 6311	28	3 03 29.089	+17 51 31.00	2.129 9792
11	1 01 31.249	+ 6 34 00.39	1.804 1588	29	3 06 16.394	+18 03 30.31	2.136 7778
12	1 04 10.425	+ 6 51 20.30	1.811 6802	30	3 09 03.924	+18 15 19.88	2.143 5521
13	1 06 49.696	+ 7 08 35.89	1.819 1947	31	3 11 51.681	+18 26 59.64	2.150 3017
14	1 09 29.067	+ 7 25 47.00	1.826 7016	Apr. 1	3 14 39.670	+18 38 29.51	2.157 0264
15	1 12 08.543	+ 7 42 53.51	1.834 2003	2	3 17 27.889	+18 49 49.44	2.163 7256

GEOCENTRIC COORDINATES FOR 0^h TERRESTRIAL TIME

Date	Apparent Right Ascension	Apparent Declination	True Geocentric Distance	Date	Apparent Right Ascension	Apparent Declination	True Geocentric Distance
	h m s	o ′ ″			h m s	o ′ ″	
Apr. 1	3 14 39.670	+18 38 29.51	2.157 0264	May 17	5 26 40.210	+24 08 15.49	2.430 8025
2	3 17 27.889	+18 49 49.44	2.163 7256	18	5 29 34.574	+24 10 46.42	2.435 8319
3	3 20 16.340	+19 00 59.35	2.170 3989	19	5 32 28.908	+24 13 05.06	2.440 8154
4	3 23 05.021	+19 11 59.14	2.177 0457	20	5 35 23.199	+24 15 11.38	2.445 7530
5	3 25 53.929	+19 22 48.74	2.183 6652	21	5 38 17.440	+24 17 05.39	2.450 6446
6	3 28 43.063	+19 33 28.05	2.190 2569	22	5 41 11.622	+24 18 47.07	2.455 4903
7	3 31 32.421	+19 43 56.99	2.196 8201	23	5 44 05.738	+24 20 16.45	2.460 2901
8	3 34 22.002	+19 54 15.47	2.203 3541	24	5 46 59.784	+24 21 33.52	2.465 0440
9	3 37 11.802	+20 04 23.41	2.209 8582	25	5 49 53.754	+24 22 38.32	2.469 7521
10	3 40 01.819	+20 14 20.70	2.216 3318	26	5 52 47.642	+24 23 30.88	2.474 4145
11	3 42 52.052	+20 24 07.29	2.222 7743	27	5 55 41.442	+24 24 11.23	2.479 0310
12	3 45 42.497	+20 33 43.08	2.229 1849	28	5 58 35.146	+24 24 39.41	2.483 6014
13	3 48 33.151	+20 43 07.99	2.235 5632	29	6 01 28.747	+24 24 55.44	2.488 1255
14	3 51 24.011	+20 52 21.96	2.241 9084	30	6 04 22.237	+24 24 59.37	2.492 6028
15	3 54 15.072	+21 01 24.91	2.248 2202	31	6 07 15.607	+24 24 51.20	2.497 0330
16	3 57 06.329	+21 10 16.76	2.254 4979	June 1	6 10 08.851	+24 24 30.97	2.501 4155
17	3 59 57.777	+21 18 57.45	2.260 7411	2	6 13 01.962	+24 23 58.69	2.505 7498
18	4 02 49.408	+21 27 26.91	2.266 9495	3	6 15 54.934	+24 23 14.39	2.510 0355
19	4 05 41.215	+21 35 45.06	2.273 1227	4	6 18 47.760	+24 22 18.11	2.514 2720
20	4 08 33.192	+21 43 51.84	2.279 2605	5	6 21 40.433	+24 21 09.88	2.518 4587
21	4 11 25.328	+21 51 47.16	2.285 3625	6	6 24 32.948	+24 19 49.72	2.522 5950
22	4 14 17.617	+21 59 30.96	2.291 4288	7	6 27 25.298	+24 18 17.69	2.526 6805
23	4 17 10.052	+22 07 03.17	2.297 4593	8	6 30 17.475	+24 16 33.83	2.530 7146
24	4 20 02.628	+22 14 23.71	2.303 4539	9	6 33 09.473	+24 14 38.18	2.534 6967
25	4 22 55.340	+22 21 32.53	2.309 4127	10	6 36 01.284	+24 12 30.80	2.538 6263
26	4 25 48.187	+22 28 29.58	2.315 3357	11	6 38 52.898	+24 10 11.75	2.542 5029
27	4 28 41.166	+22 35 14.82	2.321 2229	12	6 41 44.306	+24 07 41.07	2.546 3261
28	4 31 34.275	+22 41 48.23	2.327 0741	13	6 44 35.499	+24 04 58.84	2.550 0956
29	4 34 27.511	+22 48 09.79	2.332 8893	14	6 47 26.465	+24 02 05.10	2.553 8109
30	4 37 20.868	+22 54 19.46	2.338 6680	15	6 50 17.194	+23 58 59.92	2.557 4719
May 1	4 40 14.341	+23 00 17.23	2.344 4098	16	6 53 07.676	+23 55 43.33	2.561 0784
2	4 43 07.922	+23 06 03.05	2.350 1143	17	6 55 57.903	+23 52 15.40	2.564 6304
3	4 46 01.606	+23 11 36.90	2.355 7809	18	6 58 47.869	+23 48 36.18	2.568 1279
4	4 48 55.386	+23 16 58.72	2.361 4091	19	7 01 37.568	+23 44 45.71	2.571 5709
5	4 51 49.256	+23 22 08.48	2.366 9981	20	7 04 26.996	+23 40 44.08	2.574 9596
6	4 54 43.210	+23 27 06.16	2.372 5474	21	7 07 16.150	+23 36 31.34	2.578 2941
7	4 57 37.241	+23 31 51.70	2.378 0565	22	7 10 05.026	+23 32 07.58	2.581 5745
8	5 00 31.342	+23 36 25.10	2.383 5246	23	7 12 53.619	+23 27 32.88	2.584 8008
9	5 03 25.508	+23 40 46.31	2.388 9512	24	7 15 41.925	+23 22 47.33	2.587 9731
10	5 06 19.731	+23 44 55.32	2.394 3357	25	7 18 29.940	+23 17 51.01	2.591 0912
11	5 09 14.005	+23 48 52.11	2.399 6775	26	7 21 17.659	+23 12 43.99	2.594 1550
12	5 12 08.321	+23 52 36.66	2.404 9760	27	7 24 05.076	+23 07 26.36	2.597 1643
13	5 15 02.670	+23 56 08.95	2.410 2307	28	7 26 52.189	+23 01 58.18	2.600 1187
14	5 17 57.045	+23 59 29.00	2.415 4411	29	7 29 38.994	+22 56 19.52	2.603 0179
15	5 20 51.433	+24 02 36.77	2.420 6068	30	7 32 25.489	+22 50 30.44	2.605 8614
16	5 23 45.826	+24 05 32.27	2.425 7274	July 1	7 35 11.670	+22 44 31.03	2.608 6488
17	5 26 40.210	+24 08 15.49	2.430 8025	2	7 37 57.537	+22 38 21.36	2.611 3798

MARS, 2002

GEOCENTRIC COORDINATES FOR 0ʰ TERRESTRIAL TIME

Date	Apparent Right Ascension	Apparent Declination	True Geocentric Distance	Date	Apparent Right Ascension	Apparent Declination	True Geocentric Distance
	h m s	° ′ ″			h m s	° ′ ″	
July 1	7 35 11.670	+22 44 31.03	2.608 6488	Aug. 16	9 36 23.892	+15 28 40.14	2.671 3679
2	7 37 57.537	+22 38 21.36	2.611 3798	17	9 38 53.940	+15 16 18.54	2.671 2371
3	7 40 43.086	+22 32 01.49	2.614 0537	18	9 41 23.674	+15 03 51.18	2.671 0413
4	7 43 28.316	+22 25 31.52	2.616 6701	19	9 43 53.097	+14 51 18.18	2.670 7807
5	7 46 13.226	+22 18 51.52	2.619 2285	20	9 46 22.213	+14 38 39.61	2.670 4552
6	7 48 57.811	+22 12 01.58	2.621 7285	21	9 48 51.027	+14 25 55.59	2.670 0650
7	7 51 42.070	+22 05 01.78	2.624 1695	22	9 51 19.542	+14 13 06.21	2.669 6101
8	7 54 25.999	+21 57 52.23	2.626 5510	23	9 53 47.764	+14 00 11.54	2.669 0904
9	7 57 09.595	+21 50 33.01	2.628 8726	24	9 56 15.698	+13 47 11.67	2.668 5059
10	7 59 52.851	+21 43 04.23	2.631 1338	25	9 58 43.351	+13 34 06.69	2.667 8563
11	8 02 35.762	+21 35 25.98	2.633 3343	26	10 01 10.730	+13 20 56.68	2.667 1415
12	8 05 18.323	+21 27 38.36	2.635 4736	27	10 03 37.840	+13 07 41.72	2.666 3612
13	8 08 00.527	+21 19 41.46	2.637 5517	28	10 06 04.688	+12 54 21.90	2.665 5152
14	8 10 42.371	+21 11 35.37	2.639 5685	29	10 08 31.280	+12 40 57.31	2.664 6032
15	8 13 23.852	+21 03 20.17	2.641 5238	30	10 10 57.622	+12 27 28.04	2.663 6249
16	8 16 04.968	+20 54 55.95	2.643 4178	31	10 13 23.718	+12 13 54.18	2.662 5800
17	8 18 45.720	+20 46 22.80	2.645 2505	Sept. 1	10 15 49.575	+12 00 15.83	2.661 4681
18	8 21 26.108	+20 37 40.82	2.647 0223	2	10 18 15.195	+11 46 33.08	2.660 2890
19	8 24 06.133	+20 28 50.10	2.648 7331	3	10 20 40.583	+11 32 46.04	2.659 0422
20	8 26 45.796	+20 19 50.76	2.650 3833	4	10 23 05.740	+11 18 54.82	2.657 7273
21	8 29 25.095	+20 10 42.90	2.651 9728	5	10 25 30.669	+11 04 59.51	2.656 3442
22	8 32 04.031	+20 01 26.62	2.653 5019	6	10 27 55.372	+10 51 00.23	2.654 8924
23	8 34 42.605	+19 52 02.03	2.654 9705	7	10 30 19.851	+10 36 57.08	2.653 3719
24	8 37 20.815	+19 42 29.23	2.656 3785	8	10 32 44.110	+10 22 50.15	2.651 7826
25	8 39 58.663	+19 32 48.30	2.657 7258	9	10 35 08.154	+10 08 39.53	2.650 1245
26	8 42 36.150	+19 22 59.34	2.659 0123	10	10 37 31.989	+ 9 54 25.31	2.648 3978
27	8 45 13.279	+19 13 02.44	2.660 2377	11	10 39 55.620	+ 9 40 07.61	2.646 6029
28	8 47 50.051	+19 02 57.67	2.661 4017	12	10 42 19.053	+ 9 25 46.50	2.644 7399
29	8 50 26.471	+18 52 45.12	2.662 5039	13	10 44 42.293	+ 9 11 22.11	2.642 8095
30	8 53 02.540	+18 42 24.89	2.663 5441	14	10 47 05.344	+ 8 56 54.54	2.640 8118
31	8 55 38.262	+18 31 57.07	2.664 5218	15	10 49 28.210	+ 8 42 23.89	2.638 7472
Aug. 1	8 58 13.640	+18 21 21.73	2.665 4367	16	10 51 50.896	+ 8 27 50.25	2.636 6160
2	9 00 48.677	+18 10 38.99	2.666 2883	17	10 54 13.408	+ 8 13 13.73	2.634 4185
3	9 03 23.375	+17 59 48.94	2.667 0762	18	10 56 35.751	+ 7 58 34.42	2.632 1548
4	9 05 57.736	+17 48 51.67	2.667 8000	19	10 58 57.933	+ 7 43 52.38	2.629 8251
5	9 08 31.762	+17 37 47.30	2.668 4593	20	11 01 19.959	+ 7 29 07.72	2.627 4295
6	9 11 05.452	+17 26 35.94	2.669 0536	21	11 03 41.838	+ 7 14 20.50	2.624 9681
7	9 13 38.807	+17 15 17.69	2.669 5824	22	11 06 03.578	+ 6 59 30.81	2.622 4407
8	9 16 11.825	+17 03 52.66	2.670 0455	23	11 08 25.187	+ 6 44 38.72	2.619 8475
9	9 18 44.504	+16 52 20.98	2.670 4425	24	11 10 46.671	+ 6 29 44.31	2.617 1884
10	9 21 16.843	+16 40 42.72	2.670 7732	25	11 13 08.040	+ 6 14 47.66	2.614 4632
11	9 23 48.842	+16 28 57.97	2.671 0376	26	11 15 29.300	+ 5 59 48.86	2.611 6718
12	9 26 20.506	+16 17 06.80	2.671 2357	27	11 17 50.457	+ 5 44 47.98	2.608 8140
13	9 28 51.838	+16 05 09.32	2.671 3675	28	11 20 11.519	+ 5 29 45.11	2.605 8897
14	9 31 22.845	+15 53 05.64	2.671 4333	29	11 22 32.491	+ 5 14 40.36	2.602 8987
15	9 33 53.528	+15 40 55.87	2.671 4333	30	11 24 53.378	+ 4 59 33.80	2.599 8407
16	9 36 23.892	+15 28 40.14	2.671 3679	Oct. 1	11 27 14.185	+ 4 44 25.54	2.596 7156

GEOCENTRIC COORDINATES FOR 0ʰ TERRESTRIAL TIME

Date	Apparent Right Ascension	Apparent Declination	True Geocentric Distance	Date	Apparent Right Ascension	Apparent Declination	True Geocentric Distance
	h m s	o ′ ″			h m s	o ′ ″	
Oct. 1	11 27 14.185	+ 4 44 25.54	2.596 7156	Nov. 16	13 15 17.091	− 6 55 14.79	2.382 9991
2	11 29 34.915	+ 4 29 15.67	2.593 5230	17	13 17 40.266	− 7 09 56.57	2.376 9194
3	11 31 55.572	+ 4 14 04.31	2.590 2628	18	13 20 03.626	− 7 24 35.52	2.370 7846
4	11 34 16.159	+ 3 58 51.55	2.586 9348	19	13 22 27.177	− 7 39 11.57	2.364 5951
5	11 36 36.682	+ 3 43 37.49	2.583 5388	20	13 24 50.925	− 7 53 44.64	2.358 3510
6	11 38 57.144	+ 3 28 22.23	2.580 0749	21	13 27 14.878	− 8 08 14.63	2.352 0527
7	11 41 17.553	+ 3 13 05.85	2.576 5432	22	13 29 39.039	− 8 22 41.47	2.345 7004
8	11 43 37.914	+ 2 57 48.45	2.572 9440	23	13 32 03.415	− 8 37 05.05	2.339 2943
9	11 45 58.234	+ 2 42 30.13	2.569 2776	24	13 34 28.009	− 8 51 25.29	2.332 8345
10	11 48 18.516	+ 2 27 10.99	2.565 5444	25	13 36 52.825	− 9 05 42.08	2.326 3211
11	11 50 38.764	+ 2 11 51.14	2.561 7451	26	13 39 17.866	− 9 19 55.33	2.319 7541
12	11 52 58.984	+ 1 56 30.69	2.557 8801	27	13 41 43.136	− 9 34 04.91	2.313 1338
13	11 55 19.179	+ 1 41 09.73	2.553 9498	28	13 44 08.639	− 9 48 10.74	2.306 4602
14	11 57 39.355	+ 1 25 48.36	2.549 9548	29	13 46 34.378	−10 02 12.69	2.299 7333
15	11 59 59.517	+ 1 10 26.68	2.545 8954	30	13 49 00.358	−10 16 10.67	2.292 9534
16	12 02 19.673	+ 0 55 04.77	2.541 7721	Dec. 1	13 51 26.582	−10 30 04.57	2.286 1207
17	12 04 39.828	+ 0 39 42.72	2.537 5851	2	13 53 53.055	−10 43 54.29	2.279 2355
18	12 06 59.992	+ 0 24 20.61	2.533 3347	3	13 56 19.780	−10 57 39.73	2.272 2982
19	12 09 20.172	+ 0 08 58.51	2.529 0212	4	13 58 46.757	−11 11 20.78	2.265 3094
20	12 11 40.376	− 0 06 23.49	2.524 6448	5	14 01 13.987	−11 24 57.33	2.258 2698
21	12 14 00.612	− 0 21 45.33	2.520 2056	6	14 03 41.471	−11 38 29.26	2.251 1801
22	12 16 20.888	− 0 37 06.91	2.515 7037	7	14 06 09.207	−11 51 56.45	2.244 0411
23	12 18 41.212	− 0 52 28.17	2.511 1393	8	14 08 37.198	−12 05 18.79	2.236 8537
24	12 21 01.590	− 1 07 49.03	2.506 5123	9	14 11 05.446	−12 18 36.17	2.229 6186
25	12 23 22.031	− 1 23 09.39	2.501 8228	10	14 13 33.954	−12 31 48.48	2.222 3368
26	12 25 42.538	− 1 38 29.17	2.497 0709	11	14 16 02.727	−12 44 55.62	2.215 0088
27	12 28 03.120	− 1 53 48.28	2.492 2564	12	14 18 31.768	−12 57 57.51	2.207 6355
28	12 30 23.779	− 2 09 06.62	2.487 3793	13	14 21 01.084	−13 10 54.06	2.200 2176
29	12 32 44.520	− 2 24 24.10	2.482 4395	14	14 23 30.678	−13 23 45.17	2.192 7556
30	12 35 05.349	− 2 39 40.62	2.477 4369	15	14 26 00.557	−13 36 30.77	2.185 2502
31	12 37 26.268	− 2 54 56.06	2.472 3715	16	14 28 30.724	−13 49 10.76	2.177 7020
Nov. 1	12 39 47.282	− 3 10 10.34	2.467 2433	17	14 31 01.183	−14 01 45.07	2.170 1115
2	12 42 08.397	− 3 25 23.34	2.462 0522	18	14 33 31.940	−14 14 13.61	2.162 4792
3	12 44 29.617	− 3 40 34.97	2.456 7983	19	14 36 02.996	−14 26 36.30	2.154 8056
4	12 46 50.949	− 3 55 45.14	2.451 4818	20	14 38 34.355	−14 38 53.04	2.147 0911
5	12 49 12.397	− 4 10 53.74	2.446 1031	21	14 41 06.019	−14 51 03.75	2.139 3360
6	12 51 33.966	− 4 26 00.67	2.440 6627	22	14 43 37.990	−15 03 08.33	2.131 5406
7	12 53 55.659	− 4 41 05.83	2.435 1611	23	14 46 10.268	−15 15 06.68	2.123 7052
8	12 56 17.478	− 4 56 09.10	2.429 5990	24	14 48 42.854	−15 26 58.69	2.115 8300
9	12 58 39.427	− 5 11 10.37	2.423 9770	25	14 51 15.751	−15 38 44.27	2.107 9153
10	13 01 01.509	− 5 26 09.53	2.418 2958	26	14 53 48.958	−15 50 23.30	2.099 9611
11	13 03 23.727	− 5 41 06.48	2.412 5561	27	14 56 22.478	−16 01 55.68	2.091 9679
12	13 05 46.088	− 5 56 01.12	2.406 7584	28	14 58 56.312	−16 13 21.31	2.083 9358
13	13 08 08.598	− 6 10 53.35	2.400 9034	29	15 01 30.461	−16 24 40.10	2.075 8652
14	13 10 31.264	− 6 25 43.10	2.394 9915	30	15 04 04.924	−16 35 51.94	2.067 7565
15	13 12 54.092	− 6 40 30.28	2.389 0233	31	15 06 39.700	−16 46 56.74	2.059 6102
16	13 15 17.091	− 6 55 14.79	2.382 9991	32	15 09 14.786	−16 57 54.40	2.051 4270

JUPITER, 2002

GEOCENTRIC COORDINATES FOR 0ʰ TERRESTRIAL TIME

Date	Apparent Right Ascension	Apparent Declination	True Geocentric Distance	Date	Apparent Right Ascension	Apparent Declination	True Geocentric Distance
	h m s	° ′ ″			h m s	° ′ ″	
Jan. 0	6 46 59.481	+22 59 58.64	4.187 4723	Feb. 15	6 26 03.587	+23 24 19.24	4.498 8660
1	6 46 24.342	+23 00 46.43	4.187 6155	16	6 25 51.431	+23 24 33.67	4.511 4689
2	6 45 49.190	+23 01 33.74	4.188 0754	17	6 25 40.123	+23 24 47.46	4.524 2537
3	6 45 14.049	+23 02 20.55	4.188 8522	18	6 25 29.670	+23 25 00.61	4.537 2151
4	6 44 38.945	+23 03 06.81	4.189 9459	19	6 25 20.077	+23 25 13.13	4.550 3480
5	6 44 03.907	+23 03 52.47	4.191 3567	20	6 25 11.346	+23 25 25.05	4.563 6474
6	6 43 28.962	+23 04 37.50	4.193 0844	21	6 25 03.482	+23 25 36.36	4.577 1080
7	6 42 54.140	+23 05 21.88	4.195 1288	22	6 24 56.486	+23 25 47.09	4.590 7247
8	6 42 19.469	+23 06 05.58	4.197 4894	23	6 24 50.358	+23 25 57.26	4.604 4924
9	6 41 44.977	+23 06 48.60	4.200 1657	24	6 24 45.097	+23 26 06.86	4.618 4063
10	6 41 10.692	+23 07 30.92	4.203 1567	25	6 24 40.701	+23 26 15.92	4.632 4613
11	6 40 36.641	+23 08 12.54	4.206 4614	26	6 24 37.167	+23 26 24.42	4.646 6526
12	6 40 02.848	+23 08 53.45	4.210 0785	27	6 24 34.492	+23 26 32.36	4.660 9757
13	6 39 29.340	+23 09 33.63	4.214 0064	28	6 24 32.675	+23 26 39.72	4.675 4260
14	6 38 56.142	+23 10 13.07	4.218 2432	Mar. 1	6 24 31.717	+23 26 46.49	4.689 9991
15	6 38 23.278	+23 10 51.75	4.222 7871	2	6 24 31.619	+23 26 52.68	4.704 6905
16	6 37 50.775	+23 11 29.66	4.227 6356	3	6 24 32.382	+23 26 58.27	4.719 4961
17	6 37 18.656	+23 12 06.78	4.232 7865	4	6 24 34.007	+23 27 03.29	4.734 4112
18	6 36 46.946	+23 12 43.10	4.238 2372	5	6 24 36.492	+23 27 07.75	4.749 4316
19	6 36 15.671	+23 13 18.60	4.243 9847	6	6 24 39.836	+23 27 11.66	4.764 5525
20	6 35 44.853	+23 13 53.28	4.250 0264	7	6 24 44.035	+23 27 15.03	4.779 7694
21	6 35 14.517	+23 14 27.13	4.256 3591	8	6 24 49.085	+23 27 17.86	4.795 0775
22	6 34 44.685	+23 15 00.16	4.262 9796	9	6 24 54.983	+23 27 20.14	4.810 4721
23	6 34 15.379	+23 15 32.35	4.269 8846	10	6 25 01.725	+23 27 21.88	4.825 9485
24	6 33 46.619	+23 16 03.72	4.277 0708	11	6 25 09.307	+23 27 23.06	4.841 5017
25	6 33 18.426	+23 16 34.28	4.284 5346	12	6 25 17.725	+23 27 23.68	4.857 1269
26	6 32 50.816	+23 17 04.04	4.292 2723	13	6 25 26.974	+23 27 23.71	4.872 8193
27	6 32 23.807	+23 17 33.01	4.300 2806	14	6 25 37.052	+23 27 23.16	4.888 5741
28	6 31 57.412	+23 18 01.20	4.308 5556	15	6 25 47.953	+23 27 22.01	4.904 3863
29	6 31 31.646	+23 18 28.61	4.317 0937	16	6 25 59.674	+23 27 20.25	4.920 2513
30	6 31 06.521	+23 18 55.25	4.325 8915	17	6 26 12.209	+23 27 17.87	4.936 1642
31	6 30 42.052	+23 19 21.09	4.334 9454	18	6 26 25.554	+23 27 14.87	4.952 1202
Feb. 1	6 30 18.255	+23 19 46.14	4.344 2519	19	6 26 39.704	+23 27 11.24	4.968 1148
2	6 29 55.146	+23 20 10.38	4.353 8074	20	6 26 54.650	+23 27 06.99	4.984 1432
3	6 29 32.743	+23 20 33.83	4.363 6083	21	6 27 10.387	+23 27 02.10	5.000 2010
4	6 29 11.060	+23 20 56.51	4.373 6509	22	6 27 26.905	+23 26 56.58	5.016 2836
5	6 28 50.113	+23 21 18.42	4.383 9314	23	6 27 44.197	+23 26 50.43	5.032 3867
6	6 28 29.916	+23 21 39.59	4.394 4456	24	6 28 02.252	+23 26 43.63	5.048 5061
7	6 28 10.479	+23 22 00.05	4.405 1896	25	6 28 21.059	+23 26 36.17	5.064 6377
8	6 27 51.815	+23 22 19.81	4.416 1589	26	6 28 40.610	+23 26 28.03	5.080 7774
9	6 27 33.933	+23 22 38.87	4.427 3491	27	6 29 00.894	+23 26 19.20	5.096 9216
10	6 27 16.844	+23 22 57.27	4.438 7556	28	6 29 21.905	+23 26 09.62	5.113 0665
11	6 27 00.555	+23 23 14.99	4.450 3738	29	6 29 43.636	+23 25 59.30	5.129 2087
12	6 26 45.077	+23 23 32.04	4.462 1989	30	6 30 06.083	+23 25 48.20	5.145 3447
13	6 26 30.418	+23 23 48.43	4.474 2259	31	6 30 29.241	+23 25 36.33	5.161 4711
14	6 26 16.585	+23 24 04.17	4.486 4499	Apr. 1	6 30 53.103	+23 25 23.69	5.177 5844
15	6 26 03.587	+23 24 19.24	4.498 8660	2	6 31 17.662	+23 25 10.27	5.193 6813

GEOCENTRIC COORDINATES FOR 0ʰ TERRESTRIAL TIME

Date	Apparent Right Ascension	Apparent Declination	True Geocentric Distance	Date	Apparent Right Ascension	Apparent Declination	True Geocentric Distance
	h m s	° ′ ″			h m s	° ′ ″	
Apr. 1	6 30 53.103	+23 25 23.69	5.177 5844	May 17	6 59 32.233	+22 57 55.68	5.846 9730
2	6 31 17.662	+23 25 10.27	5.193 6813	18	7 00 20.124	+22 56 51.62	5.858 9169
3	6 31 42.909	+23 24 56.08	5.209 7580	19	7 01 08.336	+22 55 46.19	5.870 7124
4	6 32 08.838	+23 24 41.11	5.225 8109	20	7 01 56.860	+22 54 39.38	5.882 3578
5	6 32 35.437	+23 24 25.34	5.241 8365	21	7 02 45.688	+22 53 31.18	5.893 8515
6	6 33 02.701	+23 24 08.76	5.257 8310	22	7 03 34.814	+22 52 21.56	5.905 1921
7	6 33 30.619	+23 23 51.35	5.273 7907	23	7 04 24.232	+22 51 10.52	5.916 3785
8	6 33 59.185	+23 23 33.09	5.289 7118	24	7 05 13.937	+22 49 58.03	5.927 4093
9	6 34 28.391	+23 23 13.95	5.305 5908	25	7 06 03.925	+22 48 44.10	5.938 2834
10	6 34 58.230	+23 22 53.92	5.321 4239	26	7 06 54.191	+22 47 28.74	5.948 9995
11	6 35 28.695	+23 22 32.97	5.337 2074	27	7 07 44.729	+22 46 11.96	5.959 5566
12	6 35 59.778	+23 22 11.09	5.352 9378	28	7 08 35.531	+22 44 53.76	5.969 9532
13	6 36 31.473	+23 21 48.26	5.368 6113	29	7 09 26.590	+22 43 34.14	5.980 1881
14	6 37 03.772	+23 21 24.47	5.384 2246	30	7 10 17.898	+22 42 13.11	5.990 2599
15	6 37 36.668	+23 20 59.70	5.399 7740	31	7 11 09.448	+22 40 50.65	6.000 1670
16	6 38 10.152	+23 20 33.96	5.415 2561	June 1	7 12 01.234	+22 39 26.76	6.009 9079
17	6 38 44.215	+23 20 07.22	5.430 6677	2	7 12 53.251	+22 38 01.43	6.019 4812
18	6 39 18.847	+23 19 39.48	5.446 0054	3	7 13 45.493	+22 36 34.64	6.028 8853
19	6 39 54.040	+23 19 10.74	5.461 2660	4	7 14 37.954	+22 35 06.38	6.038 1186
20	6 40 29.781	+23 18 40.97	5.476 4465	5	7 15 30.631	+22 33 36.65	6.047 1796
21	6 41 06.059	+23 18 10.18	5.491 5440	6	7 16 23.517	+22 32 05.45	6.056 0668
22	6 41 42.865	+23 17 38.33	5.506 5557	7	7 17 16.609	+22 30 32.76	6.064 7786
23	6 42 20.188	+23 17 05.41	5.521 4790	8	7 18 09.900	+22 28 58.60	6.073 3137
24	6 42 58.019	+23 16 31.38	5.536 3112	9	7 19 03.386	+22 27 22.96	6.081 6704
25	6 43 36.351	+23 15 56.23	5.551 0501	10	7 19 57.061	+22 25 45.85	6.089 8475
26	6 44 15.178	+23 15 19.91	5.565 6934	11	7 20 50.917	+22 24 07.28	6.097 8435
27	6 44 54.495	+23 14 42.44	5.580 2389	12	7 21 44.948	+22 22 27.26	6.105 6572
28	6 45 34.295	+23 14 03.79	5.594 6844	13	7 22 39.145	+22 20 45.80	6.113 2874
29	6 46 14.572	+23 13 23.98	5.609 0276	14	7 23 33.499	+22 19 02.91	6.120 7328
30	6 46 55.317	+23 12 43.01	5.623 2664	15	7 24 28.003	+22 17 18.58	6.127 9926
May 1	6 47 36.523	+23 12 00.86	5.637 3983	16	7 25 22.648	+22 15 32.81	6.135 0659
2	6 48 18.180	+23 11 17.54	5.651 4210	17	7 26 17.428	+22 13 45.59	6.141 9520
3	6 49 00.280	+23 10 33.03	5.665 3319	18	7 27 12.337	+22 11 56.93	6.148 6502
4	6 49 42.814	+23 09 47.31	5.679 1287	19	7 28 07.371	+22 10 06.80	6.155 1600
5	6 50 25.776	+23 09 00.35	5.692 8087	20	7 29 02.525	+22 08 15.22	6.161 4809
6	6 51 09.159	+23 08 12.15	5.706 3696	21	7 29 57.797	+22 06 22.19	6.167 6126
7	6 51 52.956	+23 07 22.69	5.719 8087	22	7 30 53.182	+22 04 27.72	6.173 5546
8	6 52 37.160	+23 06 31.94	5.733 1236	23	7 31 48.675	+22 02 31.82	6.179 3066
9	6 53 21.765	+23 05 39.89	5.746 3118	24	7 32 44.271	+22 00 34.53	6.184 8681
10	6 54 06.765	+23 04 46.53	5.759 3709	25	7 33 39.963	+21 58 35.85	6.190 2386
11	6 54 52.154	+23 03 51.84	5.772 2985	26	7 34 35.745	+21 56 35.79	6.195 4175
12	6 55 37.924	+23 02 55.83	5.785 0922	27	7 35 31.611	+21 54 34.37	6.200 4041
13	6 56 24.069	+23 01 58.48	5.797 7497	28	7 36 27.556	+21 52 31.57	6.205 1979
14	6 57 10.581	+23 00 59.79	5.810 2687	29	7 37 23.573	+21 50 27.41	6.209 7981
15	6 57 57.452	+22 59 59.76	5.822 6469	30	7 38 19.660	+21 48 21.89	6.214 2038
16	6 58 44.673	+22 58 58.39	5.834 8824	July 1	7 39 15.811	+21 46 15.00	6.218 4144
17	6 59 32.233	+22 57 55.68	5.846 9730	2	7 40 12.023	+21 44 06.74	6.222 4291

JUPITER, 2002

GEOCENTRIC COORDINATES FOR 0ʰ TERRESTRIAL TIME

Date	Apparent Right Ascension	Apparent Declination	True Geocentric Distance	Date	Apparent Right Ascension	Apparent Declination	True Geocentric Distance
	h m s	° ′ ″			h m s	° ′ ″	
July 1	7 39 15.811	+21 46 15.00	6.218 4144	Aug. 16	8 22 02.763	+19 48 22.08	6.195 3297
2	7 40 12.023	+21 44 06.74	6.222 4291	17	8 22 56.358	+19 45 28.57	6.190 1338
3	7 41 08.293	+21 41 57.12	6.226 2470	18	8 23 49.782	+19 42 34.62	6.184 7454
4	7 42 04.615	+21 39 46.15	6.229 8674	19	8 24 43.027	+19 39 40.26	6.179 1655
5	7 43 00.987	+21 37 33.84	6.233 2896	20	8 25 36.090	+19 36 45.54	6.173 3948
6	7 43 57.404	+21 35 20.19	6.236 5127	21	8 26 28.963	+19 33 50.47	6.167 4343
7	7 44 53.860	+21 33 05.23	6.239 5362	22	8 27 21.642	+19 30 55.09	6.161 2848
8	7 45 50.352	+21 30 48.98	6.242 3593	23	8 28 14.123	+19 27 59.41	6.154 9470
9	7 46 46.872	+21 28 31.45	6.244 9815	24	8 29 06.402	+19 25 03.45	6.148 4216
10	7 47 43.414	+21 26 12.66	6.247 4020	25	8 29 58.474	+19 22 07.25	6.141 7093
11	7 48 39.971	+21 23 52.64	6.249 6205	26	8 30 50.337	+19 19 10.82	6.134 8109
12	7 49 36.533	+21 21 31.41	6.251 6365	27	8 31 41.986	+19 16 14.18	6.127 7270
13	7 50 33.094	+21 19 08.96	6.253 4500	28	8 32 33.418	+19 13 17.38	6.120 4584
14	7 51 29.648	+21 16 45.32	6.255 0606	29	8 33 24.628	+19 10 20.44	6.113 0058
15	7 52 26.190	+21 14 20.48	6.256 4686	30	8 34 15.614	+19 07 23.39	6.105 3699
16	7 53 22.715	+21 11 54.44	6.257 6739	31	8 35 06.368	+19 04 26.27	6.097 5515
17	7 54 19.221	+21 09 27.23	6.258 6769	Sept. 1	8 35 56.887	+19 01 29.13	6.089 5515
18	7 55 15.707	+21 06 58.85	6.259 4778	2	8 36 47.163	+18 58 32.00	6.081 3706
19	7 56 12.175	+21 04 29.40	6.260 0768	3	8 37 37.191	+18 55 34.93	6.073 0098
20	7 57 08.593	+21 01 59.81	6.260 4743	4	8 38 26.962	+18 52 37.97	6.064 4701
21	7 58 04.923	+20 59 27.21	6.260 6706	5	8 39 16.468	+18 49 41.15	6.055 7526
22	7 59 01.281	+20 56 54.21	6.260 6658	6	8 40 05.702	+18 46 44.51	6.046 8584
23	7 59 57.585	+20 54 20.32	6.260 4602	7	8 40 54.656	+18 43 48.09	6.037 7890
24	8 00 53.834	+20 51 45.43	6.260 0538	8	8 41 43.325	+18 40 51.90	6.028 5458
25	8 01 50.024	+20 49 09.55	6.259 4467	9	8 42 31.705	+18 37 55.98	6.019 1306
26	8 02 46.152	+20 46 32.68	6.258 6388	10	8 43 19.791	+18 35 00.36	6.009 5451
27	8 03 42.212	+20 43 54.83	6.257 6302	11	8 44 07.581	+18 32 05.07	5.999 7914
28	8 04 38.201	+20 41 16.01	6.256 4209	12	8 44 55.070	+18 29 10.16	5.989 8712
29	8 05 34.117	+20 38 36.23	6.255 0106	13	8 45 42.252	+18 26 15.69	5.979 7865
30	8 06 29.955	+20 35 55.51	6.253 3994	14	8 46 29.121	+18 23 21.71	5.969 5393
31	8 07 25.712	+20 33 13.86	6.251 5871	15	8 47 15.670	+18 20 28.26	5.959 1313
Aug. 1	8 08 21.386	+20 30 31.30	6.249 5738	16	8 48 01.894	+18 17 35.40	5.948 5645
2	8 09 16.971	+20 27 47.86	6.247 3593	17	8 48 47.784	+18 14 43.15	5.937 8405
3	8 10 12.463	+20 25 03.56	6.244 9436	18	8 49 33.337	+18 11 51.55	5.926 9612
4	8 11 07.859	+20 22 18.42	6.242 3268	19	8 50 18.547	+18 09 00.65	5.915 9283
5	8 12 03.152	+20 19 32.48	6.239 5087	20	8 51 03.408	+18 06 10.47	5.904 7434
6	8 12 58.336	+20 16 45.77	6.236 4897	21	8 51 47.916	+18 03 21.04	5.893 4082
7	8 13 53.405	+20 13 58.32	6.233 2697	22	8 52 32.066	+18 00 32.40	5.881 9245
8	8 14 48.351	+20 11 10.17	6.229 8490	23	8 53 15.856	+17 57 44.59	5.870 2938
9	8 15 43.166	+20 08 21.34	6.226 2279	24	8 53 59.278	+17 54 57.63	5.858 5179
10	8 16 37.843	+20 05 31.85	6.222 4071	25	8 54 42.330	+17 52 11.58	5.846 5986
11	8 17 32.376	+20 02 41.72	6.218 3870	26	8 55 25.006	+17 49 26.48	5.834 5374
12	8 18 26.762	+19 59 50.96	6.214 1685	27	8 56 07.300	+17 46 42.36	5.822 3362
13	8 19 20.997	+19 56 59.59	6.209 7526	28	8 56 49.206	+17 43 59.29	5.809 9969
14	8 20 15.078	+19 54 07.63	6.205 1401	29	8 57 30.717	+17 41 17.31	5.797 5212
15	8 21 09.001	+19 51 15.11	6.200 3322	30	8 58 11.826	+17 38 36.48	5.784 9110
16	8 22 02.763	+19 48 22.08	6.195 3297	Oct. 1	8 58 52.524	+17 35 56.85	5.772 1684

GEOCENTRIC COORDINATES FOR 0ʰ TERRESTRIAL TIME

Date	Apparent Right Ascension	Apparent Declination	True Geocentric Distance	Date	Apparent Right Ascension	Apparent Declination	True Geocentric Distance
	h m s	° ′ ″			h m s	° ′ ″	
Oct. 1	8 58 52.524	+17 35 56.85	5.772 1684	Nov. 16	9 20 44.708	+16 08 40.96	5.092 3538
2	8 59 32.803	+17 33 18.47	5.759 2955	17	9 20 58.603	+16 07 50.21	5.076 8152
3	9 00 12.655	+17 30 41.40	5.746 2943	18	9 21 11.781	+16 07 02.79	5.061 3079
4	9 00 52.071	+17 28 05.67	5.733 1673	19	9 21 24.239	+16 06 18.70	5.045 8359
5	9 01 31.043	+17 25 31.32	5.719 9169	20	9 21 35.973	+16 05 37.99	5.030 4035
6	9 02 09.566	+17 22 58.41	5.706 5458	21	9 21 46.978	+16 05 00.68	5.015 0150
7	9 02 47.634	+17 20 26.94	5.693 0568	22	9 21 57.250	+16 04 26.81	4.999 6747
8	9 03 25.243	+17 17 56.99	5.679 4528	23	9 22 06.781	+16 03 56.41	4.984 3868
9	9 04 02.389	+17 15 28.58	5.665 7370	24	9 22 15.567	+16 03 29.52	4.969 1558
10	9 04 39.064	+17 13 01.79	5.651 9124	25	9 22 23.602	+16 03 06.16	4.953 9862
11	9 05 15.262	+17 10 36.68	5.637 9821	26	9 22 30.879	+16 02 46.38	4.938 8825
12	9 05 50.975	+17 08 13.30	5.623 9492	27	9 22 37.392	+16 02 30.18	4.923 8494
13	9 06 26.195	+17 05 51.71	5.609 8167	28	9 22 43.137	+16 02 17.58	4.908 8916
14	9 07 00.915	+17 03 31.96	5.595 5875	29	9 22 48.110	+16 02 08.60	4.894 0140
15	9 07 35.128	+17 01 14.09	5.581 2647	30	9 22 52.308	+16 02 03.25	4.879 2218
16	9 08 08.828	+16 58 58.14	5.566 8511	Dec. 1	9 22 55.729	+16 02 01.52	4.864 5199
17	9 08 42.009	+16 56 44.15	5.552 3496	2	9 22 58.373	+16 02 03.43	4.849 9138
18	9 09 14.667	+16 54 32.16	5.537 7632	3	9 23 00.238	+16 02 08.99	4.835 4087
19	9 09 46.795	+16 52 22.21	5.523 0947	4	9 23 01.324	+16 02 18.21	4.821 0101
20	9 10 18.388	+16 50 14.33	5.508 3470	5	9 23 01.627	+16 02 31.12	4.806 7234
21	9 10 49.442	+16 48 08.57	5.493 5231	6	9 23 01.147	+16 02 47.73	4.792 5539
22	9 11 19.950	+16 46 04.98	5.478 6258	7	9 22 59.880	+16 03 08.04	4.778 5069
23	9 11 49.908	+16 44 03.59	5.463 6582	8	9 22 57.825	+16 03 32.06	4.764 5877
24	9 12 19.309	+16 42 04.46	5.448 6232	9	9 22 54.983	+16 03 59.77	4.750 8012
25	9 12 48.146	+16 40 07.64	5.433 5238	10	9 22 51.354	+16 04 31.16	4.737 1525
26	9 13 16.411	+16 38 13.17	5.418 3632	11	9 22 46.941	+16 05 06.20	4.723 6466
27	9 13 44.098	+16 36 21.13	5.403 1445	12	9 22 41.746	+16 05 44.87	4.710 2882
28	9 14 11.197	+16 34 31.56	5.387 8709	13	9 22 35.774	+16 06 27.14	4.697 0822
29	9 14 37.700	+16 32 44.52	5.372 5457	14	9 22 29.027	+16 07 12.98	4.684 0333
30	9 15 03.598	+16 31 00.05	5.357 1725	15	9 22 21.509	+16 08 02.38	4.671 1463
31	9 15 28.882	+16 29 18.22	5.341 7546	16	9 22 13.224	+16 08 55.29	4.658 4258
Nov. 1	9 15 53.544	+16 27 39.05	5.326 2957	17	9 22 04.178	+16 09 51.69	4.645 8766
2	9 16 17.577	+16 26 02.59	5.310 7998	18	9 21 54.373	+16 10 51.56	4.633 5030
3	9 16 40.975	+16 24 28.87	5.295 2709	19	9 21 43.814	+16 11 54.86	4.621 3099
4	9 17 03.734	+16 22 57.94	5.279 7130	20	9 21 32.504	+16 13 01.58	4.609 3016
5	9 17 25.848	+16 21 29.82	5.264 1306	21	9 21 20.447	+16 14 11.68	4.597 4827
6	9 17 47.312	+16 20 04.58	5.248 5280	22	9 21 07.647	+16 15 25.13	4.585 8577
7	9 18 08.119	+16 18 42.28	5.232 9096	23	9 20 54.107	+16 16 41.90	4.574 4313
8	9 18 28.262	+16 17 22.96	5.217 2800	24	9 20 39.832	+16 18 01.94	4.563 2079
9	9 18 47.733	+16 16 06.69	5.201 6435	25	9 20 24.827	+16 19 25.20	4.552 1924
10	9 19 06.525	+16 14 53.50	5.186 0043	26	9 20 09.098	+16 20 51.64	4.541 3892
11	9 19 24.632	+16 13 43.43	5.170 3670	27	9 19 52.655	+16 22 21.17	4.530 8033
12	9 19 42.048	+16 12 36.52	5.154 7356	28	9 19 35.507	+16 23 53.75	4.520 4393
13	9 19 58.768	+16 11 32.79	5.139 1143	29	9 19 17.663	+16 25 29.30	4.510 3021
14	9 20 14.787	+16 10 32.27	5.123 5075	30	9 18 59.136	+16 27 07.77	4.500 3965
15	9 20 30.102	+16 09 34.98	5.107 9192	31	9 18 39.937	+16 28 49.10	4.490 7272
16	9 20 44.708	+16 08 40.96	5.092 3538	32	9 18 20.076	+16 30 33.22	4.481 2990

SATURN, 2002

GEOCENTRIC COORDINATES FOR 0^h TERRESTRIAL TIME

Date	Apparent Right Ascension	Apparent Declination	True Geocentric Distance	Date	Apparent Right Ascension	Apparent Declination	True Geocentric Distance
	h m s	° ′ ″			h m s	° ′ ″	
Jan. 0	4 32 00.036	+20 04 11.11	8.198 0794	Feb. 15	4 26 21.906	+20 02 58.58	8.801 7387
1	4 31 43.677	+20 03 48.09	8.206 5346	16	4 26 25.276	+20 03 21.89	8.818 0361
2	4 31 27.623	+20 03 25.84	8.215 2573	17	4 26 29.122	+20 03 46.24	8.834 3874
3	4 31 11.881	+20 03 04.34	8.224 2444	18	4 26 33.443	+20 04 11.62	8.850 7874
4	4 30 56.459	+20 02 43.60	8.233 4928	19	4 26 38.239	+20 04 38.02	8.867 2308
5	4 30 41.368	+20 02 23.64	8.242 9995	20	4 26 43.509	+20 05 05.44	8.883 7125
6	4 30 26.617	+20 02 04.47	8.252 7612	21	4 26 49.251	+20 05 33.89	8.900 2273
7	4 30 12.217	+20 01 46.13	8.262 7746	22	4 26 55.462	+20 06 03.34	8.916 7702
8	4 29 58.178	+20 01 28.63	8.273 0359	23	4 27 02.139	+20 06 33.80	8.933 3362
9	4 29 44.506	+20 01 12.01	8.283 5416	24	4 27 09.278	+20 07 05.25	8.949 9207
10	4 29 31.212	+20 00 56.30	8.294 2877	25	4 27 16.874	+20 07 37.67	8.966 5189
11	4 29 18.300	+20 00 41.51	8.305 2702	26	4 27 24.922	+20 08 11.05	8.983 1262
12	4 29 05.776	+20 00 27.68	8.316 4848	27	4 27 33.418	+20 08 45.35	8.999 7384
13	4 28 53.647	+20 00 14.82	8.327 9272	28	4 27 42.361	+20 09 20.54	9.016 3510
14	4 28 41.917	+20 00 02.93	8.339 5928	Mar. 1	4 27 51.748	+20 09 56.60	9.032 9599
15	4 28 30.592	+19 59 52.03	8.351 4770	2	4 28 01.581	+20 10 33.52	9.049 5607
16	4 28 19.678	+19 59 42.12	8.363 5752	3	4 28 11.859	+20 11 11.30	9.066 1494
17	4 28 09.180	+19 59 33.21	8.375 8824	4	4 28 22.581	+20 11 49.93	9.082 7214
18	4 27 59.103	+19 59 25.30	8.388 3939	5	4 28 33.746	+20 12 29.42	9.099 2725
19	4 27 49.454	+19 59 18.41	8.401 1047	6	4 28 45.349	+20 13 09.77	9.115 7980
20	4 27 40.239	+19 59 12.54	8.414 0099	7	4 28 57.386	+20 13 50.95	9.132 2935
21	4 27 31.461	+19 59 07.70	8.427 1045	8	4 29 09.855	+20 14 32.97	9.148 7542
22	4 27 23.127	+19 59 03.90	8.440 3836	9	4 29 22.749	+20 15 15.80	9.165 1757
23	4 27 15.241	+19 59 01.17	8.453 8420	10	4 29 36.066	+20 15 59.41	9.181 5533
24	4 27 07.807	+19 58 59.50	8.467 4748	11	4 29 49.801	+20 16 43.80	9.197 8824
25	4 27 00.827	+19 58 58.92	8.481 2770	12	4 30 03.952	+20 17 28.93	9.214 1584
26	4 26 54.305	+19 58 59.44	8.495 2437	13	4 30 18.514	+20 18 14.78	9.230 3767
27	4 26 48.241	+19 59 01.06	8.509 3698	14	4 30 33.485	+20 19 01.33	9.246 5328
28	4 26 42.634	+19 59 03.79	8.523 6507	15	4 30 48.862	+20 19 48.56	9.262 6223
29	4 26 37.486	+19 59 07.61	8.538 0816	16	4 31 04.642	+20 20 36.46	9.278 6408
30	4 26 32.795	+19 59 12.52	8.552 6578	17	4 31 20.822	+20 21 25.02	9.294 5839
31	4 26 28.564	+19 59 18.51	8.567 3748	18	4 31 37.399	+20 22 14.20	9.310 4473
Feb. 1	4 26 24.796	+19 59 25.55	8.582 2280	19	4 31 54.368	+20 23 04.01	9.326 2269
2	4 26 21.494	+19 59 33.66	8.597 2128	20	4 32 11.726	+20 23 54.43	9.341 9186
3	4 26 18.663	+19 59 42.84	8.612 3246	21	4 32 29.469	+20 24 45.45	9.357 5184
4	4 26 16.306	+19 59 53.10	8.627 5585	22	4 32 47.589	+20 25 37.06	9.373 0225
5	4 26 14.426	+20 00 04.45	8.642 9098	23	4 33 06.083	+20 26 29.23	9.388 4271
6	4 26 13.024	+20 00 16.91	8.658 3734	24	4 33 24.943	+20 27 21.94	9.403 7286
7	4 26 12.101	+20 00 30.48	8.673 9442	25	4 33 44.163	+20 28 15.18	9.418 9236
8	4 26 11.657	+20 00 45.16	8.689 6171	26	4 34 03.736	+20 29 08.90	9.434 0087
9	4 26 11.691	+20 01 00.96	8.705 3868	27	4 34 23.657	+20 30 03.07	9.448 9808
10	4 26 12.202	+20 01 17.86	8.721 2480	28	4 34 43.923	+20 30 57.67	9.463 8367
11	4 26 13.190	+20 01 35.86	8.737 1953	29	4 35 04.533	+20 31 52.67	9.478 5736
12	4 26 14.655	+20 01 54.94	8.753 2235	30	4 35 25.483	+20 32 48.05	9.493 1885
13	4 26 16.596	+20 02 15.09	8.769 3270	31	4 35 46.773	+20 33 43.81	9.507 6782
14	4 26 19.013	+20 02 36.31	8.785 5006	Apr. 1	4 36 08.399	+20 34 39.95	9.522 0398
15	4 26 21.906	+20 02 58.58	8.801 7387	2	4 36 30.357	+20 35 36.47	9.536 2701

GEOCENTRIC COORDINATES FOR 0ʰ TERRESTRIAL TIME

Date	Apparent Right Ascension	Apparent Declination	True Geocentric Distance	Date	Apparent Right Ascension	Apparent Declination	True Geocentric Distance
	h m s	° ′ ″			h m s	° ′ ″	
Apr. 1	4 36 08.399	+20 34 39.95	9.522 0398	May 17	4 57 23.795	+21 19 36.32	9.996 0210
2	4 36 30.357	+20 35 36.47	9.536 2701	18	4 57 55.863	+21 20 31.47	10.001 4772
3	4 36 52.641	+20 36 33.35	9.550 3659	19	4 58 28.036	+21 21 26.26	10.006 7026
4	4 37 15.247	+20 37 30.59	9.564 3239	20	4 59 00.307	+21 22 20.66	10.011 6968
5	4 37 38.167	+20 38 28.15	9.578 1409	21	4 59 32.673	+21 23 14.65	10.016 4592
6	4 38 01.397	+20 39 26.02	9.591 8134	22	5 00 05.129	+21 24 08.22	10.020 9895
7	4 38 24.932	+20 40 24.17	9.605 3383	23	5 00 37.673	+21 25 01.34	10.025 2873
8	4 38 48.768	+20 41 22.57	9.618 7123	24	5 01 10.304	+21 25 54.02	10.029 3524
9	4 39 12.900	+20 42 21.21	9.631 9323	25	5 01 43.017	+21 26 46.26	10.033 1844
10	4 39 37.323	+20 43 20.06	9.644 9950	26	5 02 15.811	+21 27 38.05	10.036 7831
11	4 40 02.036	+20 44 19.10	9.657 8974	27	5 02 48.681	+21 28 29.41	10.040 1479
12	4 40 27.032	+20 45 18.31	9.670 6363	28	5 03 21.621	+21 29 20.34	10.043 2785
13	4 40 52.310	+20 46 17.68	9.683 2089	29	5 03 54.626	+21 30 10.84	10.046 1742
14	4 41 17.865	+20 47 17.18	9.695 6123	30	5 04 27.689	+21 31 00.88	10.048 8345
15	4 41 43.692	+20 48 16.82	9.707 8435	31	5 05 00.805	+21 31 50.46	10.051 2588
16	4 42 09.788	+20 49 16.57	9.719 9000	June 1	5 05 33.969	+21 32 39.56	10.053 4463
17	4 42 36.146	+20 50 16.43	9.731 7791	2	5 06 07.177	+21 33 28.17	10.055 3967
18	4 43 02.762	+20 51 16.38	9.743 4782	3	5 06 40.425	+21 34 16.27	10.057 1091
19	4 43 29.627	+20 52 16.41	9.754 9950	4	5 07 13.710	+21 35 03.86	10.058 5832
20	4 43 56.737	+20 53 16.50	9.766 3274	5	5 07 47.028	+21 35 50.91	10.059 8185
21	4 44 24.084	+20 54 16.62	9.777 4730	6	5 08 20.376	+21 36 37.42	10.060 8144
22	4 44 51.661	+20 55 16.75	9.788 4300	7	5 08 53.749	+21 37 23.37	10.061 5707
23	4 45 19.463	+20 56 16.86	9.799 1966	8	5 09 27.144	+21 38 08.74	10.062 0870
24	4 45 47.485	+20 57 16.93	9.809 7710	9	5 10 00.551	+21 38 53.52	10.062 3631
25	4 46 15.724	+20 58 16.91	9.820 1515	10	5 10 33.962	+21 39 37.88	10.062 3988
26	4 46 44.178	+20 59 16.81	9.830 3366	11	5 11 07.389	+21 40 21.83	10.062 1941
27	4 47 12.844	+21 00 16.60	9.840 3247	12	5 11 40.824	+21 41 05.20	10.061 7489
28	4 47 41.721	+21 01 16.30	9.850 1142	13	5 12 14.254	+21 41 48.00	10.061 0635
29	4 48 10.804	+21 02 15.90	9.859 7035	14	5 12 47.672	+21 42 30.22	10.060 1382
30	4 48 40.088	+21 03 15.41	9.869 0907	15	5 13 21.072	+21 43 11.87	10.058 9734
May 1	4 49 09.567	+21 04 14.80	9.878 2741	16	5 13 54.446	+21 43 52.94	10.057 5697
2	4 49 39.235	+21 05 14.07	9.887 2518	17	5 14 27.792	+21 44 33.42	10.055 9277
3	4 50 09.087	+21 06 13.20	9.896 0219	18	5 15 01.104	+21 45 13.28	10.054 0483
4	4 50 39.116	+21 07 12.16	9.904 5824	19	5 15 34.380	+21 45 52.53	10.051 9321
5	4 51 09.318	+21 08 10.94	9.912 9316	20	5 16 07.618	+21 46 31.15	10.049 5801
6	4 51 39.690	+21 09 09.51	9.921 0676	21	5 16 40.815	+21 47 09.17	10.046 9932
7	4 52 10.227	+21 10 07.86	9.928 9886	22	5 17 13.969	+21 47 46.58	10.044 1722
8	4 52 40.925	+21 11 05.97	9.936 6929	23	5 17 47.076	+21 48 23.39	10.041 1178
9	4 53 11.780	+21 12 03.82	9.944 1787	24	5 18 20.130	+21 48 59.63	10.037 8308
10	4 53 42.790	+21 13 01.41	9.951 4444	25	5 18 53.125	+21 49 35.29	10.034 3119
11	4 54 13.949	+21 13 58.71	9.958 4885	26	5 19 26.057	+21 50 10.37	10.030 5617
12	4 54 45.255	+21 14 55.73	9.965 3094	27	5 19 58.918	+21 50 44.87	10.026 5807
13	4 55 16.702	+21 15 52.46	9.971 9058	28	5 20 31.705	+21 51 18.77	10.022 3695
14	4 55 48.285	+21 16 48.90	9.978 2763	29	5 21 04.412	+21 51 52.08	10.017 9286
15	4 56 19.999	+21 17 45.02	9.984 4197	30	5 21 37.036	+21 52 24.77	10.013 2587
16	4 56 51.838	+21 18 40.84	9.990 3349	July 1	5 22 09.572	+21 52 56.85	10.008 3602
17	4 57 23.795	+21 19 36.32	9.996 0210	2	5 22 42.018	+21 53 28.31	10.003 2339

SATURN, 2002

GEOCENTRIC COORDINATES FOR 0ʰ TERRESTRIAL TIME

Date	Apparent Right Ascension	Apparent Declination	True Geocentric Distance	Date	Apparent Right Ascension	Apparent Declination	True Geocentric Distance
	h m s	° ′ ″			h m s	° ′ ″	
July 1	5 22 09.572	+21 52 56.85	10.008 3602	Aug. 16	5 44 12.713	+22 07 11.74	9.559 7952
2	5 22 42.018	+21 53 28.31	10.003 2339	17	5 44 35.939	+22 07 18.48	9.545 9244
3	5 23 14.370	+21 53 59.15	9.997 8804	18	5 44 58.857	+22 07 24.84	9.531 9197
4	5 23 46.624	+21 54 29.37	9.992 3005	19	5 45 21.461	+22 07 30.83	9.517 7839
5	5 24 18.777	+21 54 58.97	9.986 4949	20	5 45 43.745	+22 07 36.46	9.503 5202
6	5 24 50.824	+21 55 27.97	9.980 4645	21	5 46 05.705	+22 07 41.74	9.489 1313
7	5 25 22.761	+21 55 56.36	9.974 2103	22	5 46 27.334	+22 07 46.66	9.474 6204
8	5 25 54.583	+21 56 24.16	9.967 7333	23	5 46 48.630	+22 07 51.22	9.459 9903
9	5 26 26.284	+21 56 51.38	9.961 0346	24	5 47 09.589	+22 07 55.43	9.445 2439
10	5 26 57.858	+21 57 18.01	9.954 1155	25	5 47 30.206	+22 07 59.29	9.430 3844
11	5 27 29.298	+21 57 44.06	9.946 9772	26	5 47 50.479	+22 08 02.81	9.415 4146
12	5 28 00.597	+21 58 09.53	9.939 6213	27	5 48 10.404	+22 08 05.99	9.400 3377
13	5 28 31.747	+21 58 34.40	9.932 0495	28	5 48 29.978	+22 08 08.84	9.385 1568
14	5 29 02.744	+21 58 58.67	9.924 2636	29	5 48 49.198	+22 08 11.37	9.369 8751
15	5 29 33.584	+21 59 22.33	9.916 2654	30	5 49 08.059	+22 08 13.61	9.354 4959
16	5 30 04.263	+21 59 45.37	9.908 0569	31	5 49 26.557	+22 08 15.56	9.339 0224
17	5 30 34.779	+22 00 07.79	9.899 6400	Sept. 1	5 49 44.687	+22 08 17.23	9.323 4582
18	5 31 05.131	+22 00 29.61	9.891 0169	2	5 50 02.444	+22 08 18.65	9.307 8068
19	5 31 35.314	+22 00 50.83	9.882 1894	3	5 50 19.822	+22 08 19.82	9.292 0716
20	5 32 05.325	+22 01 11.48	9.873 1596	4	5 50 36.815	+22 08 20.76	9.276 2566
21	5 32 35.159	+22 01 31.58	9.863 9293	5	5 50 53.415	+22 08 21.46	9.260 3656
22	5 33 04.810	+22 01 51.12	9.854 5003	6	5 51 09.617	+22 08 21.94	9.244 4027
23	5 33 34.273	+22 02 10.13	9.844 8745	7	5 51 25.416	+22 08 22.17	9.228 3720
24	5 34 03.542	+22 02 28.60	9.835 0536	8	5 51 40.808	+22 08 22.15	9.212 2778
25	5 34 32.611	+22 02 46.53	9.825 0394	9	5 51 55.792	+22 08 21.88	9.196 1247
26	5 35 01.476	+22 03 03.92	9.814 8335	10	5 52 10.367	+22 08 21.38	9.179 9170
27	5 35 30.132	+22 03 20.77	9.804 4377	11	5 52 24.532	+22 08 20.66	9.163 6592
28	5 35 58.576	+22 03 37.07	9.793 8537	12	5 52 38.283	+22 08 19.74	9.147 3557
29	5 36 26.803	+22 03 52.83	9.783 0833	13	5 52 51.618	+22 08 18.65	9.131 0109
30	5 36 54.811	+22 04 08.04	9.772 1283	14	5 53 04.531	+22 08 17.40	9.114 6291
31	5 37 22.595	+22 04 22.72	9.760 9906	15	5 53 17.019	+22 08 16.01	9.098 2145
Aug. 1	5 37 50.153	+22 04 36.87	9.749 6722	16	5 53 29.077	+22 08 14.49	9.081 7711
2	5 38 17.479	+22 04 50.51	9.738 1750	17	5 53 40.701	+22 08 12.84	9.065 3032
3	5 38 44.570	+22 05 03.64	9.726 5011	18	5 53 51.887	+22 08 11.06	9.048 8149
4	5 39 11.420	+22 05 16.28	9.714 6526	19	5 54 02.633	+22 08 09.15	9.032 3103
5	5 39 38.024	+22 05 28.43	9.702 6319	20	5 54 12.935	+22 08 07.11	9.015 7933
6	5 40 04.377	+22 05 40.12	9.690 4412	21	5 54 22.792	+22 08 04.95	8.999 2683
7	5 40 30.470	+22 05 51.35	9.678 0829	22	5 54 32.202	+22 08 02.66	8.982 7392
8	5 40 56.298	+22 06 02.13	9.665 5598	23	5 54 41.164	+22 08 00.25	8.966 2103
9	5 41 21.852	+22 06 12.45	9.652 8746	24	5 54 49.676	+22 07 57.73	8.949 6858
10	5 41 47.127	+22 06 22.31	9.640 0301	25	5 54 57.735	+22 07 55.10	8.933 1698
11	5 42 12.117	+22 06 31.70	9.627 0295	26	5 55 05.340	+22 07 52.39	8.916 6668
12	5 42 36.821	+22 06 40.62	9.613 8758	27	5 55 12.489	+22 07 49.60	8.900 1811
13	5 43 01.234	+22 06 49.07	9.600 5723	28	5 55 19.178	+22 07 46.74	8.883 7171
14	5 43 25.356	+22 06 57.05	9.587 1223	29	5 55 25.405	+22 07 43.83	8.867 2794
15	5 43 49.184	+22 07 04.61	9.573 5288	30	5 55 31.166	+22 07 40.88	8.850 8725
16	5 44 12.713	+22 07 11.74	9.559 7952	Oct. 1	5 55 36.458	+22 07 37.89	8.834 5012

GEOCENTRIC COORDINATES FOR 0ʰ TERRESTRIAL TIME

Date	Apparent Right Ascension	Apparent Declination	True Geocentric Distance	Date	Apparent Right Ascension	Apparent Declination	True Geocentric Distance
	h m s	° ′ ″			h m s	° ′ ″	
Oct. 1	5 55 36.458	+22 07 37.89	8.834 5012	Nov. 16	5 51 14.432	+22 05 10.97	8.205 0934
2	5 55 41.275	+22 07 34.86	8.818 1702	17	5 50 58.763	+22 05 07.79	8.195 8714
3	5 55 45.614	+22 07 31.81	8.801 8844	18	5 50 42.762	+22 05 04.59	8.186 9070
4	5 55 49.473	+22 07 28.71	8.785 6489	19	5 50 26.436	+22 05 01.35	8.178 2035
5	5 55 52.850	+22 07 25.55	8.769 4689	20	5 50 09.795	+22 04 58.09	8.169 7642
6	5 55 55.744	+22 07 22.34	8.753 3496	21	5 49 52.847	+22 04 54.81	8.161 5922
7	5 55 58.158	+22 07 19.06	8.737 2963	22	5 49 35.600	+22 04 51.52	8.153 6907
8	5 56 00.093	+22 07 15.73	8.721 3144	23	5 49 18.063	+22 04 48.21	8.146 0628
9	5 56 01.551	+22 07 12.37	8.705 4092	24	5 49 00.242	+22 04 44.88	8.138 7116
10	5 56 02.531	+22 07 09.00	8.689 5859	25	5 48 42.145	+22 04 41.55	8.131 6400
11	5 56 03.033	+22 07 05.64	8.673 8495	26	5 48 23.781	+22 04 38.19	8.124 8513
12	5 56 03.056	+22 07 02.29	8.658 2051	27	5 48 05.157	+22 04 34.80	8.118 3484
13	5 56 02.597	+22 06 58.96	8.642 6574	28	5 47 46.283	+22 04 31.37	8.112 1342
14	5 56 01.657	+22 06 55.65	8.627 2113	29	5 47 27.169	+22 04 27.88	8.106 2118
15	5 56 00.234	+22 06 52.36	8.611 8714	30	5 47 07.829	+22 04 24.32	8.100 5840
16	5 55 58.331	+22 06 49.08	8.596 6426	Dec. 1	5 46 48.274	+22 04 20.70	8.095 2537
17	5 55 55.947	+22 06 45.80	8.581 5293	2	5 46 28.518	+22 04 17.01	8.090 2236
18	5 55 53.086	+22 06 42.53	8.566 5363	3	5 46 08.575	+22 04 13.28	8.085 4961
19	5 55 49.749	+22 06 39.25	8.551 6682	4	5 45 48.457	+22 04 09.51	8.081 0737
20	5 55 45.939	+22 06 35.97	8.536 9294	5	5 45 28.174	+22 04 05.72	8.076 9585
21	5 55 41.658	+22 06 32.69	8.522 3247	6	5 45 07.737	+22 04 01.94	8.073 1522
22	5 55 36.909	+22 06 29.41	8.507 8586	7	5 44 47.156	+22 03 58.15	8.069 6564
23	5 55 31.694	+22 06 26.13	8.493 5358	8	5 44 26.441	+22 03 54.35	8.066 4726
24	5 55 26.016	+22 06 22.87	8.479 3608	9	5 44 05.605	+22 03 50.53	8.063 6019
25	5 55 19.877	+22 06 19.63	8.465 3382	10	5 43 44.659	+22 03 46.70	8.061 0453
26	5 55 13.278	+22 06 16.42	8.451 4729	11	5 43 23.617	+22 03 42.83	8.058 8035
27	5 55 06.220	+22 06 13.23	8.437 7694	12	5 43 02.491	+22 03 38.94	8.056 8774
28	5 54 58.705	+22 06 10.08	8.424 2325	13	5 42 41.296	+22 03 35.02	8.055 2674
29	5 54 50.733	+22 06 06.96	8.410 8671	14	5 42 20.045	+22 03 31.06	8.053 9739
30	5 54 42.307	+22 06 03.86	8.397 6779	15	5 41 58.752	+22 03 27.09	8.052 9974
31	5 54 33.429	+22 06 00.78	8.384 6699	16	5 41 37.428	+22 03 23.10	8.052 3379
Nov. 1	5 54 24.101	+22 05 57.70	8.371 8481	17	5 41 16.088	+22 03 19.11	8.051 9957
2	5 54 14.329	+22 05 54.60	8.359 2174	18	5 40 54.742	+22 03 15.12	8.051 9707
3	5 54 04.119	+22 05 51.47	8.346 7830	19	5 40 33.404	+22 03 11.16	8.052 2629
4	5 53 53.479	+22 05 48.32	8.334 5497	20	5 40 12.084	+22 03 07.22	8.052 8720
5	5 53 42.415	+22 05 45.16	8.322 5226	21	5 39 50.793	+22 03 03.32	8.053 7979
6	5 53 30.935	+22 05 41.99	8.310 7066	22	5 39 29.540	+22 02 59.46	8.055 0403
7	5 53 19.045	+22 05 38.83	8.299 1062	23	5 39 08.336	+22 02 55.64	8.056 5988
8	5 53 06.748	+22 05 35.70	8.287 7259	24	5 38 47.192	+22 02 51.86	8.058 4732
9	5 52 54.049	+22 05 32.60	8.276 5701	25	5 38 26.119	+22 02 48.12	8.060 6629
10	5 52 40.954	+22 05 29.52	8.265 6428	26	5 38 05.130	+22 02 44.41	8.063 1675
11	5 52 27.468	+22 05 26.45	8.254 9480	27	5 37 44.237	+22 02 40.73	8.065 9864
12	5 52 13.597	+22 05 23.39	8.244 4897	28	5 37 23.456	+22 02 37.08	8.069 1189
13	5 51 59.350	+22 05 20.32	8.234 2714	29	5 37 02.800	+22 02 33.48	8.072 5642
14	5 51 44.734	+22 05 17.23	8.224 2969	30	5 36 42.283	+22 02 29.94	8.076 3213
15	5 51 29.759	+22 05 14.11	8.214 5697	31	5 36 21.920	+22 02 26.49	8.080 3890
16	5 51 14.432	+22 05 10.97	8.205 0934	32	5 36 01.720	+22 02 23.16	8.084 7659

URANUS, 2002

GEOCENTRIC COORDINATES FOR 0ʰ TERRESTRIAL TIME

Date	Apparent Right Ascension	Apparent Declination	True Geocentric Distance	Date	Apparent Right Ascension	Apparent Declination	True Geocentric Distance
	h m s	° ′ ″			h m s	° ′ ″	
Jan. 0	21 40 01.087	−14 42 22.89	20.695 153	Feb. 15	21 49 40.511	−13 52 45.77	20.978 868
1	21 40 11.873	−14 41 27.62	20.706 920	16	21 49 53.991	−13 51 36.02	20.978 628
2	21 40 22.776	−14 40 31.77	20.718 475	17	21 50 07.462	−13 50 26.37	20.978 105
3	21 40 33.792	−14 39 35.35	20.729 814	18	21 50 20.921	−13 49 16.77	20.977 298
4	21 40 44.920	−14 38 38.35	20.740 935	19	21 50 34.367	−13 48 07.21	20.976 210
5	21 40 56.158	−14 37 40.79	20.751 834	20	21 50 47.797	−13 46 57.71	20.974 840
6	21 41 07.505	−14 36 42.64	20.762 507	21	21 51 01.211	−13 45 48.29	20.973 190
7	21 41 18.961	−14 35 43.93	20.772 952	22	21 51 14.604	−13 44 38.95	20.971 260
8	21 41 30.525	−14 34 44.65	20.783 166	23	21 51 27.974	−13 43 29.73	20.969 051
9	21 41 42.196	−14 33 44.83	20.793 145	24	21 51 41.316	−13 42 20.65	20.966 565
10	21 41 53.970	−14 32 44.47	20.802 887	25	21 51 54.626	−13 41 11.74	20.963 803
11	21 42 05.844	−14 31 43.61	20.812 388	26	21 52 07.900	−13 40 03.01	20.960 766
12	21 42 17.815	−14 30 42.26	20.821 646	27	21 52 21.134	−13 38 54.47	20.957 456
13	21 42 29.878	−14 29 40.45	20.830 658	28	21 52 34.325	−13 37 46.14	20.953 872
14	21 42 42.029	−14 28 38.18	20.839 421	Mar. 1	21 52 47.472	−13 36 38.00	20.950 017
15	21 42 54.264	−14 27 35.49	20.847 933	2	21 53 00.575	−13 35 30.06	20.945 891
16	21 43 06.580	−14 26 32.37	20.856 192	3	21 53 13.634	−13 34 22.32	20.941 495
17	21 43 18.973	−14 25 28.85	20.864 195	4	21 53 26.648	−13 33 14.80	20.936 830
18	21 43 31.441	−14 24 24.92	20.871 940	5	21 53 39.615	−13 32 07.51	20.931 898
19	21 43 43.983	−14 23 20.60	20.879 426	6	21 53 52.530	−13 31 00.47	20.926 698
20	21 43 56.594	−14 22 15.90	20.886 650	7	21 54 05.391	−13 29 53.72	20.921 233
21	21 44 09.275	−14 21 10.82	20.893 612	8	21 54 18.193	−13 28 47.28	20.915 504
22	21 44 22.022	−14 20 05.37	20.900 309	9	21 54 30.933	−13 27 41.16	20.909 512
23	21 44 34.834	−14 18 59.57	20.906 740	10	21 54 43.606	−13 26 35.38	20.903 259
24	21 44 47.709	−14 17 53.43	20.912 904	11	21 54 56.210	−13 25 29.96	20.896 746
25	21 45 00.643	−14 16 46.97	20.918 800	12	21 55 08.740	−13 24 24.91	20.889 976
26	21 45 13.635	−14 15 40.21	20.924 426	13	21 55 21.195	−13 23 20.24	20.882 950
27	21 45 26.680	−14 14 33.18	20.929 782	14	21 55 33.573	−13 22 15.97	20.875 671
28	21 45 39.774	−14 13 25.89	20.934 866	15	21 55 45.870	−13 21 12.09	20.868 140
29	21 45 52.911	−14 12 18.38	20.939 678	16	21 55 58.087	−13 20 08.62	20.860 360
30	21 46 06.088	−14 11 10.66	20.944 217	17	21 56 10.220	−13 19 05.57	20.852 334
31	21 46 19.302	−14 10 02.73	20.948 482	18	21 56 22.269	−13 18 02.94	20.844 063
Feb. 1	21 46 32.549	−14 08 54.59	20.952 471	19	21 56 34.232	−13 17 00.76	20.835 551
2	21 46 45.831	−14 07 46.25	20.956 183	20	21 56 46.106	−13 15 59.04	20.826 801
3	21 46 59.146	−14 06 37.70	20.959 618	21	21 56 57.889	−13 14 57.79	20.817 815
4	21 47 12.493	−14 05 28.96	20.962 775	22	21 57 09.578	−13 13 57.04	20.808 595
5	21 47 25.870	−14 04 20.04	20.965 651	23	21 57 21.170	−13 12 56.81	20.799 146
6	21 47 39.275	−14 03 10.95	20.968 247	24	21 57 32.662	−13 11 57.13	20.789 470
7	21 47 52.705	−14 02 01.74	20.970 561	25	21 57 44.049	−13 10 58.00	20.779 569
8	21 48 06.155	−14 00 52.40	20.972 593	26	21 57 55.328	−13 09 59.45	20.769 448
9	21 48 19.621	−13 59 42.98	20.974 341	27	21 58 06.496	−13 09 01.48	20.759 108
10	21 48 33.100	−13 58 33.49	20.975 806	28	21 58 17.551	−13 08 04.10	20.748 554
11	21 48 46.588	−13 57 23.95	20.976 987	29	21 58 28.495	−13 07 07.29	20.737 787
12	21 49 00.082	−13 56 14.40	20.977 884	30	21 58 39.326	−13 06 11.06	20.726 810
13	21 49 13.583	−13 55 04.98	20.978 496	31	21 58 50.045	−13 05 15.42	20.715 626
14	21 49 27.041	−13 53 55.76	20.978 824	Apr. 1	21 59 00.652	−13 04 20.36	20.704 237
15	21 49 40.511	−13 52 45.77	20.978 868	2	21 59 11.143	−13 03 25.93	20.692 647

GEOCENTRIC COORDINATES FOR 0^h TERRESTRIAL TIME

Date	Apparent Right Ascension	Apparent Declination	True Geocentric Distance	Date	Apparent Right Ascension	Apparent Declination	True Geocentric Distance
	h m s	° ′ ″			h m s	° ′ ″	
Apr. 1	21 59 00.652	−13 04 20.36	20.704 237	May 17	22 04 29.598	−12 36 26.73	20.021 956
2	21 59 11.143	−13 03 25.93	20.692 647	18	22 04 32.753	−12 36 12.10	20.005 234
3	21 59 21.515	−13 02 32.14	20.680 858	19	22 04 35.720	−12 35 58.52	19.988 504
4	21 59 31.765	−13 01 39.01	20.668 873	20	22 04 38.497	−12 35 45.98	19.971 771
5	21 59 41.889	−13 00 46.56	20.656 695	21	22 04 41.083	−12 35 34.47	19.955 041
6	21 59 51.884	−12 59 54.81	20.644 328	22	22 04 43.481	−12 35 23.98	19.938 317
7	22 00 01.746	−12 59 03.78	20.631 773	23	22 04 45.690	−12 35 14.51	19.921 605
8	22 00 11.474	−12 58 13.47	20.619 036	24	22 04 47.714	−12 35 06.03	19.904 908
9	22 00 21.064	−12 57 23.88	20.606 119	25	22 04 49.554	−12 34 58.55	19.888 231
10	22 00 30.517	−12 56 35.04	20.593 026	26	22 04 51.211	−12 34 52.06	19.871 579
11	22 00 39.829	−12 55 46.93	20.579 760	27	22 04 52.685	−12 34 46.57	19.854 956
12	22 00 49.000	−12 54 59.58	20.566 326	28	22 04 53.974	−12 34 42.10	19.838 365
13	22 00 58.029	−12 54 12.98	20.552 728	29	22 04 55.076	−12 34 38.65	19.821 811
14	22 01 06.916	−12 53 27.14	20.538 968	30	22 04 55.991	−12 34 36.24	19.805 299
15	22 01 15.658	−12 52 42.07	20.525 052	31	22 04 56.716	−12 34 34.87	19.788 833
16	22 01 24.254	−12 51 57.78	20.510 983	June 1	22 04 57.250	−12 34 34.54	19.772 418
17	22 01 32.703	−12 51 14.30	20.496 766	2	22 04 57.594	−12 34 35.24	19.756 057
18	22 01 41.003	−12 50 31.63	20.482 405	3	22 04 57.748	−12 34 36.96	19.739 757
19	22 01 49.152	−12 49 49.79	20.467 904	4	22 04 57.712	−12 34 39.71	19.723 521
20	22 01 57.145	−12 49 08.80	20.453 267	5	22 04 57.487	−12 34 43.47	19.707 355
21	22 02 04.981	−12 48 28.67	20.438 499	6	22 04 57.076	−12 34 48.22	19.691 263
22	22 02 12.657	−12 47 49.43	20.423 604	7	22 04 56.478	−12 34 53.98	19.675 249
23	22 02 20.169	−12 47 11.06	20.408 587	8	22 04 55.696	−12 35 00.72	19.659 320
24	22 02 27.519	−12 46 33.59	20.393 450	9	22 04 54.730	−12 35 08.46	19.643 480
25	22 02 34.704	−12 45 56.99	20.378 200	10	22 04 53.582	−12 35 17.17	19.627 733
26	22 02 41.726	−12 45 21.26	20.362 838	11	22 04 52.252	−12 35 26.87	19.612 084
27	22 02 48.587	−12 44 46.39	20.347 370	12	22 04 50.740	−12 35 37.56	19.596 539
28	22 02 55.287	−12 44 12.40	20.331 799	13	22 04 49.045	−12 35 49.24	19.581 103
29	22 03 01.824	−12 43 39.29	20.316 129	14	22 04 47.168	−12 36 01.92	19.565 780
30	22 03 08.197	−12 43 07.08	20.300 364	15	22 04 45.107	−12 36 15.60	19.550 574
May 1	22 03 14.403	−12 42 35.79	20.284 508	16	22 04 42.863	−12 36 30.26	19.535 491
2	22 03 20.438	−12 42 05.45	20.268 564	17	22 04 40.436	−12 36 45.90	19.520 536
3	22 03 26.301	−12 41 36.06	20.252 537	18	22 04 37.830	−12 37 02.49	19.505 711
4	22 03 31.988	−12 41 07.63	20.236 432	19	22 04 35.046	−12 37 20.01	19.491 023
5	22 03 37.498	−12 40 40.16	20.220 252	20	22 04 32.088	−12 37 38.45	19.476 474
6	22 03 42.830	−12 40 13.67	20.204 001	21	22 04 28.959	−12 37 57.79	19.462 069
7	22 03 47.983	−12 39 48.15	20.187 685	22	22 04 25.663	−12 38 18.02	19.447 811
8	22 03 52.956	−12 39 23.60	20.171 309	23	22 04 22.200	−12 38 39.13	19.433 705
9	22 03 57.750	−12 39 00.02	20.154 875	24	22 04 18.571	−12 39 01.13	19.419 755
10	22 04 02.364	−12 38 37.41	20.138 390	25	22 04 14.777	−12 39 24.01	19.405 963
11	22 04 06.797	−12 38 15.78	20.121 858	26	22 04 10.816	−12 39 47.79	19.392 334
12	22 04 11.051	−12 37 55.12	20.105 284	27	22 04 06.689	−12 40 12.45	19.378 872
13	22 04 15.124	−12 37 35.44	20.088 673	28	22 04 02.397	−12 40 38.00	19.365 581
14	22 04 19.017	−12 37 16.75	20.072 030	29	22 03 57.940	−12 41 04.40	19.352 464
15	22 04 22.728	−12 36 59.06	20.055 359	30	22 03 53.320	−12 41 31.66	19.339 525
16	22 04 26.255	−12 36 42.38	20.038 666	July 1	22 03 48.539	−12 41 59.76	19.326 769
17	22 04 29.598	−12 36 26.73	20.021 956	2	22 03 43.599	−12 42 28.67	19.314 200

URANUS, 2002

GEOCENTRIC COORDINATES FOR 0ʰ TERRESTRIAL TIME

Date	Apparent Right Ascension	Apparent Declination	True Geocentric Distance	Date	Apparent Right Ascension	Apparent Declination	True Geocentric Distance
	h m s	° ′ ″			h m s	° ′ ″	
July 1	22 03 48.539	−12 41 59.76	19.326 769	Aug. 16	21 58 00.287	−13 14 12.96	18.994 824
2	22 03 43.599	−12 42 28.67	19.314 200	17	21 57 51.081	−13 15 02.31	18.994 054
3	22 03 38.505	−12 42 58.38	19.301 820	18	21 57 41.863	−13 15 51.65	18.993 579
4	22 03 33.257	−12 43 28.87	19.289 635	19	21 57 32.638	−13 16 40.98	18.993 401
5	22 03 27.860	−12 44 00.14	19.277 649	20	21 57 23.406	−13 17 30.27	18.993 519
6	22 03 22.316	−12 44 32.15	19.265 865	21	21 57 14.171	−13 18 19.53	18.993 934
7	22 03 16.627	−12 45 04.91	19.254 287	22	21 57 04.935	−13 19 08.72	18.994 644
8	22 03 10.796	−12 45 38.41	19.242 919	23	21 56 55.701	−13 19 57.82	18.995 651
9	22 03 04.825	−12 46 12.63	19.231 766	24	21 56 46.474	−13 20 46.82	18.996 953
10	22 02 58.716	−12 46 47.58	19.220 831	25	21 56 37.258	−13 21 35.67	18.998 551
11	22 02 52.468	−12 47 23.24	19.210 117	26	21 56 28.056	−13 22 24.36	19.000 444
12	22 02 46.083	−12 47 59.62	19.199 628	27	21 56 18.875	−13 23 12.87	19.002 633
13	22 02 39.562	−12 48 36.69	19.189 369	28	21 56 09.718	−13 24 01.16	19.005 117
14	22 02 32.908	−12 49 14.44	19.179 342	29	21 56 00.590	−13 24 49.22	19.007 896
15	22 02 26.123	−12 49 52.84	19.169 550	30	21 55 51.496	−13 25 37.03	19.010 969
16	22 02 19.213	−12 50 31.86	19.159 996	31	21 55 42.440	−13 26 24.57	19.014 336
17	22 02 12.182	−12 51 11.46	19.150 684	Sept. 1	21 55 33.425	−13 27 11.82	19.017 996
18	22 02 05.036	−12 51 51.64	19.141 615	2	21 55 24.454	−13 27 58.78	19.021 949
19	22 01 57.777	−12 52 32.35	19.132 793	3	21 55 15.532	−13 28 45.43	19.026 193
20	22 01 50.410	−12 53 13.61	19.124 220	4	21 55 06.659	−13 29 31.76	19.030 729
21	22 01 42.937	−12 53 55.38	19.115 898	5	21 54 57.838	−13 30 17.76	19.035 555
22	22 01 35.360	−12 54 37.68	19.107 829	6	21 54 49.072	−13 31 03.42	19.040 670
23	22 01 27.680	−12 55 20.49	19.100 016	7	21 54 40.364	−13 31 48.69	19.046 073
24	22 01 19.898	−12 56 03.80	19.092 461	8	21 54 31.718	−13 32 33.56	19.051 762
25	22 01 12.017	−12 56 47.60	19.085 166	9	21 54 23.142	−13 33 17.99	19.057 734
26	22 01 04.038	−12 57 31.86	19.078 135	10	21 54 14.640	−13 34 01.94	19.063 990
27	22 00 55.964	−12 58 16.58	19.071 368	11	21 54 06.219	−13 34 45.39	19.070 525
28	22 00 47.799	−12 59 01.72	19.064 868	12	21 53 57.884	−13 35 28.32	19.077 338
29	22 00 39.546	−12 59 47.26	19.058 637	13	21 53 49.637	−13 36 10.73	19.084 426
30	22 00 31.210	−13 00 33.18	19.052 679	14	21 53 41.481	−13 36 52.61	19.091 787
31	22 00 22.794	−13 01 19.45	19.046 994	15	21 53 33.418	−13 37 33.96	19.099 418
Aug. 1	22 00 14.304	−13 02 06.05	19.041 585	16	21 53 25.450	−13 38 14.76	19.107 316
2	22 00 05.742	−13 02 52.96	19.036 455	17	21 53 17.577	−13 38 55.00	19.115 480
3	21 59 57.114	−13 03 40.17	19.031 604	18	21 53 09.804	−13 39 34.67	19.123 907
4	21 59 48.422	−13 04 27.65	19.027 036	19	21 53 02.133	−13 40 13.76	19.132 593
5	21 59 39.670	−13 05 15.39	19.022 752	20	21 52 54.566	−13 40 52.23	19.141 537
6	21 59 30.861	−13 06 03.38	19.018 755	21	21 52 47.108	−13 41 30.06	19.150 736
7	21 59 21.998	−13 06 51.61	19.015 045	22	21 52 39.762	−13 42 07.25	19.160 187
8	21 59 13.081	−13 07 40.07	19.011 624	23	21 52 32.532	−13 42 43.76	19.169 887
9	21 59 04.114	−13 08 28.74	19.008 495	24	21 52 25.423	−13 43 19.58	19.179 835
10	21 58 55.099	−13 09 17.61	19.005 658	25	21 52 18.437	−13 43 54.69	19.190 026
11	21 58 46.041	−13 10 06.63	19.003 115	26	21 52 11.580	−13 44 29.08	19.200 458
12	21 58 36.943	−13 10 55.77	19.000 866	27	21 52 04.853	−13 45 02.73	19.211 129
13	21 58 27.814	−13 11 45.01	18.998 912	28	21 51 58.261	−13 45 35.64	19.222 036
14	21 58 18.658	−13 12 34.30	18.997 253	29	21 51 51.805	−13 46 07.80	19.233 175
15	21 58 09.481	−13 13 23.62	18.995 891	30	21 51 45.487	−13 46 39.20	19.244 543
16	21 58 00.287	−13 14 12.96	18.994 824	Oct. 1	21 51 39.309	−13 47 09.83	19.256 138

GEOCENTRIC COORDINATES FOR 0ʰ TERRESTRIAL TIME

Date	Apparent Right Ascension	Apparent Declination	True Geocentric Distance	Date	Apparent Right Ascension	Apparent Declination	True Geocentric Distance
	h m s	° ′ ″			h m s	° ′ ″	
Oct. 1	21 51 39.309	−13 47 09.83	19.256 138	Nov. 16	21 50 01.689	−13 54 01.43	19.960 961
2	21 51 33.273	−13 47 39.71	19.267 956	17	21 50 04.070	−13 53 46.77	19.978 232
3	21 51 27.380	−13 48 08.80	19.279 993	18	21 50 06.649	−13 53 31.07	19.995 505
4	21 51 21.632	−13 48 37.10	19.292 247	19	21 50 09.427	−13 53 14.33	20.012 775
5	21 51 16.031	−13 49 04.58	19.304 713	20	21 50 12.403	−13 52 56.57	20.030 037
6	21 51 10.582	−13 49 31.22	19.317 387	21	21 50 15.577	−13 52 37.78	20.047 287
7	21 51 05.290	−13 49 56.99	19.330 266	22	21 50 18.949	−13 52 17.97	20.064 519
8	21 51 00.159	−13 50 21.87	19.343 345	23	21 50 22.516	−13 51 57.17	20.081 729
9	21 50 55.194	−13 50 45.84	19.356 620	24	21 50 26.278	−13 51 35.37	20.098 911
10	21 50 50.398	−13 51 08.91	19.370 086	25	21 50 30.232	−13 51 12.59	20.116 062
11	21 50 45.771	−13 51 31.07	19.383 738	26	21 50 34.377	−13 50 48.83	20.133 177
12	21 50 41.313	−13 51 52.33	19.397 573	27	21 50 38.710	−13 50 24.11	20.150 250
13	21 50 37.026	−13 52 12.69	19.411 585	28	21 50 43.230	−13 49 58.41	20.167 276
14	21 50 32.908	−13 52 32.14	19.425 770	29	21 50 47.938	−13 49 31.74	20.184 251
15	21 50 28.962	−13 52 50.69	19.440 123	30	21 50 52.834	−13 49 04.08	20.201 169
16	21 50 25.188	−13 53 08.32	19.454 640	Dec. 1	21 50 57.918	−13 48 35.43	20.218 025
17	21 50 21.587	−13 53 25.02	19.469 317	2	21 51 03.192	−13 48 05.79	20.234 814
18	21 50 18.162	−13 53 40.77	19.484 149	3	21 51 08.657	−13 47 35.15	20.251 531
19	21 50 14.916	−13 53 55.56	19.499 132	4	21 51 14.312	−13 47 03.53	20.268 170
20	21 50 11.849	−13 54 09.39	19.514 261	5	21 51 20.154	−13 46 30.94	20.284 726
21	21 50 08.966	−13 54 22.23	19.529 532	6	21 51 26.180	−13 45 57.42	20.301 194
22	21 50 06.268	−13 54 34.08	19.544 940	7	21 51 32.387	−13 45 22.98	20.317 568
23	21 50 03.756	−13 54 44.94	19.560 482	8	21 51 38.770	−13 44 47.64	20.333 844
24	21 50 01.434	−13 54 54.80	19.576 152	9	21 51 45.328	−13 44 11.39	20.350 016
25	21 49 59.302	−13 55 03.66	19.591 946	10	21 51 52.058	−13 43 34.25	20.366 081
26	21 49 57.361	−13 55 11.52	19.607 860	11	21 51 58.958	−13 42 56.21	20.382 033
27	21 49 55.611	−13 55 18.38	19.623 889	12	21 52 06.029	−13 42 17.29	20.397 867
28	21 49 54.052	−13 55 24.25	19.640 029	13	21 52 13.268	−13 41 37.47	20.413 581
29	21 49 52.685	−13 55 29.13	19.656 275	14	21 52 20.676	−13 40 56.77	20.429 168
30	21 49 51.509	−13 55 33.02	19.672 622	15	21 52 28.251	−13 40 15.19	20.444 625
31	21 49 50.523	−13 55 35.92	19.689 065	16	21 52 35.991	−13 39 32.73	20.459 949
Nov. 1	21 49 49.729	−13 55 37.81	19.705 600	17	21 52 43.897	−13 38 49.41	20.475 133
2	21 49 49.129	−13 55 38.67	19.722 221	18	21 52 51.967	−13 38 05.24	20.490 176
3	21 49 48.725	−13 55 38.50	19.738 923	19	21 53 00.197	−13 37 20.23	20.505 072
4	21 49 48.519	−13 55 37.27	19.755 702	20	21 53 08.587	−13 36 34.40	20.519 818
5	21 49 48.516	−13 55 34.98	19.772 550	21	21 53 17.132	−13 35 47.76	20.534 410
6	21 49 48.716	−13 55 31.62	19.789 464	22	21 53 25.829	−13 35 00.35	20.548 844
7	21 49 49.120	−13 55 27.21	19.806 436	23	21 53 34.676	−13 34 12.16	20.563 116
8	21 49 49.726	−13 55 21.76	19.823 463	24	21 53 43.670	−13 33 23.21	20.577 223
9	21 49 50.533	−13 55 15.29	19.840 537	25	21 53 52.806	−13 32 33.51	20.591 161
10	21 49 51.537	−13 55 07.79	19.857 654	26	21 54 02.085	−13 31 43.06	20.604 925
11	21 49 52.739	−13 54 59.29	19.874 809	27	21 54 11.506	−13 30 51.85	20.618 512
12	21 49 54.136	−13 54 49.76	19.891 995	28	21 54 21.067	−13 29 59.89	20.631 917
13	21 49 55.730	−13 54 39.22	19.909 209	29	21 54 30.769	−13 29 07.17	20.645 138
14	21 49 57.519	−13 54 27.66	19.926 445	30	21 54 40.612	−13 28 13.70	20.658 169
15	21 49 59.506	−13 54 15.06	19.943 697	31	21 54 50.594	−13 27 19.50	20.671 007
16	21 50 01.689	−13 54 01.43	19.960 961	32	21 55 00.712	−13 26 24.58	20.683 647

NEPTUNE, 2002

GEOCENTRIC COORDINATES FOR 0ʰ TERRESTRIAL TIME

Date	Apparent Right Ascension	Apparent Declination	True Geocentric Distance	Date	Apparent Right Ascension	Apparent Declination	True Geocentric Distance
	h m s	° ′ ″			h m s	° ′ ″	
Jan. 0	20 39 08.946	−18 18 59.38	30.960 076	Feb. 15	20 46 05.469	−17 52 58.64	31.037 512
1	20 39 17.398	−18 18 28.48	30.968 073	16	20 46 14.380	−17 52 24.49	31.032 462
2	20 39 25.906	−18 17 57.37	30.975 810	17	20 46 23.250	−17 51 50.45	31.027 136
3	20 39 34.465	−18 17 26.04	30.983 285	18	20 46 32.078	−17 51 16.52	31.021 535
4	20 39 43.074	−18 16 54.48	30.990 496	19	20 46 40.864	−17 50 42.72	31.015 661
5	20 39 51.733	−18 16 22.68	30.997 441	20	20 46 49.607	−17 50 09.05	31.009 516
6	20 40 00.441	−18 15 50.66	31.004 117	21	20 46 58.304	−17 49 35.53	31.003 102
7	20 40 09.198	−18 15 18.39	31.010 521	22	20 47 06.953	−17 49 02.18	30.996 422
8	20 40 18.005	−18 14 45.90	31.016 653	23	20 47 15.553	−17 48 29.00	30.989 478
9	20 40 26.858	−18 14 13.19	31.022 509	24	20 47 24.100	−17 47 56.02	30.982 272
10	20 40 35.758	−18 13 40.28	31.028 088	25	20 47 32.590	−17 47 23.25	30.974 807
11	20 40 44.699	−18 13 07.18	31.033 388	26	20 47 41.019	−17 46 50.71	30.967 085
12	20 40 53.681	−18 12 33.92	31.038 407	27	20 47 49.385	−17 46 18.40	30.959 108
13	20 41 02.697	−18 12 00.51	31.043 143	28	20 47 57.685	−17 45 46.31	30.950 879
14	20 41 11.746	−18 11 26.96	31.047 595	Mar. 1	20 48 05.920	−17 45 14.42	30.942 400
15	20 41 20.823	−18 10 53.27	31.051 762	2	20 48 14.089	−17 44 42.75	30.933 673
16	20 41 29.926	−18 10 19.46	31.055 643	3	20 48 22.194	−17 44 11.28	30.924 700
17	20 41 39.053	−18 09 45.51	31.059 236	4	20 48 30.235	−17 43 40.03	30.915 483
18	20 41 48.202	−18 09 11.45	31.062 541	5	20 48 38.209	−17 43 09.02	30.906 025
19	20 41 57.370	−18 08 37.26	31.065 557	6	20 48 46.115	−17 42 38.26	30.896 328
20	20 42 06.557	−18 08 02.95	31.068 284	7	20 48 53.949	−17 42 07.77	30.886 395
21	20 42 15.762	−18 07 28.52	31.070 721	8	20 49 01.708	−17 41 37.57	30.876 228
22	20 42 24.984	−18 06 53.99	31.072 867	9	20 49 09.390	−17 41 07.67	30.865 830
23	20 42 34.220	−18 06 19.35	31.074 723	10	20 49 16.990	−17 40 38.07	30.855 205
24	20 42 43.471	−18 05 44.62	31.076 289	11	20 49 24.507	−17 40 08.79	30.844 354
25	20 42 52.734	−18 05 09.81	31.077 564	12	20 49 31.939	−17 39 39.82	30.833 282
26	20 43 02.008	−18 04 34.93	31.078 548	13	20 49 39.284	−17 39 11.18	30.821 991
27	20 43 11.293	−18 03 59.98	31.079 242	14	20 49 46.541	−17 38 42.85	30.810 486
28	20 43 20.604	−18 03 24.81	31.079 646	15	20 49 53.708	−17 38 14.85	30.798 769
29	20 43 29.755	−18 02 50.25	31.079 760	16	20 50 00.786	−17 37 47.16	30.786 844
30	20 43 39.080	−18 02 15.34	31.079 584	17	20 50 07.773	−17 37 19.81	30.774 715
31	20 43 48.353	−18 01 40.38	31.079 118	18	20 50 14.670	−17 36 52.79	30.762 386
Feb. 1	20 43 57.611	−18 01 05.41	31.078 362	19	20 50 21.474	−17 36 26.11	30.749 860
2	20 44 06.858	−18 00 30.43	31.077 317	20	20 50 28.186	−17 35 59.78	30.737 143
3	20 44 16.094	−17 59 55.44	31.075 982	21	20 50 34.803	−17 35 33.81	30.724 236
4	20 44 25.321	−17 59 20.43	31.074 357	22	20 50 41.324	−17 35 08.23	30.711 146
5	20 44 34.536	−17 58 45.42	31.072 443	23	20 50 47.747	−17 34 43.04	30.697 875
6	20 44 43.739	−17 58 10.43	31.070 240	24	20 50 54.068	−17 34 18.25	30.684 427
7	20 44 52.926	−17 57 35.47	31.067 748	25	20 51 00.285	−17 33 53.89	30.670 808
8	20 45 02.094	−17 57 00.57	31.064 968	26	20 51 06.395	−17 33 29.94	30.657 020
9	20 45 11.239	−17 56 25.73	31.061 900	27	20 51 12.396	−17 33 06.42	30.643 069
10	20 45 20.359	−17 55 50.98	31.058 546	28	20 51 18.288	−17 32 43.31	30.628 957
11	20 45 29.450	−17 55 16.31	31.054 905	29	20 51 24.070	−17 32 20.60	30.614 688
12	20 45 38.508	−17 54 41.74	31.050 980	30	20 51 29.746	−17 31 58.28	30.600 266
13	20 45 47.532	−17 54 07.27	31.046 772	31	20 51 35.316	−17 31 36.37	30.585 695
14	20 45 56.520	−17 53 32.91	31.042 282	Apr. 1	20 51 40.779	−17 31 14.86	30.570 979
15	20 46 05.469	−17 52 58.64	31.037 512	2	20 51 46.135	−17 30 53.77	30.556 121

GEOCENTRIC COORDINATES FOR 0^h TERRESTRIAL TIME

Date	Apparent Right Ascension	Apparent Declination	True Geocentric Distance	Date	Apparent Right Ascension	Apparent Declination	True Geocentric Distance
	h m s	° ′ ″			h m s	° ′ ″	
Apr. 1	20 51 40.779	−17 31 14.86	30.570 979	May 17	20 53 38.112	−17 23 43.10	29.814 702
2	20 51 46.135	−17 30 53.77	30.556 121	18	20 53 37.600	−17 23 45.72	29.798 323
3	20 51 51.381	−17 30 33.14	30.541 125	19	20 53 36.954	−17 23 48.90	29.782 024
4	20 51 56.513	−17 30 12.96	30.525 995	20	20 53 36.176	−17 23 52.62	29.765 811
5	20 52 01.530	−17 29 53.26	30.510 735	21	20 53 35.265	−17 23 56.88	29.749 688
6	20 52 06.429	−17 29 34.03	30.495 350	22	20 53 34.223	−17 24 01.66	29.733 659
7	20 52 11.209	−17 29 15.28	30.479 844	23	20 53 33.053	−17 24 06.94	29.717 729
8	20 52 15.866	−17 28 57.02	30.464 221	24	20 53 31.757	−17 24 12.72	29.701 903
9	20 52 20.402	−17 28 39.23	30.448 486	25	20 53 30.338	−17 24 18.98	29.686 183
10	20 52 24.815	−17 28 21.93	30.432 643	26	20 53 28.798	−17 24 25.73	29.670 575
11	20 52 29.104	−17 28 05.10	30.416 697	27	20 53 27.138	−17 24 32.98	29.655 082
12	20 52 33.271	−17 27 48.75	30.400 654	28	20 53 25.357	−17 24 40.73	29.639 708
13	20 52 37.314	−17 27 32.88	30.384 517	29	20 53 23.453	−17 24 49.00	29.624 458
14	20 52 41.235	−17 27 17.49	30.368 291	30	20 53 21.427	−17 24 57.79	29.609 335
15	20 52 45.033	−17 27 02.58	30.351 982	31	20 53 19.276	−17 25 07.10	29.594 344
16	20 52 48.708	−17 26 48.16	30.335 595	June 1	20 53 17.002	−17 25 16.91	29.579 490
17	20 52 52.259	−17 26 34.24	30.319 134	2	20 53 14.604	−17 25 27.22	29.564 776
18	20 52 55.686	−17 26 20.83	30.302 605	3	20 53 12.084	−17 25 38.03	29.550 207
19	20 52 58.986	−17 26 07.94	30.286 012	4	20 53 09.444	−17 25 49.31	29.535 788
20	20 53 02.158	−17 25 55.59	30.269 360	5	20 53 06.686	−17 26 01.05	29.521 522
21	20 53 05.201	−17 25 43.77	30.252 655	6	20 53 03.811	−17 26 13.26	29.507 414
22	20 53 08.111	−17 25 32.50	30.235 901	7	20 53 00.821	−17 26 25.92	29.493 468
23	20 53 10.888	−17 25 21.77	30.219 103	8	20 52 57.720	−17 26 39.01	29.479 689
24	20 53 13.532	−17 25 11.57	30.202 266	9	20 52 54.508	−17 26 52.55	29.466 082
25	20 53 16.044	−17 25 01.89	30.185 394	10	20 52 51.188	−17 27 06.53	29.452 649
26	20 53 18.425	−17 24 52.71	30.168 492	11	20 52 47.761	−17 27 20.95	29.439 397
27	20 53 20.677	−17 24 44.03	30.151 565	12	20 52 44.226	−17 27 35.82	29.426 328
28	20 53 22.803	−17 24 35.85	30.134 615	13	20 52 40.586	−17 27 51.13	29.413 447
29	20 53 24.802	−17 24 28.19	30.117 649	14	20 52 36.838	−17 28 06.89	29.400 758
30	20 53 26.674	−17 24 21.06	30.100 670	15	20 52 32.984	−17 28 23.09	29.388 265
May 1	20 53 28.415	−17 24 14.47	30.083 682	16	20 52 29.024	−17 28 39.72	29.375 972
2	20 53 30.025	−17 24 08.43	30.066 691	17	20 52 24.958	−17 28 56.78	29.363 881
3	20 53 31.500	−17 24 02.96	30.049 701	18	20 52 20.791	−17 29 14.23	29.351 997
4	20 53 32.841	−17 23 58.04	30.032 716	19	20 52 16.524	−17 29 32.06	29.340 323
5	20 53 34.046	−17 23 53.67	30.015 742	20	20 52 12.163	−17 29 50.25	29.328 862
6	20 53 35.116	−17 23 49.86	29.998 784	21	20 52 07.709	−17 30 08.79	29.317 616
7	20 53 36.049	−17 23 46.59	29.981 846	22	20 52 03.167	−17 30 27.68	29.306 590
8	20 53 36.848	−17 23 43.85	29.964 934	23	20 51 58.538	−17 30 46.91	29.295 784
9	20 53 37.513	−17 23 41.65	29.948 052	24	20 51 53.824	−17 31 06.50	29.285 203
10	20 53 38.045	−17 23 39.98	29.931 205	25	20 51 49.024	−17 31 26.44	29.274 850
11	20 53 38.445	−17 23 38.83	29.914 399	26	20 51 44.137	−17 31 46.75	29.264 726
12	20 53 38.714	−17 23 38.21	29.897 639	27	20 51 39.166	−17 32 07.40	29.254 835
13	20 53 38.853	−17 23 38.11	29.880 930	28	20 51 34.109	−17 32 28.41	29.245 180
14	20 53 38.863	−17 23 38.54	29.864 276	29	20 51 28.968	−17 32 49.74	29.235 763
15	20 53 38.743	−17 23 39.51	29.847 684	30	20 51 23.746	−17 33 11.39	29.226 588
16	20 53 38.493	−17 23 41.03	29.831 157	July 1	20 51 18.444	−17 33 33.34	29.217 658
17	20 53 38.112	−17 23 43.10	29.814 702	2	20 51 13.065	−17 33 55.59	29.208 975

NEPTUNE, 2002

GEOCENTRIC COORDINATES FOR 0^h TERRESTRIAL TIME

Date	Apparent Right Ascension	Apparent Declination	True Geocentric Distance	Date	Apparent Right Ascension	Apparent Declination	True Geocentric Distance
	h m s	° ′ ″			h m s	° ′ ″	
July 1	20 51 18.444	−17 33 33.34	29.217 658	Aug. 16	20 46 29.899	−17 53 09.37	29.104 293
2	20 51 13.065	−17 33 55.59	29.208 975	17	20 46 23.558	−17 53 34.90	29.108 610
3	20 51 07.612	−17 34 18.10	29.200 542	18	20 46 17.256	−17 54 00.28	29.113 211
4	20 51 02.089	−17 34 40.88	29.192 362	19	20 46 10.994	−17 54 25.51	29.118 094
5	20 50 56.498	−17 35 03.92	29.184 437	20	20 46 04.773	−17 54 50.59	29.123 258
6	20 50 50.842	−17 35 27.19	29.176 771	21	20 45 58.593	−17 55 15.50	29.128 701
7	20 50 45.124	−17 35 50.71	29.169 366	22	20 45 52.456	−17 55 40.23	29.134 422
8	20 50 39.346	−17 36 14.46	29.162 225	23	20 45 46.365	−17 56 04.78	29.140 419
9	20 50 33.510	−17 36 38.44	29.155 350	24	20 45 40.321	−17 56 29.12	29.146 690
10	20 50 27.617	−17 37 02.67	29.148 744	25	20 45 34.327	−17 56 53.25	29.153 235
11	20 50 21.667	−17 37 27.13	29.142 408	26	20 45 28.388	−17 57 17.14	29.160 050
12	20 50 15.662	−17 37 51.82	29.136 346	27	20 45 22.505	−17 57 40.78	29.167 135
13	20 50 09.601	−17 38 16.73	29.130 558	28	20 45 16.682	−17 58 04.17	29.174 488
14	20 50 03.488	−17 38 41.83	29.125 047	29	20 45 10.922	−17 58 27.29	29.182 107
15	20 49 57.324	−17 39 07.12	29.119 815	30	20 45 05.229	−17 58 50.13	29.189 990
16	20 49 51.114	−17 39 32.56	29.114 862	31	20 44 59.605	−17 59 12.70	29.198 135
17	20 49 44.863	−17 39 58.14	29.110 189	Sept. 1	20 44 54.051	−17 59 34.99	29.206 540
18	20 49 38.575	−17 40 23.83	29.105 799	2	20 44 48.571	−17 59 57.01	29.215 203
19	20 49 32.253	−17 40 49.64	29.101 692	3	20 44 43.164	−18 00 18.74	29.224 121
20	20 49 25.900	−17 41 15.56	29.097 869	4	20 44 37.832	−18 00 40.19	29.233 293
21	20 49 19.519	−17 41 41.59	29.094 330	5	20 44 32.575	−18 01 01.37	29.242 716
22	20 49 13.110	−17 42 07.74	29.091 076	6	20 44 27.394	−18 01 22.24	29.252 387
23	20 49 06.674	−17 42 34.00	29.088 109	7	20 44 22.290	−18 01 42.81	29.262 303
24	20 49 00.211	−17 43 00.36	29.085 429	8	20 44 17.267	−18 02 03.04	29.272 461
25	20 48 53.723	−17 43 26.83	29.083 037	9	20 44 12.328	−18 02 22.92	29.282 858
26	20 48 47.211	−17 43 53.38	29.080 933	10	20 44 07.479	−18 02 42.42	29.293 490
27	20 48 40.677	−17 44 20.00	29.079 119	11	20 44 02.723	−18 03 01.53	29.304 355
28	20 48 34.125	−17 44 46.68	29.077 595	12	20 43 58.063	−18 03 20.26	29.315 447
29	20 48 27.557	−17 45 13.39	29.076 362	13	20 43 53.501	−18 03 38.62	29.326 764
30	20 48 20.976	−17 45 40.12	29.075 420	14	20 43 49.038	−18 03 56.60	29.338 301
31	20 48 14.387	−17 46 06.87	29.074 771	15	20 43 44.673	−18 04 14.22	29.350 056
Aug. 1	20 48 07.792	−17 46 33.60	29.074 414	16	20 43 40.406	−18 04 31.46	29.362 024
2	20 48 01.196	−17 47 00.33	29.074 351	17	20 43 36.239	−18 04 48.33	29.374 202
3	20 47 54.600	−17 47 27.03	29.074 581	18	20 43 32.170	−18 05 04.82	29.386 586
4	20 47 48.008	−17 47 53.71	29.075 106	19	20 43 28.203	−18 05 20.92	29.399 172
5	20 47 41.423	−17 48 20.35	29.075 924	20	20 43 24.338	−18 05 36.61	29.411 958
6	20 47 34.846	−17 48 46.97	29.077 038	21	20 43 20.577	−18 05 51.89	29.424 938
7	20 47 28.277	−17 49 13.56	29.078 446	22	20 43 16.923	−18 06 06.74	29.438 111
8	20 47 21.719	−17 49 40.12	29.080 148	23	20 43 13.379	−18 06 21.15	29.451 471
9	20 47 15.172	−17 50 06.63	29.082 145	24	20 43 09.946	−18 06 35.11	29.465 015
10	20 47 08.637	−17 50 33.09	29.084 435	25	20 43 06.628	−18 06 48.62	29.478 740
11	20 47 02.117	−17 50 59.46	29.087 019	26	20 43 03.426	−18 07 01.67	29.492 641
12	20 46 55.616	−17 51 25.72	29.089 894	27	20 43 00.342	−18 07 14.27	29.506 716
13	20 46 49.140	−17 51 51.86	29.093 060	28	20 42 57.377	−18 07 26.41	29.520 959
14	20 46 42.692	−17 52 17.85	29.096 517	29	20 42 54.533	−18 07 38.09	29.535 368
15	20 46 36.277	−17 52 43.69	29.100 261	30	20 42 51.810	−18 07 49.33	29.549 937
16	20 46 29.899	−17 53 09.37	29.104 293	Oct. 1	20 42 49.208	−18 08 00.12	29.564 664

GEOCENTRIC COORDINATES FOR 0^h TERRESTRIAL TIME

Date	Apparent Right Ascension	Apparent Declination	True Geocentric Distance	Date	Apparent Right Ascension	Apparent Declination	True Geocentric Distance
	h m s	° ′ ″			h m s	° ′ ″	
Oct. 1	20 42 49.208	−18 08 00.12	29.564 664	Nov. 16	20 43 12.461	−18 07 07.71	30.327 870
2	20 42 46.726	−18 08 10.46	29.579 543	17	20 43 16.139	−18 06 54.35	30.344 433
3	20 42 44.365	−18 08 20.35	29.594 571	18	20 43 19.948	−18 06 40.47	30.360 914
4	20 42 42.125	−18 08 29.77	29.609 742	19	20 43 23.887	−18 06 26.07	30.377 308
5	20 42 40.007	−18 08 38.72	29.625 053	20	20 43 27.957	−18 06 11.16	30.393 610
6	20 42 38.014	−18 08 47.17	29.640 499	21	20 43 32.156	−18 05 55.75	30.409 816
7	20 42 36.148	−18 08 55.10	29.656 074	22	20 43 36.483	−18 05 39.84	30.425 922
8	20 42 34.415	−18 09 02.51	29.671 773	23	20 43 40.937	−18 05 23.46	30.441 923
9	20 42 32.816	−18 09 09.39	29.687 591	24	20 43 45.516	−18 05 06.60	30.457 815
10	20 42 31.352	−18 09 15.75	29.703 524	25	20 43 50.217	−18 04 49.28	30.473 592
11	20 42 30.023	−18 09 21.61	29.719 566	26	20 43 55.038	−18 04 31.50	30.489 251
12	20 42 28.829	−18 09 26.98	29.735 711	27	20 43 59.977	−18 04 13.26	30.504 786
13	20 42 27.767	−18 09 31.85	29.751 955	28	20 44 05.032	−18 03 54.57	30.520 194
14	20 42 26.837	−18 09 36.23	29.768 292	29	20 44 10.204	−18 03 35.40	30.535 469
15	20 42 26.038	−18 09 40.13	29.784 719	30	20 44 15.492	−18 03 15.76	30.550 607
16	20 42 25.371	−18 09 43.52	29.801 229	Dec. 1	20 44 20.897	−18 02 55.62	30.565 603
17	20 42 24.835	−18 09 46.40	29.817 818	2	20 44 26.420	−18 02 35.01	30.580 452
18	20 42 24.432	−18 09 48.76	29.834 482	3	20 44 32.062	−18 02 13.91	30.595 148
19	20 42 24.163	−18 09 50.60	29.851 214	4	20 44 37.822	−18 01 52.34	30.609 689
20	20 42 24.029	−18 09 51.91	29.868 012	5	20 44 43.697	−18 01 30.33	30.624 068
21	20 42 24.032	−18 09 52.68	29.884 869	6	20 44 49.685	−18 01 07.89	30.638 281
22	20 42 24.173	−18 09 52.91	29.901 782	7	20 44 55.780	−18 00 45.04	30.652 323
23	20 42 24.453	−18 09 52.60	29.918 745	8	20 45 01.979	−18 00 21.79	30.666 191
24	20 42 24.872	−18 09 51.75	29.935 753	9	20 45 08.281	−17 59 58.13	30.679 881
25	20 42 25.432	−18 09 50.38	29.952 803	10	20 45 14.683	−17 59 34.06	30.693 387
26	20 42 26.131	−18 09 48.47	29.969 888	11	20 45 21.183	−17 59 09.59	30.706 707
27	20 42 26.969	−18 09 46.05	29.987 005	12	20 45 27.782	−17 58 44.71	30.719 837
28	20 42 27.946	−18 09 43.12	30.004 147	13	20 45 34.477	−17 58 19.42	30.732 772
29	20 42 29.060	−18 09 39.68	30.021 312	14	20 45 41.270	−17 57 53.72	30.745 510
30	20 42 30.309	−18 09 35.73	30.038 492	15	20 45 48.158	−17 57 27.62	30.758 048
31	20 42 31.693	−18 09 31.27	30.055 684	16	20 45 55.142	−17 57 01.11	30.770 380
Nov. 1	20 42 33.212	−18 09 26.29	30.072 882	17	20 46 02.220	−17 56 34.22	30.782 505
2	20 42 34.866	−18 09 20.78	30.090 080	18	20 46 09.391	−17 56 06.94	30.794 420
3	20 42 36.657	−18 09 14.72	30.107 274	19	20 46 16.653	−17 55 39.29	30.806 120
4	20 42 38.587	−18 09 08.10	30.124 457	20	20 46 24.004	−17 55 11.29	30.817 603
5	20 42 40.659	−18 09 00.92	30.141 625	21	20 46 31.441	−17 54 42.94	30.828 866
6	20 42 42.873	−18 08 53.19	30.158 771	22	20 46 38.961	−17 54 14.27	30.839 905
7	20 42 45.229	−18 08 44.92	30.175 890	23	20 46 46.560	−17 53 45.28	30.850 718
8	20 42 47.724	−18 08 36.14	30.192 976	24	20 46 54.237	−17 53 15.98	30.861 302
9	20 42 50.356	−18 08 26.85	30.210 025	25	20 47 01.988	−17 52 46.36	30.871 654
10	20 42 53.122	−18 08 17.06	30.227 030	26	20 47 09.812	−17 52 16.42	30.881 769
11	20 42 56.019	−18 08 06.77	30.243 986	27	20 47 17.709	−17 51 46.15	30.891 646
12	20 42 59.048	−18 07 55.98	30.260 890	28	20 47 25.679	−17 51 15.56	30.901 281
13	20 43 02.206	−18 07 44.68	30.277 735	29	20 47 33.722	−17 50 44.63	30.910 671
14	20 43 05.494	−18 07 32.88	30.294 516	30	20 47 41.838	−17 50 13.38	30.919 813
15	20 43 08.912	−18 07 20.55	30.311 230	31	20 47 50.025	−17 49 41.82	30.928 704
16	20 43 12.461	−18 07 07.71	30.327 870	32	20 47 58.281	−17 49 09.97	30.937 341

PLUTO, 2002

GEOCENTRIC POSITIONS FOR 0ʰ TERRESTRIAL TIME

Date	Astrometric Right Ascension J2000.0	Astrometric Declination J2000.0	True Geocentric Distance	Date	Astrometric Right Ascension J2000.0	Astrometric Declination J2000.0	True Geocentric Distance
	h m s	° ′ ″			h m s	° ′ ″	
Jan. −4	17 02 41.393	−12 58 38.55	31.370989	June 30	17 02 03.576	−12 38 44.88	29.597428
1	17 03 25.187	−12 59 33.31	31.340747	July 5	17 01 34.596	−12 39 14.12	29.633879
6	17 04 07.730	−13 00 18.02	31.303955	10	17 01 07.175	−12 39 53.09	29.676730
11	17 04 48.772	−13 00 52.61	31.260840	15	17 00 41.588	−12 40 41.84	29.725677
16	17 05 28.051	−13 01 17.09	31.211705	20	17 00 18.085	−12 41 40.24	29.780331
21	17 06 05.318	−13 01 31.58	31.156939	25	16 59 56.874	−12 42 48.07	29.840268
26	17 06 40.352	−13 01 36.32	31.096986	30	16 59 38.139	−12 44 05.04	29.905079
31	17 07 12.960	−13 01 31.66	31.032311	Aug. 4	16 59 22.063	−12 45 30.89	29.974337
Feb. 5	17 07 42.963	−13 01 17.95	30.963368	9	16 59 08.817	−12 47 05.33	30.047573
10	17 08 10.175	−13 00 55.53	30.890642	14	16 58 58.558	−12 48 47.93	30.124250
15	17 08 34.424	−13 00 24.84	30.814687	19	16 58 51.396	−12 50 38.15	30.203785
20	17 08 55.565	−12 59 46.45	30.736113	24	16 58 47.404	−12 52 35.37	30.285615
25	17 09 13.495	−12 59 00.99	30.655542	29	16 58 46.640	−12 54 39.01	30.369199
Mar. 2	17 09 28.139	−12 58 09.16	30.573581	Sept. 3	16 58 49.157	−12 56 48.49	30.453983
7	17 09 39.434	−12 57 11.60	30.490805	8	16 58 54.991	−12 59 03.16	30.539378
12	17 09 47.319	−12 56 08.97	30.407830	13	16 59 04.150	−13 01 22.29	30.624747
17	17 09 51.764	−12 55 02.03	30.325313	18	16 59 16.593	−13 03 45.03	30.709467
22	17 09 52.782	−12 53 51.63	30.243914	23	16 59 32.258	−13 06 10.60	30.792970
27	17 09 50.425	−12 52 38.63	30.164267	28	16 59 51.075	−13 08 38.24	30.874706
Apr. 1	17 09 44.769	−12 51 23.86	30.086947	Oct. 3	17 00 12.969	−13 11 07.19	30.954125
6	17 09 35.893	−12 50 08.11	30.012504	8	17 00 37.845	−13 13 36.66	31.030651
11	17 09 23.893	−12 48 52.18	29.941513	13	17 01 05.572	−13 16 05.76	31.103704
16	17 09 08.906	−12 47 36.96	29.874549	18	17 01 35.981	−13 18 33.61	31.172771
21	17 08 51.108	−12 46 23.34	29.812144	23	17 02 08.902	−13 20 59.43	31.237401
26	17 08 30.705	−12 45 12.19	29.754763	28	17 02 44.162	−13 23 22.48	31.297166
May 1	17 08 07.909	−12 44 04.28	29.702795	Nov. 2	17 03 21.583	−13 25 42.03	31.351642
6	17 07 42.932	−12 43 00.31	29.656619	7	17 04 00.963	−13 27 57.33	31.400406
11	17 07 16.008	−12 42 01.06	29.616611	12	17 04 42.065	−13 30 07.59	31.443081
16	17 06 47.408	−12 41 07.29	29.583106	17	17 05 24.641	−13 32 12.12	31.479385
21	17 06 17.427	−12 40 19.73	29.556364	22	17 06 08.448	−13 34 10.33	31.509091
26	17 05 46.366	−12 39 39.01	29.536551	27	17 06 53.249	−13 36 01.71	31.532002
31	17 05 14.511	−12 39 05.63	29.523780	Dec. 2	17 07 38.800	−13 37 45.73	31.547928
June 5	17 04 42.148	−12 38 40.08	29.518159	7	17 08 24.832	−13 39 21.88	31.556712
10	17 04 09.580	−12 38 22.86	29.519765	12	17 09 11.056	−13 40 49.67	31.558289
15	17 03 37.128	−12 38 14.43	29.528609	17	17 09 57.196	−13 42 08.80	31.552681
20	17 03 05.114	−12 38 15.17	29.544611	22	17 10 42.987	−13 43 19.02	31.539956
25	17 02 33.839	−12 38 25.28	29.567610	27	17 11 28.177	−13 44 20.18	31.520204
30	17 02 03.576	−12 38 44.88	29.597428	32	17 12 12.503	−13 45 12.08	31.493532

HELIOCENTRIC POSITIONS FOR 0ʰ TERRESTRIAL TIME

MEAN EQUINOX AND ECLIPTIC OF DATE

Date	Longitude	Latitude	Radius Vector	Date	Longitude	Latitude	Radius Vector
	° ′ ″	° ′ ″			° ′ ″	° ′ ″	
Jan. −34	255 02 54.5	+ 10 06 06.0	30.44861	June 15	256 19 31.1	+ 9 47 17.9	30.52038
Jan. 6	255 18 16.1	+ 10 02 21.4	30.46271	July 25	256 34 47.0	+ 9 43 30.8	30.53510
Feb. 15	255 33 36.6	+ 9 58 36.2	30.47694	Sept. 3	256 50 01.7	+ 9 39 43.3	30.54993
Mar. 27	255 48 55.9	+ 9 54 50.6	30.49130	Oct. 13	257 05 15.3	+ 9 35 55.3	30.56489
May 6	256 04 14.1	+ 9 51 04.5	30.50578	Nov. 22	257 20 27.7	+ 9 32 06.8	30.57996
June 15	256 19 31.1	+ 9 47 17.9	30.52038	Dec. 32	257 35 38.9	+ 9 28 18.0	30.59515

NOTES AND FORMULAS

Semidiameter and parallax

The apparent angular semidiameter of a planet is given by:

apparent S.D. = S.D. at unit distance / true distance

where the true distance is given in the daily geocentric ephemeris and the adopted semidiameter at unit distance is given by:

Mercury	3.36″	Jupiter: equatorial	98.44″	Uranus	35.02″
Venus	8.34	polar	92.06	Neptune	33.50
Mars	4.68	Saturn: equatorial	82.73	Pluto	2.07
		polar	73.82		

The difference in transit times of the limb and center of a planet in seconds of time is given approximately by:

difference in transit time = (apparent S.D. in seconds of arc) / 15 cos δ

where the sidereal motion of the planet is ignored.

The equatorial horizontal parallax of a planet is given by 8″.794 148 divided by its true geocentric distance; formulas for the corrections for diurnal parallax are given on page B61.

Time of transit of a planet

The transit times that are tabulated on pages E44–E51 are expressed in terrestrial time (TT) and refer to the transits over the ephemeris meridian; for most purposes this may be regarded as giving the universal time (UT) of transit over the Greenwich meridian.

The UT of transit over a local meridian is given by:

time of ephemeris transit − (λ/24) * first difference

with an error that is usually less than 1 second, where λ is the *east* longitude in hours and the first difference is about 24 hours.

Times of rising and setting

Approximate times of the rising and setting of a planet at a place with latitude φ may be obtained from the time of transit by applying the value of the hour angle h of the point on the horizon at the same declination as the planet; h is given by:

cos h = − tan φ tan δ

This ignores the sidereal motion of the planet during the interval between transit and rising or setting. Similarly, the time at which a planet reaches a zenith distance z may be obtained by determining the corresponding hour angle h from:

cos h = − tan φ tan δ + sec φ sec δ cos z

and applying h to the time of transit.

Date	Mercury	Venus	Mars	Jupiter	Saturn	Uranus	Neptune	Pluto
	h m s	h m s	h m s	h m s	h m s	h m s	h m s	h m
Jan. 0	13 08 47	11 48 36	16 31 19	0 09 01	21 50 13	14 59 43	13 58 59	10 24
1	13 11 24	11 50 10	16 30 04	0 04 30	21 46 01	14 55 58	13 55 12	10 20
2	13 13 55	11 51 43	16 28 48	23 55 29	21 41 50	14 52 13	13 51 24	10 16
3	13 16 17	11 53 15	16 27 32	23 50 58	21 37 38	14 48 28	13 47 37	10 12
4	13 18 31	11 54 48	16 26 15	23 46 27	21 33 27	14 44 44	13 43 50	10 09
5	13 20 35	11 56 20	16 24 59	23 41 56	21 29 17	14 40 59	13 40 03	10 05
6	13 22 27	11 57 52	16 23 42	23 37 26	21 25 07	14 37 14	13 36 15	10 01
7	13 24 05	11 59 23	16 22 26	23 32 55	21 20 57	14 33 30	13 32 28	9 57
8	13 25 28	12 00 54	16 21 09	23 28 25	21 16 47	14 29 46	13 28 41	9 53
9	13 26 33	12 02 24	16 19 52	23 23 55	21 12 38	14 26 01	13 24 54	9 50
10	13 27 18	12 03 53	16 18 35	23 19 25	21 08 29	14 22 17	13 21 07	9 46
11	13 27 40	12 05 22	16 17 18	23 14 56	21 04 21	14 18 33	13 17 20	9 42
12	13 27 36	12 06 50	16 16 01	23 10 27	21 00 13	14 14 49	13 13 33	9 38
13	13 27 04	12 08 17	16 14 44	23 05 58	20 56 05	14 11 05	13 09 46	9 34
14	13 26 00	12 09 43	16 13 26	23 01 29	20 51 58	14 07 22	13 05 59	9 31
15	13 24 21	12 11 09	16 12 09	22 57 01	20 47 51	14 03 38	13 02 12	9 27
16	13 22 04	12 12 33	16 10 51	22 52 33	20 43 45	13 59 54	12 58 25	9 23
17	13 19 06	12 13 56	16 09 34	22 48 06	20 39 39	13 56 11	12 54 39	9 19
18	13 15 25	12 15 19	16 08 16	22 43 39	20 35 33	13 52 27	12 50 52	9 15
19	13 10 59	12 16 40	16 06 59	22 39 12	20 31 28	13 48 44	12 47 05	9 12
20	13 05 47	12 18 00	16 05 41	22 34 46	20 27 23	13 45 01	12 43 18	9 08
21	12 59 51	12 19 19	16 04 23	22 30 20	20 23 19	13 41 17	12 39 31	9 04
22	12 53 10	12 20 37	16 03 05	22 25 55	20 19 15	13 37 34	12 35 45	9 00
23	12 45 50	12 21 54	16 01 47	22 21 31	20 15 12	13 33 51	12 31 58	8 56
24	12 37 54	12 23 09	16 00 30	22 17 07	20 11 09	13 30 08	12 28 11	8 53
25	12 29 30	12 24 23	15 59 12	22 12 43	20 07 06	13 26 25	12 24 25	8 49
26	12 20 43	12 25 37	15 57 54	22 08 21	20 03 04	13 22 42	12 20 38	8 45
27	12 11 44	12 26 48	15 56 36	22 03 58	19 59 03	13 18 59	12 16 51	8 41
28	12 02 40	12 27 59	15 55 18	21 59 37	19 55 02	13 15 16	12 13 05	8 37
29	11 53 41	12 29 08	15 54 00	21 55 16	19 51 01	13 11 33	12 09 18	8 33
30	11 44 54	12 30 16	15 52 42	21 50 55	19 47 01	13 07 50	12 05 31	8 30
31	11 36 26	12 31 23	15 51 24	21 46 36	19 43 01	13 04 08	12 01 44	8 26
Feb. 1	11 28 24	12 32 29	15 50 06	21 42 17	19 39 02	13 00 25	11 57 58	8 22
2	11 20 50	12 33 33	15 48 48	21 37 59	19 35 03	12 56 42	11 54 11	8 18
3	11 13 49	12 34 36	15 47 30	21 33 41	19 31 05	12 53 00	11 50 24	8 14
4	11 07 22	12 35 38	15 46 12	21 29 24	19 27 07	12 49 17	11 46 38	8 10
5	11 01 31	12 36 38	15 44 54	21 25 08	19 23 09	12 45 35	11 42 51	8 07
6	10 56 13	12 37 38	15 43 36	21 20 53	19 19 13	12 41 52	11 39 04	8 03
7	10 51 30	12 38 36	15 42 19	21 16 38	19 15 16	12 38 09	11 35 17	7 59
8	10 47 19	12 39 33	15 41 01	21 12 25	19 11 20	12 34 27	11 31 30	7 55
9	10 43 40	12 40 29	15 39 44	21 08 12	19 07 25	12 30 44	11 27 44	7 51
10	10 40 29	12 41 23	15 38 26	21 03 59	19 03 30	12 27 02	11 23 57	7 47
11	10 37 46	12 42 17	15 37 09	20 59 48	18 59 35	12 23 19	11 20 10	7 44
12	10 35 27	12 43 09	15 35 52	20 55 37	18 55 41	12 19 37	11 16 23	7 40
13	10 33 32	12 44 01	15 34 34	20 51 28	18 51 47	12 15 54	11 12 36	7 36
14	10 31 58	12 44 51	15 33 17	20 47 19	18 47 54	12 12 12	11 08 49	7 32
15	10 30 44	12 45 40	15 32 00	20 43 11	18 44 02	12 08 29	11 05 02	7 28

Second transit: Jupiter, Jan. $1^d 23^h 59^m 59^s$.

Date	Mercury	Venus	Mars	Jupiter	Saturn	Uranus	Neptune	Pluto
	h m s	h m s	h m s	h m s	h m s	h m s	h m s	h m
Feb. 15	10 30 44	12 45 40	15 32 00	20 43 11	18 44 02	12 08 29	11 05 02	7 28
16	10 29 48	12 46 29	15 30 44	20 39 03	18 40 09	12 04 47	11 01 15	7 24
17	10 29 09	12 47 16	15 29 27	20 34 57	18 36 18	12 01 04	10 57 28	7 20
18	10 28 44	12 48 02	15 28 10	20 30 51	18 32 26	11 57 22	10 53 41	7 17
19	10 28 33	12 48 48	15 26 54	20 26 47	18 28 36	11 53 39	10 49 54	7 13
20	10 28 35	12 49 32	15 25 38	20 22 43	18 24 45	11 49 57	10 46 06	7 09
21	10 28 48	12 50 16	15 24 21	20 18 40	18 20 56	11 46 14	10 42 19	7 05
22	10 29 12	12 50 59	15 23 05	20 14 38	18 17 06	11 42 32	10 38 32	7 01
23	10 29 45	12 51 41	15 21 49	20 10 36	18 13 17	11 38 49	10 34 44	6 57
24	10 30 27	12 52 22	15 20 34	20 06 36	18 09 29	11 35 06	10 30 57	6 53
25	10 31 17	12 53 03	15 19 18	20 02 36	18 05 41	11 31 24	10 27 09	6 49
26	10 32 15	12 53 43	15 18 02	19 58 38	18 01 53	11 27 41	10 23 22	6 46
27	10 33 19	12 54 22	15 16 47	19 54 40	17 58 06	11 23 58	10 19 34	6 42
28	10 34 30	12 55 01	15 15 32	19 50 43	17 54 19	11 20 15	10 15 47	6 38
Mar. 1	10 35 46	12 55 39	15 14 17	19 46 47	17 50 33	11 16 32	10 11 59	6 34
2	10 37 07	12 56 17	15 13 02	19 42 51	17 46 47	11 12 50	10 08 11	6 30
3	10 38 34	12 56 54	15 11 47	19 38 57	17 43 02	11 09 07	10 04 23	6 26
4	10 40 05	12 57 31	15 10 33	19 35 03	17 39 17	11 05 24	10 00 35	6 22
5	10 41 40	12 58 08	15 09 19	19 31 11	17 35 33	11 01 41	9 56 47	6 18
6	10 43 19	12 58 44	15 08 05	19 27 19	17 31 49	10 57 58	9 52 59	6 14
7	10 45 02	12 59 20	15 06 51	19 23 28	17 28 05	10 54 14	9 49 11	6 11
8	10 46 49	12 59 56	15 05 37	19 19 37	17 24 22	10 50 31	9 45 23	6 07
9	10 48 38	13 00 31	15 04 24	19 15 48	17 20 39	10 46 48	9 41 34	6 03
10	10 50 31	13 01 06	15 03 10	19 11 59	17 16 57	10 43 05	9 37 46	5 59
11	10 52 27	13 01 42	15 01 57	19 08 12	17 13 15	10 39 21	9 33 58	5 55
12	10 54 26	13 02 17	15 00 44	19 04 25	17 09 33	10 35 38	9 30 09	5 51
13	10 56 28	13 02 52	14 59 32	19 00 39	17 05 52	10 31 54	9 26 20	5 47
14	10 58 32	13 03 27	14 58 20	18 56 54	17 02 11	10 28 11	9 22 32	5 43
15	11 00 39	13 04 02	14 57 07	18 53 09	16 58 31	10 24 27	9 18 43	5 39
16	11 02 49	13 04 38	14 55 55	18 49 26	16 54 51	10 20 43	9 14 54	5 35
17	11 05 01	13 05 13	14 54 44	18 45 43	16 51 11	10 16 59	9 11 05	5 31
18	11 07 16	13 05 49	14 53 32	18 42 01	16 47 32	10 13 15	9 07 16	5 28
19	11 09 34	13 06 24	14 52 21	18 38 20	16 43 54	10 09 31	9 03 27	5 24
20	11 11 55	13 07 00	14 51 10	18 34 39	16 40 15	10 05 47	8 59 38	5 20
21	11 14 18	13 07 37	14 49 59	18 30 59	16 36 37	10 02 03	8 55 48	5 16
22	11 16 45	13 08 14	14 48 49	18 27 21	16 33 00	9 58 18	8 51 59	5 12
23	11 19 14	13 08 51	14 47 38	18 23 42	16 29 22	9 54 34	8 48 09	5 08
24	11 21 47	13 09 28	14 46 28	18 20 05	16 25 45	9 50 50	8 44 19	5 04
25	11 24 23	13 10 06	14 45 18	18 16 28	16 22 09	9 47 05	8 40 30	5 00
26	11 27 02	13 10 44	14 44 08	18 12 53	16 18 33	9 43 20	8 36 40	4 56
27	11 29 44	13 11 23	14 42 59	18 09 17	16 14 57	9 39 35	8 32 50	4 52
28	11 32 31	13 12 03	14 41 50	18 05 43	16 11 21	9 35 50	8 29 00	4 48
29	11 35 21	13 12 43	14 40 41	18 02 09	16 07 46	9 32 05	8 25 10	4 44
30	11 38 15	13 13 24	14 39 32	17 58 36	16 04 11	9 28 20	8 21 19	4 40
31	11 41 13	13 14 05	14 38 23	17 55 04	16 00 37	9 24 35	8 17 29	4 36
Apr. 1	11 44 16	13 14 47	14 37 15	17 51 32	15 57 03	9 20 49	8 13 38	4 32
2	11 47 22	13 15 30	14 36 07	17 48 01	15 53 29	9 17 04	8 09 48	4 28

Date	Mercury	Venus	Mars	Jupiter	Saturn	Uranus	Neptune	Pluto
	h m s	h m s	h m s	h m s	h m s	h m s	h m s	h m
Apr. 1	11 44 16	13 14 47	14 37 15	17 51 32	15 57 03	9 20 49	8 13 38	4 32
2	11 47 22	13 15 30	14 36 07	17 48 01	15 53 29	9 17 04	8 09 48	4 28
3	11 50 33	13 16 14	14 34 59	17 44 31	15 49 55	9 13 18	8 05 57	4 24
4	11 53 49	13 16 58	14 33 51	17 41 01	15 46 22	9 09 33	8 02 06	4 21
5	11 57 09	13 17 44	14 32 44	17 37 32	15 42 49	9 05 47	7 58 15	4 17
6	12 00 34	13 18 30	14 31 36	17 34 04	15 39 16	9 02 01	7 54 24	4 13
7	12 04 02	13 19 17	14 30 29	17 30 36	15 35 44	8 58 14	7 50 33	4 09
8	12 07 35	13 20 05	14 29 23	17 27 09	15 32 12	8 54 28	7 46 42	4 05
9	12 11 12	13 20 54	14 28 16	17 23 43	15 28 40	8 50 42	7 42 50	4 01
10	12 14 52	13 21 44	14 27 10	17 20 17	15 25 09	8 46 55	7 38 59	3 57
11	12 18 36	13 22 35	14 26 04	17 16 52	15 21 38	8 43 09	7 35 07	3 53
12	12 22 21	13 23 27	14 24 58	17 13 27	15 18 07	8 39 22	7 31 15	3 49
13	12 26 08	13 24 20	14 23 52	17 10 04	15 14 36	8 35 35	7 27 23	3 45
14	12 29 56	13 25 14	14 22 46	17 06 40	15 11 06	8 31 48	7 23 31	3 41
15	12 33 44	13 26 09	14 21 41	17 03 17	15 07 36	8 28 00	7 19 39	3 37
16	12 37 30	13 27 05	14 20 36	16 59 55	15 04 06	8 24 13	7 15 47	3 33
17	12 41 15	13 28 03	14 19 31	16 56 34	15 00 37	8 20 25	7 11 54	3 29
18	12 44 55	13 29 01	14 18 26	16 53 13	14 57 08	8 16 38	7 08 02	3 25
19	12 48 31	13 30 00	14 17 22	16 49 52	14 53 38	8 12 50	7 04 09	3 21
20	12 52 00	13 31 00	14 16 17	16 46 32	14 50 10	8 09 02	7 00 16	3 17
21	12 55 22	13 32 02	14 15 13	16 43 13	14 46 41	8 05 14	6 56 23	3 13
22	12 58 35	13 33 04	14 14 09	16 39 54	14 43 13	8 01 25	6 52 30	3 09
23	13 01 39	13 34 08	14 13 05	16 36 35	14 39 45	7 57 37	6 48 37	3 05
24	13 04 31	13 35 13	14 12 01	16 33 17	14 36 17	7 53 48	6 44 44	3 01
25	13 07 12	13 36 18	14 10 57	16 30 00	14 32 49	7 49 59	6 40 50	2 57
26	13 09 39	13 37 25	14 09 54	16 26 43	14 29 22	7 46 10	6 36 57	2 53
27	13 11 53	13 38 32	14 08 50	16 23 27	14 25 54	7 42 21	6 33 03	2 49
28	13 13 51	13 39 41	14 07 47	16 20 11	14 22 27	7 38 32	6 29 09	2 45
29	13 15 34	13 40 51	14 06 44	16 16 55	14 19 00	7 34 42	6 25 15	2 41
30	13 17 01	13 42 01	14 05 41	16 13 40	14 15 34	7 30 53	6 21 21	2 37
May 1	13 18 11	13 43 13	14 04 38	16 10 25	14 12 07	7 27 03	6 17 27	2 33
2	13 19 03	13 44 25	14 03 35	16 07 11	14 08 41	7 23 13	6 13 33	2 29
3	13 19 37	13 45 38	14 02 32	16 03 57	14 05 15	7 19 23	6 09 38	2 25
4	13 19 52	13 46 52	14 01 29	16 00 44	14 01 49	7 15 33	6 05 44	2 21
5	13 19 48	13 48 07	14 00 27	15 57 31	13 58 23	7 11 42	6 01 49	2 17
6	13 19 24	13 49 23	13 59 24	15 54 19	13 54 58	7 07 52	5 57 54	2 13
7	13 18 39	13 50 39	13 58 22	15 51 07	13 51 32	7 04 01	5 53 59	2 09
8	13 17 35	13 51 57	13 57 19	15 47 55	13 48 07	7 00 10	5 50 04	2 05
9	13 16 09	13 53 14	13 56 17	15 44 44	13 44 42	6 56 18	5 46 09	2 01
10	13 14 22	13 54 33	13 55 15	15 41 33	13 41 17	6 52 27	5 42 13	1 57
11	13 12 14	13 55 51	13 54 13	15 38 22	13 37 52	6 48 36	5 38 18	1 53
12	13 09 44	13 57 11	13 53 10	15 35 12	13 34 27	6 44 44	5 34 22	1 49
13	13 06 54	13 58 30	13 52 08	15 32 03	13 31 03	6 40 52	5 30 26	1 45
14	13 03 42	13 59 51	13 51 06	15 28 53	13 27 38	6 37 00	5 26 30	1 41
15	13 00 09	14 01 11	13 50 04	15 25 44	13 24 14	6 33 08	5 22 34	1 37
16	12 56 17	14 02 32	13 49 02	15 22 35	13 20 50	6 29 15	5 18 38	1 33
17	12 52 04	14 03 52	13 48 00	15 19 27	13 17 26	6 25 22	5 14 42	1 28

Date	Mercury	Venus	Mars	Jupiter	Saturn	Uranus	Neptune	Pluto
	h m s	h m s	h m s	h m s	h m s	h m s	h m s	h m
May 17	12 52 04	14 03 52	13 48 00	15 19 27	13 17 26	6 25 22	5 14 42	1 28
18	12 47 34	14 05 13	13 46 58	15 16 19	13 14 02	6 21 30	5 10 45	1 24
19	12 42 45	14 06 34	13 45 55	15 13 11	13 10 38	6 17 37	5 06 49	1 20
20	12 37 41	14 07 55	13 44 53	15 10 04	13 07 14	6 13 43	5 02 52	1 16
21	12 32 22	14 09 16	13 43 51	15 06 57	13 03 51	6 09 50	4 58 55	1 12
22	12 26 50	14 10 37	13 42 48	15 03 50	13 00 27	6 05 56	4 54 58	1 08
23	12 21 07	14 11 57	13 41 46	15 00 43	12 57 04	6 02 03	4 51 01	1 04
24	12 15 16	14 13 17	13 40 44	14 57 37	12 53 40	5 58 09	4 47 04	1 00
25	12 09 17	14 14 37	13 39 41	14 54 31	12 50 17	5 54 15	4 43 06	0 56
26	12 03 15	14 15 56	13 38 38	14 51 25	12 46 54	5 50 20	4 39 09	0 52
27	11 57 10	14 17 15	13 37 36	14 48 20	12 43 30	5 46 26	4 35 11	0 48
28	11 51 06	14 18 34	13 36 33	14 45 15	12 40 07	5 42 31	4 31 14	0 44
29	11 45 04	14 19 51	13 35 30	14 42 10	12 36 44	5 38 36	4 27 16	0 40
30	11 39 07	14 21 09	13 34 27	14 39 05	12 33 21	5 34 41	4 23 18	0 36
31	11 33 17	14 22 25	13 33 23	14 36 01	12 29 58	5 30 46	4 19 20	0 32
June 1	11 27 35	14 23 41	13 32 20	14 32 56	12 26 35	5 26 51	4 15 22	0 28
2	11 22 04	14 24 55	13 31 17	14 29 52	12 23 13	5 22 55	4 11 23	0 24
3	11 16 45	14 26 09	13 30 13	14 26 48	12 19 50	5 18 59	4 07 25	0 20
4	11 11 39	14 27 22	13 29 09	14 23 45	12 16 27	5 15 03	4 03 26	0 16
5	11 06 47	14 28 34	13 28 05	14 20 42	12 13 04	5 11 07	3 59 28	0 12
6	11 02 10	14 29 45	13 27 01	14 17 38	12 09 42	5 07 11	3 55 29	0 08
7	10 57 50	14 30 55	13 25 57	14 14 35	12 06 19	5 03 14	3 51 30	0 04
8	10 53 45	14 32 04	13 24 52	14 11 33	12 02 56	4 59 17	3 47 31	23 56
9	10 49 58	14 33 11	13 23 48	14 08 30	11 59 34	4 55 21	3 43 32	23 52
10	10 46 28	14 34 18	13 22 43	14 05 28	11 56 11	4 51 23	3 39 33	23 48
11	10 43 15	14 35 23	13 21 38	14 02 26	11 52 48	4 47 26	3 35 33	23 44
12	10 40 20	14 36 27	13 20 33	13 59 23	11 49 26	4 43 29	3 31 34	23 40
13	10 37 42	14 37 29	13 19 27	13 56 22	11 46 03	4 39 31	3 27 34	23 35
14	10 35 22	14 38 30	13 18 22	13 53 20	11 42 40	4 35 33	3 23 35	23 31
15	10 33 19	14 39 30	13 17 16	13 50 18	11 39 18	4 31 35	3 19 35	23 27
16	10 31 33	14 40 28	13 16 10	13 47 17	11 35 55	4 27 37	3 15 35	23 23
17	10 30 04	14 41 25	13 15 03	13 44 15	11 32 32	4 23 39	3 11 35	23 19
18	10 28 53	14 42 20	13 13 57	13 41 14	11 29 09	4 19 40	3 07 35	23 15
19	10 27 59	14 43 14	13 12 50	13 38 13	11 25 46	4 15 41	3 03 35	23 11
20	10 27 21	14 44 06	13 11 42	13 35 12	11 22 24	4 11 43	2 59 34	23 07
21	10 27 00	14 44 56	13 10 35	13 32 11	11 19 01	4 07 44	2 55 34	23 03
22	10 26 56	14 45 45	13 09 27	13 29 11	11 15 38	4 03 44	2 51 34	22 59
23	10 27 09	14 46 33	13 08 19	13 26 10	11 12 15	3 59 45	2 47 33	22 55
24	10 27 38	14 47 19	13 07 11	13 23 10	11 08 52	3 55 45	2 43 33	22 51
25	10 28 24	14 48 03	13 06 02	13 20 09	11 05 29	3 51 46	2 39 32	22 47
26	10 29 27	14 48 45	13 04 53	13 17 09	11 02 05	3 47 46	2 35 31	22 43
27	10 30 46	14 49 26	13 03 44	13 14 08	10 58 42	3 43 46	2 31 30	22 39
28	10 32 22	14 50 06	13 02 34	13 11 08	10 55 19	3 39 46	2 27 29	22 35
29	10 34 15	14 50 44	13 01 24	13 08 08	10 51 55	3 35 45	2 23 28	22 31
30	10 36 25	14 51 20	13 00 14	13 05 08	10 48 32	3 31 45	2 19 27	22 27
July 1	10 38 51	14 51 55	12 59 04	13 02 08	10 45 08	3 27 44	2 15 26	22 23
2	10 41 34	14 52 28	12 57 53	12 59 08	10 41 45	3 23 43	2 11 25	22 19

Second transit: Pluto, June $8^d00^h00^m$.

Date	Mercury	Venus	Mars	Jupiter	Saturn	Uranus	Neptune	Pluto
	h m s	h m s	h m s	h m s	h m s	h m s	h m s	h m
July 1	10 38 51	14 51 55	12 59 04	13 02 08	10 45 08	3 27 44	2 15 26	22 23
2	10 41 34	14 52 28	12 57 53	12 59 08	10 41 45	3 23 43	2 11 25	22 19
3	10 44 34	14 52 59	12 56 42	12 56 08	10 38 21	3 19 42	2 07 23	22 15
4	10 47 50	14 53 29	12 55 30	12 53 08	10 34 57	3 15 41	2 03 22	22 11
5	10 51 21	14 53 57	12 54 19	12 50 09	10 31 33	3 11 40	1 59 20	22 07
6	10 55 08	14 54 24	12 53 06	12 47 09	10 28 09	3 07 38	1 55 19	22 03
7	10 59 10	14 54 49	12 51 54	12 44 09	10 24 45	3 03 37	1 51 17	21 59
8	11 03 26	14 55 13	12 50 41	12 41 10	10 21 21	2 59 35	1 47 16	21 55
9	11 07 55	14 55 36	12 49 28	12 38 10	10 17 56	2 55 33	1 43 14	21 51
10	11 12 37	14 55 56	12 48 15	12 35 10	10 14 32	2 51 31	1 39 12	21 47
11	11 17 29	14 56 16	12 47 01	12 32 11	10 11 07	2 47 29	1 35 10	21 43
12	11 22 30	14 56 34	12 45 47	12 29 11	10 07 42	2 43 27	1 31 08	21 39
13	11 27 39	14 56 50	12 44 32	12 26 11	10 04 17	2 39 24	1 27 06	21 35
14	11 32 54	14 57 05	12 43 18	12 23 12	10 00 52	2 35 22	1 23 04	21 31
15	11 38 12	14 57 18	12 42 02	12 20 12	9 57 27	2 31 19	1 19 02	21 27
16	11 43 34	14 57 31	12 40 47	12 17 12	9 54 01	2 27 16	1 15 00	21 23
17	11 48 56	14 57 41	12 39 31	12 14 13	9 50 36	2 23 13	1 10 58	21 19
18	11 54 16	14 57 51	12 38 15	12 11 13	9 47 10	2 19 10	1 06 56	21 15
19	11 59 34	14 57 58	12 36 58	12 08 13	9 43 44	2 15 07	1 02 54	21 11
20	12 04 48	14 58 05	12 35 41	12 05 13	9 40 18	2 11 04	0 58 52	21 07
21	12 09 56	14 58 10	12 34 24	12 02 14	9 36 51	2 07 00	0 54 49	21 03
22	12 14 57	14 58 14	12 33 06	11 59 14	9 33 25	2 02 57	0 50 47	20 58
23	12 19 50	14 58 17	12 31 48	11 56 14	9 29 58	1 58 53	0 46 45	20 54
24	12 24 35	14 58 18	12 30 29	11 53 14	9 26 31	1 54 50	0 42 42	20 50
25	12 29 11	14 58 18	12 29 10	11 50 14	9 23 04	1 50 46	0 38 40	20 47
26	12 33 37	14 58 17	12 27 51	11 47 14	9 19 37	1 46 42	0 34 38	20 43
27	12 37 54	14 58 15	12 26 32	11 44 14	9 16 10	1 42 38	0 30 35	20 39
28	12 42 00	14 58 11	12 25 12	11 41 13	9 12 42	1 38 34	0 26 33	20 35
29	12 45 56	14 58 06	12 23 52	11 38 13	9 09 14	1 34 30	0 22 30	20 31
30	12 49 42	14 58 00	12 22 31	11 35 13	9 05 46	1 30 26	0 18 28	20 27
31	12 53 18	14 57 53	12 21 10	11 32 12	9 02 17	1 26 22	0 14 25	20 23
Aug. 1	12 56 44	14 57 45	12 19 49	11 29 12	8 58 49	1 22 17	0 10 23	20 19
2	13 00 00	14 57 36	12 18 27	11 26 11	8 55 20	1 18 13	0 06 21	20 15
3	13 03 06	14 57 25	12 17 05	11 23 10	8 51 51	1 14 08	0 02 18	20 11
4	13 06 03	14 57 14	12 15 43	11 20 10	8 48 22	1 10 04	23 54 13	20 07
5	13 08 51	14 57 01	12 14 20	11 17 09	8 44 52	1 05 59	23 50 11	20 03
6	13 11 30	14 56 47	12 12 57	11 14 08	8 41 22	1 01 54	23 46 08	19 59
7	13 14 00	14 56 32	12 11 34	11 11 06	8 37 52	0 57 50	23 42 06	19 55
8	13 16 22	14 56 17	12 10 10	11 08 05	8 34 22	0 53 45	23 38 03	19 51
9	13 18 35	14 56 00	12 08 46	11 05 04	8 30 51	0 49 40	23 34 01	19 47
10	13 20 40	14 55 42	12 07 22	11 02 02	8 27 21	0 45 35	23 29 59	19 43
11	13 22 38	14 55 22	12 05 57	10 59 00	8 23 49	0 41 30	23 25 56	19 39
12	13 24 28	14 55 02	12 04 33	10 55 59	8 20 18	0 37 25	23 21 54	19 35
13	13 26 10	14 54 41	12 03 07	10 52 57	8 16 46	0 33 20	23 17 52	19 31
14	13 27 46	14 54 19	12 01 42	10 49 54	8 13 14	0 29 15	23 13 49	19 27
15	13 29 14	14 53 55	12 00 16	10 46 52	8 09 42	0 25 10	23 09 47	19 23
16	13 30 35	14 53 30	11 58 49	10 43 50	8 06 09	0 21 05	23 05 45	19 19

Second transit: Neptune, Aug. $3^d23^h58^m16^s$.

Date	Mercury	Venus	Mars	Jupiter	Saturn	Uranus	Neptune	Pluto
	h m s	h m s	h m s	h m s	h m s	h m s	h m s	h m
Aug. 16	13 30 35	14 53 30	11 58 49	10 43 50	8 06 09	0 21 05	23 05 45	19 19
17	13 31 49	14 53 05	11 57 23	10 40 47	8 02 36	0 17 00	23 01 43	19 15
18	13 32 56	14 52 38	11 55 56	10 37 44	7 59 03	0 12 55	22 57 40	19 11
19	13 33 57	14 52 10	11 54 29	10 34 41	7 55 30	0 08 50	22 53 38	19 07
20	13 34 51	14 51 40	11 53 01	10 31 38	7 51 56	0 04 45	22 49 36	19 03
21	13 35 38	14 51 10	11 51 33	10 28 35	7 48 22	0 00 40	22 45 34	18 59
22	13 36 18	14 50 38	11 50 05	10 25 31	7 44 47	23 52 30	22 41 32	18 55
23	13 36 52	14 50 04	11 48 37	10 22 27	7 41 12	23 48 25	22 37 30	18 51
24	13 37 18	14 49 30	11 47 08	10 19 23	7 37 37	23 44 20	22 33 29	18 47
25	13 37 38	14 48 54	11 45 39	10 16 19	7 34 02	23 40 15	22 29 27	18 44
26	13 37 50	14 48 17	11 44 10	10 13 15	7 30 26	23 36 09	22 25 25	18 40
27	13 37 55	14 47 38	11 42 41	10 10 10	7 26 50	23 32 04	22 21 23	18 36
28	13 37 52	14 46 58	11 41 11	10 07 05	7 23 13	23 27 59	22 17 22	18 32
29	13 37 42	14 46 16	11 39 41	10 04 00	7 19 36	23 23 55	22 13 20	18 28
30	13 37 23	14 45 33	11 38 11	10 00 55	7 15 59	23 19 50	22 09 19	18 24
31	13 36 55	14 44 48	11 36 40	9 57 49	7 12 21	23 15 45	22 05 17	18 20
Sept. 1	13 36 18	14 44 02	11 35 09	9 54 44	7 08 43	23 11 40	22 01 16	18 16
2	13 35 32	14 43 13	11 33 39	9 51 38	7 05 05	23 07 35	21 57 14	18 12
3	13 34 35	14 42 23	11 32 07	9 48 32	7 01 26	23 03 30	21 53 13	18 08
4	13 33 28	14 41 31	11 30 36	9 45 25	6 57 47	22 59 26	21 49 12	18 04
5	13 32 09	14 40 37	11 29 04	9 42 18	6 54 08	22 55 21	21 45 11	18 00
6	13 30 37	14 39 41	11 27 32	9 39 11	6 50 28	22 51 16	21 41 10	17 56
7	13 28 53	14 38 42	11 26 00	9 36 04	6 46 47	22 47 12	21 37 09	17 53
8	13 26 54	14 37 42	11 24 28	9 32 56	6 43 07	22 43 08	21 33 08	17 49
9	13 24 41	14 36 39	11 22 56	9 29 48	6 39 26	22 39 03	21 29 08	17 45
10	13 22 11	14 35 33	11 21 23	9 26 40	6 35 44	22 34 59	21 25 07	17 41
11	13 19 24	14 34 25	11 19 50	9 23 32	6 32 02	22 30 55	21 21 06	17 37
12	13 16 19	14 33 13	11 18 17	9 20 23	6 28 20	22 26 51	21 17 06	17 33
13	13 12 55	14 31 59	11 16 43	9 17 14	6 24 37	22 22 47	21 13 06	17 29
14	13 09 10	14 30 42	11 15 10	9 14 05	6 20 54	22 18 43	21 09 05	17 25
15	13 05 04	14 29 21	11 13 36	9 10 55	6 17 10	22 14 39	21 05 05	17 21
16	13 00 35	14 27 57	11 12 02	9 07 45	6 13 26	22 10 35	21 01 05	17 17
17	12 55 44	14 26 29	11 10 28	9 04 34	6 09 42	22 06 31	20 57 05	17 14
18	12 50 29	14 24 58	11 08 54	9 01 24	6 05 57	22 02 28	20 53 05	17 10
19	12 44 51	14 23 22	11 07 20	8 58 13	6 02 12	21 58 24	20 49 05	17 06
20	12 38 50	14 21 42	11 05 45	8 55 01	5 58 26	21 54 21	20 45 06	17 02
21	12 32 28	14 19 58	11 04 11	8 51 50	5 54 40	21 50 18	20 41 06	16 58
22	12 25 45	14 18 09	11 02 36	8 48 37	5 50 53	21 46 15	20 37 07	16 54
23	12 18 44	14 16 15	11 01 01	8 45 25	5 47 06	21 42 12	20 33 07	16 50
24	12 11 28	14 14 16	10 59 26	8 42 12	5 43 18	21 38 09	20 29 08	16 46
25	12 04 01	14 12 12	10 57 51	8 38 59	5 39 30	21 34 06	20 25 09	16 43
26	11 56 29	14 10 02	10 56 16	8 35 45	5 35 42	21 30 04	20 21 10	16 39
27	11 48 55	14 07 47	10 54 40	8 32 31	5 31 53	21 26 01	20 17 11	16 35
28	11 41 26	14 05 25	10 53 05	8 29 17	5 28 04	21 21 59	20 13 13	16 31
29	11 34 06	14 02 57	10 51 29	8 26 02	5 24 14	21 17 57	20 09 14	16 27
30	11 27 03	14 00 23	10 49 54	8 22 47	5 20 23	21 13 54	20 05 15	16 23
Oct. 1	11 20 21	13 57 42	10 48 18	8 19 32	5 16 33	21 09 53	20 01 17	16 19

Second transit: Uranus, Aug. 21^{d}23^{h}56^{m}35^s.

Date	Mercury	Venus	Mars	Jupiter	Saturn	Uranus	Neptune	Pluto
	h m s	h m s	h m s	h m s	h m s	h m s	h m s	h m
Oct. 1	11 20 21	13 57 42	10 48 18	8 19 32	5 16 33	21 09 53	20 01 17	16 19
2	11 14 05	13 54 54	10 46 42	8 16 16	5 12 41	21 05 51	19 57 19	16 15
3	11 08 20	13 51 59	10 45 07	8 12 59	5 08 50	21 01 49	19 53 21	16 12
4	11 03 07	13 48 56	10 43 31	8 09 42	5 04 58	20 57 48	19 49 22	16 08
5	10 58 30	13 45 45	10 41 55	8 06 25	5 01 05	20 53 46	19 45 25	16 04
6	10 54 29	13 42 26	10 40 19	8 03 07	4 57 12	20 49 45	19 41 27	16 00
7	10 51 05	13 38 59	10 38 43	7 59 49	4 53 18	20 45 44	19 37 29	15 56
8	10 48 18	13 35 24	10 37 07	7 56 31	4 49 24	20 41 43	19 33 32	15 52
9	10 46 06	13 31 39	10 35 31	7 53 12	4 45 30	20 37 42	19 29 34	15 49
10	10 44 27	13 27 46	10 33 54	7 49 52	4 41 35	20 33 42	19 25 37	15 45
11	10 43 19	13 23 44	10 32 18	7 46 32	4 37 39	20 29 42	19 21 40	15 41
12	10 42 40	13 19 33	10 30 42	7 43 11	4 33 43	20 25 41	19 17 43	15 37
13	10 42 27	13 15 13	10 29 06	7 39 50	4 29 47	20 21 41	19 13 46	15 33
14	10 42 37	13 10 43	10 27 29	7 36 29	4 25 50	20 17 41	19 09 49	15 29
15	10 43 08	13 06 04	10 25 53	7 33 07	4 21 52	20 13 42	19 05 53	15 26
16	10 43 56	13 01 17	10 24 17	7 29 44	4 17 54	20 09 42	19 01 56	15 22
17	10 45 00	12 56 20	10 22 40	7 26 21	4 13 56	20 05 43	18 58 00	15 18
18	10 46 17	12 51 15	10 21 04	7 22 58	4 09 57	20 01 44	18 54 04	15 14
19	10 47 45	12 46 01	10 19 28	7 19 33	4 05 58	19 57 45	18 50 08	15 10
20	10 49 23	12 40 40	10 17 52	7 16 09	4 01 58	19 53 46	18 46 12	15 06
21	10 51 08	12 35 11	10 16 16	7 12 44	3 57 58	19 49 47	18 42 16	15 03
22	10 53 00	12 29 35	10 14 39	7 09 18	3 53 57	19 45 49	18 38 20	14 59
23	10 54 57	12 23 52	10 13 03	7 05 52	3 49 56	19 41 51	18 34 25	14 55
24	10 56 58	12 18 04	10 11 27	7 02 25	3 45 54	19 37 53	18 30 29	14 51
25	10 59 03	12 12 11	10 09 51	6 58 57	3 41 52	19 33 55	18 26 34	14 47
26	11 01 10	12 06 14	10 08 15	6 55 30	3 37 50	19 29 57	18 22 39	14 43
27	11 03 20	12 00 14	10 06 39	6 52 01	3 33 47	19 26 00	18 18 44	14 40
28	11 05 31	11 54 11	10 05 04	6 48 32	3 29 43	19 22 02	18 14 49	14 36
29	11 07 44	11 48 06	10 03 28	6 45 02	3 25 39	19 18 05	18 10 54	14 32
30	11 09 58	11 42 01	10 01 52	6 41 32	3 21 35	19 14 08	18 07 00	14 28
31	11 12 13	11 35 57	10 00 17	6 38 01	3 17 30	19 10 11	18 03 05	14 24
Nov. 1	11 14 29	11 29 53	9 58 42	6 34 29	3 13 25	19 06 15	17 59 11	14 21
2	11 16 45	11 23 52	9 57 06	6 30 57	3 09 19	19 02 19	17 55 17	14 17
3	11 19 02	11 17 54	9 55 31	6 27 24	3 05 13	18 58 22	17 51 23	14 13
4	11 21 20	11 12 00	9 53 56	6 23 51	3 01 07	18 54 26	17 47 29	14 09
5	11 23 39	11 06 10	9 52 21	6 20 17	2 57 00	18 50 31	17 43 35	14 05
6	11 25 58	11 00 26	9 50 46	6 16 42	2 52 52	18 46 35	17 39 42	14 02
7	11 28 17	10 54 47	9 49 12	6 13 07	2 48 45	18 42 40	17 35 48	13 58
8	11 30 38	10 49 15	9 47 37	6 09 31	2 44 36	18 38 45	17 31 55	13 54
9	11 32 59	10 43 51	9 46 02	6 05 54	2 40 28	18 34 50	17 28 02	13 50
10	11 35 21	10 38 34	9 44 28	6 02 17	2 36 19	18 30 55	17 24 09	13 46
11	11 37 43	10 33 24	9 42 54	5 58 39	2 32 09	18 27 00	17 20 16	13 43
12	11 40 07	10 28 24	9 41 20	5 55 00	2 28 00	18 23 06	17 16 23	13 39
13	11 42 31	10 23 31	9 39 46	5 51 20	2 23 50	18 19 12	17 12 30	13 35
14	11 44 57	10 18 48	9 38 12	5 47 40	2 19 39	18 15 18	17 08 38	13 31
15	11 47 24	10 14 14	9 36 39	5 43 59	2 15 28	18 11 24	17 04 45	13 27
16	11 49 52	10 09 48	9 35 05	5 40 18	2 11 17	18 07 30	17 00 53	13 24

Date	Mercury	Venus	Mars	Jupiter	Saturn	Uranus	Neptune	Pluto
	h m s	h m s	h m s	h m s	h m s	h m s	h m s	h m
Nov. 16	11 49 52	10 09 48	9 35 05	5 40 18	2 11 17	18 07 30	17 00 53	13 24
17	11 52 21	10 05 32	9 33 32	5 36 36	2 07 06	18 03 37	16 57 01	13 20
18	11 54 52	10 01 25	9 31 59	5 32 53	2 02 54	17 59 44	16 53 09	13 16
19	11 57 24	9 57 27	9 30 26	5 29 09	1 58 42	17 55 51	16 49 17	13 12
20	11 59 57	9 53 37	9 28 54	5 25 25	1 54 29	17 51 58	16 45 25	13 09
21	12 02 32	9 49 57	9 27 21	5 21 39	1 50 16	17 48 05	16 41 34	13 05
22	12 05 08	9 46 26	9 25 49	5 17 54	1 46 03	17 44 13	16 37 42	13 01
23	12 07 45	9 43 03	9 24 17	5 14 07	1 41 50	17 40 21	16 33 51	12 57
24	12 10 24	9 39 48	9 22 45	5 10 20	1 37 36	17 36 29	16 29 59	12 53
25	12 13 05	9 36 42	9 21 14	5 06 31	1 33 22	17 32 37	16 26 08	12 50
26	12 15 47	9 33 44	9 19 42	5 02 43	1 29 08	17 28 45	16 22 17	12 46
27	12 18 30	9 30 54	9 18 11	4 58 53	1 24 54	17 24 54	16 18 26	12 42
28	12 21 15	9 28 11	9 16 40	4 55 03	1 20 39	17 21 03	16 14 35	12 38
29	12 24 00	9 25 35	9 15 10	4 51 12	1 16 24	17 17 11	16 10 45	12 34
30	12 26 47	9 23 07	9 13 39	4 47 20	1 12 09	17 13 21	16 06 54	12 31
Dec. 1	12 29 36	9 20 45	9 12 09	4 43 27	1 07 53	17 09 30	16 03 04	12 27
2	12 32 25	9 18 30	9 10 39	4 39 34	1 03 38	17 05 39	15 59 13	12 23
3	12 35 14	9 16 21	9 09 10	4 35 39	0 59 22	17 01 49	15 55 23	12 19
4	12 38 05	9 14 19	9 07 40	4 31 44	0 55 06	16 57 59	15 51 33	12 16
5	12 40 55	9 12 22	9 06 11	4 27 49	0 50 50	16 54 09	15 47 43	12 12
6	12 43 46	9 10 32	9 04 42	4 23 52	0 46 34	16 50 19	15 43 53	12 08
7	12 46 37	9 08 46	9 03 14	4 19 55	0 42 18	16 46 29	15 40 03	12 04
8	12 49 27	9 07 06	9 01 45	4 15 57	0 38 01	16 42 40	15 36 14	12 00
9	12 52 17	9 05 32	9 00 17	4 11 58	0 33 44	16 38 51	15 32 24	11 57
10	12 55 05	9 04 02	8 58 49	4 07 58	0 29 28	16 35 02	15 28 35	11 53
11	12 57 52	9 02 37	8 57 22	4 03 58	0 25 11	16 31 13	15 24 45	11 49
12	13 00 37	9 01 17	8 55 54	3 59 57	0 20 54	16 27 24	15 20 56	11 45
13	13 03 18	9 00 01	8 54 27	3 55 55	0 16 37	16 23 35	15 17 07	11 42
14	13 05 57	8 58 50	8 53 01	3 51 52	0 12 20	16 19 47	15 13 18	11 38
15	13 08 31	8 57 43	8 51 34	3 47 48	0 08 03	16 15 59	15 09 29	11 34
16	13 11 01	8 56 40	8 50 08	3 43 44	0 03 46	16 12 11	15 05 40	11 30
17	13 13 25	8 55 41	8 48 42	3 39 39	23 55 11	16 08 23	15 01 51	11 26
18	13 15 41	8 54 46	8 47 16	3 35 33	23 50 54	16 04 35	14 58 02	11 23
19	13 17 50	8 53 54	8 45 51	3 31 27	23 46 37	16 00 47	14 54 14	11 19
20	13 19 49	8 53 07	8 44 26	3 27 19	23 42 20	15 57 00	14 50 25	11 15
21	13 21 38	8 52 23	8 43 01	3 23 11	23 38 03	15 53 12	14 46 37	11 11
22	13 23 14	8 51 42	8 41 37	3 19 03	23 33 46	15 49 25	14 42 48	11 08
23	13 24 35	8 51 05	8 40 13	3 14 53	23 29 29	15 45 38	14 39 00	11 04
24	13 25 40	8 50 31	8 38 49	3 10 43	23 25 12	15 41 51	14 35 12	11 00
25	13 26 25	8 50 01	8 37 26	3 06 32	23 20 55	15 38 05	14 31 23	10 56
26	13 26 49	8 49 33	8 36 02	3 02 20	23 16 39	15 34 18	14 27 35	10 52
27	13 26 48	8 49 09	8 34 40	2 58 08	23 12 22	15 30 32	14 23 47	10 49
28	13 26 20	8 48 47	8 33 17	2 53 55	23 08 06	15 26 45	14 19 59	10 45
29	13 25 20	8 48 29	8 31 55	2 49 41	23 03 49	15 22 59	14 16 12	10 41
30	13 23 46	8 48 13	8 30 33	2 45 27	22 59 33	15 19 13	14 12 24	10 37
31	13 21 34	8 48 00	8 29 11	2 41 12	22 55 17	15 15 27	14 08 36	10 34
32	13 18 40	8 47 49	8 27 50	2 36 56	22 51 01	15 11 41	14 04 48	10 30

Second transit: Saturn, Dec. $16^d 23^h 59^m 29^s$.

MERCURY, 2002

EPHEMERIS FOR PHYSICAL OBSERVATIONS
FOR 0ʰ TERRESTRIAL TIME

FOR 0^h TERRESTRIAL TIME

Date		Light-time	Magnitude	Surface Brightness	Diameter	Phase	Phase Angle	Defect of Illumination
		m			"		°	"
Jan.	0	10.38	− 0.8	+2.5	5.39	0.882	40.2	0.64
	2	10.08	− 0.8	+2.5	5.55	0.852	45.3	0.82
	4	9.75	− 0.8	+2.5	5.74	0.815	50.9	1.06
	6	9.39	− 0.8	+2.6	5.96	0.771	57.2	1.36
	8	9.00	− 0.7	+2.6	6.21	0.717	64.3	1.76
	10	8.59	− 0.7	+2.7	6.51	0.653	72.2	2.26
	12	8.16	− 0.6	+2.8	6.86	0.578	81.0	2.89
	14	7.71	− 0.4	+2.9	7.26	0.493	90.8	3.68
	16	7.26	− 0.1	+3.1	7.71	0.400	101.5	4.63
	18	6.82	+ 0.3	+3.3	8.20	0.303	113.3	5.72
	20	6.42	+ 0.9	+3.6	8.71	0.208	125.8	6.90
	22	6.07	+ 1.7	+4.0	9.22	0.123	138.9	8.08
	24	5.79	+ 2.8	+4.4	9.67	0.058	152.1	9.10
	26	5.59	+ 4.0	+4.4	10.00	0.019	164.2	9.82
	28	5.49	+ 4.6	+4.2	10.20	0.008	169.6	10.11
	30	5.47	+ 3.8	+4.6	10.23	0.025	161.8	9.97
Feb.	1	5.54	+ 2.8	+4.6	10.10	0.064	150.8	9.46
	3	5.67	+ 2.0	+4.4	9.87	0.117	140.0	8.72
	5	5.86	+ 1.4	+4.2	9.55	0.177	130.2	7.86
	7	6.08	+ 1.0	+4.0	9.20	0.240	121.3	6.99
	9	6.33	+ 0.7	+3.9	8.84	0.302	113.4	6.17
	11	6.60	+ 0.5	+3.7	8.48	0.360	106.3	5.43
	13	6.87	+ 0.3	+3.7	8.14	0.413	100.0	4.78
	15	7.15	+ 0.2	+3.6	7.83	0.462	94.4	4.21
	17	7.42	+ 0.2	+3.5	7.54	0.506	89.3	3.73
	19	7.70	+ 0.1	+3.5	7.27	0.545	84.8	3.30
	21	7.96	+ 0.1	+3.5	7.03	0.581	80.6	2.94
	23	8.22	+ 0.1	+3.4	6.81	0.614	76.8	2.63
	25	8.47	0.0	+3.4	6.61	0.644	73.3	2.35
	27	8.71	0.0	+3.4	6.42	0.671	70.0	2.11
Mar.	1	8.95	0.0	+3.3	6.25	0.696	67.0	1.90
	3	9.17	0.0	+3.3	6.10	0.719	64.0	1.72
	5	9.38	− 0.1	+3.2	5.96	0.741	61.2	1.55
	7	9.59	− 0.1	+3.2	5.84	0.761	58.5	1.39
	9	9.78	− 0.1	+3.1	5.72	0.781	55.8	1.25
	11	9.97	− 0.2	+3.1	5.61	0.800	53.2	1.12
	13	10.14	− 0.2	+3.0	5.52	0.818	50.5	1.00
	15	10.31	− 0.3	+2.9	5.43	0.836	47.8	0.89
	17	10.46	− 0.3	+2.9	5.35	0.853	45.1	0.79
	19	10.61	− 0.4	+2.8	5.27	0.870	42.2	0.68
	21	10.74	− 0.5	+2.7	5.21	0.887	39.2	0.59
	23	10.86	− 0.6	+2.6	5.15	0.904	36.0	0.49
	25	10.96	− 0.7	+2.5	5.10	0.921	32.6	0.40
	27	11.05	− 0.9	+2.3	5.06	0.937	29.0	0.32
	29	11.12	− 1.0	+2.2	5.03	0.953	25.0	0.24
	31	11.17	− 1.2	+2.0	5.01	0.968	20.7	0.16
Apr.	2	11.20	− 1.4	+1.8	5.00	0.981	15.9	0.10

EPHEMERIS FOR PHYSICAL OBSERVATIONS
FOR 0^h TERRESTRIAL TIME

Date		Sub-Earth Point		Sub-Solar Point			North Pole	
		Long.	Lat.	Long.	Dist.	P.A.	Dist.	P.A.
		°	°	°	″	°	″	°
Jan.	0	23.63	− 4.28	343.61	+ 1.74	267.80	−2.69	352.73
	2	32.81	− 4.54	347.73	+ 1.97	265.71	−2.77	351.21
	4	42.07	− 4.81	351.34	+ 2.23	263.68	−2.86	349.76
	6	51.43	− 5.12	354.38	+ 2.50	261.71	−2.97	348.41
	8	60.95	− 5.46	356.82	+ 2.80	259.80	−3.09	347.17
	10	70.69	− 5.84	358.62	+ 3.10	257.95	−3.24	346.07
	12	80.73	− 6.27	359.80	+ 3.39	256.13	−3.41	345.14
	14	91.17	− 6.76	0.39	−3.63	254.31	−3.60	344.41
	16	102.13	− 7.29	0.49	−3.78	252.41	−3.82	343.92
	18	113.74	− 7.87	0.25	−3.77	250.27	−4.06	343.69
	20	126.07	− 8.48	359.85	−3.54	247.59	−4.31	343.76
	22	139.19	− 9.07	359.50	−3.03	243.60	−4.55	344.14
	24	153.05	− 9.61	359.40	−2.26	236.19	−4.76	344.83
	26	167.49	−10.04	359.72	−1.36	216.95	−4.93	345.77
	28	182.27	−10.31	0.58	−0.92	157.53	−5.02	346.87
	30	197.08	−10.41	2.06	−1.60	111.93	−5.03	347.99
Feb.	1	211.64	−10.33	4.17	−2.47	98.05	−4.97	349.03
	3	225.76	−10.13	6.90	−3.17	92.16	−4.86	349.87
	5	239.33	− 9.83	10.22	−3.65	88.85	−4.71	350.45
	7	252.32	− 9.47	14.08	−3.93	86.58	−4.54	350.77
	9	264.77	− 9.09	18.43	−4.06	84.79	−4.36	350.83
	11	276.73	− 8.71	23.22	−4.07	83.22	−4.19	350.66
	13	288.26	− 8.34	28.38	−4.01	81.77	−4.03	350.29
	15	299.44	− 7.98	33.87	−3.90	80.36	−3.88	349.75
	17	310.31	− 7.65	39.65	+ 3.77	78.98	−3.73	349.08
	19	320.92	− 7.33	45.67	+ 3.62	77.61	−3.61	348.29
	21	331.32	− 7.03	51.89	+ 3.47	76.24	−3.49	347.42
	23	341.53	− 6.75	58.27	+ 3.31	74.88	−3.38	346.48
	25	351.59	− 6.48	64.79	+ 3.16	73.53	−3.28	345.49
	27	1.50	− 6.23	71.42	+ 3.02	72.19	−3.19	344.47
Mar.	1	11.29	− 5.99	78.11	+ 2.88	70.86	−3.11	343.43
	3	20.97	− 5.76	84.86	+ 2.74	69.56	−3.04	342.38
	5	30.55	− 5.54	91.62	+ 2.61	68.28	−2.97	341.34
	7	40.04	− 5.33	98.38	+ 2.49	67.02	−2.91	340.31
	9	49.44	− 5.13	105.11	+ 2.37	65.80	−2.85	339.30
	11	58.75	− 4.93	111.77	+ 2.25	64.61	−2.80	338.32
	13	67.99	− 4.74	118.35	+ 2.13	63.46	−2.75	337.38
	15	77.14	− 4.55	124.80	+ 2.01	62.35	−2.71	336.48
	17	86.21	− 4.37	131.11	+ 1.89	61.26	−2.67	335.64
	19	95.20	− 4.20	137.24	+ 1.77	60.21	−2.63	334.85
	21	104.11	− 4.03	143.14	+ 1.65	59.18	−2.60	334.13
	23	112.93	− 3.86	148.78	+ 1.52	58.16	−2.57	333.47
	25	121.68	− 3.70	154.12	+ 1.38	57.11	−2.55	332.90
	27	130.33	− 3.54	159.10	+ 1.23	56.01	−2.53	332.40
	29	138.89	− 3.38	163.67	+ 1.06	54.74	−2.51	332.00
	31	147.37	− 3.23	167.79	+ 0.88	53.12	−2.50	331.70
Apr.	2	155.75	− 3.08	171.39	+ 0.69	50.66	−2.49	331.50

MERCURY, 2002

EPHEMERIS FOR PHYSICAL OBSERVATIONS
FOR 0ʰ TERRESTRIAL TIME

Date		Light-time	Magnitude	Surface Brightness	Diameter	Phase	Phase Angle	Defect of Illumination
		m			"		°	"
Apr.	2	11.20	− 1.4	+ 1.8	5.00	0.981	15.9	0.10
	4	11.20	− 1.6	+ 1.6	5.00	0.991	10.8	0.04
	6	11.16	− 1.9	+ 1.3	5.01	0.998	5.4	0.01
	8	11.09	− 2.1	+ 1.2	5.04	0.999	3.2	0.00
	10	10.98	− 1.9	+ 1.3	5.09	0.994	9.1	0.03
	12	10.83	− 1.8	+ 1.5	5.17	0.980	16.4	0.10
	14	10.63	− 1.6	+ 1.7	5.26	0.956	24.3	0.23
	16	10.39	− 1.5	+ 1.8	5.39	0.921	32.6	0.42
	18	10.10	− 1.3	+ 2.0	5.54	0.876	41.2	0.69
	20	9.78	− 1.2	+ 2.2	5.72	0.822	49.9	1.02
	22	9.42	− 1.0	+ 2.3	5.94	0.761	58.5	1.42
	24	9.04	− 0.8	+ 2.5	6.19	0.696	66.9	1.88
	26	8.65	− 0.6	+ 2.7	6.47	0.629	75.0	2.40
	28	8.25	− 0.4	+ 2.9	6.78	0.563	82.8	2.97
	30	7.85	− 0.2	+ 3.1	7.13	0.498	90.2	3.58
May	2	7.45	+ 0.1	+ 3.3	7.51	0.436	97.3	4.23
	4	7.07	+ 0.3	+ 3.5	7.91	0.378	104.2	4.92
	6	6.71	+ 0.6	+ 3.7	8.34	0.323	110.8	5.65
	8	6.37	+ 0.9	+ 3.9	8.79	0.271	117.2	6.41
	10	6.04	+ 1.2	+ 4.2	9.26	0.223	123.6	7.19
	12	5.75	+ 1.6	+ 4.4	9.73	0.179	130.0	7.99
	14	5.48	+ 2.0	+ 4.6	10.21	0.138	136.3	8.79
	16	5.25	+ 2.4	+ 4.8	10.66	0.102	142.7	9.58
	18	5.04	+ 3.0	+ 5.0	11.10	0.071	149.2	10.31
	20	4.87	+ 3.5	+ 5.2	11.48	0.044	155.7	10.97
	22	4.74	+ 4.2	+ 5.2	11.80	0.024	162.3	11.53
	24	4.64	+ 4.9	+ 5.0	12.05	0.009	168.8	11.93
	26	4.59	+ 5.6	+ 4.1	12.20	0.002	174.7	12.17
	28	4.57	+ 5.6	+ 4.0	12.25	0.002	175.1	12.23
	30	4.59	+ 5.0	+ 4.9	12.20	0.008	169.5	12.10
June	1	4.64	+ 4.3	+ 5.2	12.05	0.021	163.2	11.80
	3	4.73	+ 3.7	+ 5.3	11.82	0.040	157.0	11.35
	5	4.86	+ 3.1	+ 5.2	11.52	0.063	150.8	10.79
	7	5.01	+ 2.7	+ 5.0	11.16	0.091	144.9	10.15
	9	5.20	+ 2.2	+ 4.9	10.77	0.122	139.1	9.45
	11	5.41	+ 1.9	+ 4.7	10.35	0.156	133.5	8.74
	13	5.64	+ 1.6	+ 4.5	9.92	0.191	128.1	8.02
	15	5.90	+ 1.3	+ 4.3	9.48	0.229	122.8	7.31
	17	6.18	+ 1.0	+ 4.1	9.06	0.268	117.6	6.62
	19	6.48	+ 0.8	+ 4.0	8.64	0.310	112.4	5.96
	21	6.79	+ 0.6	+ 3.8	8.24	0.353	107.1	5.33
	23	7.12	+ 0.4	+ 3.6	7.86	0.398	101.8	4.73
	25	7.46	+ 0.2	+ 3.4	7.50	0.445	96.3	4.16
	27	7.81	0.0	+ 3.3	7.16	0.494	90.7	3.62
	29	8.17	− 0.2	+ 3.1	6.85	0.546	84.7	3.11
July	1	8.54	− 0.3	+ 2.9	6.55	0.600	78.4	2.62
	3	8.90	− 0.5	+ 2.7	6.29	0.656	71.8	2.16

EPHEMERIS FOR PHYSICAL OBSERVATIONS
FOR 0ʰ TERRESTRIAL TIME

Date		Sub-Earth Point		Sub-Solar Point			North Pole	
		Long.	Lat.	Long.	Dist.	P.A.	Dist.	P.A.
		°	°	°	″	°	″	°
Apr.	2	155.75	− 3.08	171.39	+ 0.69	50.66	− 2.49	331.50
	4	164.05	− 2.94	174.42	+ 0.47	45.83	− 2.50	331.41
	6	172.27	− 2.80	176.85	+ 0.23	30.20	− 2.50	331.45
	8	180.42	− 2.66	178.64	+ 0.14	297.82	− 2.52	331.62
	10	188.51	− 2.53	179.81	+ 0.40	257.95	− 2.54	331.92
	12	196.59	− 2.41	180.39	+ 0.73	250.55	− 2.58	332.36
	14	204.66	− 2.28	180.49	+ 1.08	247.99	− 2.63	332.94
	16	212.78	− 2.16	180.24	+ 1.45	247.01	− 2.69	333.65
	18	220.99	− 2.04	179.84	+ 1.82	246.79	− 2.77	334.47
	20	229.34	− 1.92	179.49	+ 2.19	247.00	− 2.86	335.39
	22	237.86	− 1.79	179.40	+ 2.53	247.48	− 2.97	336.38
	24	246.61	− 1.65	179.72	+ 2.85	248.13	− 3.09	337.42
	26	255.59	− 1.50	180.60	+ 3.12	248.89	− 3.23	338.48
	28	264.85	− 1.34	182.08	+ 3.37	249.71	− 3.39	339.53
	30	274.40	− 1.16	184.20	− 3.57	250.54	− 3.56	340.54
May	2	284.26	− 0.96	186.94	− 3.72	251.37	− 3.75	341.49
	4	294.43	− 0.73	190.27	− 3.84	252.18	− 3.95	342.36
	6	304.92	− 0.47	194.14	− 3.90	252.95	− 4.17	343.12
	8	315.75	− 0.19	198.50	− 3.91	253.68	− 4.40	343.76
	10	326.92	+ 0.13	203.29	− 3.85	254.38	+ 4.63	344.28
	12	338.43	+ 0.48	208.46	− 3.73	255.07	+ 4.87	344.65
	14	350.28	+ 0.87	213.96	− 3.52	255.80	+ 5.10	344.88
	16	2.48	+ 1.28	219.74	− 3.23	256.67	+ 5.33	344.96
	18	15.00	+ 1.72	225.77	− 2.84	257.82	+ 5.55	344.91
	20	27.82	+ 2.19	231.99	− 2.36	259.60	+ 5.74	344.72
	22	40.89	+ 2.66	238.38	− 1.79	262.83	+ 5.90	344.43
	24	54.17	+ 3.13	244.90	− 1.17	270.16	+ 6.01	344.06
	26	67.58	+ 3.58	251.53	− 0.57	295.88	+ 6.09	343.64
	28	81.05	+ 4.01	258.23	− 0.52	18.31	+ 6.11	343.19
	30	94.49	+ 4.40	264.97	− 1.11	48.13	+ 6.08	342.77
June	1	107.83	+ 4.75	271.74	− 1.74	56.35	+ 6.01	342.38
	3	121.00	+ 5.05	278.49	− 2.31	60.07	+ 5.89	342.07
	5	133.95	+ 5.29	285.22	− 2.81	62.28	+ 5.74	341.83
	7	146.63	+ 5.48	291.88	− 3.21	63.86	+ 5.56	341.70
	9	159.01	+ 5.62	298.46	− 3.52	65.15	+ 5.36	341.67
	11	171.09	+ 5.71	304.91	− 3.75	66.30	+ 5.15	341.75
	13	182.87	+ 5.77	311.22	− 3.90	67.40	+ 4.93	341.95
	15	194.33	+ 5.80	317.34	− 3.98	68.51	+ 4.72	342.26
	17	205.50	+ 5.79	323.23	− 4.01	69.66	+ 4.50	342.69
	19	216.38	+ 5.77	328.87	− 4.00	70.87	+ 4.30	343.25
	21	226.98	+ 5.72	334.20	− 3.94	72.16	+ 4.10	343.92
	23	237.31	+ 5.66	339.18	− 3.85	73.54	+ 3.91	344.73
	25	247.38	+ 5.59	343.74	− 3.73	75.05	+ 3.73	345.66
	27	257.19	+ 5.52	347.85	− 3.58	76.68	+ 3.56	346.74
	29	266.77	+ 5.44	351.44	+ 3.41	78.47	+ 3.41	347.96
July	1	276.10	+ 5.35	354.47	+ 3.21	80.44	+ 3.26	349.33
	3	285.20	+ 5.27	356.88	+ 2.98	82.60	+ 3.13	350.84

MERCURY, 2002

EPHEMERIS FOR PHYSICAL OBSERVATIONS
FOR 0ʰ TERRESTRIAL TIME

Date		Light-time	Magnitude	Surface Brightness	Diameter	Phase	Phase Angle	Defect of Illumination
		m			"		°	"
July	1	8.54	− 0.3	+2.9	6.55	0.600	78.4	2.62
	3	8.90	− 0.5	+2.7	6.29	0.656	71.8	2.16
	5	9.26	− 0.7	+2.6	6.04	0.714	64.7	1.73
	7	9.60	− 0.9	+2.4	5.83	0.771	57.2	1.34
	9	9.93	− 1.1	+2.2	5.63	0.825	49.4	0.98
	11	10.23	− 1.3	+2.0	5.47	0.876	41.2	0.68
	13	10.49	− 1.4	+1.8	5.33	0.920	32.9	0.43
	15	10.71	− 1.6	+1.6	5.22	0.955	24.6	0.24
	17	10.89	− 1.8	+1.5	5.14	0.979	16.5	0.11
	19	11.02	− 2.0	+1.3	5.08	0.994	9.2	0.03
	21	11.10	− 2.1	+1.2	5.04	0.998	5.0	0.01
	23	11.14	− 1.9	+1.3	5.02	0.994	8.7	0.03
	25	11.14	− 1.6	+1.6	5.02	0.984	14.6	0.08
	27	11.11	− 1.4	+1.8	5.04	0.969	20.4	0.16
	29	11.04	− 1.2	+2.0	5.07	0.950	25.8	0.25
	31	10.95	− 1.0	+2.2	5.11	0.930	30.8	0.36
Aug.	2	10.84	− 0.8	+2.4	5.16	0.908	35.3	0.47
	4	10.71	− 0.7	+2.5	5.22	0.886	39.5	0.60
	6	10.56	− 0.6	+2.6	5.30	0.863	43.4	0.72
	8	10.40	− 0.4	+2.8	5.38	0.841	47.0	0.86
	10	10.23	− 0.3	+2.9	5.47	0.819	50.4	0.99
	12	10.05	− 0.3	+3.0	5.57	0.797	53.6	1.13
	14	9.86	− 0.2	+3.0	5.67	0.775	56.7	1.28
	16	9.67	− 0.1	+3.1	5.79	0.752	59.7	1.43
	18	9.46	− 0.1	+3.2	5.91	0.730	62.6	1.60
	20	9.25	0.0	+3.3	6.05	0.707	65.5	1.77
	22	9.03	0.0	+3.3	6.20	0.684	68.4	1.96
	24	8.81	+ 0.1	+3.4	6.35	0.660	71.3	2.16
	26	8.58	+ 0.1	+3.4	6.52	0.635	74.4	2.38
	28	8.34	+ 0.2	+3.5	6.71	0.608	77.5	2.63
	30	8.10	+ 0.2	+3.5	6.91	0.580	80.8	2.90
Sept.	1	7.85	+ 0.2	+3.6	7.12	0.550	84.2	3.20
	3	7.60	+ 0.3	+3.7	7.36	0.518	87.9	3.54
	5	7.35	+ 0.3	+3.7	7.61	0.483	91.9	3.93
	7	7.10	+ 0.4	+3.8	7.88	0.446	96.2	4.37
	9	6.85	+ 0.5	+3.8	8.17	0.405	100.9	4.86
	11	6.60	+ 0.6	+3.9	8.48	0.361	106.1	5.42
	13	6.35	+ 0.8	+4.0	8.81	0.314	111.9	6.04
	15	6.12	+ 1.0	+4.1	9.14	0.263	118.3	6.73
	17	5.91	+ 1.3	+4.2	9.47	0.211	125.4	7.48
	19	5.72	+ 1.7	+4.4	9.79	0.157	133.2	8.25
	21	5.56	+ 2.3	+4.6	10.06	0.106	141.9	8.99
	23	5.45	+ 3.0	+4.7	10.26	0.061	151.5	9.64
	25	5.40	+ 3.9	+4.7	10.36	0.026	161.5	10.09
	27	5.41	+ 4.9	+4.2	10.33	0.006	170.8	10.27
	29	5.51	+ 4.8	+4.2	10.16	0.007	170.1	10.09
Oct.	1	5.68	+ 3.6	+4.6	9.86	0.032	159.5	9.55

EPHEMERIS FOR PHYSICAL OBSERVATIONS
FOR 0ʰ TERRESTRIAL TIME

Date		Sub-Earth Point		Sub-Solar Point			North Pole	
		Long.	Lat.	Long.	Dist.	P.A.	Dist.	P.A.
		°	°	°	″	°	″	°
July	1	276.10	+ 5.35	354.47	+ 3.21	80.44	+ 3.26	349.33
	3	285.20	+ 5.27	356.88	+ 2.98	82.60	+ 3.13	350.84
	5	294.07	+ 5.19	358.66	+ 2.73	84.99	+ 3.01	352.51
	7	302.73	+ 5.12	359.82	+ 2.45	87.65	+ 2.90	354.32
	9	311.20	+ 5.06	0.39	+ 2.14	90.64	+ 2.81	356.27
	11	319.50	+ 5.02	0.48	+ 1.80	94.09	+ 2.72	358.33
	13	327.66	+ 4.98	0.23	+ 1.45	98.23	+ 2.66	0.47
	15	335.71	+ 4.96	359.83	+ 1.09	103.62	+ 2.60	2.67
	17	343.71	+ 4.96	359.48	+ 0.73	111.90	+ 2.56	4.88
	19	351.68	+ 4.97	359.39	+ 0.40	129.66	+ 2.53	7.06
	21	359.67	+ 5.00	359.73	+ 0.22	188.42	+ 2.51	9.18
	23	7.70	+ 5.04	0.61	+ 0.38	245.98	+ 2.50	11.20
	25	15.80	+ 5.09	2.11	+ 0.63	263.13	+ 2.50	13.12
	27	23.99	+ 5.15	4.23	+ 0.88	270.88	+ 2.51	14.90
	29	32.27	+ 5.22	6.98	+ 1.10	275.67	+ 2.52	16.56
	31	40.66	+ 5.30	10.32	+ 1.31	279.12	+ 2.54	18.08
Aug.	2	49.16	+ 5.39	14.20	+ 1.49	281.83	+ 2.57	19.47
	4	57.76	+ 5.48	18.56	+ 1.66	284.06	+ 2.60	20.73
	6	66.47	+ 5.57	23.36	+ 1.82	285.96	+ 2.64	21.87
	8	75.29	+ 5.67	28.54	+ 1.97	287.59	+ 2.68	22.89
	10	84.20	+ 5.77	34.04	+ 2.11	289.02	+ 2.72	23.81
	12	93.22	+ 5.88	39.82	+ 2.24	290.28	+ 2.77	24.62
	14	102.34	+ 5.98	45.85	+ 2.37	291.40	+ 2.82	25.34
	16	111.57	+ 6.09	52.07	+ 2.50	292.41	+ 2.88	25.97
	18	120.90	+ 6.20	58.47	+ 2.63	293.30	+ 2.94	26.52
	20	130.33	+ 6.31	64.99	+ 2.75	294.11	+ 3.01	26.99
	22	139.87	+ 6.43	71.62	+ 2.88	294.85	+ 3.08	27.40
	24	149.53	+ 6.54	78.32	+ 3.01	295.52	+ 3.16	27.74
	26	159.31	+ 6.66	85.06	+ 3.14	296.15	+ 3.24	28.02
	28	169.22	+ 6.79	91.83	+ 3.27	296.74	+ 3.33	28.24
	30	179.27	+ 6.91	98.59	+ 3.41	297.30	+ 3.43	28.42
Sept.	1	189.48	+ 7.04	105.31	+ 3.54	297.85	+ 3.54	28.56
	3	199.87	+ 7.18	111.98	+ 3.68	298.40	+ 3.65	28.66
	5	210.46	+ 7.32	118.55	− 3.80	298.98	+ 3.77	28.73
	7	221.27	+ 7.46	125.00	− 3.92	299.60	+ 3.91	28.78
	9	232.34	+ 7.60	131.31	− 4.01	300.29	+ 4.05	28.81
	11	243.71	+ 7.74	137.43	− 4.07	301.08	+ 4.20	28.83
	13	255.42	+ 7.87	143.32	− 4.09	302.02	+ 4.36	28.84
	15	267.52	+ 7.99	148.95	− 4.03	303.17	+ 4.53	28.85
	17	280.05	+ 8.08	154.28	− 3.86	304.63	+ 4.69	28.86
	19	293.04	+ 8.14	159.25	− 3.56	306.57	+ 4.84	28.86
	21	306.51	+ 8.13	163.81	− 3.10	309.35	+ 4.98	28.84
	23	320.43	+ 8.05	167.91	− 2.45	313.85	+ 5.08	28.79
	25	334.71	+ 7.88	171.49	− 1.64	323.12	+ 5.13	28.70
	27	349.23	+ 7.59	174.51	− 0.83	353.56	+ 5.12	28.57
	29	3.76	+ 7.20	176.91	− 0.88	72.25	+ 5.04	28.41
Oct.	1	18.09	+ 6.71	178.69	− 1.72	99.91	+ 4.89	28.23

MERCURY, 2002

EPHEMERIS FOR PHYSICAL OBSERVATIONS
FOR 0ʰ TERRESTRIAL TIME

Date		Light-time	Magnitude	Surface Brightness	Diameter	Phase	Phase Angle	Defect of Illumination
		m			″		°	″
Oct.	1	5.68	+ 3.6	+4.6	9.86	0.032	159.5	9.55
	3	5.93	+ 2.5	+4.3	9.44	0.079	147.3	8.69
	5	6.25	+ 1.5	+3.9	8.95	0.147	134.8	7.63
	7	6.63	+ 0.8	+3.6	8.44	0.232	122.4	6.48
	9	7.06	+ 0.2	+3.2	7.92	0.326	110.4	5.34
	11	7.52	− 0.2	+3.0	7.44	0.424	98.8	4.29
	13	7.99	− 0.5	+2.8	7.00	0.519	87.8	3.37
	15	8.45	− 0.7	+2.6	6.62	0.607	77.6	2.60
	17	8.90	− 0.8	+2.5	6.29	0.686	68.2	1.98
	19	9.33	− 0.9	+2.5	6.00	0.753	59.6	1.48
	21	9.72	− 0.9	+2.4	5.76	0.809	51.9	1.10
	23	10.08	− 0.9	+2.3	5.55	0.854	44.9	0.81
	25	10.40	− 1.0	+2.3	5.38	0.891	38.6	0.59
	27	10.69	− 1.0	+2.2	5.23	0.919	33.0	0.42
	29	10.95	− 1.0	+2.2	5.11	0.942	27.9	0.30
	31	11.17	− 1.0	+2.2	5.01	0.959	23.3	0.20
Nov.	2	11.37	− 1.1	+2.1	4.92	0.972	19.2	0.14
	4	11.54	− 1.1	+2.1	4.85	0.982	15.4	0.09
	6	11.68	− 1.1	+2.0	4.79	0.989	11.9	0.05
	8	11.79	− 1.2	+2.0	4.74	0.994	8.7	0.03
	10	11.89	− 1.2	+1.9	4.71	0.998	5.7	0.01
	12	11.96	− 1.3	+1.8	4.68	0.999	2.9	0.00
	14	12.01	− 1.3	+1.8	4.66	1.000	0.3	0.00
	16	12.04	− 1.2	+1.9	4.65	1.000	2.4	0.00
	18	12.05	− 1.1	+2.0	4.64	0.998	4.9	0.01
	20	12.04	− 1.0	+2.1	4.65	0.996	7.3	0.02
	22	12.01	− 0.9	+2.1	4.66	0.993	9.7	0.03
	24	11.97	− 0.9	+2.2	4.68	0.989	12.1	0.05
	26	11.90	− 0.8	+2.3	4.70	0.984	14.5	0.07
	28	11.82	− 0.8	+2.3	4.73	0.978	16.9	0.10
	30	11.72	− 0.7	+2.4	4.78	0.971	19.5	0.14
Dec.	2	11.59	− 0.7	+2.4	4.83	0.963	22.1	0.18
	4	11.45	− 0.6	+2.5	4.89	0.954	24.8	0.23
	6	11.29	− 0.6	+2.5	4.96	0.942	27.8	0.29
	8	11.10	− 0.6	+2.6	5.04	0.929	30.9	0.36
	10	10.89	− 0.6	+2.6	5.14	0.914	34.2	0.44
	12	10.66	− 0.6	+2.6	5.25	0.895	37.8	0.55
	14	10.41	− 0.6	+2.6	5.38	0.873	41.8	0.68
	16	10.13	− 0.6	+2.7	5.52	0.846	46.2	0.85
	18	9.82	− 0.6	+2.7	5.70	0.815	51.0	1.06
	20	9.49	− 0.6	+2.7	5.90	0.777	56.4	1.32
	22	9.13	− 0.6	+2.7	6.13	0.731	62.4	1.65
	24	8.75	− 0.6	+2.8	6.40	0.677	69.2	2.06
	26	8.34	− 0.5	+2.8	6.71	0.614	76.9	2.59
	28	7.92	− 0.4	+2.9	7.06	0.540	85.4	3.25
	30	7.49	− 0.2	+3.0	7.47	0.456	95.0	4.06
	32	7.06	+ 0.1	+3.2	7.92	0.364	105.8	5.04

MERCURY, 2002

EPHEMERIS FOR PHYSICAL OBSERVATIONS
FOR 0^h TERRESTRIAL TIME

Date		Sub-Earth Point		Sub-Solar Point			North Pole	
		Long.	Lat.	Long.	Dist.	P.A.	Dist.	P.A.
		°	°	°	″	°	″	°
Oct.	1	18.09	+ 6.71	178.69	− 1.72	99.91	+ 4.89	28.23
	3	31.99	+ 6.16	179.83	− 2.55	108.40	+ 4.69	28.07
	5	45.29	+ 5.59	180.40	− 3.17	112.40	+ 4.46	27.97
	7	57.90	+ 5.01	180.48	− 3.56	114.75	+ 4.20	27.94
	9	69.80	+ 4.47	180.22	− 3.71	116.33	+ 3.95	27.98
	11	81.03	+ 3.97	179.82	− 3.68	117.48	+ 3.71	28.09
	13	91.66	+ 3.52	179.48	+ 3.50	118.36	+ 3.50	28.22
	15	101.81	+ 3.11	179.40	+ 3.23	119.05	+ 3.30	28.37
	17	111.57	+ 2.75	179.74	+ 2.92	119.59	+ 3.14	28.49
	19	121.04	+ 2.43	180.63	+ 2.59	119.98	+ 3.00	28.56
	21	130.31	+ 2.14	182.13	+ 2.26	120.24	+ 2.88	28.57
	23	139.43	+ 1.87	184.27	+ 1.96	120.37	+ 2.77	28.50
	25	148.46	+ 1.63	187.03	+ 1.68	120.38	+ 2.69	28.35
	27	157.43	+ 1.41	190.38	+ 1.42	120.26	+ 2.62	28.11
	29	166.38	+ 1.19	194.26	+ 1.20	120.02	+ 2.55	27.78
	31	175.32	+ 0.99	198.64	+ 0.99	119.64	+ 2.50	27.37
Nov.	2	184.26	+ 0.80	203.44	+ 0.81	119.14	+ 2.46	26.87
	4	193.22	+ 0.62	208.62	+ 0.64	118.48	+ 2.43	26.28
	6	202.20	+ 0.44	214.12	+ 0.50	117.63	+ 2.40	25.61
	8	211.20	+ 0.26	219.91	+ 0.36	116.50	+ 2.37	24.87
	10	220.22	+ 0.09	225.94	+ 0.23	114.83	+ 2.35	24.04
	12	229.27	− 0.08	232.17	+ 0.12	111.37	− 2.34	23.14
	14	238.34	− 0.25	238.56	+ 0.01	62.77	− 2.33	22.17
	16	247.43	− 0.41	245.09	+ 0.10	301.37	− 2.32	21.13
	18	256.54	− 0.58	251.71	+ 0.20	296.97	− 2.32	20.02
	20	265.66	− 0.75	258.41	+ 0.29	294.76	− 2.32	18.84
	22	274.80	− 0.92	265.16	+ 0.39	293.01	− 2.33	17.60
	24	283.96	− 1.08	271.93	+ 0.49	291.41	− 2.34	16.30
	26	293.12	− 1.26	278.68	+ 0.59	289.83	− 2.35	14.95
	28	302.29	− 1.43	285.41	+ 0.69	288.25	− 2.37	13.54
	30	311.48	− 1.61	292.07	+ 0.80	286.65	− 2.39	12.09
Dec.	2	320.66	− 1.79	298.64	+ 0.91	285.01	− 2.41	10.59
	4	329.86	− 1.97	305.09	+ 1.03	283.33	− 2.44	9.06
	6	339.07	− 2.17	311.39	+ 1.15	281.62	− 2.48	7.50
	8	348.29	− 2.37	317.51	+ 1.29	279.88	− 2.52	5.92
	10	357.52	− 2.57	323.40	+ 1.44	278.11	− 2.57	4.32
	12	6.77	− 2.79	329.03	+ 1.61	276.33	− 2.62	2.73
	14	16.06	− 3.03	334.35	+ 1.79	274.53	− 2.68	1.14
	16	25.39	− 3.28	339.31	+ 1.99	272.73	− 2.76	359.58
	18	34.79	− 3.55	343.87	+ 2.21	270.94	− 2.84	358.07
	20	44.28	− 3.84	347.96	+ 2.46	269.16	− 2.94	356.62
	22	53.90	− 4.16	351.54	+ 2.72	267.41	− 3.06	355.25
	24	63.70	− 4.51	354.55	+ 2.99	265.70	− 3.19	353.99
	26	73.74	− 4.91	356.94	+ 3.27	264.02	− 3.34	352.88
	28	84.12	− 5.35	358.71	+ 3.52	262.38	− 3.52	351.96
	30	94.92	− 5.83	359.84	− 3.72	260.74	− 3.72	351.26
	32	106.27	− 6.37	0.40	− 3.81	259.03	− 3.94	350.85

VENUS, 2002

EPHEMERIS FOR PHYSICAL OBSERVATIONS
FOR 0ʰ TERRESTRIAL TIME

Date		Light-time	Magnitude	Surface Brightness	Diameter	Phase	Phase Angle	Defect of Illumination
		m			"		°	"
Jan.	−2	14.18	− 3.9	+ 0.8	9.79	0.998	5.3	0.02
	2	14.20	− 3.9	+ 0.8	9.77	0.999	4.1	0.01
	6	14.22	− 3.9	+ 0.8	9.76	0.999	2.9	0.01
	10	14.23	− 3.9	+ 0.8	9.76	1.000	1.8	0.00
	14	14.23	− 3.9	+ 0.8	9.75	1.000	1.2	0.00
	18	14.23	− 3.9	+ 0.8	9.75	1.000	1.8	0.00
	22	14.23	− 3.9	+ 0.8	9.75	0.999	2.8	0.01
	26	14.22	− 3.9	+ 0.8	9.76	0.999	4.1	0.01
	30	14.20	− 3.9	+ 0.8	9.77	0.998	5.3	0.02
Feb.	3	14.18	− 3.9	+ 0.8	9.79	0.997	6.6	0.03
	7	14.16	− 3.9	+ 0.8	9.80	0.995	7.9	0.05
	11	14.13	− 3.9	+ 0.8	9.83	0.994	9.2	0.06
	15	14.09	− 3.9	+ 0.8	9.85	0.992	10.5	0.08
	19	14.05	− 3.9	+ 0.8	9.88	0.989	11.8	0.10
	23	14.00	− 3.9	+ 0.8	9.91	0.987	13.1	0.13
	27	13.94	− 3.9	+ 0.8	9.95	0.984	14.5	0.16
Mar.	3	13.89	− 3.9	+ 0.8	10.00	0.981	15.8	0.19
	7	13.82	− 3.9	+ 0.8	10.04	0.978	17.2	0.23
	11	13.75	− 3.9	+ 0.8	10.10	0.974	18.6	0.26
	15	13.67	− 3.9	+ 0.8	10.15	0.970	20.0	0.31
	19	13.59	− 3.9	+ 0.8	10.22	0.965	21.4	0.35
	23	13.50	− 3.9	+ 0.8	10.28	0.961	22.9	0.40
	27	13.40	− 3.9	+ 0.8	10.36	0.956	24.3	0.46
	31	13.29	− 3.9	+ 0.9	10.44	0.950	25.8	0.52
Apr.	4	13.18	− 3.9	+ 0.9	10.53	0.944	27.3	0.59
	8	13.07	− 3.9	+ 0.9	10.62	0.938	28.8	0.66
	12	12.94	− 3.9	+ 0.9	10.72	0.932	30.3	0.73
	16	12.81	− 3.9	+ 0.9	10.83	0.925	31.9	0.82
	20	12.67	− 3.9	+ 0.9	10.95	0.917	33.4	0.91
	24	12.53	− 3.9	+ 0.9	11.08	0.910	35.0	1.00
	28	12.38	− 3.9	+ 0.9	11.21	0.901	36.6	1.11
May	2	12.22	− 3.9	+ 1.0	11.36	0.893	38.2	1.22
	6	12.05	− 3.9	+ 1.0	11.52	0.884	39.9	1.34
	10	11.88	− 3.9	+ 1.0	11.68	0.874	41.5	1.47
	14	11.70	− 3.9	+ 1.0	11.86	0.865	43.2	1.61
	18	11.52	− 3.9	+ 1.0	12.05	0.854	44.9	1.75
	22	11.32	− 4.0	+ 1.0	12.26	0.844	46.6	1.91
	26	11.13	− 4.0	+ 1.1	12.48	0.833	48.3	2.09
	30	10.92	− 4.0	+ 1.1	12.71	0.821	50.0	2.27
June	3	10.71	− 4.0	+ 1.1	12.96	0.810	51.7	2.47
	7	10.50	− 4.0	+ 1.1	13.22	0.797	53.5	2.68
	11	10.27	− 4.0	+ 1.1	13.51	0.785	55.3	2.91
	15	10.05	− 4.0	+ 1.2	13.81	0.772	57.0	3.15
	19	9.82	− 4.0	+ 1.2	14.14	0.759	58.8	3.41
	23	9.58	− 4.0	+ 1.2	14.48	0.745	60.6	3.69
	27	9.34	− 4.0	+ 1.2	14.86	0.731	62.5	4.00
July	1	9.10	− 4.0	+ 1.3	15.25	0.717	64.3	4.32

EPHEMERIS FOR PHYSICAL OBSERVATIONS
FOR 0ʰ TERRESTRIAL TIME

Date		L_s	Sub-Earth Point		Sub-Solar Point				North Pole	
			Long.	Lat.	Long.	Lat.	Dist.	P.A.	Dist.	P.A.
		°	°	°	°	°	″	°	″	°
Jan.	−2	30.25	288.32	+ 0.84	282.99	+ 1.33	+ 0.46	84.39	+ 4.89	359.63
	2	36.60	299.28	+ 0.90	295.26	+ 1.57	+ 0.35	77.97	+ 4.89	357.50
	6	42.93	310.24	+ 0.95	307.52	+ 1.80	+ 0.24	68.01	+ 4.88	355.40
	10	49.26	321.20	+ 0.98	319.78	+ 2.00	+ 0.15	47.83	+ 4.88	353.34
	14	55.59	332.16	+ 1.01	332.03	+ 2.18	+ 0.10	357.72	+ 4.88	351.35
	18	61.92	343.12	+ 1.02	344.29	+ 2.33	+ 0.15	307.74	+ 4.87	349.45
	22	68.24	354.08	+ 1.02	356.54	+ 2.45	+ 0.24	287.78	+ 4.88	347.66
	26	74.56	5.03	+ 1.01	8.79	+ 2.54	+ 0.35	278.16	+ 4.88	345.98
	30	80.89	15.98	+ 0.99	21.05	+ 2.60	+ 0.45	272.18	+ 4.89	344.44
Feb.	3	87.21	26.92	+ 0.95	33.30	+ 2.63	+ 0.56	267.88	+ 4.89	343.03
	7	93.54	37.86	+ 0.91	45.56	+ 2.63	+ 0.67	264.52	+ 4.90	341.77
	11	99.86	48.80	+ 0.84	57.82	+ 2.60	+ 0.78	261.78	+ 4.91	340.65
	15	106.20	59.74	+ 0.77	70.09	+ 2.53	+ 0.90	259.48	+ 4.92	339.69
	19	112.54	70.67	+ 0.69	82.36	+ 2.44	+ 1.01	257.54	+ 4.94	338.89
	23	118.88	81.59	+ 0.59	94.63	+ 2.31	+ 1.13	255.89	+ 4.96	338.24
	27	125.23	92.51	+ 0.48	106.91	+ 2.15	+ 1.25	254.50	+ 4.98	337.74
Mar.	3	131.59	103.42	+ 0.36	119.20	+ 1.97	+ 1.36	253.34	+ 5.00	337.40
	7	137.96	114.33	+ 0.24	131.49	+ 1.77	+ 1.49	252.41	+ 5.02	337.20
	11	144.33	125.23	+ 0.10	143.79	+ 1.54	+ 1.61	251.68	+ 5.05	337.16
	15	150.72	136.13	− 0.04	156.09	+ 1.29	+ 1.74	251.15	− 5.08	337.28
	19	157.11	147.02	− 0.19	168.41	+ 1.03	+ 1.87	250.82	− 5.11	337.54
	23	163.52	157.90	− 0.34	180.73	+ 0.75	+ 2.00	250.67	− 5.14	337.95
	27	169.93	168.77	− 0.49	193.07	+ 0.46	+ 2.13	250.72	− 5.18	338.50
	31	176.35	179.63	− 0.65	205.41	+ 0.17	+ 2.27	250.94	− 5.22	339.21
Apr.	4	182.79	190.49	− 0.81	217.76	− 0.13	+ 2.41	251.35	− 5.26	340.06
	8	189.23	201.34	− 0.97	230.12	− 0.42	+ 2.56	251.93	− 5.31	341.05
	12	195.68	212.18	− 1.12	242.49	− 0.71	+ 2.71	252.69	− 5.36	342.19
	16	202.14	223.01	− 1.27	254.87	− 0.99	+ 2.86	253.62	− 5.42	343.46
	20	208.61	233.83	− 1.41	267.26	− 1.26	+ 3.02	254.72	− 5.47	344.87
	24	215.08	244.64	− 1.55	279.66	− 1.52	+ 3.18	255.98	− 5.54	346.40
	28	221.56	255.44	− 1.68	292.06	− 1.75	+ 3.34	257.38	− 5.60	348.06
May	2	228.05	266.23	− 1.79	304.47	− 1.96	+ 3.51	258.92	− 5.68	349.81
	6	234.54	277.01	− 1.90	316.89	− 2.15	+ 3.69	260.59	− 5.75	351.67
	10	241.03	287.77	− 1.99	329.31	− 2.31	+ 3.87	262.36	− 5.84	353.60
	14	247.52	298.53	− 2.06	341.74	− 2.44	+ 4.06	264.23	− 5.93	355.59
	18	254.02	309.27	− 2.12	354.17	− 2.54	+ 4.25	266.16	− 6.02	357.62
	22	260.52	320.00	− 2.17	6.59	− 2.60	+ 4.45	268.14	− 6.12	359.67
	26	267.01	330.71	− 2.19	19.02	− 2.63	+ 4.66	270.14	− 6.23	1.72
	30	273.51	341.41	− 2.19	31.45	− 2.63	+ 4.87	272.14	− 6.35	3.74
June	3	280.00	352.09	− 2.17	43.87	− 2.60	+ 5.09	274.13	− 6.47	5.72
	7	286.48	2.75	− 2.13	56.29	− 2.53	+ 5.31	276.07	− 6.61	7.64
	11	292.96	13.39	− 2.07	68.70	− 2.43	+ 5.55	277.96	− 6.75	9.48
	15	299.43	24.02	− 1.99	81.10	− 2.30	+ 5.79	279.77	− 6.90	11.22
	19	305.90	34.62	− 1.88	93.50	− 2.14	+ 6.05	281.50	− 7.06	12.86
	23	312.36	45.20	− 1.75	105.88	− 1.95	+ 6.31	283.12	− 7.24	14.38
	27	318.81	55.75	− 1.59	118.26	− 1.74	+ 6.59	284.64	− 7.43	15.77
July	1	325.25	66.28	− 1.41	130.62	− 1.50	+ 6.87	286.05	− 7.62	17.04

VENUS, 2002

EPHEMERIS FOR PHYSICAL OBSERVATIONS
FOR 0^h TERRESTRIAL TIME

Date		Light-time	Magnitude	Surface Brightness	Diameter	Phase	Phase Angle	Defect of Illumination
		m			''		°	''
July	1	9.10	− 4.0	+ 1.3	15.25	0.717	64.3	4.32
	5	8.85	− 4.1	+ 1.3	15.68	0.702	66.2	4.67
	9	8.60	− 4.1	+ 1.3	16.14	0.687	68.1	5.06
	13	8.35	− 4.1	+ 1.3	16.63	0.671	70.0	5.47
	17	8.09	− 4.1	+ 1.3	17.15	0.655	71.9	5.91
	21	7.83	− 4.1	+ 1.4	17.72	0.639	73.9	6.40
	25	7.57	− 4.1	+ 1.4	18.33	0.622	75.8	6.92
	29	7.31	− 4.2	+ 1.4	18.99	0.605	77.9	7.50
Aug.	2	7.05	− 4.2	+ 1.4	19.70	0.587	79.9	8.13
	6	6.78	− 4.2	+ 1.5	20.47	0.569	82.1	8.82
	10	6.52	− 4.2	+ 1.5	21.30	0.550	84.2	9.58
	14	6.25	− 4.3	+ 1.5	22.21	0.531	86.5	10.42
	18	5.98	− 4.3	+ 1.5	23.19	0.511	88.8	11.35
	22	5.72	− 4.3	+ 1.6	24.27	0.490	91.2	12.38
	26	5.45	− 4.4	+ 1.6	25.44	0.468	93.7	13.54
	30	5.19	− 4.4	+ 1.6	26.73	0.445	96.3	14.83
Sept.	3	4.93	− 4.4	+ 1.6	28.14	0.421	99.0	16.28
	7	4.67	− 4.5	+ 1.6	29.69	0.396	101.9	17.92
	11	4.42	− 4.5	+ 1.7	31.40	0.370	105.0	19.77
	15	4.17	− 4.5	+ 1.7	33.28	0.343	108.3	21.88
	19	3.93	− 4.5	+ 1.7	35.35	0.313	111.9	24.27
	23	3.69	− 4.6	+ 1.7	37.63	0.283	115.8	27.00
	27	3.46	− 4.6	+ 1.7	40.13	0.250	120.0	30.10
Oct.	1	3.24	− 4.6	+ 1.7	42.84	0.216	124.6	33.59
	5	3.03	− 4.6	+ 1.6	45.74	0.180	129.7	37.49
	9	2.84	− 4.5	+ 1.5	48.80	0.144	135.3	41.75
	13	2.67	− 4.5	+ 1.4	51.92	0.109	141.5	46.28
	17	2.53	− 4.4	+ 1.2	54.96	0.075	148.3	50.85
	21	2.41	− 4.3	+ 0.9	57.70	0.045	155.6	55.11
	25	2.32	− 4.2	+ 0.3	59.88	0.022	163.1	58.58
	29	2.27	− 4.1	− 0.7	61.24	0.008	169.9	60.77
Nov.	2	2.25	− 4.0	− 1.1	61.59	0.005	171.9	61.29
	6	2.28	− 4.1	− 0.1	60.90	0.014	166.5	60.05
	10	2.34	− 4.3	+ 0.6	59.25	0.033	159.0	57.28
	14	2.44	− 4.4	+ 1.1	56.88	0.061	151.4	53.41
	18	2.57	− 4.5	+ 1.3	54.04	0.094	144.3	48.95
	22	2.72	− 4.6	+ 1.5	50.97	0.130	137.7	44.32
	26	2.90	− 4.6	+ 1.6	47.88	0.168	131.6	39.85
	30	3.09	− 4.6	+ 1.6	44.88	0.205	126.2	35.69
Dec.	4	3.30	− 4.7	+ 1.7	42.05	0.241	121.3	31.94
	8	3.52	− 4.7	+ 1.7	39.44	0.275	116.8	28.60
	12	3.75	− 4.6	+ 1.7	37.04	0.307	112.7	25.65
	16	3.98	− 4.6	+ 1.6	34.85	0.338	108.9	23.07
	20	4.22	− 4.6	+ 1.6	32.87	0.367	105.4	20.80
	24	4.47	− 4.6	+ 1.6	31.06	0.395	102.2	18.80
	28	4.72	− 4.5	+ 1.6	29.43	0.421	99.1	17.05
	32	4.97	− 4.5	+ 1.6	27.94	0.445	96.3	15.50

EPHEMERIS FOR PHYSICAL OBSERVATIONS
FOR 0^h TERRESTRIAL TIME

Date		L_s	Sub-Earth Point		Sub-Solar Point				North Pole	
			Long.	Lat.	Long.	Lat.	Dist.	P.A.	Dist.	P.A.
		°	°	°	°	°	″	°	″	°
July	1	325.25	66.28	− 1.41	130.62	− 1.50	+ 6.87	286.05	− 7.62	17.04
	5	331.68	76.77	− 1.20	142.98	− 1.25	+ 7.17	287.34	− 7.84	18.18
	9	338.11	87.24	− 0.97	155.32	− 0.98	+ 7.48	288.52	− 8.07	19.19
	13	344.52	97.68	− 0.72	167.66	− 0.70	+ 7.81	289.58	− 8.31	20.07
	17	350.92	108.07	− 0.44	179.98	− 0.42	+ 8.15	290.52	− 8.58	20.82
	21	357.32	118.43	− 0.14	192.29	− 0.12	+ 8.51	291.36	− 8.86	21.44
	25	3.70	128.74	+ 0.18	204.59	+ 0.17	+ 8.89	292.08	+ 9.17	21.95
	29	10.08	139.01	+ 0.52	216.89	+ 0.46	+ 9.28	292.70	+ 9.49	22.34
Aug.	2	16.44	149.22	+ 0.88	229.17	+ 0.75	+ 9.70	293.21	+ 9.85	22.61
	6	22.80	159.37	+ 1.26	241.45	+ 1.02	+ 10.14	293.64	+ 10.23	22.78
	10	29.15	169.46	+ 1.66	253.73	+ 1.28	+ 10.60	293.97	+ 10.65	22.85
	14	35.50	179.47	+ 2.08	265.99	+ 1.53	+ 11.08	294.23	+ 11.10	22.82
	18	41.83	189.40	+ 2.51	278.26	+ 1.76	+ 11.59	294.41	+ 11.59	22.70
	22	48.17	199.23	+ 2.95	290.51	+ 1.96	− 12.13	294.53	+ 12.12	22.50
	26	54.50	208.96	+ 3.41	302.77	+ 2.15	− 12.70	294.59	+ 12.70	22.22
	30	60.82	218.56	+ 3.87	315.03	+ 2.30	− 13.28	294.62	+ 13.33	21.87
Sept.	3	67.15	228.02	+ 4.35	327.28	+ 2.43	− 13.90	294.63	+ 14.03	21.47
	7	73.47	237.31	+ 4.82	339.53	+ 2.53	− 14.52	294.64	+ 14.79	21.02
	11	79.79	246.42	+ 5.30	351.79	+ 2.60	− 15.16	294.67	+ 15.63	20.54
	15	86.12	255.30	+ 5.78	4.04	+ 2.63	− 15.79	294.75	+ 16.56	20.04
	19	92.44	263.91	+ 6.25	16.30	+ 2.64	− 16.40	294.93	+ 17.57	19.54
	23	98.77	272.22	+ 6.71	28.56	+ 2.61	− 16.94	295.26	+ 18.69	19.08
	27	105.10	280.16	+ 7.14	40.83	+ 2.55	− 17.37	295.79	+ 19.91	18.66
Oct.	1	111.44	287.69	+ 7.54	53.10	+ 2.45	− 17.62	296.59	+ 21.23	18.32
	5	117.79	294.73	+ 7.89	65.37	+ 2.33	− 17.59	297.78	+ 22.65	18.08
	9	124.14	301.23	+ 8.16	77.65	+ 2.18	− 17.15	299.49	+ 24.15	17.97
	13	130.49	307.12	+ 8.34	89.93	+ 2.01	− 16.15	301.95	+ 25.69	18.00
	17	136.86	312.36	+ 8.38	102.23	+ 1.80	− 14.45	305.56	+ 27.19	18.18
	21	143.23	316.97	+ 8.24	114.52	+ 1.58	− 11.94	311.20	+ 28.55	18.49
	25	149.62	321.03	+ 7.91	126.83	+ 1.33	− 8.71	321.44	+ 29.66	18.90
	29	156.01	324.69	+ 7.37	139.14	+ 1.07	− 5.36	345.87	+ 30.37	19.35
Nov.	2	162.41	328.18	+ 6.62	151.47	+ 0.80	− 4.34	43.72	+ 30.59	19.78
	6	168.82	331.77	+ 5.72	163.80	+ 0.51	− 7.12	83.10	+ 30.30	20.14
	10	175.24	335.69	+ 4.73	176.14	+ 0.22	− 10.62	97.35	+ 29.53	20.41
	14	181.68	340.12	+ 3.71	188.49	− 0.08	− 13.60	103.91	+ 28.38	20.58
	18	188.12	345.17	+ 2.72	200.85	− 0.37	− 15.78	107.50	+ 26.99	20.64
	22	194.56	350.88	+ 1.80	213.21	− 0.66	− 17.16	109.61	+ 25.47	20.60
	26	201.02	357.23	+ 0.97	225.59	− 0.95	− 17.89	110.87	+ 23.93	20.47
	30	207.49	4.18	+ 0.25	237.98	− 1.22	− 18.11	111.57	+ 22.44	20.24
Dec.	4	213.96	11.65	− 0.36	250.37	− 1.47	− 17.97	111.86	− 21.03	19.92
	8	220.44	19.58	− 0.89	262.77	− 1.71	− 17.61	111.85	− 19.72	19.49
	12	226.92	27.90	− 1.32	275.18	− 1.93	− 17.09	111.60	− 18.52	18.96
	16	233.41	36.56	− 1.67	287.60	− 2.12	− 16.49	111.13	− 17.42	18.32
	20	239.90	45.51	− 1.95	300.01	− 2.28	− 15.84	110.47	− 16.42	17.57
	24	246.39	54.71	− 2.16	312.44	− 2.42	− 15.18	109.64	− 15.52	16.70
	28	252.89	64.12	− 2.32	324.86	− 2.52	− 14.53	108.65	− 14.70	15.72
	32	259.39	73.71	− 2.42	337.29	− 2.59	− 13.89	107.51	− 13.96	14.63

MARS, 2002

EPHEMERIS FOR PHYSICAL OBSERVATIONS
FOR 0ʰ TERRESTRIAL TIME

Date		Light-time	Magnitude	Surface Brightness	Diameter		Phase	Phase Angle	Defect of Illumination
					Eq.	Pol.			
		m			"	"		°	"
Jan.	−2	12.25	+0.7	+4.3	6.36	6.32	0.885	39.7	0.73
	2	12.50	+0.8	+4.3	6.23	6.20	0.888	39.1	0.70
	6	12.75	+0.8	+4.3	6.11	6.08	0.891	38.6	0.67
	10	13.00	+0.8	+4.3	5.99	5.96	0.894	38.0	0.64
	14	13.25	+0.9	+4.3	5.88	5.85	0.897	37.4	0.61
	18	13.50	+0.9	+4.3	5.77	5.74	0.900	36.8	0.58
	22	13.75	+1.0	+4.3	5.67	5.64	0.903	36.2	0.55
	26	14.00	+1.0	+4.3	5.56	5.54	0.906	35.6	0.52
	30	14.25	+1.0	+4.3	5.47	5.44	0.909	35.0	0.49
Feb.	3	14.50	+1.1	+4.3	5.37	5.34	0.913	34.4	0.47
	7	14.75	+1.1	+4.3	5.28	5.25	0.916	33.8	0.45
	11	15.01	+1.1	+4.3	5.19	5.16	0.919	33.1	0.42
	15	15.26	+1.2	+4.3	5.11	5.08	0.922	32.5	0.40
	19	15.50	+1.2	+4.3	5.03	5.00	0.925	31.8	0.38
	23	15.75	+1.2	+4.3	4.95	4.92	0.928	31.2	0.36
	27	16.00	+1.3	+4.3	4.87	4.84	0.931	30.5	0.34
Mar.	3	16.24	+1.3	+4.3	4.80	4.77	0.934	29.8	0.32
	7	16.48	+1.3	+4.3	4.73	4.70	0.937	29.2	0.30
	11	16.72	+1.3	+4.3	4.66	4.63	0.939	28.5	0.28
	15	16.96	+1.4	+4.3	4.59	4.57	0.942	27.8	0.26
	19	17.20	+1.4	+4.3	4.53	4.50	0.945	27.1	0.25
	23	17.43	+1.4	+4.3	4.47	4.44	0.948	26.4	0.23
	27	17.66	+1.4	+4.3	4.41	4.39	0.951	25.7	0.22
	31	17.88	+1.5	+4.3	4.36	4.33	0.953	25.0	0.20
Apr.	4	18.11	+1.5	+4.3	4.30	4.28	0.956	24.3	0.19
	8	18.33	+1.5	+4.3	4.25	4.23	0.958	23.6	0.18
	12	18.54	+1.5	+4.3	4.20	4.18	0.961	22.9	0.16
	16	18.75	+1.6	+4.3	4.15	4.13	0.963	22.1	0.15
	20	18.96	+1.6	+4.3	4.11	4.08	0.965	21.4	0.14
	24	19.16	+1.6	+4.3	4.07	4.04	0.968	20.7	0.13
	28	19.35	+1.6	+4.3	4.03	4.00	0.970	20.0	0.12
May	2	19.55	+1.6	+4.3	3.99	3.96	0.972	19.2	0.11
	6	19.73	+1.6	+4.3	3.95	3.92	0.974	18.5	0.10
	10	19.91	+1.7	+4.3	3.91	3.89	0.976	17.8	0.09
	14	20.09	+1.7	+4.3	3.88	3.85	0.978	17.0	0.08
	18	20.26	+1.7	+4.3	3.85	3.82	0.980	16.3	0.08
	22	20.42	+1.7	+4.3	3.81	3.79	0.982	15.5	0.07
	26	20.58	+1.7	+4.3	3.79	3.76	0.983	14.8	0.06
	30	20.73	+1.7	+4.3	3.76	3.73	0.985	14.0	0.06
June	3	20.88	+1.7	+4.3	3.73	3.71	0.987	13.3	0.05
	7	21.01	+1.7	+4.3	3.71	3.68	0.988	12.5	0.04
	11	21.15	+1.7	+4.3	3.68	3.66	0.989	11.8	0.04
	15	21.27	+1.7	+4.3	3.66	3.64	0.991	11.0	0.03
	19	21.39	+1.7	+4.3	3.64	3.62	0.992	10.3	0.03
	23	21.50	+1.8	+4.3	3.62	3.60	0.993	9.5	0.02
	27	21.60	+1.8	+4.3	3.61	3.58	0.994	8.7	0.02
July	1	21.70	+1.8	+4.3	3.59	3.57	0.995	8.0	0.02

EPHEMERIS FOR PHYSICAL OBSERVATIONS
FOR 0^h TERRESTRIAL TIME

Date		L_s	Sub-Earth Point		Sub-Solar Point				North Pole	
			Long.	Lat.	Long.	Lat.	Dist.	P.A.	Dist.	P.A.
		°	°	°	°	°	''	°	''	°
Jan.	−2	299.26	86.12	− 25.95	42.82	− 22.06	+ 2.03	247.59	−2.85	341.37
	2	301.65	46.39	− 26.21	3.83	− 21.50	+ 1.96	247.33	−2.78	339.68
	6	304.03	6.65	− 26.39	324.88	− 20.90	+ 1.90	247.11	−2.73	338.02
	10	306.39	326.90	− 26.49	285.95	− 20.28	+ 1.84	246.95	−2.67	336.42
	14	308.74	287.15	− 26.51	247.06	− 19.63	+ 1.79	246.83	−2.62	334.86
	18	311.07	247.40	− 26.45	208.21	− 18.95	+ 1.73	246.77	−2.57	333.37
	22	313.39	207.67	− 26.32	169.38	− 18.24	+ 1.67	246.76	−2.53	331.94
	26	315.69	167.95	− 26.12	130.59	− 17.51	+ 1.62	246.79	−2.49	330.59
	30	317.98	128.25	− 25.84	91.84	− 16.76	+ 1.57	246.88	−2.45	329.31
Feb.	3	320.25	88.57	− 25.49	53.11	− 15.99	+ 1.52	247.02	−2.41	328.11
	7	322.51	48.92	− 25.07	14.42	− 15.20	+ 1.47	247.21	−2.38	327.00
	11	324.76	9.31	− 24.58	335.76	− 14.40	+ 1.42	247.44	−2.35	325.98
	15	326.98	329.73	− 24.03	297.13	− 13.58	+ 1.37	247.73	−2.32	325.05
	19	329.20	290.18	− 23.42	258.53	− 12.75	+ 1.32	248.06	−2.30	324.22
	23	331.39	250.67	− 22.75	219.95	− 11.91	+ 1.28	248.44	−2.27	323.49
	27	333.58	211.21	− 22.03	181.41	− 11.06	+ 1.24	248.87	−2.25	322.85
Mar.	3	335.74	171.78	− 21.25	142.89	− 10.20	+ 1.19	249.35	−2.22	322.32
	7	337.90	132.40	− 20.43	104.39	− 9.34	+ 1.15	249.87	−2.20	321.89
	11	340.03	93.06	− 19.55	65.92	− 8.47	+ 1.11	250.43	−2.18	321.57
	15	342.16	53.75	− 18.64	27.47	− 7.59	+ 1.07	251.04	−2.16	321.34
	19	344.26	14.49	− 17.69	349.05	− 6.71	+ 1.03	251.69	−2.15	321.22
	23	346.36	335.27	− 16.70	310.64	− 5.84	+ 0.99	252.38	−2.13	321.20
	27	348.44	296.09	− 15.69	272.25	− 4.96	+ 0.96	253.11	−2.11	321.28
	31	350.50	256.94	− 14.64	233.89	− 4.08	+ 0.92	253.88	−2.10	321.46
Apr.	4	352.56	217.83	− 13.56	195.54	− 3.20	+ 0.88	254.68	−2.08	321.74
	8	354.59	178.76	− 12.46	157.20	− 2.33	+ 0.85	255.52	−2.06	322.10
	12	356.62	139.71	− 11.35	118.88	− 1.46	+ 0.82	256.38	−2.05	322.56
	16	358.63	100.69	− 10.21	80.58	− 0.59	+ 0.78	257.28	−2.03	323.11
	20	0.63	61.70	− 9.06	42.29	+ 0.27	+ 0.75	258.20	−2.02	323.74
	24	2.61	22.74	− 7.89	4.01	+ 1.13	+ 0.72	259.15	−2.00	324.46
	28	4.59	343.80	− 6.72	325.74	+ 1.98	+ 0.69	260.11	−1.99	325.25
May	2	6.55	304.88	− 5.54	287.49	+ 2.82	+ 0.66	261.10	−1.97	326.12
	6	8.50	265.98	− 4.35	249.24	+ 3.65	+ 0.63	262.09	−1.96	327.06
	10	10.44	227.10	− 3.16	211.00	+ 4.48	+ 0.60	263.09	−1.94	328.06
	14	12.37	188.23	− 1.96	172.77	+ 5.30	+ 0.57	264.10	−1.93	329.13
	18	14.28	149.37	− 0.77	134.54	+ 6.11	+ 0.54	265.11	−1.91	330.26
	22	16.19	110.52	+ 0.42	96.32	+ 6.90	+ 0.51	266.11	+ 1.90	331.45
	26	18.09	71.67	+ 1.60	58.11	+ 7.69	+ 0.48	267.10	+ 1.88	332.69
	30	19.97	32.84	+ 2.78	19.90	+ 8.47	+ 0.46	268.08	+ 1.86	333.97
June	3	21.85	354.00	+ 3.94	341.70	+ 9.23	+ 0.43	269.03	+ 1.85	335.30
	7	23.72	315.17	+ 5.10	303.49	+ 9.98	+ 0.40	269.96	+ 1.83	336.67
	11	25.58	276.34	+ 6.25	265.29	+ 10.72	+ 0.38	270.86	+ 1.82	338.08
	15	27.43	237.50	+ 7.37	227.09	+ 11.45	+ 0.35	271.71	+ 1.80	339.52
	19	29.27	198.66	+ 8.49	188.89	+ 12.16	+ 0.32	272.51	+ 1.79	340.99
	23	31.10	159.81	+ 9.58	150.70	+ 12.86	+ 0.30	273.25	+ 1.78	342.49
	27	32.93	120.95	+ 10.66	112.50	+ 13.55	+ 0.27	273.91	+ 1.76	344.01
July	1	34.75	82.08	+ 11.71	74.30	+ 14.22	+ 0.25	274.47	+ 1.75	345.56

MARS, 2002

EPHEMERIS FOR PHYSICAL OBSERVATIONS
FOR 0^h TERRESTRIAL TIME

Date		Light-time	Magnitude	Surface Brightness	Diameter		Phase	Phase Angle	Defect of Illumination
					Eq.	Pol.			
		m			''	''		°	''
July	1	21.70	+1.8	+4.3	3.59	3.57	0.995	8.0	0.02
	5	21.78	+1.8	+4.2	3.58	3.55	0.996	7.2	0.01
	9	21.86	+1.8	+4.2	3.56	3.54	0.997	6.5	0.01
	13	21.94	+1.8	+4.2	3.55	3.53	0.998	5.7	0.01
	17	22.00	+1.8	+4.2	3.54	3.52	0.998	4.9	0.01
	21	22.06	+1.7	+4.2	3.53	3.51	0.999	4.1	0.00
	25	22.10	+1.7	+4.2	3.52	3.50	0.999	3.4	0.00
	29	22.14	+1.7	+4.2	3.52	3.50	0.999	2.6	0.00
Aug.	2	22.17	+1.7	+4.2	3.51	3.49	1.000	1.9	0.00
	6	22.20	+1.7	+4.2	3.51	3.49	1.000	1.2	0.00
	10	22.21	+1.7	+4.2	3.51	3.49	1.000	0.7	0.00
	14	22.22	+1.7	+4.2	3.51	3.49	1.000	0.9	0.00
	18	22.21	+1.7	+4.2	3.51	3.49	1.000	1.6	0.00
	22	22.20	+1.8	+4.2	3.51	3.49	1.000	2.3	0.00
	26	22.18	+1.8	+4.2	3.51	3.49	0.999	3.1	0.00
	30	22.15	+1.8	+4.2	3.52	3.50	0.999	3.8	0.00
Sept.	3	22.11	+1.8	+4.2	3.52	3.50	0.998	4.6	0.01
	7	22.07	+1.8	+4.3	3.53	3.51	0.998	5.4	0.01
	11	22.01	+1.8	+4.3	3.54	3.52	0.997	6.2	0.01
	15	21.95	+1.8	+4.3	3.55	3.53	0.996	7.0	0.01
	19	21.87	+1.8	+4.3	3.56	3.54	0.995	7.8	0.02
	23	21.79	+1.8	+4.3	3.58	3.56	0.994	8.6	0.02
	27	21.70	+1.8	+4.3	3.59	3.57	0.993	9.4	0.02
Oct.	1	21.60	+1.8	+4.3	3.61	3.59	0.992	10.2	0.03
	5	21.49	+1.8	+4.3	3.63	3.61	0.991	11.0	0.03
	9	21.37	+1.8	+4.4	3.65	3.63	0.990	11.8	0.04
	13	21.24	+1.8	+4.4	3.67	3.65	0.988	12.6	0.04
	17	21.10	+1.8	+4.4	3.69	3.67	0.986	13.4	0.05
	21	20.96	+1.8	+4.4	3.72	3.70	0.985	14.2	0.06
	25	20.81	+1.8	+4.4	3.74	3.72	0.983	14.9	0.06
	29	20.65	+1.8	+4.4	3.77	3.75	0.981	15.7	0.07
Nov.	2	20.48	+1.8	+4.4	3.80	3.78	0.979	16.5	0.08
	6	20.30	+1.8	+4.4	3.84	3.82	0.977	17.3	0.09
	10	20.11	+1.8	+4.4	3.87	3.85	0.975	18.1	0.10
	14	19.92	+1.8	+4.4	3.91	3.89	0.973	18.9	0.11
	18	19.72	+1.8	+4.4	3.95	3.93	0.971	19.7	0.12
	22	19.51	+1.7	+4.4	3.99	3.97	0.968	20.5	0.13
	26	19.29	+1.7	+4.5	4.04	4.02	0.966	21.2	0.14
	30	19.07	+1.7	+4.5	4.09	4.06	0.964	22.0	0.15
Dec.	4	18.84	+1.7	+4.5	4.14	4.11	0.961	22.8	0.16
	8	18.60	+1.7	+4.5	4.19	4.16	0.958	23.6	0.17
	12	18.36	+1.7	+4.5	4.24	4.22	0.956	24.3	0.19
	16	18.11	+1.6	+4.5	4.30	4.28	0.953	25.1	0.20
	20	17.86	+1.6	+4.5	4.36	4.34	0.950	25.8	0.22
	24	17.60	+1.6	+4.5	4.43	4.40	0.947	26.6	0.23
	28	17.33	+1.6	+4.5	4.50	4.47	0.944	27.3	0.25
	32	17.06	+1.5	+4.5	4.57	4.54	0.941	28.0	0.27

EPHEMERIS FOR PHYSICAL OBSERVATIONS
FOR 0ʰ TERRESTRIAL TIME

Date		L_s	Sub-Earth Point		Sub-Solar Point				North Pole	
			Long.	Lat.	Long.	Lat.	Dist.	P.A.	Dist.	P.A.
		°	°	°	°	°	″	°	″	°
July	1	34.75	82.08	+ 11.71	74.30	+ 14.22	+ 0.25	274.47	+ 1.75	345.56
	5	36.56	43.20	+ 12.74	36.10	+ 14.87	+ 0.22	274.92	+ 1.73	347.12
	9	38.37	4.31	+ 13.74	357.89	+ 15.51	+ 0.20	275.20	+ 1.72	348.70
	13	40.17	325.40	+ 14.72	319.69	+ 16.13	+ 0.18	275.27	+ 1.71	350.30
	17	41.96	286.47	+ 15.67	281.48	+ 16.74	+ 0.15	275.05	+ 1.70	351.91
	21	43.75	247.53	+ 16.58	243.27	+ 17.33	+ 0.13	274.37	+ 1.68	353.52
	25	45.53	208.57	+ 17.47	205.05	+ 17.90	+ 0.10	272.97	+ 1.67	355.15
	29	47.31	169.59	+ 18.31	166.83	+ 18.45	+ 0.08	270.23	+ 1.66	356.78
Aug.	2	49.08	130.60	+ 19.13	128.61	+ 18.99	+ 0.06	264.63	+ 1.65	358.41
	6	50.85	91.58	+ 19.90	90.38	+ 19.51	+ 0.04	251.24	+ 1.64	0.05
	10	52.62	52.54	+ 20.64	52.14	+ 20.01	+ 0.02	212.44	+ 1.63	1.69
	14	54.38	13.48	+ 21.33	13.90	+ 20.49	+ 0.03	157.72	+ 1.63	3.33
	18	56.14	334.40	+ 21.98	335.66	+ 20.95	+ 0.05	135.79	+ 1.62	4.96
	22	57.90	295.30	+ 22.59	297.41	+ 21.39	+ 0.07	127.42	+ 1.61	6.59
	26	59.65	256.18	+ 23.14	259.15	+ 21.81	+ 0.09	123.39	+ 1.61	8.22
	30	61.40	217.04	+ 23.66	220.89	+ 22.20	+ 0.12	121.13	+ 1.60	9.83
Sept.	3	63.15	177.89	+ 24.12	182.62	+ 22.58	+ 0.14	119.75	+ 1.60	11.43
	7	64.90	138.72	+ 24.53	144.35	+ 22.94	+ 0.17	118.85	+ 1.60	13.01
	11	66.64	99.53	+ 24.89	106.07	+ 23.27	+ 0.19	118.24	+ 1.60	14.58
	15	68.39	60.34	+ 25.20	67.78	+ 23.58	+ 0.22	117.81	+ 1.60	16.12
	19	70.14	21.13	+ 25.45	29.49	+ 23.87	+ 0.24	117.48	+ 1.60	17.65
	23	71.88	341.91	+ 25.65	351.20	+ 24.14	+ 0.27	117.22	+ 1.61	19.14
	27	73.63	302.69	+ 25.79	312.89	+ 24.38	+ 0.29	117.00	+ 1.61	20.60
Oct.	1	75.37	263.46	+ 25.88	274.59	+ 24.60	+ 0.32	116.80	+ 1.62	22.04
	5	77.12	224.23	+ 25.91	236.28	+ 24.80	+ 0.34	116.61	+ 1.62	23.43
	9	78.87	185.00	+ 25.88	197.96	+ 24.97	+ 0.37	116.42	+ 1.63	24.78
	13	80.62	145.78	+ 25.80	159.64	+ 25.12	+ 0.40	116.22	+ 1.64	26.09
	17	82.37	106.56	+ 25.67	121.31	+ 25.24	+ 0.43	116.01	+ 1.66	27.35
	21	84.12	67.35	+ 25.48	82.98	+ 25.34	+ 0.45	115.77	+ 1.67	28.56
	25	85.88	28.15	+ 25.23	44.65	+ 25.41	+ 0.48	115.51	+ 1.69	29.71
	29	87.64	348.96	+ 24.93	6.32	+ 25.46	+ 0.51	115.23	+ 1.70	30.80
Nov.	2	89.40	309.79	+ 24.57	327.98	+ 25.48	+ 0.54	114.92	+ 1.72	31.84
	6	91.17	270.63	+ 24.17	289.64	+ 25.47	+ 0.57	114.57	+ 1.74	32.81
	10	92.94	231.49	+ 23.71	251.30	+ 25.44	+ 0.60	114.20	+ 1.77	33.71
	14	94.71	192.38	+ 23.20	212.95	+ 25.39	+ 0.63	113.80	+ 1.79	34.54
	18	96.49	153.28	+ 22.64	174.61	+ 25.31	+ 0.66	113.36	+ 1.82	35.29
	22	98.27	114.21	+ 22.04	136.27	+ 25.20	+ 0.70	112.88	+ 1.84	35.98
	26	100.06	75.16	+ 21.39	97.92	+ 25.06	+ 0.73	112.38	+ 1.87	36.58
	30	101.85	36.13	+ 20.70	59.58	+ 24.90	+ 0.77	111.83	+ 1.90	37.11
Dec.	4	103.65	357.13	+ 19.97	21.23	+ 24.71	+ 0.80	111.26	+ 1.93	37.56
	8	105.46	318.15	+ 19.20	342.89	+ 24.50	+ 0.84	110.64	+ 1.97	37.92
	12	107.27	279.20	+ 18.39	304.55	+ 24.26	+ 0.87	109.99	+ 2.00	38.21
	16	109.09	240.27	+ 17.55	266.21	+ 23.99	+ 0.91	109.31	+ 2.04	38.41
	20	110.92	201.37	+ 16.67	227.87	+ 23.70	+ 0.95	108.58	+ 2.08	38.53
	24	112.75	162.49	+ 15.76	189.54	+ 23.38	+ 0.99	107.83	+ 2.12	38.56
	28	114.59	123.63	+ 14.82	151.20	+ 23.04	+ 1.03	107.04	+ 2.16	38.51
	32	116.44	84.80	+ 13.86	112.87	+ 22.67	+ 1.07	106.21	+ 2.20	38.38

JUPITER, 2002

EPHEMERIS FOR PHYSICAL OBSERVATIONS
FOR 0^h TERRESTRIAL TIME

Date		Light-time	Magnitude	Surface Brightness	Diameter		Phase Angle	Defect of Illumination
					Eq.	Pol.		
		m			"	"	°	"
Jan.	−2	34.83	− 2.7	+ 5.3	47.07	44.02	0.7	0.00
	2	34.83	− 2.7	+ 5.3	47.07	44.02	0.2	0.00
	6	34.87	− 2.7	+ 5.3	47.02	43.97	1.0	0.00
	10	34.96	− 2.7	+ 5.3	46.90	43.86	1.9	0.01
	14	35.08	− 2.7	+ 5.3	46.74	43.71	2.8	0.03
	18	35.25	− 2.7	+ 5.3	46.52	43.50	3.6	0.05
	22	35.45	− 2.7	+ 5.3	46.25	43.25	4.4	0.07
	26	35.70	− 2.6	+ 5.3	45.93	42.95	5.2	0.09
	30	35.98	− 2.6	+ 5.3	45.57	42.62	5.9	0.12
Feb.	3	36.29	− 2.6	+ 5.3	45.18	42.25	6.6	0.15
	7	36.64	− 2.6	+ 5.3	44.75	41.85	7.3	0.18
	11	37.01	− 2.5	+ 5.3	44.30	41.43	7.9	0.21
	15	37.42	− 2.5	+ 5.3	43.82	40.98	8.4	0.24
	19	37.84	− 2.5	+ 5.4	43.33	40.52	8.9	0.26
	23	38.29	− 2.5	+ 5.4	42.82	40.04	9.4	0.28
	27	38.76	− 2.4	+ 5.4	42.30	39.56	9.7	0.31
Mar.	3	39.25	− 2.4	+ 5.4	41.77	39.07	10.1	0.32
	7	39.75	− 2.4	+ 5.4	41.25	38.57	10.4	0.34
	11	40.27	− 2.3	+ 5.4	40.72	38.08	10.6	0.35
	15	40.79	− 2.3	+ 5.4	40.20	37.59	10.8	0.36
	19	41.32	− 2.3	+ 5.4	39.68	37.11	10.9	0.36
	23	41.85	− 2.3	+ 5.4	39.18	36.64	11.0	0.36
	27	42.39	− 2.2	+ 5.4	38.68	36.17	11.1	0.36
	31	42.93	− 2.2	+ 5.4	38.20	35.72	11.1	0.35
Apr.	4	43.46	− 2.2	+ 5.4	37.73	35.28	11.0	0.35
	8	43.99	− 2.1	+ 5.4	37.27	34.85	10.9	0.34
	12	44.52	− 2.1	+ 5.4	36.83	34.44	10.8	0.32
	16	45.04	− 2.1	+ 5.4	36.41	34.05	10.6	0.31
	20	45.55	− 2.1	+ 5.4	36.00	33.67	10.4	0.30
	24	46.04	− 2.0	+ 5.4	35.61	33.30	10.2	0.28
	28	46.53	− 2.0	+ 5.4	35.24	32.95	9.9	0.26
May	2	47.00	− 2.0	+ 5.4	34.88	32.62	9.6	0.24
	6	47.46	− 2.0	+ 5.4	34.55	32.31	9.3	0.23
	10	47.90	− 2.0	+ 5.4	34.23	32.01	8.9	0.21
	14	48.32	− 1.9	+ 5.4	33.93	31.73	8.5	0.19
	18	48.73	− 1.9	+ 5.4	33.65	31.47	8.1	0.17
	22	49.11	− 1.9	+ 5.4	33.39	31.22	7.7	0.15
	26	49.48	− 1.9	+ 5.4	33.14	30.99	7.3	0.13
	30	49.82	− 1.9	+ 5.4	32.91	30.78	6.8	0.12
June	3	50.14	− 1.9	+ 5.4	32.70	30.58	6.3	0.10
	7	50.44	− 1.9	+ 5.4	32.51	30.40	5.9	0.08
	11	50.71	− 1.9	+ 5.4	32.33	30.23	5.4	0.07
	15	50.97	− 1.8	+ 5.4	32.17	30.09	4.8	0.06
	19	51.19	− 1.8	+ 5.4	32.03	29.95	4.3	0.05
	23	51.39	− 1.8	+ 5.4	31.90	29.84	3.8	0.03
	27	51.57	− 1.8	+ 5.3	31.80	29.73	3.2	0.03
July	1	51.72	− 1.8	+ 5.3	31.70	29.65	2.7	0.02

EPHEMERIS FOR PHYSICAL OBSERVATIONS
FOR 0^h TERRESTRIAL TIME

Date		L_s	Sub-Earth Point		Sub-Solar Point				North Pole	
			Long.	Lat.	Long.	Lat.	Dist.	P.A.	Dist.	P.A.
		°	°	°	°	°	″	°	″	°
Jan.	−2	143.07	56.46	+2.13	57.17	+2.15	+0.29	94.83	+22.00	5.98
	2	143.41	299.15	+2.13	298.98	+2.13	+0.07	274.85	+22.00	5.73
	6	143.74	181.81	+2.14	180.77	+2.11	+0.43	274.45	+21.97	5.48
	10	144.08	64.44	+2.14	62.53	+2.10	+0.78	274.21	+21.92	5.24
	14	144.42	307.03	+2.14	304.26	+2.08	+1.13	273.98	+21.84	5.00
	18	144.75	189.57	+2.14	185.97	+2.06	+1.46	273.76	+21.74	4.77
	22	145.09	72.06	+2.14	67.66	+2.05	+1.77	273.56	+21.61	4.56
	26	145.42	314.50	+2.14	309.33	+2.03	+2.07	273.37	+21.46	4.36
	30	145.76	196.88	+2.14	190.97	+2.01	+2.35	273.19	+21.30	4.17
Feb.	3	146.09	79.20	+2.14	72.59	+1.99	+2.60	273.03	+21.11	4.01
	7	146.42	321.45	+2.13	314.19	+1.98	+2.82	272.89	+20.91	3.86
	11	146.76	203.64	+2.13	195.78	+1.96	+3.03	272.77	+20.70	3.74
	15	147.09	85.76	+2.13	77.35	+1.94	+3.20	272.67	+20.48	3.63
	19	147.43	327.81	+2.12	318.90	+1.92	+3.35	272.59	+20.25	3.56
	23	147.76	209.80	+2.11	200.44	+1.91	+3.48	272.54	+20.01	3.50
	27	148.09	91.72	+2.11	81.97	+1.89	+3.58	272.50	+19.77	3.48
Mar.	3	148.43	333.58	+2.10	323.49	+1.87	+3.66	272.49	+19.52	3.47
	7	148.76	215.38	+2.09	205.00	+1.85	+3.72	272.50	+19.28	3.49
	11	149.09	97.12	+2.08	86.51	+1.84	+3.75	272.54	+19.03	3.54
	15	149.43	338.81	+2.07	328.00	+1.82	+3.77	272.59	+18.79	3.61
	19	149.76	220.43	+2.06	209.50	+1.80	+3.76	272.67	+18.54	3.70
	23	150.09	102.01	+2.05	90.99	+1.78	+3.74	272.76	+18.31	3.81
	27	150.42	343.54	+2.04	332.48	+1.76	+3.71	272.88	+18.08	3.95
	31	150.75	225.02	+2.02	213.97	+1.75	+3.66	273.02	+17.85	4.11
Apr.	4	151.09	106.46	+2.01	95.46	+1.73	+3.60	273.17	+17.63	4.28
	8	151.42	347.87	+1.99	336.96	+1.71	+3.53	273.34	+17.42	4.48
	12	151.75	229.23	+1.98	218.45	+1.69	+3.44	273.52	+17.21	4.69
	16	152.08	110.57	+1.96	99.96	+1.67	+3.35	273.72	+17.01	4.92
	20	152.41	351.87	+1.94	341.46	+1.65	+3.25	273.94	+16.82	5.17
	24	152.74	233.15	+1.92	222.98	+1.64	+3.14	274.16	+16.64	5.43
	28	153.07	114.40	+1.90	104.50	+1.62	+3.03	274.40	+16.47	5.71
May	2	153.40	355.63	+1.88	346.03	+1.60	+2.91	274.65	+16.30	5.99
	6	153.73	236.85	+1.86	227.57	+1.58	+2.78	274.91	+16.15	6.29
	10	154.06	118.04	+1.84	109.12	+1.56	+2.65	275.17	+16.00	6.60
	14	154.39	359.23	+1.81	350.69	+1.54	+2.52	275.45	+15.86	6.92
	18	154.72	240.40	+1.79	232.26	+1.53	+2.38	275.73	+15.73	7.25
	22	155.05	121.56	+1.77	113.84	+1.51	+2.24	276.01	+15.60	7.59
	26	155.38	2.72	+1.74	355.44	+1.49	+2.10	276.30	+15.49	7.93
	30	155.71	243.87	+1.71	237.05	+1.47	+1.95	276.58	+15.38	8.28
June	3	156.04	125.02	+1.68	118.67	+1.45	+1.81	276.87	+15.28	8.63
	7	156.37	6.17	+1.66	0.31	+1.43	+1.66	277.15	+15.19	8.99
	11	156.70	247.31	+1.63	241.96	+1.41	+1.51	277.43	+15.11	9.35
	15	157.03	128.46	+1.60	123.63	+1.39	+1.36	277.69	+15.04	9.72
	19	157.35	9.62	+1.56	5.31	+1.38	+1.20	277.94	+14.97	10.09
	23	157.68	250.78	+1.53	247.01	+1.36	+1.05	278.16	+14.91	10.45
	27	158.01	131.95	+1.50	128.72	+1.34	+0.90	278.34	+14.86	10.82
July	1	158.34	13.13	+1.47	10.45	+1.32	+0.74	278.46	+14.82	11.19

JUPITER, 2002

EPHEMERIS FOR PHYSICAL OBSERVATIONS
FOR 0ʰ TERRESTRIAL TIME

Date		Light-time	Magnitude	Surface Brightness	Diameter		Phase Angle	Defect of Illumination
					Eq.	Pol.		
		m			″	″	°	″
July	1	51.72	− 1.8	+ 5.3	31.70	29.65	2.7	0.02
	5	51.84	− 1.8	+ 5.3	31.63	29.58	2.1	0.01
	9	51.94	− 1.8	+ 5.3	31.57	29.52	1.6	0.01
	13	52.01	− 1.8	+ 5.3	31.53	29.48	1.0	0.00
	17	52.05	− 1.8	+ 5.3	31.50	29.46	0.4	0.00
	21	52.07	− 1.8	+ 5.3	31.49	29.45	0.1	0.00
	25	52.06	− 1.8	+ 5.3	31.50	29.45	0.7	0.00
	29	52.02	− 1.8	+ 5.3	31.52	29.47	1.3	0.00
Aug.	2	51.96	− 1.8	+ 5.3	31.56	29.51	1.8	0.01
	6	51.87	− 1.8	+ 5.4	31.61	29.56	2.4	0.01
	10	51.75	− 1.8	+ 5.4	31.68	29.63	2.9	0.02
	14	51.61	− 1.8	+ 5.4	31.77	29.71	3.5	0.03
	18	51.44	− 1.8	+ 5.4	31.88	29.81	4.0	0.04
	22	51.24	− 1.8	+ 5.4	32.00	29.92	4.5	0.05
	26	51.02	− 1.8	+ 5.4	32.14	30.05	5.1	0.06
	30	50.78	− 1.8	+ 5.4	32.29	30.20	5.6	0.08
Sept.	3	50.51	− 1.8	+ 5.4	32.46	30.36	6.1	0.09
	7	50.21	− 1.9	+ 5.4	32.65	30.53	6.5	0.11
	11	49.90	− 1.9	+ 5.4	32.86	30.73	7.0	0.12
	15	49.56	− 1.9	+ 5.4	33.08	30.94	7.4	0.14
	19	49.20	− 1.9	+ 5.4	33.32	31.16	7.9	0.16
	23	48.82	− 1.9	+ 5.4	33.58	31.41	8.3	0.17
	27	48.42	− 1.9	+ 5.4	33.86	31.66	8.7	0.19
Oct.	1	48.01	− 1.9	+ 5.4	34.15	31.94	9.0	0.21
	5	47.57	− 2.0	+ 5.4	34.47	32.23	9.3	0.23
	9	47.12	− 2.0	+ 5.4	34.80	32.54	9.6	0.25
	13	46.65	− 2.0	+ 5.4	35.14	32.86	9.9	0.26
	17	46.18	− 2.0	+ 5.4	35.51	33.20	10.2	0.28
	21	45.69	− 2.0	+ 5.4	35.89	33.56	10.4	0.29
	25	45.19	− 2.1	+ 5.4	36.28	33.93	10.5	0.31
	29	44.68	− 2.1	+ 5.4	36.70	34.31	10.7	0.32
Nov.	2	44.17	− 2.1	+ 5.4	37.12	34.71	10.7	0.33
	6	43.65	− 2.1	+ 5.4	37.56	35.13	10.8	0.33
	10	43.13	− 2.2	+ 5.4	38.02	35.55	10.8	0.34
	14	42.61	− 2.2	+ 5.4	38.48	35.98	10.8	0.34
	18	42.09	− 2.2	+ 5.4	38.95	36.42	10.7	0.34
	22	41.58	− 2.2	+ 5.4	39.43	36.87	10.5	0.33
	26	41.08	− 2.3	+ 5.4	39.92	37.33	10.4	0.33
	30	40.58	− 2.3	+ 5.4	40.41	37.78	10.1	0.31
Dec.	4	40.09	− 2.3	+ 5.4	40.89	38.24	9.8	0.30
	8	39.63	− 2.3	+ 5.4	41.38	38.69	9.5	0.28
	12	39.17	− 2.4	+ 5.4	41.85	39.14	9.1	0.26
	16	38.74	− 2.4	+ 5.4	42.32	39.58	8.7	0.24
	20	38.33	− 2.4	+ 5.4	42.77	40.00	8.2	0.22
	24	37.95	− 2.4	+ 5.4	43.20	40.40	7.6	0.19
	28	37.60	− 2.5	+ 5.4	43.61	40.78	7.0	0.16
	32	37.27	− 2.5	+ 5.4	43.99	41.14	6.4	0.14

EPHEMERIS FOR PHYSICAL OBSERVATIONS
FOR 0ʰ TERRESTRIAL TIME

Date		L_s	Sub-Earth Point		Sub-Solar Point				North Pole	
			Long.	Lat.	Long.	Lat.	Dist.	P.A.	Dist.	P.A.
		°	°	°	°	°	″	°	″	°
July	1	158.34	13.13	+1.47	10.45	+1.32	+0.74	278.46	+14.82	11.19
	5	158.66	254.32	+1.43	252.20	+1.30	+0.59	278.46	+14.78	11.55
	9	158.99	135.52	+1.40	133.96	+1.28	+0.43	278.21	+14.76	11.92
	13	159.32	16.73	+1.36	15.73	+1.26	+0.28	277.29	+14.74	12.28
	17	159.65	257.96	+1.33	257.53	+1.24	+0.12	273.11	+14.73	12.64
	21	159.97	139.20	+1.29	139.34	+1.22	+0.04	125.79	+14.72	13.00
	25	160.30	20.46	+1.25	21.17	+1.20	+0.19	106.70	+14.72	13.35
	29	160.63	261.74	+1.21	263.01	+1.19	+0.35	104.81	+14.73	13.70
Aug.	2	160.95	143.04	+1.18	144.87	+1.17	+0.50	104.28	+14.75	14.04
	6	161.28	24.36	+1.14	26.74	+1.15	+0.66	104.14	+14.78	14.38
	10	161.60	265.70	+1.10	268.63	+1.13	+0.81	104.17	+14.81	14.71
	14	161.93	147.06	+1.06	150.54	+1.11	+0.96	104.28	+14.85	15.03
	18	162.25	28.45	+1.02	32.47	+1.09	+1.12	104.43	+14.90	15.35
	22	162.58	269.86	+0.98	274.41	+1.07	+1.27	104.62	+14.96	15.66
	26	162.91	151.30	+0.94	156.36	+1.05	+1.42	104.81	+15.02	15.96
	30	163.23	32.76	+0.90	38.33	+1.03	+1.57	105.02	+15.10	16.25
Sept.	3	163.56	274.25	+0.86	280.32	+1.01	+1.71	105.22	+15.18	16.54
	7	163.88	155.77	+0.82	162.32	+0.99	+1.86	105.43	+15.27	16.81
	11	164.20	37.33	+0.78	44.33	+0.97	+2.00	105.63	+15.36	17.08
	15	164.53	278.91	+0.74	286.36	+0.95	+2.14	105.83	+15.47	17.33
	19	164.85	160.53	+0.70	168.40	+0.93	+2.28	106.03	+15.58	17.58
	23	165.18	42.18	+0.66	50.45	+0.91	+2.42	106.22	+15.70	17.82
	27	165.50	283.86	+0.62	292.51	+0.89	+2.55	106.40	+15.83	18.04
Oct.	1	165.82	165.58	+0.58	174.59	+0.87	+2.67	106.57	+15.97	18.26
	5	166.15	47.34	+0.54	56.67	+0.86	+2.80	106.73	+16.11	18.46
	9	166.47	289.13	+0.50	298.77	+0.84	+2.91	106.88	+16.27	18.66
	13	166.79	170.97	+0.47	180.88	+0.82	+3.02	107.03	+16.43	18.84
	17	167.12	52.84	+0.43	62.99	+0.80	+3.13	107.16	+16.60	19.01
	21	167.44	294.76	+0.40	305.11	+0.78	+3.23	107.28	+16.78	19.16
	25	167.76	176.72	+0.36	187.24	+0.76	+3.31	107.38	+16.96	19.31
	29	168.08	58.72	+0.33	69.37	+0.74	+3.39	107.48	+17.16	19.44
Nov.	2	168.41	300.76	+0.30	311.50	+0.72	+3.46	107.56	+17.36	19.56
	6	168.73	182.85	+0.27	193.64	+0.70	+3.52	107.63	+17.56	19.67
	10	169.05	64.98	+0.24	75.78	+0.68	+3.56	107.68	+17.77	19.76
	14	169.37	307.16	+0.21	317.92	+0.66	+3.59	107.72	+17.99	19.84
	18	169.69	189.39	+0.18	200.06	+0.64	+3.61	107.74	+18.21	19.91
	22	170.02	71.66	+0.16	82.19	+0.62	+3.61	107.74	+18.44	19.96
	26	170.34	313.98	+0.14	324.32	+0.60	+3.59	107.73	+18.66	20.00
	30	170.66	196.34	+0.12	206.45	+0.58	+3.55	107.70	+18.89	20.03
Dec.	4	170.98	78.75	+0.10	88.57	+0.56	+3.49	107.65	+19.12	20.04
	8	171.30	321.20	+0.08	330.68	+0.54	+3.41	107.58	+19.35	20.03
	12	171.62	203.69	+0.07	212.78	+0.52	+3.31	107.49	+19.57	20.01
	16	171.94	86.22	+0.05	94.87	+0.50	+3.18	107.37	+19.79	19.98
	20	172.26	328.79	+0.04	336.94	+0.48	+3.03	107.23	+20.00	19.93
	24	172.58	211.40	+0.04	219.00	+0.46	+2.86	107.06	+20.20	19.87
	28	172.90	94.04	+0.03	101.04	+0.44	+2.66	106.85	+20.39	19.79
	32	173.22	336.70	+0.03	343.06	+0.42	+2.44	106.60	+20.57	19.71

SATURN, 2002

EPHEMERIS FOR PHYSICAL OBSERVATIONS
FOR 0ʰ TERRESTRIAL TIME

Date		Light-time	Magnitude	Surface Brightness	Diameter		Phase Angle	Defect of Illumination
					Eq.	Pol.		
		m			″	″	°	″
Jan.	−2	68.05	− 0.3	+ 6.8	20.31	18.70	2.9	0.01
	2	68.32	− 0.3	+ 6.8	20.23	18.62	3.3	0.02
	6	68.64	− 0.2	+ 6.8	20.14	18.54	3.7	0.02
	10	68.98	− 0.2	+ 6.8	20.04	18.44	4.1	0.03
	14	69.36	− 0.2	+ 6.8	19.93	18.34	4.4	0.03
	18	69.76	− 0.2	+ 6.9	19.81	18.24	4.7	0.03
	22	70.20	− 0.1	+ 6.9	19.69	18.13	5.0	0.04
	26	70.65	− 0.1	+ 6.9	19.56	18.01	5.3	0.04
	30	71.13	− 0.1	+ 6.9	19.43	17.89	5.5	0.04
Feb.	3	71.63	− 0.1	+ 6.9	19.30	17.76	5.7	0.05
	7	72.14	0.0	+ 6.9	19.16	17.64	5.9	0.05
	11	72.67	0.0	+ 6.9	19.02	17.51	6.0	0.05
	15	73.20	0.0	+ 6.9	18.88	17.38	6.1	0.05
	19	73.75	0.0	+ 6.9	18.74	17.26	6.2	0.05
	23	74.30	0.0	+ 6.9	18.60	17.13	6.3	0.06
	27	74.85	0.0	+ 6.9	18.47	17.00	6.3	0.06
Mar.	3	75.40	+ 0.1	+ 6.9	18.33	16.88	6.3	0.05
	7	75.95	+ 0.1	+ 6.9	18.20	16.76	6.2	0.05
	11	76.50	+ 0.1	+ 6.9	18.07	16.64	6.2	0.05
	15	77.04	+ 0.1	+ 6.9	17.94	16.52	6.1	0.05
	19	77.56	+ 0.1	+ 6.9	17.82	16.41	6.0	0.05
	23	78.08	+ 0.1	+ 6.9	17.70	16.30	5.8	0.05
	27	78.59	+ 0.1	+ 6.9	17.59	16.20	5.7	0.04
	31	79.07	+ 0.1	+ 6.9	17.48	16.10	5.5	0.04
Apr.	4	79.54	+ 0.1	+ 6.9	17.38	16.01	5.3	0.04
	8	80.00	+ 0.1	+ 6.9	17.28	15.92	5.1	0.03
	12	80.43	+ 0.1	+ 6.9	17.19	15.83	4.8	0.03
	16	80.84	+ 0.1	+ 6.9	17.10	15.75	4.6	0.03
	20	81.22	+ 0.1	+ 6.8	17.02	15.68	4.3	0.02
	24	81.59	+ 0.1	+ 6.8	16.94	15.61	4.0	0.02
	28	81.92	+ 0.1	+ 6.8	16.87	15.55	3.7	0.02
May	2	82.23	+ 0.1	+ 6.8	16.81	15.49	3.4	0.01
	6	82.51	+ 0.1	+ 6.8	16.75	15.44	3.1	0.01
	10	82.76	+ 0.1	+ 6.8	16.70	15.39	2.7	0.01
	14	82.99	+ 0.1	+ 6.8	16.66	15.35	2.4	0.01
	18	83.18	+ 0.1	+ 6.7	16.62	15.32	2.1	0.01
	22	83.34	+ 0.1	+ 6.7	16.58	15.29	1.7	0.00
	26	83.47	+ 0.1	+ 6.7	16.56	15.26	1.3	0.00
	30	83.57	0.0	+ 6.7	16.54	15.25	1.0	0.00
June	3	83.64	0.0	+ 6.7	16.53	15.23	0.6	0.00
	7	83.68	0.0	+ 6.7	16.52	15.23	0.3	0.00
	11	83.68	0.0	+ 6.7	16.52	15.23	0.2	0.00
	15	83.66	0.0	+ 6.7	16.52	15.23	0.5	0.00
	19	83.60	0.0	+ 6.7	16.53	15.24	0.9	0.00
	23	83.51	0.0	+ 6.7	16.55	15.26	1.3	0.00
	27	83.39	+ 0.1	+ 6.7	16.58	15.28	1.6	0.00
July	1	83.24	+ 0.1	+ 6.7	16.61	15.31	2.0	0.00

EPHEMERIS FOR PHYSICAL OBSERVATIONS
FOR 0^h TERRESTRIAL TIME

Date		L_s	Sub-Earth Point		Sub-Solar Point				North Pole	
			Long.	Lat.	Long.	Lat.	Dist.	P.A.	Dist.	P.A.
		°	°	°	°	°	″	°	″	°
Jan.	−2	258.78	54.34	− 30.69	51.13	− 31.14	+ 0.51	258.04	− 8.25	356.70
	2	258.92	57.64	− 30.68	53.99	− 31.16	+ 0.57	258.51	− 8.22	356.73
	6	259.07	60.91	− 30.67	56.82	− 31.17	+ 0.64	258.86	− 8.18	356.76
	10	259.22	64.13	− 30.66	59.64	− 31.19	+ 0.70	259.14	− 8.14	356.78
	14	259.37	67.31	− 30.66	62.44	− 31.20	+ 0.75	259.36	− 8.10	356.81
	18	259.52	70.44	− 30.66	65.22	− 31.22	+ 0.80	259.55	− 8.05	356.83
	22	259.67	73.53	− 30.66	67.99	− 31.24	+ 0.84	259.72	− 8.00	356.84
	26	259.81	76.58	− 30.66	70.74	− 31.25	+ 0.88	259.87	− 7.95	356.86
	30	259.96	79.58	− 30.67	73.48	− 31.26	+ 0.91	260.01	− 7.89	356.87
Feb.	3	260.11	82.53	− 30.68	76.21	− 31.28	+ 0.94	260.15	− 7.84	356.87
	7	260.26	85.45	− 30.70	78.94	− 31.29	+ 0.96	260.28	− 7.78	356.88
	11	260.41	88.32	− 30.72	81.65	− 31.31	+ 0.98	260.42	− 7.72	356.87
	15	260.56	91.15	− 30.74	84.36	− 31.32	+ 0.99	260.56	− 7.67	356.87
	19	260.71	93.95	− 30.77	87.06	− 31.33	+ 0.99	260.70	− 7.61	356.86
	23	260.85	96.71	− 30.80	89.76	− 31.35	+ 0.99	260.85	− 7.55	356.85
	27	261.00	99.44	− 30.84	92.46	− 31.36	+ 0.99	261.01	− 7.49	356.83
Mar.	3	261.15	102.13	− 30.87	95.16	− 31.37	+ 0.98	261.17	− 7.43	356.82
	7	261.30	104.80	− 30.91	97.86	− 31.39	+ 0.97	261.35	− 7.38	356.79
	11	261.45	107.43	− 30.95	100.57	− 31.40	+ 0.95	261.53	− 7.32	356.77
	15	261.60	110.05	− 30.99	103.27	− 31.41	+ 0.93	261.72	− 7.27	356.74
	19	261.75	112.64	− 31.04	105.98	− 31.42	+ 0.91	261.93	− 7.22	356.71
	23	261.89	115.21	− 31.08	108.70	− 31.44	+ 0.88	262.14	− 7.17	356.67
	27	262.04	117.76	− 31.13	111.43	− 31.45	+ 0.85	262.37	− 7.12	356.64
	31	262.19	120.29	− 31.18	114.16	− 31.46	+ 0.82	262.61	− 7.07	356.60
Apr.	4	262.34	122.81	− 31.22	116.91	− 31.47	+ 0.79	262.87	− 7.03	356.55
	8	262.49	125.32	− 31.27	119.66	− 31.48	+ 0.75	263.14	− 6.99	356.51
	12	262.64	127.83	− 31.32	122.43	− 31.49	+ 0.71	263.43	− 6.95	356.46
	16	262.79	130.32	− 31.36	125.21	− 31.50	+ 0.67	263.74	− 6.91	356.42
	20	262.93	132.81	− 31.41	128.00	− 31.51	+ 0.63	264.07	− 6.87	356.37
	24	263.08	135.30	− 31.45	130.81	− 31.52	+ 0.58	264.43	− 6.84	356.32
	28	263.23	137.78	− 31.49	133.63	− 31.53	+ 0.54	264.82	− 6.81	356.26
May	2	263.38	140.27	− 31.53	136.47	− 31.54	+ 0.49	265.25	− 6.78	356.21
	6	263.53	142.76	− 31.57	139.32	− 31.55	+ 0.44	265.74	− 6.76	356.15
	10	263.68	145.26	− 31.61	142.18	− 31.56	+ 0.39	266.30	− 6.73	356.10
	14	263.83	147.76	− 31.64	145.07	− 31.57	+ 0.34	266.97	− 6.72	356.04
	18	263.98	150.27	− 31.67	147.97	− 31.58	+ 0.29	267.80	− 6.70	355.99
	22	264.12	152.79	− 31.70	150.89	− 31.59	+ 0.24	268.89	− 6.68	355.93
	26	264.27	155.32	− 31.72	153.82	− 31.60	+ 0.19	270.45	− 6.67	355.87
	30	264.42	157.86	− 31.75	156.78	− 31.60	+ 0.14	273.00	− 6.66	355.81
June	3	264.57	160.42	− 31.76	159.75	− 31.61	+ 0.09	278.30	− 6.66	355.76
	7	264.72	162.99	− 31.78	162.73	− 31.62	+ 0.04	297.18	− 6.65	355.70
	11	264.87	165.58	− 31.79	165.74	− 31.63	+ 0.03	39.58	− 6.65	355.64
	15	265.02	168.19	− 31.80	168.76	− 31.63	+ 0.08	69.73	− 6.65	355.59
	19	265.17	170.82	− 31.80	171.81	− 31.64	+ 0.13	76.43	− 6.66	355.53
	23	265.32	173.47	− 31.80	174.87	− 31.65	+ 0.18	79.39	− 6.66	355.48
	27	265.46	176.14	− 31.80	177.94	− 31.66	+ 0.23	81.12	− 6.67	355.42
July	1	265.61	178.84	− 31.80	181.04	− 31.66	+ 0.28	82.30	− 6.69	355.37

SATURN, 2002

EPHEMERIS FOR PHYSICAL OBSERVATIONS
FOR 0ʰ TERRESTRIAL TIME

Date		Light-time	Magnitude	Surface Brightness	Diameter		Phase Angle	Defect of Illumination
					Eq.	Pol.		
		m			″	″	°	″
July	1	83.24	+ 0.1	+ 6.7	16.61	15.31	2.0	0.00
	5	83.06	+ 0.1	+ 6.8	16.64	15.34	2.3	0.01
	9	82.84	+ 0.1	+ 6.8	16.68	15.38	2.7	0.01
	13	82.60	+ 0.1	+ 6.8	16.73	15.43	3.0	0.01
	17	82.33	+ 0.1	+ 6.8	16.79	15.48	3.3	0.01
	21	82.04	+ 0.1	+ 6.8	16.85	15.53	3.6	0.02
	25	81.71	+ 0.1	+ 6.8	16.92	15.59	3.9	0.02
	29	81.36	+ 0.1	+ 6.8	16.99	15.66	4.2	0.02
Aug.	2	80.99	+ 0.1	+ 6.8	17.07	15.73	4.5	0.03
	6	80.59	+ 0.1	+ 6.9	17.15	15.81	4.8	0.03
	10	80.17	+ 0.1	+ 6.9	17.24	15.89	5.0	0.03
	14	79.73	+ 0.1	+ 6.9	17.34	15.98	5.3	0.04
	18	79.27	+ 0.1	+ 6.9	17.44	16.07	5.5	0.04
	22	78.80	+ 0.1	+ 6.9	17.54	16.17	5.7	0.04
	26	78.31	+ 0.1	+ 6.9	17.65	16.27	5.8	0.05
	30	77.80	+ 0.1	+ 6.9	17.77	16.37	6.0	0.05
Sept.	3	77.28	+ 0.1	+ 6.9	17.89	16.48	6.1	0.05
	7	76.75	+ 0.1	+ 6.9	18.01	16.59	6.2	0.05
	11	76.21	+ 0.1	+ 6.9	18.14	16.71	6.3	0.05
	15	75.67	+ 0.1	+ 6.9	18.27	16.83	6.3	0.06
	19	75.12	0.0	+ 6.9	18.40	16.95	6.4	0.06
	23	74.57	0.0	+ 6.9	18.54	17.08	6.4	0.06
	27	74.02	0.0	+ 6.9	18.67	17.20	6.3	0.06
Oct.	1	73.47	0.0	+ 6.9	18.81	17.33	6.3	0.06
	5	72.93	0.0	+ 6.9	18.95	17.46	6.2	0.06
	9	72.40	0.0	+ 6.9	19.09	17.59	6.1	0.05
	13	71.88	− 0.1	+ 6.9	19.23	17.72	5.9	0.05
	17	71.37	− 0.1	+ 6.9	19.37	17.84	5.8	0.05
	21	70.88	− 0.1	+ 6.9	19.50	17.97	5.6	0.05
	25	70.40	− 0.1	+ 6.9	19.63	18.09	5.3	0.04
	29	69.95	− 0.2	+ 6.9	19.76	18.20	5.1	0.04
Nov.	2	69.52	− 0.2	+ 6.9	19.88	18.32	4.8	0.03
	6	69.12	− 0.2	+ 6.8	20.00	18.42	4.5	0.03
	10	68.74	− 0.2	+ 6.8	20.11	18.53	4.1	0.03
	14	68.40	− 0.3	+ 6.8	20.21	18.62	3.7	0.02
	18	68.09	− 0.3	+ 6.8	20.30	18.70	3.4	0.02
	22	67.81	− 0.3	+ 6.8	20.38	18.78	3.0	0.01
	26	67.57	− 0.4	+ 6.8	20.46	18.85	2.5	0.01
	30	67.37	− 0.4	+ 6.7	20.52	18.91	2.1	0.01
Dec.	4	67.21	− 0.4	+ 6.7	20.57	18.95	1.6	0.00
	8	67.09	− 0.4	+ 6.7	20.60	18.99	1.2	0.00
	12	67.01	− 0.5	+ 6.7	20.63	19.01	0.7	0.00
	16	66.97	− 0.5	+ 6.7	20.64	19.02	0.3	0.00
	20	66.97	− 0.5	+ 6.7	20.64	19.02	0.3	0.00
	24	67.02	− 0.4	+ 6.7	20.62	19.01	0.8	0.00
	28	67.11	− 0.4	+ 6.7	20.60	18.98	1.2	0.00
	32	67.24	− 0.4	+ 6.7	20.56	18.95	1.7	0.00

EPHEMERIS FOR PHYSICAL OBSERVATIONS
FOR 0^h TERRESTRIAL TIME

Date		L_s	Sub-Earth Point		Sub-Solar Point				North Pole	
			Long.	Lat.	Long.	Lat.	Dist.	P.A.	Dist.	P.A.
		°	°	°	°	°	″	°	″	°
July	1	265.61	178.84	− 31.80	181.04	− 31.66	+ 0.28	82.30	− 6.69	355.37
	5	265.76	181.55	− 31.79	184.15	− 31.67	+ 0.33	83.18	− 6.70	355.32
	9	265.91	184.30	− 31.78	187.28	− 31.67	+ 0.38	83.89	− 6.72	355.27
	13	266.06	187.06	− 31.77	190.42	− 31.68	+ 0.43	84.48	− 6.74	355.22
	17	266.21	189.86	− 31.75	193.58	− 31.69	+ 0.48	84.99	− 6.76	355.17
	21	266.36	192.68	− 31.73	196.76	− 31.69	+ 0.52	85.44	− 6.79	355.13
	25	266.51	195.53	− 31.71	199.95	− 31.70	+ 0.57	85.85	− 6.82	355.08
	29	266.66	198.41	− 31.69	203.16	− 31.70	+ 0.62	86.22	− 6.85	355.04
Aug.	2	266.81	201.32	− 31.67	206.38	− 31.71	+ 0.66	86.56	− 6.88	355.00
	6	266.95	204.26	− 31.64	209.61	− 31.71	+ 0.70	86.88	− 6.91	354.96
	10	267.10	207.23	− 31.62	212.85	− 31.72	+ 0.74	87.18	− 6.95	354.92
	14	267.25	210.23	− 31.59	216.11	− 31.72	+ 0.78	87.46	− 6.99	354.89
	18	267.40	213.26	− 31.56	219.38	− 31.72	+ 0.81	87.73	− 7.03	354.85
	22	267.55	216.32	− 31.54	222.65	− 31.73	+ 0.85	87.97	− 7.08	354.82
	26	267.70	219.42	− 31.51	225.94	− 31.73	+ 0.88	88.21	− 7.12	354.79
	30	267.85	222.55	− 31.48	229.23	− 31.73	+ 0.91	88.43	− 7.17	354.77
Sept.	3	268.00	225.71	− 31.46	232.53	− 31.74	+ 0.93	88.64	− 7.22	354.74
	7	268.15	228.90	− 31.43	235.84	− 31.74	+ 0.96	88.83	− 7.27	354.72
	11	268.30	232.12	− 31.41	239.15	− 31.74	+ 0.97	89.01	− 7.33	354.70
	15	268.45	235.38	− 31.38	242.47	− 31.74	+ 0.99	89.19	− 7.38	354.68
	19	268.59	238.67	− 31.36	245.79	− 31.75	+ 1.00	89.35	− 7.43	354.67
	23	268.74	241.99	− 31.34	249.10	− 31.75	+ 1.01	89.50	− 7.49	354.65
	27	268.89	245.34	− 31.33	252.42	− 31.75	+ 1.01	89.63	− 7.55	354.64
Oct.	1	269.04	248.72	− 31.32	255.74	− 31.75	+ 1.01	89.76	− 7.60	354.64
	5	269.19	252.14	− 31.31	259.05	− 31.75	+ 1.00	89.88	− 7.66	354.63
	9	269.34	255.57	− 31.30	262.36	− 31.75	+ 0.99	89.99	− 7.72	354.63
	13	269.49	259.04	− 31.29	265.66	− 31.75	+ 0.98	90.10	− 7.77	354.63
	17	269.64	262.53	− 31.29	268.96	− 31.76	+ 0.95	90.19	− 7.83	354.63
	21	269.79	266.05	− 31.29	272.24	− 31.76	+ 0.93	90.29	− 7.88	354.64
	25	269.94	269.58	− 31.30	275.52	− 31.76	+ 0.89	90.38	− 7.94	354.64
	29	270.09	273.14	− 31.31	278.78	− 31.76	+ 0.85	90.47	− 7.99	354.65
Nov.	2	270.24	276.71	− 31.32	282.03	− 31.76	+ 0.81	90.57	− 8.04	354.67
	6	270.38	280.30	− 31.33	285.27	− 31.76	+ 0.76	90.69	− 8.08	354.68
	10	270.53	283.91	− 31.35	288.49	− 31.75	+ 0.71	90.82	− 8.13	354.70
	14	270.68	287.52	− 31.37	291.69	− 31.75	+ 0.65	90.98	− 8.16	354.72
	18	270.83	291.13	− 31.39	294.87	− 31.75	+ 0.58	91.18	− 8.20	354.74
	22	270.98	294.75	− 31.41	298.04	− 31.75	+ 0.51	91.47	− 8.23	354.76
	26	271.13	298.37	− 31.43	301.18	− 31.75	+ 0.44	91.87	− 8.26	354.79
	30	271.28	301.99	− 31.46	304.30	− 31.75	+ 0.37	92.49	− 8.28	354.81
Dec.	4	271.43	305.60	− 31.48	307.40	− 31.75	+ 0.29	93.52	− 8.30	354.84
	8	271.58	309.20	− 31.51	310.48	− 31.74	+ 0.21	95.45	− 8.32	354.87
	12	271.73	312.78	− 31.54	313.53	− 31.74	+ 0.12	100.14	− 8.32	354.90
	16	271.88	316.34	− 31.57	316.56	− 31.74	+ 0.04	123.01	− 8.33	354.93
	20	272.03	319.88	− 31.59	319.57	− 31.74	+ 0.05	240.51	− 8.32	354.96
	24	272.18	323.40	− 31.62	322.55	− 31.73	+ 0.13	257.28	− 8.32	354.99
	28	272.33	326.89	− 31.65	325.51	− 31.73	+ 0.22	261.31	− 8.30	355.02
	32	272.47	330.34	− 31.67	328.45	− 31.73	+ 0.30	263.06	− 8.29	355.05

URANUS, 2002

EPHEMERIS FOR PHYSICAL OBSERVATIONS
FOR 0^h TERRESTRIAL TIME

Date		Light-time	Magnitude	Equatorial Diameter	Phase Angle	L_s	Sub-Earth Lat.	North Pole	
								Dist.	P.A.
		m		"	°	°	°	"	°
Jan.	−4	171.71	+5.9	3.41	2.1	336.73	− 26.11	− 1.51	259.89
	6	172.68	+5.9	3.39	1.7	336.84	− 25.64	− 1.51	259.74
	16	173.46	+5.9	3.38	1.3	336.95	− 25.13	− 1.51	259.58
	26	174.02	+5.9	3.37	0.9	337.06	− 24.57	− 1.51	259.41
Feb.	5	174.37	+5.9	3.36	0.4	337.17	− 23.99	− 1.51	259.24
	15	174.48	+5.9	3.36	0.1	337.27	− 23.41	− 1.52	259.06
	25	174.35	+5.9	3.36	0.5	337.38	− 22.82	− 1.52	258.90
Mar.	7	174.00	+5.9	3.37	1.0	337.49	− 22.24	− 1.53	258.74
	17	173.42	+5.9	3.38	1.4	337.60	− 21.69	− 1.54	258.59
	27	172.65	+5.9	3.40	1.8	337.70	− 21.18	− 1.56	258.45
Apr.	6	171.69	+5.9	3.41	2.1	337.81	− 20.72	− 1.57	258.33
	16	170.58	+5.9	3.44	2.4	337.92	− 20.31	− 1.58	258.22
	26	169.35	+5.9	3.46	2.7	338.03	− 19.97	− 1.60	258.13
May	6	168.03	+5.8	3.49	2.8	338.14	− 19.70	− 1.61	258.07
	16	166.66	+5.8	3.52	2.9	338.24	− 19.51	− 1.63	258.02
	26	165.27	+5.8	3.55	2.9	338.35	− 19.40	− 1.64	258.00
June	5	163.90	+5.8	3.58	2.8	338.46	− 19.38	− 1.66	257.99
	15	162.60	+5.8	3.61	2.6	338.57	− 19.43	− 1.67	258.01
	25	161.39	+5.8	3.63	2.4	338.67	− 19.57	− 1.68	258.04
July	5	160.33	+5.7	3.66	2.1	338.78	− 19.78	− 1.69	258.10
	15	159.43	+5.7	3.68	1.7	338.89	− 20.06	− 1.70	258.17
	25	158.73	+5.7	3.69	1.3	339.00	− 20.39	− 1.70	258.26
Aug.	4	158.24	+5.7	3.70	0.8	339.10	− 20.76	− 1.70	258.36
	14	158.00	+5.7	3.71	0.3	339.21	− 21.16	− 1.70	258.46
	24	157.99	+5.7	3.71	0.2	339.32	− 21.57	− 1.70	258.58
Sept.	3	158.24	+5.7	3.70	0.7	339.43	− 21.97	− 1.69	258.69
	13	158.72	+5.7	3.69	1.2	339.54	− 22.35	− 1.68	258.79
	23	159.43	+5.7	3.68	1.6	339.64	− 22.69	− 1.67	258.88
Oct.	3	160.35	+5.7	3.66	2.0	339.75	− 22.97	− 1.66	258.96
	13	161.44	+5.8	3.63	2.3	339.86	− 23.19	− 1.64	259.02
	23	162.68	+5.8	3.60	2.6	339.97	− 23.33	− 1.63	259.06
Nov.	2	164.02	+5.8	3.57	2.7	340.07	− 23.40	− 1.61	259.08
	12	165.44	+5.8	3.54	2.8	340.18	− 23.37	− 1.60	259.07
	22	166.87	+5.8	3.51	2.8	340.29	− 23.26	− 1.59	259.04
Dec.	2	168.29	+5.9	3.48	2.7	340.40	− 23.07	− 1.58	258.98
	12	169.64	+5.9	3.46	2.6	340.50	− 22.79	− 1.57	258.90
	22	170.90	+5.9	3.43	2.3	340.61	− 22.44	− 1.56	258.80
	32	172.02	+5.9	3.41	2.0	340.72	− 22.02	− 1.55	258.68
	42	172.98	+5.9	3.39	1.7	340.83	− 21.54	− 1.55	258.55

EPHEMERIS FOR PHYSICAL OBSERVATIONS
FOR 0^h TERRESTRIAL TIME

Date		Light-time	Magnitude	Equatorial Diameter	Phase Angle	L_s	Sub-Earth Lat.	North Pole	
								Dist.	P.A.
		m		''	°	°	°	''	°
Jan.	−4	257.20	+8.0	2.21	1.0	262.73	− 28.79	− 0.96	351.48
	6	257.85	+8.0	2.20	0.7	262.79	− 28.83	− 0.96	351.19
	16	258.28	+8.0	2.20	0.4	262.85	− 28.87	− 0.95	350.88
	26	258.47	+8.0	2.20	0.1	262.91	− 28.90	− 0.95	350.56
Feb.	5	258.42	+8.0	2.20	0.2	262.97	− 28.94	− 0.95	350.24
	15	258.13	+8.0	2.20	0.5	263.03	− 28.97	− 0.95	349.93
	25	257.61	+8.0	2.20	0.8	263.09	− 29.00	− 0.96	349.62
Mar.	7	256.87	+8.0	2.21	1.1	263.15	− 29.03	− 0.96	349.34
	17	255.95	+8.0	2.22	1.4	263.21	− 29.05	− 0.96	349.09
	27	254.85	+8.0	2.23	1.6	263.27	− 29.07	− 0.96	348.86
Apr.	6	253.62	+7.9	2.24	1.7	263.33	− 29.09	− 0.97	348.68
	16	252.29	+7.9	2.25	1.8	263.39	− 29.10	− 0.97	348.53
	26	250.90	+7.9	2.26	1.9	263.45	− 29.11	− 0.98	348.43
May	6	249.49	+7.9	2.28	1.9	263.51	− 29.11	− 0.99	348.38
	16	248.10	+7.9	2.29	1.9	263.56	− 29.11	− 0.99	348.36
	26	246.76	+7.9	2.30	1.8	263.62	− 29.11	− 1.00	348.40
June	5	245.52	+7.9	2.31	1.6	263.68	− 29.10	− 1.00	348.48
	15	244.41	+7.9	2.32	1.4	263.74	− 29.09	− 1.01	348.60
	25	243.47	+7.9	2.33	1.2	263.80	− 29.07	− 1.01	348.75
July	5	242.72	+7.8	2.34	0.9	263.86	− 29.05	− 1.01	348.93
	15	242.18	+7.8	2.35	0.6	263.92	− 29.03	− 1.02	349.14
	25	241.88	+7.8	2.35	0.3	263.98	− 29.01	− 1.02	349.36
Aug.	4	241.81	+7.8	2.35	0.1	264.04	− 28.98	− 1.02	349.59
	14	241.99	+7.8	2.35	0.4	264.10	− 28.96	− 1.02	349.81
	24	242.41	+7.8	2.34	0.7	264.16	− 28.93	− 1.02	350.03
Sept.	3	243.05	+7.9	2.34	1.0	264.22	− 28.91	− 1.01	350.23
	13	243.90	+7.9	2.33	1.3	264.28	− 28.88	− 1.01	350.40
	23	244.94	+7.9	2.32	1.5	264.34	− 28.86	− 1.01	350.54
Oct.	3	246.13	+7.9	2.31	1.7	264.40	− 28.85	− 1.00	350.64
	13	247.44	+7.9	2.30	1.8	264.46	− 28.84	− 1.00	350.70
	23	248.83	+7.9	2.28	1.9	264.51	− 28.84	− 0.99	350.71
Nov.	2	250.25	+7.9	2.27	1.9	264.57	− 28.84	− 0.98	350.67
	12	251.67	+7.9	2.26	1.9	264.63	− 28.85	− 0.98	350.59
	22	253.04	+7.9	2.24	1.8	264.69	− 28.86	− 0.97	350.46
Dec.	2	254.33	+7.9	2.23	1.6	264.75	− 28.88	− 0.97	350.29
	12	255.49	+8.0	2.22	1.4	264.81	− 28.90	− 0.96	350.07
	22	256.49	+8.0	2.21	1.2	264.87	− 28.93	− 0.96	349.83
	32	257.30	+8.0	2.21	0.9	264.93	− 28.95	− 0.96	349.55
	42	257.90	+8.0	2.20	0.6	264.99	− 28.98	− 0.95	349.25

PLUTO, 2002

EPHEMERIS FOR PHYSICAL OBSERVATIONS
FOR 0^h TERRESTRIAL TIME

Date		Light-time	Magnitude	Phase Angle	L_s	Sub-Earth Point		North Pole P.A.
						Long.	Lat.	
		m		°	°	°	°	°
Jan.	−4	260.90	+13.9	0.7	214.46	344.26	− 28.93	71.78
	6	260.35	+13.9	0.9	214.53	188.06	− 29.25	71.62
	16	259.58	+13.9	1.2	214.59	31.85	− 29.55	71.48
	26	258.63	+13.9	1.4	214.66	235.63	− 29.83	71.35
Feb.	5	257.51	+13.9	1.6	214.72	79.38	− 30.07	71.25
	15	256.28	+13.9	1.7	214.78	283.11	− 30.28	71.17
	25	254.95	+13.9	1.8	214.85	126.82	− 30.43	71.12
Mar.	7	253.58	+13.8	1.9	214.91	330.51	− 30.54	71.09
	17	252.21	+13.8	1.8	214.98	174.16	− 30.60	71.09
	27	250.87	+13.8	1.8	215.04	17.79	− 30.61	71.11
Apr.	6	249.61	+13.8	1.7	215.11	221.40	− 30.57	71.16
	16	248.46	+13.8	1.5	215.17	64.98	− 30.48	71.23
	26	247.46	+13.8	1.3	215.24	268.54	− 30.34	71.32
May	6	246.65	+13.8	1.0	215.30	112.08	− 30.17	71.42
	16	246.03	+13.8	0.8	215.36	315.61	− 29.97	71.52
	26	245.65	+13.8	0.5	215.43	159.13	− 29.74	71.64
June	5	245.49	+13.8	0.3	215.49	2.65	− 29.50	71.75
	15	245.58	+13.8	0.4	215.56	206.17	− 29.25	71.86
	25	245.91	+13.8	0.7	215.62	49.69	− 29.00	71.96
July	5	246.46	+13.8	0.9	215.69	253.22	− 28.77	72.05
	15	247.22	+13.8	1.2	215.75	96.76	− 28.56	72.12
	25	248.17	+13.8	1.4	215.81	300.33	− 28.37	72.17
Aug.	4	249.29	+13.8	1.6	215.88	143.90	− 28.22	72.21
	14	250.54	+13.8	1.7	215.94	347.51	− 28.12	72.22
	24	251.88	+13.8	1.8	216.01	191.13	− 28.05	72.20
Sept.	3	253.28	+13.8	1.9	216.07	34.77	− 28.04	72.16
	13	254.70	+13.9	1.9	216.13	238.45	− 28.07	72.10
	23	256.10	+13.9	1.8	216.20	82.14	− 28.16	72.01
Oct.	3	257.44	+13.9	1.7	216.26	285.86	− 28.29	71.91
	13	258.68	+13.9	1.6	216.33	129.60	− 28.47	71.78
	23	259.79	+13.9	1.4	216.39	333.36	− 28.68	71.63
Nov.	2	260.74	+13.9	1.1	216.46	177.13	− 28.94	71.47
	12	261.50	+13.9	0.9	216.52	20.93	− 29.22	71.29
	22	262.05	+13.9	0.6	216.58	224.73	− 29.53	71.11
Dec.	2	262.38	+13.9	0.4	216.65	68.54	− 29.86	70.92
	12	262.46	+13.9	0.3	216.71	272.36	− 30.20	70.73
	22	262.31	+13.9	0.5	216.78	116.18	− 30.53	70.54
	32	261.92	+13.9	0.7	216.84	319.99	− 30.86	70.37
	42	261.31	+13.9	1.0	216.90	163.80	− 31.18	70.20

FOR 0^h TERRESTRIAL TIME

Date		Mars	Jupiter			Saturn
			System I	System II	System III	
		°	°	°	°	°
Jan.	0	66.26	111.35	281.65	357.81	235.99
	1	56.33	269.38	72.05	148.48	326.82
	2	46.39	67.42	222.46	299.15	57.64
	3	36.46	225.45	12.86	89.82	148.46
	4	26.52	23.48	163.26	240.48	239.28
	5	16.58	181.51	313.66	31.15	330.10
	6	6.65	339.53	104.05	181.81	60.91
	7	356.71	137.56	254.45	332.47	151.72
	8	346.77	295.58	44.84	123.13	242.53
	9	336.84	93.60	195.23	273.79	333.33
	10	326.90	251.61	345.61	64.44	64.13
	11	316.96	49.63	136.00	215.09	154.93
	12	307.02	207.64	286.38	5.74	245.73
	13	297.09	5.65	76.76	156.39	336.52
	14	287.15	163.66	227.14	307.03	67.31
	15	277.21	321.66	17.51	97.67	158.10
	16	267.27	119.66	167.88	248.31	248.88
	17	257.34	277.66	318.25	38.94	339.66
	18	247.40	75.65	108.61	189.57	70.44
	19	237.47	233.64	258.97	340.20	161.22
	20	227.53	31.63	49.33	130.82	251.99
	21	217.60	189.61	199.69	281.45	342.76
	22	207.67	347.60	350.04	72.06	73.53
	23	197.73	145.57	140.39	222.68	164.30
	24	187.80	303.55	290.73	13.29	255.06
	25	177.87	101.52	81.07	163.90	345.82
	26	167.95	259.48	231.41	314.50	76.58
	27	158.02	57.45	21.74	105.10	167.33
	28	148.09	215.41	172.07	255.70	258.08
	29	138.17	13.36	322.40	46.29	348.83
	30	128.25	171.31	112.72	196.88	79.58
	31	118.32	329.26	263.04	347.46	170.32
Feb.	1	108.41	127.21	53.35	138.04	261.06
	2	98.49	285.15	203.66	288.62	351.80
	3	88.57	83.08	353.97	79.20	82.53
	4	78.66	241.02	144.27	229.76	173.27
	5	68.74	38.94	294.57	20.33	263.99
	6	58.83	196.87	84.87	170.89	354.72
	7	48.92	354.79	235.16	321.45	85.45
	8	39.02	152.70	25.44	112.00	176.17
	9	29.11	310.62	175.73	262.55	266.89
	10	19.21	108.52	326.00	53.10	357.61
	11	9.31	266.43	116.28	203.64	88.32
	12	359.41	64.33	266.55	354.17	179.03
	13	349.51	222.22	56.81	144.70	269.74
	14	339.62	20.11	207.08	295.23	0.45
	15	329.73	178.00	357.33	85.76	91.15

PLANETARY CENTRAL MERIDIANS, 2002

FOR 0ʰ TERRESTRIAL TIME

Date		Mars	Jupiter			Saturn
			System I	System II	System III	
		°	°	°	°	°
Feb.	15	329.73	178.00	357.33	85.76	91.15
	16	319.84	335.88	147.59	236.28	181.86
	17	309.95	133.76	297.84	26.79	272.56
	18	300.06	291.64	88.08	177.30	3.25
	19	290.18	89.51	238.32	327.81	93.95
	20	280.30	247.37	28.56	118.31	184.64
	21	270.42	45.23	178.79	268.81	275.33
	22	260.55	203.09	329.02	59.31	6.02
	23	250.67	0.95	119.24	209.80	96.71
	24	240.80	158.79	269.46	0.29	187.39
	25	230.93	316.64	59.68	150.77	278.08
	26	221.07	114.48	209.89	301.25	8.76
	27	211.21	272.32	0.10	91.72	99.44
	28	201.35	70.15	150.30	242.19	190.11
Mar.	1	191.49	227.98	300.51	32.66	280.79
	2	181.63	25.81	90.70	183.12	11.46
	3	171.78	183.63	240.89	333.58	102.13
	4	161.93	341.45	31.08	124.04	192.80
	5	152.08	139.26	181.27	274.49	283.47
	6	142.24	297.07	331.45	64.94	14.13
	7	132.40	94.88	121.63	215.38	104.80
	8	122.56	252.68	271.80	5.82	195.46
	9	112.72	50.48	61.97	156.26	286.12
	10	102.89	208.28	212.14	306.69	16.78
	11	93.06	6.07	2.30	97.12	107.43
	12	83.23	163.86	152.46	247.55	198.09
	13	73.40	321.65	302.62	37.97	288.74
	14	63.58	119.43	92.77	188.39	19.40
	15	53.75	277.21	242.92	338.81	110.05
	16	43.93	74.98	33.06	129.22	200.70
	17	34.12	232.75	183.20	279.63	291.34
	18	24.30	30.52	333.34	70.03	21.99
	19	14.49	188.28	123.48	220.43	112.64
	20	4.68	346.05	273.61	10.83	203.28
	21	354.88	143.80	63.74	161.23	293.92
	22	345.07	301.56	213.87	311.62	24.56
	23	335.27	99.31	3.99	102.01	115.21
	24	325.47	257.06	154.11	252.40	205.84
	25	315.67	54.81	304.22	42.78	296.48
	26	305.88	212.55	94.34	193.16	27.12
	27	296.09	10.29	244.45	343.54	117.76
	28	286.30	168.03	34.56	133.91	208.39
	29	276.51	325.76	184.66	284.29	299.03
	30	266.73	123.50	334.77	74.66	29.66
	31	256.94	281.23	124.87	225.02	120.29
Apr.	1	247.16	78.95	274.97	15.39	210.92
	2	237.38	236.68	65.06	165.75	301.55

FOR 0^h TERRESTRIAL TIME

Date		Mars	Jupiter			Saturn
			System I	System II	System III	
		°	°	°	°	°
Apr.	1	247.16	78.95	274.97	15.39	210.92
	2	237.38	236.68	65.06	165.75	301.55
	3	227.61	34.40	215.15	316.11	32.18
	4	217.83	192.12	5.24	106.46	122.81
	5	208.06	349.83	155.33	256.82	213.44
	6	198.29	147.55	305.42	47.17	304.07
	7	188.52	305.26	95.50	197.52	34.70
	8	178.76	102.97	245.58	347.87	125.32
	9	168.99	260.68	35.66	138.21	215.95
	10	159.23	58.38	185.73	288.55	306.58
	11	149.47	216.09	335.81	78.90	37.20
	12	139.71	13.79	125.88	229.23	127.83
	13	129.95	171.49	275.95	19.57	218.45
	14	120.20	329.18	66.02	169.90	309.07
	15	110.44	126.88	216.08	320.24	39.70
	16	100.69	284.57	6.15	110.57	130.32
	17	90.94	82.26	156.21	260.90	220.94
	18	81.20	239.95	306.27	51.22	311.57
	19	71.45	37.64	96.33	201.55	42.19
	20	61.70	195.33	246.38	351.87	132.81
	21	51.96	353.01	36.44	142.19	223.43
	22	42.22	150.69	186.49	292.51	314.05
	23	32.48	308.38	336.54	82.83	44.68
	24	22.74	106.06	126.59	233.15	135.30
	25	13.00	263.73	276.64	23.46	225.92
	26	3.27	61.41	66.69	173.78	316.54
	27	353.53	219.09	216.74	324.09	47.16
	28	343.80	16.76	6.78	114.40	137.78
	29	334.07	174.43	156.82	264.71	228.40
	30	324.34	332.10	306.87	55.02	319.03
May	1	314.61	129.77	96.91	205.33	49.65
	2	304.88	287.44	246.95	355.63	140.27
	3	295.16	85.11	36.98	145.94	230.89
	4	285.43	242.78	187.02	296.24	321.51
	5	275.70	40.44	337.06	86.54	52.14
	6	265.98	198.11	127.09	236.85	142.76
	7	256.26	355.77	277.13	27.15	233.38
	8	246.54	153.43	67.16	177.45	324.01
	9	236.82	311.09	217.19	327.75	54.63
	10	227.10	108.75	7.22	118.04	145.26
	11	217.38	266.41	157.25	268.34	235.88
	12	207.66	64.07	307.28	58.64	326.51
	13	197.94	221.73	97.31	208.93	57.13
	14	188.23	19.39	247.34	359.23	147.76
	15	178.51	177.05	37.37	149.52	238.38
	16	168.79	334.70	187.39	299.81	329.01
	17	159.08	132.36	337.42	90.11	59.64

PLANETARY CENTRAL MERIDIANS, 2002

FOR 0ʰ TERRESTRIAL TIME

Date		Mars	Jupiter			Saturn
			System I	System II	System III	
		°	°	°	°	°
May	17	159.08	132.36	337.42	90.11	59.64
	18	149.37	290.01	127.45	240.40	150.27
	19	139.65	87.67	277.47	30.69	240.90
	20	129.94	245.32	67.49	180.98	331.52
	21	120.23	42.97	217.52	331.27	62.16
	22	110.52	200.63	7.54	121.56	152.79
	23	100.80	358.28	157.56	271.85	243.42
	24	91.09	155.93	307.59	62.14	334.05
	25	81.38	313.58	97.61	212.43	64.68
	26	71.67	111.23	247.63	2.72	155.32
	27	61.96	268.89	37.65	153.01	245.95
	28	52.26	66.54	187.67	303.29	336.59
	29	42.55	224.19	337.70	93.58	67.22
	30	32.84	21.84	127.72	243.87	157.86
	31	23.13	179.49	277.74	34.16	248.50
June	1	13.42	337.14	67.76	184.44	339.14
	2	3.71	134.79	217.78	334.73	69.78
	3	354.00	292.44	7.80	125.02	160.42
	4	344.30	90.09	157.82	275.30	251.06
	5	334.59	247.74	307.84	65.59	341.70
	6	324.88	45.39	97.86	215.88	72.35
	7	315.17	203.04	247.88	6.17	162.99
	8	305.46	0.69	37.90	156.45	253.64
	9	295.75	158.34	187.92	306.74	344.29
	10	286.05	315.99	337.94	97.03	74.93
	11	276.34	113.64	127.96	247.31	165.58
	12	266.63	271.29	277.98	37.60	256.23
	13	256.92	68.94	68.00	187.89	346.89
	14	247.21	226.59	218.02	338.18	77.54
	15	237.50	24.24	8.05	128.46	168.19
	16	227.79	181.89	158.07	278.75	258.85
	17	218.08	339.54	308.09	69.04	349.50
	18	208.37	137.20	98.11	219.33	80.16
	19	198.66	294.85	248.14	9.62	170.82
	20	188.94	92.50	38.16	159.91	261.48
	21	179.23	250.16	188.18	310.20	352.14
	22	169.52	47.81	338.21	100.49	82.81
	23	159.81	205.46	128.23	250.78	173.47
	24	150.09	3.12	278.26	41.07	264.14
	25	140.38	160.77	68.28	191.37	354.80
	26	130.66	318.43	218.31	341.66	85.47
	27	120.95	116.09	8.33	131.95	176.14
	28	111.23	273.74	158.36	282.25	266.81
	29	101.52	71.40	308.39	72.54	357.49
	30	91.80	229.06	98.42	222.83	88.16
July	1	82.08	26.72	248.45	13.13	178.84
	2	72.36	184.38	38.47	163.43	269.51

FOR 0^h TERRESTRIAL TIME

Date		Mars	Jupiter			Saturn
			System I	System II	System III	
		°	°	°	°	°
July	1	82.08	26.72	248.45	13.13	178.84
	2	72.36	184.38	38.47	163.43	269.51
	3	62.64	342.04	188.50	313.72	0.19
	4	52.92	139.70	338.54	104.02	90.87
	5	43.20	297.36	128.57	254.32	181.55
	6	33.48	95.02	278.60	44.62	272.24
	7	23.76	252.68	68.63	194.92	2.92
	8	14.03	50.35	218.67	345.22	93.61
	9	4.31	208.01	8.70	135.52	184.30
	10	354.58	5.68	158.74	285.82	274.99
	11	344.85	163.34	308.77	76.12	5.68
	12	335.13	321.01	98.81	226.43	96.37
	13	325.40	118.68	248.85	16.73	187.06
	14	315.67	276.35	38.89	167.04	277.76
	15	305.94	74.02	188.93	317.34	8.46
	16	296.21	231.69	338.97	107.65	99.16
	17	286.47	29.36	129.01	257.96	189.86
	18	276.74	187.03	279.05	48.27	280.56
	19	267.00	344.70	69.10	198.58	11.27
	20	257.27	142.38	219.14	348.89	101.97
	21	247.53	300.05	9.19	139.20	192.68
	22	237.79	97.73	159.23	289.52	283.39
	23	228.05	255.41	309.28	79.83	14.10
	24	218.31	53.09	99.33	230.15	104.82
	25	208.57	210.77	249.38	20.46	195.53
	26	198.83	8.45	39.43	170.78	286.25
	27	189.09	166.13	189.48	321.10	16.97
	28	179.34	323.82	339.54	111.42	107.69
	29	169.59	121.50	129.59	261.74	198.41
	30	159.85	279.19	279.65	52.07	289.13
	31	150.10	76.87	69.71	202.39	19.86
Aug.	1	140.35	234.56	219.76	352.71	110.59
	2	130.60	32.25	9.82	143.04	201.32
	3	120.84	189.94	159.88	293.37	292.05
	4	111.09	347.64	309.95	83.70	22.78
	5	101.33	145.33	100.01	234.03	113.52
	6	91.58	303.02	250.07	24.36	204.26
	7	81.82	100.72	40.14	174.69	295.00
	8	72.06	258.42	190.21	325.03	25.74
	9	62.30	56.12	340.28	115.36	116.48
	10	52.54	213.82	130.35	265.70	207.23
	11	42.77	11.52	280.42	56.04	297.97
	12	33.01	169.22	70.49	206.38	28.72
	13	23.24	326.93	220.57	356.72	119.47
	14	13.48	124.64	10.64	147.06	210.23
	15	3.71	282.34	160.72	297.40	300.98
	16	353.94	80.05	310.80	87.75	31.74

FOR 0^h TERRESTRIAL TIME

Date		Mars	Jupiter			Saturn
			System I	System II	System III	
		°	°	°	°	°
Aug.	16	353.94	80.05	310.80	87.75	31.74
	17	344.17	237.76	100.88	238.10	122.50
	18	334.40	35.48	250.96	28.45	213.26
	19	324.63	193.19	41.05	178.80	304.02
	20	314.85	350.91	191.13	329.15	34.79
	21	305.08	148.62	341.22	119.50	125.55
	22	295.30	306.34	131.31	269.86	216.32
	23	285.52	104.06	281.40	60.22	307.09
	24	275.74	261.78	71.49	210.57	37.87
	25	265.96	59.51	221.58	0.93	128.64
	26	256.18	217.23	11.68	151.30	219.42
	27	246.40	14.96	161.78	301.66	310.20
	28	236.62	172.69	311.87	92.02	40.98
	29	226.83	330.42	101.97	242.39	131.76
	30	217.04	128.15	252.08	32.76	222.55
	31	207.26	285.89	42.18	183.13	313.33
Sept.	1	197.47	83.62	192.29	333.50	44.12
	2	187.68	241.36	342.39	123.88	134.91
	3	177.89	39.10	132.50	274.25	225.71
	4	168.10	196.84	282.61	64.63	316.50
	5	158.31	354.58	72.73	215.01	47.30
	6	148.51	152.33	222.84	5.39	138.10
	7	138.72	310.08	12.96	155.77	228.90
	8	128.92	107.83	163.08	306.16	319.70
	9	119.13	265.58	313.20	96.55	50.51
	10	109.33	63.33	103.32	246.94	141.31
	11	99.53	221.08	253.44	37.33	232.12
	12	89.74	18.84	43.57	187.72	322.94
	13	79.94	176.60	193.70	338.11	53.75
	14	70.14	334.36	343.83	128.51	144.56
	15	60.34	132.12	133.96	278.91	235.38
	16	50.54	289.89	284.09	69.31	326.20
	17	40.73	87.65	74.23	219.71	57.02
	18	30.93	245.42	224.37	10.12	147.85
	19	21.13	43.19	14.51	160.53	238.67
	20	11.33	200.97	164.65	310.94	329.50
	21	1.52	358.74	314.80	101.35	60.33
	22	351.72	156.52	104.94	251.76	151.16
	23	341.91	314.30	255.09	42.18	241.99
	24	332.11	112.08	45.24	192.59	332.83
	25	322.30	269.87	195.40	343.01	63.66
	26	312.50	67.65	345.55	133.44	154.50
	27	302.69	225.44	135.71	283.86	245.34
	28	292.88	23.23	285.87	74.29	336.19
	29	283.08	181.02	76.03	224.72	67.03
	30	273.27	338.82	226.20	15.15	157.88
Oct.	1	263.46	136.62	16.36	165.58	248.72

FOR 0ʰ TERRESTRIAL TIME

Date		Mars	Jupiter			Saturn
			System I	System II	System III	
		°	°	°	°	°
Oct.	1	263.46	136.62	16.36	165.58	248.72
	2	253.65	294.42	166.53	316.02	339.57
	3	243.85	92.22	316.71	106.46	70.43
	4	234.04	250.02	106.88	256.90	161.28
	5	224.23	47.83	257.06	47.34	252.14
	6	214.42	205.64	47.23	197.78	342.99
	7	204.62	3.45	197.41	348.23	73.85
	8	194.81	161.26	347.60	138.68	164.71
	9	185.00	319.08	137.78	289.13	255.57
	10	175.20	116.90	287.97	79.59	346.44
	11	165.39	274.72	78.16	230.05	77.30
	12	155.58	72.54	228.36	20.51	168.17
	13	145.78	230.37	18.55	170.97	259.04
	14	135.97	28.20	168.75	321.43	349.91
	15	126.17	186.03	318.95	111.90	80.78
	16	116.36	343.86	109.15	262.37	171.66
	17	106.56	141.70	259.36	52.84	262.53
	18	96.75	299.54	49.57	203.32	353.41
	19	86.95	97.38	199.78	353.80	84.29
	20	77.15	255.23	349.99	144.28	175.17
	21	67.35	53.07	140.21	294.76	266.05
	22	57.55	210.92	290.43	85.24	356.93
	23	47.75	8.77	80.65	235.73	87.81
	24	37.95	166.63	230.87	26.22	178.70
	25	28.15	324.49	21.10	176.72	269.58
	26	18.35	122.35	171.33	327.21	0.47
	27	8.55	280.21	321.56	117.71	91.36
	28	358.76	78.07	111.80	268.21	182.25
	29	348.96	235.94	262.03	58.72	273.14
	30	339.16	33.81	52.27	209.22	4.03
	31	329.37	191.69	202.52	359.73	94.93
Nov.	1	319.58	349.56	352.76	150.25	185.82
	2	309.79	147.44	143.01	300.76	276.71
	3	300.00	305.32	293.26	91.28	7.61
	4	290.21	103.21	83.52	241.80	98.51
	5	280.42	261.10	233.77	32.32	189.41
	6	270.63	58.99	24.03	182.85	280.30
	7	260.84	216.88	174.30	333.38	11.20
	8	251.06	14.78	324.56	123.91	102.10
	9	241.27	172.68	114.83	274.45	193.00
	10	231.49	330.58	265.10	64.98	283.91
	11	221.71	128.48	55.37	215.52	14.81
	12	211.93	286.39	205.65	6.07	105.71
	13	202.15	84.30	355.93	156.61	196.61
	14	192.38	242.21	146.21	307.16	287.52
	15	182.60	40.13	296.50	97.72	18.42
	16	172.83	198.05	86.79	248.27	109.33

FOR 0ʰ TERRESTRIAL TIME

Date		Mars	Jupiter			Saturn
			System I	System II	System III	
		°	°	°	°	°
Nov.	16	172.83	198.05	86.79	248.27	109.33
	17	163.05	355.97	237.08	38.83	200.23
	18	153.28	153.89	27.37	189.39	291.13
	19	143.51	311.82	177.67	339.95	22.04
	20	133.74	109.75	327.97	130.52	112.94
	21	123.97	267.69	118.27	281.09	203.85
	22	114.21	65.62	268.58	71.66	294.75
	23	104.44	223.56	58.89	222.23	25.66
	24	94.68	21.50	209.20	12.81	116.57
	25	84.92	179.45	359.51	163.39	207.47
	26	75.16	337.39	149.83	313.98	298.37
	27	65.40	135.34	300.15	104.56	29.28
	28	55.64	293.30	90.47	255.15	120.18
	29	45.89	91.25	240.79	45.74	211.09
	30	36.13	249.21	31.12	196.34	301.99
Dec.	1	26.38	47.17	181.45	346.94	32.89
	2	16.63	205.14	331.79	137.54	123.80
	3	6.88	3.11	122.12	288.14	214.70
	4	357.13	161.08	272.46	78.75	305.60
	5	347.38	319.05	62.81	229.35	36.50
	6	337.64	117.02	213.15	19.97	127.40
	7	327.89	275.00	3.50	170.58	218.30
	8	318.15	72.98	153.85	321.20	309.20
	9	308.41	230.97	304.20	111.82	40.09
	10	298.67	28.95	94.56	262.44	130.99
	11	288.94	186.94	244.91	53.06	221.89
	12	279.20	344.93	35.27	203.69	312.78
	13	269.47	142.93	185.64	354.32	43.67
	14	259.73	300.92	336.00	144.95	134.56
	15	250.00	98.92	126.37	295.59	225.45
	16	240.27	256.92	276.74	86.22	316.34
	17	230.55	54.92	67.11	236.86	47.23
	18	220.82	212.93	217.49	27.50	138.12
	19	211.09	10.94	7.87	178.15	229.00
	20	201.37	168.95	158.24	328.79	319.88
	21	191.65	326.96	308.63	119.44	50.76
	22	181.93	124.97	99.01	270.09	141.64
	23	172.21	282.99	249.40	60.75	232.52
	24	162.49	81.01	39.78	211.40	323.40
	25	152.77	239.03	190.17	2.06	54.27
	26	143.06	37.05	340.56	152.71	145.15
	27	133.34	195.07	130.96	303.37	236.02
	28	123.63	353.10	281.35	94.04	326.89
	29	113.92	151.13	71.75	244.70	57.75
	30	104.21	309.16	222.15	35.37	148.62
	31	94.50	107.19	12.55	186.03	239.48
	32	84.80	265.22	162.95	336.70	330.34

ROTATION ELEMENTS FOR MEAN EQUINOX AND EQUATOR OF DATE
2002 JANUARY 0, 0^h TT

		North Pole Right Ascension	North Pole Declin- ation	Argument of Prime Meridian at epoch	Argument of Prime Meridian var./day	Longitude of Central Meridian	Inclination of Equator to Orbit
		α_1	δ_1	W_0	$\dot{W}$	λ_e	
		$^{\circ}$	$^{\circ}$	$^{\circ}$	$^{\circ}$	$^{\circ}$	$^{\circ}$
Mercury		281.01	61.45	127.74	6.1385338	23.63	0.01
Venus		272.76	67.16	159.57	− 1.4813296	293.80	2.64
Mars		317.69	52.89	192.62	350.8920000	66.26	25.19
Jupiter	I	268.05	64.49	55.18	877.9000354	111.35	3.13
	II	268.05	64.49	225.29	870.2700354	281.65	3.13
	III	268.05	64.49	301.46	870.5366774	357.81	3.13
Saturn		40.68	83.55	32.99	810.7938140	235.99	26.73
Uranus		257.34	−15.18	7.53	− 501.1600774	103.13	82.23
Neptune		299.36	42.96	173.43	536.3128554	336.31	28.32
Pluto		313.04	9.10	160.47	− 56.3623082	209.78	57.43

These data were derived from the "Report of the IAU/IAG/COSPAR Working Group on Cartographic Coordinates and Rotational Elements of the Planets and Satellites: 1994" (M. E. Davies *et al.*, *Celest. Mech.*, **63**, 127–148, 1996). For Jupiter III, $\dot{W}$ is from Haggins *et al.*, *Geophys. Res. Letters*, **23**, No. 19, pp. 2653–6, 15 Sept. 1996.

DEFINITIONS AND FORMULAS

α_1, δ_1 right ascension and declination of the north pole of the planet; variations during one year are negligible.

W_0 the angle measured from the planet's equator in the positive sense with respect to the planet's north pole from the ascending node of the planet's equator on the Earth's mean equator of date to the prime meridian of the planet.

$\dot{W}$ the daily rate of change of W_0. Sidereal periods of rotation are given on page E88.

α, δ, Δ apparent right ascension, declination and true distance of the planet at the time of observation (pages E14–E42).

W_1 argument of the prime meridian at the time of observation antedated by the light-time from the planet to the Earth.

$$W_1 = W_0 + \dot{W}(d - 0.005\,7755\,\Delta)$$

where d is the interval in days from Jan. 0 at 0^h TT.

β_e planetocentric declination of the Earth, positive in the planet's northern hemisphere:

$$\sin \beta_e = - \sin \delta_1 \sin \delta - \cos \delta_1 \cos \delta \cos(\alpha_1 - \alpha), \text{ where } -90^{\circ} < \beta_e < 90^{\circ}.$$

p_n position angle of the central meridian, also called the position angle of the axis, measured eastwards from the north point:

$$\cos \beta_e \sin p_n = \cos \delta_1 \sin(\alpha_1 - \alpha)$$
$$\cos \beta_e \cos p_n = \sin \delta_1 \cos \delta - \cos \delta_1 \sin \delta \cos(\alpha_1 - \alpha), \text{ where } \cos \beta_e > 0.$$

λ_e planetographic longitude of the central meridian measured in the direction opposite to the direction of rotation:

$$\lambda_e = W_1 - K, \text{ if } \dot{W} \text{ is positive}$$
$$\lambda_e = K - W_1, \text{ if } \dot{W} \text{ is negative}$$

where K is given by

$$\cos \beta_e \sin K = -\cos \delta_1 \sin \delta + \sin \delta_1 \cos \delta \cos(\alpha_1 - \alpha)$$
$$\cos \beta_e \cos K = \cos \delta \sin(\alpha_1 - \alpha), \text{ where } \cos \beta_e > 0.$$

λ, φ planetographic longitude (measured in the direction opposite to the rotation) and latitude (measured positive to the planet's north) of a feature on the planet's surface.

s apparent semidiameter of the planet (see page E43).

$\Delta\alpha, \Delta\delta$ displacements in right ascension and declination of the feature (λ, φ) from the center of the planet:

$$\Delta\alpha \cos \delta = X \cos p_n + Y \sin p_n$$
$$\Delta\delta \qquad = -X \sin p_n + Y \cos p_n$$

where

$$X = s \cos \varphi \sin(\lambda - \lambda_e), \text{ if } \dot{W} > 0; \quad X = -s \cos \varphi \sin(\lambda - \lambda_e), \text{ if } \dot{W} < 0;$$
$$Y = s (\sin \varphi \cos \beta_e - \cos \varphi \sin \beta_e \cos(\lambda - \lambda_e)).$$

MAJOR PLANETS

PHYSICAL AND PHOTOMETRIC DATA

Planet	Mass[1] ($\times 10^{24}$ kg)	Mean Equatorial Radius km	Maximum Angular Diameter[2] ''	Minimum Geocentric Distance[3] au	Flattening[4] (geometric)	$10^3 J_2$	$10^6 J_3$	$10^6 J_4$
Mercury	0.330 22	2 439.7	12.3	0.549	0	—	—	—
Venus	4.869 0	6 051.8	63.0	0.265	0	0.027	—	—
Earth	5.974 2	6 378.14	—	—	0.003 353 64	1.082 63	– 2.54	– 1.61
(Moon)	0.073 483	1 737.4	2 010.8	0.002 38	0	0.202 7	—	—
Mars	0.641 91	3 397	25.1	0.373	0.006 476	1.964	36	—
Jupiter	1 898.8	71 492	49.9	3.949	0.064 874	14.75	—	– 580
Saturn	568.50	60 268	20.7	8.032	0.097 962	16.45	—	– 1 000
Uranus	86.624	25 559	4.1	17.292	0.022 927	12	—	—
Neptune	102.97	24 764	2.4	28.814	0.017 081	4	—	—
Pluto	0.014	1 195	0.11	28.687	0	—	—	—

	Sidereal Period of Rotation[5] d	Mean Density g/cm^3	Geometric Albedo[6]	Visual Magnitude[7] V(1,0)	Visual Magnitude[7] V_0	Color Indices B – V	Color Indices U – B
Mercury	58.646 2	5.43	0.106	– 0.42	—	0.93	0.41
Venus	– 243.018 5	5.24	0.65	– 4.40	—	0.82	0.50
Earth	0.997 269 63	5.515	0.367	– 3.86	—	—	—
(Moon)	27.321 66	3.34	0.12	+ 0.21	– 12.74	0.92	0.46
Mars	1.025 956 75	3.94	0.150	– 1.52	– 2.01	1.36	0.58
Jupiter	0.413 54 (System III)	1.33	0.52	– 9.40	– 2.70	0.83	0.48
Saturn	0.444 01 (System III)	0.69	0.47	– 8.88	+ 0.67	1.04	0.58
Uranus	– 0.718 33	1.27	0.51	– 7.19	+ 5.52	0.56	0.28
Neptune	0.671 25	1.65	0.41	– 6.87	+ 7.84	0.41	0.21
Pluto	– 6.387 2	1.9	0.3	– 1.0	+ 15.12	0.80	0.31

[1] Values for the masses include the atmospheres but exclude satellites.

[2] The tabulated Maximum Angular Diameter is based on the equatorial diameter when the planet is at the tabulated Minimum Geocentric Distance.

[3] The tabulated Minimum Geocentric Distance applies to the interval 1950 to 2050.

[4] The Flattening is the ratio of the difference of the equatorial and polar radii to the equatorial radius.

[5] The Sidereal Period of Rotation is the rotation at the equator with respect to a fixed frame of reference. A negative sign indicates that the rotation is retrograde with respect to the pole that lies north of the invariable plane of the solar system. The period is measured in days of 86 400 SI seconds. Rotation elements are tabulated on page E87.

[6] The Geometric Albedo is the ratio of the illumination of the planet at zero phase angle to the illumination produced by a plane, absolutely white Lambert surface of the same radius and position as the planet.

[7] V(1,0) is the visual magnitude of the planet reduced to a distance of 1 au from both the Sun and Earth and with phase angle zero. V_0 is the mean opposition magnitude. For Saturn the photometric quantities refer to the disk only.

Data for the Mean Equatorial Radius, Flattening and Sidereal Period of Rotation are based on the "Report of the IAU/IAG/COSPAR Working Group on Cartographic Coordinates and Rotational Elements of the Planets and Satellites: 1994" (M. E. Davies *et al.*, *Celest. Mech.*, **63**, 127–148, 1996).

CONTENTS OF SECTION F

The satellite ephemerides were calculated using $\Delta T = 67$ seconds.

Satellite			Orbital Period[1] (R = Retrograde)	Max. Elong. at Mean Opposition	Semimajor Axis	Orbital Eccentricity	Inclination of Orbit to Planet's Equator	Motion of Node on Fixed Plane[4]
			d	° ′ ″	×10³ km		°	°/yr
Earth		Moon	27.321 661		384.400	0.054 900 489	18.28–28.58	19.34[6]
Mars	I	Phobos	0.318 910 23	25	9.378	0.015	1.0	158.8
	II	Deimos	1.262 440 7	1 02	23.459	0.000 5	0.9–2.7	6.614
Jupiter	I	Io	1.769 137 786	2 18	422	0.004	0.04	48.6
	II	Europa	3.551 181 041	3 40	671	0.009	0.47	12.0
	III	Ganymede	7.154 552 96	5 51	1 070	0.002	0.21	2.63
	IV	Callisto	16.689 018 4	10 18	1 883	0.007	0.51	0.643
	V	Amalthea	0.498 179 05	59	181	0.003	0.40	914.6
	VI	Himalia	250.566 2	1 02 46	11 480	0.157 98	27.63	
	VII	Elara	259.652 8	1 04 10	11 737	0.207 19	24.77	
	VIII	Pasiphae	735 R	2 08 26	23 500	0.378	145	
	IX	Sinope	758 R	2 09 31	23 700	0.275	153	
	X	Lysithea	259.22	1 04 04	11 720	0.107	29.02	
	XI	Carme	692 R	2 03 31	22 600	0.206 78	164	
	XII	Ananke	631 R	1 55 52	21 200	0.168 70	147	
	XIII	Leda	238.72	1 00 39	11 094	0.147 62	26.07	
	XIV	Thebe	0.674 5	1 13	222	0.015	0.8	
	XV	Adrastea	0.298 26	42	129			
	XVI	Metis	0.294 780	42	128			
Saturn	I	Mimas	0.942 421 813	30	185.52	0.020 2	1.53	365.0
	II	Enceladus	1.370 217 855	38	238.02	0.004 52	0.00	156.2[5]
	III	Tethys	1.887 802 160	48	294.66	0.000 00	1.86	72.25
	IV	Dione	2.736 914 742	1 01	377.40	0.002 230	0.02	30.85[5]
	V	Rhea	4.517 500 436	1 25	527.04	0.001 00	0.35	10.16
	VI	Titan	15.945 420 68	3 17	1 221.83	0.029 192	0.33	0.5213[5]
	VII	Hyperion	21.276 608 8	3 59	1 481.1	0.104	0.43	
	VIII	Iapetus	79.330 182 5	9 35	3 561.3	0.028 28	14.72	
	IX	Phoebe	550.48 R	34 51	12 952	0.163 26	177[2]	
	X	Janus	0.694 5	24	151.472	0.007	0.14	
	XI	Epimetheus	0.694 2	24	151.422	0.009	0.34	
	XII	Helene	2.736 9	1 01	377.40	0.005	0.0	
	XIII	Telesto	1.887 8	48	294.66			
	XIV	Calypso	1.887 8	48	294.66			
	XV	Atlas	0.601 9	22	137.670	0.000	0.3	
	XVI	Prometheus	0.613 0	23	139.353	0.003	0.0	
	XVII	Pandora	0.628 5	23	141.700	0.004	0.0	
	XVIII	Pan	0.575 0	21	133.583			
Uranus	I	Ariel	2.520 379 35	14	191.02	0.003 4	0.3	6.8
	II	Umbriel	4.144 177 2	20	266.30	0.005 0	0.36	3.6
	III	Titania	8.705 871 7	33	435.91	0.002 2	0.14	2.0
	IV	Oberon	13.463 238 9	44	583.52	0.000 8	0.10	1.4
	V	Miranda	1.413 479 25	10	129.39	0.002 7	4.2	19.8
	VI	Cordelia	0.335 033 8	4	49.77	0.000 26	0.08	550
	VII	Ophelia	0.376 400	4	53.79	0.009 9	0.10	419
	VIII	Bianca	0.434 578 99	4	59.17	0.000 9	0.19	229
	IX	Cressida	0.463 569 60	5	61.78	0.000 4	0.01	257
	X	Desdemona	0.473 649 60	5	62.68	0.000 13	0.11	245
	XI	Juliet	0.493 065 49	5	64.35	0.000 66	0.07	223
	XII	Portia	0.513 195 92	5	66.09	0.000 0	0.06	203
	XIII	Rosalind	0.558 459 53	5	69.94	0.000 1	0.28	129
	XIV	Belinda	0.623 527 47	6	75.26	0.000 07	0.03	167
	XV	Puck	0.761 832 87	7	86.01	0.000 12	0.32	81
	XVI		579 R	8 56	7 169	0.082	139.7[2]	
	XVII		1289 R	15 26	12 214	0.509	152.7[2]	
Neptune	I	Triton	5.876 854 1 R	17	354.76	0.000 016	157.345	0.5232
	II	Nereid	360.136 19	4 21	5 513.4	0.751 2	27.6[3]	0.039
	III	Naiad	0.294 396	2	48.23	0.000	4.74	626
	IV	Thalassa	0.311 485	2	50.07	0.000	0.21	551
	V	Despina	0.334 655	2	52.53	0.000	0.07	466
	VI	Galatea	0.428 745	3	61.95	0.000	0.05	261
	VII	Larissa	0.554 654	3	73.55	0.001 39	0.20	143
	VIII	Proteus	1.122 315	6	117.65	0.000 4	0.55	28.25
Pluto	I	Charon	6.387 25	<1	19.6	<0.001	99[3]	

[1] Sidereal periods, except that tropical periods are given for satellites of Saturn.
[2] Relative to ecliptic plane.
[3] Referred to equator of 1950.0.
[4] Rate of decrease (or increase) in the longitude of the ascending node.
[5] Rate of increase in the longitude of the apse.

Satellite		Mass (1/Planet)	Radius	Sidereal Period of Rotation[7]	Geometric Albedo (V)[9]	V(1,0)	V_0	B − V	U − B
			km	d					
	Moon	0.01230002	1737.4	S	0.12	+ 0.21	− 12.74	0.92	0.46
I	Phobos	1.65×10^{-8}	13.4 × 11.2 × 9.2	S	0.07	+11.8	11.3	0.6	
II	Deimos	3.71×10^{-9}	7.5 × 6.1 × 5.2	S	0.08	+12.89	12.40	0.65	0.18
I	Io	4.70×10^{-5}	1830×1819×1815	S	0.63	− 1.68	5.02	1.17	1.30
II	Europa	2.53×10^{-5}	1565	S	0.67	− 1.41	5.29	0.87	0.52
III	Ganymede	7.80×10^{-5}	2634	S	0.44	− 2.09	4.61	0.83	0.50
IV	Callisto	5.67×10^{-5}	2403	S	0.20	− 1.05	5.65	0.86	0.55
V	Amalthea	38×10^{-10}	131 × 73 × 67	S	0.07	+ 7.4	14.1	1.50	
VI	Himalia	50×10^{-10}	85	0.40	0.03	+ 8.14	14.84	0.67	0.30
VII	Elara	4×10^{-10}	40		0.03	+10.07	16.77	0.69	0.28
VIII	Pasiphae	1×10^{-10}	18		0.10	+10.33	17.03	0.63	0.34
IX	Sinope	0.4×10^{-10}	14	0.548	0.05	+11.6	18.3	0.7	
X	Lysithea	0.4×10^{-10}	12	0.533	0.06	+11.7	18.4	0.7	
XI	Carme	0.5×10^{-10}	15	0.433	0.06	+11.3	18.0	0.7	
XII	Ananke	0.2×10^{-10}	10	0.35	0.06	+12.2	18.9	0.7	
XIII	Leda	0.03×10^{-10}	5		0.07	+13.5	20.2	0.7	
XIV	Thebe	4×10^{-10}	55 × 45	S	0.04	+ 9.0	15.7	1.3	
XV	Adrastea	0.1×10^{-10}	13 × 10 × 8	S	0.05	+12.4	19.1		
XVI	Metis	0.5×10^{-10}	20	S	0.05	+10.8	17.5		
I	Mimas	6.60×10^{-8}	209 × 196 × 191	S	0.5	+ 3.3	12.9		
II	Enceladus	1×10^{-7}	256 × 247 × 245	S	1.0	+ 2.1	11.7	0.70	0.28
III	Tethys	1.10×10^{-6}	536 × 528 × 526	S	0.9	+ 0.6	10.2	0.73	0.30
IV	Dione	1.93×10^{-6}	560	S	0.7	+ 0.8	10.4	0.71	0.31
V	Rhea	4.06×10^{-6}	764	S	0.7	+ 0.1	9.7	0.78	0.38
VI	Titan	2.37×10^{-4}	2575	S	0.22	− 1.28	8.28	1.28	0.75
VII	Hyperion	4×10^{-8}	180 × 140 × 113		0.3	+ 4.63	14.19	0.78	0.33
VIII	Iapetus	2.8×10^{-6}	718	S	0.2[8]	+ 1.5	11.1	0.72	0.30
IX	Phoebe	7×10^{-10}	110	0.4	0.06	+ 6.89	16.45	0.70	0.34
X	Janus	3.38×10^{-9}	97 × 95 × 77	S	0.9 :	+ 4.4 :	14 :		
XI	Epimetheus	9.5×10^{-10}	69 × 55 × 55	S	0.8 :	+ 5.4 :	15 :		
XII	Helene		18 × 16 × 15		0.7 :	+ 8.4 :	18 :		
XIII	Telesto		15 × 12.5 × 7.5		1.0 :	+ 8.9 :	18.5 :		
XIV	Calypso		15 × 8 × 8		1.0 :	+ 9.1 :	18.7 :		
XV	Atlas		18.5×17.2×13.5		0.8 :	+ 8.4 :	18 :		
XVI	Prometheus		74 × 50 × 34		0.5 :	+ 6.4 :	16 :		
XVII	Pandora		55 × 44 × 31		0.7 :	+ 6.4 :	16 :		
XVIII	Pan		10		0.5 :				
I	Ariel	1.55×10^{-5}	581 × 578 × 578	S	0.35	+ 1.45	14.16	0.65	
II	Umbriel	1.35×10^{-5}	585	S	0.19	+ 2.10	14.81	0.68	
III	Titania	4.06×10^{-5}	789	S	0.28	+ 1.02	13.73	0.70	0.28
IV	Oberon	3.47×10^{-5}	761	S	0.25	+ 1.23	13.94	0.68	0.20
V	Miranda	0.08×10^{-5}	240 × 234 × 233	S	0.27	+ 3.6	16.3		
VI	Cordelia		13		0.07 :	+11.4	24.1		
VII	Ophelia		15		0.07 :	+11.1	23.8		
VIII	Bianca		21		0.07 :	+10.3	23.0		
IX	Cressida		31		0.07 :	+ 9.5	22.2		
X	Desdemona		27		0.07 :	+ 9.8	22.5		
XI	Juliet		42		0.07 :	+ 8.8	21.5		
XII	Portia		54		0.07 :	+ 8.3	21.0		
XIII	Rosalind		27		0.07 :	+ 9.8	22.5		
XIV	Belinda		33		0.07 :	+ 9.4	22.1		
XV	Puck		77		0.075	+ 7.5	20.2		
XVI			30		0.07 :		22.4		
XVII			60		0.07 :		20.9		
I	Triton	2.09×10^{-4}	1353	S	0.77	− 1.24	13.47	0.72	0.29
II	Nereid	2×10^{-7}	170		0.4	+ 4.0	18.7	0.65	
III	Naiad		29:		0.06 :	+10.0 :	24.7		
IV	Thalassa		40:		0.06 :	+ 9.1 :	23.8		
V	Despina		74		0.06	+ 7.9	22.6		
VI	Galatea		79		0.06	+ 7.6 :	22.3		
VII	Larissa		104 × 89		0.06	+ 7.3	22.0		
VIII	Proteus		218 × 208 × 201	S	0.06	+ 5.6	20.3		
I	Charon	0.125	593	S	0.5	+ 0.9	16.8		

[6] On the ecliptic plane.
[7] S = Synchronous, rotation period same as orbital period.
[8] Bright side, 0.5; faint side, 0.05.
[9] V(Sun) = −26.75

SATELLITES OF MARS, 2002

APPARENT ORBITS OF THE SATELLITES ON JULY 1

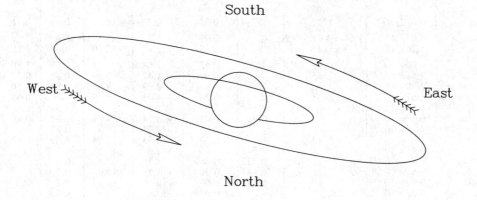

South

West — East

North

	Name		Sidereal Period
			h m s
I	Phobos		7 39 13.85
II	Deimos		30 17 54.87

DEIMOS

UNIVERSAL TIME OF GREATEST EASTERN ELONGATION

Jan.	Feb.	Mar.	Apr.	May	June	July	Aug.	Sept.	Oct.	Nov.	Dec.
d h	d h	d h	d h	d h	d h	d h	d h	d h	d h	d h	d h
0 16.0	1 07.6	1 04.0	1 19.4	2 04.2	1 13.0	1 21.6	1 06.4	1 21.6	1 00.2	1 15.5	2 00.4
1 22.3	2 14.0	2 10.4	3 01.8	3 10.6	2 19.3	3 04.0	2 12.7	3 04.0	2 06.5	2 21.9	3 06.7
3 04.7	3 20.4	3 16.8	4 08.2	4 17.0	4 01.7	4 10.3	3 19.1	4 10.3	3 12.9	4 04.2	4 13.1
4 11.1	5 02.7	4 23.2	5 14.6	5 23.3	5 08.0	5 16.7	5 01.5	5 16.7	4 19.3	5 10.6	5 19.5
5 17.5	6 09.1	6 05.5	6 20.9	7 05.7	6 14.4	6 23.1	6 07.8	6 23.1	6 01.7	6 17.0	7 01.9
6 23.9	7 15.6	7 11.9	8 03.3	8 12.1	7 20.8	8 05.4	7 14.2	8 05.4	7 08.0	7 23.4	8 08.2
8 06.2	8 21.9	8 18.3	9 09.7	9 18.4	9 03.1	9 11.8	8 20.6	9 11.8	8 14.4	9 05.7	9 14.6
9 12.7	10 04.3	10 00.7	10 16.0	11 00.8	10 09.5	10 18.2	10 02.9	10 18.2	9 20.8	10 12.1	10 20.9
10 19.0	11 10.6	11 07.0	11 22.4	12 07.1	11 15.9	12 00.5	11 09.3	12 00.6	11 03.2	11 18.4	12 03.3
12 01.4	12 17.1	12 13.4	13 04.7	13 13.5	12 22.2	13 06.9	12 15.7	13 06.9	12 09.5	13 00.9	13 09.7
13 07.8	13 23.4	13 19.8	14 11.2	14 19.9	14 04.6	14 13.2	13 22.1	14 13.3	13 15.9	14 07.2	14 16.0
14 14.2	15 05.8	15 02.2	15 17.5	16 02.2	15 10.9	15 19.6	15 04.4	15 19.7	14 22.3	15 13.6	15 22.4
15 20.6	16 12.2	16 08.5	16 23.9	17 08.6	16 17.3	17 02.0	16 10.8	17 02.1	16 04.6	16 19.9	17 04.8
17 03.0	17 18.6	17 15.0	18 06.2	18 15.0	17 23.6	18 08.3	17 17.2	18 08.4	17 11.0	18 02.3	18 11.1
18 09.3	19 01.0	18 21.4	19 12.6	19 21.3	19 06.0	19 14.7	18 23.5	19 14.8	18 17.4	19 08.7	19 17.5
19 15.8	20 07.3	20 03.7	20 19.0	21 03.7	20 12.3	20 21.1	20 05.9	20 21.2	19 23.8	20 15.0	20 23.9
20 22.1	21 13.8	21 10.1	22 01.3	22 10.0	21 18.7	22 03.4	21 12.2	22 03.6	21 06.1	21 21.4	22 06.2
22 04.5	22 20.1	22 16.5	23 07.7	23 16.4	23 01.1	23 09.8	22 18.7	23 09.9	22 12.5	23 03.8	23 12.6
23 10.9	24 02.5	23 22.8	24 14.1	24 22.8	24 07.4	24 16.2	24 01.0	24 16.3	23 18.9	24 10.2	24 18.9
24 17.3	25 08.9	25 05.2	25 20.4	26 05.1	25 13.8	25 22.6	25 07.4	25 22.7	25 01.3	25 16.5	26 01.3
25 23.7	26 15.3	26 11.6	27 02.8	27 11.5	26 20.2	27 04.9	26 13.7	27 05.0	26 07.6	26 22.9	27 07.7
27 06.0	27 21.6	27 18.0	28 09.1	28 17.9	28 02.5	28 11.3	27 20.1	28 11.4	27 14.0	28 05.3	28 14.0
28 12.5		29 00.3	29 15.5	30 00.2	29 08.9	29 17.7	29 02.5	29 17.8	28 20.4	29 11.6	29 20.4
29 18.8		30 06.7	30 21.9	31 06.6	30 15.3	31 00.0	30 08.8		30 02.8	30 18.0	31 02.8
31 01.2		31 13.1					31 15.2		31 09.1		32 09.1

PHOBOS

UNIVERSAL TIME OF EVERY THIRD GREATEST EASTERN ELONGATION

Jan.	Feb.	Mar.	Apr.	May	June	July	Aug.	Sept.	Oct.	Nov.	Dec.
d h	d h	d h	d h	d h	d h	d h	d h	d h	d h	d h	d h
0 08.3	1 21.6	1 16.0	1 07.2	1 22.4	1 13.6	1 05.8	1 19.9	1 11.1	1 03.4	1 17.6	1 09.8
1 07.3	2 20.6	2 14.9	2 06.2	2 21.4	2 12.6	2 04.8	2 18.9	2 10.1	2 02.4	2 16.5	2 08.7
2 06.3	3 19.5	3 13.9	3 05.2	3 20.3	3 11.5	3 03.7	3 17.9	3 09.1	3 01.3	3 15.5	3 07.7
3 05.2	4 18.5	4 12.9	4 04.1	4 19.3	4 10.5	4 02.7	4 16.9	4 08.1	4 00.3	4 14.5	4 06.7
4 04.2	5 17.5	5 11.9	5 03.1	5 18.3	5 09.5	5 01.7	5 15.8	5 07.0	4 23.3	5 13.5	5 05.7
5 03.2	6 16.5	6 10.8	6 02.1	6 17.3	6 08.5	6 00.7	6 14.8	6 06.0	5 22.2	6 12.4	6 04.6
6 02.2	7 15.5	7 09.8	7 01.1	7 16.2	7 07.4	6 23.6	7 13.8	7 05.0	6 21.2	7 11.4	7 03.6
7 01.2	8 14.4	8 08.8	8 00.0	8 15.2	8 06.4	7 22.6	8 12.8	8 04.0	7 20.2	8 10.4	8 02.6
8 00.1	9 13.4	9 07.8	8 23.0	9 14.2	9 05.4	8 21.6	9 11.7	9 03.0	8 19.2	9 09.4	9 01.6
8 23.1	10 12.4	10 06.7	9 22.0	10 13.2	10 04.4	9 20.6	10 10.7	10 01.9	9 18.2	10 08.3	10 00.5
9 22.1	11 11.4	11 05.7	10 20.9	11 12.1	11 03.3	10 19.5	11 09.7	11 00.9	10 17.1	11 07.3	10 23.5
10 21.1	12 10.4	12 04.7	11 19.9	12 11.1	12 02.3	11 18.5	12 08.7	11 23.9	11 16.1	12 06.3	11 22.5
11 20.0	13 09.3	13 03.7	12 18.9	13 10.1	13 01.3	12 17.5	13 07.6	12 22.8	12 15.1	13 05.3	12 21.4
12 19.0	14 08.3	14 02.7	13 17.9	14 09.1	14 00.3	13 16.5	14 06.6	13 21.8	13 14.1	14 04.2	13 20.4
13 18.0	15 07.3	15 01.6	14 16.9	15 08.0	14 23.2	14 15.4	15 05.6	14 20.8	14 13.0	15 03.2	14 19.4
14 17.0	16 06.3	16 00.6	15 15.8	16 07.0	15 22.2	15 14.4	16 04.6	15 19.8	15 12.0	16 02.2	15 18.4
15 16.0	17 05.2	16 23.6	16 14.8	17 06.0	16 21.2	16 13.4	17 03.5	16 18.7	16 11.0	17 01.2	16 17.3
16 14.9	18 04.2	17 22.6	17 13.8	18 05.0	17 20.1	17 12.4	18 02.5	17 17.7	17 10.0	18 00.1	17 16.3
17 13.9	19 03.2	18 21.5	18 12.8	19 03.9	18 19.1	18 11.3	19 01.5	18 16.7	18 08.9	18 23.1	18 15.3
18 12.9	20 02.2	19 20.5	19 11.7	20 02.9	19 18.1	19 10.3	20 00.5	19 15.7	19 07.9	19 22.1	19 14.3
19 11.9	21 01.2	20 19.5	20 10.7	21 01.9	20 17.1	20 09.3	20 23.4	20 14.6	20 06.9	20 21.0	20 13.2
20 10.9	22 00.1	21 18.5	21 09.7	22 00.9	21 16.0	21 08.3	21 22.4	21 13.6	21 05.9	21 20.0	21 12.2
21 09.8	22 23.1	22 17.4	22 08.7	22 23.8	22 15.0	22 07.2	22 21.4	22 12.6	22 04.8	22 19.0	22 11.2
22 08.8	23 22.1	23 16.4	23 07.6	23 22.8	23 14.0	23 06.2	23 20.4	23 11.6	23 03.8	23 18.0	23 10.2
23 07.8	24 21.1	24 15.4	24 06.6	24 21.8	24 13.0	24 05.2	24 19.3	24 10.6	24 02.8	24 16.9	24 09.1
24 06.8	25 20.0	25 14.4	25 05.6	25 20.8	25 11.9	25 04.2	25 18.3	25 09.5	25 01.8	25 15.9	25 08.1
25 05.8	26 19.0	26 13.3	26 04.6	26 19.7	26 10.9	26 03.1	26 17.3	26 08.5	26 00.7	26 14.9	26 07.1
26 04.7	27 18.0	27 12.3	27 03.5	27 18.7	27 09.9	27 02.1	27 16.3	27 07.5	26 23.7	27 13.9	27 06.1
27 03.7	28 17.0	28 11.3	28 02.5	28 17.7	28 08.9	28 01.1	28 15.2	28 06.5	27 22.7	28 12.8	28 05.0
28 02.7		29 10.3	29 01.5	29 16.7	29 07.8	29 00.1	29 14.2	29 05.4	28 21.7	29 11.8	29 04.0
29 01.7		30 09.3	30 00.5	30 15.6	30 06.8	29 23.0	30 13.2	30 04.4	29 20.6	30 10.8	30 03.0
30 00.7		31 08.2	30 23.4	31 14.6		30 22.0	31 12.2		30 19.6		31 01.9
30 23.6						31 21.0			31 18.6		32 00.9
31 22.6											

SATELLITES OF MARS, 2002

PHOBOS

APPARENT DISTANCE AND POSITION ANGLE

Day (0h UT)	Jan. a/Δ	Jan. p_2	Feb. a/Δ	Feb. p_2	Mar. a/Δ	Mar. p_2	Apr. a/Δ	Apr. p_2	May a/Δ	May p_2	June a/Δ	June p_2
	"	°	"	°	"	°	"	°	"	°	"	°
1	8.65	− 6.4	7.48	−18.1	6.68	−24.0	6.00	−24.6	5.52	−19.8	5.17	−10.7
2	8.61	6.9	7.45	18.4	6.65	24.1	5.98	24.6	5.51	19.6	5.16	10.4
3	8.57	7.3	7.42	18.6	6.63	24.2	5.96	24.5	5.49	19.3	5.15	10.0
4	8.52	7.7	7.39	18.9	6.60	24.4	5.94	24.4	5.48	19.1	5.15	9.7
5	8.48	8.2	7.36	19.2	6.58	24.4	5.92	24.3	5.47	18.9	5.14	9.3
6	8.44	− 8.6	7.32	−19.5	6.55	−24.5	5.91	−24.2	5.45	−18.6	5.13	− 9.0
7	8.40	9.0	7.29	19.7	6.53	24.6	5.89	24.1	5.44	18.3	5.12	8.6
8	8.36	9.4	7.26	20.0	6.50	24.7	5.87	24.0	5.43	18.1	5.11	8.3
9	8.32	9.8	7.23	20.3	6.48	24.8	5.85	23.8	5.42	17.8	5.10	7.9
10	8.28	10.2	7.20	20.5	6.46	24.8	5.84	23.7	5.40	17.5	5.10	7.5
11	8.24	−10.6	7.17	−20.8	6.43	−24.9	5.82	−23.6	5.39	−17.3	5.09	− 7.2
12	8.20	11.0	7.14	21.0	6.41	25.0	5.80	23.4	5.38	17.0	5.08	6.8
13	8.16	11.4	7.11	21.2	6.39	25.0	5.79	23.3	5.37	16.7	5.07	6.5
14	8.12	11.8	7.08	21.4	6.37	25.0	5.77	23.1	5.36	16.4	5.07	6.1
15	8.08	12.2	7.05	21.7	6.34	25.1	5.75	23.0	5.34	16.1	5.06	5.7
16	8.05	−12.6	7.03	−21.9	6.32	−25.1	5.74	−22.8	5.33	−15.8	5.05	− 5.3
17	8.01	13.0	7.00	22.1	6.30	25.1	5.72	22.7	5.32	15.5	5.04	5.0
18	7.97	13.3	6.97	22.3	6.28	25.1	5.71	22.5	5.31	15.2	5.04	4.6
19	7.93	13.7	6.94	22.5	6.26	25.1	5.69	22.3	5.30	14.9	5.03	4.2
20	7.90	14.1	6.91	22.6	6.24	25.1	5.68	22.1	5.29	14.6	5.02	3.8
21	7.86	−14.4	6.89	−22.8	6.22	−25.1	5.66	−22.0	5.28	−14.3	5.02	− 3.5
22	7.83	14.8	6.86	23.0	6.19	25.1	5.65	21.8	5.27	14.0	5.01	3.1
23	7.79	15.1	6.83	23.2	6.17	25.1	5.63	21.6	5.26	13.7	5.01	2.7
24	7.76	15.5	6.81	23.3	6.15	25.1	5.62	21.4	5.25	13.4	5.00	2.3
25	7.72	15.8	6.78	23.5	6.13	25.0	5.60	21.2	5.24	13.0	4.99	1.9
26	7.69	−16.2	6.75	−23.6	6.11	−25.0	5.59	−21.0	5.23	−12.7	4.99	− 1.5
27	7.65	16.5	6.73	23.8	6.09	25.0	5.57	20.7	5.22	12.4	4.98	1.2
28	7.62	16.8	6.70	−23.9	6.07	24.9	5.56	20.5	5.21	12.1	4.98	0.8
29	7.58	17.1			6.05	24.9	5.55	20.3	5.20	11.7	4.97	− 0.4
30	7.55	17.4			6.04	24.8	5.53	−20.1	5.19	11.4	4.96	0.0
31	7.52	−17.8			6.02	−24.7			5.18	−11.1		

Time from Eastern Elongation	F	p_1	Time from Eastern Elongation	F	p_1	Time from Eastern Elongation	F	p_1	Time from Eastern Elongation	F	p_1
h m		°	h m		°	h m		°	h m		°
0 00	1.000	76.0	2 00	0.212	185.6	4 00	0.990	257.6	6 00	0.288	33.2
0 10	0.991	77.6	2 10	0.285	212.5	4 10	0.963	259.3	6 10	0.391	47.3
0 20	0.964	79.2	2 20	0.387	226.9	4 20	0.918	261.0	6 20	0.500	55.3
0 30	0.920	81.0	2 30	0.496	235.0	4 30	0.858	263.0	6 30	0.606	60.5
0 40	0.860	83.0	2 40	0.602	240.3	4 40	0.782	265.4	6 40	0.704	64.1
0 50	0.785	85.3	2 50	0.701	244.0	4 50	0.693	268.3	6 50	0.792	66.9
1 00	0.697	88.1	3 00	0.788	246.8	5 00	0.594	272.1	7 00	0.865	69.2
1 10	0.598	91.9	3 10	0.863	249.1	5 10	0.488	277.5	7 10	0.924	71.2
1 20	0.492	97.2	3 20	0.922	251.1	5 20	0.379	286.0	7 20	0.967	72.9
1 30	0.383	105.5	3 30	0.966	252.8	5 30	0.277	301.0	7 30	0.992	74.5
1 40	0.281	120.3	3 40	0.992	254.5	5 40	0.209	329.2	7 40	1.000	76.1
1 50	0.210	147.8	3 50	1.000	256.1	5 50	0.214	6.9			

PHOBOS

APPARENT DISTANCE AND POSITION ANGLE

Day (0^h UT)	July a/Δ	July p_2	Aug. a/Δ	Aug. p_2	Sept. a/Δ	Sept. p_2	Oct. a/Δ	Oct. p_2	Nov. a/Δ	Nov. p_2	Dec. a/Δ	Dec. p_2
	"	°	"	°	"	°	"	°	"	°	"	°
1	4.96	+ 0.4	4.85	+12.8	4.86	+25.0	4.98	+35.8	5.24	+44.8	5.66	+50.1
2	4.95	0.8	4.85	13.2	4.86	25.4	4.99	36.1	5.25	45.0	5.68	50.2
3	4.95	1.2	4.85	13.6	4.87	25.8	4.99	36.5	5.27	45.2	5.69	50.3
4	4.94	1.6	4.85	14.0	4.87	26.1	5.00	36.8	5.28	45.5	5.71	50.4
5	4.94	2.0	4.85	14.4	4.87	26.5	5.01	37.1	5.29	45.7	5.73	50.5
6	4.93	+ 2.4	4.85	+14.8	4.87	+26.9	5.01	+37.4	5.30	+45.9	5.75	+50.6
7	4.93	2.8	4.85	15.2	4.88	27.3	5.02	37.8	5.31	46.1	5.77	50.6
8	4.93	3.2	4.85	15.6	4.88	27.7	5.03	38.1	5.33	46.3	5.78	50.7
9	4.92	3.6	4.84	16.0	4.88	28.0	5.04	38.4	5.34	46.5	5.80	50.8
10	4.92	3.9	4.84	16.4	4.89	28.4	5.04	38.7	5.35	46.7	5.82	50.9
11	4.91	+ 4.3	4.84	+16.8	4.89	+28.8	5.05	+39.0	5.36	+46.9	5.84	+50.9
12	4.91	4.7	4.84	17.2	4.89	29.1	5.06	39.3	5.38	47.1	5.86	51.0
13	4.91	5.1	4.84	17.6	4.90	29.5	5.07	39.6	5.39	47.3	5.88	51.1
14	4.90	5.5	4.84	18.0	4.90	29.9	5.07	39.9	5.40	47.5	5.90	51.1
15	4.90	5.9	4.84	18.4	4.90	30.2	5.08	40.2	5.42	47.7	5.92	51.2
16	4.89	+ 6.3	4.84	+18.8	4.91	+30.6	5.09	+40.5	5.43	+47.9	5.94	+51.2
17	4.89	6.7	4.84	19.2	4.91	31.0	5.10	40.8	5.44	48.1	5.96	51.2
18	4.89	7.1	4.84	19.6	4.92	31.3	5.11	41.1	5.46	48.2	5.98	51.3
19	4.88	7.5	4.84	19.9	4.92	31.7	5.12	41.4	5.47	48.4	6.00	51.3
20	4.88	7.9	4.84	20.3	4.92	32.0	5.12	41.6	5.49	48.6	6.03	51.3
21	4.88	+ 8.3	4.85	+20.7	4.93	+32.4	5.13	+41.9	5.50	+48.7	6.05	+51.3
22	4.88	8.8	4.85	21.1	4.93	32.7	5.14	42.2	5.52	48.9	6.07	51.4
23	4.87	9.2	4.85	21.5	4.94	33.1	5.15	42.5	5.53	49.0	6.09	51.4
24	4.87	9.6	4.85	21.9	4.94	33.4	5.16	42.7	5.55	49.2	6.11	51.4
25	4.87	10.0	4.85	22.3	4.95	33.8	5.17	43.0	5.56	49.3	6.14	51.4
26	4.87	+10.4	4.85	+22.7	4.95	+34.1	5.18	+43.3	5.58	+49.4	6.16	+51.4
27	4.86	10.8	4.85	23.1	4.96	34.5	5.19	43.5	5.59	49.6	6.18	51.3
28	4.86	11.2	4.85	23.5	4.96	34.8	5.20	43.8	5.61	49.7	6.21	51.3
29	4.86	11.6	4.86	23.8	4.97	35.1	5.21	44.0	5.63	49.8	6.23	51.3
30	4.86	12.0	4.86	24.2	4.98	+35.5	5.22	44.3	5.64	+50.0	6.26	51.3
31	4.86	+12.4	4.86	+24.6			5.23	+44.5			6.28	+51.3

Apparent distance of satellite: $s = Fa/\Delta$

Position angle of satellite: $p = p_1 + p_2$

The differences of right ascension and declination, in the sense "satellite minus primary," are approximately

$$\Delta\alpha = s \sin p \ \sec(\delta + \Delta\delta)$$
$$\Delta\delta = s \cos p$$

SATELLITES OF MARS, 2002

DEIMOS

APPARENT DISTANCE AND POSITION ANGLE

Day (0h UT)	Jan. a/Δ	Jan. p_2	Feb. a/Δ	Feb. p_2	Mar. a/Δ	Mar. p_2	Apr. a/Δ	Apr. p_2	May a/Δ	May p_2	June a/Δ	June p_2
	"	°	"	°	"	°	"	°	"	°	"	°
1	21.65	− 3.8	18.73	−15.5	16.70	−22.1	15.01	−23.6	13.81	−19.6	12.94	−11.2
2	21.54	4.2	18.65	15.9	16.64	22.3	14.96	23.6	13.78	19.4	12.92	10.9
3	21.43	4.6	18.56	16.2	16.58	22.4	14.92	23.5	13.74	19.2	12.90	10.5
4	21.33	5.1	18.48	16.5	16.52	22.5	14.87	23.5	13.71	19.0	12.88	10.2
5	21.22	5.5	18.41	16.8	16.46	22.7	14.83	23.4	13.68	18.7	12.85	9.9
6	21.12	− 5.9	18.33	−17.1	16.39	−22.8	14.78	−23.3	13.64	−18.5	12.83	− 9.5
7	21.02	6.3	18.25	17.3	16.33	22.9	14.74	23.2	13.61	18.3	12.81	9.2
8	20.92	6.7	18.17	17.6	16.27	23.0	14.69	23.2	13.58	18.0	12.79	8.8
9	20.81	7.1	18.09	17.9	16.22	23.1	14.65	23.1	13.55	17.8	12.77	8.5
10	20.71	7.5	18.02	18.2	16.16	23.2	14.61	23.0	13.52	17.5	12.75	8.2
11	20.62	− 7.9	17.94	−18.4	16.10	−23.3	14.56	−22.9	13.49	−17.3	12.73	− 7.8
12	20.52	8.3	17.87	18.7	16.04	23.4	14.52	22.7	13.46	17.0	12.71	7.5
13	20.42	8.7	17.80	18.9	15.99	23.4	14.48	22.6	13.43	16.8	12.69	7.1
14	20.32	9.1	17.72	19.2	15.93	23.5	14.44	22.5	13.40	16.5	12.68	6.8
15	20.23	9.5	17.65	19.4	15.87	23.6	14.40	22.4	13.37	16.3	12.66	6.4
16	20.13	− 9.9	17.58	−19.7	15.82	−23.6	14.36	−22.2	13.35	−16.0	12.64	− 6.0
17	20.04	10.3	17.51	19.9	15.76	23.7	14.32	22.1	13.32	15.7	12.62	5.7
18	19.95	10.7	17.44	20.1	15.71	23.7	14.28	22.0	13.29	15.4	12.61	5.3
19	19.85	11.1	17.37	20.3	15.66	23.8	14.24	21.8	13.26	15.1	12.59	5.0
20	19.76	11.4	17.30	20.5	15.60	23.8	14.20	21.7	13.24	14.9	12.57	4.6
21	19.67	−11.8	17.23	−20.7	15.55	−23.8	14.17	−21.5	13.21	−14.6	12.56	− 4.2
22	19.58	12.2	17.16	20.9	15.50	23.8	14.13	21.3	13.18	14.3	12.54	3.8
23	19.49	12.5	17.09	21.1	15.45	23.8	14.09	21.2	13.16	14.0	12.52	3.5
24	19.40	12.9	17.03	21.3	15.40	23.8	14.05	21.0	13.13	13.7	12.51	3.1
25	19.32	13.2	16.96	21.5	15.35	23.8	14.02	20.8	13.11	13.4	12.49	2.7
26	19.23	−13.6	16.90	−21.6	15.30	−23.8	13.98	−20.6	13.08	−13.1	12.48	− 2.4
27	19.14	13.9	16.83	21.8	15.25	23.8	13.95	20.4	13.06	12.8	12.46	2.0
28	19.06	14.3	16.77	−22.0	15.20	23.8	13.91	20.2	13.03	12.5	12.45	1.6
29	18.98	14.6			15.15	23.8	13.88	20.0	13.01	12.1	12.44	1.2
30	18.89	14.9			15.10	23.7	13.84	−19.8	12.99	11.8	12.42	− 0.8
31	18.81	−15.2			15.06	−23.7			12.96	−11.5		

Time from Eastern Elongation	F	p_1	Time from Eastern Elongation	F	p_1	Time from Eastern Elongation	F	p_1	Time from Eastern Elongation	F	p_1
h m		°	h m		°	h m		°	h m		°
0 00	1.000	75.0	8 00	0.211	189.7	16 00	0.985	257.0	24 00	0.321	39.6
0 40	0.991	76.5	8 40	0.293	215.1	16 40	0.953	258.6	24 40	0.430	50.7
1 20	0.963	78.1	9 20	0.400	228.2	17 20	0.903	260.4	25 20	0.541	57.2
2 00	0.919	79.8	10 00	0.511	235.7	18 00	0.837	262.4	26 00	0.646	61.6
2 40	0.857	81.8	10 40	0.618	240.5	18 40	0.757	264.8	26 40	0.741	64.8
3 20	0.780	84.1	11 20	0.716	244.0	19 20	0.663	267.8	27 20	0.824	67.3
4 00	0.690	86.9	12 00	0.803	246.6	20 00	0.559	271.9	28 00	0.893	69.3
4 40	0.589	90.6	12 40	0.876	248.8	20 40	0.449	278.0	28 40	0.945	71.1
5 20	0.480	96.0	13 20	0.933	250.6	21 20	0.339	288.0	29 20	0.981	72.8
6 00	0.369	104.6	14 00	0.973	252.3	22 00	0.242	306.9	30 00	0.998	74.3
6 40	0.266	120.3	14 40	0.995	253.9	22 40	0.193	341.5	30 40	0.997	75.8
7 20	0.199	150.4	15 20	0.999	255.4	23 20	0.229	18.4			

SATELLITES OF MARS, 2002

DEIMOS

APPARENT DISTANCE AND POSITION ANGLE

Day (0ʰ UT)	July a/Δ	July p_2	Aug. a/Δ	Aug. p_2	Sept. a/Δ	Sept. p_2	Oct. a/Δ	Oct. p_2	Nov. a/Δ	Nov. p_2	Dec. a/Δ	Dec. p_2
	"	°	"	°	"	°	"	°	"	°	"	°
1	12.41	− 0.5	12.15	+11.9	12.16	+24.5	12.47	+36.1	13.12	+46.0	14.16	+52.1
2	12.40	− 0.1	12.14	12.3	12.17	24.9	12.48	36.5	13.15	46.3	14.20	52.2
3	12.38	+ 0.3	12.14	12.7	12.17	25.3	12.50	36.8	13.18	46.5	14.25	52.3
4	12.37	0.7	12.13	13.1	12.18	25.7	12.51	37.2	13.21	46.8	14.29	52.4
5	12.36	1.1	12.13	13.5	12.19	26.1	12.53	37.5	13.23	47.1	14.34	52.6
6	12.35	+ 1.5	12.13	+13.9	12.19	+26.5	12.55	+37.9	13.26	+47.3	14.38	+52.7
7	12.34	1.9	12.13	14.3	12.20	26.9	12.56	38.2	13.29	47.5	14.43	52.8
8	12.33	2.2	12.12	14.7	12.21	27.3	12.58	38.6	13.32	47.8	14.47	52.9
9	12.31	2.6	12.12	15.1	12.22	27.7	12.60	38.9	13.36	48.0	14.52	53.0
10	12.30	3.0	12.12	15.5	12.22	28.1	12.62	39.3	13.39	48.3	14.57	53.0
11	12.29	+ 3.4	12.12	+15.9	12.23	+28.5	12.64	+39.6	13.42	+48.5	14.62	+53.1
12	12.28	3.8	12.12	16.3	12.24	28.9	12.66	39.9	13.45	48.7	14.66	53.2
13	12.27	4.2	12.12	16.8	12.25	29.3	12.68	40.3	13.48	48.9	14.71	53.3
14	12.26	4.6	12.12	17.2	12.26	29.7	12.70	40.6	13.52	49.1	14.76	53.3
15	12.26	5.0	12.12	17.6	12.27	30.1	12.72	40.9	13.55	49.4	14.81	53.4
16	12.25	+ 5.4	12.12	+18.0	12.28	+30.4	12.74	+41.3	13.58	+49.6	14.87	+53.5
17	12.24	5.8	12.12	18.4	12.29	30.8	12.76	41.6	13.62	49.8	14.92	53.5
18	12.23	6.2	12.12	18.8	12.30	31.2	12.78	41.9	13.65	50.0	14.97	53.5
19	12.22	6.6	12.12	19.2	12.31	31.6	12.80	42.2	13.69	50.1	15.02	53.6
20	12.21	7.0	12.12	19.6	12.32	32.0	12.82	42.5	13.73	50.3	15.08	53.6
21	12.21	+ 7.4	12.12	+20.0	12.33	+32.4	12.85	+42.8	13.76	+50.5	15.13	+53.6
22	12.20	7.8	12.13	20.4	12.34	32.8	12.87	43.1	13.80	50.7	15.19	53.7
23	12.19	8.2	12.13	20.8	12.36	33.1	12.89	43.5	13.84	50.9	15.24	53.7
24	12.19	8.6	12.13	21.3	12.37	33.5	12.92	43.7	13.88	51.0	15.30	53.7
25	12.18	9.0	12.13	21.7	12.38	33.9	12.94	44.0	13.92	51.2	15.36	53.7
26	12.17	+ 9.4	12.14	+22.1	12.40	+34.3	12.96	+44.3	13.96	+51.4	15.42	+53.7
27	12.17	9.8	12.14	22.5	12.41	34.6	12.99	44.6	14.00	51.5	15.47	53.7
28	12.16	10.2	12.15	22.9	12.42	35.0	13.01	44.9	14.04	51.7	15.53	53.7
29	12.16	10.6	12.15	23.3	12.44	35.4	13.04	45.2	14.08	51.8	15.59	53.7
30	12.15	11.0	12.15	23.7	12.45	+35.7	13.07	45.5	14.12	+51.9	15.66	53.7
31	12.15	+11.5	12.16	+24.1			13.09	+45.7			15.72	+53.6

Apparent distance of satellite: $s = Fa/\Delta$

Position angle of satellite: $p = p_1 + p_2$

The differences of right ascension and declination, in the sense "satellite minus primary," are approximately

$$\Delta\alpha = s\sin p \ \sec(\delta + \Delta\delta)$$
$$\Delta\delta = s\cos p$$

SATELLITES OF JUPITER, 2002

APPARENT ORBITS OF SATELLITES I-V AT OPPOSITION, JANUARY 1

South

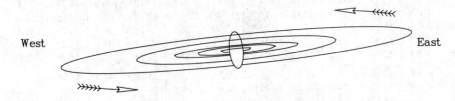

West East

North

Orbits elongated in ratio of 3 to 1 in direction of minor axes.

	NAME	MEAN SYNODIC PERIOD			NAME	SIDEREAL PERIOD
		d h m s	d			d
V	Amalthea	0 11 57 27.619 =	0.498 236 33	XIII	Leda	238.72
I	Io	1 18 28 35.946 =	1.769 860 49	X	Lysithea	259.22
II	Europa	3 13 17 53.736 =	3.554 094 17	XII	Ananke	631
III	Ganymede	7 03 59 35.856 =	7.166 387 22	XI	Carme	692
IV	Callisto	16 18 05 06.916 =	16.753 552 27	VIII	Pasiphae	735
VI	Himalia		266.00	IX	Sinope	758
VII	Elara		276.67			

SATELLITE V

UNIVERSAL TIME OF EVERY TWENTIETH GREATEST EASTERN ELONGATION

	d h		d h		d h		d h		d h
Jan.	0 13.0	Mar.	21 06.0	June	8 23.6	Aug.	27 17.2	Nov.	15 10.4
	10 12.1		31 05.2		18 22.8	Sept.	6 16.3		25 09.5
	20 11.2	Apr.	10 04.4		28 22.0		16 15.5	Dec.	5 08.6
	30 10.3		20 03.6	July	8 21.2		26 14.7		15 07.8
Feb.	9 09.4		30 02.7		18 20.4	Oct.	6 13.8		25 06.8
	19 08.6	May	10 01.9		28 19.6		16 13.0		35 05.9
Mar.	1 07.7		20 01.1	Aug.	7 18.8		26 12.1		
	11 06.8		30 00.4		17 18.0	Nov.	5 11.3		

MULTIPLES OF THE MEAN SYNODIC PERIOD

	d h		d h		d h		d h
1............	0 12.0	6............	2 23.7	11............	5 11.5	16............	7 23.3
2............	0 23.9	7............	3 11.7	12............	5 23.5	17............	8 11.3
3............	1 11.9	8............	3 23.7	13............	6 11.4	18............	8 23.2
4............	1 23.8	9............	4 11.6	14............	6 23.4	19............	9 11.2
5............	2 11.8	10............	4 23.6	15............	7 11.4	20............	9 23.2

DIFFERENTIAL COORDINATES FOR 0ʰ U.T.

Date		Satellite VI		Satellite VII		Date		Satellite VI		Satellite VII	
		Δα	Δδ	Δα	Δδ			Δα	Δδ	Δα	Δδ
		m s	′	m s	′			m s	′	m s	′
Jan.	−2	− 1 46	+ 7.5	+ 2 33	+ 11.4	July	1	− 1 14	− 16.8	− 2 42	− 13.6
	2	1 20	10.4	2 50	13.5		5	1 28	16.3	2 36	12.5
	6	0 51	13.1	3 06	15.5		9	1 41	15.6	2 30	11.3
	10	− 0 23	15.6	3 19	17.4		13	1 53	14.6	2 23	10.1
	14	+ 0 06	18.0	3 29	19.2		17	2 03	13.4	2 15	8.9
	18	+ 0 35	+ 20.1	+ 3 37	+ 20.8		21	− 2 13	− 12.1	− 2 07	− 7.6
	22	1 02	22.1	3 42	22.1		25	2 21	10.5	1 59	6.3
	26	1 29	23.7	3 44	23.2		29	2 28	8.7	1 50	5.0
	30	1 53	25.1	3 43	24.0	Aug.	2	2 33	6.8	1 41	3.7
Feb.	3	2 16	26.2	3 39	24.5		6	2 36	4.7	1 31	2.4
	7	+ 2 36	+ 27.0	+ 3 31	+ 24.6		10	− 2 38	− 2.6	− 1 21	− 1.0
	11	2 54	27.5	3 20	24.4		14	2 38	− 0.3	1 11	+ 0.3
	15	3 10	27.8	3 07	23.8		18	2 35	+ 1.9	1 00	1.6
	19	3 24	27.8	2 50	22.7		22	2 31	4.2	0 49	2.8
	23	3 35	27.5	2 31	21.4		26	2 25	6.4	0 37	4.0
	27	+ 3 44	+ 26.9	+ 2 10	+ 19.6		30	− 2 18	+ 8.5	− 0 25	+ 5.2
Mar.	3	3 51	26.2	1 47	17.5	Sept.	3	2 09	10.6	− 0 12	6.3
	7	3 56	25.2	1 23	15.2		7	1 58	12.5	0 00	7.4
	11	3 59	24.0	0 57	12.5		11	1 46	14.2	+ 0 14	8.3
	15	4 00	22.6	0 32	9.7		15	1 32	15.8	0 27	9.2
	19	+ 3 59	+ 21.1	+ 0 07	+ 6.8		19	− 1 18	+ 17.2	+ 0 40	+ 10.1
	23	3 57	19.4	− 0 18	3.9		23	1 03	18.4	0 54	10.8
	27	3 53	17.6	0 41	+ 0.9		27	0 46	19.3	1 08	11.4
	31	3 48	15.7	1 03	− 1.9	Oct.	1	0 30	20.0	1 21	11.8
Apr.	4	3 42	13.7	1 23	4.6		5	− 0 12	20.5	1 35	12.2
	8	+ 3 34	+ 11.7	− 1 42	− 7.2		9	+ 0 06	+ 20.8	+ 1 48	+ 12.3
	12	3 26	9.6	1 59	9.5		13	0 24	20.8	2 01	12.4
	16	3 16	7.5	2 13	11.6		17	0 42	20.6	2 13	12.2
	20	3 06	5.4	2 26	13.5		21	1 00	20.1	2 25	11.9
	24	2 55	3.3	2 37	15.1		25	1 18	19.4	2 35	11.4
	28	+ 2 43	+ 1.2	− 2 46	− 16.4		29	+ 1 36	+ 18.6	+ 2 44	+ 10.8
May	2	2 31	− 0.9	2 54	17.6	Nov.	2	1 54	17.5	2 51	9.9
	6	2 18	2.9	3 00	18.5		6	2 11	16.2	2 56	8.9
	10	2 04	4.8	3 05	19.1		10	2 28	14.7	2 59	7.7
	14	1 50	6.6	3 08	19.6		14	2 44	13.1	2 59	6.3
	18	+ 1 35	− 8.3	− 3 11	− 19.9		18	+ 3 00	+ 11.2	+ 2 57	+ 4.8
	22	1 20	9.9	3 12	20.0		22	3 15	9.3	2 51	3.1
	26	1 05	11.4	3 12	19.9		26	3 29	7.2	2 43	+ 1.4
	30	0 50	12.8	3 12	19.7		30	3 41	5.0	2 31	− 0.4
June	3	0 34	13.9	3 10	19.3	Dec.	4	3 53	2.7	2 16	2.2
	7	+ 0 18	− 14.9	− 3 08	− 18.8		8	+ 4 03	+ 0.4	+ 1 58	− 4.0
	11	+ 0 02	15.8	3 05	18.1		12	4 12	− 2.0	1 37	5.8
	15	− 0 14	16.4	3 02	17.4		16	4 19	4.5	1 14	7.5
	19	0 29	16.8	2 58	16.6		20	4 24	6.9	0 49	9.0
	23	0 45	17.0	2 53	15.7		24	4 27	9.3	+ 0 22	10.5
	27	− 1 00	− 17.0	− 2 48	− 14.7		28	+ 4 28	− 11.7	− 0 06	− 11.8
July	1	− 1 14	− 16.8	− 2 42	− 13.6		32	+ 4 27	− 13.9	− 0 35	− 13.0

Differential coordinates are given in the sense "satellite minus planet."

SATELLITES OF JUPITER, 2002

DIFFERENTIAL COORDINATES FOR 0ʰ U.T.

Date		Satellite VIII		Satellite IX		Satellite X	
		$\Delta\alpha$	$\Delta\delta$	$\Delta\alpha$	$\Delta\delta$	$\Delta\alpha$	$\Delta\delta$
		m s	′	m s	′	m s	′
Jan.	−4	+ 1 57	+ 65.7	+ 9 35	+ 15.2	− 1 57	− 26.1
	6	2 24	66.6	9 24	13.4	2 53	21.1
	16	2 50	66.5	9 08	11.3	3 37	15.2
	26	3 15	65.4	8 47	9.0	4 05	8.7
Feb.	5	3 39	63.3	8 20	6.4	4 13	− 1.9
	15	+ 4 02	+ 60.3	+ 7 49	+ 3.6	− 4 01	+ 4.7
	25	4 23	56.5	7 14	+ 0.7	3 32	10.7
Mar.	7	4 41	52.0	6 36	− 2.2	2 47	15.6
	17	4 55	46.8	5 56	5.2	1 53	18.9
	27	5 05	41.2	5 13	8.0	− 0 53	20.4
Apr.	6	+ 5 09	+ 35.1	+ 4 29	− 10.7	+ 0 06	+ 19.9
	16	5 07	28.9	3 45	13.1	1 01	17.6
	26	4 58	22.4	2 59	15.3	1 48	13.8
May	6	4 42	16.0	2 14	17.1	2 25	9.0
	16	4 19	9.7	1 28	18.6	2 51	+ 3.5
	26	+ 3 50	+ 3.6	+ 0 43	− 19.7	+ 3 08	− 2.2
June	5	3 15	− 2.0	− 0 01	20.5	3 16	7.8
	15	2 35	7.2	0 45	20.9	3 15	13.0
	25	1 51	11.8	1 27	21.0	3 08	17.6
July	5	1 04	15.7	2 07	20.8	2 55	21.5
	15	+ 0 16	− 19.1	− 2 46	− 20.3	+ 2 37	− 24.4
	25	− 0 32	21.8	3 23	19.6	2 15	26.4
Aug.	4	1 20	24.0	3 57	18.6	1 50	27.2
	14	2 07	25.6	4 28	17.6	1 22	26.9
	24	2 52	26.9	4 57	16.5	0 51	25.4
Sept.	3	− 3 34	− 27.8	− 5 22	− 15.3	+ 0 20	− 22.6
	13	4 14	28.4	5 45	14.2	− 0 13	18.6
	23	4 50	28.8	6 04	13.1	0 45	13.4
Oct.	3	5 24	29.1	6 19	12.1	1 17	− 7.1
	13	5 55	29.3	6 31	11.3	1 46	+ 0.1
	23	− 6 23	− 29.6	− 6 39	− 10.6	− 2 12	+ 7.8
Nov.	2	6 48	29.8	6 42	9.9	2 31	15.5
	12	7 11	30.0	6 42	9.4	2 42	22.5
	22	7 31	30.2	6 38	9.0	2 42	28.2
Dec.	2	7 50	30.3	6 29	8.6	2 30	31.8
	12	− 8 06	− 30.3	− 6 16	− 8.1	− 2 03	+ 32.7
	22	8 19	30.1	5 58	7.5	1 24	30.6
	32	− 8 30	− 29.6	− 5 36	− 6.7	− 0 34	+ 25.7

Differential coordinates are given in the sense "satellite minus planet."

DIFFERENTIAL COORDINATES FOR 0ʰ U.T.

Date		Satellite XI		Satellite XII		Satellite XIII	
		$\Delta\alpha$	$\Delta\delta$	$\Delta\alpha$	$\Delta\delta$	$\Delta\alpha$	$\Delta\delta$
		m s	′	m s	′	m s	′
Jan.	−4	+ 8 10	− 45.6	− 6 53	+ 26.2	− 4 17	+ 28.2
	6	8 24	45.0	6 29	30.4	4 32	22.3
	16	8 34	43.7	5 56	34.1	4 28	15.2
	26	8 39	42.1	5 16	37.0	4 03	+ 7.4
Feb.	5	8 40	40.2	4 29	39.1	3 19	− 0.5
	15	+ 8 38	− 38.3	− 3 37	+ 40.3	− 2 21	− 7.6
	25	8 33	36.4	2 39	40.4	1 12	13.5
Mar.	7	8 24	34.6	1 39	39.5	− 0 02	17.5
	17	8 14	33.0	− 0 38	37.4	+ 1 04	19.2
	27	8 00	31.6	+ 0 23	34.4	1 58	18.4
Apr.	6	+ 7 44	− 30.3	+ 1 20	+ 30.4	+ 2 34	− 15.6
	16	7 25	29.1	2 13	25.6	2 53	11.4
	26	7 03	27.9	3 00	20.2	2 56	6.3
May	6	6 38	26.7	3 40	14.4	2 48	− 1.1
	16	6 11	25.4	4 12	8.3	2 32	+ 4.0
	26	+ 5 40	− 24.0	+ 4 36	+ 2.1	+ 2 09	+ 8.7
June	5	5 07	22.3	4 52	− 3.9	1 44	12.8
	15	4 32	20.4	5 02	9.8	1 16	16.4
	25	3 53	18.1	5 04	15.5	0 48	19.3
July	5	3 13	15.4	4 59	20.8	+ 0 19	21.6
	15	+ 2 31	− 12.4	+ 4 49	− 25.6	− 0 09	+ 23.3
	25	1 48	8.9	4 34	30.1	0 37	24.3
Aug.	4	1 04	5.0	4 14	34.0	1 05	24.6
	14	+ 0 20	− 0.8	3 50	37.5	1 31	24.3
	24	− 0 25	+ 3.7	3 22	40.5	1 55	23.2
Sept.	3	− 1 07	+ 8.5	+ 2 52	− 43.0	− 2 17	+ 21.3
	13	1 49	13.4	2 19	45.2	2 36	18.5
	23	2 27	18.4	1 44	46.9	2 49	14.9
Oct.	3	3 03	23.3	1 07	48.4	2 55	10.3
	13	3 35	28.0	+ 0 30	49.5	2 50	+ 4.9
	23	− 4 03	+ 32.4	− 0 09	− 50.3	− 2 33	− 1.1
Nov.	2	4 26	36.4	0 48	51.0	2 00	7.4
	12	4 45	39.8	1 27	51.5	1 12	13.2
	22	4 59	42.6	2 05	51.8	− 0 11	17.6
Dec.	2	5 08	44.8	2 43	52.0	+ 0 56	20.1
	12	− 5 13	+ 46.1	− 3 19	− 52.0	+ 2 01	− 20.1
	22	5 14	46.6	3 52	51.9	2 57	17.9
	32	− 5 11	+ 46.4	− 4 24	− 51.6	+ 3 39	− 13.5

Differential coordinates are given in the sense "satellite minus planet."

SATELLITES OF JUPITER, 2002

TERRESTRIAL TIME OF SUPERIOR GEOCENTRIC CONJUNCTION

SATELLITE I

	d h m		d h m		d h m		d h m
Jan.	1 14 03	Mar.	22 04 20	June	9 20 31	Oct.	20 15 58
	3 08 29		23 22 48		11 15 01		22 10 27
	5 02 54		25 17 17		13 09 31		24 04 56
	6 21 20		27 11 46		15 04 02		25 23 25
	8 15 46		29 06 15		16 22 32		27 17 54
	10 10 12		31 00 43		18 17 02		29 12 23
	12 04 38	Apr.	1 19 12		20 11 32		31 06 52
	13 23 04		3 13 41		22 06 03	Nov.	2 01 20
	15 17 30		5 08 10		.. .. ..		3 19 49
	17 11 57		7 02 39	Aug.	17 22 11		5 14 17
	19 06 23		8 21 09		19 16 41		7 08 46
	21 00 49		10 15 38		21 11 11		9 03 14
	22 19 15		12 10 07		23 05 41		10 21 42
	24 13 42		14 04 36		25 00 11		12 16 11
	26 08 08		15 23 06		26 18 41		14 10 39
	28 02 34		17 17 35		28 13 11		16 05 07
	29 21 01		19 12 04		30 07 41		17 23 35
	31 15 27		21 06 34	Sept.	1 02 11		19 18 03
Feb.	2 09 54		23 01 03		2 20 41		21 12 31
	4 04 21		24 19 33		4 15 11		23 06 59
	5 22 47		26 14 02		6 09 41		25 01 27
	7 17 14		28 08 32		8 04 11		26 19 55
	9 11 41		30 03 02		9 22 41		28 14 22
	11 06 08	May	1 21 31		11 17 10		30 08 50
	13 00 35		3 16 01		13 11 40	Dec.	2 03 18
	14 19 02		5 10 31		15 06 10		3 21 45
	16 13 29		7 05 01		17 00 40		5 16 12
	18 07 57		8 23 30		18 19 10		7 10 40
	20 02 24		10 18 00		20 13 39		9 05 07
	21 20 51		12 12 30		22 08 09		10 23 34
	23 15 19		14 07 00		24 02 39		12 18 01
	25 09 46		16 01 30		25 21 08		14 12 29
	27 04 14		17 20 00		27 15 38		16 06 55
	28 22 42		19 14 30		29 10 07		18 01 22
Mar.	2 17 09		21 09 00	Oct.	1 04 37		19 19 49
	4 11 37		23 03 30		2 23 06		21 14 16
	6 06 05		24 22 00		4 17 36		23 08 43
	8 00 33		26 16 30		6 12 05		25 03 09
	9 19 01		28 11 00		8 06 34		26 21 36
	11 13 29		30 05 30		10 01 04		28 16 03
	13 07 58	June	1 00 00		11 19 33		30 10 29
	15 02 26		2 18 30		13 14 02		32 04 56
	16 20 54		4 13 00		15 08 31		
	18 15 23		6 07 31		17 03 00		
	20 09 51		8 02 01		18 21 29		

TERRESTRIAL TIME OF SUPERIOR GEOCENTRIC CONJUNCTION

SATELLITE II

	d h m		d h m		d h m		d h m
Jan.	0 22 53	Mar.	23 14 12	June	13 09 53	Oct.	23 01 38
	4 11 59		27 03 30		16 23 19		26 14 57
	8 01 06		30 16 49		20 12 44		30 04 15
	11 14 13	Apr.	3 06 08		.. .. ..	Nov.	2 17 33
	15 03 20		6 19 28	Aug.	16 11 34		6 06 50
	18 16 27		10 08 48		20 00 59		9 20 07
	22 05 35		13 22 09		23 14 23		13 09 23
	25 18 43		17 11 30		27 03 48		16 22 39
	29 07 52		21 00 52		30 17 11		20 11 54
Feb.	1 21 01		24 14 14	Sept.	3 06 36		24 01 09
	5 10 11		28 03 37		6 19 59		27 14 23
	8 23 21	May	1 16 59		10 09 23	Dec.	1 03 36
	12 12 32		5 06 22		13 22 46		4 16 49
	16 01 43		8 19 45		17 12 09		8 06 01
	19 14 55		12 09 10		21 01 31		11 19 13
	23 04 08		15 22 33		24 14 54		15 08 24
	26 17 21		19 11 58		28 04 15		18 21 35
Mar.	2 06 35		23 01 22	Oct.	1 17 37		22 10 45
	5 19 50		26 14 47		5 06 58		25 23 54
	9 09 05		30 04 11		8 20 19		29 13 03
	12 22 21	June	2 17 37		12 09 40		
	16 11 37		6 07 02		15 23 00		
	20 00 54		9 20 28		19 12 19		

SATELLITE III

	d h m		d h m		d h m		d h m
Jan.	5 01 28	Mar.	24 16 39	June	11 15 25	Oct.	18 22 33
	12 04 43		31 20 40		18 19 53		26 02 40
	19 08 01	Apr.	8 00 44		.. .. ..	Nov.	2 06 43
	26 11 21		15 04 51	Aug.	22 12 03		9 10 43
Feb.	2 14 45		22 09 02		29 16 28		16 14 39
	9 18 13		29 13 16	Sept.	5 20 51		23 18 31
	16 21 45	May	6 17 33		13 01 13		30 22 18
	24 01 22		13 21 53		20 05 34	Dec.	8 01 59
Mar.	3 05 03		21 02 14		27 09 53		15 05 36
	10 08 51		28 06 36	Oct.	4 14 09		22 09 08
	17 12 42	June	4 11 00		11 18 23		29 12 36

SATELLITE IV

	d h m		d h m		d h m		d h m
Jan.	5 18 29	Mar.	30 01 49	June	22 04 24	Oct.	18 02 38
	22 08 42	Apr.	15 20 26		.. .. ..	Nov.	3 21 18
Feb.	7 23 32	May	2 15 44	Aug.	28 15 07		20 15 06
	24 15 17		19 11 36	Sept.	14 11 24	Dec.	7 07 56
Mar.	13 08 03	June	5 07 52	Oct.	1 07 17		23 23 45

SATELLITES OF JUPITER, 2002

TERRESTRIAL TIME OF GEOCENTRIC PHENOMENA

JANUARY

d	h m		d	h m		d	h m		d	h m	
0	15 36	I.Sh.I.	8	14 18	III.Sh.I.	16	13 30	I.Tr.I.	24	0 21	II.Sh.I.
	15 37	I.Tr.I.		14 39	I.Oc.D.		13 53	I.Sh.I.		2 01	II.Tr.E.
	17 51	I.Sh.E.		16 35	III.Tr.E.		15 45	I.Tr.E.		3 09	II.Sh.E.
	17 52	I.Tr.E.		17 06	I.Ec.R.		16 08	I.Sh.E.		12 34	I.Oc.D.
	21 28	II.Ec.D.		17 22	III.Sh.E.		20 56	II.Tr.I.		15 24	I.Ec.R.
							21 44	II.Sh.I.			
1	0 16	II.Oc.R.	9	11 46	I.Tr.I.		23 44	II.Tr.E.	25	9 41	I.Tr.I.
	10 17	III.Tr.I.		11 59	I.Sh.I.					10 17	I.Sh.I.
	10 18	III.Sh.I.		14 01	I.Tr.E.	17	0 33	II.Sh.E.		11 56	I.Tr.E.
	12 55	I.Oc.D.		14 14	I.Sh.E.		10 49	I.Oc.D.		12 32	I.Sh.E.
	13 19	III.Tr.E.		18 41	II.Tr.I.		13 29	I.Ec.R.		17 20	II.Oc.D.
	13 21	III.Sh.E.		19 07	II.Sh.I.					21 20	II.Ec.R.
	15 11	I.Ec.R.		21 29	II.Tr.E.	18	7 56	I.Tr.I.			
				21 56	II.Sh.E.		8 22	I.Sh.I.	26	7 00	I.Oc.D.
2	10 03	I.Tr.I.					10 11	I.Tr.E.		9 49	III.Oc.D.
	10 05	I.Sh.I.	10	9 05	I.Oc.D.		10 37	I.Sh.E.		9 53	I.Ec.R.
	12 17	I.Tr.E.		11 34	I.Ec.R.		15 04	II.Oc.D.		15 26	III.Ec.R.
	12 19	I.Sh.E.					18 44	II.Ec.R.			
	16 26	II.Tr.I.	11	6 12	I.Tr.I.				27	4 08	I.Tr.I.
	16 31	II.Sh.I.		6 27	I.Sh.I.	19	5 15	I.Oc.D.		4 45	I.Sh.I.
	19 14	II.Tr.E.		8 27	I.Tr.E.		6 29	III.Oc.D.		6 22	I.Tr.E.
	19 19	II.Sh.E.		8 42	I.Sh.E.		7 58	I.Ec.R.		7 00	I.Sh.E.
				12 49	II.Oc.D.		11 25	III.Ec.R.		12 22	II.Tr.I.
3	7 21	I.Oc.D.		16 08	II.Ec.R.					13 40	II.Sh.I.
	9 40	I.Ec.R.				20	2 22	I.Tr.I.		15 10	II.Tr.E.
			12	3 11	III.Oc.D.		2 51	I.Sh.I.		16 28	II.Sh.E.
4	4 29	I.Tr.I.		3 31	I.Oc.D.		4 37	I.Tr.E.			
	4 33	I.Sh.I.		6 03	I.Ec.R.		5 06	I.Sh.E.	28	1 27	I.Oc.D.
	6 43	I.Tr.E.		7 24	III.Ec.R.		10 05	II.Tr.I.		4 22	I.Ec.R.
	6 48	I.Sh.E.					11 03	II.Sh.I.		22 34	I.Tr.I.
	10 36	II.Oc.D.	13	0 38	I.Tr.I.		12 52	II.Tr.E.		23 14	I.Sh.I.
	13 33	II.Ec.R.		0 56	I.Sh.I.		13 51	II.Sh.E.			
	23 56	III.Oc.D.		2 53	I.Tr.E.		23 41	I.Oc.D.	29	0 49	I.Tr.E.
				3 11	I.Sh.E.					1 29	I.Sh.E.
5	1 47	I.Oc.D.		7 49	II.Tr.I.	21	2 27	I.Ec.R.		6 28	II.Oc.D.
	3 24	III.Ec.R.		8 26	II.Sh.I.		20 49	I.Tr.I.		10 38	II.Ec.R.
	4 08	I.Ec.R.		10 36	II.Tr.E.		21 19	I.Sh.I.		19 53	I.Oc.D.
	17 08	IV.Oc.D.		11 15	II.Sh.E.		23 03	I.Tr.E.		22 50	I.Ec.R.
	20 59	IV.Ec.R.		21 57	I.Oc.D.		23 34	I.Sh.E.		23 29	III.Tr.I.
	22 54	I.Tr.I.									
	23 02	I.Sh.I.	14	0 32	I.Ec.R.	22	4 11	II.Oc.D.	30	2 16	III.Sh.I.
				1 59	IV.Tr.I.		7 20	IV.Oc.D.		2 31	III.Tr.E.
6	1 09	I.Tr.E.		4 39	IV.Tr.E.		8 02	II.Ec.R.		5 22	III.Sh.E.
	1 17	I.Sh.E.		5 00	IV.Sh.I.		10 02	IV.Oc.R.		16 29	IV.Tr.I.
	5 34	II.Tr.I.		7 51	IV.Sh.E.		12 13	IV.Ec.D.		17 01	I.Tr.I.
	5 49	II.Sh.I.		19 04	I.Tr.I.		15 11	IV.Ec.R.		17 43	I.Sh.I.
	8 22	II.Tr.E.		19 25	I.Sh.I.		18 07	I.Oc.D.		19 09	IV.Tr.E.
	8 38	II.Sh.E.		21 19	I.Tr.E.		20 08	III.Tr.I.		19 15	I.Tr.E.
	20 13	I.Oc.D.		21 40	I.Sh.E.		20 55	I.Ec.R.		19 58	I.Sh.E.
	22 37	I.Ec.R.					22 17	III.Sh.I.		23 01	IV.Sh.I.
			15	1 56	II.Oc.D.		23 10	III.Tr.E.			
7	17 20	I.Tr.I.		5 26	II.Ec.R.				31	1 31	II.Tr.I.
	17 30	I.Sh.I.		16 23	I.Oc.D.	23	1 22	III.Sh.E.		2 03	IV.Sh.E.
	19 35	I.Tr.E.		16 49	III.Tr.I.		15 15	I.Tr.I.		2 58	II.Sh.I.
	19 45	I.Sh.E.		18 18	III.Sh.I.		15 48	I.Sh.I.		4 19	II.Tr.E.
	23 42	II.Oc.D.		19 00	I.Ec.R.		17 30	I.Tr.E.		5 46	II.Sh.E.
				19 51	III.Tr.E.		18 03	I.Sh.E.		14 20	I.Oc.D.
8	2 51	II.Ec.R.		21 22	III.Sh.E.		23 13	II.Tr.I.		17 19	I.Ec.R.
	13 33	III.Tr.I.									

I. Jan. 15	II. Jan. 15	III. Jan. 12	IV. Jan. 22
$x_2 = +1.3, \; y_2 = +0.2$	$x_2 = +1.5, \; y_2 = +0.2$	$x_2 = +1.5, \; y_2 = +0.5$	$x_1 = +1.5, \; y_1 = +0.8$
			$x_2 = +2.7, \; y_2 = +0.8$

NOTE.—I. denotes ingress; E., egress; D., disappearance; R., reappearance; Ec., eclipse; Oc., occultation; Tr., transit of the satellite; Sh., transit of the shadow.

CONFIGURATIONS OF SATELLITES I–IV FOR JANUARY

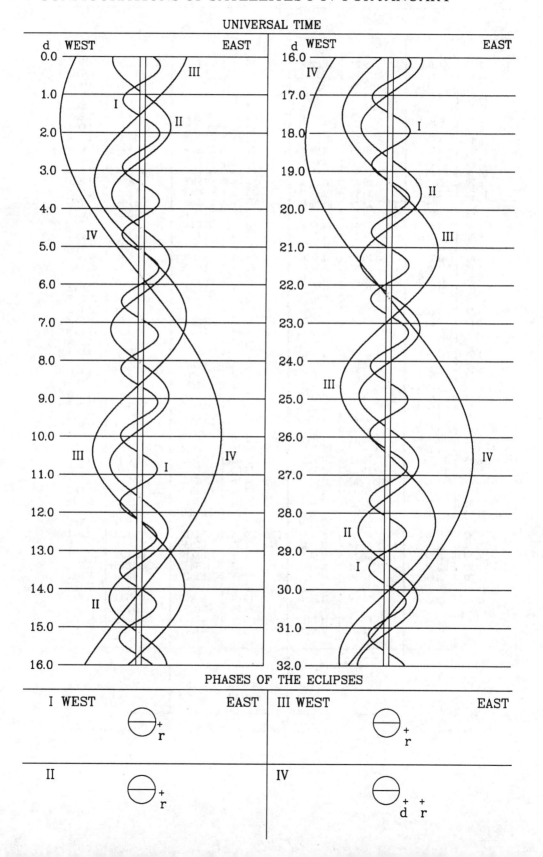

UNIVERSAL TIME

PHASES OF THE ECLIPSES

SATELLITES OF JUPITER, 2002

TERRESTRIAL TIME OF GEOCENTRIC PHENOMENA

FEBRUARY

d	h m		d	h m		d	h m		d	h m	
1	11 27	I.Tr.I.	8	9 24	IV.Ec.R.	15	17 17	I.Tr.E.	22	17 56	I.Sh.I.
	12 11	I.Sh.I.		13 14	I.Tr.I.		18 16	I.Sh.E.		19 06	I.Tr.E.
	13 42	I.Tr.E.		14 06	I.Sh.I.	16	0 19	II.Oc.D.		20 11	I.Sh.E.
	14 26	I.Sh.E.		15 28	I.Tr.E.		5 09	II.Ec.R.	23	2 44	II.Oc.D.
	19 37	II.Oc.D.		16 21	I.Sh.E.		7 45	IV.Tr.I.		7 46	II.Ec.R.
	23 56	II.Ec.R.		21 57	II.Oc.D.		10 28	IV.Tr.E.		14 11	I.Oc.D.
2	8 46	I.Oc.D.	9	2 32	II.Ec.R.		12 22	I.Oc.D.		17 33	I.Ec.R.
	11 48	I.Ec.R.		10 33	I.Oc.D.		15 38	I.Ec.R.		23 49	III.Oc.D.
	13 14	III.Oc.D.		13 43	I.Ec.R.		17 03	IV.Sh.I.	24	2 54	III.Oc.R.
	16 17	III.Oc.R.		16 41	III.Oc.D.		20 13	III.Oc.D.		4 18	III.Ec.D.
	16 19	III.Ec.D.		19 45	III.Oc.R.		20 14	IV.Sh.E.		7 29	III.Ec.R.
	19 27	III.Ec.R.		20 19	III.Ec.D.		23 17	III.Oc.R.		11 19	I.Tr.I.
3	5 54	I.Tr.I.		23 28	III.Ec.R.	17	0 19	III.Ec.D.		12 25	I.Sh.I.
	6 40	I.Sh.I.	10	7 41	I.Tr.I.		3 29	III.Ec.R.		13 33	I.Tr.E.
	8 08	I.Tr.E.		8 35	I.Sh.I.		9 30	I.Tr.I.		13 53	IV.Oc.D.
	8 55	I.Sh.E.		9 55	I.Tr.E.		10 30	I.Sh.I.		14 40	I.Sh.E.
	14 41	II.Tr.I.		10 50	I.Sh.E.		11 44	I.Tr.E.		16 41	IV.Oc.R.
	16 16	II.Sh.I.		17 03	II.Tr.I.		12 45	I.Sh.E.		21 52	II.Tr.I.
	17 29	II.Tr.E.		18 53	II.Sh.I.		19 26	II.Tr.I.	25	0 06	II.Sh.I.
	19 04	II.Sh.E.		19 50	II.Tr.E.		21 29	II.Sh.I.		0 18	IV.Ec.D.
4	3 13	I.Oc.D.		21 41	II.Sh.E.		22 13	II.Tr.E.		0 38	II.Tr.E.
	6 17	I.Ec.R.	11	5 00	I.Oc.D.	18	0 17	II.Sh.E.		2 53	II.Sh.E.
5	0 20	I.Tr.I.		8 12	I.Ec.R.		6 49	I.Oc.D.		3 37	IV.Ec.R.
	1 09	I.Sh.I.	12	2 08	I.Tr.I.		10 07	I.Ec.R.		8 39	I.Oc.D.
	2 35	I.Tr.E.		3 04	I.Sh.I.	19	3 57	I.Tr.I.		12 02	I.Ec.R.
	3 24	I.Sh.E.		4 22	I.Tr.E.		4 59	I.Sh.I.	26	5 47	I.Tr.I.
	8 47	II.Oc.D.		5 19	I.Sh.E.		6 11	I.Tr.E.		6 54	I.Sh.I.
	13 14	II.Ec.R.		11 08	II.Oc.D.		7 14	I.Sh.E.		8 01	I.Tr.E.
	21 40	I.Oc.D.		15 51	II.Ec.R.		13 31	II.Oc.D.		9 09	I.Sh.E.
6	0 45	I.Ec.R.		23 27	I.Oc.D.		18 27	II.Ec.R.		15 57	II.Oc.D.
	2 55	III.Tr.I.	13	2 41	I.Ec.R.	20	1 16	I.Oc.D.		21 04	II.Ec.R.
	5 57	III.Tr.E.		6 25	III.Tr.I.		4 36	I.Ec.R.	27	3 06	I.Oc.D.
	6 15	III.Sh.I.		9 27	III.Tr.E.		10 00	III.Tr.I.		6 31	I.Ec.R.
	9 22	III.Sh.E.		10 16	III.Sh.I.		13 02	III.Tr.E.		13 40	III.Tr.I.
	18 47	I.Tr.I.		13 23	III.Sh.E.		14 16	III.Sh.I.		16 43	III.Tr.E.
	19 38	I.Sh.I.		20 35	I.Tr.I.		17 24	III.Sh.E.		18 16	III.Sh.I.
	21 02	I.Tr.E.		21 33	I.Sh.I.		22 24	I.Tr.I.		21 25	III.Sh.E.
	21 53	I.Sh.E.		22 49	I.Tr.E.		23 28	I.Sh.I.	28	0 14	I.Tr.I.
7	3 52	II.Tr.I.		23 48	I.Sh.E.	21	0 38	I.Tr.E.		1 23	I.Sh.I.
	5 34	II.Sh.I.	14	6 14	II.Tr.I.		1 43	I.Sh.E.		2 29	I.Tr.E.
	6 39	II.Tr.E.		8 11	II.Sh.I.		8 39	II.Tr.I.		3 38	I.Sh.E.
	8 22	II.Sh.E.		9 01	II.Tr.E.		10 47	II.Sh.I.		11 05	II.Tr.I.
	16 07	I.Oc.D.		10 59	II.Sh.E.		11 25	II.Tr.E.		13 24	II.Sh.I.
	19 14	I.Ec.R.		17 54	I.Oc.D.		13 35	II.Sh.E.		13 52	II.Tr.E.
	22 09	IV.Oc.D.		21 09	I.Ec.R.		19 44	I.Oc.D.		16 11	II.Sh.E.
8	0 53	IV.Oc.R.	15	15 02	I.Tr.I.		23 05	I.Ec.R.		21 34	I.Oc.D.
	6 15	IV.Ec.D.		16 01	I.Sh.I.	22	16 52	I.Tr.I.			

I. Feb. 14	II. Feb. 16	III. Feb. 17	IV. Feb. 8
$x_2 = +1.8,\ y_2 = +0.2$	$x_2 = +2.4,\ y_2 = +0.2$	$x_1 = +1.4,\ y_1 = +0.5$ $x_2 = +3.1,\ y_2 = +0.5$	$x_1 = +2.8,\ y_1 = +0.8$ $x_2 = +4.1,\ y_2 = +0.8$

NOTE.—I. denotes ingress; E., egress; D., disappearance; R., reappearance; Ec., eclipse; Oc., occultation; Tr., transit of the satellite; Sh., transit of the shadow.

CONFIGURATIONS OF SATELLITES I–IV FOR FEBRUARY

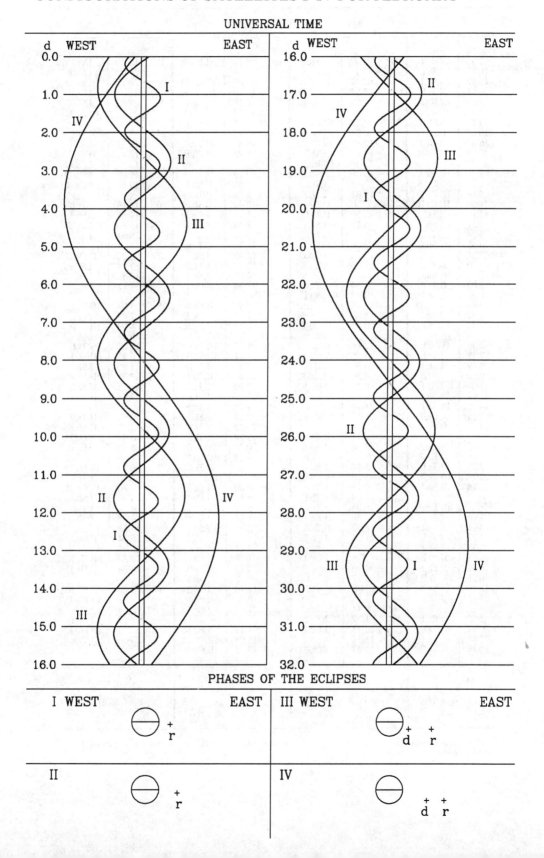

UNIVERSAL TIME

PHASES OF THE ECLIPSES

SATELLITES OF JUPITER, 2002

TERRESTRIAL TIME OF GEOCENTRIC PHENOMENA

MARCH

d	h m		d	h m		d	h m		d	h m	
1	1 00	I.Ec.R.	9	0 02	I.Sh.E.	16	23 19	I.Ec.R.	24	18 50	I.Tr.I.
	18 42	I.Tr.I.		7 41	II.Oc.D.					20 07	I.Sh.I.
	19 52	I.Sh.I.		13 01	II.Ec.R.	17	11 09	III.Oc.D.		20 20	III.Ec.D.
	20 56	I.Tr.E.		17 54	I.Oc.D.		14 16	III.Oc.R.		21 04	I.Tr.E.
	22 07	I.Sh.E.		21 24	I.Ec.R.		16 19	III.Ec.D.		22 22	I.Sh.E.
2	5 11	II.Oc.D.	10	7 18	III.Oc.D.		16 56	I.Tr.I.		23 34	III.Ec.R.
	10 23	II.Ec.R.		10 24	III.Oc.R.		18 11	I.Sh.I.			
	16 02	I.Oc.D.		12 19	III.Ec.D.		19 10	I.Tr.E.	25	7 57	II.Tr.I.
	19 29	I.Ec.R.		15 02	I.Tr.I.		19 32	III.Ec.R.		10 31	II.Sh.I.
	·			15 31	III.Ec.R.		20 26	I.Sh.E.		10 43	II.Tr.E.
3	3 31	III.Oc.D.		16 16	I.Sh.I.					13 18	II.Sh.E.
	6 36	III.Oc.R.		17 16	I.Tr.E.	18	5 23	II.Tr.I.		16 09	I.Oc.D.
	8 18	III.Ec.D.		18 31	I.Sh.E.		7 55	II.Sh.I.		19 43	I.Ec.R.
	11 30	III.Ec.R.	11	2 50	II.Tr.I.		8 09	II.Tr.E.	26	13 19	I.Tr.I.
	13 10	I.Tr.I.		5 18	II.Sh.I.		10 42	II.Sh.E.		14 36	I.Sh.I.
	14 21	I.Sh.I.		5 36	II.Tr.E.		14 15	I.Oc.D.		15 33	I.Tr.E.
	15 24	I.Tr.E.		8 06	II.Sh.E.		17 48	I.Ec.R.		16 51	I.Sh.E.
	16 35	I.Sh.E.		12 22	I.Oc.D.	19	11 24	I.Tr.I.	27	2 06	II.Oc.D.
4	0 20	II.Tr.I.		15 53	I.Ec.R.		12 40	I.Sh.I.		7 34	II.Ec.R.
	2 42	II.Sh.I.	12	9 30	I.Tr.I.		13 38	I.Tr.E.		10 38	I.Oc.D.
	3 06	II.Tr.E.		10 45	I.Sh.I.		14 55	I.Sh.E.		14 12	I.Ec.R.
	5 30	II.Sh.E.		11 45	I.Tr.E.		23 30	II.Oc.D.	28	5 04	III.Tr.I.
	10 30	I.Oc.D.		13 00	I.Sh.E.	20	4 57	II.Ec.R.		7 47	I.Tr.I.
	13 57	I.Ec.R.		20 56	II.Oc.D.		8 44	I.Oc.D.		8 09	III.Tr.E.
	23 58	IV.Tr.I.	13	2 19	II.Ec.R.		12 17	I.Ec.R.		9 05	I.Sh.I.
5	2 46	IV.Tr.E.		6 36	IV.Oc.D.	21	1 07	III.Tr.I.		10 02	I.Tr.E.
	7 38	I.Tr.I.		6 50	I.Oc.D.		4 11	III.Tr.E.		10 15	III.Sh.I.
	8 49	I.Sh.I.		9 30	IV.Oc.R.		5 53	I.Tr.I.		11 20	I.Sh.E.
	9 52	I.Tr.E.		10 21	I.Ec.R.		6 16	III.Sh.I.		13 27	III.Sh.E.
	11 04	I.Sh.E.		18 21	IV.Ec.D.		7 09	I.Sh.I.		21 15	II.Tr.I.
	11 04	IV.Sh.I.		21 13	III.Tr.I.		8 07	I.Tr.E.		23 48	II.Sh.I.
	14 25	IV.Sh.E.		21 49	IV.Ec.R.		9 24	I.Sh.E.	29	0 01	II.Tr.E.
	18 25	II.Oc.D.	14	0 17	III.Tr.E.		9 27	III.Sh.E.		2 36	II.Sh.E.
	23 42	II.Ec.R.		2 16	III.Sh.I.		17 12	IV.Tr.I.		5 07	I.Oc.D.
6	4 58	I.Oc.D.		3 59	I.Tr.I.		18 39	II.Tr.I.		8 41	I.Ec.R.
	8 26	I.Ec.R.		5 14	I.Sh.I.		20 07	IV.Tr.E.	30	0 17	IV.Oc.D.
	17 25	III.Tr.I.		5 26	III.Sh.E.		21 13	II.Sh.I.		2 16	I.Tr.I.
	20 27	III.Tr.E.		6 13	I.Tr.E.		21 26	II.Tr.E.		3 20	IV.Oc.R.
	22 16	III.Sh.I.		7 29	I.Sh.E.	22	0 00	II.Sh.E.		3 33	I.Sh.I.
7	1 26	III.Sh.E.		16 06	II.Tr.I.		3 12	I.Oc.D.		4 31	I.Tr.E.
	2 06	I.Tr.I.		18 36	II.Sh.I.		5 07	IV.Sh.I.		5 48	I.Sh.E.
	3 18	I.Sh.I.		18 52	II.Tr.E.		6 45	I.Ec.R.		12 24	IV.Ec.D.
	4 20	I.Tr.E.		21 24	II.Sh.E.		8 36	IV.Sh.E.		15 24	II.Oc.D.
	5 33	I.Sh.E.	15	1 18	I.Oc.D.	23	0 21	I.Tr.I.		16 01	IV.Ec.R.
	13 35	II.Tr.I.		4 50	I.Ec.R.		1 38	I.Sh.I.		20 53	II.Ec.R.
	16 00	II.Sh.I.		22 27	I.Tr.I.		2 35	I.Tr.E.		23 36	I.Oc.D.
	16 21	II.Tr.E.		23 42	I.Sh.I.		3 53	I.Sh.E.	31	3 09	I.Ec.R.
	18 48	II.Sh.E.	16	0 41	I.Tr.E.		12 48	II.Oc.D.		19 06	III.Oc.D.
	23 26	I.Oc.D.		1 57	I.Sh.E.		18 16	II.Ec.R.		20 45	I.Tr.I.
8	2 55	I.Ec.R.		10 13	II.Oc.D.		21 41	I.Oc.D.		22 02	I.Sh.I.
	20 34	I.Tr.I.		15 38	II.Ec.R.	24	1 14	I.Ec.R.		22 14	III.Oc.R.
	21 47	I.Sh.I.		19 47	I.Oc.D.		15 06	III.Oc.D.		23 00	I.Tr.E.
	22 48	I.Tr.E.					18 13	III.Oc.R.			

I. Mar. 15	II. Mar. 16	III. Mar. 17	IV. Mar. 13
$x_2 = +2.1,\ y_2 = +0.2$	$x_2 = +2.7,\ y_2 = +0.2$	$x_1 = +2.0,\ y_1 = +0.5$ $x_2 = +3.7,\ y_2 = +0.5$	$x_1 = +4.2,\ y_1 = +0.8$ $x_2 = +5.6,\ y_2 = +0.7$

NOTE.—I. denotes ingress; E., egress; D., disappearance; R., reappearance; Ec., eclipse; Oc., occultation; Tr., transit of the satellite; Sh., transit of the shadow.

CONFIGURATIONS OF SATELLITES I–IV FOR MARCH

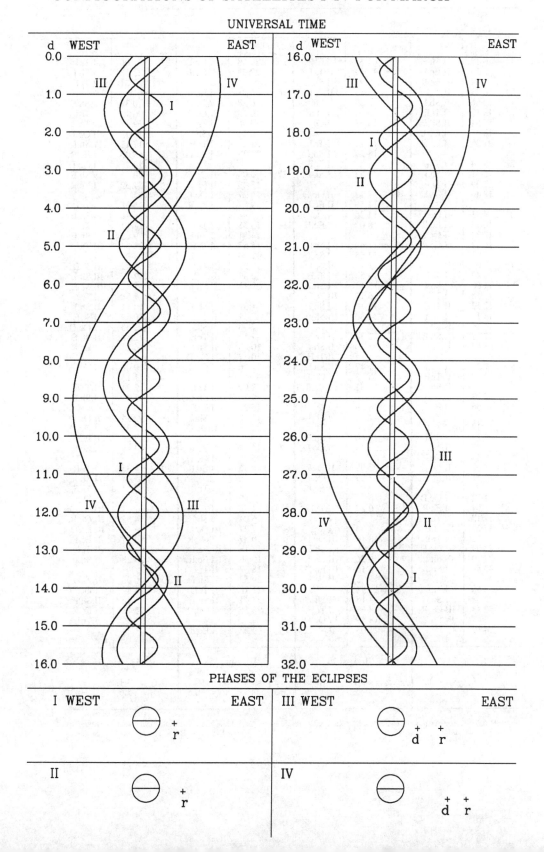

UNIVERSAL TIME

PHASES OF THE ECLIPSES

SATELLITES OF JUPITER, 2002

TERRESTRIAL TIME OF GEOCENTRIC PHENOMENA

APRIL

d	h m		d	h m		d	h m		d	h m	
1	0 17	I.Sh.E.	8	7 35	III.Ec.R.	15	21 58	I.Oc.D.	23	21 06	I.Tr.I.
	0 19	III.Ec.D.		13 11	II.Tr.I.		22 02	IV.Oc.R.		22 18	I.Sh.I.
	3 35	III.Ec.R.		15 42	II.Sh.I.	16	1 28	I.Ec.R.		23 21	I.Tr.E.
	10 33	II.Tr.I.		15 57	II.Tr.E.		6 28	IV.Ec.D.	24	0 33	I.Sh.E.
	13 06	II.Sh.I.		18 29	II.Sh.E.		10 13	IV.Ec.R.		6 12	IV.Tr.I.
	13 19	II.Tr.E.		20 01	I.Oc.D.		19 08	I.Tr.I.		9 27	IV.Tr.E.
	15 54	II.Sh.E.		23 33	I.Ec.R.		20 22	I.Sh.I.		12 49	II.Oc.D.
	18 05	I.Oc.D.	9	17 11	I.Tr.I.		21 23	I.Tr.E.		17 12	IV.Sh.I.
	21 38	I.Ec.R.		18 27	I.Sh.I.		22 38	I.Sh.E.		18 06	II.Ec.R.
2	15 14	I.Tr.I.		19 25	I.Tr.E.	17	10 05	II.Oc.D.		18 25	I.Oc.D.
	16 31	I.Sh.I.		20 42	I.Sh.E.		15 28	II.Ec.R.		20 56	IV.Sh.E.
	17 29	I.Tr.E.	10	7 23	II.Oc.D.		16 27	I.Oc.D.		21 52	I.Ec.R.
	18 46	I.Sh.E.		12 50	II.Ec.R.		19 57	I.Ec.R.	25	15 36	I.Tr.I.
3	4 43	II.Oc.D.		14 30	I.Oc.D.	18	13 38	I.Tr.I.		16 46	I.Sh.I.
	10 12	II.Ec.R.		18 02	I.Ec.R.		14 51	I.Sh.I.		17 51	I.Tr.E.
	12 34	I.Oc.D.	11	11 40	I.Tr.I.		15 53	I.Tr.E.		19 02	I.Sh.E.
	16 07	I.Ec.R.		12 55	I.Sh.I.		17 06	I.Sh.E.		21 34	III.Tr.I.
4	9 07	III.Tr.I.		13 12	III.Tr.I.		17 22	III.Tr.I.	26	0 43	III.Tr.E.
	9 43	I.Tr.I.		13 55	I.Tr.E.		20 30	III.Tr.E.		2 17	III.Sh.I.
	11 00	I.Sh.I.		15 11	I.Sh.E.		22 17	III.Sh.I.		5 32	III.Sh.E.
	11 58	I.Tr.E.		16 19	III.Tr.E.	19	1 32	III.Sh.E.		7 52	II.Tr.I.
	12 12	III.Tr.E.		18 16	III.Sh.I.		5 11	II.Tr.I.		10 11	II.Sh.I.
	13 15	I.Sh.E.		21 30	III.Sh.E.		7 36	II.Sh.I.		10 39	II.Tr.E.
	14 16	III.Sh.I.	12	2 31	II.Tr.I.		7 57	II.Tr.E.		12 55	I.Oc.D.
	17 29	III.Sh.E.		5 00	II.Sh.I.		10 23	II.Sh.E.		12 58	II.Sh.E.
	23 52	II.Tr.I.		5 17	II.Tr.E.		10 57	I.Oc.D.		16 21	I.Ec.R.
5	2 24	II.Sh.I.		7 47	II.Sh.E.		14 26	I.Ec.R.	27	10 06	I.Tr.I.
	2 38	II.Tr.E.		8 59	I.Oc.D.	20	8 07	I.Tr.I.		11 15	I.Sh.I.
	5 12	II.Sh.E.		12 31	I.Ec.R.		9 20	I.Sh.I.		12 21	I.Tr.E.
	7 03	I.Oc.D.	13	6 09	I.Tr.I.		10 22	I.Tr.E.		13 31	I.Sh.E.
	10 36	I.Ec.R.		7 24	I.Sh.I.		11 35	I.Sh.E.	28	2 11	II.Oc.D.
6	4 12	I.Tr.I.		8 24	I.Tr.E.		23 27	II.Oc.D.		7 24	I.Oc.D.
	5 29	I.Sh.I.		9 40	I.Sh.E.	21	4 47	II.Ec.R.		7 26	II.Ec.R.
	6 27	I.Tr.E.		20 44	II.Oc.D.		5 26	I.Oc.D.		10 49	I.Ec.R.
	7 44	I.Sh.E.	14	2 09	II.Ec.R.		8 55	I.Ec.R.	29	4 35	I.Tr.I.
	18 03	II.Oc.D.		3 29	I.Oc.D.	22	2 37	I.Tr.I.		5 44	I.Sh.I.
	23 31	II.Ec.R.		7 00	I.Ec.R.		3 49	I.Sh.I.		6 51	I.Tr.E.
7	1 32	I.Oc.D.	15	0 39	I.Tr.I.		4 52	I.Tr.E.		8 00	I.Sh.E.
	5 04	I.Ec.R.		1 53	I.Sh.I.		6 04	I.Sh.E.		11 41	III.Oc.D.
	11 19	IV.Tr.I.		2 54	I.Tr.E.		7 27	III.Oc.D.		14 52	III.Oc.R.
	14 23	IV.Tr.E.		3 16	III.Oc.D.		10 37	III.Oc.R.		16 19	III.Ec.D.
	22 42	I.Tr.I.		4 09	I.Sh.E.		12 18	III.Ec.D.		19 37	III.Ec.R.
	23 09	III.Oc.D.		6 26	III.Oc.R.		15 36	III.Ec.R.		21 14	II.Tr.I.
	23 10	IV.Sh.I.		8 19	III.Ec.D.		18 32	II.Tr.I.		23 28	II.Sh.I.
	23 58	I.Sh.I.		11 35	III.Ec.R.		20 53	II.Sh.I.	30	0 00	II.Tr.E.
8	0 56	I.Tr.E.		15 51	II.Tr.I.		21 18	II.Tr.E.		1 54	I.Oc.D.
	2 13	I.Sh.E.		18 18	II.Sh.I.		23 41	II.Sh.E.		2 16	II.Sh.E.
	2 18	III.Oc.R.		18 37	II.Tr.E.		23 56	I.Oc.D.		5 18	I.Ec.R.
	2 47	IV.Sh.E.		18 49	IV.Oc.D.	23	3 23	I.Ec.R.		23 05	I.Tr.I.
	4 19	III.Ec.D.		21 05	II.Sh.E.						

I. Apr. 14	II. Apr. 14	III. Apr. 15	IV. Apr. 16
$x_2 = +2.0$, $y_2 = +0.2$	$x_2 = +2.7$, $y_2 = +0.2$	$x_1 = +1.9$, $y_1 = +0.5$ $x_2 = +3.7$, $y_2 = +0.5$	$x_1 = +4.1$, $y_1 = +0.7$ $x_2 = +5.6$, $y_2 = +0.7$

NOTE.—I. denotes ingress; E., egress; D., disappearance; R., reappearance; Ec., eclipse; Oc., occultation; Tr., transit of the satellite; Sh., transit of the shadow.

CONFIGURATIONS OF SATELLITES I–IV FOR APRIL

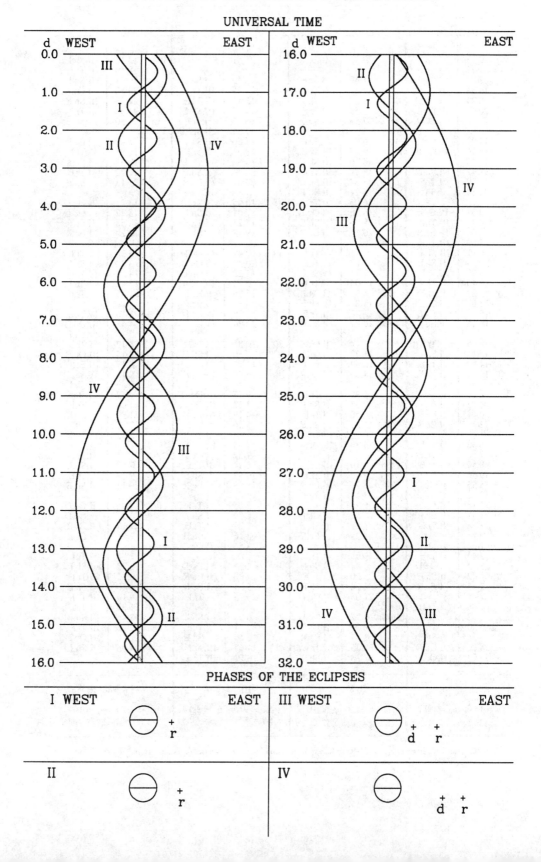

UNIVERSAL TIME

PHASES OF THE ECLIPSES

SATELLITES OF JUPITER, 2002

TERRESTRIAL TIME OF GEOCENTRIC PHENOMENA

MAY

d	h m		d	h m		d	h m		d	h m	
1	0 13	I.Sh.I.	8	23 22	II.Ec.R.	16	23 51	I.Tr.E.	24	18 16	III.Sh.I.
	1 21	I.Tr.E.	9	1 42	I.Ec.R.	17	0 49	I.Sh.E.		18 49	II.Tr.I.
	2 29	I.Sh.E.		19 35	I.Tr.I.		10 25	III.Tr.I.		20 31	II.Sh.I.
	15 34	II.Oc.D.		20 37	I.Sh.I.		13 38	III.Tr.E.		20 52	I.Oc.D.
	20 24	I.Oc.D.		21 50	I.Tr.E.		14 16	III.Sh.I.		21 36	III.Sh.E.
	20 44	II.Ec.R.		22 53	I.Sh.E.		16 03	II.Tr.I.		21 37	II.Tr.E.
	23 47	I.Ec.R.	10	6 06	III.Tr.I.		17 34	III.Sh.E.		23 20	II.Sh.E.
2	14 03	IV.Oc.D.		9 17	III.Tr.E.		17 56	II.Sh.I.	25	0 00	I.Ec.R.
	17 26	IV.Oc.R.		10 16	III.Sh.I.		18 51	II.Tr.E.		18 05	I.Tr.I.
	17 35	I.Tr.I.		13 19	II.Tr.I.		18 52	I.Oc.D.		18 57	I.Sh.I.
	18 42	I.Sh.I.		13 34	III.Sh.E.		20 44	II.Sh.E.		20 22	I.Tr.E.
	19 50	I.Tr.E.		15 21	II.Sh.I.		22 05	I.Ec.R.		21 13	I.Sh.E.
	20 58	I.Sh.E.		16 06	II.Tr.E.	18	16 05	I.Tr.I.	26	13 21	II.Oc.D.
3	0 31	IV.Ec.D.		16 52	I.Oc.D.		17 01	I.Sh.I.		15 22	I.Oc.D.
	1 49	III.Tr.I.		18 09	II.Sh.E.		18 21	I.Tr.E.		17 58	II.Ec.R.
	4 24	IV.Ec.R.		20 11	I.Ec.R.		19 18	I.Sh.E.		18 29	I.Ec.R.
	4 59	III.Tr.E.	11	1 41	IV.Tr.I.	19	9 49	IV.Oc.D.	27	12 36	I.Tr.I.
	6 17	III.Sh.I.		5 07	IV.Tr.E.		10 32	II.Oc.D.		13 26	I.Sh.I.
	9 33	III.Sh.E.		11 15	IV.Sh.I.		13 22	I.Oc.D.		14 52	I.Tr.E.
	10 35	II.Tr.I.		14 05	I.Tr.I.		13 24	IV.Oc.R.		15 42	I.Sh.E.
	12 46	II.Sh.I.		15 06	I.Sh.I.		15 20	II.Ec.R.		21 38	IV.Tr.I.
	13 22	II.Tr.E.		15 06	IV.Sh.E.		16 34	I.Ec.R.	28	1 16	IV.Tr.E.
	14 53	I.Oc.D.		16 20	I.Tr.E.		18 35	IV.Ec.D.		4 58	III.Oc.D.
	15 34	II.Sh.E.		17 22	I.Sh.E.		22 34	IV.Ec.R.		5 16	IV.Sh.I.
	18 16	I.Ec.R.	12	7 44	II.Oc.D.	20	10 35	I.Tr.I.		8 12	II.Tr.I.
4	12 05	I.Tr.I.		11 22	I.Oc.D.		11 30	I.Sh.I.		8 15	III.Oc.R.
	13 11	I.Sh.I.		12 42	II.Ec.R.		12 51	I.Tr.E.		8 17	III.Ec.D.
	14 20	I.Tr.E.		14 39	I.Ec.R.		13 47	I.Sh.E.		9 15	IV.Sh.E.
	15 27	I.Sh.E.	13	8 35	I.Tr.I.	21	0 37	III.Oc.D.		9 49	II.Sh.I.
5	4 57	II.Oc.D.		9 35	I.Sh.I.		3 52	III.Oc.R.		9 52	I.Oc.D.
	9 23	I.Oc.D.		10 50	I.Tr.E.		4 18	III.Ec.D.		11 00	II.Tr.E.
	10 04	II.Ec.R.		11 51	I.Sh.E.		5 26	II.Tr.I.		11 39	III.Ec.R.
	12 44	I.Ec.R.		20 16	III.Oc.D.		7 14	II.Sh.I.		12 37	II.Sh.E.
6	6 35	I.Tr.I.		23 30	III.Oc.R.		7 39	III.Ec.R.		12 57	I.Ec.R.
	7 40	I.Sh.I.	14	0 19	III.Ec.D.		7 52	I.Oc.D.	29	7 06	I.Tr.I.
	8 50	I.Tr.E.		2 41	II.Tr.I.		8 14	II.Tr.E.		7 54	I.Sh.I.
	9 56	I.Sh.E.		3 39	III.Ec.R.		10 02	II.Sh.E.		9 22	I.Tr.E.
	15 57	III.Oc.D.		4 39	II.Sh.I.		11 03	I.Ec.R.		10 11	I.Sh.E.
	19 10	III.Oc.R.		5 28	II.Tr.E.	22	5 05	I.Tr.I.	30	2 46	II.Oc.D.
	20 18	III.Ec.D.		5 52	I.Oc.D.		5 59	I.Sh.I.		4 22	I.Oc.D.
	23 38	III.Ec.R.		7 27	II.Sh.E.		7 21	I.Tr.E.		7 17	II.Ec.R.
	23 57	II.Tr.I.		9 08	I.Ec.R.		8 16	I.Sh.E.		7 26	I.Ec.R.
7	2 04	II.Sh.I.	15	3 05	I.Tr.I.		23 56	II.Oc.D.	31	1 36	I.Tr.I.
	2 44	II.Tr.E.		4 04	I.Sh.I.	23	2 22	I.Oc.D.		2 23	I.Sh.I.
	3 53	I.Oc.D.		5 20	I.Tr.E.		4 38	II.Ec.R.		3 52	I.Tr.E.
	4 52	II.Sh.E.		6 20	I.Sh.E.		5 31	I.Ec.R.		4 40	I.Sh.E.
	7 13	I.Ec.R.		21 08	II.Oc.D.		23 35	I.Tr.I.		19 10	III.Tr.I.
8	1 05	I.Tr.I.	16	0 22	I.Oc.D.	24	0 28	I.Sh.I.		21 35	II.Tr.I.
	2 08	I.Sh.I.		2 00	II.Ec.R.		1 51	I.Tr.E.		22 16	III.Sh.I.
	3 20	I.Tr.E.		3 37	I.Ec.R.		2 45	I.Sh.E.		22 26	III.Tr.E.
	4 24	I.Sh.E.		21 35	I.Tr.I.		14 47	III.Tr.I.		22 52	I.Oc.D.
	18 20	II.Oc.D.		22 33	I.Sh.I.		18 01	III.Tr.E.		23 06	II.Sh.I.
	22 23	I.Oc.D.									

I. May 16	II. May 16	III. May 14	IV. May 19
$x_2 = +1.8,\; y_2 = +0.2$	$x_2 = +2.3,\; y_2 = +0.2$	$x_1 = +1.3,\; y_1 = +0.4$ $x_2 = +3.1,\; y_2 = +0.4$	$x_1 = +2.8,\; y_1 = +0.6$ $x_2 = +4.5,\; y_2 = +0.6$

NOTE.—I. denotes ingress; E., egress; D., disappearance; R., reappearance; Ec., eclipse; Oc., occultation; Tr., transit of the satellite; Sh., transit of the shadow.

CONFIGURATIONS OF SATELLITES I–IV FOR MAY

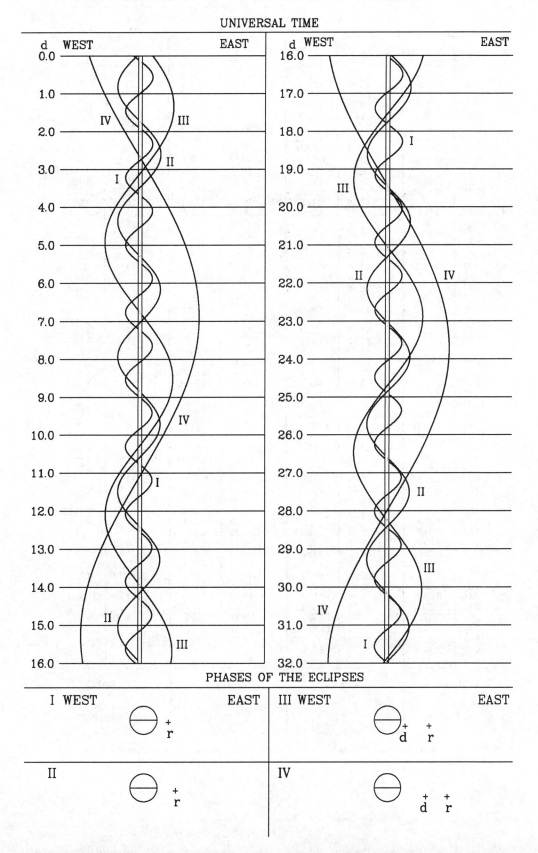

UNIVERSAL TIME

PHASES OF THE ECLIPSES

SATELLITES OF JUPITER, 2002

TERRESTRIAL TIME OF GEOCENTRIC PHENOMENA

JUNE

d	h m		d	h m		d	h m		d	h m	
1	0 23	II.Tr.E.	8	5 38	III.Sh.E.	16	0 42	I.Sh.I.	23	23 25	I.Oc.D.
	1 36	III.Sh.E.		22 08	I.Tr.I.		2 26	I.Tr.E.			
	1 55	I.Ec.R.		22 47	I.Sh.I.		2 59	I.Sh.E.	24	0 44	II.Oc.D.
	1 55	II.Sh.E.					21 24	I.Oc.D.		2 07	I.Ec.R.
	20 06	I.Tr.I.	9	0 24	I.Tr.E.		21 52	II.Oc.D.		4 29	II.Ec.R.
	20 52	I.Sh.I.		1 04	I.Sh.E.					20 41	I.Tr.I.
	22 23	I.Tr.E.		19 01	II.Oc.D.	17	0 12	I.Ec.R.		21 06	I.Sh.I.
	23 09	I.Sh.E.		19 23	I.Oc.D.		1 52	II.Ec.R.		22 58	I.Tr.E.
				22 18	I.Ec.R.		18 39	I.Tr.I.		23 23	I.Sh.E.
2	16 11	II.Oc.D.		23 14	II.Ec.R.		19 11	I.Sh.I.			
	17 22	I.Oc.D.					20 56	I.Tr.E.	25	17 55	I.Oc.D.
	20 23	I.Ec.R.	10	16 38	I.Tr.I.		21 28	I.Sh.E.		19 20	II.Tr.I.
	20 36	II.Ec.R.		17 16	I.Sh.I.					20 07	II.Sh.I.
				18 55	I.Tr.E.	18	15 54	I.Oc.D.		20 35	I.Ec.R.
3	14 37	I.Tr.I.		19 33	I.Sh.E.		16 32	II.Tr.I.		22 09	II.Tr.E.
	15 21	I.Sh.I.					17 32	II.Sh.I.		22 39	III.Oc.D.
	16 53	I.Tr.E.	11	13 45	II.Tr.I.		18 13	III.Oc.D.		22 57	II.Sh.E.
	17 38	I.Sh.E.		13 46	III.Oc.D.		18 41	I.Ec.R.			
				13 53	I.Oc.D.		19 21	II.Tr.E.	26	3 39	III.Ec.R.
4	9 22	III.Oc.D.		14 58	II.Sh.I.		20 22	II.Sh.E.		15 12	I.Tr.I.
	10 58	II.Tr.I.		16 34	II.Tr.E.		23 39	III.Ec.R.		15 35	I.Sh.I.
	11 53	I.Oc.D.		16 46	I.Ec.R.					17 29	I.Tr.E.
	12 23	II.Sh.I.		17 47	II.Sh.E.	19	13 10	I.Tr.I.		17 52	I.Sh.E.
	13 46	II.Tr.E.		19 38	III.Ec.R.		13 40	I.Sh.I.			
	14 52	I.Ec.R.					15 27	I.Tr.E.	27	12 25	I.Oc.D.
	15 12	II.Sh.E.	12	11 08	I.Tr.I.		15 57	I.Sh.E.		14 09	II.Oc.D.
	15 39	III.Ec.R.		11 45	I.Sh.I.					15 04	I.Ec.R.
5	5 59	IV.Oc.D.		13 25	I.Tr.E.	20	10 24	I.Oc.D.		17 48	II.Ec.R.
	9 07	I.Tr.I.		14 02	I.Sh.E.		11 18	II.Oc.D.			
	9 46	IV.Oc.R.					13 09	I.Ec.R.	28	9 42	I.Tr.I.
	9 50	I.Sh.I.	13	8 23	I.Oc.D.		15 10	II.Ec.R.		10 04	I.Sh.I.
	11 23	I.Tr.E.		8 26	II.Oc.D.					11 59	I.Tr.E.
	12 06	I.Sh.E.		11 15	I.Ec.R.	21	7 40	I.Tr.I.		12 21	I.Sh.E.
	12 38	IV.Ec.D.		12 32	II.Ec.R.		8 09	I.Sh.I.			
	16 44	IV.Ec.R.		17 54	IV.Tr.I.		9 57	I.Tr.E.	29	6 56	I.Oc.D.
				21 44	IV.Tr.E.		10 26	I.Sh.E.		8 44	II.Tr.I.
6	5 36	II.Oc.D.		23 18	IV.Sh.I.					9 24	II.Sh.I.
	6 23	I.Oc.D.				22	2 25	IV.Oc.D.		9 32	I.Ec.R.
	9 21	I.Ec.R.	14	3 23	IV.Sh.E.		4 55	I.Oc.D.		11 33	II.Tr.E.
	9 54	II.Ec.R.		5 39	I.Tr.I.		5 56	II.Tr.I.		12 14	II.Sh.E.
				6 14	I.Sh.I.		6 24	IV.Oc.R.		12 53	III.Tr.I.
7	3 37	I.Tr.I.		7 55	I.Tr.E.		6 40	IV.Ec.D.		14 14	III.Sh.I.
	4 18	I.Sh.I.		8 31	I.Sh.E.		6 50	II.Sh.I.		16 14	III.Tr.E.
	5 54	I.Tr.E.					7 38	I.Ec.R.		17 38	III.Sh.E.
	6 35	I.Sh.E.	15	2 54	I.Oc.D.		8 27	III.Tr.I.			
	23 35	III.Tr.I.		3 09	II.Tr.I.		8 45	II.Tr.E.	30	4 12	I.Tr.I.
				4 01	III.Tr.I.		9 39	II.Sh.E.		4 32	I.Sh.I.
8	0 22	II.Tr.I.		4 15	II.Sh.I.		10 15	III.Sh.I.		6 30	I.Tr.E.
	0 53	I.Oc.D.		5 44	I.Ec.R.		10 52	IV.Ec.R.		6 49	I.Sh.E.
	1 41	II.Sh.I.		5 57	II.Tr.E.		11 46	III.Tr.E.		14 23	IV.Tr.I.
	2 17	III.Sh.I.		6 16	III.Sh.I.		13 38	III.Sh.E.		17 19	IV.Sh.I.
	2 52	III.Tr.E.		7 05	II.Sh.E.					18 25	IV.Tr.E.
	3 10	II.Tr.E.		7 19	III.Tr.E.	23	2 11	I.Tr.I.		21 30	IV.Sh.E.
	3 49	I.Ec.R.		9 38	III.Sh.E.		2 37	I.Sh.I.			
	4 30	II.Sh.E.	16	0 09	I.Tr.I.		4 28	I.Tr.E.			
							4 54	I.Sh.E.			

I. June 15	II. June 17	III. June 11	IV. June 22
$x_2 = +1.5,\ y_2 = +0.1$	$x_2 = +1.7,\ y_2 = +0.2$	$x_2 = +2.3,\ y_2 = +0.4$	$x_1 = +0.9,\ y_1 = +0.6$ $x_2 = +2.6,\ y_2 = +0.6$

NOTE.—I. denotes ingress; E., egress; D., disappearance; R., reappearance; Ec., eclipse; Oc., occultation; Tr., transit of the satellite; Sh., transit of the shadow.

CONFIGURATIONS OF SATELLITES I–IV FOR JUNE

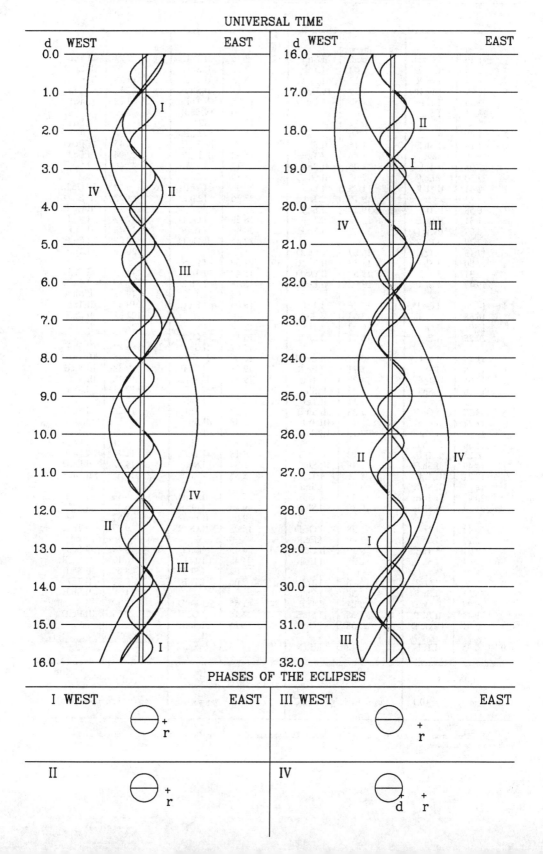

UNIVERSAL TIME

PHASES OF THE ECLIPSES

SATELLITES OF JUPITER, 2002

TERRESTRIAL TIME OF GEOCENTRIC PHENOMENA

JULY

d	h m		d	h m		d	h m		d	h m	
1	1 26	I.Oc.D.	9	0 56	I.Sh.I.	17	3 45	II.Tr.I.	24	9 24	II.Tr.E.
	3 35	II.Oc.D.		3 02	I.Tr.E.		3 50	II.Sh.I.		16 10	III.Ec.D.
	4 01	I.Ec.R.		3 13	I.Sh.E.		6 35	II.Tr.E.		19 56	III.Oc.R.
	7 07	II.Ec.R.		4 59	IV.Ec.R.		6 41	II.Sh.E.		23 14	I.Sh.I.
	22 43	I.Tr.I.		21 57	I.Oc.D.		10 58	IV.Tr.I.		23 19	I.Tr.I.
	23 01	I.Sh.I.					11 20	IV.Sh.I.			
2	1 00	I.Tr.E.	10	0 24	I.Ec.R.		12 02	III.Oc.D.	25	1 31	I.Sh.E.
	1 18	I.Sh.E.		0 56	II.Tr.I.		15 11	IV.Tr.E.		1 36	I.Tr.E.
	19 56	I.Oc.D.		1 16	II.Sh.I.		15 36	IV.Sh.E.		18 45	IV.Ec.D.
	22 08	II.Tr.I.		3 46	II.Tr.E.		15 38	III.Ec.R.		20 24	I.Ec.D.
	22 30	I.Ec.R.		4 06	II.Sh.E.		21 17	I.Tr.I.		22 46	I.Oc.R.
	22 41	II.Sh.I.		7 35	III.Oc.D.		21 19	I.Sh.I.	26	0 02	IV.Oc.R.
3	0 58	II.Tr.E.		11 39	III.Ec.R.		23 34	I.Tr.E.		1 23	II.Ec.D.
	1 31	II.Sh.E.		19 15	I.Tr.I.		23 36	I.Sh.E.		4 29	II.Oc.R.
	3 07	III.Oc.D.		19 24	I.Sh.I.	18	18 29	I.Oc.D.		17 42	I.Sh.I.
	7 39	III.Ec.R.		21 32	I.Tr.E.		20 46	I.Ec.R.		17 49	I.Tr.I.
	17 13	I.Tr.I.		21 42	I.Sh.E.		22 44	II.Oc.D.		20 00	I.Sh.E.
	17 30	I.Sh.I.	11	16 27	I.Oc.D.	19	1 39	II.Ec.R.		20 06	I.Tr.E.
	19 31	I.Tr.E.		18 52	I.Ec.R.		15 47	I.Tr.I.	27	14 52	I.Ec.D.
	19 47	I.Sh.E.		19 52	II.Oc.D.		15 48	I.Sh.I.		17 17	I.Oc.R.
4	14 26	I.Oc.D.		23 02	II.Ec.R.		18 05	I.Tr.E.		19 42	II.Sh.I.
	16 58	I.Ec.R.	12	13 46	I.Tr.I.		18 05	I.Sh.E.		19 57	II.Tr.I.
	17 01	II.Oc.D.		13 53	I.Sh.I.	20	12 58	I.Ec.D.		22 33	II.Sh.E.
	20 25	II.Ec.R.		16 03	I.Tr.E.		15 16	I.Oc.R.		22 48	II.Tr.E.
5	11 44	I.Tr.I.		16 11	I.Sh.E.		17 07	II.Sh.I.	28	6 12	III.Sh.I.
	11 58	I.Sh.I.	13	10 58	I.Oc.D.		17 09	II.Tr.I.		6 45	III.Tr.I.
	14 01	I.Tr.E.		13 21	I.Ec.R.		19 58	II.Sh.E.		9 38	III.Sh.E.
	14 16	I.Sh.E.		14 20	II.Tr.I.		19 59	II.Tr.E.		10 12	III.Tr.E.
6	8 57	I.Oc.D.		14 33	II.Sh.I.	21	2 12	III.Sh.I.		12 11	I.Sh.I.
	11 27	I.Ec.R.		17 11	II.Tr.E.		2 17	III.Tr.I.		12 19	I.Tr.I.
	11 32	II.Tr.I.		17 23	II.Sh.E.		5 38	III.Sh.E.		14 28	I.Sh.E.
	11 59	II.Sh.I.		21 49	III.Tr.I.		5 42	III.Tr.E.		14 37	I.Tr.E.
	14 22	II.Tr.E.		22 13	III.Sh.I.		10 16	I.Sh.I.	29	9 21	I.Ec.D.
	14 49	II.Sh.E.	14	1 13	III.Tr.E.		10 18	I.Tr.I.		11 47	I.Oc.R.
	17 21	III.Tr.I.		1 38	III.Sh.E.		12 34	I.Sh.E.		14 42	II.Ec.D.
	18 13	III.Sh.I.		8 16	I.Tr.I.		12 35	I.Tr.E.		17 55	II.Oc.R.
	20 43	III.Tr.E.		8 22	I.Sh.I.	22	7 27	I.Ec.D.	30	6 40	I.Sh.I.
	21 38	III.Sh.E.		10 33	I.Tr.E.		9 46	I.Oc.R.		6 50	I.Tr.I.
7	6 14	I.Tr.I.		10 39	I.Sh.E.		12 05	II.Ec.D.		8 57	I.Sh.E.
	6 27	I.Sh.I.	15	5 28	I.Oc.D.		15 03	II.Oc.R.		9 07	I.Tr.E.
	8 31	I.Tr.E.		7 49	I.Ec.R.	23	4 45	I.Sh.I.	31	3 49	I.Ec.D.
	8 44	I.Sh.E.		9 19	II.Oc.D.		4 48	I.Tr.I.		6 17	I.Oc.R.
8	3 27	I.Oc.D.		12 21	II.Ec.R.		7 02	I.Sh.E.		8 59	II.Sh.I.
	5 55	I.Ec.R.	16	2 46	I.Tr.I.		7 06	I.Tr.E.		9 22	II.Tr.I.
	6 27	II.Oc.D.		2 50	I.Sh.I.	24	1 55	I.Ec.D.		11 50	II.Sh.E.
	9 44	II.Ec.R.		5 04	I.Tr.E.		4 16	I.Oc.R.		12 12	II.Tr.E.
	23 01	IV.Oc.D.		5 08	I.Sh.E.		6 25	II.Sh.I.		20 09	III.Ec.D.
				23 58	I.Oc.D.		6 33	II.Tr.I.			
9	0 45	I.Tr.I.	17	2 18	I.Ec.R.		9 15	II.Sh.E.			

I. July 15	II. July 15	III. July 17	IV. July 9
$x_2 = +1.1$, $y_2 = +0.1$	$x_2 = +1.1$, $y_2 = +0.2$	$x_2 = +1.0$, $y_2 = +0.3$	$x_2 = +1.6$, $y_2 = +0.5$

NOTE.—I. denotes ingress; E., egress; D., disappearance; R., reappearance; Ec., eclipse; Oc., occultation; Tr., transit of the satellite; Sh., transit of the shadow.

CONFIGURATIONS OF SATELLITES I–IV FOR JULY

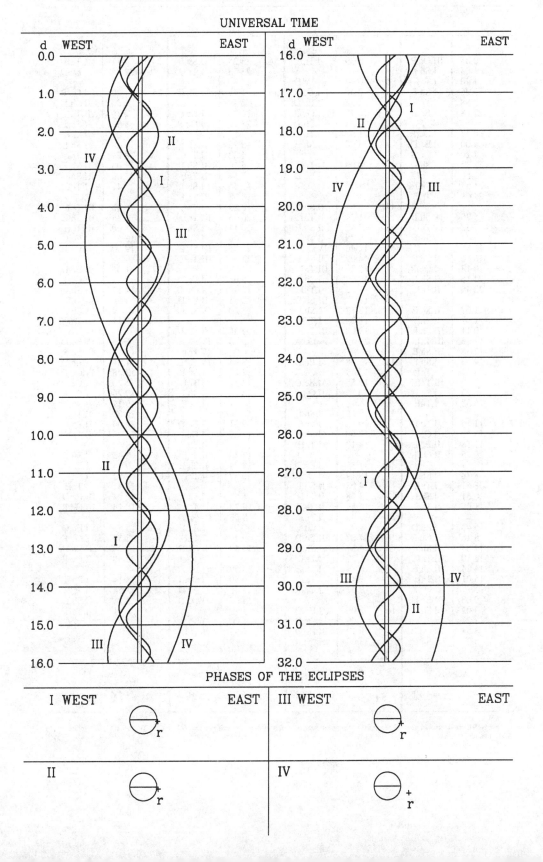

UNIVERSAL TIME

PHASES OF THE ECLIPSES

SATELLITES OF JUPITER, 2002

TERRESTRIAL TIME OF GEOCENTRIC PHENOMENA

AUGUST

d	h m		d	h m		d	h m		d	h m	
1	0 25	III.Oc.R.	8	5 39	I.Tr.E.	16	23 25	I.Sh.I.	24	4 11	I.Tr.E.
	1 08	I.Sh.I.	9	0 12	I.Ec.D.		23 53	I.Tr.I.		22 28	I.Ec.D.
	1 20	I.Tr.I.		2 48	I.Oc.R.	17	1 43	I.Sh.E.	25	1 20	I.Oc.R.
	3 26	I.Sh.E.		6 36	II.Ec.D.		2 10	I.Tr.E.		6 00	II.Sh.I.
	3 38	I.Tr.E.		10 10	II.Oc.R.		20 34	I.Ec.D.		7 10	II.Tr.I.
	22 18	I.Ec.D.		21 31	I.Sh.I.		23 19	I.Oc.R.		8 51	II.Sh.E.
2	0 47	I.Oc.R.		21 52	I.Tr.I.	18	3 25	II.Sh.I.		10 01	II.Tr.E.
	4 00	II.Ec.D.		23 48	I.Sh.E.		4 22	II.Tr.I.		19 48	I.Sh.I.
	7 20	II.Oc.R.	10	0 09	I.Tr.E.		6 16	II.Sh.E.		20 24	I.Tr.I.
	19 37	I.Sh.I.		18 40	I.Ec.D.		7 14	II.Tr.E.		22 05	I.Sh.E.
	19 50	I.Tr.I.		21 19	I.Oc.R.		17 54	I.Sh.I.		22 06	III.Sh.I.
	21 54	I.Sh.E.	11	0 51	II.Sh.I.		18 08	III.Sh.I.		22 41	I.Tr.E.
	22 08	I.Tr.E.		1 34	II.Tr.I.		18 23	I.Tr.I.	26	0 30	III.Tr.I.
3	5 20	IV.Sh.I.		3 42	II.Sh.E.		20 05	III.Tr.I.		1 34	III.Sh.E.
	7 33	IV.Tr.I.		4 25	II.Tr.E.		20 11	I.Sh.E.		4 00	III.Tr.E.
	9 41	IV.Sh.E.		12 46	IV.Ec.D.		20 40	I.Tr.E.		16 56	I.Ec.D.
	11 56	IV.Tr.E.		14 09	III.Sh.I.		21 35	III.Sh.E.		19 50	I.Oc.R.
	16 46	I.Ec.D.		15 39	III.Tr.I.		23 34	III.Tr.E.	27	1 06	II.Ec.D.
	19 18	I.Oc.R.		16 00	I.Sh.I.	19	15 02	I.Ec.D.		5 14	II.Oc.R.
	22 16	II.Sh.I.		16 22	I.Tr.I.		17 49	I.Oc.R.		14 17	I.Sh.I.
	22 46	II.Tr.I.		17 37	III.Sh.E.		22 31	II.Ec.D.		14 54	I.Tr.I.
4	1 07	II.Sh.E.		18 17	I.Sh.E.		23 20	IV.Sh.I.		16 34	I.Sh.E.
	1 37	II.Tr.E.		18 39	I.Tr.E.	20	2 25	II.Oc.R.		17 11	I.Tr.E.
	10 11	III.Sh.I.		19 08	III.Tr.E.		3 45	IV.Sh.E.	28	6 46	IV.Ec.D.
	11 13	III.Tr.I.		20 49	IV.Oc.R.		4 04	IV.Tr.I.		11 17	IV.Ec.R.
	13 38	III.Sh.E.	12	13 08	I.Ec.D.		8 34	IV.Tr.E.		11 24	I.Ec.D.
	14 05	I.Sh.I.		15 49	I.Oc.R.		12 22	I.Sh.I.		12 48	IV.Oc.D.
	14 21	I.Tr.I.		19 55	II.Ec.D.		12 53	I.Tr.I.		14 20	I.Oc.R.
	14 40	III.Tr.E.		23 36	II.Oc.R.		14 40	I.Sh.E.		17 26	IV.Oc.R.
	16 23	I.Sh.E.	13	10 28	I.Sh.I.		15 11	I.Tr.E.		19 17	II.Sh.I.
	16 38	I.Tr.E.		10 52	I.Tr.I.	21	9 31	I.Ec.D.		20 33	II.Tr.I.
5	11 15	I.Ec.D.		12 46	I.Sh.E.		12 20	I.Oc.R.		22 09	II.Sh.E.
	13 48	I.Oc.R.		13 10	I.Tr.E.		16 43	II.Sh.I.		23 25	II.Tr.E.
	17 18	II.Ec.D.	14	7 37	I.Ec.D.		17 46	II.Tr.I.	29	8 45	I.Sh.I.
	20 45	II.Oc.R.		10 19	I.Oc.R.		19 34	II.Sh.E.		9 24	I.Tr.I.
6	8 34	I.Sh.I.		14 08	II.Sh.I.		20 37	II.Tr.E.		11 02	I.Sh.E.
	8 51	I.Tr.I.		14 58	II.Tr.I.	22	6 51	I.Sh.I.		11 41	I.Tr.E.
	10 51	I.Sh.E.		16 59	II.Sh.E.		7 23	I.Tr.I.		12 04	III.Ec.D.
	11 09	I.Tr.E.		17 49	II.Tr.E.		8 06	III.Ec.D.		18 14	III.Oc.R.
7	5 43	I.Ec.D.	15	4 07	III.Ec.D.		9 08	I.Sh.E.	30	5 53	I.Ec.D.
	8 18	I.Oc.R.		4 57	I.Sh.I.		9 41	I.Tr.E.		8 50	I.Oc.R.
	11 34	II.Sh.I.		5 22	I.Tr.I.		13 49	III.Oc.R.		14 24	II.Ec.D.
	12 10	II.Tr.I.		7 14	I.Sh.E.	23	3 59	I.Ec.D.		18 38	II.Oc.R.
	14 24	II.Sh.E.		7 40	I.Tr.E.		6 50	I.Oc.R.	31	3 14	I.Sh.I.
	15 01	II.Tr.E.		9 21	III.Oc.R.		11 48	II.Ec.D.		3 54	I.Tr.I.
8	0 08	III.Ec.D.	16	2 05	I.Ec.D.		15 50	II.Oc.R.		5 31	I.Sh.E.
	3 02	I.Sh.I.		4 49	I.Oc.R.	24	1 20	I.Sh.I.		6 11	I.Tr.E.
	3 21	I.Tr.I.		9 12	II.Ec.D.		1 53	I.Tr.I.			
	4 54	III.Oc.R.		13 00	II.Oc.R.		3 37	I.Sh.E.			
	5 20	I.Sh.E.									

I. Aug. 16	II. Aug. 16	III. Aug. 15	IV. Aug. 11
$x_1 = -1.4,\ y_1 = +0.1$	$x_1 = -1.6,\ y_1 = +0.1$	$x_1 = -1.9,\ y_1 = +0.3$	$x_1 = -2.4,\ y_1 = +0.4$

NOTE.—I. denotes ingress; E., egress; D., disappearance; R., reappearance; Ec., eclipse; Oc., occultation; Tr., transit of the satellite; Sh., transit of the shadow.

CONFIGURATIONS OF SATELLITES I–IV FOR AUGUST

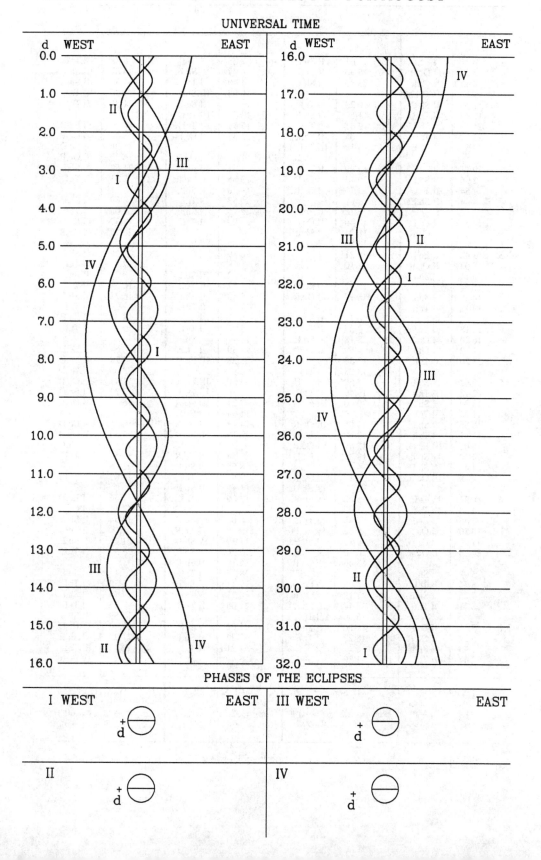

UNIVERSAL TIME

PHASES OF THE ECLIPSES

SATELLITES OF JUPITER, 2002

TERRESTRIAL TIME OF GEOCENTRIC PHENOMENA

SEPTEMBER

d	h m		d	h m		d	h m		d	h m	
1	0 21	I.Ec.D.	8	14 01	II.Sh.E.	16	2 23	I.Tr.I.	23	6 38	I.Tr.E.
	3 20	I.Oc.R.		15 36	II.Tr.E.		3 47	I.Sh.E.		14 01	III.Sh.I.
	8 35	II.Sh.I.		23 36	I.Sh.I.		4 40	I.Tr.E.		17 31	III.Sh.E.
	9 57	II.Tr.I.	9	0 23	I.Tr.I.		10 03	III.Sh.I.		17 57	III.Tr.I.
	11 26	II.Sh.E.		1 53	I.Sh.E.		13 32	III.Sh.E.		21 30	III.Tr.E.
	12 49	II.Tr.E.		2 41	I.Tr.E.		13 38	III.Tr.I.	24	0 30	I.Ec.D.
	21 42	I.Sh.I.		6 04	III.Sh.I.		17 11	III.Tr.E.		3 48	I.Oc.R.
	22 24	I.Tr.I.		9 17	III.Tr.I.		22 37	I.Ec.D.		11 28	II.Ec.D.
	23 59	I.Sh.E.		9 33	III.Sh.E.	17	1 49	I.Oc.R.		16 20	II.Oc.R.
2	0 41	I.Tr.E.		12 49	III.Tr.E.		8 53	II.Ec.D.		21 52	I.Sh.I.
	2 05	III.Sh.I.		20 43	I.Ec.D.		13 35	II.Oc.R.		22 51	I.Tr.I.
	4 54	III.Tr.I.		23 50	I.Oc.R.		19 58	I.Sh.I.	25	0 09	I.Sh.E.
	5 34	III.Sh.E.	10	6 18	II.Ec.D.		20 53	I.Tr.I.		1 08	I.Tr.E.
	8 25	III.Tr.E.		10 49	II.Oc.R.		22 15	I.Sh.E.		18 59	I.Ec.D.
	18 50	I.Ec.D.		18 05	I.Sh.I.		23 09	I.Tr.E.		22 17	I.Oc.R.
	21 50	I.Oc.R.		18 53	I.Tr.I.	18	17 05	I.Ec.D.	26	5 36	II.Sh.I.
3	3 42	II.Ec.D.		20 21	I.Sh.E.		20 19	I.Oc.R.		7 37	II.Tr.I.
	8 02	II.Oc.R.		21 10	I.Tr.E.	19	3 02	II.Sh.I.		8 28	II.Sh.E.
	16 11	I.Sh.I.	11	15 12	I.Ec.D.		4 52	II.Tr.I.		10 30	II.Tr.E.
	16 54	I.Tr.I.		18 19	I.Oc.R.		5 53	II.Sh.E.		16 21	I.Sh.I.
	18 28	I.Sh.E.	12	0 27	II.Sh.I.		7 45	II.Tr.E.		17 21	I.Tr.I.
	19 11	I.Tr.E.		2 07	II.Tr.I.		14 27	I.Sh.I.		18 37	I.Sh.E.
4	13 18	I.Ec.D.		3 18	II.Sh.E.		15 22	I.Tr.I.		19 37	I.Tr.E.
	16 20	I.Oc.R.		4 59	II.Tr.E.		16 44	I.Sh.E.	27	3 57	III.Ec.D.
	21 52	II.Sh.I.		12 33	I.Sh.I.		17 39	I.Tr.E.		7 29	III.Ec.R.
	23 20	II.Tr.I.		13 23	I.Tr.I.		23 58	III.Ec.D.		8 05	III.Oc.D.
5	0 43	II.Sh.E.		14 50	I.Sh.E.	20	3 30	III.Ec.R.		11 41	III.Oc.R.
	2 12	II.Tr.E.		15 40	I.Tr.E.		3 46	III.Oc.D.		13 27	I.Ec.D.
	10 39	I.Sh.I.		20 00	III.Ec.D.		7 21	III.Oc.R.		16 47	I.Oc.R.
	11 24	I.Tr.I.	13	3 01	III.Oc.R.		11 34	I.Ec.D.	28	0 45	II.Ec.D.
	12 56	I.Sh.E.		9 40	I.Ec.D.		14 48	I.Oc.R.		5 42	II.Oc.R.
	13 41	I.Tr.E.		12 49	I.Oc.R.		22 10	II.Ec.D.		10 49	I.Sh.I.
	16 02	III.Ec.D.		19 35	II.Ec.D.	21	2 58	II.Oc.R.		11 50	I.Tr.I.
	17 20	IV.Sh.I.	14	0 12	II.Oc.R.		8 55	I.Sh.I.		13 06	I.Sh.E.
	21 48	IV.Sh.E.		0 47	IV.Ec.D.		9 52	I.Tr.I.		14 07	I.Tr.E.
	22 38	III.Oc.R.		5 22	IV.Ec.R.		11 12	I.Sh.E.	29	7 56	I.Ec.D.
6	0 22	IV.Tr.I.		7 02	I.Sh.I.		12 09	I.Tr.E.		11 16	I.Oc.R.
	4 58	IV.Tr.E.		7 53	I.Tr.I.	22	6 02	I.Ec.D.		18 54	II.Sh.I.
	7 46	I.Ec.D.		9 02	IV.Oc.D.		9 18	I.Oc.R.		21 00	II.Tr.I.
	10 50	I.Oc.R.		9 18	I.Sh.E.		11 19	IV.Sh.I.		21 46	II.Sh.E.
	17 00	II.Ec.D.		10 10	I.Tr.E.		15 50	IV.Sh.E.		23 52	II.Tr.E.
	21 26	II.Oc.R.		13 46	IV.Oc.R.		16 19	II.Sh.I.	30	5 17	I.Sh.I.
7	5 08	I.Sh.I.	15	4 08	I.Ec.D.		18 15	II.Tr.I.		6 20	I.Tr.I.
	5 54	I.Tr.I.		7 19	I.Oc.R.		19 11	II.Sh.E.		7 34	I.Sh.E.
	7 25	I.Sh.E.		13 44	II.Sh.I.		20 21	IV.Tr.I.		8 36	I.Tr.E.
	8 11	I.Tr.E.		15 30	II.Tr.I.		21 08	II.Tr.E.		17 59	III.Sh.I.
8	2 15	I.Ec.D.		16 36	II.Sh.E.	23	1 02	IV.Tr.E.		18 47	IV.Ec.D.
	5 20	I.Oc.R.		18 22	II.Tr.E.		3 24	I.Sh.I.		21 29	III.Sh.E.
	11 09	II.Sh.I.	16	1 30	I.Sh.I.		4 21	I.Tr.I.		22 13	III.Tr.I.
	12 44	II.Tr.I.					5 40	I.Sh.E.		23 25	IV.Ec.R.

I. Sept. 15	II. Sept. 13	III. Sept. 12	IV. Sept. 14
$x_1 = -1.7, \; y_1 = +0.1$	$x_1 = -2.2, \; y_1 = +0.1$	$x_1 = -2.8, \; y_1 = +0.2$	$x_1 = -4.3, \; y_1 = +0.2$
			$x_2 = -2.5, \; y_2 = +0.2$

NOTE.—I. denotes ingress; E., egress; D., disappearance; R., reappearance; Ec., eclipse; Oc., occultation; Tr., transit of the satellite; Sh., transit of the shadow.

CONFIGURATIONS OF SATELLITES I–IV FOR SEPTEMBER

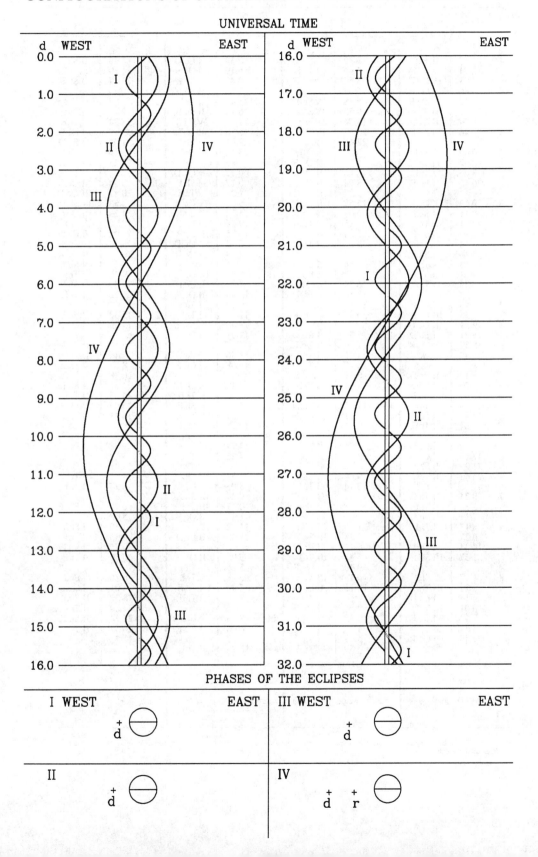

UNIVERSAL TIME

PHASES OF THE ECLIPSES

SATELLITES OF JUPITER, 2002

TERRESTRIAL TIME OF GEOCENTRIC PHENOMENA

OCTOBER

d	h m		d	h m		d	h m		d	h m	
1	1 47	III.Tr.E.	9	1 39	I.Sh.I.	17	0 39	I.Ec.D.	24	18 49	II.Sh.E.
	2 24	I.Ec.D.		2 46	I.Tr.I.		4 10	I.Oc.R.		21 19	II.Tr.E.
	4 53	IV.Oc.D.		3 56	I.Sh.E.		12 47	IV.Ec.D.		23 54	I.Sh.I.
	5 46	I.Oc.R.		5 03	I.Tr.E.		13 22	II.Sh.I.	25	1 07	I.Tr.I.
	9 42	IV.Oc.R.		5 18	IV.Sh.I.		15 46	II.Tr.I.		2 11	I.Sh.E.
	14 02	II.Ec.D.		9 52	IV.Sh.E.		16 14	II.Sh.E.		3 24	I.Tr.E.
	19 04	II.Oc.R.		15 54	IV.Tr.I.		17 28	IV.Ec.R.		19 49	III.Ec.D.
	23 46	I.Sh.I.		20 37	IV.Tr.E.		18 38	II.Tr.E.		21 01	I.Ec.D.
2	0 49	I.Tr.I.		22 46	I.Ec.D.		22 01	I.Sh.I.		23 16	IV.Sh.I.
	2 02	I.Sh.E.	10	2 13	I.Oc.R.		23 12	I.Tr.I.		23 23	III.Ec.R.
	3 06	I.Tr.E.		10 46	II.Sh.I.	18	0 12	IV.Oc.D.	26	0 34	I.Oc.R.
	20 52	I.Ec.D.		13 04	II.Tr.I.		0 17	I.Sh.E.		0 51	III.Oc.D.
3	0 15	I.Oc.R.		13 38	II.Sh.E.		1 28	I.Tr.E.		3 53	IV.Sh.E.
	8 11	II.Sh.I.		15 57	II.Tr.E.		5 04	IV.Oc.R.		4 29	III.Oc.R.
	10 21	II.Tr.I.		20 08	I.Sh.I.		15 52	III.Ec.D.		10 50	IV.Tr.I.
	11 03	II.Sh.E.		21 15	I.Tr.I.		19 08	I.Ec.D.		11 02	II.Ec.D.
	13 14	II.Tr.E.		22 24	I.Sh.E.		19 25	III.Ec.R.		15 36	IV.Tr.E.
	18 14	I.Sh.I.		23 32	I.Tr.E.		20 44	III.Oc.D.		16 24	II.Oc.R.
	19 18	I.Tr.I.	11	11 54	III.Ec.D.		22 39	I.Oc.R.		18 23	I.Sh.I.
	20 31	I.Sh.E.		15 27	III.Ec.R.	19	0 22	III.Oc.R.		19 36	I.Tr.I.
	21 35	I.Tr.E.		16 34	III.Oc.D.		8 28	II.Ec.D.		20 39	I.Sh.E.
4	7 55	III.Ec.D.		17 14	I.Ec.D.		13 46	II.Oc.R.		21 52	I.Tr.E.
	11 28	III.Ec.R.		20 12	III.Oc.R.		16 29	I.Sh.I.	27	15 30	I.Ec.D.
	12 21	III.Oc.D.		20 42	I.Oc.R.		17 41	I.Tr.I.		19 03	I.Oc.R.
	15 21	I.Ec.D.	12	5 54	II.Ec.D.		18 46	I.Sh.E.	28	5 15	II.Sh.I.
	15 57	III.Oc.R.		11 06	II.Oc.R.		19 57	I.Tr.E.		7 46	II.Tr.I.
	18 45	I.Oc.R.		14 36	I.Sh.I.	20	13 36	I.Ec.D.		8 07	II.Sh.E.
5	3 19	II.Ec.D.		15 45	I.Tr.I.		17 08	I.Oc.R.		10 38	II.Tr.E.
	8 25	II.Oc.R.		16 52	I.Sh.E.	21	2 40	II.Sh.I.		12 51	I.Sh.I.
	12 43	I.Sh.I.		18 01	I.Tr.E.		5 06	II.Tr.I.		14 05	I.Tr.I.
	13 48	I.Tr.I.	13	11 43	I.Ec.D.		5 32	II.Sh.E.		15 07	I.Sh.E.
	14 59	I.Sh.E.		15 11	I.Oc.R.		7 59	II.Tr.E.		16 21	I.Tr.E.
	16 04	I.Tr.E.	14	0 04	II.Sh.I.		10 58	I.Sh.I.	29	9 51	III.Sh.I.
6	9 49	I.Ec.D.		2 25	II.Tr.I.		12 10	I.Tr.I.		9 58	I.Ec.D.
	13 14	I.Oc.R.		2 56	II.Sh.E.		13 14	I.Sh.E.		13 22	III.Sh.E.
	21 29	II.Sh.I.		5 18	II.Tr.E.		14 26	I.Tr.E.		13 32	I.Oc.R.
	23 43	II.Tr.I.		9 04	I.Sh.I.	22	5 53	III.Sh.I.		14 52	III.Tr.I.
7	0 21	II.Sh.E.		10 14	I.Tr.I.		8 05	I.Ec.D.		18 27	III.Tr.E.
	2 36	II.Tr.E.		11 21	I.Sh.E.		9 24	III.Sh.E.	30	0 19	II.Ec.D.
	7 11	I.Sh.I.		12 30	I.Tr.E.		10 47	III.Tr.I.		5 42	II.Oc.R.
	8 17	I.Tr.I.	15	1 55	III.Sh.I.		11 37	I.Oc.R.		7 19	I.Sh.I.
	9 27	I.Sh.E.		5 25	III.Sh.E.		14 22	III.Tr.E.		8 33	I.Tr.I.
	10 34	I.Tr.E.		6 11	I.Ec.D.		21 45	II.Ec.D.		9 35	I.Sh.E.
	21 57	III.Sh.I.		6 38	III.Tr.I.	23	3 05	II.Oc.R.		10 50	I.Tr.E.
8	1 27	III.Sh.E.		9 40	I.Oc.R.		5 26	I.Sh.I.	31	4 26	I.Ec.D.
	2 27	III.Tr.I.		10 13	III.Tr.E.		6 38	I.Tr.I.		8 01	I.Oc.R.
	4 18	I.Ec.D.		19 11	II.Ec.D.		7 42	I.Sh.E.		18 32	II.Sh.I.
	6 01	III.Tr.E.	16	0 26	II.Oc.R.		8 55	I.Tr.E.		21 04	II.Tr.I.
	7 43	I.Oc.R.		3 33	I.Sh.I.	24	2 33	I.Ec.D.		21 24	II.Sh.E.
	16 37	II.Ec.D.		4 43	I.Tr.I.		6 06	I.Oc.R.		23 57	II.Tr.E.
	21 46	II.Oc.R.		5 49	I.Sh.E.		15 57	II.Sh.I.			
				6 59	I.Tr.E.		18 26	II.Tr.I.			

I. Oct. 15	II. Oct. 15	III. Oct. 18	IV. Oct. 17
$x_1 = -2.0,\ y_1 = 0.0$	$x_1 = -2.6,\ y_1 = 0.0$	$x_1 = -3.6,\ y_1 = +0.1$ $x_2 = -1.7,\ y_2 = +0.1$	$x_1 = -5.6,\ y_1 = +0.1$ $x_2 = -3.7,\ y_2 = +0.1$

NOTE.—I. denotes ingress; E., egress; D., disappearance; R., reappearance; Ec., eclipse; Oc., occultation; Tr., transit of the satellite; Sh., transit of the shadow.

CONFIGURATIONS OF SATELLITES I–IV FOR OCTOBER

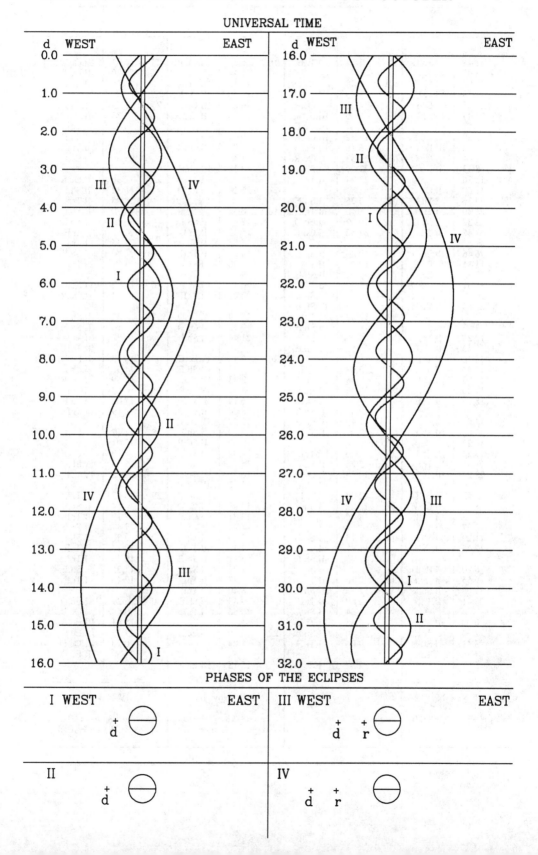

UNIVERSAL TIME

PHASES OF THE ECLIPSES

SATELLITES OF JUPITER, 2002

TERRESTRIAL TIME OF GEOCENTRIC PHENOMENA

NOVEMBER

d	h m		d	h m		d	h m		d	h m	
1	1 48	I.Sh.I.	8	7 12	I.Tr.E.	16	6 16	I.Oc.R.	23	16 41	III.Oc.D.
	3 02	I.Tr.I.					7 44	III.Ec.D.		20 20	III.Oc.R.
	4 04	I.Sh.E.	9	0 48	I.Ec.D.		11 19	III.Ec.R.		21 16	II.Ec.D.
	5 18	I.Tr.E.		3 45	III.Ec.D.		12 50	III.Oc.D.			
	22 55	I.Ec.D.		4 23	I.Oc.R.		16 29	III.Oc.R.	24	1 55	I.Sh.I.
	23 47	III.Ec.D.		7 20	III.Ec.R.		18 43	II.Ec.D.		2 35	II.Oc.R.
				8 54	III.Oc.D.					3 07	I.Tr.I.
2	2 29	I.Oc.R.		12 32	III.Oc.R.	17	0 02	I.Sh.I.		4 11	I.Sh.E.
	3 22	III.Ec.R.		16 10	II.Ec.D.		0 05	II.Oc.R.		5 24	I.Tr.E.
	4 54	III.Oc.D.		21 33	II.Oc.R.		1 16	I.Tr.I.		23 04	I.Ec.D.
	8 33	III.Oc.R.		22 09	I.Sh.I.		2 18	I.Sh.E.			
	13 36	II.Ec.D.		23 24	I.Tr.I.		3 32	I.Tr.E.	25	2 36	I.Oc.R.
	19 00	II.Oc.R.					21 10	I.Ec.D.		15 37	II.Sh.I.
	20 16	I.Sh.I.	10	0 25	I.Sh.E.					18 05	II.Tr.I.
	21 30	I.Tr.I.		1 40	I.Tr.E.	18	0 45	I.Oc.R.		18 30	II.Sh.E.
	22 32	I.Sh.E.		19 17	I.Ec.D.		13 01	II.Sh.I.		20 24	I.Sh.I.
	23 47	I.Tr.E.		22 52	I.Oc.R.		15 33	II.Tr.I.		20 58	II.Tr.E.
							15 54	II.Sh.E.		21 35	I.Tr.I.
3	6 46	IV.Ec.D.	11	10 26	II.Sh.I.		18 26	II.Tr.E.		22 40	I.Sh.E.
	11 31	IV.Ec.R.		12 59	II.Tr.I.		18 30	I.Sh.I.		23 51	I.Tr.E.
	17 23	I.Ec.D.		13 18	II.Sh.E.		19 44	I.Tr.I.			
	18 51	IV.Oc.D.		15 52	II.Tr.E.		20 47	I.Sh.E.	26	17 32	I.Ec.D.
	20 58	I.Oc.R.		16 37	I.Sh.I.		22 00	I.Tr.E.		21 04	I.Oc.R.
	23 44	IV.Oc.R.		17 14	IV.Sh.I.						
				17 52	I.Tr.I.	19	15 39	I.Ec.D.	27	1 42	III.Sh.I.
4	7 50	II.Sh.I.		18 53	I.Sh.E.		19 13	I.Oc.R.		5 14	III.Sh.E.
	10 23	II.Tr.I.		20 08	I.Tr.E.		21 44	III.Sh.I.		6 32	III.Tr.I.
	10 42	II.Sh.E.		21 53	IV.Sh.E.					10 07	III.Tr.E.
	13 16	II.Tr.E.				20	0 46	IV.Ec.D.		10 33	II.Ec.D.
	14 44	I.Sh.I.	12	5 02	IV.Tr.I.		1 17	III.Sh.E.		14 52	I.Sh.I.
	15 59	I.Tr.I.		9 48	IV.Tr.E.		2 43	III.Tr.I.		15 49	II.Oc.R.
	17 00	I.Sh.E.		13 45	I.Ec.D.		5 32	IV.Ec.R.		16 03	I.Tr.I.
	18 15	I.Tr.E.		17 20	I.Oc.R.		6 19	III.Tr.E.		17 08	I.Sh.E.
				17 47	III.Sh.I.		8 00	II.Ec.D.		18 19	I.Tr.E.
5	11 52	I.Ec.D.		21 19	III.Sh.E.		12 39	IV.Oc.D.			
	13 50	III.Sh.I.		22 51	III.Tr.I.		12 59	I.Sh.I.	28	11 12	IV.Sh.I.
	15 27	I.Oc.R.					13 20	II.Oc.R.		12 01	I.Ec.D.
	17 21	III.Sh.E.	13	2 26	III.Tr.E.		14 12	I.Tr.I.		15 32	I.Oc.R.
	18 54	III.Tr.I.		5 26	II.Ec.D.		15 15	I.Sh.E.		15 53	IV.Sh.E.
	22 29	III.Tr.E.		10 50	II.Oc.R.		16 28	I.Tr.E.		22 22	IV.Tr.I.
				11 06	I.Sh.I.		17 32	IV.Oc.R.			
6	2 53	II.Ec.D.		12 20	I.Tr.I.				29	3 07	IV.Tr.E.
	8 17	II.Oc.R.		13 22	I.Sh.E.	21	10 07	I.Ec.D.		4 54	II.Sh.I.
	9 13	I.Sh.I.		14 36	I.Tr.E.		13 41	I.Oc.R.		7 19	II.Tr.I.
	10 27	I.Tr.I.								7 47	II.Sh.E.
	11 29	I.Sh.E.	14	8 13	I.Ec.D.	22	2 19	II.Sh.I.		9 20	I.Sh.I.
	12 43	I.Tr.E.		11 48	I.Oc.R.		4 49	II.Tr.I.		10 13	II.Tr.E.
				23 43	II.Sh.I.		5 11	II.Sh.E.		10 30	I.Tr.I.
7	6 20	I.Ec.D.					7 27	I.Sh.I.		11 36	I.Sh.E.
	9 55	I.Oc.R.	15	2 16	II.Tr.I.		7 42	II.Tr.E.		12 46	I.Tr.E.
	21 08	II.Sh.I.		2 36	II.Sh.E.		8 40	I.Tr.I.			
	23 41	II.Tr.I.		5 09	II.Tr.E.		9 43	I.Sh.E.	30	6 29	I.Ec.D.
				5 34	I.Sh.I.		10 56	I.Tr.E.		9 59	I.Oc.R.
8	0 00	II.Sh.E.		6 48	I.Tr.I.					15 41	III.Ec.D.
	2 34	II.Tr.E.		7 50	I.Sh.E.	23	4 35	I.Ec.D.		19 17	III.Ec.R.
	3 41	I.Sh.I.		9 04	I.Tr.E.		8 08	I.Oc.R.		20 28	III.Oc.D.
	4 55	I.Tr.I.					11 42	III.Ec.D.		23 50	II.Ec.D.
	5 57	I.Sh.E.	16	2 42	I.Ec.D.		15 18	III.Ec.R.			

I. Nov. 16	II. Nov. 16	III. Nov. 16	IV. Nov. 20
$x_1 = -2.1$, $y_1 = 0.0$	$x_1 = -2.7$, $y_1 = 0.0$	$x_1 = -3.8$, $y_1 = +0.1$ $x_2 = -1.8$, $y_2 = +0.1$	$x_1 = -5.8$, $y_1 = 0.0$ $x_2 = -3.9$, $y_2 = 0.0$

NOTE.—I. denotes ingress; E., egress; D., disappearance; R., reappearance; Ec., eclipse; Oc., occultation; Tr., transit of the satellite; Sh., transit of the shadow.

CONFIGURATIONS OF SATELLITES I–IV FOR NOVEMBER

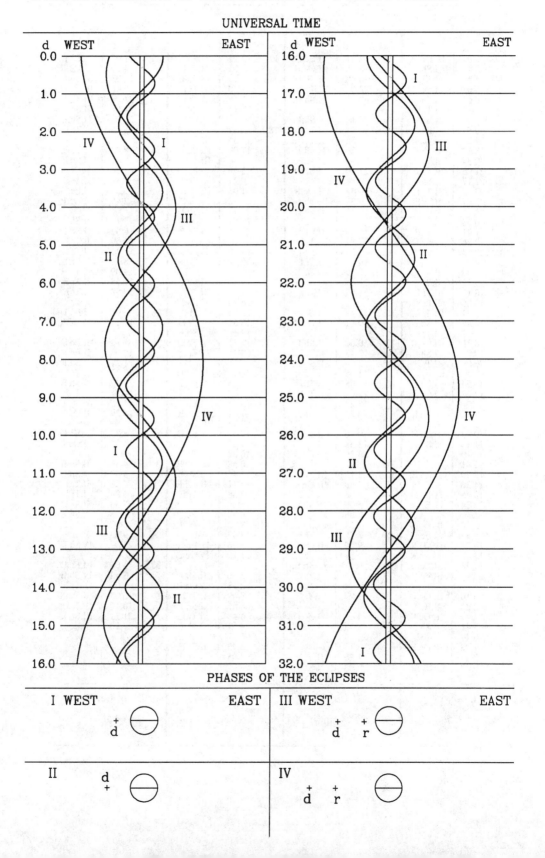

SATELLITES OF JUPITER, 2002

TERRESTRIAL TIME OF GEOCENTRIC PHENOMENA

DECEMBER

d	h m		d	h m		d	h m		d	h m	
1	0 07	III.Oc.R.	9	2 51	I.Ec.D.	17	2 18	II.Sh.E.	25	1 07	I.Ec.D.
	3 48	I.Sh.I.		6 16	I.Oc.R.		3 01	I.Tr.I.		4 19	I.Oc.R.
	4 58	I.Tr.I.		20 48	II.Sh.I.		4 19	I.Sh.E.		17 33	III.Sh.I.
	5 02	II.Oc.R.		23 01	II.Tr.I.		4 20	II.Tr.E.		20 46	II.Ec.D.
	6 04	I.Sh.E.		23 42	II.Sh.E.		5 18	I.Tr.E.		21 00	III.Tr.I.
	7 14	I.Tr.E.	10	0 10	I.Sh.I.		23 13	I.Ec.D.		21 08	III.Sh.E.
2	0 57	I.Ec.D.		1 14	I.Tr.I.	18	2 32	I.Oc.R.		22 24	I.Sh.I.
	4 27	I.Oc.R.		1 55	II.Tr.E.		13 35	III.Sh.I.		23 15	I.Tr.I.
	18 12	II.Sh.I.		2 26	I.Sh.E.		17 09	III.Sh.E.	26	0 37	III.Tr.E.
	20 34	II.Tr.I.		3 30	I.Tr.E.		17 30	III.Tr.I.		0 41	I.Sh.E.
	21 06	II.Sh.E.		21 20	I.Ec.D.		18 13	II.Ec.D.		1 20	II.Oc.R.
	22 17	I.Sh.I.	11	0 44	I.Oc.R.		20 31	I.Sh.I.		1 31	I.Tr.E.
	23 25	I.Tr.I.		9 37	III.Sh.I.		21 06	III.Tr.E.		19 36	I.Ec.D.
	23 27	II.Tr.E.		13 11	III.Sh.E.		21 28	I.Tr.I.		22 45	I.Oc.R.
3	0 33	I.Sh.E.		13 55	III.Tr.I.		22 47	I.Sh.E.	27	15 18	II.Sh.I.
	1 41	I.Tr.E.		15 40	II.Ec.D.		23 01	II.Oc.R.		16 52	I.Sh.I.
	19 26	I.Ec.D.		17 31	III.Tr.E.		23 45	I.Tr.E.		16 59	II.Tr.I.
	22 54	I.Oc.R.		18 38	I.Sh.I.	19	17 42	I.Ec.D.		17 41	I.Tr.I.
				19 41	I.Tr.I.		20 59	I.Oc.R.		18 12	II.Sh.E.
4	5 39	III.Sh.I.		20 39	II.Oc.R.	20	12 41	II.Sh.I.		19 09	I.Sh.E.
	9 12	III.Sh.E.		20 54	I.Sh.E.		14 37	II.Tr.I.		19 53	II.Tr.E.
	10 15	III.Tr.I.		21 57	I.Tr.E.		14 59	I.Sh.I.		19 58	I.Tr.E.
	13 06	II.Ec.D.	12	15 48	I.Ec.D.		15 35	II.Sh.E.	28	14 04	I.Ec.D.
	13 51	III.Tr.E.		19 11	I.Oc.R.		15 55	I.Tr.I.		17 12	I.Oc.R.
	16 45	I.Sh.I.	13	10 06	II.Sh.I.		17 16	I.Sh.E.	29	7 32	III.Ec.D.
	17 52	I.Tr.I.		12 13	II.Tr.I.		17 31	II.Tr.E.		10 03	II.Ec.D.
	18 15	II.Oc.R.		12 59	II.Sh.E.		18 11	I.Tr.E.		11 21	I.Sh.I.
	19 01	I.Sh.E.		13 06	I.Sh.I.	21	12 10	I.Ec.D.		12 07	I.Tr.I.
	20 09	I.Tr.E.		14 08	I.Tr.I.		15 25	I.Oc.R.		13 37	I.Sh.E.
5	13 54	I.Ec.D.		15 07	II.Tr.E.	22	3 34	III.Ec.D.		14 24	I.Tr.E.
	17 22	I.Oc.R.		15 22	I.Sh.E.		7 11	III.Ec.R.		14 25	III.Oc.R.
6	7 30	II.Sh.I.		16 24	I.Tr.E.		7 18	III.Oc.D.		14 29	II.Oc.R.
	9 47	II.Tr.I.	14	10 16	I.Ec.D.		7 30	II.Ec.D.	30	8 33	I.Ec.D.
	10 23	II.Sh.E.		13 38	I.Oc.R.		9 27	I.Sh.I.		11 38	I.Oc.R.
	11 13	I.Sh.I.		23 36	III.Ec.D.		10 22	I.Tr.I.	31	4 36	II.Sh.I.
	12 19	I.Tr.I.	15	3 13	III.Ec.R.		10 58	III.Oc.R.		5 49	I.Sh.I.
	12 41	II.Tr.E.		3 46	III.Oc.D.		11 44	I.Sh.E.		6 09	II.Tr.I.
	13 29	I.Sh.E.		4 56	II.Ec.D.		12 11	II.Oc.R.		6 34	I.Tr.I.
	14 36	I.Tr.E.		5 09	IV.Sh.I.		12 38	I.Tr.E.		7 30	II.Sh.E.
	18 45	IV.Ec.D.		7 25	III.Oc.R.	23	6 39	I.Ec.D.		8 06	I.Sh.E.
	23 34	IV.Ec.R.		7 34	I.Sh.I.		9 52	I.Oc.R.		8 51	I.Tr.E.
7	5 30	IV.Oc.D.		8 35	I.Tr.I.		12 45	IV.Ec.D.		9 03	II.Tr.E.
	8 23	I.Ec.D.		9 50	II.Oc.R.		17 36	IV.Ec.R.		23 07	IV.Sh.I.
	10 22	IV.Oc.R.		9 51	I.Sh.E.		21 19	IV.Oc.D.	32	3 01	I.Ec.D.
	11 49	I.Oc.R.		9 53	IV.Sh.E.	24	2 00	II.Sh.I.		3 52	IV.Sh.E.
	19 38	III.Ec.D.		10 51	I.Tr.E.		2 11	IV.Oc.R.		6 03	IV.Tr.I.
	23 15	III.Ec.R.		14 41	IV.Tr.I.		3 49	II.Tr.I.		6 05	I.Oc.R.
8	0 10	III.Oc.D.		19 27	IV.Tr.E.		3 56	I.Sh.I.		10 49	IV.Tr.E.
	2 23	II.Ec.D.	16	4 45	I.Ec.D.		4 48	I.Tr.I.		21 31	III.Sh.I.
	3 49	III.Oc.R.		8 05	I.Oc.R.		4 54	II.Sh.E.		23 20	II.Ec.D.
	5 41	I.Sh.I.		23 24	II.Sh.I.		6 12	I.Sh.E.			
	6 47	I.Tr.I.	17	1 26	II.Tr.I.		6 43	II.Tr.E.			
	7 28	II.Oc.R.		2 03	I.Sh.I.		7 05	I.Tr.E.			
	7 58	I.Sh.E.									
	9 03	I.Tr.E.									

I. Dec. 16	II. Dec. 15	III. Dec. 14–15	IV. Dec. 23
$x_1 = -1.9$, $y_1 = 0.0$	$x_1 = -2.4$, $y_1 = 0.0$	$x_1 = -3.3$, $y_1 = +0.1$ $x_2 = -1.3$, $y_2 = +0.1$	$x_1 = -4.5$, $y_1 = 0.0$ $x_2 = -2.5$, $y_2 = 0.0$

NOTE.—I. denotes ingress; E., egress; D., disappearance; R., reappearance; Ec., eclipse; Oc., occultation; Tr., transit of the satellite; Sh., transit of the shadow.

CONFIGURATIONS OF SATELLITES I–IV FOR DECEMBER

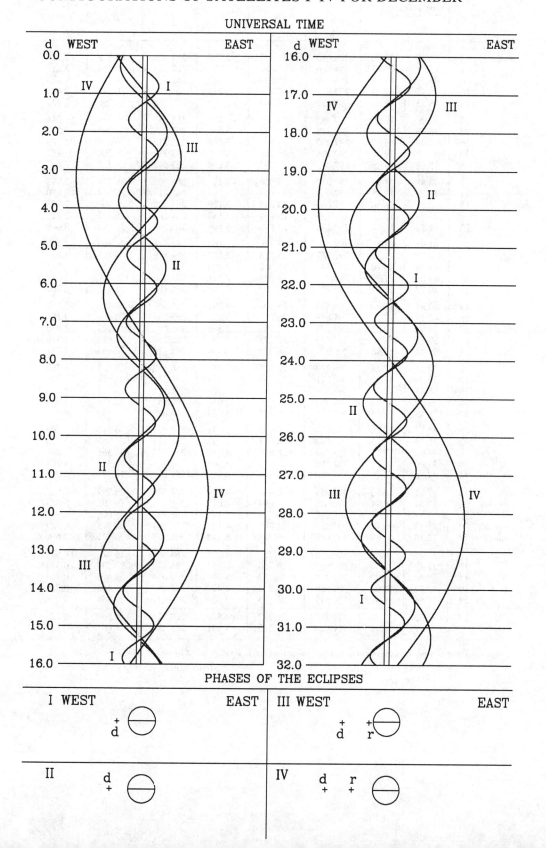

UNIVERSAL TIME

PHASES OF THE ECLIPSES

RINGS OF SATURN, 2002

FOR 0ʰ UNIVERSAL TIME

Date		Axes of outer edge of outer ring		U	B	P	U'	B'	P'
		Major	Minor						
		"	"	°	°	°	°	°	°
Jan.	−2	46.10	20.06	298.685	−25.797	−3.302	262.059	−26.199	+3.729
	2	45.91	19.97	298.396	25.786	3.271	262.224	26.214	3.652
	6	45.70	19.88	298.129	25.777	3.242	262.388	26.228	3.575
	10	45.48	19.77	297.887	25.771	3.216	262.553	26.242	3.498
	14	45.23	19.66	297.672	25.767	3.193	262.718	26.256	3.421
	18	44.96	19.55	297.485	−25.765	−3.173	262.883	−26.269	+3.344
	22	44.69	19.43	297.328	25.767	3.156	263.048	26.283	3.267
	26	44.40	19.30	297.202	25.772	3.143	263.212	26.296	3.189
	30	44.10	19.18	297.108	25.780	3.133	263.377	26.309	3.112
Feb.	3	43.80	19.06	297.047	25.792	3.126	263.542	26.322	3.035
	7	43.48	18.93	297.019	−25.806	−3.123	263.708	−26.335	+2.957
	11	43.17	18.81	297.024	25.824	3.124	263.873	26.347	2.880
	15	42.85	18.68	297.063	25.845	3.129	264.038	26.360	2.803
	19	42.54	18.56	297.135	25.869	3.137	264.203	26.372	2.725
	23	42.22	18.44	297.240	25.896	3.149	264.368	26.384	2.648
	27	41.91	18.32	297.377	−25.926	−3.164	264.534	−26.396	+2.570
Mar.	3	41.60	18.21	297.547	25.958	3.183	264.699	26.407	2.493
	7	41.30	18.10	297.746	25.992	3.205	264.864	26.418	2.415
	11	41.01	17.99	297.977	26.029	3.231	265.030	26.430	2.337
	15	40.72	17.89	298.236	26.067	3.260	265.195	26.441	2.260
	19	40.44	17.80	298.523	−26.106	−3.291	265.361	−26.451	+2.182
	23	40.18	17.70	298.838	26.147	3.326	265.527	26.462	2.104
	27	39.92	17.62	299.178	26.189	3.363	265.692	26.473	2.026
	31	39.67	17.53	299.543	26.231	3.402	265.858	26.483	1.948
Apr.	4	39.44	17.46	299.930	26.273	3.444	266.024	26.493	1.871
	8	39.21	17.38	300.340	−26.315	−3.488	266.189	−26.503	+1.793
	12	39.00	17.32	300.771	26.357	3.535	266.355	26.512	1.715
	16	38.81	17.25	301.221	26.398	3.583	266.521	26.522	1.637
	20	38.62	17.20	301.689	26.439	3.633	266.687	26.531	1.559
	24	38.45	17.14	302.174	26.478	3.684	266.853	26.540	1.481
	28	38.29	17.10	302.674	−26.515	−3.737	267.019	−26.549	+1.403
May	2	38.15	17.05	303.187	26.551	3.791	267.185	26.558	1.325
	6	38.02	17.01	303.714	26.585	3.845	267.351	26.566	1.247
	10	37.90	16.98	304.252	26.617	3.901	267.517	26.575	1.168
	14	37.80	16.95	304.800	26.647	3.957	267.683	26.583	1.090
	18	37.71	16.93	305.357	−26.674	−4.014	267.849	−26.591	+1.012
	22	37.64	16.91	305.922	26.699	4.072	268.016	26.598	0.934
	26	37.58	16.90	306.492	26.721	4.129	268.182	26.606	0.856
	30	37.53	16.89	307.066	26.740	4.187	268.348	26.613	0.777
June	3	37.50	16.88	307.645	26.756	4.244	268.515	26.621	0.699
	7	37.49	16.88	308.226	−26.769	−4.301	268.681	−26.628	+0.621
	11	37.49	16.89	308.807	26.780	4.358	268.847	26.634	0.543
	15	37.50	16.90	309.389	26.787	4.414	269.014	26.641	0.464
	19	37.52	16.91	309.968	26.792	4.470	269.180	26.647	0.386
	23	37.56	16.93	310.545	26.793	4.525	269.347	26.654	0.308
	27	37.62	16.96	311.117	−26.792	−4.579	269.513	−26.660	+0.229
July	1	37.69	16.98	311.684	−26.788	−4.632	269.680	−26.665	+0.151

Factor by which axes of outer edge of outer ring are to be multiplied to obtain axes of:

Inner edge of outer ring 0.8932   Inner edge of inner ring 0.6726
Outer edge of inner ring 0.8596   Inner edge of dusky ring 0.5447

FOR 0^h UNIVERSAL TIME

Date		Axes of outer edge of outer ring		U	B	P	U'	B'	P'
		Major	Minor						
		″	″	°	°	°	°	°	°
July	1	37.69	16.98	311.684	−26.788	−4.632	269.680	−26.665	+0.151
	5	37.77	17.02	312.244	26.781	4.683	269.846	26.671	+0.072
	9	37.87	17.06	312.797	26.772	4.734	270.013	26.676	−0.006
	13	37.98	17.10	313.340	26.760	4.783	270.179	26.682	0.084
	17	38.10	17.15	313.872	26.746	4.831	270.346	26.687	0.163
	21	38.24	17.20	314.393	−26.730	−4.878	270.513	−26.692	−0.241
	25	38.39	17.26	314.900	26.712	4.922	270.679	26.696	0.320
	29	38.55	17.32	315.393	26.692	4.965	270.846	26.701	0.398
Aug.	2	38.73	17.39	315.871	26.671	5.007	271.013	26.705	0.477
	6	38.92	17.46	316.332	26.648	5.046	271.180	26.709	0.555
	10	39.13	17.53	316.774	−26.625	−5.084	271.346	−26.713	−0.634
	14	39.34	17.62	317.197	26.601	5.119	271.513	26.717	0.712
	18	39.57	17.70	317.599	26.576	5.153	271.680	26.720	0.791
	22	39.81	17.80	317.980	26.551	5.184	271.847	26.723	0.869
	26	40.06	17.89	318.337	26.527	5.213	272.014	26.726	0.948
	30	40.32	17.99	318.670	−26.502	−5.240	272.181	−26.729	−1.026
Sept.	3	40.59	18.10	318.978	26.479	5.265	272.347	26.732	1.105
	7	40.87	18.21	319.259	26.456	5.287	272.514	26.735	1.183
	11	41.16	18.32	319.512	26.435	5.308	272.681	26.737	1.262
	15	41.46	18.44	319.737	26.415	5.325	272.848	26.739	1.340
	19	41.76	18.57	319.932	−26.396	−5.340	273.015	−26.741	−1.419
	23	42.07	18.69	320.096	26.380	5.353	273.182	26.743	1.497
	27	42.38	18.82	320.230	26.366	5.364	273.349	26.744	1.576
Oct.	1	42.69	18.95	320.332	26.354	5.371	273.516	26.746	1.654
	5	43.01	19.09	320.401	26.344	5.377	273.683	26.747	1.733
	9	43.33	19.22	320.438	−26.338	−5.379	273.850	−26.748	−1.811
	13	43.64	19.36	320.441	26.334	5.379	274.017	26.748	1.890
	17	43.95	19.50	320.412	26.332	5.377	274.184	26.749	1.968
	21	44.26	19.63	320.350	26.334	5.372	274.351	26.749	2.047
	25	44.56	19.77	320.256	26.338	5.364	274.519	26.749	2.125
	29	44.84	19.90	320.130	−26.345	−5.354	274.686	−26.749	−2.203
Nov.	2	45.12	20.03	319.973	26.355	5.342	274.853	26.749	2.282
	6	45.39	20.16	319.786	26.367	5.327	275.020	26.749	2.360
	10	45.63	20.28	319.570	26.382	5.310	275.187	26.748	2.439
	14	45.86	20.39	319.328	26.398	5.290	275.354	26.747	2.517
	18	46.07	20.50	319.061	−26.417	−5.269	275.521	−26.746	−2.595
	22	46.26	20.60	318.772	26.437	5.246	275.688	26.745	2.674
	26	46.42	20.68	318.463	26.459	5.220	275.855	26.744	2.752
	30	46.56	20.76	318.135	26.481	5.194	276.022	26.742	2.830
Dec.	4	46.67	20.83	317.793	26.505	5.166	276.190	26.740	2.909
	8	46.76	20.89	317.440	−26.529	−5.136	276.357	−26.738	−2.987
	12	46.82	20.93	317.078	26.554	5.106	276.524	26.736	3.065
	16	46.84	20.96	316.711	26.579	5.075	276.691	26.734	3.143
	20	46.84	20.97	316.343	26.604	5.044	276.858	26.731	3.222
	24	46.81	20.98	315.977	26.628	5.013	277.025	26.728	3.300
	28	46.74	20.97	315.615	−26.652	−4.982	277.192	−26.725	−3.378
	32	46.65	20.94	315.262	−26.676	−4.952	277.359	−26.722	−3.456

Factor by which axes of outer edge of outer ring are to be multiplied to obtain axes of:

Inner edge of outer ring   0.8932   Inner edge of inner ring   0.6726
Outer edge of inner ring   0.8596   Inner edge of dusky ring   0.5447

APPARENT ORBITS OF SATELLITES I–VII AT DATE OF OPPOSITION, DECEMBER 17

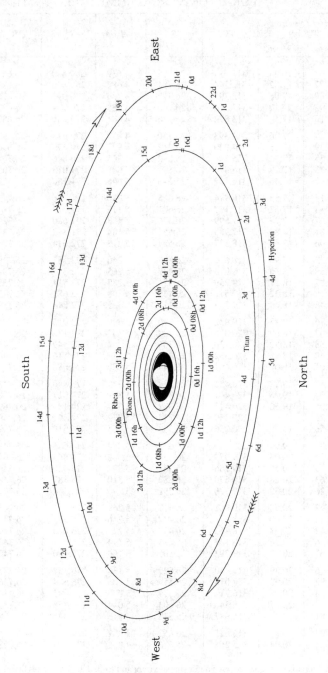

Orbits elongated in ratio of 1 to 1 in direction of minor axes.

NAME		MEAN SYNODIC PERIOD	NAME		MEAN SYNODIC PERIOD
		d h			d h
I	Mimas	0 22.6	VI	Titan	15 23.3
II	Enceladus	1 08.9	VII	Hyperion	21 07.6
III	Tethys	1 21.3	VIII	Iapetus	79 22.1
IV	Dione	2 17.7	IX	Phoebe	523 15.6
V	Rhea	4 12.5			

UNIVERSAL TIME OF GREATEST EASTERN ELONGATION

MIMAS

Jan.	Feb.	Mar.	Apr.	May	June	July	Aug.	Sept.	Oct.	Nov.	Dec.
d h	d h	d h	d h	d h	d h	d h	d h	d h	d h	d h	d h
0 12.7	1 13.7	1 20.3	1 00.3	1 04.4	1 07.1	1 11.2	1 13.8	1 16.4	1 20.2	1 22.5	1 03.5
1 11.3	2 12.3	2 18.9	1 22.9	2 03.0	2 05.7	2 09.8	2 12.4	2 15.0	2 18.8	2 21.1	2 02.2
2 09.9	3 10.9	3 17.6	2 21.6	3 01.6	3 04.4	3 08.4	3 11.1	3 13.6	3 17.4	3 19.7	3 00.8
3 08.5	4 09.5	4 16.2	3 20.2	4 00.3	4 03.0	4 07.0	4 09.7	4 12.2	4 16.0	4 18.4	3 23.4
4 07.1	5 08.2	5 14.8	4 18.8	4 22.9	5 01.6	5 05.7	5 08.3	5 10.8	5 14.7	5 17.0	4 22.0
5 05.8	6 06.8	6 13.4	5 17.5	5 21.5	6 00.2	6 04.3	6 06.9	6 09.5	6 13.3	6 15.6	5 20.6
6 04.4	7 05.4	7 12.1	6 16.1	6 20.2	6 22.9	7 02.9	7 05.6	7 08.1	7 11.9	7 14.2	6 19.2
7 03.0	8 04.0	8 10.7	7 14.7	7 18.8	7 21.5	8 01.5	8 04.2	8 06.7	8 10.5	8 12.8	7 17.8
8 01.6	9 02.6	9 09.3	8 13.3	8 17.4	8 20.1	9 00.2	9 02.8	9 05.3	9 09.1	9 11.4	8 16.4
9 00.2	10 01.3	10 07.9	9 12.0	9 16.0	9 18.7	9 22.8	10 01.4	10 03.9	10 07.7	10 10.0	9 15.1
9 22.8	10 23.9	11 06.6	10 10.6	10 14.7	10 17.4	10 21.4	11 00.0	11 02.6	11 06.4	11 08.7	10 13.7
10 21.5	11 22.5	12 05.2	11 09.2	11 13.3	11 16.0	11 20.1	11 22.7	12 01.2	12 05.0	12 07.3	11 12.3
11 20.1	12 21.1	13 03.8	12 07.8	12 11.9	12 14.6	12 18.7	12 21.3	12 23.8	13 03.6	13 05.9	12 10.9
12 18.7	13 19.7	14 02.4	13 06.5	13 10.5	13 13.3	13 17.3	13 19.9	13 22.4	14 02.2	14 04.5	13 09.5
13 17.3	14 18.4	15 01.1	14 05.1	14 09.2	14 11.9	14 15.9	14 18.5	14 21.0	15 00.8	15 03.1	14 08.1
14 15.9	15 17.0	15 23.7	15 03.7	15 07.8	15 10.5	15 14.6	15 17.2	15 19.7	15 23.4	16 01.7	15 06.7
15 14.5	16 15.6	16 22.3	16 02.4	16 06.4	16 09.1	16 13.2	16 15.8	16 18.3	16 22.1	17 00.3	16 05.3
16 13.2	17 14.2	17 20.9	17 01.0	17 05.1	17 07.8	17 11.8	17 14.4	17 16.9	17 20.7	17 23.0	17 04.0
17 11.8	18 12.9	18 19.6	17 23.6	18 03.7	18 06.4	18 10.4	18 13.0	18 15.5	18 19.3	18 21.6	18 02.6
18 10.4	19 11.5	19 18.2	18 22.2	19 02.3	19 05.0	19 09.1	19 11.7	19 14.1	19 17.9	19 20.2	19 01.2
19 09.0	20 10.1	20 16.8	19 20.9	20 00.9	20 03.7	20 07.7	20 10.3	20 12.8	20 16.5	20 18.8	19 23.8
20 07.6	21 08.7	21 15.4	20 19.5	20 23.6	21 02.3	21 06.3	21 08.9	21 11.4	21 15.1	21 17.4	20 22.4
21 06.3	22 07.3	22 14.1	21 18.1	21 22.2	22 00.9	22 04.9	22 07.5	22 10.0	22 13.7	22 16.0	21 21.0
22 04.9	23 06.0	23 12.7	22 16.7	22 20.8	22 23.5	23 03.6	23 06.1	23 08.6	23 12.4	23 14.6	22 19.6
23 03.5	24 04.6	24 11.3	23 15.4	23 19.4	23 22.2	24 02.2	24 04.8	24 07.2	24 11.0	24 13.2	23 18.3
24 02.1	25 03.2	25 09.9	24 14.0	24 18.1	24 20.8	25 00.8	25 03.4	25 05.9	25 09.6	25 11.9	24 16.9
25 00.7	26 01.8	26 08.6	25 12.6	25 16.7	25 19.4	25 23.4	26 02.0	26 04.5	26 08.2	26 10.5	25 15.5
25 23.3	27 00.5	27 07.2	26 11.3	26 15.3	26 18.0	26 22.1	27 00.6	27 03.1	27 06.8	27 09.1	26 14.1
26 22.0	27 23.1	28 05.8	27 09.9	27 14.0	27 16.7	27 20.7	27 23.2	28 01.7	28 05.4	28 07.7	27 12.7
27 20.6	28 21.7	29 04.4	28 08.5	28 12.6	28 15.3	28 19.3	28 21.9	29 00.3	29 04.1	29 06.3	28 11.3
28 19.2		30 03.1	29 07.1	29 11.2	29 13.9	29 17.9	29 20.5	29 22.9	30 02.7	30 04.9	29 09.9
29 17.8		31 01.7	30 05.8	30 09.8	30 12.5	30 16.6	30 19.1	30 21.6	31 01.3		30 08.5
30 16.4				31 08.5		31 15.2	31 17.7		31 23.9		31 07.2
31 15.1											32 05.8

ENCELADUS

Jan.	Feb.	Mar.	Apr.	May	June	July	Aug.	Sept.	Oct.	Nov.	Dec.
d h	d h	d h	d h	d h	d h	d h	d h	d h	d h	d h	d h
0 06.9	2 04.0	1 13.9	2 02.5	2 06.3	1 10.2	1 14.1	2 02.8	1 06.5	1 10.0	1 22.3	2 01.6
1 15.8	3 12.9	2 22.7	3 11.4	3 15.2	2 19.1	2 23.0	3 11.7	2 15.4	2 18.9	3 07.2	3 10.4
3 00.6	4 21.8	4 07.6	4 20.3	5 00.1	4 04.0	4 07.9	4 20.6	4 00.3	4 03.8	4 16.0	4 19.3
4 09.5	6 06.7	5 16.5	6 05.2	6 09.1	5 12.9	5 16.8	6 05.5	5 09.2	5 12.7	6 00.9	6 04.2
5 18.4	7 15.6	7 01.4	7 14.1	7 18.0	6 21.8	7 01.7	7 14.4	6 18.1	6 21.6	7 09.8	7 13.0
7 03.3	9 00.5	8 10.3	8 23.0	9 02.9	8 06.8	8 10.6	8 23.3	8 02.9	8 06.4	8 18.7	8 21.9
8 12.1	10 09.4	9 19.2	10 07.9	10 11.8	9 15.7	9 19.5	10 08.2	9 11.8	9 15.3	10 03.6	10 06.8
9 21.0	11 18.3	11 04.1	11 16.8	11 20.7	11 00.5	11 04.4	11 17.1	11 00.2	11 00.0	11 12.4	11 15.7
11 05.9	13 03.2	12 13.0	13 01.7	13 05.6	12 09.5	12 13.3	13 02.0	12 05.6	12 09.1	12 21.3	13 00.5
12 14.8	14 12.0	13 21.9	14 10.6	14 14.5	13 18.4	13 22.2	14 10.9	13 14.5	13 18.0	14 06.2	14 09.4
13 23.7	15 20.9	15 06.8	15 19.5	15 23.4	15 03.3	15 07.1	15 19.8	14 23.4	15 02.9	15 15.1	15 18.3
15 08.5	17 05.8	16 15.7	17 04.4	17 08.3	16 12.2	16 16.0	17 04.7	16 08.3	16 11.7	16 23.9	17 03.2
16 17.4	18 14.7	18 00.6	18 13.3	18 17.2	17 21.1	18 00.9	18 13.6	17 17.2	17 20.6	18 08.8	18 12.0
18 02.3	19 23.6	19 09.5	19 22.2	20 02.1	19 06.0	19 09.8	19 22.4	19 02.1	19 05.5	19 17.7	19 20.9
19 11.2	21 08.5	20 18.4	21 07.1	21 11.0	20 14.9	20 18.7	21 07.3	20 10.9	20 14.4	21 02.6	21 05.8
20 20.1	22 17.4	22 03.3	22 16.0	22 19.9	21 23.8	22 03.6	22 16.2	21 19.8	21 23.3	22 11.4	22 14.7
22 05.0	24 02.3	23 12.2	24 00.9	24 04.8	23 08.7	23 12.5	24 01.1	23 04.7	23 08.1	23 20.3	23 23.5
23 13.8	25 11.2	24 21.1	25 09.8	25 13.7	24 17.6	24 21.4	25 10.0	24 13.6	24 17.0	25 05.2	25 08.4
24 22.7	26 20.1	26 06.0	26 18.7	26 22.6	26 02.5	26 06.3	26 18.9	25 22.5	26 01.9	26 14.1	26 17.3
26 07.6	28 05.0	27 14.9	28 03.6	28 07.5	27 11.4	27 15.2	28 03.8	27 07.4	27 10.8	27 22.9	28 02.2
27 16.5		28 23.8	29 12.5	29 16.4	28 20.3	29 00.1	29 12.7	28 16.3	28 19.7	29 07.8	29 11.0
29 01.4		30 08.7	30 21.4	31 01.3	30 05.2	30 09.0	30 21.6	30 01.1	30 04.5	30 16.7	30 19.9
30 10.3		31 17.6				31 17.9			31 13.4		32 04.8
31 19.2											33 13.7

SATELLITES OF SATURN, 2002

UNIVERSAL TIME OF GREATEST EASTERN ELONGATION

Jan.	Feb.	Mar.	Apr.	May	June	July	Aug.	Sept.	Oct.	Nov.	Dec.

TETHYS

d h	d h	d h	d h	d h	d h	d h	d h	d h	d h	d h	d h
0 07.0	1 09.1	1 16.9	2 19.4	1 03.5	2 06.3	2 11.8	1 17.1	2 19.7	1 03.4	2 05.5	2 10.1
2 04.3	3 06.4	3 14.2	4 16.8	3 00.8	4 03.7	4 09.1	3 14.5	4 17.0	3 00.7	4 02.8	4 07.4
4 01.6	5 03.7	5 11.5	6 14.1	4 22.2	6 01.0	6 06.4	5 11.8	6 14.3	4 22.0	6 00.1	6 04.7
5 22.9	7 01.1	7 08.8	8 11.5	6 19.5	7 22.3	8 03.8	7 09.1	8 11.7	6 19.3	7 21.4	8 02.0
7 20.2	8 22.4	9 06.2	10 08.8	8 16.9	9 19.7	10 01.1	9 06.5	10 09.0	8 16.6	9 18.7	9 23.3
9 17.5	10 19.7	11 03.5	12 06.1	10 14.2	11 17.0	11 22.5	11 03.8	12 06.3	10 13.9	11 16.0	11 20.6
11 14.8	12 17.0	13 00.8	14 03.5	12 11.6	13 14.4	13 19.8	13 01.1	14 03.6	12 11.2	13 13.3	13 17.9
13 12.1	14 14.3	14 22.1	16 00.8	14 08.9	15 11.7	15 17.1	14 22.5	16 00.9	14 08.5	15 10.6	15 15.1
15 09.4	16 11.6	16 19.5	17 22.1	16 06.2	17 09.1	17 14.5	16 19.8	17 22.2	16 05.8	17 07.8	17 12.4
17 06.7	18 08.9	18 16.8	19 19.5	18 03.6	19 06.4	19 11.8	18 17.1	19 19.6	18 03.1	19 05.1	19 09.7
19 04.0	20 06.3	20 14.1	21 16.8	20 00.9	21 03.7	21 09.2	20 14.4	21 16.9	20 00.4	21 02.4	21 07.0
21 01.3	22 03.6	22 11.5	23 14.2	21 22.3	23 01.1	23 06.5	22 11.8	23 14.2	21 21.7	22 23.7	23 04.3
22 22.6	24 00.9	24 08.8	25 11.5	23 19.6	24 22.4	25 03.8	24 09.1	25 11.5	23 19.0	24 21.0	25 01.6
24 19.9	25 22.2	26 06.1	27 08.8	25 17.0	26 19.8	27 01.1	26 06.4	27 08.8	25 16.3	26 18.3	26 22.9
26 17.2	27 19.5	28 03.4	29 06.2	27 14.3	28 17.1	28 22.5	28 03.7	29 06.1	27 13.6	28 15.6	28 20.1
28 14.5		30 00.8		29 11.6	30 14.4	30 19.8	30 01.1		29 10.9	30 12.9	30 17.4
30 11.8		31 22.1		31 09.0			31 22.4		31 08.2		32 14.7

DIONE

d h	d h	d h	d h	d h	d h	d h	d h	d h	d h	d h	d h
0 04.2	2 00.2	1 09.2	3 05.9	3 09.2	2 12.5	2 15.8	1 19.1	3 15.8	1 00.8	2 20.9	2 23.1
2 21.8	4 17.9	4 02.9	5 23.7	6 02.9	5 06.3	5 09.6	4 12.8	6 09.5	3 18.5	5 14.6	5 16.7
5 15.5	7 11.6	6 20.6	8 17.4	8 20.7	8 00.0	8 03.3	7 06.5	9 03.2	6 12.2	8 08.3	8 10.3
8 09.1	10 05.3	9 14.4	11 11.2	11 14.5	10 17.8	10 21.1	10 00.3	11 21.0	9 05.9	11 01.9	11 04.0
11 02.8	12 23.0	12 08.1	14 04.9	14 08.2	13 11.6	13 14.9	12 18.0	14 14.7	11 23.6	13 19.6	13 21.6
13 20.5	15 16.7	15 01.8	16 22.7	17 02.0	16 05.3	16 08.6	15 11.8	17 08.4	14 17.3	16 13.2	16 15.3
16 14.1	18 10.4	17 19.5	19 16.4	19 19.7	18 23.1	19 02.3	18 05.5	20 02.1	17 10.9	19 06.9	19 08.9
19 07.8	21 04.1	20 13.3	22 10.2	22 13.5	21 16.8	21 20.1	20 23.2	22 19.8	20 04.6	22 00.5	22 02.6
22 01.5	23 21.8	23 07.0	25 03.9	25 07.2	24 10.6	24 13.8	23 16.9	25 13.5	22 22.3	24 18.1	24 20.2
24 19.2	26 15.5	26 00.7	27 21.7	28 01.0	27 04.3	27 07.6	26 10.7	28 07.2	25 16.0	27 11.8	27 13.8
27 12.8		28 18.5	30 15.4	30 18.8	29 22.1	30 01.3	29 04.4		28 09.6	30 05.4	30 07.5
30 06.5		31 12.2					31 22.1		31 03.3		33 01.1

RHEA

d h	d h	d h	d h	d h	d h	d h	d h	d h	d h	d h	d h
−3 13.7	2 16.6	1 19.3	2 11.0	4 03.1	4 19.4	1 23.1	2 15.3	3 07.0	4 22.3	1 00.7	2 15.0
2 02.0	7 05.0	6 07.8	6 23.6	8 15.7	9 08.0	6 11.7	7 03.8	7 19.6	9 10.8	5 13.0	7 03.3
6 14.3	11 17.4	10 20.3	11 12.2	13 04.3	13 20.6	11 00.3	11 16.4	12 08.0	13 23.2	10 01.4	11 15.5
11 02.7	16 05.9	15 08.8	16 00.7	17 16.9	18 09.2	15 12.9	16 04.9	16 20.5	18 11.6	14 13.7	16 03.8
15 15.0	20 18.4	19 21.4	20 13.3	22 05.5	22 21.9	20 01.5	20 17.5	21 09.0	22 23.9	19 02.0	20 16.1
20 03.4	25 06.8	24 09.9	25 01.9	26 18.2	27 10.5	24 14.1	25 06.0	25 21.5	27 12.3	23 14.4	25 04.4
24 15.8		28 22.4	29 14.5	31 06.8		29 02.7	29 18.5	30 09.9		28 02.7	29 16.7
29 04.2											34 05.0

UNIVERSAL TIME OF CONJUNCTIONS AND ELONGATIONS

TITAN

Eastern Elongation	Inferior Conjunction	Western Elongation	Superior Conjunction
d h	d h	d h	d h
			Jan. 0 20.1
Jan. 4 23.1	Jan. 9 01.8	Jan. 12 21.6	16 17.8
20 20.9	24 23.8	28 19.7	Feb. 1 16.0
Feb. 5 19.2	Feb. 9 22.3	Feb. 13 18.4	17 14.8
21 18.2	25 21.3	Mar. 1 17.6	Mar. 5 14.1
Mar. 9 17.7	Mar. 13 20.9	17 17.2	21 14.0
25 17.7	29 21.0	Apr. 2 17.3	Apr. 6 14.3
Apr. 10 18.2	Apr. 14 21.5	18 17.8	22 14.9
26 19.0	30 22.2	May 4 18.5	May 8 15.9
May 12 20.1	May 16 23.2	20 19.5	24 17.0
28 21.4	June 2 00.4	June 5 20.5	June 9 18.1
June 13 22.7	18 01.5	21 21.5	25 19.3
30 00.0	July 4 02.6	July 7 22.5	July 11 20.4
July 16 01.1	20 03.5	23 23.3	27 21.3
Aug. 1 02.0	Aug. 5 04.2	Aug. 8 23.8	Aug. 12 22.0
17 02.7	21 04.6	25 00.1	28 22.2
Sept. 2 02.9	Sept. 6 04.6	Sept. 10 00.0	Sept. 13 22.1
18 02.6	22 04.1	25 23.4	29 21.4
Oct. 4 01.9	Oct. 8 03.2	Oct. 11 22.3	Oct. 15 20.2
20 00.5	24 01.7	27 20.7	31 18.5
Nov. 4 22.6	Nov. 8 23.7	Nov. 12 18.6	Nov. 16 16.2
20 20.1	24 21.2	28 16.1	Dec. 2 13.5
Dec. 6 17.3	Dec. 10 18.5	Dec. 14 13.4	18 10.7
22 14.4	26 15.6	30 10.6	34 07.8

HYPERION

Eastern Elongation	Inferior Conjunction	Western Elongation	Superior Conjunction
d h	d h	d h	d h
Jan. − 1 17.7	Jan. 5 17.7	Jan. 10 02.1	Jan. 14 16.2
21 01.0	27 01.8	31 10.3	Feb. 5 00.5
Feb. 11 10.0	Feb. 17 10.8	Feb. 21 19.5	26 10.5
Mar. 4 20.9	Mar. 10 21.3	Mar. 15 05.8	Mar. 19 21.7
26 09.1	Apr. 1 08.6	Apr. 5 16.8	Apr. 10 10.0
Apr. 16 22.5	22 20.6	27 04.2	May 1 22.8
May 8 12.5	May 14 08.6	May 18 15.8	23 12.1
30 02.6	June 4 20.5	June 9 03.2	June 14 01.0
June 20 16.1	26 07.9	30 14.2	July 5 13.8
July 12 05.0	July 17 18.4	July 22 00.3	27 01.4
Aug. 2 16.6	Aug. 8 04.0	Aug. 12 09.6	Aug. 17 12.2
24 02.9	29 12.1	Sept. 2 17.7	Sept. 7 21.1
Sept. 14 11.2	Sept. 19 19.0	24 00.2	29 04.3
Oct. 5 17.7	Oct. 11 00.5	Oct. 15 05.5	Oct. 20 09.7
26 22.3	Nov. 1 04.3	Nov. 5 09.2	Nov. 10 13.2
Nov. 17 01.2	22 06.8	26 11.8	Dec. 1 15.2
Dec. 8 02.7	Dec. 13 08.6	Dec. 17 13.5	22 16.5
29 03.7	34 10.1		

IAPETUS

Eastern Elongation	Inferior Conjunction	Western Elongation	Superior Conjunction
d h	d h	d h	d h
	Jan. − 8 10.1	Jan. 11 17.2	Jan. 30 10.9
Feb. 19 12.6	Mar. 12 13.3	Apr. 1 10.5	Apr. 20 17.6
May 11 10.5	June 1 20.5	June 21 19.9	July 11 07.2
Aug. 1 03.8	Aug. 22 07.6	Sept. 10 21.1	Sept. 30 00.8
Oct. 20 10.7	Nov. 9 22.9	Nov. 28 23.1	Dec. 17 15.1
Dec. 37 14.6			

SATELLITES OF SATURN, 2002

APPARENT DISTANCE AND POSITION ANGLE

Time from Eastern Elongation	MIMAS		Time from Eastern Elongation	ENCELADUS		TETHYS		Time from Eastern Elongation	DIONE	
	F	p_1		F	p_1	F	p_1		F	p_1
h		°	d h		°		°	d h		°
0.0	1.000	87.0	0 00	1.000	85.0	1.000	85.0	0 00	1.000	85.0
0.5	0.992	83.5	0 01	0.985	80.1	0.992	81.3	0 02	0.985	80.0
1.0	0.969	79.9	0 02	0.943	74.8	0.970	77.5	0 04	0.943	74.8
1.5	0.932	76.0	0 03	0.874	68.9	0.934	73.4	0 06	0.874	68.9
2.0	0.881	71.7	0 04	0.785	61.8	0.885	68.9	0 08	0.785	61.7
2.5	0.818	66.9	0 05	0.683	52.7	0.824	63.9	0 10	0.683	52.6
3.0	0.747	61.2	0 06	0.579	40.3	0.756	58.0	0 12	0.579	40.2
3.5	0.670	54.2	0 07	0.493	23.0	0.683	50.8	0 14	0.492	22.8
4.0	0.593	45.4	0 08	0.449	0.4	0.609	41.9	0 16	0.449	0.2
4.5	0.523	34.1	0 09	0.466	336.5	0.543	30.7	0 18	0.467	336.2
5.0	0.469	19.7	0 10	0.537	316.7	0.492	16.8	0 20	0.539	316.5
5.5	0.441	2.6	0 11	0.636	302.3	0.466	0.6	0 22	0.638	302.1
6.0	0.448	344.6	0 12	0.741	291.9	0.472	343.6	1 00	0.743	291.8
6.5	0.487	328.4	0 13	0.837	284.1	0.507	328.0	1 02	0.839	284.0
7.0	0.548	315.3	0 14	0.915	277.7	0.565	315.1	1 04	0.917	277.6
7.5	0.622	305.0	0 15	0.970	272.2	0.634	304.7	1 06	0.971	272.1
8.0	0.700	297.0	0 16	0.997	267.2	0.708	296.5	1 08	0.997	267.1
8.5	0.775	290.5	0 17	0.995	262.3	0.780	289.9	1 10	0.995	262.2
9.0	0.843	285.2	0 18	0.965	257.2	0.846	284.3	1 12	0.964	257.1
9.5	0.902	280.6	0 19	0.908	251.6	0.903	279.5	1 14	0.906	251.5
10.0	0.948	276.5	0 20	0.827	245.1	0.948	275.2	1 16	0.825	244.9
10.5	0.980	272.7	0 21	0.729	237.0	0.980	271.2	1 18	0.727	236.8
11.0	0.997	269.2	0 22	0.624	226.3	0.997	267.4	1 20	0.622	225.9
11.5	0.999	265.7	0 23	0.527	211.3	0.999	263.7	1 22	0.525	210.8
12.0	0.985	262.1	1 00	0.461	190.9	0.986	260.0	2 00	0.460	190.2
12.5	0.956	258.4	1 01	0.451	166.8	0.959	256.1	2 02	0.452	166.0
13.0	0.914	254.4	1 02	0.501	144.7	0.918	251.9	2 04	0.504	144.1
13.5	0.858	250.0	1 03	0.591	128.1	0.865	247.3	2 06	0.594	127.6
14.0	0.792	244.8	1 04	0.695	116.1	0.801	242.0	2 08	0.699	115.8
14.5	0.718	238.7	1 05	0.796	107.3	0.731	235.7	2 10	0.800	107.0
15.0	0.641	231.1	1 06	0.883	100.4	0.657	228.0	2 12	0.886	100.1
15.5	0.565	221.4	1 07	0.949	94.6	0.585	218.4	2 14	0.951	94.3
16.0	0.500	209.0	1 08	0.989	89.4	0.523	206.2	2 16	0.990	89.2
16.5	0.454	193.4	1 09	1.000	84.4	0.480	191.4	2 18	1.000	84.2
17.0	0.440	175.7	1 10	0.982	79.5	0.464	174.7	2 20	0.981	79.2
17.5	0.459	158.1	1 11			0.481	158.0			
18.0	0.508	143.0	1 12			0.525	143.2			
18.5	0.576	131.0	1 13			0.588	131.2			
19.0	0.652	121.7	1 14			0.660	121.7			
19.5	0.729	114.3	1 15			0.734	114.1			
20.0	0.802	108.4	1 16			0.804	107.8			
20.5	0.867	103.3	1 17			0.867	102.5			
21.0	0.921	99.0	1 18			0.920	97.9			
21.5	0.962	95.0	1 19			0.960	93.7			
22.0	0.988	91.4	1 20			0.987	89.9			
22.5	1.000	87.8	1 21			0.999	86.1			
23.0	0.995	84.3	1 22			0.996	82.4			

Apparent distance of satellite is Fa/Δ

Position angle of satellite is $p_1 + p_2$

APPARENT DISTANCE AND POSITION ANGLE

Time from Eastern Elongation	RHEA F	p_1	Time from Eastern Elongation	TITAN F	p_1	HYPERION F	p_1	Time from Eastern Elongation	IAPETUS F	p_1
d h		°	d h		°		°	d		°
0 00	1.000	85.0	0 00	1.027	85.0	1.083	85.0	0	1.027	78.0
0 03	0.988	80.5	0 10	1.015	81.0	1.067	82.4	2	1.017	76.1
0 06	0.952	75.8	0 20	0.983	76.9	1.040	79.6	4	0.985	74.1
0 09	0.895	70.6	1 06	0.932	72.4	1.003	76.7	6	0.931	72.0
0 12	0.819	64.6	1 16	0.864	67.2	0.955	73.6	8	0.857	69.5
0 15	0.730	57.2	2 02	0.781	61.1	0.898	70.0	10	0.765	66.5
0 18	0.634	47.6	2 12	0.690	53.4	0.831	66.0	12	0.658	62.5
0 21	0.543	34.6	2 22	0.597	43.3	0.757	61.2	14	0.540	56.9
1 00	0.474	17.2	3 08	0.513	29.6	0.677	55.3	16	0.417	48.1
1 03	0.446	355.8	3 18	0.454	11.6	0.596	47.7	18	0.303	32.2
1 06	0.470	334.2	4 04	0.438	350.3	0.518	37.9	20	0.227	2.0
1 09	0.537	316.4	4 14	0.471	329.8	0.451	24.8	22	0.241	323.0
1 12	0.627	303.2	5 00	0.540	313.3	0.406	8.0	24	0.333	297.5
1 15	0.723	293.4	5 10	0.627	301.0	0.395	348.7	26	0.451	284.2
1 18	0.813	285.9	5 20	0.719	291.8	0.420	330.1	28	0.572	276.5
1 21	0.890	279.8	6 06	0.803	284.7	0.474	314.7	30	0.685	271.4
2 00	0.949	274.5	6 16	0.875	278.8	0.545	302.9	32	0.784	267.7
2 03	0.986	269.8	7 02	0.929	273.7	0.621	293.9	34	0.865	264.8
2 06	1.000	265.3	7 12	0.962	269.0	0.696	286.8	36	0.925	262.3
2 09	0.990	260.8	7 22	0.973	264.6	0.763	281.1	38	0.961	260.1
2 12	0.956	256.2	8 08	0.961	260.2	0.819	276.2	40	0.972	258.0
2 15	0.900	251.0	8 18	0.927	255.5	0.863	271.9	42	0.959	255.9
2 18	0.825	245.1	9 04	0.873	250.4	0.892	268.0	44	0.920	253.6
2 21	0.736	237.8	9 14	0.803	244.5	0.906	264.2	46	0.859	251.1
3 00	0.641	228.3	10 00	0.719	237.4	0.905	260.5	48	0.775	248.1
3 03	0.549	215.7	10 10	0.631	228.2	0.891	256.8	50	0.673	244.4
3 06	0.477	198.6	10 20	0.546	216.1	0.863	252.8	52	0.558	239.1
3 09	0.446	177.3	11 06	0.479	200.1	0.824	248.6	54	0.434	230.9
3 12	0.467	155.6	11 16	0.446	180.3	0.776	243.8	56	0.315	216.2
3 15	0.532	137.5	12 02	0.460	159.7	0.721	238.4	58	0.230	187.8
3 18	0.621	124.0	12 12	0.514	142.0	0.662	232.1	60	0.232	147.5
3 21	0.716	114.0	12 22	0.594	128.3	0.603	224.4	62	0.320	119.7
4 00	0.807	106.3	13 08	0.685	118.1	0.548	215.2	64	0.440	105.5
4 03	0.885	100.2	13 18	0.774	110.3	0.502	204.2	66	0.564	97.5
4 06	0.946	94.9	14 04	0.856	104.0	0.472	191.3	68	0.681	92.3
4 09	0.984	90.1	14 14	0.925	98.8	0.462	177.3	70	0.786	88.6
4 12	1.000	85.6	15 00	0.978	94.2	0.475	163.3	72	0.875	85.7
4 15	0.991	81.2	15 10	1.013	90.0	0.508	150.7	74	0.945	83.3
			15 20	1.027	86.1	0.556	139.8	76	0.994	81.2
			16 06	1.021	82.1	0.614	130.9	78	1.022	79.3
			16 16			0.678	123.6	80	1.027	77.4
			17 02			0.743	117.5	82	1.009	75.5
			17 12			0.807	112.5			
			17 22			0.868	108.1			
			18 08			0.923	104.3			
			18 18			0.972	100.9			
			19 04			1.013	97.8			
			19 14			1.046	95.0			
			20 00			1.070	92.3			
			20 10			1.084	89.6			
			20 20			1.087	87.1			
			21 06			1.080	84.5			
			21 16			1.063	81.8			

Apparent distance of satellite is Fa/Δ
Position angle of satellite is $p_1 + p_2$

SATELLITES OF SATURN, 2002

APPARENT DISTANCE AND POSITION ANGLE

Date (0ʰ UT)	MIMAS a/Δ	MIMAS p_2	ENCELADUS a/Δ	ENCELADUS p_2	TETHYS a/Δ	TETHYS p_2	DIONE a/Δ	DIONE p_2
	"	°	"	°	"	°	"	°
Jan. −2	31.3	+1.1	40.1	+1.7	49.7	+2.9	63.6	+1.7
2	31.1	1.2	40.0	1.7	49.5	2.9	63.4	1.7
6	31.0	1.3	39.8	1.7	49.2	3.0	63.1	1.8
10	30.9	1.4	39.6	1.8	49.0	3.0	62.8	1.8
14	30.7	1.4	39.4	1.8	48.7	3.0	62.4	1.8
18	30.5	+1.5	39.1	+1.8	48.4	+3.0	62.1	+1.8
22	30.3	1.5	38.9	1.8	48.1	3.0	61.7	1.9
26	30.1	1.5	38.6	1.8	47.8	3.1	61.3	1.9
30	29.9	1.6	38.4	1.8	47.5	3.1	60.9	1.9
Feb. 3	29.7	1.6	38.1	1.9	47.2	3.1	60.4	1.9
7	29.5	+1.5	37.8	+1.9	46.9	+3.1	60.0	+1.9
11	29.3	1.5	37.6	1.9	46.5	3.1	59.6	1.9
15	29.1	1.5	37.3	1.8	46.2	3.1	59.1	1.9
19	28.9	1.4	37.0	1.8	45.8	3.0	58.7	1.9
23	28.6	1.4	36.7	1.8	45.5	3.0	58.3	1.9
27	28.4	+1.3	36.5	+1.8	45.2	+3.0	57.8	+1.9
Mar. 3	28.2	1.2	36.2	1.8	44.8	3.0	57.4	1.8
7	28.0	1.2	35.9	1.8	44.5	3.0	57.0	1.8
11	27.8	1.0	35.7	1.7	44.2	2.9	56.6	1.8
15	27.6	0.9	35.4	1.7	43.9	2.9	56.2	1.8
19	27.4	+0.8	35.2	+1.7	43.6	+2.9	55.8	+1.7
23	27.3	0.7	35.0	1.6	43.3	2.8	55.4	1.7
27	27.1	0.5	34.7	1.6	43.0	2.8	55.1	1.7
31	26.9	0.4	34.5	1.6	42.7	2.7	54.7	1.6
Apr. 4	26.8	0.2	34.3	1.5	42.5	2.7	54.4	1.6
8	26.6	+0.1	34.1	+1.5	42.3	+2.6	54.1	+1.5
12	26.5	−0.1	33.9	1.4	42.0	2.6	53.8	1.5
16	26.3	0.3	33.8	1.4	41.8	2.5	53.6	1.4
20	26.2	0.5	33.6	1.3	41.6	2.4	53.3	1.4
24	26.1	0.7	33.5	1.3	41.4	2.4	53.1	1.3
28	26.0	−0.8	33.3	+1.2	41.3	+2.3	52.8	+1.3
May 2	25.9	1.0	33.2	1.2	41.1	2.2	52.6	1.2
6	25.8	1.2	33.1	1.1	41.0	2.2	52.5	1.2
10	25.7	1.4	33.0	1.1	40.8	2.1	52.3	1.1
14	25.6	1.6	32.9	1.0	40.7	2.0	52.2	1.1
18	25.6	−1.8	32.8	+1.0	40.6	+1.9	52.0	+1.0
22	25.5	1.9	32.8	0.9	40.6	1.9	51.9	0.9
26	25.5	2.1	32.7	0.8	40.5	1.8	51.9	0.9
30	25.5	2.3	32.7	0.8	40.4	1.7	51.8	0.8
June 3	25.4	2.4	32.6	0.7	40.4	1.6	51.8	0.8
7	25.4	−2.6	32.6	+0.7	40.4	+1.6	51.7	+0.7
11	25.4	2.7	32.6	0.6	40.4	1.5	51.7	0.7
15	25.4	2.9	32.6	0.6	40.4	1.4	51.7	0.6
19	25.5	3.0	32.7	0.5	40.4	1.3	51.8	0.6
23	25.5	3.1	32.7	0.5	40.5	1.3	51.8	0.5
27	25.5	−3.2	32.7	+0.4	40.5	+1.2	51.9	+0.4
July 1	25.6	−3.3	32.8	+0.3	40.6	+1.1	52.0	+0.4

APPARENT DISTANCE AND POSITION ANGLE

Date (0ʰ UT)	MIMAS a/Δ	p_2	ENCELADUS a/Δ	p_2	TETHYS a/Δ	p_2	DIONE a/Δ	p_2
	"	°	"	°	"	°	"	°
July 1	25.6	−3.3	32.8	+0.3	40.6	+1.1	52.0	+0.4
5	25.6	3.4	32.9	0.3	40.7	1.0	52.1	0.3
9	25.7	3.4	33.0	0.2	40.8	1.0	52.3	0.3
13	25.8	3.5	33.1	0.2	40.9	0.9	52.4	0.2
17	25.8	3.5	33.2	0.2	41.1	0.8	52.6	0.2
21	25.9	−3.6	33.3	+0.1	41.2	+0.7	52.8	+0.1
25	26.0	3.6	33.4	+0.1	41.4	0.7	53.0	0.1
29	26.2	3.6	33.6	0.0	41.5	0.6	53.2	+0.1
Aug. 2	26.3	3.6	33.7	0.0	41.7	0.5	53.5	0.0
6	26.4	3.6	33.9	−0.1	41.9	0.5	53.7	0.0
10	26.5	−3.5	34.1	−0.1	42.2	+0.4	54.0	−0.1
14	26.7	3.5	34.2	0.1	42.4	0.4	54.3	0.1
18	26.8	3.4	34.4	0.2	42.6	0.3	54.6	0.1
22	27.0	3.4	34.6	0.2	42.9	0.2	54.9	0.2
26	27.2	3.3	34.9	0.2	43.2	0.2	55.3	0.2
30	27.4	−3.2	35.1	−0.2	43.4	+0.1	55.6	−0.2
Sept. 3	27.5	3.2	35.3	0.3	43.7	+0.1	56.0	0.2
7	27.7	3.1	35.6	0.3	44.0	0.0	56.4	0.3
11	27.9	3.0	35.8	0.3	44.3	0.0	56.8	0.3
15	28.1	2.9	36.1	0.3	44.7	0.0	57.2	0.3
19	28.3	−2.8	36.3	−0.3	45.0	−0.1	57.6	−0.3
23	28.5	2.7	36.6	0.4	45.3	0.1	58.1	0.3
27	28.8	2.6	36.9	0.4	45.7	0.1	58.5	0.3
Oct. 1	29.0	2.5	37.2	0.4	46.0	0.2	58.9	0.3
5	29.2	2.3	37.4	0.4	46.3	0.2	59.4	0.4
9	29.4	−2.2	37.7	−0.4	46.7	−0.2	59.8	−0.4
13	29.6	2.1	38.0	0.4	47.0	0.2	60.2	0.4
17	29.8	2.0	38.3	0.4	47.4	0.2	60.7	0.4
21	30.0	1.9	38.5	0.4	47.7	0.2	61.1	0.3
25	30.2	1.8	38.8	0.4	48.0	0.3	61.5	0.3
29	30.4	−1.6	39.0	−0.3	48.3	−0.3	61.9	−0.3
Nov. 2	30.6	1.5	39.3	0.3	48.6	0.3	62.3	0.3
6	30.8	1.4	39.5	0.3	48.9	0.3	62.6	0.3
10	31.0	1.3	39.7	0.3	49.2	0.2	63.0	0.3
14	31.1	1.2	39.9	0.3	49.4	0.2	63.3	0.3
18	31.3	−1.1	40.1	−0.3	49.6	−0.2	63.6	−0.2
22	31.4	1.0	40.3	0.2	49.8	0.2	63.8	0.2
26	31.5	0.9	40.4	0.2	50.0	0.2	64.1	0.2
30	31.6	0.8	40.5	0.2	50.2	0.2	64.3	0.2
Dec. 4	31.7	0.7	40.6	0.2	50.3	0.2	64.4	0.1
8	31.7	−0.6	40.7	−0.1	50.4	−0.1	64.5	−0.1
12	31.8	0.6	40.7	0.1	50.4	0.1	64.6	−0.1
16	31.8	0.5	40.8	−0.1	50.5	0.1	64.6	0.0
20	31.8	0.4	40.8	0.0	50.5	0.1	64.6	0.0
24	31.8	0.4	40.7	0.0	50.4	−0.1	64.6	0.0
28	31.7	−0.3	40.7	0.0	50.4	0.0	64.5	0.0
32	31.7	−0.3	40.6	+0.1	50.3	0.0	64.4	+0.1

APPARENT DISTANCE AND POSITION ANGLE

Date (0ʰ UT)	RHEA		TITAN		HYPERION		IAPETUS	
	a/Δ	p_2	a/Δ	p_2	a/Δ	p_2	a/Δ	p_2
	″	°	″	°	″	°	″	°
Jan. −2	88.8	+1.3	206	+1.5	251	+1.1	600	−2.6
2	88.5	1.3	205	1.5	250	1.1	597	2.6
6	88.1	1.4	204	1.5	249	1.1	595	2.6
10	87.6	1.4	203	1.6	247	1.1	592	2.7
14	87.2	1.4	202	1.6	246	1.2	589	2.7
18	86.7	+1.4	201	+1.6	245	+1.2	585	−2.7
22	86.1	1.5	200	1.6	243	1.2	582	2.7
26	85.6	1.5	198	1.6	241	1.2	578	2.7
30	85.0	1.5	197	1.6	240	1.2	574	2.7
Feb. 3	84.4	1.5	196	1.6	238	1.2	570	2.7
7	83.8	+1.5	194	+1.6	237	+1.2	566	−2.7
11	83.2	1.5	193	1.6	235	1.2	562	2.7
15	82.6	1.5	191	1.6	233	1.2	558	2.7
19	82.0	1.5	190	1.6	231	1.2	554	2.7
23	81.4	1.5	189	1.6	230	1.2	549	2.7
27	80.8	+1.5	187	+1.6	228	+1.2	545	−2.7
Mar. 3	80.2	1.4	186	1.6	226	1.2	541	2.7
7	79.6	1.4	184	1.6	225	1.1	537	2.7
11	79.0	1.4	183	1.5	223	1.1	534	2.7
15	78.5	1.4	182	1.5	221	1.1	530	2.6
19	77.9	+1.3	181	+1.5	220	+1.1	526	−2.6
23	77.4	1.3	179	1.4	218	1.0	523	2.6
27	76.9	1.2	178	1.4	217	1.0	519	2.6
31	76.5	1.2	177	1.4	216	1.0	516	2.5
Apr. 4	76.0	1.2	176	1.3	214	0.9	513	2.5
8	75.6	+1.1	175	+1.3	213	+0.9	510	−2.4
12	75.2	1.1	174	1.3	212	0.9	508	2.4
16	74.8	1.0	173	1.2	211	0.8	505	2.4
20	74.4	1.0	172	1.2	210	0.8	503	2.3
24	74.1	0.9	172	1.1	209	0.7	500	2.3
28	73.8	+0.9	171	+1.1	208	+0.7	498	−2.2
May 2	73.5	0.8	170	1.0	207	0.6	496	2.1
6	73.3	0.8	170	1.0	207	0.6	495	2.1
10	73.0	0.7	169	0.9	206	0.6	493	2.0
14	72.8	0.6	169	0.9	205	0.5	492	2.0
18	72.7	+0.6	168	+0.8	205	+0.5	491	−1.9
22	72.5	0.5	168	0.7	204	0.4	490	1.8
26	72.4	0.5	168	0.7	204	0.4	489	1.8
30	72.3	0.4	168	0.6	204	0.3	488	1.7
June 3	72.3	0.4	167	0.6	204	0.3	488	1.6
7	72.2	+0.3	167	+0.5	204	+0.2	488	−1.5
11	72.2	0.2	167	0.5	204	0.2	488	1.5
15	72.3	0.2	167	0.4	204	0.1	488	1.4
19	72.3	0.1	168	0.4	204	+0.1	488	1.3
23	72.4	+0.1	168	0.3	204	0.0	489	1.2
27	72.5	0.0	168	+0.3	204	0.0	490	−1.1
July 1	72.6	0.0	168	+0.2	204	0.0	490	−1.0

APPARENT DISTANCE AND POSITION ANGLE

Date (0ʰ UT)	RHEA a/Δ	p_2	TITAN a/Δ	p_2	HYPERION a/Δ	p_2	IAPETUS a/Δ	p_2
	$''$	$\circ$	$''$	$\circ$	$''$	$\circ$	$''$	$\circ$
July 1	72.6	0.0	168	+0.2	204	0.0	490	−1.0
5	72.8	−0.1	169	0.2	205	−0.1	492	1.0
9	73.0	0.1	169	0.1	205	0.1	493	0.9
13	73.2	0.2	170	+0.1	206	0.2	494	0.8
17	73.4	0.2	170	0.0	207	0.2	496	0.7
21	73.7	−0.3	171	0.0	207	−0.2	498	−0.6
25	74.0	0.3	171	0.0	208	0.3	500	0.6
29	74.3	0.4	172	−0.1	209	0.3	502	0.5
Aug. 2	74.6	0.4	173	0.1	210	0.3	504	0.4
6	75.0	0.4	174	0.2	211	0.4	507	0.3
10	75.4	−0.5	175	−0.2	212	−0.4	509	−0.3
14	75.8	0.5	176	0.2	213	0.4	512	0.2
18	76.3	0.5	177	0.2	214	0.4	515	−0.1
22	76.7	0.6	178	0.3	216	0.5	518	0.0
26	77.2	0.6	179	0.3	217	0.5	521	0.0
30	77.7	−0.6	180	−0.3	218	−0.5	525	+0.1
Sept. 3	78.2	0.6	181	0.4	220	0.5	528	0.1
7	78.8	0.7	183	0.4	221	0.6	532	0.2
11	79.3	0.7	184	0.4	223	0.6	536	0.2
15	79.9	0.7	185	0.4	224	0.6	540	0.3
19	80.5	−0.7	186	−0.4	226	−0.6	543	+0.3
23	81.1	0.7	188	0.4	228	0.6	547	0.3
27	81.7	0.7	189	0.4	229	0.6	552	0.3
Oct. 1	82.3	0.7	191	0.4	231	0.6	556	0.4
5	82.9	0.7	192	0.5	233	0.6	560	0.4
9	83.5	−0.8	193	−0.5	234	−0.6	564	+0.4
13	84.1	0.8	195	0.5	236	0.6	568	0.4
17	84.7	0.7	196	0.5	238	0.6	572	0.4
21	85.3	0.7	198	0.4	239	0.6	576	0.4
25	85.9	0.7	199	0.4	241	0.6	580	0.4
29	86.4	−0.7	200	−0.4	242	−0.6	584	+0.3
Nov. 2	87.0	0.7	201	0.4	244	0.6	587	0.3
6	87.5	0.7	203	0.4	245	0.6	591	0.3
10	87.9	0.7	204	0.4	247	0.6	594	0.2
14	88.4	0.7	205	0.4	248	0.5	597	0.2
18	88.8	−0.6	206	−0.4	249	−0.5	600	+0.1
22	89.1	0.6	207	0.3	250	0.5	602	+0.1
26	89.5	0.6	207	0.3	251	0.5	604	0.0
30	89.7	0.6	208	0.3	252	0.5	606	0.0
Dec. 4	89.9	0.5	208	0.3	252	0.5	607	−0.1
8	90.1	−0.5	209	−0.2	253	−0.4	609	−0.1
12	90.2	0.5	209	0.2	253	0.4	609	0.2
16	90.3	0.5	209	0.2	253	0.4	610	0.3
20	90.3	0.4	209	0.2	253	0.4	610	0.3
24	90.2	0.4	209	0.1	253	0.3	609	0.4
28	90.1	−0.4	209	−0.1	252	−0.3	608	−0.4
32	89.9	−0.3	208	−0.1	252	−0.3	607	−0.5

SATELLITES OF SATURN, 2002

DIFFERENTIAL COORDINATES OF HYPERION FOR 0ʰ U.T.

Date		Δα	Δδ	Date		Δα	Δδ	Date		Δα	Δδ
		s	′			s	′			s	′
Jan.	0	+ 20	+ 0.5	May	2	+ 1	− 1.5	Sept.	1	− 11	+ 0.6
	2	+ 16	+ 1.3		4	+ 9	− 1.2		3	− 14	− 0.5
	4	+ 8	+ 1.7		6	+ 14	− 0.6		5	− 10	− 1.3
	6	− 2	+ 1.6		8	+ 17	+ 0.1		7	− 3	− 1.7
	8	− 11	+ 0.9		10	+ 15	+ 0.8		9	+ 6	− 1.6
	10	− 15	− 0.2		12	+ 9	+ 1.3		11	+ 13	− 1.0
	12	− 12	− 1.2		14	+ 1	+ 1.4		13	+ 17	− 0.2
	14	− 3	− 1.7		16	− 8	+ 1.0		15	+ 17	+ 0.6
	16	+ 7	− 1.6		18	− 13	+ 0.1		17	+ 12	+ 1.3
	18	+ 15	− 1.0		20	− 11	− 0.9		19	+ 3	+ 1.5
	20	+ 19	− 0.1		22	− 5	− 1.4		21	− 7	+ 1.1
	22	+ 19	+ 0.7		24	+ 3	− 1.5		23	− 14	+ 0.2
	24	+ 14	+ 1.4		26	+ 10	− 1.1		25	− 14	− 0.9
	26	+ 5	+ 1.7		28	+ 15	− 0.5		27	− 8	− 1.6
	28	− 5	+ 1.4		30	+ 16	+ 0.3		29	0	− 1.8
	30	− 13	+ 0.5	June	1	+ 14	+ 1.0	Oct.	1	+ 9	− 1.5
Feb.	1	− 14	− 0.6		3	+ 7	+ 1.4		3	+ 15	− 0.8
	3	− 9	− 1.4		5	− 1	+ 1.3		5	+ 18	+ 0.1
	5	+ 1	− 1.7		7	− 9	+ 0.7		7	+ 16	+ 0.9
	7	+ 10	− 1.4		9	− 13	− 0.2		9	+ 9	+ 1.5
	9	+ 16	− 0.7		11	− 10	− 1.1		11	− 1	+ 1.5
	11	+ 19	+ 0.1		13	− 3	− 1.5		13	− 11	+ 0.8
	13	+ 17	+ 0.9		15	+ 5	− 1.4		15	− 15	− 0.3
	15	+ 11	+ 1.5		17	+ 11	− 1.0		17	− 13	− 1.2
	17	+ 2	+ 1.6		19	+ 16	− 0.3		19	− 5	− 1.8
	19	− 8	+ 1.2		21	+ 16	+ 0.5		21	+ 4	− 1.8
	21	− 14	+ 0.2		23	+ 12	+ 1.1		23	+ 12	− 1.3
	23	− 13	− 0.9		25	+ 5	+ 1.4		25	+ 18	− 0.5
	25	− 6	− 1.5		27	− 4	+ 1.2		27	+ 19	+ 0.5
	27	+ 3	− 1.6		29	− 11	+ 0.5		29	+ 14	+ 1.3
Mar.	1	+ 12	− 1.2	July	1	− 13	− 0.5		31	+ 6	+ 1.7
	3	+ 17	− 0.5		3	− 9	− 1.3	Nov.	2	− 5	+ 1.4
	5	+ 18	+ 0.4		5	− 1	− 1.6		4	− 14	+ 0.4
	7	+ 15	+ 1.1		7	+ 6	− 1.4		6	− 16	− 0.7
	9	+ 8	+ 1.5		9	+ 13	− 0.9		8	− 11	− 1.6
	11	− 1	+ 1.5		11	+ 16	− 0.1		10	− 2	− 1.9
	13	− 10	+ 0.9		13	+ 16	+ 0.7		12	+ 8	− 1.7
	15	− 14	− 0.1		15	+ 11	+ 1.2		14	+ 15	− 1.0
	17	− 11	− 1.1		17	+ 3	+ 1.4		16	+ 19	− 0.1
	19	− 3	− 1.5		19	− 6	+ 1.1		18	+ 18	+ 0.9
	21	+ 6	− 1.5		21	− 12	+ 0.2		20	+ 11	+ 1.6
	23	+ 13	− 1.0		23	− 13	− 0.8		22	+ 1	+ 1.7
	25	+ 17	− 0.2		25	− 7	− 1.4		24	− 10	+ 1.0
	27	+ 17	+ 0.5		27	+ 1	− 1.6		26	− 16	− 0.1
	29	+ 13	+ 1.2		29	+ 8	− 1.3		28	− 14	− 1.2
	31	+ 6	+ 1.5		31	+ 14	− 0.7		30	− 7	− 1.8
Apr.	2	− 4	+ 1.3	Aug.	2	+ 17	+ 0.1	Dec.	2	+ 3	− 1.9
	4	− 11	+ 0.6		4	+ 15	+ 0.9		4	+ 12	− 1.4
	6	− 13	− 0.4		6	+ 9	+ 1.4		6	+ 18	− 0.6
	8	− 9	− 1.2		8	0	+ 1.4		8	+ 20	+ 0.4
	10	− 1	− 1.5		10	− 9	+ 0.8		10	+ 16	+ 1.3
	12	+ 7	− 1.4		12	− 13	− 0.1		12	+ 7	+ 1.7
	14	+ 14	− 0.8		14	− 12	− 1.1		14	− 5	+ 1.5
	16	+ 17	− 0.1		16	− 5	− 1.6		16	− 14	+ 0.6
	18	+ 16	+ 0.7		18	+ 3	− 1.6		18	− 16	− 0.6
	20	+ 11	+ 1.3		20	+ 11	− 1.2		20	− 11	− 1.6
	22	+ 3	+ 1.5		22	+ 16	− 0.5		22	− 2	− 2.0
	24	− 6	+ 1.2		24	+ 17	+ 0.3		24	+ 7	− 1.7
	26	− 12	+ 0.3		26	+ 14	+ 1.1		26	+ 15	− 1.1
	28	− 12	− 0.7		28	+ 6	+ 1.5		28	+ 19	− 0.1
	30	− 7	− 1.3		30	− 3	+ 1.3		30	+ 18	+ 0.8
May	2	+ 1	− 1.5	Sept.	1	− 11	+ 0.6		32	+ 12	+ 1.5

Differential coordinates are given in the sense "satellite minus planet."

DIFFERENTIAL COORDINATES OF IAPETUS FOR 0ʰ U.T.

Date		Δα	Δδ	Date		Δα	Δδ	Date		Δα	Δδ
		s	′			s	′			s	′
Jan.	0	− 26	+ 0.6	May	2	+ 28	+ 0.3	Sept.	1	− 27	+ 0.1
	2	30	0.0		4	31	0.7		3	30	− 0.3
	4	34	− 0.6		6	33	1.1		5	33	0.7
	6	37	1.1		8	34	1.5		7	35	1.1
	8	39	1.6		10	35	1.8		9	36	1.5
	10	40	2.1		12	35	2.1		11	37	1.8
	12	− 39	− 2.5		14	+ 34	+ 2.4		13	− 36	− 2.1
	14	38	2.8		16	32	2.6		15	34	2.3
	16	36	3.1		18	30	2.7		17	32	2.4
	18	32	3.3		20	27	2.8		19	28	2.5
	20	28	3.3		22	24	2.8		21	24	2.6
	22	23	3.3		24	20	2.8		23	19	2.5
	24	− 17	− 3.2		26	+ 15	+ 2.7		25	− 13	− 2.4
	26	11	3.0		28	10	2.5		27	7	2.2
	28	− 5	2.7		30	+ 5	2.3		29	− 1	2.0
	30	+ 1	2.4	June	1	0	2.1	Oct.	1	+ 5	1.7
Feb.	1	8	2.0		3	− 5	1.7		3	11	1.4
	3	14	1.5		5	10	1.4		5	17	1.0
	5	+ 19	− 1.0		7	− 15	+ 1.0		7	+ 22	− 0.6
	7	24	− 0.5		9	19	0.6		9	27	− 0.2
	9	29	0.0		11	23	+ 0.2		11	32	+ 0.2
	11	33	+ 0.5		13	27	− 0.2		13	36	0.6
	13	36	1.0		15	30	0.6		15	38	1.0
	15	38	1.5		17	32	1.0		17	40	1.4
	17	+ 39	+ 1.9		19	− 33	− 1.4		19	+ 42	+ 1.8
	19	39	2.3		21	33	1.7		21	42	2.1
	21	38	2.6		23	33	2.0		23	41	2.3
	23	37	2.9		25	32	2.2		25	39	2.6
	25	34	3.1		27	30	2.4		27	36	2.7
	27	31	3.2		29	27	2.5		29	33	2.8
Mar.	1	+ 27	+ 3.3	July	1	− 23	− 2.5		31	+ 28	+ 2.9
	3	23	3.3		3	19	2.5	Nov.	2	23	2.8
	5	18	3.2		5	14	2.4		4	17	2.7
	7	13	3.0		7	9	2.3		6	11	2.6
	9	7	2.8		9	− 4	2.1		8	+ 5	2.3
	11	+ 2	2.5		11	+ 1	1.9		10	− 2	2.0
	13	− 4	+ 2.1		13	+ 6	− 1.6		12	− 9	+ 1.7
	15	9	1.7		15	12	1.2		14	15	1.3
	17	15	1.3		17	17	0.9		16	21	0.9
	19	20	0.8		19	21	0.5		18	27	+ 0.4
	21	24	+ 0.4		21	25	− 0.1		20	32	− 0.1
	23	28	− 0.1		23	29	+ 0.3		22	36	0.6
	25	− 31	− 0.6		25	+ 32	+ 0.7		24	− 39	− 1.0
	27	33	1.1		27	34	1.0		26	41	1.5
	29	34	1.5		29	36	1.4		28	41	1.9
	31	35	1.9		31	36	1.7		30	41	2.2
Apr.	2	34	2.2	Aug.	2	36	2.0	Dec.	2	40	2.5
	4	33	2.5		4	35	2.2		4	37	2.7
	6	− 31	− 2.7		6	+ 34	+ 2.4		6	− 33	− 2.9
	8	28	2.8		8	31	2.5		8	28	3.0
	10	24	2.9		10	28	2.6		10	23	2.9
	12	20	2.9		12	24	2.6		12	17	2.8
	14	16	2.8		14	20	2.6		14	10	2.7
	16	10	2.6		16	15	2.5		16	− 3	2.4
	18	− 5	− 2.4		18	+ 10	+ 2.3		18	+ 3	− 2.1
	20	0	2.1		20	+ 5	2.1		20	10	1.7
	22	+ 6	1.8		22	− 1	1.9		22	17	1.3
	24	11	1.4		24	7	1.6		24	23	0.8
	26	16	1.0		26	12	1.2		26	29	− 0.4
	28	21	0.6		28	17	0.9		28	33	+ 0.1
	30	+ 25	− 0.2		30	− 22	+ 0.5		30	+ 37	+ 0.6
May	2	+ 28	+ 0.3	Sept.	1	− 27	+ 0.1		32	+ 40	+ 1.1

Differential coordinates are given in the sense "satellite minus planet."

DIFFERENTIAL COORDINATES OF PHOEBE FOR 0ʰ U.T.

Date		Δα	Δδ	Date		Δα	Δδ	Date		Δα	Δδ
		m s	′			m s	′			m s	′
Jan.	0	+ 1 16	+ 4.5	May	2	− 1 25	− 5.1	Sept.	1	− 1 25	− 3.1
	2	1 14	4.3		4	1 27	5.1		3	1 22	3.0
	4	1 11	4.2		6	1 29	5.2		5	1 19	2.9
	6	1 09	4.0		8	1 32	5.3		7	1 17	2.8
	8	1 06	3.9		10	1 34	5.3		9	1 14	2.8
	10	1 04	3.7		12	1 35	5.4		11	1 11	2.7
	12	+ 1 01	+ 3.5		14	− 1 37	− 5.4		13	− 1 08	− 2.6
	14	0 59	3.4		16	1 39	5.5		15	1 04	2.5
	16	0 56	3.2		18	1 41	5.5		17	1 01	2.4
	18	0 53	3.0		20	1 43	5.6		19	0 58	2.3
	20	0 51	2.8		22	1 44	5.6		21	0 55	2.2
	22	0 48	2.6		24	1 46	5.6		23	0 51	2.1
	24	+ 0 45	+ 2.5		26	− 1 47	− 5.6		25	− 0 48	− 2.0
	26	0 43	2.3		28	1 49	5.7		27	0 44	1.9
	28	0 40	2.1		30	1 50	5.7		29	0 40	1.8
	30	0 37	1.9	June	1	1 52	5.7	Oct.	1	0 37	1.7
Feb.	1	0 35	1.7		3	1 53	5.7		3	0 33	1.6
	3	0 32	1.5		5	1 54	5.7		5	0 29	1.5
	5	+ 0 29	+ 1.4		7	− 1 55	− 5.7		7	− 0 26	− 1.4
	7	0 26	1.2		9	1 57	5.7		9	0 22	1.3
	9	0 24	1.0		11	1 58	5.7		11	0 18	1.2
	11	0 21	0.8		13	1 58	5.7		13	0 14	1.1
	13	0 18	0.6		15	1 59	5.6		15	0 10	1.0
	15	0 15	0.4		17	2 00	5.6		17	0 06	0.9
	17	+ 0 12	+ 0.2		19	− 2 01	− 5.6		19	− 0 03	− 0.8
	19	0 09	0.0		21	2 01	5.6		21	+ 0 01	0.6
	21	0 07	− 0.2		23	2 02	5.5		23	0 05	0.5
	23	0 04	0.3		25	2 02	5.5		25	0 09	0.4
	25	+ 0 01	0.5		27	2 03	5.5		27	0 13	0.3
	27	− 0 02	0.7		29	2 03	5.4		29	0 17	− 0.2
Mar.	1	− 0 05	− 0.9	July	1	− 2 03	− 5.4		31	+ 0 21	0.0
	3	0 08	1.1		3	2 04	5.3	Nov.	2	0 25	+ 0.1
	5	0 10	1.2		5	2 04	5.3		4	0 29	0.2
	7	0 13	1.4		7	2 04	5.2		6	0 33	0.3
	9	0 16	1.6		9	2 03	5.2		8	0 37	0.5
	11	0 19	1.8		11	2 03	5.1		10	0 41	0.6
	13	− 0 22	− 1.9		13	− 2 03	− 5.1		12	+ 0 44	+ 0.7
	15	0 24	2.1		15	2 03	5.0		14	0 48	0.9
	17	0 27	2.3		17	2 02	4.9		16	0 52	1.0
	19	0 30	2.4		19	2 01	4.9		18	0 56	1.1
	21	0 33	2.6		21	2 01	4.8		20	0 59	1.3
	23	0 35	2.7		23	2 00	4.7		22	1 03	1.4
	25	− 0 38	− 2.9		25	− 1 59	− 4.7		24	+ 1 06	+ 1.5
	27	0 41	3.0		27	1 58	4.6		26	1 10	1.7
	29	0 44	3.2		29	1 57	4.5		28	1 13	1.8
	31	0 46	3.3		31	1 56	4.5		30	1 17	2.0
Apr.	2	0 49	3.5	Aug.	2	1 55	4.4	Dec.	2	1 20	2.1
	4	0 52	3.6		4	1 53	4.3		4	1 23	2.3
	6	− 0 54	− 3.7		6	− 1 52	− 4.2		6	+ 1 27	+ 2.4
	8	0 57	3.9		8	1 51	4.1		8	1 30	2.6
	10	0 59	4.0		10	1 49	4.1		10	1 33	2.7
	12	1 02	4.1		12	1 47	4.0		12	1 36	2.9
	14	1 04	4.2		14	1 45	3.9		14	1 39	3.0
	16	1 07	4.3		16	1 43	3.8		16	1 41	3.1
	18	− 1 09	− 4.4		18	− 1 41	− 3.7		18	+ 1 44	+ 3.3
	20	1 12	4.5		20	1 39	3.6		20	1 47	3.4
	22	1 14	4.6		22	1 37	3.6		22	1 49	3.6
	24	1 16	4.7		24	1 35	3.5		24	1 52	3.7
	26	1 19	4.8		26	1 33	3.4		26	1 54	3.8
	28	1 21	4.9		28	1 30	3.3		28	1 57	4.0
	30	− 1 23	− 5.0		30	− 1 28	− 3.2		30	+ 1 59	+ 4.1
May	2	− 1 25	− 5.1	Sept.	1	− 1 25	− 3.1		32	+ 2 01	+ 4.2

Differential coordinates are given in the sense "satellite minus planet."

APPARENT ORBITS OF SATELLITES I–IV AT DATE OF OPPOSITION, AUGUST 20

South

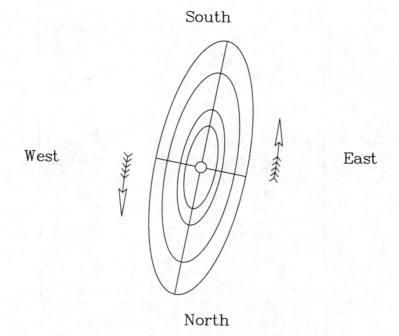

West   East

North

	NAME	SIDEREAL PERIOD d	h
V	Miranda	1.4	
I	Ariel	2	12.489
II	Umbriel	4	03.460
III	Titania	8	16.941
IV	Oberon	13	11.118

RINGS OF URANUS

Ring	Semimajor Axis km	Eccentricity	Azimuth of Periapse °	Precession Rate °/d
6	41870	0.0014	236	2.77
5	42270	0.0018	182	2.66
4	42600	0.0012	120	2.60
α	44750	0.0007	331	2.18
β	45700	0.0005	231	2.03
η	47210	— —	—	—
γ	47660	— —	—	—
δ	48330	0.0005	140	—
ε	51180	0.0079	216	1.36

Epoch: 1977 March 10, 20^h UT (JD 244 3213.33)

SATELLITES OF URANUS, 2002

APPARENT DISTANCE AND POSITION ANGLE

Time from Northern Elongation	Miranda		Time from Northern Elongation	Ariel		Umbriel		Time from Northern Elongation	Titania		Time from Northern Elongation	Oberon	
	F	p_1		F	p_1	F	p_1		F	p_1		F	p_1
d h		°	d h		°		°	d h		°	d h		°
0 00	1.000	349.0	0 00	1.000	349.0	1.000	349.0	0 00	1.000	349.0	0 00	1.000	349.0
0 01	0.985	352.8	0 02	0.981	353.2	0.993	351.6	0 05	0.990	352.0	0 08	0.989	352.2
0 02	0.941	356.8	0 04	0.926	357.8	0.972	354.2	0 10	0.961	355.2	0 16	0.958	355.4
0 03	0.870	1.3	0 06	0.837	3.2	0.938	357.0	0 15	0.913	358.7	1 00	0.907	359.0
0 04	0.775	6.8	0 08	0.722	10.0	0.891	0.0	0 20	0.848	2.5	1 08	0.838	3.1
0 05	0.663	14.0	0 10	0.591	19.8	0.833	3.4	1 01	0.769	7.2	1 16	0.754	8.1
0 06	0.544	24.3	0 12	0.461	35.2	0.765	7.4	1 06	0.678	13.0	2 00	0.659	14.4
0 07	0.433	40.2	0 14	0.368	60.5	0.690	12.2	1 11	0.582	20.6	2 08	0.558	22.9
0 08	0.361	64.6	0 16	0.361	93.6	0.609	18.2	1 16	0.487	31.3	2 16	0.462	35.0
0 09	0.362	94.3	0 18	0.446	120.2	0.527	26.2	1 21	0.405	46.8	3 00	0.386	52.8
0 10	0.437	118.4	0 20	0.574	136.7	0.451	36.9	2 02	0.357	68.1	3 08	0.351	76.4
0 11	0.548	134.1	0 22	0.707	146.9	0.390	51.5	2 07	0.360	92.3	3 16	0.375	100.8
0 12	0.667	144.3	1 00	0.824	154.1	0.355	70.1	2 12	0.413	113.1	4 00	0.444	119.9
0 13	0.778	151.4	1 02	0.917	159.6	0.357	90.5	2 17	0.496	128.0	4 08	0.538	133.0
0 14	0.872	156.9	1 04	0.976	164.2	0.396	108.7	2 22	0.592	138.3	4 16	0.639	142.1
0 15	0.943	161.4	1 06	1.000	168.5	0.461	122.7	3 03	0.688	145.7	5 00	0.735	148.8
0 16	0.986	165.4	1 08	0.986	172.7	0.538	133.0	3 08	0.778	151.4	5 08	0.822	154.0
0 17	1.000	169.1	1 10	0.935	177.2	0.620	140.6	3 13	0.856	155.9	5 16	0.894	158.2
0 18	0.984	172.9	1 12	0.850	182.4	0.700	146.5	3 18	0.919	159.7	6 00	0.949	161.9
0 19	0.939	176.9	1 14	0.738	189.1	0.775	151.2	3 23	0.965	163.1	6 08	0.985	165.2
0 20	0.867	181.4	1 16	0.608	198.4	0.842	155.1	4 04	0.992	166.3	6 16	1.000	168.4
0 21	0.772	187.0	1 18	0.476	212.9	0.898	158.4	4 09	1.000	169.3	7 00	0.993	171.5
0 22	0.660	194.3	1 20	0.375	236.8	0.943	161.4	4 14	0.988	172.4	7 08	0.966	174.8
0 23	0.540	204.7	1 22	0.356	269.5	0.976	164.2	4 19	0.957	175.6	7 16	0.919	178.3
1 00	0.430	220.9	2 00	0.432	297.6	0.995	166.8	5 00	0.907	179.0	8 00	0.853	182.2
1 01	0.360	245.5	2 02	0.557	315.0	1.000	169.3	5 05	0.840	183.0	8 08	0.772	187.0
1 02	0.364	275.2	2 04	0.691	325.9	0.991	171.9	5 10	0.760	187.7	8 16	0.679	192.9
1 03	0.440	299.0	2 06	0.811	333.3	0.968	174.5	5 15	0.668	193.7	9 00	0.579	200.9
1 04	0.552	314.5	2 08	0.907	339.0	0.933	177.3	5 20	0.571	201.6	9 08	0.481	212.2
1 05	0.671	324.5	2 10	0.971	343.7	0.884	180.4	6 01	0.477	212.7	9 16	0.399	228.7
1 06	0.782	331.6	2 12	0.999	348.0	0.825	183.9	6 06	0.398	228.8	10 00	0.354	251.3
1 07	0.875	337.0	2 14	0.989	352.2	0.756	188.0	6 11	0.354	250.7	10 08	0.365	276.2
1 08	0.944	341.5	2 16			0.679	192.9	6 16	0.363	274.8	10 16	0.428	296.6
1 09	0.987	345.5	2 18			0.598	199.2	6 21	0.420	295.0	11 00	0.518	310.8
1 10	1.000	349.2	2 20			0.517	207.4	7 02	0.506	309.3	11 08	0.618	320.5
1 11	0.983	353.0	2 22			0.442	218.6	7 07	0.602	319.2	11 16	0.717	327.6
			3 00			0.383	233.7	7 12	0.698	326.4	12 00	0.806	333.0
			3 02			0.353	252.8	7 17	0.787	331.9	12 08	0.881	337.4
			3 04			0.361	273.1	7 22	0.863	336.3	12 16	0.940	341.2
			3 06			0.404	290.8	8 03	0.924	340.1	13 00	0.979	344.5
			3 08			0.470	304.3	8 08	0.969	343.5	13 08	0.998	347.7
			3 10			0.549	314.2	8 13	0.994	346.6	13 16	0.996	350.9
			3 12			0.631	321.5	8 18	1.000	349.6			
			3 14			0.710	327.2						
			3 16			0.784	331.7						
			3 18			0.850	335.5						
			3 20			0.905	338.8						
			3 22			0.948	341.8						
			4 00			0.979	344.5						
			4 02			0.996	347.1						
			4 04			1.000	349.7						

Apparent distance of satellite is Fa/Δ

Position angle of satellite is $p_1 + p_2$

APPARENT DISTANCE AND POSITION ANGLE

Date (0^h UT)	a/Δ Miranda	Ariel	Umbriel	Titania	Oberon	p_2	Date (0^h UT)	a/Δ Miranda	Ariel	Umbriel	Titania	Oberon	p_2
	"	"	"	"	"	°		"	"	"	"	"	°
Jan. −4	8.7	12.8	17.8	29.1	39.0	+ 1.0	July 5	9.3	13.7	19.0	31.2	41.7	− 0.8
6	8.6	12.7	17.7	29.0	38.7	0.9	15	9.3	13.7	19.1	31.4	42.0	0.7
16	8.6	12.6	17.6	28.8	38.6	0.7	25	9.4	13.8	19.2	31.5	42.2	0.6
26	8.6	12.6	17.5	28.8	38.4	0.5	Aug. 4	9.4	13.8	19.3	31.6	42.3	0.5
Feb. 5	8.5	12.6	17.5	28.7	38.4	0.4	14	9.4	13.9	19.3	31.7	42.3	0.4
15	8.5	12.6	17.5	28.7	38.4	+ 0.2	24	9.4	13.9	19.3	31.7	42.4	− 0.3
25	8.5	12.6	17.5	28.7	38.4	0.0	Sept. 3	9.4	13.8	19.3	31.6	42.3	0.2
Mar. 7	8.6	12.6	17.5	28.8	38.5	− 0.2	13	9.4	13.8	19.2	31.5	42.2	− 0.1
17	8.6	12.6	17.6	28.9	38.6	0.4	23	9.3	13.7	19.1	31.4	42.0	0.0
27	8.6	12.7	17.7	29.0	38.8	0.5	Oct. 3	9.3	13.7	19.0	31.2	41.7	+ 0.1
Apr. 6	8.7	12.8	17.8	29.1	39.0	− 0.7	13	9.2	13.6	18.9	31.0	41.4	+ 0.1
16	8.7	12.8	17.9	29.3	39.2	0.8	23	9.2	13.5	18.8	30.8	41.1	0.1
26	8.8	12.9	18.0	29.5	39.5	0.9	Nov. 2	9.1	13.3	18.6	30.5	40.8	0.1
May 6	8.9	13.0	18.2	29.8	39.8	0.9	12	9.0	13.2	18.4	30.2	40.4	0.1
16	8.9	13.1	18.3	30.0	40.2	1.0	22	8.9	13.1	18.3	30.0	40.1	+ 0.1
26	9.0	13.2	18.5	30.3	40.5	− 1.0	Dec. 2	8.8	13.0	18.1	29.7	39.8	0.0
June 5	9.1	13.4	18.6	30.5	40.8	1.0	12	8.8	12.9	18.0	29.5	39.4	0.0
15	9.2	13.5	18.8	30.8	41.2	0.9	22	8.7	12.8	17.8	29.3	39.2	− 0.1
25	9.2	13.6	18.9	31.0	41.5	− 0.9	32	8.7	12.7	17.7	29.1	38.9	− 0.2

UNIVERSAL TIME OF GREATEST NORTHERN ELONGATION

MIRANDA

Jan.	Feb.	Mar.	Apr.	May	June	July	Aug.	Sept.	Oct.	Nov.	Dec.
d h	d h	d h	d h	d h	d h	d h	d h	d h	d h	d h	d h
0 11.8	1 23.9	2 06.3	2 08.7	2 00.9	2 03.0	1 19.6	1 21.9	2 00.0	1 16.5	1 19.0	1 11.4
1 21.8	3 09.9	3 16.2	3 18.6	3 10.9	3 12.9	3 05.4	3 07.8	3 10.1	3 02.3	3 04.8	2 21.4
3 07.7	4 19.9	5 02.0	5 04.4	4 20.9	4 22.9	4 15.3	4 17.7	4 20.0	4 12.2	4 14.7	4 07.4
4 17.6	6 05.8	6 12.0	6 14.3	6 06.8	6 08.9	6 01.1	6 03.6	6 06.0	5 22.2	6 00.6	5 17.3
6 03.4	7 15.8	7 21.9	8 00.2	7 16.7	7 18.9	7 11.0	7 13.5	7 15.9	7 08.2	7 10.5	7 03.2
7 13.2	9 01.7	9 07.9	9 10.1	9 02.6	9 04.9	8 20.9	8 23.3	9 01.9	8 18.2	8 20.4	8 13.0
8 23.1	10 11.5	10 17.9	10 20.0	10 12.4	10 14.8	10 07.0	10 09.2	10 11.7	10 04.2	10 06.3	9 22.9
10 09.0	11 21.4	12 03.9	12 06.0	11 22.3	12 00.7	11 16.9	11 19.1	11 21.6	11 14.2	11 16.3	11 08.7
11 18.9	13 07.2	13 13.9	13 15.9	13 08.2	13 10.6	13 03.0	13 05.0	13 07.4	13 00.1	13 02.3	12 18.7
13 04.9	14 17.1	14 23.8	15 01.9	14 18.1	14 20.5	14 12.9	14 15.0	14 17.3	14 10.0	14 12.3	14 04.5
14 14.8	16 03.0	16 09.6	16 11.9	16 04.0	16 06.3	15 22.9	16 01.0	16 03.2	15 19.9	15 22.3	15 14.5
16 00.8	17 12.9	17 19.5	17 21.9	17 13.9	17 16.2	17 08.7	17 11.0	17 13.1	17 05.7	17 08.3	17 00.4
17 10.9	18 22.9	19 05.3	19 07.7	18 23.9	19 02.1	18 18.6	18 21.0	18 23.1	18 15.6	18 18.2	18 10.5
18 20.9	20 08.9	20 15.2	20 17.7	20 09.9	20 12.0	20 04.5	20 06.9	20 09.1	20 01.5	20 04.0	19 20.5
20 06.8	21 18.9	22 01.1	22 03.5	21 19.9	21 21.9	21 14.4	21 16.8	21 19.1	21 11.3	21 13.9	21 06.5
21 16.7	23 04.9	23 11.0	23 13.4	23 05.8	23 07.9	23 00.2	23 02.7	23 05.1	22 21.3	22 23.8	22 16.4
23 02.6	24 14.8	24 20.9	24 23.3	24 15.8	24 17.9	24 10.1	24 12.6	24 15.1	24 07.3	24 09.6	24 02.3
24 12.4	26 00.7	26 06.9	26 09.1	26 01.7	26 03.9	25 20.0	25 22.5	26 01.0	25 17.2	25 19.5	25 12.2
25 22.2	27 10.6	27 16.9	27 19.0	27 11.5	27 13.8	27 06.0	27 08.3	27 10.8	27 03.3	27 05.4	26 22.1
27 08.1	28 20.5	29 02.9	29 05.0	28 21.4	28 23.8	28 15.9	28 18.2	28 20.7	28 13.3	28 15.4	28 07.9
28 18.0		30 12.9	30 14.9	30 07.2	30 09.6	30 01.9	30 04.1	30 06.5	29 23.2	30 01.4	29 17.8
30 03.9		31 22.8		31 17.1		31 11.9	31 14.0		31 09.1		31 03.6
31 13.9											32 13.6

SATELLITES OF URANUS, 2002

UNIVERSAL TIME OF GREATEST NORTHERN ELONGATION

Jan.	Feb.	Mar.	Apr.	May	June	July	Aug.	Sept.	Oct.	Nov.	Dec.

ARIEL

d h	d h	d h	d h	d h	d h	d h	d h	d h	d h	d h	d h
0 19.3	2 13.6	2 07.0	1 12.8	1 18.5	1 00.4	1 06.1	3 00.5	2 06.4	2 12.3	1 18.3	2 00.2
3 07.8	5 02.1	4 19.4	4 01.2	4 07.0	3 12.8	3 18.6	5 13.0	4 18.9	5 00.8	4 06.8	4 12.7
5 20.2	7 14.6	7 07.9	6 13.8	6 19.5	6 01.3	6 07.1	8 01.5	7 07.4	7 13.3	6 19.3	7 01.2
8 08.7	10 03.1	9 20.4	9 02.2	9 08.0	8 13.8	8 19.6	10 14.0	9 19.9	10 01.8	9 07.7	9 13.7
10 21.2	12 15.6	12 08.9	11 14.7	11 20.5	11 02.3	11 08.1	13 02.4	12 08.3	12 14.3	11 20.3	12 02.1
13 09.7	15 04.1	14 21.4	14 03.2	14 08.9	13 14.8	13 20.6	15 15.0	14 20.9	15 02.8	14 08.7	14 14.7
15 22.2	17 16.6	17 09.9	16 15.7	16 21.4	16 03.3	16 09.1	18 03.5	17 09.3	17 15.3	16 21.3	17 03.2
18 10.7	20 05.0	19 22.4	19 04.2	19 09.9	18 15.7	18 21.6	20 15.9	19 21.9	20 03.8	19 09.8	19 15.6
20 23.2	22 17.5	22 10.8	21 16.6	21 22.4	21 04.2	21 10.1	23 04.4	22 10.3	22 16.3	21 22.3	22 04.2
23 11.7	25 06.0	24 23.3	24 05.1	24 10.9	23 16.7	23 22.6	25 16.9	24 22.9	25 04.8	24 10.8	24 16.6
26 00.2	27 18.5	27 11.8	26 17.6	26 23.4	26 05.2	26 11.1	28 05.4	27 11.3	27 17.3	26 23.2	27 05.1
28 12.6		30 00.3	29 06.1	29 11.8	28 17.7	28 23.5	30 17.9	29 23.9	30 05.8	29 11.7	29 17.6
31 01.2						31 12.0					32 06.1

UMBRIEL

d h	d h	d h	d h	d h	d h	d h	d h	d h	d h	d h	d h
−2 05.9	4 12.9	1 09.7	3 13.4	2 13.3	4 16.9	3 17.3	1 17.5	3 21.0	2 21.4	5 01.3	4 01.5
2 09.3	8 16.4	5 13.2	7 16.8	6 16.7	8 20.4	7 20.8	5 20.9	8 00.5	7 00.9	9 04.7	8 05.0
6 12.7	12 19.9	9 16.7	11 20.2	10 20.2	12 23.9	12 00.2	10 00.3	12 04.1	11 04.3	13 08.2	12 08.5
10 16.2	16 23.4	13 20.2	15 23.6	14 23.6	17 03.2	16 03.6	14 03.9	16 07.5	15 07.7	17 11.7	16 11.9
14 19.6	25 06.2	17 23.6	20 03.1	19 03.1	21 06.7	20 07.1	18 07.3	20 10.9	19 11.3	21 15.2	20 15.3
18 23.1		22 03.0	24 06.5	23 06.5	25 10.2	24 10.6	22 10.8	24 14.4	23 14.8	25 18.6	24 18.8
23 02.6		26 06.5	28 09.9	27 09.9	29 13.8	28 14.0	26 14.2	28 17.9	27 18.3	29 22.1	28 22.2
27 06.0		30 09.9		31 13.4			30 17.6		31 21.8		33 01.6
31 09.4											

TITANIA

d h	d h	d h	d h	d h	d h	d h	d h	d h	d h	d h	d h
−3 12.1	1 07.7	8 03.4	3 06.1	8 01.7	3 04.4	8 00.1	3 03.0	6 23.1	3 02.0	6 21.8	3 00.5
6 05.0	10 00.7	16 20.3	11 23.0	16 18.6	11 21.3	16 17.0	11 20.0	15 16.0	11 19.0	15 14.7	11 17.4
14 22.0	18 17.5	25 13.2	20 15.9	25 11.5	20 14.2	25 10.0	20 13.0	24 09.1	20 11.9	24 07.6	20 10.4
23 14.8	27 10.4		29 08.8		29 07.1		29 06.1		29 04.9		29 03.4
											37 20.3

OBERON

d h	d h	d h	d h	d h	d h	d h	d h	d h	d h	d h	d h
−12 04.0	11 00.2	9 22.2	5 20.1	2 18.2	12 03.6	9 02.0	5 00.3	14 09.7	11 08.1	7 06.5	4 04.9
1 15.1	24 11.2	23 09.1	19 07.1	16 05.3	25 14.8	22 13.2	18 11.4	27 20.9	24 19.3	20 17.8	17 16.0
15 02.2				29 16.4			31 22.5				31 03.0
28 13.2											44 14.0

APPARENT ORBIT OF TRITON AT DATE OF OPPOSITION, AUG. 2

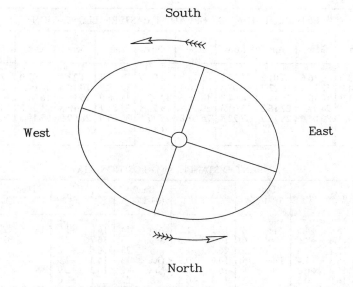

	NAME	SIDEREAL PERIOD
I	Triton	$5^d\ 21^h.044$
II	Nereid	$360^d.2$

DIFFERENTIAL COORDINATES OF NEREID FOR 0^h U.T.

Date		$\Delta\alpha\cos\delta$	$\Delta\delta$	Date		$\Delta\alpha\cos\delta$	$\Delta\delta$	Date		$\Delta\alpha\cos\delta$	$\Delta\delta$
		′ ″	″			′ ″	″			′ ″	″
Jan.	−4	+4 18.3	+98.9	May	6	−1 08.1	−25.1	Sept.	13	+5 59.0	+134.3
	6	4 01.7	93.4		16	−0 32.3	−13.2		23	5 58.6	134.2
	16	3 43.8	87.4		26	+0 54.7	+19.2	Oct.	3	5 55.5	133.3
	26	3 24.7	80.8	June	5	2 05.8	46.2		13	5 50.2	131.6
Feb.	5	3 04.1	73.5		15	3 00.7	67.2		23	5 42.9	129.2
	15	+2 41.8	+65.5		25	+3 44.4	+83.9	Nov.	2	+5 33.9	+126.3
	25	2 17.8	56.6	July	5	4 19.6	97.3		12	5 23.3	122.8
Mar.	7	1 51.8	46.9		15	4 48.0	108.1		22	5 11.4	118.9
	17	1 23.7	36.1		25	5 10.8	116.6	Dec.	2	4 58.2	114.6
	27	0 53.4	24.4	Aug.	4	5 28.4	123.1		12	4 43.7	109.7
Apr.	6	+0 20.9	+11.7		14	+5 41.7	+128.0		22	+4 28.2	+104.5
	16	−0 13.1	−01.9		24	5 51.0	131.4		32	4 11.4	98.7
	26	−0 46.3	−15.4	Sept.	3	+5 56.6	+133.4		42	+3 53.4	+92.4

SATELLITES OF NEPTUNE, 2002

TRITON

UNIVERSAL TIME OF GREATEST EASTERN ELONGATION

Jan.	Feb.	Mar.	Apr.	May	June	July	Aug.	Sept.	Oct.	Nov.	Dec.
d h	d h	d h	d h	d h	d h	d h	d h	d h	d h	d h	d h
−5 05.6	5 08.0	6 16.6	5 01.3	4 10.2	2 19.5	2 04.9	6 11.7	4 21.4	4 07.0	2 16.3	2 01.4
1 02.6	11 04.9	12 13.5	10 22.3	10 07.3	8 16.5	8 02.1	12 08.9	10 18.6	10 04.1	8 13.3	7 22.3
6 23.5	17 01.9	18 10.5	16 19.3	16 04.3	14 13.6	13 23.2	18 06.0	16 15.7	16 01.2	14 10.4	13 19.3
12 20.4	22 22.8	24 07.4	22 16.2	22 01.3	20 10.7	19 20.3	24 03.2	22 12.8	21 22.2	20 07.4	19 16.2
18 17.3	28 19.7	30 04.3	28 13.2	27 22.4	26 07.8	25 17.5	30 00.3	28 09.9	27 19.3	26 04.4	25 13.2
24 14.2						31 14.6					31 10.1
30 11.1											37 07.0

APPARENT DISTANCE AND POSITION ANGLE

Date (0^h U.T.)	a/Δ	p_2	Date (0^h U.T.)	a/Δ	p_2	Date (0^h U.T.)	a/Δ	p_2	Date (0^h U.T.)	a/Δ	p_2
	"	°		"	°		"	°		"	°
Jan. −14	15.9	+4.5	Apr. 16	16.1	−1.1	Aug. 14	16.8	+1.3	Dec. 12	15.9	+1.9
6	15.8	+3.6	May 6	16.3	−1.3	Sept. 3	16.7	+2.1	32	15.8	+1.0
26	15.7	+2.5	26	16.5	−1.3	23	16.6	+2.6			
Feb. 15	15.8	+1.4	June 15	16.6	−0.9	Oct. 13	16.4	+2.9			
Mar. 7	15.8	+0.3	July 5	16.8	−0.3	Nov. 2	16.2	+2.9			
27	16.0	−0.5	25	16.8	+0.5	22	16.1	+2.6			

Time from Eastern Elongation	F	p_1	Time from Eastern Elongation	F	p_1	Time from Eastern Elongation	F	p_1	Time from Eastern Elongation	F	p_1
d h		°	d h		°	d h		°	d h		°
0 00	1.000	71.0	1 12	0.764	163.5	3 00	0.999	253.9	4 12	0.767	348.4
0 03	0.996	76.9	1 15	0.771	173.4	3 03	0.992	259.8	4 15	0.778	358.2
0 06	0.985	82.8	1 18	0.787	183.1	3 06	0.977	265.8	4 18	0.798	7.6
0 09	0.968	88.9	1 21	0.811	192.2	3 09	0.957	272.1	4 21	0.824	16.5
0 12	0.944	95.3	2 00	0.839	200.8	3 12	0.931	278.6	5 00	0.854	24.9
0 15	0.917	102.1	2 03	0.870	208.9	3 15	0.902	285.6	5 03	0.885	32.6
0 18	0.886	109.3	2 06	0.901	216.3	3 18	0.870	293.0	5 06	0.916	39.8
0 21	0.855	117.0	2 09	0.931	223.3	3 21	0.839	301.0	5 09	0.944	46.6
1 00	0.825	125.3	2 12	0.957	229.9	4 00	0.811	309.6	5 12	0.967	53.0
1 03	0.798	134.2	2 15	0.977	236.1	4 03	0.788	318.8	5 15	0.985	59.1
1 06	0.778	143.6	2 18	0.992	242.1	4 06	0.772	328.4	5 18	0.996	65.0
1 09	0.767	153.5	2 21	0.999	248.0	4 09	0.764	338.4	5 21	1.000	70.9

Apparent distance of satellite is Fa/Δ
Position angle of satellite is $p_1 + p_2$

APPARENT ORBIT OF CHARON AT DATE OF OPPOSITION, JUNE 7

South

West   East

North

Sidereal Period: $6^d 09^h.29$

UNIVERSAL TIME OF NORTHERN ELONGATION

	d	h		d	h		d	h
Jan. –	6	17.8	May	2	11.4	Sept.	7	05.5
	1	03.1		8	20.7		13	14.8
	7	12.3		15	06.0		20	00.1
	13	21.6		21	15.4		26	09.4
	20	06.8		28	00.7	Oct.	2	18.6
	26	16.1	June	3	10.0		9	03.9
Feb.	2	01.4		9	19.3		15	13.2
	8	10.6		16	04.6		21	22.4
	14	19.9		22	13.9		28	07.7
	21	05.2		28	23.2	Nov.	3	17.0
	27	14.5	July	5	08.6		10	02.2
Mar.	5	23.7		11	17.9		16	11.5
	12	09.0		18	03.2		22	20.7
	18	18.3		24	12.5		29	06.0
	25	03.6		30	21.8	Dec.	5	15.2
	31	12.9	Aug.	6	07.1		12	00.5
Apr.	6	22.2		12	16.4		18	09.7
	13	07.5		19	01.7		24	19.0
	19	16.8		25	11.0		31	04.2
	26	02.1		31	20.2		37	13.5

APPARENT DISTANCE AND POSITION ANGLE

Date (0^h UT)	a/Δ	p_2	Date (0^h UT)	a/Δ	p_2	Date (0^h UT)	a/Δ	p_2	Date (0^h UT)	a/Δ	p_2
	"	°		"	°		"	°		"	°
Jan. –14	0.9	–0.3	Apr. 16	0.9	–0.9	Aug. 14	0.9	–0.1	Dec. 12	0.9	–1.5
6	0.9	–0.6	May 6	0.9	–0.8	Sept. 3	0.9	–0.1	32	0.9	–1.8
26	0.9	–0.9	26	0.9	–0.6	23	0.9	–0.3			
Feb. 15	0.9	–1.0	June 15	0.9	–0.4	Oct. 13	0.9	–0.5			
Mar. 7	0.9	–1.1	July 5	0.9	–0.2	Nov. 2	0.9	–0.8			
27	0.9	–1.1	25	0.9	–0.1	22	0.9	–1.1			

Time from Northern Elongation	F	p_1	Time from Northern Elongation	F	p_1	Time from Northern Elongation	F	p_1	Time from Northern Elongation	F	p_1
d h		°	d h		°	d h		°	d h		°
0 00	1.000	348.0	1 16	0.499	85.9	3 08	0.993	171.9	5 00	0.526	280.9
0 04	0.990	352.7	1 20	0.534	103.6	3 12	0.966	176.8	5 04	0.587	296.1
0 08	0.960	357.6	2 00	0.598	118.2	3 16	0.921	182.0	5 08	0.664	308.0
0 12	0.912	2.9	2 04	0.677	129.7	3 20	0.859	187.8	5 12	0.746	317.4
0 16	0.848	8.9	2 08	0.760	138.8	4 00	0.785	194.7	5 16	0.825	325.0
0 20	0.773	16.0	2 12	0.837	146.1	4 04	0.704	203.1	5 20	0.893	331.3
1 00	0.691	24.7	2 16	0.903	152.2	4 08	0.623	213.7	6 00	0.946	336.8
1 04	0.610	35.7	2 20	0.953	157.6	4 12	0.553	227.3	6 04	0.982	341.8
1 08	0.543	49.8	3 00	0.986	162.5	4 16	0.507	244.1	6 08	0.999	346.5
1 12	0.502	67.1	3 04	1.000	167.2	4 20	0.497	262.9	6 12	0.995	351.2

Apparent distance of satellite is Fa/Δ.

Position angle of satellite is $p_1 + p_2$.

CONTENTS OF SECTION G

Notes

The osculating elements for periodic comets returning to perihelion in 2002 have been supplied by B.G. Marsden, Smithsonian Astrophysical Observatory, and are intended for use in the generation of ephemerides by numerical integration.

The geocentric ephemerides of the four principal minor planets (1 Ceres; 2 Pallas; 3 Juno; 4 Vesta) give, at an interval of 2 days, the astrometric right ascension and declination, referred to the mean equator and equinox of J2000.0, the geometric distance and the time of ephemeris transit. Linear interpolation is sufficient for the distance and ephemeris transit, but for the astrometric right ascension and declination second differences are significant. The tabulations are similar to those for Pluto, and the use of the data is similar to that for major planets.

Opposition dates (in right ascension) and visual magnitudes in 2002, and osculating elements for epoch 2002 November 22·0 TT (JD 245 2600·5) and ecliptic and equinox J2000·0, for 134 of the larger minor planets are given on pages G10–G12; in these tabulations H is the absolute visual magnitude at zero phase angle and G is the slope parameter which depends on the albedo. The data were supplied by the Institute of Applied Astronomy of the Russian Academy of Sciences in St. Petersburg.

PERIODIC COMETS, 2002

OSCULATING ELEMENTS FOR ECLIPTIC AND EQUINOX OF J2000·0

Name	Perihelion Time T	Perihelion Distance q	Eccen- tricity e	Period P	Arg. of Perihelion ω	Long. of Asc. Node Ω	Inclin- ation i	Osc. Epoch
		au		years	°	°	°	
96P/Machholz 1	Jan. 8·633 71	0·124 1046	0·958 8118	5·23	14·580 66	94·608 45	60·186 57	Jan. 6
31P/Schwassmann-Wachmann 2	Jan. 18·413 16	3·408 4404	0·195 2948	8·72	18·400 99	114·194 12	4·549 65	Jan. 6
125P/Spacewatch	Jan. 28·051 26	1·528 5920	0·511 5397	5·54	87·301 30	153·236 66	9·981 50	Feb. 15
6P/d'Arrest	Feb. 3·591 84	1·352 7683	0·612 8092	6·53	178·111 68	138·944 01	19·497 31	Feb. 15
15P/Finlay	Feb. 7·167 46	1·034 0987	0·710 5104	6·75	323·638 18	41·964 30	3·674 51	Feb. 15
89P/Russell 2	Mar. 22·908 57	2·290 0672	0·397 9124	7·42	249·216 49	42·484 01	12·027 92	Mar. 27
7P/Pons-Winnecke	May 15·722 78	1·258 1491	0·634 0763	6·38	172·291 48	93·450 39	22·284 82	May 6
90P/Gehrels 1	June 23·018 79	2·965 5328	0·508 8576	14·84	28·196 62	13·528 30	9·616 32	June 15
124P/Mrkos	July 27·030 62	1·467 0557	0·542 6426	5·74	181·244 73	1·390 16	31·352 20	July 25
57P/du Toit-Neujmin-Delporte	July 31·163 58	1·729 5183	0·499 1030	6·42	115·238 89	188·931 73	2·844 16	July 25
54P/de Vico-Swift	Aug. 7·452 37	2·146 0530	0·430 5653	7·32	2·137 38	358·932 39	6·092 50	July 25
67P/Churyumov-Gerasimenko	Aug. 18·310 15	1·292 3389	0·631 5282	6·57	11·451 99	50·968 52	7·120 38	Sept. 3
46P/Wirtanen	Aug. 26·966 39	1·058 7785	0·657 8854	5·44	356·400 10	82·173 89	11·738 06	Sept. 3
77P/Longmore	Sept. 4·722 48	2·309 5409	0·358 1898	6·83	196·446 58	14·976 71	24·403 37	Sept. 3
92P/Sanguin	Sept. 23·056 13	1·807 4281	0·663 3719	12·44	163·050 16	182·349 77	18·764 44	Oct. 13
26P/Grigg-Skjellerup	Nov. 29·720 36	1·117 8775	0·632 7090	5·31	1·624 08	211·739 77	22·347 31	Nov. 22
22P/Kopff	Dec. 12·076 27	1·583 6083	0·543 3067	6·46	162·753 64	120·928 98	4·718 52	Dec. 32
P/1986 A1 (Shoemaker 3)	Dec. 15·020 56	1·813 7235	0·726 7942	17·10	14·941 13	97·270 37	6·386 23	Dec. 32
39P/Oterma	Dec. 21·716 37	5·470 7337	0·244 5755	19·49	56·366 36	331·583 42	1·943 16	Dec. 32
P/1993 K2 (Helin-Lawrence)	Dec. 22·447 75	3·110 1042	0·307 7378	9·52	163·690 56	92·015 81	9·871 29	Dec. 32
115P/Maury	Dec. 23·874 05	2·041 6560	0·520 8059	8·79	119·875 78	176·755 69	11·682 60	Dec. 32
30P/Reinmuth 1	Dec. 24·399 11	1·877 5084	0·502 1147	7·32	13·286 69	119·756 79	8·130 61	Dec. 32
28P/Neujmin 1	Dec. 27·378 58	1·552 0512	0·775 6269	18·19	346·918 99	347·033 91	14·185 30	Dec. 32

GEOCENTRIC POSITIONS FOR 0ʰ TERRESTRIAL TIME

Date	Astrometric J2000·0 R.A.	Dec.	True Distance	Ephemeris Transit	Date	Astrometric J2000·0 R.A.	Dec.	True Distance	Ephemeris Transit
	h m s	° ′ ″		h m		h m s	° ′ ″		h m
Jan. −1	20 53 22·3	−24 53 12	3·772	14 18·0	Apr. 1	23 15 28·4	−13 26 01	3·834	10 37·7
1	20 56 31·7	−24 40 54	3·787	14 13·3	3	23 18 20·9	−13 10 30	3·822	10 32·7
3	20 59 41·4	−24 28 24	3·801	14 08·6	5	23 21 12·7	−12 55 05	3·809	10 27·7
5	21 02 51·4	−24 15 43	3·814	14 03·9	7	23 24 03·6	−12 39 44	3·796	10 22·7
7	21 06 01·6	−24 02 51	3·827	13 59·2	9	23 26 53·6	−12 24 30	3·782	10 17·6
9	21 09 12·0	−23 49 49	3·839	13 54·5	11	23 29 42·7	−12 09 22	3·768	10 12·6
11	21 12 22·5	−23 36 35	3·851	13 49·8	13	23 32 31·0	−11 54 21	3·753	10 07·5
13	21 15 33·2	−23 23 12	3·862	13 45·1	15	23 35 18·2	−11 39 27	3·738	10 02·4
15	21 18 43·9	−23 09 38	3·873	13 40·4	17	23 38 04·5	−11 24 41	3·722	9 57·3
17	21 21 54·6	−22 55 55	3·883	13 35·7	19	23 40 49·8	−11 10 04	3·706	9 52·2
19	21 25 05·3	−22 42 02	3·892	13 31·0	21	23 43 34·1	−10 55 35	3·689	9 47·0
21	21 28 15·9	−22 28 01	3·901	13 26·3	23	23 46 17·4	−10 41 15	3·672	9 41·9
23	21 31 26·4	−22 13 50	3·909	13 21·6	25	23 48 59·5	−10 27 04	3·654	9 36·7
25	21 34 36·8	−21 59 31	3·917	13 16·9	27	23 51 40·7	−10 13 04	3·636	9 31·5
27	21 37 47·0	−21 45 04	3·924	13 12·2	29	23 54 20·7	− 9 59 14	3·618	9 26·3
29	21 40 57·0	−21 30 29	3·930	13 07·5	May 1	23 56 59·6	− 9 45 34	3·599	9 21·1
31	21 44 06·7	−21 15 46	3·936	13 02·7	3	23 59 37·4	− 9 32 06	3·580	9 15·8
Feb. 2	21 47 16·3	−21 00 57	3·941	12 58·0	5	0 02 13·9	− 9 18 49	3·560	9 10·5
4	21 50 25·5	−20 46 00	3·946	12 53·3	7	0 04 49·3	− 9 05 45	3·540	9 05·3
6	21 53 34·5	−20 30 56	3·950	12 48·6	9	0 07 23·5	− 8 52 53	3·519	8 59·9
8	21 56 43·2	−20 15 46	3·953	12 43·8	11	0 09 56·3	− 8 40 15	3·498	8 54·6
10	21 59 51·6	−20 00 31	3·956	12 39·1	13	0 12 27·8	− 8 27 50	3·477	8 49·3
12	22 02 59·6	−19 45 09	3·958	12 34·3	15	0 14 58·0	− 8 15 39	3·455	8 43·9
14	22 06 07·2	−19 29 43	3·960	12 29·6	17	0 17 26·7	− 8 03 43	3·433	8 38·5
16	22 09 14·4	−19 14 12	3·961	12 24·8	19	0 19 53·9	− 7 52 03	3·411	8 33·1
18	22 12 21·1	−18 58 36	3·961	12 20·1	21	0 22 19·7	− 7 40 38	3·388	8 27·6
20	22 15 27·4	−18 42 57	3·961	12 15·3	23	0 24 43·9	− 7 29 29	3·365	8 22·1
22	22 18 33·2	−18 27 14	3·960	12 10·5	25	0 27 06·5	− 7 18 37	3·341	8 16·6
24	22 21 38·4	−18 11 28	3·959	12 05·7	27	0 29 27·5	− 7 08 01	3·318	8 11·1
26	22 24 43·2	−17 55 39	3·957	12 00·9	29	0 31 46·9	− 6 57 43	3·294	8 05·5
28	22 27 47·3	−17 39 47	3·954	11 56·1	31	0 34 04·5	− 6 47 43	3·269	8 00·0
Mar. 2	22 30 51·0	−17 23 54	3·951	11 51·3	June 2	0 36 20·4	− 6 38 01	3·245	7 54·3
4	22 33 54·1	−17 07 59	3·947	11 46·5	4	0 38 34·5	− 6 28 38	3·220	7 48·7
6	22 36 56·6	−16 52 02	3·943	11 41·6	6	0 40 46·7	− 6 19 34	3·195	7 43·0
8	22 39 58·5	−16 36 05	3·938	11 36·8	8	0 42 56·9	− 6 10 50	3·169	7 37·3
10	22 42 59·8	−16 20 07	3·932	11 31·9	10	0 45 05·1	− 6 02 27	3·144	7 31·6
12	22 46 00·5	−16 04 09	3·926	11 27·1	12	0 47 11·2	− 5 54 26	3·118	7 25·8
14	22 49 00·6	−15 48 11	3·920	11 22·2	14	0 49 15·1	− 5 46 45	3·092	7 20·0
16	22 52 00·0	−15 32 14	3·912	11 17·3	16	0 51 16·7	− 5 39 27	3·066	7 14·1
18	22 54 58·7	−15 16 18	3·904	11 12·4	18	0 53 16·0	− 5 32 32	3·040	7 08·2
20	22 57 56·6	−15 00 24	3·896	11 07·5	20	0 55 13·0	− 5 26 00	3·013	7 02·3
22	23 00 53·8	−14 44 33	3·887	11 02·5	22	0 57 07·4	− 5 19 51	2·986	6 56·3
24	23 03 50·3	−14 28 44	3·878	10 57·6	24	0 58 59·3	− 5 14 05	2·960	6 50·3
26	23 06 46·0	−14 12 57	3·867	10 52·7	26	1 00 48·7	− 5 08 44	2·933	6 44·3
28	23 09 40·9	−13 57 15	3·857	10 47·7	28	1 02 35·3	− 5 03 48	2·906	6 38·2
30	23 12 35·0	−13 41 36	3·846	10 42·7	30	1 04 19·1	− 4 59 17	2·879	6 32·0
Apr. 1	23 15 28·4	−13 26 01	3·834	10 37·7	July 2	1 06 00·1	− 4 55 12	2·852	6 25·8

GEOCENTRIC POSITIONS FOR 0ʰ TERRESTRIAL TIME

Date	Astrometric J2000·0 R.A.	Dec.	True Dist-ance	Ephem-eris Transit	Date	Astrometric J2000·0 R.A.	Dec.	True Dist-ance	Ephem-eris Transit
	h m s	° ′ ″		h m		h m s	° ′ ″		h m
July 2	1 06 00·1	− 4 55 12	2·852	6 25·8	**Oct. 2**	1 05 28·8	− 9 19 20	1·960	0 23·4
4	1 07 38·0	− 4 51 33	2·825	6 19·6	4	1 03 47·8	− 9 28 00	1·959	0 13·9
6	1 09 12·9	− 4 48 21	2·798	6 13·3	6	1 02 05·7	− 9 36 10	1·959	0 04·3
8	1 10 44·5	− 4 45 37	2·770	6 06·9	8	1 00 23·0	− 9 43 47	1·960	23 49·9
10	1 12 12·9	− 4 43 20	2·743	6 00·5	10	0 58 40·2	− 9 50 50	1·962	23 40·4
12	1 13 37·7	− 4 41 31	2·716	5 54·1	12	0 56 57·6	− 9 57 16	1·965	23 30·8
14	1 14 59·0	− 4 40 12	2·689	5 47·6	14	0 55 15·9	−10 03 03	1·970	23 21·3
16	1 16 16·7	− 4 39 20	2·662	5 41·0	16	0 53 35·3	−10 08 09	1·975	23 11·8
18	1 17 30·6	− 4 38 58	2·635	5 34·3	18	0 51 56·3	−10 12 33	1·982	23 02·3
20	1 18 40·7	− 4 39 06	2·609	5 27·6	20	0 50 19·4	−10 16 14	1·989	22 52·8
22	1 19 46·8	− 4 39 42	2·582	5 20·8	22	0 48 44·8	−10 19 10	1·998	22 43·4
24	1 20 48·8	− 4 40 49	2·556	5 14·0	24	0 47 13·0	−10 21 21	2·008	22 34·1
26	1 21 46·7	− 4 42 25	2·529	5 07·1	26	0 45 44·2	−10 22 47	2·018	22 24·8
28	1 22 40·3	− 4 44 31	2·503	5 00·1	28	0 44 18·9	−10 23 26	2·030	22 15·5
30	1 23 29·4	− 4 47 08	2·478	4 53·1	30	0 42 57·3	−10 23 20	2·043	22 06·3
Aug. 1	1 24 14·1	− 4 50 15	2·452	4 45·9	**Nov. 1**	0 41 39·7	−10 22 26	2·056	21 57·2
3	1 24 54·0	− 4 53 52	2·427	4 38·7	3	0 40 26·5	−10 20 47	2·071	21 48·2
5	1 25 29·1	− 4 57 59	2·402	4 31·4	5	0 39 17·7	−10 18 21	2·086	21 39·2
7	1 25 59·4	− 5 02 37	2·378	4 24·1	7	0 38 13·8	−10 15 09	2·102	21 30·3
9	1 26 24·6	− 5 07 44	2·354	4 16·6	9	0 37 14·9	−10 11 12	2·119	21 21·5
11	1 26 44·7	− 5 13 21	2·330	4 09·1	11	0 36 21·1	−10 06 31	2·137	21 12·8
13	1 26 59·6	− 5 19 27	2·307	4 01·4	13	0 35 32·5	−10 01 07	2·155	21 04·2
15	1 27 09·2	− 5 26 00	2·284	3 53·7	15	0 34 49·4	− 9 55 00	2·175	20 55·6
17	1 27 13·6	− 5 33 01	2·261	3 45·9	17	0 34 11·6	− 9 48 13	2·195	20 47·2
19	1 27 12·5	− 5 40 29	2·240	3 38·1	19	0 33 39·4	− 9 40 45	2·215	20 38·8
21	1 27 06·1	− 5 48 22	2·219	3 30·1	21	0 33 12·6	− 9 32 39	2·236	20 30·5
23	1 26 54·1	− 5 56 39	2·198	3 22·0	23	0 32 51·4	− 9 23 56	2·258	20 22·4
25	1 26 36·7	− 6 05 20	2·178	3 13·9	25	0 32 35·7	− 9 14 36	2·280	20 14·3
27	1 26 13·8	− 6 14 22	2·159	3 05·6	27	0 32 25·5	− 9 04 42	2·303	20 06·3
29	1 25 45·4	− 6 23 45	2·140	2 57·3	29	0 32 20·8	− 8 54 14	2·326	19 58·4
31	1 25 11·5	− 6 33 27	2·122	2 48·8	**Dec. 1**	0 32 21·6	− 8 43 13	2·350	19 50·6
Sept. 2	1 24 32·0	− 6 43 26	2·105	2 40·3	3	0 32 27·8	− 8 31 41	2·374	19 42·8
4	1 23 47·2	− 6 53 41	2·089	2 31·7	5	0 32 39·4	− 8 19 38	2·398	19 35·2
6	1 22 57·0	− 7 04 08	2·074	2 23·0	7	0 32 56·3	− 8 07 06	2·423	19 27·7
8	1 22 01·6	− 7 14 46	2·059	2 14·2	9	0 33 18·4	− 7 54 07	2·448	19 20·2
10	1 21 01·1	− 7 25 33	2·045	2 05·3	11	0 33 45·7	− 7 40 41	2·474	19 12·8
12	1 19 55·7	− 7 36 24	2·033	1 56·4	13	0 34 18·0	− 7 26 49	2·499	19 05·5
14	1 18 45·7	− 7 47 18	2·021	1 47·4	15	0 34 55·2	− 7 12 34	2·525	18 58·3
16	1 17 31·2	− 7 58 12	2·010	1 38·3	17	0 35 37·3	− 6 57 55	2·551	18 51·2
18	1 16 12·5	− 8 09 02	2·000	1 29·1	19	0 36 24·0	− 6 42 55	2·577	18 44·1
20	1 14 49·9	− 8 19 46	1·991	1 19·9	21	0 37 15·3	− 6 27 33	2·604	18 37·1
22	1 13 23·6	− 8 30 22	1·983	1 10·6	23	0 38 11·1	− 6 11 52	2·630	18 30·2
24	1 11 54·0	− 8 40 45	1·977	1 01·2	25	0 39 11·2	− 5 55 52	2·656	18 23·4
26	1 10 21·3	− 8 50 54	1·971	0 51·8	27	0 40 15·6	− 5 39 34	2·683	18 16·6
28	1 08 46·0	− 9 00 44	1·966	0 42·4	29	0 41 24·2	− 5 22 59	2·710	18 09·9
30	1 07 08·4	− 9 10 14	1·963	0 32·9	31	0 42 36·8	− 5 06 07	2·736	18 03·3
Oct. 2	1 05 28·8	− 9 19 20	1·960	0 23·4	33	0 43 53·3	− 4 49 00	2·763	17 56·7

Second Transit: October 6ᵈ 23ʰ 59ᵐ5

PALLAS, 2002

GEOCENTRIC POSITIONS FOR 0ʰ TERRESTRIAL TIME

Date	Astrometric J2000·0 R.A.	Dec.	True Distance	Ephemeris Transit	Date	Astrometric J2000·0 R.A.	Dec.	True Distance	Ephemeris Transit
	h m s	° ′ ″		h m		h m s	° ′ ″		h m
Jan. −1	18 52 45·2	+ 2 35 10	4·202	12 17·5	Apr. 1	20 47 19·7	+ 8 27 48	3·823	8 09·7
1	18 55 33·3	+ 2 35 33	4·207	12 12·4	3	20 49 13·7	+ 8 40 42	3·803	8 03·7
3	18 58 21·2	+ 2 36 20	4·211	12 07·4	5	20 51 05·6	+ 8 53 42	3·782	7 57·7
5	19 01 08·9	+ 2 37 31	4·215	12 02·3	7	20 52 55·1	+ 9 06 47	3·760	7 51·6
7	19 03 56·3	+ 2 39 05	4·218	11 57·2	9	20 54 42·2	+ 9 19 56	3·739	7 45·5
9	19 06 43·4	+ 2 41 03	4·220	11 52·1	11	20 56 26·9	+ 9 33 10	3·717	7 39·4
11	19 09 30·2	+ 2 43 23	4·222	11 47·0	13	20 58 09·0	+ 9 46 26	3·694	7 33·2
13	19 12 16·5	+ 2 46 06	4·223	11 41·9	15	20 59 48·6	+ 9 59 45	3·672	7 27·0
15	19 15 02·4	+ 2 49 12	4·224	11 36·8	17	21 01 25·5	+10 13 05	3·649	7 20·7
17	19 17 47·8	+ 2 52 40	4·224	11 31·7	19	21 02 59·7	+10 26 26	3·625	7 14·4
19	19 20 32·7	+ 2 56 30	4·223	11 26·5	21	21 04 31·1	+10 39 47	3·602	7 08·1
21	19 23 16·9	+ 3 00 42	4·222	11 21·4	23	21 05 59·7	+10 53 07	3·578	7 01·7
23	19 26 00·5	+ 3 05 15	4·220	11 16·2	25	21 07 25·4	+11 06 26	3·554	6 55·2
25	19 28 43·3	+ 3 10 09	4·218	11 11·1	27	21 08 48·2	+11 19 43	3·529	6 48·7
27	19 31 25·5	+ 3 15 23	4·215	11 05·9	29	21 10 08·0	+11 32 57	3·505	6 42·2
29	19 34 06·9	+ 3 20 58	4·212	11 00·7	May 1	21 11 24·7	+11 46 07	3·480	6 35·6
31	19 36 47·4	+ 3 26 53	4·207	10 55·5	3	21 12 38·2	+11 59 13	3·455	6 28·9
Feb. 2	19 39 27·2	+ 3 33 07	4·203	10 50·3	5	21 13 48·5	+12 12 13	3·430	6 22·2
4	19 42 06·1	+ 3 39 41	4·197	10 45·1	7	21 14 55·5	+12 25 07	3·404	6 15·5
6	19 44 44·1	+ 3 46 34	4·192	10 39·8	9	21 15 59·2	+12 37 53	3·379	6 08·7
8	19 47 21·1	+ 3 53 45	4·185	10 34·6	11	21 16 59·3	+12 50 32	3·353	6 01·8
10	19 49 57·1	+ 4 01 15	4·178	10 29·3	13	21 17 55·9	+13 03 00	3·327	5 54·9
12	19 52 32·1	+ 4 09 04	4·170	10 24·0	15	21 18 48·8	+13 15 18	3·302	5 47·9
14	19 55 05·9	+ 4 17 10	4·162	10 18·7	17	21 19 38·0	+13 27 24	3·276	5 40·8
16	19 57 38·6	+ 4 25 33	4·153	10 13·3	19	21 20 23·5	+13 39 17	3·250	5 33·7
18	20 00 10·1	+ 4 34 13	4·144	10 08·0	21	21 21 05·1	+13 50 55	3·224	5 26·5
20	20 02 40·3	+ 4 43 09	4·134	10 02·6	23	21 21 42·9	+14 02 18	3·198	5 19·3
22	20 05 09·3	+ 4 52 21	4·123	9 57·2	25	21 22 16·7	+14 13 24	3·172	5 12·0
24	20 07 36·9	+ 5 01 49	4·112	9 51·8	27	21 22 46·5	+14 24 12	3·146	5 04·6
26	20 10 03·2	+ 5 11 31	4·100	9 46·3	29	21 23 12·2	+14 34 41	3·120	4 57·1
28	20 12 28·1	+ 5 21 29	4·088	9 40·9	31	21 23 33·8	+14 44 50	3·095	4 49·6
Mar. 2	20 14 51·6	+ 5 31 40	4·075	9 35·4	June 2	21 23 51·1	+14 54 37	3·069	4 42·1
4	20 17 13·5	+ 5 42 05	4·062	9 29·9	4	21 24 04·2	+15 04 00	3·044	4 34·4
6	20 19 34·0	+ 5 52 44	4·048	9 24·3	6	21 24 12·9	+15 12 58	3·018	4 26·7
8	20 21 53·0	+ 6 03 35	4·034	9 18·8	8	21 24 17·2	+15 21 29	2·993	4 18·9
10	20 24 10·3	+ 6 14 40	4·019	9 13·2	10	21 24 17·1	+15 29 32	2·968	4 11·0
12	20 26 25·9	+ 6 25 56	4·003	9 07·6	12	21 24 12·5	+15 37 04	2·944	4 03·1
14	20 28 39·9	+ 6 37 24	3·988	9 01·9	14	21 24 03·3	+15 44 05	2·920	3 55·0
16	20 30 52·0	+ 6 49 04	3·971	8 56·2	16	21 23 49·7	+15 50 31	2·896	3 46·9
18	20 33 02·3	+ 7 00 53	3·954	8 50·5	18	21 23 31·6	+15 56 22	2·872	3 38·8
20	20 35 10·8	+ 7 12 53	3·937	8 44·8	20	21 23 08·9	+16 01 36	2·849	3 30·5
22	20 37 17·3	+ 7 25 02	3·919	8 39·0	22	21 22 41·8	+16 06 11	2·826	3 22·2
24	20 39 21·9	+ 7 37 20	3·901	8 33·2	24	21 22 10·3	+16 10 06	2·804	3 13·8
26	20 41 24·5	+ 7 49 46	3·882	8 27·4	26	21 21 34·3	+16 13 19	2·782	3 05·4
28	20 43 25·0	+ 8 02 19	3·863	8 21·5	28	21 20 54·0	+16 15 48	2·760	2 56·8
30	20 45 23·4	+ 8 15 00	3·843	8 15·6	30	21 20 09·4	+16 17 31	2·739	2 48·2
Apr. 1	20 47 19·7	+ 8 27 48	3·823	8 09·7	July 2	21 19 20·5	+16 18 28	2·719	2 39·5

GEOCENTRIC POSITIONS FOR 0ʰ TERRESTRIAL TIME

Date	Astrometric J2000·0 R.A.	Dec.	True Distance	Ephemeris Transit	Date	Astrometric J2000·0 R.A.	Dec.	True Distance	Ephemeris Transit
	h m s	° ′ ″		h m		h m s	° ′ ″		h m
July 2	21 19 20·5	+16 18 28	2·719	2 39·5	Oct. 2	20 29 41·7	+ 3 21 33	2·754	19 44·5
4	21 18 27·4	+16 18 35	2·699	2 30·8	4	20 29 49·2	+ 2 59 08	2·776	19 36·8
6	21 17 30·2	+16 17 52	2·680	2 22·0	6	20 30 01·5	+ 2 37 09	2·799	19 29·1
8	21 16 29·1	+16 16 16	2·662	2 13·1	8	20 30 18·6	+ 2 15 37	2·822	19 21·6
10	21 15 24·1	+16 13 47	2·644	2 04·2	10	20 30 40·6	+ 1 54 33	2·846	19 14·1
12	21 14 15·6	+16 10 23	2·627	1 55·2	12	20 31 07·3	+ 1 33 59	2·870	19 06·7
14	21 13 03·5	+16 06 02	2·611	1 46·1	14	20 31 38·7	+ 1 13 55	2·894	18 59·4
16	21 11 48·3	+16 00 44	2·595	1 37·0	16	20 32 14·6	+ 0 54 23	2·919	18 52·2
18	21 10 30·0	+15 54 28	2·581	1 27·8	18	20 32 55·1	+ 0 35 23	2·944	18 45·0
20	21 09 09·0	+15 47 14	2·567	1 18·6	20	20 33 39·9	+ 0 16 55	2·970	18 37·9
22	21 07 45·4	+15 39 01	2·554	1 09·4	22	20 34 29·0	− 0 01 00	2·996	18 30·9
24	21 06 19·6	+15 29 49	2·542	1 00·1	24	20 35 22·3	− 0 18 21	3·022	18 23·9
26	21 04 51·7	+15 19 38	2·531	0 50·8	26	20 36 19·8	− 0 35 09	3·048	18 17·1
28	21 03 22·1	+15 08 28	2·520	0 41·4	28	20 37 21·2	− 0 51 22	3·075	18 10·2
30	21 01 51·0	+14 56 19	2·511	0 32·0	30	20 38 26·7	− 1 07 01	3·102	18 03·5
Aug. 1	21 00 18·8	+14 43 12	2·503	0 22·7	Nov. 1	20 39 35·9	− 1 22 06	3·129	17 56·8
3	20 58 45·7	+14 29 08	2·496	0 13·2	3	20 40 49·0	− 1 36 37	3·156	17 50·2
5	20 57 12·1	+14 14 08	2·489	0 03·8	5	20 42 05·7	− 1 50 32	3·183	17 43·6
7	20 55 38·3	+13 58 13	2·484	23 49·7	7	20 43 26·1	− 2 03 53	3·210	17 37·1
9	20 54 04·7	+13 41 24	2·480	23 40·3	9	20 44 49·9	− 2 16 40	3·237	17 30·6
11	20 52 31·6	+13 23 43	2·477	23 30·9	11	20 46 17·1	− 2 28 52	3·265	17 24·2
13	20 50 59·4	+13 05 14	2·475	23 21·5	13	20 47 47·5	− 2 40 29	3·292	17 17·9
15	20 49 28·4	+12 45 57	2·474	23 12·2	15	20 49 21·1	− 2 51 33	3·319	17 11·6
17	20 47 58·9	+12 25 56	2·474	23 02·8	17	20 50 57·8	− 3 02 03	3·346	17 05·4
19	20 46 31·2	+12 05 15	2·475	22 53·5	19	20 52 37·4	− 3 12 00	3·373	16 59·2
21	20 45 05·7	+11 43 54	2·478	22 44·3	21	20 54 19·9	− 3 21 24	3·400	16 53·0
23	20 43 42·6	+11 21 59	2·481	22 35·0	23	20 56 05·2	− 3 30 15	3·426	16 46·9
25	20 42 22·2	+10 59 31	2·486	22 25·9	25	20 57 53·1	− 3 38 34	3·453	16 40·9
27	20 41 04·7	+10 36 34	2·491	22 16·7	27	20 59 43·7	− 3 46 22	3·479	16 34·8
29	20 39 50·4	+10 13 11	2·498	22 07·7	29	21 01 36·7	− 3 53 38	3·505	16 28·9
31	20 38 39·5	+ 9 49 26	2·506	21 58·7	Dec. 1	21 03 32·3	− 4 00 22	3·531	16 22·9
Sept. 2	20 37 32·3	+ 9 25 21	2·514	21 49·7	3	21 05 30·2	− 4 06 37	3·556	16 17·0
4	20 36 28·9	+ 9 01 00	2·524	21 40·8	5	21 07 30·4	− 4 12 20	3·582	16 11·2
6	20 35 29·6	+ 8 36 26	2·535	21 32·0	7	21 09 32·8	− 4 17 34	3·606	16 05·4
8	20 34 34·5	+ 8 11 43	2·547	21 23·3	9	21 11 37·3	− 4 22 19	3·631	15 59·6
10	20 33 43·9	+ 7 46 55	2·559	21 14·6	11	21 13 43·8	− 4 26 35	3·655	15 53·8
12	20 32 57·8	+ 7 22 03	2·573	21 06·0	13	21 15 52·3	− 4 30 22	3·679	15 48·1
14	20 32 16·3	+ 6 57 13	2·587	20 57·5	15	21 18 02·6	− 4 33 42	3·702	15 42·4
16	20 31 39·6	+ 6 32 26	2·603	20 49·1	17	21 20 14·7	− 4 36 34	3·725	15 36·7
18	20 31 07·7	+ 6 07 46	2·619	20 40·7	19	21 22 28·5	− 4 39 00	3·748	15 31·1
20	20 30 40·7	+ 5 43 15	2·636	20 32·4	21	21 24 44·0	− 4 40 59	3·770	15 25·5
22	20 30 18·6	+ 5 18 55	2·654	20 24·2	23	21 27 01·0	− 4 42 34	3·792	15 19·9
24	20 30 01·3	+ 4 54 50	2·673	20 16·1	25	21 29 19·6	− 4 43 42	3·813	15 14·4
26	20 29 49·0	+ 4 31 01	2·692	20 08·1	27	21 31 39·6	− 4 44 27	3·834	15 08·8
28	20 29 41·7	+ 4 07 31	2·712	20 00·1	29	21 34 01·1	− 4 44 47	3·854	15 03·3
30	20 29 39·2	+ 3 44 21	2·733	19 52·3	31	21 36 23·9	− 4 44 43	3·874	14 57·8
Oct. 2	20 29 41·7	+ 3 21 33	2·754	19 44·5	33	21 38 48·0	− 4 44 17	3·893	14 52·4

Second Transit: August 5ᵈ 23ʰ 59ᵐ1

JUNO, 2002

GEOCENTRIC POSITIONS FOR 0ʰ TERRESTRIAL TIME

Date	Astrometric J2000·0 R.A.	Dec.	True Distance	Ephemeris Transit	Date	Astrometric J2000·0 R.A.	Dec.	True Distance	Ephemeris Transit
	h m s	° ′ ″		h m		h m s	° ′ ″		h m
Jan. −1	9 50 51·5	− 0 09 52	1·564	3 16·4	Apr. 1	9 04 59·2	+11 29 16	1·856	20 25·2
1	9 50 33·3	− 0 07 39	1·550	3 08·2	3	9 05 28·8	+11 39 37	1·883	20 17·9
3	9 50 08·0	− 0 04 24	1·537	2 59·9	5	9 06 04·3	+11 49 16	1·910	20 10·7
5	9 49 35·7	− 0 00 06	1·524	2 51·5	7	9 06 45·6	+11 58 14	1·938	20 03·5
7	9 48 56·5	+ 0 05 15	1·512	2 43·0	9	9 07 32·5	+12 06 30	1·966	19 56·5
9	9 48 10·6	+ 0 11 41	1·500	2 34·4	11	9 08 24·9	+12 14 06	1·995	19 49·5
11	9 47 18·1	+ 0 19 12	1·489	2 25·6	13	9 09 22·6	+12 21 01	2·024	19 42·6
13	9 46 19·3	+ 0 27 47	1·479	2 16·8	15	9 10 25·6	+12 27 16	2·053	19 35·9
15	9 45 14·4	+ 0 37 26	1·470	2 07·9	17	9 11 33·5	+12 32 52	2·083	19 29·2
17	9 44 03·8	+ 0 48 10	1·462	1 58·8	19	9 12 46·3	+12 37 49	2·113	19 22·5
19	9 42 47·8	+ 0 59 55	1·454	1 49·7	21	9 14 03·8	+12 42 09	2·143	19 16·0
21	9 41 26·9	+ 1 12 42	1·447	1 40·5	23	9 15 25·8	+12 45 50	2·173	19 09·5
23	9 40 01·4	+ 1 26 27	1·442	1 31·2	25	9 16 52·1	+12 48 56	2·204	19 03·1
25	9 38 31·8	+ 1 41 09	1·437	1 21·9	27	9 18 22·5	+12 51 26	2·234	18 56·8
27	9 36 58·7	+ 1 56 44	1·433	1 12·5	29	9 19 56·8	+12 53 20	2·265	18 50·5
29	9 35 22·5	+ 2 13 10	1·430	1 03·0	May 1	9 21 35·0	+12 54 41	2·296	18 44·3
31	9 33 43·6	+ 2 30 23	1·429	0 53·5	3	9 23 16·8	+12 55 29	2·328	18 38·1
Feb. 2	9 32 02·8	+ 2 48 19	1·428	0 44·0	5	9 25 02·1	+12 55 43	2·359	18 32·0
4	9 30 20·4	+ 3 06 55	1·428	0 34·4	7	9 26 50·8	+12 55 26	2·390	18 26·0
6	9 28 37·1	+ 3 26 07	1·430	0 24·8	9	9 28 42·8	+12 54 37	2·422	18 20·0
8	9 26 53·5	+ 3 45 49	1·433	0 15·2	11	9 30 37·9	+12 53 17	2·453	18 14·1
10	9 25 10·1	+ 4 05 58	1·436	0 05·7	13	9 32 35·9	+12 51 28	2·485	18 08·2
12	9 23 27·7	+ 4 26 28	1·441	23 51·3	15	9 34 36·9	+12 49 09	2·517	18 02·3
14	9 21 46·8	+ 4 47 15	1·447	23 41·8	17	9 36 40·6	+12 46 21	2·548	17 56·5
16	9 20 08·0	+ 5 08 13	1·454	23 32·3	19	9 38 46·8	+12 43 06	2·580	17 50·8
18	9 18 31·8	+ 5 29 17	1·463	23 22·9	21	9 40 55·6	+12 39 23	2·611	17 45·1
20	9 16 58·8	+ 5 50 23	1·472	23 13·5	23	9 43 06·6	+12 35 14	2·643	17 39·4
22	9 15 29·5	+ 6 11 26	1·483	23 04·2	25	9 45 19·9	+12 30 38	2·674	17 33·8
24	9 14 04·3	+ 6 32 20	1·494	22 55·0	27	9 47 35·2	+12 25 38	2·705	17 28·1
26	9 12 43·6	+ 6 53 03	1·507	22 45·8	29	9 49 52·6	+12 20 14	2·736	17 22·6
28	9 11 27·8	+ 7 13 30	1·520	22 36·7	31	9 52 11·9	+12 14 25	2·767	17 17·0
Mar. 2	9 10 17·2	+ 7 33 37	1·535	22 27·8	June 2	9 54 33·0	+12 08 14	2·798	17 11·5
4	9 09 12·1	+ 7 53 21	1·551	22 18·9	4	9 56 55·8	+12 01 40	2·829	17 06·0
6	9 08 12·6	+ 8 12 40	1·567	22 10·0	6	9 59 20·3	+11 54 43	2·860	17 00·6
8	9 07 19·1	+ 8 31 30	1·585	22 01·3	8	10 01 46·4	+11 47 26	2·890	16 55·1
10	9 06 31·8	+ 8 49 49	1·603	21 52·7	10	10 04 14·0	+11 39 47	2·921	16 49·7
12	9 05 50·7	+ 9 07 34	1·622	21 44·3	12	10 06 43·0	+11 31 47	2·951	16 44·4
14	9 05 16·2	+ 9 24 44	1·643	21 35·9	14	10 09 13·4	+11 23 28	2·981	16 39·0
16	9 04 48·1	+ 9 41 17	1·663	21 27·6	16	10 11 45·1	+11 14 49	3·010	16 33·7
18	9 04 26·7	+ 9 57 11	1·685	21 19·4	18	10 14 18·0	+11 05 52	3·040	16 28·3
20	9 04 11·9	+10 12 26	1·708	21 11·4	20	10 16 52·1	+10 56 37	3·069	16 23·0
22	9 04 03·7	+10 26 59	1·731	21 03·4	22	10 19 27·1	+10 47 04	3·098	16 17·7
24	9 04 02·1	+10 40 51	1·755	20 55·6	24	10 22 03·2	+10 37 14	3·126	16 12·5
26	9 04 06·9	+10 54 00	1·779	20 47·8	26	10 24 40·2	+10 27 08	3·155	16 07·2
28	9 04 18·1	+11 06 28	1·805	20 40·2	28	10 27 18·1	+10 16 46	3·183	16 02·0
30	9 04 35·6	+11 18 13	1·830	20 32·7	30	10 29 56·9	+10 06 09	3·210	15 56·8
Apr. 1	9 04 59·2	+11 29 16	1·856	20 25·2	July 2	10 32 36·4	+ 9 55 17	3·238	15 51·5

Second Transit: February 11ᵈ 23ʰ 56ᵐ1

GEOCENTRIC POSITIONS FOR 0ʰ TERRESTRIAL TIME

Date	Astrometric J2000·0 R.A.	Dec.	True Distance	Ephemeris Transit	Date	Astrometric J2000·0 R.A.	Dec.	True Distance	Ephemeris Transit
	h m s	° ′ ″		h m		h m s	° ′ ″		h m
July 2	10 32 36·4	+ 9 55 17	3·238	15 51·5	Oct. 2	12 41 12·0	− 0 45 11	4·015	11 57·9
4	10 35 16·8	+ 9 44 10	3·265	15 46·3	4	12 44 01·0	− 0 59 33	4·018	11 52·8
6	10 37 57·9	+ 9 32 49	3·292	15 41·2	6	12 46 49·8	− 1 13 49	4·022	11 47·8
8	10 40 39·7	+ 9 21 14	3·318	15 36·0	8	12 49 38·4	− 1 28 00	4·024	11 42·7
10	10 43 22·1	+ 9 09 27	3·344	15 30·8	10	12 52 26·8	− 1 42 05	4·026	11 37·6
12	10 46 05·2	+ 8 57 26	3·370	15 25·7	12	12 55 14·9	− 1 56 03	4·027	11 32·5
14	10 48 48·9	+ 8 45 14	3·395	15 20·5	14	12 58 02·8	− 2 09 54	4·028	11 27·5
16	10 51 33·1	+ 8 32 49	3·420	15 15·4	16	13 00 50·4	− 2 23 38	4·028	11 22·4
18	10 54 17·7	+ 8 20 14	3·445	15 10·3	18	13 03 37·7	− 2 37 14	4·027	11 17·3
20	10 57 02·9	+ 8 07 28	3·469	15 05·1	20	13 06 24·7	− 2 50 42	4·026	11 12·2
22	10 59 48·4	+ 7 54 32	3·493	15 00·0	22	13 09 11·3	− 3 04 02	4·024	11 07·1
24	11 02 34·3	+ 7 41 26	3·516	14 54·9	24	13 11 57·6	− 3 17 12	4·021	11 02·0
26	11 05 20·6	+ 7 28 11	3·539	14 49·8	26	13 14 43·5	− 3 30 14	4·018	10 56·9
28	11 08 07·3	+ 7 14 48	3·562	14 44·7	28	13 17 29·1	− 3 43 06	4·014	10 51·8
30	11 10 54·3	+ 7 01 15	3·584	14 39·6	30	13 20 14·3	− 3 55 49	4·009	10 46·6
Aug. 1	11 13 41·6	+ 6 47 35	3·605	14 34·5	Nov. 1	13 22 59·0	− 4 08 21	4·004	10 41·5
3	11 16 29·2	+ 6 33 47	3·627	14 29·4	3	13 25 43·3	− 4 20 43	3·998	10 36·4
5	11 19 17·1	+ 6 19 52	3·647	14 24·4	5	13 28 27·0	− 4 32 53	3·991	10 31·2
7	11 22 05·3	+ 6 05 49	3·668	14 19·3	7	13 31 10·2	− 4 44 52	3·984	10 26·1
9	11 24 53·7	+ 5 51 41	3·687	14 14·2	9	13 33 52·9	− 4 56 39	3·976	10 20·9
11	11 27 42·4	+ 5 37 26	3·707	14 09·2	11	13 36 34·9	− 5 08 13	3·968	10 15·7
13	11 30 31·2	+ 5 23 06	3·725	14 04·1	13	13 39 16·3	− 5 19 35	3·959	10 10·5
15	11 33 20·2	+ 5 08 41	3·744	13 59·0	15	13 41 57·0	− 5 30 43	3·949	10 05·3
17	11 36 09·4	+ 4 54 11	3·761	13 54·0	17	13 44 37·0	− 5 41 38	3·939	10 00·1
19	11 38 58·7	+ 4 39 37	3·779	13 48·9	19	13 47 16·3	− 5 52 20	3·928	9 54·9
21	11 41 48·0	+ 4 24 59	3·795	13 43·9	21	13 49 54·8	− 6 02 47	3·916	9 49·7
23	11 44 37·5	+ 4 10 18	3·811	13 38·8	23	13 52 32·4	− 6 12 59	3·904	9 44·4
25	11 47 27·1	+ 3 55 34	3·827	13 33·8	25	13 55 09·3	− 6 22 57	3·892	9 39·2
27	11 50 16·8	+ 3 40 48	3·842	13 28·7	27	13 57 45·2	− 6 32 39	3·878	9 33·9
29	11 53 06·6	+ 3 25 59	3·857	13 23·7	29	14 00 20·3	− 6 42 06	3·864	9 28·6
31	11 55 56·4	+ 3 11 08	3·871	13 18·6	Dec. 1	14 02 54·3	− 6 51 17	3·850	9 23·3
Sept. 2	11 58 46·3	+ 2 56 16	3·884	13 13·6	3	14 05 27·3	− 7 00 12	3·834	9 17·9
4	12 01 36·2	+ 2 41 22	3·897	13 08·6	5	14 07 59·3	− 7 08 50	3·819	9 12·6
6	12 04 26·2	+ 2 26 28	3·909	13 03·5	7	14 10 30·0	− 7 17 10	3·802	9 07·2
8	12 07 16·2	+ 2 11 34	3·921	12 58·5	9	14 12 59·5	− 7 25 13	3·786	9 01·8
10	12 10 06·3	+ 1 56 39	3·932	12 53·4	11	14 15 27·8	− 7 32 58	3·768	8 56·4
12	12 12 56·2	+ 1 41 45	3·943	12 48·4	13	14 17 54·7	− 7 40 24	3·750	8 51·0
14	12 15 46·2	+ 1 26 53	3·953	12 43·3	15	14 20 20·3	− 7 47 32	3·732	8 45·6
16	12 18 36·1	+ 1 12 01	3·962	12 38·3	17	14 22 44·4	− 7 54 21	3·713	8 40·1
18	12 21 25·9	+ 0 57 12	3·971	12 33·3	19	14 25 07·1	− 8 00 51	3·693	8 34·6
20	12 24 15·6	+ 0 42 25	3·979	12 28·2	21	14 27 28·2	− 8 07 01	3·674	8 29·1
22	12 27 05·3	+ 0 27 40	3·986	12 23·2	23	14 29 47·6	− 8 12 51	3·653	8 23·5
24	12 29 54·8	+ 0 12 59	3·993	12 18·1	25	14 32 05·4	− 8 18 21	3·632	8 17·9
26	12 32 44·3	− 0 01 40	4·000	12 13·1	27	14 34 21·5	− 8 23 31	3·611	8 12·3
28	12 35 33·7	− 0 16 14	4·005	12 08·0	29	14 36 35·7	− 8 28 20	3·589	8 06·7
30	12 38 22·9	− 0 30 45	4·010	12 02·9	31	14 38 48·0	− 8 32 48	3·567	8 01·0
Oct. 2	12 41 12·0	− 0 45 11	4·015	11 57·9	33	14 40 58·4	− 8 36 54	3·544	7 55·3

VESTA, 2002

GEOCENTRIC POSITIONS FOR 0ʰ TERRESTRIAL TIME

Date		Astrometric J2000·0 R.A.	Dec.	True Distance	Ephemeris Transit	Date		Astrometric J2000·0 R.A.	Dec.	True Distance	Ephemeris Transit
		h m s	° ′ ″		h m			h m s	° ′ ″		h m
Jan.	−1	3 50 49·7	+14 31 27	1·740	21 13·0	Apr.	1	4 49 01·3	+21 17 46	2·861	16 10·7
	1	3 49 49·7	+14 36 02	1·758	21 04·2		3	4 51 56·7	+21 26 14	2·884	16 05·8
	3	3 48 56·7	+14 40 58	1·776	20 55·5		5	4 54 54·6	+21 34 30	2·907	16 00·9
	5	3 48 10·8	+14 46 16	1·795	20 46·9		7	4 57 54·9	+21 42 34	2·929	15 56·0
	7	3 47 32·1	+14 51 55	1·815	20 38·5		9	5 00 57·6	+21 50 24	2·951	15 51·2
	9	3 47 00·6	+14 57 54	1·836	20 30·1		11	5 04 02·6	+21 58 01	2·973	15 46·4
	11	3 46 36·4	+15 04 14	1·857	20 21·9		13	5 07 09·9	+22 05 24	2·994	15 41·7
	13	3 46 19·4	+15 10 53	1·878	20 13·8		15	5 10 19·3	+22 12 33	3·015	15 37·0
	15	3 46 09·7	+15 17 51	1·901	20 05·9		17	5 13 30·9	+22 19 26	3·035	15 32·3
	17	3 46 07·1	+15 25 08	1·923	19 58·0		19	5 16 44·4	+22 26 04	3·056	15 27·7
	19	3 46 11·6	+15 32 42	1·947	19 50·3		21	5 19 59·8	+22 32 26	3·075	15 23·1
	21	3 46 23·2	+15 40 33	1·970	19 42·6		23	5 23 17·1	+22 38 32	3·095	15 18·5
	23	3 46 41·6	+15 48 40	1·994	19 35·1		25	5 26 36·2	+22 44 21	3·114	15 13·9
	25	3 47 06·7	+15 57 02	2·019	19 27·7		27	5 29 57·0	+22 49 54	3·133	15 09·4
	27	3 47 38·5	+16 05 38	2·043	19 20·4		29	5 33 19·4	+22 55 08	3·151	15 04·9
	29	3 48 16·7	+16 14 27	2·068	19 13·2	May	1	5 36 43·5	+23 00 06	3·169	15 00·4
	31	3 49 01·2	+16 23 28	2·094	19 06·1		3	5 40 09·1	+23 04 45	3·186	14 56·0
Feb.	2	3 49 51·9	+16 32 41	2·119	18 59·2		5	5 43 36·2	+23 09 06	3·203	14 51·6
	4	3 50 48·6	+16 42 03	2·145	18 52·3		7	5 47 04·8	+23 13 08	3·220	14 47·2
	6	3 51 51·2	+16 51 36	2·171	18 45·5		9	5 50 34·8	+23 16 52	3·236	14 42·8
	8	3 52 59·6	+17 01 17	2·197	18 38·8		11	5 54 06·1	+23 20 17	3·252	14 38·5
	10	3 54 13·7	+17 11 05	2·223	18 32·2		13	5 57 38·7	+23 23 22	3·267	14 34·1
	12	3 55 33·2	+17 21 01	2·250	18 25·7		15	6 01 12·6	+23 26 08	3·282	14 29·8
	14	3 56 58·2	+17 31 03	2·276	18 19·3		17	6 04 47·6	+23 28 34	3·296	14 25·5
	16	3 58 28·3	+17 41 10	2·303	18 12·9		19	6 08 23·7	+23 30 39	3·310	14 21·3
	18	4 00 03·5	+17 51 22	2·329	18 06·7		21	6 12 00·8	+23 32 25	3·324	14 17·0
	20	4 01 43·6	+18 01 36	2·356	18 00·5		23	6 15 38·9	+23 33 51	3·337	14 12·8
	22	4 03 28·5	+18 11 54	2·382	17 54·4		25	6 19 18·0	+23 34 56	3·350	14 08·5
	24	4 05 18·0	+18 22 12	2·409	17 48·4		27	6 22 57·9	+23 35 40	3·362	14 04·3
	26	4 07 12·0	+18 32 32	2·435	17 42·4		29	6 26 38·6	+23 36 04	3·374	14 00·1
	28	4 09 10·3	+18 42 51	2·462	17 36·6		31	6 30 20·2	+23 36 06	3·385	13 56·0
Mar.	2	4 11 12·7	+18 53 09	2·488	17 30·8	June	2	6 34 02·5	+23 35 48	3·396	13 51·8
	4	4 13 19·3	+19 03 26	2·514	17 25·0		4	6 37 45·5	+23 35 09	3·406	13 47·6
	6	4 15 29·8	+19 13 40	2·540	17 19·3		6	6 41 29·2	+23 34 09	3·416	13 43·5
	8	4 17 44·3	+19 23 51	2·566	17 13·7		8	6 45 13·6	+23 32 48	3·425	13 39·3
	10	4 20 02·4	+19 33 58	2·592	17 08·2		10	6 48 58·6	+23 31 06	3·434	13 35·2
	12	4 22 24·3	+19 44 01	2·618	17 02·7		12	6 52 44·1	+23 29 02	3·443	13 31·1
	14	4 24 49·7	+19 53 58	2·643	16 57·3		14	6 56 30·0	+23 26 37	3·451	13 27·0
	16	4 27 18·6	+20 03 50	2·668	16 51·9		16	7 00 16·4	+23 23 52	3·458	13 22·9
	18	4 29 50·9	+20 13 35	2·693	16 46·6		18	7 04 03·2	+23 20 45	3·466	13 18·8
	20	4 32 26·3	+20 23 12	2·718	16 41·3		20	7 07 50·3	+23 17 17	3·472	13 14·7
	22	4 35 04·9	+20 32 42	2·743	16 36·1		22	7 11 37·7	+23 13 28	3·478	13 10·6
	24	4 37 46·6	+20 42 02	2·767	16 30·9		24	7 15 25·3	+23 09 18	3·484	13 06·5
	26	4 40 31·1	+20 51 14	2·791	16 25·8		26	7 19 13·2	+23 04 47	3·489	13 02·4
	28	4 43 18·5	+21 00 15	2·815	16 20·7		28	7 23 01·3	+22 59 55	3·494	12 58·4
	30	4 46 08·6	+21 09 06	2·838	16 15·7		30	7 26 49·5	+22 54 43	3·498	12 54·3
Apr.	1	4 49 01·3	+21 17 46	2·861	16 10·7	July	2	7 30 37·9	+22 49 10	3·502	12 50·2

GEOCENTRIC POSITIONS FOR 0^h TERRESTRIAL TIME

Date	Astrometric J2000·0 R.A.	Dec.	True Distance	Ephemeris Transit	Date	Astrometric J2000·0 R.A.	Dec.	True Distance	Ephemeris Transit
	h m s	° ′ ″		h m		h m s	° ′ ″		h m
July 2	7 30 37·9	+22 49 10	3·502	12 50·2	Oct. 2	10 20 13·5	+13 38 49	3·165	9 37·3
4	7 34 26·3	+22 43 17	3·505	12 46·1	4	10 23 40·3	+13 22 49	3·148	9 32·9
6	7 38 14·9	+22 37 03	3·508	12 42·1	6	10 27 06·3	+13 06 48	3·130	9 28·4
8	7 42 03·5	+22 30 30	3·510	12 38·0	8	10 30 31·4	+12 50 44	3·111	9 23·9
10	7 45 52·1	+22 23 36	3·512	12 33·9	10	10 33 55·6	+12 34 40	3·092	9 19·5
12	7 49 40·6	+22 16 23	3·513	12 29·9	12	10 37 18·8	+12 18 35	3·073	9 15·0
14	7 53 29·1	+22 08 49	3·514	12 25·8	14	10 40 41·1	+12 02 30	3·054	9 10·5
16	7 57 17·4	+22 00 57	3·514	12 21·7	16	10 44 02·4	+11 46 26	3·034	9 05·9
18	8 01 05·6	+21 52 46	3·514	12 17·6	18	10 47 22·7	+11 30 24	3·014	9 01·4
20	8 04 53·6	+21 44 15	3·513	12 13·6	20	10 50 42·0	+11 14 23	2·993	8 56·8
22	8 08 41·4	+21 35 26	3·512	12 09·5	22	10 54 00·3	+10 58 25	2·972	8 52·3
24	8 12 28·9	+21 26 19	3·511	12 05·4	24	10 57 17·6	+10 42 31	2·951	8 47·7
26	8 16 16·2	+21 16 54	3·509	12 01·3	26	11 00 33·8	+10 26 40	2·929	8 43·1
28	8 20 03·2	+21 07 10	3·506	11 57·2	28	11 03 49·0	+10 10 54	2·907	8 38·4
30	8 23 49·9	+20 57 10	3·503	11 53·1	30	11 07 03·1	+ 9 55 13	2·885	8 33·8
Aug. 1	8 27 36·3	+20 46 51	3·500	11 49·0	Nov. 1	11 10 16·0	+ 9 39 38	2·862	8 29·1
3	8 31 22·4	+20 36 16	3·496	11 44·9	3	11 13 27·7	+ 9 24 09	2·840	8 24·4
5	8 35 08·2	+20 25 24	3·491	11 40·8	5	11 16 38·1	+ 9 08 49	2·816	8 19·7
7	8 38 53·6	+20 14 16	3·487	11 36·6	7	11 19 47·3	+ 8 53 37	2·793	8 15·0
9	8 42 38·6	+20 02 51	3·481	11 32·5	9	11 22 55·2	+ 8 38 34	2·769	8 10·3
11	8 46 23·1	+19 51 11	3·475	11 28·4	11	11 26 01·7	+ 8 23 41	2·745	8 05·5
13	8 50 07·2	+19 39 16	3·469	11 24·2	13	11 29 06·7	+ 8 08 59	2·721	8 00·7
15	8 53 50·7	+19 27 06	3·462	11 20·1	15	11 32 10·4	+ 7 54 29	2·697	7 55·9
17	8 57 33·8	+19 14 41	3·455	11 15·9	17	11 35 12·5	+ 7 40 11	2·672	7 51·0
19	9 01 16·3	+19 02 02	3·447	11 11·7	19	11 38 13·2	+ 7 26 05	2·647	7 46·1
21	9 04 58·3	+18 49 10	3·439	11 07·5	21	11 41 12·3	+ 7 12 14	2·622	7 41·3
23	9 08 39·8	+18 36 04	3·430	11 03·4	23	11 44 09·7	+ 6 58 36	2·596	7 36·3
25	9 12 20·7	+18 22 45	3·421	10 59·2	25	11 47 05·5	+ 6 45 15	2·571	7 31·4
27	9 16 01·0	+18 09 14	3·412	10 54·9	27	11 49 59·6	+ 6 32 09	2·545	7 26·4
29	9 19 40·8	+17 55 30	3·402	10 50·7	29	11 52 51·9	+ 6 19 21	2·519	7 21·4
31	9 23 20·0	+17 41 35	3·391	10 46·5	Dec. 1	11 55 42·2	+ 6 06 50	2·493	7 16·4
Sept. 2	9 26 58·6	+17 27 28	3·381	10 42·3	3	11 58 30·6	+ 5 54 39	2·466	7 11·3
4	9 30 36·6	+17 13 11	3·369	10 38·0	5	12 01 16·9	+ 5 42 48	2·440	7 06·2
6	9 34 13·9	+16 58 43	3·357	10 33·8	7	12 04 01·1	+ 5 31 18	2·413	7 01·0
8	9 37 50·6	+16 44 05	3·345	10 29·5	9	12 06 43·1	+ 5 20 10	2·386	6 55·8
10	9 41 26·6	+16 29 18	3·333	10 25·2	11	12 09 22·7	+ 5 09 25	2·360	6 50·6
12	9 45 01·9	+16 14 22	3·319	10 20·9	13	12 11 59·9	+ 4 59 03	2·333	6 45·4
14	9 48 36·4	+15 59 17	3·306	10 16·6	15	12 14 34·7	+ 4 49 06	2·306	6 40·1
16	9 52 10·2	+15 44 06	3·292	10 12·3	17	12 17 06·8	+ 4 39 35	2·279	6 34·7
18	9 55 43·3	+15 28 46	3·277	10 08·0	19	12 19 36·4	+ 4 30 30	2·251	6 29·3
20	9 59 15·6	+15 13 20	3·263	10 03·6	21	12 22 03·1	+ 4 21 52	2·224	6 23·9
22	10 02 47·2	+14 57 48	3·247	9 59·3	23	12 24 27·0	+ 4 13 43	2·197	6 18·4
24	10 06 18·0	+14 42 10	3·232	9 54·9	25	12 26 47·9	+ 4 06 02	2·170	6 12·9
26	10 09 48·1	+14 26 26	3·216	9 50·5	27	12 29 05·6	+ 3 58 53	2·142	6 07·3
28	10 13 17·3	+14 10 38	3·199	9 46·1	29	12 31 20·1	+ 3 52 14	2·115	6 01·7
30	10 16 45·8	+13 54 45	3·183	9 41·7	31	12 33 31·2	+ 3 46 09	2·088	5 56·0
Oct. 2	10 20 13·5	+13 38 49	3·165	9 37·3	33	12 35 38·6	+ 3 40 37	2·061	5 50·2

MINOR PLANETS, 2002

OPPOSITION DATES, MAGNITUDES AND OSCULATING ELEMENTS
FOR EPOCH 2002 NOVEMBER 22·0 TT, ECLIPTIC AND EQUINOX J2000·0

Name	No.	Magnitude Parameters H	Magnitude Parameters G	Opposition Date	Opposition Mag.	Dia-meter km	Inclin-ation i °	Long. of Asc. Node Ω °	Argument of Peri-helion ω °	Mean Distance a	Daily Motion n °	Eccen-tricity e	Mean Anomaly M °
Ceres	1	3·34	0·12	Oct. 9	7·6	1003	10·584	80·483	74·043	2·7660	0·21426	0·0793	232·067
Pallas	2	4·13	0·11	Aug. 4	9·4	608	34·846	173·166	310·423	2·7733	0·21340	0·2300	218·057
Juno	3	5·33	0·32	Feb. 8	8·4	247	12·972	170·133	247·948	2·6669	0·22630	0·2589	119·146
Astraea	5	6·85	0·15	Nov. 10	10·2	117	5·370	141·694	357·724	2·5728	0·23884	0·1931	291·567
Hebe	6	5·71	0·24	June 30	8·9	201	14·767	138·847	238·917	2·4255	0·26091	0·2014	321·604
Iris	7	5·51	0·15	Aug. 24	7·8	209	5·524	259·861	145·225	2·3860	0·26742	0·2298	335·495
Flora	8	6·49	0·28	Feb. 26	9·2	151	5·887	111·036	285·036	2·2010	0·30185	0·1567	184·544
Metis	9	6·28	0·17	Jan. 13	8·7	151	5·577	68·987	5·541	2·3859	0·26744	0·1222	113·700
Hygiea	10	5·43	0·15	Nov. 6	10·4	450	3·844	283·655	313·896	3·1356	0·17751	0·1194	166·919
Victoria	12	7·24	0·22	Jan. 31	11·3	126	8·362	235·554	69·800	2·3338	0·27645	0·2205	274·695
Egeria	13	6·74	0·15	July 18	10·9	224	16·537	43·314	81·129	2·5767	0·23829	0·0846	197·044
Irene	14	6·30	0·15	Sept. 22	10·6	158	9·106	86·501	96·480	2·5852	0·23712	0·1680	184·158
Eunomia	15	5·28	0·23	Sept. 7	8·1	272	11·748	293·492	97·127	2·6442	0·22923	0·1855	348·875
Psyche	16	5·90	0·20	Mar. 2	10·4	250	3·095	150·357	228·279	2·9190	0·19763	0·1397	184·845
Melpomene	18	6·51	0·25	Oct. 2	7·8	150	10·127	150·561	227·721	2·2957	0·28336	0·2174	7·295
Massalia	20	6·50	0·25	Dec. 10	8·7	131	0·706	206·598	255·786	2·4089	0·26362	0·1429	336·859
Lutetia	21	7·35	0·11	Jan. 30	11·1	115	3·064	80·923	250·350	2·4347	0·25943	0·1636	227·755
Phocaea	25	7·83	0·15	June 23	10·0	72	21·576	214·301	90·217	2·3996	0·26515	0·2567	22·189
Euterpe	27	7·00	0·15	Mar. 12	9·4	108	1·584	94·814	356·497	2·3466	0·27419	0·1719	130·441
Bellona	28	7·09	0·15	Feb. 22	10·1	126	9·402	144·517	342·314	2·7775	0·21293	0·1491	77·608
Amphitrite	29	5·85	0·20	July 23	9·4	195	6·102	356·544	62·373	2·5550	0·24133	0·0715	277·012
Urania	30	7·57	0·15	Mar. 20	11·0	91	2·099	307·932	86·242	2·3652	0·27096	0·1273	204·671
Euphrosyne	31	6·74	0·15	Apr. 4	11·1	370	26·323	31·265	62·038	3·1474	0·17651	0·2270	109·923
Pomona	32	7·56	0·15	Apr. 4	10·6	93	5·529	220·597	339·570	2·5871	0·23686	0·0820	50·965
Circe	34	8·51	0·15	Sept. 23	12·4	111	5·502	184·543	330·632	2·6856	0·22395	0·1082	223·973
Isis	42	7·53	0·15	Dec. 17	11·0	97	8·538	84·569	235·957	2·4411	0·25842	0·2236	95·141
Ariadne	43	7·93	0·11	Nov. 27	11·1	85	3·470	265·025	15·702	2·2028	0·30146	0·1686	130·313
Nysa	44	7·03	0·46	Nov. 19	9·4	82	3·703	131·614	342·762	2·4232	0·26129	0·1486	315·991
Eugenia	45	7·46	0·07	Oct. 30	11·6	226	6·612	147·964	85·908	2·7196	0·21976	0·0833	162·883
Hestia	46	8·36	0·06	Nov. 8	10·8	133	2·336	181·223	176·017	2·5250	0·24564	0·1715	38·058
Aglaja	47	7·84	0·16	Mar. 20	12·2	158	4·984	3·266	314·937	2·8781	0·20186	0·1347	281·927
Nemausa	51	7·35	0·08	Dec. 21	10·6	151	9·968	176·196	2·910	2·3655	0·27091	0·0672	270·291
Europa	52	6·31	0·18	Aug. 13	11·1	289	7·469	129·023	342·827	3·0998	0·18060	0·1014	232·697
Alexandra	54	7·66	0·15	Dec. 23	12·2	180	11·829	313·529	345·014	2·7102	0·22090	0·1986	133·496
Melete	56	8·31	0·15	Jan. 31	12·9	146	8·071	193·491	103·731	2·5954	0·23572	0·2375	274·103
Mnemosyne	57	7·03	0·15	Mar. 23	11·9	109	15·202	199·363	213·260	3·1477	0·17649	0·1191	163·071
Concordia	58	8·86	0·15	Mar. 24	12·3	110	5·057	161·307	33·444	2·6998	0·22218	0·0426	42·940
Ausonia	63	7·55	0·25	Mar. 17	10·3	91	5·788	337·958	296·009	2·3954	0·26585	0·1261	344·247
Angelina	64	7·67	0·48	May 11	11·2	56	1·308	309·448	178·913	2·6829	0·22428	0·1235	132·020
Cybele	65	6·62	0·01	July 18	11·0	309	3·547	155·817	105·872	3·4373	0·15466	0·1039	47·378
Leto	68	6·78	0·05	Dec. 13	10·5	126	7·955	44·437	303·869	2·7824	0·21236	0·1852	67·859
Panopaea	70	8·11	0·14	Dec. 7	12·2	151	11·579	47·959	255·286	2·6146	0·23312	0·1829	112·458
Niobe	71	7·30	0·40	May 10	10·5	115	23·257	316·130	267·426	2·7555	0·21548	0·1755	50·565
Feronia	72	8·94	0·15	Oct. 22	11·4	96	5·413	208·204	102·122	2·2658	0·28899	0·1211	74·096
Frigga	77	8·52	0·16	Dec. 9	11·4	67	2·433	1·355	61·786	2·6686	0·22609	0·1309	7·213
Eurynome	79	7·96	0·25	Jan. 3	10·3	76	4·623	206·814	200·489	2·4440	0·25797	0·1927	122·484
Sappho	80	7·98	0·15	Jan. 28	11·5	83	8·665	218·832	139·257	2·2952	0·28345	0·2011	197·699
Beatrix	83	8·66	0·15	July 1	11·6	123	4·966	27·812	167·657	2·4324	0·25981	0·0814	111·575
Klio	84	9·32	0·15	Mar. 21	13·4	90	9·344	327·747	14·615	2·3612	0·27165	0·2379	278·784
Io	85	7·61	0·15	Mar. 27	11·7	147	11·966	203·452	122·497	2·6528	0·22811	0·1928	292·998

OPPOSITION DATES, MAGNITUDES AND OSCULATING ELEMENTS
FOR EPOCH 2002 NOVEMBER 22·0 TT, ECLIPTIC AND EQUINOX J2000·0

Name	No.	Magnitude Parameters H	G	Opposition Date	Mag.	Dia- meter km	Inclin- ation i °	Long. of Asc. Node Ω °	Argument of Peri- helion ω °	Mean Distance a	Daily Motion n °	Eccen- tricity e	Mean Anomaly M °
Aegina	91	8·84	0·15	May 15	12·8	104	2·113	10·902	72·467	2·5907	0·23636	0·1049	189·905
Minerva	93	7·70	0·15	Jan. 13	12·3	168	8·556	4·169	275·590	2·7550	0·21553	0·1406	262·953
Aurora	94	7·57	0·15	Oct. 21	11·7	188	7·983	2·830	57·788	3·1605	0·17541	0·0832	338·948
Hera	103	7·66	0·15	Dec. 14	11·4	96	5·424	136·318	188·344	2·7018	0·22193	0·0799	104·027
Artemis	105	8·57	0·10	Feb. 2	12·3	126	21·462	188·370	56·620	2·3736	0·26952	0·1758	349·992
Dione	106	7·41	0·15	May 29	12·4	139	4·616	62·420	329·619	3·1685	0·17475	0·1751	259·592
Camilla	107	7·08	0·08	May 20	12·3	211	10·046	173·160	309·403	3·4772	0·15201	0·0795	134·364
Felicitas	109	8·75	0·04	Nov. 10	10·7	75	7·883	3·234	56·760	2·6976	0·22246	0·2954	357·244
Kassandra	114	8·26	0·15	July 12	12·3	136	4·937	164·393	353·088	2·6776	0·22495	0·1363	150·932
Thyra	115	7·51	0·12	Apr. 5	11·7	93	11·601	309·144	96·281	2·3797	0·26849	0·1920	206·648
Lachesis	120	7·75	0·15	Dec. 27	12·4	173	6·957	341·549	233·143	3·1152	0·17925	0·0621	240·392
Antigone	129	7·07	0·33	Nov. 20	12·1	115	12·226	136·475	108·416	2·8658	0·20316	0·2140	165·882
Elektra	130	7·12	0·15	July 12	11·6	173	22·883	145·800	234·409	3·1198	0·17886	0·2129	317·577
Vala	131	10·03	0·15	June 7	12·6	35	4·956	65·800	159·866	2·4323	0·25983	0·0669	70·718
Hertha	135	8·23	0·15	Jan. 12	12·1	78	2·306	343·911	340·125	2·4288	0·26039	0·2059	215·313
Meliboea	137	8·05	0·15	Sept.25	11·5	150	13·427	202·476	107·284	3·1140	0·17936	0·2213	45·399
Juewa	139	7·78	0·15	Apr. 20	10·9	163	10·903	2·035	166·000	2·7837	0·21222	0·1722	77·959
Lumen	141	8·20	0·15	Apr. 7	13·0	133	11·886	318·789	57·727	2·6650	0·22655	0·2153	240·833
Adeona	145	8·13	0·15	July 4	12·4	195	12·627	77·510	44·777	2·6742	0·22538	0·1433	185·299
Lucina	146	8·20	0·11	Nov. 13	12·3	141	13·078	84·265	143·994	2·7179	0·21997	0·0662	181·837
Baucis	172	8·79	0·15	Mar. 9	12·3	67	10·038	332·141	359·526	2·3793	0·26856	0·1151	272·620
Elsa	182	9·12	0·15	Feb. 26	12·0	39	2·003	107·301	309·749	2·4159	0·26248	0·1861	149·125
Celuta	186	8·91	0·15	June 26	11·6	49	13·173	14·888	314·930	2·3617	0·27156	0·1511	358·337
Nausikaa	192	7·13	0·03	Mar. 10	11·1	94	6·826	343·466	29·825	2·4017	0·26480	0·2476	211·318
Prokne	194	7·68	0·15	Apr. 18	11·7	191	18·497	159·547	163·073	2·6167	0·23285	0·2369	318·362
Philomela	196	6·54	0·15	Sept.27	10·9	161	7·253	72·649	205·241	3·1129	0·17946	0·0246	89·968
Kallisto	204	8·89	0·15	Dec. 18	13·4	50	8·264	205·333	55·627	2·6716	0·22571	0·1736	181·856
Lacrimosa	208	8·96	0·15	Oct. 27	12·9	42	1·753	4·587	132·301	2·8917	0·20043	0·0136	264·130
Thusnelda	219	9·32	0·15	Apr. 29	12·6	39	10·839	200·981	142·056	2·3537	0·27295	0·2246	314·453
Oceana	224	8·59	0·15	Feb. 15	12·2	71	5·839	353·035	284·341	2·6444	0·22920	0·0451	295·942
Athamantis	230	7·35	0·27	Mar. 6	10·8	121	9·435	239·992	139·251	2·3820	0·26810	0·0619	215·851
Hypatia	238	8·18	0·15	June 1	12·7	154	12·406	184·208	207·061	2·9072	0·19883	0·0894	259·907
Germania	241	7·58	0·15	Dec. 12	11·7	200	5·518	271·064	75·237	3·0506	0·18498	0·0966	78·947
Libussa	264	8·42	0·15	June 16	12·6	63	10·433	49·814	339·230	2·7988	0·21049	0·1358	284·114
Polyxo	308	8·17	0·21	Sept.20	11·8	138	4·362	181·939	110·874	2·7491	0·21624	0·0391	74·232
Bamberga	324	6·82	0·09	Mar. 1	11·6	246	11·107	328·058	44·148	2·6822	0·22437	0·3384	185·004
Tamara	326	9·36	0·15	Sept.13	12·2	80	23·719	32·353	238·605	2·3173	0·27941	0·1911	69·044
Tercidina	345	8·71	0·10	Nov. 22	11·2	99	9·747	212·842	230·303	2·3251	0·27800	0·0608	338·805
Dembowska	349	5·93	0·37	Dec. 1	9·7	144	8·244	32·631	345·438	2·9249	0·19703	0·0856	42·500
Eleonora	354	6·44	0·37	June 29	10·7	153	18·384	140·516	6·699	2·8001	0·21035	0·1125	149·957
Carlova	360	8·48	0·15	Feb. 21	12·5	130	11·715	132·667	288·788	2·9967	0·18999	0·1825	121·054
Isara	364	9·86	0·15	Feb. 16	12·2	28	6·003	105·680	312·574	2·2202	0·29793	0·1494	154·057
Corduba	365	9·18	0·15	June 10	13·8	99	12·802	185·511	214·826	2·8034	0·20998	0·1559	265·525
Amicitia	367	10·70	0·15	May 4	13·1	20	2·943	83·564	55·033	2·2195	0·29807	0·0956	133·897
Siegena	386	7·43	0·16	Jan. 31	11·8	191	20·255	166·951	220·466	2·8939	0·20020	0·1728	145·243
Industria	389	7·88	0·15	Dec. 17	11·4	81	8·141	282·625	264·011	2·6081	0·23400	0·0662	259·972
Chloris	410	8·30	0·15	Nov. 7	12·7	134	10·927	97·282	172·143	2·7271	0·21885	0·2377	112·659
Vaticana	416	7·89	0·20	Jan. 6	12·6	76	12·860	58·229	198·685	2·7920	0·21127	0·2178	290·345
Eros	433	11·16	0·46	Sept. 8	11·9	23	10·830	304·405	178·658	1·4583	0·55970	0·2229	288·437
Gyptis	444	7·83	0·22	Oct. 3	10·4	165	10·268	195·906	154·093	2·7703	0·21375	0·1749	24·587

MINOR PLANETS, 2002

OPPOSITION DATES, MAGNITUDES AND OSCULATING ELEMENTS
FOR EPOCH 2002 NOVEMBER 22·0 TT, ECLIPTIC AND EQUINOX J2000·0

Name	No.	Magnitude Parameters		Opposition Date Mag.		Dia- meter	Inclin- ation	Long. of Asc. Node	Argument of Peri- helion	Mean Distance	Daily Motion	Eccen- tricity	Mean Anomaly
		H	G			km	i	Ω	ω	a	n	e	M
							°	°	°		°		°
Bruchsalia	455	8·86	0·15	Jan. 12	12·9	105	12·021	76·668	272·323	2·6571	0·22755	0·2929	162·394
Papagena	471	6·73	0·37	Jan. 28	10·4	143	14·987	84·108	314·712	2·8854	0·20109	0·2335	121·128
Iva	497	10·02	0·11	May 22	14·6	31	4·837	6·815	2·673	2·8519	0·20465	0·3006	301·821
Amherstia	516	8·27	0·15	Jan. 11	12·3	63	12·957	328·916	258·400	2·6801	0·22464	0·2728	342·656
Herculina	532	5·81	0·26	Aug. 16	10·2	150	16·308	107·655	76·867	2·7720	0·21356	0·1778	142·158
Pauly	537	8·80	0·15	Dec. 9	13·8	136	9·915	120·693	183·727	3·0641	0·18376	0·2353	105·727
Senta	550	9·37	0·15	Feb. 20	14·0	53	10·114	270·842	44·818	2·5885	0·23667	0·2207	275·302
Peraga	554	8·97	0·15	Aug. 22	11·9	101	2·941	295·650	127·339	2·3746	0·26935	0·1531	308·921
Carmen	558	9·09	0·15	Oct. 24	13·1	64	8·372	143·949	318·120	2·9069	0·19886	0·0406	296·403
Semiramis	584	8·71	0·24	Apr. 3	13·0	55	10·722	282·458	84·454	2·3732	0·26960	0·2343	259·371
Scheila	596	8·90	0·15	June 2	12·0	134	14·665	70·754	176·531	2·9277	0·19675	0·1649	36·987
Patroclus	617	8·19	0·15	Dec. 5	15·1	147	22·043	44·419	307·968	5·2285	0·08244	0·1390	67·139
Hektor	624	7·49	0·15	Mar. 20	14·3	179	18·199	342·795	181·108	5·2169	0·08272	0·0245	39·302
Zelinda	654	8·52	0·15	Jan. 10	9·8	128	18·122	278·612	213·924	2·2964	0·28322	0·2318	76·121
Crescentia	660	9·14	0·15	June 23	12·2	51	15·220	157·184	105·396	2·5338	0·24437	0·1068	44·139
Rachele	674	7·42	0·15	Aug. 4	12·4	102	13·495	58·295	42·110	2·9272	0·19680	0·1902	241·728
Pax	679	9·01	0·15	May 25	13·8	73	24·372	112·557	266·272	2·5865	0·23694	0·3121	288·995
Arequipa	737	8·81	0·15	Mar. 5	13·3	46	12·360	184·997	133·896	2·5909	0·23634	0·2428	283·986
Winchester	747	7·69	0·15	Apr. 26	13·5	205	18·179	130·210	275·647	2·9921	0·19044	0·3449	189·115
Montefiore	782	11·50	0·15	Sept. 29	14·2	15	5·263	80·571	82·171	2·1797	0·30628	0·0388	219·370
Zwetana	785	9·45	0·15	Sept. 23	13·9	49	12·728	72·214	130·058	2·5695	0·23929	0·2104	153·509
Pretoria	790	8·00	0·15	July 13	12·3	176	20·542	252·189	40·697	3·4124	0·15636	0·1502	22·389
Hispania	804	7·84	0·18	May 24	11·9	141	15·379	347·895	342·745	2·8381	0·20614	0·1412	329·297
Petropolitana	830	9·10	0·15	Aug. 25	13·4	51	3·827	341·396	77·440	3·2130	0·17113	0·0605	294·884
Alinda	887	13·76	−0·12	May 19	17·8	4	9·310	110·708	350·074	2·4848	0·25163	0·5634	120·114
Laodamia	1011	12·74	0·15	Mar. 16	13·6	7	5·490	132·666	353·373	2·3929	0·26627	0·3498	89·847
Belgica	1052	11·97	0·15	Dec. 15	13·7	12	4·696	99·713	297·474	2·2361	0·29476	0·1431	27·977
Grubba	1058	11·98	0·15	Jan. 23	15·5	13	3·689	221·956	94·183	2·1959	0·30290	0·1881	253·969
Aneas	1172	8·33	0·15	Dec. 11	15·6	130	16·696	247·446	49·974	5·1924	0·08330	0·1026	133·125
Anchises	1173	8·89	0·15	Dec. 5	16·0	92	6·908	283·925	40·299	5·3290	0·08012	0·1361	93·308
Irmela	1178	11·81	0·15	June 28	15·6	20	6·950	170·266	357·818	2·6802	0·22462	0·1831	120·673
Icarus	1566	16·90	0·15	July 30	19·1	20	22·860	88·098	31·280	1·0780	0·88065	0·8269	316·028
Alikoski	1567	9·47	0·15	Dec. 17	14·1	72	17·277	51·761	115·081	3·2102	0·17136	0·0859	285·574
Toro	1685	14·23	0·15	Apr. 28	16·3	3	9·378	274·400	126·974	1·3671	0·61657	0·4358	304·777

CONTENTS OF SECTION H

Except for the tables of radio sources, flux calibration standards, and pulsars, positions tabulated in Section H are referred to the mean equator and equinox of J2002.5 = 2002 July 2.625 = JD 245 2458.125. Positions of radio sources, flux calibration standards, and pulsars are referred to J2000.0 = JD 245 1545.0.

When present, notes associated with a table are found on the table's last page.

Flamsteed/Bayer Designation			BS=HR No.	Right Ascension	Declination	Notes	V	U−B	B−V	Spectral Type
				h m s	° ′ ″					
	ϵ	Tuc	9076	00 00 02.7	−65 33 48	fv	4.50	−0.28	−0.08	B9 IV
	θ	Oct	9084	00 01 43.2	−77 03 07	fv	4.78	+1.41	+1.27	K2 III
30	YY	Psc	9089	00 02 05.3	−06 00 01	fv	4.41	+1.83	+1.63	M3 III
2		Cet	9098	00 03 52.1	−17 19 20	fv	4.55	−0.12	−0.05	B9 IV
33	BC	Psc	3	00 05 27.8	−05 41 37	fvd6	4.61	+0.89	+1.04	K0 III−IV
21	α	And	15	00 08 31.0	+29 06 15	fvd6	2.06	−0.46	−0.11	B9p Hg Mn
11	β	Cas	21	00 09 18.8	+59 09 49	fsvd6	2.27	+0.11	+0.34	F2 III
	ϵ	Phe	25	00 09 32.2	−45 44 01	f	3.88	+0.84	+1.03	K0 III
22		And	27	00 10 27.1	+46 05 10	f	5.03	+0.25	+0.40	F0 II
	κ^2	Scl	34	00 11 42.0	−27 47 09	f	5.41	+1.46	+1.34	K5 III
	θ	Scl	35	00 11 51.6	−35 07 09	f	5.25		+0.44	F3/5 V
88	γ	Peg	39	00 13 21.9	+15 11 51	fsvd6	2.83	−0.87	−0.23	B2 IV
89	χ	Peg	45	00 14 44.0	+20 13 14	fasv	4.80	+1.93	+1.57	M2$^+$ III
7	AE	Cet	48	00 14 46.0	−18 55 08	v	4.44	+1.99	+1.66	M1 III
25	σ	And	68	00 18 27.5	+36 47 57	fv6	4.52	+0.07	+0.05	A2 Va
8	ι	Cet	74	00 19 33.3	−08 48 36	fvd	3.56	+1.25	+1.22	K1 IIIb
	ζ	Tuc	77	00 20 12.0	−64 51 36	f	4.23	+0.02	+0.58	F9 V
41		Psc	80	00 20 43.6	+08 12 15	fv	5.37	+1.55	+1.34	K3$^-$ III Ca 1 CN 0.5
27	ρ	And	82	00 21 15.2	+37 58 57	f	5.18	+0.05	+0.42	F6 IV
	R	And	90	00 24 10.0	+38 35 28	svd	7.39	+1.25	+1.97	S5/4.5e
	β	Hyi	98	00 25 52.8	−77 14 25	fv	2.80	+0.11	+0.62	G1 IV
	κ	Phe	100	00 26 19.5	−43 39 58		3.94	+0.11	+0.17	A5 Vn
	α	Phe	99	00 26 24.4	−42 17 33	fd67	2.39	+0.88	+1.09	K0 IIIb
			118	00 30 30.1	−23 46 26	f6	5.19		+0.12	A5 Vn
	λ^1	Phe	125	00 31 32.2	−48 47 23	fd6	4.77	+0.04	+0.02	A1 Va
	β^1	Tuc	126	00 31 39.6	−62 56 40	d6	4.37	−0.17	−0.07	B9 V
15	κ	Cas	130	00 33 08.6	+62 56 44	fsv6	4.16	−0.80	+0.14	B0.7 Ia
29	π	And	154	00 37 00.9	+33 43 59	fvd6	4.36	−0.55	−0.14	B5 V
17	ζ	Cas	153	00 37 06.7	+53 54 38	fv	3.66	−0.87	−0.20	B2 IV
			157	00 37 29.2	+35 24 48	s	5.42	+0.45	+0.88	G2 Ib−II
30	ϵ	And	163	00 38 41.3	+29 19 31	f	4.37	+0.47	+0.87	G6 III Fe−3 CH 1
31	δ	And	165	00 39 27.8	+30 52 29	fsd6	3.27	+1.48	+1.28	K3 III
18	α	Cas	168	00 40 39.0	+56 33 04	fvd	2.23	+1.13	+1.17	K0$^-$ IIIa
	μ	Phe	180	00 41 26.6	−46 04 17	f	4.59	+0.72	+0.97	G8 III
	η	Phe	191	00 43 27.9	−57 26 58	fd	4.36	−0.02	0.00	A0.5 IV
16	β	Cet	188	00 43 42.9	−17 58 23	fv	2.04	+0.87	+1.02	G9 III CH−1 CN 0.5 Ca 1
22	o	Cas	193	00 44 51.9	+48 17 53	fvd6	4.54	−0.51	−0.07	B5 III
34	ζ	And	215	00 47 28.3	+24 16 51	fvd6	4.06	+0.90	+1.12	K0 III
	λ	Hyi	236	00 48 40.6	−74 54 35	f	5.07	+1.68	+1.37	K5 III
63	δ	Psc	224	00 48 48.7	+07 35 55	fd	4.43	+1.86	+1.50	K4.5 IIIb
64		Psc	225	00 49 06.6	+16 57 15	fd6	5.07	0.00	+0.51	F7 V
24	η	Cas	219	00 49 15.2	+57 49 45	sd6	3.44	+0.01	+0.57	F9 V
35	ν	And	226	00 49 57.2	+41 05 33	f6	4.53	−0.58	−0.15	B5 V
19	ϕ^2	Cet	235	00 50 15.1	−10 37 51	fv	5.19	−0.02	+0.50	F8 V
			233	00 50 52.8	+64 15 40	fcvd6	5.39	+0.14	+0.49	G0 III−IV + B9.5 V
20		Cet	248	00 53 08.2	−01 07 51	f	4.77	+1.93	+1.57	M0$^-$ IIIa
	λ^2	Tuc	270	00 55 05.9	−69 30 49	f	5.45	+1.00	+1.09	K2 III
27	γ	Cas	264	00 56 51.7	+60 43 49	fvd6	2.47	−1.08	−0.15	B0 IVnpe (shell)
37	μ	And	269	00 56 53.6	+38 30 46	fd	3.87	+0.15	+0.13	A5 IV−V
38	η	And	271	00 57 20.5	+23 25 52	d6	4.42	+0.69	+0.94	G8$^-$ IIIb

Flamsteed/Bayer Designation		BS=HR No.	Right Ascension	Declination	Notes	V	U − B	B − V	Spectral Type
			h　m　s	°　′　″					
68	Psc	274	00 57 58.3	+29 00 20	f	5.42		+1.08	gG6
	α Scl	280	00 58 43.6	−29 20 38	fsv6	4.31	−0.56	−0.16	B4 Vp
	σ Scl	293	01 02 33.6	−31 32 19	f	5.50	+0.13	+0.08	A2 V
71	ε Psc	294	01 03 04.4	+07 54 13	fd	4.28	+0.70	+0.96	G9 III Fe−2
	β Phe	322	01 06 11.7	−46 42 19	vd7	3.31	+0.57	+0.89	G8 III
	ι Tuc	332	01 07 24.6	−61 45 43	f	5.37		+0.88	G5 III
	υ Phe	331	01 07 54.7	−41 28 25	fd	5.21	+0.09	+0.16	A3 IV/V
30	μ Cas	321	01 08 26.5	+54 55 57	fvd6	5.17	+0.09	+0.69	G5 Vb
	ζ Phe	338	01 08 29.4	−55 13 57	vd6	3.92	−0.41	−0.08	B7 V
31	η Cet	334	01 08 42.9	−10 10 09	fd	3.45	+1.19	+1.16	K2⁻ III CN 0.5
		285	01 09 07.8	+86 16 13	f	4.25	+1.33	+1.21	K2 III
42	φ And	335	01 09 38.9	+47 15 18	d7	4.25	−0.34	−0.07	B7 III
43	β And	337	01 09 52.4	+35 38 01	favd	2.06	+1.96	+1.58	M0⁺ IIIa
33	θ Cas	343	01 11 15.4	+55 09 47	vd6	4.33	+0.12	+0.17	A7m
84	χ Psc	351	01 11 35.3	+21 02 52	f	4.66	+0.82	+1.03	G8.5 III
83	τ Psc	352	01 11 47.9	+30 06 10	f6	4.51	+1.01	+1.09	K0.5 IIIb
86	ζ Psc	361	01 13 51.7	+07 35 19	fd67	5.24	+0.09	+0.32	F0 Vn
89	Psc	378	01 17 55.7	+03 37 39	f6	5.16	+0.08	+0.07	A3 V
90	υ Psc	383	01 19 36.3	+27 16 38	f6	4.76	+0.10	+0.03	A2 IV
34	φ Cas	382	01 20 14.4	+58 14 41	sd6	4.98	+0.49	+0.68	F0 Ia
46	ξ And	390	01 22 29.3	+45 32 31	f6	4.88	+0.99	+1.08	K0⁻ IIIb
45	θ Cet	402	01 24 08.9	−08 10 14	fd	3.60	+0.93	+1.06	K0 IIIb
37	δ Cas	403	01 25 58.9	+60 14 53	fsvd6	2.68	+0.12	+0.13	A5 IV
36	ψ Cas	399	01 26 06.8	+68 08 35	fd	4.74	+0.94	+1.05	K0 III CN 0.5
94	Psc	414	01 26 49.8	+19 15 12	f	5.50	+1.05	+1.11	gK1
48	ω And	417	01 27 48.4	+45 25 10	fd	4.83	0.00	+0.42	F5 V
	γ Phe	429	01 28 28.4	−43 18 20	fv6	3.41	+1.85	+1.57	M0⁻ IIIa
48	Cet	433	01 29 43.3	−21 36 59	fd7	5.12	+0.04	+0.02	A1 Va
	δ Phe	440	01 31 21.3	−49 03 35	f	3.95	+0.70	+0.99	G9 III
99	η Psc	437	01 31 37.1	+15 21 31	fvd	3.62	+0.75	+0.97	G7 IIIa
50	υ And	458	01 36 56.7	+41 25 04	fd6	4.09	+0.06	+0.54	F8 V
	α Eri	472	01 37 48.4	−57 13 27	fv	0.46	−0.66	−0.16	B3 Vnp (shell)
51	And	464	01 38 08.8	+48 38 27	f	3.57	+1.45	+1.28	K3⁻ III
40	Cas	456	01 38 43.2	+73 03 10	fvd	5.28	+0.72	+0.96	G7 III
106	ν Psc	489	01 41 33.7	+05 30 01	f	4.44	+1.57	+1.36	K3 IIIb
	π Scl	497	01 42 15.4	−32 18 52	f	5.25	+0.79	+1.05	K1 II/III
		500	01 42 51.1	−03 40 40	f	4.99	+1.58	+1.38	K3 II−III
	φ Per	496	01 43 49.1	+50 42 05	fv6	4.07	−0.93	−0.04	B2 Vep
52	τ Cet	509	01 44 11.1	−15 55 28	fd	3.50	+0.21	+0.72	G8 V
110	ο Psc	510	01 45 31.6	+09 10 13	fsv	4.26	+0.71	+0.96	G8 III
	ε Scl	514	01 45 45.8	−25 02 25	fd7	5.31	+0.02	+0.39	F0 V
		513	01 46 06.8	−05 43 16	s	5.34	+1.88	+1.52	K4 III
53	χ Cet	531	01 49 42.5	−10 40 27	fd	4.67	+0.03	+0.33	F2 IV−V
55	ζ Cet	539	01 51 35.0	−10 19 22	fvd6	3.73	+1.07	+1.14	K0 III
2	α Tri	544	01 53 13.5	+29 35 27	fd6	3.41	+0.06	+0.49	F6 IV
111	ξ Psc	549	01 53 41.1	+03 11 59	fv6	4.62	+0.72	+0.94	G9 IIIb Fe−0.5
	ψ Phe	555	01 53 44.8	−46 17 26	fv6	4.41	+1.70	+1.59	M4 III
	φ Phe	558	01 54 28.3	−42 29 05	f6	5.11	−0.15	−0.06	Ap Hg
45	ε Cas	542	01 54 34.6	+63 40 56	fv	3.38	−0.60	−0.15	B3 IV:p (shell)
6	β Ari	553	01 54 46.7	+20 49 13	fv6	2.64	+0.10	+0.13	A4 V

Flamsteed/Bayer Designation			BS=HR No.	Right Ascension	Declination	Notes	V	U−B	B−V	Spectral Type
	η^2	Hyi	570	h m s 01 54 59.9	° ′ ″ −67 38 06	f	4.69	+0.64	+0.95	G8.5 III
	χ	Eri	566	01 56 03.3	−51 35 47	fvd7	3.70	+0.46	+0.85	G8 III−IV CN−0.5 Hδ 0.5
	α	Hyi	591	01 58 50.9	−61 33 28	f	2.86	+0.14	+0.28	F0n III−IV
59	υ	Cet	585	02 00 07.4	−21 03 57	f	4.00	+1.91	+1.57	M0 IIIb
113	α	Psc	596	02 02 10.6	+02 46 32	vd6	4.18	−0.05	+0.03	A0p Si Sr
4		Per	590	02 02 28.2	+54 29 58	f6	5.04	−0.32	−0.08	B8 III
50		Cas	580	02 03 39.2	+72 26 00	f6	3.98	+0.03	−0.01	A1 Va
57	γ^1	And	603	02 04 03.2	+42 20 30	fd6	2.26	+1.58	+1.37	K3⁻ IIb
	ν	For	612	02 04 36.2	−29 17 06	fv	4.69	−0.51	−0.17	B9.5p Si
13	α	Ari	617	02 07 18.9	+23 28 27	fav6	2.00	+1.12	+1.15	K2 IIIab
4	β	Tri	622	02 09 41.6	+34 59 56	f6	3.00	+0.10	+0.14	A5 IV
	μ	For	652	02 13 01.1	−30 42 44	f	5.28	−0.06	−0.02	A0 Va⁺nn
65	ξ^1	Cet	649	02 13 08.0	+08 51 30	fvd6	4.37	+0.60	+0.89	G7 II−III Fe−1
			645	02 13 46.4	+51 04 38	fvd6	5.31	+0.62	+0.93	G8 III CN 1 CH 0.5 Fe−1
			641	02 13 52.2	+58 34 22	s	6.44	+0.23	+0.60	A3 Iab
	ϕ	Eri	674	02 16 36.0	−51 30 03	fd	3.56	−0.39	−0.12	B8 V
67		Cet	666	02 17 06.5	−06 24 39	f	5.51	+0.76	+0.96	G8.5 III
9	γ	Tri	664	02 17 27.8	+33 51 31	f	4.01	+0.02	+0.02	A0 IV−Vn
62		And	670	02 19 26.5	+47 23 29	f	5.30	0.00	−0.01	A1 V
68	o	Cet	681	02 19 28.3	−02 57 59	vd	2−10	+1.09	+1.42	M5.5−9e III + pec
	δ	Hyi	705	02 21 47.7	−68 38 53	f	4.09	+0.05	+0.03	A1 Va
	κ	For	695	02 22 39.4	−23 48 19	f	5.20	+0.12	+0.60	G0 Va
	κ	Hyi	715	02 22 53.3	−73 38 04	f	5.01	+1.04	+1.09	K1 III
	λ	Hor	714	02 24 58.1	−60 18 03	f	5.35	+0.06	+0.39	F2 IV−V
72	ρ	Cet	708	02 26 04.3	−12 16 45	f	4.89	−0.07	−0.03	A0 III−IVn
	κ	Eri	721	02 27 04.6	−47 41 34	f6	4.25	−0.50	−0.14	B5 IV
73	ξ^2	Cet	718	02 28 17.5	+08 28 16	f6	4.28	−0.12	−0.06	A0 III⁻
12		Tri	717	02 28 18.8	+29 40 49	f	5.30	+0.10	+0.30	F0 III
	ι	Cas	707	02 29 16.5	+67 24 49	vd	4.52	+0.06	+0.12	A5p Sr
	μ	Hyi	776	02 31 37.6	−79 05 54	f	5.28	+0.73	+0.98	G8 III
76	σ	Cet	740	02 32 12.4	−15 14 01	f	4.75	−0.02	+0.45	F4 IV
14		Tri	736	02 32 15.4	+36 09 30	f	5.15	+1.78	+1.47	K5 III
1	α	UMi	424	02 34 39.3	+89 16 30	fvd6	2.02	+0.38	+0.60	F5−8 Ib
78	ν	Cet	754	02 36 00.4	+05 36 14	fd67	4.97	+0.56	+0.87	G8 III
			753	02 36 13.1	+06 53 55	fsd6	5.82	+0.81	+0.98	K3⁻ V
			743	02 38 16.6	+72 49 45	f	5.16	+0.58	+0.88	G8 III
32	ν	Ari	773	02 38 57.5	+21 58 19	f6	5.46	+0.16	+0.16	A7 V
82	δ	Cet	779	02 39 36.7	+00 20 21	fv6	4.07	−0.87	−0.22	B2 IV
	ϵ	Hyi	806	02 39 37.7	−68 15 23	f	4.11	−0.14	−0.06	B9 V
	ζ	Hor	802	02 40 44.3	−54 32 22	f6	5.21	−0.01	+0.40	F4 IV
	ι	Eri	794	02 40 46.0	−39 50 41	f	4.11	+0.74	+1.02	K0.5 IIIb Fe−0.5
86	γ	Cet	804	02 43 25.8	+03 14 46	d7	3.47	+0.07	+0.09	A2 Va
35		Ari	801	02 43 35.9	+27 43 04	f6	4.66	−0.62	−0.13	B3 V
89	π	Cet	811	02 44 14.5	−13 50 54	f6	4.25	−0.45	−0.14	B7 V
14		Per	800	02 44 15.0	+44 18 27	f	5.43	+0.65	+0.90	G0 Ib Ca 1
13	θ	Per	799	02 44 22.3	+49 14 20	fvd	4.12	0.00	+0.49	F7 V
87	μ	Cet	813	02 45 04.7	+10 07 28	fvd6	4.27	+0.08	+0.31	F0m F2 V⁺
1	τ^1	Eri	818	02 45 13.2	−18 33 43	6	4.47	0.00	+0.48	F5 V
	β	For	841	02 49 11.7	−32 23 44	fd	4.46	+0.69	+0.99	G8.5 III Fe−0.5
41		Ari	838	02 50 07.9	+27 16 14	fvd6	3.63	−0.37	−0.10	B8 Vn

Flamsteed/Bayer Designation			BS=HR No.	Right Ascension	Declination	Notes	V	U−B	B−V	Spectral Type
				h m s	° ′ ″					
16		Per	840	02 50 44.5	+38 19 44	vd	4.23	+0.08	+0.34	F1 V$^+$
15	η	Per	834	02 50 52.8	+55 54 21	fd6	3.76	+1.89	+1.68	K3$^-$ Ib−IIa
2	τ^2	Eri	850	02 51 09.1	−20 59 38	fd	4.75	+0.63	+0.91	K0 III
43	σ	Ari	847	02 51 37.9	+15 05 32	f	5.49	−0.43	−0.09	B7 V
	R	Hor	868	02 53 57.9	−49 52 49	v	5−14	+0.43	+2.11	gM6.5e:
18	τ	Per	854	02 54 26.2	+52 46 21	fcvd6	3.95	+0.46	+0.74	G5 III + A4 V
3	η	Eri	874	02 56 33.0	−08 53 18	fv	3.89	+1.00	+1.11	K1 IIIb
			875	02 56 45.0	−03 42 09	f6	5.17	+0.05	+0.08	A3 Vn
	θ^1	Eri	897	02 58 21.4	−40 17 41	fvd6	3.24	+0.14	+0.14	A5 IV
	θ^2	Eri	898	02 58 22.0	−40 17 41	vd	4.35	+0.12	+0.08	A1 Va
24		Per	882	02 59 13.0	+35 11 35	f	4.93	+1.29	+1.23	K2 III
91	λ	Cet	896	02 59 51.0	+08 55 02	f	4.70	−0.45	−0.12	B6 III
	θ	Hyi	939	03 02 15.8	−71 53 34	fd7	5.53	−0.51	−0.14	B9 IVp
92	α	Cet	911	03 02 24.6	+04 05 58	fv	2.53	+1.94	+1.64	M1.5 IIIa
11	τ^3	Eri	919	03 02 30.1	−23 36 53	f	4.09	+0.08	+0.16	A4 V
	μ	Hor	934	03 03 40.4	−59 43 41	f	5.11	−0.03	+0.34	F0 IV−V
23	γ	Per	915	03 04 58.7	+53 30 58	fcd6	2.93	+0.45	+0.70	G5 III + A2 V
25	ρ	Per	921	03 05 20.3	+38 50 59	fv	3.39	+1.79	+1.65	M4 II
			881	03 06 28.4	+79 25 41	fd6	5.49		+1.57	M2 IIIab
26	β	Per	936	03 08 19.9	+40 57 55	fcvd6	2.12	−0.37	−0.05	B8 V + F:
	ι	Per	937	03 09 14.9	+49 37 22	fd	4.05	+0.12	+0.59	G0 V
27	κ	Per	941	03 09 39.9	+44 52 00	vd6	3.80	+0.83	+0.98	K0 III
57	δ	Ari	951	03 11 46.4	+19 44 10	fv	4.35	+0.87	+1.03	K0 III
	α	For	963	03 12 10.6	−28 58 38	vd7	3.87	+0.02	+0.52	F6 V
	TW	Hor	977	03 12 37.0	−57 18 44	fsv	5.74	+2.83	+2.28	C6:,2.5 Ba2 Y4
94		Cet	962	03 12 54.1	−01 11 13	fd7	5.06	+0.12	+0.57	G0 IV
58	ζ	Ari	972	03 15 02.7	+21 03 13	f	4.89	−0.01	−0.01	A0.5 Va$^+$
13	ζ	Eri	984	03 15 57.3	−08 48 38	fv6	4.80	+0.09	+0.23	A5m:
29		Per	987	03 18 48.6	+50 13 52	s6	5.15	−0.06	−0.05	B3 V
96	κ	Cet	996	03 19 29.6	+03 22 45	fdasv	4.83	+0.19	+0.68	G5 V
16	τ^4	Eri	1003	03 19 37.7	−21 44 56	vd	3.69	+1.81	+1.62	M3$^+$ IIIa Ca−1
			1008	03 20 01.7	−43 03 37	f	4.27	+0.22	+0.71	G8 V
			999	03 20 29.5	+29 03 27		4.47	+1.79	+1.55	K3 IIIa Ba 0.5
			961	03 20 39.3	+77 44 37	fvd	5.45	+0.11	+0.19	A5 III:
61	τ	Ari	1005	03 21 22.3	+21 09 21	fd	5.28	−0.52	−0.07	B5 IV
33	α	Per	1017	03 24 30.1	+49 52 12	fdasv	1.79	+0.37	+0.48	F5 Ib
			1009	03 24 53.7	+64 35 41	fv	5.23	+2.06	+2.08	M0 II
1	o	Tau	1030	03 24 56.9	+09 02 15	fv6	3.60	+0.61	+0.89	G6 IIIa Fe−1
			1029	03 26 08.2	+49 07 47	s	6.09	−0.49	−0.07	B7 V
2	ξ	Tau	1038	03 27 18.3	+09 44 29	f6	3.74	−0.33	−0.09	B9 Vn
			1035	03 29 16.4	+59 56 56	fvd	4.21	−0.24	+0.41	B9 Ia
	κ	Ret	1083	03 29 25.3	−62 55 44	fd	4.72	−0.04	+0.40	F5 IV−V
			1040	03 30 06.9	+58 53 14	as6	4.54	−0.11	+0.56	A0 Ia
17		Eri	1070	03 30 44.5	−05 04 00	f	4.73	−0.27	−0.09	B9 Vs
35	σ	Per	1052	03 30 45.1	+48 00 13	fv	4.36	+1.54	+1.35	K3 III
5		Tau	1066	03 31 00.7	+12 56 42	fd6	4.11	+1.02	+1.12	K0$^-$ II−III Fe−0.5
18	ϵ	Eri	1084	03 33 02.9	−09 27 00	fdas	3.73	+0.59	+0.88	K2 V
19	τ^5	Eri	1088	03 33 53.9	−21 37 29	f6	4.27	−0.35	−0.11	B8 V
20	EG	Eri	1100	03 36 24.2	−17 27 32	fv	5.23	−0.49	−0.13	B9p Si
37	ψ	Per	1087	03 36 40.1	+48 12 03	v	4.23	−0.57	−0.06	B5 Ve

Flamsteed/Bayer Designation			BS=HR No.	Right Ascension	Declination	Notes	V	U−B	B−V	Spectral Type
				h m s	° ′ ″					
10		Tau	1101	03 37 00.0	+00 24 34	f	4.28	+0.07	+0.58	F9 IV−V
			1106	03 37 11.1	−40 16 00	f	4.58	+0.77	+1.04	K1 III
	δ	For	1134	03 42 20.9	−31 55 50	f6	5.00	−0.60	−0.16	B5 IV
	BD	Cam	1105	03 42 22.5	+63 13 29	fv6	5.10	+1.82	+1.63	S3.5/2
39	δ	Per	1122	03 43 06.2	+47 47 43	fvd6	3.01	−0.51	−0.13	B5 III
23	δ	Eri	1136	03 43 22.1	−09 45 18	fv	3.54	+0.69	+0.92	K0$^+$ IV
	β	Ret	1175	03 44 13.9	−64 47 57	fd6	3.85	+1.10	+1.13	K2 III
38	o	Per	1131	03 44 28.6	+32 17 46	vd6	3.83	−0.75	+0.05	B1 III
24		Eri	1146	03 44 38.1	−01 09 19	f6	5.25	−0.39	−0.10	B7 V
17		Tau	1142	03 45 01.5	+24 07 16	fd6	3.70	−0.40	−0.11	B6 III
19		Tau	1145	03 45 21.4	+24 28 30	vd6	4.30	−0.46	−0.11	B6 IV
41	ν	Per	1135	03 45 21.9	+42 35 10	fvd	3.77	+0.31	+0.42	F5 II
29		Tau	1153	03 45 48.4	+06 03 28	fd6	5.35	−0.61	−0.12	B3 V
20		Tau	1149	03 45 58.6	+24 22 31	svd6	3.87	−0.40	−0.07	B7 IIIp
26	π	Eri	1162	03 46 15.5	−12 05 38	v	4.42	+2.01	+1.63	M2$^-$ IIIab
23	v971	Tau	1156	03 46 28.5	+23 57 22	vd	4.18	−0.42	−0.06	B6 IV
27	τ^6	Eri	1173	03 46 57.3	−23 14 33	f	4.23	0.00	+0.42	F3 III
	γ	Hyi	1208	03 47 12.1	−74 13 53	f	3.24	+1.99	+1.62	M2 III
25	η	Tau	1165	03 47 38.0	+24 06 46	fd	2.87	−0.34	−0.09	B7 IIIn
27		Tau	1178	03 49 18.7	+24 03 39	fvd6	3.63	−0.36	−0.09	B8 III
			1195	03 49 32.9	−36 11 34	f	4.17	+0.69	+0.95	G7 IIIa
	BE	Cam	1155	03 49 45.1	+65 32 01	v	4.47	+2.13	+1.88	M2$^+$ IIab
	γ	Cam	1148	03 50 37.5	+71 20 23	fd	4.63	+0.07	+0.03	A1 IIIn
44	ζ	Per	1203	03 54 17.4	+31 53 27	fsvd67	2.85	−0.77	+0.12	B1 Ib
45	ε	Per	1220	03 58 01.3	+40 01 02	fsvd67	2.89	−0.95	−0.20	B0.5 IV
34	γ	Eri	1231	03 58 08.8	−13 30 06	fvd	2.95	+1.96	+1.59	M0.5 IIIb Ca−1
	δ	Ret	1247	03 58 47.1	−61 23 36	f	4.56	+1.96	+1.62	M1 III
46	ξ	Per	1228	03 59 07.7	+35 47 53	fv6	4.04	−0.92	+0.01	O7.5 IIIf
35	λ	Tau	1239	04 00 49.1	+12 29 50	fv6	3.47	−0.62	−0.12	B3 V
35		Eri	1244	04 01 39.7	−01 32 34	f	5.28	−0.55	−0.15	B5 V
38	ν	Tau	1251	04 03 17.4	+05 59 46	f	3.91	+0.07	+0.03	A1 Va
37		Tau	1256	04 04 50.6	+22 05 19	fd	4.36	+0.95	+1.07	K0 III
47	λ	Per	1261	04 06 46.3	+50 21 28	f	4.29	−0.04	−0.02	A0 IIIn
			1279	04 07 50.5	+15 10 09	svd6	6.01	+0.02	+0.40	F3 V
48	MX	Per	1273	04 08 50.6	+47 43 08	fv	4.04	−0.55	−0.03	B3 Ve
43		Tau	1283	04 09 18.7	+19 36 56	f	5.50		+1.07	K1 III
			1270	04 09 40.4	+59 54 52	s	6.32	+0.92	+1.16	G8 IIa
44	IM	Tau	1287	04 10 59.0	+26 29 14	fv	5.41	+0.06	+0.34	F2 IV−V
38	o^1	Eri	1298	04 11 59.3	−06 49 52	fv	4.04	+0.13	+0.33	F1 IV
	α	Hor	1326	04 14 05.1	−42 17 18	f	3.86	+1.00	+1.10	K2 III
	α	Ret	1336	04 14 27.5	−62 28 03	fd6	3.35	+0.63	+0.91	G8 II−III
51	μ	Per	1303	04 15 04.9	+48 24 56	fvd67	4.14	+0.64	+0.95	G0 Ib
40	o^2	Eri	1325	04 15 23.2	−07 38 56	vd	4.43	+0.45	+0.82	K0.5 V
49	μ	Tau	1320	04 15 40.2	+08 53 54	f6	4.29	−0.53	−0.06	B3 IV
48		Tau	1319	04 15 54.8	+15 24 24	svd	6.32	+0.02	+0.40	F3 V
	γ	Dor	1338	04 16 05.5	−51 28 50	fv	4.25	+0.03	+0.30	F1 V$^+$
	ε	Ret	1355	04 16 31.6	−59 17 46	d	4.44	+1.07	+1.08	K2 IV
41		Eri	1347	04 17 59.3	−33 47 33	vd67	3.56	−0.37	−0.12	B9p Mn
54	γ	Tau	1346	04 19 56.2	+15 38 01	fvd6	3.63	+0.82	+0.99	G9.5 IIIab CN 0.5
57	v483	Tau	1351	04 20 06.2	+14 02 28	svd6	5.59	+0.08	+0.28	F0 IV

Flamsteed/Bayer Designation			BS=HR No.	Right Ascension	Declination	Notes	V	U−B	B−V	Spectral Type
				h m s	° ′ ″					
54		Per	1343	04 20 34.4	+34 34 21	fd	4.93	+0.69	+0.94	G8 III Fe 0.5
			1367	04 20 45.6	−20 38 02	f	5.38		−0.02	A1 V
			1327	04 20 54.5	+65 08 47	s	5.27	+0.47	+0.81	G5 IIb
	η	Ret	1395	04 21 55.0	−63 22 50	f	5.24	+0.69	+0.96	G8 III
61	δ	Tau	1373	04 23 04.8	+17 32 53	fvd6	3.76	+0.82	+0.98	G9.5 III CN 0.5
63		Tau	1376	04 23 33.7	+16 46 58	csd6	5.64	+0.13	+0.30	F0m
42	ξ	Eri	1383	04 23 48.3	−03 44 23	fv6	5.17	+0.08	+0.08	A2 V
43		Eri	1393	04 24 07.9	−34 00 40	f	3.96	+1.80	+1.49	K3.5⁻ IIIb
65	κ^1	Tau	1387	04 25 31.1	+22 17 58	vd6	4.22	+0.13	+0.13	A5 IV−V
68	v776	Tau	1389	04 25 38.1	+17 56 01	vd6	4.29	+0.08	+0.05	A2 IV−Vs
69	υ	Tau	1392	04 26 27.4	+22 49 09	vd6	4.28	+0.14	+0.26	A9 IV⁻n
71	v777	Tau	1394	04 26 29.3	+15 37 26	vd6	4.49	+0.14	+0.25	F0n IV−V
77	θ^1	Tau	1411	04 28 43.1	+15 58 03	d6	3.84	+0.73	+0.95	G9 III Fe−0.5
74	ϵ	Tau	1409	04 28 45.8	+19 11 09	fd	3.53	+0.88	+1.01	G9.5 III CN 0.5
78	θ^2	Tau	1412	04 28 48.3	+15 52 35	svd6	3.40	+0.13	+0.18	A7 III
	δ	Cae	1443	04 30 54.7	−44 56 55	fv	5.07	−0.78	−0.19	B2 IV−V
50	υ^1	Eri	1453	04 33 36.5	−29 45 42	v	4.51	+0.72	+0.98	K0⁺ III Fe−0.5
86	ρ	Tau	1444	04 33 59.4	+14 50 58	fv6	4.65	+0.08	+0.25	A9 V
	α	Dor	1465	04 34 03.0	−55 02 24	fvd7	3.27	−0.35	−0.10	A0p Si
52	υ^2	Eri	1464	04 35 38.9	−30 33 26	f	3.82	+0.72	+0.98	G8.5 IIIa
88		Tau	1458	04 35 47.5	+10 09 57	vd6	4.25	+0.11	+0.18	A5m
87	α	Tau	1457	04 36 03.9	+16 30 51	fsvd6	0.85	+1.90	+1.54	K5⁺ III
48	ν	Eri	1463	04 36 26.6	−03 20 51	fvd6	3.93	−0.89	−0.21	B2 III
	R	Dor	1492	04 36 47.4	−62 04 21	svd	5.40	+0.86	+1.58	M8e III:
58		Per	1454	04 36 51.8	+41 16 11	cd6	4.25	+0.82	+1.22	K0 II−III + B9 V
53		Eri	1481	04 38 17.7	−14 17 57	fd67	3.87	+1.01	+1.09	K1.5 IIIb
90		Tau	1473	04 38 17.8	+12 30 57	d6	4.27	+0.13	+0.12	A5 IV−V
54	DM	Eri	1496	04 40 33.0	−19 40 01	vd	4.32	+1.81	+1.61	M3 II−III
	α	Cae	1502	04 40 38.5	−41 51 33	fvd	4.45	+0.01	+0.34	F1 V
	β	Cae	1503	04 42 08.8	−37 08 23	f	5.05	+0.04	+0.37	F2 V
94	τ	Tau	1497	04 42 23.7	+22 57 42	fd67	4.28	−0.57	−0.13	B3 V
57	μ	Eri	1520	04 45 37.7	−03 15 01	f6	4.02	−0.60	−0.15	B4 IV
4		Cam	1511	04 48 12.8	+56 45 41	fd	5.30	+0.15	+0.25	Am
1	π^3	Ori	1543	04 49 58.6	+06 57 56	favd6	3.19	−0.01	+0.45	F6 V
			1533	04 50 04.8	+37 29 33	f	4.88	+1.70	+1.44	K3.5 III
2	π^2	Ori	1544	04 50 44.9	+08 54 15	6	4.36	0.00	+0.01	A0.5 IVn
3	π^4	Ori	1552	04 51 20.4	+05 36 33	fsv6	3.69	−0.81	−0.17	B2 III
97	v480	Tau	1547	04 51 31.2	+18 50 38	fvd	5.10	+0.12	+0.21	A9 V⁺
4	o^1	Ori	1556	04 52 40.5	+14 15 17	fcv	4.74	+2.03	+1.84	S3.5/1⁻
61	ω	Eri	1560	04 53 01.0	−05 26 55	6	4.39	+0.16	+0.25	A9 IV
9	α	Cam	1542	04 54 18.0	+66 20 48	f	4.29	−0.88	+0.03	O9.5 Ia
8	π^5	Ori	1567	04 54 22.9	+02 26 41	fv6	3.72	−0.83	−0.18	B2 III
	η	Men	1629	04 55 07.0	−74 55 59	f	5.47	+1.83	+1.52	K4 III
9	o^2	Ori	1580	04 56 30.7	+13 31 05	d	4.07	+1.11	+1.15	K2⁻ III Fe−1
3	ι	Aur	1577	04 57 09.4	+33 10 11	fav	2.69	+1.78	+1.53	K3 II
7		Cam	1568	04 57 29.2	+53 45 21	d67	4.47	−0.01	−0.02	A0m A1 III
10	π^6	Ori	1601	04 58 40.7	+01 43 04	v	4.47	+1.55	+1.40	K2⁻ II
7	ϵ	Aur	1605	05 02 08.9	+43 49 36	fvd6	2.99	+0.33	+0.54	A9 Ia
8	ζ	Aur	1612	05 02 39.2	+41 04 45	fcv6	3.75	+0.38	+1.22	K5 II + B5 V
102	ι	Tau	1620	05 03 14.7	+21 35 36	fd	4.64	+0.15	+0.16	A7 IV

Flamsteed/Bayer Designation			BS=HR No.	Right Ascension	Declination	Notes	V	U−B	B−V	Spectral Type
				h m s	° ′ ″					
10	β	Cam	1603	05 03 38.5	+60 26 44	fd	4.03	+0.63	+0.92	G1 Ib−IIa
11	v1032	Ori	1638	05 04 42.7	+15 24 27	fv	4.68	−0.09	−0.06	A0p Si
	η²	Pic	1663	05 05 01.9	−49 34 28	fv	5.03	+1.88	+1.49	K5 III
	ζ	Dor	1674	05 05 33.2	−57 28 10	f	4.72	−0.04	+0.52	F7 V
2	ε	Lep	1654	05 05 34.0	−22 22 04	fv	3.19	+1.78	+1.46	K4 III
10	η	Aur	1641	05 06 41.4	+41 14 16	fav	3.17	−0.67	−0.18	B3 V
67	β	Eri	1666	05 07 58.4	−05 05 00	fvd	2.79	+0.10	+0.13	A3 IVn
69	λ	Eri	1679	05 09 16.0	−08 45 04	fv	4.27	−0.90	−0.19	B2 IVn
16		Ori	1672	05 09 27.9	+09 49 57	fvd6	5.43	+0.16	+0.24	A9m
3	ι	Lep	1696	05 12 24.9	−11 51 58	d	4.45	−0.40	−0.10	B9 V:
5	μ	Lep	1702	05 13 02.6	−16 12 10	fsv	3.31	−0.39	−0.11	B9p Hg Mn
4	κ	Lep	1705	05 13 20.8	−12 56 19	d7	4.36	−0.37	−0.10	B7 V
17	ρ	Ori	1698	05 13 25.3	+02 51 50	vd67	4.46	+1.16	+1.19	K1 III CN 0.5
11	μ	Aur	1689	05 13 36.0	+38 29 14	f	4.86	+0.09	+0.18	A7m
	θ	Dor	1744	05 13 45.4	−67 10 57	f	4.83	+1.39	+1.28	K2.5 IIIa
19	β	Ori	1713	05 14 39.5	−08 11 56	fdasv6	0.12	−0.66	−0.03	B8 Ia
13	α	Aur	1708	05 16 52.5	+46 00 01	fcdv67	0.08	+0.44	+0.80	G6 III + G2 III
	o	Col	1743	05 17 34.5	−34 53 34	f	4.83	+0.80	+1.00	K0/1 III/IV
20	τ	Ori	1735	05 17 43.7	−06 50 31	fsd6	3.60	−0.47	−0.11	B5 III
15	λ	Aur	1729	05 19 19.0	+40 06 04	fd	4.71	+0.12	+0.63	G1.5 IV−V Fe−1
	ζ	Pic	1767	05 19 25.8	−50 36 12	f	5.45	+0.01	+0.51	F7 III−IV
6	λ	Lep	1756	05 19 41.4	−13 10 28	f	4.29	−1.03	−0.26	B0.5 IV
22		Ori	1765	05 21 53.4	−00 22 49	f6	4.73	−0.79	−0.17	B2 IV−V
			1686	05 22 58.4	+79 14 01	fd	5.05	−0.13	+0.47	F7 Vs
29		Ori	1784	05 24 04.0	−07 48 21		4.14	+0.69	+0.96	G8 III Fe−0.5
28	η	Ori	1788	05 24 36.2	−02 23 42	cvd6	3.36	−0.92	−0.17	B1 IV + B
24	γ	Ori	1790	05 25 15.9	+06 21 06	fvd6	1.64	−0.87	−0.22	B2 III
112	β	Tau	1791	05 26 27.0	+28 36 34	fsd	1.65	−0.49	−0.13	B7 III
115		Tau	1808	05 27 18.8	+17 57 51	fd	5.42	−0.53	−0.10	B5 V
9	β	Lep	1829	05 28 21.2	−20 45 27	fvd	2.84	+0.46	+0.82	G5 II
			1856	05 30 13.6	−47 04 34	fd7	5.46	+0.21	+0.62	G3 IV
17		Cam	1802	05 30 24.4	+63 04 09	f	5.42	+2.00	+1.71	M1 IIIa
32		Ori	1839	05 30 55.1	+05 57 00	d7	4.20	−0.55	−0.14	B5 V
	ε	Col	1862	05 31 18.1	−35 28 08		3.87	+1.08	+1.14	K1 II/III
	γ	Men	1953	05 31 47.1	−76 20 21	fd	5.19	+1.19	+1.13	K2 III
34	δ	Ori	1851	05 32 08.1	−00 16 58	sd	6.85	−0.71	−0.16	B2 Vh
34	δ	Ori	1852	05 32 08.1	−00 17 51	fvd6	2.23	−1.05	−0.22	O9.5 II
119	CE	Tau	1845	05 32 21.6	+18 35 45	v	4.38	+2.21	+2.07	M2 Iab−Ib
11	α	Lep	1865	05 32 50.4	−17 49 14	fdasv	2.58	+0.23	+0.21	F0 Ib
25	χ	Aur	1843	05 32 53.4	+32 11 37	fv6	4.76	−0.46	+0.34	B5 Iab
	β	Dor	1922	05 33 38.8	−62 29 18	fv	3.76	+0.55	+0.82	F7−G2 Ib
37	φ¹	Ori	1876	05 34 57.5	+09 29 28	fd6	4.41	−0.97	−0.16	B0.5 IV−V
39	λ	Ori	1879	05 35 16.5	+09 56 08	dv	3.54	−1.03	−0.18	O8 IIIf
	v1046	Ori	1890	05 35 29.2	−04 29 31	sv6	6.55	−0.77	−0.13	B2 Vh
			1891	05 35 29.9	−04 25 25	ds	6.24	−0.70	−0.15	B2.5 V
44	ι	Ori	1899	05 35 33.3	−05 54 30	fds6	2.77	−1.08	−0.24	O9 III
46	ε	Ori	1903	05 36 20.4	−01 12 02	fdasv6	1.70	−1.04	−0.19	B0 Ia
40	φ²	Ori	1907	05 37 02.6	+09 17 31	s	4.09	+0.64	+0.95	K0 IIIb Fe−2
123	ζ	Tau	1910	05 37 47.7	+21 08 38	fsvd6	3.00	−0.67	−0.19	B2 IIIpe (shell)
48	σ	Ori	1931	05 38 52.3	−02 35 56	d6	3.81	−1.01	−0.24	O9.5 V

Flamsteed/Bayer Designation			BS=HR No.	Right Ascension	Declination	Notes	V	U−B	B−V	Spectral Type
	α	Col	1956	05 39 44.4	−34 04 23	fvd	2.64	−0.46	−0.12	B7 IV
50	ζ	Ori	1948	05 40 53.1	−01 56 28	vd6	2.03	−1.04	−0.21	O9.5 Ib
50	ζ	Ori	1949	05 40 53.1	−01 56 31	vd6	4.21	−1.04	−0.21	B0 III
13	γ	Lep	1983	05 44 34.0	−22 26 52	fd	3.60	0.00	+0.47	F7 V
	δ	Dor	2015	05 44 46.6	−65 44 05	f	4.35	+0.12	+0.21	A7 V⁺n
27	o	Aur	1971	05 46 05.7	+49 49 38	f	5.47	+0.07	+0.03	A0p Cr
14	ζ	Lep	1998	05 47 04.1	−14 49 16	f6	3.55	+0.07	+0.10	A2 Van
	β	Pic	2020	05 47 20.7	−51 03 56		3.85	+0.10	+0.17	A6 V
130		Tau	1990	05 47 34.9	+17 43 47	f	5.49	+0.27	+0.30	F0 III
53	κ	Ori	2004	05 47 52.5	−09 40 08	fv	2.06	−1.03	−0.17	B0.5 Ia
	γ	Pic	2042	05 49 52.4	−56 09 58	f	4.51	+0.98	+1.10	K1 III
			2049	05 50 56.6	−52 06 30	f	5.17	+0.72	+0.99	G8 III
	β	Col	2040	05 51 02.9	−35 46 03	f	3.12	+1.21	+1.16	K1.5 III
15	δ	Lep	2035	05 51 25.7	−20 52 45	f	3.81	+0.68	+0.99	K0 III Fe−1.5 CH 0.5
32	ν	Aur	2012	05 51 39.8	+39 08 56	fd	3.97	+1.09	+1.13	K0 III CN 0.5
136		Tau	2034	05 53 29.1	+27 36 45	fvd6	4.58	+0.03	−0.02	A0 IV
54	χ¹	Ori	2047	05 54 31.8	+20 16 35	d6	4.41	+0.07	+0.59	G0⁻ V Ca 0.5
30	ξ	Aur	2029	05 55 03.3	+55 42 26	f	4.99	+0.12	+0.05	A1 Va
58	α	Ori	2061	05 55 18.4	+07 24 26	favd6	0.50	+2.06	+1.85	M1−M2 Ia−Iab
16	η	Lep	2085	05 56 31.1	−14 10 03	f	3.71	+0.01	+0.33	F1 V
	γ	Col	2106	05 57 37.5	−35 16 59	fd	4.36	−0.66	−0.18	B2.5 IV
60		Ori	2103	05 58 57.3	+00 33 11	fd6	5.22	+0.01	+0.01	A1 Vs
	η	Col	2120	05 59 13.4	−42 48 55	f	3.96	+1.08	+1.14	G8/K1 II
34	β	Aur	2088	05 59 42.7	+44 56 51	fvd6	1.90	+0.05	+0.03	A1 IV
33	δ	Aur	2077	05 59 44.0	+54 17 05	fd	3.72	+0.87	+1.00	K0⁻ III
37	θ	Aur	2095	05 59 53.5	+37 12 44	vd67	2.62	−0.18	−0.08	A0p Si
35	π	Aur	2091	06 00 07.3	+45 56 13	v	4.26	+1.83	+1.72	M3 II
61	μ	Ori	2124	06 02 31.3	+09 38 50	vd6	4.12	+0.11	+0.16	A5m:
62	χ²	Ori	2135	06 04 04.1	+20 08 17	dasv	4.63	−0.68	+0.28	B2 Ia
1		Gem	2134	06 04 16.3	+23 15 47	fd67	4.16	+0.53	+0.84	G5 III−IV
17	SS	Lep	2148	06 05 05.8	−16 29 05	sv6	4.93	+0.12	+0.24	Ap (shell)
67	ν	Ori	2159	06 07 42.9	+14 46 05	f6	4.42	−0.66	−0.17	B3 IV
	ν	Dor	2221	06 08 43.3	−68 50 38	f	5.06	−0.21	−0.08	B8 V
			2180	06 09 04.2	−22 25 41	f	5.50		−0.01	A0 V
	α	Men	2261	06 10 10.0	−74 45 14	f	5.09	+0.33	+0.72	G5 V
	δ	Pic	2212	06 10 20.8	−54 58 09	fv6	4.81	−1.03	−0.23	B0.5 IV
70	ξ	Ori	2199	06 12 04.9	+14 12 29	d6	4.48	−0.65	−0.18	B3 IV
36		Cam	2165	06 13 06.1	+65 43 03	f6	5.38	+1.47	+1.34	K2 II−III
5	γ	Mon	2227	06 14 58.7	−06 16 32	d	3.98	+1.41	+1.32	K1 III Ba 0.5
7	η	Gem	2216	06 15 01.7	+22 30 21	vd6	3.28	+1.66	+1.60	M2.5 III
44	κ	Aur	2219	06 15 32.2	+29 29 49	fv	4.35	+0.80	+1.02	G9 IIIb
74		Ori	2241	06 16 35.0	+12 16 17	fd	5.04	−0.02	+0.42	F4 IV
	κ	Col	2256	06 16 38.5	−35 08 29	fv	4.37	+0.83	+1.00	K0.5 IIIa
			2209	06 19 07.3	+69 19 07	f6	4.80	0.00	+0.03	A0 IV⁺nn
7		Mon	2273	06 19 50.0	−07 49 27	fd6	5.27	−0.75	−0.19	B2.5 V
2	UZ	Lyn	2238	06 19 50.6	+59 00 35	fv	4.48	+0.03	+0.01	A1 Va
1	ζ	CMa	2282	06 20 24.6	−30 03 53	fd6	3.02	−0.72	−0.19	B2.5 V
	δ	Col	2296	06 22 12.3	−33 26 16	6	3.85	+0.52	+0.88	G7 II
2	β	CMa	2294	06 22 48.6	−17 57 26	fsvd6	1.98	−0.98	−0.23	B1 II−III
13	μ	Gem	2286	06 23 06.7	+22 30 43	fsvd	2.88	+1.85	+1.64	M3 IIIab

Flamsteed/Bayer Designation			BS=HR No.	Right Ascension	Declination	Notes	V	U−B	B−V	Spectral Type
				h m s	° ′ ″					
8		Mon	2298	06 23 54.0	+04 35 29	fd6	4.44	+0.13	+0.20	A6 IV
	α	Car	2326	06 24 00.5	−52 41 50	f	−0.72	+0.10	+0.15	A9 II
			2305	06 24 17.3	−11 31 54	f	5.22	+1.20	+1.24	K3 III
46	ψ¹	Aur	2289	06 25 05.4	+49 17 11	fv6	4.91	+2.29	+1.97	K5−M0 Iab−Ib
10		Mon	2344	06 28 05.0	−04 45 50	fd	5.06	−0.76	−0.17	B2 V
	λ	CMa	2361	06 28 15.7	−32 34 55		4.48	−0.61	−0.17	B4 V
18	ν	Gem	2343	06 29 06.7	+20 12 37	fd6	4.15	−0.48	−0.13	B6 III
4	ξ¹	CMa	2387	06 31 57.6	−23 25 13	vd6	4.33	−0.99	−0.24	B1 III
			2392	06 32 54.0	−11 10 07	svd6	6.24	+0.78	+1.11	G9.5 III: Ba 3
13		Mon	2385	06 33 02.3	+07 19 51	f	4.50	−0.18	0.00	A0 Ib−II
			2395	06 33 45.5	−01 13 20	f	5.10	−0.56	−0.14	B5 Vn
			2435	06 35 01.9	−52 58 40		4.39	−0.15	−0.02	A0 II
5	ξ²	CMa	2414	06 35 09.7	−22 58 01	f	4.54	−0.03	−0.05	A0 III
7	ν²	CMa	2429	06 36 47.6	−19 15 30	v	3.95	+1.01	+1.06	K1.5 III−IV Fe 1
	ν	Pup	2451	06 37 50.3	−43 11 54	fv6	3.17	−0.41	−0.11	B8 IIIn
24	γ	Gem	2421	06 37 51.4	+16 23 49	fd6	1.93	+0.04	0.00	A1 IVs
8	ν³	CMa	2443	06 38 00.0	−18 14 23		4.43	+1.04	+1.15	K0.5 III
15	S	Mon	2456	06 41 06.9	+09 53 35	dasv6	4.66	−1.07	−0.25	O7 Vf
27	ε	Gem	2473	06 44 05.1	+25 07 42	fdasv6	2.98	+1.46	+1.40	G8 Ib
30		Gem	2478	06 44 07.8	+13 13 31	d	4.49	+1.16	+1.16	K0.5 III CN 0.5
9	α	CMa	2491	06 45 15.4	−16 43 10	fd6	−1.46	−0.05	0.00	A0m A1 Va
31	ξ	Gem	2484	06 45 25.8	+12 53 34	fv	3.36	+0.06	+0.43	F5 IV
			2513	06 45 29.5	−52 12 14	s	6.57		+1.08	G5 Iab
			2401	06 46 39.4	+79 33 42	f6	5.45	−0.02	+0.50	F8 V
56	ψ⁵	Aur	2483	06 46 55.1	+43 34 29	fd	5.25	+0.05	+0.56	G0 V
			2518	06 47 26.5	−37 55 58	fd	5.26	−0.25	−0.08	B8/9 V
57	ψ⁶	Aur	2487	06 47 51.0	+48 47 12	f	5.22	+1.04	+1.12	K0 III
18		Mon	2506	06 47 59.5	+02 24 33	f6	4.47	+1.04	+1.11	K0⁺ IIIa
	α	Pic	2550	06 48 13.0	−61 56 39	f	3.27	+0.13	+0.21	A6 Vn
	v415	Car	2554	06 49 54.6	−53 37 30	6	4.40	+0.61	+0.92	G4 II
13	κ	CMa	2538	06 49 56.1	−32 30 41	fv	3.96	−0.92	−0.23	B1.5 IVne
	τ	Pup	2553	06 49 59.7	−50 37 04	f6	2.93	+1.21	+1.20	K1 III
	v592	Mon	2534	06 50 49.6	−08 02 39	sv	6.29	+0.02	0.00	A2p Sr Cr Eu
	ι	Vol	2602	06 51 25.2	−70 58 00	f	5.40	−0.38	−0.11	B7 IV
34	θ	Gem	2540	06 52 57.2	+33 57 29	fd6	3.60	+0.14	+0.10	A3 III−IV
43		Cam	2511	06 53 58.3	+68 53 06	f	5.12	−0.43	−0.13	B7 III
16	o¹	CMa	2580	06 54 14.1	−24 11 14	sv	3.87	+1.99	+1.73	K2 Iab
14	θ	CMa	2574	06 54 18.4	−12 02 31	f	4.07	+1.70	+1.43	K4 III
	NP	Pup	2591	06 54 31.4	−42 22 07	sv	6.32	+2.79	+2.24	C5,2.5
20	ι	CMa	2596	06 56 14.9	−17 03 27	v	4.37	−0.70	−0.07	B3 II
15		Lyn	2560	06 57 29.5	+58 25 09	d7	4.35	+0.52	+0.85	G5 III−IV
21	ε	CMa	2618	06 58 43.4	−28 58 32	fd	1.50	−0.93	−0.21	B2 II
			2527	07 00 25.7	+76 58 26	f6	4.55	+1.66	+1.36	K4 III
22	σ	CMa	2646	07 01 49.1	−27 56 19	fvd	3.47	+1.88	+1.73	K7 Ib
42	ω	Gem	2630	07 02 33.9	+24 12 42	fsv	5.18	+0.68	+0.94	G5 IIa
24	o²	CMa	2653	07 03 07.7	−23 50 14	fas6	3.02	−0.80	−0.08	B3 Ia
23	γ	CMa	2657	07 03 52.3	−15 38 14	f	4.12	−0.48	−0.12	B8 II
			2666	07 04 07.6	−42 20 28	fv6	5.20	+0.15	+0.20	A9m
43	ζ	Gem	2650	07 04 15.4	+20 33 59	fvd6	3.79	+0.62	+0.79	F9 Ib (var)
	v386	Car	2683	07 04 21.1	−56 45 13	f	5.17		−0.04	Ap Si

Flamsteed/Bayer Designation			BS=HR No.	Right Ascension	Declination	Notes	V	U−B	B−V	Spectral Type
				h m s	° ′ ″					
25	δ	CMa	2693	07 08 29.6	−26 23 50	fasv6	1.84	+0.54	+0.68	F8 Ia
	β²	Vol	2736	07 08 43.6	−70 30 11	fd	3.78	+0.88	+1.04	G9 III
20		Mon	2701	07 10 21.1	−04 14 28	fd	4.92	+0.78	+1.03	K0 III
46	τ	Gem	2697	07 11 17.9	+30 14 27	vd7	4.41	+1.41	+1.26	K2 III
63		Aur	2696	07 11 49.6	+39 18 59	f6	4.90	+1.74	+1.45	K3.5 III
22	δ	Mon	2714	07 11 59.5	−00 29 49	fd	4.15	+0.02	−0.01	A1 III⁺
48		Gem	2706	07 12 35.5	+24 07 27	s	5.85	+0.09	+0.36	F5 III−IV
	QW	Pup	2740	07 12 37.9	−46 45 49	f	4.49	−0.01	+0.32	F0 IVs
51	BQ	Gem	2717	07 13 30.9	+16 09 16	fvd	5.00	+1.82	+1.66	M4 IIIab
	L₂	Pup	2748	07 13 36.9	−44 38 38	vd	5.10		+1.56	M5 IIIe
27	EW	CMa	2745	07 14 21.3	−26 21 25	vd6	4.66	−0.71	−0.19	B3 IIIep
28	ω	CMa	2749	07 14 54.8	−26 46 38	v	3.85	−0.73	−0.17	B2 IV−Ve
	δ	Vol	2803	07 16 49.7	−67 57 43	f	3.98	+0.45	+0.79	F9 Ib
	π	Pup	2773	07 17 13.9	−37 06 08	fvd	2.70	+1.24	+1.62	K3 Ib
54	λ	Gem	2763	07 18 14.2	+16 32 08	fvd67	3.58	+0.10	+0.11	A4 IV
30	τ	CMa	2782	07 18 48.7	−24 57 32	vd6	4.40	−0.99	−0.15	O9 II
55	δ	Gem	2777	07 20 16.3	+21 58 39	fd67	3.53	+0.04	+0.34	F0 V⁺
31	η	CMa	2827	07 24 11.6	−29 18 29	fdas	2.45	−0.72	−0.08	B5 Ia
66		Aur	2805	07 24 18.8	+40 40 02	f6	5.23	+1.25	+1.25	K1 IIIa Fe−1
60	ι	Gem	2821	07 25 52.9	+27 47 34	f	3.79	+0.85	+1.03	G9 IIIb
3	β	CMi	2845	07 27 17.2	+08 17 03	fvd6	2.90	−0.28	−0.09	B8 V
4	γ	CMi	2854	07 28 17.9	+08 55 14	d6	4.32	+1.54	+1.43	K3 III Fe−1
62	ρ	Gem	2852	07 29 16.3	+31 46 45	fd6	4.18	−0.03	+0.32	F0 V⁺
	σ	Pup	2878	07 29 18.6	−43 18 24	fd6	3.25	+1.78	+1.51	K5 III
6		CMi	2864	07 29 56.1	+12 00 04	fv	4.54	+1.37	+1.28	K1 III
			2906	07 34 09.6	−22 18 06	f	4.45	+0.06	+0.51	F6 IV
66	α	Gem	2891	07 34 45.4	+31 52 57	fvd6	1.98	+0.01	+0.03	A1m A2 Va
66	α	Gem	2890	07 34 45.7	+31 52 59	fd6	2.88	+0.02	+0.04	A2m A5 V:
			2934	07 35 43.4	−52 32 22	fv6	4.94	+1.63	+1.40	K3 III
69	υ	Gem	2905	07 36 04.6	+26 53 24	fvd	4.06	+1.94	+1.54	M0 III−IIIb
25		Mon	2927	07 37 24.1	−04 07 00	fvd	5.13	+0.12	+0.44	F6 III
			2937	07 37 27.6	−34 58 27	fd7	4.53	−0.31	−0.09	B8 V
			2948	07 38 55.5	−26 48 27	vd	4.50	−0.57	−0.17	B6 V
10	α	CMi	2943	07 39 25.9	+05 13 07	fsvd67	0.38	+0.02	+0.42	F5 IV−V
	R	Pup	2974	07 40 58.6	−31 40 00	sv	6.56	+0.85	+1.18	G2 0−Ia
26	α	Mon	2970	07 41 22.0	−09 33 26	f	3.93	+0.88	+1.02	G9 III Fe−1
	OV	Cep	2609	07 41 36.1	+87 00 51	fv	5.07	+1.97	+1.63	M2⁻ IIIab
	ζ	Vol	3024	07 41 47.3	−72 36 43	fd7	3.95	+0.83	+1.04	G9 III
24		Lyn	2946	07 43 13.0	+58 42 15	fd	4.99	+0.08	+0.08	A2 IVn
75	σ	Gem	2973	07 43 28.1	+28 52 38	vd6	4.28	+0.97	+1.12	K1 III
3		Pup	2996	07 43 54.5	−28 57 40	6	3.96	−0.09	+0.18	A2 Ib
77	κ	Gem	2985	07 44 35.9	+24 23 31	fad7	3.57	+0.69	+0.93	G8 III
			3017	07 45 20.6	−37 58 29	v	3.61	+1.72	+1.73	K5 IIa
78	β	Gem	2990	07 45 28.1	+28 01 12	favd	1.14	+0.85	+1.00	K0 IIIb
4		Pup	3015	07 46 03.8	−14 34 12	f	5.04	+0.09	+0.33	F2 V
81		Gem	3003	07 46 16.1	+18 30 13	fd6	4.88	+1.75	+1.45	K4 III
11		CMi	3008	07 46 24.5	+10 45 43	fv6	5.30	−0.02	+0.01	A0.5 IV⁻nn
			2999	07 46 49.3	+37 30 40	fv	5.18	+1.94	+1.58	M2⁺ IIIb
			3037	07 47 36.1	−46 36 53	f6	5.23	−0.85	−0.14	B1.5 IV
80	π	Gem	3013	07 47 40.0	+33 24 34	fvd7	5.14	+1.95	+1.60	M1⁺ IIIa

Flamsteed/Bayer Designation			BS=HR No.	Right Ascension	Declination	Notes	V	U−B	B−V	Spectral Type
				h m s	° ′ ″					
	o	Pup	3034	07 48 11.4	−25 56 37	vd	4.50	−1.02	−0.05	B1 IV:nne
			3055	07 49 18.9	−46 22 47	d	4.11	−1.01	−0.18	B0 III
7	ξ	Pup	3045	07 49 24.0	−24 51 58	fd6	3.34	+1.16	+1.24	G6 Iab−Ib
13	ζ	CMi	3059	07 51 49.8	+01 45 37	f	5.14	−0.49	−0.12	B8 II
			3080	07 52 18.2	−40 34 57	fc6	3.73	+0.78	+1.04	K1/2 II + A
	QZ	Pup	3084	07 52 44.0	−38 52 10	v6	4.49	−0.69	−0.19	B2.5 V
			3090	07 53 22.6	−48 06 35		4.24	−1.00	−0.14	B0.5 Ib
83	φ	Gem	3067	07 53 39.0	+26 45 33	f6	4.97	+0.10	+0.09	A3 IV−V
26		Lyn	3066	07 54 53.6	+47 33 29	f	5.45	+1.73	+1.46	K3 III
	χ	Car	3117	07 56 50.5	−52 59 21	fv	3.47	−0.67	−0.18	B3p Si
11		Pup	3102	07 56 58.0	−22 53 13		4.20	+0.42	+0.72	F8 II
			3113	07 57 46.1	−30 20 29	fv	4.79	+0.18	+0.15	A6 II
	V	Pup	3129	07 58 18.7	−49 15 06	cvd6	4.41	−0.96	−0.17	B1 Vp + B2:
			3153	07 59 40.2	−60 35 38	s	5.17	+1.91	+1.74	M1.5 II
27		Mon	3122	07 59 51.6	−03 41 12	f	4.93	+1.21	+1.21	K2 III
			3131	07 59 58.8	−18 24 22	f	4.61	+0.08	+0.08	A2 IVn
			3075	08 00 29.4	+73 54 39	f	5.41	+1.64	+1.42	K3 III
			3145	08 02 23.7	+02 19 39	d	4.39	+1.28	+1.25	K2 IIIb Fe−0.5
	χ	Gem	3149	08 03 40.3	+27 47 14	fd6	4.94	+1.09	+1.12	K1 III
	ζ	Pup	3165	08 03 40.3	−40 00 37	fs	2.25	−1.11	−0.26	O5 Iafn
15	ρ	Pup	3185	08 07 39.0	−24 18 42	fvd6	2.81	+0.19	+0.43	F5 (Ib−II)p
	ε	Vol	3223	08 07 56.4	−68 37 29	d67	4.35	−0.46	−0.11	B6 IV
27		Lyn	3173	08 08 38.7	+51 29 57	fd	4.84	0.00	+0.05	A1 Va
29	ζ	Mon	3188	08 08 43.2	−02 59 28	d	4.34	+0.69	+0.97	G2 Ib
16		Pup	3192	08 09 08.3	−19 15 09	6	4.40	−0.60	−0.15	B5 IV
	γ¹	Vel	3206	08 09 33.9	−47 21 11	vd6	4.27	−0.92	−0.23	B1 IV
	γ²	Vel	3207	08 09 36.6	−47 20 39	fcvd6	1.78	−0.99	−0.22	WC8 + O9I:
	NS	Pup	3225	08 11 26.9	−39 37 35	v6	4.45	+1.86	+1.62	K4.5 Ib
			3182	08 13 03.6	+68 27 59	fv	5.45	+0.80	+1.05	G7 II
20		Pup	3229	08 13 26.9	−15 47 45	f	4.99	+0.78	+1.07	G5 IIa
			3243	08 14 08.2	−40 21 20	d6	4.44	+1.09	+1.17	K1 II/III
17	β	Cnc	3249	08 16 39.1	+09 10 40	fvd	3.52	+1.77	+1.48	K4 III Ba 0.5
	α	Cha	3318	08 18 27.7	−76 55 39		4.07	−0.02	+0.39	F4 IV
			3270	08 18 38.9	−36 40 02	f	4.45	+0.11	+0.22	A7 IV
18	χ	Cnc	3262	08 20 12.9	+27 12 34	f	5.14	−0.06	+0.47	F6 V
	θ	Cha	3340	08 20 33.8	−77 29 33	fd	4.35	+1.20	+1.16	K2 III CN 0.5
			3282	08 21 28.9	−33 03 45	f	4.83	+1.60	+1.45	K2.5 II−III
	ε	Car	3307	08 22 33.9	−59 31 04	fcv	1.86	+0.19	+1.28	K3: III + B2: V
31		Lyn	3275	08 23 00.3	+43 10 48	fv	4.25	+1.90	+1.55	K4.5 III
			3315	08 25 10.2	−24 03 16	fd6	5.28	+1.83	+1.48	K4.5 III CN 1
	β	Vol	3347	08 25 45.8	−66 08 43	fv	3.77	+1.14	+1.13	K2 III
			3314	08 25 47.1	−03 54 53	f	3.90	−0.02	−0.02	A0 Va
1	o	UMa	3323	08 30 28.2	+60 42 35	fsvd	3.37	+0.52	+0.85	G5 III
33	η	Cnc	3366	08 32 51.1	+20 25 57	f	5.33	+1.39	+1.25	K3 III
			3426	08 37 43.9	−42 59 53	f	4.14	+0.16	+0.11	A6 II
4	δ	Hya	3410	08 37 47.3	+05 41 42	fd6	4.16	+0.01	0.00	A1 IVnn
5	σ	Hya	3418	08 38 53.3	+03 19 57	f	4.44	+1.28	+1.21	K1 III
6		Hya	3431	08 40 08.6	−12 29 04	f	4.98	+1.62	+1.42	K4 III
	β	Pyx	3438	08 40 12.1	−35 19 02	d6	3.97	+0.65	+0.94	G4 III
	o	Vel	3447	08 40 21.9	−52 55 51	fv6	3.62	−0.64	−0.18	B3 IV

Flamsteed/Bayer Designation		BS=HR No.	Right Ascension	Declination	Notes	V	U − B	B − V	Spectral Type
			h m s	° ′ ″					
	v343 Car	3457	08 40 40.4	−59 46 13	vd6	4.33	−0.80	−0.11	B1.5 III
		3445	08 40 42.6	−46 39 28	fvd	3.82	+0.33	+0.70	F0 Ia
34	Lyn	3422	08 41 11.4	+45 49 30	f	5.37	+0.75	+0.99	G8 IV
	η Cha	3502	08 41 14.1	−78 58 21	f	5.47	−0.35	−0.10	B8 V
7	η Hya	3454	08 43 21.3	+03 23 22	v6	4.30	−0.74	−0.20	B4 V
43	γ Cnc	3449	08 43 25.8	+21 27 34	fd6	4.66	+0.01	+0.02	A1 Va
	α Pyx	3468	08 43 41.6	−33 11 44	fv	3.68	−0.88	−0.18	B1.5 III
		3477	08 44 29.3	−42 39 30	d	4.07	+0.52	+0.87	G6 II−III
	δ Vel	3485	08 44 46.4	−54 43 03	d7	1.96	+0.07	+0.04	A1 Va
47	δ Cnc	3461	08 44 49.6	+18 08 42	fd	3.94	+0.99	+1.08	K0 IIIb
		3487	08 46 06.8	−46 03 03		3.91	−0.05	0.00	A1 II
12	Hya	3484	08 46 29.6	−13 33 25	d6	4.32	+0.62	+0.90	G8 III Fe−1
	v344 Car	3498	08 46 46.6	−56 46 44	v	4.49	−0.73	−0.17	B3 Vne
48	ι Cnc	3475	08 46 50.9	+28 45 02	fvd	4.02	+0.78	+1.01	G8 II−III
11	ε Hya	3482	08 46 54.5	+06 24 34	cvd67	3.38	+0.36	+0.68	G5: III + A:
13	ρ Hya	3492	08 48 33.9	+05 49 42	d6	4.36	−0.04	−0.04	A0 Vn
14	KX Hya	3500	08 49 29.3	−03 27 09	fv	5.31	−0.35	−0.09	B9p Hg Mn
	γ Pyx	3518	08 50 38.3	−27 43 09	f	4.01	+1.40	+1.27	K2.5 III
		3571	08 55 06.2	−60 39 15	fd	3.84	−0.45	−0.10	B7 II−III
16	ζ Hya	3547	08 55 31.6	+05 56 09	f	3.11	+0.80	+1.00	G9 IIIa
	ζ Oct	3678	08 56 16.9	−85 40 22	f	5.42	+0.07	+0.31	F0 III
	v376 Car	3582	08 57 02.1	−59 14 21	fvd	4.92	−0.77	−0.19	B2 IV−V
65	α Cnc	3572	08 58 37.4	+11 50 53	fvd6	4.25	+0.15	+0.14	A5m
9	ι UMa	3569	08 59 22.7	+48 01 54	fvd6	3.14	+0.07	+0.19	A7 IVn
64	σ³ Cnc	3575	08 59 41.8	+32 24 31	fd	5.22	+0.64	+0.92	G8 III
		3591	09 00 11.0	−41 15 49	fcv6	4.45	+0.38	+0.65	G8/K1 III + A
		3579	09 00 48.1	+41 46 22	fd67	3.97	+0.04	+0.43	F7 V
	α Vol	3615	09 02 29.1	−66 24 22	f6	4.00	+0.13	+0.14	A5m
8	ρ UMa	3576	09 02 46.1	+67 37 11	fv	4.76	+1.88	+1.53	M3 IIIb Ca 1
12	κ UMa	3594	09 03 47.7	+47 08 47	fvd7	3.60	+0.01	0.00	A0 IIIn
		3614	09 04 14.5	−47 06 28	f	3.75	+1.22	+1.20	K2 III
		3643	09 05 09.6	−72 36 46		4.48	+0.22	+0.61	F8 II
		3612	09 06 41.3	+38 26 31	f	4.56	+0.82	+1.04	G7 Ib−II
76	κ Cnc	3623	09 07 52.9	+10 39 29	fvd6	5.24	−0.43	−0.11	B8p Hg Mn
	λ Vel	3634	09 08 05.3	−43 26 34	fvd	2.21	+1.81	+1.66	K4.5 Ib
15	UMa	3619	09 09 02.8	+51 35 39		4.48	+0.12	+0.27	F0m
77	ξ Cnc	3627	09 09 30.1	+22 02 07	fd6	5.14	+0.80	+0.97	G9 IIIa Fe−0.5 CH−1
	v357 Car	3659	09 11 01.9	−58 58 38	v6	3.44	−0.70	−0.19	B2 IV−V
		3663	09 11 20.1	−62 19 39		3.97	−0.67	−0.18	B3 III
	β Car	3685	09 13 13.6	−69 43 39	f	1.68	+0.03	0.00	A1 III
36	Lyn	3652	09 13 58.0	+43 12 27	f	5.32	−0.48	−0.14	B8p Mn
22	θ Hya	3665	09 14 29.7	+02 18 13	fvd6	3.88	−0.12	−0.06	B9.5 IV (C II)
		3696	09 16 16.5	−57 33 06	v	4.34	+1.98	+1.63	M0.5 III Ba 0.3
	ι Car	3699	09 17 09.4	−59 17 09	fv	2.25	+0.16	+0.18	A7 Ib
38	Lyn	3690	09 19 00.0	+36 47 31	d67	3.82	+0.06	+0.06	A2 IV⁻
40	α Lyn	3705	09 21 12.4	+34 22 55	fv	3.13	+1.94	+1.55	K7 IIIab
	θ Pyx	3718	09 21 36.2	−25 58 34	f	4.72	+2.02	+1.63	M0.5 III
	κ Vel	3734	09 22 11.5	−55 01 17	f6	2.50	−0.75	−0.18	B2 IV−V
1	κ Leo	3731	09 24 48.0	+26 10 17	fvd7	4.46	+1.31	+1.23	K2 III
30	α Hya	3748	09 27 42.6	−08 40 11	fvd	1.98	+1.72	+1.44	K3 II−III

Flamsteed/Bayer Designation			BS=HR No.	Right Ascension	Declination	Notes	V	U−B	B−V	Spectral Type
				h m s	° ′ ″					
	ε	Ant	3765	09 29 20.9	−35 57 45	f6	4.51	+1.68	+1.44	K3 III
	ψ	Vel	3786	09 30 47.9	−40 28 40	vd7	3.60	−0.03	+0.36	F0 V+
			3803	09 31 17.9	−57 02 44	fv	3.13	+1.89	+1.55	K5 III
			3821	09 31 37.3	−73 05 31	f	5.47	+1.75	+1.56	K4 III
23		UMa	3757	09 31 43.4	+63 03 03	fvd	3.67	+0.10	+0.33	F0 IV
4	λ	Leo	3773	09 31 51.7	+22 57 24	v	4.31	+1.89	+1.54	K4.5 IIIb
5	ξ	Leo	3782	09 32 04.8	+11 17 19	fvd	4.97	+0.86	+1.05	G9.5 III
	R	Car	3816	09 32 18.5	−62 48 00	vd	4−10	+0.23	+1.43	gM5e
25	θ	UMa	3775	09 33 01.4	+51 39 57	fdv6	3.17	+0.02	+0.46	F6 IV
			3808	09 33 19.4	−21 07 37	f	5.01	+0.87	+1.02	K0 III
10	SU	LMi	3800	09 34 22.5	+36 23 11	f	4.55	+0.62	+0.92	G7.5 III Fe−0.5
			3825	09 34 31.1	−59 14 26		4.08	−0.56	+0.01	B5 II
24	DK	UMa	3771	09 34 41.9	+69 49 09	fv	4.56	+0.34	+0.77	G5 III−IV
26		UMa	3799	09 34 59.7	+52 02 25		4.50	+0.04	+0.01	A1 Va
			3836	09 36 55.1	−49 21 59	d	4.35	+0.13	+0.17	A5 IV−V
			3751	09 37 25.7	+81 18 54	f	4.29	+1.72	+1.48	K3 IIIa
			3834	09 38 35.1	+04 38 16	f	4.68	+1.46	+1.32	K3 III
35	ι	Hya	3845	09 39 59.0	−01 09 16	fv	3.91	+1.46	+1.32	K2.5 III
38	κ	Hya	3849	09 40 25.6	−14 20 38	fv	5.06	−0.57	−0.15	B5 V
14	o	Leo	3852	09 41 17.0	+09 52 51	fcd6	3.52	+0.21	+0.49	F5 II + A5?
16	ψ	Leo	3866	09 43 52.1	+14 00 37	fvd	5.35	+1.95	+1.63	M24+ IIIab
	θ	Ant	3871	09 44 18.8	−27 46 52	fcd7	4.79	+0.35	+0.51	F7 II−III + A8 V
	λ	Car	3884	09 45 18.9	−62 31 10	fv	3.69	+0.85	+1.22	F9−G5 Ib
17	ε	Leo	3873	09 45 59.6	+23 45 45	fv	2.98	+0.47	+0.80	G1 II
	υ	Car	3890	09 47 09.9	−65 05 01	d	3.01	+0.13	+0.27	A6 II
	R	Leo	3882	09 47 41.6	+11 25 02	v	4−11	−0.20	+1.30	gM7e
			3881	09 48 45.0	+46 00 33	f	5.09	+0.10	+0.62	G0.5 Va
29	υ	UMa	3888	09 51 09.9	+59 01 37	fvd	3.80	+0.18	+0.28	F0 IV
39	υ¹	Hya	3903	09 51 35.9	−14 51 30		4.12	+0.65	+0.92	G8.5 IIIa
24	μ	Leo	3905	09 52 54.3	+25 59 42	fs	3.88	+1.39	+1.22	K2 III CN 1 Ca 1
			3923	09 54 59.3	−19 01 17	f6	4.94	+1.93	+1.57	K5 III
	φ	Vel	3940	09 56 57.0	−54 34 47	fd	3.54	−0.62	−0.08	B5 Ib
19		LMi	3928	09 57 50.2	+41 02 37	f6	5.14	0.00	+0.46	F5 V
	η	Ant	3947	09 58 58.7	−35 54 11	fd	5.23	+0.08	+0.31	F1 III−IV
29	π	Leo	3950	10 00 20.7	+08 01 56	fv	4.70	+1.93	+1.60	M2− IIIab
20		LMi	3951	10 01 09.3	+31 54 41	fd	5.36	+0.27	+0.66	G3 Va Hδ 1
40	υ²	Hya	3970	10 05 14.8	−13 04 37	fv6	4.60	−0.27	−0.09	B8 V
30	η	Leo	3975	10 07 28.1	+16 45 01	fasvd	3.52	−0.21	−0.03	A0 Ib
21		LMi	3974	10 07 34.6	+35 13 57	v	4.48	+0.08	+0.18	A7 V
31		Leo	3980	10 08 02.2	+09 59 07	d	4.37	+1.75	+1.45	K3.5 IIIb Fe−1:
15	α	Sex	3981	10 08 04.0	−00 23 02		4.49	−0.07	−0.04	A0 III
32	α	Leo	3982	10 08 30.3	+11 57 18	fvd6	1.35	−0.36	−0.11	B7 Vn
41	λ	Hya	3994	10 10 42.6	−12 21 59	fd6	3.61	+0.92	+1.01	K0 III CN 0.5
	ω	Car	4037	10 13 47.8	−70 03 01	f	3.32	−0.33	−0.08	B8 IIIn
			4023	10 14 50.5	−42 08 04	f6	3.85	+0.06	+0.05	A2 Va
36	ζ	Leo	4031	10 16 49.7	+23 24 17	fdasv6	3.44	+0.20	+0.31	F0 III
	v337	Car	4050	10 17 10.0	−61 20 42	fvd	3.40	+1.72	+1.54	K2.5 II
33	λ	UMa	4033	10 17 14.8	+42 54 07	fs	3.45	+0.06	+0.03	A1 IV
22	ε	Sex	4042	10 17 45.3	−08 04 53	f	5.24	+0.13	+0.31	F1 IV−
	AG	Ant	4049	10 18 14.5	−29 00 16	f	5.34		+0.24	A0p Ib−II

Flamsteed/Bayer Designation			BS=HR No.	Right Ascension	Declination	Notes	V	U − B	B − V	Spectral Type
				h m s	° ′ ″					
41	γ^1	Leo	4057	10 20 06.6	+19 49 44	vd6	2.61	+1.00	+1.15	K1⁻ IIIb Fe−0.5
41	γ^2	Leo	4058	10 20 06.9	+19 49 40	d	3.47			G7 III Fe−1.5
			4074	10 21 00.5	−56 03 21	d7	4.50	−0.58	−0.12	B3 III
			4080	10 22 26.1	−41 39 46	fv	4.83	+1.08	+1.12	K1 III
34	μ	UMa	4069	10 22 28.6	+41 29 13	fv6	3.05	+1.89	+1.59	M0 III
			4086	10 23 35.9	−38 01 22	f	5.33		+0.25	A8 V
			4072	10 24 18.5	+65 33 13	fv6	4.97	−0.13	−0.06	A0p Hg
			4102	10 24 26.6	−74 02 40	fv6	4.00	−0.01	+0.35	F2 V
42	μ	Hya	4094	10 26 12.7	−16 50 57	f	3.81	+1.82	+1.48	K4⁺ III
	α	Ant	4104	10 27 16.0	−31 04 50	fv6	4.25	+1.63	+1.45	K4.5 III
			4114	10 27 58.3	−58 45 08	fv	3.82	+0.24	+0.31	F0 Ib
31	β	LMi	4100	10 28 01.6	+36 41 40	fd67	4.21	+0.64	+0.90	G9 IIIab
29	δ	Sex	4116	10 29 36.3	−02 45 07	f	5.21	−0.12	−0.06	B9.5 V
36		UMa	4112	10 30 47.1	+55 58 04	fd	4.83	−0.01	+0.52	F8 V
			4084	10 31 21.8	+82 32 45	fv	5.26	−0.05	+0.37	F4 V
	PP	Car	4140	10 32 06.8	−61 41 54	fv	3.32	−0.72	−0.09	B4 Vne
46		Leo	4127	10 32 19.1	−14 09 00	f	5.46	+2.04	+1.68	M1 IIIb
47	ρ	Leo	4133	10 32 56.6	+09 17 37	fvd6	3.85	−0.96	−0.14	B1 Iab
			4143	10 33 03.2	−47 00 59	fd7	5.02	+0.59	+1.04	K1/2 III
44		Hya	4145	10 34 08.0	−23 45 29	fd	5.08	+1.82	+1.60	K5 III
			4126	10 35 17.9	+75 42 00	f	4.84	+0.72	+0.96	G8 III
37		UMa	4141	10 35 19.3	+57 04 11	f	5.16	−0.02	+0.34	F1 V
	γ	Cha	4174	10 35 29.7	−78 37 15	fv	4.11	+1.95	+1.58	M0 III
			4159	10 35 41.1	−57 34 14	v6	4.45	+1.79	+1.62	K5 II
			4167	10 37 24.4	−48 14 20	d67	3.84	+0.07	+0.30	F0m
37		LMi	4166	10 38 51.6	+31 57 47	f	4.71	+0.54	+0.81	G2.5 IIa
			4180	10 39 24.4	−55 36 59	fd	4.28	+0.75	+1.04	G2 II
	θ	Car	4199	10 43 02.7	−64 24 27	f6	2.76	−1.01	−0.22	B0.5 Vp
			4181	10 43 14.6	+69 03 47	f	5.00	+1.54	+1.38	K3 III
41		LMi	4192	10 43 33.1	+23 10 31	f	5.08	+0.05	+0.04	A2 IV
			4191	10 43 41.7	+46 11 26	fd6	5.18	+0.01	+0.33	F5 III
	η	Car	4210	10 45 09.5	−59 41 51	vd	−1−8	−0.45	+0.61	pec.
	δ^2	Cha	4234	10 45 48.1	−80 33 12	f	4.45	−0.70	−0.19	B2.5 IV
42		LMi	4203	10 46 00.2	+30 40 09	fd6	5.24	−0.14	−0.06	A1 Vn
51		Leo	4208	10 46 32.6	+18 52 42	f	5.50	+1.15	+1.13	gK3
	μ	Vel	4216	10 46 52.7	−49 26 00	cd67	2.69	+0.57	+0.90	G5 III + F8: V
53		Leo	4227	10 49 23.3	+10 31 55	f6	5.34	+0.02	+0.03	A2 V
	ν	Hya	4232	10 49 44.9	−16 12 25	f	3.11	+1.30	+1.25	K1.5 IIIb Hδ−0.5
46		LMi	4247	10 53 27.1	+34 12 05	fv	3.83	+0.91	+1.04	K0⁺ III−IV
			4257	10 53 35.8	−58 52 00	vd6	3.78	+0.65	+0.95	K0 IIIb
54		Leo	4259	10 55 44.9	+24 44 11	cd	4.50	+0.01	+0.01	A1 IIIn + A1 IVn
	ι	Ant	4273	10 56 50.1	−37 09 05	f	4.60	+0.84	+1.03	K0 III
47		UMa	4277	10 59 36.3	+40 25 01	f	5.05	+0.13	+0.61	G1⁻ V Fe−0.5
7	α	Crt	4287	10 59 53.8	−18 18 44	f	4.08	+1.00	+1.09	K0⁺ III
			4293	11 00 16.2	−42 14 22	f	4.39	+0.12	+0.11	A3 IV
58		Leo	4291	11 00 41.4	+03 36 14	fd	4.84	+1.12	+1.16	K0.5 III Fe−0.5
48	β	UMa	4295	11 01 59.5	+56 22 08	fv6	2.37	+0.01	−0.02	A0m A1 IV−V
60		Leo	4300	11 02 27.8	+20 09 59		4.42	+0.05	+0.05	A0.5m A3 V
50	α	UMa	4301	11 03 52.8	+61 44 14	fvd6	1.80	+0.90	+1.07	K0⁻ IIIa
63	χ	Leo	4310	11 05 08.8	+07 19 21	fvd7	4.63	+0.08	+0.33	F1 IV

Flamsteed/Bayer Designation		BS=HR No.	Right Ascension	Declination	Notes	V	U−B	B−V	Spectral Type
			h m s	° ′ ″					
	χ¹ Hya	4314	11 05 27.2	−27 18 26	fd7	4.94	+0.04	+0.36	F3 IV
	v382 Car	4337	11 08 41.8	−58 59 19	fcv6	3.91	+0.94	+1.23	G4 0−Ia
52	ψ UMa	4335	11 09 48.2	+44 29 06	f	3.01	+1.11	+1.14	K1 III
11	β Crt	4343	11 11 46.9	−22 50 22	f6	4.48	+0.06	+0.03	A2 IV
		4350	11 12 39.9	−49 06 53	f6	5.36		+0.18	A3 IV/V
68	δ Leo	4357	11 14 14.5	+20 30 36	fvd	2.56	+0.12	+0.12	A4 IV
70	θ Leo	4359	11 14 22.3	+15 24 57	fv	3.34	+0.06	−0.01	A2 IV (Kvar)
74	φ Leo	4368	11 16 47.3	−03 39 55	fd	4.47	+0.14	+0.21	A7 V⁺n
	SV Crt	4369	11 17 05.8	−07 08 56	svd67	6.14	+0.15	+0.20	A8p Sr Cr
53	ξ UMa	4375	11 18 18.9	+31 30 55	cvd6	4.32	+0.04	+0.59	F8.5 V + G2 V
54	ν UMa	4377	11 18 36.8	+33 04 50	fd6	3.48	+1.55	+1.40	K3⁻ III
55	UMa	4380	11 19 16.0	+38 10 19	fd6	4.78	+0.03	+0.12	A1 Va
12	δ Crt	4382	11 19 28.0	−14 47 32	f6	3.56	+0.97	+1.12	G9 IIIb CH 0.2
	π Cen	4390	11 21 07.3	−54 30 17	fd7	3.89	−0.59	−0.15	B5 Vn
77	σ Leo	4386	11 21 15.9	+06 00 56	f6	4.05	−0.12	−0.06	A0 III⁺
78	ι Leo	4399	11 24 03.3	+10 30 55	vd67	3.94	+0.07	+0.41	F2 IV
15	γ Crt	4405	11 25 00.4	−17 41 52	fd	4.08	+0.11	+0.21	A7 V
84	τ Leo	4418	11 28 04.0	+02 50 33	fd	4.95	+0.79	+1.00	G7.5 IIIa
1	λ Dra	4434	11 31 33.0	+69 19 02	fv	3.84	+1.97	+1.62	M0 III Ca−1
	ξ Hya	4450	11 33 07.5	−31 52 17	fd	3.54	+0.71	+0.94	G7 III
	λ Cen	4467	11 35 53.8	−63 02 01	fd	3.13	−0.17	−0.04	B9.5 IIn
		4466	11 36 02.9	−47 39 20	f	5.25	+0.12	+0.25	A7m
21	θ Crt	4468	11 36 48.5	−09 48 58	f6	4.70	−0.18	−0.08	B9.5 Vn
91	υ Leo	4471	11 37 04.6	−00 50 15	fd	4.30	+0.75	+1.00	G8⁺ IIIb
	o Hya	4494	11 40 20.3	−34 45 31	f	4.70	−0.22	−0.07	B9 V
61	UMa	4496	11 41 10.9	+34 11 15	fdasv	5.33	+0.25	+0.72	G8 V
3	Dra	4504	11 42 36.6	+66 43 52	f	5.30	+1.24	+1.28	K3 III
	v810 Cen	4511	11 43 38.5	−62 30 12	sv	5.03	+0.35	+0.80	G0 0−Ia Fe 1
27	ζ Crt	4514	11 44 53.4	−18 21 53	f	4.73	+0.74	+0.97	G8 IIIa
	λ Mus	4520	11 45 43.5	−66 44 33	fd	3.64	+0.15	+0.16	A7 IV
3	ν Vir	4517	11 45 59.3	+06 30 55	fv	4.03	+1.79	+1.51	M1 III
63	χ UMa	4518	11 46 10.9	+47 45 56	fv	3.71	+1.16	+1.18	K0.5 IIIb
		4522	11 46 38.1	−61 11 32	fvd	4.11	+0.58	+0.90	G3 II
93	DQ Leo	4527	11 48 06.9	+20 12 18	fcvd6	4.53	+0.28	+0.55	G4 III−IV + A7 V
	II Hya	4532	11 48 52.7	−26 45 49	fv	5.11	+1.67	+1.60	M4⁺ III
94	β Leo	4534	11 49 11.2	+14 33 29	fvd	2.14	+0.07	+0.09	A3 Va
		4537	11 49 48.5	−63 48 09	v	4.32	−0.59	−0.15	B3 V
5	β Vir	4540	11 50 49.5	+01 45 02	fd	3.61	+0.11	+0.55	F9 V
		4546	11 51 16.2	−45 11 15	f	4.46	+1.46	+1.30	K3 III
	β Hya	4552	11 53 02.2	−33 55 19	vd7	4.28	−0.33	−0.10	Ap Si
64	γ UMa	4554	11 53 57.7	+53 40 51	fav6	2.44	+0.02	0.00	A0 Van
95	Leo	4564	11 55 48.2	+15 37 58	fd6	5.53	+0.12	+0.11	A3 V
30	η Crt	4567	11 56 08.6	−17 09 53	fv	5.18	0.00	−0.02	A0 Va
8	π Vir	4589	12 01 00.1	+06 36 01	fd6	4.66	+0.11	+0.13	A5 IV
	θ¹ Cru	4599	12 03 09.3	−63 19 37	d6	4.33	+0.04	+0.27	A8m
		4600	12 03 47.4	−42 26 53	f	5.15	−0.03	+0.41	F6 V
9	o Vir	4608	12 05 20.2	+08 43 09	fs	4.12	+0.63	+0.98	G8 IIIa CN−1 Ba 1 CH 1
	η Cru	4616	12 07 00.8	−64 37 39	d6	4.15	+0.03	+0.34	F2 V⁺
		4618	12 08 13.0	−50 40 31	d	4.47	−0.67	−0.15	B2 IIIne
	δ Cen	4621	12 08 29.3	−50 44 11	fvd	2.60	−0.90	−0.12	B2 IVne

Flamsteed/Bayer Designation		BS=HR No.	Right Ascension	Declination	Notes	V	U−B	B−V	Spectral Type
			h m s	° ′ ″					
1	α Crv	4623	12 08 32.5	−24 44 34		4.02	−0.02	+0.32	F0 IV−V
2	ε Crv	4630	12 10 15.2	−22 38 01	fv	3.00	+1.47	+1.33	K2.5 IIIa
	ρ Cen	4638	12 11 47.0	−52 22 57		3.96	−0.62	−0.15	B3 V
		4646	12 12 18.8	+77 36 09	f6	5.14	+0.10	+0.33	F2m
	δ Cru	4656	12 15 16.7	−58 45 46	fv	2.80	−0.91	−0.23	B2 IV
69	δ UMa	4660	12 15 32.9	+57 01 07	fvd	3.31	+0.07	+0.08	A2 Van
4	γ Crv	4662	12 15 56.1	−17 33 21	fv6	2.59	−0.34	−0.11	B8p Hg Mn
	ε Mus	4671	12 17 42.5	−67 58 29	v6	4.11	+1.55	+1.58	M5 III
	β Cha	4674	12 18 29.8	−79 19 34	fv	4.26	−0.51	−0.12	B5 Vn
	ζ Cru	4679	12 18 34.4	−64 01 01	d	4.04	−0.69	−0.17	B2.5 V
3	CVn	4690	12 19 56.1	+48 58 13	f	5.29	+1.97	+1.66	M1⁺ IIIab
15	η Vir	4689	12 20 02.0	−00 40 50	fvd6	3.89	+0.06	+0.02	A1 IV⁺
16	Vir	4695	12 20 28.6	+03 17 55	fvd	4.96	+1.15	+1.16	K0.5 IIIb Fe−0.5
	ε Cru	4700	12 21 29.8	−60 24 54	v	3.59	+1.63	+1.42	K3 III
12	Com	4707	12 22 37.8	+25 49 56	fcvd6	4.81	+0.26	+0.49	G5 III + A5
6	CVn	4728	12 25 58.3	+39 00 17	f	5.02	+0.73	+0.96	G9 III
	α¹ Cru	4730	12 26 44.3	−63 06 46	fcd6	1.33	−1.03	−0.24	B0.5 IV
	α² Cru	4731	12 26 45.0	−63 06 48	cd	1.73	−0.95	−0.26	B1 Vn
15	γ Com	4737	12 27 03.7	+28 15 16		4.36	+1.15	+1.13	K1 III Fe 0.5
	σ Cen	4743	12 28 10.6	−50 14 40	f	3.91	−0.78	−0.19	B2 V
		4748	12 28 30.5	−39 03 18	f	5.44		−0.08	B8/9 V
7	δ Crv	4757	12 29 59.6	−16 31 46	fvd7	2.95	−0.08	−0.05	B9.5 IV⁻n
74	UMa	4760	12 30 04.3	+58 23 31	f	5.35	+0.14	+0.20	δ Del
	γ Cru	4763	12 31 18.3	−57 07 38	fvd	1.63	+1.78	+1.59	M3.5 III
8	η Crv	4775	12 32 12.0	−16 12 36	v6	4.31	+0.01	+0.38	F2 V
	γ Mus	4773	12 32 37.1	−72 08 48	f	3.87	−0.62	−0.15	B5 V
5	κ Dra	4787	12 33 35.3	+69 46 28	fv6	3.87	−0.57	−0.13	B6 IIIpe
		4783	12 33 46.3	+33 14 02	f	5.42	+0.83	+1.00	K0 III CN−1
8	β CVn	4785	12 33 51.6	+41 20 38	fasv6	4.26	+0.05	+0.59	G0 V
9	β Crv	4786	12 34 31.1	−23 24 38	fv	2.65	+0.60	+0.89	G5 IIb
23	Com	4789	12 34 58.5	+22 36 56	fd6	4.81	−0.01	0.00	A0m A1 IV
24	Com	4792	12 35 15.3	+18 21 48	fvd	5.02	+1.11	+1.15	K2 III
	α Mus	4798	12 37 20.0	−69 08 57	fvd	2.69	−0.83	−0.20	B2 IV−V
	τ Cen	4802	12 37 50.4	−48 33 18		3.86	+0.03	+0.05	A1 IVnn
26	χ Vir	4813	12 39 22.5	−08 00 34	fd	4.66	+1.39	+1.23	K2 III CN 1.5
	γ Cen	4819	12 41 39.3	−48 58 24	d67	2.17	−0.01	−0.01	A1 IV
29	γ Vir	4825	12 41 47.2	−01 27 47	cvd6	3.48	−0.03	+0.36	F1 V
29	γ Vir	4826	12 41 47.2	−01 27 47	cvd	3.50	−0.03	+0.36	F0m F2 V
30	ρ Vir	4828	12 42 00.7	+10 13 19	fv6	4.88	+0.03	+0.09	A0 Va (λ Boo)
		4839	12 44 08.6	−28 20 16	f	5.48	+1.50	+1.34	K3 III
	Y CVn	4846	12 45 14.9	+45 25 36	fv	4.99	+6.33	+2.54	C5,5
32	FM Vir	4847	12 45 44.6	+07 39 35	fv6	5.22	+0.15	+0.33	F2m
	β Mus	4844	12 46 26.3	−68 07 19	cd7	3.05	−0.74	−0.18	B2 V + B2.5 V
	β Cru	4853	12 47 52.1	−59 42 09	fvd6	1.25	−1.00	−0.23	B0.5 III
		4874	12 50 49.4	−34 00 47	fd	4.91	−0.11	−0.04	A0 IV
31	Com	4883	12 51 49.2	+27 31 38	fs	4.94	+0.20	+0.67	G0 IIIp
		4888	12 53 15.4	−48 57 24	6	4.33	+1.58	+1.37	K3/4 III
		4889	12 53 34.5	−40 11 33	f	4.27	+0.12	+0.21	A7 V
77	ε UMa	4905	12 54 08.3	+55 56 47	fvd6	1.77	+0.02	−0.02	A0p Cr
40	ψ Vir	4902	12 54 29.0	−09 33 09	fvd	4.79	+1.53	+1.60	M3⁻ III Ca−1

Flamsteed/Bayer Designation		BS=HR No.	Right Ascension	Declination	Notes	V	U−B	B−V	Spectral Type
	μ^1 Cru	4898	12 54 44.6	−57 11 29	d	4.03	−0.76	−0.17	B2 IV−V
	ι Oct	4870	12 55 15.8	−85 08 13	fd	5.46	+0.79	+1.02	K0 III
8	Dra	4916	12 55 34.5	+65 25 30	f	5.24	+0.02	+0.28	F0 IV−V
43	δ Vir	4910	12 55 43.8	+03 23 02	fvd	3.38	+1.78	+1.58	M3+ III
12	α^2 CVn	4915	12 56 08.7	+38 18 18	fvd	2.90	−0.32	−0.12	A0p Si Eu
78	UMa	4931	13 00 50.2	+56 21 11	asvd7	4.93	+0.01	+0.36	F2 V
47	ϵ Vir	4932	13 02 18.1	+10 56 45	fasvd	2.83	+0.73	+0.94	G8 IIIab
	δ Mus	4923	13 02 26.7	−71 33 44	f6	3.62	+1.26	+1.18	K2 III
14	CVn	4943	13 05 51.4	+35 47 08	fv	5.25	−0.20	−0.08	B9 V
	ξ^2 Cen	4942	13 07 03.5	−49 55 11	fd6	4.27	−0.79	−0.19	B1.5 V
51	θ Vir	4963	13 10 04.8	−05 33 08	fd6	4.38	−0.01	−0.01	A1 IV
43	β Com	4983	13 11 59.4	+27 51 56	fd6	4.26	+0.07	+0.57	F9.5 V
	η Mus	4993	13 15 25.2	−67 54 28	fvd6	4.80	−0.35	−0.08	B7 V
		5006	13 17 01.5	−31 31 10	f	5.10	+0.61	+0.96	K0 III
20	AO CVn	5017	13 17 39.3	+40 33 34	fsv	4.73	+0.21	+0.30	F2 III (str. met.)
60	σ Vir	5015	13 17 43.9	+05 27 24	fv	4.80	+1.95	+1.67	M1 III
61	Vir	5019	13 18 32.2	−18 19 30	fd	4.74	+0.26	+0.71	G6.5 V
46	γ Hya	5020	13 19 03.5	−23 11 05	fvd	3.00	+0.66	+0.92	G8 IIIa
	ι Cen	5028	13 20 44.3	−36 43 32	f	2.75	+0.03	+0.04	A2 Va
		5035	13 22 47.7	−61 00 05	fd	4.53	−0.60	−0.13	B3 V
79	ζ UMa	5054	13 24 01.6	+54 54 45	fvd6	2.27	+0.03	+0.02	A1 Va+ (Si)
79	ζ UMa	5055	13 24 02.4	+54 54 31	vd6	3.95	+0.09	+0.13	A1m A7 IV−V
67	α Vir	5056	13 25 19.5	−11 10 27	fvd6	0.98	−0.93	−0.23	B1 V
80	UMa	5062	13 25 19.5	+54 58 30	v6	4.01	+0.08	+0.16	A5 Vn
68	Vir	5064	13 26 51.1	−12 43 14	fv	5.25	+1.75	+1.52	M0 III
		5085	13 28 32.6	+59 55 59	fd	5.40	−0.02	−0.01	A1 Vn
70	Vir	5072	13 28 33.1	+13 45 56	fd	4.98	+0.26	+0.71	G4 V
		5089	13 31 11.4	−39 25 13	vd67	3.88	+1.03	+1.17	G8 III
78	CW Vir	5105	13 34 15.5	+03 38 46	fv6	4.94	0.00	+0.03	A1p Cr Eu
79	ζ Vir	5107	13 34 49.2	−00 36 31	f	3.37	+0.10	+0.11	A2 IV−
	BH CVn	5110	13 34 54.5	+37 10 11	fv6	4.98	+0.06	+0.40	F1 V+
		5139	13 37 14.6	+71 13 46	f	5.50		+1.20	gK2
	ϵ Cen	5132	13 40 02.8	−53 28 44	fvd	2.30	−0.92	−0.22	B1 III
	v744 Cen	5134	13 40 09.0	−49 57 46	sv	6.00	+1.15	+1.50	M6 III
82	Vir	5150	13 41 44.7	−08 42 56	fv	5.01	+1.95	+1.63	M1.5 III
1	Cen	5168	13 45 49.8	−33 03 23	fv6	4.23	0.00	+0.38	F2 V+
	v766 Cen	5171	13 47 21.3	−62 36 09	svd	6.51	+1.19	+1.98	K0 0−Ia
4	τ Boo	5185	13 47 22.9	+17 26 40	fvd7	4.50	+0.04	+0.48	F7 V
85	η UMa	5191	13 47 38.3	+49 18 03	fav6	1.86	−0.67	−0.19	B3 V
2	v806 Cen	5192	13 49 35.5	−34 27 47	v	4.19	+1.45	+1.50	M4.5 III
5	υ Boo	5200	13 49 35.9	+15 47 08	v	4.07	+1.87	+1.52	K5.5 III
	ν Cen	5190	13 49 39.4	−41 42 00	v6	3.41	−0.84	−0.22	B2 IV
	μ Cen	5193	13 49 46.1	−42 29 10	fsvd6	3.04	−0.72	−0.17	B2 IV−Vpne (shell)
89	Vir	5196	13 50 00.5	−18 08 48	f	4.97	+0.92	+1.06	K0.5 III
10	CU Dra	5226	13 51 30.3	+64 42 39	fvd	4.65	+1.89	+1.58	M3.5 III
8	η Boo	5235	13 54 48.2	+18 23 07	fasd6	2.68	+0.20	+0.58	G0 IV
	ζ Cen	5231	13 55 41.8	−47 18 02	f6	2.55	−0.92	−0.22	B2.5 IV
		5241	13 57 49.9	−63 41 56	f	4.71	+1.04	+1.11	K1.5 III
	ϕ Cen	5248	13 58 25.4	−42 06 46	v	3.83	−0.83	−0.21	B2 IV
47	Hya	5250	13 58 39.6	−24 59 04	f6	5.15	−0.40	−0.10	B8 V

Flamsteed/Bayer Designation		BS=HR No.	Right Ascension	Declination	Notes	V	U−B	B−V	Spectral Type
	v^1 Cen	5249	h m s 13 58 50.1	° ′ ″ −44 48 56		3.87	−0.80	−0.20	B2 IV−V
93	τ Vir	5264	14 01 46.4	+01 31 57	fd6	4.26	+0.12	+0.10	A3 IV
	v^2 Cen	5260	14 01 52.8	−45 36 56	6	4.34	+0.27	+0.60	F6 II
		5270	14 02 39.2	+09 40 27	sv	6.20	+0.38	+0.90	G8: II: Fe−5
	β Cen	5267	14 04 00.1	−60 23 06	fvd6	0.61	−0.98	−0.23	B1 III
11	α Dra	5291	14 04 27.4	+64 21 50	fsv6	3.65	−0.08	−0.05	A0 III
	θ Aps	5261	14 05 34.9	−76 48 31	fsv	5.50	+1.05	+1.55	M6.5 III:
	χ Cen	5285	14 06 12.0	−41 11 29	v	4.36	−0.77	−0.19	B2 V
49	π Hya	5287	14 06 30.9	−26 41 40	f	3.27	+1.04	+1.12	K2⁻ III Fe−0.5
5	θ Cen	5288	14 06 49.8	−36 22 56	fd	2.06	+0.87	+1.01	K0⁻ IIIb
	BY Boo	5299	14 08 01.7	+43 50 34	fv	5.27	+1.66	+1.59	M4.5 III
4	UMi	5321	14 08 50.5	+77 32 09	f6	4.82	+1.39	+1.36	K3⁻ IIIb Fe−0.5
12	Boo	5304	14 10 30.8	+25 04 48	fd6	4.83	+0.07	+0.54	F8 IV
98	κ Vir	5315	14 13 01.8	−10 17 07	f	4.19	+1.47	+1.33	K2.5 III Fe−0.5
16	α Boo	5340	14 15 46.5	+19 10 10	fv	−0.04	+1.27	+1.23	K1.5 III Fe−0.5
99	ι Vir	5338	14 16 08.8	−06 00 45	fv	4.08	+0.04	+0.52	F7 III−IV
21	ι Boo	5350	14 16 15.2	+51 21 21	fvd6	4.75	+0.06	+0.20	A7 IV
19	λ Boo	5351	14 16 28.7	+46 04 37	fv	4.18	+0.05	+0.08	A0 Va (λ Boo)
		5361	14 18 06.2	+35 29 53	f6	4.81	+0.92	+1.06	K0 III
100	λ Vir	5359	14 19 14.7	−13 22 57	fvd6	4.52	+0.12	+0.13	A5m:
18	Boo	5365	14 19 23.6	+12 59 34	fd	5.41	−0.03	+0.38	F3 V
	ι Lup	5354	14 19 33.9	−46 04 09	v	3.55	−0.72	−0.18	B2.5 IVn
		5358	14 20 30.1	−56 23 53	f	4.33	−0.43	+0.12	B6 Ib
	ψ Cen	5367	14 20 42.6	−37 53 48	fd	4.05	−0.11	−0.03	A0 III
	v761 Cen	5378	14 23 11.5	−39 31 24	v	4.42	−0.75	−0.18	B7 IIIp (var)
		5392	14 24 18.8	+05 48 32	f6	5.10	+0.10	+0.12	A5 V
		5390	14 24 57.2	−24 49 03	f	5.32	+0.71	+0.96	K0 III
23	θ Boo	5404	14 25 16.9	+51 50 21	fvd	4.05	+0.01	+0.50	F7 V
	$τ^1$ Lup	5395	14 26 17.9	−45 13 57	fvd	4.56	−0.79	−0.15	B2 IV
	$τ^2$ Lup	5396	14 26 20.5	−45 23 26	cd67	4.35	+0.19	+0.43	F4 IV + A7:
22	Boo	5405	14 26 34.3	+19 12 57	f	5.39	+0.23	+0.23	F0m
	δ Oct	5339	14 27 20.6	−83 40 44	v	4.32	+1.45	+1.31	K2 III
5	UMi	5430	14 27 31.4	+75 41 06	fvd	4.25	+1.70	+1.44	K4⁻ III
52	Hya	5407	14 28 19.2	−29 30 10	fvd	4.97	−0.41	−0.07	B8 IV
105	φ Vir	5409	14 28 19.9	−02 14 21	fsvd67	4.81	+0.21	+0.70	G2 IV
25	ρ Boo	5429	14 31 56.3	+30 21 38	favd	3.58	+1.44	+1.30	K3 III
27	γ Boo	5435	14 32 10.7	+38 17 51	fvd	3.03	+0.12	+0.19	A7 IV⁺
	σ Lup	5425	14 32 47.1	−50 28 05		4.42	−0.84	−0.19	B2 III
28	σ Boo	5447	14 34 47.4	+29 44 04	fvd	4.46	−0.08	+0.36	F2 V
	η Cen	5440	14 35 40.0	−42 10 07	fv7	2.31	−0.83	−0.19	B1.5 IVpne (shell)
	ρ Lup	5453	14 38 03.4	−49 26 11	v	4.05	−0.56	−0.15	B5 V
33	Boo	5468	14 38 55.8	+44 23 38	f6	5.39	−0.04	0.00	A1 V
	$α^2$ Cen	5460	14 39 45.5	−60 50 49	fd	1.33	+0.68	+0.88	K1 V
	$α^1$ Cen	5459	14 39 46.7	−60 50 40	fd6	−0.01	+0.24	+0.71	G2 V
30	ζ Boo	5478	14 41 16.1	+13 43 04	cvd6	4.52	+0.05	+0.05	A2 Va
	α Lup	5469	14 42 05.8	−47 23 56	fvd6	2.30	−0.89	−0.20	B1.5 III
		5471	14 42 07.0	−37 48 15		4.00	−0.70	−0.17	B3 V
	α Cir	5463	14 42 42.7	−64 59 09	fvd6	3.19	+0.12	+0.24	A7p Sr Eu
107	μ Vir	5487	14 43 11.6	−05 40 08	f6	3.88	−0.02	+0.38	F2 V
34	W Boo	5490	14 43 32.0	+26 31 02	fv	4.81	+1.94	+1.66	M3⁻ III

Flamsteed/Bayer Designation			BS=HR No.	Right Ascension	Declination	Notes	V	U−B	B−V	Spectral Type
				h m s	° ′ ″					
			5485	14 43 48.7	−35 11 04	f	4.05	+1.53	+1.35	K3 IIIb
36	ε	Boo	5506	14 45 05.8	+27 03 50	d	2.70	+0.73	+0.97	K0⁻ II−III
109		Vir	5511	14 46 22.5	+01 52 57	fv	3.72	−0.03	−0.01	A0 IVnn
			5495	14 47 11.9	−52 23 38	fd	5.21		+0.98	G8 III
56		Hya	5516	14 47 53.6	−26 05 52	f	5.24	+0.65	+0.94	G8/K0 III
	α	Aps	5470	14 48 10.9	−79 03 18	f	3.83	+1.68	+1.43	K3 III CN 0.5
58		Hya	5526	14 50 26.2	−27 58 14		4.41	+1.49	+1.40	K2.5 IIIb Fe−1:
7	β	UMi	5563	14 50 42.0	+74 08 43	fvd	2.08	+1.78	+1.47	K4⁻ III
8	α¹	Lib	5530	14 50 49.5	−16 00 27	fd	5.15	−0.03	+0.41	F3 V
9	α²	Lib	5531	14 51 01.0	−16 03 07	fvd6	2.75	+0.09	+0.15	A3 III−IV
			5552	14 51 30.2	+59 17 02	f	5.46	+1.60	+1.36	K4 III
	o	Lup	5528	14 51 48.2	−43 35 08	d67	4.32	−0.61	−0.15	B5 IV
			5558	14 55 54.0	−33 51 57	fd6	5.32		+0.04	A0 V
15	ξ²	Lib	5564	14 56 54.3	−11 25 11	f	5.46	+1.70	+1.49	gK4
16		Lib	5570	14 57 18.8	−04 21 24		4.49	+0.05	+0.32	F0 IV⁻
	RR	UMi	5589	14 57 37.4	+65 55 21	fv6	4.60	+1.59	+1.59	M4.5 III
	β	Lup	5571	14 58 41.8	−43 08 38	f	2.68	−0.87	−0.22	B2 IV
	κ	Cen	5576	14 59 19.5	−42 06 51	fvd	3.13	−0.79	−0.20	B2 V
19	δ	Lib	5586	15 01 06.4	−08 31 44	fvd6	4.92	−0.10	0.00	B9.5 V
42	β	Boo	5602	15 02 02.4	+40 22 51	fv	3.50	+0.72	+0.97	G8 IIIa Fe−0.5
110		Vir	5601	15 03 01.6	+02 04 53		4.40	+0.88	+1.04	K0⁺ IIIb Fe−0.5
20	σ	Lib	5603	15 04 13.0	−25 17 30	fv	3.29	+1.94	+1.70	M2.5 III
43	ψ	Boo	5616	15 04 33.2	+26 56 17	f	4.54	+1.33	+1.24	K2 III
			5635	15 06 21.0	+54 32 48	f	5.25	+0.64	+0.96	G8 III Fe−1
45		Boo	5634	15 07 24.7	+24 51 34	fvd	4.93	−0.02	+0.43	F5 V
	λ	Lup	5626	15 09 00.7	−45 17 21	d67	4.05	−0.68	−0.18	B3 V
	κ¹	Lup	5646	15 12 06.6	−48 44 50	fd	3.87	−0.13	−0.05	B9.5 IVnn
24	ι	Lib	5652	15 12 21.9	−19 48 04	fvd6	4.54	−0.35	−0.08	B9p Si
	ζ	Lup	5649	15 12 28.0	−52 06 31	fd	3.41	+0.66	+0.92	G8 III
			5691	15 14 40.1	+67 20 14	f	5.13	+0.08	+0.53	F8 V
1		Lup	5660	15 14 46.6	−31 31 42	f	4.91	+0.28	+0.37	F0 Ib−II
3		Ser	5675	15 15 18.8	+04 55 49	f	5.33	+0.91	+1.09	gK0
49	δ	Boo	5681	15 15 36.2	+33 18 20	fvd6	3.47	+0.66	+0.95	G8 III Fe−1
27	β	Lib	5685	15 17 08.5	−09 23 31	fv6	2.61	−0.36	−0.11	B8 IIIn
	β	Cir	5670	15 17 42.7	−58 48 37	f	4.07	+0.09	+0.09	A3 Vb
2		Lup	5686	15 17 59.0	−30 09 28	v	4.34	+1.07	+1.10	K0⁻ IIIa CH−1
	μ	Lup	5683	15 18 42.5	−47 53 03	d7	4.27	−0.37	−0.08	B8 V
	γ	TrA	5671	15 19 08.7	−68 41 19	fv	2.89	−0.02	0.00	A1 III
13	γ	UMi	5735	15 20 43.6	+71 49 30	fv	3.05	+0.12	+0.05	A3 III
	δ	Lup	5695	15 21 32.2	−40 39 23	fv	3.22	−0.89	−0.22	B1.5 IVn
	φ¹	Lup	5705	15 21 57.9	−36 16 13	fd	3.56	+1.88	+1.54	K4 III
	ε	Lup	5708	15 22 51.1	−44 41 54	d67	3.37	−0.75	−0.18	B2 IV−V
	φ²	Lup	5712	15 23 19.0	−36 52 02	f	4.54	−0.63	−0.15	B4 V
	γ	Cir	5704	15 23 34.8	−59 19 47	c7d	4.51	−0.35	+0.19	B5 IV
51	μ¹	Boo	5733	15 24 35.1	+37 22 07	fvd6	4.31	+0.07	+0.31	F0 IV
12	ι	Dra	5744	15 24 59.1	+58 57 27	fvd	3.29	+1.22	+1.16	K2 III
9	τ¹	Ser	5739	15 25 54.4	+15 25 10	fv	5.17	+1.95	+1.66	M1 IIIa
3	β	CrB	5747	15 27 55.9	+29 05 50	fvd6	3.68	+0.11	+0.28	F0p Cr Eu
52	ν¹	Boo	5763	15 31 01.2	+40 49 29	f	5.02	+1.90	+1.59	K4.5 IIIb Ba 0.5
	κ¹	Aps	5730	15 31 47.4	−73 23 53	fvd	5.49	−0.77	−0.12	B1pne

Flamsteed/Bayer Designation			BS=HR No.	Right Ascension	Declination	Notes	V	U−B	B−V	Spectral Type
				h m s	° ′ ″					
4	θ	CrB	5778	15 33 01.8	+31 21 03	fvd	4.14	−0.54	−0.13	B6 Vnn
37		Lib	5777	15 34 18.9	−10 04 23	f	4.62	+0.86	+1.01	K1 III−IV
5	α	CrB	5793	15 34 47.6	+26 42 23	fv6	2.23	−0.02	−0.02	A0 IV
13	δ	Ser	5789	15 34 55.3	+10 31 51	cvd	4.23	+0.12	+0.26	F0 III−IV + F0 IIIb
	γ	Lup	5776	15 35 18.5	−41 10 30	d67	2.78	−0.82	−0.20	B2 IVn
38	γ	Lib	5787	15 35 40.0	−14 47 52	fd	3.91	+0.74	+1.01	G8.5 III
			5784	15 36 22.4	−44 24 18	f	5.43	+1.82	+1.50	K4/5 III
	ε	TrA	5771	15 36 57.1	−66 19 31	fd	4.11	+1.16	+1.17	K1/2 III
39	υ	Lib	5794	15 37 10.6	−28 08 35	fd	3.58	+1.58	+1.38	K3.5 III
54	φ	Boo	5823	15 37 55.0	+40 20 43	f	5.24	+0.53	+0.88	G7 III−IV Fe−2
	ω	Lup	5797	15 38 13.4	−42 34 31	d6	4.33	+1.72	+1.42	K4.5 III
40	τ	Lib	5812	15 38 48.6	−29 47 09	6	3.66	−0.70	−0.17	B2.5 V
			5798	15 39 00.7	−52 22 51	fd	5.44	0.00	0.00	B9 V
43	κ	Lib	5838	15 42 05.5	−19 41 13	fvd6	4.74	+1.95	+1.57	M0⁻ IIIb
8	γ	CrB	5849	15 42 50.9	+26 17 16	vd7	3.84	−0.04	0.00	A0 IV comp.?
16	ζ	UMi	5903	15 43 58.4	+77 47 12	fv	4.32	+0.05	+0.04	A2 III−IVn
24	α	Ser	5854	15 44 23.5	+06 25 04	fd	2.65	+1.24	+1.17	K2 IIIb CN 1
28	β	Ser	5867	15 46 18.2	+15 24 51	fd	3.67	+0.08	+0.06	A2 IV
27	λ	Ser	5868	15 46 33.9	+07 20 44	v6	4.43	+0.11	+0.60	G0⁻ V
			5886	15 46 42.3	+62 35 31	f	5.19	−0.10	+0.04	A2 IV
35	κ	Ser	5879	15 48 51.1	+18 08 02	fv	4.09	+1.95	+1.62	M0.5 IIIab
10	δ	CrB	5889	15 49 42.0	+26 03 39	sv	4.62	+0.36	+0.80	G5 III−IV Fe−1
32	μ	Ser	5881	15 49 45.1	−03 26 16	f6	3.53	−0.10	−0.04	A0 III
37	ε	Ser	5892	15 50 56.5	+04 28 13	f	3.71	+0.11	+0.15	A5m
5	χ	Lup	5883	15 51 07.1	−33 38 05	f6	3.95	−0.13	−0.04	B9p Hg
11	κ	CrB	5901	15 51 19.6	+35 38 59	fsd	4.82	+0.87	+1.00	K1 IVa
1	χ	Her	5914	15 52 45.7	+42 26 41	f	4.62	0.00	+0.56	F8 V Fe−2 Hδ−1
45	λ	Lib	5902	15 53 28.8	−20 10 28	fd6	5.03	−0.56	−0.01	B2.5 V
46	θ	Lib	5908	15 53 58.1	−16 44 12		4.15	+0.81	+1.02	G9 IIIb
	β	TrA	5897	15 55 21.9	−63 26 17	fd	2.85	+0.05	+0.29	F0 IV
41	γ	Ser	5933	15 56 34.1	+15 39 13	fvd	3.85	−0.03	+0.48	F6 V
5	ρ	Sco	5928	15 57 02.4	−29 13 16	d6	3.88	−0.82	−0.20	B2 IV−V
13	ε	CrB	5947	15 57 41.5	+26 52 15	fsd	4.15	+1.28	+1.23	K2 IIIab
	CL	Dra	5960	15 57 51.0	+54 44 34	fv6	4.95	+0.05	+0.26	F0 IV
48	FX	Lib	5941	15 58 19.8	−14 17 11	fv6	4.88	−0.20	−0.10	B5 IIIpe (shell)
6	π	Sco	5944	15 59 00.2	−26 07 16	fcvd6	2.89	−0.91	−0.19	B1 V + B2 V
	T	CrB	5958	15 59 36.5	+25 54 48	vd6	2−11	+0.59	+1.40	gM3: + Bep
			5943	15 59 40.5	−41 45 05	f	4.99		+1.00	K0 II/III
	η	Lup	5948	16 00 17.3	−38 24 14	d	3.41	−0.83	−0.22	B2.5 IVn
49		Lib	5954	16 00 28.0	−16 32 26	fd6	5.47	+0.03	+0.52	F8 V
7	δ	Sco	5953	16 00 28.9	−22 37 43	fd6	2.32	−0.91	−0.12	B0.3 IV
13	θ	Dra	5986	16 01 56.2	+58 33 31	f6	4.01	+0.10	+0.52	F8 IV−V
8	β¹	Sco	5984	16 05 35.0	−19 48 44	fvd6	2.62	−0.87	−0.07	B0.5 V
8	β²	Sco	5985	16 05 35.3	−19 48 31	svd	4.92	−0.70	−0.02	B2 V
	δ	Nor	5980	16 06 40.1	−45 10 47	f	4.72	+0.15	+0.23	A7m
	θ	Lup	5987	16 06 45.4	−36 48 32	f	4.23	−0.70	−0.17	B2.5 Vn
9	ω¹	Sco	5993	16 06 57.2	−20 40 33	s	3.96	−0.81	−0.04	B1 V
10	ω²	Sco	5997	16 07 33.1	−20 52 31	v	4.32	+0.50	+0.84	G4 II−III
7	κ	Her	6008	16 08 11.3	+17 02 26	fvd	5.00	+0.61	+0.95	G5 III
11	φ	Her	6023	16 08 50.9	+44 55 42	fv6	4.26	−0.28	−0.07	B9p Hg Mn

Flamsteed/Bayer Designation			BS=HR No.	Right Ascension	Declination	Notes	V	U−B	B−V	Spectral Type
				h m s	° ′ ″					
16	τ	CrB	6018	16 09 03.8	+36 29 05	fvd6	4.76	+0.86	+1.01	K1⁻ III−IV
19		UMi	6079	16 10 45.4	+75 52 16	f	5.48	−0.36	−0.11	B8 V
14	ν	Sco	6027	16 12 08.5	−19 28 01	d6	4.01	−0.65	+0.04	B2 IVp
	κ	Nor	6024	16 13 40.6	−54 38 12	fd	4.94	+0.78	+1.04	G8 III
1	δ	Oph	6056	16 14 28.6	−03 42 02	fvd	2.74	+1.96	+1.58	M0.5 III
	δ	TrA	6030	16 15 40.0	−63 41 30	fd	3.85	+0.86	+1.11	G2 Ib−IIa
21	η	UMi	6116	16 17 26.1	+75 44 58	fd	4.95	+0.08	+0.37	F5 V
2	ε	Oph	6075	16 18 27.2	−04 41 54	fd	3.24	+0.75	+0.96	G9.5 IIIb Fe−0.5
			6077	16 19 42.3	−30 54 46	fd6	5.49	−0.01	+0.47	F6 III
22	τ	Her	6092	16 19 49.0	+46 18 27	fvd	3.89	−0.56	−0.15	B5 IV
	γ²	Nor	6072	16 20 01.7	−50 09 41	fd	4.02	+1.16	+1.08	K1⁺ III
	δ¹	Aps	6020	16 20 43.6	−78 42 06	fvd	4.68	+1.69	+1.69	M4 IIIa
20	σ	Sco	6084	16 21 20.5	−25 35 55	fvd6	2.89	−0.70	+0.13	B1 III
20	γ	Her	6095	16 22 01.8	+19 08 51	fvd6	3.75	+0.18	+0.27	A9 IIIbn
50	σ	Ser	6093	16 22 12.0	+01 01 24	f	4.82	+0.04	+0.34	F1 IV−V
14	η	Dra	6132	16 24 01.5	+61 30 31	vd67	2.74	+0.70	+0.91	G8⁻ IIIab
4	ψ	Oph	6104	16 24 15.0	−20 02 35		4.50	+0.82	+1.01	K0⁻ II−III
24	ω	Her	6117	16 25 31.9	+14 01 40	fvd	4.57	−0.04	0.00	B9p Cr
7	χ	Oph	6118	16 27 10.1	−18 27 43	v6	4.42	−0.75	+0.28	B1.5 Ve
	ε	Nor	6115	16 27 22.1	−47 33 38	d67	4.46	−0.53	−0.07	B4 V
15		Dra	6161	16 27 58.8	+68 45 46	f	5.00	−0.12	−0.06	B9.5 III
	ζ	TrA	6098	16 28 44.4	−70 05 23	f6	4.91	+0.04	+0.55	F9 V
21	α	Sco	6134	16 29 33.7	−26 26 15	fvd6	0.96	+1.34	+1.83	M1.5 Iab−Ib
27	β	Her	6148	16 30 19.7	+21 29 03	fvd6	2.77	+0.69	+0.94	G7 IIIa Fe−0.5
10	λ	Oph	6149	16 31 02.4	+01 58 43	vd67	3.82	+0.01	+0.01	A1 IV
8	φ	Oph	6147	16 31 16.9	−16 37 05	d	4.28	+0.72	+0.92	G8⁺ IIIa
			6143	16 31 32.8	−34 42 35	f	4.23	−0.80	−0.16	B2 III−IV
9	ω	Oph	6153	16 32 17.0	−21 28 18	v	4.45	+0.13	+0.13	Ap Sr Cr
	γ	Aps	6102	16 33 50.4	−78 54 08	f6	3.89	+0.62	+0.91	G8/K0 III
35	σ	Her	6168	16 34 11.0	+42 25 55	fvd6	4.20	−0.10	−0.01	A0 IIIn
23	τ	Sco	6165	16 36 02.3	−28 13 16	fs	2.82	−1.03	−0.25	B0 V
			6166	16 36 32.4	−35 15 38	v6	4.16	+1.94	+1.57	K7 III
13	ζ	Oph	6175	16 37 17.8	−10 34 19	fv	2.56	−0.86	+0.02	O9.5 Vn
42		Her	6200	16 38 48.9	+48 55 25	fvd	4.90	+1.76	+1.55	M3⁻ IIIab
40	ζ	Her	6212	16 41 22.9	+31 35 55	vd67	2.81	+0.21	+0.65	G0 IV
			6196	16 41 43.1	−17 44 49	f	4.96	+0.87	+1.11	G7.5 II−III CN 1 Ba 0.5
44	η	Her	6220	16 42 58.9	+38 55 04	fvd	3.53	+0.60	+0.92	G7 III Fe−1
	β	Aps	6163	16 43 26.6	−77 31 20	d	4.24	+0.95	+1.06	K0 III
			6237	16 45 20.7	+56 46 39	fd6	4.85	−0.06	+0.38	F2 V⁺
22	ε	UMi	6322	16 45 43.2	+82 01 58	fvd6	4.23	+0.55	+0.89	G5 III
	α	TrA	6217	16 48 55.9	−69 01 55	f	1.92	+1.56	+1.44	K2 IIb−IIIa
20		Oph	6243	16 49 58.3	−10 47 14	f6	4.65	+0.07	+0.47	F7 III
	η	Ara	6229	16 50 00.2	−59 02 44	fd	3.76	+1.94	+1.57	K5 III
26	ε	Sco	6241	16 50 19.6	−34 17 51	fv	2.29	+1.27	+1.15	K2 III
51		Her	6270	16 51 51.5	+24 39 08	f	5.04	+1.29	+1.25	K0.5 IIIa Ca 0.5
	μ¹	Sco	6247	16 52 02.4	−38 03 05	fv6	3.08	−0.87	−0.20	B1.5 IVn
	μ²	Sco	6252	16 52 30.3	−38 01 18		3.57	−0.85	−0.21	B2 IV
53		Her	6279	16 53 03.8	+31 41 52	fd	5.32	−0.02	+0.29	F2 V
25	ι	Oph	6281	16 54 07.6	+10 09 41	fv6	4.38	−0.32	−0.08	B8 V
	ζ²	Sco	6271	16 54 45.6	−42 21 56	v	3.62	+1.65	+1.37	K3.5 IIIb

Flamsteed/Bayer Designation			BS=HR No.	Right Ascension	Declination	Notes	V	$U-B$	$B-V$	Spectral Type
				h m s	° ′ ″					
27	κ	Oph	6299	16 57 47.2	+09 22 17	fasv	3.20	+1.18	+1.15	K2 III
	ζ	Ara	6285	16 58 49.7	−55 59 38	f	3.13	+1.97	+1.60	K4 III
	ϵ^1	Ara	6295	16 59 47.1	−53 09 51	f	4.06	+1.71	+1.45	K4 IIIab
58	ϵ	Her	6324	17 00 23.1	+30 55 22	fd6	3.92	−0.10	−0.01	A0 IV⁺
30		Oph	6318	17 01 11.5	−04 13 34	fvd	4.82	+1.83	+1.48	K4 III
59		Her	6332	17 01 41.9	+33 33 53	f	5.25	+0.02	+0.02	A3 IV−Vs
60		Her	6355	17 05 29.7	+12 44 15	fd	4.91	+0.05	+0.12	A4 IV
22	ζ	Dra	6396	17 08 47.7	+65 42 42	fd	3.17	−0.43	−0.12	B6 III
35	η	Oph	6378	17 10 31.3	−15 43 40	d67	2.43	+0.09	+0.06	A2 Va⁺ (Sr)
	η	Sco	6380	17 12 20.0	−43 14 32	f	3.33	+0.09	+0.41	F2 V:p (Cr)
64	α^1	Her	6406	17 14 45.7	+14 23 15	svd	3.48	+1.01	+1.44	M5 Ib−II
65	δ	Her	6410	17 15 08.1	+24 50 11	fvd6	3.14	+0.08	+0.08	A1 Vann
67	π	Her	6418	17 15 08.1	+36 48 23	fv	3.16	+1.66	+1.44	K3 II
	v656	Her	6452	17 20 25.5	+18 03 17	fv	5.00	+2.06	+1.62	M1⁺ IIIab
72		Her	6458	17 20 45.2	+32 27 53	fvd	5.39	+0.07	+0.62	G0 V
53	ν	Ser	6446	17 20 58.1	−12 50 57	d7	4.33	+0.05	+0.03	A1.5 IV
40	ξ	Oph	6445	17 21 09.2	−21 06 55	d7	4.39	−0.05	+0.39	F2 V
42	θ	Oph	6453	17 22 09.8	−25 00 07	fvd6	3.27	−0.86	−0.22	B2 IV
	ι	Aps	6411	17 22 22.7	−70 07 32	fvd7	5.41	−0.23	−0.04	B8/9 Vn
	β	Ara	6461	17 25 30.5	−55 31 55	f	2.85	+1.56	+1.46	K3 Ib−IIa
	γ	Ara	6462	17 25 36.3	−56 22 47	d	3.34	−0.96	−0.13	B1 Ib
44		Oph	6486	17 26 31.4	−24 10 39	fv	4.17	+0.12	+0.28	A9m:
49	σ	Oph	6498	17 26 38.3	+04 08 18	fsv	4.34	+1.62	+1.50	K2 II
			6493	17 26 45.8	−05 05 19	fv6	4.54	−0.03	+0.39	F2 V
45		Oph	6492	17 27 30.9	−29 52 09	f	4.29	+0.09	+0.40	δ Del
23	β	Dra	6536	17 30 29.4	+52 17 59	fsd	2.79	+0.64	+0.98	G2 Ib−IIa
76	λ	Her	6526	17 30 50.4	+26 06 32	fv	4.41	+1.68	+1.44	K3.5 III
34	υ	Sco	6508	17 30 56.1	−37 17 51	f6	2.69	−0.82	−0.22	B2 IV
	δ	Ara	6500	17 31 19.5	−60 41 08	fd	3.62	−0.31	−0.10	B8 Vn
23	δ	UMi	6789	17 31 25.0	+86 35 05	f	4.36	+0.03	+0.02	A1 Van
27		Dra	6566	17 31 57.3	+68 08 00	fd6	5.05	+0.92	+1.08	G9 IIIb
	α	Ara	6510	17 32 02.1	−49 52 41	fvd6	2.95	−0.69	−0.17	B2 Vne
24	υ^1	Dra	6554	17 32 13.5	+55 10 57	fvd6	4.88	+0.04	+0.26	A7m
25	υ^2	Dra	6555	17 32 19.0	+55 10 17	fvd6	4.87	+0.06	+0.28	A7m
35	λ	Sco	6527	17 33 46.7	−37 06 20	fvd6	1.63	−0.89	−0.22	B1.5 IV
55	α	Oph	6556	17 35 03.0	+12 33 30	fvd6	2.08	+0.10	+0.15	A5 Vnn
			6546	17 36 43.1	−38 38 13	v	4.29	+0.90	+1.09	G8/K0 III/IV
28	ω	Dra	6596	17 36 56.2	+68 45 24	fd6	4.80	−0.01	+0.43	F4 V
	θ	Sco	6553	17 37 29.9	−42 59 57	fv	1.87	+0.22	+0.40	F1 III
55	ξ	Ser	6561	17 37 43.8	−15 24 00	fd6	3.54	+0.14	+0.26	F0 IIIb
85	ι	Her	6588	17 39 32.1	+46 00 18	fsvd6	3.80	−0.69	−0.18	B3 IV
56	o	Ser	6581	17 41 33.3	−12 52 35	v6	4.26	+0.10	+0.08	A2 Va
31	ψ	Dra	6636	17 41 53.7	+72 08 51	fd	4.58	+0.01	+0.42	F5 V
	κ	Sco	6580	17 42 39.7	−39 01 52	fv6	2.41	−0.89	−0.22	B1.5 III
84		Her	6608	17 43 27.7	+24 19 36	s	5.71	+0.27	+0.65	G2 IIIb
58		Oph	6595	17 43 34.8	−21 41 03	fd	4.87	−0.03	+0.47	F7 V:
60	β	Oph	6603	17 43 35.8	+04 33 59	f	2.77	+1.24	+1.16	K2 III CN 0.5
	μ	Ara	6585	17 44 20.6	−51 50 07	f	5.15	+0.24	+0.70	G5 V
	η	Pav	6582	17 45 58.7	−64 43 29	f	3.62	+1.17	+1.19	K1 IIIa CN 1
86	μ	Her	6623	17 46 33.4	+27 43 10	fasd	3.42	+0.39	+0.75	G5 IV

BRIGHT STARS, J2002.5

Flamsteed/Bayer Designation			BS=HR No.	Right Ascension	Declination	Notes	V	$U-B$	$B-V$	Spectral Type
				h m s	° ′ ″					
3	X	Sgr	6616	17 47 43.1	−27 49 54	fv	4.54	+0.50	+0.80	F3 II
	ι^1	Sco	6615	17 47 45.6	−40 07 40	fsd6	3.03	+0.27	+0.51	F2 Ia
62	γ	Oph	6629	17 48 01.1	+02 42 23	f6	3.75	+0.04	+0.04	A0 Van
35		Dra	6701	17 49 20.3	+76 57 45	f	5.04	+0.08	+0.49	F7 IV
			6630	17 50 01.7	−37 02 38	fd	3.21	+1.19	+1.17	K2 III
32	ξ	Dra	6688	17 53 34.3	+56 52 20	fd	3.75	+1.21	+1.18	K2 III
89	v441	Her	6685	17 55 31.2	+26 02 59	fsv6	5.45	+0.26	+0.34	F2 Ibp
91	θ	Her	6695	17 56 20.3	+37 15 01	fv	3.86	+1.46	+1.35	K1 IIa CN 2
33	γ	Dra	6705	17 56 39.9	+51 29 19	fasd	2.23	+1.87	+1.52	K5 III
92	ξ	Her	6703	17 57 51.7	+29 14 52	fv	3.70	+0.70	+0.94	G8.5 III
94	ν	Her	6707	17 58 35.9	+30 11 22	v	4.41	+0.15	+0.39	F2m
64	ν	Oph	6698	17 59 09.9	−09 46 26	f	3.34	+0.88	+0.99	G9 IIIa
93		Her	6713	18 00 10.1	+16 45 03	f	4.67	+1.22	+1.26	K0.5 IIb
67		Oph	6714	18 00 46.2	+02 55 54	fsd	3.97	−0.62	+0.02	B5 Ib
68		Oph	6723	18 01 52.8	+01 18 19	vd67	4.45	0.00	+0.02	A0.5 Van
	W	Sgr	6742	18 05 10.9	−29 34 47	vd6	4.69	+0.52	+0.78	G0 Ib/II
70		Oph	6752	18 05 34.9	+02 29 57	d67	4.03	+0.54	+0.86	K0⁻ V
10	γ	Sgr	6746	18 05 58.1	−30 25 26	fv6	2.99	+0.77	+1.00	K0⁺ III
	θ	Ara	6743	18 06 49.5	−50 05 28	f	3.66	−0.85	−0.08	B2 Ib
72		Oph	6771	18 07 28.1	+09 33 52	fd6	3.73	+0.10	+0.12	A5 IV−V
			6791	18 07 33.3	+43 27 44	s6	5.00	+0.71	+0.91	G8 III CN−1 CH−3
103	o	Her	6779	18 07 38.4	+28 45 47	fvd6	3.83	−0.07	−0.03	A0 II−III
	π	Pav	6745	18 08 49.3	−63 40 05	v6	4.35	+0.18	+0.22	A7p Sr
102		Her	6787	18 08 52.0	+20 48 54	d	4.36	−0.81	−0.16	B2 IV
	ε	Tel	6783	18 11 24.9	−45 57 13	fd	4.53	+0.78	+1.01	K0 III
36		Dra	6850	18 13 54.7	+64 23 53	f	5.02	−0.06	+0.41	F5 V
13	μ	Sgr	6812	18 13 54.8	−21 03 29	fvd6	3.86	−0.49	+0.23	B9 Ia
			6819	18 17 20.1	−56 01 20	f6	5.33	−0.69	−0.05	B3 IIIpe
	η	Sgr	6832	18 17 47.8	−36 45 39	fvd7	3.11	+1.71	+1.56	M3.5 IIIab
1	κ	Lyr	6872	18 19 57.0	+36 03 57	fv	4.33	+1.19	+1.17	K2⁻ IIIab CN 0.5
43	φ	Dra	6920	18 20 43.3	+71 20 21	vd67	4.22	−0.33	−0.10	A0p Si
74		Oph	6866	18 20 59.6	+03 22 42	fd	4.86	+0.62	+0.91	G8 III
44	χ	Dra	6927	18 21 00.7	+72 44 02	fvd6	3.57	−0.06	+0.49	F7 V
19	δ	Sgr	6859	18 21 09.3	−29 49 37	fd	2.70	+1.55	+1.38	K2.5 IIIa CN 0.5
58	η	Ser	6869	18 21 26.4	−02 53 53	fvd	3.26	+0.66	+0.94	K0 III−IV
	ξ	Pav	6855	18 23 27.4	−61 29 33	fvd67	4.36	+1.55	+1.48	K4 III
109		Her	6895	18 23 48.3	+21 46 16	fsvd	3.84	+1.17	+1.18	K2 IIIab
20	ε	Sgr	6879	18 24 20.3	−34 23 00	fd	1.85	−0.13	−0.03	A0 II⁻n (shell)
	α	Tel	6897	18 27 09.5	−45 58 01	f	3.51	−0.64	−0.17	B3 IV
22	λ	Sgr	6913	18 28 07.5	−25 25 12	f	2.81	+0.89	+1.04	K1 IIIb
	ζ	Tel	6905	18 29 01.5	−49 04 10		4.13	+0.82	+1.02	G8/K0 III
	γ	Sct	6930	18 29 20.4	−14 33 51	f	4.70	+0.06	+0.06	A2 III⁻
60		Ser	6935	18 29 48.8	−01 59 01	f6	5.39	+0.76	+0.96	K0 III
	θ	Cra	6951	18 33 40.9	−42 18 38	f	4.64	+0.76	+1.01	G8 III
	α	Sct	6973	18 35 20.6	−08 14 32	fv	3.85	+1.54	+1.33	K3 III
			6985	18 36 35.0	+09 07 29	f6	5.39	−0.02	+0.37	F5 IIIs
3	α	Lyr	7001	18 37 01.4	+38 47 10	fasvd	0.03	−0.01	0.00	A0 Va
	δ	Sct	7020	18 42 24.6	−09 03 00	fvd6	4.72	+0.14	+0.35	F2 III (str. met.)
	ζ	Pav	6982	18 43 19.5	−71 25 32	fd	4.01	+1.02	+1.14	K0 III
	ε	Sct	7032	18 43 39.4	−08 16 21	fd	4.90	+0.87	+1.12	G8 IIb

Flamsteed/Bayer Designation		BS=HR No.	Right Ascension	Declination	Notes	V	U−B	B−V	Spectral Type
			h m s	° ′ ″					
6	ζ¹ Lyr	7056	18 44 51.5	+37 36 28	vd6	4.36	+0.16	+0.19	A5m
110	Her	7061	18 45 46.2	+20 32 56	fvd	4.19	+0.01	+0.46	F6 V
27	φ Sgr	7039	18 45 48.8	−26 59 17	fd6	3.17	−0.36	−0.11	B8 III
		7064	18 46 10.5	+26 39 54	f	4.83	+1.23	+1.20	K2 III
50	Dra	7124	18 46 17.3	+75 26 13	f6	5.35	+0.04	+0.05	A1 Vn
111	Her	7069	18 47 07.9	+18 11 04	fd6	4.36	+0.07	+0.13	A3 Va⁺
	β Sct	7063	18 47 18.4	−04 44 42	f6	4.22	+0.81	+1.10	G4 IIa
	R Sct	7066	18 47 37.0	−05 42 08	sv	5.20	+1.64	+1.47	K0 Ib:p Ca−1
	η¹ CrA	7062	18 49 01.3	−43 40 38	f	5.49		+0.13	A2 Vn
10	β Lyr	7106	18 50 10.3	+33 21 57	fcvd6	3.45	−0.56	0.00	B7 Vpe (shell)
47	o Dra	7125	18 51 14.3	+59 23 29	fd6	4.66	+1.04	+1.19	G9 III Fe−0.5
	λ Pav	7074	18 52 26.9	−62 11 04	fvd	4.22	−0.89	−0.14	B2 II−III
52	υ Dra	7180	18 54 22.0	+71 18 02	f6	4.82	+1.10	+1.15	K0 III CN 0.5
12	δ² Lyr	7139	18 54 35.5	+36 54 08	vd	4.30	+1.65	+1.68	M4 II
13	R Lyr	7157	18 55 24.7	+43 56 58	fsv6	4.04	+1.41	+1.59	M5 III (var)
34	σ Sgr	7121	18 55 25.2	−26 17 36	fd	2.02	−0.75	−0.22	B3 IV
	χ Oct	6721	18 56 12.0	−87 36 10	f	5.28	+1.60	+1.28	K3 III
63	θ¹ Ser	7141	18 56 20.6	+04 12 25	fvd	4.61	+0.11	+0.16	A5 V
	κ Pav	7107	18 57 12.5	−67 13 48	v	4.44	+0.71	+0.60	F5 I−II
37	ξ² Sgr	7150	18 57 52.7	−21 06 11	f	3.51	+1.13	+1.18	K1 III
	λ Tel	7134	18 58 39.7	−52 56 07	f6	4.87		−0.05	A0 III⁺
14	γ Lyr	7178	18 59 02.2	+32 41 35	fvd	3.24	−0.09	−0.05	B9 II
13	ε Aql	7176	18 59 44.2	+15 04 19	fd6	4.02	+1.04	+1.08	K1⁻ III CN 0.5
12	Aql	7193	19 01 48.8	−05 44 07	v	4.02	+1.04	+1.09	K1 III
38	ζ Sgr	7194	19 02 46.2	−29 52 36	d67	2.60	+0.06	+0.08	A2 IV−V
39	o Sgr	7217	19 04 50.0	−21 44 16	vd	3.77	+0.85	+1.01	G9 IIIb
17	ζ Aql	7235	19 05 31.5	+13 52 02	fvd6	2.99	−0.01	+0.01	A0 Vann
16	λ Aql	7236	19 06 22.9	−04 52 43	f	3.44	−0.27	−0.09	A0 IVp (wk 4481)
40	τ Sgr	7234	19 07 05.8	−27 40 00	f6	3.32	+1.15	+1.19	K1.5 IIIb
18	ι Lyr	7262	19 07 23.5	+36 06 15	fd	5.28	−0.51	−0.11	B6 IV
	α CrA	7254	19 09 38.5	−37 54 01	f	4.11	+0.08	+0.04	A2 IVn
41	π Sgr	7264	19 09 54.7	−21 01 10	fvd7	2.89	+0.22	+0.35	F2 II−III
	β CrA	7259	19 10 12.0	−39 20 12		4.11	+1.07	+1.20	K0 II
57	δ Dra	7310	19 12 33.3	+67 39 57	fd	3.07	+0.78	+1.00	G9 III
20	Aql	7279	19 12 48.8	−07 56 07	fv	5.34	−0.44	+0.13	B3 V
20	η Lyr	7298	19 13 50.6	+39 09 02	vd6	4.39	−0.65	−0.15	B2.5 IV
60	τ Dra	7352	19 15 30.0	+73 21 36	fv6	4.45	+1.45	+1.25	K2⁺ IIIb CN 1
21	θ Lyr	7314	19 16 27.3	+38 08 18	fvd	4.36	+1.23	+1.26	K0 II
1	κ Cyg	7328	19 17 09.6	+53 22 23	fv6	3.77	+0.74	+0.96	G9 III
43	Sgr	7304	19 17 46.8	−18 56 54	f	4.96	+0.80	+1.02	G8 II−III
25	ω¹ Aql	7315	19 17 56.0	+11 36 00	f	5.28	+0.22	+0.20	F0 IV
44	ρ¹ Sgr	7340	19 21 49.1	−17 50 32	vd	3.93	+0.13	+0.22	F0 III−IV
46	υ Sgr	7342	19 21 52.2	−15 57 01	fvd6	4.61	−0.53	+0.10	Apep
	β¹ Sgr	7337	19 22 49.1	−44 27 15	fd	4.01	−0.39	−0.10	B8 V
	β² Sgr	7343	19 23 24.0	−44 47 41		4.29	+0.07	+0.34	F0 IV
	α Sgr	7348	19 24 03.5	−40 36 40	f6	3.97	−0.33	−0.10	B8 V
31	Aql	7373	19 25 05.4	+11 57 00	fvd	5.16	+0.42	+0.77	G7 IV Hδ 1
30	δ Aql	7377	19 25 37.5	+03 07 12	fvd6	3.36	+0.04	+0.32	F2 IV−V
6	α Vul	7405	19 28 48.6	+24 40 12	fvd	4.44	+1.81	+1.50	M0.5 IIIb
10	ι² Cyg	7420	19 29 46.1	+51 44 07	f	3.79	+0.11	+0.14	A4 V

Flamsteed/Bayer Designation		BS=HR No.	Right Ascension	Declination	Notes	V	U−B	B−V	Spectral Type
			h m s	° ′ ″					
36	Aql	7414	19 30 47.7	−02 47 01	fv	5.03	+2.05	+1.75	M1 IIIab
6	β Cyg	7417	19 30 49.4	+27 57 54	fcvd	3.08	+0.62	+1.13	K3 II + B9.5 V
8	Cyg	7426	19 31 51.9	+34 27 30	f	4.74	−0.65	−0.14	B3 IV
61	σ Dra	7462	19 32 21.3	+69 39 56	asvd	4.68	+0.38	+0.79	K0 V
38	μ Aql	7429	19 34 12.7	+07 23 04	fvd	4.45	+1.26	+1.17	K3⁻ IIIb Fe 0.5
	ι Tel	7424	19 35 24.1	−48 05 37	f	4.90		+1.09	K0 III
13	θ Cyg	7469	19 36 30.5	+50 13 37	fd	4.48	−0.03	+0.38	F4 V
41	ι Aql	7447	19 36 51.1	−01 16 51	vd	4.36	−0.44	−0.08	B5 III
52	Sgr	7440	19 36 51.5	−24 52 40	fvd	4.60	−0.15	−0.07	B8/9 V
39	κ Aql	7446	19 37 01.5	−07 01 18	fv	4.95	−0.87	0.00	B0.5 IIIn
5	α Sge	7479	19 40 12.5	+18 01 11	d	4.37	+0.43	+0.78	G1 II
54	Sgr	7476	19 40 52.0	−16 17 14	fvd	5.30	+1.06	+1.13	K2 III
		7495	19 40 54.9	+45 31 51	svd	5.06	+0.15	+0.40	F5 II−III
6	β Sge	7488	19 41 09.7	+17 28 55	f	4.37	+0.89	+1.05	G8 IIIa CN 0.5
16	Cyg	7503	19 41 52.9	+50 31 52	sd	5.96	+0.19	+0.64	G1.5 Vb
16	Cyg	7504	19 41 56.0	+50 31 24	sd	6.20	+0.20	+0.66	G3 V
55	Sgr	7489	19 42 39.7	−16 07 05	f6	5.06	+0.09	+0.33	F0 IVn:
10	Vul	7506	19 43 49.2	+25 46 41	f	5.49	+0.67	+0.93	G8 III
15	Cyg	7517	19 44 22.0	+37 21 38	f	4.89	+0.69	+0.95	G8 III
18	δ Cyg	7528	19 45 03.2	+45 08 13	vd67	2.87	−0.10	−0.03	B9.5 III
50	γ Aql	7525	19 46 22.7	+10 37 10	fd	2.72	+1.68	+1.52	K3 II
56	Sgr	7515	19 46 30.5	−19 45 18	f	4.86	+0.96	+0.93	K0⁺ III
7	δ Sge	7536	19 47 30.0	+18 32 26	fcvd6	3.82	+0.96	+1.41	M2 II +A0 V
63	ε Dra	7582	19 48 09.8	+70 16 27	vd67	3.83	+0.52	+0.89	G7 IIIb Fe−1
	ν Tel	7510	19 48 13.4	−56 21 23	f	5.35		+0.20	A9 Vn
	χ Cyg	7564	19 50 39.6	+32 55 14	vd	4.23	+0.96	+1.82	S6+/1e
53	α Aql	7557	19 50 54.3	+08 52 30	fd	0.77	+0.08	+0.22	A7 Vnn
51	Agl	7553	19 50 55.0	−10 45 25	fd	5.39		+0.38	F0 V
v3961	Sgr	7552	19 52 00.8	−39 52 04	sv6	5.33	−0.22	−0.06	A0p Si Cr Eu
		7589	19 52 03.6	+47 02 02	sv	5.62	−0.97	−0.07	O9.5 Iab
9	Sge	7574	19 52 28.5	+18 40 43	sv6	6.23	−0.92	+0.01	O8 If
55	η Aql	7570	19 52 36.0	+01 00 44	fv6	3.90	+0.51	+0.89	F6−G1 Ib
v1291	Aql	7575	19 53 26.6	−03 06 28	fsv	5.65	+0.10	+0.20	A5p Sr Cr Eu
	ι Sgr	7581	19 55 26.0	−41 51 42	f	4.13	+0.90	+1.08	G8 III
60	β Aql	7602	19 55 26.2	+06 24 47	favd	3.71	+0.48	+0.86	G8 IV
21	η Cyg	7615	19 56 24.0	+35 05 25	fvd	3.89	+0.89	+1.02	K0 III
61	Sgr	7614	19 58 05.5	−15 29 05	f	5.02	+0.07	+0.05	A3 Va
12	γ Sge	7635	19 58 52.1	+19 29 57	fsv	3.47	+1.93	+1.57	M0⁻ III
	θ¹ Sgr	7623	19 59 53.9	−35 16 10	fd6	4.37	−0.67	−0.15	B2.5 IV
	ε Pav	7590	20 00 52.6	−72 54 13	fv	3.96	−0.05	−0.03	A0 Va
15	NT Vul	7653	20 01 12.2	+27 45 38	fv6	4.64	+0.16	+0.18	A7m
62	v3872 Sgr	7650	20 02 48.7	−27 42 10	fv	4.58	+1.80	+1.65	M4.5 III
	ξ Tel	7673	20 07 34.6	−52 52 24	fv6	4.94	+1.84	+1.62	M1 IIab
1	κ Cep	7750	20 08 48.1	+77 43 08	fd7	4.39	−0.11	−0.05	B9 III
	δ Pav	7665	20 08 58.2	−66 10 32	fv	3.56	+0.45	+0.76	G6/8 IV
28	v1624 Cyg	7708	20 09 31.2	+36 50 50	fv6	4.93	−0.77	−0.13	B2.5 V
65	θ Aql	7710	20 11 26.0	−00 48 50	fd6	3.23	−0.14	−0.07	B9.5 III⁺
33	Cyg	7740	20 13 27.3	+56 34 32	fv6	4.30	+0.08	+0.11	A3 IVn
31	o¹ Cyg	7735	20 13 42.6	+46 44 56	fcvd6	3.79	+0.42	+1.28	K2 II + B4 V
67	ρ Aql	7724	20 14 23.6	+15 12 19	f6	4.95	+0.01	+0.08	A1 Va

Flamsteed/Bayer Designation			BS=HR No.	Right Ascension	Declination	Notes	V	U−B	B−V	Spectral Type
				h m s	° ′ ″					
32	o^2	Cyg	7751	20 15 32.9	+47 43 20	cvd6	3.98	+1.03	+1.52	K3 II + B9: V
24		Vul	7753	20 16 53.5	+24 40 44	f	5.32	+0.67	+0.95	G8 III
5	α^1	Cap	7747	20 17 47.2	−12 30 01	fd6	4.24	+0.78	+1.07	G3 Ib
34	P	Cyg	7763	20 17 52.7	+38 02 27	sv	4.81	−0.58	+0.42	B1pe
6	α^2	Cap	7754	20 18 11.6	−12 32 13	fd6	3.57	+0.69	+0.94	G9 III
9	β	Cap	7776	20 21 09.1	−14 46 24	fcd67	3.08	+0.28	+0.79	K0 II: + A5n: V:
37	γ	Cyg	7796	20 22 19.1	+40 15 53	fasvd	2.20	+0.53	+0.68	F8 Ib
			7794	20 23 18.1	+05 21 04	f	5.31	+0.77	+0.97	G8 III−IV
39		Cyg	7806	20 23 57.6	+32 11 54	s	4.43	+1.50	+1.33	K2.5 III Fe−0.5
	α	Pav	7790	20 25 50.6	−56 43 37	fvd6	1.94	−0.71	−0.20	B2.5 V
41		Cyg	7834	20 29 29.9	+30 22 37	fv	4.01	+0.27	+0.40	F5 II
2	θ	Cep	7850	20 29 37.4	+63 00 09	f6	4.22	+0.16	+0.20	A7m
69		Aql	7831	20 29 46.8	−02 52 37	f	4.91	+1.22	+1.15	K2 III
73	AF	Dra	7879	20 31 28.3	+74 57 47	fv6	5.20	+0.11	+0.07	A0p Sr Cr Eu
2	ϵ	Del	7852	20 33 19.9	+11 18 43	fv	4.03	−0.47	−0.13	B6 III
6	β	Del	7882	20 37 40.0	+14 36 14	d6	3.63	+0.08	+0.44	F5 IV
	α	Ind	7869	20 37 44.5	−47 16 57	fd	3.11	+0.79	+1.00	K0 III CN−1
71		Aql	7884	20 38 28.0	−01 05 47	vd6	4.32	+0.69	+0.95	G7.5 IIIa
29		Vul	7891	20 38 38.0	+21 12 36	f	4.82	−0.08	−0.02	A0 Va (shell)
7	κ	Del	7896	20 39 15.1	+10 05 43	fd	5.05	+0.21	+0.72	G2 IV
9	α	Del	7906	20 39 45.3	+15 55 15	fvd6	3.77	−0.21	−0.06	B9 IV
15	υ	Cap	7900	20 40 11.5	−18 07 47	f	5.10	+1.99	+1.66	M1 III
49		Cyg	7921	20 41 08.6	+32 18 58	sd6	5.51		+0.88	G8 IIb
50	α	Cyg	7924	20 41 31.0	+45 17 22	fasvd6	1.25	−0.24	+0.09	A2 Ia
11	δ	Del	7928	20 43 34.5	+15 05 01	fv6	4.43	+0.10	+0.32	F0m
	η	Ind	7920	20 44 13.3	−51 54 43	f	4.51	+0.09	+0.27	A9 IV
	β	Pav	7913	20 45 10.8	−66 11 38	f	3.42	+0.12	+0.16	A6 IV$^-$
3	η	Cep	7957	20 45 20.4	+61 50 55	fd	3.43	+0.62	+0.92	K0 IV
			7955	20 45 24.8	+57 35 20	fd6	4.51	+0.10	+0.54	F8 IV−V
52		Cyg	7942	20 45 45.9	+30 43 45	d	4.22	+0.89	+1.05	K0 IIIa
16	ψ	Cap	7936	20 46 14.6	−25 15 42	f	4.14	+0.02	+0.43	F4 V
53	ϵ	Cyg	7949	20 46 18.8	+33 58 47	fad6	2.46	+0.87	+1.03	K0 III
12	γ^2	Del	7948	20 46 46.5	+16 08 00	fd	4.27	+0.97	+1.04	K1 IV
54	λ	Cyg	7963	20 47 30.4	+36 30 01	d67	4.53	−0.49	−0.11	B6 IV
2	ϵ	Aqr	7950	20 47 48.7	−09 29 11	f	3.77	+0.02	0.00	A1 III$^-$
3	EN	Aqr	7951	20 47 52.1	−05 01 06	fv	4.42	+1.92	+1.65	M3 III
	ι	Mic	7943	20 48 39.3	−43 58 45	fd7	5.11	+0.06	+0.35	F1 IV
55	v1661	Cyg	7977	20 49 01.5	+46 07 25	svd	4.84	−0.45	+0.41	B2.5 Ia
18	ω	Cap	7980	20 51 58.2	−26 54 35	fv	4.11	+1.93	+1.64	M0 III Ba 0.5
6	μ	Aqr	7990	20 52 47.3	−08 58 26	fd6	4.73	+0.11	+0.32	F2m
32		Vul	8008	20 54 40.0	+28 04 02	fv	5.01	+1.79	+1.48	K4 III
	β	Ind	7986	20 55 00.2	−58 26 40	fd	3.65	+1.23	+1.25	K1 II
			8023	20 56 40.0	+44 56 05	s6	5.96	−0.85	+0.05	O6 V
58	ν	Cyg	8028	20 57 16.0	+41 10 37	f6	3.94	0.00	+0.02	A0.5 IIIn
33		Vul	8032	20 58 23.1	+22 20 08	f	5.31		+1.40	K3.5 III
20	AO	Cap	8033	20 59 44.7	−19 01 31	sv	6.25		−0.13	B9psi
59	v832	Cyg	8047	20 59 54.7	+47 31 51	fvd6	4.70	−0.93	−0.04	B1.5 Vnne
	γ	Mic	8039	21 01 26.6	−32 14 52	fd	4.67	+0.54	+0.89	G8 III
	ζ	Mic	8048	21 03 07.5	−38 37 18	f	5.30		+0.41	F3 V
	α	Oct	8021	21 05 00.7	−77 00 50	fc6	5.15	+0.13	+0.49	G2 III + A7 III

Flamsteed/Bayer Designation			BS=HR No.	Right Ascension	Declination	Notes	V	U−B	B−V	Spectral Type
				h m s	° ′ ″					
62	ξ	Cyg	8079	21 05 01.3	+43 56 16	fsv6	3.72	+1.83	+1.65	K4.5 Ib−II
23	θ	Cap	8075	21 06 05.2	−17 13 22	f6	4.07	+0.01	−0.01	A1 Va⁺
61	v1803	Cyg	8085	21 07 00.7	+38 45 42	fasvd	5.21	+1.11	+1.18	K5 V
61		Cyg	8086	21 07 02.0	+38 45 16	svd	6.03	+1.23	+1.37	K7 V
24		Cap	8080	21 07 16.4	−24 59 45	fd	4.50	+1.93	+1.61	M1⁻ III
13	ν	Aqr	8093	21 09 43.8	−11 21 41	f	4.51	+0.70	+0.94	G8⁺ III
5	γ	Equ	8097	21 10 27.8	+10 08 30	fvd	4.69	+0.10	+0.26	F0p Sr Eu
	σ	Oct	7228	21 10 57.5	−88 56 46	fv	5.47	+0.13	+0.27	F0 III
64	ζ	Cyg	8115	21 13 02.6	+30 14 14	fsd6	3.20	+0.76	+0.99	G8⁺ III−IIIa Ba 0.5
			8110	21 13 26.2	−27 36 33	f	5.42	+1.69	+1.42	K5 III
	o	Pav	8092	21 13 34.3	−70 06 57	f6	5.02	+1.56	+1.58	M1/2 III
7	δ	Equ	8123	21 14 36.2	+10 01 02	d67	4.49	−0.01	+0.50	F8 V
65	τ	Cyg	8130	21 14 53.5	+38 03 23	vd67	3.72	+0.02	+0.39	F2 V
8	α	Equ	8131	21 15 56.9	+05 15 30	fcd6	3.92	+0.29	+0.53	G2 II−III + A4 V
67	σ	Cyg	8143	21 17 30.9	+39 24 19	fv6	4.23	−0.39	+0.12	B9 Iab
66	υ	Cyg	8146	21 18 01.3	+34 54 27	fvd6	4.43	−0.82	−0.11	B2 Ve
	ε	Mic	8135	21 18 05.4	−32 09 43	f	4.71	+0.02	+0.06	A1m A2 Va⁺
5	α	Cep	8162	21 18 38.3	+62 35 46	fvd	2.44	+0.11	+0.22	A7 V⁺n
	θ	Ind	8140	21 20 02.6	−53 26 20	d7	4.39	+0.12	+0.19	A5 IV−V
	θ¹	Mic	8151	21 20 55.2	−40 47 56	fv	4.82	−0.07	+0.02	Ap Cr Eu
1		Peg	8173	21 22 12.1	+19 48 55	fd6	4.08	+1.06	+1.11	K1 III
32	ι	Cap	8167	21 22 23.1	−16 49 26	f	4.28	+0.58	+0.90	G7 III Fe−1.5
18		Aqr	8187	21 24 19.7	−12 52 02	fvd	5.49		+0.29	F0 V⁺
69		Cyg	8209	21 25 53.2	+36 40 42	sd	5.94	−0.94	−0.08	B0 Ib
	γ	Pav	8181	21 26 38.8	−65 21 17	fv	4.22	−0.12	+0.49	F6 Vp
34	ζ	Cap	8204	21 26 48.6	−22 24 01	fd6	3.74	+0.59	+1.00	G4 Ib: Ba 2
8	β	Cep	8238	21 28 41.5	+70 34 18	fvd6	3.23	−0.95	−0.22	B1 III
36		Cap	8213	21 28 52.0	−21 47 46		4.51	+0.60	+0.91	G7 IIIb Fe−1
71		Cyg	8228	21 29 32.5	+46 33 06	f	5.24	+0.80	+0.97	K0⁻ III
2		Peg	8225	21 30 03.7	+23 39 00	fd	4.57	+1.93	+1.62	M1⁺ III
22	β	Aqr	8232	21 31 41.4	−05 33 36	fasd	2.91	+0.56	+0.83	G0 Ib
73	ρ	Cyg	8252	21 34 04.5	+45 36 11	fv	4.02	+0.56	+0.89	G8 III Fe−0.5
74		Cyg	8266	21 37 03.0	+40 25 29	f	5.01	+0.10	+0.18	A5 V
5		Peg	8267	21 37 52.5	+19 19 48	f	5.45	+0.14	+0.30	F0 V⁺
23	ξ	Aqr	8264	21 37 53.1	−07 50 35	fd6	4.69	+0.13	+0.17	A5 Vn
9	v337	Cep	8279	21 37 59.3	+62 05 36	asv	4.73	−0.53	+0.30	B2 Ib
40	γ	Cap	8278	21 40 13.8	−16 39 03	f6	3.68	+0.20	+0.32	A7m:
75		Cyg	8284	21 40 17.0	+43 17 07	svd	5.11	+1.90	+1.60	M1 IIIab
	ν	Oct	8254	21 41 44.7	−77 22 44	fd6	3.76	+0.89	+1.00	K0 III
11		Cep	8317	21 41 57.4	+71 19 23	f	4.56	+1.10	+1.10	K0.5 III
	μ	Cep	8316	21 43 35.0	+58 47 30	asvd	4.08	+2.42	+2.35	M2⁻ Ia
8	ε	Peg	8308	21 44 18.5	+09 53 11	fsvd	2.39	+1.70	+1.53	K2 Ib−II
9		Peg	8313	21 44 37.8	+17 21 41	asv	4.34	+1.00	+1.17	G5 Ib
10	κ	Peg	8315	21 44 45.5	+25 39 24	d67	4.13	+0.03	+0.43	F5 IV
9	ι	PsA	8305	21 45 05.7	−33 00 51	fd6	4.34	−0.11	−0.05	A0 IV
10	ν	Cep	8334	21 45 31.3	+61 07 57	fv	4.29	+0.13	+0.52	A2 Ia
81	π²	Cyg	8335	21 46 53.2	+49 19 16	f6	4.23	−0.71	−0.12	B2.5 III
49	δ	Cap	8322	21 47 10.7	−16 06 57	fvd6	2.87	+0.09	+0.29	F2m
14		Peg	8343	21 49 57.3	+30 11 09	f6	5.04	+0.03	−0.03	A1 Vs
	o	Ind	8333	21 50 59.6	−69 37 04	f	5.53	+1.63	+1.37	K2/3 III

Flamsteed/Bayer Designation			BS=HR No.	Right Ascension	Declination	Notes	V	U − B	B − V	Spectral Type
16		Peg	8356	h m s 21 53 10.6	° ′ ″ +25 56 13	f6	5.08	−0.67	−0.17	B3 V
51	μ	Cap	8351	21 53 25.9	−13 32 24	f	5.08	−0.01	+0.37	F2 V
	γ	Gru	8353	21 54 04.8	−37 21 11	f	3.01	−0.37	−0.12	B8 IV−Vs
13		Cep	8371	21 54 58.2	+56 37 23	sv	5.80	−0.02	+0.73	B8 Ib
	δ	Ind	8368	21 58 05.2	−54 58 50	fd7	4.40	+0.10	+0.28	F0 III−IVn
	ε	Ind	8387	22 03 33.0	−56 46 32	f	4.69	+0.99	+1.06	K4/5 V
17	ξ	Cep	8417	22 03 51.8	+64 38 24	d6	4.29	+0.09	+0.34	A7m:
20		Cep	8426	22 05 05.1	+62 47 53	fv	5.27	+1.78	+1.41	K4 III
19		Cep	8428	22 05 13.5	+62 17 32	sd	5.11	−0.84	+0.08	O9.5 Ib
34	α	Aqr	8414	22 05 54.7	−00 18 27	fsd	2.96	+0.74	+0.98	G2 Ib
	λ	Gru	8411	22 06 15.9	−39 31 52	f	4.46	+1.66	+1.37	K3 III
33	ι	Aqr	8418	22 06 34.3	−13 51 27	f6	4.27	−0.29	−0.07	B9 IV−V
24	ι	Peg	8430	22 07 07.7	+25 21 27	fvd6	3.76	−0.04	+0.44	F5 V
	α	Gru	8425	22 08 23.4	−46 56 56	fvd	1.74	−0.47	−0.13	B7 Vn
14	μ	PsA	8431	22 08 31.7	−32 58 34	f	4.50	+0.05	+0.05	A1 IVnn
24		Cep	8468	22 09 51.3	+72 21 13	f	4.79	+0.61	+0.92	G7 II−III
29	π	Peg	8454	22 10 05.9	+33 11 26	f	4.29	+0.18	+0.46	F3 III
26	θ	Peg	8450	22 10 19.6	+06 12 37	fv6	3.53	+0.10	+0.08	A2m A1 IV−V
21	ζ	Cep	8465	22 10 56.5	+58 12 49	fv6	3.35	+1.71	+1.57	K1.5 Ib
22	λ	Cep	8469	22 11 35.8	+59 25 37	sv	5.04	−0.74	+0.25	O6 If
			8546	22 12 56.3	+86 07 14	f6	5.27	−0.11	−0.03	B9.5 Vn
			8485	22 13 59.2	+39 43 38	fvd6	4.49	+1.45	+1.39	K2.5 III
16	λ	PsA	8478	22 14 27.2	−27 45 16	f	5.43	−0.55	−0.16	B8 III
23	ε	Cep	8494	22 15 07.5	+57 03 22	vd6	4.19	+0.04	+0.28	A9 IV
1		Lac	8498	22 16 04.8	+37 45 41		4.13	+1.63	+1.46	K3⁻ II−III
43	θ	Aqr	8499	22 16 57.9	−07 46 15	f	4.16	+0.81	+0.98	G9 III
	α	Tuc	8502	22 18 40.3	−60 14 49	fd6	2.86	+1.54	+1.39	K3 III
	ε	Oct	8481	22 20 17.6	−80 25 38	fv	5.10	+1.09	+1.47	M6 III
31	IN	Peg	8520	22 21 38.5	+12 13 04	fv	5.01	−0.81	−0.13	B2 IV−V
47		Aqr	8516	22 21 43.8	−21 35 08	f	5.13	+0.92	+1.07	K0 III
48	γ	Aqr	8518	22 21 47.1	−01 22 29	fvd6	3.84	−0.12	−0.05	B9.5 III−IV
3	β	Lac	8538	22 23 39.5	+52 14 30	fd	4.43	+0.77	+1.02	G9 IIIb Ca 1
52	π	Aqr	8539	22 25 24.3	+01 23 24	fv	4.66	−0.98	−0.03	B1 Ve
	δ	Tuc	8540	22 27 30.6	−64 57 13	vd7	4.48	−0.07	−0.03	B9.5 IVn
	ν	Gru	8552	22 28 48.0	−39 07 09	fd	5.47		+0.95	G8 III
55	ζ¹	Aqr	8558	22 28 57.4	−00 00 27	cd	4.52	+0.01	+0.42	F2 V⁺
55	ζ²	Aqr	8559	22 28 57.8	−00 00 26	cd	4.49	0.00	+0.37	F2.5 IV−V
27	δ	Cep	8571	22 29 15.9	+58 25 41	fvd6	3.75		+0.60	F5−G2 Ib
	δ¹	Gru	8556	22 29 25.1	−43 28 58	fvd	3.97	+0.80	+1.03	G6/8 III
5		Lac	8572	22 29 38.2	+47 43 11	cv6	4.36	+1.11	+1.68	M0 II + B8 V
29	ρ²	Cep	8591	22 29 54.1	+78 50 14	f6	5.50	+0.08	+0.07	A3 V
	δ²	Gru	8560	22 29 54.4	−43 44 11	vd	4.11	+1.71	+1.57	M4.5 IIIa
6		Lac	8579	22 30 35.7	+43 08 11	6	4.51	−0.74	−0.09	B2 IV
57	σ	Aqr	8573	22 30 46.8	−10 39 54	f6	4.82	−0.11	−0.06	A0 IV
7	α	Lac	8585	22 31 23.7	+50 17 44	fd	3.77	0.00	+0.01	A1 Va
17	β	PsA	8576	22 31 38.8	−32 19 59	fd7	4.29	+0.02	+0.01	A1 Va
59	υ	Aqr	8592	22 34 49.8	−20 41 43	f	5.20	0.00	+0.44	F5 V
62	η	Aqr	8597	22 35 29.1	−00 06 16	f	4.02	−0.26	−0.09	B9 IV−V:n
31		Cep	8615	22 35 49.8	+73 39 22	f	5.08	+0.16	+0.39	F3 III−IV
63	κ	Aqr	8610	22 37 53.1	−04 12 54	fd	5.03	+1.16	+1.14	K1.5 IIIb CN 0.5

Flamsteed/Bayer Designation		BS=HR No.	Right Ascension	Declination	Notes	V	U−B	B−V	Spectral Type
			h m s	° ′ ″					
30	Cep	8627	22 38 44.4	+63 35 51	f6	5.19	0.00	+0.06	A3 IV
10	Lac	8622	22 39 22.4	+39 03 48	fad	4.88	−1.04	−0.20	O9 V
		8626	22 39 41.1	+37 36 21	sd	6.03		+0.86	G3 Ib−II: CN−1 CH 2 Fe−1
11	Lac	8632	22 40 37.5	+44 17 22		4.46	+1.36	+1.33	K2.5 III
18	ε PsA	8628	22 40 47.6	−27 01 50	fv	4.17	−0.37	−0.11	B8 Ve
42	ζ Peg	8634	22 41 35.2	+10 50 40	fd	3.40	−0.25	−0.09	B8.5 III
	β Gru	8636	22 42 49.0	−46 52 17	fv	2.10	+1.67	+1.60	M4.5 III
44	η Peg	8650	22 43 07.2	+30 14 04	fcvd6	2.94	+0.55	+0.86	G8 II + F0 V
13	Lac	8656	22 44 12.2	+41 49 57	fd	5.08	+0.78	+0.96	K0 III
	β Oct	8630	22 46 17.9	−81 22 06	f6	4.15	+0.11	+0.20	A7 III−IV
47	λ Peg	8667	22 46 39.1	+23 34 44	f	3.95	+0.91	+1.07	G8 IIIa CN 0.5
46	ξ Peg	8665	22 46 49.1	+12 11 08	d	4.19	−0.03	+0.50	F6 V
68	Aqr	8670	22 47 41.2	−19 36 01	f	5.26	+0.59	+0.94	G8 III
	ε Gru	8675	22 48 42.3	−51 18 13	fv	3.49	+0.10	+0.08	A2 Va
71	τ Aqr	8679	22 49 43.4	−13 34 46	fvd	4.01	+1.95	+1.57	M0 III
32	ι Cep	8694	22 49 46.2	+66 12 49	fs	3.52	+0.90	+1.05	K0⁻ III
48	μ Peg	8684	22 50 07.5	+24 36 53	fs	3.48	+0.68	+0.93	G8⁺ III
		8685	22 51 10.7	−39 08 37	f	5.42	+1.69	+1.43	K3 III
22	γ PsA	8695	22 52 39.9	−32 51 44	vd7	4.46	−0.14	−0.04	A0m A1 III−IV
73	λ Aqr	8698	22 52 44.7	−07 33 59	fv	3.74	+1.74	+1.64	M2.5 III Fe−0.5
		8748	22 54 23.1	+84 21 35	f	4.71	+1.69	+1.43	K4 III
76	δ Aqr	8709	22 54 47.0	−15 48 27	fv	3.27	+0.08	+0.05	A3 IV−V
23	δ PsA	8720	22 56 05.2	−32 31 35	d	4.21	+0.69	+0.97	G8 III
		8726	22 56 32.6	+49 44 49	sv	4.95	+1.96	+1.78	K5 Ib
24	α PsA	8728	22 57 47.3	−29 36 32	fav	1.16	+0.08	+0.09	A3 Va
		8732	22 58 43.3	−35 30 35	s	6.13		+0.58	F8 III−IV
	v509 Cas	8752	23 00 11.5	+56 57 33	sv	5.00	+1.16	+1.42	G4v 0
	ζ Gru	8747	23 01 01.6	−52 44 26	f6	4.12	+0.70	+0.98	G8/K0 III
1	o And	8762	23 02 02.2	+42 20 22	fvd6	3.62	−0.53	−0.09	B6pe (shell)
	π PsA	8767	23 03 38.1	−34 44 09	fv6	5.11	+0.02	+0.29	F0 V:
53	β Peg	8775	23 03 53.8	+28 05 47	fvd	2.42	+1.96	+1.67	M2.5 II−III
4	β Psc	8773	23 04 00.3	+03 50 01	fv	4.53	−0.49	−0.12	B6 Ve
54	α Peg	8781	23 04 53.1	+15 13 07	fv6	2.49	−0.05	−0.04	A0 III−IV
86	Aqr	8789	23 06 48.9	−23 43 47	d	4.47	+0.58	+0.90	G6 IIIb
	θ Gru	8787	23 07 01.2	−43 30 25	d7	4.28	+0.16	+0.42	F5 (II−III)m
55	Peg	8795	23 07 07.8	+09 25 23	fv	4.52	+1.90	+1.57	M1 IIIab
33	π Cep	8819	23 07 58.7	+75 24 04	d67	4.41	+0.46	+0.80	G2 III
88	Aqr	8812	23 09 34.8	−21 09 32	f	3.66	+1.24	+1.22	K1.5 III
	ι Gru	8820	23 10 30.0	−45 13 59	f6	3.90	+0.86	+1.02	K1 III
59	Peg	8826	23 11 51.8	+08 44 01	f	5.16	+0.08	+0.13	A3 Van
90	φ Aqr	8834	23 14 27.1	−06 02 08	f	4.22	+1.90	+1.56	M1.5 III
91	ψ¹ Aqr	8841	23 16 01.4	−09 04 27	fd	4.21	+0.99	+1.11	K1⁻ III Fe−0.5
6	γ Psc	8852	23 17 17.7	+03 17 45	fs	3.69	+0.58	+0.92	G9 III: Fe−2
	γ Tuc	8848	23 17 34.4	−58 13 19	f	3.99	−0.02	+0.40	F2 V
93	ψ² Aqr	8858	23 18 02.0	−09 10 08		4.39	−0.56	−0.15	B5 Vn
	γ Scl	8863	23 18 57.5	−32 31 06	f	4.41	+1.06	+1.13	K1 III
95	ψ³ Aqr	8865	23 19 05.5	−09 35 49	fvd	4.98	−0.02	−0.02	A0 Va
62	τ Peg	8880	23 20 45.7	+23 45 15	fv	4.60	+0.10	+0.17	A5 V
98	Aqr	8892	23 23 06.1	−20 05 13	f	3.97	+0.95	+1.10	K1 III
4	Cas	8904	23 24 57.0	+62 17 48	fvd	4.98	+2.07	+1.68	M2⁻ IIIab

Flamsteed/Bayer Designation			BS=HR No.	Right Ascension	Declination	Notes	V	U−B	B−V	Spectral Type
				h m s	° ′ ″					
68	υ	Peg	8905	23 25 30.3	+23 25 04	fs	4.40	+0.14	+0.61	F8 III
99		Aqr	8906	23 26 10.6	−20 37 42	v	4.39	+1.81	+1.47	K4.5 III
8	κ	Psc	8911	23 27 03.6	+01 16 09	fvd	4.94	−0.02	+0.03	A0p Cr Sr
10	θ	Psc	8916	23 28 05.7	+06 23 34	f	4.28	+1.01	+1.07	K0.5 III
	τ	Oct	8862	23 28 21.9	−87 28 07	f	5.49	+1.43	+1.27	K2 III
70		Peg	8923	23 29 16.9	+12 46 28	f	4.55	+0.73	+0.94	G8 IIIa
			8924	23 29 39.8	−04 31 09	sv	6.25	+1.16	+1.09	K3⁻ IIIb Fe 2
	β	Scl	8937	23 33 06.3	−37 48 16	fv	4.37	−0.36	−0.09	B9.5p Hg Mn
			8952	23 35 05.7	+71 39 22	s	5.84	+1.73	+1.80	G9 Ib
	ι	Phe	8949	23 35 12.6	−42 36 05	fvd	4.71	+0.07	+0.08	Ap Sr
16	λ	And	8961	23 37 41.2	+46 28 18	fvd6	3.82	+0.69	+1.01	G8 III−IV
			8959	23 37 59.0	−45 28 43	f6	4.74	+0.09	+0.08	A1/2 V
17	ι	And	8965	23 38 15.6	+43 16 55	fv6	4.29	−0.29	−0.10	B8 V
35	γ	Cep	8974	23 39 27.1	+77 38 47	fasv	3.21	+0.94	+1.03	K1 III−IV CN 1
17	ι	Psc	8969	23 40 04.8	+05 38 23	fvd	4.13	0.00	+0.51	F7 V
19	κ	And	8976	23 40 31.9	+44 20 52	fd	4.15	−0.21	−0.08	B8 IVn
	μ	Scl	8975	23 40 46.0	−32 03 34	fv	5.31	+0.66	+0.97	K0 III
18	λ	Psc	8984	23 42 10.5	+01 47 38	f6	4.50	+0.08	+0.20	A6 IV⁻
105	ω²	Aqr	8988	23 42 51.1	−14 31 52	fd6	4.49	−0.12	−0.04	B9.5 IV
106		Aqr	8998	23 44 19.9	−18 15 47	f	5.24	−0.27	−0.08	B9 Vn
20	ψ	And	9003	23 46 09.5	+46 26 03	fd	4.99	+0.81	+1.11	G3 Ib−II
			9013	23 48 02.0	+67 49 15	f6	5.04	−0.04	−0.01	A1 Vn
20		Psc	9012	23 48 04.3	−02 44 52	fd	5.49	+0.70	+0.94	gG8
	δ	Scl	9016	23 49 03.4	−28 06 59	fd	4.57	−0.03	+0.01	A0 Va⁺n
81	φ	Peg	9036	23 52 36.9	+19 08 03	fv	5.08	+1.86	+1.60	M3⁻ IIIb
82	HT	Peg	9039	23 52 44.8	+10 57 41	fv	5.31	+0.10	+0.18	A4 Vn
7	ρ	Cas	9045	23 54 30.6	+57 30 48	fv	4.54	+1.12	+1.22	G2 0 (var)
84	ψ	Peg	9064	23 57 53.2	+25 09 19	fvd	4.66	+1.68	+1.59	M3 III
27		Psc	9067	23 58 48.1	−03 32 32	fvd6	4.86	+0.70	+0.93	G9 III
	π	Phe	9069	23 59 03.5	−52 43 55	fv	5.13	+1.03	+1.13	K0 III
28	ω	Psc	9072	23 59 26.4	+06 52 38	fvd6	4.01	+0.06	+0.42	F3 V

Notes to Table

a	anchor point for the MK system
c	composite or combined spectrum
d	double star data given in Yale Bright Star Catalogue 5th ed.
f	FK5 position and proper motion
s	MK standard star
v	variable star
6	spectroscopic binary
7	magnitude and color refer to combined light of two or more stars

BS=HR No.	Name		Right Ascension	Declination	Spectral Type	V	U−B	B−V	V−R	V−I	Code
			h m s	° ′ ″							
21	11	β Cas	00 09 18.8	+59 09 49	F2 III	+2.27	+0.12	+0.34	+0.31	+0.51	
39	88	γ Peg	00 13 21.9	+15 11 51	B2 IV	+2.84	−0.86	−0.23	−0.10	−0.29	1
45	89	χ Peg	00 14 44.0	+20 13 14	M2⁺ III	+4.80	+1.93	+1.57	+1.34	+2.47	1
63	24	θ And	00 17 13.4	+38 41 43	A2 V	+4.61	+0.05	+0.06	+0.08	+0.09	
113			00 30 28.4	+59 59 28	B9 IIIn	+5.94	−0.36	+0.01			
130	15	κ Cas	00 33 08.6	+62 56 44	B0.7 Ia	+4.16	−0.80	+0.14	+0.14	+0.20	
321	30	μ Cas	01 08 26.5	+54 55 57	G5 Vb	+5.18	+0.09	+0.69	+0.63	+1.04	
437	99	η Psc	01 31 37.1	+15 21 31	G7 IIIa	+3.62	+0.74	+0.97	+0.72	+1.22	
493	107	Psc	01 42 38.0	+20 16 50	K1 V	+5.24	+0.49	+0.84	+0.69	+1.12	1
553	6	β Ari	01 54 46.7	+20 49 13	A4 V	+2.65	+0.10	+0.13	+0.14	+0.22	
617	13	α Ari	02 07 18.9	+23 28 27	K2⁻ IIIab Ca−1	+2.00	+1.13	+1.15	+0.84	+1.46	2
718	73	ξ² Cet	02 28 17.5	+08 28 16	A0 III⁻	+4.29	−0.11	−0.06	+0.02	−0.03	1
753			02 36 13.1	+06 53 55	K3⁻ V	+5.82	+0.79	+0.97	+0.83	+1.36	1
875			02 56 45.0	−03 42 09	A3 Vn	+5.17	+0.05	+0.08	+0.11	+0.16	2
996	96	κ Cet	03 19 29.6	+03 22 45	G5 V	+4.84	+0.19	+0.68	+0.57	+0.93	v
1034			03 28 13.8	+49 04 17	B3 V	+4.98	−0.55	−0.10	+0.01	−0.09	
1046			03 30 11.7	+55 27 37	A1 V	+5.10	+0.05	+0.04	+0.09	+0.08	
1084	18	ε Eri	03 33 02.9	−09 27 00	K2 V	+3.73	+0.58	+0.88	+0.72	+1.19	1
1131	38	o Per	03 44 28.6	+32 17 46	B1 III	+3.83	−0.75	+0.05	+0.12	+0.12	
1144	18	Tau	03 45 18.7	+24 50 49	B8 V	+5.65	−0.36	−0.07	+0.03	−0.04	1
1165	25	η Tau	03 47 38.0	+24 06 46	B7 IIIn	+2.87	−0.35	−0.09	+0.03	−0.01	1
1172			03 48 29.8	+23 25 43	B8 V	+5.45	−0.32	−0.07	+0.05	−0.01	
1228	46	ξ Per	03 59 07.7	+35 47 53	O7.5 IIIf	+4.04	−0.93	+0.02	+0.16	+0.15	
1346	54	γ Tau	04 19 56.2	+15 38 01	G9.5 IIIab CN 0.5	+3.65	+0.81	+0.99	+0.73	+1.20	
1373	61	δ Tau	04 23 04.8	+17 32 53	G9.5 III CN 0.5	+3.76	+0.82	+0.99	+0.73	+1.20	
1411	77	θ¹ Tau	04 28 43.1	+15 58 03	G9 III Fe−0.5	+3.83	+0.72	+0.95	+0.71	+1.18	1
1409	74	ε Tau	04 28 45.8	+19 11 09	G9.5 III CN 0.5	+3.54	+0.87	+1.01	+0.73	+1.23	1
1412	78	θ² Tau	04 28 48.3	+15 52 35	A7 III	+3.39	+0.12	+0.18	+0.18	+0.27	1
1543	1	π³ Ori	04 49 58.6	+06 57 56	F6 V	+3.19	−0.01	+0.46	+0.42	+0.68	1
1552	3	π⁴ Ori	04 51 20.4	+05 36 33	B2 III	+3.68	−0.81	−0.17	−0.05	−0.21	
1641	10	η Aur	05 06 41.4	+41 14 16	B3 V	+3.18	−0.67	−0.18	−0.05	−0.22	1
1666	67	β Eri	05 07 58.4	−05 05 00	A3 IVn	+2.79	+0.10	+0.13	+0.14	+0.22	
1781			05 23 49.9	−00 09 27	B2 V	+5.70	−0.88	−0.21	−0.08	−0.27	1
1791	112	β Tau	05 26 27.0	+28 36 34	B7 III	+1.65	−0.49	−0.13	−0.01	−0.11	
1855	36	υ Ori	05 32 03.1	−07 17 59	B0 V	+4.62	−1.07	−0.26	−0.12	−0.38	1
1861			05 32 48.9	−01 35 25	B1 V	+5.35	−0.93	−0.19	−0.05	−0.24	1
1938			05 40 45.8	+31 21 34	B7 V	+6.04	−0.21	+0.05	+0.11	+0.16	1
2010	134	Tau	05 49 41.4	+12 39 06	B9 IV	+4.91	−0.16	−0.07	+0.02	−0.06	
2047	54	χ¹ Ori	05 54 31.8	+20 16 35	G0⁻ V Ca 0.5	+4.41	+0.08	+0.59	+0.51	+0.82	
2382	12	Mon	06 32 27.2	+04 51 14	K0 III	+5.83	+0.78	+1.00	+0.72	+1.25	
2421	24	γ Gem	06 37 51.4	+16 23 49	A1 IVs	+1.92	+0.05	0.00	+0.06	+0.05	
2693	25	δ CMa	07 08 29.6	−26 23 50	F8 Ia	+1.84	+0.54	+0.67	+0.51	+0.84	
2763	54	λ Gem	07 18 14.2	+16 32 08	A4 IV	+3.58	+0.09	+0.12	+0.12	+0.17	
2782	30	τ CMa	07 18 23.8	−36 44 19	O9 II	+4.40	−0.99	−0.15	−0.04	−0.22	
2787			07 18 48.7	−24 57 32	B3 Ve	+4.67	−0.79	−0.10	+0.10	+0.05	

BS=HR No.		Name		Right Ascension	Declination	Spectral Type	V	U − B	B − V	V − R	V − I	Code
				h m s	° ′ ″							
2852	62	ρ	Gem	07 29 16.3	+31 46 45	F0 V+	+4.18	−0.02	+0.32	+0.32	+0.51	1
2990	78	β	Gem	07 45 28.1	+28 01 12	K0 IIIb	+1.14	+0.86	+1.00	+0.75	+1.25	
3249	17	β	Cnc	08 16 39.1	+09 10 40	K4 III Ba 0.5	+3.53	+1.77	+1.48	+1.12	+1.90	2
3314				08 25 47.1	−03 54 53	A0 Va	+3.90	−0.03	−0.02	+0.03	−0.02	
3427	39		Cnc	08 40 15.0	+19 59 55	K0 III	+6.39	+0.83	+0.98	+0.72	+1.19	1
3454	7	η	Hya	08 43 21.3	+03 23 22	B4 V	+4.30	−0.74	−0.20	−0.07	−0.26	2
3569	9	ι	UMa	08 59 22.7	+48 01 54	A7 IVn	+3.14	+0.07	+0.19	+0.22	+0.29	
3579				09 00 48.1	+41 46 22	F7 V	+3.97	+0.06	+0.43	+0.40	+0.62	
3815	11		LMi	09 35 48.6	+35 47 56	G8 IV − V	+5.41	+0.44	+0.77	+0.62	+0.99	1
3974	21		LMi	10 07 34.6	+35 13 57	A7 V	+4.49	+0.07	+0.18	+0.18	+0.25	1
3982	32	α	Leo	10 08 30.3	+11 57 18	B7 Vn	+1.35	−0.36	−0.11	−0.02	−0.12	1
4031	36	ζ	Leo	10 16 49.7	+23 24 17	F0 IIIa	+3.44	+0.19	+0.31	+0.31	+0.50	
4033	33	λ	UMa	10 17 14.8	+42 54 07	A1 IV	+3.45	+0.06	+0.03	+0.08	+0.07	
4054	40		Leo	10 19 52.3	+19 27 29	F6 IV	+4.80	+0.01	+0.45	+0.45	+0.68	
4112	36		UMa	10 30 47.1	+55 58 04	F8 V	+4.84	−0.01	+0.52	+0.48	+0.76	
4133	47	ρ	Leo	10 32 56.6	+09 17 37	B1 Iab	+3.85	−0.95	−0.14	−0.05	−0.21	
4456	90		Leo	11 34 50.3	+16 47 00	B3 V	+5.95	−0.65	−0.16	−0.06	−0.24	1
4534	94	β	Leo	11 49 11.2	+14 33 29	A3 Va	+2.14	+0.08	+0.08	+0.06	+0.08	
4550				11 53 07.4	+37 42 03	G8 V P	+6.45	+0.17	+0.75	+0.66	+1.11	1
4554	64	γ	UMa	11 53 57.7	+53 40 51	A0 Van	+2.44	+0.03	0.00	0.00	−0.03	
4623	1	α	Crv	12 08 32.5	−24 44 34	F0 IV−V	+4.02	−0.02	+0.32	+0.30	+0.48	
4660	69	δ	UMa	12 15 32.9	+57 01 07	A2 Van	+3.31	+0.07	+0.08	+0.06	+0.06	
4662	4	γ	Crv	12 15 56.1	−17 33 21	B8p Hg Mn	+2.58	−0.35	−0.11	−0.04	−0.13	1
4707	12		Com	12 22 37.8	+25 49 56	G5 III + A5	+4.81	+0.27	+0.49	+0.47	+0.80	1
4751				12 28 52.1	+25 53 08	A0p	+6.65	+0.08	+0.22	+0.15	+0.23	1
4752	17		Com	12 29 02.2	+25 53 56	A0p (Si)	+5.29	−0.10	−0.06	+0.02	−0.06	1
4785	8	β	CVn	12 33 51.6	+41 20 38	G0 V	+4.27	+0.05	+0.59	+0.54	+0.85	
4983	43	β	Com	13 11 59.4	+27 51 56	F9.5 V	+4.26	+0.08	+0.58	+0.49	+0.79	1
5019	61		Vir	13 18 32.2	−18 19 30	G6.5 V	+4.74	+0.26	+0.71	+0.58	+0.94	1
5062	80		UMa	13 25 19.5	+54 58 30	A5 Vn	+4.02	+0.08	+0.16	+0.17	+0.24	
5185	4	τ	Boo	13 47 22.9	+17 26 40	F7 V	+4.50	+0.05	+0.48	+0.41	+0.65	
5235	8	η	Boo	13 54 48.2	+18 23 07	G0 IV	+2.68	+0.20	+0.58	+0.44	+0.73	
5264	93	τ	Vir	14 01 46.4	+01 31 57	A3 IV	+4.26	+0.13	+0.10	+0.15	+0.21	
5340	16	α	Boo	14 15 46.5	+19 10 10	K1.5 III Fe−0.5	−0.05	+1.28	+1.23	+0.97	+1.62	
5359	100	λ	Vir	14 19 14.7	−13 22 57	A5m:	+4.52	+0.09	+0.13	+0.10	+0.14	
5447	28	σ	Boo	14 34 47.4	+29 44 04	F2 V	+4.47	−0.08	+0.37	+0.34	+0.53	
5511	109		Vir	14 46 22.5	+01 52 57	A0 IVnn	+3.73	−0.03	−0.01	+0.07	+0.05	
5570	16		Lib	14 57 18.8	−04 21 24	F0 IV−	+4.49	+0.04	+0.32	+0.32	+0.49	
5634	45		Boo	15 07 24.7	+24 51 34	F5 V	+4.93	−0.02	+0.43	+0.40	+0.61	
5685	27	β	Lib	15 17 08.5	−09 23 31	B8 IIIn	+2.61	−0.37	−0.11	−0.04	−0.14	2
5854	24	α	Ser	15 44 23.5	+06 25 04	K2 IIIb CN 1	+2.64	+1.25	+1.17	+0.81	+1.37	2
5868	27	λ	Ser	15 46 33.9	+07 20 44	G0− V	+4.43	+0.10	+0.60	+0.51	+0.83	
5933	41	γ	Ser	15 56 34.1	+15 39 13	F6 V	+3.86	−0.03	+0.48	+0.49	+0.73	
5947	13	ε	CrB	15 57 41.5	+26 52 15	K2 IIIab	+4.15	+1.28	+1.23	+0.89	+1.51	2
6092	22	τ	Her	16 19 49.0	+46 18 27	B5 IV	+3.90	−0.57	−0.15	−0.09	−0.26	2,v

UBVRI STANDARD STARS, J2002.5

BS=HR No.		Name	Right Ascension	Declination	Spectral Type	V	U−B	B−V	V−R	V−I	Code
			h m s	o ′ ″							
6175	13	ζ Oph	16 37 17.8	−10 34 19	O9.5 Vn	+2.56	−0.85	+0.02	+0.10	+0.06	v
6603	60	β Oph	17 43 35.8	+04 33 59	K2 III CN 0.5	+2.77	+1.24	+1.17	+0.82	+1.39	1
6629	62	γ Oph	17 48 01.1	+02 42 23	A0 Van	+3.75	+0.04	+0.04	+0.04	+0.04	1
6705	33	γ Dra	17 56 39.9	+51 29 19	K5 III	+2.22	+1.88	+1.52	+1.14	+1.99	
7178	14	γ Lyr	18 59 02.2	+32 41 35	B9 II	+3.24	−0.08	−0.05	−0.03	−0.04	
7235	17	ζ Aql	19 05 31.5	+13 52 02	A0 Vann	+2.99	−0.01	+0.01	+0.01	+0.01	
7377	30	δ Aql	19 25 37.5	+03 07 12	F2 IV−V	+3.36	+0.04	+0.32	+0.25	+0.41	
7446	39	κ Aql	19 37 01.5	−07 01 18	B0.5 IIIn	+4.96	−0.87	0.00	+0.06	+0.02	1
7602	60	β Aql	19 55 26.2	+06 24 47	G8 IV	+3.72	+0.49	+0.86	+0.66	+1.15	1
7906	9	α Del	20 39 45.3	+15 55 15	B9 IV	+3.77	−0.21	−0.06	0.00	−0.04	1
7950	2	ε Aqr	20 47 48.7	−09 29 11	A1 III⁻	+3.77	+0.02	0.00	+0.07	+0.07	
8085†	61 v1803	CygA	21 07 01.3	+38 45 29	K5 V	+5.22	+1.11	+1.17	+1.03	+1.68	
8086†	61	CygB	21 07 01.3	+38 45 29	K7 V	+6.03	+1.23	+1.37	+1.17	+2.00	
8469	22	λ Cep	22 11 35.8	+59 25 37	O6 If	+5.05	−0.74	+0.24	+0.28	+0.43	
8622	10	Lac	22 39 22.4	+39 03 48	O9 V	+4.88	−1.05	−0.20	−0.09	−0.30	2
8781	54	α Peg	23 04 53.1	+15 13 07	A0 III−IV	+2.48	−0.06	−0.04	+0.01	−0.02	
8832			23 13 24.3	+57 10 56	K3 V	+5.57	+0.89	+1.00	+0.83	+1.36	2

Notes to Table

BS=HR No.	† center of gravity position
	See Bright Stars list for orbital position
Code	1 = *U B V R I* Primary Standard
	2 = *U B V* Primary Standard
	v = variable star

BS=HR No.		Name	Right Ascension	Declination	Spectral Type	V	b−y	m_1	c_1	β
			h m s	° ′ ″						
9076		ϵ Tuc	00 00 02.7	−65 33 48	B9 IV	4.50	−0.023	+0.098	+0.881	2.722
9088	85	Peg	00 02 18.1	+27 05 43	G2 V	5.75	+0.430	+0.187	+0.214	2.558
9091		ζ Scl	00 02 27.6	−29 42 25	B5 V	5.04	−0.063	+0.106	+0.450	2.712
9107			00 05 01.5	+34 40 26	G2 V	6.10	+0.412	+0.169	+0.312	
15	21	α And	00 08 31.0	+29 06 15	B9p Hg Mn	2.06*	−0.046	+0.120	+0.520	2.743
21	11	β Cas	00 09 18.8	+59 09 49	F2 III	2.27*	+0.216	+0.177	+0.785	
27	22	And	00 10 27.1	+46 05 10	F0 II	5.04	+0.273	+0.123	+1.082	2.666
63	24	θ And	00 17 13.4	+38 41 43	A2 V	4.62	+0.026	+0.180	+1.049	2.880
100		κ Phe	00 26 19.5	−43 39 58	A5 Vn	3.95	+0.098	+0.194	+0.918	2.846
114	28	And	00 30 15.3	+29 45 55	Am	5.23*	+0.169	+0.165	+0.869	
184	20	π Cas	00 43 36.7	+47 02 18	A5 V	4.96	+0.086	+0.226	+0.901	
193	22	o Cas	00 44 51.9	+48 17 53	B5 III	4.62*	+0.007	+0.076	+0.479	2.667
233			00 50 52.8	+64 15 40	G0 III−IV + B9.5 V	5.39	+0.355	+0.127	+0.696	
269	37	μ And	00 56 53.6	+38 30 46	A5 IV−V	3.87	+0.068	+0.194	+1.056	2.865
343	33	θ Cas	01 11 15.4	+55 09 47	A7m	4.34*	+0.087	+0.213	+0.997	
373	39	Cet	01 16 43.9	−02 29 14	gG5	5.41*	+0.554	+0.285	+0.335	
413	93	ρ Psc	01 26 23.4	+19 11 07	F2 V:	5.35	+0.259	+0.146	+0.481	
458	50	υ And	01 36 56.7	+41 25 04	F8 V	4.10	+0.344	+0.179	+0.409	2.629
493	107	Psc	01 42 38.0	+20 16 50	K1 V	5.24	+0.493	+0.364	+0.298	
531	53	χ Cet	01 49 42.5	−10 40 27	F2 IV−V	4.66	+0.209	+0.188	+0.649	2.737
617	13	α Ari	02 07 18.9	+23 28 27	K2$^-$ IIIab Ca−1	2.00	+0.696	+0.526	+0.395	
623	14	Ari	02 09 33.9	+25 57 06	F2 III	4.98	+0.210	+0.185	+0.874	2.723
635	64	Cet	02 11 29.0	+08 34 53	G0 IV	5.64	+0.361	+0.180	+0.469	2.627
660	8	δ Tri	02 17 12.4	+34 14 08	G0 V	4.86	+0.390	+0.187	+0.259	
672			02 18 09.2	+01 46 10	G0.5 IVb	5.60	+0.370	+0.188	+0.405	2.619
675	10	Tri	02 19 05.8	+28 39 14	A2 V	5.03	+0.011	+0.161	+1.145	
685	9	Per	02 22 32.0	+55 51 25	A2 IA	5.17*	+0.321	−0.038	+0.753	
717	12	Tri	02 28 18.8	+29 40 49	F0 III	5.29	+0.178	+0.211	+0.780	
773	32	ν Ari	02 38 57.5	+21 58 19	A7 V	5.30	+0.092	+0.182	+1.095	2.829
784			02 40 19.6	−09 26 33	F6 V	5.79	+0.330	+0.168	+0.362	2.627
801	35	Ari	02 43 35.9	+27 43 04	B3 V	4.65	−0.052	+0.097	+0.333	2.684
811	89	π Cet	02 44 14.5	−13 50 54	B7 V	4.25	−0.052	+0.105	+0.599	2.718
813	87	μ Cet	02 45 04.7	+10 07 28	F0m F2 V$^+$	4.27*	+0.189	+0.188	+0.756	2.751
812	38	Ari	02 45 05.8	+12 27 22	A7 IV	5.18*	+0.136	+0.186	+0.842	2.798
870			02 56 21.8	+08 23 30	F0m F2 V$^+$	5.97	+0.306	+0.175	+0.505	2.662
913			03 02 16.7	−06 29 07	G0 IV−V	6.20	+0.373	+0.205	+0.394	2.621
937		ι Per	03 09 14.9	+49 37 22	G0 V	4.05	+0.376	+0.201	+0.376	
962	94	Cet	03 12 54.1	−01 11 13	G0 IV	5.06	+0.363	+0.186	+0.425	
1006		ζ^1 Ret	03 17 49.5	−62 33 57	G3−5 V.	5.51	+0.403	+0.204	+0.284	
1010		ζ^2 Ret	03 18 16.1	−62 29 49	G2 V	5.23	+0.381	+0.183	+0.297	
1024			03 23 25.1	−07 47 08	G2 V	6.20	+0.449	+0.198	+0.295	
1017	33	α Per	03 24 30.1	+49 52 12	F5 Ib	1.79	+0.302	+0.195	+1.074	2.677
1030	1	o Tau	03 24 56.9	+09 02 15	G6 IIIa Fe−1	3.61	+0.547	+0.333	+0.426	
1089			03 34 57.2	+06 25 33	G0	6.49	+0.408	+0.183	+0.452	2.613
1140	16	Tau	03 44 57.1	+24 17 50	B7 IV	5.46	+0.005	+0.097	+0.650	2.750
1144	18	Tau	03 45 18.7	+24 50 49	B8 V	5.67	−0.021	+0.107	+0.638	2.750
1178	27	Tau	03 49 18.7	+24 03 39	B8 III	3.62	−0.019	+0.092	+0.708	2.696
1201			03 53 18.6	+17 20 04	F4 V	5.97	+0.221	+0.166	+0.610	2.712
1269	42	ψ Tau	04 07 09.8	+29 00 28	F1 V	5.23	+0.226	+0.159	+0.588	
1292	45	Tau	04 11 28.3	+05 31 46	F1 IV−V	5.71	+0.231	+0.164	+0.597	2.710

BS=HR No.		Name	Right Ascension	Declination	Spectral Type	V	b−y	m_1	c_1	β
			h m s	° ′ ″						
1303	51	μ Per	04 15 04.9	+48 24 56	G0 Ib	4.15*	+0.614	+0.268	+0.551	
1321			04 15 33.8	+06 12 21	G5 IV	6.94	+0.425	+0.240	+0.297	2.580
1322			04 15 37.2	+06 11 34	G0 IV	6.32	+0.369	+0.185	+0.331	2.606
1329	50	ω Tau	04 17 24.5	+20 35 04	A3m	4.94	+0.146	+0.235	+0.745	
1331	51	Tau	04 18 32.1	+21 35 07	A8 V	5.64	+0.171	+0.191	+0.784	
1341	56	Tau	04 19 45.6	+21 46 46	A0p	5.38	−0.094	+0.197	+0.536	2.768
1346	54	γ Tau	04 19 56.2	+15 38 01	G9.5 IIIab CN 0.5	3.64*	+0.596	+0.422	+0.385	
1327			04 20 54.5	+65 08 47	G5 IIb	5.26	+0.513	+0.286	+0.402	
1373	61	δ Tau	04 23 04.8	+17 32 53	G9.5 III CN 0.5	3.76*	+0.597	+0.424	+0.405	
1376	63	Tau	04 23 33.7	+16 46 58	F0m	5.63	+0.179	+0.244	+0.731	2.785
1387	65	κ Tau	04 25 31.1	+22 17 58	A5 IV−V	4.22*	+0.070	+0.200	+1.054	2.864
1388	67	Tau	04 25 34.0	+22 12 19	A5 N	5.28*	+0.149	+0.193	+0.840	
1394	71	v777 Tau	04 26 29.3	+15 37 26	F0n IV−V	4.49	+0.153	+0.183	+0.933	
1411	77	$θ^1$ Tau	04 28 43.1	+15 58 03	G9 III Fe−0.5	3.85	+0.584	+0.394	+0.393	
1409	74	ε Tau	04 28 45.8	+19 11 09	G9.5 III CN 0.5	3.53	+0.616	+0.449	+0.417	
1412	78	$θ^2$ Tau	04 28 48.3	+15 52 35	A7 III	3.41*	+0.101	+0.199	+1.014	2.831
1414	79	Tau	04 28 58.6	+13 03 11	A5m	5.02	+0.116	+0.225	+0.907	2.836
1430	83	Tau	04 30 45.8	+13 43 47	F0 V N	5.40	+0.154	+0.200	+0.813	
1444	86	ρ Tau	04 33 59.4	+14 50 58	A9 V	4.65	+0.146	+0.199	+0.829	2.797
1457	87	α Tau	04 36 03.9	+16 30 51	K5+ III	0.86*	+0.955	+0.814	+0.373	
1543	1	$π^3$ Ori	04 49 58.6	+06 57 56	F6 V	3.18*	+0.299	+0.162	+0.416	2.652
1552	3	$π^4$ Ori	04 51 20.4	+05 36 33	B2 III	3.68	−0.056	+0.073	+0.135	2.606
1577	3	ι Aur	04 57 09.4	+33 10 11	K3 II	2.69*	+0.937	+0.775	+0.307	
1620	102	ι Tau	05 03 14.7	+21 35 36	A7 IV	4.63	+0.078	+0.203	+1.034	2.847
1641	10	η Aur	05 06 41.4	+41 14 16	B3 V	3.16*	−0.085	+0.104	+0.318	2.685
1656	104	Tau	05 07 35.9	+18 38 53	G4 V	4.91	+0.410	+0.201	+0.328	
1662	13	Ori	05 07 46.6	+09 28 29	G1 IV	6.17	+0.398	+0.185	+0.350	2.590
1672	16	Ori	05 09 27.9	+09 49 57	A9m	5.42	+0.136	+0.251	+0.835	2.828
1729	15	λ Aur	05 19 19.0	+40 06 04	G1.5 IV−V Fe−1	4.71	+0.389	+0.206	+0.363	2.598
1861			05 32 48.9	−01 35 25	B1 V	5.34*	−0.074	+0.073	+0.002	2.615
1865	11	α Lep	05 32 50.4	−17 49 14	F0 Ib	2.57	+0.142	+0.150	+1.496	
1905	122	Tau	05 37 12.5	+17 02 30	F0 V	5.53	+0.132	+0.203	+0.856	
2056		λ Col	05 53 12.3	−33 48 03	B5 V	4.89*	−0.070	+0.115	+0.413	2.718
2034	136	Tau	05 53 29.1	+27 36 45	A0 IV	4.56	+0.001	+0.133	+1.152	
2047	54	$χ^1$ Ori	05 54 31.8	+20 16 35	G0− V Ca 0.5	4.41	+0.378	+0.194	+0.307	2.599
2106		γ Col	05 57 37.5	−35 16 59	B2.5 IV	4.36	−0.073	+0.093	+0.362	2.644
2143	40	Aur	06 06 45.4	+38 28 56	A4m	5.35*	+0.139	+0.222	+0.923	
2233			06 15 41.9	−00 30 48	F6 V	5.62	+0.325	+0.154	+0.446	2.633
2236			06 16 01.7	+01 10 06	F5 IV:	6.36	+0.299	+0.148	+0.476	2.645
2264	45	Aur	06 21 58.4	+53 27 03	F5 III	5.33	+0.285	+0.170	+0.627	
2313			06 25 24.1	−00 56 52	F8 V	5.88	+0.361	+0.170	+0.395	2.613
2473	27	ε Gem	06 44 05.1	+25 07 42	G8 Ib	3.00	+0.868	+0.656	+0.282	
2484	31	ξ Gem	06 45 25.8	+12 53 34	F5 IV	3.36*	+0.288	+0.167	+0.552	
2483	56	$ψ^5$ Aur	06 46 55.1	+43 34 29	G0 V	5.25	+0.359	+0.184	+0.376	
2585	16	Lyn	06 57 48.0	+45 05 27	A2 V	4.91	+0.014	+0.159	+1.109	
2622			07 00 25.4	−05 22 14	G0 III−IV	6.29	+0.359	+0.192	+0.402	
2657	23	γ CMa	07 03 52.3	−15 38 14	B8 II	4.11	−0.046	+0.099	+0.556	2.689
2707	21	Mon	07 11 31.3	−00 18 22	A8n	5.44*	+0.185	+0.184	+0.875	
2763	54	λ Gem	07 18 14.2	+16 32 08	A4 V	3.58*	+0.048	+0.198	+1.055	
2779			07 19 55.9	+07 08 18	F8 V	5.92	+0.339	+0.169	+0.469	2.628

BS=HR No.	Name		Right Ascension	Declination	Spectral Type	V	b−y	m₁	c₁	β
			h m s	° ′ ″						
2777	55	δ Gem	07 20 16.3	+21 58 39	F0 V⁺	3.53	+0.221	+0.156	+0.696	2.712
2798			07 21 24.1	−08 53 00	F5	6.55	+0.343	+0.174	+0.390	
2807			07 22 26.0	−02 59 02	F5	6.24	+0.432	+0.216	+0.588	
2845	3	β CMi	07 27 17.2	+08 17 03	B8 V	2.89*	−0.038	+0.113	+0.799	2.731
2852	62	ρ Gem	07 29 16.3	+31 46 45	F0 V⁺	4.18	+0.214	+0.155	+0.613	2.713
2857	64	Gem	07 29 29.7	+28 06 46	A6 V	5.05	+0.062	+0.202	+1.013	
2866			07 29 32.9	−07 33 23	F8 V	5.86	+0.311	+0.155	+0.392	
2883			07 32 13.0	−08 53 11	F5 V	5.93	+0.355	+0.124	+0.335	2.595
2880	7	δ¹ CMi	07 32 13.7	+01 54 33	F0 III	5.25	+0.128	+0.173	+1.198	
2886	68	Gem	07 33 45.0	+15 49 16	A1 V	5.28	+0.037	+0.143	+1.178	
2918			07 36 42.7	+05 51 22	G0 V	5.90	+0.375	+0.188	+0.387	2.610
2927	25	Mon	07 37 24.1	−04 07 00	F6 III	5.14	+0.283	+0.180	+0.643	
2948/9			07 38 55.5	−26 48 27	B6 V	3.83	−0.076	+0.121	+0.400	
2930	71	o Gem	07 39 19.7	+34 34 43	F3 III	4.89	+0.270	+0.173	+0.654	
2961			07 39 32.6	−38 18 51	B2.5 V	4.84	−0.084	+0.103	+0.303	
2985	77	κ Gem	07 44 35.9	+24 23 31	G8 III	3.57	+0.573	+0.379	+0.398	
3003	81	Gem	07 46 16.1	+18 30 13	K4 III	4.85	+0.895	+0.735	+0.451	
3084		QZ Pup	07 52 44.0	−38 52 10	B2.5 V	4.50*	−0.083	+0.104	+0.244	
3131			07 59 58.8	−18 24 22	A2 IVn	4.61	+0.048	+0.161	+1.122	2.837
3173	27	Lyn	08 08 38.7	+51 29 57	A1 Va	4.81	+0.017	+0.151	+1.105	
3249	17	β Cnc	08 16 39.1	+09 10 40	K4 III Ba 0.5	3.52	+0.914	+0.758	+0.371	
3262	18	χ Cnc	08 20 12.9	+27 12 34	F6 V	5.14	+0.314	+0.146	+0.384	
3271			08 20 20.8	−00 55 03	F9 V	6.17	+0.385	+0.193	+0.414	2.612
3297	1	Hya	08 24 42.5	−03 45 34	F3 V	5.60	+0.311	+0.138	+0.400	2.631
3314			08 25 47.1	−03 54 53	A0 Va	3.90	−0.006	+0.156	+1.024	2.898
3410	4	δ Hya	08 37 47.3	+05 41 42	A1 IVnn	4.15	+0.009	+0.152	+1.091	2.855
3454	7	η Hya	08 43 21.3	+03 23 22	B4 V	4.30*	−0.087	+0.093	+0.241	2.653
3459			08 43 47.8	−07 14 34	G2 IB	4.63	+0.517	+0.294	+0.472	
3538			08 54 25.3	−05 26 39	G3 V	6.01	+0.410	+0.239	+0.325	2.597
3555	59	σ² Cnc	08 57 05.9	+32 54 02	A7 IV	5.45	+0.084	+0.205	+0.972	
3619	15	UMa	09 09 02.8	+51 35 39	F0m	4.46	+0.165	+0.248	+0.762	
3624	14	τ UMa	09 11 07.3	+63 30 11	Am	4.65	+0.214	+0.253	+0.711	
3657			09 13 45.8	+21 16 22	A2 V	6.48	+0.017	+0.164	+1.094	
3665	22	θ Hya	09 14 29.7	+02 18 13	B9.5 IV (C II)	3.88	−0.028	+0.145	+0.944	
3662	18	UMa	09 16 22.1	+54 00 41	A5 V	4.84*	+0.113	+0.196	+0.892	
3759	31	τ¹ Hya	09 29 16.5	−02 46 48	F6 V	4.60	+0.295	+0.164	+0.453	
3757	23	UMa	09 31 43.4	+63 03 03	F0 IV	3.67*	+0.211	+0.180	+0.752	
3775	25	θ UMa	09 33 01.4	+51 39 57	F6 IV	3.18	+0.314	+0.153	+0.463	
3800	10	SU LMi	09 34 22.5	+36 23 11	G7.5 III Fe−0.5	4.55	+0.561	+0.349	+0.375	
3815	11	LMi	09 35 48.6	+35 47 56	G8 IV−V	5.41	+0.473	+0.304	+0.372	
3856			09 39 25.2	−61 20 22	B9 V	4.51*	−0.034	+0.140	+0.821	
3849	38	κ Hya	09 40 25.6	−14 20 38	B5 V	5.07	−0.070	+0.110	+0.407	2.704
3852	14	o Leo	09 41 17.0	+09 52 51	F5 II + A5?	3.52	+0.306	+0.234	+0.615	
3881			09 48 45.0	+46 00 33	G0.5 Va	5.10	+0.390	+0.203	+0.382	
3893	4	Sex	09 50 37.9	+04 19 54	F7 Vn	6.24	+0.306	+0.161	+0.419	2.646
3901			09 51 29.1	−06 11 37	F8 V	6.43	+0.363	+0.185	+0.412	
3906	7	Sex	09 52 19.9	+02 26 32	A0 Vs	6.03	−0.015	+0.136	+1.040	
3928	19	LMi	09 57 50.2	+41 02 37	F5 V	5.14	+0.300	+0.165	+0.457	
3951	20	LMi	10 01 09.3	+31 54 41	G3 Va Hδ 1	5.35	+0.416	+0.234	+0.388	2.599
3975	30	η Leo	10 07 28.1	+16 45 01	A0 Ib	3.53	+0.030	+0.068	+0.966	

BS=HR No.	Name			Right Ascension	Declination	Spectral Type	V	$b-y$	m_1	c_1	β
				h m s	° ′ ″						
3974	21		LMi	10 07 34.6	+35 13 57	A7 V	4.49*	+0.106	+0.201	+0.876	2.837
4031	36	ζ	Leo	10 16 49.7	+23 24 17	F0 IIIa	3.44	+0.196	+0.169	+0.986	2.722
4054	40		Leo	10 19 52.3	+19 27 29	F6 IV	4.79*	+0.299	+0.166	+0.462	
4057/8	41	γ^1	Leo	10 20 06.6	+19 49 44	K$^-$ IIIb Fe$-$0.5	1.98*	+0.689	+0.457	+0.373	
4090	30		LMi	10 26 03.4	+33 47 00	F0 V	4.73	+0.150	+0.196	+0.959	
4101	45		Leo	10 27 46.9	+09 44 59	A0p	6.04	$-$0.036	+0.180	+0.956	
4119	30	β	Sex	10 30 25.2	$-$00 39 00	B6 V	5.08	$-$0.061	+0.113	+0.479	2.730
4133	47	ρ	Leo	10 32 56.6	+09 17 37	B1 Iab	3.86*	$-$0.027	+0.040	$-$0.040	2.552
4166	37		LMi	10 38 51.6	+31 57 47	G2.5 II*a	4.72	+0.512	+0.297	+0.477	2.595
4277	47		UMa	10 59 36.3	+40 25 01	G1$^-$ V Fe$-$0.5	5.05	+0.392	+0.203	+0.337	
4293				11 00 16.2	$-$42 14 22	A3 IV	4.38	+0.059	+0.179	+1.116	
4288	49		UMa	11 00 58.7	+39 11 55	F0 M	5.07	+0.142	+0.198	+1.012	
4300	60		Leo	11 02 27.8	+20 09 59	A0.5m A3 V	4.42	+0.022	+0.194	+1.019	
4343	11	β	Crt	11 11 46.9	$-$22 50 22	A2 IV	4.47	+0.011	+0.164	+1.190	2.877
4378				11 18 28.8	+11 58 16	A2 V	6.66	+0.024	+0.190	+1.052	
4386	77	σ	Leo	11 21 15.9	+06 00 56	A0 III$^+$	4.05	$-$0.020	+0.127	+1.014	
4392	56		UMa	11 22 57.8	+43 28 09	G8 II	4.99	+0.610	+0.416	+0.396	
4405	15	γ	Crt	11 25 00.4	$-$17 41 52	A7 V	4.07	+0.118	+0.195	+0.895	2.823
4456	90		Leo	11 34 50.3	+16 47 00	B3 V	5.95	$-$0.066	+0.095	+0.323	2.687
4501	62		UMa	11 41 42.1	+31 43 55	F4 V	5.74	+0.312	+0.118	+0.401	
4515	2	ξ	Vir	11 45 24.8	+08 14 40	A4 V	4.85	+0.090	+0.196	+0.928	2.855
4527	93	DQ	Leo	11 48 06.9	+20 12 18	G4 III$-$IV + A7 V	4.53*	+0.352	+0.186	+0.725	
4534	94	β	Leo	11 49 11.2	+14 33 29	A3 Va	2.14*	+0.044	+0.210	+0.975	2.900
4540	5	β	Vir	11 50 49.5	+01 45 02	F9 V	3.60	+0.354	+0.186	+0.415	2.629
4550				11 53 07.4	+37 42 03	G8 V P	6.43	+0.483	+0.225	+0.153	
4554	64	γ	UMa	11 53 57.7	+53 40 51	A0 Van	2.44	+0.006	+0.153	+1.113	2.884
4618				12 08 13.0	$-$50 40 31	B2 IIIne	4.47	$-$0.076	+0.108	+0.254	2.682
4689	15	η	Vir	12 20 02.0	$-$00 40 50	A1 IV$^+$	3.90*	+0.017	+0.163	+1.130	
4695	16		Vir	12 20 28.6	+03 17 55	K0.5 IIIb Fe$-$0.5	4.97	+0.717	+0.485	+0.516	
4705				12 22 18.3	+24 45 36	A0 V	6.20	$-$0.002	+0.169	+1.034	
4707	12		Com	12 22 37.8	+25 49 56	G5 III + A5	4.81	+0.322	+0.175	+0.779	2.701
4753	18		Com	12 29 34.4	+24 05 42	F5 III	5.48	+0.289	+0.170	+0.609	
4775	8	η	Crv	12 32 12.0	$-$16 12 36	F2 V	4.30*	+0.245	+0.167	+0.543	2.700
4789	23		Com	12 34 58.5	+22 36 56	A0m A1 IV	4.81	+0.008	+0.144	+1.090	
4802		τ	Cen	12 37 50.4	$-$48 33 18	A1 IVnn	3.86	+0.026	+0.159	+1.086	2.870
4861	28		Com	12 48 21.8	+13 32 22	A1 V	6.56	+0.012	+0.167	+1.052	
4865	29		Com	12 49 01.8	+14 06 32	A1 V	5.70	+0.020	+0.156	+1.130	
4869	30		Com	12 49 24.7	+27 32 19	A2 V	5.78	+0.025	+0.169	+1.074	
4883	31		Com	12 51 49.2	+27 31 38	G0 IIIp	4.93	+0.437	+0.186	+0.416	2.592
4889				12 53 34.5	$-$40 11 33	A7 V	4.26	+0.125	+0.185	+0.971	2.816
4914	12	α^1	CVn	12 56 07.4	+38 18 05	F0 V	5.60	+0.230	+0.152	+0.578	
4931	78		UMa	13 00 50.2	+56 21 11	F2 V	4.92*	+0.244	+0.170	+0.575	2.707
4983	43	β	Com	13 11 59.4	+27 51 56	F9.5 V	4.26	+0.370	+0.191	+0.337	2.608
5011	59		Vir	13 16 54.0	+09 24 40	F8 V	5.19	+0.372	+0.191	+0.385	2.614
5017	20	AO	CVn	13 17 39.3	+40 33 34	F3 III(str. met.)	4.72*	+0.174	+0.238	+0.915	
5062	80		UMa	13 25 19.5	+54 58 30	A5 Vn	4.02*	+0.097	+0.192	+0.928	2.847
5072	70		Vir	13 28 33.2	+13 45 57	G4 V	4.97	+0.446	+0.232	+0.350	
5163				13 44 02.1	$-$05 30 42	A1 V	6.53	+0.028	+0.172	+0.980	
5168	1		Cen	13 45 49.8	$-$33 03 23	F2 V$^+$	4.23*	+0.247	+0.164	+0.548	2.700
5235	8	η	Boo	13 54 48.2	+18 23 07	G0 IV	2.68	+0.376	+0.203	+0.476	2.627

BS=HR No.	Name		Right Ascension	Declination	Spectral Type	V	$b-y$	m_1	c_1	β
			h m s	° ′ ″						
5270			14 02 39.2	+09 40 27	G8: II: Fe−5	6.21	+0.638	+0.087	+0.541	2.533
5280			14 03 05.3	+50 57 36	A2 V	6.15	+0.020	+0.181	+1.016	
5285		χ Cen	14 06 12.0	−41 11 29	B2 V	4.36*	−0.094	+0.102	+0.161	2.661
5304	12	Boo	14 10 30.8	+25 04 48	F8 IV	4.82	+0.347	+0.172	+0.443	
5414			14 28 38.1	+28 16 41	A1 V	7.62	+0.014	+0.168	+1.018	
5415			14 28 39.9	+28 16 47	A1 V	7.12	+0.008	+0.146	+1.020	
5447	28	σ Boo	14 34 47.4	+29 44 04	F2 V	4.47*	+0.253	+0.135	+0.484	2.675
5511	109	Vir	14 46 22.5	+01 52 57	A0 IVnn	3.74	+0.006	+0.137	+1.078	2.846
5522			14 49 01.8	−00 51 28	B9 Vp:v	6.16	−0.007	+0.132	+0.996	
5530	8	α¹ Lib	14 50 49.5	−16 00 27	F3 V	5.16	+0.265	+0.156	+0.494	2.681
5531	9	α² Lib	14 51 01.0	−16 03 07	A3 III−IV	2.75	+0.074	+0.192	+0.996	2.860
5634	45	Boo	15 07 24.7	+24 51 34	F5 V	4.93	+0.287	+0.161	+0.448	
5633			15 07 27.3	+18 25 56	A3 V	6.02	+0.032	+0.190	+1.017	
5626		λ Lup	15 09 00.7	−45 17 21	B3 V	4.06	−0.077	+0.105	+0.265	2.687
5660	1	Lup	15 14 46.6	−31 31 42	F0 Ib−II	4.92	+0.246	+0.132	+1.367	2.741
5681	49	δ Boo	15 15 36.2	+33 18 20	G8 III Fe−1	3.49	+0.587	+0.346	+0.410	
5685	27	β Lib	15 17 08.5	−09 23 31	B8 IIIn	2.61	−0.040	+0.100	+0.750	2.706
5717	7	Ser	15 22 30.4	+12 33 31	A0 V	6.28	+0.008	+0.136	+1.044	
5754			15 27 43.5	+62 16 01	A5 IV	6.40	+0.062	+0.210	+0.982	
5752			15 28 49.3	+47 11 34	Am	6.15	+0.046	+0.194	+1.142	
5793	5	α CrB	15 34 47.6	+26 42 23	A0 IV	2.24*	0.000	+0.144	+1.060	
5825			15 41 21.7	−44 40 09	F5 IV−V	4.64	+0.270	+0.152	+0.458	2.678
5854	24	α Ser	15 44 23.5	+06 25 04	K2 IIIb CN 1	2.64	+0.715	+0.572	+0.445	
5868	27	λ Ser	15 46 33.9	+07 20 44	G0⁻ V	4.43	+0.383	+0.193	+0.366	2.605
5885	1	Sco	15 51 07.8	−25 45 32	B1.5 V N	4.65	+0.006	+0.070	+0.122	2.639
5936	12	λ CrB	15 55 53.1	+37 56 24	F2	5.44	+0.230	+0.161	+0.654	
5933	41	γ Ser	15 56 34.1	+15 39 13	F6 V	3.86	+0.319	+0.151	+0.401	2.632
5947	13	ε CrB	15 57 41.5	+26 52 15	K2 IIIab	4.15	+0.751	+0.570	+0.414	
5968	15	ρ CrB	16 01 08.5	+33 17 46	G2 V	5.40	+0.396	+0.176	+0.331	
5993	9	ω¹ Sco	16 06 57.2	−20 40 33	B1 V	3.94	+0.037	+0.042	+0.009	2.617
5997	10	ω² Sco	16 07 33.1	−20 52 31	G4 II−III	4.32	+0.522	+0.285	+0.448	2.577
6027	14	ν Sco	16 12 08.5	−19 28 01	B2 IVp	3.99	+0.080	+0.051	+0.137	2.663
6092	22	τ Her	16 19 49.0	+46 18 27	B5 IV	3.88*	−0.056	+0.089	+0.440	2.702
6141	22	Sco	16 30 21.6	−25 07 14	B2 V	4.79	−0.047	+0.092	+0.191	2.665
6175	13	ζ Oph	16 37 17.8	−10 34 19	O9.5 Vn	2.56	+0.088	+0.014	−0.069	2.583
6243	20	Oph	16 49 58.3	−10 47 14	F7 III	4.64	+0.311	+0.164	+0.532	2.647
6332	59	Her	17 01 41.9	+33 33 53	A3 IV−Vs	5.28	+0.001	+0.172	+1.102	2.885
6355	60	Her	17 05 29.7	+12 44 15	A4 IV	4.90	+0.064	+0.207	+0.992	2.877
6378	35	η Oph	17 10 31.3	−15 43 40	A2 Va⁺ (Sr)	2.42	+0.029	+0.186	+1.076	2.894
6458	72	Her	17 20 45.2	+32 27 53	G0 V	5.39*	+0.405	+0.178	+0.312	2.588
6536	23	β Dra	17 30 29.4	+52 17 59	G2 Ib−IIa	2.78	+0.610	+0.323	+0.423	2.599
6588	85	ι Her	17 39 32.1	+46 00 18	B3 IV	3.80	−0.064	+0.078	+0.294	2.661
6581	56	o Ser	17 41 33.3	−12 52 35	A2 Va	4.25*	+0.049	+0.168	+1.108	2.874
6595	58	Oph	17 43 34.8	−21 41 03	F7 V:	4.87	+0.304	+0.150	+0.408	2.645
6603	60	β Oph	17 43 35.8	+04 33 59	K2 III CN 0.5	2.76	+0.719	+0.553	+0.451	
6629	62	γ Oph	17 48 01.1	+02 42 23	A0 Van	3.75	+0.024	+0.165	+1.055	2.905
6714	67	Oph	18 00 46.2	+02 55 54	B5 Ib	3.97	+0.081	+0.020	+0.302	2.585
6723	68	Oph	18 01 52.8	+01 18 19	A0.5 Van	4.44*	+0.029	+0.137	+1.087	2.842
6743		θ Ara	18 06 49.5	−50 05 28	B2 Ib	3.67	+0.007	+0.037	+0.006	2.582
6775	99	Her	18 07 07.2	+30 33 45	F7 V	5.06	+0.356	+0.136	+0.321	

BS=HR No.	Name		Right Ascension	Declination	Spectral Type	V	$b-y$	m_1	c_1	β
			h m s	° ′ ″						
6930		γ Sct	18 29 20.4	−14 33 51	A2 III⁻	4.69	+0.045	+0.147	+1.208	2.846
7069	111	Her	18 47 07.9	+18 11 04	A3 Va⁺	4.36	+0.061	+0.216	+0.942	2.895
7119			18 54 51.7	−15 35 59	B5 II	5.09	+0.175	+0.026	+0.468	2.626
7152		ε CrA	18 58 53.5	−37 06 14	F0 V	4.85*	+0.253	+0.161	+0.617	
7178	14	γ Lyr	18 59 02.2	+32 41 35	B9 II	3.24	+0.001	+0.093	+1.219	2.751
7235	17	ζ Aql	19 05 31.5	+13 52 02	A0 Vann	2.99	+0.012	+0.147	+1.080	2.873
7253			19 06 43.7	+28 37 58	F0 III	5.53	+0.176	+0.189	+0.747	2.756
7254		α CrA	19 09 38.5	−37 54 01	A2 IVn	4.11	+0.024	+0.181	+1.057	2.890
7328	1	κ Cyg	19 17 09.6	+53 22 23	G9 III	3.76	+0.579	+0.390	+0.430	
7340	44	ρ¹ Sgr	19 21 49.1	−17 50 32	F0 III−IV	3.93*	+0.130	+0.194	+0.950	2.809
7377	30	δ Aql	19 25 37.5	+03 07 12	F2 IV−V	3.37*	+0.203	+0.170	+0.711	2.733
7462	61	σ Dra	19 32 21.3	+69 39 56	K0 V	4.67	+0.472	+0.324	+0.266	
7469	13	θ Cyg	19 36 30.5	+50 13 37	F4 V	4.49	+0.262	+0.157	+0.502	2.689
7447	41	ι Aql	19 36 51.1	−01 16 51	B5 III	4.36	−0.017	+0.087	+0.574	2.704
7446	39	κ Aql	19 37 01.5	−07 01 18	B0.5 IIIn	4.95	+0.085	−0.024	−0.031	2.563
7479	5	α Sge	19 40 12.5	+18 01 11	G1 II	4.39	+0.489	+0.259	+0.471	
7503	16	Cyg	19 41 52.9	+50 31 52	G1.5 Vb	5.98	+0.410	+0.212	+0.368	
7504			19 41 56.0	+50 31 24	G3 V	6.23	+0.417	+0.223	+0.349	
7525	50	γ Aql	19 46 22.7	+10 37 10	K3 II	2.71	+0.936	+0.762	+0.292	
7534	17	Cyg	19 46 31.3	+33 44 01	F5 V	5.01	+0.312	+0.155	+0.436	
7557	53	α Aql	19 50 54.3	+08 52 30	A7 Vnn	0.76	+0.137	+0.178	+0.880	
7560	54	o Aql	19 51 08.8	+10 25 19	F8 V	5.13	+0.356	+0.182	+0.415	
7602	60	β Aql	19 55 26.2	+06 24 47	G8 IV	3.72*	+0.522	+0.303	+0.345	
7610	61	φ Aql	19 56 21.3	+11 25 50	A1 V	5.29	−0.006	+0.178	+1.021	
7773	8	ν Cap	20 20 48.1	−12 45 04	B9 V	4.76	−0.020	+0.135	+1.011	2.853
7796	37	γ Cyg	20 22 19.1	+40 15 53	F8 Ib	2.23	+0.396	+0.296	+0.885	2.641
7858	3	η Del	20 34 04.1	+13 02 09	A2 V	5.40	+0.023	+0.207	+0.983	2.918
7906	9	α Del	20 39 45.3	+15 55 15	B9 IV	3.77	−0.019	+0.125	+0.893	2.799
7936	16	ψ Cap	20 46 14.6	−25 15 42	F4 V	4.14	+0.278	+0.161	+0.465	2.673
7949	53	ε Cyg	20 46 18.8	+33 58 47	K0 III	2.46	+0.627	+0.415	+0.425	
7977	55	v1661 Cyg	20 49 01.5	+46 07 25	B2.5 Ia	4.86*	+0.356	−0.067	+0.153	2.530
7984	56	Cyg	20 50 10.3	+44 04 08	A4m	5.04	+0.108	+0.209	+0.897	2.844
8060	22	η Cap	21 04 32.8	−19 50 42	A5 V	4.86	+0.090	+0.191	+0.946	2.861
8085†	61	v1803 CygA	21 07 01.3	+38 45 29	K5 V	5.21	+0.656	+0.677	+0.136	
8086†	61	CygB	21 07 01.3	+38 45 29	K7 V	6.04	+0.792	+0.673	+0.063	
8143	67	σ Cyg	21 17 30.9	+39 24 19	B9 Iab	4.23	+0.138	+0.027	+0.571	2.583
8162	5	α Cep	21 18 38.3	+62 35 46	A7 V⁺n	2.45*	+0.125	+0.190	+0.936	2.808
8181		γ Pav	21 26 38.8	−65 21 17	F6 Vp	4.23	+0.333	+0.118	+0.315	2.613
8267	5	Peg	21 37 52.5	+19 19 48	F0 V⁺	5.47*	+0.199	+0.172	+0.890	2.734
8279	9	v337 Cep	21 37 59.3	+62 05 36	B2 Ib	4.73*	+0.275	−0.051	+0.135	2.558
8313	9	Peg	21 44 37.8	+17 21 41	G5 Ib	4.34	+0.706	+0.479	+0.346	
8344	13	Peg	21 50 15.9	+17 17 50	F2 III−IV	5.29*	+0.263	+0.156	+0.545	2.688
8353		γ Gru	21 54 04.8	−37 21 11	B8 IV−Vs	3.01	−0.045	+0.106	+0.726	
8425		α Gru	22 08 23.4	−46 56 56	B7 Vn	1.74	−0.058	+0.107	+0.568	2.729
8431	14	μ PsA	22 08 31.7	−32 58 34	A1 IVnn	4.50	+0.032	+0.167	+1.070	2.872
8454	29	π Peg	22 10 05.9	+33 11 26	F3 III	4.29	+0.304	+0.177	+0.778	
8494	23	ε Cep	22 15 07.5	+57 03 22	A9 IV	4.19*	+0.169	+0.192	+0.787	2.758
8551	35	Peg	22 27 59.1	+04 42 29	K0 III−IV	4.79	+0.640	+0.420	+0.418	
8585	7	α Lac	22 31 23.7	+50 17 44	A1 Va	3.77	+0.001	+0.173	+1.030	2.906
8613	9	Lac	22 37 28.6	+51 33 29	A7 IV	4.65	+0.149	+0.172	+0.935	2.784

BS=HR No.		Name	Right Ascension	Declination	Spectral Type	V	b−y	m_1	c_1	β
			h m s	° ′ ″						
8622	10	Lac	22 39 22.4	+39 03 48	O9 V	4.89	−0.066	+0.037	−0.117	2.587
8634	42	ζ Peg	22 41 35.2	+10 50 40	B8.5 III	3.40	−0.035	+0.114	+0.867	2.768
8630		β Oct	22 46 17.9	−81 22 06	A7 III−IV	4.14	+0.124	+0.191	+0.915	2.817
8665	46	ξ Peg	22 46 49.1	+12 11 08	F6 V	4.19	+0.330	+0.147	+0.407	
8675		ε Gru ·	22 48 42.3	−51 18 13	A2 Va	3.49	+0.051	+0.161	+1.143	2.856
8709	76	δ Aqr	22 54 47.0	−15 48 27	A3 IV−V	3.28	+0.036	+0.167	+1.157	2.890
8729	51	Peg	22 57 35.3	+20 46 56	G5 V	5.45	+0.415	+0.233	+0.372	
8728	24	α PsA	22 57 47.3	−29 36 32	A3 Va	1.16	+0.039	+0.208	+0.985	2.906
8781	54	α Peg	23 04 53.1	+15 13 07	A0 III−IV	2.48	−0.012	+0.130	+1.128	2.840
8826	59	Peg	23 11 51.8	+08 44 01	A3 Van	5.16	+0.076	+0.164	+1.091	2.820
8830	7	And	23 12 39.9	+49 25 12	F0 V	4.53	+0.188	+0.169	+0.713	
8848		γ Tuc	23 17 34.4	−58 13 19	F2 V	3.99	+0.271	+0.143	+0.564	2.665
8880	62	τ Peg	23 20 45.7	+23 45 15	A5 V	4.60*	+0.105	+0.166	+1.009	
8899			23 23 54.9	+32 32 43	F4 Vw	6.69	+0.321	+0.121	+0.404	
8954	16	PsC	23 36 30.9	+02 06 58	F6 Vbvw	5.69	+0.306	+0.122	+0.386	
8965	17	ι And	23 38 15.6	+43 16 55	B8 V	4.29	−0.031	+0.100	+0.784	2.728
8969	17	ι Psc	23 40 04.8	+05 38 23	F7 V	4.13	+0.331	+0.161	+0.398	2.621
8976	19	κ And	23 40 31.9	+44 20 52	B8 IVn	4.14	−0.035	+0.131	+0.831	2.833
9072	28	ω Psc	23 59 26.4	+06 52 38	F3 V	4.03	+0.271	+0.154	+0.631	2.667

Notes to Table

BS=HR No.   † center of gravity position
See Bright Stars list for orbital position

V   * magnitude may be or is variable

HD No.	BS=HR No.	Name		Right Ascension	Declination	Vis. Mag.	Spectral Type	Radial Velocity	
				h m s	o ′ ″			km/s	
693	33	6	Cet	00 11 23.5	−15 27 15	+4.89	F6 V	+ 14.7	±0.2
3712	168	18	α Cas	00 40 39.0	+56 33 04	+2.23	K0⁻ IIIa	− 3.9	0.1
3765				00 40 57.5	+40 12 01	+7.36	dK5	− 63.0	0.2
4128	188	16	β Cet	00 43 42.9	−17 58 23	+2.04	G9 III CH−1 CN 0.5 Ca 1	+ 13.1	0.1
4388				00 46 35.2	+30 57 55	+7.51	K3 III	− 28.3	0.6
8779	416			01 26 35.0	−00 23 09	+6.41	gK0	− 5.0	±0.6
9138	434	98	μ Psc	01 30 19.0	+06 09 24	+4.84	K4 III	+ 35.4	0.5
12029				01 58 50.5	+29 23 30	+7.80	K2 III	+ 38.6	0.5
12929	617	13	α Ari	02 07 18.9	+23 28 27	+2.00	K2⁻ IIIab Ca−1	− 14.3	0.2
18884	911	92	α Cet	03 02 24.6	+04 05 58	+2.53	M1.5 IIIa	− 25.8	0.1
22484	1101	10	Tau	03 37 00.0	+00 24 34	+4.28	F9 IV−V	+ 27.9	±0.1
23169				03 44 02.0	+25 43 59	+8.75	G2 V	+ 13.3	0.2
26162	1283	43	Tau	04 09 18.7	+19 36 56	+5.50	K1 III	+ 23.9	0.6
29139	1457	87	α Tau	04 36 03.9	+16 30 51	+0.85	K5⁺III	+ 54.1	0.1
32963				05 08 05.0	+26 19 53	+7.72	G2 V	− 63.1	0.4
36079	1829	9	β Lep	05 28 21.2	−20 45 27	+2.84	G5 II	− 13.5	±0.1
51250	2593	18	μ CMa	06 56 13.5	−14 02 49	+5.00	K2 III +B9 V:	+ 19.6	0.5
62509	2990	78	β Gem	07 45 28.1	+28 01 12	+1.14	K0 IIIb	+ 3.3	0.1
65583				08 00 41.5	+29 12 17	+7.00	dG7	+ 12.5	0.4
65934				08 02 20.3	+26 37 52	+7.94	G8 III	+ 35.0	0.3
66141	3145			08 02 23.7	+02 19 39	+4.39	K2 IIIb Fe−0.5	+ 70.9	±0.3
75935				08 53 59.0	+26 54 13	+8.63	G8 V	− 18.9	0.3
80170	3694			09 17 03.1	−39 24 43	+5.33	K5 III−IV	0.0	0.2
81797	3748	30	α Hya	09 27 42.6	−08 40 11	+1.98	K3 II−III	− 4.4	0.2
84441	3873	17	ε Leo	09 45 59.6	+23 45 45	+2.98	G1 II	+ 4.8	0.1
86801				10 01 42.8	+28 33 17	+8.88	G0 V	− 14.5	±0.4
89449	4054	40	Leo	10 19 52.3	+19 27 29	+4.79	F6 IV	+ 6.5	0.5
90861				10 30 02.1	+28 34 06	+7.20	K2 III	+ 36.3	0.4
92588	4182	33	Sex	10 41 31.8	−01 45 17	+6.26	sgK1	+ 42.8	0.1
102494				11 48 04.2	+27 19 35	+7.44	G8 IV	− 22.9	0.3
102870	4540	5	β Vir	11 50 49.5	+01 45 02	+3.61	F9 V	+ 5.0	±0.2
103095	4550			11 53 07.4	+37 42 03	+6.45	G8 Vp	− 99.1	0.3
107328	4695	16	Vir	12 20 28.6	+03 17 55	+4.96	K0.5 IIIb Fe−0.5	+ 35.7	0.3
108903	4763		γ Cru	12 31 18.3	−57 07 38	+1.63	M3.5 III	+ 21.3	0.1
109379	4786	9	β Crv	12 34 31.1	−23 24 38	+2.65	G5 IIb	− 7.0	0.0
112299				12 55 35.8	+25 43 28	+8.66	F8 V	+ 3.4	±0.5
122693				14 02 59.0	+24 32 58	+8.21	F8 V	− 6.3	0.2
124897	5340	16	α Boo	14 15 46.5	+19 10 10	−0.04	K1.5 III Fe−0.5	− 5.3	0.1
126053	5384			14 23 23.0	+01 13 48	+6.27	G1 V	− 18.5	0.4
132737				14 59 59.0	+27 09 02	+8.02	K0 III	− 24.1	0.3
136202	5694	5	Ser	15 19 26.5	+01 45 22	+5.06	F8 IV−V	+ 53.5	±0.2
144579				16 05 02.0	+39 09 00	+6.66	dG8	− 60.0	0.3
145001	6008	7	κ Her	16 08 11.3	+17 02 26	+5.00	G5 III	− 9.5	0.2
146051	6056	1	δ Oph	16 14 28.6	−03 42 02	+2.74	M0.5 III	− 19.8	0.0
149803				16 36 00.3	+29 44 24	+8.40	F7 V	− 7.6	0.4

HD No.	BS=HR No.	Name		Right Ascension	Declination	Vis. Mag.	Spectral Type	Radial Velocity	
				h m s	o ′ ″			km/s	
150798	6217		α TrA	16 48 55.9	−69 01 55	+1.92	K2 IIb−IIIa	− 3.7	±0.2
154417	6349			17 05 24.6	+00 41 56	+6.01	G0 V	− 17.4	0.3
157457	6468		κ Ara	17 26 11.7	−50 38 08	+5.23	G8 III	+ 17.4	0.2
161096	6603	60	β Oph	17 43 35.8	+04 33 59	+2.77	K2 III CN 0.5	− 12.0	0.1
168454	6859	19	δ Sgr	18 21 09.3	−29 49 37	+2.70	K2.5 IIIa CN 0.5	− 20.0	0.0
171391	6970			18 35 10.7	−10 58 30	+5.14	G8 III	+ 6.9	±0.2
182572	7373	31	Aql	19 25 05.4	+11 57 00	+5.16	G7 IV Hδ 1	−100.5	0.4
		BD	28° 3402	19 35 06.4	+29 05 33	+9.05	F7 V	− 36.6	0.5
186791	7525	50	γ Aql	19 46 22.7	+10 37 10	+2.72	K3 II	− 2.1	0.2
187691	7560	54	o Aql	19 51 08.8	+10 25 19	+5.11	F8 V	+ 0.1	0.3
194071				20 22 43.9	+28 15 17	+8.13	G8 III	− 9.8	±0.1
203638	8183	33	Cap	21 24 18.1	−20 50 29	+5.77	K0 III	+ 21.9	0.1
204867	8232	22	β Aqr	21 31 41.4	−05 33 36	+2.91	G0 Ib	+ 6.7	0.1
206778	8308	8	ε Peg	21 44 18.5	+09 53 11	+2.39	K2 Ib−II	+ 5.2	0.2
212943	8551	35	Peg	22 27 59.1	+04 42 29	+4.79	K0 III−IV	+ 54.3	0.3
213014				22 28 18.8	+17 16 34	+7.70	dG8	− 39.7	±0.0
213947				22 34 43.7	+26 36 39	+7.53	K4 III	+ 16.7	0.3
222368	8969	17	ι Psc	23 40 04.8	+05 38 23	+4.13	F7 V	+ 5.3	0.2
223094				23 46 33.0	+28 43 02	+7.45	K5 III	+ 19.6	0.3
223311	9014			23 48 40.2	−06 22 00	+6.07	gK4	− 20.4	0.1
223647	9032		γ¹ Oct	23 52 15.4	−82 00 18	+5.11	G5 III	+ 13.8	±0.4

Name	Right Ascension	Declination	Type	L	Log (D$_{25}$)	Log (R$_{25}$)	PA	B_T^w	$B-V$	$U-B$	v
	h m s	° ′ ″					°				km/s
WLM	00 02 04	−15 26.3	IB(s)m	9.0	2.06	0.46	4	11.03	0.44	−0.21	− 118
NGC 0045	00 14 11.6	−23 10 02	SA(s)dm	7.3	1.93	0.16	142	11.32	0.71	−0.05	+ 468
NGC 0055	00 15 02	−39 11.0	SB(s)m: sp	5.6	2.51	0.76	108	8.42	0.55	+0.12	+ 124
NGC 0134	00 30 29.3	−33 13 58	SAB(s)bc	3.7	1.93	0.62	50	11.23	0.84	+0.23	+1579
NGC 0147	00 33 20.5	+48 31 21	dE5 pec		2.12	0.23	25	10.47	0.95		− 160
NGC 0185	00 39 06.0	+48 21 02	dE3 pec		2.07	0.07	35	10.10	0.92	+0.39	− 251
NGC 0205	00 40 30.3	+41 41 56	dE5 pec		2.34	0.30	170	8.92	0.85	+0.22	− 239
NGC 0221	00 42 50.1	+40 52 42	cE2		1.94	0.13	170	9.03	0.95	+0.48	− 205
NGC 0224	00 42 52.53	+41 16 57.8	SA(s)b	2.2	3.28	0.49	35	4.36	0.92	+0.50	− 298
NGC 0247	00 47 15.7	−20 44 48	SAB(s)d	6.8	2.33	0.49	174	9.67	0.56	−0.09	+ 159
NGC 0253	00 47 40.51	−25 16 28.1	SAB(s)c	3.3	2.44	0.61	52	8.04	0.85	+0.38	+ 250
SMC	00 52 43	−72 47.2	SB(s)m pec	7.0	3.50	0.23	45	2.70	0.45	−0.20	+ 175
NGC 0300	00 55 00.5	−37 40 14	SA(s)d	6.2	2.34	0.15	111	8.72	0.59	+0.11	+ 141
Sculptor	01 00 16	−33 41.7	dSph		[2.06]	0.17	99	9.5:	0.7		+ 107
IC 1613	01 04 56	+02 08.0	IB(s)m	9.5	2.21	0.05	50	9.88	0.67		− 230
NGC 0488	01 21 54.6	+05 16 10	SA(r)b	1.1	1.72	0.13	15	11.15	0.87	+0.35	+2267
NGC 0598	01 33 59.4	+30 40 23	SA(s)cd	4.3	2.85	0.23	23	6.27	0.55	−0.10	− 179
NGC 0613	01 34 25.2	−29 24 20	SB(rs)bc	3.0	1.74	0.12	120	10.73	0.68	+0.06	+1478
NGC 0628	01 36 49.8	+15 47 46	SA(s)c	1.1	2.02	0.04	25	9.95	0.56		+ 655
NGC 0672	01 48 02.6	+27 26 42	SB(s)cd	5.4	1.86	0.45	65	11.47	0.58	−0.10	+ 420
NGC 0772	01 59 28.1	+19 01 13	SA(s)b	1.2	1.86	0.23	130	11.09	0.78	+0.26	+2457
NGC 0891	02 22 42.6	+42 21 36	SA(s)b? sp	4.5	2.13	0.73	22	10.81	0.88	+0.27	+ 528
NGC 0908	02 23 11.6	−21 13 22	SA(s)c	1.5	1.78	0.36	75	10.83	0.65	0.00	+1499
NGC 0925	02 27 26.0	+33 35 22	SAB(s)d	4.3	2.02	0.25	102	10.69	0.57		+ 553
Fornax	02 40 06	−34 26.3	dSph		[2.26]	0.18	82	8.4:	0.62	+0.04	+ 53
NGC 1023	02 40 33.4	+39 04 24	SB(rs)0$^-$		1.94	0.47	87	10.35	1.00	+0.56	+ 632
NGC 1055	02 41 52.9	+00 27 09	SBb: sp	3.9	1.88	0.45	105	11.40	0.81	+0.19	+ 995
NGC 1068	02 42 48.43	−00 00 09.7	(R)SA(rs)b	2.3	1.85	0.07	70	9.61	0.74	+0.09	+1135
NGC 1097	02 46 25.4	−30 15 51	SB(s)b	2.2	1.97	0.17	130	10.23	0.75	+0.23	+1274
NGC 1187	03 02 44.3	−22 51 28	SB(r)c	2.1	1.74	0.13	130	11.34	0.56	−0.05	+1397
NGC 1232	03 09 52.0	−20 34 12	SAB(rs)c	2.0	1.87	0.06	108	10.52	0.63	0.00	+1683
NGC 1291	03 17 23.7	−41 05 55	(R)SB(s)0/a		1.99	0.08		9.39	0.93	+0.46	+ 836
NGC 1313	03 18 17.8	−66 29 22	SB(s)d	7.0	1.96	0.12		9.2	0.49	−0.24	+ 456
NGC 1300	03 19 47.8	−19 24 08	SB(rs)bc	1.1	1.79	0.18	106	11.11	0.68	+0.11	+1568
NGC 1316	03 22 47.44	−37 11 57.3	SAB(s)0^0 pec		2.08	0.15	50	9.42	0.89	+0.39	+1793
NGC 1344	03 28 25.8	−31 03 35	E5		1.78	0.24	165	11.27	0.88	+0.44	+1169
NGC 1350	03 31 14.0	−33 37 13	(R')SB(r)ab	3.0	1.72	0.27	0	11.16	0.87	+0.34	+1883
NGC 1365	03 33 41.9	−36 07 54	SB(s)b	1.3	2.05	0.26	32	10.32	0.69	+0.16	+1663
NGC 1399	03 38 34.8	−35 26 34	E1 pec		1.84	0.03		10.55	0.96	+0.50	+1447
NGC 1395	03 38 36.3	−23 01 11	E2		1.77	0.12		10.55	0.96	+0.58	+1699
NGC 1398	03 38 58.4	−26 19 45	(R')SB(r)ab	1.1	1.85	0.12	100	10.57	0.90	+0.43	+1407
NGC 1433	03 42 06.2	−47 12 52	(R')SB(r)ab	2.7	1.81	0.04		10.70	0.79	+0.21	+1067
NGC 1425	03 42 17.6	−29 53 09	SA(s)b	3.2	1.76	0.35	129	11.29	0.68	+0.11	+1508
NGC 1448	03 44 36.9	−44 38 15	SAcd: sp	4.4	1.88	0.65	41	11.40	0.72	+0.01	+1165
IC 342	03 47 02.9	+68 06 14	SAB(rs)cd	2.0	2.33	0.01		9.10			+ 32

Name	Right Ascension	Declination	Type	L	Log (D$_{25}$)	Log (R$_{25}$)	PA	B_T^w	$B-V$	$U-B$	v
	h m s	o ′ ″					o				km/s
NGC 1512	04 03 59.2	−43 20 33	SB(r)a	1.1	1.95	0.20	90	11.13	0.81	+0.17	+ 889
IC 356	04 08 02.5	+69 49 09	SA(s)ab pec		1.72	0.13	90	11.39	1.32	+0.76	+ 888
NGC 1532	04 12 10.0	−32 52 06	SB(s)b pec sp	1.9	2.10	0.58	33	10.65	0.80	+0.15	+1187
NGC 1566	04 20 04.0	−54 55 56	SAB(s)bc	1.7	1.92	0.10	60	10.33	0.60	−0.04	+1492
NGC 1672	04 45 45.2	−59 14 36	SB(s)b	3.1	1.82	0.08	170	10.28	0.60	+0.01	+1339
NGC 1792	05 05 19.3	−37 58 36	SA(rs)bc	4.0	1.72	0.30	137	10.87	0.68	+0.08	+1224
NGC 1808	05 07 47.5	−37 30 34	(R)SAB(s)a		1.81	0.22	133	10.76	0.82	+0.29	+1006
LMC	05 23.6	−69 45	SB(s)m	5.8	3.81	0.07	170	0.91	0.51	0.00	+ 313
NGC 2146	06 19 02.8	+78 21 20	SB(s)ab pec	3.4	1.78	0.25	56	11.38	0.79	+0.29	+ 890
Carina	06 41 40	−50 58.1	dSph		[2.25]	0.17	65	11.5:	0.7:		+ 223
NGC 2280	06 44 55.1	−27 38 31	SA(s)cd	2.2	1.80	0.31	163	10.9	0.60	+0.15	+1906
NGC 2336	07 27 29.3	+80 10 22	SAB(r)bc	1.1	1.85	0.26	178	11.05	0.62	+0.06	+2200
NGC 2366	07 29 11	+69 12.6	IB(s)m	8.7	1.91	0.39	25	11.43	0.58		+ 99
NGC 2442	07 36 23.4	−69 32 10	SAB(s)bc pec	2.5	1.74	0.05		11.24	0.82	+0.23	+1448
NGC 2403	07 37 06.3	+65 35 40	SAB(s)cd	5.4	2.34	0.25	127	8.93	0.47		+ 130
Holmberg II	08 19 22	+70 42.5	Im	8.0	1.90	0.10	15	11.10	0.44		+ 157
NGC 2613	08 33 29.4	−22 58 54	SA(s)b	3.0	1.86	0.61	113	11.16	0.91	+0.38	+1677
NGC 2683	08 52 50.7	+33 24 39	SA(rs)b	4.0	1.97	0.63	44	10.64	0.89	+0.27	+ 405
NGC 2768	09 11 48.9	+60 01 38	E6:		1.91	0.28	95	10.84	0.97	+0.46	+1335
NGC 2784	09 12 26.1	−24 10 57	SA(s)0^0:		1.74	0.39	73	11.30	1.14	+0.72	+ 691
NGC 2835	09 17 59.6	−22 21 56	SB(rs)c	1.8	1.82	0.18	8	11.01	0.49	−0.12	+ 887
NGC 2841	09 22 12.9	+50 57 57	SA(r)b:	0.5	1.91	0.36	147	10.09	0.87	+0.34	+ 637
NGC 2903	09 32 18.5	+21 29 22	SAB(rs)bc	2.3	2.10	0.32	17	9.68	0.67	+0.06	+ 556
NGC 2997	09 45 45.4	−31 12 08	SAB(rs)c	1.6	1.95	0.12	110	10.06	0.7	+0.3	+1087
NGC 2976	09 47 27.8	+67 54 15	SAc pec	6.8	1.77	0.34	143	10.82	0.66	0.00	+ 3
NGC 3031	09 55 45.368	+69 03 12.15	SA(s)ab	2.2	2.43	0.28	157	7.89	0.95	+0.48	− 36
NGC 3034	09 56 05.0	+69 40 04	I0		2.05	0.42	65	9.30	0.89	+0.31	+ 216
NGC 3109	10 03 14	−26 10.3	SB(s)m	8.2	2.28	0.71	93	10.39			+ 404
NGC 3077	10 03 31.9	+68 43 16	I0 pec		1.73	0.08	45	10.61	0.76	+0.14	+ 13
NGC 3115	10 05 21.5	−07 43 53	S0$^-$		1.86	0.47	43	9.87	0.97	+0.54	+ 661
Leo I	10 08 35.5	+12 17 43	dSph		[1.82]	0.10	79	10.7	0.6	+0.1:	+ 285
Sextans	10 13.2	−01 38	dSph		[2.52]	0.91	56	11.0:			+ 224
NGC 3184	10 18 25.9	+41 24 43	SAB(rs)cd	3.5	1.87	0.03	135	10.36	0.58	−0.03	+ 591
NGC 3198	10 20 04.0	+45 32 14	SB(rs)c	2.6	1.93	0.41	35	10.87	0.54	−0.04	+ 663
NGC 3227	10 23 39.8	+19 51 09	SAB(s)a pec	3.5	1.73	0.17	155	11.1	0.82	+0.27	+1156
IC 2574	10 28 32.3	+68 23 57	SAB(s)m	8.0	2.12	0.39	50	10.80	0.44		+ 46
NGC 3319	10 39 18.3	+41 40 28	SB(rs)cd	3.8	1.79	0.26	37	11.48	0.41		+ 746
NGC 3344	10 43 39.3	+24 54 34	(R)SAB(r)bc	1.9	1.85	0.04		10.45	0.59	−0.07	+ 585
NGC 3351	10 44 05.7	+11 41 27	SB(r)b	3.3	1.87	0.17	13	10.53	0.80	+0.18	+ 777
NGC 3359	10 46 46.5	+63 12 39	SB(rs)c	3.0	1.86	0.22	170	11.03	0.46	−0.20	+1012
NGC 3368	10 46 53.7	+11 48 25	SAB(rs)ab	3.4	1.88	0.16	5	10.11	0.86	+0.31	+ 897
NGC 3377	10 47 50.2	+13 58 19	E5−6		1.72	0.24	35	11.24	0.86	+0.31	+ 692
NGC 3379	10 47 57.6	+12 34 09	E1		1.73	0.05		10.24	0.96	+0.53	+ 889
NGC 3384	10 48 25.1	+12 37 02	SB(s)0$^-$:		1.74	0.34	53	10.85	0.93	+0.44	+ 735
NGC 3486	11 00 32.1	+28 57 42	SAB(r)c	2.6	1.85	0.13	80	11.05	0.52	−0.16	+ 681

Name	Right Ascension	Declination	Type	L	Log (D$_{25}$)	Log (R$_{25}$)	PA	B_T^w	$B-V$	$U-B$	v
	h m s	° ′ ″					°				km/s
NGC 3521	11 05 56.4	−00 02 59	SAB(rs)bc	3.6	2.04	0.33	163	9.83	0.81	+0.23	+ 804
NGC 3556	11 11 39.9	+55 39 32	SB(s)cd	5.7	1.94	0.59	80	10.69	0.66	+0.07	+ 694
NGC 3621	11 18 23.8	−32 49 37	SA(s)d	5.8	2.09	0.24	159	10.28	0.62	−0.08	+ 725
NGC 3623	11 19 03.4	+13 04 44	SAB(rs)a	3.3	1.99	0.53	174	10.25	0.92	+0.45	+ 806
NGC 3627	11 20 22.8	+12 58 37	SAB(s)b	3.0	1.96	0.34	173	9.65	0.73	+0.20	+ 726
NGC 3628	11 20 24.9	+13 34 29	Sb pec sp	4.5	2.17	0.70	104	10.28	0.80		+ 846
NGC 3631	11 21 11.3	+53 09 21	SA(s)c	1.8	1.70	0.02		11.01	0.58		+1157
NGC 3675	11 26 16.1	+43 34 15	SA(s)b	3.3	1.77	0.28	178	11.00			+ 766
NGC 3726	11 33 29.2	+47 00 56	SAB(r)c	2.2	1.79	0.16	10	10.91	0.49		+ 849
NGC 3923	11 51 09.4	−28 49 11	E4−5		1.77	0.18	50	10.8	1.00	+0.61	+1668
NGC 3938	11 52 57.1	+44 06 25	SA(s)c	1.1	1.73	0.04		10.90	0.52	−0.10	+ 808
NGC 3953	11 53 56.7	+52 18 45	SB(r)bc	1.8	1.84	0.30	13	10.84	0.77	+0.20	+1053
NGC 3992	11 57 43.7	+53 21 39	SB(rs)bc	1.1	1.88	0.21	68	10.60	0.77	+0.20	+1048
NGC 4038	12 02 00.6	−18 52 57	SB(s)m pec	4.2	1.72	0.23	80	10.91	0.65	−0.19	+1626
NGC 4039	12 02 01.3	−18 54 00	SB(s)m pec	5.3	1.72	0.29	171	11.10			+1655
NGC 4051	12 03 17.25	+44 31 03.6	SAB(rs)bc	3.3	1.72	0.13	135	10.83	0.65	−0.04	+ 720
NGC 4088	12 05 41.7	+50 31 33	SAB(rs)bc	3.9	1.76	0.41	43	11.15	0.59	−0.05	+ 758
NGC 4096	12 06 08.7	+47 27 50	SAB(rs)c	4.2	1.82	0.57	20	11.48	0.63	+0.01	+ 564
NGC 4125	12 08 13.1	+65 09 34	E6 pec		1.76	0.26	95	10.65	0.93	+0.49	+1356
NGC 4151	12 10 40.11	+39 23 30.8	(R′)SAB(rs)ab:		1.80	0.15	50	11.28	0.73	−0.17	+ 992
NGC 4192	12 13 55.9	+14 53 10	SAB(s)ab	2.9	1.99	0.55	155	10.95	0.81	+0.30	− 141
NGC 4214	12 15 46.9	+36 18 47	IAB(s)m	5.8	1.93	0.11		10.24	0.46	−0.31	+ 291
NGC 4216	12 16 01.9	+13 08 09	SAB(s)b:	3.0	1.91	0.66	19	10.99	0.98	+0.52	+ 129
NGC 4236	12 16 51	+69 26.7	SB(s)dm	7.6	2.34	0.48	162	10.05	0.42		0
NGC 4244	12 17 37.1	+37 47 38	SA(s)cd: sp	7.0	2.22	0.94	48	10.88	0.50		+ 242
NGC 4242	12 17 37.6	+45 36 19	SAB(s)dm	6.2	1.70	0.12	25	11.37	0.54		+ 517
NGC 4254	12 18 57.1	+14 24 10	SA(s)c	1.5	1.73	0.06		10.44	0.57	+0.01	+2407
NGC 4258	12 19 04.91	+47 17 24.3	SAB(s)bc	3.5	2.27	0.41	150	9.10	0.69		+ 449
NGC 4274	12 19 58.12	+29 36 02.1	(R)SB(r)ab	4.0	1.83	0.43	102	11.34	0.93	+0.44	+ 929
NGC 4293	12 21 20.4	+18 22 08	(R)SB(s)0/a		1.75	0.34	72	11.26	0.90		+ 943
NGC 4303	12 22 02.5	+04 27 35	SAB(rs)bc	2.0	1.81	0.05		10.18	0.53	−0.11	+1569
NGC 4321	12 23 02.4	+15 48 30	SAB(s)bc	1.1	1.87	0.07	30	10.05	0.70	−0.01	+1585
NGC 4365	12 24 36.0	+07 18 13	E3		1.84	0.14	40	10.52	0.96	+0.50	+1227
NGC 4374	12 25 11.35	+12 52 23.3	E1		1.81	0.06	135	10.09	0.98	+0.53	+ 951
NGC 4382	12 25 31.7	+18 10 37	SA(s)0$^+$ pec		1.85	0.11		10.00	0.89	+0.42	+ 722
NGC 4395	12 25 56.4	+33 31 59	SA(s)m:	7.3	2.12	0.08	147	10.64	0.46		+ 319
NGC 4406	12 26 19.4	+12 55 57	E3		1.95	0.19	130	9.83	0.93	+0.49	− 248
NGC 4429	12 27 34.3	+11 05 38	SA(r)0$^+$		1.75	0.34	99	11.02	0.98	+0.55	+1137
NGC 4438	12 27 53.3	+12 59 43	SA(s)0/a pec:		1.93	0.43	27	11.02	0.85	+0.35	+ 64
NGC 4449	12 28 18.7	+44 04 46	IBm	6.7	1.79	0.15	45	9.99	0.41	−0.35	+ 202
NGC 4450	12 28 37.0	+17 04 16	SA(s)ab	1.5	1.72	0.13	175	10.90	0.82		+1956
NGC 4472	12 29 54.4	+07 59 11	E2		2.01	0.09	155	9.37	0.96	+0.55	+ 912
NGC 4490	12 30 43.9	+41 37 35	SB(s)d pec	5.4	1.80	0.31	125	10.22	0.43	−0.19	+ 578
NGC 4486	12 30 57.012	+12 22 38.39	E+0−1 pec		1.92	0.10		9.59	0.96	+0.57	+1282
NGC 4501	12 32 06.6	+14 24 21	SA(rs)b	2.4	1.84	0.27	140	10.36	0.73	+0.24	+2279

Name	Right Ascension	Declination	Type	L	Log (D$_{25}$)	Log (R$_{25}$)	PA	B_T^w	$B-V$	$U-B$	v
	h　m　s	°　′　″					°				km/s
NGC 4517	12 32 53.3	+00 05 58	SA(s)cd: sp	5.6	2.02	0.83	83	11.10	0.71		+1121
NGC 4526	12 34 10.7	+07 41 08	SAB(s)0^0:		1.86	0.48	113	10.66	0.96	+0.53	+ 460
NGC 4527	12 34 16.2	+02 38 21	SAB(s)bc	3.3	1.79	0.47	67	11.38	0.86	+0.21	+1733
NGC 4535	12 34 28.0	+08 11 04	SAB(s)c	1.6	1.85	0.15	0	10.59	0.63	−0.01	+1957
NGC 4536	12 34 34.7	+02 10 27	SAB(rs)bc	2.0	1.88	0.37	130	11.16	0.61	−0.02	+1804
NGC 4548	12 35 34.2	+14 28 58	SB(rs)b	2.3	1.73	0.10	150	10.96	0.81	+0.29	+ 486
NGC 4552	12 35 47.5	+12 32 33	E0−1		1.71	0.04		10.73	0.98	+0.56	+ 311
NGC 4559	12 36 05.3	+27 56 47	SAB(rs)cd	4.3	2.03	0.39	150	10.46	0.45		+ 814
NGC 4565	12 36 28.1	+25 58 26	SA(s)b? sp	1.0	2.20	0.87	136	10.42	0.84		+1225
NGC 4569	12 36 57.6	+13 08 57	SAB(rs)ab	2.4	1.98	0.34	23	10.26	0.72	+0.30	− 236
NGC 4579	12 37 51.2	+11 48 16	SAB(rs)b	3.1	1.77	0.10	95	10.48	0.82	+0.32	+1521
NGC 4605	12 40 06.7	+61 35 41	SB(s)c pec	5.7	1.76	0.42	125	10.89	0.56	−0.08	+ 143
NGC 4594	12 40 07.239	−11 38 12.34	SA(s)a		1.94	0.39	89	8.98	0.98	+0.53	+1089
NGC 4621	12 42 10.0	+11 37 59	E5		1.73	0.16	165	10.57	0.94	+0.48	+ 430
NGC 4631	12 42 14.5	+32 31 35	SB(s)d	5.0	2.19	0.76	86	9.75	0.56		+ 608
NGC 4636	12 42 57.6	+02 40 27	E0−1		1.78	0.11	150	10.43	0.94	+0.44	+1017
NGC 4649	12 43 47.5	+11 32 20	E2		1.87	0.09	105	9.81	0.97	+0.60	+1114
NGC 4656	12 44 05.5	+32 09 24	SB(s)m pec	7.0	2.18	0.71	33	10.96	0.44		+ 640
NGC 4697	12 48 43.6	−05 48 51	E6		1.86	0.19	70	10.14	0.91	+0.39	+1236
NGC 4725	12 50 33.9	+25 29 16	SAB(r)ab pec	2.4	2.03	0.15	35	10.11	0.72	+0.34	+1205
NGC 4736	12 51 00.1	+41 06 25	(R)SA(r)ab	3.0	2.05	0.09	105	8.99	0.75	+0.16	+ 308
NGC 4753	12 52 29.8	−01 12 48	I0		1.78	0.33	80	10.85	0.90	+0.41	+1237
NGC 4762	12 53 03.5	+11 13 00	SB(r)0^0? sp		1.94	0.72	32	11.12	0.86	+0.40	+ 979
NGC 4826	12 56 51.0	+21 40 09	(R)SA(rs)ab	3.5	2.00	0.27	115	9.36	0.84	+0.32	+ 411
NGC 4945	13 05 36.3	−49 28 54	SB(s)cd: sp	6.7	2.30	0.72	43	9.3			+ 560
NGC 4976	13 08 46.3	−49 31 09	E4 pec:		1.75	0.28	161	11.04	1.01	+0.44	+1453
NGC 5005	13 11 03.5	+37 02 44	SAB(rs)bc	3.3	1.76	0.32	65	10.61	0.80	+0.31	+ 948
NGC 5033	13 13 34.6	+36 34 50	SA(s)c	2.2	2.03	0.33	170	10.75	0.55		+ 877
NGC 5055	13 15 56.0	+42 00 58	SA(rs)bc	3.9	2.10	0.24	105	9.31	0.72		+ 504
NGC 5068	13 19 02.8	−21 03 08	SAB(rs)cd	4.7	1.86	0.06	110	10.7	0.67		+ 671
NGC 5102	13 22 06.1	−36 38 36	SA0$^-$		1.94	0.49	48	10.35	0.72	+0.23	+ 468
NGC 5128	13 25 36.439	−43 01 55.47	E1/S0 + S pec		2.41	0.11	35	7.84	1.00		+ 559
NGC 5194	13 29 59.0	+47 10 58	SA(s)bc pec	1.8	2.05	0.21	163	8.96	0.60	−0.06	+ 463
NGC 5195	13 30 05.8	+47 15 12	I0 pec		1.76	0.10	79	10.45	0.90	+0.31	+ 484
NGC 5236	13 37 08.81	−29 52 37.2	SAB(s)c	2.8	2.11	0.05		8.20	0.66	+0.03	+ 514
NGC 5248	13 37 39.5	+08 52 22	SAB(rs)bc	1.8	1.79	0.14	110	10.97	0.65	+0.05	+1153
NGC 5247	13 38 11.3	−17 53 48	SA(s)bc	1.8	1.75	0.06	20	10.5	0.54	−0.11	+1357
NGC 5253	13 40 04.6	−31 39 17	Pec		1.70	0.41	45	10.87	0.43	−0.24	+ 404
NGC 5322	13 49 20.4	+60 10 43	E3−4		1.77	0.18	95	11.14	0.91	+0.47	+1915
NGC 5364	13 56 19.5	+05 00 09	SA(rs)bc pec	1.1	1.83	0.19	30	11.17	0.64	+0.07	+1241
NGC 5457	14 03 17.8	+54 20 12	SAB(rs)cd	1.1	2.46	0.03		8.31	0.45		+ 240
NGC 5585	14 19 52.8	+56 43 04	SAB(s)d	7.6	1.76	0.19	30	11.20	0.46	−0.22	+ 304
NGC 5566	14 20 27.5	+03 55 21	SB(r)ab	3.6	1.82	0.48	35	11.46	0.91	+0.45	+1505
NGC 5746	14 45 03.3	+01 56 39	SAB(rs)b? sp	4.5	1.87	0.75	170	11.29	0.97	+0.42	+1722
Ursa Minor	15 09 10	+67 12.8	dSph		[2.50]	0.35	53	11.5:	0.9?		− 250

BRIGHT GALAXIES, J2002.5

Name	Right Ascension	Declination	Type	L	Log (D_{25})	Log (R_{25})	PA	B_T^u	$B-V$	$U-B$	v
	h m s	o ′ ″					o				km/s
NGC 5907	15 15 57.9	+56 19 11	SA(s)c: sp	3.0	2.10	0.96	155	11.12	0.78	+0.15	+ 666
NGC 6384	17 32 31.6	+07 03 30	SAB(r)bc	1.1	1.79	0.18	30	11.14	0.72	+0.23	+1667
NGC 6503	17 49 25.5	+70 08 38	SA(s)cd	5.2	1.85	0.47	123	10.91	0.68	+0.03	+ 43
Sgr Dw Sph	18 55.3	−30 29	dSph		[3.65]	0.5	106	3.8:	0.5?		+ 140
NGC 6744	19 10 00.4	−63 51 10	SAB(r)bc	3.3	2.30	0.19	15	9.14			+ 838
NGC 6822	19 45 05	−14 47.9	IB(s)m	8.5	2.19	0.06	5	9.31			− 54
NGC 6946	20 34 55.48	+60 09 45.6	SAB(rs)cd	2.3	2.06	0.07		9.61	0.80		+ 50
NGC 7090	21 36 39.0	−54 32 44	SBc? sp		1.87	0.77	127	11.33	0.61	−0.02	+ 854
IC 5152	22 02 51.5	−51 17 01	IA(s)m	8.4	1.72	0.21	100	11.06			+ 120
IC 5201	22 21 06.7	−46 01 24	SB(rs)cd	5.1	1.93	0.34	33	11.3			+ 914
NGC 7331	22 37 10.9	+34 25 44	SA(s)b	2.2	2.02	0.45	171	10.35	0.87	+0.30	+ 821
NGC 7410	22 55 09.1	−39 38 55	SB(s)a		1.72	0.51	45	11.24	0.93	+0.45	+1751
IC 1459	22 57 18.95	−36 26 55.8	E3−4		1.72	0.14	40	10.97	0.98	+0.51	+1691
IC 5267	22 57 22.2	−43 22 58	SA(rs)0/a		1.72	0.13	140	11.43	0.89	+0.37	+1713
NGC 7424	22 57 26.9	−41 03 27	SAB(rs)cd	4.0	1.98	0.07		10.96	0.48	−0.15	+ 941
NGC 7582	23 18 31.9	−42 21 27	(R')SB(s)ab		1.70	0.38	157	11.37	0.75	+0.25	+1573
IC 5332	23 34 35.4	−36 05 16	SA(s)d	3.9	1.89	0.10		11.09			+ 706
NGC 7793	23 57 57.5	−32 34 39	SA(s)d	6.9	1.97	0.17	98	9.63	0.54	−0.09	+ 228

Notes to Table

Name	Alternate Name(s)
Leo I	Regulus Dwarf
LMC	Large Magellanic Cloud
NGC 224	Andromeda Galaxy, M31
NGC 598	Triangulum Galaxy, M33
NGC 1068	M77, 3C 71
NGC 1316	Fornax A
NGC 3034	M82, 3C 231
NGC 4038/9	The Antennae
NGC 4374	M84, 3C 272.1
NGC 4486	Virgo A, M87, 3C 274
NGC 4594	Sombrero Galaxy, M104
NGC 4826	Black Eye Galaxy, M64
NGC 5005	Sunflower Galaxy, M63
NGC 5128	Centaurus A
NGC 5194	Whirlpool Galaxy, M51
NGC 5457	Pinwheel Galaxy, M101/2
NGC 6822	Barnard's Galaxy
Sgr Dw Sph	Sagittarius Dwarf Spheroidal Galaxy
SMC	Small Magellanic Cloud, NGC 292
WLM	Wolf-Lundmark-Melotte Galaxy

IAU Desig.	Name	Right Asc.	Dec.	Ang. Diam.	Dist.	Trumpler Class	Tot. Mag.	Spectrum	Mag.	Log (age)	Log (Fe/H)	A_V
		h m	° ′		pc	h						
C0001−302	Blanco 1	00 04.4	−29 55	89	240	IV 3 m			8	7.69	−0.17	0.1
C0022+610	NGC 103	00 25.4	+61 21	5	2900	II 1 m	5.8	B3	11	7.46		1.62
C0027+599	NGC 129	00 30.0	+60 14	21	1670	III 2 m	9.8	B3	11	7.67		1.5
C0029+628	King 14	00 32.0	+63 10	7	2800	III 1 p		B2	10	7.61		1.65
C0030+630	NGC 146	00 33.2	+63 18	6	3200	II 2 p	9.6	B3		7.61		2.07
C0036+608	NGC 189	00 39.7	+61 05	3	750	III 1 p	11.1	A0		7.00		1.62
C0040+615	NGC 225	00 43.6	+61 48	12	610	III 1 pn	8.9	A2		8.11		0.84
C0039+850	NGC 188	00 44.6	+85 21	13	1500	I 2 r	9.3	F2	10	9.81	−0.06	0.12
C0048+579	King 2	00 51.2	+58 12	4	5700	II 2 m			17	9.78	0.00	0.9
C0112+598	NGC 433	01 15.4	+60 09	4	2100	III 2 p		OB	9	8.04		2.4
C0112+585	NGC 436	01 15.8	+58 50	5	2100	I 2 m	9.3	B5	10	8.15		0.45
C0115+580	NGC 457	01 19.2	+58 21	13	3100	II 3 r	5.1	B2	6	7.00		1.41
C0126+630	NGC 559	01 29.7	+63 19	4	1100	I 1 m	7.4		9	8.66	−0.76	2.70
C0129+604	NGC 581	01 33.4	+60 43	6	2500	II 2 m	6.9	B2	9	7.46		1.14
C0132+610	Trumpler 1	01 35.8	+61 18	4	2300	II 2 p	8.9	B2	10	7.61		1.29
C0139+637	NGC 637	01 43.1	+64 01	3	2400	I 2 m	7.3	B0	8	8.34		1.17
C0140+616	NGC 654	01 44.2	+61 54	4	2000	II 2 r	8.2		10			2.58
C0140+604	NGC 659	01 44.4	+60 43	4	2500	I 2 m	7.2		10	7.89		1.74
C0142+610	NGC 663	01 46.2	+61 16	16	2500	II 3 r	6.4	B1	9	6.95		2.0
C0144+717	Collinder 463	01 48.6	+71 58	36	660	III 2 m	5.8			7.89		0.57
C0149+615	IC 166	01 52.7	+61 51	4	3100	II 1 r			17	9.38		2.31
C0154+374	NGC 752	01 57.9	+37 41	50	360	II 2 r	6.6	F0	8	9.38	−0.21	0.06
C0155+552	NGC 744	01 58.6	+55 29	11	1400	III 1 p	7.8	B7	10	8.30		1.14
C0211+590	Stock 2	02 15.2	+59 17	60	300	I 2 m		B8		8.23		1.26
C0215+569	NGC 869	02 19.2	+57 09	29	2200	I 3 r	4.3	B1	7	7.26		1.62
C0218+568	NGC 884	02 22.6	+57 07	29	2200	I 3 r	4.4	B1	7			1.62
C0225+604	Markarian 6	02 29.8	+60 40	4	510	III 1 P			8			1.56
C0228+612	IC 1805	02 32.9	+61 28	21	2200	II 3 mn	4.8	O6	9	7.00		2.46
C0233+557	Trumpler 2	02 37.5	+56 00	20	560	II 2 p	9.0	B9		8.30		0.90
C0238+425	NGC 1039	02 42.2	+42 47	35	450	II 3 r	5.8	B8	9	8.03	−0.26	0.12
C0238+613	NGC 1027	02 42.9	+61 33	20	1200	II 3 mn	7.4	B3	9	7.89		0.96
C0247+602	IC 1848	02 51.4	+60 27	12	2300	I 3 pn	7.0	O7		7.00		1.89
C0302+441	NGC 1193	03 06.0	+44 23	3	5800	I 2 m	12.6		14	9.90		0.7
C0311+470	NGC 1245	03 14.8	+47 16	10	2200	II 2 r	7.7		12	9.03	+0.14	0.81
C0318+484	Melotte 20	03 22.2	+48 37	185	160	III 3 m	2.3	B1	3	7.61	+0.10	0.27
C0328+371	NGC 1342	03 31.8	+37 21	14	540	III 2 m	7.2	A1	8	8.80	−0.13	0.81
C0344+239	Pleiades	03 47.1	+24 08	110	130	I 3 rn	1.5	B5	3	8.11	+0.12	0.15
C0400+524	NGC 1496	04 04.6	+52 38	3	1230	III 2 p	9.6		12	8.80		
C0403+622	NGC 1502	04 07.9	+62 20	7	930	I 3 m	4.1	B0	7	6.70		1.8
C0406+493	NGC 1513	04 10.2	+49 31	12	1320	II 1 m	8.4		11	8.18		1.6
C0411+511	NGC 1528	04 15.6	+51 15	23	750	II 2 m	6.4	B8	10	8.34	−0.10	0.87
C0417+448	Berkeley 11	04 20.7	+44 55	5	2200	II 2 m			15	7.00		
C0417+501	NGC 1545	04 21.1	+50 15	18	760	IV 2 p	4.6		9	8.30		1.02
C0424+157	Hyades	04 27.0	+15 52	330	43		0.8	A2	4	8.85	+0.12	0.00
C0443+189	NGC 1647	04 46.2	+19 05	45	540	II 2 r	6.2	B7	9	8.28		0.9
C0445+108	NGC 1662	04 48.6	+10 56	20	380	II 3 m	8.0	A0	9	8.11	−0.20	0.96
C0447+436	NGC 1664	04 51.3	+43 42	18	1100		7.2	A0	10	8.38		0.72
C0504+369	NGC 1778	05 08.2	+37 03	6	1500	III 2 p	8.5			8.11		0.93
C0509+166	NGC 1817	05 12.2	+16 42	15	1800	IV 2 r	7.8		9	8.90	−0.26	0.99
C0518−685	NGC 1901	05 17.8	−68 27	40	420	III 3 m				8.92		0.15

SELECTED OPEN CLUSTERS, J2002.5

IAU Desig.	Name	Right Asc.	Dec.	Ang. Diam.	Dist.	Trumpler Class	Tot. Mag.	Spectrum	Mag.	Log (age)	Log (Fe/H)	A_V
		h m	° ′		pc	h						
C0519+333	NGC 1893	05 22.8	+33 24	11	4300	II 3 rn	7.8			6.60		1.7
C0520+295	Berkeley 19	05 24.2	+29 36	6	4800	II 1 m			15	9.49	−0.50	
C0524+352	NGC 1907	05 28.2	+35 20	6	1300	I 1 mn	10.2		11	8.11	−0.10	1.35
C0525+358	NGC 1912	05 28.8	+35 51	21	1200	II 2 r	6.8	B5	8	8.19	−0.11	0.69
C0532−054	Trapezium	05 35.5	−05 23	47	460					6.00		
C0532+341	NGC 1960	05 36.3	+34 08	12	1200	I 3 r	6.5	B3	9	7.61		0.63
C0546+336	King 8	05 49.6	+33 38	7	3400	II 2 m			15	8.26	−0.50	2.49
C0548+217	Berkeley 21	05 51.9	+21 47	6	3600	I 2			6	7.00		
C0549+325	NGC 2099	05 52.5	+32 33	23	1300	I 2 r	6.2	B9	11	8.30	+0.01	0.96
C0600+104	NGC 2141	06 03.2	+10 26	10	4200	I 2 r	10.8		15	9.60	−0.46	
C0601+240	IC 2157	06 05.1	+24 00	6	1900	II 1 p	9.1		12	7.85		1.65
C0604+241	NGC 2158	06 07.6	+24 06	4	3900		12.1		15	9.27	−0.60	1.23
C0605+139	NGC 2169	06 08.6	+13 57	6	920	III 3 m	7.0	B1		7.46		0.36
C0605+243	NGC 2168	06 09.0	+24 20	28	850	III 3 r	5.6	B4	8	8.07		0.66
C0606+203	NGC 2175	06 09.9	+20 19	18	2700	III 3 rn	6.8		8	7.00		1.14
C0609+054	NGC 2186	06 12.3	+05 27	4	1800	II 2 m	9.2		12	8.30		0.90
C0611+128	NGC 2194	06 14.0	+12 48	10	2700	II 2 r	10.0		13	8.57		
C0613−186	NGC 2204	06 15.8	−18 39	12	4300	II 2 r	9.3		13	9.27	−0.58	
C0618−072	NGC 2215	06 21.1	−07 18	11	980	II 2 m	8.6		11	8.80		0.93
C0624−047	NGC 2232	06 26.7	−04 45	29	360	III 2 p	4.2			7.61	−0.20	
C0627−312	NGC 2243	06 29.9	−31 17	4	4070	I 2 r	10.5			9.70	−0.47	0.2
C0629+049	NGC 2244	06 32.5	+04 52	23	1500	II 3 rn	5.2	O5	7	7.00		1.35
C0632+084	NGC 2251	06 34.9	+08 21	10	1600	III 2 m	8.8			8.66		0.69
C0634+094	Trumpler 5	06 36.9	+09 26	7	980	III 1 rn	10.9		17	9.86		2.01
C0638+099	NGC 2264	06 41.2	+09 53	20	790	III 3 mn	4.1	O8	5	7.00	−0.15	0.18
C0640+270	NGC 2266	06 43.4	+26 58	5	3400	II 2 m	9.5		11	8.85	−0.26	0.3
C0644−206	NGC 2287	06 47.2	−20 44	38	640	I 3 r	5.0	B5	8	8.30	+0.09	0.03
C0645+411	NGC 2281	06 49.5	+41 03	14	460	I 3 m	7.2	A0	8	8.48	−0.04	0.3
C0649+005	NGC 2301	06 51.9	+00 28	12	760	I 3 r	6.3		8	8.11	+0.04	0.12
C0649−070	NGC 2302	06 52.0	−07 04	2	1100	III 2 m			12	7.89		0.72
C0649+030	Biurakan 10	06 52.3	+02 56	4	6200	I 1 p			15	7.46		
C0652−245	Collinder 121	06 54.3	−24 38	50	630	IV 3 p	5.8			7.61		0.03
C0655+065	Biurakan 8	06 58.2	+06 26	5	3100	II 2 r		B8	14	9.78	−0.37	0.5
C0700−082	NGC 2323	07 03.3	−08 21	16	1000	II 3 r	7.2	B8	9	7.89		0.8
C0701+011	NGC 2324	07 04.3	+01 03	7	3200	II 2 r	7.9		12	7.00	−0.13	0.15
C0704−100	NGC 2335	07 06.7	−10 05	12	1000	III 2 mn	9.3		10	8.03	+0.20	1.14
C0705−105	NGC 2343	07 08.4	−10 39	6	870	II 2 pn	7.5		8	7.89	−0.20	0.57
C0706−130	NGC 2345	07 08.4	−13 10	12	1800	II 3 r	8.1		9	7.89		1.74
C0712−256	NGC 2354	07 14.4	−25 45	20	1800	III 2 r	8.9			8.92		0.39
C0712−310	Collinder 132	07 14.5	−31 11	95	410	III 3 p	3.8			7.89		
C0712−102	NGC 2353	07 14.7	−10 19	10	1200	III 3 p	5.2	B0	9	7.88		0.3
C0714+138	NGC 2355	07 17.1	+13 46	7	2200	II 2 m	9.7		13	8.92	+0.13	0.5
C0715−155	NGC 2360	07 17.9	−15 38	12	1100	I 3 r	9.1	B8		9.27	−0.13	0.18
C0716−248	NGC 2362	07 18.9	−24 57	8	1600	I 3 r	3.8	O8	8	7.00		0.33
C0717−130	Haffner 6	07 20.2	−13 08	4	1100	IV 2 rn			16	9.03		0.00
C0722−321	Collinder 140	07 24.0	−32 12	42	380	III 3 m	4.2			7.73	+0.05	0.09
C0721−131	NGC 2374	07 24.1	−13 16	19	1200	IV 2 p	7.3			8.34		
C0722−209	NGC 2384	07 25.2	−21 02	2	3300	IV 3 p	8.2			7.00		0.90
C0724−476	Melotte 66	07 26.4	−47 44	10	2900	II 1 r	10.7			9.69	−0.36	0.48
C0731−153	NGC 2414	07 33.4	−15 27	4	4200	I 3 m	8.2			7.08		1.59

IAU Desig.	Name	Right Asc.	Dec.	Ang. Diam.	Dist.	Trumpler Class	Tot. Mag.	Spectrum	Mag.	Log (age)	Log (Fe/H)	A_V
		h m	° ′		pc	h						
C0734−205	NGC 2421	07 36.4	−20 37	10	1900	I 2 r	9.0		11	7.61		1.35
C0734−143	NGC 2422	07 36.7	−14 30	29	470	I 3 m	4.3	B3	5	7.89		0.21
C0734−137	NGC 2423	07 37.2	−13 52	19	750	II 2 m	7.0			8.60	−0.04	0.36
C0735−119	Melotte 71	07 37.7	−12 04	9	2380	II 2 r	9.0			8.97	−0.29	0.3
C0735+216	NGC 2420	07 38.6	+21 34	20	2290	I 1 r	10.0		11	9.53	−0.40	0.2
C0738−334	Bochum 15	07 40.2	−33 33	3	3800	IV 2 pn				7.00		
C0738−315	NGC 2439	07 40.9	−31 39	10	3600	II 3 r	7.1	B1	9	7.61		0.72
C0739−147	NGC 2437	07 41.9	−14 49	27	1600	II 2 r	6.6	B9	10	8.50		0.15
C0742−237	NGC 2447	07 44.7	−23 53	22	1100	I 3 r	6.5	B9	9	8.50	0.00	0.15
C0743−378	NGC 2451	07 45.5	−37 59	45	320	II 2 m	3.7		6	7.61	−0.45	0.12
C0744−044	Berkeley 39	07 46.8	−04 37	7	4000	II 2 r			16	9.90	−0.18	0.4
C0745−271	NGC 2453	07 47.9	−27 15	4	2100	I 3 m	9.0			7.00		1.38
C0746−261	Ruprecht 36	07 48.6	−26 18	4	2100	IV 1 m			12	8.30		
C0750−384	NGC 2477	07 52.4	−38 33	27	1200	I 2 r	5.7		12	9.10	+0.04	0.87
C0752−241	NGC 2482	07 55.0	−24 18	12	750	IV 1 m	8.8			8.66	+0.12	0.09
C0754−299	NGC 2489	07 56.3	−30 04	8	1200	I 2 m	9.3		11	8.50		1.02
C0757−607	NGC 2516	07 58.4	−60 53	29	410	I 3 r	3.3	B3	7	7.85	−0.23	0.27
C0757−284	Ruprecht 44	07 59.1	−28 36	4	4200	IV 2 m			12	7.00		2.01
C0757−106	NGC 2506	08 00.3	−10 48	6	2700	I 2 r	8.9		11	9.53	−0.41	0.2
C0803−280	NGC 2527	08 05.4	−28 10	22	570	II 2 m	8.3			8.77	0.00	0.27
C0805−297	NGC 2533	08 07.1	−29 54	3	1300	II 2 r	10.0			7.89		0.75
C0809−491	NGC 2547	08 10.7	−49 16	20	420	I 3 rn	5.0		7	7.61	−0.13	0.2
C0808−126	NGC 2539	08 10.9	−12 50	21	910	III 2 m	8.0	A0	9	8.81	−0.20	0.2
C0810−374	NGC 2546	08 12.5	−37 39	40	990	III 2 m	5.2	B0	7	8.11	+0.30	0.30
C0811−056	NGC 2548	08 13.9	−05 49	54	630	I 3 r	5.5	A0	8	8.50	+0.10	0.15
C0816−304	NGC 2567	08 18.7	−30 39	10	1620	II 2 m	8.4		11	8.46	0.00	0.4
C0816−295	NGC 2571	08 19.0	−29 45	13	1200	II 3 m	7.4			7.08	+0.08	0.90
C0837−460	Pismis 6	08 39.4	−46 13	1	1700	II 3 p			9	7.08		1.14
C0837+201	Praesepe	08 40.2	+19 59	95	160	II 3 m	3.9	A0	6	8.92	+0.07	0.06
C0838−528	IC 2391	08 40.3	−53 04	50	150	II 3 m	2.6	B5	4	7.73	−0.04	0.09
C0838−459	Waterloo 6	08 40.5	−46 09	2	1800	II 3 p				7.61		
C0839−480	IC 2395	08 41.2	−48 12	7	950	II 3 m	4.6	B5		7.00		0.36
C0839−461	Pismis 8	08 41.6	−46 17	2	1500	II 2 p			10	7.61		2.13
C0840−469	NGC 2660	08 42.3	−47 09	4	2680	I 1 r	10.8		13	9.22	−0.40	1.1
C0843−527	NGC 2669	08 44.9	−52 59	12	1000	III 3 m	6.0			7.61		0.54
C0843−486	NGC 2670	08 45.6	−48 48	6	1400	III 2 m	7.8	B5	13	8.90		0.8
C0846−423	Trumpler 10	08 47.9	−42 30	14	420	II 3 m	5.0	B3		7.61	−0.08	0.12
C0847+120	NGC 2682	08 50.6	+11 48	29	790	II 3 r	7.4	B8	9	9.60	−0.04	0.1
C0914−364	NGC 2818	09 16.1	−36 37	7	2300	III 1 m	8.2			8.80		0.5
C0922−515	Ruprecht 76	09 24.3	−51 45	5	1300	IV 2 p			13	8.30		
C0925−549	Ruprecht 77	09 27.2	−55 08	2	4900	II 1 m			14	7.54		
C0926−567	IC 2488	09 27.7	−57 00	18	1450	II 3 r	7.4	B8	10	8.00		0.8
C0927−534	Ruprecht 78	09 29.3	−53 41	0	3300	II 2 m			15	7.67		
C0939−536	Ruprecht 79	09 41.1	−53 50	11	3240	III 2 p			11	7.54		2.4
C1001−598	NGC 3114	10 02.8	−60 07	35	940		4.5	B9	9	8.10	+0.01	0.1
C1022−575	Westerlund 2	10 24.0	−57 46	1	5000	IV 1 pn	11.3			7.00		4.86
C1024−576	NGC 3247	10 26.0	−57 57	6	1400	III 2 p	10.3			8.19		0.90
C1025−573	IC 2581	10 27.5	−57 39	7	2300	II 2 pn	5.3	B0		7.08		1.23
C1036−589	vdB−H 99	10 27.9	−59 12	20	460	III 3 m				8.00		0.2
C1028−595	Collinder 223	10 30.6	−59 50	7	2900	II 2 m	9.4			7.56		0.3

IAU Desig.	Name	Right Asc.	Dec.	Ang. Diam.	Dist.	Trumpler Class	Tot. Mag.	Spec-trum	Mag.	Log (age)	Log (Fe/H)	A_V
		h　m	° ′		pc	h						
C1033−579	NGC 3293	10 35.9	−58 14	5	2500		6.2		8	7.00		0.8
C1035−583	NGC 3324	10 37.4	−58 38	5	3100					7.00		1.29
C1036−538	NGC 3330	10 38.7	−54 09	6	1400	III 2 m	8.4			7.89		0.51
C1040−588	Bochum 10	10 42.3	−59 10	20	3200	II 3 mn				7.00		
C1041−597	Collinder 228	10 43.1	−60 02	14	2300		4.9			7.00		1.44
C1041−641	IC 2602	10 43.3	−64 25	50	150	I 3 r	1.6	B0	3	7.46	−0.20	0.09
C1041−593	Trumpler 14	10 44.0	−59 35	4	2900		6.8			7.00		1.50
C1042−591	Trumpler 15	10 44.8	−59 23	3	2000	III 2 pn	9.0			7.00		1.53
C1043−594	Trumpler 16	10 45.2	−59 44	10	2600		6.7	O5		7.00		1.41
C1045−598	Bochum 11	10 47.4	−60 07	21	3600	IV 3 pn				7.00		
C1055−614	Bochum 12	10 57.5	−61 45	10	2200	III 3 p				7.61		0.72
C1057−600	NGC 3496	11 00.0	−60 21	9	1000	II 1 r	9.2			8.50		1.47
C1059−595	Pismis 17	11 01.2	−59 50	0	4100				9	7.00		1.47
C1104−584	NGC 3532	11 06.5	−58 41	55	480	II 3 r	3.4	B5	8	8.46		0.1
C1108−599	NGC 3572	11 10.5	−60 15	6	2800	II 3 mn	4.5		7	7.00		1.44
C1108−601	Hogg 10	11 10.8	−60 23	3	2600					7.26		1.32
C1109−600	Collinder 240	11 11.4	−60 18	25	2600	III 2 mn				7.00		
C1109−604	Trumpler 18	11 11.5	−60 41	12	1550	II 3 m	8.2			7.95		0.9
C1110−605	NGC 3590	11 13.1	−60 48	4	2100	I 2 p	6.8			7.54		1.14
C1110−586	Stock 13	11 13.2	−58 56	3	2700	I 3 pn			10	7.00		0.69
C1112−609	NGC 3603	11 15.2	−61 16	2	5200	II 3 mn	9.2			7.00		3.96
C1115−624	IC 2714	11 18.0	−62 43	12	1100	II 2 r	8.2		10	8.30		1.29
C1117−632	Melotte 105	11 19.6	−63 31	4	2000	I 2 r	9.4			8.50		1.08
C1123−429	NGC 3680	11 25.8	−43 15	12	1070	I 2 m	8.6		10	9.65	+0.10	0.2
C1133−613	NGC 3766	11 36.3	−61 37	12	1930	I 3 r	4.6	B0	8	7.08		0.4
C1134−627	IC 2944	11 36.7	−63 02	14	1900	III 3 mn	2.8	O6		7.00		1.0
C1141−622	Stock 14	11 44.1	−62 30	4	2680	III 3 p			10	7.30		0.8
C1148−554	NGC 3960	11 51.0	−55 43	6	1700	I 2 m	8.8			9.03	−0.30	
C1154−623	Ruprecht 97	11 57.5	−62 40	3	3100	IV 1 p			12	8.72		0.60
C1204−609	NGC 4103	12 06.8	−61 16	6	1500	I 2 m	7.4		10	7.61		0.81
C1221−616	NGC 4349	12 24.6	−61 54	15	860	II 2 m	8.0	B8	11	8.50	−0.23	0.69
C1222+263	Coma Ber	12 25.2	+26 06	275	80	III 3 r	2.9	A0	5	8.66	−0.03	0.00
C1225−598	NGC 4439	12 28.5	−60 06	4	1400		8.7			7.79		0.93
C1226−604	Harvard 5	12 29.1	−60 46	5	1000		8.8			7.79		
C1232+365	Upgren 1	12 35.2	+36 18	18	140	IV 2 p		F3				0.25
C1239−627	NGC 4609	12 42.5	−62 59	4	1300	II 2 m	4.5		10	7.61		0.87
C1250−600	κ Cru	12 53.8	−60 21	10	1500		5.2	B3	7	7.38		0.90
C1315−623	Stock 16	13 19.2	−62 35	3	1900	III 3 pn			10	7.00		1.53
C1317−646	Ruprecht 107	13 20.7	−64 58	5	2000	III 2 p			12	8.11		
C1324−587	NGC 5138	13 27.5	−59 01	7	1400	II 2 m	9.8			7.89		0.78
C1326−609	Hogg 16	13 29.5	−61 13	4	2130	II 2 p	8.4			7.41		1.3
C1327−606	NGC 5168	13 31.4	−60 57	4	1300	I 2 m	11.5			7.89		1.02
C1328−625	Trumpler 21	13 32.4	−62 48	4	1270	I 2 p	9.6			7.48		0.8
C1343−626	NGC 5281	13 46.8	−62 55	4	1300	I 3 m	8.2		10	7.61		0.75
C1350−616	NGC 5316	13 54.1	−61 52	13	1170	II 2 r	8.8	B8	11	8.08	+0.19	1.0
C1356−619	Lynga 1	14 00.4	−62 12	3	1980	II 2 p		B		7.90		1.4
C1404−480	NGC 5460	14 07.8	−48 20	25	770	I 3 m	6.1		9	8.11		0.39
C1420−611	Lynga 2	14 24.2	−61 24	12	1100	II 3 m				7.61		0.54
C1424−594	NGC 5606	14 28.0	−59 39	3	2090	I 3 p	10.0			6.81		1.5
C1426−605	NGC 5617	14 29.9	−60 44	10	1600	I 3 r	8.5	B3	10	7.98	−0.51	1.47

IAU Desig.	Name	Right Asc.	Dec.	Ang. Diam.	Dist.	Trumpler Class	Tot. Mag.	Spectrum	Mag.	Log (age)	Log (Fe/H)	A_V
		h m	o '		pc	h						
C1427−609	Trumpler 22	14 31.4	−61 11	6	1600	III 2 m	9.9	B4	12	7.61		1.59
C1431−563	NGC 5662	14 35.4	−56 34	12	720	II 3 r	7.7		10	7.90	−0.03	0.9
C1440+697	Ursa Maj	14 41.0	+69 34		30				2	8.30		0.00
C1445−543	NGC 5749	14 49.1	−54 32	7	840	II 2 m	8.8			7.89		1.17
C1501−541	NGC 5822	15 05.4	−54 21	39	730	II 2 r	6.5	B9	10	9.08	−0.07	0.39
C1502−554	NGC 5823	15 05.9	−55 36	10	1100	II 2 r	8.6		13	8.80	−0.13	0.78
C1511−588	Pismis 20	15 15.6	−59 05	4	2560					7.30		3.5
C1559−603	NGC 6025	16 03.9	−60 31	12	770	II 3 r	6.0		7	7.85	+0.23	0.48
C1601−517	Lynga 6	16 05.0	−51 56	4	1600					7.46		2.94
C1603−539	NGC 6031	16 07.8	−54 04	2	1600	I 3 p	12.2			8.07		1.23
C1609−540	NGC 6067	16 13.4	−54 13	12	1700	I 3 r	6.5		10	8.11	−0.05	1.05
C1614−577	NGC 6087	16 19.1	−57 55	12	900	II 2 m	6.0	B5	8	7.85		0.6
C1622−405	NGC 6124	16 25.8	−40 40	29	560	I 3 r	6.3	B8	9	8.00		2.4
C1623−261	Antares	16 26.2	−26 14	505		III 3 p	1.0					
C1624−490	NGC 6134	16 27.9	−49 09	6	650		8.8		11	8.50	+0.25	1.29
C1632−455	NGC 6178	16 35.9	−45 38	4	900	III 3 p	7.2			7.08		
C1637−486	NGC 6193	16 41.4	−48 46	14	1300		5.4	O7		7.00		1.50
C1642−469	NGC 6204	16 46.7	−47 02	4	890	I 3 m	8.4	O6		7.73		1.47
C1645−537	NGC 6208	16 49.7	−53 49	15	990	III 2 r	9.5			9.16		0.51
C1650−417	NGC 6231	16 54.2	−41 48	14	2000		3.4	O9	6	6.90		1.3
C1652−394	NGC 6242	16 55.8	−39 30	9	1100		8.2	B5		7.73		1.11
C1653−405	Trumpler 24	16 57.2	−40 40	60	2000		8.6			6.90		1.3
C1654−447	NGC 6249	16 57.8	−44 47	6	1000	II 2 m	9.3			7.61		
C1654−457	NGC 6250	16 58.2	−45 57	7	1000	II 3 r	8.0			7.38		
C1657−446	NGC 6259	17 00.9	−44 41	10	2000	II 2 r	8.6		11	8.30	+0.29	2.0
C1714−355	Bochum 13	17 17.5	−35 33	14	1600	III 3 m				7.08		
C1714−429	NGC 6322	17 18.7	−42 57	10	1200	I 3 m	6.5	B0		7.00		1.53
C1720−499	IC 4651	17 24.9	−49 57	12	920	II 2 r	8.0		10	9.38	+0.23	0.2
C1731−325	NGC 6383	17 34.9	−32 34	4	1300	II 3 mn	5.4			7.54		0.75
C1732−334	Trumpler 27	17 36.4	−33 29	6	1400	III 3 m	9.1			7.89		4.05
C1733−324	Trumpler 28	17 36.9	−32 29	7	1400	III 2 mn	9.4			8.30		2.13
C1734−362	Ruprecht 127	17 37.8	−36 16	8	1500	II 2 p			11	7.08		2.97
C1736−321	NGC 6405	17 40.2	−32 13	14	490	II 3 r	4.6	B5	7	7.89	+0.10	0.48
C1741−323	NGC 6416	17 44.5	−32 21	18	770	III 2 m	8.7			8.50		0.93
C1743+057	IC 4665	17 46.4	+05 43	40	340	III 2 m	5.3	B4	6	7.89		0.48
C1747−302	NGC 6451	17 50.9	−30 13	7	560	I 2 rn	8.2		12	9.62		0.21
C1750−348	NGC 6475	17 54.1	−34 49	80	240	I 3 r	3.3	B5	7	8.11		0.09
C1753−190	NGC 6494	17 57.0	−19 01	27	640	II 2 r	5.9	B9	10	8.30	−0.14	0.78
C1758−237	Bochum 14	18 02.1	−23 42	2	1100	III 1 pn				7.00		
C1800−279	NGC 6520	18 03.5	−27 54	6	1600	I 2 rn	7.6		9	8.66		0.90
C1801−225	NGC 6531	18 04.8	−22 30	13	1200	I 3 r	7.2	B0	8	7.61		0.7
C1801−243	NGC 6530	18 04.9	−24 20	14	1500		5.1	O5	6	7.00		0.90
C1804−233	NGC 6546	18 07.4	−23 20	13	1200	II 1 r	8.2			7.08		
C1815−122	NGC 6604	18 18.2	−12 14	2	2100	I 3 mn	7.5			7.00		2.88
C1816−138	NGC 6611	18 19.0	−13 47	6	2600		6.5	O7	11	7.00		2.5
C1817−171	NGC 6613	18 20.0	−17 08	9	1200	II 3 pn	7.5			7.61		1.26
C1825+065	NGC 6633	18 27.9	+06 34	27	310	III 2 m	5.6	B6	8	8.80	−0.11	0.51
C1828−192	IC 4725	18 31.8	−19 15	32	710	I 3 m	6.2	B4	8	7.61	−0.06	1.44
C1830−104	NGC 6649	18 33.6	−10 24	5	1580	I 3 m	10.0		13	8.03		3.48
C1834−082	NGC 6664	18 36.9	−08 13	16	1400	III 2 m	8.5	B3	9	8.11		1.83

IAU Desig.	Name	Right Asc.	Dec.	Ang. Diam.	Dist.	Trumpler Class	Tot. Mag.	Spectrum	Mag.	Log (age)	Log (Fe/H)	A_V
		h m	o '		pc	h						
C1836+054	IC 4756	18 39.1	+05 27	52	390	II 3 r	5.4		8	8.92	+0.04	0.63
C1840−041	Trumpler 35	18 43.1	−04 08	9	1800	I 2 m	10.0			7.89		3.42
C1842−094	NGC 6694	18 45.4	−09 24	14	1500	II 3 m	9.0	B8	11	7.94		2.13
C1848−052	NGC 6704	18 51.0	−05 12	5	1900	I 2 m	9.3		12	7.54		3.06
C1848−063	NGC 6705	18 51.2	−06 16	13	2000		6.1	B8	11	8.18	+0.10	1.3
C1850−204	Collinder 394	18 53.6	−20 23	22	640		6.3			7.89		
C1851+368	Stephenson 1	18 53.6	+36 55	20	320	IV 3 p				7.61	−0.10	
C1851−199	NGC 6716	18 54.7	−19 53	6	550	IV 1 p	7.5			8.00	−0.28	0.5
C1902+018	Berkeley 42	19 05.3	+01 53	5	1150	I 3 r			18	9.78	0.00	1.9
C1905+041	NGC 6755	19 07.9	+04 14	14	1700	II 2 r	8.6		11	7.08		3.42
C1906+046	NGC 6756	19 08.8	+04 41	4	1500	I 1 m	10.6		13	7.79		4.26
C1919+377	NGC 6791	19 20.8	+37 51	15	4900	I 2 r			15	9.88	0.00	0.7
C1936+464	NGC 6811	19 38.3	+46 34	12	1100	III 1 r	9.0	A3	11	8.92		0.42
C1939+400	NGC 6819	19 41.4	+40 11	5	2100		9.5	A0	11	9.36	−0.11	1.35
C1941+231	NGC 6823	19 43.2	+23 19	12	2100	I 3 mn		O7		6.30		2.7
C1948+229	NGC 6830	19 51.1	+23 04	12	1700	II 2 p	8.9		10	7.73		1.68
C1950+292	NGC 6834	19 52.3	+29 25	4	2200	II 2 m	9.7		11	7.61		1.77
C1950+182	Harvard 20	19 53.2	+18 20	6	2700	IV 2 p	9.6			8.11		
C2002+438	NGC 6866	20 03.8	+44 00	6	1300	II 2 r	9.1	A2	10	8.75		0.39
C2002+290	Roslund 4	20 05.0	+29 13	5	2700	II 3 mn				7.08		
C2004+356	NGC 6871	20 06.0	+35 47	20	2440	II 2 pn	5.8	O9		7.08		1.4
C2007+353	Biurakan 2	20 09.3	+35 29	12	1500	III 2 p			16	7.00		
C2008+410	IC 1311	20 10.4	+41 33	5	8800	I 1 r	13.1			9.30	−0.48	1.9
C2009+263	NGC 6885	20 12.1	+26 29	7	600	III 2 m	5.7	B8	6	9.16	−0.16	0.21
C2014+374	IC 4996	20 16.5	+37 39	5	1600	II 3 pn	7.1	B0	8	7.00		2.07
C2018+385	Berkeley 86	20 20.5	+38 42	7	1100	IV 2 m			13	7.61		
C2019+372	Berkeley 87	20 21.8	+37 22	12	840	III 2 m			13	7.00		
C2021+406	NGC 6910	20 23.2	+40 47	7	1500	I 3 mn	7.3	B0		7.00		2.79
C2022+383	NGC 6913	20 24.0	+38 32	6	1300	II 3 mn	7.5	B0	9	7.00		2.79
C2030+604	NGC 6939	20 31.5	+60 39	7	1200	II 1 r	10.1			9.20	−0.11	1.44
C2032+281	NGC 6940	20 34.7	+28 19	31	810	III 2 r	7.2	A2	11	9.27	+0.04	0.72
C2054+444	NGC 6996	20 56.6	+44 38	7	620	III 2 m	10.0			8.00		1.7
C2109+454	NGC 7039	21 11.3	+45 40	25	680	IV 2 m	6.8			7.54		0.2
C2121+461	NGC 7062	21 23.3	+46 24	6	1700	II 2 m	8.3			8.69		1.29
C2122+478	NGC 7067	21 24.3	+48 02	3	3700	II 1 p	8.3			7.61		2.49
C2122+362	NGC 7063	21 24.5	+36 31	7	640	III 1 p	8.9			8.11		0.3
C2127+468	NGC 7082	21 29.5	+47 06	25	1300					7.89	+0.03	0.81
C2130+482	NGC 7092	21 32.3	+48 27	31	290	III 2 m	5.3	A0	7	8.30		0.15
C2137+572	Trumpler 37	21 39.1	+57 30	90	1000	IV 3 m	3.5			6.83		1.6
C2144+655	NGC 7142	21 46.0	+65 49	4	1910	I 2 r	10.0		11	9.49	−0.11	0.54
C2151+470	IC 5146	21 53.5	+47 17	9	960	III 2 pn	8.3	B1		8.30		1.98
C2152+623	NGC 7160	21 53.8	+62 37	7	810	I 3 p	6.4	B2		7.61		1.56
C2203+462	NGC 7209	22 05.3	+46 30	25	900	III 1 m	7.8	A0	9	8.50		0.60
C2208+551	NGC 7226	22 10.6	+55 26	1	2100	I 2 m	13.3			8.34		1.77
C2210+570	NGC 7235	22 12.7	+57 18	4	3200	II 3 m	9.2			7.00		2.82
C2213+496	NGC 7243	22 15.4	+49 54	21	760	II 2 m	6.7	B6	8	8.03		0.54
C2213+540	NGC 7245	22 15.4	+54 21	4	1800	II 2 m				8.19		1.77
C2218+578	NGC 7261	22 20.5	+58 06	5	2100	II 3 m	9.8			7.46	−0.46	2.88
C2227+551	Berkeley 96	22 29.5	+55 25	2	4900	I 2 p			13	7.00		
C2245+578	NGC 7380	22 47.1	+58 07	12	3000	III 2 mn	8.8	O9	10	7.00		1.86

IAU Desig.	Name	Right Asc.	Dec.	Ang. Diam.	Dist.	Trumpler Class	Tot. Mag.	Spec-trum	Mag.	Log (age)	Log (Fe/H)	A_V
		h m	o ′		pc	h						
C2306+602	King 19	23 08.4	+60 32	6	1200	III 2 p			12	7.61		2.37
C2309+603	NGC 7510	23 11.6	+60 35	4	3160	II 3 rn	9.3	B2	10	7.00		3.18
C2313+602	Markarian 50	23 15.4	+60 29	4	3400	III 1 pn				7.00		2.49
C2322+613	NGC 7654	23 24.3	+61 36	12	1600	II 2 r	8.2	B7	11	8.23		1.80
C2345+683	King 11	23 47.9	+68 39	5	2190	I 2 m			17	9.70	0.00	3.1
C2350+616	King 12	23 53.1	+61 59	2	2500	II 1 p			10	7.00		
C2354+611	NGC 7788	23 56.8	+61 25	9	2300	I 2 p	9.4	B1		7.89		0.81
C2354+564	NGC 7789	23 57.2	+56 45	15	2000	II 2 r	7.5	B9	10	9.30	−0.10	0.6
C2355+609	NGC 7790	23 58.6	+61 14	17	3400	II 2 m	7.2		10	7.70	0.00	1.6

Notes to Table

Tot. Mag.	Total integrated V magnitude of cluster
Spectrum	The spectrum of the hottest member of the cluster
Mag.	The magnitude of the brightest member of the cluster

Alternate Names for Some Clusters

C0001−302	ζ Scl Cluster
C0129+604	M103
C0215+569	h Per
C0218+568	χ Per
C0238+425	M34
C0344+239	M45
C0525+358	M38
C0532+341	M36
C0549+325	M37
C0605+243	M35
C0629+049	Rosette Cluster
C0638+099	S Mon Cluster
C0644−206	M41
C0700−082	M50
C0716−248	τ CMa Cluster
C0734−143	M47
C0739−147	M46
C0742−237	M93
C0811−056	M48
C0837+201	M44, NGC 2632
C0838−528	o Vel Cluster
C0847+120	M67
C1041−641	θ Car Cluster
C1043−594	η Car Cluster
C1239−627	Coal-Sack Cluster
C1250−600	NGC 4755, Jewel Box Cluster
C1736−321	M6
C1750−348	M7
C1753−190	M23
C1801−225	M21
C1816−138	M16
C1817−171	M18
C1828−192	M25
C1842−094	M26
C1848−063	M11
C2022+383	M29
C2130+482	M39
C2322+613	M52

ID	R.A.	Dec.	V_t	$B\text{–}V$	$E_{(B-V)}$	$(m-M)_V$	[Fe/H]	v_r	c	r_c	Name
	h m	° ′						km/s		′	
NGC 104	00 24.2	−72 04	3.95	0.88	0.04	13.37	−0.76	− 18.7	2.03	0.44	47 Tuc
NGC 288	00 52.9	−26 35	8.09	0.65	0.03	14.69	−1.24	− 46.6	0.96	1.42	
NGC 362	01 03.3	−70 50	6.40	0.77	0.05	14.80	−1.16	+223.5	1.94c:	0.19	
NGC 1261	03 12.3	−55 12	8.29	0.72	0.01	16.10	−1.35	+ 68.2	1.27	0.39	
Pal 1	03 33.8	+79 35	13.18	0.96	0.15	15.65	−0.60	− 82.8	1.60	0.22	
AM 1	03 55.1	−49 36	15.72	0.72	0.00	20.43	−1.80	+116.0	1.12	0.15	E 1
Eridanus	04 24.9	−21 11	14.70	0.79	0.02	19.84	−1.46	− 23.6	1.10	0.25	
Pal 2	04 46.3	+31 23	13.04	2.08	1.24	21.05	−1.30	−133.0	1.45	0.24	
NGC 1851	05 14.2	−40 03	7.14	0.76	0.02	15.47	−1.22	+320.5	2.32	0.06	
NGC 1904	05 24.3	−24 31	7.73	0.65	0.01	15.59	−1.57	+206.0	1.72	0.16	M 79
NGC 2298	06 49.1	−36 00	9.29	0.75	0.14	15.59	−1.85	+148.9	1.28	0.34	
NGC 2419	07 38.3	+38 53	10.39	0.66	0.11	19.97	−2.12	− 20.0	1.40	0.35	
Pyxis	09 08.1	−37 14	12.90		0.21	18.63	−1.20		0.65	1.38	
NGC 2808	09 12.1	−64 52	6.20	0.92	0.23	15.56	−1.15	+ 93.6	1.77	0.26	
E 3	09 21.0	−77 18	11.35		0.30	14.12	−0.80		0.75	1.87	
Pal 3	10 05.7	+00 04	14.26		0.04	19.96	−1.66	+ 83.4	1.00	0.48	
NGC 3201	10 17.7	−46 25	6.75	0.96	0.21	14.24	−1.58	+494.0	1.30	1.43	
Pal 4	11 29.4	+28 58	14.20		0.01	20.22	−1.48	+ 74.5	0.78	0.55	
NGC 4147	12 10.2	+18 32	10.32	0.59	0.02	16.48	−1.83	+183.2	1.80	0.10	
NGC 4372	12 25.9	−72 40	7.24	1.10	0.39	15.01	−2.09	+ 72.3	1.30	1.75	
Rup 106	12 38.8	−51 10	10.90		0.20	17.25	−1.67	− 44.0	0.70	1.00	
NGC 4590	12 39.6	−26 45	7.84	0.63	0.05	15.19	−2.06	− 94.3	1.64	0.69	M 68
NGC 4833	12 59.8	−70 53	6.91	0.93	0.33	14.92	−1.79	+200.2	1.25	1.00	
NGC 5024	13 13.0	+18 09	7.61	0.64	0.02	16.38	−1.99	− 79.1	1.78	0.36	M 53
NGC 5053	13 16.6	+17 41	9.47	0.65	0.04	16.19	−2.29	+ 44.0	0.84	1.98	
NGC 5139	13 26.9	−47 29	3.68	0.78	0.12	13.97	−1.62	+232.3	1.24	2.58	ω Cen
NGC 5272	13 42.3	+28 22	6.19	0.69	0.01	15.12	−1.57	−148.5	1.84	0.55	M 3
NGC 5286	13 46.6	−51 23	7.34	0.88	0.24	15.95	−1.67	+ 57.4	1.46	0.29	
AM 4	13 56.5	−27 11	15.90		0.04	17.50	−2.00		0.50	0.42	
NGC 5466	14 05.6	+28 31	9.04	0.67	0.00	16.15	−2.22	+107.7	1.32	1.64	
NGC 5634	14 29.8	−05 59	9.47	0.67	0.05	17.22	−1.82	− 45.1	1.60	0.21	
NGC 5694	14 39.8	−26 33	10.17	0.69	0.09	17.98	−1.86	−144.1	1.84	0.06	
IC 4499	15 00.7	−82 13	9.76	0.91	0.23	17.09	−1.60		1.11	0.96	
NGC 5824	15 04.1	−33 05	9.09	0.75	0.13	17.93	−1.85	− 27.5	2.45	0.05	
Pal 5	15 16.2	−00 07	11.75		0.03	16.92	−1.43	− 55.0	0.74	2.90	
NGC 5897	15 17.6	−21 01	8.53	0.74	0.09	15.82	−1.80	+101.5	0.79	1.96	
NGC 5904	15 18.7	+02 04	5.65	0.72	0.03	14.46	−1.29	+ 52.6	1.83	0.42	M 5
NGC 5927	15 28.2	−50 41	8.01	1.31	0.45	15.81	−0.37	−107.5	1.60	0.42	
NGC 5946	15 35.7	−50 40	9.61	1.29	0.54	17.21	−1.38	+128.4	2.50c	0.08	
BH 176	15 39.3	−50 04	14.00		0.77	18.20					
NGC 5986	15 46.2	−37 48	7.52	0.90	0.27	15.94	−1.58	+ 88.9	1.22	0.63	
Lynga 7	16 11.2	−55 19			0.73	16.54	−0.62	+ 8.0			
Pal 14	16 11.2	+14 57	14.74		0.04	19.47	−1.52	+ 76.6	0.75	0.94	AvdB
NGC 6093	16 17.2	−22 59	7.33	0.84	0.18	15.56	−1.75	+ 8.2	1.95	0.15	M 80
NGC 6121	16 23.7	−26 32	5.63	1.03	0.36	12.83	−1.20	+ 70.5	1.59	0.83	M 4
NGC 6101	16 26.1	−72 12	9.16	0.68	0.05	16.07	−1.82	+361.4	0.80	1.15	
NGC 6144	16 27.4	−26 02	9.01	0.96	0.32	16.06	−1.73	+188.9	1.55	0.94	
NGC 6139	16 27.8	−38 51	8.99	1.40	0.75	17.35	−1.68	+ 6.7	1.80	0.14	
Terzan 3	16 28.8	−35 22	12.00		0.72	16.61	−0.73	−136.3	0.70	1.18	
NGC 6171	16 32.7	−13 04	7.93	1.10	0.33	15.06	−1.04	− 33.6	1.51	0.54	M 107

ID	R.A.	Dec.	V_t	$B-V$	$E_{(B-V)}$	$(m-M)_V$	[Fe/H]	v_r	c	r_c	Name
	h m	° ′						km/s			
1636−283	16 39.6	−28 24	12.00		0.49	15.97	−1.50				ESO452−SC11
NGC 6205	16 41.8	+36 27	5.78	0.68	0.02	14.48	−1.54	−246.6	1.51	0.78	M 13
NGC 6229	16 47.1	+47 31	9.39	0.70	0.01	17.46	−1.43	−154.2	1.61	0.13	
NGC 6218	16 47.4	−01 57	6.70	0.83	0.19	14.02	−1.48	− 42.2	1.39	0.72	M 12
NGC 6235	16 53.6	−22 11	9.97	1.05	0.36	16.11	−1.40	+ 87.3	1.33	0.36	
NGC 6254	16 57.3	−04 06	6.60	0.90	0.28	14.08	−1.52	+ 75.8	1.40	0.86	M 10
NGC 6256	16 59.7	−37 08	11.29	1.69	1.03	17.31	−0.70	−101.4	2.50c	0.02	
Pal 15	17 00.2	−00 33	14.00		0.40	19.49	−1.90	+ 68.9	0.60	1.25	
NGC 6266	17 01.4	−30 07	6.45	1.19	0.47	15.64	−1.29	− 70.0	1.70c:	0.18	M 62
NGC 6273	17 02.8	−26 16	6.77	1.03	0.37	15.85	−1.68	+135.0	1.53	0.43	M 19
NGC 6284	17 04.6	−24 46	8.83	0.99	0.28	16.70	−1.32	+ 27.6	2.50c	0.07	
NGC 6287	17 05.3	−22 43	9.35	1.20	0.60	16.51	−2.05	−208.0	1.60	0.26	
NGC 6293	17 10.3	−26 35	8.22	0.96	0.41	15.99	−1.92	−145.8	2.50c	0.05	
NGC 6304	17 14.7	−29 28	8.22	1.31	0.52	15.54	−0.59	−107.3	1.80	0.21	
NGC 6316	17 16.8	−28 09	8.43	1.39	0.51	16.78	−0.55	+ 71.5	1.55	0.17	
NGC 6341	17 17.2	+43 08	6.44	0.63	0.02	14.64	−2.29	−122.2	1.81	0.23	M 92
NGC 6325	17 18.1	−23 46	10.33	1.66	0.89	17.68	−1.17	+ 29.8	2.50c	0.03	
NGC 6333	17 19.3	−18 31	7.72	0.97	0.38	15.76	−1.72	+229.1	1.15	0.58	M 9
NGC 6342	17 21.3	−19 35	9.66	1.26	0.46	16.10	−0.65	+116.2	2.50c	0.05	
NGC 6356	17 23.7	−17 49	8.25	1.13	0.28	16.77	−0.50	+ 27.0	1.54	0.23	
NGC 6355	17 24.1	−26 21	9.14	1.48	0.75	16.62	−1.50	−176.9	2.50c	0.05	
NGC 6352	17 25.7	−48 25	7.96	1.06	0.21	14.44	−0.70	−120.9	1.10	0.83	
IC 1257	17 27.3	−07 06	13.10	1.38	0.73	19.25	−1.70	−140.2			
Terzan 2	17 27.7	−30 48	14.29		1.57	19.56	−0.40	+109.0	2.50c	0.03	HP 3
NGC 6366	17 27.9	−05 05	9.20	1.44	0.71	14.97	−0.82	−122.3	0.92	1.83	
Terzan 4	17 30.8	−31 36	16.00		2.35	22.09	−1.60	− 50.0			HP 4
HP 1	17 31.2	−29 59	11.59		1.19	18.02	−1.50	+ 53.1	2.50c	0.03	BH 229
NGC 6362	17 32.2	−67 03	7.73	0.85	0.08	14.79	−0.95	− 13.1	1.10	1.32	
Liller 1	17 33.6	−33 23	16.77		3.00	24.40	+0.22	+ 52.0	2.30c:	0.06	
NGC 6380	17 34.6	−39 04	11.31	2.01	1.17	18.77	−0.50	− 3.6	1.55c:	0.34	Ton 1
Terzan 1	17 36.0	−30 28	15.90		1.69	19.20	−0.35	+ 35.0	2.50c	0.04	HP 2
Ton 2	17 36.3	−38 33	12.24		1.24	18.38	−0.50	−184.4	1.30	0.54	Pismis 26
NGC 6388	17 36.5	−44 44	6.72	1.17	0.40	16.54	−0.60	+ 81.2	1.70	0.12	
NGC 6402	17 37.7	−03 15	7.59	1.25	0.60	16.61	−1.39	− 66.1	1.60	0.83	M 14
NGC 6401	17 38.8	−23 55	9.45	1.58	0.85	17.07	−1.12	− 65.0	1.69	0.25	
NGC 6397	17 40.9	−53 40	5.73	0.73	0.18	12.36	−1.95	+ 18.9	2.50c	0.05	
Pal 6	17 43.9	−26 13	11.55	2.83	1.48	18.92	−0.10	+201.0	1.10	0.66	
NGC 6426	17 45.0	+03 10	11.01	1.02	0.36	17.66	−2.26	−162.0	1.70	0.26	
Djorg 1	17 47.6	−33 04	13.60		1.70	20.00		−362.4	1.50	0.50	
Terzan 5	17 48.2	−24 49	13.85	2.77	2.37	21.76	−0.28	− 94.0	1.74	0.18	Terzan 11
NGC 6440	17 49.0	−20 22	9.20	1.97	1.07	17.95	−0.34	− 78.7	1.70	0.13	
NGC 6441	17 50.4	−37 03	7.15	1.27	0.44	16.62	−0.53	+ 16.4	1.85	0.11	
Terzan 6	17 50.9	−31 17	13.85		2.14	21.52	−0.50	+126.0	2.50c	0.05	HP 5
NGC 6453	17 51.0	−34 36	10.08	1.31	0.61	17.13	−1.53	− 83.7	2.50c	0.07	
UKS 1	17 54.6	−24 09	17.29		3.09	24.17	−0.50		2.10c:	0.15	
NGC 6496	17 59.2	−44 16	8.54	0.98	0.15	15.77	−0.64	−112.7	0.70	1.05	
Terzan 9	18 01.8	−26 50	16.00		1.77	19.93	−1.00	+ 59.0	2.50c	0.03	
Djorg 2	18 02.0	−27 50	9.90		0.89	16.88	−0.50		1.50	0.33	E456−SC38
NGC 6517	18 02.0	−08 58	10.23	1.75	1.08	18.51	−1.37	− 39.6	1.82	0.06	
Terzan 10	18 03.1	−26 04	14.90		2.40	21.20	−0.70				

ID	R.A.	Dec.	V_t	$B-V$	$E_{(B-V)}$	$(m-M)_V$	[Fe/H]	v_r	c	r_c	Name
	h m	° ′						km/s		′	
NGC 6522	18 03.7	−30 02	8.27	1.21	0.48	15.94	−1.44	− 21.1	2.50c	0.05	
NGC 6535	18 04.0	−00 18	10.47	0.94	0.34	15.20	−1.80	−215.1	1.30	0.42	
NGC 6528	18 05.0	−30 03	9.60	1.53	0.56	16.53	−0.17	+184.9	2.29	0.09	
NGC 6539	18 05.0	−07 35	9.33	1.83	0.97	17.63	−0.66	− 45.6	1.60	0.54	
NGC 6540	18 06.3	−27 46	9.30		0.60	14.68	−1.20	− 17.7	2.50c	0.03	Djorg 3
NGC 6544	18 07.5	−25 00	7.77	1.46	0.73	14.33	−1.56	− 27.3	1.63c:	0.05	
NGC 6541	18 08.2	−43 42	6.30	0.76	0.14	14.67	−1.83	−156.2	2.00c:	0.30	
NGC 6553	18 09.4	−25 54	8.06	1.73	0.75	16.05	−0.34	− 6.5	1.17	0.55	
NGC 6558	18 10.5	−31 46	9.26	1.11	0.44	15.72	−1.44	−197.2	2.50c	0.03	
IC 1276	18 10.9	−07 12	10.34	1.76	1.08	17.01	−0.73	+155.7	1.29	1.08	Pal 7
Terzan 12	18 12.4	−22 44	15.63		2.06	19.77	−0.50	+ 94.1	0.57	0.83	
NGC 6569	18 13.8	−31 50	8.55	1.34	0.56	16.43	−0.86	− 28.1	1.27	0.37	
NGC 6584	18 18.8	−52 13	8.27	0.76	0.10	15.95	−1.49	+222.9	1.20	0.59	
NGC 6624	18 23.8	−30 22	7.87	1.11	0.28	15.37	−0.42	+ 53.9	2.50c	0.06	
NGC 6626	18 24.7	−24 52	6.79	1.08	0.43	15.12	−1.45	+ 17.0	1.67	0.24	M 28
NGC 6638	18 31.1	−25 30	9.02	1.15	0.40	15.85	−0.99	+ 18.1	1.40	0.26	
NGC 6637	18 31.5	−32 21	7.64	1.01	0.16	15.16	−0.71	+ 39.9	1.39	0.34	M 69
NGC 6642	18 32.1	−23 28	9.13	1.11	0.41	15.70	−1.35	− 57.2	1.99	0.10	
NGC 6652	18 35.9	−32 59	8.62	0.94	0.09	15.19	−0.96	−111.7	1.80	0.07	
NGC 6656	18 36.6	−23 54	5.10	0.98	0.34	13.60	−1.64	−148.9	1.31	1.42	M 22
Pal 8	18 41.6	−19 49	11.02	1.22	0.32	16.54	−0.48	− 43.0	1.53	0.40	
NGC 6681	18 43.4	−32 17	7.87	0.72	0.07	14.98	−1.51	+220.3	2.50c	0.03	M 70
NGC 6712	18 53.2	−08 42	8.10	1.17	0.45	15.60	−1.01	−107.5	0.90	0.94	
NGC 6715	18 55.2	−30 29	7.60	0.85	0.14	17.61	−1.59	+141.9	1.84	0.11	M 54
NGC 6717	18 55.3	−22 42	9.28	1.00	0.20	14.95	−1.29	+ 22.8	2.07c:	0.08	Pal 9
NGC 6723	18 59.7	−36 38	7.01	0.75	0.05	14.87	−1.12	− 94.5	1.05	0.94	
NGC 6749	19 05.4	+01 54	12.44	2.14	1.50	19.14	−1.60	− 61.7	0.83	0.77	Be42
NGC 6752	19 11.1	−59 59	5.40	0.66	0.04	13.13	−1.56	− 27.9	2.50c	0.17	
NGC 6760	19 11.3	+01 02	8.88	1.66	0.77	16.74	−0.52	− 27.5	1.59	0.33	
NGC 6779	19 16.7	+30 11	8.27	0.86	0.20	15.65	−1.94	−135.7	1.37	0.37	M 56
Terzan 7	19 17.9	−34 39	12.00		0.07	17.05	−0.58	+166.0	1.08	0.61	
Pal 10	19 18.1	+18 35	13.22		1.66	19.01	−0.10	− 31.7	0.58	0.81	
Arp 2	19 28.9	−30 21	12.30	0.86	0.10	17.59	−1.76	+115.0	0.90	1.59	
NGC 6809	19 40.1	−30 57	6.32	0.72	0.07	13.87	−1.81	+174.8	0.76	2.83	M 55
Terzan 8	19 41.9	−34 00	12.40		0.12	17.45	−2.00	+130.0	0.60	1.00	
Pal 11	19 45.4	−08 00	9.80	1.27	0.34	16.61	−0.39	− 68.0	0.69	2.00	
NGC 6838	19 53.9	+18 47	8.19	1.09	0.25	13.75	−0.73	− 22.9	1.15	0.63	M 71
NGC 6864	20 06.2	−21 55	8.52	0.87	0.16	16.87	−1.32	−189.3	1.88	0.10	M 75
NGC 6934	20 34.3	+07 25	8.83	0.77	0.09	16.48	−1.54	−411.4	1.53	0.25	
NGC 6981	20 53.6	−12 32	9.27	0.72	0.05	16.31	−1.40	−345.1	1.23	0.54	M 72
NGC 7006	21 01.6	+16 12	10.56	0.75	0.05	18.24	−1.63	−384.1	1.42	0.24	
NGC 7078	21 30.1	+12 11	6.20	0.68	0.10	15.37	−2.25	−107.3	2.50c	0.07	M 15
NGC 7089	21 33.6	−00 49	6.47	0.66	0.06	15.49	−1.62	− 5.3	1.80	0.34	M 2
NGC 7099	21 40.5	−23 10	7.19	0.60	0.03	14.62	−2.12	−181.9	2.50c	0.06	M 30
Pal 12	21 46.8	−21 14	11.99	1.07	0.02	16.47	−0.94	+ 27.8	1.94	0.20	
Pal 13	23 06.9	+12 47	13.80	0.72	0.05	17.31	−1.65	− 28.0	0.66	0.48	
NGC 7492	23 08.6	−15 36	11.29	0.42	0.00	17.06	−1.51	−207.6	1.00	0.83	

IAU Designation	Name	Right Ascension	Declination	ID	m_V	Z	S 5 GHz
		h m s	° ′ ″				Jy
0003+380		00 05 57.175 409	+38 20 15.148 57	G	19.4	0.229	0.50
0007+106	III ZW 2	00 10 31.005 888	+10 58 29.504 12	G	15.4	0.090	0.42
0007+171		00 10 33.990 619	+17 24 18.761 35	Q	18.0	1.601	1.19
0010+405	4C 40.01	00 13 31.130 213	+40 51 37.144 07	G	17.9	0.256	1.05
0014+813		00 17 08.474 953	+81 35 08.136 33	Q	16.5	3.387	0.55
0039+230		00 42 04.545 183	+23 20 01.061 29				
0047−579		00 49 59.473 091	−57 38 27.339 92	Q	18.5	1.797	2.19
0109+224		01 12 05.824 718	+22 44 38.786 19	L	15.7		0.78
0123+257	4C 25.05	01 26 42.792 631	+25 59 01.300 79	Q	17.5	2.353	0.97
0131−522		01 33 05.762 585	−52 00 03.946 93	Q	20.0	0.020	
0133+476	OC 457	01 36 58.594 810	+47 51 29.100 06	Q	19.0	0.859	3.26
0135−247	OC−259	01 37 38.346 378	−24 30 53.885 26	Q	17.3	0.831	1.65
0138−097		01 41 25.832 025	−09 28 43.673 81	L	16.6	>0.501	1.19
0148+274		01 51 27.146 149	+27 44 41.793 65	G	20.0	1.260	
0149+218		01 52 18.059 047	+22 07 07.700 04	Q	18.0	1.320	1.08
0153+744		01 57 34.964 908	+74 42 43.229 98	Q	16.0	2.338	1.51
0159+723		02 03 33.385 004	+72 32 53.667 41	L	19.2		0.33
0202+319		02 05 04.925 371	+32 12 30.095 60	Q	18.0	1.466	1.02
0215+015	OD 026	02 17 48.954 740	+01 44 49.699 09	Q	18.8	1.715	0.36
0219+428	3C 66A	02 22 39.611 500	+43 02 07.798 84	L	15.2	0.444	1.04
0220−349		02 22 56.401 625	−34 41 28.730 11	Q	22.0	1.490	
0224+671	4C 67.05	02 28 50.051 459	+67 21 03.029 26	Q	19.5		
0230−790		02 29 34.946 647	−78 47 45.601 29	Q	18.9	1.070	0.77
0235+164	OD 160	02 38 38.930 108	+16 36 59.274 71	L	15.5	0.940	2.79
0239+108	OD 166	02 42 29.170 847	+11 01 00.728 23	Q	20.0		
0248+430		02 51 34.536 779	+43 15 15.828 58	Q	17.6	1.310	1.21
0256+075	OD 094.7	02 59 27.076 633	+07 47 39.643 23	Q	18.0	0.893	0.98
0302−623		03 03 50.631 333	−62 11 25.549 83	Q	18.0		
0306+102	OE 110	03 09 03.623 523	+10 29 16.340 82	Q	18.4	0.863	0.70
0308−611		03 09 56.099 167	−60 58 39.056 28	Q	18.5		
0309+411	NRAO 128	03 13 01.962 129	+41 20 01.183 53	G	18.0	0.136	0.46
0342+147		03 45 06.416 546	+14 53 49.558 18				
0400+258	CTD 26	04 03 05.586 048	+26 00 01.502 74	Q	18.0	2.109	1.79
0406+121		04 09 22.008 740	+12 17 39.847 50	L	20.2	1.020	1.62
0414−189		04 16 36.544 466	−18 51 08.340 12	Q	18.5	1.536	0.77
0422−380		04 24 42.243 727	−37 56 20.784 23	Q	18.1	0.782	0.81
0422+004	OF 038	04 24 46.842 052	+00 36 06.329 83	L	17.0		1.60
0423+051		04 26 36.604 102	+05 18 19.872 04	Q	19.5	1.333	
0426−380		04 28 40.424 306	−37 56 19.580 31	L	19.0	>1.030	1.13
0437−454		04 39 00.854 714	−45 22 22.562 60	Q	20.6		
0440−003	NRAO 190	04 42 38.660 762	−00 17 43.419 10	Q	19.2	0.844	2.39
0446+112		04 49 07.671 119	+11 21 28.596 62	G	20.0		
0454−810		04 50 05.440 195	−81 01 02.231 46	G	19.2	0.444	1.36
0457+024	OF 097	04 59 52.050 664	+02 29 31.176 31	Q	18.5	2.384	1.21
0458+138		05 01 45.270 840	+13 56 07.220 63				
0502+049		05 05 23.184 723	+04 59 42.724 48	Q	19.0	0.954	
0506−612		05 06 43.988 739	−61 09 40.993 28	Q	16.9	1.093	2.05
0454+844		05 08 42.363 503	+84 32 04.544 02	L	16.5	0.112	1.40
0507+179		05 10 02.369 122	+18 00 41.581 71				
0516−621		05 16 44.926 178	−62 07 05.389 30				

IAU Designation	Name	Right Ascension	Declination	ID	m_V	Z	S 5 GHz
		h m s	° ′ ″				Jy
0518+165	3C 138	05 21 09.886 021	+16 38 22.051 22	Q	18.8	0.759	4.16
0521−365		05 22 57.984 651	−36 27 30.850 92	L	14.6	0.055	8.89
0530−727		05 29 30.042 235	−72 45 28.507 31				
0537−286	OG−263	05 39 54.281 429	−28 39 55.947 45	Q	20.0	3.104	1.23
0539−057		05 41 38.083 384	−05 41 49.428 39	Q	20.4	0.839	1.51
0538+498	3C 147	05 42 36.137 916	+49 51 07.233 56	Q	17.8	0.545	8.18
0544+273		05 47 34.148 941	+27 21 56.842 40				
0556+238		05 59 32.033 133	+23 53 53.926 90				
0609+607	OH 617	06 14 23.866 195	+60 46 21.755 38	Q	19.1	2.690	1.10
0615+820		06 26 03.006 188	+82 02 25.567 64	Q	17.5	0.710	1.00
0629−418		06 31 11.998 059	−41 54 26.946 11	Q	19.3	1.416	0.74
0637−752		06 35 46.507 934	−75 16 16.815 33	G	15.8	0.654	6.19
0636+680		06 42 04.257 418	+67 58 35.620 85	Q	16.6	3.177	0.54
0642+449	OH 471	06 46 32.025 985	+44 51 16.590 13	Q	18.5	3.408	0.78
0648−165		06 50 24.581 852	−16 37 39.725 00				
0707+476		07 10 46.104 900	+47 32 11.142 67	Q	18.2	1.292	1.00
0716+714		07 21 53.448 459	+71 20 36.363 39	L	15.5		1.12
0722+145	4C 14.23	07 25 16.807 752	+14 25 13.746 84				
0723−008	OI 039	07 25 50.639 953	−00 54 56.544 38	L	18.0	0.127	2.25
0718+792		07 26 11.735 177	+79 11 31.016 24				
0733−174		07 35 45.812 508	−17 35 48.501 31				
0738−674		07 38 56.496 292	−67 35 50.825 83	Q	19.8	1.663	0.56
0738+313	OI 363	07 41 10.703 308	+31 12 00.228 62	G	16.1	0.630	2.48
0743+259		07 46 25.874 166	+25 49 02.134 88				
0745+241	OI 275	07 48 36.109 278	+24 00 24.110 18	Q	19.0	0.409	0.84
0749+540	4C 54.15	07 53 01.384 573	+53 52 59.637 16	L	18.5	0.200	0.56
0754+100	OI 090.4	07 57 06.642 936	+09 56 34.852 10	L	15.0	0.660	1.48
0804+499	OJ 508	08 08 39.666 274	+49 50 36.530 46	Q	18.9	1.433	2.07
0805+410		08 08 56.652 038	+40 52 44.888 89	Q	19.0	1.420	0.77
0812+367	OJ 320	08 15 25.944 824	+36 35 15.148 30	Q	20.0	1.025	1.01
0818−128	OJ 131	08 20 57.447 616	−12 58 59.169 49	L	15.0		0.86
0820+560	4C 56.16A	08 24 47.236 351	+55 52 42.669 38	Q	18.0	1.417	0.92
0821+394	4C 39.23	08 24 55.483 865	+39 16 41.904 30	Q	18.5	1.216	0.99
0826−373		08 28 04.780 268	−37 31 06.280 64				
0829+046	OJ 049	08 31 48.876 955	+04 29 39.085 34	L	16.4	0.180	0.70
0828+493	OJ 448	08 32 23.216 688	+49 13 21.038 23	L	18.8	0.548	1.02
0831+557	4C 55.16	08 34 54.903 997	+55 34 21.070 80	G	18.5	0.242	
0834−201		08 36 39.215 215	−20 16 59.503 50	Q	19.4	2.752	3.42
0833+585		08 37 22.409 733	+58 25 01.845 21	Q	18.0	2.101	1.11
0839+187		08 42 05.094 180	+18 35 40.990 61	Q	16.4	1.272	1.20
0850+581	4C 58.17	08 54 41.996 385	+57 57 29.939 28	Q	18.0	1.322	1.41
0859+470	OJ 499	09 03 03.990 103	+46 51 04.137 53	Q	18.7	1.462	1.78
0912+297	OK 222	09 15 52.401 620	+29 33 24.042 74	L	16.4		0.20
0917+449		09 20 58.458 480	+44 41 53.985 02	Q	19.0	2.180	0.80
0917+624	OK 630	09 21 36.231 054	+62 15 52.180 35	Q	19.5	1.446	1.24
0945+408	4C 40.24	09 48 55.338 145	+40 39 44.587 19	Q	17.5	1.252	1.38
0952+179	VRO 17.09.04	09 54 56.823 626	+17 43 31.222 42	Q	17.2	1.478	0.74
0955+476	OK 492	09 58 19.671 648	+47 25 07.842 50	Q	18.7	1.873	0.74
0955+326	3C 232	09 58 20.949 621	+32 24 02.209 29	Q	15.8	0.530	0.85
0954+658		09 58 47.245 101	+65 33 54.818 06	L	16.7	0.367	1.46

IAU Designation	Name	Right Ascension	Declination	ID	m_V	Z	S 5 GHz
		h m s	° ′ ″				Jy
1012+232	4C 23.24	10 14 47.065 445	+23 01 16.570 91	Q	17.5	0.565	0.81
1020+400		10 23 11.565 623	+39 48 15.385 39	Q	17.5	1.254	0.87
1030+415	VRO 10.41.03	10 33 03.707 841	+41 16 06.232 97	Q	18.2	1.120	1.13
1032−199		10 35 02.155 274	−20 11 34.359 75	Q	19.0	2.198	1.02
1038+064	OL 064.5	10 41 17.162 504	+06 10 16.923 78	Q	16.7	1.265	1.32
1038+528	OL 564	10 41 46.781 639	+52 33 28.231 27	Q	17.6	0.677	0.42
1038+529		10 41 48.897 638	+52 33 55.607 90	Q	18.6	2.296	0.14
1040+123	3C 245	10 42 44.605 212	+12 03 31.264 07	Q	17.3	1.028	1.39
1039+811		10 44 23.062 554	+80 54 39.443 03	Q	16.5	1.260	1.14
1049+215	4C 21.28	10 51 48.789 073	+21 19 52.314 11	Q	18.5	1.300	1.25
1053+815		10 58 11.535 365	+81 14 32.675 21	Q	20.0	0.706	0.77
1057−797		10 58 43.309 786	−80 03 54.159 49	Q	19.3		
1111+149	OM 118	11 13 58.695 097	+14 42 26.952 62	Q	18.0	0.869	0.60
1116+128	4C 12.39	11 18 57.301 443	+12 34 41.718 06	Q	19.3	2.118	1.48
1128+385		11 30 53.282 612	+38 15 18.547 07	Q	16.0	1.733	0.77
1130+009		11 33 20.055 797	+00 40 52.837 20	Q	19.0		
1143−245	OM 272	11 46 08.103 374	−24 47 32.896 81	Q	18.0	1.950	1.49
1147+245	OM 280	11 50 19.212 173	+24 17 53.835 03	L	15.7		1.00
1148−671		11 51 13.426 591	−67 28 11.094 23				
1150+812		11 53 12.499 130	+80 58 29.154 51	Q	18.5	1.250	1.18
1150+497	4C 49.22	11 53 24.466 626	+49 31 08.830 14	Q	17.1	0.334	1.12
1155+251		11 58 25.787 505	+24 50 17.963 69	G	17.5		
1213+350	4C 35.28	12 15 55.601 049	+34 48 15.220 53	Q	20.0	0.857	1.01
1215+303	ON 325	12 17 52.081 987	+30 07 00.636 25	L	15.6	0.237	0.42
1216+487	ON 428	12 19 06.414 733	+48 29 56.164 97	Q	18.5	1.076	1.08
1219+044	4C 04.42	12 22 22.549 618	+04 13 15.776 30	Q	18.0	0.965	0.93
1221+809		12 23 40.493 698	+80 40 04.340 31	L	19.0		0.52
1226+373		12 28 47.423 662	+37 06 12.095 78			1.515	
1228+126	3C 274	12 30 49.423 381	+12 23 28.043 90	G	12.9	0.004	71.90
1236+077		12 39 24.588 312	+07 30 17.189 09	Q	18.5	0.400	0.67
1236−684		12 39 46.651 396	−68 45 30.892 60	Q	18.5		
1252+119	ON 187	12 54 38.255 601	+11 41 05.895 07	Q	16.6	0.870	1.00
1251−713		12 54 59.921 421	−71 38 18.436 64	Q	21.5		
1257+145		13 00 20.918 799	+14 17 18.531 07	A	18.0		
1308+326	OP 313	13 10 28.663 845	+32 20 43.782 95	Q	15.2	0.997	1.59
1324+224		13 27 00.861 311	+22 10 50.163 06			1.400	
1342+662		13 43 45.959 534	+66 02 25.745 03	Q	20.0	0.766	0.54
1342+663		13 44 08.679 674	+66 06 11.643 81	Q	18.6	1.351	0.82
1347+539	4C 53.28	13 49 34.656 623	+53 41 17.040 28	Q	17.5	0.976	0.96
1416+067	3C 298	14 19 08.180 173	+06 28 34.803 49	Q	16.8	1.439	1.46
1418+546	OQ 530	14 19 46.597 401	+54 23 14.787 21	L	15.7	0.152	1.09
1435+638		14 36 45.802 138	+63 36 37.866 58	Q	16.6	2.062	1.24
1442+101	OQ 172	14 45 16.465 213	+09 58 36.072 44	Q	17.8	3.535	1.15
1445−161		14 48 15.054 162	−16 20 24.548 88	Q	18.9	2.417	0.80
1448+762		14 48 28.778 877	+76 01 11.597 17	G	22.3	0.899	0.68
1459+480		15 00 48.654 199	+47 51 15.538 26		17.1		
1504+377	OR 306	15 06 09.529 958	+37 30 51.132 41	G	21.2	0.674	1.10
1514+197		15 16 56.796 194	+19 32 12.991 87	L	18.7		0.50
1532+016		15 34 52.453 675	+01 31 04.206 57	Q	18.0	1.435	0.92
1538+149	4C 14.60	15 40 49.491 511	+14 47 45.884 85	L	17.3	0.605	1.95

IAU Designation	Name	Right Ascension	Declination	ID	m_V	Z	S 5 GHz
		h m s	° ' "				Jy
1547+507	OR 580	15 49 17.468 534	+50 38 05.788 20	Q	18.5	2.169	0.74
1549−790		15 56 58.869 899	−79 14 04.281 34	G	18.5	0.149	3.54
1600+335		16 02 07.263 468	+33 26 53.072 67		23.2		
1604−333		16 07 34.762 344	−33 31 08.913 13	Q	20.5		
1606+106	4C 10.45	16 08 46.203 179	+10 29 07.775 85	Q	18.0	1.226	1.05
1616+063		16 19 03.687 684	+06 13 02.243 57	Q	19.0	2.086	0.89
1619−680		16 24 18.437 150	−68 09 12.498 11	Q	18.0	1.354	1.81
1624+416	4C 41.32	16 25 57.669 700	+41 34 40.629 22	Q	22.0	2.550	1.58
1637+574	OS 562	16 38 13.456 293	+57 20 23.979 18	Q	17.0	0.751	1.44
1642+690	4C 69.21	16 42 07.848 514	+68 56 39.756 40	G	20.5	0.751	1.43
1656+348	OS 392	16 58 01.419 204	+34 43 28.402 40	Q	18.5	1.936	0.60
1705+018		17 07 34.415 277	+01 48 45.699 23	Q	18.8	2.576	0.54
1706−174	OT−111	17 09 34.345 380	−17 28 53.364 80	A	17.5		
1718−649		17 23 41.029 765	−65 00 36.615 18	G	15.5	0.014	3.70
1726+455		17 27 27.650 808	+45 30 39.731 39	Q	19.0	0.714	0.63
1727+502	OT 546	17 28 18.623 853	+50 13 10.470 01	L	16.0	0.055	0.17
1725+044		17 28 24.952 716	+04 27 04.914 01	G	17.0	0.293	1.21
1743+173		17 45 35.208 181	+17 20 01.423 41	Q	19.5	1.702	0.94
1745+624	4C 62.29	17 46 14.034 146	+62 26 54.738 42	Q	18.8	3.889	0.57
1749+701		17 48 32.840 231	+70 05 50.768 82	L	17.0	0.770	1.09
1751+441	OT 486	17 53 22.647 901	+44 09 45.686 08	Q	19.5	0.871	1.04
1800+440	OU 401	18 01 32.314 854	+44 04 21.900 31	Q	16.8	0.663	1.02
1758−651		18 03 23.496 605	−65 07 36.761 77	G	15.4		
1823+568	4C 56.27	18 24 07.068 372	+56 51 01.490 88	L	18.4	0.664	1.67
1830+285	4C 28.45	18 32 50.185 631	+28 33 35.955 30	Q	17.2	0.594	1.07
1845+797	3C 390.3	18 42 08.989 953	+79 46 17.128 01	G	15.4	0.057	4.48
1842+681		18 42 33.641 636	+68 09 25.227 88	Q	17.9	0.475	0.81
1849+670	4C 66.20	18 49 16.072 300	+67 05 41.679 93	Q	18.0	0.657	0.59
1856+737		18 54 57.299 946	+73 51 19.907 47	G	17.5	0.460	0.41
1903−802		19 12 40.019 176	−80 10 05.946 27	Q	19.0	1.758	1.79
1954+513	OV 591	19 55 42.738 273	+51 31 48.546 23	Q	18.5	1.230	1.61
1954−388		19 57 59.819 271	−38 45 06.356 26	Q	17.1	0.630	2.02
2000−330		20 03 24.116 306	−32 51 45.132 31	Q	17.3	3.783	1.03
2008−068	OW−015	20 11 14.215 847	−06 44 03.555 19				
2017+745	4C 74.25	20 17 13.079 311	+74 40 47.999 91	Q	18.1	2.191	0.37
2021+317	4C 31.56	20 23 19.017 351	+31 53 02.305 95				
2030+547	OW 551	20 31 47.958 562	+54 55 03.140 60				
2029+121		20 31 54.994 279	+12 19 41.340 43	L	20.3	1.215	1.29
2037+511	3C 418	20 38 37.034 755	+51 19 12.662 69	Q	21.0	1.687	3.79
2048+312	CL 4	20 50 51.131 502	+31 27 27.373 68	Q	20.0	3.198	0.70
2051+745		20 51 33.734 576	+74 41 40.498 23	L	20.4		0.53
2052−474		20 56 16.359 851	−47 14 47.627 68	Q	19.1	1.489	2.45
2059+034	OW 098	21 01 38.834 187	+03 41 31.321 59	Q	17.8	1.015	0.77
2059−786		21 05 44.961 453	−78 25 34.546 64				
2106−413		21 09 33.188 582	−41 10 20.605 30	Q	21.0	1.055	2.28
2113+293		21 15 29.413 455	+29 33 38.366 94	Q	19.5	1.514	1.45
2109−811		21 16 30.845 958	−80 53 55.223 39	G	20.0		
2136+141	OX 161	21 39 01.309 267	+14 23 35.991 99	Q	18.9	2.427	1.11
2143−156	OX−173	21 46 22.979 340	−15 25 43.885 26	Q	17.3	0.700	0.51
2145+067	4C 06.69	21 48 05.458 679	+06 57 38.604 22	Q	16.5	0.999	4.41

IAU Designation	Name	Right Ascension	Declination	ID	m_V	Z	S 5 GHz
		h m s	° ′ ″				Jy
2146−783		21 52 03.154 504	−78 07 06.639 62				
2150+173		21 52 24.819 405	+17 34 37.794 82	L	17.9		1.02
2204−540		22 07 43.733 296	−53 46 33.820 04	Q	18.0	1.206	2.82
2209+236		22 12 05.966 318	+23 55 40.543 88	A	19.0		
2229+695		22 30 36.469 725	+69 46 28.076 98	?L	19.6		0.81
2232−488		22 35 13.236 524	−48 35 58.794 55	Q	17.2	0.510	0.87
2254+074	OY 091	22 57 17.303 120	+07 43 12.302 84	L	16.4	0.190	0.48
2312−319		23 14 48.500 631	−31 38 39.526 51	G	18.5	0.284	0.58
2319+272	4C 27.50	23 21 59.862 235	+27 32 46.443 43	Q	19.0	1.253	1.07
2320+506	OZ 533	23 22 25.982 159	+50 57 51.963 71				
2326−477		23 29 17.704 369	−47 30 19.115 19	Q	16.8	1.306	2.06
2329−162		23 31 38.652 436	−15 56 57.009 52	Q	20.0	1.153	1.88
2329−384		23 31 59.476 115	−38 11 47.650 53	Q	17.0	1.195	0.67

Notes to Table

ID   Q = Quasar
       G = Galaxy
       L = BL Lac object
       ?L= BL Lac candidate
       A = Other

Z   > = value is a lower limit

Source	Right Ascension	Declination	S_{400}	S_{750}	S_{1400}	S_{1665}	S_{2700}	S_{5000}	S_{8000}
	h m s	o ′ ″	Jy	Jy	Jy	Jy	Jy	Jy	Jy
3C 48[e]	01 37 41.299	+33 09 35.41	39.4	25.6	16.42	14.26	9.46	5.40	3.42
3C 123	04 37 04.4	+29 40 15	119.2	77.7	48.70	42.40	28.50	16.5	10.60
3C 147[e,g]	05 42 36.127	+49 51 07.23	48.2	33.9	22.42	19.43	12.96	7.66	5.10
3C 161	06 27 10.0	−05 53 07	41.2	28.9	19.00	16.80	11.40	6.62	4.18
3C 218	09 18 06.0	−12 05 45	134.6	76.0	43.10	36.80	23.70	13.5	8.81
3C 227	09 47 46.4	+07 25 12	20.3	12.1	7.21	6.25	4.19	2.52	1.71
3C 249.1	11 04 11.5	+76 59 01	6.1	4.0	2.48	2.14	1.40	0.77	0.47
3C 274[f]	12 30 49.6	+12 23 21	625.0	365.0	214.00	184.00	122.00	71.9	48.10
3C 286[e]	13 31 08.284	+30 30 32.94	25.1	19.7	14.84	13.61	10.52	7.30	5.38
3C 295	14 11 20.7	+52 12 09	54.1	36.3	22.53	19.33	12.21	6.35	3.66
3C 348	16 51 08.3	+04 59 26	168.1	86.8	45.00	37.50	22.60	11.8	7.19
3C 353	17 20 29.5	−00 58 52	131.1	88.2	57.30	50.50	35.00	21.2	14.20
DR 21	20 39 01.2	+42 19 45							21.60
NGC 7027[d]	21 07 01.6	+42 14 10			1.43	1.93	3.69	5.43	5.90

Source	S_{10700}	S_{15000}	S_{22235}	S_{32000}	S_{43200}	Spec.	Ident.	Polarization (at 5 GHz)	Angular Size (at 1.4 GHz)
	Jy	Jy	Jy	Jy	Jy			%	″
3C 48[e]	2.55	1.79	1.17	0.77	0.54	C⁻	QSS	5	<1
3C 123	7.94	5.63	3.71			C⁻	GAL	2	20
3C 147[e,g]	3.95	2.92	2.05	1.47	1.12	C⁻	QSS	< 1	<1
3C 161	3.09	2.14				C⁻	GAL	5	<3
3C 218	6.77					S	GAL	1	core 25, halo 220
3C 227	1.34	1.02	0.73			S	GAL	7	180
3C 249.1	0.34	0.23				S	QSS		15
3C 274[f]	37.50	28.10				S	GAL	1	halo 400[a]
3C 286[e]	4.40	3.44	2.55	1.90	1.48	C⁻	QSS	11	<5
3C 295	2.54	1.63	0.95	0.56	0.35	C⁻	GAL	0.1	4
3C 348	5.30					S	GAL	8	115[b]
3C 353	10.90					C⁻	GAL	5	150
DR 21	20.80	20.00	19.00			Th	HII		20[c]
NGC 7027[d]	5.93	5.84	5.65	5.43	5.23	Th	PN	< 1	10

Notes to Table

a   Halo has steep spectral index, so for $\lambda \leq 6$ cm, more than 90% of the flux is in the core. The slope of the spectrum is positive above 20 GHz.

b   Angular distance between the two components.

c   Angular size at 2 cm, but consists of 5 smaller components.

d   All data are calculated from a fit to the thermal spectrum. Mean epoch is 1995.5.

e   Suitable for calibration of interferometers and synthesis telescopes.

f   Virgo A.

g   Indications of time variability above 5 GHz.

Designation Discovery	4U	Right Ascension	Declination	Flux[1]	Mag.[2]	Identified Counterpart	Type
		h m s	° ′ ″				
4U0005+20	0005+20	00 06 27.3	+20 13 02	5	14.0*	Mkn 335	G
Cep XR−1	0022+63	00 25 24	+64 09.3	16		Tycho's SNR	R
		00 29 21.6	+13 16 54		14.8	PG0026+129	Q
3U0026−09	0037−10	00 41 58.0	−09 16.8	5	15.7	Abell 85	C
2U0022+42	0037+39	00 42 52	+41 16.9	4	4.8	M31=NGC 224	G
		00 48 55.3	+31 58 14		15.5*	Mkn 348	G
		00 53 42.8	+12 42 25		14.3*	I Zw 1	G
		01 00 01.2	+31 50 28		15.0*	Mkn 352	G
		01 03 20	+02 22.3		16.0	UMT301	Q
SMC X−1	0115−73	01 17 09.2	−73 25 47	66	13.2	Sanduleak 160	S
		01 22 07.5	−01 01 38		15.1*	II Zw 1	G
2A0120−591	0106−59	01 23 51.5	−58 47 34	6	13.2	Fairall 9	G
		01 36 32.6	+20 58 13		18.1V	3CR47	Q
		02 14 40.7	−00 45 26		14.5*	Mkn 590	G
		02 19	+62 39			HB3	R
4U0223+31	0223+31	02 28 24.2	+31 19 25	6	13.9*	NGC 931	G
4U0241+61	0241+61	02 45 09.5	+62 28 44	6	16.4		Q
GX146−15	0253+41	02 54.6	+41 36	9	14.5	NGC 1129	G+C
2U0528+13	0254+13	02 59.1	+13 36		15.6	Abell 401	C
2A0311−227		03 14 19.5	−22 35 09		14.8*V	EF Eri	S
Per XR−1	0316+41	03 20.0	+41 29	86	12.7	NGC 1275	G+C
H0324+28		03 26 44.2	+28 43 30		6.5V	UX Ari	S
4U0336+01	0336+01	03 36 55.1	+00 35 53	180	5.7	HR 1099	S
2A0335+096	0344+11	03 38.0	+10 06	3	12.2	Zw0335.1+0956	C
H0349+17		03 50 33	+17 15.9		9.2V	V471 Tau	S
2U0352+30	0352+30	03 55 32.4	+31 03 11	55	6.1V	X Per	S
2U0410+10	0410+10	04 13 33.3	+10 28 35	6	17.4	Abell 478	C
H0405−08		04 15 31.2	−07 35 57		4.4	40 Eri	S
H0415+38	0407+37?	04 18 31.3	+38 01 57	5	18.0	3C111	G
	0432+05	04 33 19.1	+05 21 34	5	14.2	3C120	G
2A0431−136		04 33.7	−13 14		15.3	Abell 496	C
		04 36 29.3	−10 22 16		14.5*	Mkn 618	G
H0457+46		05 01	+46 35			HB 9	R
MX0513−40	0513−40	05 14 11.7	−40 02 34	33	8.1	NGC 1851	A
H0523−00		05 16 19.1	−00 08 50		14.6*	Akn 120	G
LMC X−2	0520−72	05 20 26.8	−71 57 27	29	17		S
		05 25 01	−69 38 22			N132D	R
		05 25 26	−65 59 02			(N49)	R
		05 26 00	−66 05 11			N49	R
2A0526−328		05 29 31.1	−32 48 56		13.5V	TV Col	S
		05 31 58	−71 00 29			N206	R
LMC X−4	0532−66	05 32 49	−66 22 08	7	14.0		S
		05 34 15	−70 33 11			DEM 238	R
Tau XR−1	0531+21	05 34 41	+22 00 57	1730	8.4	Crab Nebula	R+P
		05 35 43	−66 02 02			N63A	R

Designation Discovery	4U	Right Ascension	Declination	Flux[1]	Mag.[2]	Identified Counterpart	Type
		h m s	o ′ ″				
A0538−66		05 35 44.6	−66 50 19		12.8V		S
		05 36 12.5	−70 38 49			DEM 249	R
		05 37 47	−69 09 55			N157B	R
LMC X−3	0538−64	05 38 57.3	−64 04 57	46	16.9		S
A0535+26	0538+26?	05 39 03.9	+26 19 02	4	9.1	HDE 245770	S
		05 40 11.2	−69 19 44			N158A	R
		05 46 05.5	−32 18 19		5.2	μ Col	S
		05 47 09	−69 42 21			N135	R
3U0545−32	0543−31	05 50 46.0	−32 16 20	7	16.1	PKS0548−322	G
2S0549−074		05 52 18.7	−07 27 25		14.0	NGC 2110	G
MX0600+46	0558+46	05 55 05.0	+46 26 26	5	14.5	MCG 8−11−11	G
		06 15 55	+28 34.3		11.3V	KR Aur	S
2U0613+09	0614+09	06 17 15.4	+09 07 55	220	18.5V	V1055 Ori	S
2U0601+21	0617+23?	06 17.5	+22 33	6		IC 443	R
A0620−00		06 22 52	−00 20 49		16.4V	V616 Mon	T
4U0720+55	0720+55	07 21 45	+55 46.0	5	13.6	Abell 576	C
		07 37 09.9	+58 46 00		14.5*	Mkn 9	G
		07 42 55.5	+65 10 20		15.0*	Mkn 78	G
		07 55 14	+21 59.9		8.8V	U Gem	S
		07 55 35.3	+39 10 49		15.5*	Mkn 382	G
	0821−42	08 23 06	−43 02.2	14		Puppis A	R
Vela XR−2	0833−45	08 35 25	−45 11 07	17	20.0	PSR0833−45	R+P
		08 51 00.8	+15 21 41		17.7V	LB8755	Q
Vela XR−1	0900−40	09 02 12	−40 33 53	450	6.7	HD 77581	S
3U0901−09	0900−09	09 09.0	−09 40	9	15.2	Abell 754	C
		10 31 42.8	+28 46 14		16.6	Ton 524A	G
		10 45 09.6	−59 41 51		6.2V	η Car	S+H
A1044−59	1053−58	10 47	−59 40	5		G287.8−0.5	R
2A1052+606		10 55 53.1	+60 27 22		8.8	SAO 015338	S
		11 03.9	+28 52		15.2	IC 3510	G
A1103+38		11 04 35.5	+38 11 43		13.5*	Mkn 421	G
Cen XR−3	1118−60	11 21 23	−60 38 17	360	13.3V	V779 Cen	S
H1122−59		11 24.6	−59 27			MSH 11−54	R
		11 25 45.1	+54 22 10		16.0*	Mkn 40	G
A1136−37	1136−37	11 39 09.3	−37 45 09	5	12.8*	NGC 3783	G
2U1134−61	1137−65	11 39 36.9	−65 24 42	17	5.2	HD 101379	S
2U1144+19	1143+19	11 44 51	+19 44.2	5	13.5	Abell 1367	G+C
1E1145.1−6141		11 47 35.8	−61 58 04		13.1		S
Cen X−5	1145−61	11 48 08	−62 13 15	130	9.2	HD 102567	S
		12 04 49.8	+27 53 21		15.5V	GQ Com	Q
2U1207+39	1206+39	12 10 39	+39 23.4	8	11.2*	NGC 4151	G
H1209−52		12 12.4	−53 00			PKS1209−52	R
		12 18 33.9	+29 47 58		14.0*	Mkn 766	G
		12 21 50.7	+75 17 47		14.5	Mkn 205	Q
		12 25 11	+12 52.4		9.3	M84=NGC 4374	G

Designation Discovery	4U	Right Ascension	Declination	Flux[1]	Mag.[2]	Identified Counterpart	Type
		h m s	° ′ ″				
		12 26.0	+12 39		12.7*	NGC 4388	G
		12 26 20	+12 56.0		9.7	M86=NGC 4406	G
GX301−2	1223−62	12 26 45	−62 47 02	73	10.0V	BP Cru	S
		12 27.3	+09 25		12.5	NGC 4424	G
		12 27 54	+12 59.7		11.3*	NGC 4438	G
		12 28 32.3	+31 27 48		15.9	B2 1225+317	Q
		12 29.2	+13 58		12.0	NGC 4459	G
	1226+02	12 29 14.5	+02 02 18	5	13.0	3C273	Q
1E1227.0+1403		12 29 41.5	+13 45 37		17.4		Q
		12 29 56	+13 25.0		11.6*	NGC 4473	G
		12 30.3	+13 38		11.5	NGC 4477	G
Vir XR−1	1228+12	12 30 56	+12 22.7	40	9.2	M87=NGC 4486	G+C
		12 34 23	+11 04		15.2	IC 3510	G
		12 35 44.8	−39 55 23		12.9	NGC 4507	G
4U1240−05	1240−05	12 39.7	−05 21	4	12.0	NGC 4593	G
2U1247−41	1246−41	12 49.0	−41 19	9	12.4*	NGC 4696	G+C
2U1253−28	1249−28	12 52 32	−29 16 23	8	11.5V	EX Hya	S
Coma XR−1	1257+28	13 00.0	+27 54.4	27	10.7	Coma Cluster	C
GX304−1	1258−61	13 01 26.4	−61 36 55	100	14.7		S
MX1313+29		13 16.5	+29 05		12.5*	HZ 43	S
	1322−42	13 25 37	−43 01.9	15	7.2*	Cen A=NGC 5128	G
4U1326+11	1326+11	13 29.5	+11 44	4	14.2	NGC 5171	G+C
2U1348+24	1348+25	13 48 59.1	+26 34.8	8	16.0	Abell 1795	C
2A1347−300		13 49 27.8	−30 19 21		12.8*	IC 4329A	G+C
		13 53 20.4	+63 45 01		14.8	PG1351+640	Q
		14 11 45.7	+52 11 27		20.5	3C295	C
TWX−1	1410−03	14 13.4	−03 13	3	13.6*	NGC 5506	G
2A1415+255	1414+25	14 18 06.4	+25 07 29	6	13.1*	NGC 5548	G
		14 30 22	−62 42.1		12.4V	Proxima Cen	S
		14 34 58.1	+48 39 07		16.5*	Mkn 474	G
Cen XR−4		14 58 31.1	−31 40 43		19.0		T
	1458−41	15 02 32	−41 44.5	4	19.9	SN 1006	R
GX9+50		15 11.1	+05 45		16.0	Abell 2029	C
Cir XR−1	1516−56	15 20 52.5	−57 10 32	1300	22.5*V	BR Cir	S
2A1519+082		15 21 58.7	+07 41 51		15.5	NGC 5920	G+C
		15 26 53.3	+09 58 36		18.0	4C10.43	Q
A1524−61		15 28 29.4	−61 53 29		19.0	Nova TrA 1974	T
		15 35 56.7	+57 53 42		15.0*	Mkn 290	G
2U1537−52	1538−52	15 42 34.8	−52 23 38	33	14.5V	QV Nor	S
		15 55 15.0	+19 11 14		15.0*	Mkn 291	G
		15 56 19	−37 56 32		12.0	The 12	S
3U1555+27	1556+27	15 58.4	+27 13		16.0	Abell 2142	C
3U1551+15	1601+15	16 02 20.7	+16 00 49	6	13.8	Abell 2147	G+C
		16 05 01.6	+23 54 41		15.0	NGC 6051	G+C
MX1608−52	1608−52	16 12 54.4	−52 25 47	73	21V	QX Nor	S

Designation Discovery	4U	Right Ascension	Declination	Flux[1]	Mag.[2]	Identified Counterpart	Type
		h m s	o ′ ″				
H1615−51		16 17 46.9	−51 02 47			RCW 103	R
Sco XR−1	1617−15	16 20 03.3	−15 38 44	31000	12.4V	V818 Sco	S
3U1639+40	1627+39	16 28.7	+39 31	7	13.9	Abell 2199	C
2U1626−67	1626−67	16 32 31.3	−67 27 59	33	18.5V	KZ TrA	S
2A1630+057		16 32.9	+05 34		17.1	Abell 2204	C
2U1637−53	1636−53	16 41 06.2	−53 25 19	460	17.5V	V801 Ara	S
Ara XR−1	1642−45	16 46 01	−45 38	820		G339.6−0.1	H
4U1651+39	1651+39	16 53 57.1	+39 45 23	4	13.5*	Mkn 501	G
Her X−1	1656+35	16 57 56	+35 20 17	180	13.0V	HZ Her	S
		17 01 13.9	+29 24 19		17.0*	Mkn 504	G
GX339−4	1658−48	17 03 00.9	−48 47 34	630	15.4V	V821 Ara	S
2U1706+78	1707+78	17 03 46.0	+78 38.3	7	15.3	Abell 2256	C
2U1700−37	1700−37	17 04 07	−37 50 51	180	6.7	HD 153919	S
H1705−25		17 08 23.7	−25 05 40		21*	Nova Oph 1977	T
		17 22 46.0	+30 52 38		15.5*	Mkn 506	G
		17 22 47.4	+24 36 11		16.4V	V396 Her	Q
4U1722−30	1722−30	17 27 42.6	−30 48 15	13	17	Terzan 2	A
		17 30.7	−21 29.2		19	Kepler's SNR	R
GX9+9	1728−16	17 31 52.8	−16 57 51	470	16.6		S
GX1+4	1728−24	17 32 11.2	−24 44 50	110	18.7V	V2116 Oph	S
MXB1730−335		17 33 34	−33 23 26		17.5	Liller 1	A
GX346−7	1735−44	17 39 08.9	−44 27 03	380	17.5V	V926 Sco	S
		17 48 37.2	+68 41 59		16.0*	Mkn 507	G
MX1746−20		17 49 01.8	−20 21 37		12.0	NGC 6440	A
L10	1746−37	17 50 23.1	−37 03 05	73	8.4*	NGC 6441	A
2U1808+50	1813+50	18 16 17.1	+49 52 07	10	12.3V	AM Her	S
Sgr XR−4	1820−30	18 23 50.0	−30 21 32	580	8.6*	NGC 6624	A
H1832+32		18 35 08.9	+32 41 55		14.7	3C382	G
Ser XR−1	1837+04	18 40 04.7	+05 02 26	510	15.1V	MM Ser	S
2U1828+81	1847+78	18 41 59	+79 46 23	5	15.0	3C390.3	G
A1850−08	1850−08	18 53 12.4	−08 42 10	16	8.9	NGC 6712	A
4U1849−31	1849−31	18 55 13	−31 09.7	7	14.7V	V1223 Sgr	S
2U1907+02	1901+03?	18 56 16	+01 19.2	160		Westerhout 44	R
	1907+09	19 09 45.5	+09 50 03	36	16.4		S
Aql XR−1	1908+00	19 11 23.9	+00 35 22	360	16.0V	V1333 Aql	S
A1909+04	1908+05	19 11 56.9	+04 59 14	7	14.2V	SS433	S
2U1926+43	1919+44	19 21 18	+43 56.6	7	15.4	Abell 2319	C
2A1914−589	1924−59	19 21 27.1	−58 39 55	4	14.1	ESO 141−G55	G
		19 33	+31 17			G65.2+5.7	R
H1938+16		19 42 17	+17 06.2		14.7V	UU Sge	S
Cyg XR−1	1956+35	19 58 27.1	+35 12 31	2100	8.9	HDE 226868	S
3U1956+11	1957+11	19 59 31.1	+11 42 55	32	18.7		S
2U1957+40	1957+40	19 59 33	+40 45	7	16.2	Cyg A	C
1E2014.1+3702		20 16 09.1	+37 12 35			G74.9+1.2	R
Cyg X−3	2030+40	20 32 32	+40 57 59	700		V1521 Cyg	S

Designation		Right Ascension	Declination	Flux[1]	Mag.[2]	Identified Counterpart	Type
Discovery	4U						
		h m s	o ' "				
2A2040−115		20 44 17.8	−10 42 51		13.0*	Mkn 509	G
Vul XR−1?	2046+31?	20 51 56	+31 05	3		Cygnus Loop	R
2U2134+11	2129+12	21 30 05.8	+12 10 40	8	6.0	M15=NGC 7078	A
2U2130+47	2129+47	21 31 31.8	+47 18 04	36	16.2V	V1727 Cyg	S
		21 42 49	+43 35.7		8.2V	SS Cyg	S
Cyg XR−2	2142+38	21 44 48	+38 19 59	1000	15.5V	V1341 Cyg	S
2A2151−316		21 59 00.1	−30 12 48		17.0	PKS2155−304	G
H2208−47		22 09.5	−47 10		11.8	NGC 7213	G
		22 17 19.0	+14 15 16		15.5*	Mkn 304	G
2S2251−178		22 54 13.9	−17 34 06		17.0	MR2251−178	Q
GF2259+586		23 01 14.0	+58 53 34		15.0	G109.1−1.0	R+S
2A2259+085	2300+08	23 03 23.4	+08 53 17	5	13.0*	NGC 7469	G
		23 04 10.1	+22 38 13		15.0*	Mkn 315	G
2A2302−088	2305−07	23 04 51.2	−08 40 19	4	13.9	MCG−2−58−22	G
2A2315−428		23 18 32	−42 21.5		11.8	NGC 7582	G
Cas XR−1	2321+58	23 23 33	+58 49	97	19.6	Cas A	R
3U2346+26	2345+27	23 51 09	+27 10.1	4	13.8	Abell 2666	C
4U2351+06	2351+06	23 56 09.6	+07 32 13	7	15.5*	Mkn 541	G

Notes to Table

Flux[1]   (2-6) kev flux, units are 10^{-11} ergs cm^{-2}s^{-1}

Mag.[2]   V magnitude unless followed by *, then B magnitude
            V designates variable magnitude

Type   A = Globular Cluster
        C = Cluster of Galaxies
        G = Galaxy
        H = H II Region
        P = Pulsar
        Q = Quasi-Stellar Object
        R = Supernova Remnant
        S = Stellar
        T = Transient (Nova-like optically)

SELECTED QUASARS, J2002.5

Name	Right Ascension	Declination	Flux 6 cm	Flux 11 cm	z	V	$B-V$	M(abs)
	h m s	o ′ ″	Jy	Jy				
S5 0014+81	00 17 17.5	+81 35 57	0.551	0.61	3.387	16.5		−31.7
BR 0019−15	00 22 09.7	−15 12 32			4.52	19.0		−28.9
Q 0043−2923	00 45 55.4	−29 06 08			0.90	14.8		−29.2
I ZW 1	00 53 42.8	+12 42 25	0.003		0.061	14.03	+0.38	−23.4
Q 0051−279	00 54 22.8	−27 41 19			4.395	20.18		−27.6
TON S180	00 57 27.5	−22 22 07			0.062	14.41	+0.19	−23.3
BR 0103+00	01 06 27.0	+00 49 11			4.433	18.70		−29.1
IRAS 01072−0348	01 09 52.7	−03 31 45	0.008		0.054	13.		−24.6
F 9	01 23 51.5	−58 47 34			0.046	13.83	+0.43	−23.0
3C 48.0	01 37 49.9	+33 10 21	5.37	8.97	0.367	16.20	+0.42	−25.2
4U 0241+61	02 45 09.5	+62 28 44	0.20	0.24	0.044	12.19	−0.04	−25.0
PSS J0248+1802	02 49 02.7	+18 03 27			4.43	18.4		−29.4
PC 0307+0222	03 09 59.1	+02 33 56			4.379	20.39		−27.4
MS 03180−1937	03 20 28.0	−19 25 59			0.104	14.86	+1.04	−23.1
IRAS 03335−5625	03 34 51.5	−56 14 43			0.078	14.9		−23.5
BR 0351−10	03 54 00.5	−10 20 45			4.36	18.7		−29.1
IRAS 03575−6132	03 58 21.1	−61 23 42			0.047	14.2		−23.1
PKS 0405−12	04 07 55.6	−12 11 12	1.99	2.36	0.574	14.86	+0.23	−27.7
PKS 0438−43	04 40 21.9	−43 32 52	7.58	6.17	2.852	19.5		−27.8
3C 147.0	05 42 47.9	+49 51 11	8.18	12.98	0.545	17.80	+0.65	−24.2
B2 0552+39A	05 55 41.3	+39 48 50	5.425	3.53	2.365	18.0		−28.5
PKS 0558−504	05 59 51.0	−50 26 51	0.113	0.19	0.137	14.97	+0.21	−24.4
IRAS 06115−3240	06 13 26.3	−32 41 57			0.050	14.1		−23.3
HS 0624+6907	06 30 18.8	+69 04 57			0.370	14.44		−27.4
PKS 0637−75	06 35 41.6	−75 16 25	6.19	4.51	0.654	15.75	+0.33	−27.0
S4 0636+68	06 42 19.8	+67 58 27	0.539	0.32	3.177	16.6		−31.3
VII ZW 118	07 07 27.6	+64 35 44			0.079	14.61	+0.68	−23.1
MS 07546+3928	07 58 10.2	+39 20 05	0.003		0.096	14.36	+0.38	−24.1
PG 0804+761	08 11 17.5	+76 02 16	0.002		0.100	14.71	+0.32	−23.9
PG 0844+349	08 47 51.9	+34 44 32	0.000		0.064	14.50	+0.33	−23.1
IRAS 09149−6206	09 16 13.0	−62 20 07	0.016		0.057	13.55	+0.52	−23.6
B2 0923+39	09 27 12.4	+39 01 42	7.57	4.54	0.698	17.86	+0.06	−25.3
HE 0940−1050	09 43 00.9	−11 05 07			3.054	16.6		−31.1
BRI 0952−01	09 54 40.7	−01 14 56			4.43	18.7		−29.1
PC 0953+4749	09 56 34.8	+47 33 59			4.457	19.47		−28.4
0956+1217	09 59 00.2	+12 02 02			3.306	17.6		−30.6
CSO 38	10 12 04.3	+29 40 56			2.62	16.		−30.9
BRI 1013+00	10 15 56.7	+00 19 34			4.381	19.1		−28.7
HE 1029−1401	10 32 01.8	−14 17 38			0.086	13.86	+0.22	−24.5
BR 1033−0327	10 36 31.3	−03 44 07			4.506	18.5		−29.4
PSS J1048+4407	10 48 55.2	+44 06 25			4.45	19.3		−28.5
Q 1107+487	11 10 47.0	+48 30 27			2.958	16.7		−30.8
PG 1116+215	11 19 16.7	+21 18 29	0.003		0.177	14.72	+0.13	−25.3
PKS 1127−14	11 30 14.6	−14 50 17	7.31	6.43	1.187	16.90	+0.27	−27.5
WAS 26	11 41 23.9	+21 55 32			0.063	14.9		−23.0
4C 29.45	11 59 39.6	+29 13 55	0.89	1.15	0.729	14.41	+0.39	−28.6
PC 1158+4635	12 00 44.6	+46 17 57			4.733	20.21		−27.8
PG 1211+143	12 14 25.3	+14 02 23	0.001		0.085	14.19	+0.27	−24.1
3C 273.0	12 29 14.4	+02 02 18	43.41	41.44	0.158	12.85	+0.20	−26.9
PC 1233+4752	12 35 38.2	+47 35 16			4.447	20.63		−27.2

Name	Right Ascension	Declination	Flux 6 cm	Flux 11 cm	z	V	$B-V$	M(abs)
	h m s	° ′ ″	Jy	Jy				
SBS 1233+594	12 35 56.2	+59 09 39			2.824	16.5		−30.8
PC 1247+3406	12 49 49.3	+33 49 04			4.897	20.4		−27.7
PKS 1251−407	12 54 08.1	−41 00 16	0.22	0.25	4.46	19.9		−27.9
3C 279	12 56 18.9	−05 48 10	15.34	11.96	0.538	17.75	+0.26	−24.6
PSS J1317+3531	13 17 50.1	+35 30 45			4.36	19.1		−28.7
3C 286.0	13 31 15.2	+30 29 46	7.48	10.26	0.846	17.25	+0.26	−26.4
PG 1351+64	13 53 20.2	+63 45 02	0.032		0.088	14.28	+0.26	−24.1
SP 1	14 00 20.1	+38 53 35			3.280	17.		−31.0
PG 1411+442	14 13 54.2	+43 59 32	0.001		0.089	14.99		−23.7
B 1422+231	14 24 45.0	+22 55 21	0.503		3.62	16.5		−30.7
SBS 1425+606	14 27 00.3	+60 25 10			3.20	16.5		−31.5
MARK 1383	14 29 14.2	+01 16 26	0.001		0.086	14.87	+0.34	−23.4
MARK 478	14 42 13.6	+35 25 45	0.001		0.077	14.58	+0.33	−23.4
PSS J1443+2724	14 43 37.8	+27 23 59			4.42	19.3		−28.5
CSO 1061	14 45 00.2	+29 18 27			2.669	16.2		−30.8
3C 305.0	14 49 24.8	+63 15 37	0.92	1.60	0.042	13.74		−23.3
MCG 11.19.006	15 19 23.7	+65 34 08			0.044	13.9		−23.2
MS 15198−0633	15 22 36.8	−06 45 13	0.006		0.084	14.9	+0.3	−23.3
PKS 1610−77	16 18 10.6	−77 17 40	5.55	3.80	1.710	19.0		−26.5
KP 1623.7+26.8B	16 25 54.9	+26 46 39			2.521	16.0		−30.8
HS 1626+6433	16 26 47.0	+64 26 34			2.32	15.8		−30.7
PG 1634+706	16 34 27.9	+70 31 15	0.001		1.337	14.66		−30.3
3C 345.0	16 43 03.9	+39 48 20	5.65	6.01	0.594	15.96	+0.29	−26.6
HS 1700+6416	17 01 01.5	+64 11 56			2.722	16.13	+0.23	−30.8
PG 1718+481	17 19 42.4	+48 04 04	0.137	0.11	1.083	14.60		−29.8
IRAS 17596+4221	18 01 13.7	+42 21 44			0.053	14.5		−23.0
KUV 18217+6419	18 21 58.1	+64 20 41	0.013		0.297	14.24	−0.01	−27.1
3C 380.0	18 29 35.7	+48 44 52	7.50	9.88	0.692	16.81	+0.24	−26.2
IRAS 19254−7245	19 31 39.1	−72 39 03		0.04	0.061	14.5		−23.3
HS 1946+7658	19 44 49.5	+77 06 14	0.001		3.051	15.8		−31.9
MARK 509	20 44 17.9	−10 42 51	0.004		0.035	13.12	+0.23	−23.3
ESO 235−IG26	20 59 23.9	−51 59 45			0.051	13.6		−23.8
IRAS 21219−1757	21 24 50.1	−17 44 07	0.007		0.113	14.5		−24.7
2E 2124−1459	21 27 40.6	−14 46 09			0.057	14.68		−23.0
PKS 2126−15	21 29 20.4	−15 38 02	1.186	1.17	3.266	17.0		−31.0
II ZW 136	21 32 35.1	+10 08 59	0.002		0.063	14.64	+0.28	−23.0
PKS 2134+004	21 36 46.4	+00 42 36	11.49	7.59	1.932	16.79	+0.30	−28.7
Q 2134−4521	21 38 17.2	−45 07 38			4.36	20.15	+1.17	−26.4
Q 2139−4324	21 43 07.8	−43 10 18			4.46	20.64		−27.2
Q 2203+29	22 06 09.5	+29 30 46			4.406	20.87		−26.9
MARK 304	22 17 19.5	+14 15 06	0.000		0.067	14.66	+0.36	−23.0
HE 2217−2818	22 20 15.2	−28 02 38			2.406	16.0		−30.6
BR 2237−06	22 40 14.2	−06 13 33			4.55	18.3		−29.6
3C 454.3	22 54 05.1	+16 09 41	10.03	10.70	0.859	16.10	+0.47	−27.3
MR 2251−178	22 54 13.9	−17 34 07	0.003		0.068	14.36	+0.63	−23.1
MARK 926	23 04 51.3	−08 40 19	0.009		0.047	13.76	+0.36	−23.1
3C 465.0	23 38 36.9	+27 02 42	2.80	4.21	0.030	13.3		−23.0
C15.05	23 50 42.1	−43 25 10			2.9	16.3		−31.2

PSR	Right Ascension	Declination	Period	$\dot{P}$	Epoch	DM	S_{400}
	h m s	o ′ ″	s	10^{-15} s s^{-1}	MJD	cm^{-3} pc	mJy
B0021−72C	00 23 50.3	−72 04 31.4	0.005756780	0.0000	47858	24.6	1.5
J0034−0534 *	00 34 21.8	−05 34 36.5	0.001877181	0.0000	48766	13.8	16
J0045−7319 *	00 45 35.0	−73 19 03.1	0.926275835	4.486	48964	105.4	1
J0218+4232 *	02 18 06.3	+42 32 17.5	0.002323090	0.0001	49150	61.3	
B0329+54	03 32 59.3	+54 34 43.3	0.714518663	2.0496	40621	26.8	1500
J0437−4715 *	04 37 15.7	−47 15 07.9	0.005757451	0.0001	48825	2.6	600
B0450−18	04 52 34.0	−17 59 23.5	0.548937986	5.7564	46800	39.9	82
B0531+21	05 34 31.9	+22 00 52.1	0.033403347	420.95	48743	56.8	646
B0540−69	05 40 11.0	−69 19 55.2	0.050377106	479.05	48256	146	
J0613−0200 *	06 13 43.9	−02 00 47.0	0.003061844	0.0000	49200	38.8	21
B0628−28	06 30 49.5	−28 34 43.6	1.244417072	7.107	44123	34.4	206
B0655+64 *	07 00 37.8	+64 18 11.2	0.195670945	0.0007	46066	8.8	5
B0736−40	07 38 32.4	−40 42 41.2	0.374918710	1.6140	42554	160.8	190
B0740−28	07 42 49.0	−28 22 44.0	0.166760919	16.811	48382	73.8	296
J0751+1807 *	07 51 09.1	+18 07 38.7	0.003478770	0.0000	49301	30.2	10
B0818−13	08 20 26.3	−13 50 55.2	1.238128107	2.1056	41006	41.0	102
B0820+02 *	08 23 09.7	+01 59 12.8	0.864872751	0.1039	43418	23.6	30
B0833−45	08 35 20.6	−45 10 35.8	0.089308556	124.84	49672	68.2	5000
B0834+06	08 37 05.6	+06 10 14.0	1.273768080	6.7995	48362	12.9	89
B0835−41	08 37 21.1	−41 35 14.2	0.751622117	3.5469	46800	147.6	197
B0950+08	09 53 09.3	+07 55 35.6	0.253065068	0.2292	41500	3.0	400
B0959−54	10 01 37.9	−55 07 08.7	1.436582629	51.396	46800	130.6	80
J1012+5307 *	10 12 33.4	+53 07 02.6	0.005255749	0.0000	49220	9.0	30
J1022+10 *	10 22 57	+10 01	0.016452929	0.0000	49590	10.2	23
J1045−4509 *	10 45 50.1	−45 09 54.2	0.007474224	0.0000	48821	58.2	20
B1055−52	10 57 58.8	−52 26 56.4	0.197107608	5.8335	43555	30.1	80
B1133+16	11 36 03.3	+15 51 00.6	1.187911536	3.7327	41664	4.8	257
B1154−62	11 57 15.2	−62 24 50.8	0.400522048	3.9313	46800	325.2	145
B1237+25	12 39 40.4	+24 53 49.2	1.382449256	0.9605	48383	9.3	110
B1240−64	12 43 17.1	−64 23 23.8	0.388480921	4.5006	46800	297.4	110
B1259−63 *	13 02 47.6	−63 50 08.6	0.047762338	2.2750	49500	146.7	
B1426−66	14 30 40.8	−66 23 05.0	0.785440757	2.7695	46800	65.3	130
B1449−64	14 53 32.7	−64 13 15.5	0.179483893	2.7475	43176	71.1	230
J1455−3330 *	14 55 47.9	−33 30 46.2	0.007987204	0.0000	49200	13.6	13
B1508+55	15 09 25.7	+55 31 33.0	0.739681265	5.0078	48383	19.6	114
B1620−26 *	16 23 38.2	−26 31 53.7	0.011075750	0.0008	48127	62.9	15
J1640+2224 *	16 40 16.7	+22 24 09.0	0.003163315	0.0000	49360	18.4	
J1643−1224 *	16 43 38.1	−12 24 58.7	0.004621641	0.0000	49200	62.4	75
B1648−42	16 51 48.7	−42 46 11	0.844080665	4.812	46800	525	100
J1713+0747 *	17 13 49.5	+07 47 37.5	0.004570136	0.0000	49056	16.0	36
J1730−2304	17 30 21.6	−23 04 21.6	0.008122797	0.0000	49200	9.6	43
B1744−24A *	17 48 02.2	−24 46 37.7	0.011563148	0.0000	48270	242.1	
B1800−27 *	18 03 31.5	−27 12 06	0.334415423	0.0173	48522	165	3.4
B1802−07 *	18 04 49.8	−07 35 24.6	0.023100855	0.0005	48540	186.4	3.1
B1818−04	18 20 52.6	−04 27 38.5	0.598072639	6.3376	40621	84.4	157
B1820−11 *	18 23 40.4	−11 15 08	0.279828450	1.378	47400	428	11
B1820−30A	18 23 40.4	−30 21 39.6	0.005440002	0.0034	48600	86.8	49
B1821−24	18 24 32.0	−24 52 10.7	0.003054314	0.0016	47953	119.8	40
B1830−08	18 33 40.3	−08 27 30.7	0.085282878	9.1698	48750	411	
B1831−03	18 33 42	−03 38 34	0.686676816	41.5	42003	235.8	89

PSR	Right Ascension	Declination	Period	$\dot{P}$	Epoch	DM	S_{400}
	h m s	° ′ ″	s	$10^{-15} \mathrm{s\,s^{-1}}$	MJD	$\mathrm{cm^{-3}\,pc}$	mJy
B1831−00 *	18 34 17.2	+00 10 49.5	0.520954308	0.0143	46070	88.3	5.1
B1855+09 *	18 57 36.3	+09 43 17.3	0.005362100	0.0000	47526	13.3	31
B1857−26	19 00 47.5	−26 00 43.1	0.612209195	0.2042	48381	38.1	131
B1859+03	19 01 31.7	+03 31 06.2	0.655449230	7.481	48464	401.3	165
B1911−04	19 13 54.1	−04 40 47.6	0.825933689	4.0696	40623	89.4	118
B1913+16 *	19 15 28.0	+16 06 27.4	0.059029997	0.0086	45888	168.8	4
B1929+10	19 32 13.9	+10 59 31.9	0.226517820	1.1566	48381	3.2	303
B1933+16	19 35 47.8	+16 16 40.6	0.358736248	6.0035	42264	158.5	242
B1937+21	19 39 38.5	+21 34 59.1	0.001557806	0.0001	47500	71.0	240
B1946+35	19 48 25.0	+35 40 11.3	0.717306765	7.0521	42220	129.1	145
B1951+32	19 52 58.2	+32 52 40.4	0.039529759	5.8374	47005	45.0	7
B1953+29 *	19 55 27.8	+29 08 43.7	0.006133166	0.0000	46112	104.6	15
B1957+20 *	19 59 36.7	+20 48 15.1	0.001607401	0.0000	48196	29.1	20
B2016+28	20 18 03.8	+28 39 54.3	0.557953407	0.1494	40688	14.2	314
J2019+2425 *	20 19 31.9	+24 25 15.3	0.003934524	0.0000	48900	17.2	15
J2043+2740	20 43 43.5	+27 40 56	0.0961305	1.258	49540	21.0	
B2045−16	20 48 35.4	−16 16 44.4	1.961566879	10.961	40694	11.5	116
B2111+46	21 13 24.2	+46 44 08.6	1.014684902	0.7115	48382	141.5	230
J2124−3358	21 24 43.8	−33 58 43.9	0.004931114	0.0000	49113	4.4	20
B2127+11B	21 29 58.6	+12 10 00.3	0.056133033	0.0096	47632	67.7	1.0
J2145−0750 *	21 45 50.4	−07 50 17.9	0.016052423	0.0000	48978	9.0	50
B2154+40	21 57 01.8	+40 17 45.8	1.525265368	3.4257	48382	70.6	105
B2217+47	22 19 48.1	+47 54 53.8	0.538469247	2.7650	48382	43.5	111
J2229+2643 *	22 29 50.8	+26 43 57.7	0.002977819	0.0000	49440	23.0	13
J2235+1506	22 35 43.7	+15 06 49.0	0.059767357	0.0002	49250	18.1	3
B2303+46 *	23 05 55.8	+47 07 45.3	1.066371071	0.5691	46107	62.1	1.9
B2310+42	23 13 08.5	+42 53 12.9	0.349433639	0.1155	43890	17.3	89
J2317+1439 *	23 17 09.2	+14 39 31.2	0.003445251	0.0000	49300	21.9	19
J2322+2057	23 22 22.3	+20 57 02.9	0.004808428	0.0000	48900	13.4	2.8
B1257+12 *	25 00 03.0	+12 40 57.0	0.006218531	0.0001	48788	10.2	20
B1323−58	25 26 58.3	−58 59 29.9	0.477989690	3.211	43555	286	120
B1323−62	25 27 17.2	−62 22 43	0.529906294	18.89	43555	318.4	135
B1356−60	25 59 58.2	−60 38 08.1	0.127500776	6.3385	43555	295.0	105
B1451−68	26 56 00.2	−68 43 38.7	0.263376778	0.0988	42553	8.6	350
B1534+12 *	27 37 09.9	+11 55 56.0	0.037904440	0.0024	48000	11.6	36
B1556−44	27 59 41.5	−44 38 45.8	0.257055723	1.0196	42553	58.8	110
B1639+36A	28 41 40.8	+36 27 15.4	0.010377509	0.0000	47666	30.4	3
B1641−45	28 44 49.2	−45 59 09.2	0.455059775	20.090	46800	480	375
B1642−03	28 45 02.0	−03 17 58.4	0.387688791	1.7810	40621	35.7	393
B1727−47	29 31 42.0	−47 44 33.0	0.829723641	163.67	43494	121.9	190
B1749−28	29 52 58.7	−28 06 38.3	0.562557857	8.1394	46800	50.9	1100

Notes to Table

PSR   * indicates pulsar is a member of a binary system

Name		H.D.	Right Ascension	Dec.	Type	Magnitude Max	Magnitude Min	Mag. Type	Epoch (2400000+)	Period	Spectrum
			h m s	° ′						d	
WW	Cet		00 11 33	−11 28.0	UGz:	9.3	16.8	p		31.2:	pec(UG)
S	Scl	1115	00 15 30	−32 01.9	M	5.5	13.6	v	42345	362.57	M3e−M9e(TC)
T	Cet	1760	00 21 54	−20 02.6	SRc	5.0	6.9	v	40562	158.9	M5−6SIIe
R	And	1967	00 24 10	+38 35.4	M	5.8	14.9	v	43135	409.33	S3,5e−S8,8e(M7e)
TV	Psc	2411	00 28 10	+17 54.3	SR	4.65	5.42	V	31387	49.1	M3III−M4IIIb
EG	And	4174	00 44 45	+40 41.5	Z And	7.08	7.8	V			M2IIIep
U	Cep	5679	01 02 31	+81 53.3	EA	6.75	9.24	V	44541.6031	2.493	B7Ve + G8III−IV
RX	And		01 04 44	+41 18.7	UGz	10.3	14.0	v		14:	pec(UG)
ζ	Phe	6882	01 08 28	−55 14.0	EA	3.91	4.42	V	41643.6890	1.700	B6V + B9V
WX	Hyi		02 09 54	−63 18.2	UGsu	9.6	14.85	V		13.7:	pec(UG)
KK	Per	13136	02 10 25	+56 34.2	Lc	6.6	7.89	V			M1.0Iab−M3.5Iab
o	Cet	14386	02 19 28	−02 57.7	M	2.0	10.1	v	44839	331.96	M5e−M9e
VW	Ari	15165	02 26 53	+10 34.6	SX Phe	6.64	6.76	V		0.149	F0IV
U	Cet	15971	02 33 51	−13 08.1	M	6.8	13.4	v	42137	234.76	M2e−M6e
R	Tri	16210	02 37 11	+34 16.4	M	5.4	12.6	v	45215	266.9	M4IIIe−M8e
RZ	Cas	17138	02 49 09	+69 38.5	EA	6.18	7.72	V	43200.3063	1.195	A2.8V
R	Hor	18242	02 53 56	−49 52.9	M	4.7	14.3	v	41494	407.6	M5e−M8eII−III
ρ	Per	19058	03 05 20	+38 51.1	SRb	3.30	4.0	V		50:	M4IIb−IIIb
β	Per	19356	03 08 19	+40 57.9	EA	2.12	3.39	V	45641.5135	2.867	B8V
λ	Tau	25204	04 00 48	+12 29.7	EA	3.37	3.91	V	21506.8506	3.953	B3V + A4IV
VW	Hyi		04 09 07	−71 17.2	UGsu	8.4	14.4	v		27.3:	pec(UG)
R	Dor	29712	04 36 47	−62 04.2	SRb	4.8	6.6	v		338:	M8IIIe
HU	Tau	29365	04 38 25	+20 41.4	EA	5.85	6.68	V	41275.3219	2.056	B8V
R	Cae	29844	04 40 35	−38 13.8	M	6.7	13.7	v	40645	390.95	M6e
R	Pic	30551	04 46 13	−49 14.4	SR	6.35	10.1	V	44922	170.9	M1IIe−M4IIe
R	Lep	31996	04 59 43	−14 48.1	M	5.5	11.7	v	42506	427.07	C7,6e(N6e)
ε	Aur	31964	05 02 09	+43 49.6	EA	2.92	3.83	V	35629	9892	A8Ia−F2epIa + BV
RX	Lep	33664	05 11 30	−11 50.8	SRb	5.0	7.4	v		60:	M6.2III
AR	Aur	34364	05 18 28	+33 46.2	EA	6.15	6.82	V	38402.1832	4.135	Ap(Hg−Mn) + B9V
TZ	Men	39780	05 29 45	−84 47.0	EA	6.19	6.87	V	39190.34	8.569	A1III + B9V:
β	Dor	37350	05 33 38	−62 29.2	δ Cep	3.46	4.08	V	40905.30	9.843	F4−G4Ia−II
SU	Tau	247925	05 49 14	+19 04.0	RCB	9.1	16.86	V			G0−1Iep(C1,0Hd)
α	Ori	39801	05 55 18	+07 24.4	SRc	0.0	1.3	v		2335	M1−M2Ia−Ibe
U	Ori	39816	05 55 58	+20 10.5	M	4.8	13.0	v	45254	368.3	M6e−M9.5e
SS	Aur		06 13 33	+47 44.4	UGss	10.3	15.8	v		55.5:	pec(UG)
η	Gem	42995	06 15 02	+22 30.3	SRa	3.15	3.9	V	37725	232.9	M3IIIab
T	Mon	44990	06 25 21	+07 05.0	δ Cep	5.58	6.62	V	43784.615	27.025	F7Iab−K1Iab + A0V
RT	Aur	45412	06 28 43	+30 29.5	δ Cep	5.00	5.82	V	42361.155	3.728	F4Ib−G1Ib
WW	Aur	46052	06 32 36	+32 27.1	EA	5.79	6.54	V	32945.5393	2.525	A3m: + A3m:
IR	Gem		06 47 48	+28 04.4	UGsu	10.9	16.3	v		75:	pec(UG)
IS	Gem	49380	06 49 51	+32 36.2	SRc	6.6	7.3	p		47:	K3II
ζ	Gem	52973	07 04 15	+20 33.9	δ Cep	3.62	4.18	V	43805.927	10.151	F7Ib−G3Ib
L₂	Pup	56096	07 13 37	−44 38.9	SRb	2.6	6.2	v		140.6	M5IIIe−M6IIIe
R	CMa	57167	07 19 34	−16 23.9	EA	5.70	6.34	V	44289.361	1.136	F1V
U	Mon	59693	07 30 54	−09 46.9	RVb	6.1	8.8	p	38496	91.32	F8eVIb−K0pIb(M2)
U	Gem	64511	07 55 14	+21 59.7	UGss+E	8.2	14.9	v		105.2:	pec(UG) + M4.5V
V	Pup	65818	07 58 18	−49 15.0	EB	4.35	4.92	V	45367.6063	1.454	B1Vp + B3:
AR	Pup		08 03 07	−36 36.1	RVb	8.7	10.9	p		74.58	F0I−II−F8I−II
AI	Vel	69213	08 14 09	−44 35.0	δ Sct	6.15	6.76	V		0.116	A2p−F2pIV/V
Z	Cam		08 25 30	+73 06.1	UGz	10.0	14.5	v		22:	pec(UG) + G1

Name		H.D.	Right Ascension	Dec.	Type	Magnitude		Mag. Type	Epoch (2400000+)	Period	Spectrum
						Max	Min				
SW	UMa		h m s 08 36 54	° ′ +53 28.1	UGsu	9.7	16.50	V		d 460:	pec(UG)
AK	Hya	73844	08 40 00	−17 18.5	SRb	6.33	6.91	V		75:	M4III
VZ	Cnc	73857	08 41 00	+09 48.9	δ Sct	7.18	7.91	V	39897.4246	0.178	A7III−F2III
BZ	UMa		08 53 56	+57 48.0	UG	10.5	15.3	B		97:	pec(UG)
CU	Vel		08 58 38	−41 48.4	UGsu	10.0	15.5:	v		164.7:	
TY	Pyx	77137	08 59 48	−27 49.5	EA/RS	6.85	7.50	V	43187.2304	3.199	G5 + G5
CV	Vel	77464	09 00 43	−51 33.8	EA	6.69	7.19	V	42048.6689	6.889	B2.5V + B2.5V
SY	Cnc		09 01 10	+17 53.6	UGz	10.6	14.0	p		27:	pec(UG) + G
T	Pyx		09 04 47	−32 23.3	Nr	7.0	15.77	B	39501	7000:	pec(NOVA)
WY	Vel	81137	09 22 04	−52 34.4	Z And	8.8	10.2	p			M3epIb: + B
IW	Car	82085	09 26 57	−63 38.4	RVb	7.9	9.6	p	29401	67.5	F7−F8
R	Car	82901	09 32 18	−62 48.0	M	3.9	10.5	v	42000	308.71	M4e−M8e
S	Ant	82610	09 32 25	−28 38.4	EW	6.4	6.92	V	35139.929	0.648	A9Vn
W	UMa	83950	09 43 55	+55 56.4	EW	7.75	8.48	V	45765.7385	0.334	F8Vp + F8Vp
R	Leo	84748	09 47 41	+11 25.0	M	4.4	11.3	v	44164	309.95	M6e−M8IIIe−M9.5e
CH	UMa		10 07 12	+67 32.0	UG	10.7	15.9	B		204:	pec(UG) + K
S	Car	88366	10 09 27	−61 33.6	M	4.5	9.9	v	42112	149.49	K5e−M6e
η	Car	93309	10 45 09	−59 41.9	S Dor	−.08	7.9	v			pec(E)
VY	UMa	92839	10 45 13	+67 23.9	Lb	5.87	7.0	V			C6,3(N0)
U	Car	95109	10 57 54	−59 44.6	δ Cep	5.72	7.02	V	37320.055	38.768	F6−G7Iab
VW	UMa	94902	10 59 11	+69 58.5	SR	6.85	7.71	V		610	M2
T	Leo		11 38 35	+03 21.4	UGsu	10	15.71	B			pec(UG)
BC	UMa		11 52 23	+49 13.9	UG	10.9	18.3	B			
RU	Cen	105578	12 09 32	−45 26.4	RV	8.7	10.7	p	28015.51	64.727	A7Ib−G2pe
S	Mus	106111	12 12 54	−70 09.8	δ Cep	5.89	6.49	V	40299.42	9.660	F6Ib−G0
RY	UMa	107397	12 20 34	+61 17.7	SRb	6.68	8.3	V		310:	M2−M3IIIe
SS	Vir	108105	12 25 27	+00 46.9	SRa	6.0	9.6	v	45361	364.14	C6,3e(Ne)
BO	Mus	109372	12 35 03	−67 46.2	Lb	5.85	6.56	V			M6II−III
R	Vir	109914	12 38 38	+06 58.5	M	6.1	12.1	v	45872	145.63	M3.5IIIe−M8.5e
R	Mus	110311	12 42 13	−69 25.2	δ Cep	5.93	6.73	V	26496.288	7.510	F7Ib−G2
UW	Cen		12 43 25	−54 32.4	RCB	9.1	<14.5	v			K
TX	CVn		12 44 49	+36 44.9	Z And	9.2	11.8	p			B1−B9Veq + K0III−M4
SW	·Vir	114961	13 14 12	−02 49.1	SRb	6.40	7.90	V		150:	M7III
FH	Vir	115322	13 16 32	+06 29.4	SRb	6.92	7.45	V	40740	70:	M6III
V	CVn	115898	13 19 34	+45 30.8	SRa	6.52	8.56	V	43929	191.89	M4e−M6eIIIa:
R	Hya	117287	13 29 50	−23 17.6	M	3.5	10.9	v	43596	388.87	M6e−M9eS(TC)
BV	Cen		13 31 29	−54 59.3	UGss+E	10.7	13.6	v	40264.780	0.610	pec(UG)
T	Cen	119090	13 41 54	−33 36.6	SRa	5.5	9.0	v	43242	90.44	K0:e−M4II:e
V412	Cen	121518	13 57 37	−57 43.3	Lb	7.1	9.6	B			M3Iab/b−M7
θ	Aps	122250	14 05 35	−76 48.4	SRb	6.4	8.6	p		119	M7III
Z	Aps		14 07 07	−71 22.8	UGz	10.7	12.7	v		19:	
R	Cen	124601	14 16 45	−59 55.4	M	5.3	11.8	v	41942	546.2	M4e−M8IIe
δ	Lib	132742	15 01 06	−08 31.7	EA	4.91	5.90	V	42960.6994	2.327	A0IV−V
i	Boo	133640	15 03 54	+47 38.6	EW	5.8	6.40	V	39852.4903	0.268	G2V + G2V
S	Aps		15 09 39	−72 04.3	RCB	9.6	15.2	v			C(R3)
GG	Lup	135876	15 19 06	−40 47.7	EB	5.49	6.0	B	34532.325	2.164	B7V
τ⁴	Ser	139216	15 36 35	+15 05.5	SRb	5.89	7.07	V		100:	M5IIb−IIIa
R	CrB	141527	15 48 40	+28 08.8	RCB	5.71	14.8	V			C0,0(F8pep)
R	Ser	141850	15 50 48	+15 07.6	M	5.16	14.4	V	45521	356.41	M5IIIe−M9e
T	CrB	143454	15 59 36	+25 54.7	Nr	2.0	10.8	v	31860	29000:	M3III + pec(NOVA)

Name		H.D.	Right Ascension	Dec.	Type	Magnitude Max	Magnitude Min	Mag. Type	Epoch (2400000+)	Period	Spectrum
			h m s	° ′						d	
AG	Dra		16 01 41	+66 47.7	Z And	8.9	11.8	p	38900	554	K3IIIep
AT	Dra	147232	16 17 18	+59 44.8	Lb	6.8	7.5	p			M4IIIa
U	Sco		16 22 40	−17 52.9	Nr	8.7	19.3	v	44049		pec(E)
g	Her	148783	16 28 43	+41 52.5	SRb	4.3	6.3	v		89.2	M6III
α	Sco	148478	16 29 33	−26 26.2	Lc	0.88	1.16	V			M1.5Iab−Ib
R	Ara	149730	16 39 57	−56 59.9	EA	6.0	6.9	p	25818.028	4.425	B9IV−V
AH	Her		16 44 15	+25 14.8	UGz	10.9	14.7	p		19.8:	pec(UG)
V1010	Oph	151676	16 49 36	−15 40.3	EB	6.1	7.00	V	38937.7690	0.661	A5V
ζ¹	Sco	152236	16 54 09	−42 21.8	S Dor:	4.66	4.86	V			B1Iape
RS	Sco	152476	16 55 48	−45 06.3	M	6.2	13.0	v	44676	319.91	M5e−M9
V861	Sco	152667	16 56 46	−40 49.5	EB	6.07	6.40	V	43704.21	7.848	B0.5Iae
α¹	Her	156014	17 14 45	+14 23.2	SRc	2.74	4.0	V			M5Ib−II
VW	Dra	156947	17 16 31	+60 40.0	SRd:	6.0	7.0	v		170:	K1.5IIIb
U	Oph	156247	17 16 39	+01 12.4	EA	5.84	6.56	V	44416.3864	1.677	B5V + B5V
u	Her	156633	17 17 25	+33 05.8	EA	4.69	5.37	V	05830.0326	2.051	B1.5Vp + B5III
RY	Ara		17 21 17	−51 07.2	RV	9.2	12.1	p	30220	143.5	G5−K0
BM	Sco	160371	17 41 08	−32 12.9	SRd	6.8	8.7	p		815:	K2.5Ib
V703	Sco	160589	17 42 27	−32 31.5	δ Sct	7.58	8.04	V	42979.3923	0.115	A9−G0
X	Sgr	161592	17 47 42	−27 49.8	δ Cep	4.20	4.90	V	40741.70	7.013	F5−G2II
RS	Oph	162214	17 50 21	−06 42.5	Nr	4.3	12.5	v	39791		Ob + M2ep
V539	Ara	161783	17 50 40	−53 36.7	EA	5.66	6.18	V	39314.342	3.169	B2V + B3V
OP	Her	163990	17 56 52	+45 21.1	SRb	5.85	6.73	V	41196	120.5	M5IIb−IIIa(S)
W	Sgr	164975	18 05 11	−29 34.8	δ Cep	4.29	5.14	V	43374.77	7.595	F4−G2Ib
VX	Sgr	165674	18 08 13	−22 13.4	SRc	6.52	14.0	V	36493	732	M4eIa−M10eIa
RS	Sgr	167647	18 17 45	−34 06.3	EA	6.01	6.97	V	20586.387	2.416	B3IV−V + A
RS	Tel		18 19 02	−46 32.7	RCB	9.0	<14.0	v			C(R0)
Y	Sgr	168608	18 21 31	−18 51.4	δ Cep	5.25	6.24	V	40762.38	5.773	F5−G0Ib−II
AC	Her	170756	18 30 22	+21 52.1	RVa	6.85	9.0	V	35097.8	75.01	F2PIb−K4e(C0.0)
T	Lyr		18 32 24	+36 59.9	Lb	7.84	9.6	V			C6,5(R6)
XY	Lyr	172380	18 38 11	+39 40.1	Lc	5.80	6.35	V			M4−5Ib−II
X	Oph	172171	18 38 27	+08 50.1	M	5.9	9.2	v	44729	328.85	M5e−M9e
R	Sct	173819	18 47 37	−05 42.0	RVa	4.2	8.6	v	44872	146.5	G0Iae−K2p(M3)Ibe
V	CrA	173539	18 47 42	−38 09.1	RCB	8.3	<16.5	v			C(r0)
β	Lyr	174638	18 50 10	+33 21.9	EB	3.25	4.36	V	08247.950	12.914	B8II−IIIep
FN	Sgr		18 54 03	−18 59.5	Z And	9	13.9	p			pec(E)
R	Lyr	175865	18 55 25	+43 56.9	SRb	3.88	5.0	V		46:	M5III
κ	Pav	174694	18 57 11	−67 13.8	δ Cep	3.91	4.78	V	40140.167	9.094	F5−G5I−II
FF	Aql	176155	18 58 21	+17 21.8	δ Cep	5.18	5.68	V	41576.428	4.471	F5Ia−F8Ia
MT	Tel	176387	19 02 24	−46 38.9	RRc	8.68	9.28	V	42206.350	0.317	A0W
R	Aql	177940	19 06 29	+08 14.0	M	5.5	12.0	v	43458	284.2	M5e−M9e
RY	Sgr	180093	19 16 42	−33 31.0	RCB	5.8	14.0	v			G0Iaep(C1,0)
RS	Vul	180939	19 17 45	+22 26.7	EA	6.79	7.83	V	32808.257	4.478	B4V + A2IV
U	Sge	181182	19 18 55	+19 36.9	EA	6.45	9.28	V	17130.4114	3.381	B8V + G2III−IV
UX	Dra	183556	19 21 30	+76 33.8	SRa:	5.94	7.1	V		168	C7,3(N0)
BF	Cyg		19 23 59	+29 40.8	Z And	9.3	13.4	p			Bep + M5III
CH	Cyg	182917	19 24 36	+50 14.7	Z And+SR	5.60	8.49	V			M7IIIab + Be
RR	Lyr	182989	19 25 33	+42 47.5	RRab	7.06	8.12	V	42923.4193	0.567	A5.0−F7.0
CI	Cyg		19 50 18	+35 41.4	Z And+EA	9.9	13.1	p	11902	855.25	Bep + M5III
χ	Cyg	187796	19 50 39	+32 55.2	M	3.3	14.2	v	42140	408.05	S6,2e−S10,4e(MSe)
η	Aql	187929	19 52 36	+01 00.7	δ Cep	3.48	4.39	V	36084.656	7.177	F6Ib−G4Ib

Name		H.D.	Right Ascension	Dec.	Type	Magnitude		Mag. Type	Epoch (2400000+)	Period	Spectrum
						Max	Min				
			h m s	o '						d	
V505	Sgr	187949	19 53 14	−14 35.7	EA	6.46	7.51	V	44461.5907	1.183	A2V + F6:
V449	Cyg	188344	19 53 27	+33 57.3	Lb	7.4	9.07	B			M1−M4
RR	Sgr	188378	19 56 05	−29 10.9	M	5.4	14.0	v	40809	336.33	M4e−M9e
S	Sge	188727	19 56 08	+16 38.5	δ Cep	5.24	6.04	V	42678.792	8.382	F6Ib−G5Ib
RR	Tel		20 04 30	−55 43.1	Nc	6.5	16.5	p			pec
WZ	Sge		20 07 43	+17 42.6	UGwz/DQ	7.0	15.53	B		11900:	DAep(UG)
P	Cyg	193237	20 17 53	+38 02.5	S Dor	3	6	v			B1Iapeq
V	Sge		20 20 21	+21 06.6	E+NL	8.6	13.9	v	37889.9154	0.514	pec(CONT + e)
EU	Del	196610	20 38 01	+18 16.5	SRb	5.79	6.9	V	41156	59.7	M6.4III
AE	Aqr		20 40 16	−00 51.8	NL/DQ	10.4	12.56	B			K2Ve + pec(e + CONT)
X	Cyg	197572	20 43 30	+35 35.7	δ Cep	5.85	6.91	V	43830.387	16.386	F7Ib−G8Ib
T	Vul	198726	20 51 34	+28 15.6	δ Cep	5.41	6.09	V	41705.121	4.435	F5Ib−G0Ib
T	Cep	202012	21 09 34	+68 30.0	M	5.2	11.3	v	44177	388.14	M5.5e−M8.8e
VY	Aqr		21 12 16	−08 48.9	UGwz	8.0	16.6	p	17796		
W	Cyg	205730	21 36 07	+45 23.1	SRb	6.80	8.9	B		131.1	M4e−M6e(TC:)III
EE	Peg	206155	21 40 08	+09 11.7	EA	6.93	7.51	V	45563.8916	2.628	A3MV + F5
V460	Cyg	206570	21 42 06	+35 31.3	SRb	5.57	7.0	V		180:	C6,4(N1)
SS	Cyg	206697	21 42 48	+43 35.8	UGss	7.7	12.4	v		49.5:	K5V + pec(UG)
RS	Gru	206379	21 43 14	−48 10.6	δ Sct	7.92	8.51	V	34325.2931	0.147	A6−A9IV−F0
μ	Cep	206936	21 43 35	+58 47.5	SRc	3.43	5.1	V		730	M2eIa
AG	Peg	207757	21 51 08	+12 38.2	Nc	6.0	9.4	v			WN6 + M3III
VV	Cep	208816	21 56 42	+63 38.2	EA+SRc	4.80	5.36	V	43360	7430	M2epIa−Iab + B8:eV
AR	Lac	210334	22 08 47	+45 45.2	EA/RS	6.08	6.77	V	41593.7123	1.983	G2IV−V + K0IV
RU	Peg		22 14 10	+12 42.9	UGss	9.0	13.2	v		74.3:	pec(UG) + G8IVn
π¹	Gru	212087	22 22 52	−45 56.0	SRb	5.41	6.70	V		150:	S5,7e
δ	Cep	213306	22 29 16	+58 25.6	δ Cep	3.48	4.37	V	36075.445	5.366	F5Ib−G1Ib
ER	Aqr	218074	23 05 33	−22 28.3	Lb	7.14	7.81	V			M3
Z	And	221650	23 33 46	+48 49.8	Z And	8.0	12.4	p			M2III + B1eq
R	Aqr	222800	23 43 57	−15 16.2	M	5.8	12.4	v	42398	386.96	M5e−M8.5e + pec
TX	Psc	223075	23 46 31	+03 30.0	Lb	4.79	5.20	V			C7,2(N0)(TC)
SX	Phe	223065	23 46 39	−41 33.4	SX Phe	6.76	7.53	V	38636.6170	0.055	A5−F4

Notes to Table

E	eclipsing	δ Sct	δ Scuti type
EA	eclipsing, Algol type	SR	semi-regular long period variable
EB	eclipsing, β Lyrae type	SRa	semi-regular, late spectral class, strong periodicities
EW	eclipsing, W Ursae Majoris type	SRb	semi-regular, late spectral class, weak periodicities
δ Cep	cepheid, classical type	SRc	semi-regular supergiant of late spectral class
CWa	cepheid, W Virginis type with longer than 8 day period	SRd	semi-regular giant or supergiant, spectrum F, G, or K
DQ	DQ Herculis type	UG	U Geminorum type dwarf nova
Lb	slow irregular variable	UGss	U Geminorum type dwarf nova of SS Cygni subtype
Lc	irregular supergiant variable of late spectral type	UGsu	U Geminorum type dwarf nova of SU Ursae Majoris subtype
M	Mira type long period variable	UGwz	U Geminorum type dwarf nova of WZ Sagittae subtype
Nc	very slow nova	UGz	U Geminorum type dwarf nova of Z Camelopardalis subtype
NL	nova-like variable	Z And	Z Andromedae type symbiotic star
Nr	recurrent nova	RRab	RR Lyrae variable with asymmetric light curves
RS	RS Canum Venaticorum type	RRc	RR Lyrae variable with symmetric sinusoidal light curves
RV	RV Tauri type	RCB	R Coronae Borealis variable
RVa	RV Tauri type with constant mean brightness	S Dor	S Doradus variable
RVb	RV Tauri type with varying mean brightness	SX Phe	SX Phoenicis variable
p	photographic magnitude	V	photoelectric magnitude obtained with visual "V" filter
v	visual magnitude	B	photoelectric magnitude obtained with blue "B" filter
:	uncertainty in period or type	<	fainter than the magnitude indicated

CONTENTS OF SECTION J

Beginning with the 1997 edition of *The Astronomical Almanac*, observatories are listed alphabetically by country and then by the name of the observatory within the country. Thus, Dominion Astrophyscial Observatory is found under Canada. If you do not know the country of an observatory, you can find it in the Index List. Taking Ebro Observatory as an example, the Index List refers you to Spain where Ebro is listed.

Observatories in England, Northern Ireland, Scotland and Wales will be found under United Kingdom. Observatories in the United States will be found under the appropriate state, under United States of America (USA). Thus, the W.M. Keck Observatory is under USA, Hawaii. In the Index List it is listed under Keck, W.M. and W.M. Keck, with referrals to Hawaii (USA) in the General List.

The "Location" column in the General List gives the city or town associated with the observatory, sometimes with the name of the mountain on which the observatory is actually located. In the "Observatory Name" column of the General List, observatories with radio instruments, infrared instruments, or laser instruments are designated with an 'R', 'I', or 'L', respectively.

OBSERVATORIES, 2002

INDEX LIST

INDEX LIST

INDEX LIST

INDEX LIST

Observatory Name	Location	Observatory Name	Location
Mount Hopkins	Arizona (USA)	Ole Rømer	Denmark
Mount John University	New Zealand	Oliver Station, MIRA	California (USA)
Mount Kanobili	Georgia	Ondřejov	Czech Republic
Mount Killini	Greece	Onsala Space	Sweden
Mount Laguna	California (USA)	Ooty (Ootacamund)	India
Mount Lemmon	Arizona (USA)	Ottawa River	Canada
Mount Locke	Texas (USA)	Owens Valley	California (USA)
Mount Norikura	Japan		
Mount Pleasant	Australia	Padua	Italy
Mount Stromlo	Australia	Pagasa	Philippine Islands
Mount Suhora	Poland	Palermo University	Italy
Mount Valongo	Brazil	Palomar	California (USA)
Mount Wilson	California (USA)	Paranal	Chile
Mount Zin	Israel	Paris	France
Mullard	United Kingdom	Pasterkhov Mountain	Russia
Multiple-Mirror Telescope (MMT)	Arizona (USA)	Perkins	Ohio (USA)
Munich	Germany	Perth	Australia
		Pic du Midi	France
Nagoya University	Japan	Pico dos Dias	Brazil
Nassau	Ohio (USA)	Pico Veleta	Spain
National Central University	Taiwan	Piedade	Brazil
National Centre for Radio Aph.	India	Pine Bluff	Wisconsin (USA)
National Obs.	Brazil	Piwnice	Poland
National Obs.	Chile	Plateau de Bure	France
National Obs.	Columbia	Potsdam	Germany
National Obs.	Japan	Poznań University	Poland
National Obs.	Mexico	Prof. Manuel de Barros	Portugal
National Obs.	Spain	Prostějov	Czech Republic
National Obs. of Athens	Greece	Pulkovo	Russia
National Obs. of Cosmic Physics	Argentina	Purple Mountain	China
National Radio	Arizona (USA)		
National Radio	New Mexico (USA)	Quito	Ecuador
National Radio	West Virginia (USA)		
National Radio, Australian	Australia	Radio Astronomy Center	India
National Solar	New Mexico (USA)	Radio Astronomy Inst., Argentine	Argentina
Naval	Argentina	Radio Astronomy Institute	California (USA)
Naval	Spain	Ramon Maria Aller	Spain
Naval Research Laboratory	District of Columbia (USA)	Rattlesnake Mountain	Pennsylvania (USA)
Naval Research Lab. (Branch)	West Virginia (USA)	Remeis	Germany
Naval, U.S.	District of Columbia (USA)	Riga	Latvia
Naval, U.S. (Branch)	Arizona (USA)	Ritter	Ohio (USA)
New Mexico State Univ. (Branch)	New Mexico (USA)	Riverview College	Australia
Nicholas Copernicus	Czech Republic	Rome	Italy
Nikolaev	Ukraine	Rømer, Ole	Denmark
Nizamiah	India	Roque de los Muchachos	Spain
Nobeyama	Japan	Rosemary Hill	Florida (USA)
Norikura	Japan	Rothney	Canada
Northern Arizona University	Arizona (USA)	Royal Obs.	Belgium
North Gornergrat	Switzerland	Royal Obs. Edinburgh	United Kingdom
North Liberty	Iowa (USA)	Rutherfurd	New York (USA)
Oak Ridge	Massachusetts (USA)	Sagamore Hill	Massachusetts (USA)
O'Brien	Minnesota (USA)	Saint Andrews, Univ. of	United Kingdom
Odessa	Ukraine	Saint Michel	France
Okayama	Japan	Saint Petersburg University	Russia

OBSERVATORIES, 2002

INDEX LIST

Observatory Name		Location	East Longitude	Latitude	Height (m.s.l.)
			° ′	° ′	m
Algeria					
Alger Obs.		Bouzaréa	+ 3 02.1	+36 48.1	345
Argentina					
Argentine Radio Ast. Inst.	R	Villa Elisa	− 58 08.2	−34 52.1	11
Córdoba Ast. Obs.		Córdoba	− 64 11.8	−31 25.3	434
Córdoba Obs. Astrophys. Sta.		Bosque Alegre	− 64 32.8	−31 35.9	1250
Dr. Carlos U. Cesco Sta.		San Juan/El Leoncito	− 69 19.8	−31 48.1	2348
El Leoncito Ast. Complex		San Juan/El Leoncito	− 69 18.0	−31 48.0	2552
Félix Aguilar Obs.		San Juan	− 68 37.2	−31 30.6	700
La Plata Ast. Obs.		La Plata	− 57 55.9	−34 54.5	17
National Obs. of Cosmic Physics		San Miguel	− 58 43.9	−34 33.4	37
Naval Obs.		Buenos Aires	− 58 21.3	−34 37.3	6
Armenia					
Byurakan Astrophysical Obs.	R	Yerevan/Mt. Aragatz	+ 44 17.5	+40 20.1	1500
Australia					
Anglo-Australian Obs.	I	Coonabarabran/Siding Spring, N.S.W.	+149 04.0	−31 16.6	1164
Australian Natl. Radio Ast. Obs.	R	Parkes, New South Wales	+148 15.7	−33 00.0	392
Australia Tel. Natl. Facility	R	Culgoora, New South Wales	+149 33.7	−30 18.9	217
Deep Space Sta.	R	Tidbinbilla, Austl. Cap. Ter.	+148 58.8	−35 24.1	656
Fleurs Radio Obs.	R	Kemps Creek, New South Wales	+150 46.5	−33 51.8	45
Molonglo Radio Obs.	R	Hoskinstown, New South Wales	+149 25.4	−35 22.3	732
Mount Pleasant Radio Ast. Obs.	R	Hobart, Tasmania	+147 26.4	−42 48.3	43
Mount Stromlo Obs.		Canberra/Mt. Stromlo, Austl. Cap. Ter.	+149 00.5	−35 19.2	767
Perth Obs.		Bickley, Western Australia	+116 08.1	−32 00.5	391
Riverview College Obs.		Lane Cove, New South Wales	+151 09.5	−33 49.8	25
Siding Spring Obs.		Coonabarabran/Siding Spring, N.S.W.	+149 03.7	−31 16.4	1149
Austria					
Kanzelhöhe Solar Obs.		Klagenfurt/Kanzelhöhe	+ 13 54.4	+46 40.7	1526
Kuffner Obs.		Vienna	+ 16 17.8	+48 12.8	302
L. Figl Astrophysical Obs.		St. Corona at Schöpfl	+ 15 55.4	+48 05.0	890
Lustbühel Obs.		Graz	+ 15 29.7	+47 03.9	480
Univ. of Graz Obs.		Graz	+ 15 27.1	+47 04.7	375
Urania Obs.		Vienna	+ 16 23.1	+48 12.7	193
Vienna Univ. Obs.		Vienna	+ 16 20.2	+48 13.9	241
Belgium					
Ast. and Astrophys. Inst.		Brussels	+ 4 23.0	+50 48.8	147
Cointe Obs.		Liège	+ 5 33.9	+50 37.1	127
Royal Obs. of Belgium	R	Uccle	+ 4 21.5	+50 47.9	105
Royal Obs. Radio Ast. Sta.	R	Humain	+ 5 15.3	+50 11.5	293
Brazil					
Abrahão de Moraes Obs.	R	Valinhos	− 46 58.0	−23 00.1	850
Antares Ast. Obs.		Feira de Santana	− 38 57.9	−12 15.4	256
Itapetinga Radio Obs.	R	Atibaia	− 46 33.5	−23 11.1	806
Morro Santana Obs.		Porto Alegre	− 51 07.6	−30 03.2	300
National Obs.		Rio de Janeiro	− 43 13.4	−22 53.7	33
Pico dos Dias Obs.		Itajubá/Pico dos Dias	− 45 35.0	−22 32.1	1870
Piedade Obs.		Belo Horizonte	− 43 30.7	−19 49.3	1746
Valongo Obs.		Rio de Janeiro/Mt. Valongo	− 43 11.2	−22 53.9	52

Observatory Name		Location	East Longitude	Latitude	Height (m.s.l.)
			° ′	° ′	m
Canada					
Algonquin Radio Obs.	R	Lake Traverse, Ontario	− 78 04.4	+45 57.3	260
Climenhaga Obs.		Victoria, British Columbia	−123 18.5	+48 27.8	74
David Dunlap Obs.		Richmond Hill, Ontario	− 79 25.3	+43 51.8	244
Devon Ast. Obs.		Devon, Alberta	−113 45.5	+53 23.4	708
Dominion Astrophysical Obs.		Victoria, British Columbia	−123 25.0	+48 31.2	238
Dominion Radio Astrophys. Obs.	R	Penticton, British Columbia	−119 37.2	+49 19.2	545
Elginfield Obs.		London, Ontario	− 81 18.9	+43 11.5	323
Mont Mégantic Ast. Obs.		Mégantic/Mont Mégantic, Quebec	− 71 09.2	+45 27.3	1114
Ottawa River Solar Obs.		Ottawa, Ontario	− 75 53.6	+45 23.2	58
Rothney Astrophysical Obs.	I	Priddis, Alberta	−114 17.3	+50 52.1	1272
Chile					
Cerro Calán National Ast. Obs.		Santiago/Cerro Calán	− 70 32.8	−33 23.8	860
Cerro El Roble Ast. Obs.		Santiago/Cerro El Roble	− 71 01.2	−32 58.9	2220
Cerro Tololo Inter-Amer. Obs.	R,I	La Serena/Cerro Tololo	− 70 48.9	−30 09.9	2215
European Southern Obs.	R	La Serena/Cerro La Silla	− 70 43.8	−29 15.4	2347
Las Campanas Obs.		Vallenar/Cerro Las Campanas	− 70 42.0	−29 00.5	2282
Maipu Radio Ast. Obs.	R	Maipu	− 70 51.5	−33 30.1	446
Manuel Foster Astrophys. Obs.		Santiago/Cerro San Cristobal	− 70 37.8	−33 25.1	840
Paranal Obs.		Antofagasta/Cerro Paranal	− 70 24.2	−24 37.5	2635
China, People's Republic of					
Beijing Normal Univ. Obs.	R	Beijing	+116 21.6	+39 57.4	70
Beijing Obs. Sta.	R	Miyun	+116 45.9	+40 33.4	160
Beijing Obs. Sta.	R,L	Shahe	+116 19.7	+40 06.1	40
Beijing Obs. Sta.		Tianjing	+117 03.5	+39 08.0	5
Beijing Obs. Sta.	I	Xinglong	+117 34.5	+40 23.7	870
Purple Mountain Obs.	R	Nanjing/Purple Mtn.	+118 49.3	+32 04.0	267
Shaanxi Ast. Obs.	R	Lintong	+109 33.1	+34 56.7	468
Shanghai Obs. Sta.	R,L	Sheshan	+121 11.2	+31 05.8	100
Shanghai Obs. Sta.	R	Urumqui	+ 87 10.7	+43 28.3	2080
Shanghai Obs. Sta.	R	Xujiahui	+121 25.6	+31 11.4	5
Wuchang Time Obs.	L	Wuhan	+114 20.7	+30 32.5	28
Yunnan Obs.	R	Kunming	+102 47.3	+25 01.5	1940
Colombia					
National Ast. Obs.		Bogotá	− 74 04.9	+ 4 35.9	2640
Croatia, Republic of					
Geodetical Faculty Obs.		Zagreb	+ 16 01.3	+45 49.5	146
Hvar Obs.		Hvar	+ 16 26.9	+43 10.7	238
Czech Republic					
Charles Univ. Ast. Inst.		Prague	+ 14 23.7	+50 04.6	267
Nicholas Copernicus Obs.		Brno	+ 16 35.3	+49 12.3	310
Ondřejov Obs.	R	Ondřejov	+ 14 47.0	+49 54.6	533
Prostějov Obs.		Prostějov	+ 17 09.8	+49 29.2	225
Valašské Meziříčí Obs.		Valašské Meziříčí	+ 17 58.5	+49 27.8	338
Denmark					
Copenhagen Univ. Obs.		Brorfelde	+ 11 40.0	+55 37.5	90
Copenhagen Univ. Obs.		Copenhagen	+ 12 34.6	+55 41.2	——
Ole Rømer Obs.		Århus	+ 10 11.8	+56 07.7	50

Observatory Name		Location	East Longitude	Latitude	Height (m.s.l.)
			° ′	° ′	m
Ecuador					
Quito Ast. Obs.		Quito	− 78 29.9	− 0 13.0	2818
Egypt					
Helwân Obs.		Helwân	+ 31 22.8	+29 51.5	116
Kottamia Obs.		Kottamia	+ 31 49.5	+29 55.9	476
Estonia					
Wilhelm Struve Astrophys. Obs.		Tartu	+ 26 28.0	+58 16.0	——
Finland					
European Incoh. Scatter Facility	R	Sodankylä	+ 26 37.6	+67 21.8	197
Metsähovi Obs.		Kirkkonummi	+ 24 23.8	+60 13.2	60
Metsähovi Obs. Radio Rsch. Sta.	R	Kirkkonummi	+ 24 23.6	+60 13.1	61
Tuorla Obs.		Piikkiö	+ 22 26.8	+60 25.0	40
Univ. of Helsinki Obs.		Helsinki	+ 24 57.3	+60 09.7	33
France					
Besançon Obs.		Besançon	+ 5 59.2	+47 15.0	312
Bordeaux Univ. Obs.	R	Floirac	− 0 31.7	+44 50.1	73
Côte d'Azur Obs.		Nice/Mont Gros	+ 7 18.1	+43 43.4	372
Côte d'Azur Obs. Calern Sta.	I,L	St. Vallier-de-Thiey	+ 6 55.6	+43 44.9	1270
Grenoble Obs.	R	Gap/Plateau de Bure	+ 5 54.5	+44 38.0	2552
Lyon Univ. Obs.		St. Genis Laval	+ 4 47.1	+45 41.7	299
Meudon Obs.		Meudon	+ 2 13.9	+48 48.3	162
Millimeter Radio Ast. Inst.	R	Gap/Plateau de Bure	+ 5 54.4	+44 38.0	2552
Obs. of Haute-Provence		Forcalquier/St. Michel	+ 5 42.8	+43 55.9	665
Paris Obs.		Paris	+ 2 20.2	+48 50.2	67
Paris Obs. Radio Ast. Sta.	R	Nançay	+ 2 11.8	+47 22.8	150
Pic du Midi Obs.		Bagnères-de-Bigorre	+ 0 08.7	+42 56.2	2861
Strasbourg Obs.		Strasbourg	+ 7 46.2	+48 35.0	142
Toulouse Univ. Obs.		Toulouse	+ 1 27.8	+43 36.7	195
Georgia					
Abastumani Astrophysical Obs.	R	Abastumani/Mt. Kanobili	+ 42 49.3	+41 45.3	1583
Germany					
Archenhold Obs.		Berlin	+ 13 28.7	+52 29.2	41
Bochum Obs.		Bochum	+ 7 13.4	+51 27.9	132
Central Inst. for Earth Physics		Potsdam	+ 13 04.0	+52 22.9	91
Einstein Tower Solar Obs.	R	Potsdam	+ 13 03.9	+52 22.8	100
Friedrich Schiller Univ. Obs.		Jena	+ 11 29.2	+50 55.8	356
Göttingen Univ. Obs.		Göttingen	+ 9 56.6	+51 31.8	159
Hamburg Obs.		Bergedorf	+ 10 14.5	+53 28.9	45
Hoher List Obs.		Daun/Hoher List	+ 6 51.0	+50 09.8	533
Inst. of Geodesy Ast. Obs.		Hannover	+ 9 42.8	+52 23.3	71
Karl Schwarzschild Obs.		Tautenburg	+ 11 42.8	+50 58.9	331
Lohrmann Obs.		Dresden	+ 13 52.3	+51 03.0	324
Max Planck Inst. for Radio Ast.	R	Effelsberg	+ 6 53.1	+50 31.6	369
Munich Univ. Obs.		Munich	+ 11 36.5	+48 08.7	529
Potsdam Astrophysical Obs.		Potsdam	+ 13 04.0	+52 22.9	107
Remeis Obs.		Bamberg	+ 10 53.4	+49 53.1	288
Schauinsland Obs.		Freiburg/Schauinsland Mtn.	+ 7 54.4	+47 54.9	1240
Sonneberg Obs.		Sonneberg	+ 11 11.5	+50 22.7	640

Observatory Name		Location	East Longitude	Latitude	Height (m.s.l.)
			° ′	° ′	m
Germany, cont.					
State Obs.		Heidelberg/Königstúhl	+ 8 43.3	+49 23.9	570
Stockert Radio Obs.	R	Eschweiler	+ 6 43.4	+50 34.2	435
Stuttgart Obs.		Welzheim	+ 9 35.8	+48 52.5	547
Swabian Obs.		Stuttgart	+ 9 11.8	+48 47.0	354
Tremsdorf Radio Ast. Obs.	R	Tremsdorf	+ 13 08.2	+52 17.1	35
Tübingen Univ. Ast. Obs.	R	Tübingen	+ 9 03.5	+48 32.3	470
Wendelstein Solar Obs.		Brannenburg	+ 12 00.8	+47 42.5	1838
Wilhelm Foerster Obs.		Berlin	+ 13 21.2	+52 27.5	78
Greece					
Kryonerion Ast. Obs.		Kiáton/Mt. Killini	+ 22 37.3	+37 58.4	905
National Obs. of Athens		Athens	+ 23 43.2	+37 58.4	110
National Obs. Sta.	R	Pentele	+ 23 51.8	+38 02.9	509
Stephanion Obs.		Stephanion	+ 22 49.7	+37 45.3	800
Univ. of Thessaloníki Obs.		Thessaloníki	+ 22 57.5	+40 37.0	28
Greenland					
Incoherent Scatter Facility	R	Søndre Strømfjord	− 50 57.0	+66 59.2	180
Hungary					
Heliophysical Obs.		Debrecen	+ 21 37.4	+47 33.6	132
Heliophysical Obs. Sta.		Gyula	+ 21 16.2	+46 39.2	135
Konkoly Obs.		Budapest	+ 18 57.9	+47 30.0	474
Konkoly Obs. Sta.		Piszkéstetö	+ 19 53.7	+47 55.1	958
Urania Obs.		Budapest	+ 19 03.9	+47 29.1	166
India					
Gauribidanur Radio Obs.	R	Gauribidanur	+ 77 26.1	+13 36.2	686
Gurushikhar Infrared Obs.	I	Abu	+ 72 46.8	+24 39.1	1700
Japal-Rangapur Obs.	R	Japal	+ 78 43.7	+17 05.9	695
Kodaikanal Solar Obs.		Kodaikanal	+ 77 28.1	+10 13.8	2343
National Centre for Radio Aph.		Khodad	+ 74 03.0	+19 06.0	650
Nizamiah Obs.		Hyderabad	+ 78 27.2	+17 25.9	554
Radio Ast. Center	R	Udhagamandalam (Ooty)	+ 76 40.0	+11 22.9	2150
Uttar Pradesh State Obs.		Naini Tal/Manora Peak	+ 79 27.4	+29 21.7	1927
Vainu Bappu Obs.		Kavalur	+ 78 49.6	+12 34.6	725
Indonesia					
Bosscha Obs.		Lembang (Java)	+107 37.0	− 6 49.5	1300
Ireland					
Dunsink Obs.		Castleknock	− 6 20.2	+53 23.3	85
Israel					
Florence and George Wise Obs.		Mitzpe Ramon/Mt. Zin	+ 34 45.8	+30 35.8	874
Italy					
Arcetri Astrophysical Obs.		Arcetri	+ 11 15.3	+43 45.2	184
Asiago Astrophysical Obs.		Asiago	+ 11 31.7	+45 51.7	1045
Bologna Univ. Obs.		Loiano	+ 11 20.2	+44 15.5	785
Brera-Milan Ast. Obs.		Merate	+ 9 25.7	+45 42.0	340
Brera-Milan Ast. Obs.		Milan	+ 9 11.5	+45 28.0	146
Cagliari Ast. Obs.	L	Capoterra	+ 8 58.6	+39 08.2	205

Observatory Name		Location	East Longitude	Latitude	Height (m.s.l.)
			° ′	° ′	m
Italy, cont.					
Capodimonte Ast. Obs.		Naples	+ 14 15.3	+40 51.8	150
Catania Astrophysical Obs.		Catania	+ 15 05.2	+37 30.2	47
Catania Obs. Stellar Sta.		Catania/Serra la Nave	+ 14 58.4	+37 41.5	1735
Chaonis Obs.		Chions	+ 12 42.7	+45 50.6	15
Collurania Ast. Obs.		Teramo	+ 13 44.0	+42 39.5	388
Damecuta Obs.		Anacapri	+ 14 11.8	+40 33.5	137
International Latitude Obs.		Carloforte	+ 8 18.7	+39 08.2	22
Medicina Radio Ast. Sta.	R	Medicina	+ 11 38.7	+44 31.2	44
Mount Ekar Obs.		Asiago/Mt. Ekar	+ 11 34.3	+45 50.6	1350
Padua Ast. Obs.		Padua	+ 11 52.3	+45 24.0	38
Palermo Univ. Ast. Obs.		Palermo	+ 13 21.5	+38 06.7	72
Rome Obs.		Rome/Monte Mario	+ 12 27.1	+41 55.3	152
San Vittore Obs.		Bologna	+ 11 20.5	+44 28.1	280
Trieste Ast. Obs.	R	Trieste	+ 13 52.5	+45 38.5	400
Turin Ast. Obs.		Pino Torinese	+ 7 46.5	+45 02.3	622
Japan					
Dodaira Obs.	L	Tokyo/Mt. Dodaira	+139 11.8	+36 00.2	879
Hida Obs.		Kamitakara	+137 18.5	+36 14.9	1276
Hiraiso Solar Terr. Rsch. Center	R	Nakaminato	+140 37.5	+36 22.0	27
Kagoshima Space Center	R	Uchinoura	+131 04.0	+31 13.7	228
Kashima Space Reseach Center	R	Kashima	+140 39.8	+35 57.3	32
Kiso Obs.		Kiso	+137 37.7	+35 47.6	1130
Kwasan Obs.		Kyoto	+135 47.6	+34 59.7	221
Kyoto Univ. Ast. Dept. Obs.		Kyoto	+135 47.2	+35 01.7	86
Kyoto Univ. Physics Dept. Obs.		Kyoto	+135 47.2	+35 01.7	80
Mizusawa Astrogeodynamics Obs.		Mizusawa	+141 07.9	+39 08.1	61
Nagoya Univ. Fujigane Sta.	R	Kamiku Isshiki	+138 36.7	+35 25.6	1015
Nagoya Univ. Radio Ast. Lab.	R	Nagoya	+136 58.4	+35 08.9	75
Nagoya Univ. Sugadaira Sta.	R	Toyokawa	+138 19.3	+36 31.2	1280
Nagoya Univ. Toyokawa Sta.	R	Toyokawa	+137 22.2	+34 50.1	25
National Ast. Obs.	R	Mitaka	+139 32.5	+35 40.3	58
Nobeyama Cosmic Radio Obs.	R	Nobeyama	+138 29.0	+35 56.0	1350
Nobeyama Solar Radio Obs.	R	Nobeyama	+138 28.8	+35 56.3	1350
Norikura Solar Obs.	I	Matsumoto/Mt. Norikura	+137 33.3	+36 06.8	2876
Okayama Astrophysical Obs.		Kurashiki/Mt. Chikurin	+133 35.8	+34 34.4	372
Sendai Ast. Obs.		Sendai	+140 51.9	+38 15.4	45
Simosato Hydrographic Obs.	R,L	Simosato	+135 56.4	+33 34.5	63
Sirahama Hydrographic Obs.		Sirahama	+138 59.3	+34 42.8	172
Tohoku Univ. Obs.		Sendai	+140 50.6	+38 15.4	153
Tokyo Hydrographic Obs.		Tokyo	+139 46.2	+35 39.7	41
Toyokawa Obs.	R	Toyokawa	+137 22.3	+34 50.2	18
Kazakhstan					
Mountain Obs.		Alma-Ata	+ 76 57.4	+43 11.3	1450
Korea, Republic of					
Bohyunsan Optical Ast. Obs.		Youngchun/Mt. Bohyun	+128 58.6	+36 10.0	1127
Daeduk Radio Ast. Obs.	R	Taejeon	+127 22.3	+36 23.9	120
Korea Ast. Obs.		Taejeon	+127 22.3	+36 23.9	120
Sobaeksan Ast. Obs.		Danyang	+128 27.4	+36 56.0	1390

Observatory Name		Location	East Longitude	Latitude	Height (m.s.l.)
			° ′	° ′	m
Latvia					
Latvian State Univ. Ast. Obs.	L	Riga	+ 24 07.0	+56 57.1	39
Riga Radio-Astrophysical Obs.	R	Riga	+ 24 24.0	+56 47.0	75
Lithuania					
Vilnius Ast. Obs.		Vilnius	+ 25 17.2	+54 41.0	122
Mexico					
Guillermo Haro Astrophys. Obs.		Cananea/La Mariquita Mtn.	−110 23.0	+31 03.2	2480
National Ast. Obs.		San Felipe (Baja)	−115 27.8	+31 02.6	2830
National Ast. Obs.	R	Tonantzintla	− 98 18.8	+19 02.0	2150
Netherlands					
Catholic Univ. Ast. Inst.		Nijmegen	+ 5 52.1	+51 49.5	62
Dwingeloo Radio Obs.	R	Dwingeloo	+ 6 23.8	+52 48.8	25
Kapteyn Obs.		Roden	+ 6 26.6	+53 07.7	12
Leiden Obs.		Leiden	+ 4 29.1	+52 09.3	12
Simon Stevin Obs.	R	Hoeven	+ 4 33.8	+51 34.0	9
Sonnenborgh Obs.		Utrecht	+ 5 07.8	+52 05.2	14
Westerbork Radio Ast. Obs.	R	Westerbork	+ 6 36.3	+52 55.0	16
New Zealand					
Auckland Obs.		Auckland	+174 46.7	−36 54.4	80
Carter Obs.		Wellington	+174 46.0	−41 17.2	129
Carter Obs. Sta.		Blenheim/Black Birch	+173 48.2	−41 44.9	1396
Mount John Univ. Obs.		Lake Tekapo/Mt. John	+170 27.9	−43 59.2	1027
Norway					
European Incoh. Scatter Facility	R	Tromsø	+ 19 31.2	+69 35.2	85
Skibotn Ast. Obs.		Skibotn	+ 20 21.9	+69 20.9	157
Philippine Islands					
Manila Obs.	R	Quezon City	+121 04.6	+14 38.2	58
Pagasa Ast. Obs.		Quezon City	+121 04.3	+14 39.2	70
Poland					
Astronomical Latitude Obs.	L	Borowiec	+ 17 04.5	+52 16.6	80
Jagellonian Obs. Ft. Skala Sta.	R	Cracow	+ 19 49.6	+50 03.3	314
Jagellonian Univ. Ast. Obs.		Cracow	+ 19 57.6	+50 03.9	225
Mount Suhora Obs.		Koninki/Mt. Suhora	+ 20 04.0	+49 34.2	1000
Piwnice Ast. Obs.	R	Piwnice	+ 18 33.4	+53 05.7	100
Poznań Univ. Ast. Obs.	L	Poznań	+ 16 52.7	+52 23.8	85
Warsaw Univ. Ast. Obs.		Ostrowik	+ 21 25.2	+52 05.4	138
Wroclaw Univ. Ast. Obs.		Wroclaw	+ 17 05.3	+51 06.7	115
Wroclaw Univ. Bialkow Sta.		Wasosz	+ 16 39.6	+51 28.5	140
Portugal					
Coimbra Ast. Obs.		Coimbra	− 8 25.8	+40 12.4	99
Lisbon Ast. Obs.		Lisbon	− 9 11.2	+38 42.7	111
Prof. Manuel de Barros Obs.	R	Vila Nova de Gaia	− 8 35.3	+41 06.5	232
Puerto Rico					
Arecibo Obs.	R	Arecibo	− 66 45.2	+18 20.6	496

Observatory Name		Location	East Longitude	Latitude	Height (m.s.l.)
			° ′	° ′	m
Romania					
Bucharest Ast. Obs.		Bucharest	+ 26 05.8	+44 24.8	81
Cluj-Napoca Ast. Obs.		Cluj-Napoca	+ 23 35.9	+46 42.8	750
Russia					
Engelhardt Ast. Obs.		Kazan	+ 48 48.9	+55 50.3	98
Irkutsk Ast. Obs.		Irkutsk	+104 20.7	+52 16.7	468
Kaliningrad Univ. Obs.		Kaliningrad	+ 20 29.7	+54 42.8	24
Kazan Univ. Obs.		Kazan	+ 49 07.3	+55 47.4	79
Pulkovo Obs.	R	Pulkovo	+ 30 19.6	+59 46.4	75
Pulkovo Obs. Sta.		Kislovodsk/Shat Jat Mass Mtn.	+ 42 31.8	+43 44.0	2130
St. Petersburg Univ. Obs.		St. Petersburg	+ 30 17.7	+59 56.5	3
Sayan Mtns. Radiophys. Obs.		Sayan Mountains	+102 12.5	+51 45.5	832
Special Astrophysical Obs.	R	Zelenchukskaya/Pasterkhov Mtn.	+ 41 26.5	+43 39.2	2100
Sternberg State Ast. Inst.		Moscow	+ 37 32.7	+55 42.0	195
Tomsk Univ. Obs.		Tomsk	+ 84 56.8	+56 28.1	130
Slovakia					
Lomnický Štít Coronal Obs.		Poprad/Mt. Lomnický Štít	+ 20 13.2	+49 11.8	2632
Skalnaté Pleso Obs.		Poprad	+ 20 14.7	+49 11.3	1783
Slovak Technical Univ. Obs.		Bratislava	+ 17 07.2	+48 09.3	171
South Africa, Republic of					
Boyden Obs.		Mazelspoort	+ 26 24.3	−29 02.3	1387
Hartebeeshoek Radio Ast. Obs.	R	Hartebeeshoek	+ 27 41.1	−25 53.4	1391
Leiden Obs. Southern Sta.		Hartebeespoort	+ 27 52.6	−25 46.4	1220
South African Ast. Obs.		Cape Town	+ 18 28.7	−33 56.1	18
South African Ast. Obs. Sta.		Sutherland	+ 20 48.7	−32 22.7	1771
Spain					
Deep Space Sta.	R	Cebreros	− 4 22.0	+40 27.3	789
Deep Space Sta.	R	Robledo	− 4 14.9	+40 25.8	774
Ebro Obs.	R	Roquetas	+ 0 29.6	+40 49.2	50
German Spanish Ast. Center		Gérgal/Calar Alto Mtn.	− 2 32.2	+37 13.8	2168
Millimeter Radio Ast. Inst.	R	Granada/Pico Veleta	− 3 24.0	+37 04.1	2870
National Ast. Obs.		Madrid	− 3 41.1	+40 24.6	670
National Obs. Ast. Center	R	Yebes	− 3 06.0	+40 31.5	914
Naval Obs.	L	San Fernando	− 6 12.2	+36 28.0	27
Ramon Maria Aller Obs.		Santiago de Compostela	− 8 33.6	+42 52.5	240
Roque de los Muchachos Obs.	R	La Palma Island (Canaries)	− 17 52.9	+28 45.6	2326
Teide Obs.	R,I	Tenerife Island (Canaries)	− 16 29.8	+28 17.5	2395
Sweden					
European Incoh. Scatter Facility	R	Kiruna	+ 20 26.1	+67 51.6	418
Kvistaberg Obs.		Bro	+ 17 36.4	+59 30.1	33
Lund Obs.		Lund	+ 13 11.2	+55 41.9	34
Lund Obs. Jävan Sta.		Björnstorp	+ 13 26.0	+55 37.4	145
Onsala Space Obs.	R	Onsala	+ 11 55.1	+57 23.6	24
Stockholm Obs.		Saltsjöbaden	+ 18 18.5	+59 16.3	60
Switzerland					
Arosa Astrophysical Obs.		Arosa	+ 9 40.1	+46 47.0	2050
Basle Univ. Ast. Inst.		Binningen	+ 7 35.0	+47 32.5	318
Cantonal Obs.		Neuchâtel	+ 6 57.5	+46 59.9	488

Observatory Name		Location	East Longitude	Latitude	Height (m.s.l.)
			° ′	° ′	m
Switzerland, cont.					
Geneva Obs.		Sauverny	+ 6 08.2	+46 18.4	465
Gornergrat North & South Obs.	R,I	Zermatt/Gornergrat	+ 7 47.1	+45 59.1	3135
High Alpine Research Obs.		Mürren/Jungfraujoch	+ 7 59.1	+46 32.9	3576
Swiss Federal Obs.		Zürich	+ 8 33.1	+47 22.6	469
Univ. of Lausanne Obs.		Chavannes-des-Bois	+ 6 08.2	+46 18.4	465
Zimmerwald Obs.		Zimmerwald	+ 7 27.9	+46 52.6	929
Tadzhikistan					
Inst. of Astrophysics		Dushanbe	+ 68 46.9	+38 33.7	820
Taiwan (Republic of China)					
National Central Univ. Obs.		Chung-li	+121 11.2	+24 58.2	152
Taipei Obs.		Taipei	+121 31.6	+25 04.7	31
Turkey					
Ege Univ. Obs.		Bornova	+ 27 16.5	+38 23.9	795
Istanbul Univ. Obs.		Istanbul	+ 28 57.9	+41 00.7	65
Kandilli Obs.		Istanbul	+ 29 03.7	+41 03.8	120
Univ. of Ankara Obs.	R	Ankara	+ 32 46.8	+39 50.6	1266
Ukraine					
Crimean Astrophysical Obs.		Partizanskoye	+ 34 01.0	+44 43.7	550
Crimean Astrophysical Obs.	R	Simeis	+ 34 01.0	+44 32.1	676
Inst. of Radio Ast.	R	Kharkov	+ 36 56.0	+49 38.0	150
Kharkov Univ. Ast. Obs.		Kharkov	+ 36 13.9	+50 00.2	138
Kiev Univ. Obs.		Kiev	+ 30 29.9	+50 27.2	184
Lvov Univ. Obs.		Lvov	+ 24 01.8	+49 50.0	330
Main Ast. Obs.		Kiev	+ 30 30.4	+50 21.9	188
Nikolaev Ast. Obs.		Nikolaev	+ 31 58.5	+46 58.3	54
Odessa Obs.		Odessa	+ 30 45.5	+46 28.6	60
United Kingdom					
Armagh Obs.		Armagh, Northern Ireland	− 6 38.9	+54 21.2	64
Cambridge Univ. Obss.		Cambridge, England	+ 0 05.7	+52 12.8	30
Chilbolton Obs.	R	Chilbolton, England	− 1 26.2	+51 08.7	92
City Obs.		Edinburgh, Scotland	− 3 10.8	+55 57.4	107
Godlee Obs.		Manchester, England	− 2 14.0	+53 28.6	77
Jodrell Bank Obs..	R	Macclesfield, England	− 2 18.4	+53 14.2	78
Mills Obs.		Dundee, Scotland	− 3 00.7	+56 27.9	152
Mullard Radio Ast. Obs.	R	Cambridge, England	+ 0 02.6	+52 10.2	17
Royal Obs. Edinburgh		Edinburgh, Scotland	− 3 11.0	+55 55.5	146
Satellite Laser Ranger Group	L	Herstmonceux, England	+ 0 20.3	+50 52.0	31
Univ. of Glasgow Obs.		Glasgow, Scotland	− 4 18.3	+55 54.1	53
Univ. of London Obs.		Mill Hill, England	− 0 14.4	+51 36.8	81
Univ. of St. Andrews Obs.		St. Andrews, Scotland	− 2 48.9	+56 20.2	30
United States of America (USA)					
Alabama					
Univ. of Alabama Obs.		University	− 87 32.5	+33 12.6	87
Arizona					
Fred L. Whipple Obs.		Amado/Mt. Hopkins	−110 52.6	+31 40.9	2344
Kitt Peak National Obs.		Tucson/Kitt Peak	−111 36.0	+31 57.8	2120
Lowell Obs.		Flagstaff	−111 39.9	+35 12.2	2219

Observatory Name		Location	East Longitude	Latitude	Height (m.s.l.)
			° ′	° ′	m
USA, cont.					
Arizona, cont.					
Lowell Obs. Sta.		Flagstaff/Anderson Mesa	−111 32.2	+35 05.8	2200
McGraw-Hill Obs.		Tucson/Kitt Peak	−111 37.0	+31 57.0	1925
MMT Obs.		Amado/Mt. Hopkins	−110 53.1	+31 41.3	2608
Mount Lemmon Infrared Obs.	I	Tucson/Mt. Lemmon	−110 47.5	+32 26.5	2776
National Radio Ast. Obs.	R	Tucson/Kitt Peak	−111 36.9	+31 57.2	1939
Northern Arizona Univ. Obs.		Flagstaff	−111 39.2	+35 11.1	2110
Steward Obs.		Tucson	−110 56.9	+32 14.0	757
Steward Obs. Catalina Sta.		Tucson/Mt. Bigelow	−110 43.9	+32 25.0	2510
Steward Obs. Catalina Sta.		Tucson/Mt. Lemmon	−110 47.3	+32 26.6	2790
Steward Obs. Catalina Sta.		Tucson/Tumamoc Hill	−111 00.3	+32 12.8	950
Steward Obs. Sta.		Tucson/Kitt Peak	−111 36.0	+31 57.8	2071
Submillimeter Telescope Obs.	R	Safford/Mt. Graham	−109 53.5	+32 42.1	3190
U.S. Naval Obs. Sta.		Flagstaff	−111 44.4	+35 11.0	2316
Vatican Obs. Research Group	I	Safford/Mt. Graham	−109 53.5	+32 42.1	3181
Warner and Swasey Obs. Sta.		Tucson/Kitt Peak	−111 35.9	+31 57.6	2084
California					
Big Bear Solar Obs.		Big Bear City	−116 54.9	+34 15.2	2067
Chabot Obs.		Oakland	−122 10.6	+37 47.2	100
Goldstone Complex	R	Fort Irwin	−116 50.9	+35 23.4	1036
Griffith Obs.		Los Angeles	−118 17.9	+34 07.1	357
Hat Creek Radio Ast. Obs.	R	Cassel	−121 28.4	+40 49.1	1043
Leuschner Obs.		Lafayette	−122 09.4	+37 55.1	304
Lick Obs.		San Jose/Mt. Hamilton	−121 38.2	+37 20.6	1290
MIRA Oliver Observing Sta.		Monterey/Chews Ridge	−121 34.2	+36 18.3	1525
Mount Laguna Obs.	L	Mount Laguna	−116 25.6	+32 50.4	1859
Mount Wilson Obs.	R	Pasadena/Mt. Wilson	−118 03.6	+34 13.0	1742
Owens Valley Radio Obs.	R	Big Pine	−118 16.9	+37 13.9	1236
Palomar Obs.		Palomar Mtn.	−116 51.8	+33 21.4	1706
Radio Ast. Inst.	R	Stanford	−122 11.3	+37 23.9	80
San Fernando Obs.	R	San Fernando	−118 29.5	+34 18.5	371
SRI Radio Ast. Obs.	R	Stanford	−122 10.6	+37 24.3	168
Stanford Center for Radar Ast.	R	Palo Alto	−122 10.7	+37 27.5	172
Table Mountain Obs.		Wrightwood	−117 40.9	+34 22.9	2285
Colorado					
Chamberlin Obs.		Denver	−104 57.2	+39 40.6	1644
Chamberlin Obs. Sta.		Bailey/Dick Mtn.	−105 26.2	+39 25.6	2675
Meyer-Womble Obs.		Georgetown/Mt. Evans	−105 38.4	+39 35.2	4305
Sommers-Bausch Obs.		Boulder	−105 15.8	+40 00.2	1653
Tiara Obs.		South Park	−105 31.0	+38 58.2	2679
U.S. Air Force Academy Obs.		Colorado Springs	−104 52.5	+39 00.4	2187
Connecticut					
Van Vleck Obs.		Middletown	− 72 39.6	+41 33.3	65
Western Conn. State Univ. Obs.		Danbury	− 73 26.7	+41 24.0	128
Delaware					
Mount Cuba Ast. Obs.		Greenville	− 75 38.0	+39 47.1	92
District of Columbia					
Naval Rsch. Lab. Radio Ast. Obs.	R	Washington	− 77 01.6	+38 49.3	30
U.S. Naval Obs.		Washington	− 77 04.0	+38 55.3	92
Florida					
Brevard Community College Obs.		Cocoa	− 80 45.7	+28 23.1	17
Rosemary Hill Obs.		Bronson	− 82 35.2	+29 24.0	44
Univ. of Florida Radio Obs.	R	Old Town	− 83 02.1	+29 31.7	8

Observatory Name		Location	East Longitude	Latitude	Height (m.s.l.)
			° ′	° ′	m
USA, cont.					
Georgia					
Bradley Obs.		Decatur	− 84 17.6	+33 45.9	316
Fernbank Obs.		Atlanta	− 84 19.1	+33 46.7	320
Hard Labor Creek Obs.		Rutledge	− 83 35.6	+33 40.2	223
Hawaii					
Caltech Submillimeter Obs.	R	Hilo/Mauna Kea, Hawaii	−155 28.5	+19 49.3	4072
Canada-France-Hawaii Tel. Corp.	I	Hilo/Mauna Kea, Hawaii	−155 28.1	+19 49.5	4204
C.E.K. Mees Solar Obs.		Kahului/Haleakala, Maui	−156 15.4	+20 42.4	3054
Gemini North Obs.		Hilo/Mauna Kea, Hawaii	−155 28.1	+19 49.4	4213
Joint Astronomy Centre	R,I	Hilo/Mauna Kea, Hawaii	−155 28.2	+19 49.3	4198
LURE Obs.	L	Kahului/Haleakala, Maui	−156 15.5	+20 42.6	3049
Mauna Kea Obs.	I	Hilo/Mauna Kea, Hawaii	−155 28.2	+19 49.4	4214
Subaru Tel.		Hilo/Mauna Kea, Hawaii	−155 28.6	+19 49.5	4163
W.M. Keck Obs.		Hilo/Mauna Kea, Hawaii	−155 28.5	+19 49.6	4160
Illinois					
Dearborn Obs.		Evanston	− 87 40.5	+42 03.4	195
Indiana					
Goethe Link Obs.		Brooklyn	− 86 23.7	+39 33.0	300
Iowa					
Erwin W. Fick Obs.		Boone	− 93 56.5	+42 00.3	332
Grant O. Gale Obs.		Grinnell	− 92 43.2	+41 45.4	318
North Liberty Radio Obs.	R	North Liberty	− 91 34.5	+41 46.3	241
Univ. of Iowa Obs.		Riverside	− 91 33.6	+41 30.9	221
Kansas					
Clyde W. Tombaugh Obs.		Lawrence	− 95 15.0	+38 57.6	323
Zenas Crane Obs.		Topeka	− 95 41.8	+39 02.2	306
Kentucky					
Moore Obs.		Brownsboro	− 85 31.8	+38 20.1	216
Maryland					
GSFC Optical Test Site		Greenbelt	− 76 49.6	+39 01.3	53
Maryland Point Obs.	R	Riverside	− 77 13.9	+38 22.4	20
Univ. of Maryland Obs.	R	College Park	− 76 57.4	+39 00.1	53
Massachusetts					
Five College Radio Ast. Obs.	R	New Salem	− 72 20.7	+42 23.5	314
George R. Wallace Jr. Aph. Obs.		Westford	− 71 29.1	+42 36.6	107
Harvard-Smithsonian Ctr. for Aph.	R	Cambridge	− 71 07.8	+42 22.8	24
Haystack Obs.	R	Westford	− 71 29.3	+42 37.4	146
Hopkins Obs.	R	Williamstown	− 73 12.1	+42 42.7	215
Maria Mitchell Obs.		Nantucket	− 70 06.3	+41 16.8	20
Millstone Hill Atm. Sci. Fac.	R	Westford	− 71 29.7	+42 36.6	146
Millstone Hill Radar Obs.	R	Westford	− 71 29.5	+42 37.0	156
Oak Ridge Obs.	R	Harvard	− 71 33.5	+42 30.3	185
Sagamore Hill Radio Obs.	R	Hamilton	− 70 49.3	+42 37.9	53
Westford Antenna Facility	R	Westford	− 71 29.7	+42 36.8	115
Whitin Obs.		Wellesley	− 71 18.2	+42 17.7	32
Michigan					
Brooks Obs.		Mount Pleasant	− 84 46.5	+43 35.3	258
Michigan State Univ. Obs.		East Lansing	− 84 29.0	+42 42.4	274
Univ. of Mich. Radio Ast. Obs.	R	Dexter	− 83 56.2	+42 23.9	345
Minnesota					
O'Brien Obs.		Marine-on-St. Croix	− 92 46.6	+45 10.9	308
Missouri					
Morrison Obs.		Fayette	− 92 41.8	+39 09.1	228

Observatory Name		Location	East Longitude	Latitude	Height (m.s.l.)
			° ′	° ′	m
USA, cont.					
Nebraska					
Behlen Obs.		Mead	− 96 26.8	+41 10.3	362
Nevada					
Maclean Obs.		Incline Village	−119 55.7	+39 17.7	2546
New Hampshire					
Shattuck Obs.		Hanover	− 72 17.0	+43 42.3	183
New Jersey					
Crawford Hill Obs.	R	Holmdel	− 74 11.2	+40 23.5	114
FitzRandolph Obs.		Princeton	− 74 38.8	+40 20.7	43
New Mexico					
Apache Point Obs.		Sunspot	−105 49.2	+32 46.8	2781
Capilla Peak Obs.		Albuquerque/Capilla Peak	−106 24.3	+34 41.8	2842
Corralitos Obs.		Las Cruces	−107 02.6	+32 22.8	1453
Joint Obs. for Cometary Research		Socorro/South Baldy Peak	−107 11.3	+33 59.1	3235
National Radio Ast. Obs.	R	Socorro	−107 37.1	+34 04.7	2124
National Solar Obs.		Sunspot	−105 49.2	+32 47.2	2811
New Mexico State Univ. Obs. Sta.		Las Cruces/Blue Mesa	−107 09.9	+32 29.5	2025
New Mexico State Univ. Obs. Sta.		Las Cruces/Tortugas Mtn.	−106 41.8	+32 17.6	1505
New York					
C.E. Kenneth Mees Obs.		Bristol Springs	− 77 24.5	+42 42.0	701
Hartung-Boothroyd Obs.		Ithaca	− 76 23.1	+42 27.5	534
Rutherfurd Obs.		New York	− 73 57.5	+40 48.6	25
Syracuse Univ. Obs.		Syracuse	− 76 08.3	+43 02.2	160
North Carolina					
Dark Sky Obs.		Boone	− 81 24.7	+36 15.1	926
Morehead Obs.		Chapel Hill	− 79 03.0	+35 54.8	161
Three College Obs.		Saxapahaw	− 79 24.4	+35 56.7	183
Ohio					
Cincinnati Obs.		Cincinnati	− 84 25.4	+39 08.3	247
Nassau Ast. Obs.		Montville	− 81 04.5	+41 35.5	390
Perkins Obs.		Delaware	− 83 03.3	+40 15.1	280
Ritter Obs.		Toledo	− 83 36.8	+41 39.7	201
Pennsylvania					
Allegheny Obs.		Pittsburgh	− 80 01.3	+40 29.0	380
Black Moshannon Obs.		State College/Rattlesnake Mtn.	− 78 00.3	+40 55.3	738
Flower and Cook Obs.		Malvern	− 75 29.6	+40 00.0	155
Kutztown Univ. Obs.		Kutztown	− 75 47.1	+40 30.9	158
Sproul Obs.		Swarthmore	− 75 21.4	+39 54.3	63
Strawbridge Obs.	R	Haverford	− 75 18.2	+40 00.7	116
The Franklin Inst. Obs.		Philadelphia	− 75 10.4	+39 57.5	30
Villanova Univ. Obs.	R	Villanova	− 75 20.5	+40 02.4	——
Rhode Island					
Ladd Obs.		Providence	− 71 24.0	+41 50.3	69
South Carolina					
Melton Memorial Obs.		Columbia	− 81 01.6	+33 59.8	98
Univ. of S.C. Radio Obs.	R	Columbia	− 81 01.9	+33 59.8	127
Tennessee					
Arthur J. Dyer Obs.		Nashville	− 86 48.3	+36 03.1	345
Texas					
George R. Agassiz Sta.	R	Fort Davis	−103 56.8	+30 38.1	1603
McDonald Obs.	L	Fort Davis/Mt. Locke	−104 01.3	+30 40.3	2075
Millimeter Wave Obs.	R	Fort Davis/Mt. Locke	−104 01.7	+30 40.3	2031

Observatory Name		Location	East Longitude	Latitude	Height (m.s.l.)
			° ′	° ′	m
USA, cont.					
Virginia					
Leander McCormick Obs.		Charlottesville	− 78 31.4	+38 02.0	264
Leander McCormick Obs. Sta.		Charlottesville/Fan Mtn.	− 78 41.6	+37 52.7	566
Washington					
Manastash Ridge Obs.		Ellensburg/Manastash Ridge	−120 43.4	+46 57.1	1198
West Virginia					
National Radio Ast. Obs.	R	Green Bank	− 79 50.5	+38 25.8	836
Naval Research Lab. Radio Sta.	R	Sugar Grove	− 79 16.4	+38 31.2	705
Wisconsin					
Pine Bluff Obs.		Pine Bluff	− 89 41.1	+43 04.7	366
Thompson Obs.		Beloit	− 89 01.9	+42 30.3	255
Washburn Obs.		Madison	− 89 24.5	+43 04.6	292
Yerkes Obs.		Williams Bay	− 88 33.4	+42 34.2	334
Wyoming					
Wyoming Infrared Obs.	I	Jelm/Jelm Mtn.	−105 58.6	+41 05.9	2943
Uruguay					
Montevideo Obs.		Montevideo	− 56 12.8	−34 54.6	24
Uzbekistan					
Tashkent Obs.		Tashkent	+ 69 17.6	+41 19.5	477
Uluk-Bek Latitude Sta.		Kitab	+ 66 52.9	+39 08.0	658
Vatican City State					
Vatican Obs.		Castel Gandolfo	+ 12 39.1	+41 44.8	450
Venezuela					
Cagigal Obs.		Caracas	− 66 55.7	+10 30.4	1026
Llano del Hato Obs.		Mérida	− 70 52.0	+ 8 47.4	3610

CONTENTS OF SECTION K

JULIAN DAY NUMBER, 1950–2000

OF DAY COMMENCING AT GREENWICH NOON ON:

Year	Jan. 0	Feb. 0	Mar. 0	Apr. 0	May 0	June 0	July 0	Aug. 0	Sept. 0	Oct. 0	Nov. 0	Dec. 0
1950	243 3282	3313	3341	3372	3402	3433	3463	3494	3525	3555	3586	3616
1951	3647	3678	3706	3737	3767	3798	3828	3859	3890	3920	3951	3981
1952	4012	4043	4072	4103	4133	4164	4194	4225	4256	4286	4317	4347
1953	4378	4409	4437	4468	4498	4529	4559	4590	4621	4651	4682	4712
1954	4743	4774	4802	4833	4863	4894	4924	4955	4986	5016	5047	5077
1955	243 5108	5139	5167	5198	5228	5259	5289	5320	5351	5381	5412	5442
1956	5473	5504	5533	5564	5594	5625	5655	5686	5717	5747	5778	5808
1957	5839	5870	5898	5929	5959	5990	6020	6051	6082	6112	6143	6173
1958	6204	6235	6263	6294	6324	6355	6385	6416	6447	6477	6508	6538
1959	6569	6600	6628	6659	6689	6720	6750	6781	6812	6842	6873	6903
1960	243 6934	6965	6994	7025	7055	7086	7116	7147	7178	7208	7239	7269
1961	7300	7331	7359	7390	7420	7451	7481	7512	7543	7573	7604	7634
1962	7665	7696	7724	7755	7785	7816	7846	7877	7908	7938	7969	7999
1963	8030	8061	8089	8120	8150	8181	8211	8242	8273	8303	8334	8364
1964	8395	8426	8455	8486	8516	8547	8577	8608	8639	8669	8700	8730
1965	243 8761	8792	8820	8851	8881	8912	8942	8973	9004	9034	9065	9095
1966	9126	9157	9185	9216	9246	9277	9307	9338	9369	9399	9430	9460
1967	9491	9522	9550	9581	9611	9642	9672	9703	9734	9764	9795	9825
1968	243 9856	9887	9916	9947	9977	*0008	*0038	*0069	*0100	*0130	*0161	*0191
1969	244 0222	0253	0281	0312	0342	0373	0403	0434	0465	0495	0526	0556
1970	244 0587	0618	0646	0677	0707	0738	0768	0799	0830	0860	0891	0921
1971	0952	0983	1011	1042	1072	1103	1133	1164	1195	1225	1256	1286
1972	1317	1348	1377	1408	1438	1469	1499	1530	1561	1591	1622	1652
1973	1683	1714	1742	1773	1803	1834	1864	1895	1926	1956	1987	2017
1974	2048	2079	2107	2138	2168	2199	2229	2260	2291	2321	2352	2382
1975	244 2413	2444	2472	2503	2533	2564	2594	2625	2656	2686	2717	2747
1976	2778	2809	2838	2869	2899	2930	2960	2991	3022	3052	3083	3113
1977	3144	3175	3203	3234	3264	3295	3325	3356	3387	3417	3448	3478
1978	3509	3540	3568	3599	3629	3660	3690	3721	3752	3782	3813	3843
1979	3874	3905	3933	3964	3994	4025	4055	4086	4117	4147	4178	4208
1980	244 4239	4270	4299	4330	4360	4391	4421	4452	4483	4513	4544	4574
1981	4605	4636	4664	4695	4725	4756	4786	4817	4848	4878	4909	4939
1982	4970	5001	5029	5060	5090	5121	5151	5182	5213	5243	5274	5304
1983	5335	5366	5394	5425	5455	5486	5516	5547	5578	5608	5639	5669
1984	5700	5731	5760	5791	5821	5852	5882	5913	5944	5974	6005	6035
1985	244 6066	6097	6125	6156	6186	6217	6247	6278	6309	6339	6370	6400
1986	6431	6462	6490	6521	6551	6582	6612	6643	6674	6704	6735	6765
1987	6796	6827	6855	6886	6916	6947	6977	7008	7039	7069	7100	7130
1988	7161	7192	7221	7252	7282	7313	7343	7374	7405	7435	7466	7496
1989	7527	7558	7586	7617	7647	7678	7708	7739	7770	7800	7831	7861
1990	244 7892	7923	7951	7982	8012	8043	8073	8104	8135	8165	8196	8226
1991	8257	8288	8316	8347	8377	8408	8438	8469	8500	8530	8561	8591
1992	8622	8653	8682	8713	8743	8774	8804	8835	8866	8896	8927	8957
1993	8988	9019	9047	9078	9108	9139	9169	9200	9231	9261	9292	9322
1994	9353	9384	9412	9443	9473	9504	9534	9565	9596	9626	9657	9687
1995	244 9718	9749	9777	9808	9838	9869	9899	9930	9961	9991	*0022	*0052
1996	245 0083	0114	0143	0174	0204	0235	0265	0296	0327	0357	0388	0418
1997	0449	0480	0508	0539	0569	0600	0630	0661	0692	0722	0753	0783
1998	0814	0845	0873	0904	0934	0965	0995	1026	1057	1087	1118	1148
1999	1179	1210	1238	1269	1299	1330	1360	1391	1422	1452	1483	1513
2000	245 1544	1575	1604	1635	1665	1696	1726	1757	1788	1818	1849	1879

OF DAY COMMENCING AT GREENWICH NOON ON:

Year	Jan. 0	Feb. 0	Mar. 0	Apr. 0	May 0	June 0	July 0	Aug. 0	Sept. 0	Oct. 0	Nov. 0	Dec. 0
2000	245 1544	1575	1604	1635	1665	1696	1726	1757	1788	1818	1849	1879
2001	1910	1941	1969	2000	2030	2061	2091	2122	2153	2183	2214	2244
2002	2275	2306	2334	2365	2395	2426	2456	2487	2518	2548	2579	2609
2003	2640	2671	2699	2730	2760	2791	2821	2852	2883	2913	2944	2974
2004	3005	3036	3065	3096	3126	3157	3187	3218	3249	3279	3310	3340
2005	245 3371	3402	3430	3461	3491	3522	3552	3583	3614	3644	3675	3705
2006	3736	3767	3795	3826	3856	3887	3917	3948	3979	4009	4040	4070
2007	4101	4132	4160	4191	4221	4252	4282	4313	4344	4374	4405	4435
2008	4466	4497	4526	4557	4587	4618	4648	4679	4710	4740	4771	4801
2009	4832	4863	4891	4922	4952	4983	5013	5044	5075	5105	5136	5166
2010	245 5197	5228	5256	5287	5317	5348	5378	5409	5440	5470	5501	5531
2011	5562	5593	5621	5652	5682	5713	5743	5774	5805	5835	5866	5896
2012	5927	5958	5987	6018	6048	6079	6109	6140	6171	6201	6232	6262
2013	6293	6324	6352	6383	6413	6444	6474	6505	6536	6566	6597	6627
2014	6658	6689	6717	6748	6778	6809	6839	6870	6901	6931	6962	6992
2015	245 7023	7054	7082	7113	7143	7174	7204	7235	7266	7296	7327	7357
2016	7388	7419	7448	7479	7509	7540	7570	7601	7632	7662	7693	7723
2017	7754	7785	7813	7844	7874	7905	7935	7966	7997	8027	8058	8088
2018	8119	8150	8178	8209	8239	8270	8300	8331	8362	8392	8423	8453
2019	8484	8515	8543	8574	8604	8635	8665	8696	8727	8757	8788	8818
2020	245 8849	8880	8909	8940	8970	9001	9031	9062	9093	9123	9154	9184
2021	9215	9246	9274	9305	9335	9366	9396	9427	9458	9488	9519	9549
2022	9580	9611	9639	9670	9700	9731	9761	9792	9823	9853	9884	9914
2023	245 9945	9976	*0004	*0035	*0065	*0096	*0126	*0157	*0188	*0218	*0249	*0279
2024	246 0310	0341	0370	0401	0431	0462	0492	0523	0554	0584	0615	0645
2025	246 0676	0707	0735	0766	0796	0827	0857	0888	0919	0949	0980	1010
2026	1041	1072	1100	1131	1161	1192	1222	1253	1284	1314	1345	1375
2027	1406	1437	1465	1496	1526	1557	1587	1618	1649	1679	1710	1740
2028	1771	1802	1831	1862	1892	1923	1953	1984	2015	2045	2076	2106
2029	2137	2168	2196	2227	2257	2288	2318	2349	2380	2410	2441	2471
2030	246 2502	2533	2561	2592	2622	2653	2683	2714	2745	2775	2806	2836
2031	2867	2898	2926	2957	2987	3018	3048	3079	3110	3140	3171	3201
2032	3232	3263	3292	3323	3353	3384	3414	3445	3476	3506	3537	3567
2033	3598	3629	3657	3688	3718	3749	3779	3810	3841	3871	3902	3932
2034	3963	3994	4022	4053	4083	4114	4144	4175	4206	4236	4267	4297
2035	246 4328	4359	4387	4418	4448	4479	4509	4540	4571	4601	4632	4662
2036	4693	4724	4753	4784	4814	4845	4875	4906	4937	4967	4998	5028
2037	5059	5090	5118	5149	5179	5210	5240	5271	5302	5332	5363	5393
2038	5424	5455	5483	5514	5544	5575	5605	5636	5667	5697	5728	5758
2039	5789	5820	5848	5879	5909	5940	5970	6001	6032	6062	6093	6123
2040	246 6154	6185	6214	6245	6275	6306	6336	6367	6398	6428	6459	6489
2041	6520	6551	6579	6610	6640	6671	6701	6732	6763	6793	6824	6854
2042	6885	6916	6944	6975	7005	7036	7066	7097	7128	7158	7189	7219
2043	7250	7281	7309	7340	7370	7401	7431	7462	7493	7523	7554	7584
2044	7615	7646	7675	7706	7736	7767	7797	7828	7859	7889	7920	7950
2045	246 7981	8012	8040	8071	8101	8132	8162	8193	8224	8254	8285	8315
2046	8346	8377	8405	8436	8466	8497	8527	8558	8589	8619	8650	8680
2047	8711	8742	8770	8801	8831	8862	8892	8923	8954	8984	9015	9045
2048	9076	9107	9136	9167	9197	9228	9258	9289	9320	9350	9381	9411
2049	9442	9473	9501	9532	9562	9593	9623	9654	9685	9715	9746	9776
2050	246 9807	9838	9866	9897	9927	9958	9988	*0019	*0050	*0080	*0111	*0141

JULIAN DAY NUMBER, 2050–2100

OF DAY COMMENCING AT GREENWICH NOON ON:

Year	Jan. 0	Feb. 0	Mar. 0	Apr. 0	May 0	June 0	July 0	Aug. 0	Sept. 0	Oct. 0	Nov. 0	Dec. 0
2050	246 9807	9838	9866	9897	9927	9958	9988	*0019	*0050	*0080	*0111	*0141
2051	247 0172	0203	0231	0262	0292	0323	0353	0384	0415	0445	0476	0506
2051	0172	0203	0231	0262	0292	0323	0353	0384	0415	0445	0476	0506
2052	0537	0568	0597	0628	0658	0689	0719	0750	0781	0811	0842	0872
2053	0903	0934	0962	0993	1023	1054	1084	1115	1146	1176	1207	1237
2054	1268	1299	1327	1358	1388	1419	1449	1480	1511	1541	1572	1602
2055	247 1633	1664	1692	1723	1753	1784	1814	1845	1876	1906	1937	1967
2056	1998	2029	2058	2089	2119	2150	2180	2211	2242	2272	2303	2333
2057	2364	2395	2423	2454	2484	2515	2545	2576	2607	2637	2668	2698
2058	2729	2760	2788	2819	2849	2880	2910	2941	2972	3002	3033	3063
2059	3094	3125	3153	3184	3214	3245	3275	3306	3337	3367	3398	3428
2060	247 3459	3490	3519	3550	3580	3611	3641	3672	3703	3733	3764	3794
2061	3825	3856	3884	3915	3945	3976	4006	4037	4068	4098	4129	4159
2062	4190	4221	4249	4280	4310	4341	4371	4402	4433	4463	4494	4524
2063	4555	4586	4614	4645	4675	4706	4736	4767	4798	4828	4859	4889
2064	4920	4951	4980	5011	5041	5072	5102	5133	5164	5194	5225	5255
2065	247 5286	5317	5345	5376	5406	5437	5467	5498	5529	5559	5590	5620
2066	5651	5682	5710	5741	5771	5802	5832	5863	5894	5924	5955	5985
2067	6016	6047	6075	6106	6136	6167	6197	6228	6259	6289	6320	6350
2068	6381	6412	6441	6472	6502	6533	6563	6594	6625	6655	6686	6716
2069	6747	6778	6806	6837	6867	6898	6928	6959	6990	7020	7051	7081
2070	247 7112	7143	7171	7202	7232	7263	7293	7324	7355	7385	7416	7446
2071	7477	7508	7536	7567	7597	7628	7658	7689	7720	7750	7781	7811
2072	7842	7873	7902	7933	7963	7994	8024	8055	8086	8116	8147	8177
2073	8208	8239	8267	8298	8328	8359	8389	8420	8451	8481	8512	8542
2074	8573	8604	8632	8663	8693	8724	8754	8785	8816	8846	8877	8907
2075	247 8938	8969	8997	9028	9058	9089	9119	9150	9181	9211	9242	9272
2076	9303	9334	9363	9394	9424	9455	9485	9516	9547	9577	9608	9638
2077	247 9669	9700	9728	9759	9789	9820	9850	9881	9912	9942	9973	*0003
2078	248 0034	0065	0093	0124	0154	0185	0215	0246	0277	0307	0338	0368
2078	0034	0065	0093	0124	0154	0185	0215	0246	0277	0307	0338	0368
2079	0399	0430	0458	0489	0519	0550	0580	0611	0642	0672	0703	0733
2080	248 0764	0795	0824	0855	0885	0916	0946	0977	1008	1038	1069	1099
2081	1130	1161	1189	1220	1250	1281	1311	1342	1373	1403	1434	1464
2082	1495	1526	1554	1585	1615	1646	1676	1707	1738	1768	1799	1829
2083	1860	1891	1919	1950	1980	2011	2041	2072	2103	2133	2164	2194
2084	2225	2256	2285	2316	2346	2377	2407	2438	2469	2499	2530	2560
2085	248 2591	2622	2650	2681	2711	2742	2772	2803	2834	2864	2895	2925
2086	2956	2987	3015	3046	3076	3107	3137	3168	3199	3229	3260	3290
2087	3321	3352	3380	3411	3441	3472	3502	3533	3564	3594	3625	3655
2088	3686	3717	3746	3777	3807	3838	3868	3899	3930	3960	3991	4021
2089	4052	4083	4111	4142	4172	4203	4233	4264	4295	4325	4356	4386
2090	248 4417	4448	4476	4507	4537	4568	4598	4629	4660	4690	4721	4751
2091	4782	4813	4841	4872	4902	4933	4963	4994	5025	5055	5086	5116
2092	5147	5178	5207	5238	5268	5299	5329	5360	5391	5421	5452	5482
2093	5513	5544	5572	5603	5633	5664	5694	5725	5756	5786	5817	5847
2094	5878	5909	5937	5968	5998	6029	6059	6090	6121	6151	6182	6212
2095	248 6243	6274	6302	6333	6363	6394	6424	6455	6486	6516	6547	6577
2096	6608	6639	6668	6699	6729	6760	6790	6821	6852	6882	6913	6943
2097	6974	7005	7033	7064	7094	7125	7155	7186	7217	7247	7278	7308
2098	7339	7370	7398	7429	7459	7490	7520	7551	7582	7612	7643	7673
2099	7704	7735	7763	7794	7824	7855	7885	7916	7947	7977	8008	8038
2100	248 8069	8100	8128	8159	8189	8220	8250	8281	8312	8342	8373	8403

The Julian date (JD) corresponding to any instant is the interval in mean solar days elapsed since 4713 BC January 1 at Greenwich mean noon (12^h UT). To determine the JD at 0^h UT for a given Gregorian calendar date, sum the values from Table A for century, Table B for year and Table C for month; then add the day of the month. Julian dates for the current year are given on page B4.

A. Julian date at January 0^d 0^h UT of centurial year

Year	1600†	1700	1800	1900	2000†	2100
Julian date	230 5447·5	234 1971·5	237 8495·5	241 5019·5	245 1544·5	248 8068·5

† Centurial years that are exactly divisible by 400 are leap years in the Gregorian calendar. To determine the JD for any date in such a year, subtract 1 from the JD in Table A and use the leap year portion of Table C. (For 1600 and 2000 the JDs tabulated in Table A are actually for January 1^d 0^h.)

B. Addition to give Julian date for January 0^d 0^h UT of year

Year	Add	Year	Add	Year	Add	Year	Add
0	0	25	9131	50	18262	75	27393
1	365	26	9496	51	18627	76*	27758
2	730	27	9861	52*	18992	77	28124
3	1095	28*	10226	53	19358	78	28489
4*	1460	29	10592	54	19723	79	28854
5	1826	30	10957	55	20088	80*	29219
6	2191	31	11322	56*	20453	81	29585
7	2556	32*	11687	57	20819	82	29950
8*	2921	33	12053	58	21184	83	30315
9	3287	34	12418	59	21549	84*	30680
10	3652	35	12783	60*	21914	85	31046
11	4017	36*	13148	61	22280	86	31411
12*	4382	37	13514	62	22645	87	31776
13	4748	38	13879	63	23010	88*	32141
14	5113	39	14244	64*	23375	89	32507
15	5478	40*	14609	65	23741	90	32872
16*	5843	41	14975	66	24106	91	33237
17	6209	42	15340	67	24471	92*	33602
18	6574	43	15705	68*	24836	93	33968
19	6939	44*	16070	69	25202	94	34333
20*	7304	45	16436	70	25567	95	34698
21	7670	46	16801	71	25932	96*	35063
22	8035	47	17166	72*	26297	97	35429
23	8400	48*	17531	73	26663	98	35794
24*	8765	49	17897	74	27028	99	36159

* Leap years

Examples

a. 1981 November 14

Table A	
1900 Jan. 0	241 5019·5
+ Table B	+ 2 9585
1981 Jan. 0	244 4604·5
+ Table C (n.y.)	+ 304
1981 Nov. 0	244 4908·5
+ Day of Month	+ 14
1981 Nov. 14	244 4922·5

b. 2000 September 24

Table A	
2000 Jan. 1	245 1544·5
− 1 (for 2000)	− 1
2000 Jan. 0	245 1543·5
+ Table B	+ 0
2000 Jan. 0	245 1543·5
+ Table C (l.y.)	+ 244
2000 Sept. 0	245 1787·5
+ Day of Month	+ 24
2000 Sept. 24	245 1811·5

c. 2001 June 21

Table A	
2000 Jan. 1	245 1544·5
+ Table B	+ 365
2001 Jan. 0	245 1909·5
+ Table C (n.y.)	+ 151
2001 June 0	245 2060·5
+ Day of Month	+ 21
2001 June 21	245 2081·5

C. Addition to give Julian date for beginning of month (0^d 0^h UT)

	Jan.	Feb.	Mar.	Apr.	May	June	July	Aug.	Sept.	Oct.	Nov.	Dec.
Normal year	0	31	59	90	120	151	181	212	243	273	304	334
Leap year	0	31	60	91	121	152	182	213	244	274	305	335

WARNING: prior to 1925 Greenwich mean noon (i.e. 12^h UT) was usually denoted by 0^h GMT in astronomical publications.

Conversions between Calendar dates and Julian dates or vice versa can be performed using the utility on http://aa.usno.navy.mil/AA/data/docs/JulianDate.html.

IAU (1976) System of Astronomical Constants

Units:

The units meter (m), kilogram (kg), and second (s) are the units of length, mass and time in the International System of Units (SI).

The astronomical unit of time is a time interval of one day (D) of 86400 seconds. An interval of 36525 days is one Julian century.

The astronomical unit of mass is the mass of the Sun (S).

The astronomical unit of length is that length (A) for which the Gaussian gravitational constant (k) takes the value 0·017 202 098 95 when the units of measurement are the astronomical units of length, mass and time. The dimensions of k^2 are those of the constant of gravitation (G), i.e., $L^3 M^{-1} T^{-2}$. The term "unit distance" is also used for the length A.

In the preparation of the ephemerides and the fitting of the ephemerides to all the observational data available, it was necessary to modify some of the constants and planetary masses. The modified values of the constants are indicated in brackets following the (1976) System values.

Defining constants:

1. Gaussian gravitational constant $\qquad\qquad\qquad k = 0{\cdot}017\ 202\ 098\ 95$
2. Speed of light $\qquad\qquad\qquad\qquad\qquad\qquad c = 299\ 792\ 458\ \text{m s}^{-1}$

Primary constants:

3. Light-time for unit distance $\qquad\qquad\qquad \tau_A = 499{\cdot}004\ 782\ \text{s}$
$$[499{\cdot}004\ 7837\ \ldots]$$
4. Equatorial radius for Earth $\qquad\qquad\qquad a_e = 6378\ 140\ \text{m}$
   [IUGG value $\qquad\qquad\qquad\qquad\qquad\quad a_e = 6378\ 137\ \text{m}]$
5. Dynamical form-factor for Earth $\qquad\qquad J_2 = 0{\cdot}001\ 082\ 63$
6. Geocentric gravitational constant $\qquad\quad GE = 3{\cdot}986\ 005 \times 10^{14}\ \text{m}^3\ \text{s}^{-2}$
$$[3{\cdot}986\ 004\ 48\ \ldots \times 10^{14}]$$
7. Constant of gravitation $\qquad\qquad\qquad\quad G = 6{\cdot}672 \times 10^{-11}\ \text{m}^3\ \text{kg}^{-1}\ \text{s}^{-2}$
8. Ratio of mass of Moon to that of Earth $\qquad \mu = 0{\cdot}012\ 300\ 02$
$$[0{\cdot}012\ 300\ 034]$$
9. General precession in longitude, per Julian
   century, at standard epoch 2000 $\qquad\qquad \rho = 5029{\cdot}''0966$
10. Obliquity of the ecliptic, at standard
    epoch 2000 $\qquad\qquad\qquad\qquad\qquad\quad \epsilon = 23°\ 26'\ 21{\cdot}''448$
$$[23°\ 26'\ 21{\cdot}''4119]$$

Derived constants:

11. Constant of nutation, at standard
    epoch 2000 $\qquad\qquad\qquad\qquad\qquad\quad N = 9{\cdot}''2025$
12. Unit distance $\qquad\qquad c\tau_A = A = 1{\cdot}495\ 978\ 70 \times 10^{11}\ \text{m}$
$$[1{\cdot}495\ 978\ 706\ 6 \times 10^{11}]$$
13. Solar parallax $\qquad \arcsin(a_e/A) = \pi_\odot = 8{\cdot}''794\ 148$
14. Constant of aberration, for
    standard epoch 2000 $\qquad\qquad\qquad\quad \kappa = 20{\cdot}''49\ 552$
15. Flattening factor for the Earth $\qquad\qquad\quad f = 0{\cdot}003\ 352\ 81$
$$= 1/298{\cdot}257$$
16. Heliocentric gravitational constant $\quad A^3 k^2/D^2 = GS = 1{\cdot}327\ 124\ 38 \times 10^{20}\ \text{m}^3\ \text{s}^{-2}$
$$[1{\cdot}327\ 124\ 40\ \ldots \times 10^{20}]$$
17. Ratio of mass of Sun to that $\qquad (GS)/(GE) = S/E = 332\ 946{\cdot}0$
    of the Earth $\qquad\qquad\qquad\qquad\qquad\qquad = [332\ 946{\cdot}038\ \ldots]$
18. Ratio of mass of Sun to that $\qquad (S/E)/(l+\mu) = 328\ 900{\cdot}5$
    of Earth + Moon $\qquad\qquad\qquad\qquad\qquad [328\ 900{\cdot}55]$
19. Mass of the Sun $\qquad\qquad\qquad (GS)/G = S = 1{\cdot}9891 \times 10^{30}\ \text{kg}$

IAU (1976) System of Astronomical Constants (continued)

20. System of planetary masses

Ratios of mass of Sun to masses of the planets

Mercury	6 023 600	Jupiter	1 047·355	[1 047·350]
Venus	408 523·5	Saturn	3 498·5	[3 498·0]
Earth + Moon	328 900·5	Uranus	22 869	[22 960]
Mars	3 098 710	Neptune	19 314	
		Pluto	3 000 000	[130 000 000]

Other Quantities for Use in the Preparation of Ephemerides

It is recommended that the values given in the following list should normally be used in the preparation of new ephemerides.

21. Masses of minor planets

Minor planet	Mass in solar mass	
(1) Ceres	$5·9 \times 10^{-10}$	
(2) Pallas	$1·1 \times 10^{-10}$	$[1·081 \times 10^{-10}]$
(4) Vesta	$1·2 \times 10^{-10}$	$[1·379 \times 10^{-10}]$

22. Masses of satellites

Planet	Satellite	Satellite / Planet
Jupiter	Io	$4·70 \times 10^{-5}$
	Europa	$2·56 \times 10^{-5}$
	Ganymede	$7·84 \times 10^{-5}$
	Callisto	$5·6 \ \times 10^{-5}$
Saturn	Titan	$2·41 \times 10^{-4}$
Neptune	Triton	2×10^{-3}

23. Equatorial radii in km

Mercury	2 439	Jupiter	71 398	Pluto	2 500
Venus	6 052	Saturn	60 000		
Earth	6 378·140	Uranus	25 400	Moon	1 738
Mars	3 397·2	Neptune	24 300	Sun	696 000

24. Gravity fields of planets

Planet	J_2	J_3	J_4
Earth	$+0·001\ 082\ 63$	$-0·254 \times 10^{-5}$	$-0·161 \times 10^{-5}$
Mars	$+0·001\ 964$	$+0·36 \ \times 10^{-4}$	
Jupiter	$+0·014\ 75$		$-0·58 \ \times 10^{-3}$
Saturn	$+0·016\ 45$		$-0·10 \ \times 10^{-2}$
Uranus	$+0·012$		
Neptune	$+0·004$		

(Mars: $C_{22} = -0·000\ 055,$ $S_{22} = +0·000\ 031,$ $S_{31} = +0·000\ 026$)

25. Gravity field of the Moon

$$\gamma = (B - A)/C = 0·000\ 2278 \qquad\qquad C/MR^2 = 0·392$$
$$\beta = (C - A)/B = 0·000\ 6313 \qquad\qquad I = 5552''7 = 1° \ 32' \ 32''7$$

$C_{20} = -0·000\ 2027$	$C_{30} = -0·000\ 006$	$C_{32} = +0·000\ 0048$
$C_{22} = +0·000\ 0223$	$C_{31} = +0·000\ 029$	$S_{32} = +0·000\ 0017$
	$S_{31} = +0·000\ 004$	$C_{33} = +0·000\ 0018$
		$S_{33} = -0·000\ 001$

REDUCTION OF TIME-SCALES, 1620–1889

$$\Delta T = ET - UT$$

Year	ΔT s	Year	ΔT s	Year	ΔT s	Year	ΔT s	Year	ΔT s	Year	ΔT s
1620·0	+124	1665·0	+32	1710·0	+10	1755·0	+14	1800·0	+13·7	1845·0	+6·3
1621	+119	1666	+31	1711	+10	1756	+14	1801	+13·4	1846	+6·5
1622	+115	1667	+30	1712	+10	1757	+14	1802	+13·1	1847	+6·6
1623	+110	1668	+28	1713	+10	1758	+15	1803	+12·9	1848	+6·8
1624	+106	1669	+27	1714	+10	1759	+15	1804	+12·7	1849	+6·9
1625·0	+102	1670·0	+26	1715·0	+10	1760·0	+15	1805·0	+12·6	1850·0	+7·1
1626	+ 98	1671	+25	1716	+10	1761	+15	1806	+12·5	1851	+7·2
1627	+ 95	1672	+24	1717	+11	1762	+15	1807	+12·5	1852	+7·3
1628	+ 91	1673	+23	1718	+11	1763	+15	1808	+12·5	1853	+7·4
1629	+ 88	1674	+22	1719	+11	1764	+15	1809	+12·5	1854	+7·5
1630·0	+ 85	1675·0	+21	1720·0	+11	1765·0	+16	1810·0	+12·5	1855·0	+7·6
1631	+ 82	1676	+20	1721	+11	1766	+16	1811	+12·5	1856	+7·7
1632	+ 79	1677	+19	1722	+11	1767	+16	1812	+12·5	1857	+7·7
1633	+ 77	1678	+18	1723	+11	1768	+16	1813	+12·5	1858	+7·8
1634	74	1679	+17	1724	+11	1769	+16	1814	+12·5	1859	+7·8
1635·0	+ 72	1680·0	+16	1725·0	+11	1770·0	+16	1815·0	+12·5	1860·0	+7·88
1636	70	1681	+15	1726	+11	1771	+16	1816	+12·5	1861	+7·82
1637	67	1682	+14	1727	+11	1772	+16	1817	+12·4	1862	+7·54
1638	65	1683	+14	1728	+11	1773	+16	1818	+12·3	1863	+6·97
1639	63	1684	+13	1729	+11	1774	+16	1819	+12·2	1864	+6·40
1640·0	+ 62	1685·0	+12	1730·0	+11	1775·0	+17	1820·0	+12·0	1865·0	+6·02
1641	+ 60	1686	+12	1731	+11	1776	+17	1821	+11·7	1866	+5·41
1642	+ 58	1687	+11	1732	+11	1777	+17	1822	+11·4	1867	+4·10
1643	+ 57	1688	+11	1733	+11	1778	+17	1823	+11·1	1868	+2·92
1644	+ 55	1689	+10	1734	+12	1779	+17	1824	+10·6	1869	+1·82
1645·0	+ 54	1690·0	+10	1735·0	+12	1780·0	+17	1825·0	+10·2	1870·0	+1·61
1646	+ 53	1691	+10	1736	+12	1781	+17	1826	+ 9·6	1871	+0·10
1647	+ 51	1692	+ 9	1737	+12	1782	+17	1827	+ 9·1	1872	−1·02
1648	+ 50	1693	+ 9	1738	+12	1783	+17	1828	+ 8·6	1873	−1·28
1649	+ 49	1694	+ 9	1739	+12	1784	+17	1829	+ 8·0	1874	−2·69
1650·0	+ 48	1695·0	+ 9	1740·0	+12	1785·0	+17	1830·0	+ 7·5	1875·0	−3·24
1651	+ 47	1696	+ 9	1741	+12	1786	+17	1831	+ 7·0	1876	−3·64
1652	+ 46	1697	+ 9	1742	+12	1787	+17	1832	+ 6·6	1877	−4·54
1653	+ 45	1698	+ 9	1743	+12	1788	+17	1833	+ 6·3	1878	−4·71
1654	+ 44	1699	+ 9	1744	+13	1789	+17	1834	+ 6·0	1879	−5·11
1655·0	+ 43	1700·0	+ 9	1745·0	+13	1790·0	+17	1835·0	+ 5·8	1880·0	−5·40
1656	+ 42	1701	+ 9	1746	+13	1791	+17	1836	+ 5·7	1881	−5·42
1657	+ 41	1702	+ 9	1747	+13	1792	+16	1837	+ 5·6	1882	−5·20
1658	+ 40	1703	+ 9	1748	+13	1793	+16	1838	+ 5·6	1883	−5·46
1659	+ 38	1704	+ 9	1749	+13	1794	+16	1839	+ 5·6	1884	−5·46
1660·0	+ 37	1705·0	+ 9	1750·0	+13	1795·0	+16	1840·0	+ 5·7	1885·0	−5·79
1661	+ 36	1706	+ 9	1751	+14	1796	+15	1841	+ 5·8	1886	−5·63
1662	+ 35	1707	+ 9	1752	+14	1797	+15	1842	+ 5·9	1887	−5·64
1663	+ 34	1708	+10	1753	+14	1798	+14	1843	+ 6·1	1888	−5·80
1664·0	+ 33	1709·0	+10	1754·0	+14	1799·0	+14	1844·0	+ 6·2	1889·0	−5·66

For years 1620 to 1955 the table is based on an adopted value of $-26''/\text{cy}^2$ for the tidal term ($\dot{n}$) in the mean motion of the Moon from the results of analyses of observations of lunar occultations of stars, eclipses of the Sun, and transits of Mercury (see F. R. Stephenson and L. V. Morrison, *Phil. Trans. R. Soc. London*, 1984, A **313**, 47-70)

To calculate the values of ΔT for a different value of the tidal term ($\dot{n}'$), add

$$-0\cdot000\ 091\ (\dot{n}' + 26)\ (\text{year} - 1955)^2 \text{ seconds}$$

to the tabulated value of ΔT

1890–1983, $\Delta T = \text{ET} - \text{UT}$
1984–2000, $\Delta T = \text{TDT} - \text{UT}$
From 2001, $\Delta T = \text{TT} - \text{UT}$

Extrapolated Values

TAI − UTC

Year	ΔT s	Year	ΔT s	Year	ΔT s	Year	ΔT s	Date	ΔAT s
1890·0	− 5·87	1935·0	+23·93	1980·0	+50·54	2001	+64	1972 Jan. 1	+10·00
1891	− 6·01	1936	+23·73	1981	+51·38	2002	+65	1972 July 1	+11·00
1892	− 6·19	1937	+23·92	1982	+52·17	2003	+66	1973 Jan. 1	+12·00
1893	− 6·64	1938	+23·96	1983	+52·96	2004	+67	1974 Jan. 1	+13·00
1894	− 6·44	1939	+24·02	1984	+53·79			1975 Jan. 1	+14·00
1895·0	− 6·47	1940·0	+24·33	1985·0	+54·34	2005	+68	1976 Jan. 1	+15·00
1896	− 6·09	1941	+24·83	1986	+54·87	2006	+69	1977 Jan. 1	+16·00
1897	− 5·76	1942	+25·30	1987	+55·32			1978 Jan. 1	+17·00
1898	− 4·66	1943	+25·70	1988	+55·82			1979 Jan. 1	+18·00
1899	− 3·74	1944	+26·24	1989	+56·30			1980 Jan. 1	+19·00
1900·0	− 2·72	1945·0	+26·77	1990·0	+56·86			1981 July 1	+20·00
1901	− 1·54	1946	+27·28	1991	+57·57			1982 July 1	+21·00
1902	− 0·02	1947	+27·78	1992	+58·31			1983 July 1	+22·00
1903	+ 1·24	1948	+28·25	1993	+59·12			1985 July 1	+23·00
1904	+ 2·64	1949	+28·71	1994	+59·98			1988 Jan. 1	+24·00
1905·0	+ 3·86	1950·0	+29·15	1995·0	+60·78			1990 Jan. 1	+25·00
1906	+ 5·37	1951	+29·57	1996	+61·63			1991 Jan. 1	+26·00
1907	+ 6·14	1952	+29·97	1997	+62·29			1992 July 1	+27·00
1908	+ 7·75	1953	+30·36	1998	+62·97			1993 July 1	+28·00
1909	+ 9·13	1954	+30·72	1999·0	+63·47			1994 July 1	+29·00
1910·0	+10·46	1955·0	+31·07	2000·0	+63·83			1996 Jan. 1	+30·00
1911	+11·53	1956	+31·35					1997 July 1	+31·00
1912	+13·36	1957	+31·68					1999 Jan. 1	+32·00
1913	+14·65	1958	+32·18						
1914	+16·01	1959	+32·68						
1915·0	+17·20	1960·0	+33·15						
1916	+18·24	1961	+33·59						
1917	+19·06	1962	+34·00						
1918	+20·25	1963	+34·47						
1919	+20·95	1964	+35·03						
1920·0	+21·16	1965·0	+35·73						
1921	+22·25	1966	+36·54						
1922	+22·41	1967	+37·43						
1923	+23·03	1968	+38·29						
1924	+23·49	1969	+39·20						
1925·0	+23·62	1970·0	+40·18						
1926	+23·86	1971	+41·17						
1927	+24·49	1972	+42·23						
1928	+24·34	1973	+43·37						
1929	+24·08	1974	+44·49						
1930·0	+24·02	1975·0	+45·48						
1931	+24·00	1976	+46·46						
1932	+23·87	1977	+47·52						
1933	+23·95	1978	+48·53						
1934·0	+23·86	1979·0	+49·59						

In critical cases descend

$$\frac{\Delta \text{ET}}{\Delta \text{TT}} = \Delta \text{AT} + 32^{\text{s}}184$$

From 1990 onwards, ΔT is for January 1 0^{h} UTC.

See page B4 for a summary of the notation for time-scales. Long-term predictions of ΔT can be obtained from the Earth Orientation Department of the US Naval Observatory at http://maia.usno.navy.mil/eo/eo_prod.html.

1979 BIH SYSTEM

Date	x (1970)	y (1970)	x (1980)	y (1980)	x (1990)	y (1990)	x (2000)	y (2000)
	"	"	"	"	"	"		
Jan. 1	−0·140	+0·144	+0·129	+0·251	−0·132	+0·165	+0·043	+0·378
Apr. 1	−0·097	+0·397	+0·014	+0·189	−0·154	+0·469	+0·075	+0·346
July 1	+0·139	+0·405	−0·044	+0·280	+0·161	+0·542	+0·110	+0·280
Oct. 1	+0·174	+0·125	−0·006	+0·338	+0·297	+0·243		

Date	x (1971)	y (1971)	x (1981)	y (1981)	x (1991)	y (1991)
Jan. 1	−0·081	+0·026	+0·056	+0·361	+0·023	+0·069
Apr. 1	−0·199	+0·313	+0·088	+0·285	−0·217	+0·281
July 1	+0·050	+0·523	+0·075	+0·209	−0·033	+0·560
Oct. 1	+0·249	+0·263	−0·045	+0·210	+0·250	+0·436

Date	x (1972)	y (1972)	x (1982)	y (1982)	x (1992)	y (1992)
Jan. 1	+0·045	+0·050	−0·091	+0·378	+0·182	+0·168
Apr. 1	−0·180	+0·174	+0·093	+0·431	−0·083	+0·162
July 1	−0·031	+0·409	+0·231	+0·239	−0·142	+0·378
Oct. 1	+0·142	+0·344	+0·036	+0·060	+0·055	+0·503

Date	x (1973)	y (1973)	x (1983)	y (1983)	x (1993)	y (1993)
Jan. 1	+0·129	+0·139	−0·211	+0·249	+0·208	+0·359
Apr. 1	−0·035	+0·129	−0·069	+0·538	+0·115	+0·170
July 1	−0·075	+0·286	+0·269	+0·436	−0·062	+0·209
Oct. 1	+0·035	+0·347	+0·235	+0·069	−0·095	+0·370

Date	x (1974)	y (1974)	x (1984)	y (1984)	x (1994)	y (1994)
Jan. 1	+0·115	+0·252	−0·125	+0·089	+0·010	+0·476
Apr. 1	+0·037	+0·185	−0·211	+0·410	+0·174	+0·391
July 1	+0·014	+0·216	+0·119	+0·543	+0·137	+0·212
Oct. 1	+0·002	+0·225	+0·313	+0·246	−0·066	+0·199

Date	x (1975)	y (1975)	x (1985)	y (1985)	x (1995)	y (1995)
Jan. 1	−0·055	+0·281	+0·051	+0·025	−0·154	+0·418
Apr. 1	+0·027	+0·344	−0·196	+0·220	+0·032	+0·558
July 1	+0·151	+0·249	−0·044	+0·482	+0·280	+0·384
Oct. 1	+0·063	+0·115	+0·214	+0·404	+0·138	+0·106

Date	x (1976)	y (1976)	x (1986)	y (1986)	x (1996)	y (1996)
Jan. 1	−0·145	+0·204	+0·187	+0·072	−0·176	+0·191
Apr. 1	−0·091	+0·399	−0·041	+0·139	−0·152	+0·506
July 1	+0·159	+0·390	−0·075	+0·324	+0·179	+0·546
Oct. 1	+0·227	+0·158	+0·062	+0·395	+0·267	+0·227

Date	x (1977)	y (1977)	x (1987)	y (1987)	x (1997)	y (1997)
Jan. 1	−0·065	+0·076	+0·146	+0·315	−0·023	+0·095
Apr. 1	−0·226	+0·362	+0·096	+0·212	−0·191	+0·329
July 1	+0·085	+0·500	−0·003	+0·208	+0·019	+0·536
Oct. 1	+0·281	+0·230	−0·053	+0·295	+0·221	+0·379

Date	x (1978)	y (1978)	x (1988)	y (1988)	x (1998)	y (1998)
Jan. 1	+0·007	+0·015	−0·023	+0·414	+0·103	+0·175
Apr. 1	−0·231	+0·240	+0·134	+0·407	−0·110	+0·252
July 1	−0·042	+0·483	+0·171	+0·253	−0·068	+0·439
Oct. 1	+0·236	+0·353	+0·011	+0·132	+0·125	+0·445

Date	x (1979)	y (1979)	x (1989)	y (1989)	x (1999)	y (1999)
Jan. 1	+0·140	+0·076	−0·159	+0·316	+0·139	+0·296
Apr. 1	−0·107	+0·133	+0·028	+0·482	+0·026	+0·241
July 1	−0·117	+0·351	+0·238	+0·369	−0·032	+0·310
Oct. 1	+0·092	+0·408	+0·167	+0·106	+0·006	+0·379

The angles x, y, are defined on page B60. From 1988 the values of x and y have been taken from the IERS Bulletin B, published by the Bureau Central de L'IERS, Observatoire de Paris, 61 Avenue de l'Observatoire, F-75014 Paris, France. Further information can be found on http://hpiers.obspm.fr/webiers/results/README.html.

Introduction

In the reduction of astrometric observations of high precision it is necessary to distinguish between several different systems of terrestrial coordinates that are used to specify the positions of points on or near the surface of the Earth. The formulae on page B60 for the reduction for polar motion give the relationships between the representations of a geocentric vector referred to the celestial reference frame of the true equator and equinox of date and to the current conventional terrestrial reference frame, which is the IERS Terrestrial Reference Frame (ITRF). The ITRF has been published annually since 1989 in the form of the geocentric rectangular coordinates of about 200 reference points around the world, mostly VLBI, SLR and GPS stations. The ITRF axes are consistent with the axes of the former BIH Terrestrial System (BTS) to within $\pm 0\rlap{.}''005$, and the BTS was consistent with the earlier Conventional International Origin (CIO) to within $\pm 0\rlap{.}''03$ The use of rectangular coordinates is precise and unambiguous, but for some purposes it is more convenient to represent the position by its longitude, latitude and height referred to a reference spheroid (the term "spheroid" is used here in the sense of an ellipsoid whose equatorial section is a circle and for which each meridional section is an ellipse). The precise transformation between these coordinate systems is given below. The spheroid is defined by two parameters, its equatorial radius and flattening (usually the reciprocal of the flattening is given). The values used should always be stated with any tabulation of spheroidal positions, but in case they should be omitted a list of the parameters of some commonly used spheroids is given in the table on page K13. For work such as mapping gravity anomalies it is convenient that the reference spheroid should also be an equipotential surface of a reference body that is in hydrostatic equilibrium, and has the equatorial radius, gravitational constant, dynamical form factor and angular velocity of the Earth. This is referred to as a Geodetic Reference System (rather than just a reference spheroid). It provides a suitable approximation to mean sea level (i.e. to the geoid), but may differ from it by up to 100m in some regions.

Reduction from geodetic to geocentric coordinates

The position of a point relative to a terrestrial reference frame may be expressed in three ways:
(i) geocentric equatorial rectangular coordinates, x, y, z;
(ii) geocentric longitude, latitude and radius, λ, ϕ', ρ;
(iii) geodetic longitude, latitude and height, λ, ϕ, h.

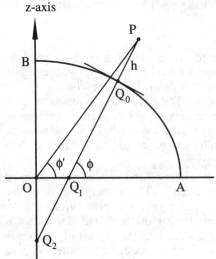

O is centre of Earth

OA = equatorial radius, a

OB = polar radius, b
    $= a(1 - f)$

OP = geocentric radius, $a\rho$

PQ_0 is normal to the reference spheroid

$Q_0Q_1 = aS$

$Q_0Q_2 = aC$

ϕ = geodetic latitude

ϕ' = geocentric latitude

The geodetic and geocentric longitudes of a point are the same, while the relationship between the geodetic and geocentric latitudes of a point is illustrated in the figure on page K11, which represents a meridional section through the reference spheroid. The geocentric radius ρ is usually expressed in units of the equatorial radius of the reference spheroid. The following relationships hold between the geocentric and geodetic coordinates:

$$x = a\rho \cos\phi' \cos\lambda = (aC + h) \cos\phi \cos\lambda$$
$$y = a\rho \cos\phi' \sin\lambda = (aC + h) \cos\phi \sin\lambda$$
$$z = a\rho \sin\phi' \qquad = (aS + h) \sin\phi$$

where a is the equatorial radius of the spheroid and C and S are auxiliary functions that depend on the geodetic latitude and on the flattening f of the reference spheroid. The polar radius b and the eccentricity e of the ellipse are given by:

$$b = a(1 - f) \qquad e^2 = 2f - f^2 \qquad \text{or} \qquad 1 - e^2 = (1 - f)^2$$

It follows from the geometrical properties of the ellipse that:

$$C = \{\cos^2\phi + (1 - f)^2 \sin^2\phi\}^{-1/2} \qquad S = (1 - f)^2 C$$

Geocentric coordinates may be calculated directly from geodetic coordinates. The reverse calculation of geodetic coordinates from geocentric coordinates can be done in closed form (see for example, Borkowski, Bull. Geod. **63**, 50-56, 1989), but it is usually done using an iterative procedure. An iterative procedure for calculating λ, ϕ, h from x, y, z is as follows:

Calculate: $\qquad \lambda = \tan^{-1}(y/x) \qquad r = (x^2 + y^2)^{1/2} \qquad e^2 = 2f - f^2$

Calculate the first approximation to ϕ from: $\qquad \phi = \tan^{-1}(z/r)$

Then perform the following iteration until ϕ is unchanged to the required precision:

$$\phi_1 = \phi \qquad C = (1 - e^2 \sin^2\phi_1)^{-1/2} \qquad \phi = \tan^{-1}((z + aCe^2 \sin\phi_1)/r)$$

Then: $\qquad\qquad\qquad\qquad\qquad h = r/\cos\phi - aC$

Series expressions and tables are available for certain values of f for the calculation of C and S and also of ρ and $\phi - \phi'$ for points on the spheroid $(h = 0)$. The quantity $\phi - \phi'$ is sometimes known as the "reduction of the latitude" or the "angle of the vertical", and it is of the order of $10'$ in mid-latitudes. To a first approximation when h is small the geocentric radius is increased by h/a and the angle of the vertical is unchanged. The height h refers to a height above the reference spheroid and differs from the height above mean sea level (i.e. above the geoid) by the "undulation of the geoid" at the point.

Other geodetic reference systems

In practice most geodetic positions are referred either (a) to a regional geodetic datum that is represented by a spheroid that approximates to the geoid in the region considered or (b) to a global reference system that is defined for a particular system of measurement (e.g. a satellite navigation system). Data for the reduction of such geodetic coordinates to the conventional reference frame are currently undergoing revision, mostly using GPS surveying. Lists of such data are available in the relevant geodetic publications, but it is hoped that the following notes and formulae and data will be useful.

(a) Each regional geodetic datum is specified by the size and shape of an adopted spheroid and by the coordinates of an "origin point". The principal axis of the spheroid is generally close to the mean axis of rotation of the Earth, but the centre of the spheroid may not coincide with the centre of mass of the Earth, The offset is usually represented by the geocentric rectangular coordinates (x_0, y_0, z_0) of the centre of the regional spheroid. The reduction from the regional geodetic coordinates (λ, ϕ, h) to the geocentric rectangular coordinates referred to the conventional reference frame (and hence to the geodetic coordinates relative to a reference spheroid) may then be made by using the expressions:

$$x = x_0 + (aC + h)\cos\phi\cos\lambda$$
$$y = y_0 + (aC + h)\cos\phi\sin\lambda$$
$$z = z_0 + (aS + h)\sin\phi$$

(b) The global reference systems for the various space techniques of measurement differ slightly, although all give good approximations to the conventional reference frame. The transformations from one system to another involve translation, rotation and scaling (i.e. 7 parameters in all) and some of these are given in IERS Technical Note 13, Observatoire de Paris (IERS Standards (1992)).

The space technique GPS is now widely used for position determination. Since January 1987 the broadcast orbits of the GPS satellites have been referred to the WGS84 terrestrial frame, and so positions determined using these orbits will also be referred to this frame. The parameters of the spheroid used are listed below, and the frame is defined to agree with the BIH frame. However the realisation of the frame depends on how well the coordinates actually adopted for the monitor stations do actually agree with the BIH (and later ITRF) frame. The IERS Standards (1992) gives the transformation from WGS84 to ITRF, involving centre offsets of up to 0·5m, rotations about the axes of up to $0.''02$, and a scale difference of 1.1×10^{-8}.

GEODETIC REFERENCE SPHEROIDS

Name and Date	Equatorial Radius, a	Reciprocal of Flattening, $1/f$	Gravitational Constant, GM	Dynamical Form Factor, J_2	Ang. Velocity of earth, ω
	m		$10^{14}\mathrm{m^3 s^{-2}}$		$10^{-5}\mathrm{rad\ s^{-1}}$
WGS 84	637 8137	298·257 223 563	3·986 005	0·001 082 63	7·292 115
MERIT 1983	8137	298·257	—	—	—
GRS 80 (IUGG, 1980)[†]	8137	298·257 222	3·986 005	0·001 082 63	7·292 115
IAU 1976	8140	298·257	3·986 005	0·001 082 63	—
South American 1969	8160	298·25	—	—	—
GRS 67 (IUGG, 1967)	8160	298·247 167	3·986 03	0·001 082 7	7·292 115 146 7
Australian National 1965	8160	298·25	—	—	—
IAU 1964	8160	298·25	3·986 03	0·001 082 7	7·292 1
Krassovski 1942	8245	298·3	—	—	—
International 1924 (Hayford)	8388	297	—	—	—
Clarke 1880 mod.	8249·145	293·466 3	—	—	—
Clarke 1866	8206·4	294·978 698	—	—	—
Bessel 1841	7397·155	299·152 813	—	—	—
Everest 1830	7276·345	300·801 7	—	—	—
Airy 1830	637 7563·396	299·324 964	—	—	—

[†]H. Moritz, Geodetic Reference System 1980, *Bull. Géodésique*, **58**(3), 388-398, 1984.

Astronomical coordinates

Many astrometric observations that are used in the determination of the terrestrial coordinates of the point of observation use the local vertical, which defines the zenith, as a principal reference axis; the coordinates so obtained are called "astronomical coordinates". The local vertical is in the direction of the vector sum of the acceleration due to the gravitational field of the Earth and of the apparent acceleration due to the rotation of the Earth on its axis. The vertical is normal to the equipotential (or level) surface at the point, but it is inclined to the normal to the geodetic reference spheroid; the angle of inclination is known as the "deflection of the vertical".

The astronomical coordinates of an observatory may differ significantly (e.g. by as much as 1′) from its geodetic coordinates, which are required for the determination of the geocentric coordinates of the observatory for use in computing, for example, parallax corrections for solar system observations. The size and direction of the deflection may be estimated by studying the gravity field in the region concerned. The deflection may affect both the latitude and longitude, and hence local time. Astronomical coordinates also vary with time because they are affected by polar motion (see page B60).

INTRODUCTION AND NOTATION

The interpolation methods described in this section, together with the accompanying tables, are usually sufficient to interpolate to full precision the ephemerides in this volume. Additional notes, formulae and tables are given in the booklets *Interpolation and Allied Tables* and *Subtabulation* (see p. ix) and in many textbooks on numerical analysis. It is recommended that interpolated values of the Moon's right ascension, declination and horizontal parallax are derived from the daily polynomial coefficients that are provided for this purpose on the web (see page D1).

f_p denotes the value of the function $f(t)$ at the time $t = t_0 + ph$, where h is the interval of tabulation, t_0 is a tabular argument, and $p = (t - t_0)/h$ is known as the interpolating factor. The notation for the differences of the tabular values is shown in the following table; it is derived from the use of the central-difference operator δ, which is defined by:

$$\delta f_p = f_{p+1/2} - f_{p-1/2}$$

The symbol for the function is usually omitted in the notation for the differences. Tables are given for use with Bessel's interpolation formula for p in the range 0 to +1. The differences may be expressed in terms of function values for convenience in the use of programmable calculators or computers.

Arg.	Function	Differences			
		1st	2nd	3rd	4th
t_{-2}	f_{-2}		δ^2_{-2}		
		$\delta_{-3/2}$		$\delta^3_{-3/2}$	
t_{-1}	f_{-1}		δ^2_{-1}		δ^4_{-1}
		$\delta_{-1/2}$		$\delta^3_{-1/2}$	
t_0	f_0		δ^2_0		δ^4_0
		$\delta_{1/2}$		$\delta^3_{1/2}$	
t_{+1}	f_{+1}		δ^2_1		δ^4_1
		$\delta_{3/2}$		$\delta^3_{3/2}$	
t_{+2}	f_{+2}		δ^2_2		

$$\delta_{1/2} = f_1 - f_0$$
$$\delta^2_0 = \delta_{1/2} - \delta_{-1/2}$$
$$= f_1 - 2f_0 + f_{-1}$$
$$\delta^2_0 + \delta^2_1 = f_2 - f_1 - f_0 + f_{-1}$$
$$\delta^3_{1/2} = \delta^2_1 - \delta^2_0$$
$$= f_2 - 3f_1 + 3f_0 - f_{-1}$$
$$\delta^4_0 = \delta^3_{1/2} - \delta^3_{-1/2}$$
$$= f_2 - 4f_1 + 6f_0 - 4f_{-1} + f_{-2}$$
$$\delta^4_0 + \delta^4_1 = f_3 - 3f_2 + 2f_1 + 2f_0 - 3f_{-1} + f_{-2}$$

$$p \equiv \text{the interpolating factor} = (t - t_0)/(t_1 - t_0) = (t - t_0)/h$$

BESSEL'S INTERPOLATION FORMULA

In this notation Bessel's interpolation formula is:

$$f_p = f_0 + p\,\delta_{1/2} + B_2(\delta^2_0 + \delta^2_1) + B_3\,\delta^3_{1/2} + B_4(\delta^4_0 + \delta^4_1) + \cdots$$

where
$$B_2 = p(p-1)/4 \qquad B_3 = p(p-1)(p-\tfrac{1}{2})/6$$
$$B_4 = (p+1)p(p-1)(p-2)/48$$

The maximum contribution to the truncation error of f_p, for $0 < p < 1$, from neglecting each order of difference is less than 0·5 in the unit of the end figure of the tabular function if

$$\delta^2 < 4 \qquad \delta^3 < 60 \qquad \delta^4 < 20 \qquad \delta^5 < 500.$$

The critical table of B_2 opposite provides a rapid means of interpolating when δ^2 is less than 500 and higher-order differences are negligible or when full precision is not required. The interpolating factor p should be rounded to 4 decimals, and the required value of B_2 is then the tabular value opposite the interval in which p lies, or it is the value above and to the right of p if p exactly equals a tabular argument. B_2 is always negative. The effects of the third and fourth differences can be estimated from the values of B_3 and B_4, given in the last column.

INVERSE INTERPOLATION

Inverse interpolation to derive the interpolating factor p, and hence the time, for which the function takes a specified value f_p is carried out by successive approximations. The first estimate p_1 is obtained from:

$$p_1 = (f_p - f_0)/\delta_{1/2}$$

This value of p is used to obtain an estimate of B_2, from the critical table or otherwise, and hence an improved estimate of p from:

$$p = p_1 - B_2(\delta_0^2 + \delta_1^2)/\delta_{1/2}$$

This last step is repeated until there is no further change in B_2 or p; the effects of higher-order differences may be taken into account in this step.

CRITICAL TABLE FOR B_2

p	B_2	p	B_2	p	B_2	p	B_2	p	B_2	p	B_3
0·0000	—	0·1101	—	0·2719	—	0·7280	—	0·8898	—	0·0	0·000
0·0020	·000	0·1152	·025	0·2809	·050	0·7366	·049	0·8949	·024	0·1	+0·006
0·0060	·001	0·1205	·026	0·2902	·051	0·7449	·048	0·9000	·023	0·2	0·008
0·0101	·002	0·1258	·027	0·3000	·052	0·7529	·047	0·9049	·022	0·3	0·007
0·0142	·003	0·1312	·028	0·3102	·053	0·7607	·046	0·9098	·021	0·4	+0·004
0·0183	·004	0·1366	·029	0·3211	·054	0·7683	·045	0·9147	·020		
0·0225	·005	0·1422	·030	0·3326	·055	0·7756	·044	0·9195	·019	0·5	0·000
0·0267	·006	0·1478	·031	0·3450	·056	0·7828	·043	0·9242	·018		
0·0309	·007	0·1535	·032	0·3585	·057	0·7898	·042	0·9289	·017	0·6	−0·004
0·0352	·008	0·1594	·033	0·3735	·058	0·7966	·041	0·9335	·016	0·7	0·007
0·0395	·009	0·1653	·034	0·3904	·059	0·8033	·040	0·9381	·015	0·8	0·008
0·0439	·010	0·1713	·035	0·4105	·060	0·8098	·039	0·9427	·014	0·9	−0·006
0·0483	·011	0·1775	·036	0·4367	·061	0·8162	·038	0·9472	·013	1·0	0·000
0·0527	·012	0·1837	·037	0·5632	·062	0·8224	·037	0·9516	·012		
0·0572	·013	0·1901	·038	0·5894	·061	0·8286	·036	0·9560	·011	p	B_4
0·0618	·014	0·1966	·039	0·6095	·060	0·8346	·035	0·9604	·010	0·0	0·000
0·0664	·015	0·2033	·040	0·6264	·059	0·8405	·034	0·9647	·009	0·1	+0·004
0·0710	·016	0·2101	·041	0·6414	·058	0·8464	·033	0·9690	·008	0·2	0·007
0·0757	·017	0·2171	·042	0·6549	·057	0·8521	·032	0·9732	·007	0·3	0·010
0·0804	·018	0·2243	·043	0·6673	·056	0·8577	·031	0·9774	·006	0·4	0·011
0·0852	·019	0·2316	·044	0·6788	·055	0·8633	·030	0·9816	·005		
0·0901	·020	0·2392	·045	0·6897	·054	0·8687	·029	0·9857	·004	0·5	+0·012
0·0950	·021	0·2470	·046	0·7000	·053	0·8741	·028	0·9898	·003		
0·1000	·022	0·2550	·047	0·7097	·052	0·8794	·027	0·9939	·002	0·6	0·011
0·1050	·023	0·2633	·048	0·7190	·051	0·8847	·026	0·9979	·001	0·7	0·010
0·1101	·024	0·2719	·049	0·7280	·050	0·8898	·025	1·0000	·000	0·8	0·007
										0·9	+0·004
										1·0	0·000

In critical cases ascend. B_2 is always negative.

POLYNOMIAL REPRESENTATIONS

It is sometimes convenient to construct a simple polynomial representation of the form

$$f_p = a_0 + a_1 p + a_2 p^2 + a_3 p^3 + a_4 p^4 + \cdots$$

which may be evaluated in the nested form

$$f_p = (((a_4 p + a_3) p + a_2) p + a_1) p + a_0$$

Expressions for the coefficients a_0, a_1, ... may be obtained from Stirling's interpolation formula, neglecting fifth-order differences:

$$a_4 = \delta_0^4/24 \qquad a_2 = \delta_0^2/2 - a_4 \qquad a_0 = f_0$$
$$a_3 = (\delta_{1/2}^3 + \delta_{-1/2}^3)/12 \qquad a_1 = (\delta_{1/2} + \delta_{-1/2})/2 - a_3$$

This is suitable for use in the range $-\frac{1}{2} \le p \le +\frac{1}{2}$, and it may be adequate in the range $-2 \le p \le 2$, but it should not normally be used outside this range. Techniques are available in the literature for obtaining polynomial representations which give smaller errors over similar or larger intervals. The coefficients may be expressed in terms of function values rather than differences.

EXAMPLES

To find (a) the declination of the Sun at 16^h 23^m 14^s8 TT on 1984 January 19, (b) the right ascension of Mercury at 17^h 21^m 16^s8 TT on 1984 January 8, and (c) the time on 1984 January 8 when Mercury's right ascension is exactly 18^h 04^m.

Difference tables for the Sun and Mercury are constructed as shown below, where the differences are in units of the end figures of the function. Second-order differences are sufficient for the Sun, but fourth-order differences are required for Mercury.

1984 Jan.	Sun Dec.	δ	δ^2
	° ′ ″		
18	−20 44 48·3		
		+7212	
19	−20 32 47·1		+233
		+7445	
20	−20 20 22·6		+230
		+7675	
21	−20 07 35·1		

1984 Jan.	Mercury R.A.	δ	δ^2	δ^3	δ^4
	h m s				
6	18 10 10·12				
		−18709			
7	18 07 03·03		+4299		
		−14410		−16	
8	18 04 38·93		+4283		−104
		−10127		−120	
9	18 02 57·66		+4163		−76
		−5964		−196	
10	18 01 58·02		+3967		
		−1997			
11	18 01 38·05				

(a) *Use of Bessel's formula*

The tabular interval is one day, hence the interpolating factor is 0·68281. From the critical table, $B_2 = -0\cdot054$, and

$$f_p = -20° \; 32' \; 47\rlap{.}{''}1 + 0\cdot68281 \, (+744\rlap{.}{''}5) - 0\cdot054 \, (+23\rlap{.}{''}3 + 23\rlap{.}{''}0)$$
$$= -20° \; 24' \; 21\rlap{.}{''}2$$

(b) *Use of polynomial formula*

Using the polynomial method, the coefficients are:

$a_4 = -1^s04/24 = -0^s043$ $a_1 = (-101^s27 - 144^s10)/2 + 0^s113 = -122^s572$

$a_3 = (-1^s20 - 0^s16)/12 = -0^s113$ $a_0 = 18^h + 278^s93$

$a_2 = +42^s83/2 + 0^s\cdot043 = +21^s458$

where an extra decimal place has been kept as a guarding figure. Then with interpolating factor $p = 0\cdot72311$

$$f_p = 18^h + 278^s93 - 122^s572\,p + 21^s458\,p^2 - 0^s113\,p^3 - 0^s043\,p^4$$
$$= 18^h \; 03^m \; 21^s46$$

(c) *Inverse interpolation*

Since $f_p = 18^h$ 04^m the first estimate for p is:

$$p_1 = (18^h \; 04^m - 18^h \; 04^m \; 38^s93)/(-101^s27) = 0\cdot38442$$

From the critical table, with $p = 0\cdot3844$, $B_2 = -0\cdot059$. Also

$$(\delta_0^2 + \delta_1^2)/\delta_{1/2} = (+42\cdot83 + 41\cdot63)/(-101\cdot27) = -0\cdot834$$

The second approximation to p is:

$$p = 0\cdot38442 + 0\cdot059\,(-0\cdot834) = 0\cdot33521 \quad \text{which gives } t = 8^h \; 02^m \; 42^s;$$

as a check, using the polynomial found in (b) with $p = 0\cdot33521$ gives

$$f_p = 18^h \; 04^m \; 00^s25.$$

The next approximation is $B_2 = -0\cdot056$ and $p = 0\cdot38442 + 0\cdot056(-0\cdot834) = 0\cdot33772$ which gives $t = 8^h$ 06^m 19^s: using the polynomial in (b) with $p = 0\cdot33772$ gives

$$f_p = 18^h \; 03^m \; 59^s98.$$

SUBTABULATION

Coefficients for use in the systematic interpolation of an ephemeris to a smaller interval are given in the following table for certain values of the ratio of the two intervals. The table is entered for each of the appropriate multiples of this ratio to give the corresponding decimal value of the interpolating factor p and the Bessel coefficients. The values of p are exact or recurring decimal numbers. The values of the coefficients may be rounded to suit the maximum number of figures in the differences.

BESSEL COEFFICIENTS FOR SUBTABULATION

| Ratio of intervals | | | | | | | | | | | | Bessel Coefficients | | |
$\frac{1}{2}$	$\frac{1}{3}$	$\frac{1}{4}$	$\frac{1}{5}$	$\frac{1}{6}$	$\frac{1}{8}$	$\frac{1}{10}$	$\frac{1}{12}$	$\frac{1}{20}$	$\frac{1}{24}$	$\frac{1}{40}$	p	B_2	B_3	B_4
										1	0·025	−0·006094	0·00193	0·0010
									1		0·0416	−0·009983	0·00305	0·0017
								1		2	0·050	−0·011875	0·00356	0·0020
										3	0·075	−0·017344	0·00491	0·0030
							1		2		0·0833	−0·019097	0·00530	0·0033
						1		2		4	0·100	−0·022500	0·00600	0·0039
					1				3	5	0·125	−0·027344	0·00684	0·0048
								3		6	0·150	−0·031875	0·00744	0·0057
				1			2		4		0·1666	−0·034722	0·00772	0·0062
										7	0·175	−0·036094	0·00782	0·0064
			1			2		4		8	0·200	−0·040000	0·00800	0·0072
									5		0·2083	−0·041233	0·00802	0·0074
										9	0·225	−0·043594	0·00799	0·0079
		1			2		3	5	6	10	0·250	−0·046875	0·00781	0·0085
										11	0·275	−0·049844	0·00748	0·0091
									7		0·2916	−0·051649	0·00717	0·0095
						3		6		12	0·300	−0·052500	0·00700	0·0097
										13	0·325	−0·054844	0·00640	0·0101
	1			2			4		8		0·3333	−0·055556	0·00617	0·0103
								7		14	0·350	−0·056875	0·00569	0·0106
					3				9	15	0·375	−0·058594	0·00488	0·0109
			2			4		8		16	0·400	−0·060000	0·00400	0·0112
							5		10		0·4166	−0·060764	0·00338	0·0114
										17	0·425	−0·061094	0·00305	0·0114
								9		18	0·450	−0·061875	0·00206	0·0116
									11		0·4583	−0·062066	0·00172	0·0116
										19	0·475	−0·062344	0·00104	0·0117
1		2		3	4	5	6	10	12	20	0·500	−0·062500	0·00000	0·0117
										21	0·525	−0·062344	−0·00104	0·0117
									13		0·5416	−0·062066	−0·00172	0·0116
								11		22	0·550	−0·061875	−0·00206	0·0116
										23	0·575	−0·061094	−0·00305	0·0114
							7		14		0·5833	−0·060764	−0·00338	0·0114
			3			6		12		24	0·600	−0·060000	−0·00400	0·0112
					5				15	25	0·625	−0·058594	−0·00488	0·0109
								13		26	0·650	−0·056875	−0·00569	0·0106
	2			4			8		16		0·6666	−0·055556	−0·00617	0·0103
										27	0·675	−0·054844	−0·00640	0·0101
						7		14		28	0·700	−0·052500	−0·00700	0·0097
									17		0·7083	−0·051649	−0·00717	0·0095
										29	0·725	−0·049844	−0·00748	0·0091
	3			6			9	15	18	30	0·750	−0·046875	−0·00781	0·0085
										31	0·775	−0·043594	−0·00799	0·0079
									19		0·7916	−0·041233	−0·00802	0·0074
			4			8		16		32	0·800	−0·040000	−0·00800	0·0072
										33	0·825	−0·036094	−0·00782	0·0064
				5			10		20		0·8333	−0·034722	−0·00772	0·0062
								17		34	0·850	−0·031875	−0·00744	0·0057
					7				21	35	0·875	−0·027344	−0·00684	0·0048
						9		18		36	0·900	−0·022500	−0·00600	0·0039
							11		22		0·9166	−0·019097	−0·00530	0·0033
										37	0·925	−0·017344	−0·00491	0·0030
								19		38	0·950	−0·011875	−0·00356	0·0020
									23		0·9583	−0·009983	−0·00305	0·0017
										39	0·975	−0·006094	−0·00193	0·0010

This explanation specifies the sources for the theories and data used in constructing the ephemerides in this volume, explains basic concepts required to use the ephemerides, and where appropriate states the precise meaning of tabulated quantities. Definitions of individual terms are given in the Glossary (Section M).

The IAU (1976) System of Astronomical Constants was adopted by the General Assembly of the IAU at Grenoble. These constants are given on page K6 of this volume. Additional resolutions concerning time scales and the astronomical reference system were adopted by the IAU in 1979 at Montreal and in 1982 at Patras. A complete list of these resolutions, with constants, formulae and explanatory notes, is given in the *Supplement to the Astronomical Almanac for 1984*, which is published in the *Astronomical Almanac for 1984*. Resolutions adopted at subsequent General Assemblies have also been incorporated.

Fundamental ephemerides of the Sun, Moon and planets were calculated by a simultaneous numerical integration at the Jet Propulsion Laboratory. These ephemerides, designated DE200/LE200, cover the period 1800–2050. Optical, radar, laser, and spacecraft observations were analyzed to determine starting conditions for the numerical integration. In order to obtain the best fit of the ephemerides to the observational data, some modifications to the IAU (1976) System of Astronomical Constants were necessary. These modifications are listed on pages K6 and K7. A satisfactory ephemeris for Uranus for the late twentieth century could be computed only by excluding observations made before 1900. Additional information about the ephemerides is included in the *Explanatory Supplement to the Astronomical Almanac*.

Reference Frame

Beginning in 1984 the standard epoch of the fundamental astronomical coordinate system is 2000 January 1, 12^h TT (JD 245 1545.0), which is denoted J2000.0. The numerical integration used as the basis for the planetary and lunar ephemerides in this volume is in a reference frame defined by the mean equator and dynamical equinox of J2000.0. Rigorous reduction methods presented in Section B were used to construct the published tabular ephemerides.

In practice, the dynamical equinox, defined by the ascending node of the ecliptic on the mean equator at epoch J2000.0, differs from the origin of right ascension (the catalog equinox) of the FK5 star catalog. Although the exact value of the difference is uncertain, it is thought to be less than $0\rlap{.}{''}04$ at the current time. Likewise, the radio reference frame may differ from optical reference frames.

Time Scales

In 1991, at the recommendation of the Working Group on Reference Systems, the IAU adopted new resolutions concerning time scales. Terrestrial Dynamical Time (TDT) was renamed Terrestrial Time (TT), and two new scales were defined to be consistent with the SI second and the General Theory of Relativity. Geocentric Coordinate Time (TCG) and Barycentric Coordinate Time (TCB) are coordinate times in coordinate systems having their spatial origins at the center of mass of the Earth and at the solar system barycenter, respectively. These time scales will be introduced into *The Astronomical Almanac* when new fundamental theories and ephemerides based on these time scales are adopted by the IAU.

Terrestrial time (TT) is the tabular argument of the fundamental geocentric ephemerides. For ephemerides referred to the barycenter of the solar system, the argument is barycentric dynamical time (TDB). In the terminology of the general theory of relativity, TT corresponds to a proper time, while TDB corresponds to a coordinate time. These scales are defined so that the difference between them is purely periodic, with an amplitude less than $0\overset{s}{.}002$. Like their predecessor, ephemeris time (ET), TT and TDB are independent of the Earth's rotation.

In the astronomical system of units, the unit of time is the day of 86400 seconds of barycentric dynamical time (TDB). For long periods, however, the Julian century of 36525 days is used. Use of the tropical year and Besselian epochs was discontinued in 1984.

International atomic time (TAI) is the most precisely determined time scale that is now available for astronomical use. This scale results from analyses by the Bureau International des Poids et Mesures in Paris of data from atomic time standards of many countries. Although TAI was not introduced until 1972 January 1, atomic time scales have been available since 1956. Therefore, TAI may be extrapolated backwards for the period 1956–1971. The fundamental unit of TAI is the unit of time in the international system of units, the SI second; it is defined as the duration of 9 192 631 770 periods of the radiation corresponding to the transition between two hyperfine levels of the ground state of the cesium 133 atom.

Universal time (UT), which serves as the basis of civil timekeeping, is formally defined by a mathematical formula which relates UT to Greenwich mean sidereal time. Thus UT is determined from observations of the diurnal motions of the stars. It implicitly contains nonuniformities due to variations in the rotation of the Earth. A UT scale determined directly from stellar observations is dependent on the place of observation; these scales are designated UT0. A time scale that is independent of the location of the observer is established by removing from UT0 the effect of the variation of the observer's meridian due to the observed motion of the geographic pole; this time scale is designated UT1. A tabulation of the quantity $\Delta T = \text{TT} - \text{UT1}$ is given on page K9.

Since 1972 January 1, the time scale distributed by most broadcast time services has been based on the redefined coordinated universal time (UTC), which differs from TAI by an integral number of seconds. UTC is maintained within $0\overset{s}{.}90$ of UT1 by the introduction of one second steps (leap seconds) when necessary, normally at the end of June or December. DUT1, an approximation to the difference UT1 minus UTC, is transmitted in code on broadcast time signals. Beginning in 1962, an increasing number of broadcast time services cooperated to provide a consistent time standard, until most broadcast signals were synchronized to the redefined UTC in 1972. For a while prior to 1972, broadcast time signals were kept within $0\overset{s}{.}1$ of UT2 (UT1 corrected by an adopted formula for the seasonal variation) by the introduction of step adjustments, normally of $0\overset{s}{.}1$, and occasionally by changes in the duration of the second. Since the table on page K9 is based on the signals broadcast by WWV, special corrections may be required to derive UT1 times from other signals broadcast prior to 1972.

Universal time and UT are commonly used to mean UT0, UT1 or UTC, according to context. In this volume, UT1 is always implied where the differences are significant.

Greenwich mean sidereal time (GMST) is defined as the Greenwich hour angle of the mean equinox of date. The defining relation between sidereal and universal time is:

$$\text{GMST of } 0^{\text{h}} \text{ UT1} = 6^{\text{h}}41^{\text{m}}50\overset{s}{.}54841 + 8640\ 184\overset{s}{.}812\ 866\ T$$
$$+ 0\overset{s}{.}093\ 104\ T^2 - 6\overset{s}{.}2 \times 10^{-6}\ T^3$$

where T is measured in Julian centuries of 36525 days of UT1 from 2000 January 1, 12^{h} UT1 (JD 245 1545.0 UT1). (S. Aoki et al., Astron. Astrophys., **105**, 359, 1982)

To provide continuity with pre-1984 practices, the difference between TT and TAI was set to the current estimate of the difference between ET and TAI:

$$\text{TT} = \text{TAI} + 32\overset{s}{.}184.$$

Thus procedures analogous to those used with ephemerides tabulated as functions of ET are generally applicable to ephemerides based on TT. The tabulations for 0^h TT may be converted to 0^h UT1 by interpolation to time ΔT.

Since TT is independent of the Earth's rotation, calculations of hour angles and phenomena referred to a geographic meridian are provisionally referred to the ephemeris meridian, which is $1.002\,738\ \Delta T$ east of the Greenwich meridian. Only when ΔT is specified can quantities be referred to the Greenwich meridian.

Section A: Summary of Principal Phenomena

The lunations given on page A1 are numbered in continuation of E. W. Brown's series, of which No. 1 commenced on 1923 January 16 (*Mon. Not. Roy. Astron. Soc.*, **93**, 603, 1933).

The list of occultations of planets and bright stars by the Moon on page A2 gives the approximate times and areas of visibility for the major planets, except Neptune and Pluto, and the bright stars Aldebaran, Antares, Regulus and Spica. More detailed information about these events and of other occultations by the Moon may be obtained from the International Lunar Occultation Centre at the address given at the foot of page A2.

Times tabulated on page A3 for the stationary points of the planets are the instants at which the planet is stationary in apparent geocentric right ascension; but for elongations of the planets from the Sun, the tabular times are for the geometric configurations. From inferior conjunction to superior conjunction for Mercury or Venus, or from conjunction to opposition for a superior planet, the elongation from the Sun is west; from superior to inferior conjunction, or from opposition to conjunction, the elongation is east. Because planetary orbits do not lie exactly in the ecliptic plane, elongation passages from west to east or from east to west do not in general coincide with oppositions and conjunctions.

Dates of heliocentric phenomena are given on page A3. Since they are determined from the actual perturbed motion, these dates generally differ from dates obtained by using the elements of the mean orbit. The date on which the radius vector is a minimum may differ considerably from the date on which the heliocentric longitude of a planet is equal to the longitude of perihelion of the mean orbit. Similarly, when the heliocentric latitude of a planet is zero, the heliocentric longitude may not equal the longitude of the mean node.

Configurations of the Sun, Moon and Planets (pages A9–A11) is a chronological listing, with times to the nearest hour, of geocentric phenomena. Included are eclipses; lunar perigees, apogees and phases; phenomena in apparent geocentric longitude of the planets and of the minor planets Ceres, Pallas, Juno and Vesta; times when the planets and minor planets are stationary in right ascension and when the geocentric distance to Mars is a minimum; and geocentric conjunctions in apparent right ascension of the planets with the Moon, with each other, and with the bright stars Aldebaran, Pollux, Regulus, Spica and Antares, provided these conjunctions are considered to occur sufficiently far from the Sun to permit observation. Thus conjunctions in right ascension are excluded if they occur within 15° of the Sun for the Moon, Mars and Saturn; within 10° for Venus and Jupiter; and within approximately 10° for Mercury, depending on Mercury's brightness. The occurrence of occultations of planets and bright stars is indicated by "Occn."; the areas of visibility are given in the list on page A2. Geocentric phenomena differ from the actually observed configurations by the effects of the geocentric parallax at the place of observation, which for configurations with the Moon may be quite large.

The explanation for the tables of sunrise and sunset, twilight, moonrise and moonset is given on page A12; examples are given on page A13.

Eclipses

The elements and circumstances are computed according to Bessel's method from apparent right ascensions and declinations of the Sun and Moon. From 1986 onwards, positions of the Sun and Moon are derived from DE200/LE200. Semidiameters of the Sun and Moon used in the calculation of eclipses do not include irradiation. The adopted semidiameter of the Sun at unit distance is 15′59″.63 (A. Auwers, *Astronomische Nachrichten*, No. 3068, 367, 1891), the same as in the ephemeris of the Sun. The apparent semidiameter of the Moon is equal to $\arcsin(k \sin \pi)$, where π is the Moon's horizontal parallax and k is an adopted constant. In 1982, to be consistent with the System of Astronomical Constants (1976) and the ephemeris based on DE200/LE200, the IAU adopted $k = 0.272\ 5076$, corresponding to the mean radius of Watts' datum as determined by observations of occultations and to the adopted radius of the Earth. This value is introduced for 1986 onwards. Corrections to the ephemerides, if any, are noted in the beginning of the eclipse section.

In calculating lunar eclipses the radius of the geocentric shadow of the Earth is increased by one-fiftieth part to allow for the effect of the atmosphere. Refraction is neglected in calculating solar and lunar eclipses. Because the circumstances of eclipses are calculated for the surface of the ellipsoid, refraction is not included in Besselian elements. For local predictions, corrections for refraction are unnecessary; they are required only in precise comparisons of theory with observation in which many other refinements are also necessary.

Descriptions of the maps and use of Besselian elements are given on pages A78–A80.

Section B: Time Scales and Coordinate Systems

Calendar

Over extended intervals, civil time is ordinarily reckoned according to conventional calendar years and adopted historical eras; in constructing and regulating civil calendars and fixing ecclesiastical calendars, a number of auxiliary cycles and periods are used.

To facilitate chronological reckoning, the system of Julian day (JD) numbers maintains a continuous count of astronomical days, beginning with JD 0 on 1 January 4713 B.C., Julian proleptic calendar. Julian day numbers for the current year are given on page B4 and in the Universal and Sidereal Times table, pages B8–B15. To determine JD numbers for other years on the Gregorian calendar, consult the Julian Day Number tables, pages K2–K4.

Note that the Julian day begins at noon, whereas the calendar day begins at the preceding midnight. Thus the Julian day system is consistent with astronomical practice before 1925, with the astronomical day being reckoned from noon. For critical applications, the Julian date should include a specification as to whether UT, TT or TDB is used.

Universal and Sidereal Times

The tabulations of Greenwich mean sidereal time (GMST) at 0^h UT are calculated from the defining relation between sidereal time and universal time (see the introductory discussion of Time Scales in this section). The tabulation of Greenwich apparent sidereal time (GAST) is calculated by adding the equation of the equinoxes to GMST. From 1997 February 27 at 0^h UT, the equation of the equinoxes uses the expression recommended by the IAU Working Group on Astronomical Standards and adopted by the General Assembly in The Hague as Commission Resolution C7 on 1994 August 22. Following the general practice of this volume, UT implies UT1 in critical applications. Useful formulae and examples are given on pages B6–B7.

Reduction of Astronomical Coordinates

Formulae and tables for a variety of methods of apparent place reduction are presented. Choice of a particular method should be made according to accuracy requirements.

Reduction to apparent place from mean place for standard epoch J2000.0 is most accurately accomplished by formulae given on pages B36–B41. These require the rectangular position and velocity components of the Earth with respect to the solar system barycenter (even pages B44–B58) and the precession and nutation matrix (odd pages B45–B59). The Earth's position and velocity components are derived from the simultaneous numerical integration DE200/LE200 described on page L1. In critical applications the tabular argument of the barycentric ephemeris is barycentric dynamical time (TDB).

The standard epoch of the stellar data tabulations (Section H) is the middle of the Julian year. Thus the Besselian and second-order day numbers are referred to the mean equator and equinox of the middle of the current Julian year. Formulae for precessing positions from the standard epoch J2000.0 to the current year are given on page B18. These formulae are based on expressions for annual rates of precession given by J. H. Lieske *et al.* (*Astron. Astrophys.*, **58**, 1–16, 1977), in conformance with the IAU (1976) value of the constant of precession.

Section C: The Sun

Apparent geocentric coordinates of the Sun are given on even pages C4–C18; geocentric rectangular coordinates referred to the mean equator and equinox of J2000.0 are given on pages C20–C23. These ephemerides are based on the simultaneous numerical integration DE200/LE200 described on page L1. The tabular argument of the solar ephemerides is terrestrial time (TT). Although the apparent right ascension and declination are antedated for light-time, the true geocentric distance in astronomical units is the geometric distance at the tabular time.

The rotation elements listed on page C3, as well as the daily tabulations of rotational parameters (odd pages C5–C19), are due to R. C. Carrington (*Observations of the Spots on the Sun*, 1863). The synodic rotation numbers are in continuation of Carrington's Greenwich photoheliographic series, of which Number 1 commenced on 1853 November 9. The tabular values of the semidiameter are computed by taking the arc sine of the quantity formed by dividing the IAU solar radius (696 000 km) by the true distance in km.

Formulae for geocentric and heliographic coordinates are given on pages C1–C3.

Section D: The Moon

The geocentric ephemerides of the Moon are based on the numerical integration DE200/LE200 described on page L1. The tabular argument is terrestrial time (TT).

For high precision calculations a polynomial ephemeris is available on the HMNAO web site at http://www.nao.rl.ac.uk along with the necessary procedures for evaluating the polynomials. The polynomial ephemeris is also available in ASCII (text) format and Portable Document Format (PDF) at http://asa.usno.navy.mil/2002/section_d/. A daily geocentric ephemeris to lower precision is given on the even numbered pages D6–D20. Although the tabular apparent right ascension and declination are antedated for light-time, the horizontal parallax is the geometric value for the tabular time. It is derived from $\arcsin(1/r)$, where r is the true distance in units of the Earth's equatorial radius. The semidiameter s is computed from $s = \arcsin(k \sin \pi)$, where $k = 0.272\,493$ is the ratio of the equatorial radius of the Moon to the equatorial radius of the Earth and π is the horizontal parallax. No correction is made for irradiation.

Beginning in 1985 the physical ephemeris (odd pages D7–D21) is based on the formulae and constants for physical librations given by D. Eckhardt (*The Moon and the Planets*, **25**, 3, 1981; *High Precision Earth Rotation and Earth-Moon Dynamics*, ed. O. Calame, pages 193–198, 1982), but with the IAU value of $1°32'32''.7$ for the inclination of the mean lunar equator to the ecliptic. Although values of Eckhardt's constants differ slightly from those of the IAU, this is of no consequence to the precision of the tabulation. Optical librations are first calculated from rigorous formulae; then the total librations (optical and physical) are calculated from the rigorous formulae by replacing I with $I + \rho$, Ω with $\Omega + \sigma$ and $\mathbb{C}$ with $\mathbb{C} + \tau$. Included in the calculations are perturbations for all terms greater than $0°.0001$ in solution 500 of the first Eckhardt reference and in Table I of the second reference. Since apparent coordinates of the Sun and Moon are used in the calculations, aberration is fully included, except for the inappreciable difference between the light-time from the Sun to the Moon and from the Sun to the Earth.

The selenographic coordinates of the Earth and Sun specify the point on the lunar surface where the Earth and Sun are in the selenographic zenith. The selenographic longitude and latitude of the Earth are the total geocentric, optical and physical librations in longitude and latitude, respectively. When the longitude is positive, the mean central point of the disk is displaced eastward on the celestial sphere, exposing to view a region on the west limb. When the latitude is positive, the mean central point is displaced toward the south, exposing to view the north limb. If the principal moment of inertia axis toward the Earth is used as the origin for measuring librations, rather than the traditional origin in the mean direction of the Earth from the Moon, there is a constant offset of $214''.2$ in τ, or equivalently a correction of $-0°.059$ to the Earth's selenographic longitude.

The tabulated selenographic colongitude of the Sun is the east selenographic longitude of the morning terminator. It is calculated by subtracting the selenographic longitude of the Sun from 90° or 450°. Colongitudes of 270°, 0°, 90° and 180° correspond to New Moon, First Quarter, Full Moon and Last Quarter, respectively.

The position angles of the axis of rotation and the midpoint of the bright limb are measured counterclockwise around the disk from the north point. The position angle of the terminator may be obtained by adding 90° to the position angle of the bright limb before Full Moon and by subtracting 90° after Full Moon.

For precise reductions of observations, the tabular data should be reduced to topocentric values. Formulae for this purpose by R. d'E. Atkinson (*Mon. Not. Roy. Astron. Soc.*, **111**, 448, 1951) are given on page D5.

Additional formulae and data pertaining to the Moon are given on pages D2–D5, D22.

Section E: Major Planets

The heliocentric and geocentric ephemerides of the planets are based on the numerical integration DE200/LE200 described on page L1. Terrestrial time (TT) is the tabular argument of the geocentric ephemerides. The argument of the heliocentric ephemerides is barycentric dynamical time (TDB).

Although the apparent right ascension and declination are antedated for light-time, the true geocentric distance in astronomical units is the geometric distance for the tabular time. For Pluto the astrometric ephemeris is comparable with observations referred to catalog mean places of comparison stars (corrected for proper motion and annual parallax, if significant, to the epoch of observation), provided the catalog is referred to the J2000.0 reference frame and the observations are corrected for geocentric parallax.

Ephemerides for Physical Observations of the Planets

The physical ephemerides of the planets have been calculated from the fundamental solar system ephemerides used elsewhere in this volume. Except where otherwise noted, physical data are based on the "Report of the IAU Working Group on Cartographic Coordinates and Rotational Elements of the Planets and Satellites:1994" (M. E. Davies *et al.*, *Celest. Mech.*, **63**, 127-148, 1996; hereafter referred to as the IAU Report on Cartographic Coordinates).

All tabulated quantities are corrected for light-time, so the given values apply to the disk that is visible at the tabular time. Except for planetographic longitudes, all tabulated quantities vary so slowly that they remain unchanged if the time argument is considered to be universal time rather than terrestrial time. Conversion from terrestrial to universal time affects the tabulated planetographic longitudes by several tenths of a degree for all planets except Mercury, Venus and Pluto.

The tabulated light-time is the travel time for light arriving at the Earth at the tabular time. Expressions for the visual magnitudes of the planets are due to D. L. Harris (*Planets and Satellites*, ed. G. P. Kuiper and B. L. Middlehurst, page 272, 1961), except that values for $V(1,0)$, the visual magnitude at unit distance, are those given on page E88 of this volume. The tabulated surface brightness is the average visual magnitude of an area of one square arcsecond of the illuminated portion of the apparent disk. For a few days around inferior and superior conjunctions, the tabulated magnitude and surface brightness of Mercury and Venus are only approximate; surface brightness is not tabulated near inferior conjunction. For Saturn the magnitude includes the contribution due to the rings, but the surface brightness applies only to the disk of the planet.

The apparent disk of an oblate planet is always an ellipse, with an oblateness less than or equal to the oblateness of the planet itself, depending on the apparent tilt of the planet's axis. For planets with significant oblateness, the apparent equatorial and polar diameters are separately tabulated.

The phase is the ratio of the apparent illuminated area of the disk to the total area of the disk, as seen from the Earth. The phase angle is the planetocentric elongation of the Earth from the Sun. In the accompanying diagram of the apparent disk of a planet, the defect of illumination is designated by q. It is the length of the unilluminated section of the diameter passing through the sub-Earth point e (the center of the disk) and the sub-solar point s. The position angle of the defect of illumination can be computed by adding 180° to the tabulated position angle of the sub-solar point. Calculations of phase and defect of illumination are based on the geometric terminator, which is defined by the plane crossing through the planet's center of mass, orthogonal to the direction of the Sun.

The tabulated quantity L_s is the planetocentric orbital longitude of the Sun, measured eastward in the planet's orbital plane from the planet's vernal equinox. Instantaneous orbital and equatorial planes are used in computing L_s. Values of L_s of 0°, 90°, 180° and 270° correspond to the beginning of spring, summer, autumn and winter, respectively, for the planet's northern hemisphere.

The orientation of the pole of a planet is specified by the right ascension α_0 and declination δ_0 of the north pole, with respect to the Earth's mean equator and equinox of J2000.0. According to the IAU definition, the north pole is the pole that lies on the north side of the invariable plane of the solar system. Because of precession of a planet's axis, α_0 and δ_0 may vary slowly with time; values for the current year are given on page E87.

The angle W of the prime meridian is measured counterclockwise (when viewed from above the planet's north pole) along the planet's equator from the ascending node of the

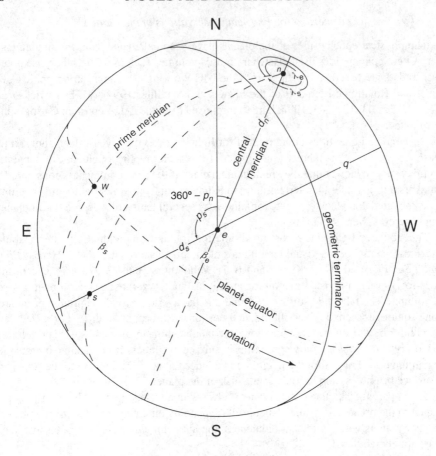

planet's equator on the Earth's mean equator of J2000.0. For a planet with direct rotation
(counterclockwise as viewed from the planet's north pole), W increases with time. Values
of W and its rate of change are given on page E87.

    Expressions for the pole and prime meridian of each planet are based on the IAU
Report on Cartographic Coordinates.

    Tabulated longitudes and latitudes of the sub-Earth and sub-solar points are in planet-
ographic coordinates. Planetographic longitude is reckoned from the prime meridian and
increases from 0° to 360° in the direction opposite rotation. The planetographic latitude of
a point is the angle between the planet's equator and the normal to the reference spheroid
at the point. Latitudes north of the equator are positive. For Jupiter three longitude systems
are defined, each system corresponding to a different apparent rate of rotation. System I
applies to the visible cloud layer in the equatorial region. System II applies to the visible
cloud layer at higher latitudes. System III, used in the physical ephemeris, applies to the
origin of the radio emissions. Saturn for some time had two systems defined, but now only
one is recognized, and it also applies to the origin of radio emissions. The tabulated longi-
tudes of sub-Earth points are contained within the tabulated Planetary Central Meridians.
Since rotational periods of Uranus and Neptune are not well known, no planetographic
longitudes are given for these planets.

    Planetographic coordinates are illustrated in the diagram. At the center of the apparent
disk is the sub-Earth point e; other reference points are the sub-solar point s and the north

pole n. For an oblate planet, the Earth and Sun are not at the zeniths of the sub-Earth and sub-solar points, respectively. Planetocentric longitudes of the sub-Earth and sub-solar points are λ_e and λ_s with corresponding latitudes β_e and β_s. Also indicated are the apparent distances d and position angles p of the north pole and sub-solar point with respect to the center of the disk e. Position angles are measured east from the north on the celestial sphere, with north defined in this case by the great circle on the celestial sphere passing through the center of the planet's apparent disk and the true celestial pole of date. Tabulated distances are positive for points on the visible hemisphere of the planet and negative for points on the far side. Thus, as point n or s passes from the visible hemisphere to the far side, or vice versa, the sign of the distance changes abruptly, but the position angle varies continuously. However, when the point passes close to the center of the disk, the sign of the distance remains unchanged, but both distance and position angle vary rapidly and may appear to be discontinuous in the fixed interval tabulations.

Useful data and formulae are given on pages E43, E87, E88.

Section F: Satellites of the Planets

The ephemerides of the satellites are intended only for search and identification, not for the exact comparison of theory with observation; they are calculated only to an accuracy sufficient for the purpose of facilitating observations. These ephemerides are corrected for light-time. The value of ΔT used in preparing the ephemerides is given on page F1. Orbital elements and constants are given on pages F2, F3. Reference planes for the satellite orbits are defined by the north poles of rotation given in the IAU Report on Cartographic Coordinates.

The apparent orbit of a satellite is an ellipse on the celestial sphere, with semimajor axis a/Δ, where a is the apparent semimajor axis at unit distance in seconds of arc and Δ is the geocentric distance of the primary. In calculating the tables for finding the position angle and apparent angular distance with respect to the primary, the value of the eccentricity of the apparent orbit at opposition is used. The apparent geocentric distance s is measured from the central point of the geometric disk of the primary, and the position angle p is measured eastward from the direction toward the north celestial pole. Neglected in the calculations are the effect of the eccentricity of the actual orbit upon its projection onto the apparent orbit and the variation of the eccentricity of the apparent orbit. Approximately, therefore, $s = F(a/\Delta)$, where F is the ratio of s to the apparent distance at greatest elongation. At greatest elongations $p = P \pm 90°$, where P is the position angle of the extremity of the minor axis of the apparent orbit that is directed toward the pole of the orbit from which motion appears counterclockwise. With P_0 denoting an arbitrary fixed integral number of degrees, usually the approximate value of P at opposition, the value of p at any time is expressed in the form $p_1 + p_2$, where p_1 is the sum of $P_0 + 90°$ plus the amount of motion in position angle since elongation, and p_2 denotes the correction $P - P_0$. In the tables of p_1 the tabular entry for argument $0^\mathrm{h}00^\mathrm{m}$ is the value of $P_0 + 90°$.

Approximate formulae for calculating differential coordinates of satellites are given with the relevant tables.

Satellites of Mars

The ephemerides of the satellites of Mars are computed from the orbital elements given by H. Struve (*Sitzungsberichte der Königlich Preuss. Akad. der Wiss.*, p. 1073, 1911).

Satellites of Jupiter

The ephemerides of Satellites I–IV are based on the theory of J. H. Lieske (*Astron. Astrophys.*, **56**, 333–352, 1977), with constants due to J.-E. Arlot (*Astron. Astrophys.*, **107**, 305–310, 1982).

Elongations of Satellite V are computed from circular orbital elements determined by A. J. J. Van Woerkom (*Astron. Pap. Amer. Ephem.*, Vol. XIII, Pt. I, pages 8, 14, 16, 1950). The differential coordinates of Satellites VI–XIII are computed from numerical integrations, using starting coordinates and velocities calculated at the U. S. Naval Observatory.

The actual geocentric phenomena of Satellites I–IV are not instantaneous. Since the tabulated times are for the middle of the phenomena, a satellite is usually observable after the tabulated time of eclipse disappearance (EcD) and before the time of eclipse reappearance (EcR). In the case of Satellite IV the difference is sometimes quite large. Light curves of eclipse phenomena are discussed by D. L. Harris (*Planets and Satellites*, ed. G. P. Kuiper and B. M. Middlehurst, pages 327–340, 1961).

To facilitate identification, approximate configurations of Satellites I–IV are shown in graphical form on pages facing the tabular ephemerides of the geocentric phenomena. Time is shown by the vertical scale, with horizontal lines denoting 0^h UT. For any time the curves specify the relative positions of the satellites in the equatorial plane of Jupiter. The width of the central band, which represents the disk of Jupiter, is scaled to the planet's equatorial diameter.

For eclipses the points d of immersion into the shadow and points r of emersion from the shadow are shown pictorially at the foot of the right-hand pages for the superior conjunctions nearest the middle of each month. At the foot of the left-hand pages, rectangular coordinates of these points are given in units of the equatorial radius of Jupiter. The x-axis lies in Jupiter's equatorial plane, positive toward the east; the y-axis is positive toward the north pole of Jupiter. The subscript 1 refers to the beginning of an eclipse, subscript 2 to the end of an eclipse.

Satellites and Rings of Saturn

Since the rings of Saturn lie in the equatorial plane of the planet, the inclination and ascending node of the ring plane are determined from the position of the north pole of Saturn, as given in the IAU Report on Cartographic Coordinates. The apparent dimensions of the outer ring and factors for computing relative dimensions of the rings are from L. W. Esposito *et al.* (*Saturn*, eds. T. Gehrels and M. S. Matthews, pages 468–478, 1984).

Since the appearance of the rings depends upon the Saturnicentric positions of the Earth and Sun, the following quantities are tabulated in the ephemeris:

U,   the geocentric longitude of Saturn, measured in the plane of the rings eastward from its ascending node on the mean equator of the Earth; the Saturnicentric longitude of the Earth, measured in the same way, is $U + 180°$.

B,   the Saturnicentric latitude of the Earth, referred to the plane of the rings, positive toward the north; when B is positive the visible surface of the rings is the northern surface.

P,   the geocentric position angle of the northern semiminor axis of the apparent ellipse of the rings, measured eastward from north.

U', the heliocentric longitude of Saturn, measured in the plane of the rings eastward from its ascending node on the ecliptic; the Saturnicentric longitude of the Sun, measured in the same way, is $U' + 180°$.

B', the Saturnicentric latitude of the Sun, referred to the plane of the rings, positive toward the north; when B' is positive the northern surface of the rings is illuminated.

P', the heliocentric position angle of the northern semiminor axis of the rings on the heliocentric celestial sphere, measured eastward from the great circle that passes through Saturn and the poles of the ecliptic.

The ephemeris of the rings is corrected for light-time.

The ephemerides of Satellites I–VI and of Iapetus are computed from the orbital elements determined by G. Struve (*Veröff. der Universitätssternwarte zu Berlin-Babelsberg*, Vol. VI, Pt. 4, 1930, and Pt. 5, 1933). The ephemeris of Hyperion is computed from the elements given by J. Woltjer, Jr. (*Annalen van de Sterrewacht te Leiden*, Vol. XVI, Pt. 3, p. 64, 1928), and of Phoebe from the theory by F. E. Ross (*Annals of Harvard College Obs.*, Vol. LIII, No. VI, 1905).

For Satellites I–V times of eastern elongation are tabulated; for Satellites VI–VIII times of all elongations and conjunctions are tabulated. Tables for finding approximate distance s and position angle p are given for Satellites I–VIII. On the diagram of the orbits of Satellites I–VII, points of eastern elongation are marked "0". From the tabular times of these elongations the apparent position of a satellite at any other time can be marked on the diagram by setting off on the orbit the elapsed interval since last eastern elongation. For Hyperion and Iapetus ephemerides of differential coordinates are also included. An ephemeris of differential coordinates is given for Phoebe.

Solar perturbations are not included in calculating the tables of elongations and conjunctions, distances and position angles for Satellites I–VIII. For Satellites I–IV, the orbital eccentricity e is neglected. From 1999 onward, orbital positions and Saturnicentric rectangular coordinates for Satellites I–VIII are no longer provided.

Satellites and Rings of Uranus

Data for the Uranian Rings are from the analysis of J. L. Elliot *et al.* (*Astron. Jour.*, **86**, 444, 1981). Ephemerides of the satellites are calculated from orbital elements determined by J. Laskar and R. A. Jacobson (*Astron. Astrophys.*, **188**, 212–224, 1987).

Satellites of Neptune

The ephemerides of Triton and Nereid are calculated from elements by R. A. Jacobson (*Astron. Astrophys.*, **231**, 241–250, 1990). The differential coordinates of Nereid are apparent positions with respect to the true equator and equinox of date.

Satellite of Pluto

The ephemeris of Charon is calculated from the elements of D. J. Tholen (*Astron. Jour.*, **90**, 2353, 1985).

Section G: Minor Planets

The ephemerides of Ceres, Pallas, Juno and Vesta give astrometric right ascensions and declinations, referred to the mean equator and equinox of J2000.0, geometric distances from the Earth, and times of ephemeris transit. Astrometric positions are obtained by adding planetary aberration to the geometric positions, referred to the origin of the FK5 system, and then subtracting stellar aberration. Thus these positions are comparable with observations that are referred to catalog mean places of reference stars on the FK5 system, provided the observations are corrected for geocentric parallax and the star positions are corrected for proper motion and annual parallax, if significant, to the epoch of observation.

These ephemerides are based on the USNO/AE98 minor planet ephemerides of J. L. Hilton (*Astron. Jour.* Feb. 1999).

Orbital elements and opposition dates for the larger minor planets are based on data from the Minor Planet Center and the Institute of Theoretical Astronomy. Data concerning physical characteristics are from D. Morrison (*Icarus*, **31**, 185, 1977).

Section H: Stellar Data

Except for the positions of radio sources and pulsars (pages H59–H64, H72–H73) all positions in this section are mean places for the middle of the current Julian year, referred to the origin of the FK5 system. The positions of radio sources and pulsars are mean places for J2000.0.

Bright Stars

Included in the list of bright stars are 1481 stars chosen according to the following criteria:

a. all stars of visual magnitude 4.5 or brighter, as listed in the fifth revised edition of the *Yale Bright Star Catalogue* (BSC);

b. all FK5 stars brighter than 5.5;

c. all MK atlas standards in the BSC (W. W. Morgan *et al.*, *Revised MK Spectral Atlas for Stars Earlier Than the Sun*, 1978; and P. C. Keenan and R. C. McNeil, *Atlas of Spectra of the Cooler Stars: Types G, K, M, S, and C*, 1976).

Flamsteed and Bayer designations are given with the constellation name and the BSC number. For FK5 stars, positions referred to J2000.0 are taken directly from the "basic" FK5 and precessed to the equator and equinox of the middle of the current year. For the remainder of the stars, B1950.0 positions are taken from the SAO Catalog and converted to J2000.0 by precepts given on page B42, then precessed to the equator and equinox of the middle of the current year. Orbital positions are given for these binary stars: BS 1948/49, 2890/91, 4825/26, 5477/78, 8085/86, 2491, 3579, 5459/60, 6134. Orbital elements were taken from the *Third Catalog of Orbits of Visual Binary Stars* (W. S. Finsen and C. E. Worley, *Republic Obs. Circ.* 129, 1970). Whenever possible V magnitudes and color indices $U-B$ and $B-V$ are taken from the BSC. Spectral types were provided by W. P. Bidelman. Codes in the Notes column are explained at the end of the table (page H31).

Stars marked as MK Standards are from either of the two spectral atlases listed above. Stars marked as anchor points to the MK System are a subset of standard stars that represent the most stable points in the System (Corbally, Gray and Garrison (eds.) *The MK Process at 50 Years*, ASP Conference Series, **60**, 3–14, 1994).

Photometric Standards

A selection of 107 stars to serve as standards of the *UBVRI* photometric system was supplied by H. L. Johnson. Photometric data for these stars are due to Johnson *et al.* (*Comm. Lunar Planetary Lab*, Vol. 4, Pt. 3, Table 2, 1966). Primary standards of the *UBVRI* and *UBV* systems are specified by 1 and 2, respectively, in the Standards Code column. As given in the above reference, the filter bands have the following effective wavelengths: U, 3600 Å; B, 4400 Å; V, 5500 Å; R, 7000 Å; I, 9000 Å.

The selection and photometric data for standards on the Strömgren four-color and Hβ systems are those of C. L. Perry, E. H. Olsen and D. L. Crawford (*Pub. Astron. Soc. Pac.*, **99**, 1184, 1987). Only the 319 stars which have four-color data are included. The u band is centered at 3500 Å; v at 4100 Å; b at 4700 Å; and y at 5500 Å. Four indices are tabulated: $b-y$, $m_1 = (v-b) - (b-y)$, $c_1 = (u-v) - (v-b)$ and Hβ.

In both photometric tables, star names and numbers are taken from the *Yale Bright Star Catalogue*. Spectral types are taken from the Bright Stars list (pages H2–H31) or from the photometric references cited above. Positions are obtained by the procedures used for the Bright Stars list.

Radial Velocity Standards

The selection of radial velocity standard stars is based on a list of bright standards taken from the report of IAU Sub-Commission 30a on Standard Velocity Stars (*Trans. IAU*, **IX**, 442, 1957) and list of faint standards (*Trans. IAU*, **XVA**, 409, 1973). The combined list represents the IAU radial velocity standard stars with late spectral types. Stars whose velocities were in error or which vary by more than ±1 km/sec have been removed. These stars have been extensively observed for more than a decade at the Center for Astrophysics, Geneva Observatory, and the Dominion Astrophysical Observatory. A discussion of velocity standards and the mean velocities from these three monitoring programs can be found in the report of IAU Commission 30, Reports on Astronomy (*Trans. IAU*, **XXIB**, 1992). In this report one can also find lists of candidate stars of early and solar spectral types.

Positions are obtained by the procedures used for the Bright Stars list. V magnitudes are due to B. Nicolet (*Astron. Astrophys. Supp.*, **34**, 1, 1978) when possible; otherwise they are estimated from the given photographic magnitudes and spectral types. The spectral types are taken from the Bright Stars list (pages H2–H31), the *Yale Bright Star Catalogue*, or the original IAU list, in that order of preference.

Bright Galaxies

The list of brightest ($B_T^w \leq 11.50$) and largest ($D_{25} \geq 5'$) galaxies has 198 entries, primarily from *The Third Reference Catalogue of Bright Galaxies* (G. de Vaucouleurs *et al.*, 1991), hereafter referred to as RC3. The data have been reviewed and corrected where necessary, or supplemented by H. G. Corwin, R. J. Buta, and G. de Vaucouleurs.

From 1999 there are added two recently recognized dwarf spheroidal galaxies (in Sextans and Sagittarius) that are not included in RC3 (Irwin and Hatzidimitriou, *Mon. Not. Roy. Astron. Soc.*, **277**, 1354, 1995; Ibata *et al.*, *Astron. Jour.*, **113**, 634, 1997).

The columns are as follows (see RC3 for further explanation and references):

In the column headed Name, catalog designations are from the *New General Catalog* (NGC) or from the *Index Catalog* (IC). A few galaxies with no NGC or IC number are identified by common names. The Small Magellanic Cloud is designated "SMC" rather than NGC 292. Cross-identifications for these common names are given in Appendix 8 of RC3 or at the end of the table (Page H48).

In most cases, the RC3 position has been replaced with a more accurate weighted mean optical position based on measurements from many different sources, some unpublished. Where positions for unresolved nuclear radio sources from high-resolution interferometry (usually at 6- or 20-cm) are known to coincide with the position of the optical nucleus, the radio positions are adopted. Positions for Magellanic irregular galaxies without nuclei (*e.g.* LMC, NGC 6822, IC 1613) are for the centers of the bars in these galaxies. Positions for the dwarf spheroidal galaxies (*e.g.* Fornax, Sculptor, Carina) refer to the peaks of the luminosity distributions. The precision with which the position is listed reflects the accuracy with which it is known. The mean errors in the listed positions are 1–2 digits in the last place given.

Morphological types are based on the revised Hubble system (see G. de Vaucouleurs, *Handbuch der Physik*, **53**, 275, 1959; *Astrophys. Jour. Supp.*, **8**, 31, 1963).

The column headed L gives the mean numerical van den Bergh luminosity classification for spiral galaxies. The numerical scale adopted in RC3 corresponds to van den Bergh classes as follows:

L	1	2	3	4	5	6	7	8	9	(10)	(11)
class	I	I–II	II	II–III	III	III–IV	IV	IV–V	V	(V–VI)	(VI)

Classes V–VI and VI (10 and 11 in the numerical scale) are an extension of van den Bergh's original system, which stopped at class V.

The column headed Log (D_{25}) gives the logarithm to base 10 of the diameter (in tenths of arcmin.) of the major axis at the 25.0 blue mag/arcsec^2 isophote. Diameters with larger than usual standard deviations are noted with colons. With the exception of the Fornax and Sagittarius Systems, the diameters for the highly resolved Local Group dwarf spheroidal galaxies are core diameters from fitting of King models to radial profiles derived from star counts (Irwin and Hatzidimitriou, *op. cit.*). Since the relationship of these core diameters to the 25.0 blue mag/arcsec^2 isophote is unknown, these values are listed in square brackets. The diameter for the Fornax System, which approximates D_{25}, is a mean of measured values given by de Vaucouleurs and Ables (*Astrophys. Jour.*, **151**, 105, 1968) and Hodge and Smith (*Astrophys. Jour.*, **188**, 19, 1974). The diameter for Sagittarius is taken from Ibata *et al.* (*op. cit.*) and references therein, and is a simple estimate of the extent of the brighter part of the galaxy.

The column headed Log (R_{25}) gives the logarithm to base 10 of the ratio of the major to the minor axes (D/d) at the 25.0 blue mag/arcsec^2 isophote. For the dwarf spheroidal galaxies, the ratio is a mean value derived from isopleths. Because the ratios do not change much with increasing radius, they probably approximate R_{25}.

The column headed PA gives the position angle in degrees, measured from north through east, of the major axis, for the equinox 1950.0.

The column headed B_T^w gives the total blue magnitude derived from surface or aperture photometry, or from photographic photometry reduced to the system of surface and aperture photometry, uncorrected for extinction or redshift. Because of very low surface brightnesses, the magnitudes for the dwarf spheroidal galaxies (see Irwin and Hatzidimitriou, *op. cit.*) are very uncertain. A colon indicates a larger than normal standard deviation associated with the magnitude.

Columns headed $B-V$ and $U-B$ give the total colors, uncorrected for extinction or redshift. RC3 gives total colors only when there are aperture photometry data at apertures larger than the effective (half-light) aperture. However, a few of these galaxies have a considerable amount of data at smaller apertures, and also have small color gradients with aperture. Thus, total colors for these objects have been determined by further extrapolation along standard color curves. The colors for the Fornax System are taken from de Vaucouleurs and Ables (*op. cit.*), while those for the other dwarf spheroidal systems are from the recent literature, or from unpublished aperture photometry. A colon indicates a larger than normal standard deviation associated with the color.

The column headed V gives, in km/s, the weighted mean heliocentric radial velocity. It is derived from neutral hydrogen and/or optical redshifts, expressed as $V = cz = c(\Delta\lambda/\lambda)$, following the optical convention.

In revising this list, extensive use was made of these two services: The NASA/IPAC Extragalactic Database (NED), operated by the Jet Propulsion Laboratory, California Institute of Technology, under contract with the National Aeronautics and Space Administration

(NASA); and the Digitized Sky Surveys made available by the Space Telescope Science Institute, also operated by NASA.

Star Clusters

The list of 309 open clusters was supplied by G. Lyngå. It is a selection from the 5th (1987) edition of the Lund-Strasbourg catalogue (original edition described by G. Lyngå, *Astron. Data Cen. Bul.*, 2, 1981), with updates and corrections to the data current to 1992. The latest edition is available from the NASA World Data Center A, Greenbelt, MD or from Centre de Données Stellaires, Strasbourg. For each cluster, two identifications are given. First is the designation adopted by the IAU, while the second is the traditional name (G. Alter *et al.*, *Catalogue of Star Clusters and Associations*, 2nd ed., 1970).

Positions are referred to the mean equator and equinox of the middle of the Julian year. The tabulated angular diameter of a cluster refers to the cluster's nucleus. Trumpler classification is defined by R. S. Trumpler (*Lick Obs. Bul.*, **XIV**, 154, 1930).

The total magnitude of the cluster refers to the integrated visual magnitude. The tabulated spectrum refers to the hottest member of the cluster. Under the heading Mag. is tabulated the magnitude of the brightest cluster member.

The logarithm to the base 10 of the cluster age is determined from the turnoff point on the main sequence. Log (Fe/H) is mostly determined from photometric narrow band or intermediate band studies.

Extinction in V is tabulated under A_V. This is determined using the assumption that $A_V = 3E_{(B-V)}$, where the color excess $E_{(B-V)}$ is derived from some of the brightest cluster members.

The list of 147 Milky Way globular clusters is compiled from the June 1999 revision of a *Catalog of Parameters for Milky Way Globular Clusters* supplied by William E. Harris. The complete catalog containing basic parameters on distances, velocities, metallicities, luminosities, colors, and dynamical parameters, a list of source references, an explanation of the quantities, and calibration information are accessible through the WorldWideWeb at: http://physun.physics.mcmaster.ca/Globular.html. The catalog is also briefly described in Harris, W. E. 1996, *Astron. Jour.*, **112**, 1487.

The present catalog contains objects adopted as certain or highly probable Milky Way globular clusters. Objects with virtually no data entries in the catalog still have somewhat uncertain identities. The adoption of a final candidate list continues to be a matter of some arbitrary judgment for certain objects. The bibliographic references should be consulted for excellent discussions of these individually troublesome objects, as well as lists of other less likely candidates.

The adopted integrated V magnitudes of clusters, V_t, are the straight averages of the data from all sources. The integrated $B-V$ colors of clusters are on the standard Johnson system.

Measurements of the foreground reddening, $E(B-V)_V$, are the averages of the given sources (up to 4 per cluster), with double weight given to the reddening from well calibrated (120 clusters) color-magnitude diagrams. The typical uncertainty in the reddening for any cluster is on the order of 10 percent, i.e. $\Delta[E(B-V)] = 0.1E(B-V)$.

The primary distance indicator used in the calculation of the apparent visual distance modulus, $(m-M)_V$, is the mean V magnitude of the horizontal branch (or RR Lyrae stars), V_{HB}. The absolute calibration of V_{HB} adopted here uses a modest dependence of absolute V magnitude on metallicity, $M_V(HB) = 0.15[Fe/H] + 0.80$. The $V(HB)$ here denotes the mean magnitude of the HB stars, without further adjustments to any predicted zero age HB level. Wherever possible, it denotes the mean magnitude of the RR Lyrae stars directly.

No adjustments are made to the mean V magnitude of the horizontal branch before using it to estimate the distance of the cluster. For a few clusters (mostly ones in the Galactic bulge region with very heavy reddening), no good [Fe/H] estimate is currently available; for these cases, a value [Fe/H] $= -1$ is assumed.

The heavy-element abundance scale, [Fe/H], adopted here is the one established by Zinn and West (1984, *Astrophys. Jour. Supp. Series*, **55**, 45). This scale has recently been reinvestigated as being nonlinear when calibrated against the best modern measurements of [Fe/H] from high-dispersion spectra (see Carretta and Gratton 1997, *Astron. Astrophys. Supp. Series*, **121**, 95 and Rutledge, Hesser, and Stetson 1997, *Pub. Astron. Soc. Pac.*, **109**, 907). In particular, these authors suggest that the Zinn–West scale overestimates the metallicities of the most metal-rich clusters. However, the present catalog maintains the older (Zinn–West) scale until a new consensus is reached in the primary literature.

The adopted heliocentric radial velocity, v_r, for each cluster is the average of the available measurements, each one weighted inversely as the published uncertainty.

A 'c' following the value for the central concentration index denotes a core-collapsed cluster. The listed values of r_c and c should not be used to calculate a value of tidal radius r_t for core-collapsed clusters. Trager *et al.* (1993) arbitrarily adopt $c = 2.50$ for such clusters, and these have been carried over to the present catalog. The 'c:' symbol denotes an uncertain identification of the cluster as being core-collapsed.

The cluster core radii, r_c, and the central concentration $c = \log(r_t/r_c)$, where r_t is the tidal radius, are taken primarily from the comprehensive discussion of Trager, Djorgovski, and King 1993, in *Structure and Dynamics of Globular Clusters*, ASP Conf. Series 50, ed. Djorgovski and Meylan (San Francisco: ASP), 347. Updates for a few clusters (Pal 2, N6144, N6352, Ter 5, N6544, Pal 8, Pal 10, Pal 12, Pal 13) are taken from Trager, King, and Djorgovski 1995, *Astron. Jour.*, **109**, 218.

Radio Source Standards

The list of radio sources gives the 212 defining sources of the International Celestial Reference Frame (ICRF). The ICRF is a space-fixed frame based on high accuracy radio positions of these sources measured by the technique of Very Long Baseline Interferometry (VLBI) and is the realization of the International Celestial Reference System (ICRS) in the radio regime. The ICRF has been adopted by the IAU to serve as the fundamental celestial reference frame as of 1 January 1998. The data presented here are taken from C. Ma and M. Feissel (eds), *Definition and Realization of the International Celestial Reference System by VLBI Astrometry of Extragalactic Objects*, International Earth Rotation Service (IERS) Technical Note **23**, Observatorie de Paris, 1997. Positions are referred to the equator and equinox of J2000.0. The column headed m_v gives apparent visual magnitude, the column headed Z gives redshift, and the column headed S_{5GHz} gives the flux density in janskys at 5 GHz. The codes listed under ID are given at the end of the table (page H63).

Data for the list of flux standards are due to J. W. M. Baars *et al.* (*Astron. Astrophys.*, **61**, 99, 1977), as updated by Kraus *et al.* (in preparation). Flux densities S, measured in janskys, are given for twelve frequencies ranging from 400 to 43200 MHz. Positions are referred to the mean equinox and equator of J2000.0. For flux calibration of interferometers, positions of three sources are given with increased precision. Positions of 3C 48 and 3C 147 are due to B. Elsmore and M. Ryle (*Mon. Not. Roy. Astron. Soc.*, **174**, 411, 1976); the position of 3C 286 is from the list of astrometric radio sources, pages H59–H63. Positions of the other sources are due to Baars *et al.*, as cited above.

Selected Identified X-Ray Sources

The X-ray sources were selected by J. F. Dolan from his unpublished survey file. Two common designations of X-ray sources are tabulated: the discovery designation, usually taken from the first published detection of the source, and the designation in the *Fourth Uhuru Catalog* (4U) of W. Forman *et al.* (*Astrophys. Jour. Supp.*, **38**, 357, 1978). When no discovery designation is listed, the source is consistently referred to by the common name of the identified counterpart. Although the listed counterparts are usually optical, the common designation of the radio or infrared counterpart is given in the absence of an optical counterpart. When no identified counterpart is listed, the counterpart has no common designation.

Tabulated positions are based on published positions of identified counterparts. The (2–6) kev flux, in units of 10^{-11} erg cm^{-2}s^{-1} (10^{-14} watts m^{-2}), is taken from the 4U catalog. For sources with variable X-ray intensities, the maximum observed flux from the 4U catalog is tabulated. The tabulated magnitude is the optical magnitude of the counterpart in the *V* filter, unless marked by an asterisk, in which case the *B* magnitude is given. Variable magnitude objects are denoted by V; for these objects the tabulated magnitude pertains to maximum brightness. Codes specifying the type of the identified counterpart are explained at the end of the table (page H69).

Selected Quasars

A set of 98 quasars was selected from the catalog of M.-P. Véron-Cetty and P. Véron (*A Catalogue of Quasars and Active Nuclei, 7th Edition*, ESO Scientific Report No. 17, 1996). Based on the suggestions of T. M. Heckman, the following selection criteria, that are not mutually exclusive, were used:

   $V < 15.0$ (45 quasars);
   M(abs) ≤ -30.6 (18 quasars);
   z (redshift) ≥ 4.36 (21 quasars);
   6 cm flux density ≥ 5.3 janskys (15 quasars).

No objects classified as Seyfert, BL Lac or HII were included.

Positions are given for the equator and equinox of the middle of the current year. Flux densities are given for 6 cm and 7 cm. The authors of the catalog caution that many of the *V* magnitudes are inaccurate and, in any case, variable. However, the $(B-V)$ color indices do not vary much and should be more accurate. Absolute magnitudes are computed assuming $H_0 = 50$ km s^{-1}Mpc^{-1}, $q_0 = 0$, and an optical spectral index of 0.7.

Selected Pulsars

A selection of 91 pulsars was provided by J. H. Taylor and S. Thorsett. All data are taken from the catalog published by Taylor, Manchester and Lyne (*Astrophys. Jour. Supp.*, **88**, 529, 1993) and updated by Camilo and Nice (*Astrophys. Jour.*, **445**, 756, 1995). Pulsars chosen are either bright, with S_{400}, the mean flux density at 400 MHz, greater than 80 milli-janskys; fast, with spin period less than 100 milli-seconds; or have binary companions. Pulsars without measured spin-down rates and very weak pulsars (with measured 400 MHz flux density below 1 milli-jansky) were excluded.

Positions are referred to the equator and equinox of J2000.0. For each pulsar the period P in seconds and the time rate of change $\dot{P}$ in 10^{-15} s s^{-1} are given for the specified epoch. The group velocity of radio waves is reduced from the speed of light in a vacuum by the dispersive effect of the interstellar medium. The dispersion measure DM is the integrated column density of free electrons along the line of sight to the pulsar; it is expressed in units cm^{-3} pc. The epoch of the period is in MJD $=$ JD $-$ 2400000.5.

Variable Stars

The list containing variable stars has been compiled by J. A. Mattei using as reference the Fourth Edition of the *General Catalogue of Variable Stars*, the *Sky Catalog 2000.0, Volume 2, A Catalog and Atlas of Cataclysmic Variables—2nd Edition*, and the data files of the American Association of Variable Star Observers. The brightest stars for each class with amplitude of 0.5 magnitude or more have been selected. The following magnitude criteria at maximum brightness have been used:

a. eclipsing variables brighter than magnitude 7.0;

b. pulsating variables:

> RR Lyrae stars brighter than magnitude 9.0;
> Cepheids brighter than 6.0;
> Mira variables brighter than 7.0;
> Semiregular variables brighter than 7.0;
> Irregular variables brighter than 8.0;

c. eruptive variables:

> U Geminorum, Z Camelopardalis, SS Cygni, SU Ursae Majoris,
> WZ Sagittae, recurrent novae, very slow novae, nova-like and
> DQ Herculis variables brighter than magnitude 11.0;

d. other types:

> RV Tauri variables brighter than magnitude 9.0;
> R Coronae Borealis variables brighter than 10.0;
> Symbiotic stars (Z Andromedae) brighter than 10.0;
> δ Scuti variables brighter than 9.0;
> S Doradus variables brighter than 6.0;
> SX Phoenicis variables brighter than 7.0.

The epoch for eclipsing variables is for time of minimum. The epoch for pulsating, eruptive, and other types of variables is for time of maximum.

Section J: Observatories

The list of observatories is intended to serve as a finder list for planning observations or other purposes not requiring precise coordinates. Members of the list were chosen on the basis of instrumentation, and being active in astronomical research, the results of which are published in the current scientific literature. Each observatory provided its own information, and the coordinates listed are for one of the instruments on its grounds. Thus the coordinates may be astronomical, geodetic, or other, and should not be used for rigorous reduction of observations.

ΔT: the difference between **Terrestrial Time** and **Universal Time**; specifically the difference between Terrestrial Time (TT) and UT1: $\Delta T = \mathrm{TT} - \mathrm{UT1}$.

ΔUT1 (or ΔUT): the predicted value of the difference between UT1 (UT) and UTC, transmitted in code on broadcast time signals: $\Delta\mathrm{UT1} = \mathrm{UT1} - \mathrm{UTC}$. (See **Universal Time; Coordinated Universal Time**.)

aberration: the apparent angular displacement of the observed position of a celestial object from its **geometric position**, caused by the finite velocity of light in combination with the motions of the observer and of the observed object. (See **aberration, planetary**.)

aberration, annual: the component of stellar aberration (see **aberration, stellar**) resulting from the motion of the Earth about the Sun.

aberration, diurnal: the component of stellar aberration (see **aberration, stellar**) resulting from the observer's diurnal motion about the center of the Earth.

aberration, E-terms of: terms of annual aberration (see **aberration, annual**) which depend on the **eccentricity** and longitude of **perihelion** (see **longitude of pericenter**) of the Earth.

aberration, elliptic: see **aberration, E-terms of**.

aberration, planetary: the apparent angular displacement of the observed position of a celestial body produced by motion of the observer (see **aberration, stellar**) and the actual motion of the observed object.

aberration, secular: the component of stellar aberration (see **aberration, stellar**) resulting from the essentially uniform and rectilinear motion of the entire solar system in space. Secular aberration is usually disregarded.

aberration, stellar: the apparent angular displacement of the observed position of a celestial body resulting from the motion of the observer. Stellar aberration is divided into diurnal, annual, and secular components. (See **aberration, diurnal; aberration, annual; aberration, secular**.)

altitude: the angular distance of a celestial body above or below the horizon, measured along the great circle passing through the body and the **zenith**. Altitude is 90° minus **zenith distance**.

anomaly: angular measurement of a body in its **orbit** from its **perihelion**.

aphelion: the point in a planetary **orbit** that is at the greatest distance from the Sun.

apogee: the point at which a body in **orbit** around the Earth reaches its farthest distance from the Earth. Apogee is sometimes used with reference to the apparent orbit of the Sun around the Earth.

apparent place: the position on a **celestial sphere**, centered at the Earth, determined by removing from the directly observed position of a celestial body the effects that depend on the **topocentric** location of the observer; i.e., **refraction**, diurnal aberration (see **aberration, diurnal**) and geocentric (diurnal) **parallax**. Thus, the position at which the object would actually be seen from the center of the Earth, displaced by planetary aberration (except the diurnal part – see **aberration, planetary; aberration, diurnal**) and referred to the **true equator and equinox**.

apparent solar time: the measure of time based on the diurnal motion of the true Sun. The rate of diurnal motion undergoes seasonal variation because of the **obliquity** of the **ecliptic** and because of the **eccentricity** of the Earth's **orbit**. Additional small variations result from irregularities in the rotation of the Earth on its axis.

aspect: the apparent position of any of the planets or the Moon relative to the Sun, as seen from Earth.

astrometric ephemeris: an **ephemeris** of a solar system body in which the tabulated positions are essentially comparable to catalog **mean places** of stars at a **standard epoch**. An astrometric position is obtained by adding to the **geometric position**, computed from gravitational theory, the correction for **light-time**. Prior to 1984, the E-terms of annual aberration (see **aberration, annual; aberration, E-terms of**) were also added to the geometric position.

astronomical coordinates: the longitude and latitude of a point on Earth relative to the **geoid**. These coordinates are influenced by local gravity anomalies. (See **zenith; longitude, terrestrial; latitude, terrestrial**.)

astronomical unit (a.u.): the radius of a circular **orbit** in which a body of negligible mass, and free of **perturbations**, would revolve around the Sun in $2\pi/k$ days, where k is the **Gaussian gravitational constant**. This is slightly less than the **semimajor axis** of the Earth's orbit.

atomic second: see **second, Système International**.

augmentation: the amount by which the apparent **semidiameter** of a celestial body, as observed from the surface of the Earth, is greater than the semidiameter that would be observed from the center of the Earth.

azimuth: the angular distance measured clockwise along the **horizon** from a specified reference point (usually north) to the intersection with the great circle drawn from the **zenith** through a body on the **celestial sphere**.

barycenter: the center of mass of a system of bodies; e.g., the center of mass of the solar system or the Earth-Moon system.

Barycentric Dynamical Time (TDB): the independent argument of ephemerides and equations of motion that are referred to the **barycenter** of the solar system. A family of time scales results from the transformation by various theories and metrics of relativistic theories of **Terrestrial Time (TT)**. TDB differs from TT only by periodic variations. In the terminology of the general theory of relativity, TDB may be considered to be a coordinate time. (See **dynamical time**.)

brilliancy: for Mercury and Venus the quantity ks^2/r^2, where $k = 0.5(1 + \cos i)$, i is the **phase angle**, s is the apparent **semidiameter**, and r is the **heliocentric** distance.

calendar: a system of reckoning time in which days are enumerated according to their position in cyclic patterns.

catalog equinox: the intersection of the **hour circle** of zero **right ascension** of a star catalog with the **celestial equator**. (See **dynamical equinox; equator**.)

celestial ephemeris pole: the reference pole for **nutation** and **polar motion**; the axis of figure for the mean surface of a model Earth in which the free motion has zero amplitude. This pole has no nearly-diurnal nutation with respect to a space-fixed or Earth-fixed coordinate system.

celestial equator: the plane perpendicular to the **celestial ephemeris pole**. Colloquially, the projection onto the **celestial sphere** of the Earth's **equator**. (See **mean equator and equinox; true equator and equinox**.)

celestial pole: either of the two points projected onto the **celestial sphere** by the extension of the Earth's axis of rotation to infinity.

celestial sphere: an imaginary sphere of arbitrary radius upon which celestial bodies may be considered to be located. As circumstances require, the celestial sphere may be centered at the observer, at the Earth's center, or at any other location.

center of figure: that point so situated relative to the apparent figure of a body that any line drawn through it divides the figure into two parts having equal apparent areas. If the body is oddly shaped, the center of figure may lie outside the figure itself.

center of light: same as **center of figure** except referring only to the illuminated portion.

conjunction: the phenomenon in which two bodies have the same apparent celestial longitude (see **longitude, celestial**) or **right ascension** as viewed from a third body. Conjunctions are usually tabulated as **geocentric** phenomena. For Mercury and Venus, geocentric inferior conjunction occurs when the planet is between the Earth and Sun, and superior conjunction occurs when the Sun is between the planet and Earth.

constellation: a grouping of stars, usually with pictorial or mythical associations, that serves to identify an area of the **celestial sphere**. Also, one of the precisely defined areas of the celestial sphere, associated with a grouping of stars, that the International Astronomical Union has designated as a constellation.

Coordinated Universal Time (UTC): the time scale available from broadcast time signals. UTC differs from TAI (see **International Atomic Time**) by an integral number of seconds; it is maintained within ±0.90 second of UT1 (see **Universal Time**) by the introduction of one second steps (leap seconds). (See **leap second**.)

culmination: passage of a celestial object across the observer's **meridian**; also called "meridian passage." More precisely, culmination is the passage through the point of greatest **altitude** in the diurnal path. Upper culmination (also called "culmination above pole" for circumpolar stars and the Moon) or transit is the crossing closer to the observer's **zenith**. Lower culmination (also called "culmination below pole" for circumpolar stars and the Moon) is the crossing farther from the zenith.

day: an interval of 86 400 SI seconds (see **second, Système International**), unless otherwise indicated.

day numbers: quantities that facilitate hand calculations of the reduction of **mean place** to **apparent place**. Besselian day numbers depend solely on the Earth's position and motion; second-order day numbers, used in higher precision reductions, depend on the positions of both the Earth and the star.

declination: angular distance on the **celestial sphere** north or south of the **celestial equator**. It is measured along the **hour circle** passing through the celestial object. Declination is usually given in combination with **right ascension** or **hour angle**.

defect of illumination: the angular amount of the observed lunar or planetary disk that is not illuminated to an observer on the Earth.

deflection of light: the angle by which the apparent path of a photon is altered from a straight line by the gravitational field of the Sun. The path is deflected radially away from the Sun by up to $1''.75$ at the Sun's limb. Correction for this effect, which is independent of wavelength, is included in the reduction from **mean place** to **apparent place**.

deflection of the vertical: the angle between the astronomical vertical and the geodetic vertical. (See **zenith**; **astronomical coordinates**; **geodetic coordinates**.)

delta *T*: See ΔT on page M1.

delta UT1: See $\Delta UT1$ on page M1.

direct motion: for orbital motion in the solar system, motion that is counterclockwise in the **orbit** as seen from the north pole of the **ecliptic**; for an object observed on the **celestial sphere**, motion that is from west to east, resulting from the relative motion of the object and the Earth.

diurnal motion: the apparent daily motion caused by the Earth's rotation, of celestial bodies across the sky from east to west.

dynamical equinox: the ascending **node** of the Earth's mean **orbit** on the Earth's true **equator**; i.e., the intersection of the **ecliptic** with the **celestial equator** at which the Sun's **declination** is changing from south to north. (See **catalog equinox; equinox; true equator and equinox**.)

dynamical time: the family of time scales introduced in 1984 to replace **ephemeris time** as the independent argument of dynamical theories and ephemerides. (See **Barycentric Dynamical Time; Terrestrial Time**.)

eccentric anomaly: in undisturbed elliptic motion, the angle measured at the center of the ellipse from **pericenter** to the point on the circumscribing auxiliary circle from which a perpendicular to the major axis would intersect the orbiting body. (See **mean anomaly; true anomaly**.)

eccentricity: a parameter that specifies the shape of a conic section; one of the standard elements used to describe an elliptic **orbit**. (See **elements, orbital**.)

eclipse: the obscuration of a celestial body caused by its passage through the shadow cast by another body.

eclipse, annular: a solar **eclipse** (see **eclipse, solar**) in which the solar disk is never completely covered but is seen as an annulus or ring at maximum eclipse. An annular eclipse occurs when the apparent disk of the Moon is smaller than that of the Sun.

eclipse, lunar: an **eclipse** in which the Moon passes through the shadow cast by the Earth. The eclipse may be total (the Moon passing completely through the Earth's **umbra**), partial (the Moon passing partially through the Earth's umbra at maximum eclipse), or penumbral (the Moon passing only through the Earth's **penumbra**).

eclipse, solar: an **eclipse** in which the Earth passes through the shadow cast by the Moon. It may be total (observer in the Moon's **umbra**), partial (observer in the Moon's **penumbra**), or annular. (See **eclipse, annular**.)

ecliptic: the mean plane of the Earth's **orbit** around the Sun.

elements, Besselian: quantities tabulated for the calculation of accurate predictions of an **eclipse** or **occultation** for any point on or above the surface of the Earth.

elements, orbital: parameters that specify the position and motion of a body in **orbit**. (See **osculating elements; mean elements**.)

elongation, greatest: the instants when the **geocentric** angular distances of Mercury and Venus from the Sun are at a maximum.

elongation (planetary): the **geocentric** angle between a planet and the Sun, measured in the plane of the planet, Earth and Sun. Planetary elongations are measured from 0° to 180°, east or west of the Sun.

elongation (satellite): the **geocentric** angle between a satellite and its primary, measured in the plane of the satellite, planet and Earth. Satellite elongations are measured from 0° east or west of the planet.

epact: the age of the Moon; the number of days since new moon, diminished by one day, on January 1 in the Gregorian ecclesiastical lunar cycle. (See **Gregorian calendar; lunar phases**.)

ephemeris: a tabulation of the positions of a celestial object in an orderly sequence for a number of dates.

ephemeris hour angle: an **hour angle** referred to the **ephemeris meridian**.

ephemeris longitude: longitude (see **longitude, terrestrial**) measured eastward from the **ephemeris meridian**.

ephemeris meridian: a fictitious **meridian** that rotates independently of the Earth at the uniform rate implicitly defined by **Terrestrial Time (TT)**. The ephemeris meridian is $1.002\,738\,\Delta T$ east of the Greenwich meridian, where $\Delta T = \mathrm{TT} - \mathrm{UT1}$.

ephemeris time (ET): the time scale used prior to 1984 as the independent variable in gravitational theories of the solar system. In 1984, ET was replaced by **dynamical time**.

ephemeris transit: the passage of a celestial body or point across the **ephemeris meridian**.

epoch: an arbitrary fixed instant of time or date used as a chronological reference datum for calendars (see **calendar**), celestial reference systems, star catalogs, or orbital motions (see **orbit**).

equation of center: in elliptic motion, the **true anomaly** minus the **mean anomaly**. It is the difference between the actual angular position in the elliptic **orbit** and the position the body would have if its angular motion were uniform.

equation of the equinoxes: the **right ascension** of the mean **equinox** (see **mean equator and equinox**) referred to the **true equator and equinox**; apparent **sidereal time** minus mean sidereal time. (See **apparent place**; **mean place**.)

equation of time: the **hour angle** of the true Sun minus the hour angle of the **fictitious mean sun**; alternatively, **apparent solar time** minus **mean solar time**.

equator: the great circle on the surface of a body formed by the intersection of the surface with the plane passing through the center of the body perpendicular to the axis of rotation. (See **celestial equator**.)

equinox: either of the two points on the **celestial sphere** at which the **ecliptic** intersects the **celestial equator**; also, the time at which the Sun passes through either of these intersection points; i.e., when the apparent longitude (see **apparent place**; **longitude, celestial**) of the Sun is 0° or 180°. (See **catalog equinox**; **dynamical equinox** for precise usage.)

era: a system of chronological notation reckoned from a given date.

fictitious mean sun: an imaginary body introduced to define **mean solar time**; essentially the name of a mathematical formula that defined mean solar time. This concept is no longer used in high precision work.

flattening: a parameter that specifies the degree by which a planet's figure differs from that of a sphere; the ratio $f = (a - b)/a$, where a is the equatorial radius and b is the polar radius.

frequency: the number of cycles or complete alternations per unit time of a carrier wave, band, or oscillation.

frequency standard: a generator whose output is used as a precise frequency reference; a primary frequency standard is one whose frequency corresponds to the adopted definition of the second (see **second, Système International**), with its specified accuracy achieved without calibration of the device.

Gaussian gravitational constant ($k = 0.017\ 202\ 098\ 95$): the constant defining the astronomical system of units of length (**astronomical unit**), mass (solar mass) and time (day), by means of Kepler's third law. The dimensions of k^2 are those of Newton's constant of gravitation: $L^3 M^{-1} T^{-2}$.

gegenschein: faint nebulous light about 20° across near the **ecliptic** and opposite the Sun, best seen in September and October. Also called counterglow.

geocentric: with reference to, or pertaining to, the center of the Earth.

geocentric coordinates: the latitude and longitude of a point on the Earth's surface relative to the center of the Earth; also, celestial coordinates given with respect to the center of the Earth. (See **zenith**; **latitude, terrestrial**; **longitude, terrestrial**.)

geodetic coordinates: the latitude and longitude of a point on the Earth's surface determined from the geodetic vertical (normal to the specified spheroid). (See **zenith**; **latitude, terrestrial**; **longitude, terrestrial**.)

geoid: an equipotential surface that coincides with mean sea level in the open ocean. On land it is the level surface that would be assumed by water in an imaginary network of frictionless channels connected to the ocean.

geometric position: the **geocentric** position of an object on the **celestial sphere** referred to the **true equator and equinox**, but without the displacement due to planetary aberration. (See **apparent place**; **mean place**; **aberration, planetary**.)

Greenwich sidereal date (GSD): the number of **sidereal days** elapsed at Greenwich since the beginning of the Greenwich sidereal day that was in progress at **Julian date** 0.0.

Greenwich sidereal day number: the integral part of the **Greenwich sidereal date**.

Gregorian calendar: the calendar introduced by Pope Gregory XIII in 1582 to replace the **Julian calendar**; the calendar now used as the civil calendar in most countries. Every year that is exactly divisible by four is a leap year, except for centurial years, which must be exactly divisible by 400 to be leap years. Thus, 2000 is a leap year, but 1900 and 2100 are not leap years.

height: elevation above ground or distance upwards from a given level (especially sea level) to a fixed point. (See **altitude**.)

heliocentric: with reference to, or pertaining to, the center of the Sun.

horizon: a plane perpendicular to the line from an observer to the **zenith**. The great circle formed by the intersection of the **celestial sphere** with a plane perpendicular to the line from an observer to the zenith is called the astronomical horizon.

horizontal parallax: the difference between the **topocentric** and **geocentric** positions of an object, when the object is on the astronomical **horizon**.

hour angle: angular distance on the **celestial sphere** measured westward along the **celestial equator** from the **meridian** to the **hour circle** that passes through a celestial object.

hour circle: a great circle on the **celestial sphere** that passes through the **celestial poles** and is therefore perpendicular to the **celestial equator**.

inclination: the angle between two planes or their poles; usually the angle between an orbital plane and a reference plane; one of the standard orbital elements (see **elements, orbital**) that specifies the orientation of an **orbit**.

International Atomic Time (TAI): the continuous scale resulting from analyses by the Bureau International des Poids et Mesures of atomic time standards in many countries. The fundamental unit of TAI is the SI second (see **second, Système International**), and the **epoch** is 1958 January 1.

invariable plane: the plane through the center of mass of the solar system perpendicular to the angular momentum vector of the solar system.

irradiation: an optical effect of contrast that makes bright objects viewed against a dark background appear to be larger than they really are.

Julian calendar: the calendar introduced by Julius Caesar in 46 B.C. to replace the Roman calendar. In the Julian calendar a common year is defined to comprise 365 days, and every fourth year is a leap year comprising 366 days. The Julian calendar was superseded by the **Gregorian calendar**.

Julian date (JD): the interval of time in days and fraction of a day since 4713 B.C. January 1, Greenwich noon, **Julian proleptic calendar**. In precise work the timescale, e.g., **dynamical time** or **Universal Time**, should be specified.

Julian date, modified (MJD): the Julian date minus 2400000.5.

Julian day number: the integral part of the **Julian date**.

Julian proleptic calendar: the calendric system employing the rules of the **Julian calendar**, but extended and applied to dates preceding the introduction of the Julian calendar.

Julian year: a period of 365.25 days. This period served as the basis for the **Julian calendar**.

Laplacian plane: for planets see **invariable plane**; for a system of satellites, the fixed plane relative to which the vector sum of the disturbing forces has no orthogonal component.

latitude, celestial: angular distance on the **celestial sphere** measured north or south of the **ecliptic** along the great circle passing through the poles of the ecliptic and the celestial object.

latitude, terrestrial: angular distance on the Earth measured north or south of the **equator** along the **meridian** of a geographic location.

leap second: a second (see **second, Système International**) added between 60^s and 0^s at announced times to keep UTC within $0^s.90$ of UT1. Generally, leap seconds are added at the end of June or December.

librations: variations in the orientation of the Moon's surface with respect to an observer on the Earth. Physical librations are due to variations in the orientation of the Moon's rotational axis in inertial space. The much larger optical librations are due to variations in the rate of the Moon's orbital motion, the **obliquity** of the Moon's **equator** to its orbital plane, and the diurnal changes of geometric perspective of an observer on the Earth's surface.

light, deflection of: the bending of the beam of light due to gravity. It is observable when the light from a star or planet passes a massive object such as the Sun.

light-time: the interval of time required for light to travel from a celestial body to the Earth. During this interval the motion of the body in space causes an angular displacement of its **apparent place** from its geometric place (see **geometric position**). (See **aberration, planetary**.)

light-year: the distance that light traverses in a vacuum during one year.

limb: the apparent edge of the Sun, Moon, or a planet or any other celestial body with a detectable disk.

limb correction: correction that must be made to the distance between the center of mass of the Moon and its **limb**. These corrections are due to the irregular surface of the Moon and are a function of the **librations** in longitude (see **longitude, celestial**) and latitude (see **latitude, celestial**) and the position angle from the central **meridian**.

local sidereal time: the local **hour angle** of a **catalog equinox**.

longitude, celestial: angular distance on the **celestial sphere** measured eastward along the **ecliptic** from the **dynamical equinox** to the great circle passing through the poles of the ecliptic and the celestial object.

longitude, terrestrial: angular distance measured along the Earth's **equator** from the Greenwich **meridian** to the meridian of a geographic location.

luminosity class: distinctions among stars of the same spectral class. (See **spectral types or classes**.)

lunar phases: cyclically recurring apparent forms of the Moon. New moon, first quarter, full moon and last quarter are defined as the times at which the excess of the apparent celestial longitude (see **longitude, celestial**) of the Moon over that of the Sun is $0°$, $90°$, $180°$ and $270°$, respectively.

lunation: the period of time between two consecutive new moons.

magnitude, stellar: a measure on a logarithmic scale of the brightness of a celestial object considered as a point source.

magnitude of a lunar eclipse: the fraction of the lunar diameter obscured by the shadow of the Earth at the greatest phase of a lunar eclipse (see **eclipse, lunar**), measured along the common diameter.

magnitude of a solar eclipse: the fraction of the solar diameter obscured by the Moon at the greatest phase of a solar eclipse (see **eclipse, solar**), measured along the common diameter.

mean anomaly: in undisturbed elliptic motion, the product of the **mean motion** of an orbiting body and the interval of time since the body passed **pericenter**. Thus, the mean anomaly is the angle from pericenter of a hypothetical body moving with a constant angular speed that is equal to the mean motion. (See **true anomaly**; **eccentric anomaly**.)

mean distance: the **semimajor axis** of an elliptic **orbit**.

mean elements: elements of an adopted reference **orbit** (see **elements, orbital**) that approximates the actual, perturbed orbit. Mean elements may serve as the basis for calculating **perturbations**.

mean equator and equinox: the celestial reference system determined by ignoring small variations of short period in the motions of the **celestial equator**. Thus, the mean equator and equinox are affected only by **precession**. Positions in star catalogs are normally referred to the mean catalog equator and equinox (see **catalog equinox**) of a **standard epoch**.

mean motion: in undisturbed elliptic motion, the constant angular speed required for a body to complete one revolution in an **orbit** of a specified **semimajor axis**.

mean place: the **geocentric** position, referred to the **mean equator and equinox** of a **standard epoch**, of an object on the **celestial sphere** centered at the Sun. A mean place is determined by removing from the directly observed position the effects of **refraction**, geocentric and stellar **parallax**, and stellar aberration (see **aberration, stellar**), and by referring the coordinates to the mean equator and equinox of a standard epoch. In compiling star catalogs it has been the practice not to remove the secular part of stellar aberration (see **aberration, secular**). Prior to 1984, it was additionally the practice not to remove the elliptic part of annual aberration (see **aberration, annual**; **aberration, E-terms of**).

mean solar time: a measure of time based conceptually on the **diurnal motion** of the **fictitious mean sun**, under the assumption that the Earth's rate of rotation is constant.

meridian: a great circle passing through the **celestial poles** and through the **zenith** of any location on Earth. For planetary observations a meridian is half the great circle passing through the planet's poles and through any location on the planet.

month: the period of one complete synodic or sidereal revolution of the Moon around the Earth; also, a calendrical unit that approximates the period of revolution.

moonrise, moonset: the times at which the apparent upper **limb** of the Moon is on the astronomical **horizon**; i.e., when the true **zenith distance**, referred to the center of the Earth, of the central point of the disk is $90°34' + s - \pi$, where s is the Moon's **semidiameter**, π is the **horizontal parallax**, and $34'$ is the adopted value of horizontal **refraction**.

nadir: the point on the **celestial sphere** diametrically opposite to the **zenith**.

node: either of the points on the **celestial sphere** at which the plane of an **orbit** intersects a reference plane. The position of a node is one of the standard orbital elements (see **elements, orbital**) used to specify the orientation of an orbit.

nutation: the short-period oscillations in the motion of the pole of rotation of a freely rotating body that is undergoing torque from external gravitational forces. Nutation of the Earth's pole is discussed in terms of components in **obliquity** and longitude (see **longitude, celestial**).

obliquity: in general, the angle between the equatorial and orbital planes of a body or, equivalently, between the rotational and orbital poles. For the Earth the obliquity of the **ecliptic** is the angle between the planes of the **equator** and the ecliptic.

occultation: the obscuration of one celestial body by another of greater apparent diameter; especially the passage of the Moon in front of a star or planet, or the disappearance of a satellite behind the disk of its primary. If the primary source of illumination of a reflecting body is cut off by the occultation, the phenomenon is also called an **eclipse**. The occultation of the Sun by the Moon is a solar eclipse (see **eclipse, solar**).

opposition: a configuration of the Sun, Earth and a planet in which the apparent **geocentric** longitude (see **longitude, celestial**) of the planet differs by 180° from the apparent geocentric longitude of the Sun.

orbit: the path in space followed by a celestial body.

osculating elements: a set of parameters (see **elements, orbital**) that specifies the instantaneous position and velocity of a celestial body in its perturbed **orbit**. Osculating elements describe the unperturbed (two-body) orbit that the body would follow if **perturbations** were to cease instantaneously.

parallax: the difference in apparent direction of an object as seen from two different locations; conversely, the angle at the object that is subtended by the line joining two designated points. Geocentric (diurnal) parallax is the difference in direction between a **topocentric** observation and a hypothetical **geocentric** observation. Heliocentric or annual parallax is the difference between hypothetical geocentric and **heliocentric** observations; it is the angle subtended at the observed object by the **semimajor axis** of the Earth's **orbit**. (See also **horizontal parallax**.)

parsec: the distance at which one **astronomical unit** subtends an angle of one second of arc; equivalently, the distance to an object having an annual **parallax** of one second of arc.

penumbra: the portion of a shadow in which light from an extended source is partially but not completely cut off by an intervening body; the area of partial shadow surrounding the **umbra**.

pericenter: the point in an **orbit** that is nearest to the center of force. (See **perigee**; **perihelion**.)

perigee: the point at which a body in **orbit** around the Earth most closely approaches the Earth. Perigee is sometimes used with reference to the apparent orbit of the Sun around the Earth.

perihelion: the point at which a body in **orbit** around the Sun most closely approaches the Sun.

period: the interval of time required to complete one revolution in an **orbit** or one cycle of a periodic phenomenon, such as a cycle of phases. (See **phase**.)

perturbations: deviations between the actual **orbit** of a celestial body and an assumed reference orbit; also, the forces that cause deviations between the actual and reference orbits. Perturbations, according to the first meaning, are usually calculated as quantities to be added to the coordinates of the reference orbit to obtain the precise coordinates.

phase: the ratio of the illuminated area of the apparent disk of a celestial body to the area of the entire apparent disk taken as a circle. For the Moon, phase designations (see **lunar phases**) are defined by specific configurations of the Sun, Earth and Moon. For eclipses, phase designations (total, partial, penumbral, etc.) provide general descriptions of the phenomena. More generally, for use with oddly shaped bodies, phase might be defined as $0.5(1 + \cos$ (**phase angle**)). (See **eclipse, solar**; **eclipse, annular**; **eclipse, lunar**.)

phase angle: the angle measured at the center of an illuminated body between the light source and the observer.

photometry: a measurement of the intensity of light usually specified for a specific frequency range.

planetocentric coordinates: coordinates for general use, where the z-axis is the mean axis of rotation, the x-axis is the intersection of the planetary **equator** (normal to the z-axis through the center of mass) and an arbitrary prime **meridian**, and the y-axis completes a right-hand coordinate system. Longitude (see **longitude, celestial**) of a point is measured positive to the prime meridian as defined by rotational elements. Latitude (see **latitude,**

celestial) of a point is the angle between the planetary equator and a line to the center of mass. The radius is measured from the center of mass to the surface point.

planetographic coordinates: coordinates for cartographic purposes dependent on an equipotential surface as a reference surface. Longitude (see **longitude, celestial**) of a point is measured in the direction opposite to the rotation (positive to the west for direct rotation) from the cartographic position of the prime **meridian** defined by a clearly observable surface feature. Latitude (see **latitude, celestial**) of a point is the angle between the planetary **equator** (normal to the z-axis and through the center of mass) and normal to the reference surface at the point. The **height** of a point is specified as the distance above a point with the same longitude and latitude on the reference surface.

polar motion: the irregularly varying motion of the Earth's pole of rotation with respect to the Earth's crust. (See **celestial ephemeris pole**.)

precession: the uniformly progressing motion of the pole of rotation of a freely rotating body undergoing torque from external gravitational forces. In the case of the Earth, the component of precession caused by the Sun and Moon acting on the Earth's equatorial bulge is called lunisolar precession; the component caused by the action of the planets is called planetary precession. The sum of lunisolar and planetary precession is called general precession. (See **nutation**.)

proper motion: the projection onto the **celestial sphere** of the space motion of a star relative to the solar system; thus, the transverse component of the space motion of a star with respect to the solar system. Proper motion is usually tabulated in star catalogs as changes in **right ascension** and **declination** per year or century.

quadrature: a configuration in which two celestial bodies have apparent longitudes (see **longitude, celestial**) that differ by 90° as viewed from a third body. Quadratures are usually tabulated with respect to the Sun as viewed from the center of the Earth.

radial velocity: the rate of change of the distance to an object.

refraction, astronomical: the change in direction of travel (bending) of a light ray as it passes obliquely through the atmosphere. As a result of refraction the observed **altitude** of a celestial object is greater than its geometric altitude. The amount of refraction depends on the altitude of the object and on atmospheric conditions.

retrograde motion: for orbital motion in the solar system, motion that is clockwise in the **orbit** as seen from the north pole of the **ecliptic**; for an object observed on the **celestial sphere**, motion that is from east to west, resulting from the relative motion of the object and the Earth. (See **direct motion**.)

right ascension: angular distance on the **celestial sphere** measured eastward along the **celestial equator** from the **equinox** to the **hour circle** passing through the celestial object. Right ascension is usually given in combination with **declination**.

second, Système International (SI): the duration of 9 192 631 770 cycles of radiation corresponding to the transition between two hyperfine levels of the ground state of cesium 133.

selenocentric: with reference to, or pertaining to, the center of the Moon.

semidiameter: the angle at the observer subtended by the equatorial radius of the Sun, Moon or a planet.

semimajor axis: half the length of the major axis of an ellipse; a standard element used to describe an elliptical **orbit** (see **elements, orbital**).

sidereal day: the interval of time between two consecutive **transits** of the **catalog equinox**. (See **sidereal time**.)

sidereal hour angle: angular distance on the **celestial sphere** measured westward along the **celestial equator** from the **catalog equinox** to the **hour circle** passing through the celestial object. It is equal to 360° minus **right ascension** in degrees.

sidereal time: the measure of time defined by the apparent **diurnal motion** of the **catalog equinox**; hence, a measure of the rotation of the Earth with respect to the stars rather than the Sun.

solstice: either of the two points on the **ecliptic** at which the apparent longitude (see **longitude, celestial**) of the Sun is 90° or 270°; also, the time at which the Sun is at either point.

spectral types or classes: catagorization of stars according to their spectra, primarily due to differing temperatures of the stellar atmosphere. From hottest to coolest, the spectral types are O, B, A, F, G, K and M.

standard epoch: a date and time that specifies the reference system to which celestial coordinates are referred. Prior to 1984 coordinates of star catalogs were commonly referred to the **mean equator and equinox** of the beginning of a Besselian year (see **year, Besselian**). Beginning with 1984 the **Julian year** has been used, as denoted by the prefix J, e.g., J2000.0.

stationary point (of a planet): the position at which the rate of change of the apparent **right ascension** (see **apparent place**) of a planet is momentarily zero.

sunrise, sunset: the times at which the apparent upper **limb** of the Sun is on the astronomical **horizon**; i.e., when the true **zenith distance**, referred to the center of the Earth, of the central point of the disk is 90°50′, based on adopted values of 34′ for horizontal **refraction** and 16′ for the Sun's **semidiameter**.

surface brightness (of a planet): the visual magnitude of an average square arc-second area of the illuminated portion of the apparent disk.

synodic period: for planets, the mean interval of time between successive **conjunctions** of a pair of planets, as observed from the Sun; for satellites, the mean interval between successive conjunctions of a satellite with the Sun, as observed from the satellite's primary.

synodic time: pertaining to successive conjunctions; successive returns of a planet to the same **aspect** as determined by Earth.

Terrestrial Time (TT): the independent argument for apparent **geocentric** ephemerides, known in this publication 1984 − 2000 as Terrestrial Dynamical Time (TDT). At 1977 January $1^d00^h00^m00^s$ TAI, the value of TT was exactly 1977 January $1^d.0003725$. The unit of TT is 86 400 SI seconds at mean sea level. For practical purposes TT = TAI + $32^s.184$. (See **Barycentric Dynamical Time; dynamical time; International Atomic Time**.)

terminator: the boundary between the illuminated and dark areas of the apparent disk of the Moon, a planet or a planetary satellite.

topocentric: with reference to, or pertaining to, a point on the surface of the Earth.

transit: the passage of the apparent center of the disk of a celestial object across a **meridian**; also, the passage of one celestial body in front of another of greater apparent diameter (e.g., the passage of Mercury or Venus across the Sun or Jupiter's satellites across its disk); however, the passage of the Moon in front of the larger apparent Sun is called an annular eclipse (see **eclipse, annular**). The passage of a body's shadow across another body is called a shadow transit; however, the passage of the Moon's shadow across the Earth is called a solar eclipse (see **eclipse, solar**).

true anomaly: the angle, measured at the focus nearest the **pericenter** of an elliptical **orbit**, between the pericenter and the radius vector from the focus to the orbiting body; one of the standard orbital elements (see **elements, orbital**). (See also **eccentric anomaly; mean anomaly**.)

true equator and equinox: the celestial coordinate system determined by the instantaneous positions of the **celestial equator** and **ecliptic**. The motion of this system is due to the progressive effect of **precession** and the short-term, periodic variations of **nutation**. (See **mean equator and equinox**.)

twilight: the interval of time preceding sunrise and following sunset (see **sunrise, sunset**) during which the sky is partially illuminated. Civil twilight comprises the interval when the **zenith distance**, referred to the center of the Earth, of the central point of the Sun's disk is between 90° 50′ and 96°, nautical twilight comprises the interval from 96° to 102°, astronomical twilight comprises the interval from 102° to 108°.

umbra: the portion of a shadow cone in which none of the light from an extended light source (ignoring **refraction**) can be observed.

Universal Time (UT): a measure of time that conforms, within a close approximation, to the mean **diurnal motion** of the Sun and serves as the basis of all civil timekeeping. UT is formally defined by a mathematical formula as a function of **sidereal time**. Thus, UT is determined from observations of the diurnal motions of the stars. The time scale determined directly from such observations is designated UT0; it is slightly dependent on the place of observation. When UT0 is corrected for the shift in longitude (see **longitude, terrestrial**) of the observing station caused by **polar motion**, the time scale UT1 is obtained. Whenever the designation UT is used in this volume, UT1 is implied.

vernal equinox: the ascending **node** of the **ecliptic** on the **celestial sphere**; also, the time at which the apparent longitude (see **apparent place**; **longitude, celestial**) of the Sun is 0°. (See **equinox**.)

vertical: the apparent direction of gravity at the point of observation (normal to the plane of a free level surface).

week: an arbitrary period of days, usually seven days; approximately equal to the number of days counted between the four phases of the Moon. (See **lunar phases**.)

year: a period of time based on the revolution of the Earth around the Sun. The calendar year (see **Gregorian calendar**) is an approximation to the tropical year (see **year, tropical**). The anomalistic year is the mean interval between successive passages of the Earth through **perihelion**. The sidereal year is the mean period of revolution with respect to the background stars. (See **Julian year**; **year, Besselian**.)

year, Besselian: the period of one complete revolution in **right ascension** of the **fictitious mean sun**, as defined by Newcomb. The beginning of a Besselian year, traditionally used as a **standard epoch**, is denoted by the suffix ".0". Since 1984 standard epochs have been defined by the **Julian year** rather than the Besselian year. For distinction, the beginning of the Besselian year is now identified by the prefix B (e.g., B1950.0).

year, tropical: the period of one complete revolution of the mean longitude of the Sun with respect to the **dynamical equinox**. The tropical year is longer than the Besselian year (see **year, Besselian**) by $0^{s}.148T$, where T is centuries from B1900.0.

zenith: in general, the point directly overhead on the **celestial sphere**. The astronomical zenith is the extension to infinity of a plumb line. The geocentric zenith is defined by the line from the center of the Earth through the observer. The geodetic zenith is the normal to the geodetic ellipsoid at the observer's location. (See **deflection of the vertical**.)

zenith distance: angular distance on the **celestial sphere** measured along the great circle from the **zenith** to the celestial object. Zenith distance is 90° minus **altitude**.

zodiacal light: a nebulous light seen in the east before **twilight** and in the west after twilight. It is triangular in shape along the **ecliptic** with the base on the **horizon** and its apex at varying altitudes. It is best seen in middle latitudes (see **latitude, terrestrial**) on spring evenings and autumn mornings.

Definitions of astronomical terms are provided in the Glossary, Section M. Entries in the Glossary are not cited in the Index.

Definitions of astronomical terms are provided in the Glossary, Section M. Entries in the Glossary are not cited in the Index.

Definitions of astronomical terms are provided in the Glossary, Section M. Entries in the Glossary are not cited in the Index.

Definitions of astronomical terms are provided in the Glossary, Section M. Entries in the Glossary are not cited in the Index.

Definitions of astronomical terms are provided in the Glossary, Section M. Entries in the Glossary are not cited in the Index.

Definitions of astronomical terms are provided in the Glossary, Section M. Entries in the Glossary are not cited in the Index.

Definitions of astronomical terms are provided in the Glossary, Section M. Entries in the Glossary are not cited in the Index.

ISBN 0-16-050573-9

For sale by the U.S. Government Printing Office
Superintendent of Documents, Mail Stop: SSOP, Washington, DC 20402-9328

ISBN 0-16-050573-9